BRIEF TABLE OF INTEGRALS

1. $\int u^n\,du = \dfrac{u^{n+1}}{n+1} + C,\ n \neq -1$

2. $\int \dfrac{1}{u}\,du = \ln|u| + C$

3. $\int e^u\,du = e^u + C$

4. $\int a^u\,du = \dfrac{1}{\ln a}a^u + C$

5. $\int \sin u\,du = -\cos u + C$

6. $\int \cos u\,du = \sin u + C$

7. $\int \sec^2 u\,du = \tan u + C$

8. $\int \csc^2 u\,du = -\cot u + C$

9. $\int \sec u \tan u\,du = \sec u + C$

10. $\int \csc u \cot u\,du = -\csc u + C$

11. $\int \tan u\,du = -\ln|\cos u| + C$

12. $\int \cot u\,du = \ln|\sin u| + C$

13. $\int \sec u\,du = \ln|\sec u + \tan u| + C$

14. $\int \csc u\,du = \ln|\csc u - \cot u| + C$

15. $\int u \sin u\,du = \sin u - u\cos u + C$

16. $\int u \cos u\,du = \cos u + u\sin u + C$

17. $\int \sin^2 u\,du = \frac{1}{2}u - \frac{1}{4}\sin 2u + C$

18. $\int \cos^2 u\,du = \frac{1}{2}u + \frac{1}{4}\sin 2u + C$

19. $\int \tan^2 u\,du = \tan u - u + C$

20. $\int \cot^2 u\,du = -\cot u - u + C$

21. $\int \sin^3 u\,du = -\frac{1}{3}\left(2 + \sin^2 u\right)\cos u + C$

22. $\int \cos^3 u\,du = \frac{1}{3}\left(2 + \cos^2 u\right)\sin u + C$

23. $\int \tan^3 u\,du = \frac{1}{2}\tan^2 u + \ln|\cos u| + C$

24. $\int \cot^3 u\,du = -\frac{1}{2}\cot^2 u - \ln|\sin u| + C$

25. $\int \sec^3 u\,du = \frac{1}{2}\sec u \tan u + \frac{1}{2}\ln|\sec u + \tan u| + C$

26. $\int \csc^3 u\,du = -\frac{1}{2}\csc u \cot u + \frac{1}{2}\ln|\csc u - \cot u| + C$

27. $\int \sin au \cos bu\,du = \dfrac{\sin(a-b)u}{2(a-b)} - \dfrac{\sin(a+b)u}{2(a+b)} + C$

28. $\int \cos au \cos bu\,du = \dfrac{\sin(a-b)u}{2(a-b)} + \dfrac{\sin(a+b)u}{2(a+b)} + C$

29. $\int e^{au} \sin bu\,du = \dfrac{e^{au}}{a^2+b^2}\left(a\sin bu - b\cos bu\right) + C$

30. $\int e^{au} \cos bu\,du = \dfrac{e^{au}}{a^2+b^2}\left(a\cos bu + b\sin bu\right) + C$

31. $\int \sinh u\,du = \cosh u + C$

32. $\int \cosh u\,du = \sinh u + C$

33. $\int \operatorname{sech}^2 u\,du = \tanh u + C$

34. $\int \operatorname{csch}^2 u\,du = -\coth u + C$

35. $\int \tanh u\,du = \ln(\cosh u) + C$

36. $\int \coth u\,du = \ln|\sinh u| + C$

37. $\int \ln u\,du = u\ln u - u + C$

38. $\int u \ln u\,du = \frac{1}{2}u^2 \ln u - \frac{1}{4}u^2 + C$

39. $\int \dfrac{1}{\sqrt{a^2-u^2}}\,du = \sin^{-1}\dfrac{u}{a} + C$

40. $\int \dfrac{1}{\sqrt{a^2+u^2}}\,du = \ln\left|u + \sqrt{a^2+u^2}\right| + C$

41. $\int \sqrt{a^2-u^2}\,du = \dfrac{u}{2}\sqrt{a^2-u^2} + \dfrac{a^2}{2}\sin^{-1}\dfrac{u}{a} + C$

42. $\int \sqrt{a^2+u^2}\,du = \dfrac{u}{2}\sqrt{a^2+u^2} + \dfrac{a^2}{2}\ln\left|u + \sqrt{a^2+u^2}\right| + C$

43. $\int \dfrac{1}{a^2+u^2}\,du = \dfrac{1}{a}\tan^{-1}\dfrac{u}{a} + C$

44. $\int \dfrac{1}{a^2-u^2}\,du = \dfrac{1}{2a}\ln\left|\dfrac{a+u}{a-u}\right| + C$

***Note*:** Some techniques of integration, such as integration by parts and partial fractions, are reviewed in the *Student Resource and Solutions Manual* that accompanies this text.

REVIEW OF DIFFERENTIATION

Rules

1. Constant: $\frac{d}{dx}c = 0$

2. Constant Multiple: $\frac{d}{dx}cf(x) = cf'(x)$

3. Sum: $\frac{d}{dx}[f(x) \pm g(x)] = f'(x) \pm g'(x)$

4. Product: $\frac{d}{dx}f(x)g(x) = f(x)g'(x) + g(x)f'(x)$

5. Quotient: $\frac{d}{dx}\frac{f(x)}{g(x)} = \frac{g(x)f'(x) - f(x)g'(x)}{[g(x)]^2}$

6. Chain: $\frac{d}{dx}f(g(x)) = f'(g(x))g'(x)$

7. Power: $\frac{d}{dx}x^n = nx^{n-1}$

8. Power: $\frac{d}{dx}[g(x)]^n = n[g(x)]^{n-1}g'(x)$

Functions

Trigonometric:

9. $\frac{d}{dx}\sin x = \cos x$

10. $\frac{d}{dx}\cos x = -\sin x$

11. $\frac{d}{dx}\tan x = \sec^2 x$

12. $\frac{d}{dx}\cot x = -\csc^2 x$

13. $\frac{d}{dx}\sec x = \sec x \tan x$

14. $\frac{d}{dx}\csc x = -\csc x \cot x$

Inverse trigonometric:

15. $\frac{d}{dx}\sin^{-1} x = \frac{1}{\sqrt{1-x^2}}$

16. $\frac{d}{dx}\cos^{-1} x = -\frac{1}{\sqrt{1-x^2}}$

17. $\frac{d}{dx}\tan^{-1} x = \frac{1}{1+x^2}$

18. $\frac{d}{dx}\cot^{-1} x = -\frac{1}{1+x^2}$

19. $\frac{d}{dx}\sec^{-1} x = \frac{1}{|x|\sqrt{x^2-1}}$

20. $\frac{d}{dx}\csc^{-1} x = -\frac{1}{|x|\sqrt{x^2-1}}$

Hyperbolic:

21. $\frac{d}{dx}\sinh x = \cosh x$

22. $\frac{d}{dx}\cosh x = \sinh x$

23. $\frac{d}{dx}\tanh x = \text{sech}^2 x$

24. $\frac{d}{dx}\coth x = -\text{csch}^2 x$

25. $\frac{d}{dx}\text{sech}\, x = -\text{sech}\, x \tanh x$

26. $\frac{d}{dx}\text{csch}\, x = -\text{csch}\, x \coth x$

Inverse hyperbolic:

27. $\frac{d}{dx}\sinh^{-1} x = \frac{1}{\sqrt{x^2+1}}$

28. $\frac{d}{dx}\cosh^{-1} x = \frac{1}{\sqrt{x^2-1}}$

29. $\frac{d}{dx}\tanh^{-1} x = \frac{1}{1-x^2}$

30. $\frac{d}{dx}\coth^{-1} x = \frac{1}{1-x^2}$

31. $\frac{d}{dx}\text{sech}^{-1} x = -\frac{1}{x\sqrt{1-x^2}}$

32. $\frac{d}{dx}\text{csch}^{-1} x = -\frac{1}{|x|\sqrt{x^2+1}}$

Exponential:

33. $\frac{d}{dx}e^x = e^x$

34. $\frac{d}{dx}b^x = b^x(\ln b)$

Logarithmic:

35. $\frac{d}{dx}\ln|x| = \frac{1}{x}$

36. $\frac{d}{dx}\log_b x = \frac{1}{x(\ln b)}$

제8판

미분방정식과 응용

Dennis G. Zill · Warren S. Wright 지음

김준석 · 배수현 · 배진희 · 양미혜 · 이용훈 · 이현영
임대근 · 조경미 · 주형관 · 최 원 · 함남우 · 황인호 옮김

Differential Equations
with Boundary-Value Problems, 8th

KM 경문사

CENGAGE Learning

Andover • Melbourne • Mexico City • Stamford, CT • Toronto • Hong Kong • New Delhi • Seoul • Singapore • Tokyo

Differential Equations with Boundary-Value Problems

8th Edition

Dennis G. Zill
Warren S. Wright

ISBN-13: 978-89-6105-864-3

Cengage Learning Korea Ltd.
Suite 1801 Seokyo Tower Building
133 Yanghwa-Ro Mapo-Gu
Seoul 121-837 Korea
Tel: (82) 2 322 4926
Fax: (82) 2 322 4927

Cengage Learning is a leading provider of customized learning solutions with office locations around the globe, including Singapore, the United Kingdom, Australia, Mexico, Brazil, and Japan. Locate your local office at: **www.cengage.com/global**

Cengage Learning products are represented in Canada by Nelson Education, Ltd.

For product information, visit **www.cengageasia.com**

Printed in Korea
1 2 3 4 18 17 16 15

역자서문

1600년도에 갈릴레이는 물체의 낙하운동을 연구하면서, 자유 낙하하는 물체가 시간 t 사이에 거리 x 만큼 낙하했다고 하면, 가속도 $x''(t)$가 일정하다는 사실을 발견하여 새로운 방정식 $x''(t) = g$을 얻을 수 있었다. 그는 이러한 방정식의 해를 구하고자 많은 노력을 하였으며 그 노력의 결과로 방정식의 해를

$$x(t) = \frac{1}{2}gt^2$$

로 얻게 되었는데, 이것이 현재 물리학에서 유명한 낙체의 법칙이다.

갈릴레이가 새로운 형태의 방정식을 접하면서 가졌던 많은 고민이 현재의 미분방정식 이론으로 승화되었으며 갈릴레이가 해결했던 방정식이 미분방정식을 푼 최초의 문제로 현재까지 알려졌다.

이와 같이 공학, 물리학 및 모든 사회과학분야에서 일어나는 현상을 수학적으로 체계화하여 해석하는 능력을 배양하는 것은 수학에서 무엇보다도 중요하다. 갈릴레이가 고민했던 문제는 결국 미지의 함수와 그 도함수 사이의 관계를 나타내는 방정식이었으며, 이러한 방정식을 미분방정식이라고 부른다. 자연계의 현상을 미분방정식으로 표시하면 간단하게 표현하는 예가 많은데 특히, 자연현상을 양적으로 생각할 때 그 양이 물리학이나 역학의 법칙 같은 것을 이용하여 미분방정식의 형식으로 표현하는 경우가 많다. 그리고 그 미분방정식을 풀어서 현상을 해명하게 된다. 이와 같이 미분방정식은 응용수학의 가장 중심적인 테마이며 예부터 연구되어 왔다.

미분방정식은 미분적분학과 동시에 연구되기 시작하였다. 뉴턴과 라이프니츠는 간단한 여러 미분방정식을 풀었지만, 18세기 전반 베르누이가의 수학자들과 라그랑주 등이 여러 특수한 방정식을 각기 다른 방법으로 풀어 유한회의 적분으로 해를 나타내었다. 18세기 후반에 비로소 새로운 해법이 연구되어 무한급수에 의한 해법 등이 얻어졌다.

1775년에 라그랑주는 선형상미분방정식의 해를 구하는 상수변화법을 발표하였고, 19세기 초에는 가우스가 초기하급수를 만족하는 미분방정식을 발표하였다. 1820년에 처음으로 코시가 미분방정식의 해의 존재성문제를 연구하기 시작하였고, 1869년 리프시츠가 증명방법을 개량하였다. 브리오와 부케가 미분방정식을 함수론적으로 연구하였고, 폭스는 1965년 선형상미분방정식의 이론적 기초를 확립하였다. 르장드르는 타원함수를, 푸앵카레는 보형함수를 미분방정식과 관련시켜 연구하였다.

미분방정식은 경곗값문제에서 물리학에 응용되었으며, 특히 달랑베르와 오일러에 의해 유체역학의 여러 문제에 이용되었다. 그러나 일반 이론은 라그랑주, 라플라스, 야코비, 코시 등이 발전시켰다. 오늘날에는 물리학뿐만 아니라 화학 · 생물학 · 공학 · 경제학 · 경영학 등에 이르기까지 여러 분야에 널리 쓰이고 있으며, 미분방정식으로 귀착되는 문제는 수없이 많다.

미분방정식의 목표는 다음 세 가지이다. 첫째, 특정한 상황을 표현하는 미분방정식을 발견하는 것이다.

둘째, 그 미분방정식의 정확한 해를 찾는 것이다. 셋째, 그 찾은 해를 해석하여 미래를 예측하는 것이다. 미분방정식에 대해 해가 있어야만 하는지, 아니면 해가 유일한지 등의 문제도 중요 관심사이다. 그러나 응용수학자, 물리학자, 엔지니어들은 대개 주어진 미분방정식을 푸는 데에 관심을 두기 마련이고 여기서 얻어진 해는 다리, 자동차, 비행기, 하수도 등을 만드는 데에 이용되고 있다.

이 책은 자연계와 공과대학의 미적분학과 선형대수학을 공부한 독자를 대상으로 하여 미분방정식의 기초이론을 매우 쉽게 이해할 수 있도록 만들어졌다. 본문의 내용은 미분방정식의 기초이론을 쉽게 이해하도록 만들어진 "D. G. Zill, Differential Equations"을 전문 번역하였다.

이 책을 통하여 다소나마 미분방정식의 올바른 지식이 소개되도록 원문을 충실하게 번역하고자 하였으나 번역과정에서 미비한 점이 있으리라 생각한다. 독자 여러분의 많은 충고가 있기를 바라며 끝으로 이 책을 집필하는데 많은 노력을 아끼지 않은 경문사의 편집부 직원에게 진심으로 감사의 마음을 전하는 바이다.

2015년 2월 저자 일동

학생들에게

저자는 누군가 실제로 책을 읽는다는 기대를 가지고 쓴다. 학생들이 생각하는 것과는 달리 전형적인 대학수준에 해당하는 수학 교재들의 대부분은 강사가 아닌 학생들을 위하여 썼다. 수업에서 이 책을 교재로 사용할지의 여부는 강사가 결정하기 때문에 이 교재에서 다루어진 주제들은 사실 강사들의 마음에 들도록 되어있지만 교재에 쓴 내용 대부분은 학생을 대상으로 하였다. 그래서 나는 학생들이 이 교재를 읽기를 장려하고 —아니 실제로 강요하고 싶다! 그러나 이 교재를 소설처럼 읽거나, 빨리 읽지도 말고 어떠한 내용도 건너뛰지 말아야 한다. 이 교재를 학습장으로 생각하여라. 수학은 대부분 예제와 논제를 통하여 공부하는 사람이 자신의 방법으로 풀어야 하기 때문에 항상 연필과 종이를 준비하여 읽어야 한다. 어떤 연습문제를 시도하기 전에 각 절의 모든 예제를 읽어라. —아니 풀어라. 예제는 내가 절에서 가장 중요한 점이라 생각하는 것을 제시하였고 그래서 대부분의 연습문제를 풀기 위한 필요한 과정들을 반영한다. 나는 학생들에게 예제를 읽을 때 해답을 덮고, 우선 문제 풀기를 시도하고, 학생들의 답을 주어진 해답과 비교하여 서로 다르면 다시 풀라고 한다. 나는 각각의 예제에서 대부분의 중요한 단계를 포함하도록 하였지만, 만일 어떤 부분이 명확하지 않으면—여기서 연필과 종이가 다시 필요하다— 항상 상세한 내용이나 빠진 단계를 파악하도록 노력해야 한다. 이것은 쉽지는 않지만 배우는 과정의 일부분이다. 이해가 어려운 개념을 이해한 지식들은 많은 노력 없이 단순히 얻어질 수가 없다.

특별히 학생 여러분을 위한, 학생 자료와 풀이 지도서(Student Resource Manual; SRM)는 선택 보충 자료로 유용하다. 연습문제 중 선택된 문제의 해답을 포함할 뿐만 아니라, SRM은 문제와 보충 예제를 풀기 위한 힌트와 내가 생각하기에 미분방정식의 성공적인 학습에 중요한 대수와 미적분학 분야에서 복습도 포함한다. SRM을 반드시 구매할 필요는 없으나 대부분의 절을 시작하면서 제시한 내용은 오래된 기초 미적분학 또는 미적분학 교재에서 필요한 수학적인 내용을 복습할 수 있게 하였다.

결론적으로 여러분의 행운과 성공을 빈다. 여러분이 이 교재와 이제 막 시작할 수업 —개인적으로 물리적인 세상과 연결된 수학을 좋아하기에 내가 좋아하는 전공 중의 하나인 학부의 수학전공과목— 을 즐기길 바란다. 만일 어떤 의견이 있거나, 교재를 자신의 방법으로 읽거나 풀면서 어떤 오류를 발견하거나 또는 교재나 SRM에서 개선할 좋은 생각이 떠오르면 저자나 Cengage Learning에 있는 편집장에게 알려주기를 부탁한다.

molly.taylor@cengage.com

강사들에게

만일 여러분이 처음으로 이 책을 보게 된다면 《*Differential Equation with Boundary value problems, 8th Edition*》은 상미분방정식과 편미분방정식을 커버하는 한 학기 또는 두 학기 과정으로 다루도록 되어 있다. 짧은 분량인 《*A First Course in Differential Equation with Modeling Applications, 10th Edition*》은 상미분방정식에 대하여 한 학기나 한 분기 동안에 가르치도록 구성되었는데 9장에서 마무리된다. 한 학기 분량에 대해서는 두 학기의 미적분학을 완전하게 소화한 후에 이수하다는 전제조건이 따른다. 여러분은 한 학기 강의를 위하여 이 책을 읽을 것이기 때문에 당연히 여러분은 다루어질 주제들에 대한 내용들의 표를 조사했을 것이다. 여러분은 서문에서 "추천된 강의요목"을 발견하지 못할 것이다. 나는 다른 선생님들께 무엇을 가르쳐야 하는지를 말할 수 있을 정도로 현명한 척을 하지 않을 예정이다. 나는 이 책에서 여러분들이 진행하려는 강의를 위해 여러분이 선택할 수 있는 충분히 많은 내용들이 있다고 생각한다. 교재는 미분방정식을 학습하기 위한 해석적이고 정성적이고 정량적인 접근 사이의 합리적 균형을 갖춰 만들어진다. 나의 "근본적인 철학"은 다음과 같다. 학부생을 위한 교재는 마음속으로 확실하게 학생들의 이해를 고려하며 써야 한다는 것이고 이는 교재의 내용들이 이론의 수준을 지키는 것이 "도입"이라는 표현과 일치하며 직선적이고 읽기 쉽고 도움이 되는 것들로 나타나 있어야 한다고 생각한다.

이전 판의 교재들에 익숙한 사람들에게 나는 이 판에 있는 몇몇 개선된 부분에 대하여 언급하고자 한다.

- 많은 연습문제는 학생들을 좀 더 잘 평가하고 도전하게 하도록 새로운 문제들을 추가하여 개편하였다. 예전과 같이 몇몇 문제들은 삭제하여 개선하였다.
- 각 절마다 많은 예제와 그림들이 추가되었다.
- 많은 강사들이 일계 선형미분방정식의 접근에 관한 우리의 관심사를 표현하기 위해 노력하였다. 그 결과로 2.3.1의 선형방정식은 단순화되어 다시 집필되었다.
- 초깃값과 경곗값 문제의 해에서 매개변수변화법에 응용하기 위한 추가적인 내용을 필요로 하는 독자들을 위하여 4장에서 Green함수의 새로운 절을 추가하였다. 4.8절의 강의는 자유의사이며 이는 다른 절에 영향을 주지 않는다.
- 5.1절은 단순한 조화운동을 표현하는 데 2가지의 삼각함수 형태

  $$y = A\sin(\omega t + \phi), \qquad y = A\cos(\omega t - \phi)$$

  을 사용하는 방법을 설명한다.
- 앞선 판의 사용자의 요청에 의해 멱급수의 개용에 대한 새로운 절을 6장에 추가하였다. 더욱이 이 장의 대부분은 명확하게 다시 집필되었다. 특히 6.4절에서 수정된 베셀함수와 구면 베셀함수를 더 확장하였다.
- 수정된 베셀함수를 포함하는 다양한 경곗값 문제는 연습문제 13.2에 추가되었다.

학생들을 위한 자료

- Warren S. Wright, Carol D. Wright와 Dennis G. Zill 공저의(ISBN 9781133491927(미분방정식과 응용의 기초, 10판에 관련됨), 9781133491958(경곗값 문제의 미분방정식, 8판와 관련됨) *학생 자료와 해법*(SRM)은 대수와 미적분에서 중요한 내용에 대한 복습과 각 연습문제 부분(토론 문제들과 컴퓨터 연습문제를 제외하고)의 1/3에 해당하는 문제의 풀이, 컴퓨터 대수 체계인 *mathematica*와 *Maple*에 대한 관련된 명령어와 문제를 어떻게 풀기 시작할 것인가에 대한 힌트와 함께 중요한 개념의 목록을 제공한다.

강사들을 위한 자료

- ***Solution Builders***는 연습문제 해답과 교재에 있는 모든 문제들의 자세한 풀이를 제공한다. www.cengage.com/international
- ***ExamView*** 조사 프로그램은 강사들에게 시험과 자동 성적등급방법 등의 내용을 제공해준다. 교재에서 정형화된 수백 개의 문제은행과 함께 소프트웨어를 사용하지 못하는 강사들을 위하여 PDF와 MS워드 형태로도 제공된다.
- Enhanced WebAssign은 고등교육에서 가장 널리 사용되는 과제 시스템이다. 이 시스템은 당신에게 Web을 통해서 과제를 수집하고 채점하며 기록하게 제공한다. 신뢰성 있는 이 시스템은 교재와 비디오예제, 문제지도서 등과 연결되어 있다. Enhanced WebAssign은 학생들에게는 완벽한 교육시스템이므로 과제 시스템 그 이상이다.

차례

제 1 장 미분방정식

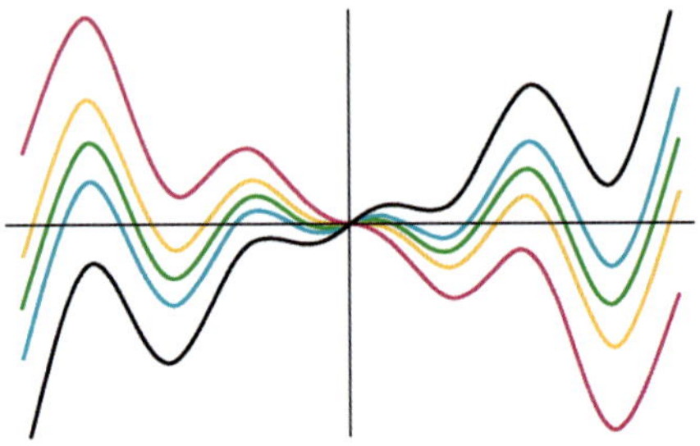

제 2 장 1계 미분방정식

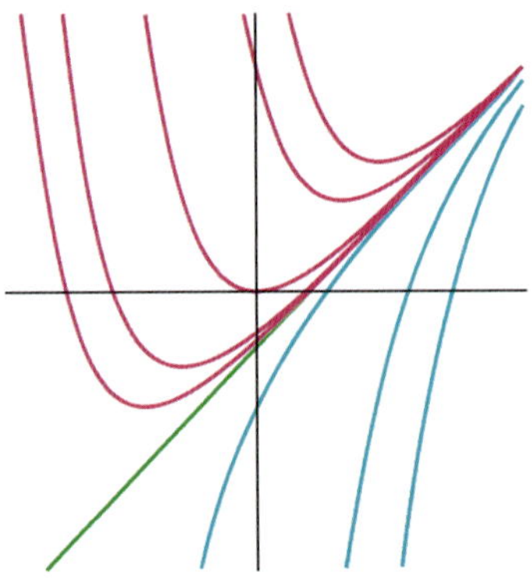

제 3 장 1계 미분방정식의 모형들

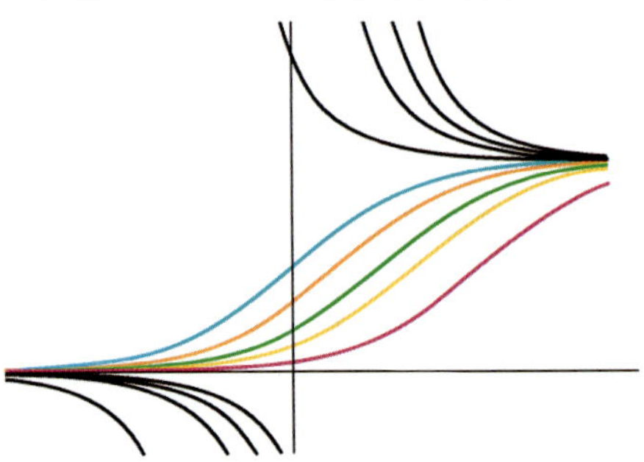

제 4 장 고계 미분방정식

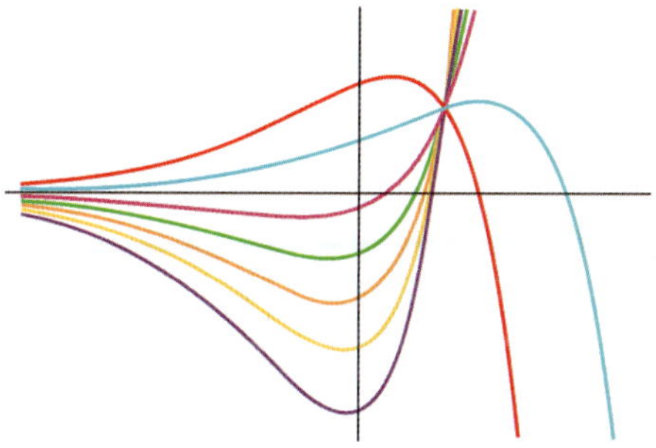

제 5 장 고계 미분방정식 모델

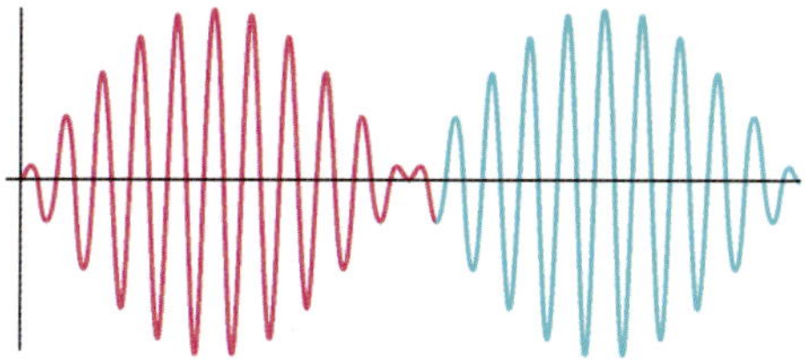

제 6 장 선형미분방정식의 급수해

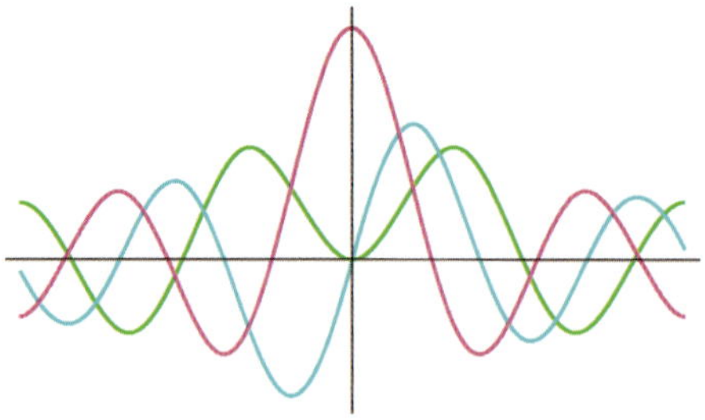

제 7 장 라플라스 변환

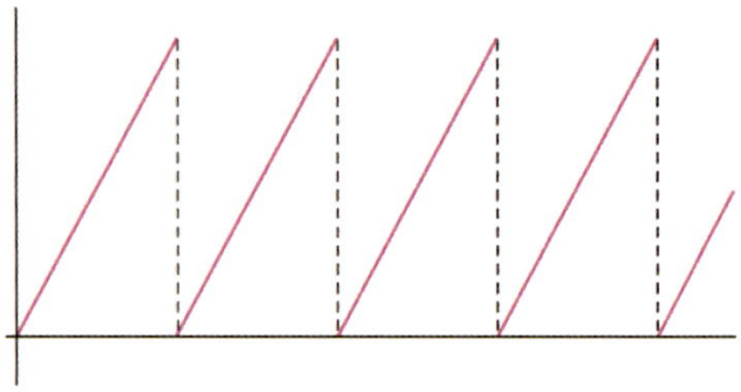

제 8 장 연립 1계 선형미분방정식

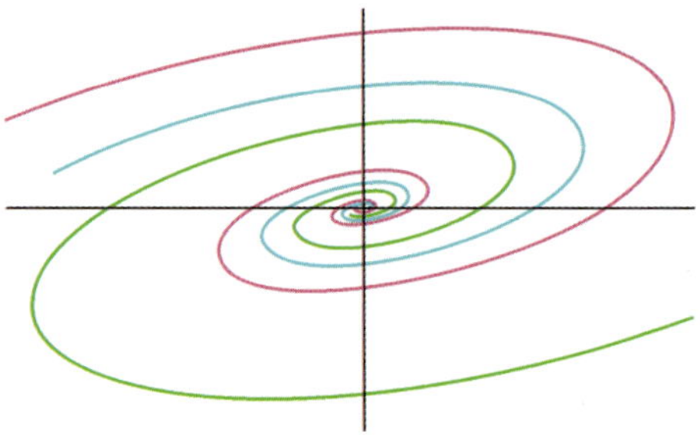

제 9 장 상미분방정식의 수치적 해법

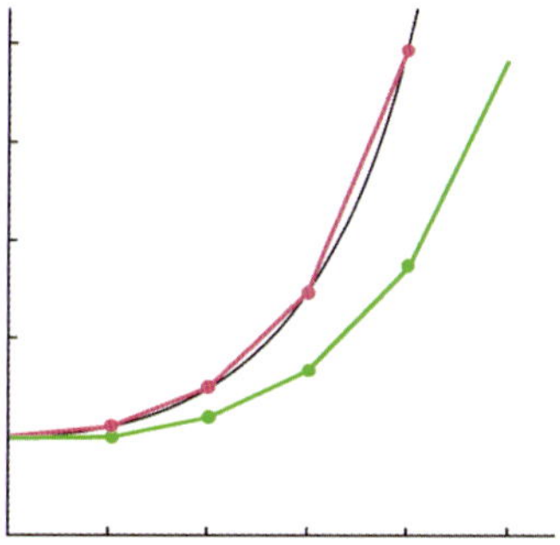

제 10 장 평면 자율계

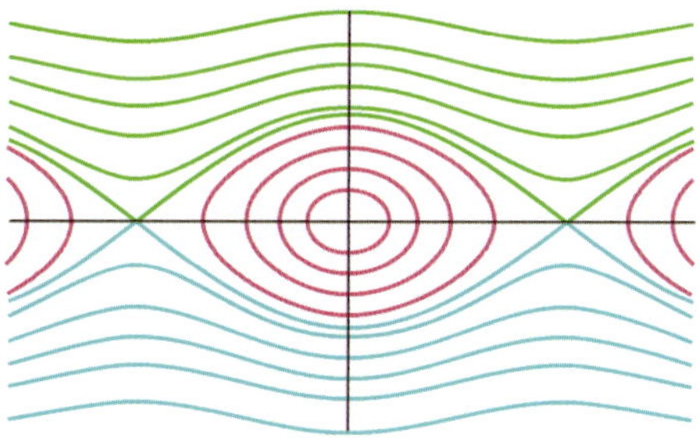

제 11 장 푸리에(Fourier) 급수

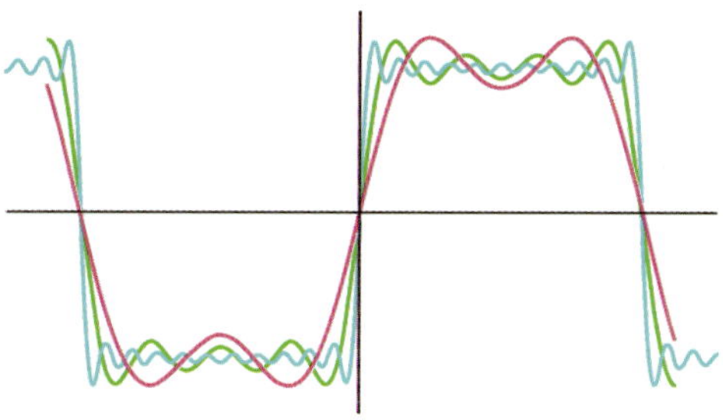

제 12 장 직교 좌표계에서의 경곗값 문제

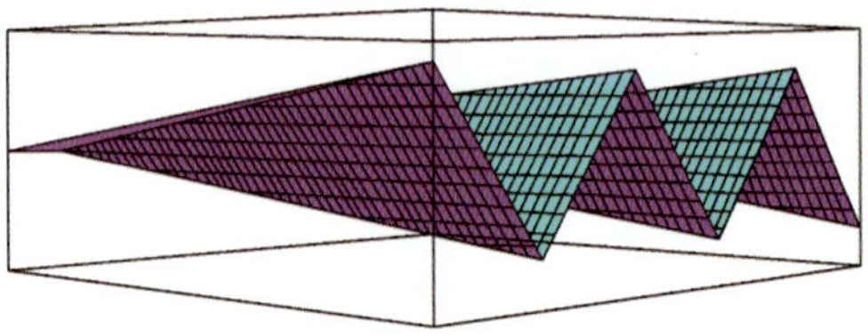

제 13 장 다른 좌표계의 경곗값 문제

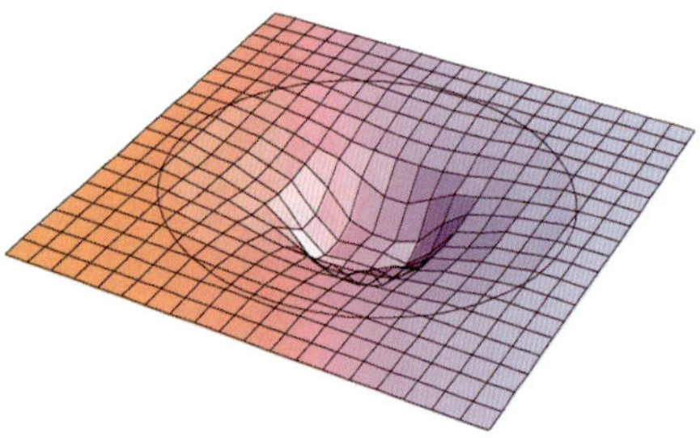

제 14 장 적분변환

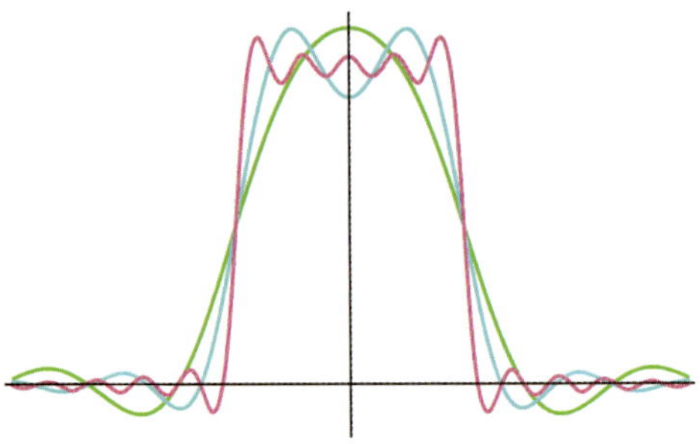

제 15 장 편미분방정식의 수치해

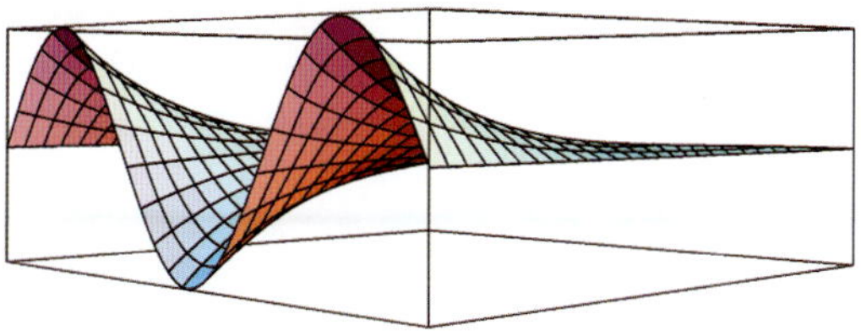

부록

1 미분방정식

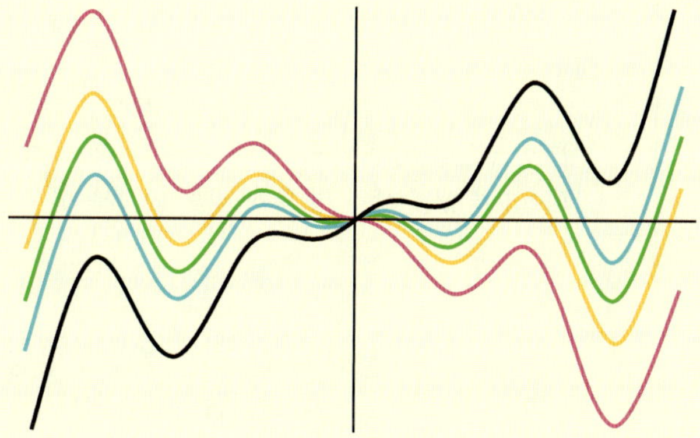

*미분과 방정식*이라는 단어는 분명하게 도함수 $y', y'', \cdots$을 포함하는 어떤 종류의 방정식을 해결하기 위해 제안된 용어이다. 대수학과 삼각함수에서와 유사하게, 미지수 x에 대해 $x^2+5x+4=0$와 같은 방정식을 해결하는 데 많은 시간이 필요한 것처럼 우리 작업의 목표는 미지함수 $y=\phi(x)$에 대해 $y''+2y'+y=0$와 같은 미분방정식을 해결하는 것이다.

위의 이야기가 완전하다고 할 수는 없지만, 우리가 시작해야 할 것에 관하여 이야기하고 있다. 설명할 과정에서는 어떤 사람이 미분방정식을 푸는 방법을 습득하는 것보다는 미분방정식 자체를 연구할 것이다.

첫째로 해야 할 일은 읽고 공부하고 어떤 주제에 정통하기 위해서는 학습에 대한 용어를 배워야한다. 이것이 이 장의 처음 두 절에서 해야 할 일이다. 마지막 절에서는 미분방정식과 실생활 사이의 관계를 조사할 것이다. *질병이 얼마나 빠르게 전파되는가? 인구가 얼마나 빠르게 변화하는가?*와 같은 실질적인 질문은 미분의 변화율을 알아야 한다. 그래서 실험과 관찰, 이론의 수학적인 표현 또는 수학적 모델이 미분방정식이 될 수 있다.

1.1 정의와 용어

필요한 개념

- 도함수의 정리
- 미분의 규칙
- 변화율로서의 도함수
- 1계 도함수와 증가/감소
- 2계 도함수와 오목 볼록

소개 | 함수 $y=\phi(x)$의 도함수 $\frac{dy}{dx}$는 그 자체로 적당한 규칙에 의해 얻어지는 또 다른 함수 $\phi'(x)$이다. 함수 $y=e^{0.1x^2}$은 실수전체에서 미분가능하고, 도함수는 $\frac{dy}{dx}=0.2xe^{0.1x^2}$이다. $e^{0.1x^2}$을 y로 바꾸면 도함수는

$$\frac{dy}{dx}=0.2xy \tag{1}$$

로 표현된다.

만일 당신의 친구가 당신에게 방정식 (1)을 보여주고 다음을 물어보았다.

"y에 의해 표현되는 함수는 무엇인가?"

이러한 질문을 받게 되면 우리는 기본적인 문제 중의 한 가지에 직면하게 된다. *모르는 함수 $y=\phi(x)$에 대해 이러한 방정식을 어떻게 해결해야만 하는가?*

정의 (1)과 같은 형태의 방정식을 미분방정식이라고 한다. 우선 이 개념의 정확한 정의를 살펴보자.

정의 1.1.1 미분방정식

하나 또는 둘 이상의 독립변수에 대해, 하나 또는 그 이상의 종속변수의 도함수를 포함하는 방정식을 **미분방정식**이라고 한다.

우리는 미분방정식의 **형태**, **계수**, **선형성** 등을 이용하여 미분방정식을 분류하고자한다.

형태에 의한 분류 하나의 독립변수에 대해 하나 또는 그 이상의 종속변수의 상도함수를 포함하는 방정식을 **상미분방정식**이라고 한다. 한편 두 개 또는 그 이상의 독립변수에 대해 하나 또는 그 이상의 종속변수의 편도함수를 포함하는 방정식을 편미분방정식이라고 한다. 첫 번째 예제는 미분방정식의 형태를 설명해준다.

예제 1 미분방정식의 형태

(a)

미분방정식은 하나 이상의 종속변수를 갖는다

$$\frac{dy}{dx}+5y=e^x, \quad \frac{d^2y}{dx^2}-\frac{dy}{dx}+6y=0, \quad \frac{dx}{dt}+\frac{dy}{dt}=2x+y \tag{2}$$

는 상미분방정식이다.

(b)

$$\frac{\partial^2 u}{\partial x^2}+\frac{\partial^2 u}{\partial y^2}=0, \quad \frac{\partial^2 u}{\partial x^2}=\frac{\partial^2 u}{\partial t^2}-2\frac{\partial u}{\partial t}, \quad \frac{\partial u}{\partial y}=-\frac{\partial v}{\partial x} \tag{3}$$

는 편미분방정식이다. 세 번째 편미분방정식에는 두 개의 미지함수와 독립변수가 존재한다. 이것은 u, v가 두 개 이상의 독립변수의 함수라는 것을 의미한다.

기호 앞으로 상도함수는 라이프니츠식 기호 $\frac{dy}{dx}$, $\frac{d^2y}{dx^2}$, $\frac{d^3y}{dx^3}$, $\cdots$ 또는 y', y'', y''', $\cdots$를 사용할 것이다.

이 경우 방정식 (2)는 $y'+5y=e^x$와 $y''-y'+6y=0$으로 표현할 수도 있다. y', y'', y''', $\cdots$ 등으로 표현하더라도 4계 도함수는 y''''보다는 $y^{(4)}$로 표현한다. 일반적으로 y의 n계 도함수는 $\frac{d^ny}{dx^n}$ 또는 $y^{(n)}$으로 표현한다. 다소 불편할지라도, 라이프니츠 기호를 사용하여 표현하는 것이 독립변수와 종속변수를 명확히 나타내는데 유리하다. 예를 들어 방정식

미지함수 또는 종속변수

$$\frac{d^2x}{dt^2}+16x=0$$

독립변수

에서, x는 종속변수를 나타내고, t는 독립변수를 나타낸다는 사실을 쉽게 알 수 있다. 한편 물리학이나 공학에서는 뉴턴의 점 표현은 t에 관한 도함수를 표시하는데 사용된다. 예를 들어 미분방정식 $\frac{d^2s}{dt^2}=-32$는 $\ddot{s}=-32$로 표현할 수 있다. 편도함수의 경우는 독립변수를 명확하게 알려주기 위해 첨자표현법을 사용한다. 예를 들어 첨자표현법으로 방정식 (3)은

$$u_{xx}=u_{tt}-2u_t$$

로 된다.

계수에 의한 분류 **미분방정식의 계수**란 방정식에서 가장 높은 도함수의 계수를 의미한다. 예를 들어

$$\overset{\text{2계}\downarrow}{\frac{d^2y}{dx^2}}+5\Big(\overset{\text{1계}\downarrow}{\frac{dy}{dx}}\Big)^3-4y=e^x$$

는 2계 상미분방정식이다. 예제 1에서 (2)의 첫 번째와 세 번째 방정식은 1계 상미분방정식이고 (3)의 처음 2개의 방정식은 2계 편미분방정식이다. 1계 상미분방정식은 종종

$$M(x,\ y)dx+N(x,\ y)dy=0$$

로 쓰이기도 한다. 예를 들어 방정식 $(y-x)dx+4xdy=0$에서 y가 종속변수라면 $y'=\dfrac{dy}{dx}$이고 미분 dx로 방정식을 나누면 다른 형식 $4xy'+y=x$을 얻게 된다.

일반적으로 하나의 종속변수를 갖는 n계 상미분방정식은

$$F(x,\ y,\ y',\ \cdots,\ y^{(n)})=0 \tag{4}$$

로 표현할 수 있다. 여기서 F는 $n+2$개 변수 $x, y, y', \cdots, y^{(n)}$의 함수이다.

실질적인 계산을 위해서는 상미분방정식 (4)는 가장 높은 계수의 도함수 $y^{(n)}$을 남은 $n+1$개 변수로 유일하게 표현하여 해를 구한다. 이 경우 미분방정식

$$\frac{d^ny}{dx^n}=f(x,\ y,\ y',\ \cdots,\ y^{(n-1)}) \tag{5}$$

을 (4)의 표준형이라고 한다. 그러므로 표준형

$$\frac{dy}{dx}=f(x,\ y),\qquad \frac{d^2y}{dx^2}=f(x,\ y,\ y')$$

은 각각 1계와 2계 상미분방정식을 나타낸다. 예를 들어 1계 미분방정식 $4xy'+y=x$의 표준형은 $y'=(x-y)/4x$이고, 2계 미분방정식 $y''-y'+6y=0$의 표준형은 $y''=y'-6y$이다. 후반부 *주의*의 (iv)를 참조하여라.

선형성에 의한 분류 함수 F가 $y, y', \cdots, y^{(n)}$에 대해 선형이면 n계 상미분방정식 (4)는 **선형**이라고 부른다. 이것은 방정식 (4)가

$$a_n(x)y^{(n)}+a_{n-1}(x)y^{(n-1)}+\cdots+a_1(x)y'+a_0(x)y-g(x)=0 \text{ 또는}$$

$$a_n(x)\frac{d^ny}{dx^n}+a_{n-1}(x)\frac{d^{n-1}y}{dx^{n-1}}+\cdots+a_1(x)\frac{dy}{dx}+a_0(x)y=g(x) \tag{6}$$

일 때 미분방정식은 선형이라는 사실을 의미한다.

다음은 1계와 2계 선형 상미분방정식의 형태이다.

$$a_1(x)\frac{dy}{dx}+a_0(x)y=g(x),\ \ a_2(x)\frac{d^2y}{dx^2}+a_1(x)\frac{dy}{dx}+a_0(x)y=g(x) \quad (7)$$

선형 상미분방정식은 방정식 (6)의 좌측 덧셈 표현에 대하여 다음 2가지 특징을 갖는다.

- 종속변수 y와 모든 도함수 y', y'', $\cdots$, $y^{(n)}$의 차수는 1차이다.
- y, y', y'', $\cdots$, $y^{(n)}$의 계수 a_0, a_1, $\cdots$, a_n은 독립변수 x에 의존한다.

비선형 상미분방정식은 단순히 선형이 아닌 것이다. $\sin y$, $e^{y'}$ 등과 같은 종속변수 또는 그의 도함수의 비선형함수는 선형방정식에서는 나타나지 않는다.

예제 2 선형과 비선형 상미분방정식

(a) 방정식

$$(y-x)dx+4xdy=0,\quad y''-2y'+y=0,\quad \frac{d^3y}{dx^3}+x\frac{dy}{dx}-5y=e^x$$

은 선형인 1계, 2계, 3계 상미분방정식이다. 첫 번째 방정식은 $4xy'+y=x$의 형태로 표시하면 선형이라는 사실을 알 수 있다.

(b) 방정식

비선형: 계수가 y에 종속 ↓ 비선형: y의 비선형 함수 ↓ 비선형: 1차가 아님 ↓

$$(1-y)y'+2y=e^x,\quad \frac{d^2y}{dx^2}+\sin y=0,\quad \frac{d^4y}{dx^4}+y^2=0$$

은 비선형인 1계와 2계 그리고 4계 상미분방정식의 예들이다.

해 앞에서 이야기했던 것처럼 미분방정식을 배우는 주된 목적은 방정식의 해를 구하는 것이다. 다음 정의는 상미분방정식의 해에 관한 것이다.

정의 1.1.2 상미분방정식의 해

구간 I에서 정의되고 I에서 연속인 도함수를 갖는 임의의 함수 ϕ가 n계 상미분방정식에 대입했을 때 만족한다면 ϕ를 방정식의 **해**라고 한다.

즉, 함수 ϕ가 적어도 n개의 도함수를 갖고 I안의 모든 x에 대해

$$F(x,\ \phi(x),\ \phi'(x),\ \cdots,\ \phi^{(n)}(x))=0$$

을 만족한다면 ϕ는 방정식 (4)의 해가 된다.

앞으로 ϕ는 실수값을 취하는 함수로 한다. 앞에서 언급했던 $y=e^{0.1x^2}$는 $(-\infty, \infty)$ 상에서 $\frac{dy}{dx}=0.2xy$의 해가 된다.

때때로 해를 $y(x)$로 표현하기도 한다.

정의구역 상미분방정식의 해는 구간과 같이 생각해야 한다. 정의 1.1.2에서 구간 I를 **존재구간** 또는 해의 **정의구역**이라고 부르는데, 개구간 (a, b), 폐구간 $[a, b]$, 무한구간 (a, ∞)등 모든 구간이 될 수 있다.

예제 3 해의 증명

함수 y가 구간 $(-\infty, \infty)$에 대해 주어진 미분방정식의 해가 됨을 증명하여라.

(a) $\frac{dy}{dx}=xy^{\frac{1}{2}}, \quad y=\frac{1}{16}x^4$　　(b) $y''-2y'+y=0, \quad y=xe^x$

풀이 주어진 함수가 해가된다는 것을 증명하는 방법은 함수를 대입한 후에 구간의 모든 x에 대하여 방정식이 성립한다는 것을 보이는 것이 일반적인 방법이다.

(a) 좌측: $\frac{dy}{dx}=\frac{1}{16}(4\cdot x^3)=\frac{1}{4}x^3$

우측: $xy^{1/2}=x\cdot\left(\frac{1}{16}x^4\right)^{1/2}=x\cdot\left(\frac{1}{4}x^2\right)=\frac{1}{4}x^3$

방정식의 좌 우측이 같으므로 함수 y는 해가 된다.

(b) y의 도함수는 $y'=xe^x+e^x, \quad y''=xe^x+2e^x$이므로 모든 실수 x에 대해

좌측: $y''-2y'+y=(xe^x+2e^x)-2(xe^x+e^x)+xe^x=0$

우측: 0 ■

예제 1의 미분방정식들은 상수 해 $y=0, \ -\infty<x<\infty$를 갖는다. 이러한 미분방정식의 해를 **자명한 해**라고 한다.

해곡선 상미분방정식의 해 ϕ의 그래프를 해곡선이라고 부른다. ϕ는 미분가능한 함수이므로 구간 I에서 연속이다. 함수 ϕ의 그래프와 해 ϕ의 그래프사이에는 차이가 있을 수 있다. 함수 ϕ의 정의구역은 해 ϕ의 정의구역 I와 같을 필요는 없다. 예제 4에서 이러한 차이점을 이해할 수 있다.

예제 4 함수와 해

함수 $y=1/x$의 정의구역은 0을 제외한 모든 실수이다. $y=1/x$의 그래프는 그래프를 만족하는 점을 xy평면에 연결하여 그린다. 함수 $y=1/x$은 0에서 불연속이고, 그래프는 그림 1.1.1(a)와 같다. y축은 그래프의 수직점근선이기 때문에 $y=1/x$은 $x=0$에서 미분가능하지 않게 된다.

한편 $y=1/x$은 1계 선형 상미분방정식 $xy'+y=0$의 해이다. 그러나 $y=1/x$이 방정식의 해라고 말할 수 있는 것은 미분가능하고 방정식을 만족하는 구간 I에서 정의된 함수라는 것을 의미한다. 즉, $y=1/x$은 $(-3,-1)$, $(1/2, 10)$, $(-\infty, 0)$, $(0,\infty)$같은 0를 포함하지 않는 임의의 구간상에서 방정식의 해가 된다. 구간 $-3<x<-1$과 $1/2<x<10$ 위의 $y=1/x$에 의해 정의된 해곡선은 $-\infty<x<0$, $0<x<\infty$위의 $y=1/x$에 의해 정의된 해곡선의 선분에 불과하다. 그러므로 구간 I는 $(-\infty, 0)$ 또는 $(0,\infty)$로 선택한다. $(0,\infty)$상의 해곡선은 그림 1.1.1(b)와 같다.

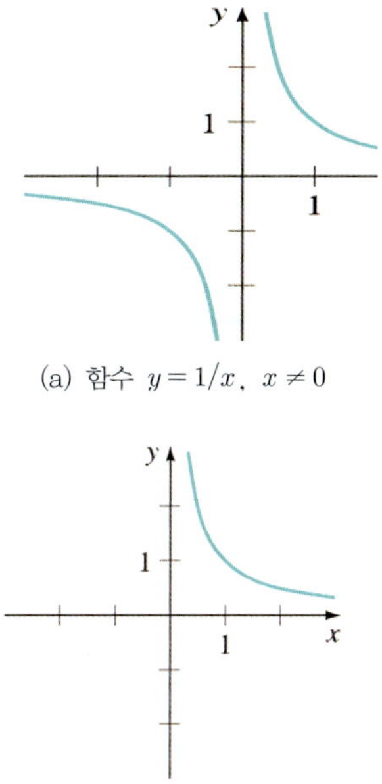

(a) 함수 $y=1/x$, $x\neq 0$

(b) 해 $y=1/x, (0,\infty)$

그림 1.1.1 함수 $1/x$는 해 $y=1/x$와 같지 않다

양함수해와 음함수해 양함수와 음함수는 이미 배웠을 것이다. 종속변수가 독립변수의 함수와 상수함수로 표현된 해를 **양함수해**라고 하며 $y=\phi(x)$형태로 표현된다. 앞의 두 예제에서 $y=\frac{1}{16}x^4$, $y=xe^x$, $y=\frac{1}{x}$은 각각 $\frac{dy}{dx}=xy^{1/2}$, $y''-2y'+y=0$, $xy'+y=0$의 양함수해이다. 더욱이 자명한 해 $y=0$은 이들 세 방정식의 양함수해이다. 우리가 미분방정식의 해를 구하고자할 때 항상 양함수해 $y=\phi(x)$로만 해결되는 것은 아니다. 특히 비선형 1계 미분방정식의 해의 경우는 더욱 그렇다. 이 경우 해 ϕ를 음함수적으로 표현한 $G(x, y)=0$형태가 필요하다.

정의 1.1.3 미분방정식의 음함수해

관계식 $G(x, y)=0$에 대하여 미분방정식과 관계식을 만족하는 함수 ϕ가 적어도 하나 존재할 때 $G(x, y)=0$를 상미분방정식의 **음함수해**라고 한다.

하나의 관계식 $G(x, y)=0$이 하나의 미분가능한 함수 ϕ를 정의하기 위한 조건은 이 책의 범위를 벗어난다. 그러므로 우리는 음함수해 $G(x, y)=0$로 표현하고자 한다면, $G(x, \phi(x))=0$을 만족하고 또한 구간 I에서 미분방정식을 만족하는 함수 ϕ가 적어도 하나는 존재한다고 가정할 것이다. 음함수해 $G(x, y)=0$가 단순하다면 y를 x의 함수로 방정식의 해를 구할 수 있고, 하나 또는 그 이상의 양함수해를 얻을 수 있다.

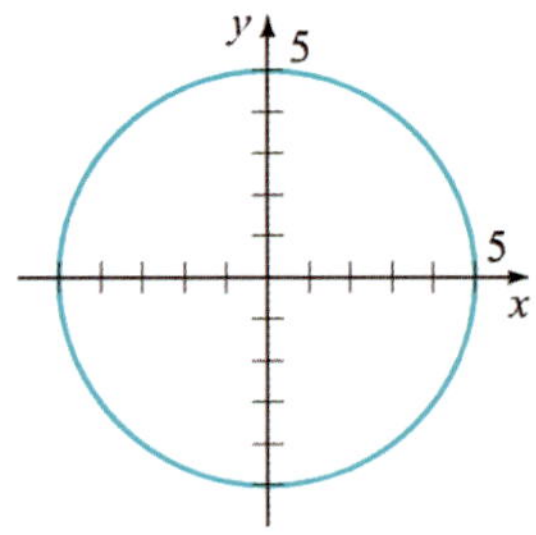

(a) 음함수해 $x^2+y^2=25$

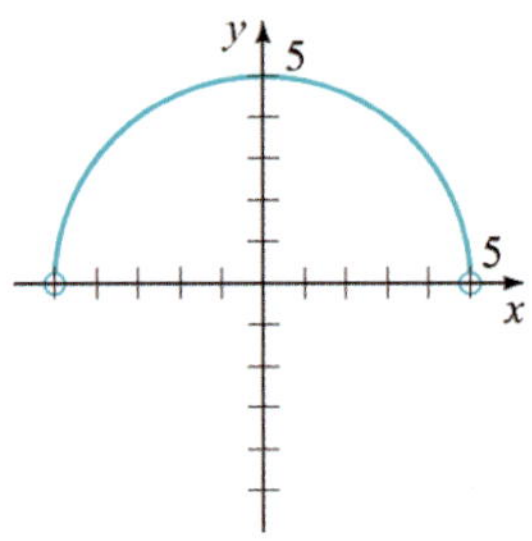

(b) 양함수해 $y_1=\sqrt{25-x^2}$, $-5<x<5$

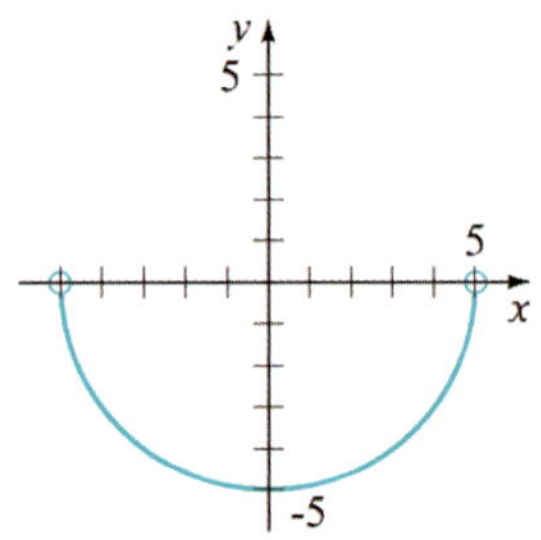

(c) 양함수해 $y_2=\sqrt{25-x^2}$, $-5<x<5$

그림 1.1.2 예제 5에서 (8)의 양함수해와 음함수해

예제 5 음함수해의 증명

$x^2+y^2=25$는 구간 $-5<x<5$상에서 미분방정식

$$\frac{dy}{dx}=-\frac{x}{y} \tag{8}$$

의 음함수해이다. 음함수 미분법에 의해

$$\frac{d}{dx}x^2+\frac{d}{dx}y^2=\frac{d}{dx}25 \quad \text{또는} \quad 2x+2y\frac{dy}{dx}=0$$

이다. $\frac{dy}{dx}$에 대해 마지막 방정식을 풀면 (8)을 얻는다. 더욱이 $x^2+y^2=25$을 x의 함수로 표현하면 $y=\pm\sqrt{25-x^2}$이다.

두 함수 $y=\phi_1(x)=\sqrt{25-x^2}$, $y=\phi_2(x)=-\sqrt{25-x^2}$는 관계식 $x^2+\phi_1^2=25$을 만족하며 구간 $-5<x<5$상에서 정의된 양함수해이다. 해곡선의 그래프 1.1.2(b)와 1.1.2(c)는 음함수해 그래프 1.1.2(a)의 일부분의 선분이다. ■

임의의 상수 c에 대하여 $x^2+y^2-c=0$는 (8)을 만족한다. 그러나 이 관계식은 실수체계에서 의미가 있어야 한다. 예를 들어 $c=-25$라면 $x^2+y^2+25=0$는 방정식의 음함수해라고 말할 수는 없다. 양함수해와 음함수해의 구별은 쉬우므로 해를 구할 때마다 이를 표현할 필요는 없다.

해들의 모임 미분방정식의 연구를 위해서는 곧 적분계산이 중요하다. 때때로 해 ϕ를 방정식의 **적분**이라고 부르기도 하고, 해의 그래프를 **적분곡선**이라고 부르기도 한다. 미적분학에서 부정적분을 계산할 때 우리는 적분상수를 사용한다. 유사하게 1계 미분방정식 $F(x, y, y')=0$를 해결할 때 항상 임의의 상수(모수) c를 포함하는 해를 얻게 된다. 임의의 상수를 포함하는 해는 해의 집합 $G(x, y, c)=0$으로 표현되는데, 이 집합을 **1개의 모수를 갖는 해 모임**이라고 부른다. n계 미분방정식 $F(x, y, y', \cdots, y^{(n)})=0$을 해결할 때도 마찬가지로 **$n$개의 모수를 갖는 해 모임** $G(x, y, c_1, c_2, \cdots, c_n)=0$을 얻게 된다. 이는 하나의 미분방정식은 모수(상수)들의 선택에 따라 무한이 많은 해를 갖는다는 사실을 의미한다.

임의의 상수 c가 들어있지 않은 미분방정식의 해를 **특수해**라고 한다.

예제 6 특수해

(a) $y=cx-x\cos x$는 $(-\infty,\infty)$상에서 1계 선형미분방정식 $xy'-y=x^2\sin x$의 양함수해이다. 그림 1.1.3은 해들의 모임에 대한 그래프들이다. 이들 중 파란 색으로 그려진 $y=-x\cos x$는 $c=0$에 대응되는 특수해이다.

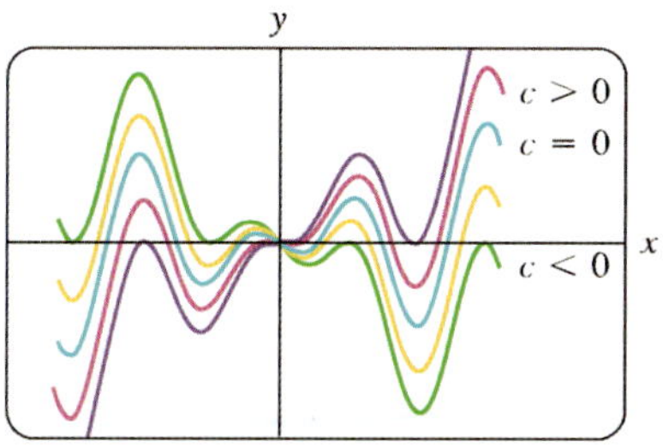

그림 1.1.3 예제 6(a)의 해

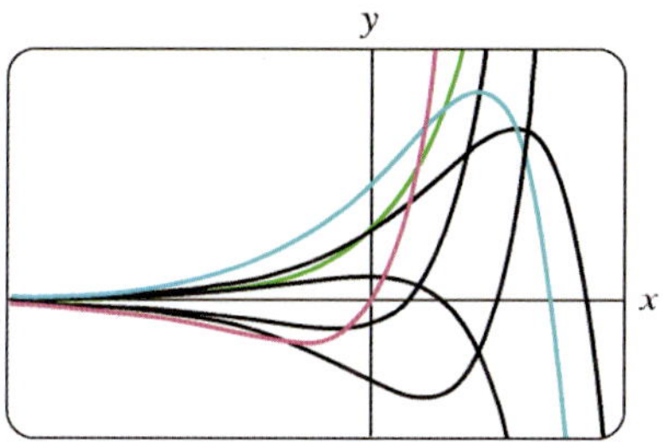

그림 1.1.4 예제 6 (b)의 해

(b) $y = c_1e^x + c_2xe^x$는 예제 3(b)의 2계 선형미분방정식

$$y'' - 2y' + y = 0$$

의 2개 모수를 갖는 해이다. 그림 1.1.4는 해곡선을 그린 것이다. 이 방정식의 특수해는 $y = 5xe^x(c_1 = 0, c_2 = 5)$, $y = 3e^x(c_1 = 3 \quad c_2 = 0)$, $y = 5e^x - 2xe^x$ $(c_1 = 5,\ c_2 =-2)$들이다.

때때로 해들의 모임에서 얻어질 수 없는 해, 즉 해들의 모임에서 상수를 대입함으로써 얻어질 수 없는 해가 존재한다. 이러한 해를 **특이해**라고 한다. 예를 들면, $y = \frac{1}{16}x^4$과 $y = 0$는 미분방정식 $\frac{dy}{dx} = xy^{1/2}$의 해이다. 미분방정식 $\frac{dy}{dx} = xy^{1/2}$의 해 모임은 $y = \left(\frac{1}{4}x^2 + c\right)^2$이 됨을 2.2절에서 증명할 것이다. $c = 0$일 때 특수해는 $y = \frac{1}{16}x^4$이다. 그러나 자명한 해 $y = 0$는 $y = \left(\frac{1}{4}x^2 + c\right)^2$의 어떠한 상수 c를 대입해도 얻어질 수 없는 해이므로 특이해이다.

지금까지 사용된 예에서 x, y는 각각 독립변수와 종속변수를 표시하였다. 그러나 이들 변수를 표시하기 위해 다른 기호를 사용할 수도 있다. 예를 들어 독립변수는 t, 종속변수는 x로 표시할 수도 있다.

예제 7 다른 기호의 사용

임의의 상수 c_1, c_2에 대해 함수 $x = c_1\cos 4t$와 $x = c_2\sin 4t$는 선형미분방정식

$$x'' + 16x = 0$$

의 해이다.

$x = c_1\cos 4t$를 t에 관해 미분하면

$$x' =- 4c_1\sin 4t, \quad x'' =- 16c_1\cos 4t$$

이다. 주어진 미분방정식에 대입하면

$$x'' + 16x =- 16c_1\cos 4t + 16(c_1\cos 4t) = 0$$

이다. 마찬가지로, $x = c_2\sin 4t$에 대해 $x'' =- 16c_2\sin 4t$ 이므로

$$x'' + 16x =- 16c_1\sin 4t + 16(c_1\sin 4t) = 0$$

이다.

마지막으로 해들의 일차결합인 2개의 모수를 갖는 해 집합 $x = c_1\cos 4t + c_2\sin 4t$도 미분방정식의 해가 된다.

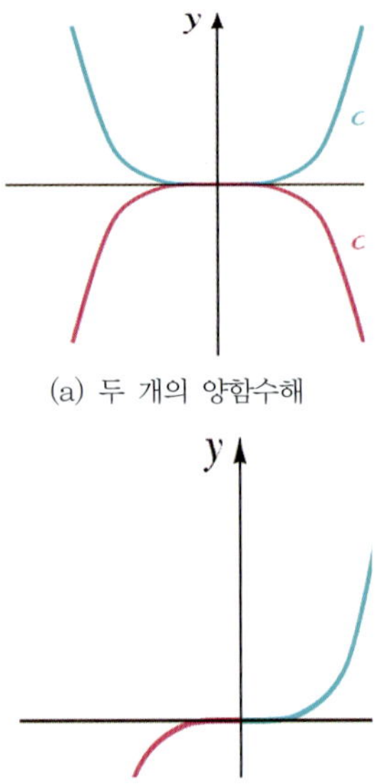

(a) 두 개의 양함수해

(b) 구분적으로 정의된 해

그림 1.1.5 예제 8의 해

예제 8 조각적으로 정의된 해

$y = cx^4$은 미분방정식 $xy' - 4y = 0$의 하나의 모수를 갖는 해모임이다(그림 1.1.5(a)). 조각적으로 정의된 미분가능한 함수

$$y = \begin{cases} -x^4, & x < 0 \\ x^4, & x \geq 0 \end{cases}$$

는 미분방정식의 특수해이지만, $y = cx^4$으로부터 단 하나의 c에 의해 얻어질 수 없는 해이다. 이 해는 $x < 0$에 대해 $c = -1$, $x \geq 0$에 대해 $c = 1$을 취함으로써 얻어질 수 있다(그림 1.1.5(b)).

연립 미분방정식 지금까지 우리는 하나의 미분방정식만을 다루었다. 그러나 많은 응용에서는 연립 미분방정식을 다루어야 하는 경우가 발생한다. 하나의 독립변수와 두 개 이상의 미지함수를 포함하는 두 개 이상의 미분방정식을 **연립 미분방정식**이라고 한다. 예를 들면 x, y가 종속변수이고, t가 독립변수이면

$$\begin{aligned} \frac{dx}{dt} &= f(t, x, y) \\ \frac{dy}{dt} &= g(t, x, y) \end{aligned} \tag{9}$$

은 **1계 연립 미분방정식**이 된다.

동일한 구간 I에서 정의되고 연립 미분방정식을 만족하는 미분가능한 함수의 쌍 $x = \phi_1(t), y = \phi_2(t)$은 방정식 (9)의 해가 된다.

주의

(i) 미분방정식의 음함수해에 관한 몇 개의 단어들은 적절하다. 예제 5에서 미분방정식 (8)의 2개의 양함수해 $\phi_1(x) = \sqrt{25 - x^2}$, $\phi_2(x) = -\sqrt{25 - x^2}$를 얻기 위해 $x^2 + y^2 = 25$를 x의 함수로 표현했다. 그러나 이 하나의 예제에 너무 많은 것을 부여하지 마라. 쉽지 않고 중요하지 않다면 y를 x의 양함수로 표현하는 것에 대해 음함수 해 $G(x, y) = 0$로 해결하려고 노력할 필요는 없다. 정의 1.1.3 이후에 나오는 두 번째 문장을 잘못해석하지 말아라. 음함수 해 $G(x, y) = 0$는 미분방정식의 해인 미분가능한 함수 ϕ를 정의할 수 있다. 그러나 해석적인 방법으로 $G(x, y) = 0$를 풀게 되지 못할 수도 있다. ϕ의 해 곡선은 $G(x, y) = 0$의 그래프의 분할 또는 조각이 될 수 있다(1.1절 연습문제 45, 46). 2.2절 예제 4에 이어 나오는 이야기를 주목하여라.

(ii) 이 절에서 해의 개념이 강조되기는 했어도 미분방정식이 반드시 해를 갖는다는 것은 아니라는 점을 인식해야 한다(1.1절 연습문제 39). 해의 존재성에 대

한 문제는 다음 절에서 다룰 것이다.

(iii) $M(x, y)dx + N(x, y)dy = 0$ 형태로 쓰인 1계 상미분방정식은 어떤 것이 종속변수를 의미하는지에 대해 알 수 없으므로 선형 또는 비선형이 되는지가 명백하지 않다(1.1절 연습문제 9, 10).

(iv) $F(x, y, y', \cdots, y^{(n)}) = 0$은 $y^{(n)}$에 대해 푼다고 가정하는 것은 그리 대단한 일이 아닌 것처럼 보인다. 그러나 여기에는 약간의 주의가 필요하다. 여기에는 예외가 있는데 이 가정과 연결된 문제들이 있다(1.1절 연습문제 52, 53).

(v) 미분방정식 교재 등에서 종종 "닫힌 형태의 해"라는 용어를 만나게 된다. 이것은 x의 멱승의 유한결합, 제곱근, 지수 로그함수, 삼각함수와 역삼각함수 등의 기본함수에 의해 표현되는 양함수해로서 이해하면 된다.

(vi) 구간 I상에서 n계 상미분방정식 $F(x, y, y', \cdots, y^{(n)}) = 0$의 모든 해는 모수 c_i, $i = 1, 2, \cdots, n$의 적당한 선택에 의해 **일반해**라고 불리는 n-매개변수 족 $G(x, y, c_1, c_2, \cdots, c_n) = 0$로부터 얻어진다. 선형 상미분방정식을 풀 때 방정식의 계수에 단순한 제약을 부여할 것이다. 이러한 제약을 갖고 하나의 구간에서 해가 존재할 뿐만 아니라 해들의 모임이 모든 가능한 해를 나타낸다는 것을 확인할 수 있다. 비선형의 경우는 종종 기본함수에 의해 해를 구하는 것이 어렵고 불가능하다. 더욱이 비선형방정식에 대한 해의 모임을 얻었다면 이들 모임이 모든 해를 포함하는가는 명백하지 않다. 실질적인 수준에서 "일반해"는 선형 상미분방정식에만 적용된다. 이러한 점에서 이 개념에 대하여 걱정하지 말고 "일반해"라는 단어를 기억해둬라. 나중에 2.3절과 4장에서 이 개념을 다시 사용할 것이다.

연습문제 1.1

(1-8) 주어진 미분방정식의 계수를 말하고 선형인지 비선형인지 결정하여라.

1 $(1-x)y' - 4xy + 5y = \cos x$

2 $\dfrac{d^2u}{dr^2} + \dfrac{du}{dr} + u = \cos(r+u)$

3 $t^5 y^{(4)} - t^3 y'' + 6y = 0$

4 $x\dfrac{d^3y}{dx^3} - \left(\dfrac{dy}{dx}\right)^4 + y = 0$

5 $\dfrac{d^2y}{dx^2} = \sqrt{1 + \left(\dfrac{dy}{dx}\right)^2}$

6 $\ddot{x} - \left(1 - \dfrac{\dot{x}^2}{3}\right)\dot{x} + x = 0$

7 $(\sin\theta)y''' - (\cos\theta)y' = 2e^y$

8 $\dfrac{d^2R}{dt^2} = -\dfrac{k}{R^2}$

(9-10) (7)에서 주어진 첫 번째 미분방정식과 연결하여 다음

의 주어진 1계 미분방정식이 지정된 종속변수에 관해 선형이 되는지 결정하여라.

9 $(y^2-1)dx+xdy=0$; x 변수 : y 변수

10 $udv+(v+uv-ue^u)du=0$; v 변수 : u 변수

(11-14) 주어진 함수가 미분방정식의 양함수해가 됨을 증명하여라. 각 해가 정의되는 적당한 구간 I를 가정하여라.

11 $2y'+y=0;\quad y=e^{-x/2}$

12 $y''+y=\tan x; y=-(\cos x)\ln(\sec x+\tan x)$

13 $y''-6y'+13y=0;\quad y=e^{3x}\cos 2x$

14 $\dfrac{dy}{dt}+20y=24;\qquad y=\dfrac{6}{5}-\dfrac{6}{5}e^{-20t}$

(15-18) 주어진 함수 $y=\phi(x)$는 1계 미분방정식의 양함수해가 됨을 증명하여라. 예제 2에서처럼 함수로서 ϕ의 정의구역을 구하고 미분방정식의 해로서 정의된 ϕ에 대하여 해가 정의되는 적어도 하나의 구간 I를 구하여라.

15 $(y-x)y'=y-x+8;\quad y=x+4\sqrt{x+2}$

16 $2y'=y^3\cos x;\quad y=(1-\sin x)^{-1/2}$

17 $y'=2xy^2;\quad y=1/(4-x^2)$

18 $y'=25+y^2;\quad y=5\tan 5x$

(19-20) 주어진 함수가 1계 미분방정식의 음함수해가 되는 것을 증명하여라. 각 경우에 적어도 하나의 양함수 해 $y=\phi(x)$를 구하여라. 각 해 ϕ가 정의되는 구간 I를 구하여라.

19 $\dfrac{dX}{dt}=(X-1)(1-2X);\quad \ln\left(\dfrac{2X-1}{X-1}\right)=t$

20 $2xydx+(x^2-y)dy=0;\ -2x^2y+y^2=1$

(21-24) 주어진 함수가 미분방정식의 해가 됨을 증명하여라. 각 해가 정의되는 적당한 구간 I를 가정하여라.

21 $\dfrac{dP}{dt}=P(1-P);\quad P=\dfrac{c_1e^t}{1+c_1e^t}$

22 $x^3\dfrac{d^3y}{dx^3}+2x^2\dfrac{d^2y}{dx^2}-x\dfrac{dy}{dx}+y=12x^2;$

$y=c_1x^{-1}+c_2x+c_3x\ln x+4x^2$

23 $\dfrac{d^2y}{dx^2}-4\dfrac{dy}{dx}+4y=0;\quad y=c_1e^{2x}+c_2xe^{2x}$

24 $\dfrac{dy}{dx}+2xy=1;\ y=e^{-x^2}\displaystyle\int_0^x e^{t^2}dt+c_1e^{-x^2}$

25 조각적으로 정의된 함수

$$y=\begin{cases}-x^2, & x<0\\ x^2, & x\geq 0\end{cases}$$

가 $(-\infty,\ \infty)$상에서 미분방정식 $xy'-2y=0$의 해가 됨을 증명하여라.

26 예제 5에서

$$y=\phi_1(x)=\sqrt{25-x^2},\ y=\phi_2(x)=-\sqrt{25-x^2}$$

가 구간 $(-5,\ 5)$에서 $dy/dx=-x/y$의 해가 됨을 보았다. 구분적으로 정의된 함수

$$y=\begin{cases}\sqrt{25-x^2}, & -5<x<0\\ -\sqrt{25-x^2}, & 0\leq x<5\end{cases}$$

는 구간 $(-5,\ 5)$상에서 미분방정식의 해가 되지 않는 이유를 설명하여라.

(27-30) 함수 $y=e^{mx}$가 주어진 미분방정식의 해가 되는 m을 구하고 이유를 설명하여라.

27 $y+2y=0$

28 $5y'=2y$

29 $y''-5y'+6y=0$

30 $2y''+7y'-4y=0$

(31-32) 함수 $y=x^m$이 주어진 미분방정식의 해가 되는 m을 구하고 이유를 설명하여라.

31 $xy''+2y'=0$

32 $x^2y''-7xy'+15y=0$

(33-36) $y=c,\ -\infty<x<\infty$가 상수함수일 필요충분조건은 $y'=0$라는 사실을 사용하여 주어진 미분방정식이 상수

해를 포함하는지를 결정하여라.

33 $3xy' + 5y = 10$

34 $y'' + 4y' + 6y = 10$

35 $(y-1)y' = 1$

36 $y' = y^2 + 2y - 3$

(37-38) 주어진 함수쌍들이 구간 $(-\infty, \infty)$상에서 미분방정식의 해가됨을 증명하여라.

37 $\dfrac{dx}{dt} = x + 3y$
$\dfrac{dy}{dt} = 5x + 3y;$
$x = e^{-2t} + 3e^{6t},$
$y = -e^{-2t} + 5e^{6t}$

38 $\dfrac{d^2x}{dt^2} = 4y + e^t$
$\dfrac{d^2y}{dt^2} = 4x = e^t;$
$x = \cos 2t + \sin 2t + \dfrac{1}{5}e^t,$
$y = -\cos 2t - \sin 2t - \dfrac{1}{5}e^t,$

토론 문제

39 실수 해를 갖지 않는 미분방정식을 만들어라.

40 자명한 해 $y = 0$만을 갖는 미분방정식을 만들고 이유를 설명하여라.

41 1계 도함수가 자기 자신이 되는 함수는 무엇인가? 1계 도함수가 자기 자신의 k 상수배인 함수는 무엇인가? 위 표현을 1계 미분방정식으로 표현하여라.

42 2계 도함수가 자기 자신이 되는 함수는 무엇인가? 2계 도함수가 음의 자기 자신인 함수는 무엇인가? 위 표현을 1계 미분방정식으로 표현하여라.

43 $y = \sin x$는 1계 미분방정식 $\dfrac{dy}{dx} = \sqrt{1-y^2}$의 양함수해이다. 정의되는 구간 I를 구하여라.
[힌트: I는 구간 $-\infty < x < \infty$는 아니다.]

44 선형 미분방정식 $y'' + 2y' + 4y = 5\sin t$는 $y = A\sin t + B\cos t$ (A, B: 상수)형태의 해를 갖는다고 상상하는 것이 의미가 있는지 이야기 하여라. 그리고 그때 $y = A\sin t + B\cos t$가 미분방정식의 특수해가 되도록 상수 A와 B를 구하여라.

(45-46) 주어진 그림은 미분방정식 $dy/dx = f(x)$의 음함수 해 $G(x, y) = 0$의 그래프이다. 각 경우에 $G(x, y) = 0$는 미분방정식의 다양한 해를 음함수적으로 정의하고 있다. 종이에 그림을 다시 그리고 다른 색깔의 펜을 이용하여 해의 그래프에 대응하는 그래프상의 분할 또는 조각을 표시하여라. 해 ϕ는 함수이고 미분가능하다는 사실을 기억하여라. 해곡선을 사용하여 각각의 해 ϕ가 정의되는 구간 I를 추정하여라.

45

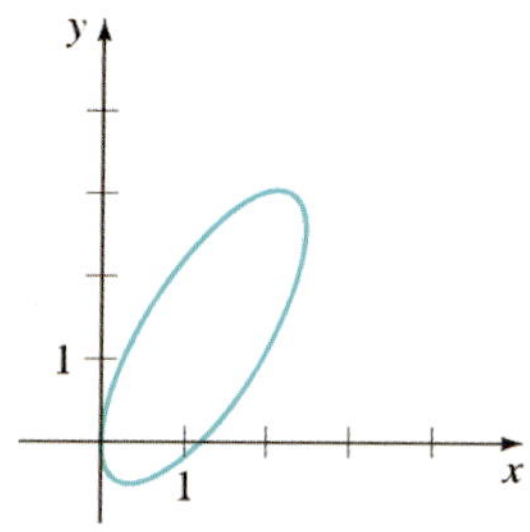

그림 1.1.6 문제 45에 대한 그래프

46

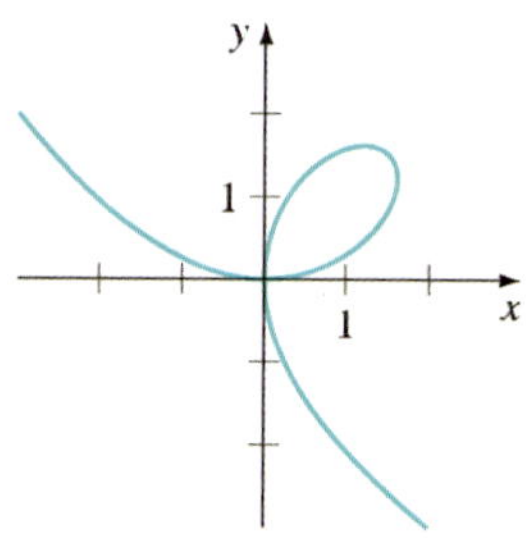

그림 1.1.7 문제 46에 대한 그래프

47 1개 매개변수 족 $x^3 + y^3 = 3cxy$의 그래프를 **데카르트(Descartes)의 엽선(folia)**이라고 부른다. 이 해는 1계 미분방정식

$$\frac{dy}{dx} = \frac{y(y^3 - 2x^3)}{x(2y^3 - x^3)}$$

의 음함수해가 됨을 증명하여라.

48 그림 1.1.7의 그래프는 연습문제 47의 엽선에서 $c = 1$을 대입한 것이다. 다음을 논의하여라.
연습문제 47의 미분방정식은 접선과 수직인 $x^3 + y^3 = 3xy$상의 점을 구하는데 어떤 역할을 할 수 있는가? 접선과 수직이라는 것은 안다는 것은 미분방정식의 해 ϕ가 정의되는 구간 I를 결정하는 데 어떤 도움을 주는가? 당신의 생각을 적고 연습문제 42의 추정된 구간과 비교하여라.

49 예제 5에서 양함수해 $y = \phi_1(x)$, $y = \phi_2(x)$가 정의되는 가장 큰 구간 I는 개구간 $(-5, 5)$이였다. 해가 정의

되는 구간 I는 폐구간 $[-5, 5]$는 왜 될 수 없는가?

50 21번에서 미분방정식 $P' = P(1-P)$의 해가 주어졌다. 임의의 해곡선은 점 $(0, 3)$을 지나가는가? $(0, 1)$도 지나가는가?

51 $dy/dx = f(x)$와 $d^2y/dx^2 = f(x)$형태의 미분방정식을 푸는 방법을 예를 들어 설명하여라.

52 미분방정식 $x(y')^2 - 4y' - 12x^3 = 0$는 (4)에서 주어진 형태이다. 이 방정식을 $dy/dx = f(x)$형태로 표현할 수 있는가?

53 n계 미분방정식의 일반형 (5)는 정확하게 같은 해를 갖는다면 (4)와 같게 된다. $F(x, y, y') = 0$이 $dy/dx = f(x)$와 동치가 되지 않는 1계 미분방정식을 만들어라.

54 $y = c_1x + c_2x^2$이 2개의 상수를 갖는 해가 되는 2계 선형 미분방정식 $F(x, y, y', y'') = 0$을 구하여라. 당신이 구한 방정식은 임의의 상수 c_1, c_2와 독립적이라는 것을 확인하여라.

(55-58) 미분방정식의 해 $y = \phi(x)$에 관한 성질에 대한 정보는 방정식 그자체로부터 얻어진다. 문제를 풀기 전에, dy/dx와 d^2y/dx^2의 기하학적 의미를 기억하여라.

55 미분방정식 $dy/dx = e^{-x^2}$을 생각하자.

(a) 미분방정식의 해가 왜 x축 상의 구간에서 증가함수가 되야 하는지 설명하여라.

(b) $\lim_{x\to-\infty} dy/dx$와 $\lim_{x\to\infty} dy/dx$는 무엇인가?
이것은 $x \to \pm\infty$일 때 해곡선에 관하여 무엇을 의미하는가?

(c) 해곡선이 아래로 오목인 구간과 위로 오목인 구간을 구하여라.

(d) (a)~(c)에 의해 제시되는 미분방정식의 해 $y = \phi(x)$의 그래프를 그려라.

56 미분방정식 $dy/dx = 5 - y$를 생각하자.

(a) 33-36에서 제시된 방법 또는 직접적인 방법으로 미분방정식의 상수해를 구하여라.

(b) 미분방정식만을 사용하여 상수가 아닌 해 $y = \phi(x)$가 증가가 되는 y축 상의 구간을 구하여라. $y = \phi(x)$가 감소가 되는 y축 상의 구간을 구하여라.

57 미분방정식 $dy/dx = y(a - by)$를 생각하자. 여기서 a와 b는 양의 상수이다.

(a) 33-36에서 제시된 방법 또는 직접적인 방법으로 미분방정식의 2개의 상수해를 구하여라.

(b) 미분방정식만을 사용하여 상수가 아닌 해 $y = \phi(x)$가 증가가 되는 y축 상의 구간을 구하여라. $y = \phi(x)$가 감소가 되는 y축 상의 구간을 구하여라.

(c) 미분방정식만을 사용하여 $y = a/2b$가 상수가 아닌 해 $y = \phi(x)$의 그래프의 변곡점의 y좌표가 되는 이유를 설명하여라.

(d) 같은 좌표축 상에서 (a)에서 구한 2개의 상수해의 그래프를 그려라. 이들 상수해는 xy평면을 3개의 영역으로 나눈다. 각 영역에서 (b)와 (c)에 의해 제시되는 미분방정식의 상수가 아닌 해 $y = \phi(x)$의 그래프를 그려라.

58 미분방정식 $y' = y^2 + 4$를 생각하자.

(a) 미분방정식의 상수해가 존재하지 않는 이유를 설명하여라.

(b) 해 $y = \phi(x)$의 그래프를 그려라. 해곡선이 임의의 극값을 갖을 수 있는가?

(c) $y = 0$가 해곡선의 변곡점의 y좌표가 되는 이유를 설명하여라.

(d) (a)-(c)에 의해 제시되는 미분방정식의 해 $y = \phi(x)$의 그래프를 그려라.

(59-60) 주어진 함수가 미분방정식의 특수해가 되는 것을 증명하는 데 필요한 모든 도함수를 계산하기 위해 컴퓨터대수체계를 사용하여라.

59 $y^{(4)} - 20y''' + 158y'' - 580y' + 841y = 0;$
$y = xe^{5x}\cos 2x$

60 $x^3y''' + 2x^2y'' + 20xy' - 78y = 0;$
$y = 20\dfrac{\cos(5\ln x)}{x} - 3\dfrac{\sin(5\ln x)}{x}$

1.2 초깃값 문제

필요한 개념

- 미분방정식의 정규형식
- 미분방정식의 해
- 해의 모임

소개 | 어떤 조건(x_0에서의 미지함수 $y(x)$와 그의 도함수값이 정의된 조건)을 만족하는 미분방정식의 해 $y(x)$를 구해야 하는 경우가 발생한다. x_0를 포함하는 구간 I에서 다음과 같이 n개의 조건에 따른 n계 미분방정식

$$\text{미분방정식}: \frac{d^n y}{dx^n} = f(x, y, y', \cdots, y^{(n-1)}) \tag{1}$$

$$\text{조건}: y(x_0) = y_0, \ y'(x_0) = y_1, \ \cdots y^{(n-1)}(x_0) = y_{n-1}$$

를 **초깃값 문제**(IVP)라고 부른다. 여기서 $y_0, y_1, \cdots, y_{n-1}$은 임의의 상수이다. $y(x)$의 값과 x_0에서 $n-1$개 도함수의 값 $y(x_0) = y_0$, $y'(x_0) = y_1$, $\cdots$, $y^{(n-1)} = y_{n-1}$은 **초기 조건**이라고 부른다. (1)과 같은 n계 초깃값 문제는 우선 주어진 미분방정식에서 n개의 모수를 갖는 해를 구한 후 x_0에서 n개의 초기 조건을 사용해서 n개 상수의 수치적인 값을 구한다. 얻어진 특수해는 초깃값 x_0를 포함하는 구간 I상에서 정의된 함수가 된다.

IVP의 기하학적 해석 (1)에서 $n=1, n=2$인 경우

$$\text{미분방정식}: \frac{dy}{dx} = f(x, y) \tag{2}$$

$$\text{조건}: y(x_0) = y_0$$

와

$$\text{미분방정식}: \frac{d^2 y}{dx^2} = f(x, y, y') \tag{3}$$

$$\text{조건}: y(x_0) = y_0, \ y'(x_0) = y_1$$

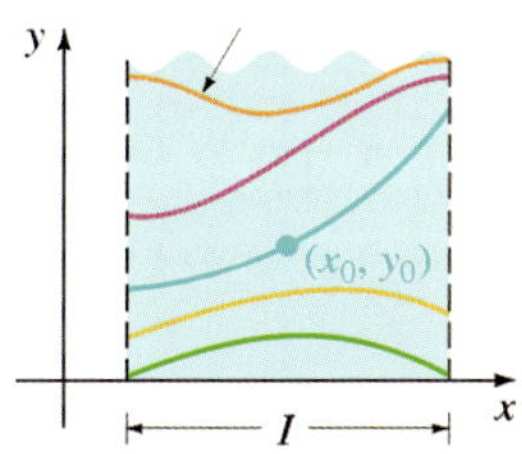

그림 1.2.1 1계 IVP의 해

은 각각 **1계 초깃값 문제**와 **2계 초깃값 문제**이다. 이들 두 문제는 기하학적으로 설명할 수 있다. (2)는 x_0를 포함하는 구간 I에서 정의된 미분방정식 $y' = f(x, y)$의 해 $y(x)$를 구하는 것이며 해는 (x_0, y_0)를 지나가야 된다. 해곡선은 그림 1.2.1에 표시되어 있다.

(3)은 x_0를 포함하는 구간 I에서 정의된 미분방정식 $y'' = f(x, y, y')$의 해 $y(x)$를 구하는 것이며 해는 (x_0, y_0)를 지나가야 될 뿐만 아니라 이 점에서 곡선의 기울기는 y_1이 되어야 한다. 해곡선은 그림 1.2.2에 표시되어 있다. 초기 조건이라는 말은 물리적인 현상에서 나온 용어인데, 독립변수는 시간 t를 의미하고, $y(t_0) = y_0$, $y'(t_0) = y_1$은 시작점 t_0에서 물체의 위치와 속도를 나타낸다.

예제 1 조각적으로 정의된 해

(a) 1.1절 연습문제 41에서 $y = ce^x$는 구간 $-\infty < x < \infty$에서 미분방정식 $y = y'$의 해가 된다는 사실을 알 수 있다. 만일 초기 조건을 $y(0) = 3$이라고 하면 주어진 해곡선에 $x = 0$, $y = 3$을 대입하여 $3 = ce^0 = c$을 얻는다. 그러므로 $y = 3e^x$은 초깃값 문제 $y = y'$, $y(0) = 3$의 해가 됨을 알 수 있다.
(b) 한편 점 $(1, -2)$를 지나는 해곡선을 얻고자 한다면 $y(1) = -2$이므로 $-2 = ce$ 즉 $c = -2e^{-1}$이다. 이 경우, $y = -2e^{x-1}$은 초깃값 문제 $y = y'$, $y(1) = -2$의 해가 된다(그림 1.2.3). ■

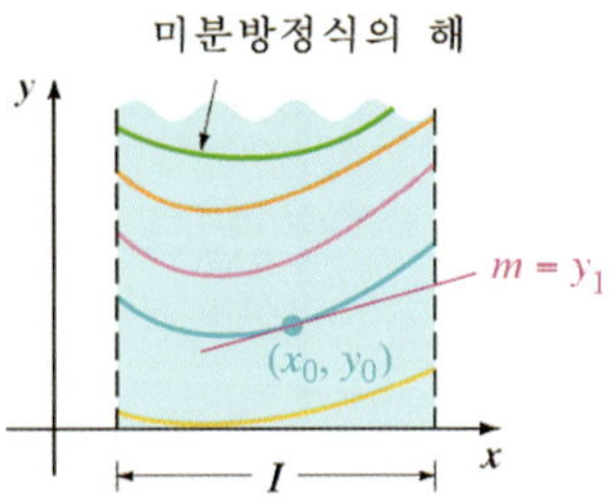

그림 1.2.2 2계 IVP의 해

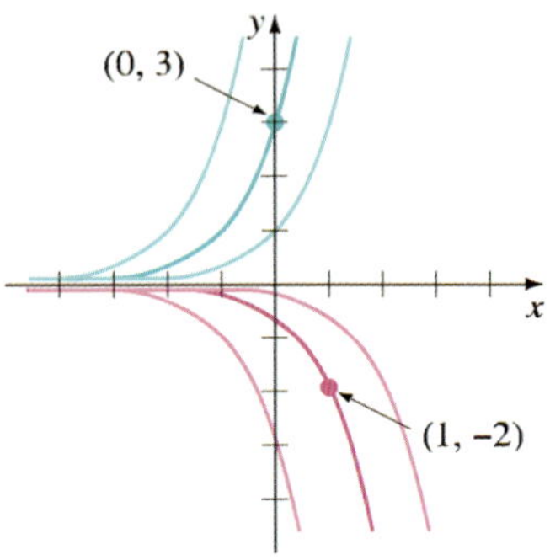

그림 1.2.3 두 IVP의 해

해 $y(x)$의 정의구역 I가 초기 조건 $y(x_0) = y_0$에 의존하는지에 대하여 다음 예에서 알 수 있다.

예제 2 해의 정의구역 I

1계 미분방정식 $y' + 2xy^2 = 0$의 해는 $y = \dfrac{1}{x^2 + c}$이 된다는 사실은 2.2절 연습문제 4에서 보여질 것이다. 초기 조건이 $y(0) = -1$이라면 $x = 0$와 $y = -1$을 대입하여 $c = -1$을 얻게 된다. 그러므로 특수해는 $y = \dfrac{1}{x^2 - 1}$이다. 이에 대하여 다음 3가지 차이점에 대하여 알 수 있다.

- 함수로써, $y = \dfrac{1}{x^2 - 1}$의 정의구역은 $y(x)$가 정의된 모든 실수의 집합 즉, $x = -1$과 $x = 1$을 제외한 모든 실수의 집합이 된다(그림 1.2.4(a)).
- 미분방정식 $y' + 2xy^2 = 0$의 해로서, $y = \dfrac{1}{x^2 - 1}$이 정의되는 구간 I는 $y(x)$가 정의되고 미분가능한 구간이 될 것이다. 그림 1.2.4(a)에서 보이듯이 $y = \dfrac{1}{x^2 - 1}$이 해가 되는 가장 큰 구간은 $-\infty < x < -1, -1 < x < 1$과 $1 < x < \infty$이다.
- 초깃값 문제 $y' + 2xy^2 = 0$, $y(0) = -1$의 해로서, $y = \dfrac{1}{x^2 - 1}$이 정의되는 구간 I는 $y(x)$가 정의되고 미분가능한 구간이며 또한 초깃값 $x = 0$를 포함해야 한다. 이러한 조건을 만족하는 가장 큰 구간은 $-1 < x < 1$이다(그림 1.2.4(b)). ■

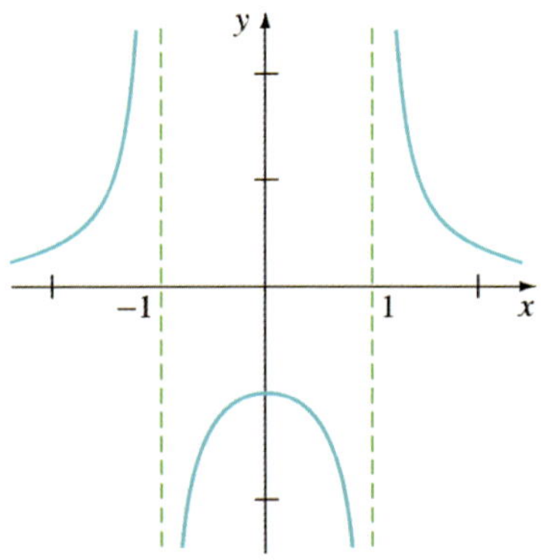

(a) $x = \pm 1$을 제외한 모든 x에 대해 정의된 함수

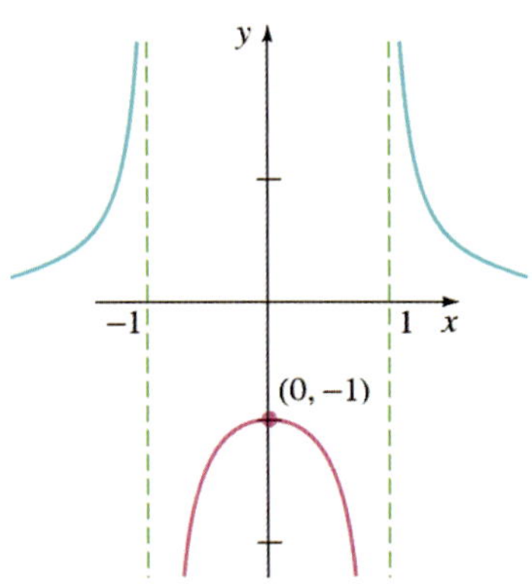

(b) $x = 0$를 포함하는 구간에서 정의된 해

그림 1.2.4 예제 2에서 함수의 그래프와 IVP의 해

예제 3 2계 IVP

1.1절의 예제 7에서 $x = c_1\cos 4t$와 $x = c_2\sin 4t$는 선형미분방정식

$$x'' + 16x = 0$$

의 두 개 모수를 갖는 해 모임이었다. 초깃값 문제

$$x'' + 16x = 0, \quad x\left(\frac{\pi}{2}\right) = -2, \quad x'\left(\frac{\pi}{2}\right) = 1 \tag{4}$$

을 만족하는 해를 구하여라.

풀이 $x(\pi/2) = -2$를 대입하면 $c_1\cos 2\pi + c_2\sin 2\pi = -2$이다. $\cos 2\pi = 1$, $\sin 2\pi = 0$이므로 $c_1 = -2$이다. 다음으로 $x'(\pi/2) = 1$을 대입하면 $8\sin 2\pi + 4c_2\cos 2\pi = 1$이다. 그러므로 $c_2 = \frac{1}{4}$이고 $x = -2\cos 4t + \frac{1}{4}\sin 4t$가 (4)의 해이다. ■

존재성과 유일성 초깃값 문제에서 다음 두가지 물음이 제기될 수 있다.
이 문제의 해가 존재하느냐?
해가 존재하는 경우 그 해는 유일한가?
1계 초깃값 문제 (2)에 대해 다음을 생각할 수 있다.

존재성: 미분방정식 $\dfrac{dy}{dx} = f(x, y)$는 해를 갖는가?
해곡선은 점 (x_0, y_0)을 지나가는가?
유일성: 점 (x_0, y_0)을 지나는 유일한 해곡선이 존재하기 위한 조건은 무엇인가?

다음 예는 두 개의 해를 갖는 초깃값 문제에 대한 것이다.

예제 4 다양한 해를 갖는 IVP

함수 $y = 0$와 $y = \frac{1}{16}x^4$은 미분방정식 $\frac{dy}{dx} = xy^{1/2}$와 초기 조건 $y(0) = 0$을 만족한다. 그러므로 초깃값 문제

$$\frac{dy}{dx} = xy^{1/2}, \quad y(0) = 0$$

는 적어도 두 개의 해를 갖는다. 그림 1.2.5에서 보이듯이 두 함수의 그래프는 점 $(0, 0)$을 지난다. ■

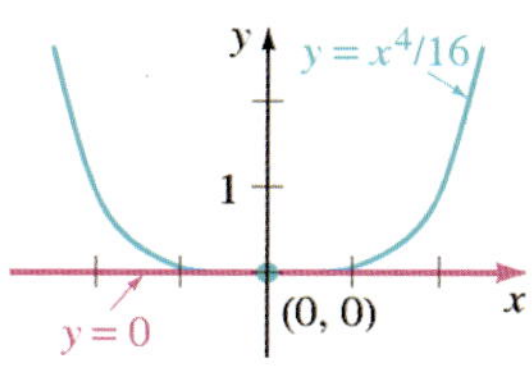

그림 1.2.5 같은 IVP의 두 해

대부분의 미분방정식은 해를 가지며 초깃값 문제의 해는 유일할 것이라고 확신할 수 있다. 그러므로 해가 존재할런지, 존재한다면 유일한 해인지에 대하여 초기치문제를 해결하려는 노력이 필요하다. 다음 장에서 1계 미분방정식을 다루기 때문에 (2)에서 주어진 형태의 1계 초깃값 문제의 해에 대한 존재성과 유일성을 보장해주는 충분조건을 증명없이 진술할 것이다. 2계 미분방정식의 존재성과 유일성은 4장에서 다룰 것이다.

정리 1.2.1 유일한 해의 존재성

R은 $a \le x \le b$, $c \le y \le d$로서 정의되는 xy-평면의 직사각형영역으로서 그 내부에 점 (x_0, y_0)를 포함한다고 하자. 만일 $f(x, y)$와 $\frac{\partial f}{\partial y}$가 R에서 연속이면 $a \le x \le b$에 포함되는 구간 $I_0 : x_0 - h < x < x_0 + h\,(h > 0)$와 초깃값 문제 (2)를 만족하는 구간 I_0에서 정의되는 유일한 함수 $y(x)$가 존재한다.

위 정리는 $f(x, y)$와 $\frac{\partial f}{\partial y}$가 연속인가를 판정하기에 비교적 쉬우므로 가장 널리 알려진 1계 미분방정식에 대한 존재성과 유일성 정리이다. 정리 1.2.1에 대한 설명은 그림 1.2.6에 나타나 있다.

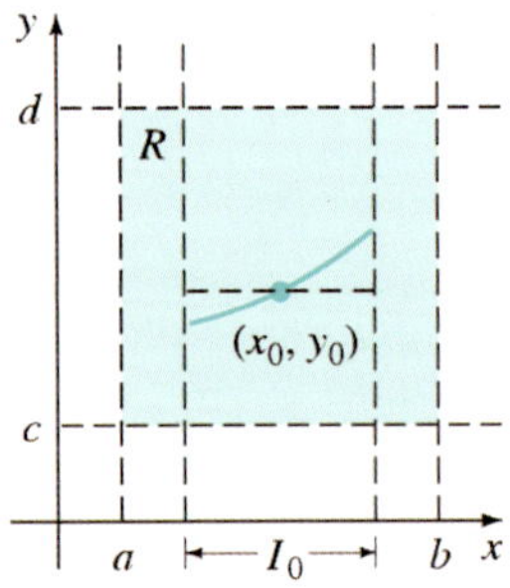

그림 1.2.6 사각 영역 R

예제 5 수정된 예제 4

미분방정식 $\frac{dy}{dx} = xy^{1/2}$는 해의 그래프가 $(0, 0)$을 지나는 적어도 2개의 해를 갖는다는 사실을 예제 4에서 보았다. 두 개의 함수

$$f(x,y) = xy^{1/2}, \quad \frac{\partial f}{\partial y} = \frac{x}{2y^{1/2}}$$

는 $y > 0$로 정의되는 상반평면에서 연속임을 알 수 있다. 따라서 정리 1.2.1에 의하여 임의의 점 $(x_0, y_0)(y_0 > 0)$를 지나며 주어진 미분방정식이 유일한 해를 갖는 x_0 근방의 어떤 구간이 존재한다고 할 수 있다. 예를 들면 초깃값 문제 $\frac{dy}{dx} = xy^{1/2}$, $y(2) = 1$이 유일한 해를 갖고 2에 중심을 둔 구간이 존재한다는 사실을 알 수 있다. ■

예제 1의 경우를 정리 1.2.1에 적용하면 $y' = y$, $y(0) = 3$과 $y' = y$, $y(1) = -2$의 해는 각각 $y = 3e^x$와 $y = -2e^{x-1}$뿐이라는 것을 알 수 있다. 이것은 $f(x, y) = y$, $\frac{\partial f}{\partial y} = 1$이 xy평면에서 연속이라는 사실로 확인할 수 있다.

존재성과 유일성의 구간 $y(x)$가 초깃값 문제 (2)의 해라고 하자. 이 때 x축 상에서 정의된 다음의 세 가지는 서로 같다.

- 함수 $y(x)$의 구간
- 해 $y(x)$가 정의되거나 존재하는 구간 I
- 존재성과 유일성의 구간 I_0

1.1절의 예제 2에서 함수의 정의구역과 해가 정의되는 구간 사이의 차이점에 대하여 설명하였다.

한편 (x_0, y_0)가 정리 1.2.1에서의 직사각형 영역 R의 내부의 점이라고 하자. R에서 함수 $f(x, y)$의 연속성은 어떤 구간 I에서 정의된 $\frac{dy}{dx}=f(x, y)$, $y(x_0)=y_0$의 적어도 하나의 해의 존재성을 보장하는데 충분한 조건이다. 초깃값 문제에서 해가 정의되는 구간은 보통 해 $y(x)$가 정의되고 미분가능하며 x_0를 포함하는 가장 큰 구간을 취한다. 구간 I는 $f(x, y)$와 초기 조건 $y(x_0)=y_0$에 따라 결정된다(1.2절 연습문제 31−34). R상에서 1계 편도함수 $\frac{\partial f}{\partial y}$의 연속성에 대한 조건은 x_0를 포함하는 어떤 구간 I_0상에서 존재하는 해에 대한 것 뿐 아니라 $y(x_0)=y_0$를 만족하는 유일한 해가 존재한다는 것을 알려준다. 그러나, 정리 1.2.1에 의해 구간 I와 I_0의 크기에 대한 것은 알 수 없다. 해가 정의되는 구간 I는 영역 R보다 크게 될 필요는 없고, 존재성과 유일성의 구간 I_0는 I보다 클 수 없다. 구간 $I_0 : x_0-h<x<I_0 : x_0-h<x<x_0+h\,(h>0)$에서 정의된 수 h는 매우 작으며, 따라서 해 $y(x)$는 국소적인 의미 즉, 점 (x_0, y_0)근방에서 정의된 해로서 유일하게 된다(1.2절 연습문제 50).

주의

(i) 정리 1.2.1에서 말한 조건은 충분조건이지 필요조건은 아니다. $f(x, y)$와 $\partial f/\partial y$각 직사각형 영역 R에서 연속일 때 (x_0, y_0)가 R의 내부점이면 반드시 (2)의 유일한 해가 존재한다. 그러나 이 정리의 가정에서 말한 조건이 성립되지 않으면 초깃값 문제 (2)는 해를 갖지 않을 수도 있고, 하나이상의 해를 가질 수도 있으며 유일한 해를 가질 수도 있다. 예제 5를 다시 보면 정리 1.2.1의 가정은 미분방정식 $dy/dx=xy^{1/2}$에 대해 $y=0$상에서 성립하지 않는다는 것을 알 수 있다. 그래서 예제 4에서 보았던 것처럼 $y(0)=0$를 만족하는 구간 $-h<x<h$에서 정의된 두 개의 해가 존재한다는 것은 놀랄만한 일은 아니다. 한편 정리 1.2.1의 가정은 미분방정식 $dy/dx=|y-1|$에 대해 $y=1$상에서 성립하지 않는다. 그럼에도 불구하고 초깃값 문제 $dy/dx=|y-1|$, $y(0)=1$의 해는 유일하다는 것을 증명할 수 있다.

(ii) 1.2절 연습문제 49를 읽고 생각하고 기억해야만 한다.

(iii) 초기조건은 단 하나의 점 x_0에서 정의된다. 그러나 두 개의 서로 다른 점 x_0와 x_1에서 정의된 $y(x)$와 그의 도함수값을 가진 미분방정식을 푸는 것도 흥미롭다.

$$y(1)=0,\quad y(5)=0 \quad \text{또는}\ y(\pi/2)=0,\ y'(\pi)=1$$

와 같은 조건을 **경계 조건**이라고 한다. 경계조건을 갖는 미분방정식을 **경곗값 문제**(BVP)라고 한다. 예를 들어

$$y'' + \lambda y = 0, \quad y'(0) = 0, \quad y'(\pi) = 0$$

은 경곗값 문제이다. (연습문제 1.2의 39-44)

2장에서 미분방정식의 해를 구할 때는 1계 미분방정식과 1계 초깃값 문제만을 다룰 것이다. 과학기술현상에서 나타나는 많은 문제들은 2계 초깃값 문제 또는 경곗값 문제에 관한 것들이다. 이러한 문제들은 4장과 5장에서 다룰 것이다.

연습문제 1.2

(1-2) $y = 1/(1 + c_1 e^{-x})$가 1계 미분방정식 $y' = y - y^2$의 해이다. 다음 초기 조건을 만족하는 해를 구하여라.

1 $y(0) = -\dfrac{1}{3}$ 2 $y(-1) = 2$

(3-6) $y = 1/(x^2 + c)$가 1계 미분방정식 $y' + 2xy^2 = 0$의 해이다. 다음 초기 조건을 만족하는 해를 구하여라. 그리고 해가 정의되는 가장 큰 구간 I를 구하여라.

3 $y(2) = \dfrac{1}{3}$ 4 $y(-2) = \dfrac{1}{2}$

5 $y(0) = 1$ 6 $y\left(\dfrac{1}{2}\right) = -4$

(7-10) $x = c_1 \cos t + c_2 \sin t$는 2계 미분방정식 $x'' + x = 0$의 해이다. 다음 초기 조건을 만족하는 해를 구하여라.

7 $x(0) = -1, \; x'(0) = 8$

8 $x(\pi/2) = 0, \quad x'(\pi/2) = 1$

9 $x(\pi/6) = \dfrac{1}{2}, \quad x'(\pi/6) = 0$

10 $x(\pi/4) = \sqrt{2}, \quad x'(\pi/4) = 2\sqrt{2}$

(11-14) $y = c_1 e^x + c_2 e^{-x}$는 2계 미분방정식 $y'' - y = 0$의 해이다. 다음 초기 조건을 만족하는 해를 구하여라.

11 $y(0) = -1, \; y'(0) = 2$

12 $y(1) = 0, \; y'(1) = e$

13 $y(-1) = 5, \; y'(-1) = -5$

14 $y(0) = 0, \; y'(0) = 0$

(15-16) 1계 초깃값 문제의 적어도 2개의 해를 직접 구하여라.

15 $y' = 3y^{2/3}, \quad y(0) = 0$ 16 $xy' = 2y, \quad y(0) = 0$

(17-24) 주어진 미분방정식의 유일한 해의 그래프가 xy 평면의 영역에서 점 (x_0, y_0)을 지나도록 하는 한 영역을 결정하여라.

17 $\dfrac{dy}{dx} = y^{2/3}$ 18 $\dfrac{dy}{dx} = \sqrt{xy}$

19 $x\dfrac{dy}{dx} = y$ 20 $\dfrac{dy}{dx} - y = x$

21 $(4 - y^2)y' = x^2$ 22 $(1 + y^3)y' = x^2$

23 $(x^2 + y^2)y' = y^2$ 24 $(y - x)y' = y + x$

(25-28) 미분방정식 $y' = \sqrt{y^2 - 9}$이 다음 주어진 점을 지나는 유일한 해를 갖는다는 것을 정리 1.2.1이 보장하는지를 결정하여라.

25 $(1, 4)$ 26 $(5, 3)$

27 $(2, -3)$ 28 $(-1, 1)$

29 (a) 미분방정식 $xy' = y$의 해를 구하여라. 해의 모임의 각각이 초깃값 문제 $xy' = y$, $y(0) = 0$의 해가 됨을 증명하여라.

(b) 미분방정식 $xy' = y$이 xy평면의 영역에서 점 (x_0, y_0)을 지나는 유일한 해를 갖는 영역 R을 결정하여라.

(c) 조각적으로 정의된 함수

$$y = \begin{cases} 0, & x < 0 \\ x, & x \geq 0 \end{cases}$$

는 조건 $y(0) = 0$을 만족함을 증명하여라. 이 함수가 (a)의 초깃값 문제의 해가 되는지를 결정하여라.

30 (a) $y = \tan(x + c)$는 미분방정식 $y' = 1 + y^2$의 해가 됨을 증명하여라.

(b) $f(x, y) = 1 + y^2$과 $\partial f/\partial y = 2y$는 모든 곳에서 연속이므로 정리 1.1의 영역 R은 xy 전체 평면이 될 수 있다. (a)의 해를 이용하여 초깃값 문제 $y' = 1 + y^2$, $y(0) = 0$의 양함수해를 구하여라. $x_0 = 0$는 구간 $-2 < x < 2$에 있을지라도 해가 이 구간에서 정의되지 않는 이유를 설명하여라.

(c) (b)의 초깃값 문제의 해에 대해 해가 존재하는 가장 큰 구간 I를 결정하여라.

31 (a) $y = -1/(x + c)$는 미분방정식 $y' = y^2$의 해가 됨을 증명하여라.

(b) $f(x, y) = y^2$과 $\partial f/\partial y = 2y$는 모든 곳에서 연속이므로 정리 1.2.1의 영역 R은 xy 전체 평면이 될 수 있다. (a)의 해 중 $y(0) = 1$을 만족하는 해를 구하여라. (a)의 해 중 $y(0) = -1$을 만족하는 해를 구하여라. 각 초깃값 문제의 해에 대해 해가 존재하는 가장 큰 구간 I를 결정하여라.

(c) 1계 초깃값 문제 $y' = y^2$, $y(0) = 0$의 해에 대해 가장 큰 정의 구간 I를 결정하여라. [힌트: 해는 (a)에서의 해 모임의 하나는 아니다.]

32 (a) 31의 (a)에서 해 중 $y' = y^2$, $y(1) = 1$을 만족하는 해는 $y = 1/(2 - x)$임을 보여라.

(b) 31의 (a)에서 해 중 $y' = y^2$, $y(3) = -1$을 만족하는 해는 $y = 1/(2 - x)$임을 보여라.

33 (a) $3x^2 - y^2 = c$는 미분방정식 $y\,dy/dx = 3x$의 해가 됨을 증명하여라.

(b) 음함수해 $3x^2 - y^2 = 3$의 그래프를 그려라. (a)의 미분방정식의 모든 양함수해 $y = \phi(x)$를 구하여라. 각 양함수해가 정의되는 구간 I를 구하여라.

(c) 점 $(-2, 3)$은 $3x^2 - y^2 = 3$ 위에 있지만 (b)의 양함수해는 $y(-2) = 3$을 만족하느냐?

34 (a) 33의 (a)에서 해 중 초깃값 문제 $y\,dy/dx = 3x$, $y(2) = -4$를 만족하는 음함수해를 구하여라. 그리고 이 문제의 양함수해의 그래프를 그리고 해가 정의되는 구간 I를 구하여라.

(b) 원점을 지나는 $y\,dy/dx = 3x$의 양함수해가 존재하느냐?

(35-38) 2계 미분방정식 $d^2y/dx^2 = f(x, y, y')$의 해 모임 중 하나의 그래프가 주어졌다. 다음 초기 조건 중 적어도 하나의 쌍과 해곡선을 연결하여라.

(a) $y(1) = 1$, $y'(1) = -2$

(b) $y(-1) = 0$, $y'(-1) = -4$

(c) $y(1) = 1$, $y'(1) = 2$ (d) $y(0) = -1$, $y'(0) = 2$

(e) $y(0) = -1$, $y'(0) = 0$ (f) $y(0) = -4$, $y'(0) = -2$

35

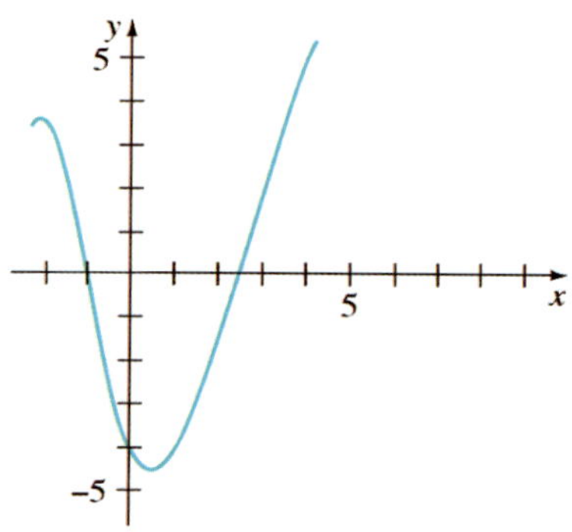

그림 1.2.7 문제 35에 대한 그래프

36

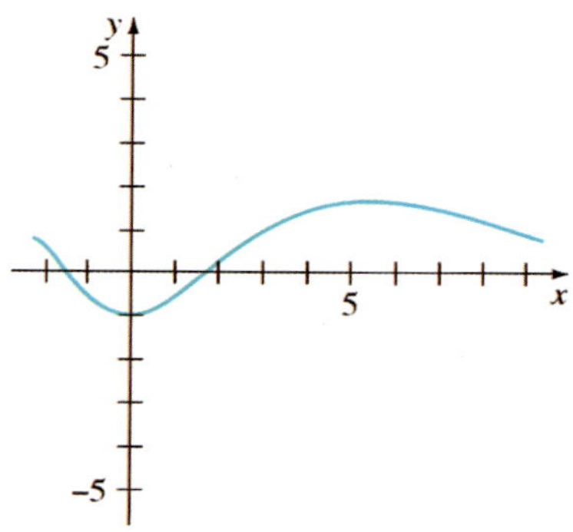

그림 1.2.8 문제 36에 대한 그래프

37

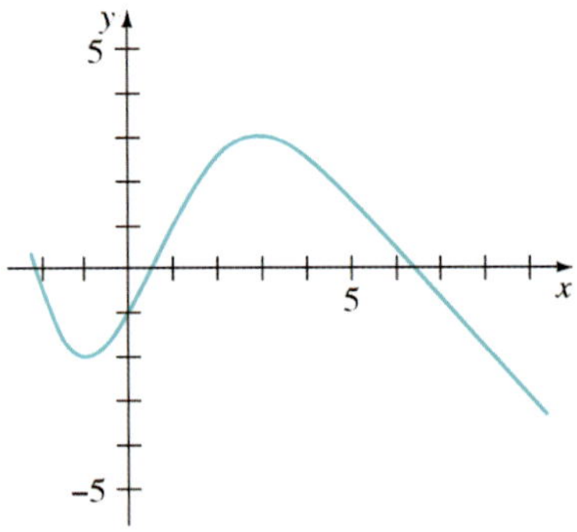

그림 1.2.9 문제 37에 대한 그래프

38

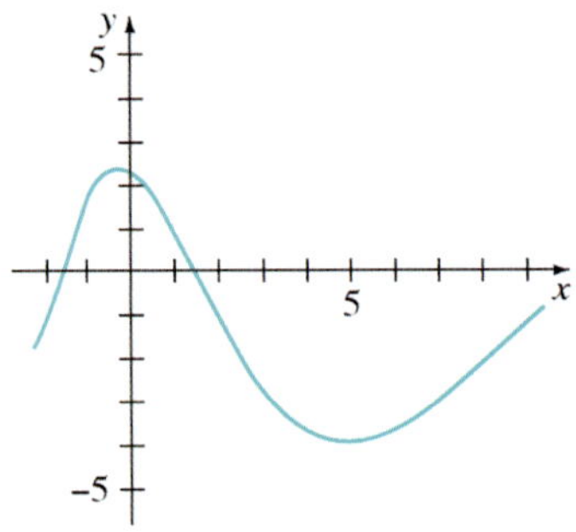

그림 1.2.10 문제 38에 대한 그래프

(39-44) $y = c_1\cos 2x + c_2\sin 2x$는 2계 미분방정식 $y'' + 4y = 0$의 해이다. 주어진 조건을 만족하는 미분방정식의 해를 구하여라. 두 개의 서로 다른 점에서 정의된 조건은 경계조건이라고 부른다.

39. $y(0) = 0,\ y(\pi/4) = 3$ 40. $y(0) = 0,\ y(\pi) = 0$

41. $y'(0) = 0,\ y'(\pi/6) = 0$ 42. $y(0) = 1,\ y'(\pi) = 5$

43. $y(0) = 0,\ y(\pi) = 2$

44. $y'(\pi/2) = 1,\ y'(\pi) = 0$

토론 문제

45, 46은 연습문제 1.1의 51과 이 절의 (2), (3)을 이용하여라.

45 각 점 (x, y)에서의 그래프가 $8e^{2x} + 6x$에 의해 주어진 기울기를 갖고 y축과 $(0, 9)$에서 만나는 그래프를 구하여라.

46 2계 도함수가 각 점에서 $y'' = 12x - 2$이고 $y = -x + 5$가 $x = 1$에 대응하는 점에서의 그래프의 접선인 함수 $y = f(x)$를 구하여라.

47 초깃값 문제 $y' = x - 2y,\ y(0) = \frac{1}{2}$을 생각하자. 그림 1.2.11에서 주어진 두 곡선 중 어떤 것이 유일한 해 곡선이 되는지 결정하고 이유를 설명하여라.

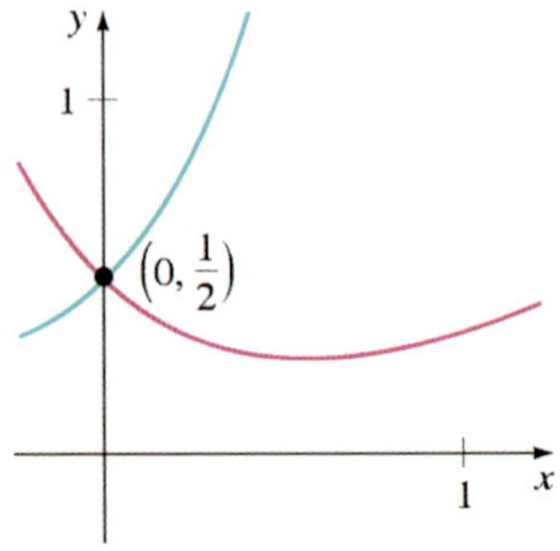

그림 1.2.11 문제 47에 대한 그래프

48 초깃값 문제 $y' + 2y = 3x - 6,\ y(x_0) = 0$의 해의 그래프가 $(x_0, 0)$에서 x축에 접하는 x_0의 값을 구하고 그 이유를 설명하여라.

49 1계 미분방정식 $dy/dx = f(x, y)$가 하나의 상수를 갖는 해를 갖는다고 가정하고 $f(x, y)$가 xy평면상의 장사각형 영역 R에서 정리 1.2.1을 만족한다고 가정하자. 두 개의 다른 해 곡선은 R 안의 점 (x_0, y_0)에서 서로 만나거나 접하는 이유를 설명하여라.

50 함수 $y(x) = \frac{1}{16}x^4,\ -\infty < x < \infty$와

$$y(x) = \begin{cases} 0, & x < 0 \\ \frac{1}{16}x^4, & x \ge 0 \end{cases}$$

은 같은 정의구역을 갖지만 다른 함수이다(그림 1.2.12 (a)(b)). 양 함수는 구간$(-\infty, \infty)$상에서 초깃값 문제 $dy/dx = xy^{1/2},\ y(2) = 1$의 해가 됨을 증명하여라. 이 사실과 예제 5의 마지막 문장 사이의 명백한 모순을 분석하여라.

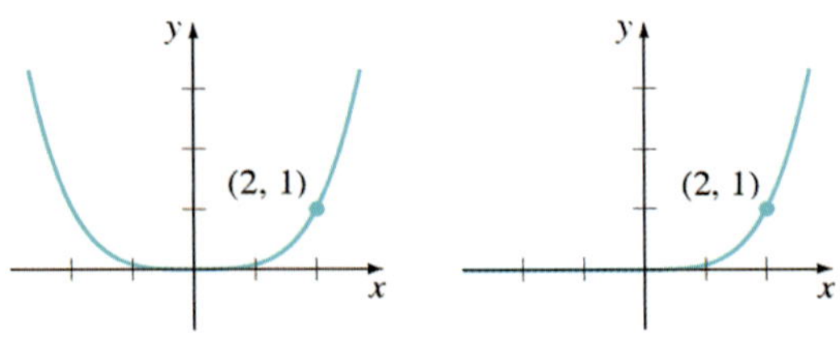

(a) (b)

그림 1.2.12 문제 50에서 IVP의 두 해

수학적 모델

51 **모집단의 증가** 미분방정식은 많은 물리적인 현상을 표현하고 모델화하는데 사용된다는 사실을 다음 절에서 볼 수 있다. 이 문제에서는 작은 단체의 증가하는 모집단의 모델은 초깃값 문제

$$\frac{dP}{dt}=0.15P(t)+20, \quad P(0)=100$$

으로 주어진다고 가정하자. 여기서 P는 단체에서의 사람 수이고 시간 t는 일년단위로 측정된 것이다. 얼마나 빨리 즉, 어떤 비율로 $t=0$에서 모집단이 증가하는가? 모집단이 500일 때 얼마나 빨리 모집단이 증가하는가?

1.3 수학적 모델로서 미분방정식

필요한 개념

- 무게, 질량, 밀도에 대한 측정단위
- 뉴턴의 운동법칙
- 후크의 법칙
- 키르히호프(Kirchhotf)의 법칙
- 아르키메데스 원리

소개 | 이 절에서는 수학적 모델로서 미분방정식의 개념을 소개하고 생물학, 화학과 물리학에서의 특수한 모델에 대하여 이야기한다. 우리는 2장과 4장에서 미분방정식을 푸는 방법을 공부한 후에 3장과 5장에서 이들 모델 중 몇 개로 돌아가서 해를 구할 것이다.

수학적 모델 실생활 체계나 현상 즉, 물리학적, 사회학적, 또는 경제학적으로 나타나는 행동을 수학적 용어로 표현하는 것이 때때로 필요하다. 이러한 체계 또는 현상의 수학적인 표현을 **수학적 모델**이라고 부른다. 예를 들면 동물집단의 성장을 공부함으로써 어떤 생태계의 절차를 이해하는 것이 가능하고 화석이나 지층에서 방사성물질의 붕괴를 분석함으로써 화석의 연대를 알 수 있다.

수학적 모델의 구축은 다음으로 시작된다.

(i) 체계가 변화하는데 책임이 있는 변수를 확인한다. 우리는 우선 모든 이러한 변수들을 모델로 추가하지 않도록 한다. 이 단계는 **모델을 결정하는 수준**이 된다.

다음

(ii) 우리가 묘사하려고 하는 체계에 대한 합리적인 가정을 만든다. 이들 가정은 체계에 적용될 수 있는 경험적인 법칙을 포함할 것이다.

어떤 목적을 위해 낮은 단계의 결정 모델을 만족하는 이유가 확실한 경우가 있을 수 있다.

예를 들어, 물리학 과정을 시작할 때 공기 중 마찰의 복원력은 때때로 지구 표면에 떨어지는 물체의 운동을 다루는 모델에서 무시된다. 그러나 긴 거리 발사체의 비행경로를 정확히 예측할 수 있는 과학자라면, 저항력과 지구의 곡률 같은 다른 요소도 염두에 두어야 한다.

하나 또는 그 이상의 변수의 변화율을 빈번하게 포함하는 체계에 관한 가정이 만들어졌기 때문에 이들 가정에 대한 수학적인 묘사는 도함수를 포함하는 하나 또는 그 이상의 방정식이 될 수 있다. 다른 말로 수학적인 모델은 미분방정식 또는 연립 미분방정식이 될 수 있다.

미분방정식 또는 연립 미분방정식인 수학적 모델을 공식화한 후 그것을 풀어야 하는 어려운 문제에 닥치게 된다. 만일 그 미분방정식을 풀고, 해가 실험 자료나 체계의 행동에 관한 알려진 사실과 일치한다면 그 모델은 합리적인 것으로 생각된다. 그러나 해에 의해 만들어진 예측이 약하다면 모델의 결정 수준을 더 높이거나 체계에서 변화의 절차에 관한 다른 가정을 만들 수 있다. 모델링 과정의 단계는 다음 그림에서 확인할 수 있다.

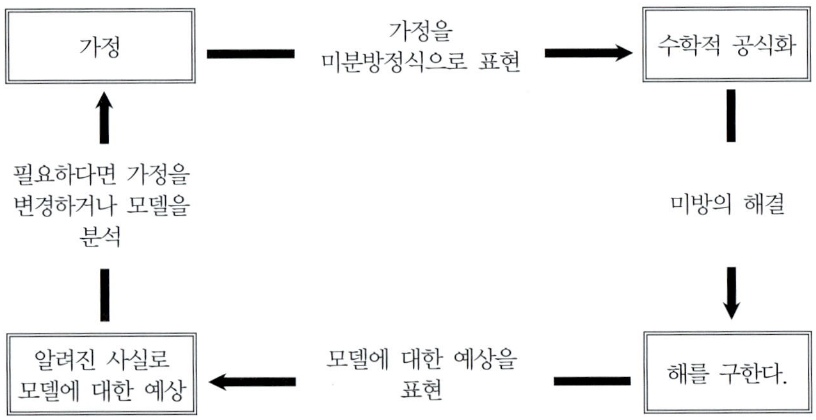

그림 1.3.1 미분방정식의 모델링 과정의 단계

물론 모델을 결정하는 것이 늘어나면 수학적인 모델의 복잡성이 더해지고, 양함수해를 얻을 수 없는 가능성이 증가된다.

물리 체계의 수학적인 모델은 종종 시간변수 t를 포함한다. 이 때 모델의 해는 그 체계의 상태를 알려준다. 즉, t의 적당한 값에 대해 종속변수(또는 변수들)의 값은 과거, 현재 그리고 미래의 체계를 의미한다.

모집단의 역학 일찍이 수학을 이용해 모집단 증가율을 모델화하려고 시도했던 사람 중 하나는 1798년 영국의 경제학자 맬서스(Thomas Malthus)이다. 기본적으로 맬서스 모델의 이론은 한 도시의 모집단이 어떤 시간에 증가하는 비율은 그 시간에 그 도시의 총 모집단에 비례한다는 가정에 기반을 둔다. 즉, 시간 t에 사람이 많을수록 미래에도 더 많이 있게 된다. 수학적으로는 $P(t)$가 시간 t에서 총 모집단을 표시한다면 이 가정은

$$\frac{dP}{dt} \propto P \quad \text{또는} \quad \frac{dP}{dt} = kP \tag{1}$$

으로 된다. 여기서 k는 비례상수이다. 모집단이 증가나 감퇴(예를 들면 이민이나 이주)에 영향을 줄 수 있는 많은 요소를 고려하지 않는 단순한 모델은 그럼에도 불구하고 1790−1860년 동안 미국의 인구를 정확히 예측하였던 것으로 증명되었다. (1)에 의해 설명되는 비율로 증가하는 모집단은 드물다. 그럼에도 불구하고 (1)은 짧은 시간에 작은 모집단(예를 들면 페트리접시에서 자라는 박테리아)의 증가를 설명하는데 유용하다.

방사성 붕괴 원자핵은 양자와 중성자의 결합으로 구성된다. 양자와 중성자의 이러한 많은 결합은 안정적이지 않다. 즉 원자는 붕괴되거나 다른 물질의 원자로 변화된다. 이러한 핵들은 방사성이라고 부른다. 예를 들면 높은 방사성 라듐 Ra−226은 방사성 가스 라돈 Rn−222로 변한다. 방사성 붕괴의 현상을 모델화하기 위해서는 붕괴되는 물질의 핵은 시간 t에서 남아있는 물질의 양(더 자세히 하면 핵의 수) $A(t)$에 비례한다고 가정한다.

$$\frac{dA}{dt} \propto A \quad \text{또는} \quad \frac{dA}{dt} = kA \tag{2}$$

물론 식 (1)과 (2)는 같은 것이다. 차이점은 기호와 비례상수뿐이다. (1)에서의 증가에 대해서는 $k > 0$이고 (2)에서 붕괴의 경우는 $k < 0$이다.

또한 증가에 대한 모델 (1)은 이자의 연간비율이 연속적으로 늘어날 때 자산 S의 증가를 설명하는 방정식 $dS/dt = rS$로 보일 수 있다. 또한 붕괴의 모델 (2)는 반감기(배설 또는 신진대사에 의해 50%가 제거되는 시간)를 결정하는 것과 같은 생물학적인 응용에서 나타난다. 화학에서 붕괴모델 (2)는 1차의 화학적인 반응에 대해 수학적인 표현에서 나타난다. 요점은 다음과 같다.

하나의 미분방정식은 많은 다른 현상에 대한 수학적인 모델로 이바지된다.

수학적 모델은 종종 어떤 부수적인 조건과 동반된다. 예를 들어 (1)과 (2)에서 초기인구 P_0와 방사성 물질의 초기의 양 A_0을 알기를 원한다. 초기 시간은 $t = 0$인 경우로 취해진다면 $P(0) = P_0$, $A(0) = A_0$이다. 즉, 수학적 모델은 초깃값 문제 또는 나중에 5.2절에서 배우게 될 경곗값 문제로 이루어질 수 있다.

냉각/예열의 뉴턴 법칙 뉴턴의 경험적인 법칙에 따르면 물질의 온도변화율은

물질의 온도와 주변 매체의 온도 즉 주위의 온도 사이의 차이에 비례한다. 만일 $T(t)$가 시간 t에서 물질의 온도이고 T_m은 주변매체의 온도, dT/dt는 물질의 온도변화율이라면 **냉각/예열의 뉴턴 법칙**은 수학적인 표현

$$\frac{dT}{dt} \propto T - T_m \quad \text{또는} \quad \frac{dT}{dt} = k(T - T_m) \tag{3}$$

으로 된다. 여기서 k는 비례상수이다. 냉각 또는 예열인 경우 T_m이 상수이면 $k < 0$으로 된다.

질병의 전파 전염병(예를 들면 인플루엔자 바이러스)은 다른 사람들과의 접촉에 의해 퍼진다. $x(t)$는 병에 걸린 사람의 수이고, $y(t)$는 아직 병에 노출되지 않은 사람의 수라고 하자. 병이 퍼지는 비율 dx/dt는 두 그룹의 사람사이의 만남 또는 상호작용의 횟수에 비례한다고 가정하는 것은 합리적이다. 만일 상호작용의 횟수가 $x(t)$와 $y(t)$에 비례한다면, 즉 곱 xy에 비례한다면,

$$\frac{dx}{dt} = kxy \tag{4}$$

이다. 여기서 k는 비례상수이다.

n명의 인구를 가진 작은 단체를 생각하자. 감염된 한 명이 이 단체에 들어온다면 $x(t)$와 $y(t)$는 $x + y = n + 1$이 된다고 주장할 수 있다. 이 방정식을 이용하여 (4)에서 y를 소거하면

$$\frac{dx}{dt} = kx(n + 1 - x) \tag{5}$$

이 된다. (5)의 초기 조건은 $x(0) = 1$이다.

화학적 반응 미분방정식 (1)로 주어지는 방사성물질의 붕괴를 **1차의 반응**이라고 부른다. 화학에서도 몇 가지 반응은 같은 법칙을 따른다. 물질 A의 분자가 더 작은 분자로 분해된다면 이 분해가 일어나는 비율은 전환을 당하지 않은 첫 번째 물질의 양에 비례한다. 즉, $X(t)$가 임의의 시간에 남아있는 물질 A의 양이라면 $dX/dt = kX$이다. 여기서, X는 감소하므로 k는 음의 상수이다. 1차의 화학적 반응의 예제는 t-부틸 염화물 $(CH_3)_3CCl$이 t-부틸알코올 $(CH_3)_3COH$로 전환되는 것이다.

$$(CH_3)_3CCl + NaOH \to (CH_3)_3COH + NaCl.$$

t-부틸 염화물을 농축하면 반응의 비율이 조절된다. 그러나 반응

$$CH_3Cl + NaOH \to CH_3OH + NaCl$$

에서 나트륨 수산화물 $NaOH$의 분자는 모든 메틸 염화물 CH_3Cl의 분자로 다

소멸된다. 그러므로 하나의 메틸알코올 분자 CH_3OH와 나트륨 염화물 $NaCl$를 만든다. 이 경우 반응이 진행되는 비율은 CH_3Cl와 $NaOH$의 남아있는 농축의 곱에 비례한다. 일반적으로 두 번째 반응을 설명하기 위해 하나의 물질 A의 분자가 하나의 물질 B의 분자와 결합하여 하나의 물질 C의 분자를 만든다고 가정하자. 만일 X가 시간 t에 형성된 화학물질 C의 양이고 α, β가 $t=0$에서 두 개의 화학물질 A, B의 양(초기 양)이라면 화학물질 C로 전환되지 않는 순간적인 A와 B의 양은 각각 $\alpha - X$와 $\beta - X$이다. 그러므로

$$\frac{dX}{dt} = k(\alpha - X)(\beta - X) \tag{6}$$

이다. 여기서 k는 비례상수이다. 방정식 (6)을 **2차의 반응**이라고 부른다.

혼합물 다른 농도를 갖는 두 개의 소금 용해를 혼합하면 혼합액에 포함된 소금의 양에 대한 1계 미분방정식이 만들어진다. 큰 탱크가 300갤런의 식염수(즉, 적당량의 파운드의 소금이 용해된 물)를 담았다고 가정하자. 다른 식염수가 분당 3갤런의 비율로 탱크에 넣어진다. 이 경우 농축된 소금의 농도는 갤런당 2파운드이다. 탱크 안의 용해를 잘 젓고 같은 비율로 탱크 밖으로 내보낸다(그림 1.3.2).

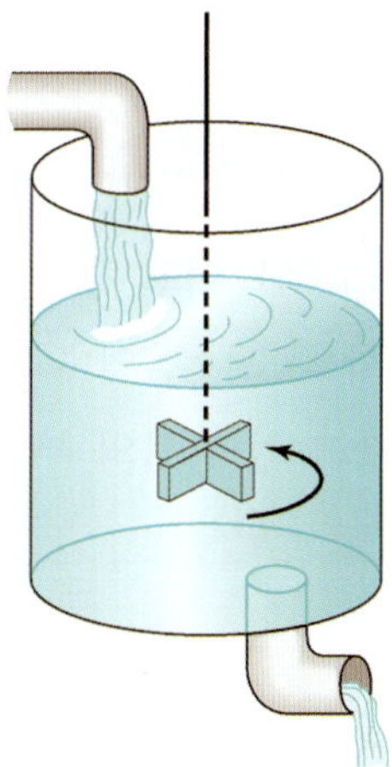

그림 1.3.2 탱크 안의 혼합물

만일 $A(t)$가 시간 t에서 탱크 안의 (파운드로 측정된) 소금의 양이라면 $A(t)$가 변화하는 비율은 순수한 비율이다.

$$\frac{dA}{dt} = (\text{소금의 유입률}) - (\text{소금의 배출률}) = R_{\in} - R_{out} \tag{7}$$

소금이 탱크에 들어간 유입률은 농축된 소금의 유입률과 유체의 유입률과의 곱이다. R_{in}은 분당 파운드로 측정된 것임을 유의하라.

$$\begin{array}{ccccc} & \text{농축된 소금의 유입률} & & \text{식염수의 유입률} & & \text{소금의 유입률} \\ & \downarrow & & \downarrow & & \downarrow \\ R_{in} = & (2lb/gal) & \cdot & (3gal/\min) & = & (6lb/\min) \end{array}$$

용해는 탱크에 들어온 것과 같은 비율로 탱크 밖으로 나가기 때문에 시간 t에 탱크에 있는 식염수는 항상 300갤런이다. 그러므로 유출처럼 탱크 안에 농축된 소금은 $c(t) = A(t)/300lb/gal$이고 그러므로 소금의 배출률 R_{out}은

$$\begin{array}{ccccc} & \text{농축된 소금의 유출률} & & \text{식염수의 유출률} & & \text{소금의 유출률} \\ & \downarrow & & \downarrow & & \downarrow \\ R_{out} = & \left(\frac{A(t)}{300} lb/gal\right) & \cdot & (3gal/\min) & = & \frac{A(t)}{100} lb/\min. \end{array}$$

그 때 순수한 비율 (7)은

$$\frac{dA}{dt} = 6 - \frac{A}{100} \quad \text{또는} \quad \frac{dA}{dt} + \frac{1}{100}A = 6 \tag{8}$$

이다.

만일 r_{in}과 r_{out}가 식염수 용해의 유입과 유출률을 표시한다면, 3가지 가능성 $r_{in} = r_{out}$, $r_{in} > r_{out}$, $r_{in} < r_{out}$ 이 있다. (8)로 유도되는 분석을 하면 $r_{in} = r_{out}$으로 가정된다. 후자의 두 경우에 탱크 안의 식염수의 양은 순수한 비율 $r_{in} - r_{out}$에서 증가($r_{in} > r_{out}$)이거나 감소($r_{in} < r_{out}$)한다(1.3절 연습문제 10-12).

탱크의 배수 유체역학에서 **토리첼리(Torricelli)의 법칙**에 의하면 물이 채워져 있는 높이 h의 탱크의 바닥에서 가느다란 호스를 통하여 물이 유출되는 속도 v는 물체(이 경우에는 떨어지는 물)가 높이 h에서 자유로이 떨어지는 때 얻어지는 속도와 같다. 즉 $v = \sqrt{2gh}$ 이고 여기서 g는 중력가속도이다. 마지막 표현은 퍼텐셜 에너지 mgh를 갖는 운동(kinetic) 에너지 $\frac{1}{2}mv^2$와 이를 v에 대해 풀면 얻어진다. 물이 차 있는 탱크는 중력의 영향 아래서 구멍을 통하여 물이 나오게 된다. 우리는 시간 t에서 탱크 안에 남아있는 물의 깊이 h를 알기를 원한다. 그림 1.3.2에서 보이는 탱크를 생각해보자. 구멍의 면적이 (ft^2으로) A_h이고 탱크에서 나오는 물의 속도가 (ft/s로) $v = \sqrt{2gh}$ 이면 초당 탱크에서 나오는 물의 부피는 (ft^3/s로) $A_h\sqrt{2gh}$ 이다. 그러므로 $V(t)$가 시간 t에서 탱크 안의 물의 부피라면

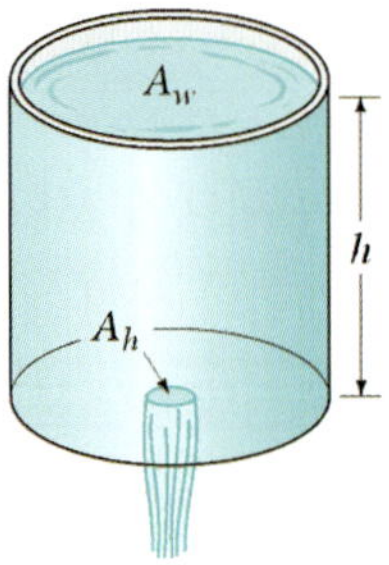

그림 1.3.3 탱크의 배수

$$\frac{dV}{dt} = -A_h\sqrt{2gh} \tag{9}$$

이다. 여기서 마이너스는 V가 감소라는 것을 의미한다. 여기서 우리는 구멍의 마찰력은 무시했다. 만일 시간 t에 탱크 안의 물의 부피는 $V(t) = A_w h$로 쓰일 수 있다면(여기서 ft^2으로 A_w는 물의 위 단면적이다. 그림 1.3.3), $dV/dt = A_w dh/dt$ 이다. 이 표현을 (9)에 대입하면 시간 t에서 물의 높이에 대한 미분방정식

$$\frac{dh}{dt} = \frac{A_h}{A_w}\sqrt{2gh} \tag{10}$$

을 얻는다.

A_w가 일정하지 않을 때라도 (1)은 성립한다. 이 경우에 물의 위 단면적을 h의 함수로 즉, $A_w = A(h)$로 표현해야만 한다(1.3절 연습문제 14).

직렬회로 그림 1.3.4(a)에서 보이듯이 인덕터와 저항, 축전기를 갖는 하나의 고리로 이어진 직렬회로를 생각하자. 스위치가 닫힌 후에 회로의 전류는 $i(t)$로 표시하고, 시간 t에 축전기의 전하는 $q(t)$로 표시하자. 문자 L, R, C는 각각 인덕턴, 저항, 전기용량을 표시하고 일반적으로는 항상 일정하다. **키르히호프의 제2법**

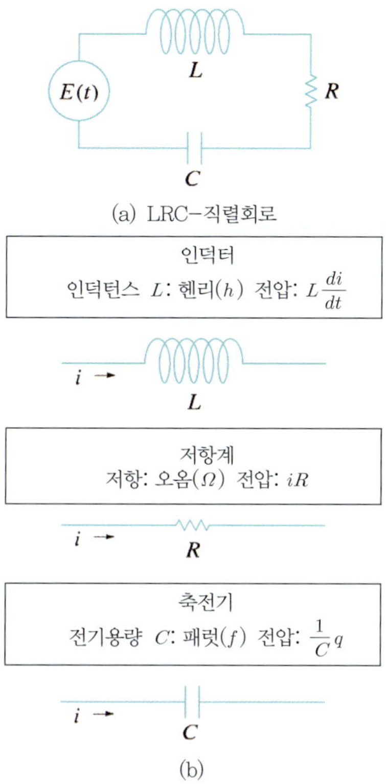

그림 1.3.4 전류 $i(t)$와 전하 $q(t)$는 암페어(A)와 쿨롱(C)으로 각각 측정된다.

칙에 의하면 닫힌 고리의 인가전압 $E(t)$는 고리에 나타난 전압의 합과 같아야 한다. 그림 1.3.4(b)는 인덕터, 축전기, 저항을 통과하는 전압에 대한 내용을 표시한다. 전류 $i(t)$는 $i = dq/dt$에 의해 축전기상의 전하 $q(t)$와 연관되므로 세 종류의 전압

$$L\frac{di}{dt} = L\frac{d^2q}{dt^2}, \quad iR = R\frac{dq}{dt}, \quad \frac{1}{C}q$$

을 모두 더하고 인가전압과 같게 놓으면 2계 미분방정식

$$L\frac{d^2q}{dt^2} + R\frac{dq}{dt} + \frac{1}{C}q = E(t) \tag{11}$$

을 얻는다. 5.1절에서 (11)과 유사한 미분방정식을 연구할 것이다.

낙체 힘마당에서 움직이는 물체의 운동에 대한 수학적인 모델을 만들기 위해서는 뉴턴의 운동의 제2법칙으로 시작하는 경우가 있다. 기초물리학과 **뉴턴의 운동 제1법칙**에 의하면 외부의 힘이 작용하지 않는다면 물체는 그 상태를 유지하거나 일정한 속도로 운동할 것이다. 각각의 경우에 이것은 물체에 작용하는 힘의 합 $F = \sum F_k$이 0일 때 물체의 가속도는 0이라고 이야기할 수 있다. **뉴턴의 운동 제 2법칙**이란 물체에 작용하는 순수한 힘이 0이 아닐 때 힘은 가속도에 비례한다는 것 즉, $F = ma$를 의미한다. 여기서 m은 물체의 질량이다.

그림 1.3.5에서처럼 빌딩의 지붕에서 돌을 위로 향하여 던졌다고 하자. 시간 t에 땅에서 돌의 위치 $s(t)$는 무엇인가?

돌의 가속도는 2계 도함수 $\frac{d^2s}{dt^2}$이다. 위로의 방향을 양이라 하고, 중력 외에 돌에 작용하는 어떤 힘도 없다면 뉴턴의 제2법칙에 의하면

$$m\frac{d^2s}{dt^2} = -mg \quad \text{또는} \quad \frac{d^2s}{dt^2} = -g \tag{12}$$

이다. 다시 말하면 순수한 힘은 단순히 지구표면근처의 돌의 무게 $F = F_1 = -W$이다. 무게의 크기는 $W = mg$임을 연상하여라. 여기서 m은 물체의 질량이고 g는 중력가속도이다. 돌의 무게는 아래로 향하는 힘이고 양의 방향과 반대이므로 (12)에서 마이너스 표기가 되었다. 빌딩의 높이가 s_0이고 돌의 초기속도가 v_0이면 s는 2계 초깃값 문제

$$\frac{d^2ds}{dt^2} = -g, \quad s(0) = s_0, \quad s'(0) = v_0 \tag{13}$$

에 의해 결정된다.

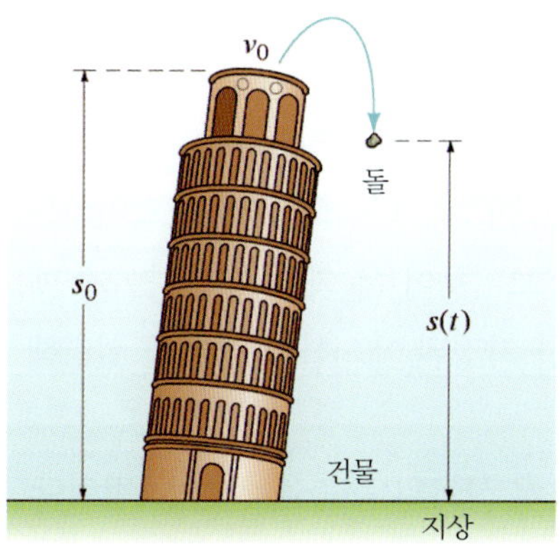

그림 1.3.5 지상에서 측정된 돌의 위치

아직 미분방정식의 해를 구하는 방법을 배우지 않았을지라도 (13)은 상수 $-g$를

t에 관해 2번 적분하면 풀 수 있다. 초기 조건은 적분상수를 결정해준다. 기초물리학에 의해 (13)의 해는 $s(t) = -\frac{1}{2}gt^2 + v_0 t + s_0$임을 알 수 있다.

낙체와 공기저항 갈릴레오의 유명한 실험이전에는 단순히 포탄 같은 물체는 깃털 같은 가벼운 물체보다 더 빠른 가속도를 가지고 떨어지는 것으로 믿어졌다. 포탄과 깃털이 같은 높이에서 동시에 떨어질 때 다른 속도로 떨어지는데, 이것은 포탄이 무겁기 때문에 그런 것은 아니다. 그 차이는 공기저항에 의한 것이다. 공기의 저항력은 (13)의 모델에서는 무시되었다. 어떤 환경아래에서는 낮은 밀도와 불규칙한 모양을 갖는 깃털처럼 질량 m의 떨어지는 물체는 순간속도에 비례하는 공기저항을 만난다. 이러한 환경에서 양의 방향을 아래쪽 방향으로 생각한다면 물질에 작용하는 순수한 힘은 $F = F_1 + F_2 = mg - kv$이다. 여기서 물체의 무게 $F_1 = mg$는 양의 방향으로 작용하는 힘이고 **점성 감쇠**라고 불리는 공기저항 $F_2 = -kv$은 위로 향하는 방향의 힘이다(그림 1.3.6).

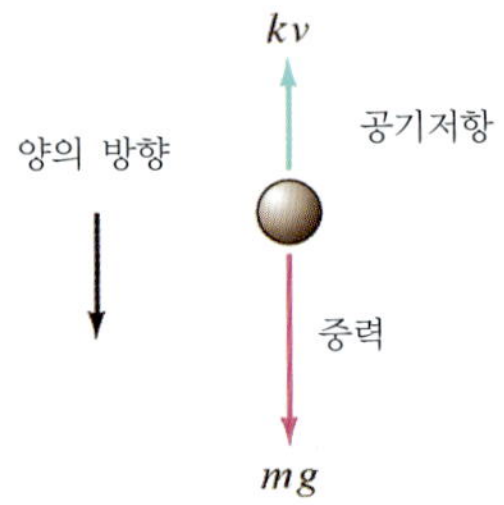

그림 1.3.6 질량 m의 낙체

한편 $a = dv/dt$에 의해 v는 a와 관련이 있고 뉴턴의 제2법칙은 $F = ma = mdv/dt$이다. 순수한 힘을 뉴턴의 제2법칙의 식과 같게 놓는다면 시간 t에서 물체의 속도 $v(t)$에 대한 1계 미분방정식을 얻는다.

$$m\frac{dv}{dt} = mg - kv. \tag{14}$$

여기서 k는 양의 비례상수이다. 만일 $s(t)$가 시작점에서 물체가 시간 t에 떨어지는 거리라면 $v = ds/dt$이고 $a = dv/dt = d^2s/dt^2$이다. (14)를 s가 들어있는 식으로 바꾸면 2계 미분방정식

$$m\frac{d^2s}{dt^2} = mg - k\frac{ds}{dt} \quad \text{또는} \quad m\frac{d^2s}{dt^2} + k\frac{ds}{dt} = mg. \tag{15}$$

이 된다.

(a) 걸려있는 다리의 케이블

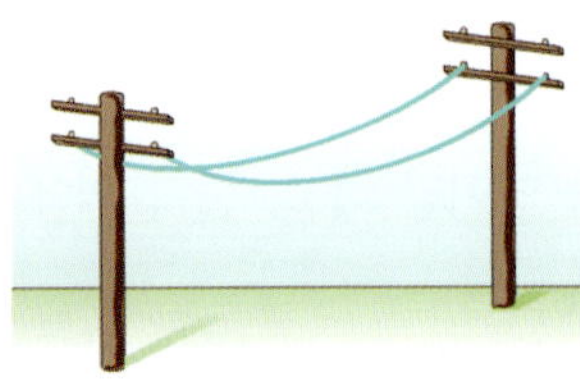
(b) 전화선

그림 1.3.7 수직 지지대사이에 걸려있는 케이블

걸려 있는 케이블 휘어지기 쉬운 케이블이 두 개의 수직 고정대 사이에 매달려 있다. 이것의 물리적인 예제는 그림 1.3.7(a)에서 보이듯이 다리의 노반을 지지하는 두 개의 케이블 중 하나이거나 그림 1.3.7(b)에서 보이듯이 두 개의 말뚝사이에 매달린 전화선이다. 우리가 하고자 하는 것은 그러한 가정된 케이블의 형태를 설명해주는 수학적 모델을 만드는 것이다.

우선 케이블의 가장 낮은 점 P_1과 임의의 점 P_2사이의 부분을 조사할 것이다. 그림 1.3.8에서 그린 것처럼 케이블의 부분은 가장 낮은 점 P_1을 지나가고 P_1아래 a만큼 위치한 xy축을 갖는 직교좌표계의 곡선이다. 세 개의 힘이 케이블에 작용한다: P_1과 P_2에서 각각 케이블에 접하는 장력 T_1과 T_2, 그리고 P_1과 P_2 사이

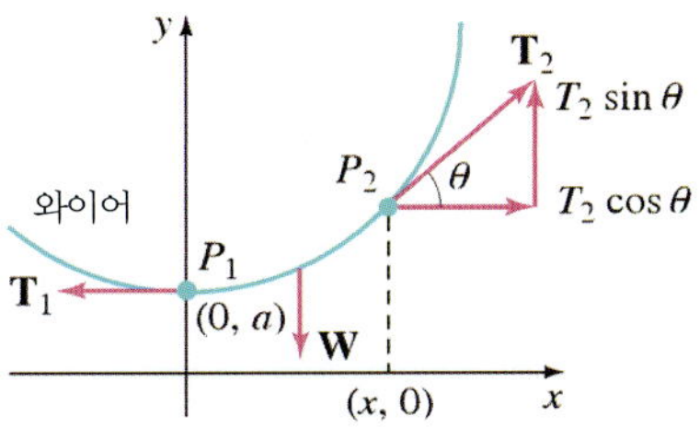

그림 1.3.8 케이블의 구성요소

에서 수직인 힘 W.

$T_1 = |\mathbf{T}_1|$, $T_2 = |\mathbf{T}_2|$, $W = |\mathbf{W}|$가 이들 벡터의 크기라고 하자. 장력 $\mathbf{T}_2$는 수평과 수직성분 $T_2\cos\theta$, $T_2\sin\theta$으로 나뉜다. 정적인 평형상태로 인해

$$T_1 = T_2\cos\theta \text{와 } W = T_2\sin\theta$$

로 쓸 수 있다.

마지막 방정식을 첫 번째 식으로 나누면 T_2가 소거되고 $\tan\theta = W/T_1$을 얻는다. 그러나 $dy/dx = \tan\theta$이므로

$$\frac{dy}{dx} = \frac{W}{T_1} \tag{16}$$

이다. 이 단순한 미분방정식은 그 자신의 무게로 지탱하고 있는 전화선처럼 휘어지기 쉬운 철사나 다리의 노반을 지지하는 케이블에 대한 모델을 설명해주는 것이다. 연습문제 2.2와 5.3절에서 (16)에 대해 다시 이야기할 것이다.

다양한 질문들 이 교재를 통하여 세 가지 다른 형태의 미분방정식의 접근법을 볼 것이다. 오랜 세월동안 미분방정식은 어떤 물리적인 현상을 설명하거나 경험이나 실험법칙을 수학적인 용어로 번역하기 위한 과학자의 노력으로부터 나온 것이다. 그 결과로 과학자나 수학자들은 미분방정식의 해를 구하기 위해 많은 세월을 보냈다. 직접 구한 해를 갖고 그 해의 성질에 대한 연구가 이어졌다. 해에 대한 이런 탐구는 미분방정식에 해석적 접근으로 불리어진다. 양함수해가 구하기 어렵고 얻는 것이 불가능하다는 것을 깨달았을 때 미분방정식 그 자체가 가치 있는 정보의 근원이 될 수 있다는 것을 수학자들은 배웠다. 어떤 경우에는 미분방정식으로부터 "미분방정식이 실제로 해를 갖느냐? 미분방정식의 해가 존재하고 초기 조건을 만족한다면 유일한 해이냐? 미지의 해의 성질은 무엇인가? 해곡선의 기하학적 성질에 관해 무엇을 이야기할 수 있는가?"와 같은 질문에 답을 얻는 것이 가능하다. 이러한 접근을 질적인 분석이라고 한다. 마지막으로 미분방정식이 해석적인 방법으로 풀 수 없으나 해가 존재한다는 것을 증명할 수 있다면 다음 질문은 "어떻게 해서든지 미지의 해의 값을 근사할 수 있는가?"가 될 것이다. 이것이 수치적인 분석의 영역이다. 마지막 질문에 대한 긍정적인 답은 미분방정식은 매우 정확한 근사 알고리즘을 만들기 위한 초석으로써 사용되었다는 사실로부터 나온다. 2장에서 1계 상미분방정식에 대한 질적인 사고방법을 다룰 것이다. 그리고 특수한 1계 미분방정식을 풀기 위한 전략을 조사하고 기본적인 수치적 방법에 대한 소개로 결론지을 것이다. (그림 1.3.9)

(a) 해석적

(b) 질적

(c) 수치적

그림 1.3.9 미분방정식의 연구에 대한 다른 접근

주의

이 절의 각 예제는 역학적인 체계 즉, 시간 t의 흐름과 함께 변하는 체계를 설명하는 것이다. 역학적인 체계의 연구는 현재 인기 있는 수학의 분야이므로 종종 이 분야의 용어를 이야기할 것이다.

더 자세한 용어로 역학체계는 어떤 시간 t_0에서 규정된 상태에 의해 그 체계의 상태(과거, 현재 또는 미래상태가 될 수 있다)를 결정할 수 있도록 하는 규칙과 아울러 상태변수라 불리는 시간 종속 변수로 이루어져있다. 역학체계는 이산형 시간 체계와 연속형 시간 체계로 구분된다. 여기서는 주로 연속형 시간 체계 즉, 모든 변수가 연속형 시간의 범위에서 정의된 체계만을 다룰 것이다. 연속형 시간 역학 체계에서의 규칙 또는 수학적 모델은 미분방정식 또는 연립 미분방정식이다. 시간 t에서 체계의 상태는 그 시간에서 상태변수의 값이다. 시간 t_0에서 체계의 특정한 상태는 단순히 수학적 모델과 함께하는 초기 조건이다. 초깃값 문제의 해는 그 "체계의 반응"으로써 나타난다. 예를 들어 방사성붕괴의 경우에 규칙은 $dA/dt=kA$이다. 만일 시간 t_0에서 방사성 물질의 양이 알려져 $A(t_0)=A_0$라면, 그 규칙을 풀어서 $t\geq t_0$에 대해 체계의 반응은 $A(t)=A_0e^{(t-t_0)}$라는 것을 알게 된다(3.1절 참조). 반응 $A(t)$는 이 체계에 대한 유일한 상태변수이다. 빌딩의 옥상에서 던져진 돌의 경우, 이 체계의 반응 즉, 초기 조건 $s(0)=s_0$, $s'(0)=v_0$을 갖는 미분방정식 $d^2s/dt^2=-g$의 해는 함수 $s(t)=-\frac{1}{2}gt^2+v_0t+s_0$, $0\leq t\leq T$이다. 여기서 T는 돌이 땅에 떨어지는 시간이다. 상태변수는 $s(t)$와 $s'(t)$인데, 이것은 각각 시간 t에서 땅 위의 돌의 수직 위치와 돌의 속도이다. 구간 $t_0\leq t\leq T$ 안의 임의의 시간에 대해 돌의 위치 $s(t)$와 속도 $s'(t)=v(t)$를 유일하게 결정하기 위해서는 시간 t_0에서 임의의 초기 위치와 초기속도를 알아야 하기 때문에 가속도 $s''(t)$는 상태변수가 아니다. 물론 가속도 $s''(t)=a(t)$는 미분방정식 $s''(t)=-g, 0<t<T$에 의해 주어진다.

마지막으로 강조할 점은 이 교재에서 공부한 모든 체계는 역학체계는 아니라는 것이다. 또한 우리는 모델이 미분방정식인 어떤 정적인 체계를 조사할 것이다.

연습문제 1.3

모집단의 역학

1 (1)에서의 모델에 주어진 같은 가정을 가지고 개인들이 일정한 비율 $r > 0$로 한 도시로 이민 온다고 했을 때 모집단 $P(t)$에 대한 미분방정식을 결정하여라. 개인들이 일정한 비율 $r > 0$로 한 도시로부터 이주한다고 했을 때 모집단 $P(t)$에 대한 미분방정식은 무엇인가?

2 (1)에서 주어진 모집단 모델은 죽음을 고려할 경우, 즉 출생율과 사망률이 같은 경우 성립하지 않는다. 한 단체의 변화하는 모집단에 대한 다른 모델로 모집단이 변화하는 비율이 순수한 비율 즉, 출생률과 사망률 사이의 차이만을 가정한다. 만일 출생률과 사망률이 모두 시간 t에 모집단에 비례한다고 했을 때 모집단 $P(t)$에 대한 모델을 결정하여라.

3 문제 2에서 소개한 순수한 비율의 개념을 사용하여, 출생률이 시간 t에서 현재의 모집단에 비례하고 사망률은 시간 t에서 현재의 모집단의 제곱에 비례할 경우 모집단 $P(t)$에 대한 모델을 결정하여라.

4 물고기가 일정한 비율 $h > 0$으로 수확된다고 가정했을 때 어떤 종류의 물고기의 모집단이 변화하는 순수한 비율에 대하여 문제 3에서의 모델을 수정하여라.

냉각/예열의 뉴턴 법칙

5 냉각의 뉴턴 법칙 (3)에 의해 커피 한잔이 식혀진다. 그림 1.3.10의 온도 그래프의 데이터를 사용하여 1계 초깃값 문제 $dT/dt = k(T - T_m)$, $T(0) = T_0$ 형태의 모델에서 상수 T_m, T_0, k를 추정하여라.

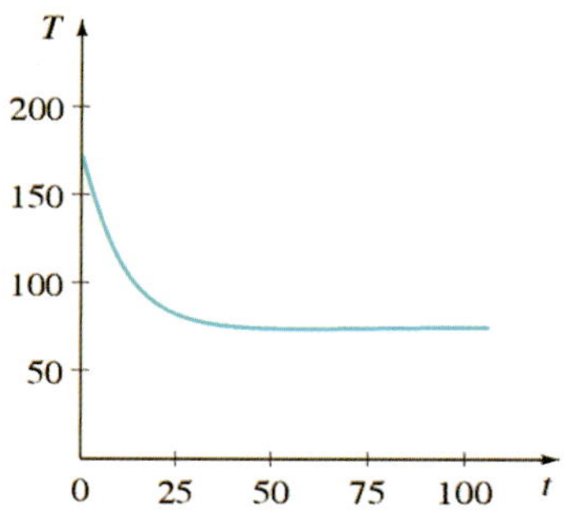

그림 1.3.10 문제 5에 대한 냉각곡선

6 (3)에서의 주변의 온도 T_m은 시간 t의 함수가 될 수 있다. 그림 1.3.11에서 설명되듯이 인공적으로 조절된 환경에서 T_m은 24시간 주기를 갖는 주기함수이다. 이러한 환경에서 물체의 온도 $T(t)$에 대한 수학적인 모델을 고안하여라.

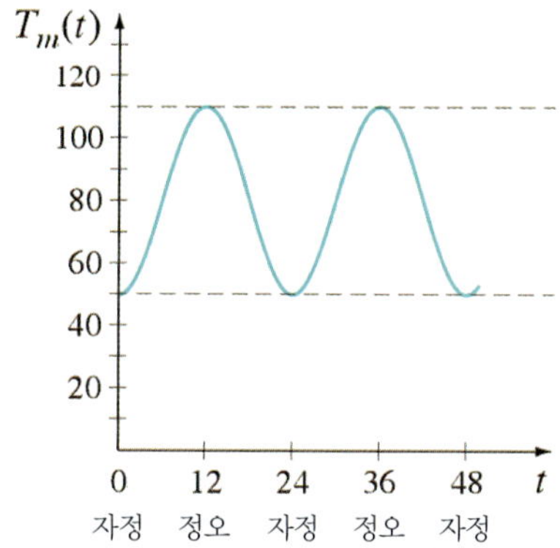

그림 1.3.11 문제 6에 대한 주변의 온도

질병/기술의 전파

7 독감을 앓는 학생이 1000명의 대학교 학생이 있는 캠퍼스에 왔다. 만일 병이 전파되는 비율이 독감을 앓는 학생의 수와 아직 독감에 노출되지 않은 학생의 수 사이의 상호작용의 수에 비례한다면 독감에 걸린 사람의 수 $x(t)$에 대한 미분방정식을 결정하여라.

8 $t = 0$으로 표시된 시간에 n명이 모집단을 갖는 단체에 기술적인 혁신이 소개되었다. 만일 혁신이 단체에 퍼지는 비율이 그것을 채택한 사람의 수와 채택하지 않은 사람의 수에 공동으로 비례한다면 시간 t에 혁신을 채택한 사람의 수 $x(t)$에 대한 미분방정식을 결정하여라.

혼합물

9 50파운드의 소금이 용해되어 있는 300갤런의 물이 들어 있는 큰 탱크를 가정하자. 순수한 물이 3 gal/min의 비율로 탱크로 들어가고 잘 젓은 후에 같은 비율로 밖으로 배출된다. 시간 t에 탱크 안에 소금의 양 $A(t)$에 대한 미분방정식을 결정하여라.

10 50파운드의 소금이 용해되어 있는 300갤런의 물이 들어

있는 큰 탱크를 가정하자. 또 다른 소금물이 3 gal/min의 비율로 탱크로 들어가고 잘 젓은 후에 2 gal/min의 낮은 비율로 밖으로 배출된다. 들어간 용해의 농도가 2 lb/gal일 때 시간 t에 탱크 안에 소금의 양 $A(t)$에 대한 미분방정식을 결정하여라.

11 만일 잘 혼합된 물이 3.5 gal/min의 빠른 속도로 밖으로 배출된다면 문제 10에서의 미분방정식은 무엇인가?

12 큰 탱크가 식염수의 N_0 갤런을 포함하고 r_{in}과 r_{out}이 각각 식염수의 유입률과 유출률(분당 갤런으로 측정된)이라고 하고, c_{in}이 유입된 소금의 농도이며 $c(t)$는 시간 t에 탱크 안의 소금의 농도(갤런당 소금의 파운드로 측정된)이고, $A(t)$는 시간 t에 탱크 안에 소금의 양이라고 할 때 (8)에서 주어진 모델을 일반화 하여라.

탱크의 배수

13 바닥에 단면적 A_h의 원형 구멍을 통하여 탱크 안의 물이 나오고 있다. 물이 나올 때 구멍근처의 물줄기의 마찰과 수축되는 것으로 인해 초당 탱크를 떠나는 물의 부피는 $cA_h\sqrt{2gh}$로 줄어든다. 여기서 $c(0 < c < 1)$는 경험적인 상수이다. 그림 1.3.12에서 보듯이 사각 탱크에 대해 시간 t에서 물의 높이 h에 대한 미분방정식을 결정하여라. 구멍의 반경은 2인치이고 $g = 32\,ft/s^2$이다.

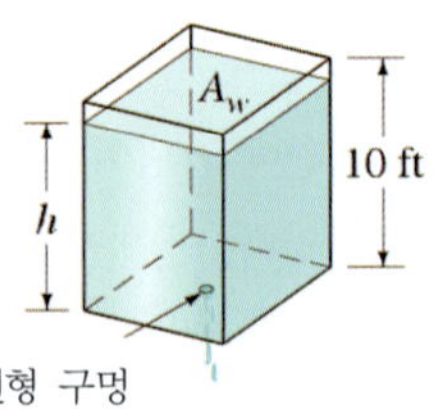

그림 1.3.12 문제 13에 대한 탱크

14 그림 1.3.13에서 보이듯이 원뿔모양의 탱크가 바닥에 구멍으로 물이 새어나간다. 시간 t에서 물의 높이 h에 대한 미분방정식을 결정하여라. 구멍의 반경은 2인치이고 $g = 32\,ft/s^2$이며 문제 13에서 소개된 마찰/수축인자는 $c = 0.6$이다.

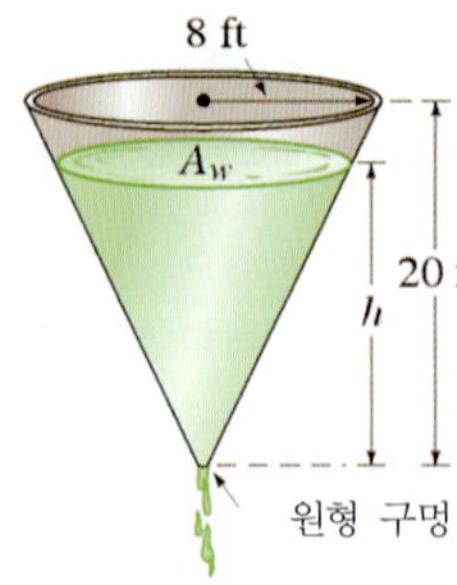

그림 1.3.13 문제 14에 대한 원뿔 탱크

직렬회로

15 그림 1.3.14에서 보이듯이 저항기와 인덕터를 포함하는 직렬회로를 가정하자. 만일 저항이 R이고 인덕턴스가 L이며 인가전압이 $E(t)$일 때 전류 $i(t)$에 대한 미분방정식을 결정하여라.

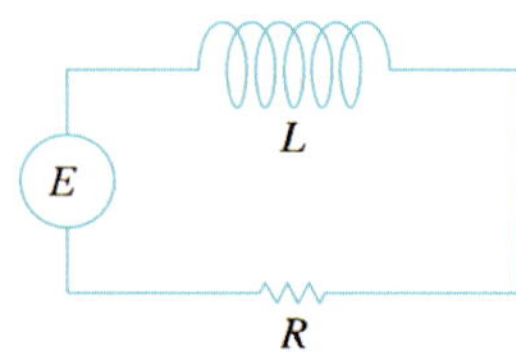

그림 1.3.14 문제 15에 대한 LR−직렬회로

16 그림 1.3.15에서 보이듯이 저항과 축전기를 포함하는 직렬회로를 가정하자. 저항이 R이고 전기용량이 C이며 인가전압이 $E(t)$일 때 축전기상의 전하 $q(t)$에 대한 미분방정식을 결정하여라.

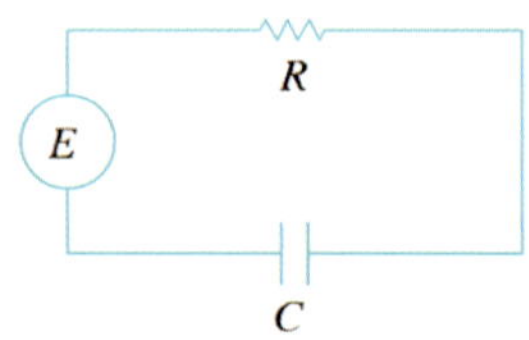

그림 1.3.15 문제 16에 대한 RC 직렬회로

낙체와 공기저항

17 그림 1.3.16에서 보이는 스카이다이버처럼 낙하산이 열리기 전에 떨어지는 공기 중에 빠른 속도의 운동에 대해 공기저항은 순간속도 $v(t)$의 힘에 더 가깝다. 만일 공기저항이 순간속도의 제곱에 비례한다면 질량 m의 떨어지는 물체의 속도 $v(t)$에 대한 미분방정식을 결정하여라.

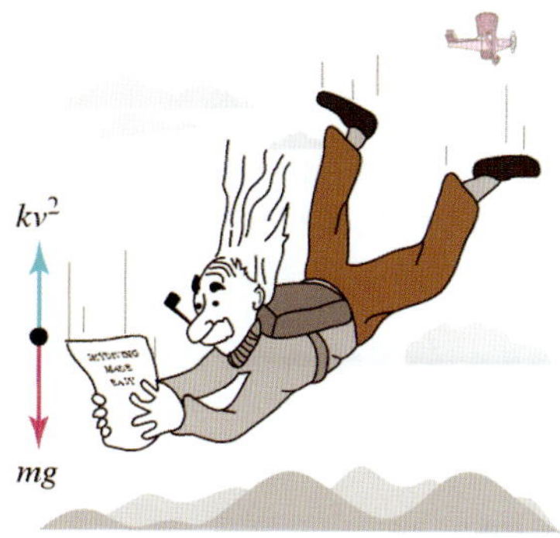

그림 1.3.16 문제 17에 대한 속도의 제곱에 비례하는 공기저항

뉴턴의 제2법칙과 아르키메데스의 원리

18 무게 w파운드, 지름 s피트의 원형통이 그림 1.3.17(a)에서와 같이 물 위에 떠 있다. 처음에 물에 들어간 후에는 그 통은 수직으로 위 아래로 움직인다. 그림 1.3.17(b)를 이용하여 통이 그대로 있을 때 원점을 물 표면에서 수직축 상에서 취한다면 수직변위 $y(t)$에 대한 미분방정식을 결정하여라. 아르키메데스의 원리를 이용하면 부력 또는 통에서 물의 위로 향하는 힘은 위치가 변한 물의 무게와 같다. 아랫방향이 양의 방향이고, 물의 무게밀도는 62.4 lb/ft^2이며 통과 물 사이에 어떠한 저항도 없다고 가정한다.

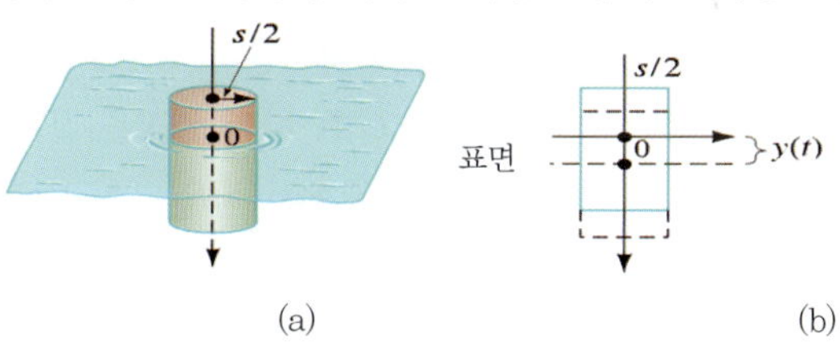

그림 1.3.17 문제 18에 대한 물위에 떠 있는 원통의 수직운동

뉴턴의 제2법칙과 후크의 법칙

19 질량 m의 물체가 스프링에 매달려서 s만큼 늘어뜨린 후 그림 1.3.18(b)에서 보이듯이 평형상태로 놓았다. 이러한 스프링이 운동 중에 진동할 때 $x(t)$는 평형상태에서 벗어난 거리라고 하자. 그림 1.3.18(c)에서 보듯이 아랫방향의 양의 방향이고 이 운동은 질량의 중력의 중심을 통하여 수직선 방향으로 일어나며, 이 시스템에 작용하는 유일한 힘은 물질의 질량과 스프링의 복원력이라고 가정하자. 후크의 법칙을 사용하면 스프링의 복원력은 전체 늘어난 길이에 비례한다. 시간 t에서 변위 $x(t)$에 대한 미분방정식을 결정하여라.

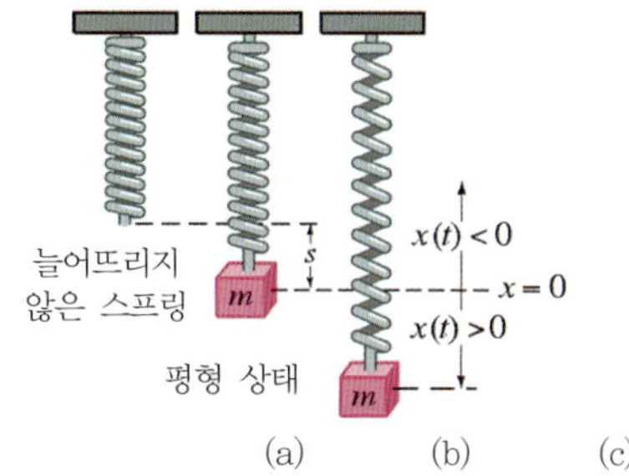

그림 1.3.18 문제 19에 대한 스프링 체계

20 문제 19에서 만일 물질의 순간속도에 비례하면서 운동의 반대방향으로 작용하는 스프링시스템의 감쇠력을 전달해 주는 중간상태로 운동이 일어난다면 변위 $x(t)$에 대한 미분방정식을 결정하여라.

뉴턴의 제2법칙과 로켓 운동

물체의 질량 m이 시간에 따라 변할 때 뉴턴의 제2법칙은

$$F = \frac{d}{dt}(mv)$$

이다. 여기서 F는 물체에 작용하는 힘이고 mv는 그의 운동량이다. (17)을 사용하여 21, 22를 풀어라

21 작은 로켓이 그림 1.3.19에서 보듯이 작동 준비되어 있다. 한번 작동될 때마다 로켓은 연료를 소모하며 그의 총 질량 $m(t)$는 시간 $t > 0$에 따라 변한다. 위로 향하는 것을 양의 방향이라고 하고 공기저항은 로켓의 순간속도 v에 비례하며 R은 상향 추진력 또는 추진 시스템에 의해 생성되는 힘이라고 하자. 이 때 로켓의 속도 $v(t)$에 대한 수학적 모델을 구하여라. [힌트 : 1.3절 (14)를 이용하여라.]

그림 1.3.19 문제 21의 로켓

22 문제 21에서 질량 $m(t)$는 3가지의 다른 질량의 합이다 ; $m(t)=m_p+m_v+m_f(t)$, 여기서 m_p는 유효탑재량의 일정한 질량, m_v는 발사체의 일정한 질량, $m_f(t)$는 연료의 변하는 양이다.

(a) 로켓의 총질량 $m(t)$의 변화율은 연료의 질량 $m_f(t)$의 변화율과 같음을 보여라.

(b) 로켓이 일정한 비율 λ로 연료를 소모한다고 할 때 $m(t)$를 구하여라. λ와 초기 질량 $m(0)=m_0$를 이용하여 문제 21에서 구한 미분방정식을 표현하여라.

(c) (b)의 가정 아래서 로켓의 연료소모 시간 $t_0>0$은 $t_b=m_f(0)/\lambda$가 됨을 보여라. 여기서 $m_f(0)$는 연료의 초기 질량이다.

뉴턴의 제2법칙과 만유인력의 법칙

23 뉴턴의 만유인력의 법칙에 의하면, 그림 1.3.20에서 위성과 같은 표면에서 먼 거리로부터 자유로이 떨어지는 물체의 가속도 a는 상수 g가 아니다. 가속도 a는 지구의 중심으로부터의 거리의 제곱에 반비례한다. 즉, $a=k/r^2$이다. 지구의 표면에서 $r=R$이고 $a=g$라는 사실을 사용하여 k를 결정하여라. 위의 방향이 양의 방향이라면 뉴턴의 제2법칙과 만유인력의 법칙을 사용하여 거리 r에 대한 미분방정식을 구하여라.

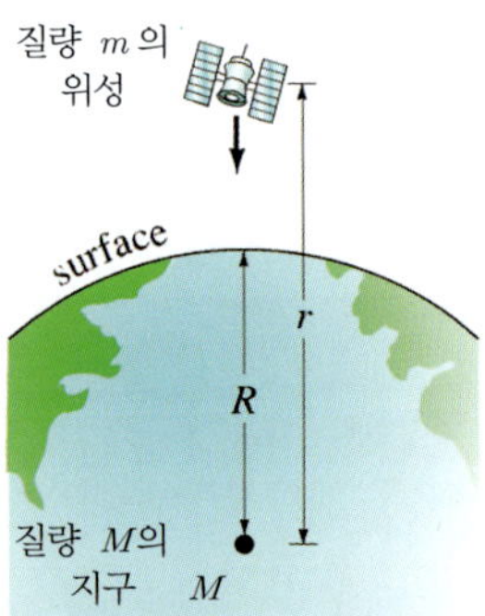

그림 1.3.20 문제 23의 위성

24 그림 1.3.21에서 보듯이 지구의 중심에 구멍을 뚫어서 질량 m의 볼링공을 구멍에 던졌다. 공의 운동을 설명하는 수학적 모델을 만들어라. 시간 t에서 지구의 중심에서 공까지의 거리를 r이라고 하고, M이 지구의 질량, M_r이 지구의 일부분인 반경 r의 구의 질량, δ가 지구의 일정한 밀도하고 가정하여라.

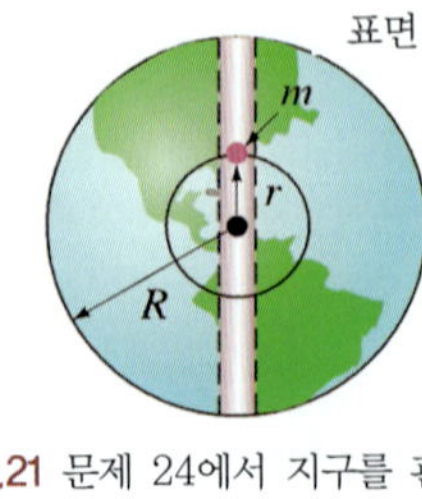

그림 1.3.21 문제 24에서 지구를 관통하는 구멍

다양한 수학적 모델

25 학습이론에서 어떤 주제가 암기되는 비율은 암기되지 않은 양에 비례한다. M이 암기된 전체량을 표시하고 $A(t)$는 시간 t에 암기된 양이라고 하자. $A(t)$에 대한 미분방정식을 결정하여라.

26 문제 25에서 어떤 물질을 잊어버리는 비율은 시간 t에 암기된 양에 비례한다고 가정하자. 잊어버린 양 $A(t)$에 대한 미분방정식을 결정하여라.

27 어떤 약을 초당 r그램의 비율로 환자의 혈관에 주입된다. 동시에, 시간 t에 약품의 양 $x(t)$에 비례하는 비율로 약이 없어진다. $x(t)$에 대한 미분방정식을 결정하여라.

28 원점에서 출발한 한 사람 P가 그림 1.3.22에서 보듯이 **트랙트릭스**라고 불리는 곡선 C를 따라서 짐을 끌고 양의 x축 방향으로 이동한다. $(0, s)$에서 처음 y축 상에 위치한 짐은 일정한 길이 s를 갖는 밧줄에 의해 팽팽한 상태로 끌고 간다. 운동의 길 C에 대한 미분방정식을 결정하여라. 밧줄은 항상 C에 접한다고 가정하여라.

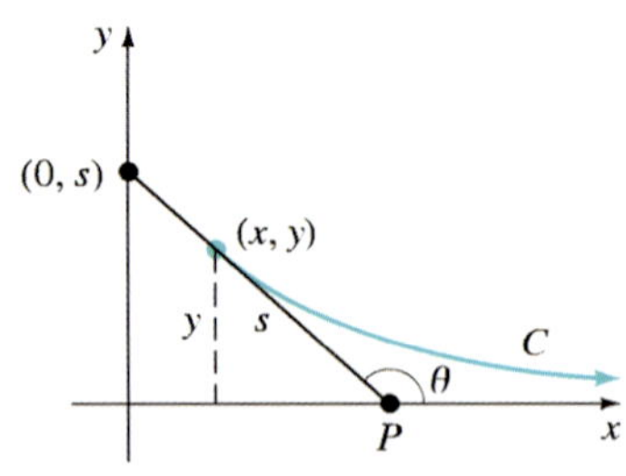

그림 1.3.22 문제 28에서 트렉트릭스 커브

29 그림 1.3.23에서 보듯이 평면곡선 C가 x축 주위로 회전할 때 그것은 x축에 평행하고 평면을 때리는 광선 L이 점 O(원점)으로 반사되는 성질을 지니는 회전 평면을 만든다. 입사각이 반사각과 같다는 사실을 이용하여 곡선 C의 모양을 설명하는 미분방정식을 결정하여라.

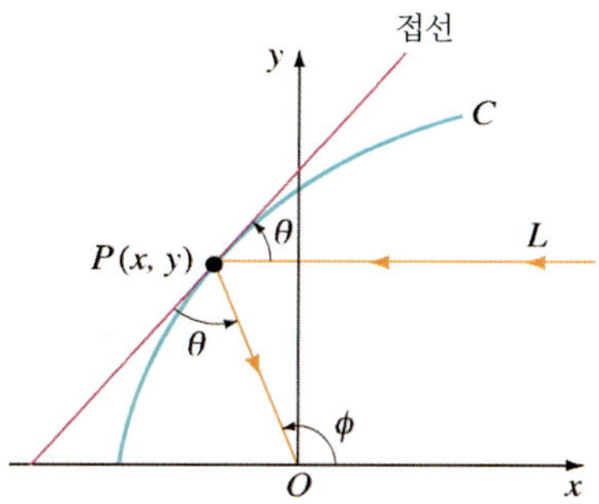

그림 1.3.23 문제 29에서 반사되는 표면

이러한 곡선 C는 위성 안테나, 자동차 전조등, 태양에너지 수집기 등을 만드는 데 응용된다. [힌트: 그림을 잘 관찰하면 $\phi = 2\theta$ 임을 알 수 있다. 적당한 삼각방정식을 사용하여라.]

토론 문제

30 1.1절의 연습문제 41을 다시 읽고 방정식 (1)에 대한 양함수해 $P(t)$를 구하여라.

31 (3)에 연결된 문장을 다시 읽고 T_m은 양의 상수라고 가정하자. 냉각과 예열의 경우에 (3)에서 $k < 0$으로 기대하는 이유를 설명하여라. 그래프적인 방법으로 $T(t) > T_m$을 설명하면서 이것을 해결할 수 있다.

32 방정식 (8)을 다시 생각하자. 처음 탱크에 50파운드의 소금이 있다고 가정하면 소금은 $t > 0$에 대해 계속 탱크에 추가되므로 $A(t)$는 증가함수가 된다는 사실은 타당성이 있다. 미분방정식을 풀지 않고도 오랜 시간이 지난 후에 탱크 안에 소금의 양을 어떻게 결정할 수 있는지를 설명하여라.

33 미분방정식 $\frac{dP}{dt} = (k\cos t)P$ (k: 양의 상수)는 어떤 단체의 모집간 $P(t)$의 모델이다. 이 방정식의 해에 대한 분석 즉, 어떤 종류의 모집단의 미분방정식을 잘 설명한다고 생각하는가?

34 그림 1.3.24(a)에서 보듯이 액체로 채워진 둥그런 원통이 일정한 각속도 ω로 원점을 지나는 y축 주위로 회전한다. 회전하는 액체는 회전평면 S를 만든다. S를 확인하기 위해 우선 y축과, 축의 교차점(원점)이 평면 S에서 가장 낮은 점에 위치하도록 하고 y축에 수직으로 그려진 x축에 의해 결정되는 수직 평면으로 이루어진 좌표계를 만든다.

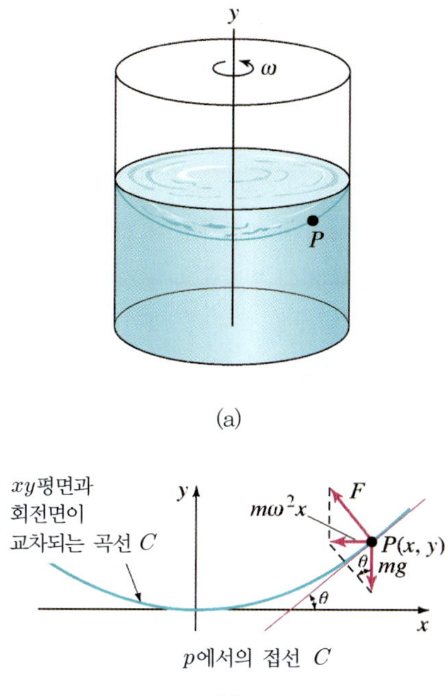

그림 1.3.24 문제 34에서 회전하는 액체

그리고 평면 S와 수직 좌표 평면과 교차하는 곡선 C를 표현하는 함수 $y = f(x)$를 찾는다. $P(x, y)$는 좌표평면에서 질량 m의 회전하는 액체의 입자의 위치를 표시한다고 하자(그림 1.3.24(b)).

(a) P에서는 평면 S에 수직인 액체의 다른 입자 때문에 생기는 크기 F의 반작용 힘이 존재한다. 뉴턴의 제 2 법칙에 의하면 입자에 작용하는 순수한 힘의 크기는 $m\omega^2$이다. 이 힘은 무엇인가? 그림 1.3.24(b)를 이용하여 방정식

$$F\cos\theta = mg, \qquad F\sin\theta = m\omega^2 x$$

의 성질과 유도된 과정에 대하여 설명하여라.

(b) (a)를 이용하여 함수 $y = f(x)$를 정의하는 1계 미분방정식을 구하여라.

35 문제 23에서 $r = R + s$라고 하자. 여기서 s는 지구표면에서 낙하물체까지의 거리이다. s가 R과 비교하여 매우 작은 값일 때 문제 23에서 얻어진 미분방정식은 어떻게 되는가?[힌트 :

$$(R+s)^{-2} = R^{-2}(1+s/R)^{-2}$$

에 대한 이항급수를 이용하여라.]

36 기상학에서는 미류운이란 땅에 떨어지기 전에 증발되는 빗방울 또는 얼음 입자를 의미한다. 원래 빗방울의 모양은 구모양이다. $t=0$인 어떤 시간에 시작하여 반경 r_0인 빗방울이 구름에서 떨어지고 증발되기 시작한다.

(a) 빗방울이 모양이 구 형태가 되는 상태로 증발된다고 가정하면 빗방울이 증발되는 비율 즉, 크기가 줄어드는 비율은 표면적에 비례한다고 가정하는 것은 합리적이다. 이 가정에 의해 빗방울의 반경 r이 감소되는 비율은 일정하다는 것을 보여라. 그리고 $r(t)$를 구하여라. [힌트: 1.1절 연습문제 51]

(b) 아랫방향이 양의 방향이라면 시간 t에 떨어지는 빗방울의 속도에 대한 수학적인 모델을 만들어라. 공기저항은 무시하여라. [힌트: 물체의 질량 m이 시간에 따라 변할 때, 뉴턴의 제 2법칙은 $F=\frac{d}{dt}(mv)$로 된다. 여기서 F는 물체에 작용하는 힘이고 mv는 운동량이다.]

37 "제설기 문제"는 고전적인 문제이고 많은 미분방정식교재에서 나타나는데, Ralph Palmer Agnew가 만든 문제이다.

"어느 날 규칙적인 비율로 눈이 내리기 시작했다. 제설기가 정오에 가동되어 처음 한 시간은 2마일, 그리고 다음 한 시간은 1마일을 움직였다. 눈이 내리기 시작한 시간은 몇 시인가?"

38 이 절을 다시 읽고 각 수학적 모델을 선형과 비선형으로 나누어 보아라.

1장 복습

(1-2) 밑줄 친 곳을 채우고, c_1이 나타나지 않으면서 $dy/dx = f(x, y)$ 형태를 갖는 1계 선형미분방정식으로 다시 표현하여라. c_1과 k는 상수이다.

1 $\frac{d}{dx}c_1e^{10x}=$ ____________________

2 $\frac{d}{dx}(5+c_1e^{-2x})=$ ____________________

(3-4) 밑줄 친 곳을 채우고, c_1과 c_2가 나타나지 않으면서 $F(y, y'')=0$ 형태를 갖는 2계 선형미분방정식으로 다시 표현하여라. c_1, c_2와 k는 상수이다.

3 $\frac{d^2}{dx^2}(c_1\cos kx+c_2\sin kx)=$ ____________________

4 $\frac{d^2}{dx^2}(c_1\cosh kx+c_2\sinh kx)=$ ____________________

(5-6) y'과 y''을 구하고, 이들 도함수를 y와 결합하여 c_1과 c_2가 나타나지 않으면서 $F(y, y', y'')=0$형태를 갖는 2계 선형미분방정식으로 다시 표현하여라. c_1, c_2는 상수이다.

5 $y=c_1e^x+c_2xe^{-x}$

6 $y=c_1e^x\cos x+c_2e^x\sin x$

(7-12) 다음 주어진 미분방정식의 하나 또는 그 이상의 해 (a)-(d)를 연결하여라.

(a) $y=0$, (b) $y=2$, (c) $y=2x$, (d) $y=2x^2$

7 $xy'=2y$

8 $y'=2$

9 $y'=2y-4$

10 $xy'=y$

11 $y''+9y=18$

12 $xy''-y'=0$

(13-14) 주어진 미분방정식의 적어도 하나의 해를 결정하여라.

13 $y''=y'$

14 $y'=y(y-3)$

(15-16) 다음을 미분방정식으로 표현하여라.

15 $y=\phi(x)$의 그래프상의 점 $P(x, y)$에서 접선의 기울기는 $P(x, y)$에서 원점까지 거리의 제곱이다.

16 $y=\phi(x)$의 그래프상의 점 $P(x, y)$에서 x에 관한 기울기의 변화율은 $P(x, y)$에서 접선의 음의 기울기이다.

17 (a) 함수 $y = x^{2/3}$의 정의구역을 구하여라.

(b) $y = x^{2/3}$이 미분방정식 $3xy' - 2y = 0$의 해로 정의되는 가장 큰 구간 I를 구하여라.

18 (a) $y^2 - 2y = x^2 - x + c$는 미분방정식 $(2y-2)y' = 2x - 1$의 음함수해가 됨을 증명하여라.

(b) (a)의 해 중 초기 조건 $y(0) = 1$을 만족하는 해를 구하여라.

(c) (b)의 결과를 이용하여 $y(0) = 1$을 만족하는 양함수해 $y = \phi(x)$을 구하여라. 함수 ϕ의 정의구역을 구하여라. $y = \phi(x)$가 초깃값 문제의 해가 되는가? 만일 그렇다면 해가 정의되는 구간 I를 구하고 그렇지 않다면 그 이유를 설명하여라.

19 $y = -\dfrac{2}{x} + x$는 미분방정식 $xy' + y = 2x$의 해가 된다. $y(x)$가 초깃값 문제 $xy' + y = 2x,\ y(x_0) = 1$의 해가 되는 x_0와 가장 큰 구간 I를 구하여라.

20 $y(x)$가 초깃값 문제 $y' = x^2 + y^2,\ y(1) = -1$의 해이고 $x = 1$에서 적어도 하나의 2계 도함수를 갖는다고 가정하자. 미분방정식을 사용하여 $x = 1$의 근방에서 $y(x)$가 증가인지 감소인지 결정하고 $y(x)$의 그래프는 아래로 볼록인지 위로 볼록인지 결정하여라.

21 미분방정식은 하나이상의 해를 가질 수 있다.

(a) $y = \phi_1(x) = x^2 + c_1$과 $y = \phi_2(x) = -x^2 + c_2$의 그래프를 그려라.

(b) $y = \phi_1(x)$와 $y = \phi_2(x)$는 1계 비선형미분방정식 $(y')^2 = 4x^2$의 두 해임을 증명하여라.

(c) (b)에서의 비선형미분방정식의 해가 되고 (a)에서의 해 중의 하나는 아닌 구분적으로 정의된 함수를 구하여라.

22 $(-1, 4)$를 지나면서 $y' = 6\sqrt{y} + 5x^3$의 해의 그래프에 접하는 직선의 기울기는 무엇인가?

(23-26) 주어진 함수는 주어진 미분방정식의 특수해이다. 각각의 해에 대해 해가 정의되는 구간 I를 구하여라.

23 $y'' + y = 2\cos x - 2\sin x;\quad y = x\sin x + x\cos x$

24 $y'' + y = \sec x\ ;\ y = x\sin x + (\cos x)\ln(\cos x)$

25 $x^2y'' + xy' + y = 0\ ;\ y = \sin(\ln x)$

26 $x^2y'' + xy' + y = \sec(\ln x)\ ;\ y = \cos(\ln x)\ln(\cos(\ln x)) + (\ln x)\sin(\ln x)$

(27-30) 주어진 미분방정식의 음함수해가 됨을 보여라.

27 $x\dfrac{dy}{dx} + y = \dfrac{1}{Y^2};\quad x^3y^3 = x^3 + 1$

28 $(\dfrac{dy}{dx})^2 + 1 = \dfrac{1}{y^2};\quad (x-5)^2 + y^2 = 1$

29 $y'' = 2y(y')^3;\quad y^3 + 3y = 1 - 3x$

30 $(1 - xy)y' = y^2;\quad y = e^{xy}$

(31-34) $y = c_1e^{3x} + c_2e^{-x}$는 2계 미분방정식 $y'' - 2y' - 3y = 6x + 4$의 2매개 변수족이다. 이 미분방정식과 주어진 초기 조건으로 구성된 IVP의 해를 구하여라.

31 $y(0) = 0,\quad y'(0) = 0$

32 $y(0) = 1,\quad y'(0) = -3$

33 $y(1) = 4,\quad y'(1) = -2$

34 $y(-1) = 0,\quad y'(-1) = 1$

35 2계 초깃값 문제 $d^2y/dx^2 = f(x, y, y'),\ y(2) = y_0,\ y'(2) = y_1$의 해의 그래프가 그림 1.R.1에 주어져 있다. 그래프를 이용하여 y_0와 y_1의 값을 추정하여라.

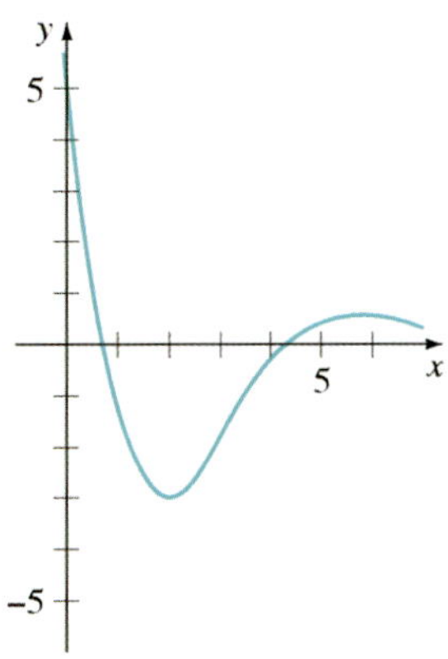

그림 1.R.1 35에 대한 그래프

36 반경 2피트 높이 10피트의 원통모양의 탱크가 세워져있다.

처음에 탱크는 물이 채워져 있고 바닥에 반경 1/2인치의 원형 구멍을 통하여 물이 빠져나간다고 했을 때 시간 t에 물의 높이 h에 대한 미분방정식을 결정하여라. 구멍에서의 마찰과 물의 수축은 무시하여라.

37 마당에 들쥐의 수는 $200-10t$로 주어진다. 여기서 시간 t는 일 년단위로 측정된다. 만일 올빼미가 증가되는 비율은 시간 t에 올빼미의 수와 시간 t에 들쥐의 수 사이의 차이에 비례한다면 들쥐를 먹고사는 올빼미 모집단에 대한 미분방정식을 결정하여라.

38 $dA/dt=-0.0004322A(t)$는 라듐 -226의 방사능 붕괴에 대한 수학적 모델이다. 여기서 $A(t)$는 (연단위로 측정된) 시간 t에 남는 (그램 단위의) 라듐의 양이다. 샘플이 년당 0.002의 비율로 감소할 때 시간 t에 측정된 라듐 샘플은 얼마나 많은가?

2 1계 미분방정식

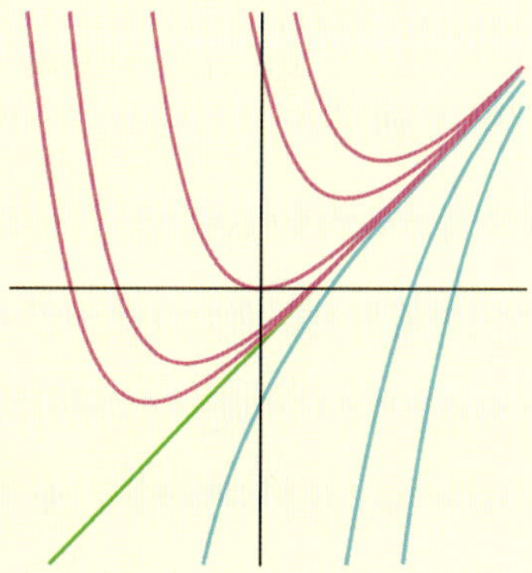

수학의 역사를 살펴보면 초기에는 대수방정식을 풀고 궁극적으로는 미분방정식을 풀려고 한 사람들의 이야기를 많이 찾아볼 수 있다. 우리는 2.2절에서부터 2.5절까지에서 1계 미분방정식의 중요한 몇 가지 풀이법을 학습하게 될 것이다. 하지만 어떤 미분방정식의 경우에는 해는 존재하지만 해석적인 방법으로 해를 구할 수 없는 경우도 있다. 2.1절과 2.6절에서 우리는 미분방정식을 풀지는 않지만 미분방정식 그 자체로부터 직접적으로 정보를 알아내는 방법을 학습하게 된다. 2.1절에서 우리는 어떻게 미분방정식이 해 곡선들의 대략적인 해석이 가능하게 하는 그래프에 관한 정성적인 정보를 가져다주는지에 대하여 알게 된다. 2.6절에서는 미분방정식을 이용하여 근접한 해를 구하기 위한 수치적 방법을 알아본다.

2.1 풀이 없는 해 곡선들

필요한 개념

- 접선의 기울기로서 1계 도함수
- 1계 도함수의 부호를 통한 증가 또는 감소에 대한 이해

소개 | 우리가 지금 해석적으로 답을 구할 수 없는 1계 미분방정식 $\frac{dy}{dx}=f(x,y)$을 갖고 있고 이 미분방정식에 대하여 해석적으로 해를 구할 수 있는 방법을 모른다고 가정하자. 하지만 이 문제는 생각처럼 아주 곤란한 상황이 아닐 수 있는데 그 이유는 어떤 미분방정식들은 스스로 해들이 어떻게 행동할 것인지에 대하여 우리에게 특별히 정보를 제공해 주는 경우가 있기 때문이다.

우리는 정성적인 두 가지 방법으로 미분방정식에 관한 학습을 시작한다. 이 두 가지 방법은 방정식을 풀지 않고도 해 곡선이 어떻게 생겼는지를 대략적으로 판단할 수 있게 해준다.

2.1.1 방향장

몇 가지 기본적인 질문들 1.2절에서 $f(x,y)$와 $\frac{\partial f}{\partial y}$가 어떤 연속의 조건을 만족하면 해의 존재성과 유일성에 대한 정성적인 답을 구할 수 있음을 알았다. 이 절에서는 해가 어떤 특정한 점 근처에서 어떤 모습인지 또는 $x\to\infty$일 때 해가 어떤 모습인지와 같은 해의 성질에 관한 다른 정성적인 질문에 대하여 알아보기로 한다. 이 질문들은 함수 f가 단 하나의 변수 y에 의존하는 경우 종종 답변될 수 있다. 우리는 다음과 같은 미분의 기본적인 개념과 함께 시작하도록 한다.

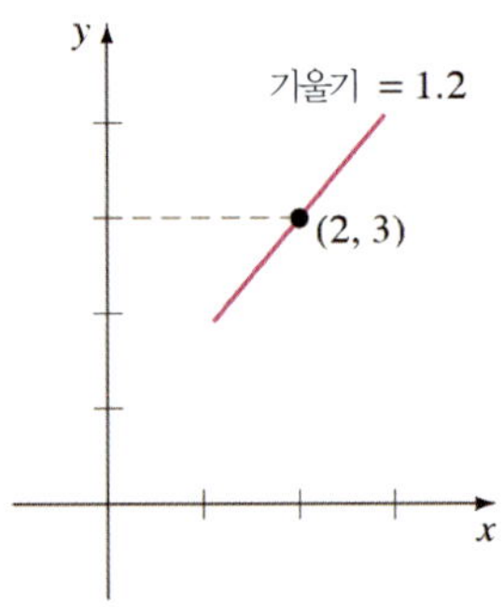

(a) 한 점에서의 유향선소

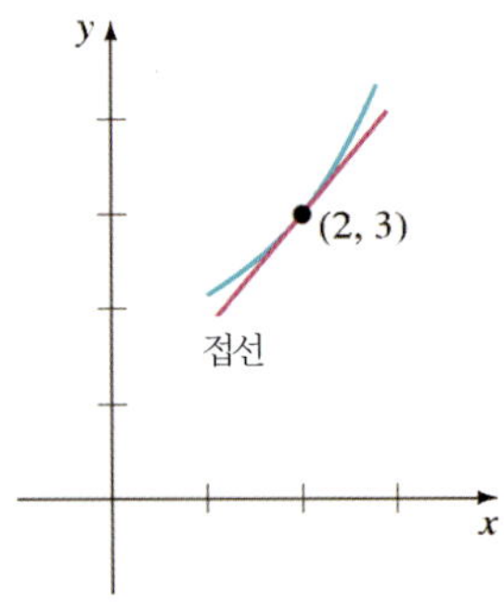

(b) 유향선소는 그 점에서 해곡선에 접한다.

그림 2.1.1 해곡선은 점 (2, 3)에서 유향선소에 접한다.

미분가능한 함수 $y=y(x)$의 도함수 $\frac{dy}{dx}$는 그래프의 각 점들에서 접선의 기울기를 의미한다.

기울기 1계 미분방정식

$$\frac{dy}{dx}=f(x,y) \tag{1}$$

의 해 $y=y(x)$는 정의되는 구간 I에서 반드시 미분가능한 함수이므로 $y=y(x)$는 I에서 연속이다. 따라서 I 위에서 상응하는 해 곡선은 끊어져 있지 않으며 각각의 점 $(x,\ y(x))$에서 접선을 갖는다. 해 곡선 위의 점 $(x,\ y(x))$에서 접선의 기울기는 각 점에서 1계 도함수 $\frac{dy}{dx}$의 값이며 이것은 미분방정식 $f(x,y(x))$에서 알 수 있다. 이제 $(x,\ y)$가 함수 f가 정의된 xy평면의 한 영역 내의 임의의 점이라고 가정하자. 한 직선이나 선분의 기울기를 나타내는 점에서의 함수값 $f(x,\ y)$를 **유향선소**(lineal element)라고 한다. 예를 들어 $f(x,\ y)=0.2xy$일 때 $\frac{dy}{dx}=0.2xy$를 생각해 보자. 점 $(2,3)$에서 유향선소의 기울기는 $f(2,3)=$

$0.2(2)(3) = 1.2$ 이다. 그림 2.1.1(a)는 점 $(2, 3)$을 지나고 기울기가 1.2인 선분을 보여준다. 그림 2.1.1(b)에서 보인 것처럼 만일 해 곡선이 점 $(2, 3)$을 지나면 해 곡선은 이 선분에 접하게 된다. 다시 말해서 유향선소는 그 점에서 축소된 접선이다.

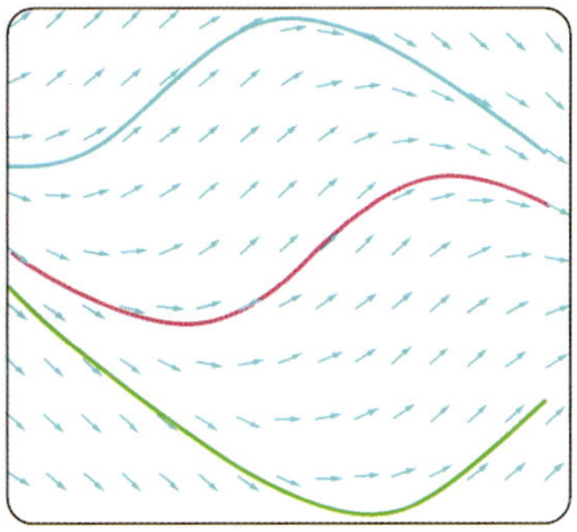

그림 2.1.2 방향장의 흐름을 따르는 곡선들

방향장 만일 체계적으로 xy 평면의 직사각형 격자 위에서 f를 계산하고 기울기를 $f(x, y)$로 갖는 격자의 각 점 (x, y)에서 유향선소를 그렸을 때 모든 유향선소의 모임을 미분방정식 $\frac{dy}{dx} = f(x,y)$의 **방향장**(direction field) 또는 **기울기장**(slope field)이라고 한다. 시각적으로 방향장은 미분방정식의 해 곡선들의 족의 모습을 제시하고 궁극적으로는 해가 특이한 모습을 나타내는 평면상의 영역과 같은 정성적인 면을 언뜻 보는 것을 가능하게 한다. 방향장이 지나는 해 곡선은 반드시 장의 흐름 양식을 따른다. 해 곡선은 격자에서 한 점과 만날 때 유향선소에 접한다. 그림 2.1.2는 xy-평면의 한 영역에서 미분방정식 $dy/dx = \sin(x+y)$에 대한 컴퓨터로 그린 벡터장을 보인다. 다른 색으로 그려진 해곡선들은 장의 흐름을 따른다는 점을 명심해야 한다.

예제 1 방향장

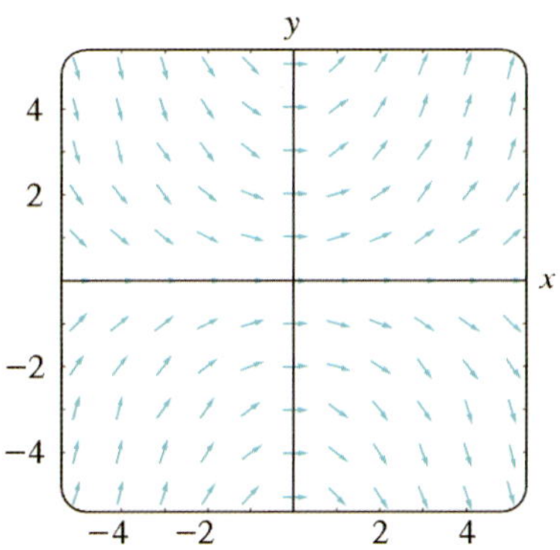

(a) $dy/dx = 0.2xy$에 대한 방향장

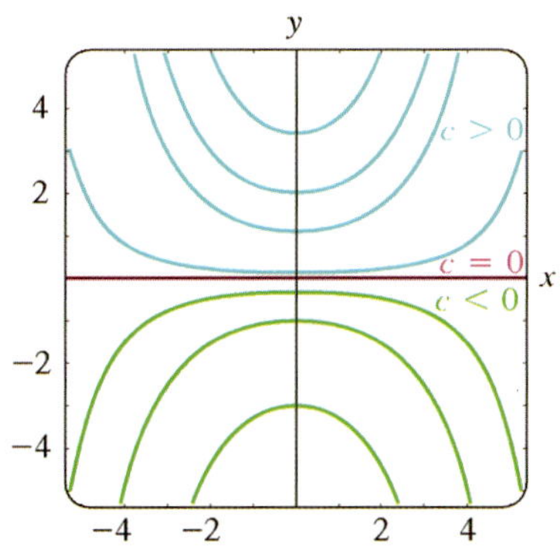

(b) $y = ce^{0.1x^2}$의 몇몇 해 곡선들

그림 2.1.3 방향장과 해 곡선들

그림 2.1.3(a)에서와 같이 미분방정식 $\frac{dy}{dx} = 0.2xy$에 대한 방향장은 컴퓨터 소프트웨어에 의하여 m, n이 $-5 \le m \le 5$, $-5 \le n \le 5$인 정수이고 $h = 1$일 때 점 (mh, nh)들의 5×5 격자가 정의될 때 얻어진다. 그림 2.1.3(a)에서 x축 $(y=0)$위에 있는 임의의 점과 y축 $(x=0)$위의 임의의 점에서 기울기들은 각각 $f(x, 0) = 0$, $f(0, y) = 0$이므로 유향선소들은 수평적이다. 또한 1사분면을 살펴보면 x를 고정하였을 때 $f(x, y) = 0.2xy$의 값은 y가 증가함에 따라서 증가한다. 같은 방법으로 y를 고정하였을 때 $f(x, y) = 0.2xy$의 값도 x가 증가함에 따라서 증가한다. 이것은 x와 y가 동시에 증가하면 유향선소가 거의 수직이 되고 양의 기울기($x > 0$이고 $y > 0$일 때 $f(x, y) = 0.2xy > 0$)를 가짐을 의미한다. 2사분면에서 $|x|$와 y가 증가할 때 $|f(x, y)|$는 증가하며 따라서 유향선소는 거의 수직이 되지만 이 경우 음의 기울기($x > 0$이고 $y > 0$일 때 $f(x, y) = 0.2xy < 0$)를 갖는다. 좌측에서 우측으로 읽으면서 2사분면의 한 점에서 출발하는 하나의 해 곡선을 상상하여 보자. 아래쪽으로 급격히 이동하였다가 y축을 지날 때 평평해지고 그런 다음 1사분면에 들어서면 급격히 위쪽으로 이동한다. 다시 말해서 이동 모습은 위로 오목하고 편자(horseshoe)와 비슷하다. 이로부터 $x \to \pm\infty$일 때 $y \to \infty$ 임을 추측할 수 있다.

3사분면에서 $f(x, y) = 0.2xy > 0$이고 4사분면에서 $f(x, y) = 0.2xy < 0$이므로 상황은 정반대가 된다. 좌측에서 우측으로 이동할 때 해 곡선은 증가한 후 감소

한다. 1.1절의 (1)에서 확인한 바와 같이 $y = e^{0.1x^2}$ 은 미분방정식 $\frac{dy}{dx} = 0.2xy$의 양적인 해이다.

같은 방정식에 대한 해들의 매개변수 족이 $y = ce^{0.1x^2}$ 에 의하여 주어짐을 증명하여야 한다. 그림 2.1.3(a)와 비교하기 위하여 이 족에 속한 몇몇 대표적인 그래프가 그림 2.1.3(b)에 있다. ■

예제 2 방향장

방향장을 사용하여 초깃값 문제 $\frac{dy}{dx} = \sin y$, $y(0) = -\frac{3}{2}$의 근사적인 해 곡선을 그려라.

풀이 $f(x, y) = \sin y$와 $\frac{\partial f}{\partial y} = \cos y$가 연속함수라는 사실로부터 정리 1.2.1은 평면상의 특정한 점 (x_0, y_0)를 지나는 유일한 해 곡선이 존재함을 보장한다. 이제 5×5 직사각형 영역에 대한 컴퓨터 소프트웨어를 준비하고 $\frac{1}{2}$ 단위의 수직과 수평 분리를 갖는 영역 내의 점들을 지정한다. (초기조건 때문) 이 점들은 실제로 m, n이 $-10 \le m \le 10$이고 $-10 \le n \le 10$인 정수들이고 $h = \frac{1}{2}$일 때 점 (mh, nh)들이다. 결과는 그림 2.1.4에 나타나 있다. $\frac{dy}{dx} = \sin y$의 우변이 $y = 0$과 $y = -\pi$일 때 0이므로 유향선소들은 두 번째 좌표가 $y = 0$이거나 $y = -\pi$인 모든 점들에서 수평이다. 따라서 초깃값 $\left(0, -\frac{3}{2}\right)$을 지나는 해곡선이 그림에서 파란색으로 그려지는 것이 합리적이다. ■

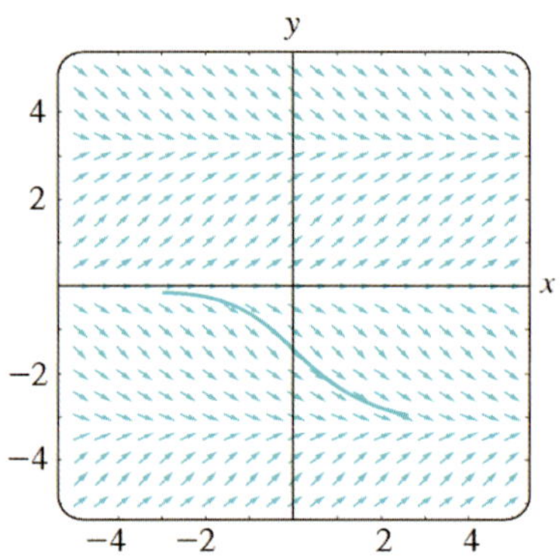

그림 2.1.4 $dy/dx = \sin y$에 대한 방향장

증가/감소 기울기를 부여하는 함수로서 미분 $\frac{dy}{dx}$의 해석은 방향장의 작도에 있어서 중요한 역할을 한다. 다음에 사용할 1계 도함수의 중요한 성질은 구간의 모든 점 x에 대하여 $\frac{dy}{dx} > 0$이면 (또는 $\frac{dy}{dx} < 0$) 함수 $y = y(x)$가 I에서 증가(또는 감소)한다는 것이다.

주의

수작업으로 방향장을 그리는 것은 간단하지만 시간이 많이 걸린다. 아마도 수작업으로 방향장을 그리는 것은 일생에 한 번 또는 두 번 정도일 것이며 대부분의 경우는 컴퓨터 소프트웨어를 사용하여 결과를 얻는다. 계산기나 컴퓨터, 소프트웨어를 사용하기 전에는 **등경선(isocline) 방법**을 이용하여 수작업으로 방향장을 그릴 수 있었다. 미분방정식 $\frac{dy}{dx} = f(x, y)$에 대하여 c가 상수일 때 $f(x, y) = c$인 곡선의 족에 있는 임의의 곡선을 **등경선**이라고 한다. 특별한 등경선 $f(x, y) = c_1$ 위의 점들을 지나서 그려지는 유향선소들은 모두 같은 기울기 c_1

을 갖는다. 2.1절의 연습문제 15에서 수작업으로 방향장을 그릴 기회가 2번 주어질 것이다.

2.1.2 자율 1계 미분방정식

자율 1계 미분방정식 1.1절에서 우리는 상미분방정식을 선형과 비선형의 2개의 형태로 분류하였다. 이제 상미분방정식을 간단하게 다른 형태로 분류하고자 하는데 이것은 미분방정식을 정성적으로 연구하는데 있어서 매우 중요하다.

독립변수가 명백히 나타나지 않는 상미분방정식을 **자율적**(autonomous)이라고 한다. 만일 x가 독립변수를 나타내면 자율 1계 미분방정식은 $f(y, y')=0$으로 나타내던지 또는

$$\frac{dy}{dx}=f(y) \tag{2}$$

의 정규 형태로 나타낸다. 이제 (2)에서 함수 f와 도함수 f'은 적당한 구간 I에서 y에 관한 연속함수라고 가정한다. 1계 미분방정식들

$$\underset{\displaystyle\uparrow\atop f(y)}{}\frac{dy}{dx}=1+\overset{f(y)\atop\downarrow}{y^2} \text{ 과 } \quad \frac{dy}{dx}=\overset{f(x,\,y)\atop\downarrow}{0.2xy}$$

는 각각 자율 미분방정식과 **비자율 미분방정식**이다. 응용에 사용되는 많은 미분방정식이나 물리학 법칙의 모형에 사용되는 많은 방정식들은 자율적이다. 1.3절에서 이미 학습한 바와 같이 x와 y가 아닌 다른 문자들이 종종 종속변수와 독립변수를 나타내기도 한다. 예를 들어 t가 시간을 나타내면 k, n, T_n 들이 상수일 때

$$\frac{dA}{dt}=kA,\quad \frac{dx}{dt}=kx(n+1-x),\quad \frac{dT}{dt}=k(T-T_m),\quad \frac{dA}{dt}=6-\frac{1}{100}A$$

에서 각각의 식들은 시간에 대하여 독립적임을 보여준다. 실제로 1.3절에서 소개된 모든 1계 미분방정식들은 시간에 대하여 독립적이므로 모두 자율적이다.

임계점들 (2)에 있는 함수 f의 값이 0이 되는 점들은 매우 중요하다. 만일 $f(c)=0$이면 c를 자율 미분방정식의 **임계점**(critical point)이라고 한다. 또한 임계점은 **평형점**(equilibrium point) 또는 **고정점**(stationary point)이라고도 한다. 만일 (2)의 식에 상수함수 $y(x)=c$를 대입하면 식의 양변은 0이 된다. 이것은 다음을 의미한다.

만일 c가 (2)의 임계점이면 $y(x)=c$는 자율 미분방정식의 상수 해이다.

(2)의 상수 해 $y(x)=c$를 **평형 해**(equilibrium solution)라고 하며 평형 해들이 (2)의 유일한 상수해이다. 앞에서 언급한 바와 같이 (2)의 상수가 아닌 해 $y=y(x)$는 미분 $\frac{dy}{dx}$의 대수적 부호를 이용하여 언제 증가하는지 또는 감소하는지를 판정할 수 있다. (2)의 경우에서 $f(y)$가 양이거나 음인 y축 위의 구간을 찾아서 구별할 수 있다.

예제 3 자율 미분방정식

a와 b가 양의 상수일 때 미분방정식

$$\frac{dP}{dt}=P(a-bP)$$

는 $\frac{dP}{dt}=f(P)$의 정규 형태를 하고 있는데 이 식은 t와 P가 각각 (2)의 식에 있는 x와 y의 역할을 하므로 자율적이다. $f(P)=P(a-bP)=0$으로부터 0과 $\frac{a}{b}$가 방정식의 임계점들이고 평형 해들은 $P(t)=0$과 $P(t)=\frac{a}{b}$이다. 수직선 위에 임계점들을 표시하면 실직선은 $-\infty<P<0$, $0<P<\frac{a}{b}$, $\frac{a}{b}<P<\infty$의 세 구간으로 나뉜다. 그림 2.1.5에 있는 직선 위의 화살표들은 이 구간들에서 $f(P)=P(a-bP)$의 대수적 부호를 나타내며 상수가 아닌 해 $P(t)$가 구간에서 증가하는지 또는 감소하는지를 알려준다. 다음의 표가 그림을 설명한다.

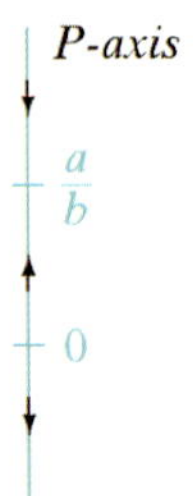

그림 2.1.5 $dp/dt=P(a-bP)$의 위상사진

구간	$f(P)$의 부호	$P(t)$	화살표
$(-\infty, 0)$	음	감소	아래로
$\left(0, \frac{a}{b}\right)$	양	증가	위로
$\left(\frac{a}{b}, \infty\right)$	음	감소	아래로

■

그림 2.1.5는 미분방정식 $\frac{dP}{dt}=P(a-bP)$의 **일차원 위상 사진**(phase portrait) 또는 간단히 **위상 사진**이라고 하며 수직인 직선을 **위상 선**(phase line)이라고 한다.

해 곡선들 자율 미분방정식을 풀지 않고도 해 곡선들에 대하여 상당히 많은 것을 언급할 수 있다. (2)에 있는 함수 f는 변수 x에 독립적이므로 f가 $-\infty<x<\infty$ 또는 $0\le x<\infty$에서 정의되었다고 생각할 수 있다. 또한 f와

도함수 f' 이 y축 위의 적당한 구간 I에서 y에 대한 연속함수들이므로 정리 1.2.1의 기본적인 결과들이 I에 대응하는 xy 평면안의 수평 띠나 영역 R에서 성립한다. 그리고 그림 2.1.6(a)에서 볼 수 있듯이 R의 임의의 점 (x_0, y_0)에 대하여 (2)의 단 하나의 해 곡선이 지난다. 논의를 위하여 (2)이 $c_1 < c_2$ 인 단 두 개의 임계점 c_1과 c_2만을 갖는다고 하자. 평형 해 $y(x) = c_1$과 $y(x) = c_2$ 의 그래프들은 수평선들이고 이 선들은 영역 R 을 그림 2.1.6(b)에서 나타난 바와 같이 R_1, R_2, R_3의 세 영역으로 분할한다. 증명 없이 (2)의 비상수적인 해 $y(x)$에 대하여 몇 가지 결론을 내릴 수 있다.

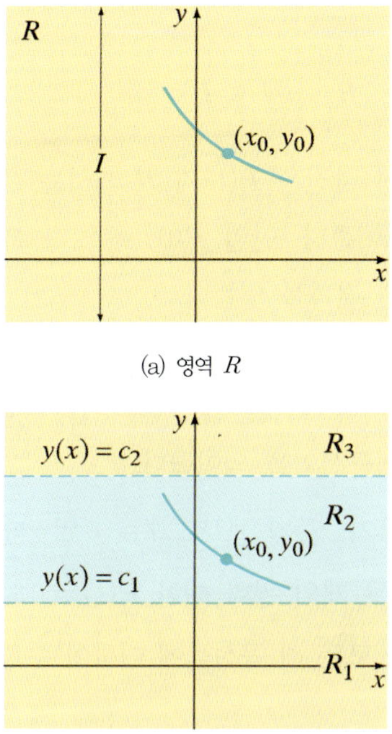

(a) 영역 R

(b) R의 부분 영역 R_1, R_2, R_3

그림 2.1.6 직선 $y(x) = c_1$과 $y(x) = c_2$는 영역 R을 3개의 수평부분 영역으로 나눈다.

- 만일 (x_0, y_0)가 부분 영역 R_i, $i = 1, 2, 3$에 있고 $y(x)$는 그래프가 이 점을 지나는 해이면 $y(x)$의 그래프는 모든 x에 대하여 부분 영역 R_i에 그려진다. 그림 2.1.6(b)에 나타나 있듯이 R_2에 있는 해 $y(x)$는 모든 x에 대하여 $c_1 < y(x) < c_2$이다. 해 곡선은 모든 x에 대하여 R_2에 있게 되는데 그 이유는 (2)의 비상수적인 해의 그래프가 평형 해 $y(x) = c_1$과 $y(x) = c_2$의 그래프를 지나지 않기 때문이다. 2.1절 연습문제 33에서 확인할 수 있다.
- $i = 1, 2, 3$일 때 함수 f의 연속성에 의하여 부분 영역 R_i의 모든 x에 대하여 $f(y) > 0$이거나 $f(y) < 0$이 성립하여야 한다. 다시 말하면 $f(y)$는 부분 영역에서 부호가 바뀌지 않는다. 2.1절 연습문제 33에서 확인할 수 있다.
- $i = 1, 2, 3$일 때 $\frac{dy}{dx} = f(y(x))$는 부분 영역 R_i에서 양이거나 음이므로 해인 $y(x)$는 **강 단조**(strictly monotonic)이다. 이것은 $y(x)$가 부분 영역 R_i에서 증가하거나 감소라는 의미이다. 따라서 $y(x)$는 진동할 수도 없고 극값을 가질 수도 없다. 2.1절 연습문제 33에서 확인할 수 있다.
- 만일 $y(x)$가 임계점 c_1에 의하여 위로 유계이면(모든 x에 대하여 $y(x) < c_1$인 부분 영역 R_1에서처럼) $y(x)$의 그래프는 $x \to \infty$이거나 $x \to -\infty$일 때 평형 해 $y(x) = c_1$의 그래프에 반드시 접근하여야 한다.

  만일 $y(x)$가 유계이면—즉, 두 개의 연속적인 임계점들에 의하여 위로 유계이고 또한 아래로 유계이면(모든 x에 대하여 $c_1 < y(x) < c_2$인 부분영역 R_2에서처럼)—$y(x)$의 그래프는 하나는 $x \to \infty$일 때 그리고 다른 하나는 $x \to -\infty$일 때 평형 해 $y(x) = c_1$과 $y(x) = c_2$의 그래프들에 접근하여야 한다. 만일 $y(x)$가 임계점 c_2에 의하여 아래로 유계이면 (임의의 x에 대하여 $c_2 < y(x)$인 부분 영역 R_3에서처럼) $y(x)$의 그래프는 $x \to \infty$ 이거나 $x \to -\infty$일 때 평형 해 $y(x) = c_2$의 그래프에 반드시 접근하여야 한다. 2.1절 연습문제 34에서 확인할 수 있다.

앞에서 학습한 내용을 상기하면서 예제 3의 미분방정식을 돌아보자.

예제 4 예제 3 다시하기

임계점들 $P=0$와 $P=\frac{a}{b}$에 의한 P축 또는 위상 선위에 정해진 세 구간은 tP 평면에서 세 개의 부분 영역에 대응한다.

$$R_1 : -\infty < P < 0, \quad R_2 : 0 < P < a/b, \quad R_3 : a/b < P < \infty$$

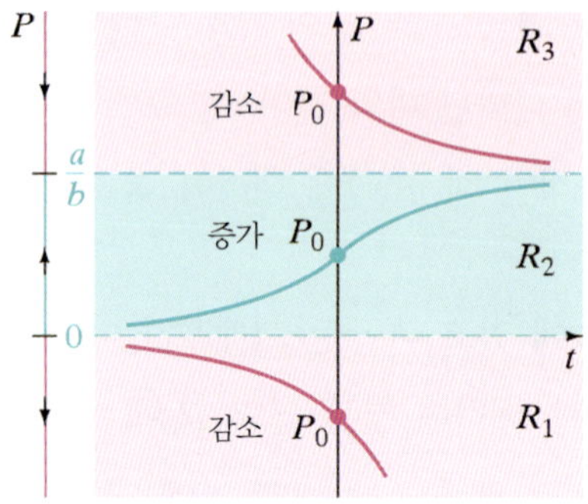

tP−평면

그림 2.1.7 각각의 세 부분 영역에서의 위상평면 사진과 위상선

여기서 $-\infty < t < \infty$이다. 그림 2.1.7에 있는 위상 사진은 $P(t)$가 R_1에서는 감소하고 R_2에서는 증가하며 R_3에서는 감소함을 보여준다. 만일 $P(0)=P_0$가 초깃값이면 영역 R_1, R_2, R_3에서 각각 다음과 같은 결과를 얻는다.

(i) $P_0 < 0$일 때 $P(t)$는 위로 유계이다. $P(t)$가 감소하므로 $P(t)$는 t가 증가할 때 한없이 감소하고 $t \to -\infty$일 때 $P(t) \to 0$이다. 이것은 평형 해 $P(t)=0$의 그래프인 음의 t축이 해 곡선에 대한 수평점근선임을 의미한다.

(ii) $0 < P_0 < \frac{a}{b}$일 때 $P(t)$는 유계이다. $P(t)$가 증가하므로 $t \to \infty$일 때 $P(t) \to \frac{a}{b}$이고 $t \to -\infty$일 때 $P(t) \to 0$이다. 두 개의 평형 해인 $P(t)=0$와 $P(t)=\frac{a}{b}$의 그래프들은 부분 영역에서 시작한 모든 해 곡선들에 대하여 수평점근선인 수평선들이다.

(iii) $P_0 > \frac{a}{b}$일 때 $P(t)$는 아래로 유계이다. $P(t)$가 감소하므로 $t \to \infty$일 때 $P(t) \to \frac{a}{b}$이다. 평형 해 $P(t) = \frac{a}{b}$의 그래프는 해 곡선에 대하여 수평점근선이다.

그림 2.1.7에서 위상 선은 tP평면에서 P축이다. 명확히 하기 위하여 그림 2.1.5로부터 위상 선은 부분 영역 R_1, R_2, R_3들이 음영된 평면의 좌측에 다시 그려졌다. 평형 해 $P(t) = \frac{a}{b}$와 $P(t)=0$ (t축)의 그래프들은 그림에서 파란색 점선들로 표시되었고 실선으로 나타낸 그래프들은 지금까지 논의한 세 경우에 해당하는 $P(t)$의 전형적인 그래프를 보여준다. ■

예제 4에 있는 $P(t)$가 증가하고 아래로 유계이지 않은 R_1과 같은 부분 영역에서 반드시 $P(t) \to -\infty$이어야 한다. 이것은 $t \to \infty$일 때 $P(t) \to -\infty$인 것으로 해석하면 안 된다. 실제로 $T>0$가 초기 조건 $P(t_0)=P_0$에 의존하는 유한한 값일 때 $t \to T$일 때 $P(t) \to -\infty$일 수 있었다. 역학적인 용어를 고려할 때 $P(t)$는 유한한 시간에 급격히 변화할 수 있었다. 기하학적으로 생각해 볼 때 $P(t)$는 $t=T>0$에서 수직점근선을 가질 수 있었다. 비슷한 설명이 부분 영역 R_3에서도 적용된다.

예제 2에서 미분방정식 $\frac{dy}{dx} = \sin y$ 는 자율적이고 n 이 정수이고 $y = n\pi$ 일 때 $\sin y = 0$ 이므로 무수히 많은 임계점을 갖는다. 또한 $\left(0, -\frac{3}{2}\right)$을 지나는 해 $y(x)$가 두 개의 연속된 임계점에 의하여 위, 아래로 유계($-\pi < y(x) < 0$)이고 감소($-\pi < y < 0$일 때 $\sin y < 0$)이므로 $y(x)$의 그래프는 평형 해의 그래프에 수평점근선으로 하여 접근해야 한다. $x \to \infty$ 일 때 $y(x) \to -\pi$이고 $x \to -\infty$ 일 때 $y(x) \to 0$이다.

예제 5 자율 미분방정식의 해 곡선들

자율 미분방정식 $\frac{dy}{dx} = (y-1)^2$ 은 유일한 임계점 1을 갖는다. 그림 2.1.8(a)의 위상 사진으로부터 해 곡선 $y(x)$는 $-\infty < x < \infty$ 일 때 부분 영역 $-\infty < y < 1$과 $1 < y < \infty$ 에서 증가한다고 판단할 수 있다. 초기 조건 $y(0) = y_0 < 1$ 에 대하여 해 $y(x)$는 증가하고 1에 의하여 위로 유계가 된다. 따라서 $x \to \infty$ 일 때 $y(x) \to 1$ 이다. 초기 조건 $y(0) = y_0 > 1$에 대하여 해 $y(x)$는 증가하고 유계이지 않다.

$y(x) = 1 - \frac{1}{x+c}$ 은 미분방정식의 해들의 하나의 매개변수로 된 족이다(2.2절 연습문제 4번 참조). 주어진 초기 조건을 이용하면 c를 결정할 수 있다. 초기 조건들 $y(0) = -1 < 1$ 과 $y(0) = 2 > 1$ 에 대하여 미분방정식들의 해는 각각 $y(x) = 1 - \frac{1}{x+1/2}$ 과 $y(x) = 1 - \frac{1}{x-1}$ 이 된다. 그림 2.1.8(b)와 2.1.8(c)에 나타난 바와 같이 이 유리함수의 그래프들은 수직점근선을 갖는다.

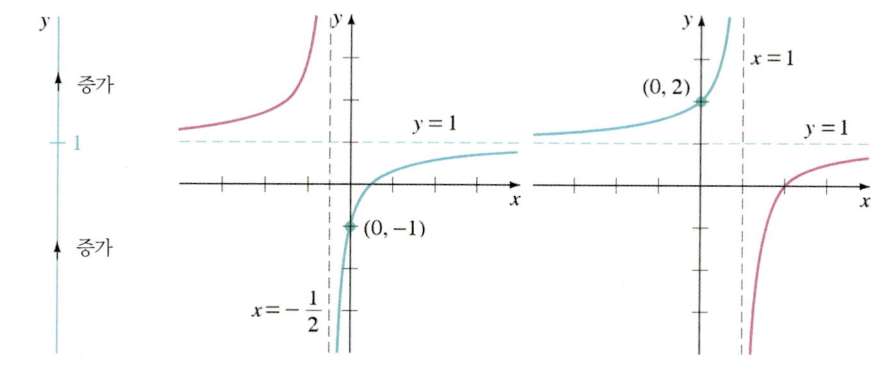

(a) 위상선 (b) xy−평면 $y(0) < 1$ (c) xy−평면 $y(0) > 1$

그림 2.1.8 $y = 1$ 근처에서 해들의 성질

초깃값 미분방정식

$$\frac{dy}{dx}=(y-1)^2,\quad y(0)=-1 \text{과 } \frac{dy}{dx}=(y-1)^2,\ y(0)=2$$

의 해들은 특정한 구간들에서 정의된다는 점을 명심하여야 한다. 해들은 각각 다음과 같다.

$$y(x)=1-\frac{1}{x+\frac{1}{2}},\ -\frac{1}{2}<x<\infty \text{와 } y(x)=1-\frac{1}{x-1},\ -\infty<x<1$$

해 곡선들의 일부가 그림 2.1.8(b)와 2.1.8(c)에 실선으로 나타나 있다. 위상 사진에 의하여 예견된 바와 같이 그림 2.1.8(b)에 있는 해 곡선에서 $x\to\infty$ 일 때 $y(x)\to 1$ 이다. 그림 2.1.8(c)에 있는 해 곡선에서는 $x\to 1^-$ 일 때 $y(x)\to\infty$ 이다. ■

끌개와 밀개 $y(x)$가 (1)에서 주어진 자율 미분방정식의 비상수적인 해라고 하고 c가 미분방정식의 임계점이라고 가정하자. 기본적으로 $y(x)$가 c의 근방에서 보여줄 수 있는 세 가지 기본적인 형태의 성질이 있다.

그림 2.1.9에서 우리는 c를 네 개의 수직 위상 선들 위에 두었다. 그림 2.1.9(a)에서처럼 굵은 점으로 표현된 c가 양쪽에서 c를 향하여 접근할 때 c에 충분히 가까운 초깃값 (x_0, y_0)에서 출발한 (1)의 모든 해 $y(x)$는 $\lim_{x\to\infty} y(x)=c$인 점근적인 형태를 보인다. 이러한 이유로 임계점 c를 점근적으로 **안정적**(asymptotically stable)이라고 한다. 물리적 유추를 사용하여 c 근처에서 출발한 해는 마치 하전입자가 시간이 지나면서 다른 쪽 하전으로 이동한 것과 같아서 c를 **끌개**(attractor)라고 정의한다.

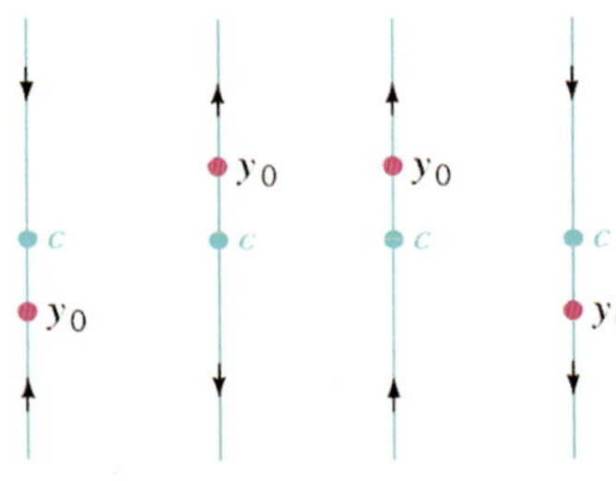

그림 2.1.9 임계점 c는 (a)에서는 끌개이고 (b)에서는 밀개이며 (c)와 (d)에서는 준안정적이다.

그림 2.1.9(b)에서처럼 굵은 점으로 표현된 c가 양쪽에서 c에서 멀어지면 (x_0, y_0)에서 출발한 (1)의 모든 해 $y(x)$는 x가 증가함에 따라서 c에서 멀어진다. 이 경우 임계점 c는 **비안정적**(unstable)이라고 한다. 비안정적인 임계점을 **밀개**(repeller)라고 한다.

그림 2.1.9(c)와 2.1.9(d)에 나타난 임계점 c는 끌개도 아니고 밀개도 아니다. 그러나 c는 끌개와 밀개의 특성 — c에 충분히 가까운 초기 점 (x_0, y_0)에서 시작된 해가 한쪽에서는 c에 끌리고 다른 한 쪽에서는 c에서 밀린다 — 을 보여주므로 우리는 c를 **준안정적**(semi-stable)이라고 한다. 예제 3에서 임계점 $\frac{a}{b}$는 점근적으로 안정적(끌개)이며 임계점 0은 비안정적(밀개)이다. 예제 5의 임계점 1은 준안정적이다.

자율 미분방정식과 방향장들 만일 1계 미분방정식이 자율적이면 정규 형태의 미분방정식 $\frac{dy}{dx}=f(y)$의 우변으로부터 미분방정식에 대한 방향장을 만들기 위

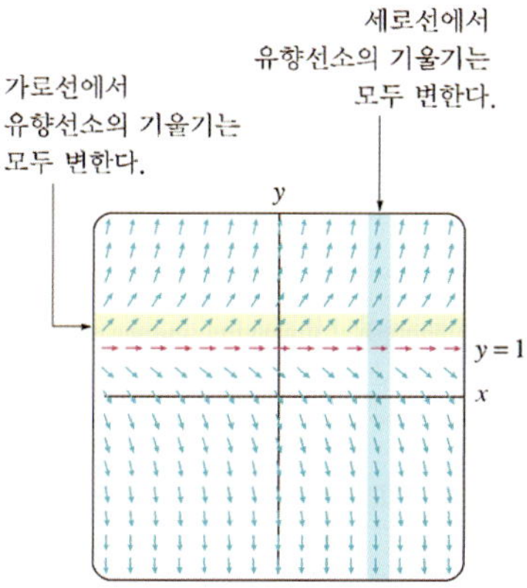

그림 2.1.10 자율 미분방정식에 대한 방향장

하여 사용한 직사각형 격자에 있는 점들을 지나는 유향선소들의 기울기들이 단지 점들의 y 좌표에만 의존함을 알 수 있다. 임의의 수평선 위의 점들을 지나는 유향선소들은 모두 같은 기울기를 갖는다. 물론 임의의 수직선 위의 점들을 지나는 유향선소들의 기울기는 다르다. 이러한 사실은 그림 2.1.10에서 노란색의 수평 띠와 파란색의 수직 띠를 살펴보면 명확하다. 그림 2.1.10은 자율 미분방정식 $\frac{dy}{dx} = 2y - 2$에 대한 방향장을 보여준다. 그림 2.1.10의 붉은 유향선소는 평형 해 $y = 1$을 따라서 놓여있기 때문에 기울기 0이다.

평행이동성질 $y = f(x)$의 그래프를 x축을 따라서 $|k|$만큼 평행이동한 그래프는 $y = f(x - k)$라는 사실은 알고있다. 여기서 k는 상수이고 $k > 0$이면 우측, $k < 0$이면 좌측으로 이동한다. 조건 (2)가 성립할 때 자율 일계 미분방정식의 해 곡선은 평행이동개념과 연관되어있다. 이를 설명하기 위해 미분방정식 $dy/dx = y(3 - y)$를 생각하자. 이 미분방정식은 예제 3과 4에서 다루었던 자율 미분방정식의 특수한 경우이다. $y = 0$와 $y = 3$은 미분방정식의 평형해이므로 이들의 그래프는 xy평면을 세 개의 부분영역 R_1, R_2, R_3로 나눈다.

$$R_1 : -\infty < y < 0, \quad R_2 : 0 < y < 3, \quad R_3 : 3 < y < \infty$$

그림 2.1.11에서는 미분방정식의 방향장에 6개의 해 곡선을 표시하였다. 같은 색의 해곡선 즉 특수한 부분영역 R_i 안에 놓여있는 해 곡선은 모두 같게 보인다. 이것은 임의의 수직선상에 있는 점을 지나는 유향선소는 평행하다는 자연스러운 결론을 얻는다. 즉 다음과 같은 자율미분방정식의 평행이동 성질이 의미있게 된다. ;

$y(x)$가 자율미분방정식 $dy/dx = f(y)$의 해이면 $y_1(x) = y(x - k)$도 해이다.

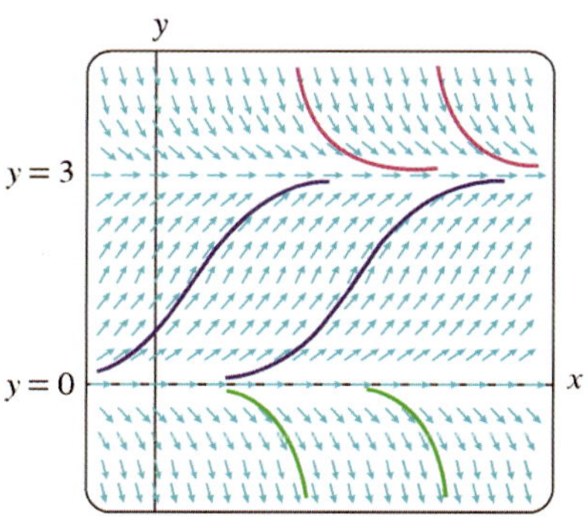

그림 2.1.11 자율미분방정식의 평행이동 해 곡선

그러므로 $y(x)$가 초깃값 문제 $dy/dx = f(y), y(0) = y_0$의 해이면 $y_1(x) = y(x - x_0)$도 초깃값 문제 $dy/dx = f(y), y(x_0) = y_0$의 해이다. 예를 들어 $y(x) = e^x$, $-\infty < x < \infty$는 초깃값 문제 $dy/dx = y, y(0) = 1$의 해이므로 $dy/dx = y$, $y(5) = 1$의 해 $y_1(x)$는 $y(x) = e^x$를 5만큼 우측으로 평행이동한

$$y_1(x) = y(x - 5) = e^{x-5}, \quad -\infty < x < \infty$$

가 된다.

연습문제 2.1

2.1.1 방향장

(1-4) 주어진 컴퓨터로 그린 방향장을 재연하여라. 수작업으로 주어진 점들을 지나는 근사적인 해 곡선을 각각 그려라. 각각의 곡선에 대하여 다른 색의 연필을 사용하여 그리도록 하여라.

1 $\dfrac{dy}{dx}=x^2-y^2$

(a) $y(-2)=1$ (b) $y(3)=0$

(c) $y(0)=2$ (d) $y(0)=0$

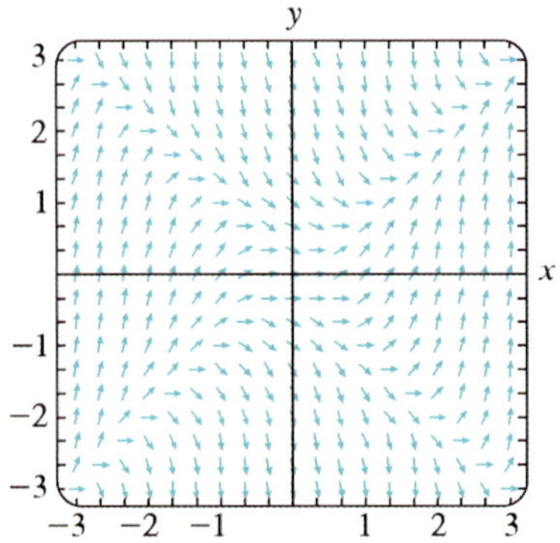

그림 2.1.12 문제 1에 대한 방향장

2 $\dfrac{dy}{dx}=(\sin x)\cos y$

(a) $y(0)=1$ (b) $y(1)=0$

(c) $y(3)=3$ (d) $y(0)=-\dfrac{5}{2}$

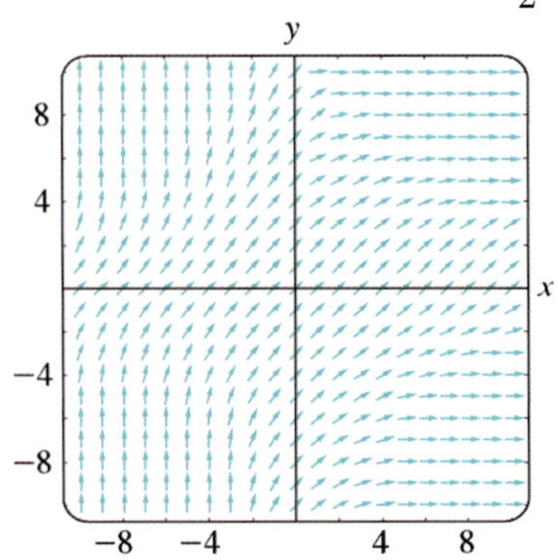

그림 2.1.13 문제 2에 대한 방향장

3 $\dfrac{dy}{dx}=1-xy$

(a) $y(0)=0$ (b) $y(-1)=0$

(c) $y(2)=2$ (d) $y(0)=-4$

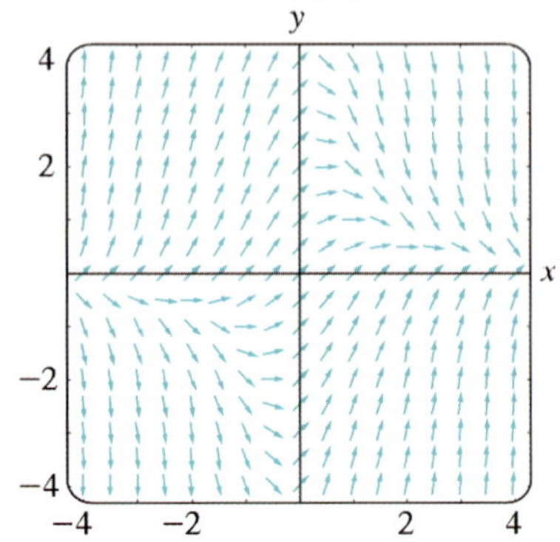

그림 2.1.14 문제 3에 대한 방향장

4 $\dfrac{dy}{dx}=e^{-0.01xy^2}$

(a) $y(-6)=0$ (b) $y(0)=1$

(c) $y(0)=-4$ (d) $y(8)=-4$

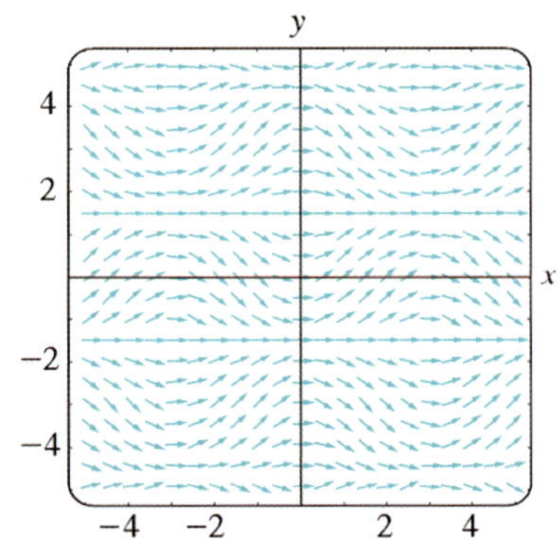

그림 2.1.15 문제 4에 대한 방향장

(5-12) 컴퓨터 소프트웨어를 사용하여 주어진 미분방정식에 대한 방향장을 구하여라. 수작업으로 각각의 주어진 점들을 지나는 근사적인 해 곡선을 그려라.

5 $y'=x$

(a) $y(0)=0$

(b) $y(0)=-3$

6 $\dfrac{dy}{dx}=\dfrac{1}{y}$

(a) $y(0)=1$

(b) $y(-2)=-1$

7 $y\dfrac{dy}{dx}=-x$

(a) $y(1)=1$

(b) $y(0)=4$

8 $\dfrac{dy}{dx}=xe^y$

(a) $y(0)=-2$

(b) $y(1)=2.5$

9 $\dfrac{dy}{dx}=0.2x^2+y$

(a) $y(0)=\dfrac{1}{2}$

(b) $y(2)=-1$

10 $y'=x+y$

(a) $y(-2)=2$

(b) $y(1)=-3$

11 $y'=y-\cos\dfrac{\pi}{2}x$

(a) $y(2)=2$

(b) $y(-1)=0$

12 $\dfrac{dy}{dx}=1-\dfrac{y}{x}$

(a) $y\left(-\dfrac{1}{2}\right)=2$

(b) $y\left(\dfrac{3}{2}\right)=0$

(13-14) 주어진 그림은 각각 $f(y)$와 $f(x)$의 그래프이다. 문제 13에서는 $\dfrac{dy}{dx}=f(y)$에 대한 방향장을, 문제 14에서는 $\dfrac{dy}{dx}=f(x)$에 대한 방향장을 수작업으로 그려라.

13

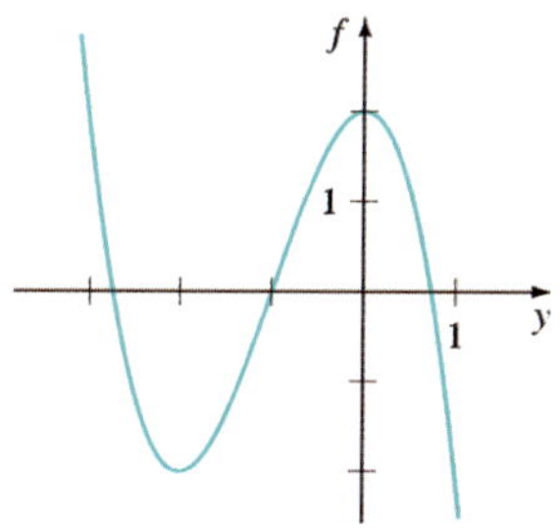

그림 2.1.16 문제 13에 대한 그래프

14

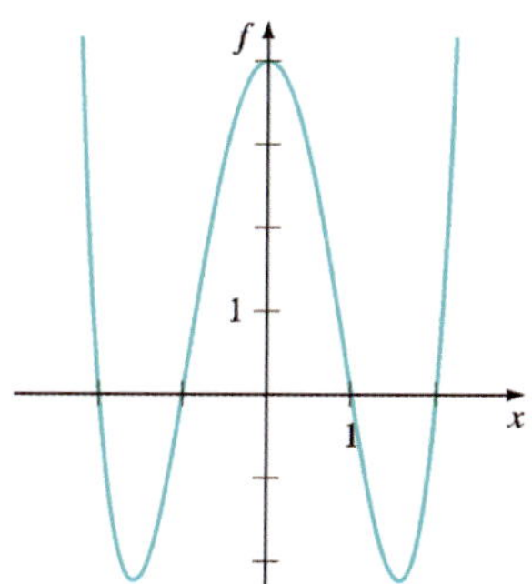

그림 2.1.17 문제 14에 대한 그래프

15 (a)와 (b)에서 주어진 상수 c를 이용하여 미분방정식의 **등경선** $f(x,y)=c$를 그려라. 각각의 등경선 위의 선택된 점들에서 적당한 기울기를 갖는 유향선소들을 그려서 격자 위에서 방향장을 만들어 보아라. (a)와 (b)에서 이 방향장들을 이용하여 초기 조건 $y(0)=1$이고 주어진 미분방정식으로 구성된 초깃값 문제에 대한 근사적인 해 곡선을 그려라.

(a) $dy/dx=x+y$; c는 $-5\le c\le 5$인 정수이다.

(b) $dy/dx=x^2+y^2$; $c=\dfrac{1}{4}$, $c=1$, $c=\dfrac{9}{4}$, $c=4$

토론 문제

16 (a) 구하는 방법은 고려하지 말고 미분방정식 $\dfrac{dy}{dx}=x(y-4)^2$의 방향장을 생각해 보자. 직선 $x=0$, $y=3$, $y=4$, $y=5$에서 유향선소들의 기울기를 설명하여라.

(b) $y_0<4$일 때 초깃값 문제 $\dfrac{dy}{dx}=x(y-4)^2-2$, $y(0)=y_0$를 생각해 보자. $x\to\infty$ 일 때 해 $y(x)\to\infty$ 일까? (a)에 있는 정보를 이용하여 논의하여 보아라.

17 1계 미분방정식 $\dfrac{dy}{dx}=f(x,y)$에 대하여 $f(x,y)=0$으로 정의되는 평면상의 곡선을 방정식의 **영등선**(nullcline)이라고 하는데 이는 곡선의 한 점에서의 유향선소가 기울기 0을 갖기 때문이다. 컴퓨터 소프트웨어를 사용하여 직사각형 격자 위에서 $\dfrac{dy}{dx}=x^2-2y$에 대한 점들의 방향장을 구하여라. 그 방향장 위에 영등선 $y=\dfrac{1}{2}x^2$ 그래프를 함께 그려라. $y<\dfrac{1}{2}x^2$으로 정의된 영역과 $y>\dfrac{1}{2}x^2$으로 정의된 영역에서 각각 해 곡선들의 움직임을 논의하여 보아라. 근접한 해 곡선을 그려보고 관찰한 바를 일반화하여라.

18 (a) 문제 1, 2, 3에서 영등선을 구하여라.
색연필을 이용하여 그림 2.1.12, 2.1.13, 2.1.14에서 영등선 상의 점에서의 유향선소라고 생각되는 유향선소에 표시를 하여라.

(b) 자율 1계 미분방정식의 영등선들은 무엇인가?

2.1.2 자율 1계 미분방정식

19 자율 1계 미분방정식 $\dfrac{dy}{dx}=y-y^3$과 초기 조건 $y(0)=y_0$가 주어졌다고 하자. y_0가 다음과 같이 주어졌을 때 전형적인 해 $y(x)$의 그래프를 수작업으로 그려 보아라.

(a) $y_0>1$

(b) $0<y_0<1$

(c) $-1<y_0<0$

(d) $y_0<-1$

20 자율 1계 미분방정식 $\dfrac{dy}{dx}=y^2-y^4$과 초기 조건 $y(0)=y_0$가 주어졌다고 하자. y_0가 다음과 같이 주어졌을 때 전형적인 해 $y(x)$의 그래프를 수작업으로 그려 보아라.

(a) $y_0 > 1$ (b) $0 < y_0 < 1$

(c) $-1 < y_0 < 0$ (d) $y_0 < -1$

(21-28) 주어진 자율 1계 미분방정식의 임계점들과 위상 사진들을 구하여라. 각 임계점들이 점근적으로 안정적인지, 비안정한지 또는 준안정적인지를 구별하여라. 평형 해들의 그래프에 의하여 결정된 xy평면의 영역에서 전형적인 해 곡선들을 수작업으로 그려 보아라.

21 $\dfrac{dy}{dx} = y^2 - 3y$

22 $\dfrac{dy}{dx} = y^2 - y^3$

23 $\dfrac{dy}{dx} = (y-2)^4$

24 $\dfrac{dy}{dx} = 10 + 3y - y^2$

25 $\dfrac{dy}{dx} = y^2(4 - y^2)$

26 $\dfrac{dy}{dx} = y(2-y)(4-y)$

27 $\dfrac{dy}{dx} = y\ln(y+2)$

28 $\dfrac{dy}{dx} = \dfrac{ye^y - 9y}{e^y}$

(29-30) f 의 그래프가 주어졌을 때 자율 미분방정식 $dy/dx = f(y)$ 을 생각해 보자. 그래프를 이용하여 각각의 미분방정식의 임계점의 위치를 찾아라. 각각의 미분방정식의 위상 사진을 그려라. 수작업으로 평형 해의 그래프들에 의하여 결정된 xy-평면에 있는 부분 영역에서 전형적인 해 곡선을 그려라.

29

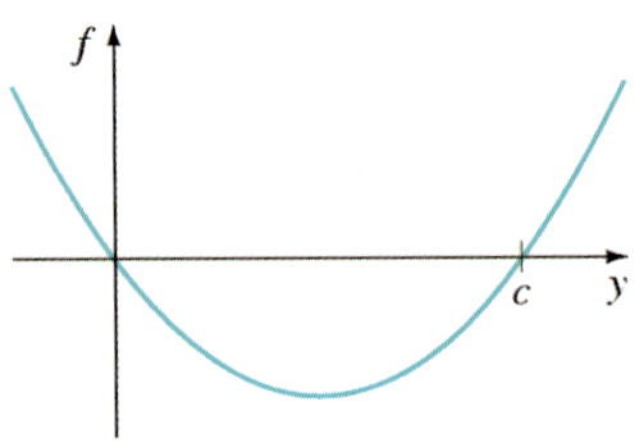

그림 2.1.18 문제 29에 대한 그래프

30

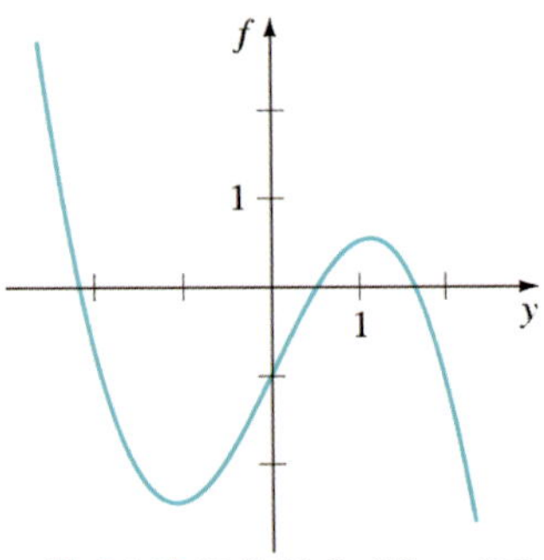

그림 2.1.19 문제 30에 대한 그래프

토론 문제

31 자율 미분방정식 $\dfrac{dy}{dx} = \left(\dfrac{2}{\pi}\right)y - \sin y$ 의 임계점들을 구하여라. 방정식의 위상 사진을 얻을 수 있는 방법에 대하여 논의하여라. 임계점들을 점근적으로 안정적인지, 비안정적인지 또는 준안정적인지를 결정하여라.

32 자율 미분방정식의 임계점 c가 c를 포함한 적당한 개구간이 존재하여 이 구간에서는 다른 임계점이 없다면 임계점 x는 **고립되었다**고 한다. (1)에서 주어진 형태의 자율 미분방정식 중에서 모든 임계점이 비고립점인 것은 있을 수 있는가? 이에 대하여 너무 깊게 생각하지 말고 논의를 하여 보아라.

33 $y(x)$가 자율 미분방정식 $\dfrac{dy}{dx} = f(y)$의 비상수적인 해이고 c가 미분방정식의 임계점이라고 하자. $y(x)$의 그래프가 평형 해 $y = c$ 의 그래프를 지날 수 없는 이유는 무엇인가? $f(y)$는 45쪽에서 논의한 부분 영역 중의 한 영역에서 부호가 바뀔 수 없는 이유는 무엇인가? $y(x)$가 진동을 하거나 극대값 또는 극소값을 갖지 않는 이유는 무엇인가?

34 $y(x)$가 자율 미분방정식 $\dfrac{dy}{dx} = f(y)$의 해이고 그림 2.1.6(b)의 부분 영역 R_2 처럼 두 개의 연속인 두 임계점들 $c_1 < c_2$ 에 의하여 위로 유계이고 아래로 유계라고 가정하자. 만일 그 영역에서 $f(y) > 0$ 이면 $\lim_{x\to\infty} y(x) = c_2$ 이다. $\lim_{x\to\infty} y(x) = L$ 이고 $L < c_2$ 인 L 이 존재할 수 없는 이유를 설명하여라. 또한 $x\to\infty$ 일 때 $y'(x)$ 가 어떻게 변하는지를 설명하여라.

35 자율 미분방정식 (2)를 이용하여 해 곡선의 변곡점들의 위치에 대하여 정보를 어떻게 얻을 수 있는가에 대하여 논의하여라.

36 자율 미분방정식 $\dfrac{dy}{dx} = y^2 - y - 6$을 생각해 보자. 문제 35를 이용하여 해곡선이 위로 오목하고 아래로 오목한 y축 위의 구간들을 구하여라. $-2 < y_0 < 3$일 때 $\dfrac{dy}{dx} = y^2 - y - 6$, $y(0) = y_0$의 초깃값 문제의 각각의 해 곡선들이 같은 y좌표를 갖는 점에서 변곡점을 갖는지를 설명하여라. $y(0) = -1$ 일 때 해 곡선을 그려라. $y(2) = 2$ 일 때 해 곡선을 그려라.

37 (2)에 있는 자율 미분방정식은 임계점을 갖지 않는다고 가정하자. 해들의 성질을 설명하여라.

수학적 모형

38 **인구 모형** 예제 3의 미분방정식은 유명한 인구 모형이다. a와 b가 양의 상수일 때 미분방정식이

$$\frac{dP}{dt}=P(aP-b)$$

로 변경되었다고 가정하자. 시간 t가 증가할 때 인구 P에 어떤 변화가 일어나는지를 대하여 논의하여라.

39 **인구 모형** h와 k가 상수일 때 또 다른 인구 모형이

$$\frac{dp}{dt}=kP-h$$

로 주어졌다고 하자. 초깃값 $P(0)=P_0$가 얼마일 때 이 모형은 인구가 소멸될 것이라고 예측하는가?

40 **최종 속도 1.3절에서** k가 양의 상수이고 g가 중력 가속도일 때 자율 미분방정식

$$m\frac{dv}{dt}=mg-kv$$

는 중력에 의하여 낙하하는 질량이 m인 물체의 속도에 관한 모형임을 알았다. $-k\nu$가 공기저항을 나타내기 때문에 높은 곳에서 낙하하는 물체의 속도는 시간이 지남에 따라서 무제한적으로 증가하지 않는다.
미분방정식의 위상 사진을 사용하여 물체의 극한 속도 (또는 최종 속도)를 구하고 이유를 설명하여라.

41 문제 40에 있는 모형이 변형되어서 공기저항이 v^2에 비례한다고 가정하자. 즉

$$m\frac{dv}{dt}=mg-kv^2$$

이라고 가정하자. 1.3절의 연습문제 17을 참조하여라. 위상 사진을 이용하여 물체의 최종 속도를 구하여라. 이유를 설명하여라.

42 **화학 반응** 어떤 성질을 갖는 화학물질을 섞었을 때 새로운 물질이 만들어지는 비율이 $k>0$인 상수이고 $\beta>\alpha>0$일 때 자율 미분방정식은

$$\frac{dX}{dt}=k(\alpha-X)(\beta-X)$$

로 설명된다. 여기서 $X(t)$는 시간 t일 때 생성된 새로운 물질의 그램 수를 나타낸다.

(a) 미분방정식의 위상 사진을 이용하여 $t\to\infty$일 때 X의 움직임을 예측하여라.

(b) $\alpha=\beta$인 경우를 생각하여 보자. 미분방정식의 위상 사진을 이용하여 $X(0)<\alpha$일 때 $t\to\infty$에 따라서 X의 움직임을 예측하여라. 또한 $X(0)>\alpha$일 때 $t\to\infty$에 따라서 X의 움직임을 예측하여라.

(c) $k=1$이고 $\alpha=\beta$일 때 미분방정식의 양적인 해가 $X(t)=\alpha-\dfrac{1}{t+c}$임을 증명하여라. $X(0)=\dfrac{\alpha}{2}$를 만족하는 해를 구하여라. $X(0)=2\alpha$를 만족하는 해를 구하여라. 이 두 해의 그래프를 그려라. $t\to\infty$일 때 해들의 움직임이 (b)에서 구한 해와 일치하는가?

2.2 변수 분리

필요한 개념

- 기본적인 적분공식들
- 적분기법: 부분 적분법과 부분분수 적분법
- Student Resource and Solution Manual을 참고할 것

소개 | 모든 미분방정식 중에서 가장 간단한 형태인 변수 분리가능한 1계 미분방정식을 푸는 방법에 대하여 학습하기로 한다. 이 절에 있는 방법과 미분방정식을 풀기 위한 기법들은 적분을 포함하기 때문에 미적분학 교제를 이용하여 $\int du/u$와 같은 중요한 공식들과 부분 적분법과 같은 적분기법을 복습해야 한다.

적분에 의한 풀이 1계 미분방정식 $dy/dx=f(x,y)$를 생각해 보자. 만일 f가 변수 y의 함수가 아니면, 즉 $f(x,y)=g(x)$이면 미분방정식

$$\frac{dy}{dx} = g(x) \tag{1}$$

는 적분을 이용하여 풀 수 있다. 만일 $g(x)$가 연속함수라면 (1)의 양변을 적분하여

$$y = \int g(x)\,dx = G(x) + c$$

를 얻을 수 있다. 여기서 $G(x)$는 $g(x)$의 역도함수이다. 예를 들어 $dy/dx = 1 + e^{2x}$이면 이 미분방정식의 해는 $y = \int (1 + e^{2x})dx$ 또는 $y = x + \frac{1}{2}e^{2x} + c$가 된다.

정의 정규 형태의 $dy/dx = f(x, y)$에 있는 함수 f가 x의 함수와 y의 함수의 곱으로 분해되면 풀이의 방법과 마찬가지로 방정식 (1)은 단지 특별한 경우가 된다.

정리 2.2.1 분리방정식

$$\frac{dy}{dx} = g(x)h(y)$$

형태의 1계 미분방정식은 **분리가능하다**(separable) 또는 **변수 분리가능하다**(separable variables)고 한다.

예를 들어 방정식 $\frac{dy}{dx} = y^2 x e^{3x+4y}$는 분리가능하지만 $\frac{dy}{dx} = y + \sin x$는 분리가능하지 않다. 첫 번째 방정식에서 $\frac{dy}{dx} = y^2 x e^{3x+4y}$를

$$f(x, y) = y^2 x e^{3x+4y} = \underbrace{(x e^{3x})}_{g(x)}\underbrace{(y^2 e^{4y})}_{h(y)}$$

와 같이 하나의 변수만을 갖는 함수의 곱으로 분해할 수 있다. 하지만 두 번째 방정식의 $\frac{dy}{dx} = y + \sin x$에서 $y + \sin x$는 x의 함수와 y의 함수의 곱으로 분해할 수 있는 방법이 없다.

양변을 $h(y)$로 나누면 분리가능한 방정식 $\frac{dy}{dx} = g(x)h(y)$는

$$p(y)\frac{dy}{dx} = g(x) \tag{2}$$

로 나타낼 수 있다. 여기서 $p(y)$는 $1/h(y)$을 나타낸다.

마지막 형태로부터 즉각적으로 $h(y) = 1$이면 (2)를 (1)로 간단히 할 수 있음을 알 수 있다.

만일 $y=\phi(x)$가 (2)의 해라면 $p(\phi(x))\phi'(x)=g(x)$이어야 하고 따라서

$$\int p(\phi(x))\phi'(x)\,dx=\int g(x)\,dx \tag{3}$$

이다. 그러나 $dy=\phi'(x)dx$이므로 식 (3)은

$$\int p(y)\,dy=\int g(x)\,dx \quad \text{또는} \quad H(y)=G(x)+c \tag{4}$$

와 같다. 여기서 $H(y)$는 $p(y)=1/h(y)$의 역도함수이고 $G(x)$는 $g(x)$의 역도함수이다.

풀이법 식 (4)는 분리가능한 방정식의 해를 구하는 방법을 제시한다. 한 개의 변수를 갖는 해의 족은 $p(y)dy=g(x)dx$의 양변을 적분하여 얻을 수 있다.

참고 만일 $H(y)+c_1=G(x)+c_2$이면 c_2-c_1은 (4)에서처럼 새로운 상수인 c로 대체할 수 있기 때문에 분리가능한 방정식의 적분에서 두 개의 상수를 사용할 필요는 없다. 뒤에 학습할 많은 장들의 예에서 주어진 방정식을 편리하게 사용하려고 상수들을 재구성을 할 것이다. 예를 들어, 상수들의 곱이나 결합들은 종종 하나의 상수로 대체된다.

예제 1 분리가능한 미분방정식 풀기

$(1+x)dy-y\,dx=0$을 풀어라.

풀이 주어진 미분방정식의 양변을 $(1+x)y$로 나누면 $\dfrac{dy}{y}=\dfrac{dy}{1+x}$가 된다. 이 식의 양변을 적분하면

$$\int\frac{dy}{y}=\int\frac{dx}{1+x}$$

$$\begin{aligned}
&\ln|y|=\ln|1+x|+c_1\\
&y=e^{\ln|1+x|+c_1}=e^{\ln|1+x|}\cdot e^{c_1} &&\leftarrow \text{지수 법칙}\\
&\quad=|1+x|e^{c_1} &&\leftarrow \begin{cases}|1+x|=1+x, & x\ge -1\\ |1+x|=-(1+x), & x<-1\end{cases}\\
&\quad=\pm e^{c_1}(1+x).
\end{aligned}$$

이다. $\pm e^{c_1}$을 c라고 하면 $y=c(1+x)$가 된다.

다른 풀이 각 적분에서 로그함수가 나오므로 c보다는 $\ln|c|$가 적절한 적분 상수 값이 된다. 위의 풀이의 두 번째 줄을 $\ln|y|=\ln|1+x|+\ln|c|$라고 다시 쓰면 로그함수의 성질에 의하여 식의 우변을 간단히 할 수 있고 $\ln|y|=\ln|c(1+x)|$로부터 $y=c(1+x)$을 얻을 수 있다. 부정적분들이 모두 로그함수가 아닌 경우에도 적분 상수를 $\ln|c|$라고 하는 것이 좋을 수 있다. 하지만 이 경우에는 특별한 공식은 없다. ■

1.1절에서 해 곡선이 음적인 해 $G(x, y) = 0$ 의 그래프의 선분이거나 호일 수도 있음을 알았다.

예제 2 해 곡선

초깃값 문제 $\frac{dy}{dx} = -\frac{x}{y}$, $y(4) = -3$ 을 풀어라.

풀이 주어진 방정식을 $y\,dy = -x\,dx$ 라고 다시 쓰면

$$\int y\,dy = -\int x\,dx \text{ 와 } \frac{y^2}{2} = -\frac{x^2}{2} + c_1$$

을 얻는다. 적분 상수 $2c_1$ 을 c^2 으로 대체하면 적분 결과를 $x^2 + y^2 = c^2$ 로 쓸 수 있다. 미분방정식에 대한 이 해는 원점을 중심으로 하는 동심원들의 족을 나타낸다. $x = 4$이고 $y = -3$이면 $16 + 9 = 25 = c^2$ 이다. 따라서 초깃값 문제는 반지름이 5인 원 $x^2 + y^2 = 25$ 이다. 단순함 때문에 초깃값 조건을 갖는 양적인 해에 대한 음적인 해를 구할 수 있다. 1.1절의 예제 3에서 이 해가 $y = \phi_2(x)$ 또는 $y = -\sqrt{25 - x^2}$, $-5 < x < 5$ 임을 알았다. 해 곡선은 미분가능한 함수의 그래프이다. 이 경우 해 곡선은 그림 2.2.1에서 파란선으로 표시되고 점 $(4, -3)$을 포함하는 아래쪽 반원이다. ■

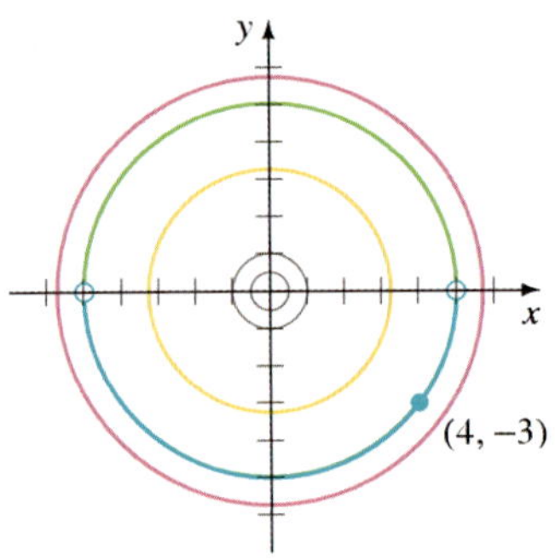

그림 2.2.1 예제 2에 있는 초깃값 문제에 대한 해 곡선들

해 잃어버림 변수 제수가 어떤 점에서 0이 될 수 있으므로 변수 분리를 할 때는 주의를 기울여야 한다. 특히 $h(y)$가 r에서 0의 값을 가지면 $\frac{dy}{dx} = g(x)h(y)$에 $y = r$을 대입하면 식의 양변이 모두 0이 된다. 이것은 $y = r$이 미분방정식의 상수 해가 됨을 의미한다. 하지만 변수를 분리한 후에 $\frac{dy}{h(y)} = g(x)\,dx$ 의 좌변은 $y = r$에서 정의되지 않는다. 결과적으로 $y = r$은 적분과 단순화 과정 후에 얻어진 해 집합의 족에서는 나타나지 않을 수 있다. 이러한 해를 **특이해**(singular solution)라고 한다.

예제 3 해 잃어버림

$\frac{dy}{dx} = y^2 - 4$ 를 풀어라.

풀이 주어진 방정식을

$$\frac{dy}{y^2 - 4} = dx \quad \text{또는} \quad \left[\frac{\frac{1}{4}}{y - 2} - \frac{\frac{1}{4}}{y + 2}\right] dy = dx \qquad (5)$$

라고 정리하자. (5)의 두 번째 방정식은 첫 번째 방정식의 좌변을 부분 분수화하여 얻은 결과이다. 로그함수를 사용하여 식을 적분하면

$$\frac{1}{4}\ln|y-2| - \frac{1}{4}\ln|y+2| = x + c_1$$

$$\text{또는 } \ln\left|\frac{y-2}{y+2}\right| = 4x + c_2 \text{ 또는 } \frac{y-2}{y+2} = \pm e^{4x+c_2}.$$

이다. 여기서 상수 $4c_1$은 c_2로 대체한다. 또한 $\pm e^{c_2}$를 c로 대체하여 y에 대하여 마지막 방정식을 풀면

$$y = 2\frac{1+ce^{4x}}{1-ce^{4x}} \tag{6}$$

인 해 집합을 얻을 수 있다. 만일 주어진 미분방정식의 우변을 $\frac{dy}{dx} = (y-2)(y+2)$라고 인수분해하면 2.1절에서 학습한 임계점에 대한 논의로부터 $y = 2$와 $y = -2$는 두 상수(평형) 해이다. $y = 2$는 $c = 0$에 대응하는 (6)에 의하여 정의된 해집합 족의 원소이다. 하지만 $y = -2$는 특이해이다. 어떤 매개변수 c를 선택하여도 (6)으로부터 얻어질 수 없다. 이 후자의 해는 해를 구하는 과정에서 잃어버릴 수 있다. (5)의 점검에서 분명하게 $y = \pm 2$가 이 단계들에서 배제되었음을 알 수 있다. ■

예제 4 초깃값 문제

$(e^{2y} - y)\cos x \frac{dy}{dx} = e^y \sin 2x, \quad y(0) = 0$을 풀어라.

풀이 식의 양변을 $e^y \cos x$로 나누면

$$\frac{e^{2y}-y}{e^y}\,dy = \frac{\sin 2x}{\cos x}\,dx$$

이 된다. 적분을 하기 전에 식의 좌변에서는 항별로 나눗셈을 시행하고 식의 우변에서는 삼각함수 공식 $\sin 2x = 2\sin x\cos x$를 적용한다. 그러면

$$\text{부분 적분}\rightarrow \int (e^y - ye^{-y})\,dy = 2\int \sin x\,dx$$

으로부터

$$e^y + ye^{-y} + e^{-y} = -2\cos x + c \tag{7}$$

이다.

$x = 0$일 때 $y = 0$인 초깃값 조건을 이용하면 $c = 4$가 된다. 그러면 초깃값 문제의 해는

$$e^y + ye^{-y} + e^{-y} = 4 - 2\cos x \tag{8}$$

이다. ■

컴퓨터 사용하기 1.1절의 끝 부분에 있는 주의사항에서 지적한 바와 같이 음적인 해 $G(x, y) = 0$을 사용하여 양적인 해 $y = \phi(x)$를 구하는 것은 매우 어

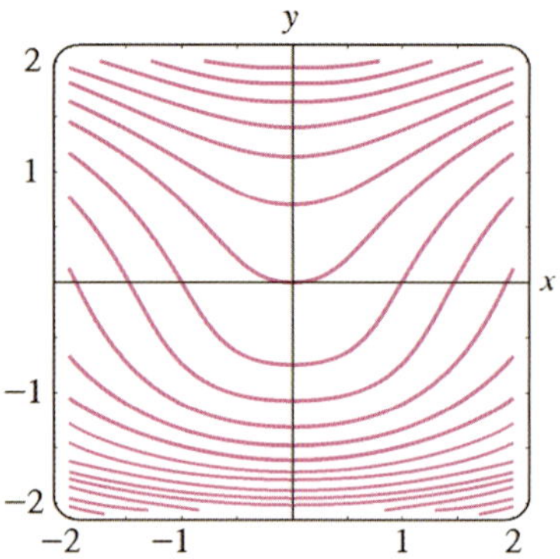

그림 2.2.2 $G(x, y) = e^y + ye^{-y} + e^{-y} + 2\cos x$ 일 때 등고선들 $G(x, y) = c$

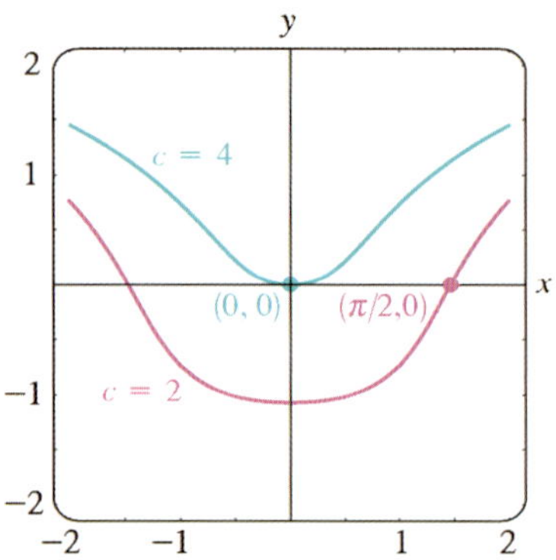

그림 2.2.3 $c = 2$와 $c = 4$인 등고선들

려울 수 있음을 언급하였다. 식 (8)은 x를 이용하여 y에 대하여 해를 구하는 작업이 고된 일 보다 좀 더 문제를 나타낼 수도 있음을 보여준다. ─ 때때로 그것은 단순하게 끝낼 수 없다! (8)과 같은 음적인 해들은 때때로 당황스럽다. 방정식의 그래프도, $y(0) = 0$을 만족하는 해가 명백하게 존재하는 구간들도 명백하지 않다. 음적인 해가 어떤 모습인지를 "알아보는" 문제는 몇몇 경우에서 첨단기술을 이용하여 극복할 수 있다. 그 중 한 가지 방법*은 컴퓨터 대수체계의 경로 그림 응용을 사용하는 것이다. 다변수 해석으로부터 이변수 함수인 $z = G(x, y)$에 대하여 c가 상수일 때 $G(x, y) = c$로 정의된 2차원 곡선들을 그 함수의 **등고선**이라고 한다. 컴퓨터 대수체계를 활용하면 그림 2.2.2에서 나타난 것과 같이 $G(x, y) = e^y + ye^{-y} + e^{-y} + 2\cos x$의 몇 몇 등고선을 볼 수 있다.

(7)에서 정의된 해들의 족은 등고선 $G(x, y) = c$이다. 그림 2.2.3은 등고선 $G(x, y) = 4$를 파란색 그림으로 보여주는데 이것은 (8)의 특수해이다. 그림 2.2.3에 있는 다른 곡선은 등고선 $G(x, y) = 2$을 나타내는데 이것은 $y(\pi/2) = 0$을 만족하는 $G(x, y) = c$의 족의 한 원소이다.

만일 초기 조건이 1계 미분방정식에 대한 해들의 족에 있는 매개변수 c의 특별한 값을 산출함에 의하여 특수 해를 유도한다면 대부분의 학생들은(그리고 강사들도) 편안하고 만족스러워하는 것이 일반적인 경향이다. 하지만 초깃값 문제의 해는 유일하지 않을 수 있다. 1.2절의 예제 4의 초깃값 문제

$$\frac{dy}{dx} = xy^{1/2}, \quad y(0) = 0 \tag{9}$$

는 적어도 2개의 해 $y = 0$와 $y = \frac{1}{16}x^4$를 갖는다. 이제 이 문제를 풀어보도록 하자. 변수를 분리하여 $y^{-1/2}\,dy = x\,dx$를 적분하면

$$2y^{1/2} = \frac{x^2}{2} + c_1 \quad \text{또는} \quad y = \left(\frac{x^2}{4} + c\right)^2, \ c \geq 0$$

이다. $x = 0$일 때 $y = 0$이므로 반드시 $c = 0$이다. 따라서 $y = \frac{1}{16}x^4$이다. 자명한 해 $y = 0$는 $y^{1/2}$로 나눔에 의하여 잃어버렸다. 또한, 초깃값 문제 (9)는 매개변수 $a \geq 0$의 임의의 선택에 대하여 조각적으로 정의된 함수

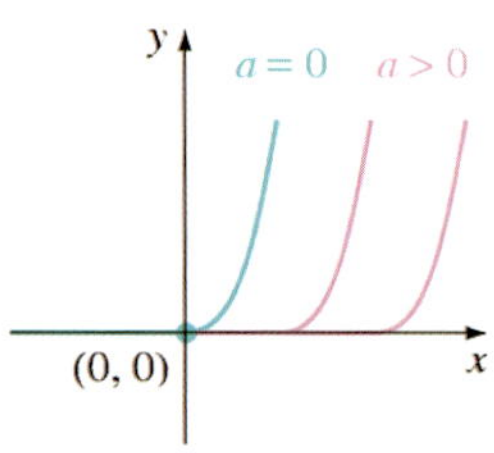

그림 2.2.4 (9)의 구분적으로 정의된 해들

$$y = \begin{cases} 0, & x < a \\ \frac{1}{16}(x^2 - a^2)^2, & x \geq a \end{cases}$$

가 동시에 미분방정식과 초깃값 조건을 만족하기 때문에 무수히 많은 해를 갖고 있다(그림 2.2.4 참조).

* 2.6절에서 수치적 해석도구의 개념을 바탕으로 하는 예닐곱 개의 진행과정을 논의하게 될 것이다.

적분에 의하여 정의된 해들 만일 g가 a를 포함하는 개구간 I에서 연속이면, 임의의 $x \in I$에 대하여

$$\frac{d}{dx}\int_a^x g(t)dt = g(x)$$

이다. 여러분은 앞의 결과가 미적분학의 기본정리에 대한 두 가지 형태 중의 하나임을 명심해야 한다. 다시 말해서, $\int_a^x g(t)dt$는 함수 g의 역도함수이다.

이 형태가 미분방정식들을 푸는데 편리할 때가 있다. 예를 들어, g가 x_0와 x를 포함하는 구간 I에서 연속이면 구간 I에서 정의된 단순한 초깃값 문제 $dy/dx = g(x)$, $y(x_0) = y_0$의 해는

$$y(x) = y_0 + \int_{x_0}^x g(t)dt$$

이다. 여러분은 이 방식으로 정의된 $y(x)$가 초기 조건을 만족함을 증명해야 한다. 연속함수 g의 역함수가 항상 기본적인 함수로 표현되지 않기 때문에 이것이 초깃값 문제의 명확한 해를 얻는데 있어서 우리가 할 수 있는 최선의 방법일지 모른다. 다음 예제는 이 생각을 잘 설명해 준다.

예제 5 초깃값 문제

$\dfrac{dy}{dx} = e^{-x^2}$, $y(3) = 5$를 풀어라.

풀이 함수 $g(x) = e^{-x^2}$은 $(-\infty, \infty)$에서 연속이지만 역도함수는 기본적인 함수가 아니다. 적분의 명목상 변수로서 t를 사용하여 다음과 같이 표현한다.

$$\begin{aligned}
\int_3^x \frac{dy}{dt}dt &= \int_3^x e^{-t^2}dt \\
y(t)\Big]_3^x &= \int_3^x e^{-t^2}dt \\
y(x) - y(3) &= \int_3^x e^{-t^2}dt \\
y(x) &= y(3) + \int_3^x e^{-t^2}dt
\end{aligned}$$

초기 조건 $y(3) = 5$을 사용하여 해

$$y(x) = 5 + \int_3^x e^{-t^2}dt$$

를 얻는다. ■

예제 5에서 설명된 과정은 변수 분리 방정식 $dy/dx = g(x)f(y)$에도 똑같이 잘

적용된다. 여기서 $f(y)$는 기본적인 역도함수를 갖지만 $g(x)$는 기본적인 역도함수를 갖지 않는다(2.2절에 있는 연습문제 29와 30을 참조).

주의

(i) 예제 5에서 본 바와 같이 몇몇 단순한 함수들은 기초적 함수로 된 역도함수를 갖지 않는다. 예를 들어 $\int_3^x e^{-t^2}dt$와 $\int \sin x^2 dx$들은 비기초적인 적분들이다. 우리는 2.3절에서 다시 이 개념을 접하게 될 것이다.

(ii) 앞의 몇 개의 예제들에서 1계 미분방정식에 대한 하나의 매개변수를 갖는 해들의 매개변수 족에 있는 상수는 편리하도록 다시 이름을 붙일 수 있다. 또한 같은 방정식을 올바르게 푼 두 학생이 비슷하지 않은 답을 보여주는 경우가 종종 있다. 예를 들어, 변수를 분리함에 의하여 미분방정식 $(1+y^2)dx+(1+x^2)dy=0$에 대한 해들의 한 개의 매개변수를 갖는 족은

$$\arctan x + \arctan y = c \quad \text{또는} \quad \frac{x+y}{1-xy}=c$$

이다. 다음 몇 개의 절을 통해서 방법에 따라서 문제를 풀어갈 때 해들의 족들이 하나의 족의 상수를 다시 정의하거나 대수와 삼각함수를 적용하여 다른 해의 족으로부터 얻을 수 있다는 점에서 동치일 수 있음을 명심하여야 한다 (2.2절의 연습문제 27과 28을 참조).

연습문제 2.2

(1-22) 변수 분리에 의하여 주어진 미분방정식을 풀어라.

1 $\frac{dy}{dx}=\sin 5x$

2 $e^x y\frac{dy}{dx}=e^{-y}+e^{-2x-y}$

3 $dx+e^{3x}dy=0$

4 $\frac{dy}{dx}+2xy^2=0$

5 $x\frac{dy}{dx}=4y$

6 $\frac{dy}{dx}=\left(\frac{2y+3}{4x+5}\right)^2$

7 $\frac{dy}{dx}=e^{3x+2y}$

8 $\frac{dy}{dx}=(x+1)^2$

9 $y\ln x\frac{dx}{dy}=\left(\frac{y+1}{x}\right)^2$

10 $dy-(y-1)^2dx=0$

11 $\csc y\,dx+\sec^2 x\,dy=0$

12 $x(1+y^2)^{1/2}dx=y(1+x^2)^{1/2}dy$

13 $(e^y+1)^2e^{-y}dx+(e^x+1)^3e^{-x}dy=0$

14 $\sin 3x\,dx+2y\cos^3 3x\,dy=0$

15 $\frac{dS}{dr}=kS$

16 $\frac{dN}{dt}+N=Nte^{t+2}$

17 $\frac{dP}{dt}=P-P^2$

18 $\frac{dQ}{dt}=k(Q-70)$

19 $\frac{dy}{dx}=\frac{xy+3x-y-3}{xy-2x+4y-8}$

20 $(e^x+e^{-x})\frac{dy}{dx}=y^2$

21 $\frac{dy}{dx}=x\sqrt{1-y^2}$

22 $\frac{dy}{dx}=\frac{xy+2y-x-2}{xy-3y+x-3}$

(23-28) 주어진 초깃값 문제에 대한 음적인 해와 양적인 해를 구하여라.

23 $\dfrac{dx}{dt}=4(x^2+1),\quad x(\pi/4)=1$

24 $\dfrac{dy}{dx}=\dfrac{y^2-1}{x^2-1},\quad y(2)=2$

25 $x^2\dfrac{dy}{dx}=y-xy,\quad y(-1)=-1$

26 $\dfrac{dy}{dt}+2y=1,\quad y(0)=\dfrac{5}{2}$

27 $\sqrt{1-y^2}\,dx-\sqrt{1-x^2}\,dy=0,\quad y(0)=\dfrac{\sqrt{3}}{2}$

28 $(1+x^4)dy+x(1+4y^2)dx=0,\quad y(1)=0$

(29-30) 예제 5에서와 같이 주어진 초깃값 문제의 양적인 해를 구하여라.

29 $\dfrac{dy}{dx}=ye^{-x^2},\quad y(4)=1$

30 $\dfrac{dy}{dx}=y^2\sin x^2,\quad y(-2)=\dfrac{1}{3}$

(31-34) 다음 초깃값 문제에 대한 양함수해를 구하여라. 또한 해석적인 방법에 의해 정확한 정의구간 I를 구하고 해곡선을 그려라.

(a) $\dfrac{dy}{dx}=\dfrac{2x+1}{2y},\quad y(-2)=-1$

(b) $(2y-2)\dfrac{dy}{dx}=3x^2+4x+2,\ y(1)=-2$

(c) $e^y dx-e^{-y}dy=0,\ y(0)=0$

(d) $\sin x dx+ydy=0,\ y(0)=1$

35 (a) 예제 3의 미분방정식에 초깃값 조건들 $y(0)=2$, $y(0)=-2$ 그리고 $y\left(\dfrac{1}{4}\right)=1$ 이 주었을 때의 각각의 초깃값에 대하여 미분방정식의 해를 구하여라.

(b) $\ln c_1$ 이 해의 좌변의 적분에 대한 상수로 사용되고 $4\ln c_1$ 이 $\ln c$ 로 대체되었을 때 예제 4의 미분방정식을 풀어라. (a)의 초깃값들에 대하여 미분방정식의 해를 구하여라.

36 다음의 각각의 주어진 점을 지나는 미분방정식 $x\dfrac{dy}{dx}=y^2-y$ 의 해를 구하여라.

(a) $(0,\ 1)$ (b) $(0,\ 0)$

(c) $\left(\dfrac{1}{2},\dfrac{1}{2}\right)$ (d) $\left(2,\dfrac{1}{4}\right)$

37 문제 21과 22에 대하여 특이해를 각각 구하여라.

38 $2x\ \sin^2 y\ dx-(x^2+10)\ \cos y\, dy=0$ 의 음적인 해가 $\ln(x^2+10)+\csc y=c$ 임을 증명하여라. 만일 우리가 미분방정식을 푸는 과정에서 잃어버린 해가 있다면 그 상수해를 구하여라.

(39-42) 종종 미분방정식의 해의 형태에 있어서 급격한 변화는 초기 조건이나 방정식 자체에서 아주 작은 변화에 따라서 대응하기도 한다. 주어진 초깃값 문제의 양적인 해를 구하여라. 그래프를 그리는 도구를 사용하여 각 해의 그래프를 그려라. 점 $(0,\ 1)$의 근방에서 각 해 곡선들을 비교하여라.

39 $\dfrac{dy}{dx}=(y-1)^2,\quad y(0)=1$

40 $\dfrac{dy}{dx}=(y-1)^2,\quad y(0)=1.01$

41 $\dfrac{dy}{dx}=(y-1)^2+0.01,\quad y(0)=1$

42 $\dfrac{dy}{dx}=(y-1)^2-0.01,\quad y(0)=1$

43 모든 자율 1계 미분방정식 $dy/dx=f(y)$는 분리가능하다. 초기 조건들이 $y_1(0)=2,\ y_2(0)=\dfrac{1}{2},\ y_3(0)=-\dfrac{1}{2},\ y_4(0)=-2$ 일 때 미분방정식 $dy/dx=y-y^3$ 의 양적인 해를 차례로 구하여라. 그래프를 그리는 도구를 이용하여 각 해의 그래프를 그려라. 2.1절의 문제 19에서 예측하였던 것들과 이 그래프들을 비교하여라. 각 해들이 정의되는 정확한 구간을 구하여라.

44 (a) 자율 1계 미분방정식 $dy/dx=1/(y-3)$은 임계점을 갖지 않는다. 그럼에도 불구하고 3을 위상 선위에 두고 방정식의 위상 사진을 구하여라. d^2y/dx^2 을 계산하여 해 곡선들이 위로 오목한 곳과 아래로 오목한 곳을 구하여라(2.1절 문제 35와 36 참조). 위상 사진과 오목성을 이용하여 손으로 몇 개의 전형적인 해 곡선을 그려라.

(b) 초기 조건이 $y_1(0)=4,\quad y_2(0)=2,\quad y_3(1)=2,\ y_4(-1)=4$일 때 (a)에 있는 미분방정식의 양적인 해 $y_1(x),\ y_2(x),\ y_3(x),\ y_4(x)$를 차례로 구하여라. 각 해의 그래프를 그리고 (a)에서 손으로 그린 그래프와 비교하여라. 각 해들이 정의되는 정확한 구간을 구하여라.

(45-50) 적분법을 사용하여 다음 미분방정식의 양함수해를 구하여라.

45 $\dfrac{dy}{dx}=\dfrac{1}{1+\sin x}$

46 $\dfrac{dy}{dx}=\dfrac{\sin\sqrt{x}}{\sqrt{y}}$

47 $(\sqrt{x}+x)\dfrac{dy}{dx}=\sqrt{y}+y$

48 $\dfrac{dy}{dx}=y^{2/3}-y$

49 $\dfrac{dy}{dx}=\dfrac{e^{\sqrt{x}}}{y},\ y(1)=4$

50 $\dfrac{dy}{dx}=\dfrac{x\tan^{-1}x}{y},\quad y(0)=3$

토론 문제

51 (a) 예제 2에 있는 초깃값 문제의 양적인 해 $y=\phi_2(x)$가 정의되는 구간이 개구간 $-5<x<5$가 되는 이유를 설명하여라.

(b) 미분방정식의 임의의 해는 x축을 만날 수 있는가? $x^2+y^2=1$이 초깃값 문제 $dy/dx=-x/y$, $y(1)=0$의 음적인 해라고 생각하는가?

52 (a) $a>0$일 때 미분방정식 $dy/dx=x/y$과 각각의 초기 조건들

$y(a)=a,\ y(a)=-a,\ y(-a)=a,\ y(-a)=-a$

으로 된 초깃값 문제의 해들 사이의 차이를 설명하여라.

(b) 초깃값 문제 $dy/dx=x/y$, $y(0)=0$는 해를 갖는가?

(c) $dy/dx=x/y$, $y(1)=2$를 풀고 해가 정의되는 정확한 구간 I를 구하여라.

53 문제 43과 44에서 모든 자율적인 1계 미분방정식 $dy/dx=f(y)$는 분리가능함을 알았다. 이 사실이 초깃값 문제 $\dfrac{dy}{dx}=\sqrt{1+y^2}\sin^2 y$, $y(0)=\dfrac{1}{2}$를 푸는데 도움이 되는가에 대하여 논의하여라. 수작업으로 문제에 대한 그럴듯한 해 곡선을 그려보아라.

54 (a) 초깃값 문제

$$\frac{dy}{dx}=y,\ y(0)=1$$

와 $\dfrac{dy}{dx}=y+\dfrac{y}{x\ln x},\ y(e)=1$

을 풀어라.

(b) (a)에서 구한 2개의 해곡선의 교점의 y좌표에는 1.65 백만 자리 이상이 있음을 보여라.

55 함수의 제곱에 미분한 함수의 제곱을 더한 결과가 1이 되는 함수를 구하여라.

56 (a) 문제 27에 있는 미분방정식은 $|x|<1$, $|y|<1$로 정의되는 xy 평면의 직사각형 영역에서 정규 형태의

$$\frac{dy}{dx}=\sqrt{\frac{1-y^2}{1-x^2}}$$

와 동치이다. 하지만 근호 안의 값은 $|x|>1$, $|y|>1$로 정의되는 영역에서 음이 아니다. xy 평면에서 미분방정식이 실근을 갖는 모든 영역들을 그려라.

(b) $|x|>1$, $|y|>1$로 정의되는 영역에서 (a)에 정의된 미분방정식을 풀어라. $y(2)=2$에 대한 미분방정식의 음적인 해와 양적인 해를 구하여라.

수학적 모형

57 **매달린 다리**(suspension bridge) 1.3절의 식 (16)에서 두 개의 수직 지지대 사이에 휘기 쉬운 케이블 선의 모습에 대한 수학적 모형이

$$\frac{dy}{dx}=\frac{W}{T_1} \tag{10}$$

임을 알았다. 여기서 W는 그림 1.3.7에서 보이는 것과 같이 두 점 P_1과 P_2 사이에 전체 수직 부하의 일부분을 나타낸다. 미분방정식 (10)은 매달린 다리를 설명하는 다음 조건하에서 분리 가능하다.

이제 그림 2.2.5에서와 같이 x축과 y축이 있다고 가정하자. 이 말은 x축은 수평적인 노면을 따라서 그려지고 y축은 점 $(0,\ a)$를 지나는데 이 점은 그 다리의 전체 길이인 구간 $[-L/2,\ L/2]$ 중에서 케이블의 가장 낮은 지점이다. 매달린 다리에서 일반적으로 식 (10)에 있는 수직부하는 단지 수평축을 따라서 균등하게 노면 분산이 된 것으로 가정한다. 다시 말해서 모든 케이블의 중량은 노면의 무게에 비교하여 무시되며 노면의 단위 길이당 무게(수평 1 피트당 파운드)는 상수 ρ로 가정한다. 이

정보를 이용하여 매달린 다리에 있는 각각의 두 개의 케이블의 모습($y=\phi(x)$로 나타나는 곡선)이 결정되는 것으로부터 적절한 초깃값 미분방정식을 세우고 이를 풀어라. 휨 h와 전장 L을 이용하여 초깃값 문제의 해를 나타내어라(그림 2.2.5를 참조).

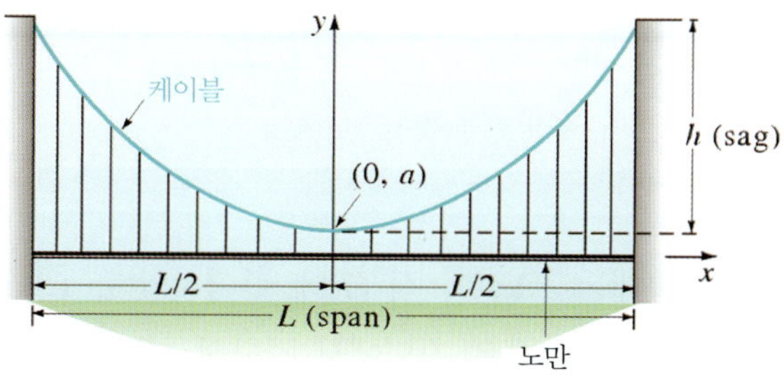

그림 2.2.5 문제 57에 있는 케이블의 모습

컴퓨터 실습과제

58 (a) 컴퓨터 대수체계와 등고선의 개념을 사용하여 미분방정식 $\dfrac{dy}{dx}=-\dfrac{8x+5}{3y^2+1}$의 해의 족에 속하는 대표적인 것들의 그래프를 그려라. $a\le x\le b$, $c\le y\le d$로 정의되는 다양한 직사각형 영역에서와 같이 서로 다른 등고선을 실험하여 보아라.

(b) 서로 다른 좌표축에서 초깃값 $y(0)=-1$, $y(0)=2$, $y(-1)=4$, $y(-1)=-3$에 대한 특수해의 그래프를 그려라.

59 (a) 초깃값 문제

$$(2y+2)dy-(4x^3+6x)dx=0,\quad y(0)=-3$$

의 음적인 해를 구하여라.

(b) (a)를 이용하여 초깃값 문제의 양적인 해 $y=\phi(x)$를 구하여라.

(c) (b)에서 구한 답을 함수로서만 생각하도록 하자. 그래프를 그리는 도구나 컴퓨터 대수체계를 이용하여 이 함수를 그리고 이 함수의 정의역을 추론하여라.

(d) 컴퓨터 대수체계의 해 발견하기 응용법의 이용하여 (b)에 있는 해 $y=\phi(x)$가 정의되는 가장 큰 구간을 근사적으로 구하여라. 그래프를 그리는 도구나 컴퓨터 대수체계를 이용하여 이 구간에서 초깃값 문제에 대한 해 곡선을 그려라.

60 (a) 컴퓨터 대수체계와 등고선의 개념을 사용하여 미분방정식 $\dfrac{dy}{dx}=-\dfrac{x(1-x)}{y(-2+y)}$의 해의 족에 속하는 대표적인 것들의 그래프를 그려라. 결과가 그림 2.2.6과 비슷해질 때까지 xy 평면에 있는 다양한 직사각형 영역에서와 같이 서로 다른 등고선을 실험하여 보아라.

(b) 분리된 좌표축에서 초깃값 $y(0)=\dfrac{3}{2}$에 대응하는 음적인 해의 그래프를 그려라. 색연필을 이용하여 초기조건을 만족하는 해 ϕ의 해 곡선에 대응하는 그래프의 선분을 표시하여라. 컴퓨터 대수체계의 해 발견하기 응용법의 이용하여 $y=\phi(x)$가 정의되는 가장 큰 구간을 근사적으로 구하여라. [힌트: 우선 (a)의 곡선상의 점들 중 접선이 수직이 되는 점들을 찾는다.]

(c) 초기 조건 $y(0)=-2$에 대하여 (b)를 반복하여 풀어라.

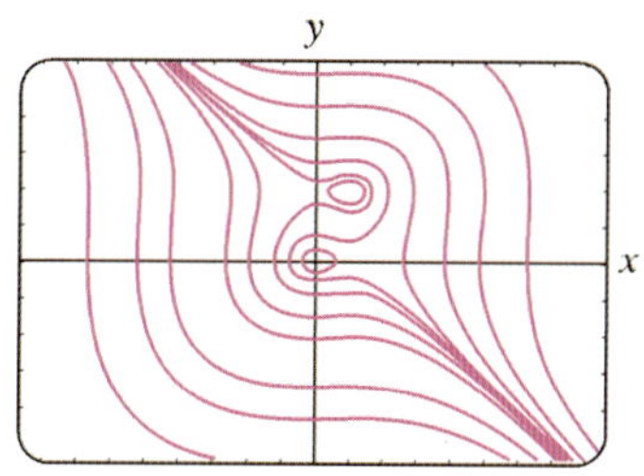

그림 2.2.6 문제 60에 있는 등고선들

2.3 선형방정식

필요한 개념

- 1.1절의 (6)과 (7)에 있는 선형미분방정식의 정의

소개 | 계속해서 선형방정식을 조사하여 1계 미분방정식을 푸는 방법에 대하여 알아본다. 선형미분방정식들은 특별히 "친밀한" 미분방정식 족에 속하는데 이것은 주어진 선형방정식이 1계 도함수 족이든 고계 도함수 족이든 항상 주어진 미분방정식의 해를 구할 수 있을 가능성이 높기 때문이다.

정의 선형 1계 미분방정식의 형태는 1.1절의 식 (7)에 주어져있다. 1.1절의 식 (6)에서 $n=1$일 때의 경우인 이 형태는 다음 정의에서 간단히 다시 설명된다.

정의 2.3.1 선형방정식

$$a_1(x)\frac{dy}{dx}+a_0(x)y=g(x) \tag{1}$$

형태의 1계 미분방정식을 종속변수 y에 대한 **선형방정식**이라고 한다.

표준적인 형태 식 (1)의 양변을 계수 $a_1(x)$로 나누면 **표준적인 형태**라고 불리는 좀 더 유용한 형태의 선형방정식을 얻게 된다.

$$\frac{dy}{dx}+P(x)y=f(x) \tag{2}$$

계수 함수 P와 f가 연속이 되는 구간 I에서 식 (2)의 해를 찾는다.
방정식 (2)의 해를 구하는 과정을 알아보기 전에 (2)는 변수분리로도 풀 수 있다는 사실에 주목하여라. 예를 들어 방정식

첫번째는 $P(x)=2x$, $f(x)=0$, 두번째는 $P(x)=-1$, $f(x)=5$ ▶

$$\frac{dy}{dx}+2xy=0, \qquad \frac{dy}{dx}=y+5$$

는 선형이며 변수분리형이지만

$$\frac{dy}{dx}+y=x$$

는 변수분리형이 아니다.

해의 방법 식 (2)를 풀기 위한 추천할만한 방법은 방정식의 좌측은 특수한 함수 $\mu(x)$를 (2)의 양쪽에 곱하면 전미분형태로 나타난다는 것이다.

$$\frac{d}{dx}[\mu(x)y] = \overbrace{\mu\frac{dy}{dx}+\frac{d\mu}{dx}y}^{\text{곱의 규칙}} = \overbrace{\mu\frac{dy}{dx}+\mu Py}^{\mu(x)\text{가 곱해진 (2)의 좌측}}$$

(좌변 위: 곱, 아래: 이들은 같다.)

이므로 함수 $\mu(x)$를 구하는 것은 어렵지 않다.

$$\frac{d\mu}{dx} = \mu P$$

이고 이 방정식은 변수분리형으로 풀 수 있다.

$$\frac{d\mu}{\mu} = P dx \text{이고 이를 풀면 } \ln[\mu(x)] = \int P(x)dx + c_1$$

이므로 $\mu(x) = c_2 e^{\int P(x)dx}$이다. $\left(e^{\int P(x)}dx\text{의 상수배이므로}\right)$ $\mu(x)$는 무한히 많은 함수가 될 수 있지만 어떤 함수를 취해도 같은 결과가 나온다. 그러므로 $c_2 = 1$로 한다. 함수

연습문제 2.3의 50번 ▶

$$\mu(x) = e^{\int P(x)\,dx} \tag{3}$$

를 (2)의 **적분인자**(integrating factor)라고 한다.

이제 우리가 해야 될 일은 (2)에 (3)을 곱하면 좌측은 적분인자와 y의 곱의 미분이 된다 ;

$$e^{\int P(x)\,dx}\frac{dy}{dx} + P(x)e^{\int P(x)\,dx}y = e^{\int P(x)\,dx}f(x)$$

$$\frac{d}{dx}\left[e^{\int P(x)dx}y\right] = e^{\int P(x)\,dx}f(x)$$

마지막으로 (3)을 적분인자라 부르는 이유를 알 수 있다. 마지막 방정식을 적분하면

$$e^{\int P(x)\,dx}y = \int e^{\int P(x)\,dx}f(x)\,dx + c$$

이며 이를 y에 대해 풀면

$$y = e^{-\int P(x)\,dx}\int e^{\int P(x)\,dx}f(x)\,dx + ce^{-\int P(x)dx} \tag{4}$$

이다.

다시 한 번 강조하지만 공식 (4)를 암기하지 말고 항상 다음 단계를 철저히 이해하도록 하여야 한다.

선형 1계 미분방정식 풀이법

(i) 식 (1)의 형태의 선형방정식을 식 (2)의 표준 형태로 변형한다.

(ii) 표준 형태로부터 $P(x)$를 찾고 그런 다음 적분인자 $e^{\int P(x)\,dx}$를 구한다. 부정적분 $\int P(x)dx$를 계산할 때 상수는 사용할 필요는 없다.

(iii) 표준 형태의 미분방정식에 적분인자를 곱한다. 그 결과로 얻어지는 식의 좌변은 자동적으로 적분인자와 y의 미분이다.

$$\frac{d}{dx}\left[e^{\int P(x)\,dx}y\right] = e^{\int P(x)\,dx}f(x)$$

(iv) 마지막 등식의 양변을 적분한다.

예제 1 동차 선형미분방정식 풀기

$\dfrac{dy}{dx} - 3y = 0$을 풀어라.

풀이 이 선형방정식은 변수분리법에 의하여 풀 수도 있다. 다른 방안으로 이 방정식이 이미 식 (2)의 표준 형태이므로 $P(x) = -3$이고 적분인자는 $e^{\int(-3)dx} = e^{-3x}$이다. 미분방정식에 이 적분인자를 곱하면 $e^{-3x}\dfrac{dy}{dx} - 3e^{-3x}y = 0$이고 이것은 $\dfrac{d}{dx}[e^{-3x}y] = 0$와 같음을 알 수 있다.
마지막 등식의 양 변을 $\int \dfrac{d}{dx}[e^{-3y}y]dx = \int 0dx$처럼 적분하면 $e^{-3x}y = c$이다. 이 결과를 y에 대하여 풀면 양적인 해 $y = ce^{3x}, -\infty < x < \infty$를 얻게 된다. ■

예제 2 비동차 선형미분방정식 풀기

$\dfrac{dy}{dx} - 3y = 6$을 풀어라.

풀이 이 미분방정식과 관련된 동차방정식은 예제 1에서 풀었다. 주어진 미분방정식은 이미 표준 형태의 식 (2)이며 적분인자는 여전히 $e^{\int(-3)\,dx} = e^{-3x}$이다. 이번의 경우에는 주어진 미분방정식에 적분인자 $e^{\int(-3)\,dx} = e^{-3x}$를 곱하면 $e^{-3x}\dfrac{dy}{dx} - 3e^{-3x}y = 6e^{-3x}$이고 이것은 $\dfrac{d}{dx}[e^{-3x}y] = 6e^{-3x}$와 같음을 알 수 있다. 마지막 식의 양변을 $\int \dfrac{d}{dx}[e^{-3y}y]dx = 6\int e^{-3x}dx$처럼 적분하면 \e$^{-3x}y = -2e^{-3x} + c$ 또는 $y = -2 + ce^{3x}, -\infty < x < \infty$이 된다. ■

식 (1)에서 a_1, a_0와 g가 상수들일 때 미분방정식은 자율적이다. 예제 2에서 표준 형태인 미분방정식 $dy/dx = 3(y+2)$으로부터 -2가 임계점이고 불안정하

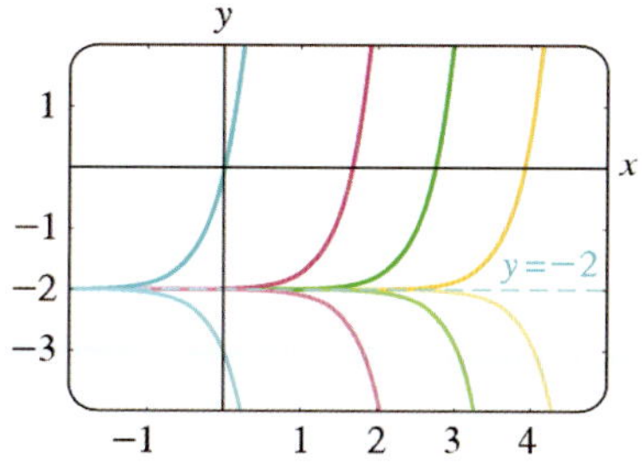

그림 2.3.1 예제 2의 해곡선

다(밀개)라는 것을 증명할 수 있다. 따라서 평형해 $y=-2$ 의 그래프의 위 또는 아래에 있는 초기 점을 갖는 해 곡선은 x 가 증가함에 따라서 수평선에서 멀어진다. 그래프를 그리는 소프트웨어를 사용하여 얻은 그림 2.3.1은 몇몇 추가적인 해 곡선들과 함께 $y=-2$ 의 그래프를 보여준다.

일반해 식 (2)에 있는 함수 P와 f가 모두 구간 I에서 연속이라고 가정하자. 식 (4)로 유도하는 단계에서 만일 식 (2)가 해를 갖는다면 이 식은 (4)에서 주어진 형태가 되어야 한다. 역으로 미분을 사용하여 (4)에 있는 형태의 어떤 함수도 I에서 미분방정식 (2)의 해가 된다는 것은 직접적으로 증명할 수 있다. 그러므로 식 (4)는 식 (2)의 해의 한 개의 매개변수 족이고 구간 I에서 정의된 (2)의 모든 해는 미분방정식의 **일반해**(general solution)라고 한다(1.1절의 끝에 있는 주의사항을 참조할 것). 식 (2)를 표준 형태 $y'=F(x, y)$로 나타내면 $F(x, y)=-P(x)y+f(x)$ 이고 $\partial F/\partial y=-P(x)$ 임을 확인할 수 있다. 구간 I에서 함수 P와 f가 연속이라는 사실로부터 함수 F와 $\partial F/\partial y$가 또한 I에서 연속이라는 것을 알 수 있다. 정리 1.2.1에 의하여 x_0 를 포함하는 적당한 구간 I_0 에서 정의된 초깃값 문제

$$\frac{dy}{dx}+P(x)y=f(x), \quad y(x_0)=y_0 \tag{5}$$

의 유일한 해가 존재함을 알 수 있다. 그러나 x_0 가 I에 있는 경우 식 (9)의 해를 발견하는 것은 식 (4)에서 c 의 적절한 값을 구하는 것의 문제와 같다. 이것은 I 에 있는 각각의 x_0 에 대하여 이에 대응하는 c 가 존재한다는 것을 의미한다. 다시 말해서 초깃값 문제 (9)에 대한 정리 1.2.1에 있는 존재성과 유일성에 대한 구간 I_0 는 전체 구간 I 가 된다.

예제 3 일반해

$x\dfrac{dy}{dx}-4y=x^6e^x$ 를 풀어라.

풀이 주어진 식의 양변을 x 로 나누면 표준 형태의 미분방정식

$$\frac{dy}{dx}-\frac{4}{x}y=x^5e^x \tag{6}$$

을 얻는다. 이 형태로부터 $P(x)=-4/x$ 와 $f(x)=x^5e^x$ 임을 알 수 있고 함수 P 와 f 는 구간 $(0, \infty)$ 에서 연속이다. 따라서 적분인자는

$x>0$ 이기 때문에 $\ln|x|$ 대신에 $\ln x$ 를 사용할 수 있다.
↓

$$e^{-4\int dx/x}=e^{-4\ln x}=e^{\ln x^{-4}}=x^{-4}$$

이다. 여기서 $b^{\log_b N} = N$, $N > 0$이라는 기본적인 등식을 사용하였다. 이제 식 (10)에 x^{-4}을 곱하면

$$x^{-4}\frac{dy}{dx} - 4x^{-5}y = xe^x \text{ 이고 } \frac{d}{dx}[x^{-4}y] = xe^x$$

이다. 부분적분에 의하여 구간 $(0, \infty)$에서 정의된 일반해는 $x^{-4}y = xe^x - e^x + c$ 또는 $y = x^5e^x - x^4e^x + cx^4$ 이다. ■

선도 계수가 1인 경우를 제외하고 식 (1)의 방정식을 표준 형태의 식 (2)로 바꾸기 위하여 $a_1(x)$로 나누는 것이 필요하다. $a_1(x) = 0$이 되는 x의 값을 방정식의 **특이점**(singular point)라고 한다. 특이점들은 잠재적으로 문제가 된다. 특히 식 (2)에서 만일 $P(x)$ ($a_0(x)$를 $a_1(x)$로 나누어 얻어지는)가 한 점에서 불연속이면 그 불연속성은 미분방정식의 해를 구하는 것을 뒤로 미루게 할지도 모른다.

예제 4 일반해

$(x^2-9)\dfrac{dy}{dx} + xy = 0$을 풀어라.

풀이 주어진 미분방정식을 표준 형태의 미분방정식

$$\frac{dy}{dx} + \frac{x}{x^2-9}y = 0 \qquad (7)$$

으로 변형하면 $P(x) = x/(x^2-9)$가 된다. 함수 P가 구간 $(-\infty, -3)$, $(-3, 3)$ 그리고 $(3, \infty)$에서 연속이지만 첫 번째와 세 번째 구간에서만 방정식을 풀도록 한다. 이 두 구간들에서 적분인자는

$$e^{\int \frac{x}{x^2-9}dx} = e^{\frac{1}{2}\int 2x\,dx/(x^2-9)} = e^{\frac{1}{2}\ln|x^2-9|} = \sqrt{x^2-9}$$

이다. 표준 형태의 식 (11)에 이 적분인자를 곱하면

$$\frac{d}{dx}[\sqrt{x^2-9}\,y] = 0$$

을 얻는다. 마지막 식의 양변을 적분하면 $\sqrt{x^2-9}\,y = c$를 얻는다. $x > 3$이거나 $x < -3$ 둘 중 하나에서 일반해는 $y = \dfrac{c}{\sqrt{x^2-9}}$ 이다. ■

예제 4에서 $x = 3$과 $x = -3$은 방정식의 특이점들이고 일반해 $y = c/\sqrt{x^2-9}$에 있는 모든 함수는 이 점들에서 불연속이다. 반대로 $x = 0$은 예제 3에서 미분방정식의 특이점이지만 일반해 $y = x^5e^x - x^4e^x + cx^4$는 해에서 언급한 바와 같이 하나의 매개변수 족에 있는 모든 함수가 $x = 0$에서 연속이고 구간 $(0, \infty)$

가 아닌 구간 $(-\infty, \infty)$에서 정의된다는 점에서 의미가 있다. 하지만 특이점 $x=0$이 여전히 문제를 일으킬 수 있기 때문에 구간 $(-\infty, \infty)$에서 정의된 $y=x^5e^x - x^4e^x + cx^4$에 속한 함수들은 미분방정식의 일반해로 고려될 수 없다 (2.3절의 연습문제 45, 46 참조).

예제 5 초깃값 문제

$\dfrac{dy}{dx} + y = x$, $y(0) = 4$를 풀어라.

풀이 이 방정식은 표준 형태이고 $P(x)=1$과 $f(x)=x$는 $(-\infty, \infty)$에서 연속이다. 적분인자는 $e^{\int dx} = e^x$이고

$$\frac{d}{dx}[e^x y] = xe^x$$

를 적분하면 $e^x y = xe^x - e^x + c$이다. 마지막 식을 y에 대하여 풀면 일반해는 $y = x - 1 + ce^{-x}$이다. 하지만 초깃값 조건으로부터 $x=0$일 때 $y=4$를 얻는다. 이 값을 일반해에 대입하면 $c=5$를 얻는다. 따라서 이 문제의 해는

$$y = x - 1 + 5e^{-x}, \quad -\infty < x < \infty \tag{8}$$

가 된다. ■

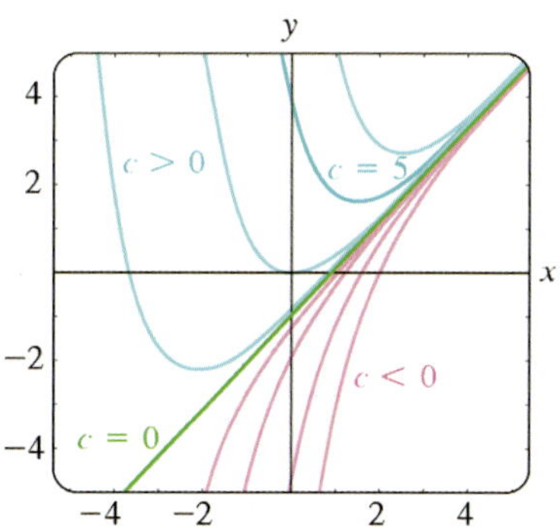

그림 2.3.2 예제 5의 해곡선

그래프를 그리는 소프트웨어를 사용하여 얻은 그림 2.3.2는 하나의 매개변수 족 $y = x - 1 + ce^{-x}$에 있는 대표적인 해들의 그래프들과 함께 파란색으로 식 (8)의 그래프를 보여준다. x가 증가할 때 이 족에 속한 모든 함수의 그래프들이 그림 2.3.2에서 굵은 검은 선을 보여진 것과 같이 특수해 $y_p = x - 1$에 접근한다는 것은 매우 흥미 있는 결과이다. 이것은 해의 값에 대한 ce^{-x}의 역할이 x가 증가할 때 무시할 정도가 됨을 의미한다. $x\to\infty$일 때 $e^{-x}\to 0$이기 때문에 ce^{-x}를 **과도항**(transient term)이라고 한다. 이러한 성질은 선형방정식의 모든 일반해의 특성은 아니지만 (예제 2 참조) 과도의 기호는 종종 응용문제에 있어서 매우 중요하다.

불연속인 계수들 응용문제들에 있어서 식 (2)에 있는 계수함수들인 $P(x)$와 $f(x)$는 구분적으로 연속일 수 있다. 다음 예제에서 $f(x)$는 $x=1$에서 (유한) 도약 불연속이므로 구간 $[0, \infty)$에서 구분적으로 연속이다. 함수 f가 정의되는 두 개의 구간에 따라서 두 부분으로 나누어 문제를 푼다. $x=1$에서 두 개의 해를 붙여서 $y(x)$가 구간 $[0, \infty)$에서 연속이 되는 것이 가능하다.

예제 6 초깃값 문제

$f(x)=\begin{cases}1, & 0\le x\le 1\\ 0, & x>1\end{cases}$ 일 때 미분방정식 $\dfrac{dy}{dx}+y=f(x)$, $y(0)=0$을 풀어라.

풀이 불연속인 함수 f 의 그래프는 그림 2.3.3과 같다. 우선 구간 $0\le x\le 1$ 에서 미분방정식을 $y(x)$ 에 대하여 풀고 그런 다음 구간 $1<x<\infty$ 에서 푼다.
$0\le x\le 1$ 에 대하여 미분방정식은

$$\frac{dy}{dx}+y=1 \quad \text{또는} \quad \frac{d}{dx}[e^{x}y]=e^{x}$$

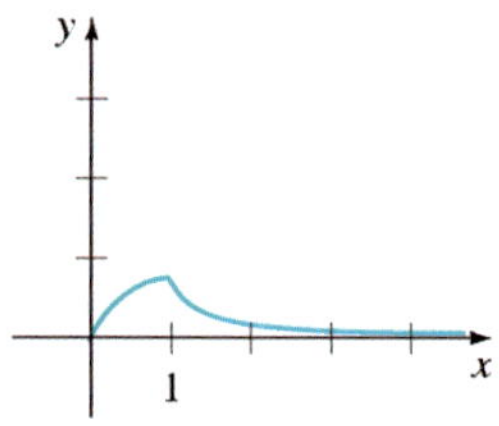

그림 2.3.3 불연속 함수 $f(x)$

이다. 이 식의 양변을 적분하고 y 에 대하여 풀면 $y=1+c_1e^{-x}$ 가 된다. $y(0)=0$ 이므로 $c_1=-1$ 이고 따라서 해는 $0\le x\le 1$ 에서 $y=1-e^{-x}$ 가 된다.
$x>1$ 에서 미분방정식은

$$\frac{dy}{dx}+y=0$$

이고 이를 풀면 $y=c_2e^{-x}$ 이다. 따라서 해는

$$y=\begin{cases}1-e^{-x}, & 0\le x\le 1\\ c_2e^{-x}, & x>1\end{cases}$$

이다. 한 점에서 연속성의 정의를 사용하면 앞의 함수가 $x=1$ 에서 연속이 되도록 c_2 를 결정하는 것이 가능하다. $\lim_{x\to 1^{+}} y(x)=y(1)$ 이라는 조건에서 $c_2e^{-1}=1-e^{-1}$ 이고 $c_2=e-1$ 이 된다. 그림 2.3.4에서 나타나 있는 것과 같이 함수

$$y=\begin{cases}1-e^{-x}, & 0\le x\le 1\\ (e-1)e^{-x}, & x>1\end{cases} \tag{9}$$

은 구간 $(0,\infty)$ 에서 연속이다. ■

식 (13)과 그림 2.3.4를 좀 더 고려해야 할 필요가 있다. 연습문제 2.3의 문제 48을 읽고 풀어보아야 한다.

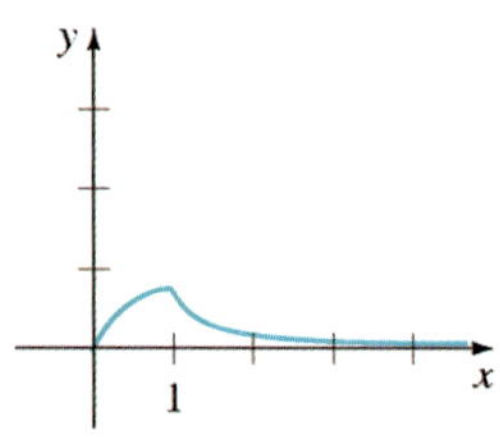

그림 2.3.4 (9)에 있는 함수의 그래프

적분에 의하여 정의된 함수들 몇몇 단순한 함수들은 기본적인 함수들의 역도함수를 갖지 않으며 이러한 함수들의 적분을 **비기본적**(nonelementary)이라고 한다. 예를 들어 해석학에서 보았던 $\int e^{x^2}\,dx$ 와 $\int \sin x^2\,dx$ 들은 비기본적인 적분들이다. 응용수학에서 몇 가지 중요한 함수들은 비기본적인 적분들에 의하여 정의된다. 이러한 비기본적인 적분의 두 가지 특별한 함수가 **오차함수**(error function)와 **여오차함수**(complementary error function)이다.

$$erf(x) = \frac{2}{\sqrt{\pi}}\int_0^x e^{-t^2}dt\,,\ erfc(x) = \frac{2}{\sqrt{\pi}}\int_x^\infty e^{-t^2}dt \tag{10}$$

$(2/\sqrt{\pi})\int_0^\infty e^{-t^2}dt = 1$이다. $\int_0^\infty e^{-t^2}dt = \frac{\sqrt{\pi}}{2}$ * 이고 $\int_0^\infty = \int_0^x + \int_x^\infty$ 이므로 식 (14)로부터 오차함수 $erf(x)$와 여오차함수 $erfc(x)$는 $erf(x) + erfc(x) = 1$의 관계가 있다. 확률과 통계와 같은 영역에서의 중요성 때문에 오차함수는 표로 만들어져 사용되어 왔다. $erf(0) = 0$은 하나의 자명한 함수적 결과이다. $erf(x)$의 값들은 컴퓨터 대수체계를 사용하여 구할 수 있다.

예제 7 오차함수

초깃값 문제 $\frac{dy}{dx} - 2xy = 2$, $y(0) = 1$을 풀어라.

풀이 방정식이 이미 표준적인 형태이므로 적분인자는 $e^{-x^2}dx$ 이고 $\frac{d}{dx}[e^{-x^2}y] = 2e^{-x^2}$ 으로부터

$$y = 2e^{x^2}\int_0^x e^{-x^t}dt + ce^{x^2} \tag{11}$$

이다. 마지막 표현에 $y(0) = 1$을 적용하면 $c = 1$ 이다. 따라서 문제의 해는

$$y = 2e^{x^2}\int_0^x e^{-x^t}dt + e^{x^2} \quad 또는 \quad y = e^{x^2}[1 + \sqrt{\pi}\, erf(x)]$$

이다. 식 (15)에서 정의된 족에 있는 함수들 중에서 그림 2.3.5에서 파란 선으로 그려진 것과 같이 구간 $(-\infty, \infty)$ 위의 이 해의 그래프는 컴퓨터 대수체계의 도움으로 얻을 수 있다. ■

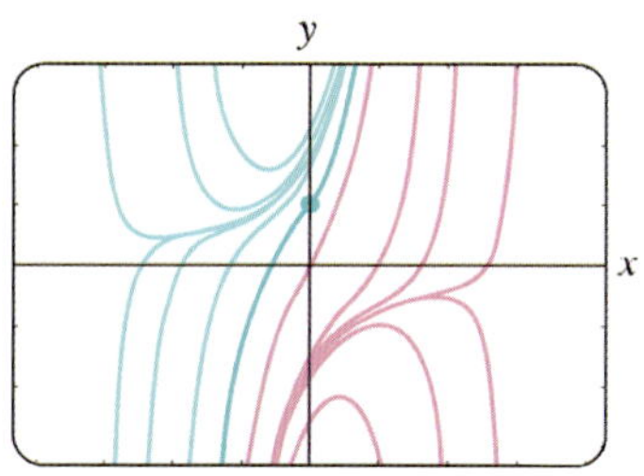

그림 2.3.5 예제 7의 해곡선

컴퓨터의 사용 컴퓨터 대수체계인 매스매티카(Mathematica)와 메이플(Maple)들은 dsolve라는 명령어를 사용하면 몇 가지 종류의 미분방정식의 음적인 또는 양적인 해를 만들어 낼 수 있다.**

** 몇몇 명령어는 같은 철자들로 되어 있지만 매스매티카에서는 대문자로 시작하고(Dsolve) 메이플에서는 소문자로 시작한다(dsolve). 공통구문을 논의할 때는 양보해서 dsolve라고 쓴다. 1계 미분방정식을 풀기 위한 완벽한 입력 명령어를 알고자 하면 Student Resource and Solution Manual을 참조하여라.

주의

(i) 선형미분방정식

$$a_1(x)\frac{dy}{dx}+a_0(x)y=0$$

을 **동차**라고 하고 $g(x)\neq 0$인 미분방정식

$$a_1(x)\frac{dy}{dx}+a_0(x)y=g(x)$$

을 **비동차**라고 한다. 예를 들어 $xy'+y=0$, $xy'+y=e^x$은 각각 동차와 비동차이다. 이 예에서 볼 수 있듯이 자명한 해 $y=0$은 항상 동차 선형미분방정식의 해이다. 4장의 고계 선형상 미분방정식을 학습할 때 이 용어는 매우 중요하다.

(ii) 때때로 1계 미분방정식은 한 변수에서는 선형이 아니지만 다른 변수에서는 선형인 경우가 있다. 예를 들어 미분방정식

$$\frac{dy}{dx}=\frac{1}{x+y^2}$$

은 변수 y에 대하여 선형이 아니다. 하지만 역수

$$\frac{dx}{dy}=x+y^2 \quad \text{또는} \quad \frac{dx}{dy}-x=y^2$$

은 변수 x에 대하여 선형이다. 적분인자 $e^{\int(-1)dy}=e^{-y}$와 부분적분을 이용하면 두 번째 방정식에 대하여 양적인 해 $x=-y^2-2y-2+ce^y$를 얻을 수 있다. 이 표현은 첫 번째 방정식의 음적인 해가 된다.

(iii) 수학자들은 공학으로부터 어떤 단어에 대하여 적절하게 설명될 수 있는 용어를 차용하였다. 앞에서 사용한 용어 "과도적인(transient)"도 그 중 하나이다. 앞으로의 토론에서 "입력"과 "출력"은 종종 나타나게 될 것이다. 식 (2)에 있는 함수 f는 **입력함수** 또는 **구동함수**(driving function)라고 한다. 주어진 입력에 대하여 미분방정식의 해 $y(x)$를 **출력** 또는 **응답**(response)이라고 한다.

(iv) 오차함수와 연계되어 언급한 **특별한 함수**(special function)라는 용어도 2.3절 연습문제 55와 56에서 도입한 **사인 적분 함수**(integral sine function)와 **프레넬 사인 적분**(Fresnel sine integral)에 적용된다. "특별한 함수들"은 실제로 잘 정의된 수학의 한 분야이다. 특별한 함수들에 대한 좀 더 깊은 연구는 6.4절에 있다.

연습문제 2.3

(1-24) 주어진 미분방정식의 일반해를 구하여라. 일반해가 정의되는 가장 큰 구간 I를 구하여라. 일반해에서 어떠한 과도적인 항들이 있는지를 판정하여라.

1 $\dfrac{dy}{dx} = 5y$

2 $y' + 2xy = x^3$

3 $\dfrac{dy}{dx} + y = e^{3x}$

4 $\dfrac{dy}{dx} + 2y = 0$

5 $y' + 3x^2y = x^2$

6 $3\dfrac{dy}{dx} + 12y = 4$

7 $x^2y' + xy = 1$

8 $x\dfrac{dy}{dx} + 2y = 3$

9 $x\dfrac{dy}{dx} - y = x^2 \sin x$

10 $y' = 2y + x^2 + 5$

11 $x\dfrac{dy}{dx} + 4y = x^3 - x$

12 $(1+x)\dfrac{dy}{dx} - xy = x + x^2$

13 $x^2y' + x(x+2)y = e^x$

14 $xy' + (1+x)y = e^{-x}\sin 2x$

15 $y\,dx - 4(x + y^6)dy = 0$

16 $y\,dx = (ye^y - 2x)dy$

17 $\cos x \dfrac{dy}{dx} + (\sin x)y = 1$

18 $\cos^2 x \sin x \dfrac{dy}{dx} + (\cos^3 x)y = 1$

19 $(x+1)\dfrac{dy}{dx} + (x+2)y = 2xe^{-x}$

20 $(x+2)^2\dfrac{dy}{dx} = 5 - 8y - 4xy$

21 $\dfrac{dr}{d\theta} + r\sec\theta = \cos\theta$

22 $\dfrac{dP}{dt} + 2tP = P + 4t - 2$

23 $x\dfrac{dy}{dx} + (3x+1)y = e^{-3x}$

24 $(x^2-1)\dfrac{dy}{dx} + 2y = (x+1)^2$

(25-36) 주어진 초깃값 문제를 풀어라. 해가 정의되는 가장 큰 구간을 구하여라.

25 $\dfrac{dy}{dx} = x + 5y,\ y(0) = 3$

26 $\dfrac{dy}{dx} = 2x - 3y,\ y(0) = \dfrac{1}{3}$

27 $xy' + y = e^x,\quad y(1) = 2$

28 $y\dfrac{dx}{dy} - x = 2y^2,\ y(1) = 5$

29 $L\dfrac{di}{dt} + Ri = E,\ i(0) = i_0,\ L,\ R,\ E$와 i_0는 상수들이다.

30 $\dfrac{dT}{dt} = k(T - T_m);\ T(0) = T_0,\ k,\ T_m$과 T_0는 상수들이다.

31 $x\dfrac{dy}{dx} + y = 4x + 1,\ y(1) = 8$

32 $y' + 4xy = x^3e^{x^2},\quad y(0 = -1$

33 $(x+1)\dfrac{dy}{dx} + y = \ln x,\quad y(1) = 10$

34 $x(x+1)\dfrac{dy}{dx} + xy = 1,\ y(e) = 1$

35 $y' - (\sin x)y = 2\sin x, y(\pi/2) = 1$

36 $y' + (\tan x)y = \cos^2 x,\quad y(0) = -1$

(37-40) 예제 6에서처럼 주어진 초깃값 문제를 풀어라. 그래프를 그리는 도구를 사용하여 연속함수 $y(x)$의 그래프를 그려라.

37 $\dfrac{dy}{dx} + 2y = f(x),\ y(0) = 0,$ 여기서

$$f(x) = \begin{cases} 1, & 0 \le x \le 3 \\ 0, & x > 3 \end{cases}$$

38 $\dfrac{dy}{dx} + y = f(x),\ y(0) = 1,$ 여기서

$$f(x) = \begin{cases} 1, & 0 \le x \le 1 \\ -1, & x > 1 \end{cases}$$

39 $\dfrac{dy}{dx} + 2xy = f(x),\ y(0) = 2,$ 여기서

$$f(x) = \begin{cases} x, & 0 \le x \le 1 \\ 0, & x \ge 1 \end{cases}$$

40 $(1+x^2)\frac{dy}{dx}+2xy=f(x)$, $y(0)=0$ 여기서

$$f(x)=\begin{cases} x, & 0 \le x < 1 \\ -x, & x \ge 1 \end{cases}$$

41 예제 6의 방법과 유사한 방법으로 초깃값 문제 $y'+P(x)y=4x$, $y(0)=3$을 풀어라. 여기서

$$P(x)=\begin{cases} 2, & 0 \le x \le 1 \\ -2/x, & x > 1 \end{cases}$$

이다. 그래프를 그리는 도구를 사용하여 연속함수 $y(x)$의 그래프를 그려라.

42 초깃값 문제 $y'+e^x y=f(x)$, $y(0)=1$을 생각해 보자. $x>0$에 대한 초깃값 문제의 해를 $f(x)=1$일 때 비기본적인 적분을 이용하여 표현하여라. $f(x)=0$일 때의 해는 무엇인가? $f(x)=e^x$일 때의 해는 무엇인가?

43 초깃값 문제 $y'-2xy=1$, $y(1)=1$의 해를 $erf(x)$를 이용하여 나타내어라.

토론 문제

44 예제 2의 다음에 있는 논의를 다시 읽어보아라. 모든 비상수적인 해가 $x\to\infty$일 때 수평점근선 $y=4$에 접근하는 선형 1계 미분방정식을 만들어 보아라.

45 예제 3을 다시 읽어 보고 정리 1.2.1을 참조하여 초깃값 미분방정식 $xy'-4y=x^6e^x$와 다음 초기 조건들에 대하여 해의 존재성과 유일성을 논의하여 보아라.

(a) $y(0)=0$

(b) $y(0)=y_0$, $y_0>0$

(c) $y(x_0)=y_0$, $x_0>0$, $y_0>0$

46 예제 4를 다시 읽어 보고 구간 $(-3, 3)$에서 미분방정식의 일반해를 구하여라.

47 예제 5의 다음에 있는 논의를 다시 읽어 보아라. 모든 해가 $x\to\infty$일 때 직선 $y=3x-5$에 접근하는 선형 1계 미분방정식을 만들어 보아라.

48 예제 6을 다시 읽어 보고 식 (13)에 있는 함수가 구간 $[0, \infty)$에서 초깃값 문제의 해가 된다고 말하는 것이 기술적으로 왜 잘못되었는지를 논의하여라.

49 (a) $y_c=c/x^3$이고 $y_p=x^3$인 $xy'+a_0(x)y=g(x)$인 선형 1계 미분방정식을 만들어 보아라. $y=x^3+c/x^3$이 미분방정식의 일반해가 되는 구간을 구하여라.

(b) (a)에서 구한 미분방정식에 대하여 초깃값 문제의 해가 $y=x^3-1/x^3$가 될 수 있도록 초기 조건 $y(x_0)=y_0$를 부여하여라. 해가 $y=x^3+2/x^3$이 될 수 있도록 초기 조건을 부여하여라. 각각의 해들이 정의될 수 있는 구간 I를 구하여라. 해 곡선들의 그래프를 그려라.

해 곡선이 $(-\infty, \infty)$에서 정의되는 초깃값 문제가 존재하는가?

(c) (b)에서 구한 각각의 초깃값 문제는 유일한가? 다시 말해서 예를 들어 x가 적당한 구간 I에 있을 때 $y=x^3-1/x^3$가 하나 이상의 초깃값 문제의 해가 되는가?

50 적분인자 (3)을 정하는데 있어서 $\int P(x)\,dx$의 계산에서 적분 상수를 이용하지 않았다. $\int P(x)\,dx+c$를 사용하는 것이 (2)의 해를 구하는데 아무런 효과가 없는 이유를 설명하여라.

51 $P(x)$가 적당한 구간 I에서 연속이고 $a\in I$라고 가정하자. 초깃값 문제 $y'+P(x)y=0$, $y(a)=0$의 해에 대하여 무엇을 말할 수 있는가?

수학적 모형

52 **방사성 붕괴 계열**
다음의 미분방정식 체계는 특정한 형태의 원소들의 방사성 계열의 붕괴에 대한 연구에서 볼 수 있다.

$$\frac{dx}{dt}=-\lambda_1 x,$$

$$\frac{dy}{dt}=\lambda_1 x-\lambda_2 y$$

이며 여기서 λ_1과 λ_2는 상수들이다. $x(0)=x_0$와 $y(0)=y_0$에 대하여 이 계를 어떻게 풀 수 있는지 토의하고, 생각을 구체화하여라.

53 **심장 보조 장치** 심장 보조 장치는 개폐기, 일정한 전압 E_0를 갖고 있는 전지, 일정한 전기용량 C인 축전기 그리고 일정한 저항 R인 저항기로서의 심장으로 되어 있다. 개폐기가 닫혀있을 때 축전기가 충전되고 개폐기가

열려있을 때 축전기는 심장에 전기적인 자극을 주면서 방전된다. 심장이 자극을 받는 동안에 심장을 지나는 전압 E는 선형미분방정식

$$\frac{dE}{dt} = -\frac{1}{RC}E$$

를 만족한다. $E(4) = E_0$에 대한 미분방정식을 풀어라.

컴퓨터 실습 과제

54 (a) 초깃값 문제 $y' - 2xy = -1$, $y(0) = \sqrt{\pi}/2$의 해를 $erfc(x)$를 이용하여 나타내어라.

(b) 표나 컴퓨터 대수체계를 이용하여 $y(2)$의 값을 구하여라. 컴퓨터 대수체계를 이용하여 $(-\infty, \infty)$에서 초깃값 문제에 대한 해 곡선을 그려라.

55 (a) **사인 적분 함수**는 $Si(x) = \int_0^x \frac{\sin t}{t}\,dt$로 정의되며 이 적분에서 $t = 0$에서 적분 값은 1로 정의한다. 초깃값 문제 $x^3y' + 2x^2y = 10\sin x$, $y(1) = 0$의 해를 $Si(x)$를 이용하여 나타내어라.

(b) 컴퓨터 대수체계를 이용하여 $x > 0$에서 초깃값 문제에 대한 해 곡선을 그려라.

(c) 컴퓨터 대수체계를 이용하여 $x > 0$에 대한 해 $y(x)$의 최댓값을 구하여라.

56 (a) **프레넬 사인 적분**은 $S(x) = \int_0^x \sin\left(\frac{\pi}{2}t^2\right)dt$로 정의된다. 초깃값 문제 $y' - (\sin x^2)y = 0$, $y(0) = 5$의 해를 $S(x)$를 이용하여 나타내어라.

(b) 컴퓨터 대수체계를 이용하여 $(-\infty, \infty)$에서 초깃값 문제에 대한 해 곡선을 그려라.

(c) $x \to \infty$일 때 $S(x) \to \frac{1}{2}$이고 $x \to -\infty$일 때 $S(x) \to -\frac{1}{2}$임은 알려져 있다. $x \to \infty$일 때 해 $y(x)$는 어디로 접근하는가? $x \to -\infty$일 때 해 $y(x)$는 어디로 접근하는가?

(d) 컴퓨터 대수체계를 이용하여 해 $y(x)$의 최댓값과 최솟값을 구하여라.

2.4 완전 미분방정식

필요한 개념

- 다변수 해석학
- 편미분과 부분 적분
- 이변수 함수의 미분

소개 | 간단한 형태의 미분방정식 $y\,dx + x\,dy = 0$은 분리가능하지만 이 방정식의 좌변에 있는 표현이 함수 $f(x, y) = xy$의 미분 형태임을 이용하여 다른 방법으로 풀 수 있다. 여기서 미분 형태라는 것은 $d(xy) = y\,dx + x\,dy$를 의미한다. 이 절에서는 $M(x, y)\,dx + N(x, y)\,dy = 0$ 형태인 1계 미분방정식을 학습하게 된다. M과 N에 대하여 간단한 평가를 적용함에 의하여 $M(x, y)\,dx + N(x, y)\,dy$가 함수 $f(x, y)$의 미분인가를 확인할 수 있다. 만일 확인 결과 미분이면 편적분을 이용하여 f를 구할 수 있다.

변수 함수의 미분 만일 $z = f(x, y)$가 xy 평면 위의 영역 R에서 연속인 1계 편미분을 갖는 다변수 함수라면 이 함수의 미분은

$$dz = \frac{\partial f}{\partial x}dx + \frac{\partial f}{\partial y}dy \tag{1}$$

이다. c가 상수일 때 $f(x, y) = c$인 특별한 경우에 (1)은

$$\frac{\partial f}{\partial x}dx + \frac{\partial f}{\partial y}dy = 0 \tag{2}$$

가 된다. 다시 말해서 주어진 한 개의 매개변수 족에서 $f(x, y)=c$의 함수들에 대하여 주어진 등식의 양변을 미분하여 1계 미분방정식을 만들어 낼 수 있다. 예를 들어 $x^2-5xy+y^3=c$이면 (2)에 의하여

$$(2x-5y)dx+(-5x+3y^2)dy=0 \tag{3}$$

을 얻는다.

정의 물론 $M(x, y)dx+N(x, y)dy=0$ 형태로 표현된 모든 1계 미분방정식이 $f(x, y)=c$의 미분에 대응하는 것은 아니다. 우리의 목적을 위하여 앞에서 풀었던 문제들을 돌아보는 것이 더욱 중요하다. 만일 (3)처럼 주어진 1계 미분방정식이 있다면 미분 표현 $(2x-5y)dx+(-5x+3y^2)dy$가 미분 $d(x^2-5xy+y^3)$임을 알 수 있는 방법이 있을까?

만일 가능하다면 (3)의 음적인 해는 $x^2-5xy+y^3=c$가 된다. 다음의 정의 아래에 이 질문에 대한 답을 하도록 한다.

정의 2.4.1 완전방정식

미분 표현 $M(x, y)dx+N(x, y)dy$가 xy 평면의 한 영역 R에서 정의된 함수 $f(x, y)$의 미분에 대응하면 영역 R에서 **완전미분**이라고 한다.

$$M(x, y)dx+N(x, y)=0$$

형태의 1계 미분방정식은 이 식의 좌변이 완전미분일 때 **완전방정식**이라고 한다.

예를 들어, $x^2y^3dx+x^3y^2dy=0$은 식의 좌변이

$$d\left(\frac{1}{3}x^3y^3\right)=x^2y^3dx+x^3y^2dy$$

인 완전미분이므로 완전방정식이다. $M(x, y)=x^2y^3$이고 $N(x, y)=x^3y^2$이라고 하면 다음에 설명할 정리 2.4.1은 $\partial M/\partial y$와 $\partial N/\partial x$의 등식이 우연히 아님을 설명한다.

정리 2.4.1 완전미분 판별법

$M(x, y)$와 $N(x, y)$가 $a<x<b$, $c<y<d$로 정의된 영역 R에서 연속이고 1계 편미분이 연속이라고 하자. $M(x, y)dx+N(x, y)dy$가 완전미분일 필요충분조건은

$$\frac{\partial M}{\partial y}=\frac{\partial N}{\partial x} \tag{4}$$

인 것이다.

필요조건의 증명 증명을 단순화하기 위하여 $M(x,y)$와 $N(x,y)$가 모든 (x, y)에 대하여 연속인 1계 편미분을 갖는다고 가정하자. 만일 $M(x,y)dx+N(x,y)dy$가 완전방정식이면 적당한 함수 f가 존재하여 영역 R의 모든 x에 대하여

$$M(x,y)dx+N(x,y)dy=\frac{\partial f}{\partial x}dx+\frac{\partial f}{\partial y}dy$$

가 성립한다. 따라서

$$M(x,y)=\frac{\partial f}{\partial x},\quad N(x,y)=\frac{\partial f}{\partial y}$$

이고

$$\frac{\partial M}{\partial y}=\frac{\partial}{\partial y}\left(\frac{\partial f}{\partial x}\right)=\frac{\partial}{\partial x}\left(\frac{\partial f}{\partial y}\right)=\frac{\partial N}{\partial x}$$

이다. 혼합된 편미분의 등식은 $M(x,y)$와 $N(x,y)$의 1계 편미분의 연속성의 결과이다.

정리 2.4.1의 충분조건은 식 (4)가 성립할 때 $\frac{\partial f}{\partial x}=M(x,y)$와 $\frac{\partial f}{\partial y}=N(x,y)$가 성립하는 함수 f가 존재하는 것을 보이는 것이다. 함수 f를 구하는 것은 실제로 완전방정식을 구하기 위한 기본적인 과정을 반영한다.

해의 방법 미분형태 $M(x,y)dx+N(x,y)dy=0$로 주어진 함수가 식 (4)의 등식을 만족하는가를 결정하여야 한다. 만일 등식을 만족한다면

$$\frac{\partial f}{\partial x}=M(x,y)$$

를 만족하는 함수 f가 존재한다. y를 상수로 간주하고 $M(x,y)$를 x에 대하여 적분하여 f를 구할 수 있다.

$$f(x,y)=\int M(x,y)dx+g(y) \tag{5}$$

여기서 임의의 함수 $g(y)$는 적분의 "상수"이다. 이제 식 (5)를 y에 대하여 미분하고 $\frac{\partial f}{\partial y}=N(x, y)$라고 가정한다.

$$\frac{\partial f}{\partial y}=\frac{\partial}{\partial y}\int M(x,y)dx+g'(y)=N(x,y).$$

이로부터

$$g'(y)=N(x,y)-\frac{\partial}{\partial y}\int M(x,y)dx \tag{6}$$

를 얻는다. 최종적으로 식 (6)을 y에 대하여 적분하고 그 결과를 식 (5)에 있는 결과에 대입한다. 이 방정식의 음적인 해는 $f(x,y)=c$이다. 몇 가지 점에 주의를

해야 한다. 첫 번째, (6)에 있는 $N(x,y)-(\partial/\partial y)\int M(x,y)dx$가 x에 독립적이라는 것을 아는 것은 중요한데 그 이유는

$$\frac{\partial}{\partial x}\left[N(x,\ y)-\frac{\partial}{\partial y}\int M(x,\ y)dx\right]=\frac{\partial N}{\partial x}-\frac{\partial}{\partial y}\left(\frac{\partial}{\partial x}\int M(x,\ y)dx\right)$$

$$=\frac{\partial N}{\partial x}-\frac{\partial M}{\partial y}=0$$

이기 때문이다.

두 번째, $\dfrac{\partial f}{\partial y}=N(x,y)$라는 가정하에서만 앞의 선행의 과정을 수행할 수 있다. y에 관하여 N을 적분하고 그 결과를 미분하면 식 (5)와 식 (6)의 비슷한 결과를 각각 다음과 같이 구할 수 있다.

$$f(x,y)=\int N(x,y)dx+h(x),\ \ h'(x)=M(x,y)-\frac{\partial}{\partial x}\int M(x,y)dy$$

각각의 경우에 있어서 이 공식들의 어느 것도 암기할 필요는 없다.

예제 1 완전 미분방정식 풀기

$2xydx+(x^2-1)dy=0$을 풀어라.

풀이 $M(x,y)=2xy,\ N(x,y)=x^2-1$이라고 하면

$$\frac{\partial M}{\partial y}=2x=\frac{\partial N}{\partial x}$$

이 성립한다. 따라서 미분방정식은 완전방정식이므로 정리 2.4.1에 의하여

$$\frac{\partial f}{\partial x}=2xy,\quad \frac{\partial f}{\partial y}=x^2-1$$

을 만족하는 함수 $f(x,y)$가 존재한다. 이들 식 중에서 앞의 함수를 적분하면

$$f(x,y)=x^2y+g(y)$$

가 된다. 이 식을 y에 대하여 편미분하고 결과를 $N(x,y)$라고 하면

$$\frac{\partial f}{\partial y}=x^2+g'(y)=x^2-1 \quad \leftarrow N(x,y)$$

가 된다. 따라서 $g'(y)=-1$이고 $g(y)=-y$이다. 그러므로 $f(x,y)=x^2y-y$이므로 음적인 형태의 방정식의 해는 $x^2y-y=c$이다. 해의 양적인 형태는 $y=c/(1-x^2)$임을 쉽게 알 수 있으며 해는 $x=1$ 또는 $x=-1$을 포함하지 않는 임의의 구간에서 정의된다. ■

참고 예제 1에 있는 미분방정식의 해는 $f(x,y)=x^2y-y$가 아니며 오히려 해는 $f(x,y)=c$이다. 만일 상수가 $g'(y)$의 적분에서 사용된다면 $f(x,y)=0$으로 해를 쓸 수

있다. 또한 등식은 변수 분리에 의하여 풀 수 있다.

예제 2 완전 미분방정식 풀기

$(e^{2y}-y\cos xy)dx+(2xe^{2y}-x\cos xy+2y)dy=0$을 풀어라.

풀이 주어진 미분방정식은

$$\frac{\partial M}{\partial y}=2e^{2y}+xy\sin xy-\cos xy=\frac{\partial N}{\partial x}$$

이 성립하므로 완전방정식이다. 따라서 $M(x,y)=\dfrac{\partial f}{\partial x}$, $N(x,y)=\dfrac{\partial f}{\partial y}$를 만족하는 함수 f가 존재한다. 변화를 위하여 $\partial f/\partial y=N(x,y)$라는 가정에서 출발한다. 즉

$$\frac{\partial f}{\partial y}=2xe^{2y}-x\cos xy+2y$$

$$f(x,y)=2x\int e^{2y}\,dy-x\int \cos xy\,dy+2\int y\,dy$$

이다. y에 관한 적분에서 x는 평범한 상수로 간주되기 때문에 x가 적분기호 $\int$ 앞에 올 수 있음을 유의하여야 한다. 따라서

$$f(x,y)=xe^{2y}-\sin xy+y^2+h(x)$$

$$\frac{\partial f}{\partial x}=e^{2y}-y\cos(xy)+h'(x)=e^{2y}-y\cos xy \leftarrow M(x,y)$$

이고 $h'(x)=0$ 또는 $h(x)=c$이다. 그러므로 해들의 족은

$$xe^{2y}-\sin xy+y^2+c=0$$

이다. ■

예제 3 초깃값 문제

$\dfrac{dy}{dx}=\dfrac{xy^2-\cos x\sin x}{y(1-x^2)}$, $y(0)=2$를 풀어라.

풀이 주어진 식을

$$(\cos x\sin x-xy^2)dx+y(1-x^2)dy=0$$

으로 변형하면 미분방정식은

$$\frac{\partial M}{\partial y}=-2xy=\frac{\partial N}{\partial x}$$

이므로 완전방정식이다. 이제

$$\frac{\partial f}{\partial y} = y(1-x^2)$$
$$f(x,\,y) = \frac{y^2}{2}(1-x^2) + h(x)$$
$$\frac{\partial f}{\partial x} = -xy^2 + h'(x) = \cos x \sin x - xy^2.$$

이다. 마지막 식은 $h'(x) = \cos x \sin x$ 임을 의미한다. 적분을 이용하면

$$h(x) = -\int (\cos x)(-\sin x\, dx) = -\frac{1}{2}\cos^2 x$$

가 된다. 따라서

$$\frac{y^2}{2}(1-x^2) - \frac{1}{2}\cos^2 x = c_1 \quad \text{또는} \quad y^2(1-x^2) - \cos^2 x = c \qquad (7)$$

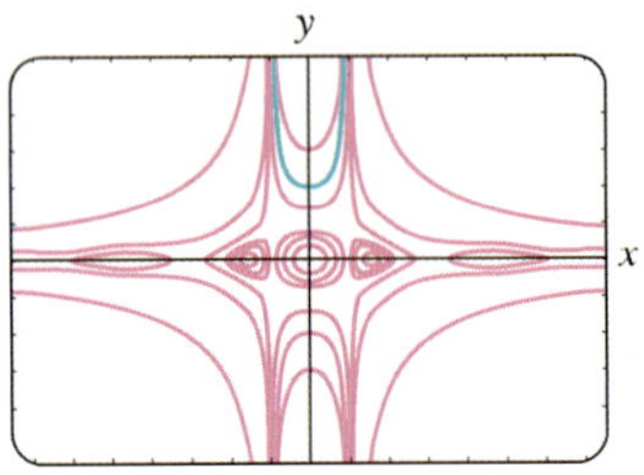

그림 2.4.1 예제 3의 해곡선

이며 여기서 $2c_1$은 c로 치환되었다. $x=0$일 때 $y=2$인 초깃값 조건으로부터 $4(1)-\cos^2(0)=c$이므로 $c=3$이다. 이 문제의 음적인 해는 $y^2(1-x^2)-\cos^2 x=3$이다.

초깃값 문제의 미분방정식의 해 곡선은 그림 2.4.1의 파란색으로 그려져 있다. 이것은 곡선들의 흥미 있는 족의 일부분이다. 식 (7)에서 주어진 해들의 하나의 매개변수 족의 원소들의 그래프는 다양한 방법으로 얻을 수 있으며 그 중 두 개는 등고선을 그리는 소프트웨어를 사용하여 얻을 수 있는데 그 중 하나는 그래프를 그리는 소프트웨어를 이용하여 등고선을 그리는 것이고(2.2절에서 이미 언급함) 다른 하나는 그래프를 그리는 도구를 사용하여 다양한 c에 대하여 y에 대한 $y^2 = (c+\cos^2 x)/(1-x^2)$을 풀어서 얻어지는 양적인 해의 그래프를 그려서 얻을 수 있다. ■

적분인자들 2.3절에서 선형방정식 $y' + P(x)y = f(x)$의 좌변은 이 식에 적절한 적분인자를 곱하면 미분으로 변형될 수 있었다. 때때로 이러한 기본적인 생각이 완전 미분방정식이 아닌 미분방정식 $M(x,y)\,dx + N(x,y)\,dy = 0$에도 적용할 수 있다. 이것은 때때로 미분방정식에 곱해서 식

$$\mu(x,y)M(x,y)\,dx + \mu(x,y)N(x,y)\,dy = 0 \qquad (8)$$

의 좌변이 완전 미분방정식이 될 수 있는 **적분인자** $\mu(x,y)$를 찾는 것이 가능할 수 있음을 의미한다. μ를 찾기 위한 시도에서 완전성을 위하여 판별식 (4)에 주목하여야 한다. 식 (8)이 완전 미분방정식이 되기 위한 필요충분조건은 $(\mu M)_y = (\mu N)_x$이며 첨자들은 편미분을 나타낸다. 곱에 관한 미분법칙에 의하여 마지막 방정식은 $\mu M_y + \mu_y M = \mu N_x + \mu_x N$ 또는

$$\mu_x N - \mu_y M = (M_y - N_x)\mu \qquad (9)$$

가 된다. 비록 M, N, M_y와 N_x가 x와 y에 대한 알려진 함수이지만 식 (9)로부터 $\mu(x, y)$를 결정하는데 있어서의 어려움은 반드시 편미분방정식을 풀어야 한다는데 있다. 우리가 편미분방정식을 풀 수 있는 준비가 되어 있지 않기 때문에 가정을 단순화해야 한다. 이제 μ를 일변수 함수라고 가정하자. 예를 들어 μ가 x에만 의존한다고 하자. 이 경우 $\mu_x = d\mu/dx$이고 $\mu_y = 0$이며 따라서 식 (9)는

$$\frac{d\mu}{dx} = \frac{M_y - N_x}{N}\mu \tag{10}$$

로 나타낼 수 있다. 만일 $(M_y - N_x)/N$가 x와 y 모두에 의존한다면 우리는 여전히 곤경에 처하게 된다. 하지만 만일 모든 대수적인 단순화가 이루어지면 $(M_y - N_x)/N$가 단지 변수 x만의 함수가 되고 따라서 식 (10)은 1계 상미분방정식이 된다. 식 (10)이 선형인 동시에 분리가능하므로 최종적으로 μ를 결정할 수 있다. 2.2절 또는 2.3절로부터 $\mu(x) = e^{\int((M_y - N_x)/N)dx}$가 된다. 같은 방법으로 식 (9)로부터 만일 μ가 단지 변수 y에만 의존한다면

$$\frac{d\mu}{dy} = \frac{N_x - M_y}{M}\mu \tag{11}$$

이 된다. 이 경우 만일 $(N_x - M_y)/M$이 y만의 함수이면 μ에 대하여 식 (11)을 풀 수 있다. 미분방정식

$$M(x, y)\,dx + N(x, y)\,dy = 0 \tag{12}$$

에 대한 결과를 요약하면 다음과 같다.

- 만일 $(M_y - N_x)/N$가 x만의 함수이면 (12)에 대한 적분인자는

$$\mu(x) = e^{\int((M_y - N_x)/N)dx} \tag{13}$$

이다.

- 만일 $(N_x - M_y)/M$가 y만의 함수이면 (12)에 대한 적분인자는

$$\mu(y) = e^{\int((N_x - M_y)/M)dy} \tag{14}$$

이다.

예제 4 완전하지 않은 미분방정식을 완전하게 만들기

비선형인 1계 미분방정식

$$xy\,dx + (2x^2 + 3y^2 - 20)\,dy = 0$$

은 완전 미분방정식이 아니다. $M = xy$, $N = 2x^2 + 3y^2 - 20$으로부터 편미분

$M_y = x$ 와 $N_x = 4x$ 를 얻는다.

$$\frac{M_y - N_x}{N} = \frac{x - 4x}{2x^2 + 3y^2 - 20} = \frac{-3x}{2x^2 + 3y^2 - 20}$$

이 x 와 y 에 의존하므로 식 (13)으로부터 첫 번째 몫을 얻을 수 없다. 하지만 (14)는 단지 y 에만 의존하는 몫을 얻는다.

$$\frac{N_x - M_y}{M} = \frac{4x - x}{xy} = \frac{3x}{xy} = \frac{3}{y}$$

그러면 적분인자는 $e^{\int \frac{3}{y} dy} = e^{3 \ln y} = e^{\ln y^3} = y^3$ 이다.
주어진 미분방정식에 $\mu(y) = y^3$ 을 곱하면

$$xy^4\, dx + (2x^2y^3 + 3y^5 - 20y^3)\, dy = 0$$

을 얻게 된다. 이 절에서 설명된 방법을 이용하여 마지막 방정식의 해들의 족이 $\frac{1}{2}x^2y^4 + \frac{1}{2}y^6 - 5y^4 = c$ 라고 보인 것과 같이 완전방정식임을 증명하여야 한다. ■

주의

(i) 주어진 미분방정식이 완전 미분방정식인가를 확인할 때 미분방정식이 엄밀하게 $M(x, y)\, dx + N(x, y)\, dy = 0$ 의 형태인가를 우선 확인하여야 한다. 때때로 미분방정식은 $G(x, y)\, dx = H(x, y)\, dy$ 로 표현되는 경우도 있다. 이러한 경우 식 (4)를 사용하기 전에 우선적으로 주어진 식을 $G(x, y)\, dx - H(x, y)\, dy = 0$ 으로 변형한 후 $M(x, y) = G(x, y)$ 와 $N(x, y) = -H(x, y)$ 로 놓아야 한다.

(ii) 몇몇 미분방정식을 다루는 책에서는 완전 미분방정식에 대한 내용을 선형미분방정식보다 앞에서 다루기도 한다. 그 경우 적분인자를 구하기 위한 방법은 $y' + P(x)y = f(x)$ 에 대한 적분인자를 유도하기 위한 방법으로 사용된다. 마지막에 있는 방정식을 $(P(x)y - f(x))\, dx + dy = 0$ 의 미분 형태로 변형하면

$$\frac{M_y - N_x}{N} = P(x)$$

가 된다. 식 (13)으로부터 2.3절에서 사용된 친근한 적분인자 $e^{\int P(x) dx}$ 를 얻을 수 있다.

연습문제 2.4

(1-20) 주어진 미분방정식이 완전방정식인가를 판정하여라. 만일 완전방정식이면 해를 구하여라.

1 $(2x-1)dx+(3y+7)dy=0$

2 $(2x+y)dx-(x+6y)dy=0$

3 $(5x+4y)dx+(4x-8y^3)dy=0$

4 $(\sin y-y\sin x)dx+(\cos x+x\cos y-y)dy=0$

5 $(2xy^2-3)dx+(2x^2y+4)dy=0$

6 $\left(2y-\dfrac{1}{x}+\cos 3x\right)\dfrac{dy}{dx}+\dfrac{y}{x^2}-4x^3+3y\sin 3x=0$

7 $(x^2-y^2)dx+(x^2-2xy)dy=0$

8 $\left(1+\ln x+\dfrac{y}{x}\right)dx=(1-\ln x)dy$

9 $(x-y^3+y^2\sin x)dx=(3xy^2+2y\cos x)dy$

10 $(x^3+y^3)dx+3xy^2\,dy=0$

11 $(y\ln y-e^{-xy})dx+\left(\dfrac{1}{y}+x\ln y\right)dy=0$

12 $(3x^2y+e^y)dx+(x^3+xe^y-2y)dy=0$

13 $x\dfrac{dy}{dx}=2xe^x-y+6x^2$

14 $\left(1-\dfrac{3}{y}+x\right)\dfrac{dy}{dx}+y=\dfrac{3}{x}-1$

15 $\left(x^2y^3-\dfrac{1}{1+9x^2}\right)\dfrac{dx}{dy}+x^3y^2=0$

16 $(5y-2x)y'-2y=0$

17 $(\tan x-\sin x\sin y)dx+\cos x\cos y\,dy=0$

18 $(2y\sin x\cos x-y+2y^2e^{xy^2})dx$
$=(x-\sin^2 x-4xye^{xy^2})dy$

19 $(4t^3y-15t^2-y)dt+(t^4+3y^2-t)dy=0$

20 $\left(\dfrac{1}{t}+\dfrac{1}{t^2}-\dfrac{y}{t^2+y^2}\right)dt+\left(ye^y+\dfrac{t}{t^2+y^2}\right)dy=0$

(21-26) 주어진 초깃값 문제를 풀어라.

21 $(x+y)^2dx+(2xy+x^2-1)dy=0,\quad y(1)=1$

22 $(e^x+y)dx+(2+x+ye^y)dy=0,\quad y(0)=1$

23 $(4y+2t-5)dt+(6y+4t-1)dy=0,\quad y(-1)=2$

24 $\left(\dfrac{3y^2-t^2}{y^5}\right)\dfrac{dy}{dt}+\dfrac{t}{2y^4}=0,\quad y(1)=1$

25 $(y^2\cos x-3x^2y-2x)dx$
$+(2y\sin x-x^3+\ln y)dy=0,\quad y(0)=e$

26 $\left(\dfrac{1}{1+y^2}+\cos x-2xy\right)\dfrac{dy}{dx}=y(y+\sin x),$
$y(0)=1$

(27-28) 주어진 미분방정식이 완전방정식이 되도록 하는 k의 값을 구하여라.

27 $(y^3+kxy^4-2x)dx+(3xy^2+20x^2y^3)dy=0$

28 $(6xy^3+\cos y)dx+(2kx^2y^2-x\sin y)dy=0$

(29-30) 주어진 미분방정식은 완전방정식이 아니다. 주어진 미분방정식에 적분인자 $\mu(x,y)$를 곱하여 얻어지는 새로운 미분방정식이 완전방정식임을 증명하고 풀어라.

29 $(-xy\sin x+2y\cos x)dx+2x\cos x\,dy=0;$
$\mu(x,\,y)=xy$

30 $(x^2+2xy-y^2)dx+(y^2+2xy-x^2)dy=0;$
$\mu(x,\,y)=(x+y)^{-2}$

(31-36) 예제 4에서와 같이 주어진 미분방정식에 적절한 적분인자를 찾아서 풀어라.

31 $(2y^2+3x)dx+2xy\,dy=0$

32 $y(x+y+1)dx+(x+2y)dy=0$

33 $6xy\,dx+(4y+9x^2)dy=0$

34 $\cos x\,dx+\left(1+\dfrac{2}{y}\right)\sin x\,dy=0$

35 $(10-6y+e^{-3x})dx-2dy=0$

36 $(y^2+xy^3)dx+(5y^2-xy+y^3\sin y)dy=0$

(37-38) 예제 4에서와 같이 주어진 초깃값 미분방정식에 적당한 적분인자를 찾아서 풀어라.

37 $x\,dx+(x^2y+4y)dy=0,\quad y(4)=0$

38 $(x^2+y^2-5)dx=(y+xy)dy,\quad y(0)=1$

39 (a) 미분방정식

$$(4xy+3x^2)dx+(2y+2x^2)dy=0$$

의 해들의 한개의 매개변수 족은 $x^3+2x^2y+y^2=c$ 임을 증명하여라.

(b) 초기 조건들 $y(0)=-2$와 $y(1)=1$이 같은 음함수 해를 결정함을 증명하여라.

(c) $y_1(0)=-2$이고 $y_2(1)=1$일 때 (a)에서 구한 미분방정식의 양함수 해 $y_1(x)$와 $y_2(x)$의 해를 구하여라. 그래프를 그리는 도구를 사용하여 $y_1(x)$와 $y_2(x)$의 그래프를 그려라.

토론 문제

40 문제 29-38에서 사용한 적분인자의 개념을 다시 생각해 보자. 두 방정식 $Mdx+Ndy=0$와 $\mu Mdx+\nu Ndy=0$는 반드시 하나의 해가 다른 하나의 해가 된다는 점에서 동치라고 할 수 있는가? 이에 대하여 논의하여라.

41 예제 3을 다시 읽어 보고 초깃값 미분방정식의 양적인 해가 정의되는 구간(그림 2.4.1에 있는 파란색 그래프)이 개구간 $(-1,\,1)$이 되는 이유를 설명하여라.

42 함수 $M(x,y)$와 $N(x,y)$가 각각의 미분방정식이 완전방정식이 되는지를 어떻게 발견할 수 있는지 논의하고 생각을 실행하여라.

(a) $M(x,y)dx+(xe^{xy}+2xy+\dfrac{1}{x})dy=0$

(b) $(x^{-1/2}y^{1/2}+\dfrac{x}{x^2+y})dx+N(x,y)dy=0$

43 미분방정식들은 종종 현명한 아이디어에 의하여 풀 수 있다. 여기서 그런 문제를 생각해 보기로 한다.

미분방정식 $(x-\sqrt{x^2+y^2})dx+ydy=0$은 완전방정식은 아니지만 이를 재정비한 $(xdx+ydy)/\sqrt{x^2+y^2}=dx$와 $\dfrac{1}{2}d(x^2+y^2)=x\,dx+y\,dy$의 관찰을 이용하면 해를 유도할 수 있는지를 설명하여라.

44 참 또는 거짓을 판정하여라 ; 모든 분리가능한 1계 미분방정식 $dy/dx=g(x)h(y)$는 완전방정식이다.

수학적 모형

45 **낙하하는 사슬** 길이가 8 ft인 균등한 사슬의 일부가 높은 위치의 수평한 테이블의 모서리에 있는 말뚝의 둘레에 느슨하게 감겨있고 사슬의 남은 부분은 테이블의 모서리에 편안하게 매달려 있다. 그림 2.4.2를 참조하여라. 겹쳐져 있는 사슬의 길이가 3ft이고 사슬의 무게는 2 lb/ft이며 양의 방향이 아래쪽이라고 가정하자. $t=0$초에서 시작하여 매달려 있는 부분의 무게로 인하여 테이블 위의 사슬이 부드럽게 풀리면서 마루로 떨어진다. 만일 $x(t)$가 $t>0$일 때 테이블 위에서부터 매달린 사슬의 길이라고 하면 $v=dx/dt$는 속도가 된다. 모든 저항력들이 무시될 때 x에 대하여 v에 관련된 수학적 모형은

$$xv\frac{dv}{dx}+v^2=32x$$

로 표현된다.

(a) 이 모형을 미분 형태로 변형하여라. 문제 31-36에서 과정을 쓰고 적절한 적분인자를 찾아서 x에 대한 v의 미분방정식을 풀어라. 양적인 해 $v(x)$를 구하여라.

(b) 사슬이 테이블을 떠날 때의 속도를 구하여라.

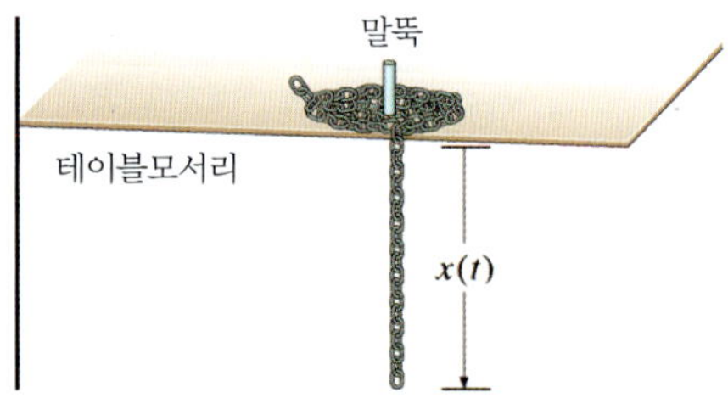

그림 2.4.2 문제 45의 사슬

컴퓨터 실습 문제

46 **유선들**

(a) 미분방정식

$$\frac{2xy}{(x^2+y^2)^2}dx+\left[1+\frac{y^2-x^2}{(x^2+y^2)^2}\right]dy=0$$

의 해는 경계가 $x^2+y^2=1$인 원형인 물체 주변을 따라서 유체의 흐름의 유선으로 해석되어 질 수 있다. 이 미분방정식을 풀고 $c=0$에 대한 $f(x,y)=c$의 해를 구하여라.

(b) 컴퓨터 대수체계를 이용하여 다음의 세 가지 방법으로

$c = 0, \pm 0.2, \pm 0.4, \pm 0.6, \pm 0.8$에 대한 유선들의 그려라. 첫 번째로 컴퓨터 대수체계의 "contourplot"이란 명령어를 사용하여라.
두 번째로 변수 y를 이용하여 x에 대하여 풀어라. 주어진 c에 대하여 y에 대한 결과적인 두 함수를 그리고 그 그래프들을 결합하여라. 세 번째로 컴퓨터 대수체계를 이용하여 x를 이용하여 y에 대하여 3차 방정식을 풀어라.

2.5 치환에 의한 해법

필요한 개념

- 적분의 기법
- 변수 분리
- 선형미분방정식의 해

소개 | 일반적으로 미분방정식을 풀 때 미분방정식이 어떤 형태의 방정식인가(예를 들어, 변수 분리 또는 선형)를 파악하고 그 형태에 맞는 수학적 풀이단계를 수행하여 방정식의 해를 구한다. 하지만 주어진 방정식이 풀이법을 알고 있는 특정한 형태의 부류에 속하지 않아서 난처한 경우에 처하게 되는 경우도 종종 있다. 이 절에서 논의되는 풀이 단계는 이러한 상황에서 매우 유용하게 사용된다.

치환 종종 미분방정식을 푸는데 있어서 첫 단계는 치환을 이용하여 주어진 미분방정식을 다른 형태의 미분방정식으로 변형하는 것이다. 예를 들어 u가 x의 함수일 때 치환 $y = g(x, u)$를 이용하여 1계 미분방정식 $\frac{dy}{dx} = f(x, y)$를 변형하려 한다고 하자. 만일 g가 1계 편미분가능하다면 연쇄법칙에 의하여 $\frac{dy}{dx} = \frac{\partial g}{\partial x}\frac{dx}{dx} + \frac{\partial g}{\partial u}\frac{du}{dx}$이고 이를 이용하면

$$\frac{dy}{dx} = g_x(x, u) + g_u(x, u)\frac{du}{dx}$$

가 된다.

$\frac{dy}{dx}$를 이 선행 미분으로 치환하고 $f(x, y)$에 있는 y를 $g(x, u)$로 치환하면 미분방정식 $\frac{dy}{dx} = f(x, y)$는 $g_x(x, u) + g_u(x, u)\frac{du}{dx} = f(x, g(x, u))$으로 변형되어 미분방정식은 $\frac{du}{dx} = F(x, u)$가 된다. 이 미분방정식의 해 $u = \phi(x)$를 구할 수 있게 되면 원래의 미분방정식의 해는 $y = g(x, \phi(x))$가 된다.

이제 치환에 의하여 풀 수 있는 세 가지의 서로 다른 1계 미분방정식들을 논의하고자 한다.

동차방정식들 만일 주어진 함수 f가 적당한 실수 α에 대하여 $f(tx, ty) = t^{\alpha} f(x, y)$를 만족하면 f를 차수가 α인 **동차함수**라고 한다. 예를 들어, $f(x, y) = x^3 + y^3$은

$$f(tx, ty) = (tx)^3 + (ty)^3 = t^3(x^3 + y^3) = t^3 f(x, y)$$

이므로 차수가 3인 동차함수이다. 하지만 $f(x, y) = x^3 + y^3 + 1$ 은 동차함수가 아니다.

$$M(x, y)\,dx + N(x, y)\,dy = 0 \qquad (1)$$

인 형태의 1계 미분방정식의 계수 함수들인 M과 N이 같은 차수의 동차방정식이면 주어진 미분방정식을 **동차***라고 한다.

다시 말해서 $M(tx, ty) = t^{\alpha} M(x, y)$ 이고 $N(tx, ty) = t^{\alpha} N(x, y)$ 이면 (1)은 동차이다. 또한 만일 M과 N이 차수 α 인 동차함수이면

$$u = \frac{y}{x} \text{ 일 때 } M(x, y) = x^{\alpha} M(1, u) \text{ 이고 } N(x, y) = x^{\alpha} N(1, u) \qquad (2)$$

라고 나타낼 수 있으며 또한

$$v = \frac{x}{y} \text{ 일 때 } M(x, y) = y^{\alpha} M(v, 1) \text{ 이고 } N(x, y) = y^{\alpha} N(v, 1) \qquad (3)$$

라고 나타낼 수 있다(2.5절의 연습문제 31을 참조).

성질 (2)와 (3)은 동차 미분방정식을 풀기 위하여 사용할 치환법을 제시한다. 특히, u와 v가 새로운 종속 변수들일 때 $y = ux$ 또는 $y = vx$ 의 치환을 사용하면 동차방정식은 분리가능한 1계 미분방정식으로 변환된다. 이를 확인하기 위하여 (2)의 결과로서 동차방정식 $M(x, y)\,dx + N(x, y)\,dy = 0$ 은 $u = y/x$ 또는 $y = ux$ 일 때

$$x^{\alpha} M(1, u)\,dx + x^{\alpha} N(1, u)\,dy = 0 \quad \text{또는} \quad M(1, u)\,dx + N(1, u)\,dy = 0$$

으로 나타낼 수 있음을 유의하여라.

마지막 방정식에 $dy = u\,dx + x\,du$를 치환하여 변수 u와 x에 대한 분리가능한 미분방정식을 얻는다.

$$M(1, u)\,dx + N(1, u)[u\,dx + x\,du] = 0$$
$$[M(1, u) + uN(1, u)]\,dx + xN(1, u)\,du = 0$$
$$\text{또는} \quad \frac{dx}{x} + \frac{N(1, u)\,du}{M(1, u) + uN(1, u)} = 0$$

이제 앞 절에서와 같이 충고를 하고자 한다. 여기서 제시한 어떠한 공식도 암기하려고 하지 말고(특히 마지막 공식) 그 보다는 각 단계에서의 풀이 과정을 이해하도록 하여야 한다.

치환 $x = vy$와 $dx = v\,dy + y\,dv$를 이용하면 비슷한 방법으로 (3)으로부터 분

* 이 정의에 있는 동차는 2.3절에서의 동차와는 의미적으로 다르다. 선형 1계 방정식 $a_1(x)y' + a_0(x)y = g(x)$ 는 $g(x) = 0$ 일 때 동차임을 상기하여라.

리가능한 방정식을 증명해낼 수 있다.

예제 1 동차 미분방정식 풀기

$(x^2+y^2)dx+(x^2-xy)dy=0$를 풀어라.

풀이 $M(x, y)=x^2+y^2$이고 $N(x, y)=x^2-xy$라고 하면 이 계수들은 모두 차수가 2인 동차함수들임을 알 수 있다.
$y=ux$라고 하면 $dy=udx+xdu$이고 치환을 이용하면 주어진 미분방정식은 다음과 같이 된다.

$$(x^2+u^2x^2)dx+(x^2-ux^2)(udx+xdu)=0$$
$$x^2(1+u)dx+x^3(1-u)du=0$$
$$\frac{1-u}{1+u}du+\frac{dx}{x}=0$$
$$\left[-1+\frac{2}{1+u}\right]du+\frac{dx}{x}=0 \quad \leftarrow \text{나눗셈}$$

마지막 식의 양변을 적분하면

$$-u+2\ln|1+u|+\ln|x|=\ln|c|$$
$$-\frac{y}{x}+2\ln|1+\frac{y}{x}|+\ln|x|=\ln|c| \quad \leftarrow u=y/x\text{로 치환}$$

가 된다. 로그함수의 성질을 이용하면 앞의 해를

$$\ln|\frac{(x+y)^2}{cx}|=\frac{y}{x} \quad \text{또는} \quad (x+y)^2=cxe^{y/x}$$

로 나타낼 수 있다. ■

일반적으로 동차 미분방정식을 풀 때 두 개의 치환 방법 중 어느 것을 사용해도 되지만 $M(x, y)$가 $N(x, y)$보다 단순한 경우에는 $x=vy$를 사용한다. 또한 하나의 치환을 사용하여 적분을 시도할 때 적분이 매우 어렵거나 불가능한 경우 다른 치환 방법을 적용하면 문제를 쉽게 풀 수 있다.

베르누이 방정식 n이 임의의 실수일 때 미분방정식

$$\frac{dy}{dx}+P(x)y=f(x)y^n \tag{4}$$

을 **베르누이 방정식**이라고 한다. $n=0$일 때와 $n=1$일 때 미분방정식 (4)는 선형적이다. $n\neq 0$이고 $n\neq 1$일 때 치환 $u=y^{1-n}$을 사용하면 방정식 (4)는 선형 방정식이 된다.

예제 2 베르누이 방정식 풀기

$x\dfrac{dy}{dx} + y = x^2y^2$ 을 풀어라.

풀이 우선 주어진 미분방정식의 양변을 x로 나누면 $\dfrac{dy}{dx} + \dfrac{1}{x}y = xy^2$이 된다. 주어진 미분방정식은 $n = 2$ 일 때 $u = y^{-1}$ 또는 $y = u^{-1}$로 치환한다.

$$\frac{dy}{dx} = \frac{dy}{du}\frac{du}{dx} = -u^{-2}\frac{du}{dx} \qquad \leftarrow \text{연쇄법칙}$$

을 주어진 방정식에 대입하고 간단히 하면 그 결과는

$$\frac{du}{dx} - \frac{1}{x}u = -x$$

가 된다. $(0, \infty)$에서 이 선형방정식에 대한 적분인자는

$$e^{-\int dx/x} = e^{-\ln x} = e^{\ln x^{-1}} = x^{-1}$$

이다. $\dfrac{d}{dx}[x^{-1}u] = -1$를 적분하면 $x^{-1}u = -x + c$ 또는 $u = -x^2 + cx$이 된다. $u = y^{-1}$이므로 $y = 1/u$이고 따라서 주어진 방정식의 해는 $y = 1/(-x^2 + cx)$이다. ■

$y = 0$은 방정식의 특이해이기 때문에 예제 2에 있는 처음 비선형미분방정식의 일반해는 구하지 못하였다.

변수 분리로 축소

$$\frac{dy}{dx} = f(Ax + By + C) \tag{5}$$

형태의 미분방정식은 치환 $u = Ax + By + C$, $B \neq 0$을 이용하여 항상 변수 분리 가능한 방정식으로 축소할 수 있다. 다음의 예제 3은 이러한 기법을 보여준다.

예제 3 초깃값 문제

$\dfrac{dy}{dx} = (-2x + y)^2 - 7$, $y(0) = 0$을 풀어라.

풀이 $u = -2x + y$라고 놓으면 $du/dx = -2 + dy/dx$이고 따라서 미분방정식은

$$\frac{du}{dx} + 2 = u^2 - 7 \quad \text{또는} \quad \frac{du}{dx} = u^2 - 9$$

으로 변형되는데 마지막 방정식은 변수 분리가능하다. 부분 분수를 사용하면

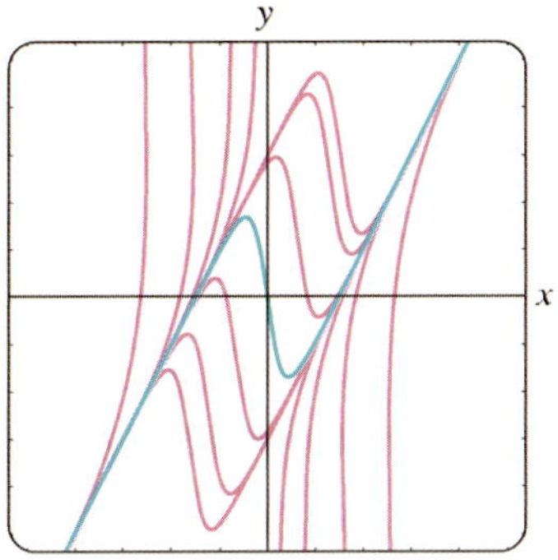

그림 2.5.1 예제 3에서의 해

$$\frac{du}{(u-3)(u+3)} = dx \quad 또는 \quad \frac{1}{6}\left[\frac{1}{u-3} - \frac{1}{u+3}\right] du = dx$$

가 되고 식을 적분하면

$$\frac{1}{6}\ln\left|\frac{u-3}{u+3}\right| = x + c_1 \quad 또는 \quad \frac{u-3}{u+3} = e^{6x+6c_1} = ce^{6x} \qquad \leftarrow e^{6c_1}을\ c로\ 대체$$

이다. 마지막 등식을 u에 대하여 풀고 다시 대입하면 해는

$$u = \frac{3(1+ce^{6x})}{1-ce^{6x}} \quad 또는 \quad y = 2x + \frac{3(1+ce^{6x})}{1-ce^{6x}} \tag{6}$$

이다. 초깃값 조건 $y(0)=0$을 (6)에 있는 마지막 식에 대입하면 $c=-1$이 된다. 그래프를 그릴 수 있는 도구를 사용하여 얻은 그림 2.5.1은 (6)의 몇몇 원소들의 그래프와 함께 파란색의 곡선이 특수해 $y = 2x + \frac{3(1-e^{6x})}{1+e^{6x}}$의 그래프를 보여준다. ■

연습문제 2.5

(1-10) 적절한 치환을 사용하여 주어진 미분방정식을 풀어라.

1 $(x-y)dx + x\,dy = 0$

2 $(x+y)dx + xdy = 0$

3 $xdx + (y-2x)dy = 0$

4 $ydx = 2(x+y)dy$

5 $(y^2+yx)dx - x^2dy = 0$

6 $(y^2+yx)dx + x^2dy = 0$

7 $\dfrac{dy}{dx} = \dfrac{y-x}{y+x}$

8 $\dfrac{dy}{dx} = \dfrac{x+3y}{3x+y}$

9 $-y\,dx + (x+\sqrt{xy})dy = 0$

10 $x\dfrac{dy}{dx} = y + \sqrt{x^2+y^2}, \quad x>0$

(11-14) 주어진 초깃값 문제를 풀어라.

11 $xy^2\dfrac{dy}{dx} = y^3 - x^3, \quad y(1) = 3$

12 $(x^2+2y^2)\dfrac{dx}{dy} = xy, \quad y(-1) = 1$

13 $(x+ye^{y/x})dx - xe^{y/x}dy = 0, \quad y(1) = 0$

14 $y\,dx + x(\ln x - \ln y - 1)dy = 0, \quad y(1) = e$

문제 15–22에 있는 각각의 미분방정식들은 베르누이방정식이다.

(15-20) 각각의 방정식은 베르누이 방정식이다. 적절한 치환을 사용하여 주어진 미분방정식을 풀어라.

15 $x\dfrac{dy}{dx} + y = \dfrac{1}{y^2}$

16 $\dfrac{dy}{dx} - y = e^x y^2$

17 $\dfrac{dy}{dx} = y(xy^3 - 1)$

18 $x\dfrac{dy}{dx} - (1+x)y = xy^2$

19 $t^2\dfrac{dy}{dt} + y^2 = ty$

20 $3(1+t^2)\dfrac{dy}{dt} = 2ty(y^3-1)$

(21-22) 주어진 초깃값 문제를 풀어라.

21 $x^2\dfrac{dy}{dx} - 2xy = 3y^4, \quad y(1) = \dfrac{1}{2}$

22 $y^{1/2}\dfrac{dy}{dx} + y^{3/2} = 1, \quad y(0) = 4$

문제 23-30에 있는 각각의 미분방정식들은 (5)에서 주어진 형태이다.

(23-28) 적절한 치환을 사용하여 주어진 미분방정식을 풀어라.

23 $\dfrac{dy}{dx}=(x+y+1)^2$

24 $\dfrac{dy}{dx}=\dfrac{1-x-y}{x+y}$

25 $\dfrac{dy}{dx}=\tan^2(x+y)$

26 $\dfrac{dy}{dx}=\sin(x+y)$

27 $\dfrac{dy}{dx}=2+\sqrt{y-2x+3}$

28 $\dfrac{dy}{dx}=1+e^{y-x+5}$

(29-30) 주어진 초깃값 문제를 풀어라.

29 $\dfrac{dy}{dx}=\cos(x+y),\quad y(0)=\pi/4$

30 $\dfrac{dy}{dx}=\dfrac{3x+2y}{3x+2y+2},\quad y(-1)=-1$

토론 문제

31 임의의 동차 미분방정식 $M(x, y)\,dx+N(x, y)\,dy=0$ 을 $\dfrac{dy}{dx}=F\left(\dfrac{y}{x}\right)$로 항상 표현할 수 있는 이유를 설명하여라. $M(x, y)=x^{\alpha}M(1, y/x)$와 $N(x, y)=x^{\alpha}N(1, y/x)$임을 증명하는 것부터 시작하여라.

32 동차 미분방정식

$$(5x^2-2y^2)\,dx-xy\,dy=0$$

을 문제 31에서 주어진 형태로 변형하여라.

33 (a) 문제 10에 있는 미분방정식의 두 개의 특이해를 결정하여라.

(b) 문제 10에서 설명된 것처럼 초깃값이 $y(5)=0$이면 해가 존재하기 위한 최대의 구간 I는 어떻게 되겠는가? 그래프를 그리는 도구를 이용하여 초깃값 문제에 대한 해 곡선의 그래프를 그려라.

34 예제 3에서 해 $y(x)$는 $x\to\pm\infty$일 때 유계이지 않다. 그럼에도 불구하고 $y(x)$는 $x\to-\infty$일 때 곡선에 점근적이고 $x\to\infty$일 때 다른 곡선에 점근적이다. 이 곡선들의 방정식들은 무엇인가?

35 미분방정식 $dy/dx=P(x)+Q(x)y+R(x)y^2$을 **리카티 방정식**(Riccati's equation)이라고 한다.

(a) 리카티 방정식은 방정식의 특수해 y_1을 알고 있다면 연속적인 두 개의 치환을 이용하여 풀 수 있다. 치환 $y=y_1+u$를 이용하여 리카티 방정식을 $n=2$인 베르누이 방정식 (4)로 축소할 수 있음을 증명하여라. 베르누이 방정식은 치환 $w=u^{-1}$을 이용하여 선형방정식으로 축소될 수 있다.

(b) $y_1=2/x$가 미분방정식

$$\frac{dy}{dx}=-\frac{4}{x^2}-\frac{1}{x}y+y^2$$

의 알려진 해일 때 이 미분방정식에 대한 해들의 한 개의 매개변수 족을 구하여라.

36 $xy'=y\ln(xy)$를 풀기 위한 적절한 치환을 구하여라.

수학적 모형

37 **떨어지는 체인** 2.4절의 연습문제 45에서 우리는 높은 수평 테이블의 끝에서 미끄러져 떨어지는 체인의 속도 v에 대한 수학적 모형에 대한 미분방정식이

$$xv\frac{dv}{dx}+v^2=32x$$

임을 알았다. 그 문제에서는 적분인자를 이용하여 주어진 방정식을 완전 미분방정식으로 변형하여 풀도록 하였다. 이번에는 주어진 방정식이 베르누이 방정식이라는 것을 이용하여 미분방정식을 풀어라.

38 **인구 증가** 인구 역학의 연구에서 증가하지만 유계인 인구에 대한 가장 유명한 모형들 중의 하나는

$$\frac{dP}{dt}=P(a-bP)$$

인 **로지스틱 방정식**(logistic equation)이며 여기서 a와 b는 양의 상수들이다. 비록 우리가 이 방정식으로 돌아와서 3.2절에 있는 다른 방법에 의하여 풀 수 있지만 처음으로 주어진 미분방정식이 베르누이 방정식이라는 사실을 이용하여 미분방정식을 풀어라.

2.6 수치적 방법

소개 | 1계 미분방정식 $dy/dx = f(x, y)$는 정보의 근원이다. 이 단원은 미분방정식의 해를 구하려고 시도하기도 전에 1계 미분방정식으로부터 해에 관하여 양적인 정보를 모을 수 있음을 관찰하는 것부터 시작하고자 한다. 2.2절에서 2.5절까지 해석적으로 미분방정식을 학습하였다. 즉 양적인 해와 음적인 해에 대한 몇 가지 과정을 전개하였다. 미분방정식은 해를 갖고 있을 수 있지만 항상 해석적으로 해를 구할 수 있는 것은 아니다. 미분방정식의 서로 다른 형태의 모양을 정리하여 수치적으로 미분방정식을 "풀 수" 있는 방법을 제공하려 한다. 이것은 미분방정식이 알려지지 않은 해에 접근하기 위한 알고리듬의 초석으로 사용될 수 있음을 의미한다.

이 절에서 가장 간단한 형태의 수치적 방법을 사용하려고 한다. 가장 간단한 방법이란 접점의 작은 근방에서 접선이 함수의 값에 접근하려는데 사용될 수 있음을 의미한다. 좀 더 확대된 형태의 수치적 방법은 9장에서 다룬다.

접선 이용하기 초깃값 조건을 갖는 1계 미분방정식

$$y' = f(x, y), \qquad y(x_0) = y_0$$

가 해를 갖고 있다고 하자. 이 해에 접근하는 한 가지 방법은 접선들을 이용하는 것이다. 예를 들어 $y(x)$를 1계 초깃값 문제 $y' = 0.1\sqrt{y} + 0.4x^2$, $y(2) = 4$의 알려지지 않은 해라고 하자. 이 초깃값 문제에서 비선형적 방정식은 2.2절, 2.4절, 2.5절에서 학습한 어떤 방법에 의해서도 직접적으로 풀리지 않지만 그럼에도 불구하고 알려지지 않은 $y(x)$의 근사적인 수치적 값들을 구할 수 있다. 특별히 $y(2.5)$의 값을 알고자 한다고 가정하자. 초깃값 문제는 해를 갖고 있으며 그림 2.6.1(a)에서 미분방정식의 방향장의 흐름이 제시한 것처럼 해 곡선은 반드시 색으로 표시된 곡선과 유사한 형태를 가져야 한다. 그림 2.6.1(a)에 있는 방향장은 정수로 된 격자에 있는 점들을 지나는 유향선소들에 의하여 만들어진다. 해 곡선이 초기 점 $(2, 4)$를 지나는 것처럼 이 점에서의 유향선소는 기울기가 $f(2, 4) = 0.1\sqrt{4} + 0.4(2)^2 = 1.8$인 접선이다. 그림 2.6.1(a)와 국소적으로 확대된 2.6.1(b)에서 명백히 나타난 바와 같이 x가 2에 접근할 때 해 곡선들의 점들은 접선(유향선소)위의 점들에 접근한다.

점 $(2, 4)$, 기울기 $f(2, 4) = 1.8$ 그리고 곡선의 점-기울기를 이용하면 접선의 방정식이 $y = L(x)$임을 알 수 있다. 단, $L(x) = 1.8x + 0.4$이다. 접선의 마지막 방정식은 $x = 2$에서 $y(x)$의 **선형화**(linearization)라고 하며 $x = 2$의 작은 근방에서 $y(x)$에 근접하는데 사용될 수 있다. 만일 $y_1 = L(x_1)$이 접선에서 y축을 나타내고 $y(x_1)$이 $x = 2$에 가까운 x좌표 x_1에 대응하는 해 곡선위의 y좌표이면 $y(x_1) \approx y_1$이다. 만일 $x_1 = 2.1$을 선택하면 $y_1 = L(2.1) = 1.8(2.1) + 0.4 = 4.18$이고 따라서 $y(2.1) \approx 4.18$이다.

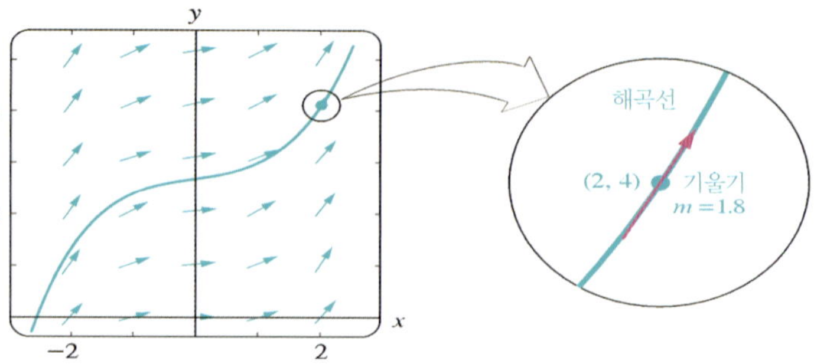

(a) $y \geq 0$에 대한 방향장 (b) $(2, 4)$에서의 유향선소

그림 2.6.1 점 $(2, 4)$의 근방 확대

오일러 방법 지금까지 설명한 과정을 일반화하기 위하여 $x = x_0$ 에서 (1)의 알려지지 않은 해 $y(x)$ 의 선형화를 사용한다.

$$L(x) = y_0 + f(x_0, y_0)(x - x_0) \tag{2}$$

이 선형화의 그래프는 점 (x_0, y_0) 에서 $y = y(x)$ 의 그래프에 접하는 직선이다. 이제 h 를 그림 2.6.2에 나타난 바와 같이 x 축의 양의 증분이라고 하자. 식 (2)에서 x 를 $x_1 = x_0 + h$ 로 치환하면

$$L(x) = y_0 + f(x_0, y_0)(x_0 + h - x_0) \quad \text{또는} \quad y_1 = y_0 + hf(x_1, y_1)$$

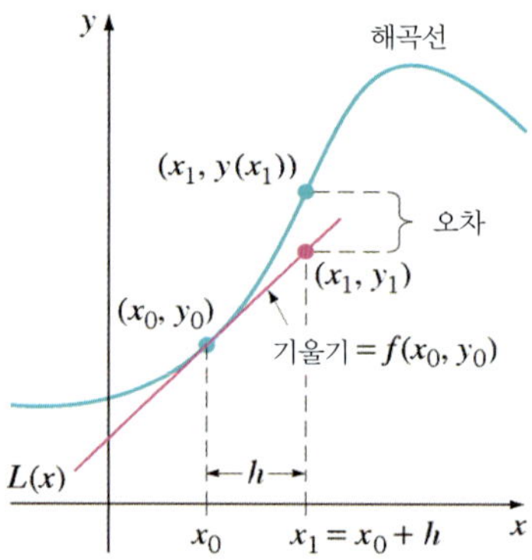

그림 2.6.2 접선을 사용한 $y(x_1)$의 접근

을 얻게 되는데 여기서 $y_1 = L(x_1)$ 이다. 접선상의 점 (x_1, y_1)은 해 곡선 위의 점 $(x_1, y(x_1))$에 근접한다. $L(x_1) \approx y_1$ 또는 $y_1 \approx y(x_1)$의 접근의 정확도는 증분 h 의 크기에 절대적으로 의존한다. 일반적으로 이 **간격**은 "매우 작은" 것을 선택한다. 점 (x_1, y_1) 에서 두 번째 "접선"을 이용하여 이 과정을 반복한다.*

앞의 논의에 있었던 (x_0, y_0)와 같이 (x_1, y_1)을 새로운 시작점으로 하여 x_0로부터 길이 h의 두 단계 접근 $y_2 \approx y(x_2)$를 얻는다. 다시 말해서 $x_2 = x_1 + h = x_0 + 2h$ 이고

$$y(x_2) = y(x_0 + 2h) = y(x_1 + h) \approx y_2 = y_1 + hf(x_1, y_1)$$

이다. 이 과정을 반복하여 $y_1, y_2, y_3, \cdots$ 들이 $x_n = x_0 + nh$, $n = 0, 1, 2, \cdots$ 일 때 일반 공식

$$y_{n+1} = y_n + hf(x_n, y_n) \tag{3}$$

에 의하여 회귀적으로 정의될 수 있다. 연속적인 "접선들"을 사용하는 과정을 **오일러 방법**(Euler's method)이라고 한다.

* (x_1, y_1) 이 첫 번째 접선 위에 있으며 해 곡선 위에 있는 것이 아니기 때문에 이것은 실제적인 접선이 아니다.

예제 1 오일러 방법

표 2.6.1 $h=0.1$

x_n	y_n
2.00	4.0000
2.10	4.1800
2.20	4.3768
2.30	4.5914
2.40	4.8244
2.50	5.0768

표 2.6.2 $h=0.05$

x_n	y_n
2.00	4.0000
2.05	4.0900
2.10	4.1842
2.15	4.2826
2.20	4.3854
2.25	4.4927
2.30	4.6045
2.35	4.7210
2.40	4.8423
2.45	4.9686
2.50	5.0997

초깃값 문제 $y' = 0.1\sqrt{y} + 0.4x^2$, $y(2) = 4$를 생각해 하자. 오일러 방법을 이용하여 $h = 0.1$일 때와 $h = 0.05$일 때 각각의 경우에 대하여 $y(2.5)$의 근삿값을 구하여라.

풀이 $f(x, y) = 0.1\sqrt{y} + 0.4x^2$이라고 하자. 식 (3)에 의하여

$$y_{n+1} = y_n + h(0.1\sqrt{y_n} + 0.4x_n^2)$$

이 된다. $h = 0.1$, $x_0 = 2$, $y_0 = 4$이고 $n = 0$일 때

$$y_1 = y_0 + h(0.1\sqrt{y_0} + 0.4x_0^2) = 4 + 0.1(0.1\sqrt{4} + 0.4(2)^2) = 4.18$$

이며 이것은 $y(2.1)$의 값에 대한 근삿값이다. 그러나 좀 더 작은 간격 $h = 0.05$를 사용하면 $x = 2.1$에 도달하기 위하여 두 단계가 필요하다.

$$y_1 = 4 + 0.05(0.1\sqrt{4} + 0.4(2)^2) = 4.09$$
$$y_2 = 4.09 + 0.05(0.1\sqrt{4.09} + 0.4(2.05)^2) = 4.18416187$$

로부터 $y_1 = y(2.05)$이고 $y_2 = y(2.1)$이다. 이 계산의 나머지 부분은 소프트웨어를 사용하여 계산하였다. 결과들은 표 2.6.1과 표 2..6.2에 요약되어 있는데 각 성분은 반올림하여 소수점 아래 네 자리로 나타내었다. 표 2.6.1과 표 2.6.2에서 $x = 2.5$에 도달하기 위하여 $h = 0.1$일 때는 5단계를 그리고 $h = 0.05$일 때는 10단계를 거쳤다. 직관적으로, $h = 0.05$에 대응하는 $y_{10} = 5.0997$이 $h = 0.1$에 대응하는 $y_5 = 5.0768$보다 좀 더 $y(2.5)$에 근접할 것이라고 예측할 수 있다. ■

예제 2에서 이미 해를 알고 있는 미분방정식에 오일러 방법을 적용한다. 이렇게 하는 것은 초깃값 문제에 대한 실제적인 해 $y(x_n)$과 각각의 단계에 있는 y_n을 비교하기 위해서이다.

예제 2 근삿값과 실제값의 비교

초깃값 문제 $y' = 0.2xy$, $y(1) = 1$을 생각해 보자. 오일러 방법을 사용하여 $h = 0.1$과 $h = 0.05$일 때에 대하여 각각 $y(1.5)$의 근삿값을 구하여라.

풀이 $f(x, y) = 0.2xy$라고 하면 식 (3)은 $x_0 = 1$과 $y_0 = 1$에 대하여

$$y_{n+1} = y_n + h(0.2x_n y_n)$$

이 된다. 컴퓨터 소프트웨어를 이용하여 표 2.6.3과 표 2.6.4와 같은 결과를 얻는다. ■

표 2.6.3 $h=0.1$

x_n	y_n	실제값	절대 오차	% 상대 오차의 백분율
1.00	1.0000	1.0000	0.0000	0.00
1.10	1.0200	1.0212	0.0012	10.12
1.20	1.0424	1.0450	0.0025	0.24
1.30	1.0675	1.0714	0.0040	0.37
1.40	1.0952	1.1008	0.0055	0.50
1.50	1.1259	1.1331	0.0073	0.64

표 2.6.4 $h=0.05$

x_n	y_n	실제값	절대 오차	% 상대 오차의 백분율
1.00	1.0000	1.0000	0.0000	0.00
1.05	1.0100	1.0103	0.0003	0.03
1.10	1.0206	1.0212	0.0006	0.06
1.15	1.0318	1.0328	0.0009	0.09
1.20	1.0437	1.0450	0.0013	0.12
1.25	1.0562	1.0579	0.0016	0.16
1.30	1.0694	1.0714	0.0020	0.19
1.35	1.0833	1.0857	0.0024	0.22
1.40	1.0980	1.1008	0.0028	0.25
1.45	1.1133	1.1166	0.0032	0.29
1.50	1.1295	1.1331	0.0037	0.32

예제 1에서 참값은 알려진 해 $y=e^{0.1(x^2-1)}$ 로부터 계산할 수 있다(증명하라). **절대 오차**(absolute error)는

$$|\text{참값} - \text{근삿값}|$$

으로 정의한다. **상대 오차**와 **상대 오차의 백분율**은 차례로 다음과 같이 정의한다.

$$\frac{\text{절대오차}}{\text{참값}}, \quad \frac{\text{절대오차}}{\text{참값}}\times 100$$

표 2.6.3과 2.6.4로부터 측정값의 정확도는 단계의 크기 h 가 감소하면 증가한다는 것을 명확하게 알 수 있다. 또한 각 단계에서 상대 오차의 백분율이 증가하지만 그것이 그렇게 나쁘지 않음을 알 수 있다. 하지만 하나의 예에 현혹되어서는 안된다. 예제 2에 있는 미분방정식의 우변의 계수를 0.2에서 2로 바꾸면 $x_n=1.5$ 에서 상대 오차의 백분율은 현격하게 증가하게 된다. 2.6절의 연습문제 4를 참조하여라.

경고 오일러 방법은 근사적으로 구할 수 있는 미분방정식의 해에 대한 방법들 중 한 방법에 불과하다. 단순한 형태는 매력적이지만 오일러 방법은 복잡한 계산에는 거의 사용되지 않는다. 여기서는 수치적 방법의 가장 기본적인 방법을 소개하기 위하여 오일러 방법을 도입하였다. 상당한 정도의 정확성을 주는 수치적 방법에 대하여 좀 더 심도 있게 논의를 하고자 할 예정인데 그 방법은 **RK4 방법**으로 알려진 **4차 룽게-쿠타 방법**이고 이는 9장에서 상세히 다룬다.

수치적 해결도구 실제로 양적인 해나 음적인 해를 구할 수 있는지에 관계없이 만일 미분방정식의 해가 존재하면 해는 좌표 평면에서 매끄러운 곡선으로 표현된

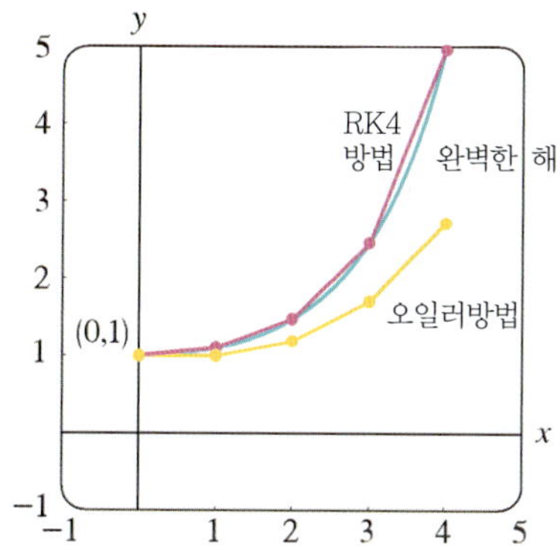

그림 2.6.3 런지-쿠타 방법(RK4)과 오일러 방법의 비교

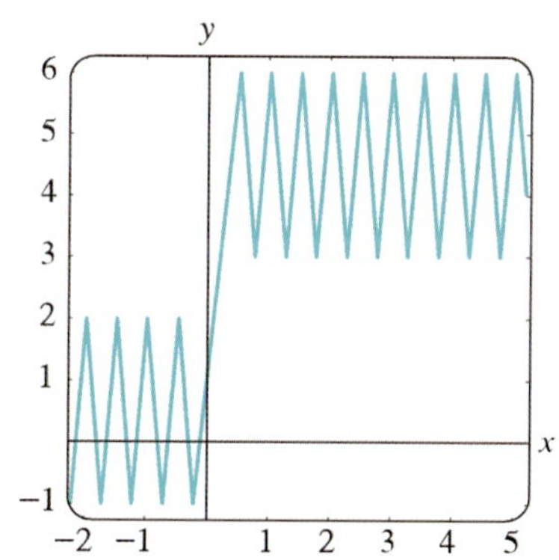

그림 2.6.4 효율적이지 않은 수치적 해 곡선

다. 1계 상미분방정식에 대한 임의의 수치적 방법의 바탕에 깔려있는 기본적인 생각은 미리 선정한 x 의 값에 대하여 해의 y 의 값에 어느 정도 접근 가능하다는데 있다. 해 곡선위의 특별한 초깃값 $(x_0,\ y_0)$ 에서 시작하여 y 좌표 y_i 들이 늘 알려지지 않은 해 $y(x)$ 의 그래프 위에 있는 점들 $(x_1, y(x_1)), (x_2, y(x_2)), \cdots$, $(x_n,\ y(x_n))$ 의 y 성분들 $y(x_i)$에 접근하는 점들 $(x_1, y_1), (x_2, y_2), \cdots, (x_n, y_n)$ 의 수열에 단계적으로 접근하도록 계산을 계속한다. x 성분을 좀 더 가깝게 하고 (즉, h 의 값을 작게 하고) 점들 $(x_1, y_1), (x_2, y_2), \cdots, (x_n, y_n)$을 짧은 선분으로 연결하면 실제 해 곡선에 근접하는 다각형 곡선을 얻게 된다. 곡선을 그리는 것은 컴퓨터를 이용한다. 수치적 방법의 도구를 제공하거나 이 방법에 의하여 만들어진 수치적 자료에 부합하는 근사적인 해 곡선의 시각적 표현에 도움이 되는 컴퓨터 프로그램을 **수치적 해결도구**(numerical solver)라고 한다. 컴퓨터 대수체계와 같이 커다란 소프트웨어 패키지에 담겨 있거나 독립적으로 존재하는 패키지와 같은 다양한 수치적 해결도구가 존재한다. 몇 몇 소프트웨어 패키지는 단지 만들어진 수치적 접근을 그리기만 하는 반면 다른 소프트웨어는 대응하는 접근 또는 수치적 해 곡선들뿐만이 아니라 수치적인 자료를 만들기도 한다. 수치적 해결도구에 의하여 만들어진 그래프의 점을 연결하여 만든 그림을 이용하여 만들어진 그림 2.6.3에 있는 두 개의 검은 다각형의 그래프들은 구간 $[0,\ 4]$에서 $h = 1$ 로 하여 오일러 방법과 RK4 방법을 이용하여 얻은 $y' = 0.2xy,\ y(0) = 1$ 에 대한 **수치적 해곡선**들이다. 파란색 매끈한 곡선은 초깃값 문제의 완전한 해 $y = e^{0.1x^2}$의 그래프이다. 그림 2.6.3에서 알 수 있듯이 $h = 1$ 의 매우 큰 단계의 크기에 대해서도 RK4 방법은 좀 더 신뢰할만한 "해 곡선"을 만들어낸다. RK4 방법에 의하여 얻어진 수치적 해 곡선은 $h = 0.1$ 의 좀 더 전형적으로 사용되는 작은 단계의 크기를 사용했을 때 구간 $[0,\ 4]$에서 실제 해 곡선과 구별하기 어렵다.

수치적 해결도구 사용하기 다양한 수치적 방법의 지식이 수치적 해결도구를 사용하기 위하여 반드시 필요한 것은 아니다. 해결도구는 일반적으로 미분방정식이 $dy/dx = f(x,\ y)$ 의 정규 형태로 표현되는 것을 필요로 한다. 곡선만을 생성하는 수치적 해결도구는 $f(x,\ y)$와 초기 자료 x_0, y_0 그리고 원하는 수치적 방법을 지정할 것을 요구한다. 만일 당신의 생각이 $y(a)$의 수치적인 값에 접근하는 것이면 해결도구는 추가적으로 h 에 대한 값 또는 $x = x_0$로부터 $x = a$로 도달하는데 걸리는 단계의 수를 필요로 한다. 예를 들어 그림 2.6.3에 있는 초깃값 문제에 대하여 $y(4)$ 에 접근하기를 원하면 $x = 0$ 에서 출발하여 $h = 1$ 의 단계의 크기로 네 단계를 거쳐서 $x = 4$ 에 도달하면 이는 $h = 0.1$ 의 단계 크기로는 40단계와 동치이다. 비록 수학적인 양에 접근하려고 시도할 때 만나게 되는 많은 문제들을 여기에 다 언급할 수 없지만 적어도 정규 형태의 어떤 1계 미분방정식에 적용하였을 때 수치적 해결도구가 어떤 점들의 근처에서 잘 안되거나 불완전하거나 잘못된 그림을 보여 줄 수 있음을 명심하여야 한다. 그림 2.6.4는 1계 초깃값 미분방정식 $dy/dx = f(x, y)$, $y(0) = 1$에 오일러 방법을 사용하여 얻은 그래프이다. 동치인 결과를 서로 다른 세 개의 수치적 해결도구를 이용하여 얻었으며 그래프는 해 곡선이 거의 아니다. 수치적 해결도구가 난관에 봉착하면 몇 가지 의지가 되는 방안이 있다. 좀 더 당연한 세 가지 방법이 있는데 하나는 단계의 크기를 줄이는 것이고 다른 방법은 다른 수치적 방법을 사용하는 것이고 마지막 방법은 다른 수치적 도구를 사용하는 것이다.

연습문제 2.6

(1-2) 오일러 방법을 사용하여 주어진 값의 소수점 아래 네 자리 근삿값을 구하여라. $h = 0.1$일 때와 $h = 0.05$일 때 각각의 경우에 수작업으로 (3)의 회귀를 시행하여라.

1 $y' = 2x - 3y + 1$, $y(1) = 5$; $y(1.2)$

2 $y' = x + y^2$, $y(0) = 0$; $y(0.2)$

(3-4) 오일러 방법을 사용하여 주어진 값의 소수점 아래 네 자리 근삿값을 구하여라. 처음에는 $h = 0.1$을 사용하고 다음에는 $h = 0.05$를 사용하여라. 각각의 초깃값 문제에 대하여 양적인 해를 구하고 표 2.3, 표 2.4와 유사한 표를 만들어 보아라.

3 $y' = y$, $y(0) = 1$; $y(1.0)$

4 $y' = 2xy$, $y(1) = 1$; $y(1.5)$

(5-10) 수치적 해결도구와 오일러 방법을 사용하여 주어진 값의 소수점 아래 네 자리 근삿값을 구하여라. 처음에는 $h = 0.1$을 사용하고 다음에는 $h = 0.05$를 사용하여라.

5 $y' = e^{-y}$, $y(0) = 0$; $y(0.5)$

6 $y' = x^2 + y^2$, $y(0) = 1$; $y(0.5)$

7 $y' = (x - y)^2$, $y(0) = 0.5$; $y(0.5)$

8 $y' = xy + \sqrt{y}$, $y(0) = 1$; $y(0.5)$

9 $y' = xy^2 - \dfrac{y}{x}$, $y(1) = 1$; $y(1.5)$

10 $y' = y - y^2$, $y(0) = 0.5$; $y(0.5)$

(11-12) 수치적 해결도구를 사용하여 주어진 초깃값 문제에 대한 수치적 해 곡선을 구하여라. 처음에는 오일러 방법을 사용하고 다음에 RK4 방법을 사용하여라. 각각의 경우에 $h = 0.25$를 사용하여라. 같은 좌표 상에 두 개의 해 곡선을 나타내어라. 만일 가능하다면 다른 색을 이용하여 두 개의 곡선을 구별하여라. 반복하여 $h = 0.1$과 $h = 0.05$를 사용하여라.

11 $y' = 2(\cos x)y$, $y(0) = 1$

12 $y' = y(10 - 2y)$, $y(0) = 1$

토론 문제

13 수치적 해결도구와 오일러 방법을 사용하여 $y(x)$가 $y' = 2xy^2$, $y(0) = 1$의 해일 때 $y(1.0)$의 근삿값을 구하여라. 처음에는 $h = 0.1$을 사용하고 나중에는 $h = 0.05$를 사용하여라. RK4 방법을 이용하여 과정을 반복하여라. $y(1.0)$의 값이 왜 그렇게 큰 차이가 나타나는지에 대하여 논의하여라.

컴퓨터 실습 문제

14 (a) 수치적 해결도구와 RK4 방법을 이용하여 초깃값 문제

$y' = -2xy + 1$, $y(0) = 0$의 해를 그려라.

(b) 이 장에서 개발한 해석적 방법들 중 하나를 사용하여 초깃값 문제를 풀어라.

(c) (b)에 있는 해석적인 해 $y(x)$와 컴퓨터 대수체계를 사용하여 모든 극값의 좌표를 구하여라.

2장 복습

(1-12) 빈 칸을 채워라. 또는 참이나 거짓으로 답하여라.

1 k와 A가 상수들일 때 미분방정식 $y' - ky = A$는 자율적이다. 방정식의 임계점 _____ 은 $k > 0$일 때 _____ (끌개 또는 밀개)이고 $k < 0$일 때 _____(끌개 또는 밀개)이다.

2 초깃값 문제 $x\dfrac{dy}{dx} - 4y = 0$, $y(0) = k$는 $k=$ ____ 에 대하여 무수히 많은 해를 가지며 $k=$ _____ 에 대하여 해를 갖지 않는다.

3 k_1과 k_2가 0이 아닌 상수일 때 선형미분방정식 $y' + k_1 y = k_2$는 항상 상수해를 갖는다. _____

4 선형미분방정식 $a_1(x)y' + a_2(x)y = 0$는 또한 변수 분리가능하다. _____

5 비선형 3계 미분방정식의 표준형에 대한 예는 ______이다.

6 일계 미분방정식 $\dfrac{dr}{d\theta} = r\theta + r + \theta + 1$은 분리가능하다. __________

7 모든 자율 미분방정식 $dy/dx = f(y)$은 분리가능하다. _________

8 미분방정식 $y' + |y| = 2$의 두 해는_________이다.

9 $y' = e^x y$이면 $y =$_________이다.

10 미분가능함수 $y(x)$가 $y' = |x|$, $y(-1) = 2$을 만족하면 $y(x) =$ ____________이다.

11 $y = e^{\cos x}\displaystyle\int_0^x te^{-\cos t}dt$는 일계 선형미분방정식 ____________________________의 해이다.

(13-14) 위상 사진이 주어진 그림과 같을 때 자율 1계 미분방정식 $dy/dx = f(y)$를 만들어 보아라.

13

그림 2.R.1 문제 13에 대한 그래프

14

그림 2.R.2 문제 14에 대한 그래프

15 n이 양의 정수일 때 0은 자율 미분방정식 $dy/dt = x^n$의 임계점이다. 어떤 n에 대하여 0이 점근적으로 안정적인가? 또 준 안정적인가? 또 불안정한가? 미분방정식 $dy/dt = -x^n$에 대하여 같은 질문에 답을 하여라.

16 $f(P) = -0.5P^3 - 1.7P + 3.4$일 때 미분방정식

$$\frac{dP}{dt} = f(P)$$

를 생각해 보자. 함수 $f(P)$는 그림 2.R.3에서와 같이 하나의 실근을 갖는다. 미분방정식을 풀지 않고

$$\lim_{t\to\infty} P(t)$$

의 값을 계산하여라.

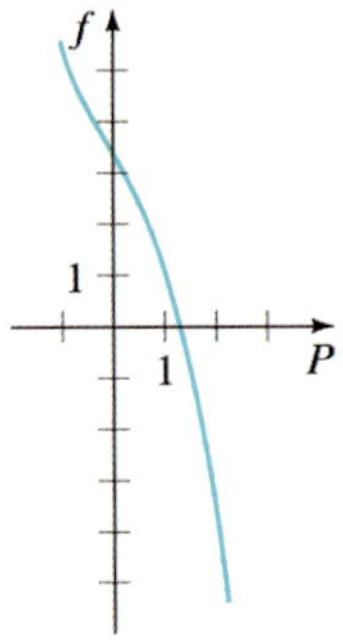

그림 2.R.3 문제 16에 대한 그래프

17 그림 2.R.4는 미분방정식 $dy/dx = f(x, y)$의 방향장의 일부이다. 수작업으로 두 개의 서로 다른 해 곡선을 그려라. 하나는 검은 색으로 표시한 유향선소에 접하는 것으로 다른 하나는 파란색으로 표현한 유향선소에 접하는 것으로 그려라.

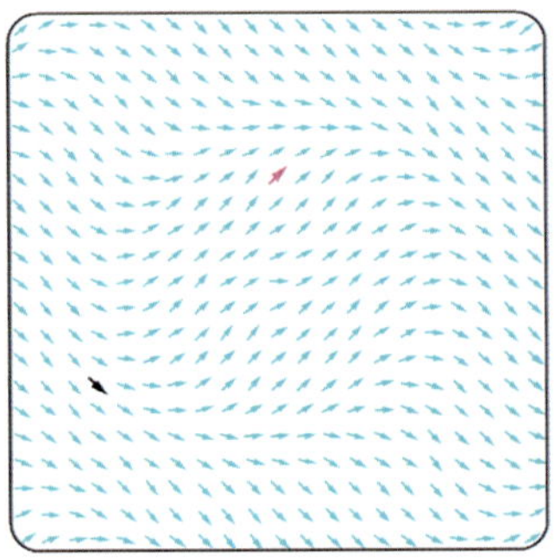

그림 2.R.4 문제 17에 대한 방향장의 일부분

18 다음의 미분방정식들을 변수 분리, 완전, 선형, 동차 또는 베르누이로 분류하여라. 몇 몇 방정식은 하나 이상의 분류에 속할 수 있다. 방정식을 풀지는 말 것.

(a) $\dfrac{dy}{dx} = \dfrac{x-y}{x}$ (b) $\dfrac{dy}{dx} = \dfrac{1}{y-x}$

(c) $(x+1)\dfrac{dy}{dx} = -y+10$ (d) $\dfrac{dy}{dx} = \dfrac{1}{x(x-y)}$

(e) $\dfrac{dy}{dx} = \dfrac{y^2+y}{x^2+x}$ (f) $\dfrac{dy}{dx} = 5y+y^2$

(g) $y\,dx = (y-xy^2)dy$ (h) $x\dfrac{dy}{dx} = ye^{x/y}-x$

(i) $xyy'+y^2 = 2x$ (j) $2xyy+y^2 = 2x^2$

(k) $y\,dx + x\,dy = 0$

(l) $\left(x^2+\dfrac{2y}{x}\right)dx = (3-\ln x^2)dy$

(m) $\dfrac{dy}{dx} = \dfrac{x}{y}+\dfrac{y}{x}+1$ (n) $\dfrac{y}{x^2}\dfrac{dy}{dx}+e^{2x^3+y^2} = 0$

(19-26) 주어진 미분방정식을 풀어라.

19 $(y^2+1)dx = y\sec^2 x\,dy$

20 $y(\ln x - \ln y)dx = (x\ln x - x\ln y - y)dy$

21 $(6x+1)y^2\dfrac{dy}{dx}+3x^2+2y^3 = 0$

22 $\dfrac{dx}{dy} = -\dfrac{4y^2+6xy}{3y^2+2x}$

23 $t\dfrac{dQ}{dt}+Q = t^4\ln t$

24 $(2x+y+1)y' = 1$

25 $(x^2+4)dy = (2x-8xy)dx$

26 $(2r^2\cos\theta\sin\theta + r\cos\theta)d\theta$

$+(4r+\sin\theta - 2r\cos^2\theta)dr = 0$

(27-28) 주어진 초깃값 문제를 풀고 해가 정의되는 가장 큰 구간 I를 구하여라.

27 $\sin x\dfrac{dy}{dx}+(\cos x)y = 0,\quad y\left(\dfrac{7\pi}{6}\right) = -2$

28 $\dfrac{dy}{dt}+2(t+1)y^2 = 0,\quad y(0) = -\dfrac{1}{8}$

29 (a) 풀지 않고 왜 초깃값 문제

$$\frac{dy}{dx} = \sqrt{y},\ y(x_0) = y_0$$

가 $y_0 < 0$에 대하여 해를 갖지 않는지를 설명하여라.

(b) $y_0 > 0$에 대하여 (a)에 있는 초깃값 문제를 풀고 해가 정의되는 가장 큰 구간 I를 구하여라.

30 (a) 초깃값 문제 $\dfrac{dy}{dx} = \dfrac{y^2-x^2}{xy},\ y(1) = -\sqrt{2}$의 음적인 해를 구하여라.

(b) (a)에 있는 문제의 양적인 해를 구하고 해가 정의되는 가장 큰 구간 I를 구하여라. 그래프를 그리는 도구가 도움을 줄 것이다.

31 1계 미분방정식 $dy/dx = f(x,y)$에 대한 해의 족에 속한 몇몇 함수의 그래프가 그림 2.R.5에 나타나 있다. 하나

는 점 $(1, -1)$을 지나고 다른 하나는 $(-1, 3)$을 지나는 두 개의 음적인 해의 그래프가 검은 색으로 나타나 있다. 한 장의 종이위에 이 그림을 그려라. 색연필을 사용하여 $y_1(1)=-1$ 이고 $y_2(-1)=3$ 인 음적인 해에 의하여 정의되는 해 $y=y_1(x)$와 $y=y_2(x)$ 에 대한 해 곡선들을 각각 추적하여라. $y=y_1(x)$와 $y=y_2(x)$ 가 정의되는 구간들을 구하여라.

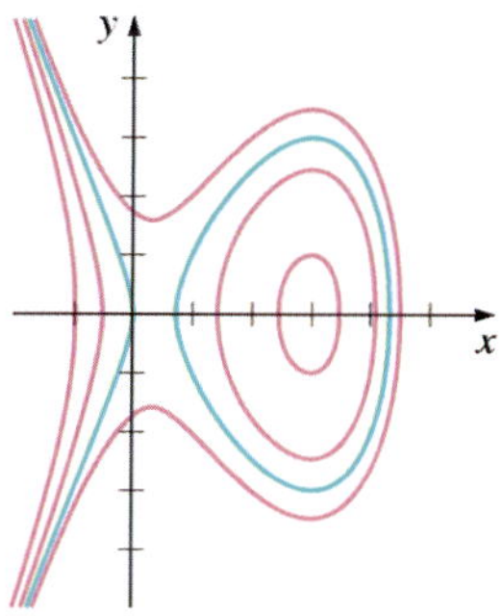

그림 2.R.5 문제 31에 대한 그래프

32 간격이 $h=0.1$ 일 때 오일러 방법을 이용하여 $y(x)$ 가 초깃값 문제 $y'=1+x\sqrt{y}$, $y(1)=9$의 해일 때 $y(1.2)$의 근삿값을 구하여라.

(33-34) 각 그래프는 자율 1계 미분방정식 $dy/dx=f(x, y)$의 방향장의 일부를 나타낸다. 각각 다른 종이에 이 그래프들을 그린 후 격자위에 방향장을 완성하여라.

$h=\frac{1}{2}$ 이고 m 과 n 이 $-7\leq m\leq 7$, $-7\leq n\leq 7$ 인 정수들일 때 격자점들은 (mh, nh)이다. 각각의 방향장에서 파란색으로 표시된 점들을 지나는 근사적인 해 곡선을 수작업으로 그려라. 다음을 논의하여라.

미분방정식이 구간 $-3.5\leq y\leq 3.5$에서 임계점을 갖는가? 만일 그렇다면 임계점들이 점근적으로 안정적인지, 불안정한지 또는 준안정적인지 구별하여라.

33

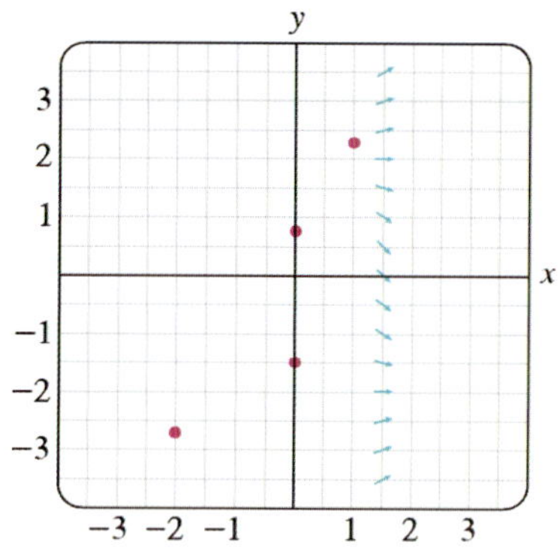

그림 2.R.6 문제 33에 대한 방향장의 일부분

34

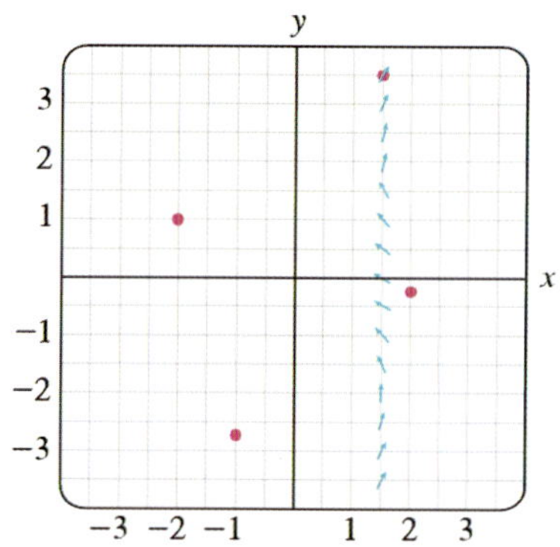

그림 2.R.7 문제 34 대한 방향장의 일부분

3 1계 미분방정식의 모형들

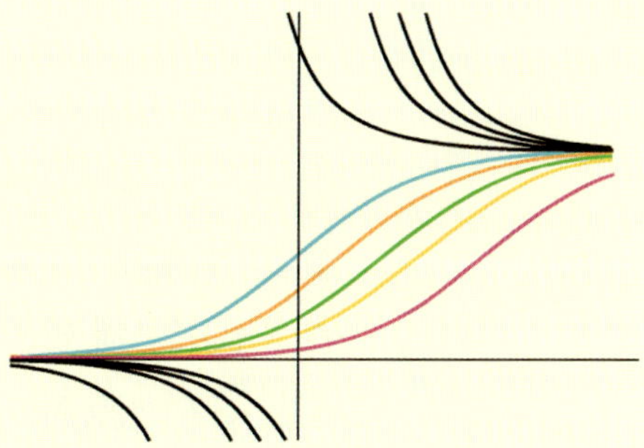

1.3절에서 1계 미분방정식이 인구의 증가, 방사성 감쇠, 연속적인 복리, 물체의 냉각, 혼합물, 화학적 반응, 탱크에 있는 구멍을 통해서 빠져나가는 유체, 암기의 비율과 직렬회로에서의 전류에 대한 연구 등에 있어서 수학적 모델로서 어떻게 사용될 수 있는지 알았다. 2장에서 학습한 방법들을 이용하여 응용 분야에서 자주 나타나는 몇몇 선형 미분방정식들(3.1절)과 비선형 미분방정식들(3.2절)을 풀 수 있다. 이 장은 자연스러운 다음 단계로 마무리된다. 3.3절에서 동시적 1계 미분방정식들의 계가 어떻게 짝을 이룬 물리적 계들(예를 들어, 전기적 회로망, 여우와 같은 육식동물의 개체 수가 토끼와 같은 먹이의 개체 수와 상호작용하는지)에서 수학적 모델로서 나타나는지에 대하여 알아본다.

3.1 선형 모형들

필요한 개념

- 1.3절에 있는 수학적 모형으로서의 미분방정식
- 2.3절의 68쪽에 있는 "선형 1계 미분방정식 풀이법"을 복습한다.

소개 | 이 절에서는 1.3절에서 도입하였던 선형 1계 모형의 문제들을 풀고자 한다.

성장과 붕괴 k가 비례상수일 때 초깃값 문제

$$\frac{dx}{dt} = kx, \quad x(t_0) = x_0 \tag{1}$$

는 성장 또는 붕괴와 관련된 다양한 현상을 설명하는 모델로 사용된다. 1.3절에 있는 생물학적 응용에서 짧은 기간 동안에 어떤 개체(박테리아, 작은 동물들)의 성장 비율은 시간 t일 때 존재하는 개체 수에 비례한다는 것을 알았다. 임의의 초기 시간 t_0에서 개체 수를 알면 (1)의 해를 이용하여 미래의 개체 수를 예측할 수 있다. 이는 $t > t_0$에서 (1)에 있는 비례 상수 k의 값은 $t_1 > t_0$에서의 x에 대한 차후의 측정을 이용하여 초깃값 문제의 해로부터 결정되어질 수 있다. 물리학이나 화학에서 식 (1)은 **1계 반응**(first-order reaction)의 형태로 보여진다. 이것은 비율 또는 속도인 $\frac{dx}{dt}$의 반응이 시간 t에서 전환되지 않았거나 남아있는 물질의 양 x에 직접적으로 비례함을 의미한다. 방사능에 의하여 우라늄 U-238이 토륨 Th-234로 분할 또는 붕괴하는 것이 1계 반응이다.

예제 1 박테리아의 성장

초기에 P_0개의 박테리아가 배양되어 있다고 하자. $t=1$일 때 박테리아의 수가 $\frac{3}{2}P_0$로 관측되었다. 만일 성장하는 비율이 시간 t일 때 존재하는 박테리아의 수 $P(t)$에 비례한다고 할 때 박테리아의 수가 3배가 되는데 필요한 시간을 계산하여라.

풀이 우선 x를 P로 대체하고 미분방정식 (1)을 푼다. $t_0 = 0$일 때 초깃값 조건은 $P(0) = P_0$이다. 이제 $P(1) = \frac{3}{2}P_0$라는 경험적 관찰을 이용하여 비례상수 k를 결정한다. 미분방정식 $dP/dt = kP$는 분리가능하고 선형적이다. 선형 1계 미분방정식의 표준형인

$$\frac{dP}{dt} - kP = 0$$

으로 변형하면 이 식에서 적분인자가 e^{-kt}임을 알 수 있다. 이 방정식의 양변에 이 적분인자를 곱하고 적분을 하면

$$\frac{d}{dt}[e^{-kt}P] = 0 \quad \text{와} \quad e^{-kt}P = c$$

를 얻는다. 따라서 $P(t) = ce^{kt}$ 이다. $t = 0$ 일 때 $P_0 = ce^0 = c$ 이므로 $P(t) = P_0 e^{kt}$ 이다. $t = 1$ 일 때 $\frac{3}{2}P_0 = P_0 e^k$ 이므로 $e^k = \frac{3}{2}$ 이다. 마지막 식으로부터 $k = \ln\frac{3}{2} = 0.4055$ 이므로 $P(t) = P_0 e^{0.4055t}$ 이다. 이제 박테리아의 수가 3배가 되는 시간을 구하기 위하여 t 에 대하여 $3P_0 = P_0 e^{0.4055t}$ 을 푼다. $0.4055t = \ln 3$ 이므로

$$t = \frac{\ln 3}{0.4055} \approx 2.71 \text{시간}$$

이다. 그림 3.1.1을 참조하여라. ■

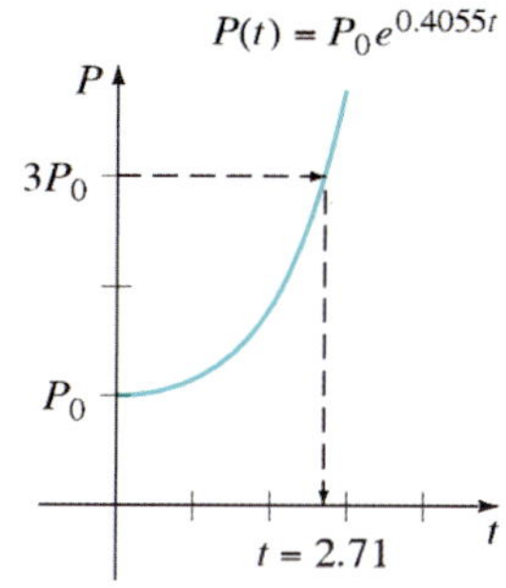

그림 3.1.1 예제 1에서 인구수가 세 배가 되는 시간

예제 1에서 $t = 0$ 일 때 존재하는 박테리아의 실제 수 P_0 는 배양중인 개체의 수가 3배가 되는데 필요한 시간을 결정하는데 아무런 역할을 하지 못했다. 초기의 박테리아의 수가 100개 또는 1,000,000개 일 때 이 수가 3배가 되는데 걸리는 시간은 대략 2.71시간이다.

그림 3.1.2에서 알 수 있듯이 지수함수 e^{kt} 은 $k > 0$ 일 때 t 가 증가함에 따라서 증가하고 $k < 0$ 일 때 t 가 증가함에 따라서 감소한다. 따라서 성장을 설명하는 문제들(인구, 박테리아 또는 자본 등의 어떤 경우에서도)은 양의 k 값에 따라서 특징지어진다. 반면에 붕괴에 관련된 문제들(방사능 붕괴와 같은)은 음의 k 값을 갖는다. 따라서 k 는 $k > 0$ 일 때 **성장 상수** 또는 $k < 0$ 일 때 **붕괴 상수**라고 한다.

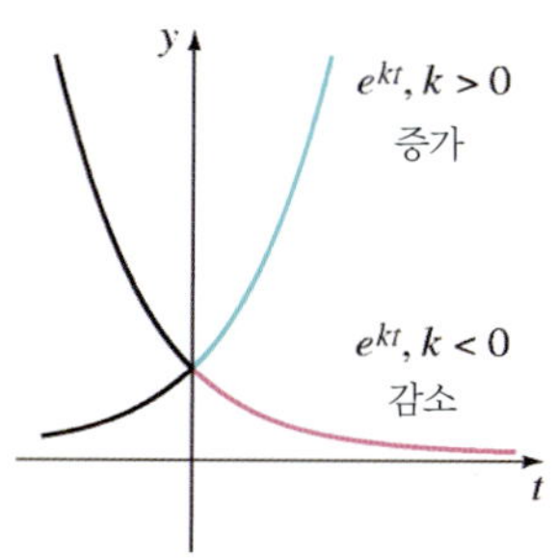

그림 3.1.2 성장($k > 0$)과 붕괴($k < 0$)

반감기 물리학에서 **반감기**는 방사성 물질의 안전성의 척도이다. 반감기는 단순히 초기의 양이 A_0 인 원자의 양의 절반이 다른 성분의 원자로 붕괴 또는 변형되는데 걸리는 시간을 말한다. 물질의 반감 기간이 길면 길수록 그 물질은 좀더 안정적이다. 예를 들어 높은 수준의 방사성 물질인 라듐 Ra-226의 반감기는 대략 1700년이다. 1700년의 시간동안 주어진 양의 Ra-226의 절반정도가 라돈 Rn-222로 변형된다. 가장 일반적으로 발생하는 우라늄 동위핵 U-238은 대략 4,500,000,000년의 반감기를 갖고 있다. 즉 45억년 동안 주어진 U-238의 절반정도가 납 Pb-206으로 변형된다.

예제 2 플루토늄의 반감기

breeder 반응기는 상대적으로 안정적인 우라늄 238을 동위핵 플루토늄 239로 변환시킨다. 15년 후에 초기의 양이 A_0 인 플루토늄의 0.043%가 붕괴된 것으로 판정

되었다. 만일 붕괴의 비율이 남은 양에 비례한다고 할 때 이 동위핵의 반감기를 구하여라.

풀이 $A(t)$를 시간 t일 때 남아있는 플루토늄의 양이라고 하자. 예제 1에서와 같이 초깃값 문제

$$\frac{dA}{dt} = kA, \quad A(0) = A_0$$

의 해는 $A(t) = A_0 e^{kt}$이다. 초기의 양 A_0의 0.043%가 붕괴되었다면 이 물질의 99.957%가 남아있다. 붕괴 상수 k를 구하기 위하여 $0.99957 A_0 = A(15)$를 이용하는데 이 식을 정리하면 $0.99957 A_0 = A_0 e^{15k}$이다. 이 식을 k에 대하여 풀면 $k = \frac{1}{15} \ln 0.99957 = -0.00002867$이므로 $A(t) = A_0 e^{-0.00002867t}$이 된다. 이제 반감기를 구한다는 것은 $A(t) = \frac{1}{2} A_0$가 되는 시간 t를 구하는 것이다. 식을 t에 대하여 풀면 $\frac{1}{2} A_0 = A_0 e^{-0.00002867t}$ 또는 $\frac{1}{2} = e^{-0.00002867t}$이다. 마지막 식을 정리하면

$$t = \frac{\ln 2}{0.00002867} \approx 24,180 \text{ 년}$$

이다. ■

탄소의 연대결정 1950년경에 화학자 윌라드 리비(Willard Libby)가 이끈 시카고대학의 연구팀은 화석의 대략적인 연대를 추정하기 위한 도구로서 방사성 탄소를 사용하는 방법을 고안하였다. 탄소 **연대결정** 이론은 동위핵 탄소 14가 대기 중에서 우주 방사가 질소-14에 영향을 줌에 의하여 만들어진다는 사실에 기인한다. 대기 중에 존재하는 안정적인 C-12에 대한 C-14의 양의 비율은 일정하며 이에 대한 결과로서 모든 생명체에 존재하는 동위핵의 비례적인 양이 대기 중의 것과 같다. 생명체가 죽었을 때 숨을 쉬거나 또는 섭취하여 얻는 C-14의 흡수량은 멈추게 된다. 따라서 대기 중 발견되는 고정된 양의 비와 함께 화석에 남아있는 C-14의 비례적인 양을 비교하면 화석의 연대에 대한 합리적인 추정값을 얻을 수 있다. 이 방법은 방사성인 C-14의 반감기의 지식에 대한 기초가 되는데 리비는 이 방법에 기초하여 C-14의 반감기를 대략 5600년으로 계산하였다. 하지만 요즘은 C-14의 반감기를 대략 5730년으로 보고 있다. 이러한 결과들로 인하여 리비는 1960년에 노벨화학상을 수상하였다. 리비의 방법은 이집트의 무덤에 있는 목제 가구의 연대, 사해 문서의 아마섬유 직물로 짠 포장의 연대 그리고 튜린(Turin)의 불가사의한 수의의 연대를 밝히는 데 사용되었다(그림 3.1.3과 3.1절의 연습문제 12번 참조).

예제 3 화석의 연대

화석화된 뼈에는 C-14의 초기양의 0.1%가 포함된 것으로 알려져 있다. 화석의 연대를 추정하여라.

풀이 문제를 풀기 위하여 $A(t)=A_0e^{kt}$에서 출발한다. 붕괴 상수 k의 값을 구하기 위하여 $\frac{1}{2}A_0=A(5730)$ 또는 $\frac{1}{2}A_0=A_0e^{5730k}$을 이용한다. $5730k=\ln\frac{1}{2}=-\ln 2$로부터 $k=-(\ln 2)/5730=-0.00012097$이다. 따라서 $A(t)=A_0e^{-0.00012097t}$이다. $A(t)=\frac{1}{1000}A_0$에서 $\frac{1}{1000}A_0=A_0e^{-0.00012097t}$을 얻게 되고 이를 정리하면 $-0.00012097t=\ln(0.001)=-\ln 1000$이다. 따라서 화석의 연대는 대략

$$t=\frac{\ln 1000}{0.00012097}\approx 57,100 \text{ 년}$$

이다. ■

예제 3에서 구한 연대는 실제로 이 방법의 정확성의 경계에 있다. 일반적인 탄소-14기법은 동위핵에 대한 열 번의 반감기 정도까지인 대략 60,000년까지만 제한적으로 구할 수 있다. 이러한 제한의 한 가지 이유는 잔존 C-14에 대한 정확한 측정을 위하여 필요한 화학적 분석이 $0.001A_0$의 점 근방에서 매우 커지기 때문이다. 또한 이 분석은 견본의 보다 큰 자료의 파괴가 필요하다. 만일 이 측정이 표본의 실제 방사능을 바탕으로 간접적으로 실행되면 화석으로부터의 방사선과 정규적인 자연 방사선을 구별하는 것이 매우 어렵게 된다.*

하지만 최근에는 입자가속기를 사용하여 안정적인 C-12로부터 직접적으로 C-14를 분리해내는 것이 가능해졌다. C-12에 대한 C-14의 비를 엄밀하게 계산하면 이 방법의 정확성은 70,000~100,000년까지 확장될 수 있다. 칼륨 40과 아르곤 40을 이용하는 것과 같은 또 다른 동위핵적인 방법은 수백만 년의 연대를 알려준다. 아미노산을 이용한 비동위핵적인 방법들도 때때로 사용가능하다.

뉴턴의 냉각/가열 법칙 1.3절의 식 (3)에서 어떤 물체에 대한 뉴턴의 냉각/가열에 대한 경험적인 법칙의 수학적 공식이 선형 1계 미분방정식

$$\frac{dT}{dt}=k(T-T_m) \tag{2}$$

으로 설명되는 것을 보았다. 여기서 k는 비례 상수이고 $T(t)$는 $t>0$일 때 물체의 온도이며 T_m은 주변의 온도인데 주변의 온도라는 것은 물체를 둘러싼 **매질의**

* 탄소 1그램당 1분 동안 붕괴하는 양은 가이거 계수기로 측정한다.
낮은 단계의 감지도는 단위그램당 단위분당 약 0.1붕괴이다.

온도를 말한다. 예제 4에서 T_m 은 상수라고 가정한다.

예제 4 케이크의 냉각

케이크를 오븐에서 꺼낼 때의 온도가 300°F로 측정되었다. 3분 후의 온도는 200°F 이었다. 이 케이크가 실내온도인 70°F까지 식는데 얼마나 걸리겠는가?

풀이 식 (2)에서 $T_m = 70$ 이다. 초깃값 문제

$$\frac{dT}{dt} = k(T - 70), \quad T(0) = 300 \tag{3}$$

을 풀어야 하고 $T(3) = 200$ 이 되도록 k 의 값을 구해야 한다.
방정식 (3)은 선형적이고 분리가능하다. 만일 변수를 분리하면

$$\frac{dT}{T - 70} = k\,dt$$

에서 $\ln|t - 70| = kt + c_1$을 얻고 따라서 $T = 70 + c_2 e^{kt}$ 이다. $t = 0$일 때 $T = 300$ 이므로 $300 = 70 + c_2$에서 $c_2 = 230$을 얻는다. 따라서 $T = 70 + 230e^{kt}$ 이다. 마지막으로 $T(3) = 200$에서 $e^{3k} = \frac{13}{23}$ 이므로 $k = \frac{1}{3} \ln = \frac{13}{23} = -0.19018$이다. 그러므로

$$T(t) = 70 + 230e^{-0.19018t} \tag{4}$$

가 성립한다.
$\lim_{t\to\infty} T(t) = 70$ 이므로 식 (4)는 $T(t) = 70$ 에 대한 유한한 해를 제공하지 않는다. 하지만 직관적으로 케이크가 어느 정도 오랜 시간이 지나면 실내온도에 도달할 것이라고 추측할 수 있다. '오랜' 시간은 얼마나 오랜 시간일까? 물론 (3)의 모형이 물리적인 직관을 정확히 따르지 않는다는 사실로 인하여 방해를 받지 않아야 한다. 그림 3.1.4의 (a)와 (b)는 케이크가 대략 30분 정도 지나면 실내온도에 근접함을 보인다. ■

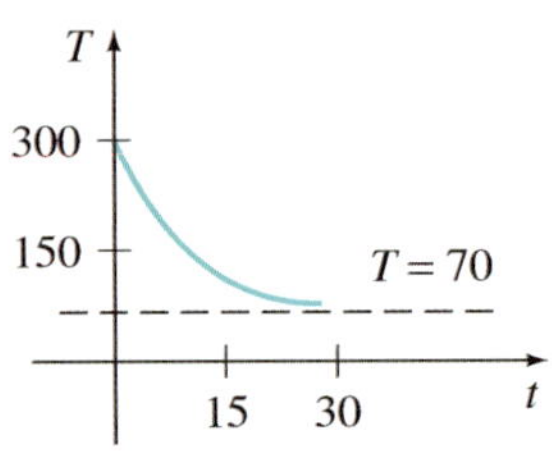

(a)

$T(t)$	t(분)
75°	20.1
74°	21.3
73°	22.8
72°	24.9
71°	28.6
70.5°	32.3

(b)

그림 3.1.4 예제 4에서 식어가는 케이크의 온도

식 (2)에서 주변온도가 상수일 필요는 없고 시간 t 의 함수 $T_m(t)$ 가 될 수 있다 (3.1절의 연습문제 18번 참조).

혼합물 두 액체의 혼합물은 때때로 선형 1계 미분방정식으로 설명된다. 1.3절에서 두 개의 소금물 용액의 혼합물을 논의할 때 혼합탱크에서 소금의 양이 변하는 비율 $A'(t)$ 는

$$\begin{aligned}\frac{dA}{dt} &= (\text{들어오는 소금의 비율}) - (\text{나가는 소금의 비율}) \\ &= R_{in} - R_{out}\end{aligned} \tag{5}$$

으로 설명되었다. 예제 5에서 우리는 1.3절의 식 (8)을 푼다.

예제 5 두 소금 용액의 혼합물

1.3절에서 논의하였던 큰 탱크는 300갤런의 소금물 용액을 담을 수 있었다. 소금이 탱크 안으로 들어오고 나갔으며 소금물 용액은 3gal/min의 비율로 탱크 안으로 부어져서 이미 탱크 안에 있는 용액과 혼합되었고 혼합물은 3gal/min의 비율로 탱크 밖으로 빠져나갔다. 들어온 용액에 있는 소금의 농도는 2lb/gal이었고 따라서 소금은 $R_{in} = (2\,\text{lb/gal}) \cdot (3\text{gal/min}) = 6\,\text{lb/min}$의 비율로 탱크 안에 들어왔고 $R_{out} = (A/300\,\text{lb/gal}) \cdot (3\,\text{gal/min}) = A/100\,\text{lb/min}$의 비율로 탱크에서 빠져나갔다. 이 자료와 식 (5)로부터 1.3절의 식 (8)을 얻는다. 문제를 부여하여 보자. 만일 초기에 50 파운드의 소금이 300 갤런의 용액 속에 녹아있었다면 오랜 시간이 흐른 후에 탱크 안에는 얼마나 많은 소금이 남아 있겠는가?

풀이 시간 t에서 탱크 안에 있는 소금의 양 $A(t)$를 구하기 위하여 초깃값 문제

$$\frac{dA}{dt} + \frac{1}{100}A = 6, \quad A(0) = 50$$

을 푼다. 여기서 초기조건 $A(0) = 50$은 초기에 탱크 안에 있는 소금의 양을 의미하는 것이지 탱크 안의 액체의 양을 의미하는 것은 아니다. 선형미분방정식의 적분인자가 $e^{t/100}$이므로 주어진 방정식은

$$\frac{d}{dt}[e^{t/100}A] = 6e^{t/100}$$

으로 나타낼 수 있다. 마지막 식을 적분하여 A에 대하여 풀면 일반해 $A(t) = 600 + ce^{-t/100}$을 얻는다. $t = 0$일 때 $A = 50$이고 따라서 $c = -550$이다. 그러므로 시간 t일 때 탱크 안에 있는 소금의 양은

$$A(t) = 600 - 550e^{-t/100} \tag{6}$$

으로 표현된다. 해 (6)은 표 3.1.5(b)에 있는 표를 만드는데 사용된다. 또한 식 (6)과 그림 3.1.5(a)로부터 $t \to \infty$일 때 $A(t) \to 600$임을 알 수 있다. 물론 이 결과는 직관적으로 예측한 바와 같다. 오랜 시간 후에 용액 안에 있는 소금의 양은 (300gal)(2lb/gal)=600 파운드이다. ■

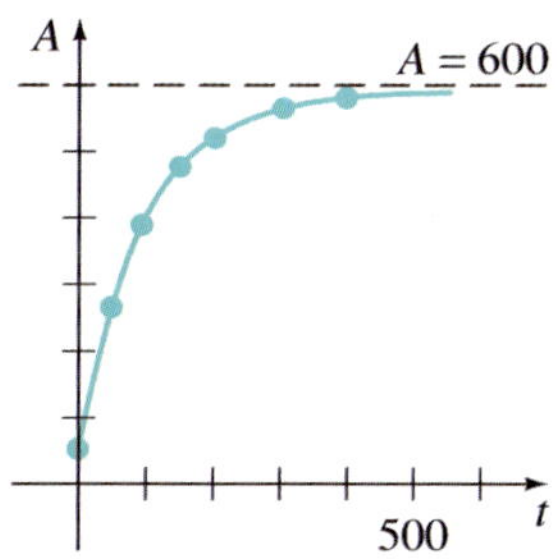

(a)

t (분)	A (파운드)
50	266.41
100	397.67
150	477.27
200	525.57
300	572.62
400	589.93

(b)

그림 3.1.5 시간 t의 함수로써 탱크 안에 있는 소금의 파운드

예제 5에서 용액이 탱크 안에 들어가는 비율과 밖으로 나오는 비율이 같다고 가정하였다. 하지만 반드시 이 조건이 필요한 것은 아니다. 다른 소금물 용액이 탱크 안에 들어오는 비율인 r_{in}보다 빠르게 또는 느리게 혼합된 소금물 용액이 r_{out}의 비율로 탱크 밖으로 나갈 수 있다. 다음 예는 탱크 안으로 들어오는 비율보다 탱크 밖으로 빠져나가는 비율이 느린 경우를 설명한다.

예제 6 예제 5 다시 풀기

예제 5에서 잘 혼합한 용액이 $r_{out} = 2\,\text{gal/min}$의 느린 비율로 탱크 밖으로 빠져 나간다면 액체는 $r_{in} - r_{out} = (3-2)\,\text{gal/min} = 1\,\text{gal/min}$의 비율로 탱크 안에 누적된다. 따라서 t분 후에 $(1\,\text{gal/min}) \cdot (t\,\text{min}) = t$ 갤런이 축적되어 탱크는 $300 + t$ 갤런의 소금물을 갖게 되며 유출 용액의 농도는 $c(t) = A/(300+t)$이고 소금의 빠져나가는 비율도 $R_{out} = c(t) \cdot r_{out}$ 또는

$$R_{out} = \left(\frac{A}{300+t}\,\text{lb/gal}\right) \cdot (2\,\text{gal/min}) = \frac{2A}{300+t}\,\text{lb/min}$$

이다. 따라서 식 (5)는

$$\frac{dA}{dt} = 6 - \frac{2A}{300+t} \quad \text{또는} \quad \frac{dA}{dt} + \frac{2}{300+t}A = 6$$

이다. 위 식의 적분인자는

$$e^{\int 2\,dt/(300+t)} = e^{2\ln(300+t)} = e^{\ln(300+t)^2} = (300+t)^2$$

이다. 이 인자를 곱하면 위의 식은

$$\frac{d}{dt}[(300+t)^2 A] = 6(300+t)^2$$

으로 표현할 수 있다. 초기조건 $A(0) = 50$을 사용하여 A에 대하여 풀면 $A(t) = 600 + 2t - (4.95 \times 10^7)(300+t)^{-2}$이다. 그림 3.1.6에서 알 수 있듯이 예상한 바와 같이 $t \to \infty$일 때 $A \to \infty$임을 알 수 있다.

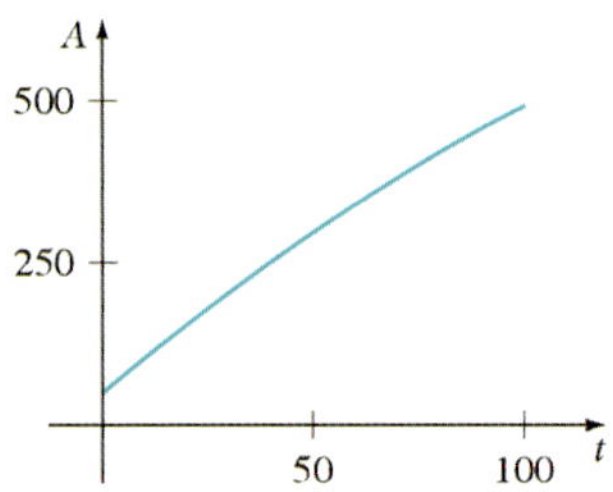

그림 3.1.6 예제 6에 있는 $A(t)$의 그래프

직렬 회로 저항기와 유도기만을 포함하는 직렬 회로에 대하여 키르히호프의 제 2법칙은 유도기($L(du/dt)$)를 지나는 전압 강하와 저항(iR)을 지나는 전압 강하의 합이 회로에서 인가전압($E(t)$)과 같다는 것이다(그림 3.1.7 참조).

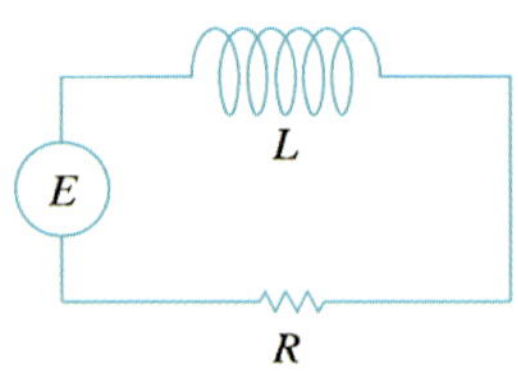

그림 3.1.7 LR 직렬회로

따라서 전류 $i(t)$에 대한 선형 미분방정식

$$L\frac{di}{dt} + Ri = E(t) \tag{7}$$

를 얻는다. 여기서 L과 R은 각각 인덕턴스와 저항으로 알려진 상수들이다. 전류 $i(t)$는 또한 계의 **응답**(response)이라고 정의한다.

전기용량이 C인 축전기를 지나는 전압 강하는 $q(t)/C$로 주어지는데 여기서 q는 축전지의 전하이다. 따라서 그림 3.1.8에 있는 직렬 회로에 대하여 키르히호프의 제 2법칙은

$$Ri + \frac{1}{C}q = E(t) \tag{8}$$

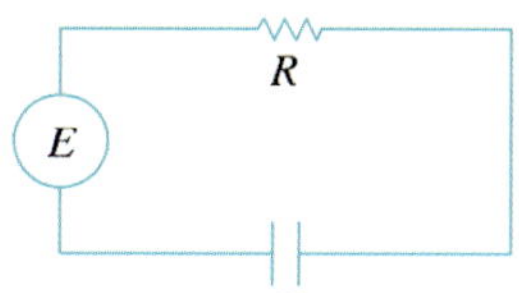

그림 3.1.8 RC 직렬회로

가 된다. 그러나 전류 i 와 전하 q는 $i = dq/dt$ 에 의하여 관련되어지므로 식 (8)은 선형 미분방정식

$$R\frac{dq}{dt} + \frac{1}{C}q = E(t) \tag{9}$$

가 된다.

예제 7 직렬 회로

12 볼트의 전지가 인덕턴스가 $\frac{1}{2}$ 헨리이고 저항이 10옴인 직렬 회로에 연결되어 있다. 초기 전류가 0일 때 전류 i 를 구하여라.

풀이 식 (7)로부터 $i(0) = 0$ 에 대하여

$$\frac{1}{2}\frac{di}{dt} + 10i = 12$$

를 풀어야 한다. 우선 미분방정식의 양변에 2를 곱하고 적분인자 e^{20t} 을 이용한다. 그러면

$$\frac{d}{dt}[e^{20t}i] = 24e^{20t}$$

를 얻는다. 마지막 식의 양변을 적분하여 i 에 대하여 풀면 $i(t) = \frac{6}{5} + ce^{-20t}$ 가 된다. $i(0) = 0$ 이므로 $0 = \frac{6}{5} + c$ 이고 따라서 $c = -\frac{6}{5}$ 이다. 그러므로 응답은 $i(t) = \frac{6}{5} - \frac{6}{5}e^{-20t}$ 이다. ■

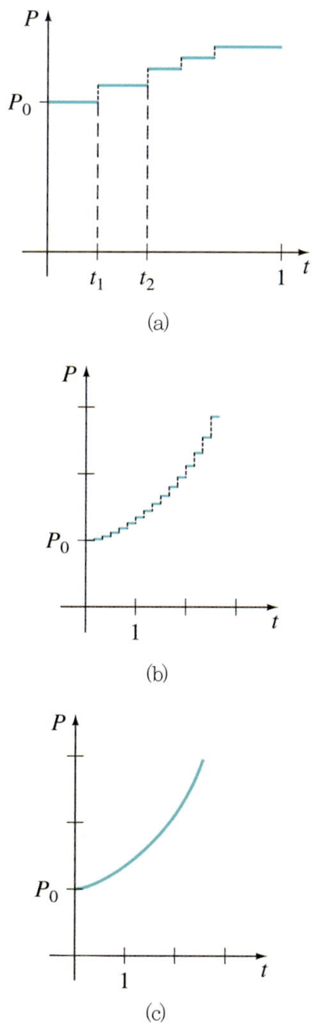

그림 3.1.9 인구 증가는 이산 과정이다.

2.3절의 식 (4)로부터 (7)의 일반해를 다음과 같이 쓸 수 있다:

$$i(t) = \frac{e^{-(R/L)t}}{L}\int e^{(R/L)t}E(t)\,dt + ce^{-(R/L)t} \tag{10}$$

특히 $E(t) = E_0$ 가 상수일 때 식 (10)은

$$i(t) = \frac{E_0}{R} + ce^{-(R/L)t} \tag{11}$$

가 된다. $t \to \infty$ 일 때 식 (11)의 두 번째 항은 0으로 접근한다. 이러한 항을 일반적으로 **과도항**(transient term)이라고 한다. 다른 나머지 항들을 해의 **정상 상태**(steady-state) 부분이라고 한다. 이 경우 E_0/R를 **정상 상태 전류**라고 한다. t 의 값이 큰 경우 회로는 단순히 **옴의 법칙**($E = iR$)을 따르게 된다.

주의

예제 1에 있는 초깃값 문제의 해 $P(t)=P_0e^{0.4055t}$ 는 임의의 시간 $t>0$ 에서 박테리아의 개체의 수를 나타내었다. 물론 $P(t)$ 는 구간 $P_0 \le P < \infty$ 에서 연속함수이다. 하지만 개체의 수를 논의하고 있기 때문에 상식적으로 P가 단지 양의 정수값만을 가진다. 이에 더하여 개체의 수가 우리의 해에 의하여 예견된 것처럼 연속적으로 증가할 것이라고 예측할 수 없다. — 매 초마다, 매 백만분의 일초 마다 등 — 아마도 전혀 성장이 없는 시간 $[t_1, t_2]$의 구간들이 있을지도 모른다. 그러면 아마도 그림 3.1.9(a)에서 보여준 그래프는 지수함수의 그래프보다도 P에 대한 좀더 현실적인 설명을 보여주게 된다. 이산적인 현상을 설명하기 위하여 연속함수를 사용하는 것은 정교함 보다는 편리함의 문제가 된다. 하지만 몇 가지 목적을 위하여 만일 우리의 모형이 그림 3.1.9(a)처럼 미시적이기 보다는 그림 3.1.9(b), 3.1.9(c)와 같이 적절히 거시적으로 보여주었을 때 계를 아주 잘 접근하여 설명할 수 있다면 우리는 만족할 수 있다.

연습문제 3.1

성장과 붕괴

1 공동체의 인구는 시간 t 일 때의 사람의 수에 비례하여 증가한다고 알려져 있다. 만일 초기 인구의 수 P_0 가 5년 안에 두 배가 되었다면 인구가 세배가 되는데 얼마나 걸리겠는가? 또 인구가 네 배가 되는데 얼마나 걸리겠는가?

2 현재 100밀리그램의 방사성 물질이 있다. 6시간 후에 그 질량이 3% 감소하였다. 만일 붕괴의 비율이 시간 t 일 때의 방사성 물질의 양에 비례한다고 할 때 24시간 후에 남아있는 양을 구하여라.

3 한 마을의 인구는 시간 t 일 때의 사람의 수에 비례하여 증가한다. 초기의 인구는 500명이고 10년 동안 15% 증가한다면 30년 후의 인구는 얼마인가? $t=30$ 일 때 인구는 얼마나 빨리 증가하는가?

4 문제 1의 공동체의 인구가 3년 후에 10,000명이 된다고 가정하면 초기의 인구 P_0 는 얼마인가? 10년 후의 인구는 얼마인가? $t=10$ 일 때 인구는 얼마나 빠르게 증가하는가?

5 납 Pb-209의 방사성 동위핵은 시간 t 일 때의 양에 비례하여 붕괴되고 반감기는 3.3시간이다. 만일 1그램의 동위핵이 초기에 존재한다면 납의 90%가 붕괴되는데 얼마나 걸리겠는가?

6 배양기에 있는 박테리아의 수는 시간 t 일 때의 수에 비례하여 증가한다. 3시간 후에 400마리의 박테리아가 있는 것으로 관측되었고 10시간 후에는 2000마리의 박테리아가 있는 것으로 관측되었다. 초기의 박테리아의 수는 얼마인가?

7 문제 6에서 언급한 방사성 물질의 반감기를 구하여라.

8 (a) 방사성 물질의 붕괴 모형으로서 초깃값 문제 $dA/dt = kA$, $A(0)=A_0$를 생각해 보자. 일반적으로 이 물질의 반감기 T는 $T=-(\ln 2)/k$임을 증명하여라.

(b) (a)에 있는 초깃값 문제의 해를 $A(t)=A_0 2^{-t/T}$ 로 나타낼 수 있음을 증명하여라.

(c) 만일 방사성 물질이 (a)에서 주어진 반감기 T를 갖는다면, 초기의 양 A_0 가 $\frac{1}{8}A_0$ 로 붕괴하는데 얼마나 걸리겠는가?

9 빛의 수직 빔이 투명한 매질을 통과할 때 강도 I가 감소하는 비율은 t가 매질의 두께(인치)를 나타낼 때 $I(t)$에 비례한다. 깨끗한 바닷물에서 표면 아래 3피트에서의 강도는 입사 빔의 초기 강도 I_0의 25%이다. 표면에서 15피트 아래에서의 빔의 강도는 얼마인가?

10 이자가 복리로 누적될 때 저축한 돈은 시간 t에서의 돈 S에 비례하는 비율로 증가하며 이것은 r이 연이율일 때 $dS/dt = rS$로 표현된다.

(a) $5000를 연속적으로 연이율이 $5\frac{3}{4}\%$인 복리로 저축하였을 때 5년 후에 받을 수 있는 금액을 구하여라.
(b) 저축한 돈이 2배가 되는데 몇 년이 걸리는지를 구하여라.
(c) 계산기를 사용하여 (a)에서 구한 돈과 이자가 3개월마다 복리로 계산되는 식 $S = 5000\left(1 + \frac{1}{4}(0.0575)\right)^{5(4)}$을 통하여 얻게 되는 돈을 비교하여라.

탄소 연대기

11 고고학자들은 프랑스 라스코(Lascaux) 지역에 있는 동굴의 벽과 천장에 그려진 선사시대의 그림의 연대를 알아내기 위하여 그 지역에서 찾아낸 불에 탄 나무의 조각이나 숯을 이용하였다(그림 3.1.10 참조). 107쪽에 있는 정보를 사용하여 불에 탄 나무 조각과 같은 종류의 살아있는 나무에서 발견한 C-14의 85.5%가 붕괴되었다는 것을 알아냈을 때 불에 탄 나무 조각의 대체적인 연대를 구하여라.

그림 3.1.10 문제 11에 있는 동굴의 벽화

12 십자가에 못 박힌 사람의 몸에 대한 음영을 보여주는 튜린의 수의는 많은 사람들에 의하여 나사렛 예수의 매장 수의라고 믿어져 왔다(그림 3.1.11 참조). 1988년에 바티칸은 수의의 탄소연대를 측정하는 것을 허락하였다. 3개의 독립적인 과학 연구소에서 그 옷을 분석하였고 그 수의가 역사적으로 발견된 때와 일치하는 대략 660년* 정도 된 것이라고 결론을 내렸다. 이 연대기를 이용하여 1988년에 이 옷에 남아있는 C-14의 양이 초기 양의 몇 퍼센트가 되는지를 구하여라.

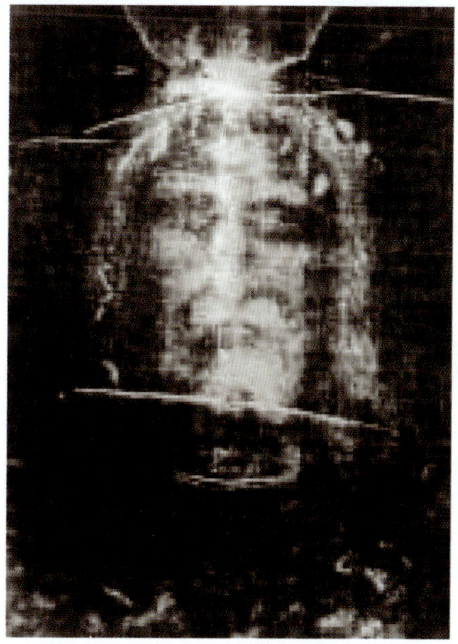

그림 3.1.11 문제 12에 있는 수의의 상

* 일부 학자들은 이 발견에 대해 부정적이다. 이 매력적인 미스터리에 대한 정보를 얻고자 한다면 튜린의 수의에 관한 홈페이지 http://www.shroud.com/을 참조하라.

뉴턴의 냉각/가열 법칙

13 온도계가 70°F의 방에서 10°F인 실외로 옮겨졌다. $\frac{1}{2}$분 후에 온도계의 온도는 50°F이었을 때 1분 후에는 몇 도일까? 온도계의 온도가 15°F에 도달하는데 얼마나 걸리겠는가?

14 온도계가 실내에서 5°F인 실외로 옮겨졌다. 1분 후에 온도계의 온도가 55°F이었고 5분 후에는 30°F이었다. 처음 실내의 온도는 얼마였는가?

15 초기 온도가 20℃인 작은 쇠막대가 끓는 물이 담겨있는 큰 용기 속에 빠졌다. 만일 1초에 2℃씩 막대의 온도가 올라갈 때 막대의 온도가 90℃가 되는데 얼마나 걸리겠는가? 98℃가 되는데 얼마나 걸리겠는가?

16 크기가 같은 두 개의 큰 용기 A와 B에 서로 다른 액체들이 채워져 있다. 용기 A와 용기 B에 담겨있는 액체들은 각각 0℃와 100℃로 유지되고 있다. 초기온도가 100℃인 작은 쇠막대를 용기 A에 넣었더니 식어갔다. 1분 후에 막대의 온도는 90℃이었고 2분 후에 막대를 꺼내서 바로 옆의 용기에 넣었더니 용기 B에서 1분 후에 막대의 온도가 10℃ 증가하였다. 모든 과정의 시작에서부터 측정하여 막대의 온도가 99.9℃가 되는데 얼마나 걸리겠는가?

17 70°F인 온도계를 일정한 온도로 미리 가열해 둔 오븐에 넣었다. 오븐의 유리창을 통해서 온도를 관측한 결과 $\frac{1}{2}$분 후에 온도계의 온도는 110°F였고 1분 후에는 145°F이었다. 오븐이 얼마나 뜨거운가?

18 $t=0$에서 화학물질을 담은 밀봉된 시험관이 액체 욕조 안에 담겨져 있다. 시험관 안에 있는 화학물질의 초기 온도는 80°F이다. 욕조 안의 액체는 화씨로 측정하여 t를 분단위로 측정하였을 때 $T_m(t)=100-40e^{-0.1t}$, $t \geq 0$인 제어된 온도를 갖는다.

(a) 식 (2)에서 $k=-0.1$이라고 가정하자. 초깃값 문제를 풀기 전에 짧은 시간동안 화학물질의 온도 $T(t)$가 어떻게 될 것인지에 대하여 설명하여 보아라. 또한 오랜 시간동안의 온도에 대하여도 설명하여 보아라.

(b) 초깃값 문제를 풀어라. 그래프를 그리는 도구를 사용하여 다양한 길이의 시간 구간에서 $T(t)$의 그래프를 그려보아라. 이 그래프가 (a)에서 예측한 바와 일치하는가?

19 실내온도가 70°F로 일정한 어느 집의 밀폐된 방에서 사체가 발견되었다. 발견 당시 사체의 온도는 85°F이었고 1시간 후 다시 측정한 사체의 온도는 80°F이었다. 사망 당시의 시간을 $t=0$라 하고 이때 사체의 온도가 98.6°F라고 가정하자. 사체가 발견되기까지 얼마나 많은 시간이 흘렀는지를 구하여라. [힌트: 사체가 발견된 시간을 $t_1>0$이라 두어라.]

20 사체가 식어가는 비율은 노출되는 표면적 S에 의존한다. 만일 S가 상수이면 식 (2)는

$$\frac{dT}{dt}=kS(T-T_m)$$

으로 변형된다. 이때 $k<0$이고 T_m은 상수이다.

두 개의 컵 A와 B에 동시에 커피를 채웠다고 하자. 초기에 커피의 온도는 150°F이었다. 컵 B에 있는 커피의 표면적이 컵 A보다 2배나 더 넓다. 30분 후 컵 A에 있는 커피의 온도가 100°F이다. $T_m=70$°F라면 30분 후 컵 B에 있는 커피의 온도는 얼마인가?

혼합물

21 한 탱크에 30그램의 소금이 녹아 있는 액체 200리터가 담겨있다. 1리터당 1그램의 소금이 녹아있는 소금물이 4 L/min의 비율로 탱크 안으로 들어오고 잘 혼합된 용액이 같은 비율로 탱크 밖으로 빠져나간다. 시간 t에서 탱크 안에 있는 소금의 그램의 수 $A(t)$를 구하여라.

22 문제 21에서 소금물이 아닌 깨끗한 물이 탱크 안으로 들어간다고 가정하고 문제를 풀어라.

23 어떤 큰 탱크에 500갤런의 깨끗한 물이 채워져 있다. 갤런 당 2파운드의 소금이 용해되어 있는 소금물이 5 gal/min의 비율로 탱크 안으로 들어오고 잘 혼합된 용액이 같은 비율로 탱크 밖으로 빠져나간다. 시간 t일 때 탱크 안에 있는 소금의 파운드의 수 $A(t)$를 구하여라.

24 문제 23에서 시간 t에서 탱크 안에 있는 소금물의 농도 $c(t)$는 얼마인가? $t=5$분에서의 농도는 얼마인가? $t\to\infty$일 때 탱크 안에 있는 소금물의 농도 $c(t)$는 얼마인가? 탱크 안의 소금물의 농도가 $t\to\infty$일 때의 농도의 절반이 되려면 시간이 얼마나 걸리겠는가?

25 문제 23에서 용액이 10 gal/min의 비율로 빠르게 탱크 밖으로 빠져나온다는 가정 하에서 문제 23을 다시 풀어라. 탱크가 비워지는 것은 언제인가?

26 만일 유입되는 소금물의 농도가 가변적이고 $c_{in}(t)=2+\sin(t/4)\ lb/gal$로 주어진다면 예제 5에서 시간 t일 때 탱크 안에 있는 소금의 양을 결정하여라. 실제적인 그래프 없이 초깃값 문제의 해 곡선이 어떻게 생겼는지를 추론하여라. 그래프를 그리는 도구를 이용하여 구간 [0, 300]에서 해의 그래프를 그려라. 구간 [0, 600]에서 해의 그래프를 그리고 그림 3.1.5(a)의 그래프와 이 그래프를 비교하여라.

27 한 큰 탱크에 10파운드의 소금이 녹아있는 100갤런의 용액이 부분적으로 채워져 있다. 갤런 당 $\frac{1}{2}$파운드의 소금이 녹아있는 소금물이 6 gal/min의 비율로 탱크 안으로 들

어오고 그런 다음 잘 섞인 용액이 4 gal/min의 느린 비율로 탱크 밖으로 빠져 나간다. 30분 후 탱크 안에 있는 소금의 파운드 수를 구하여라.

28 예제 5에서 소금 혼합물을 포함하고 있는 탱크의 크기는 주어지지 않았다. 예제 5에서 논의했던 것처럼 소금물이 3 gal/min의 비율로 탱크 안으로 들어오고 잘 혼합된 용액이 2 gal/min의 비율로 탱크 밖으로 빠져나간다고 가정하자. 소금물이 1 gal/min의 비율로 축적되어가기 때문에 어떠한 유한한 탱크도 궁극적으로는 넘치게 된다. 이제 탱크가 위 뚜껑이 없고 총 400갤런을 담을 수 있다고 가정하자.

(a) 탱크는 언제 넘치겠는가?

(b) 탱크가 넘치는 순간에 탱크 안에 있는 소금의 파운드 수는 얼마인가?

(c) 비록 탱크는 넘치고 있지만 소금물 용액이 계속해서 3 gal/min의 비율로 탱크 안으로 들어오고 잘 혼합된 용액이 2 gal/min의 비율로 탱크 밖으로 빠져 나간다고 가정하자. $t=150$ 분일 때 탱크 안에 있는 소금의 파운드 수를 구하는 방법을 제시하여라.

(d) $t \to \infty$ 일 때 탱크 안에 있는 소금물의 파운드 수를 구하여라. 이 답이 직관과 일치하는가?

(e) 그래프를 그리는 도구를 사용하여 구간 $[0, 500)$에서 $A(t)$의 그래프를 그려라.

직렬 회로

29 30볼트의 기전력이 인덕턴스가 0.1헨리이고 저항이 50옴인 LR 직렬회로에 적용되었다. $i(0)=0$ 일 때 전류 $i(t)$를 구하여라. $t \to \infty$ 일 때 전류를 구하여라.

30 $E(t)=E_0 \sin \omega t$ 이고 $i(0)=i_0$ 라는 가정하에서 식 (7)을 풀어라.

31 100볼트의 기전력이 저항이 200옴이고 전기 용량이 10^{-4} 패럿인 RC 직렬회로에 적용되었다. $q(0)=0$ 일 때 축전지의 전하 $q(t)$를 구하여라. 전류 $i(t)$를 구하여라.

32 200볼트의 기전력이 저항이 1000옴이고 전기 용량이 5×10^{-6} 패럿인 RC 직렬회로에 적용되었다. $i(0)=0.4$ 일 때 축전지의 전하 $q(t)$를 구하여라. $t=0.005$ 초에서 전하와 전류를 구하여라. $t \to \infty$ 일 때 전하를 구하여라.

33 기전력

$$E(t)=\begin{cases} 120, & 0 \le t \le 20 \\ 0, & t > 20 \end{cases}$$

이 인덕턴스가 20헨리이고 저항이 2옴인 LR 직렬회로에 적용되었다. $i(0)=0$ 일 때 전류 $i(t)$를 구하여라.

34 RC 직렬 회로가 다양한 저항기를 갖고 있다고 가정하자. 시간 t 에서 저항이 알려진 양의 상수 k_1 과 k_2 에 대하여 $R=k_1+k_2 t$ 로 주어지면 식 (9)는

$$(k_1+k_2 t)\frac{dq}{dt}+\frac{1}{C}q=E(t)$$

가 된다. E_0와 q_0가 상수들일 때 $E(t)=E_0$ 이고 $q(0)=q_0$ 이면

$$q(t)=E_0 C+(q_0-E_0 C)\left(\frac{k_1}{k_1+k_2 t}\right)^{1/Ck_2}$$

임을 증명하여라.

추가적인 선형 모형들

35 **공기 저항** 1.3절의 식 (14)에서 $k>0$가 비례 상수일 때 순간 속도에 비례하는 공기 저항을 갖는 물체의 낙하 속도 ν 를 설명하는 미분방정식이

$$m\frac{d\mu}{dt}=mg-k\nu$$

임을 알았다. 양의 방향은 아래로 향하는 방향이다.

(a) 초기조건 $\nu(0)=\nu_0$ 에 대하여 방정식을 풀어라.

(b) (a)에서 구한 해를 이용하여 물체의 최종 속도를 구하여라. 2.1절에 있는 연습문제 40에서 미분방정식을 풀지 않고 어떻게 최종 속도를 구하는지를 배웠다.

(c) 만일 물체가 지상 위에서 놓인 지점에서부터 측정한 거리 s 가 $ds/dt=\nu(t)$ 에 의한 속도 ν 와 관련이 된다면 $s(0)=0$ 일 때 $s(t)$ 에 대한 명시적인 표현을 구하여라.

36 **높이가 얼마나? - 공기 저항 없음** : 그림 3.1.12에 있는 것과 같이 무게가 16 파운드인 작은 포탄이 초기 속도 $\nu_0=300$ ft/s로 수직인 위쪽으로 발사되었다고 하자. "포탄이 얼마나 높이 올라갈까?"에 대한 질문의 답변은 공기의 저항을 고려하는지에 의존한다.

(a) 만일 공기 저항이 무시되었다고 가정하자. 양의 방향이 위쪽이면 포탄의 상태에 대한 모형은 $d^2s/$

$dt^2 = -g$ (1.3절의 식 (12))로 주어진다. $ds/dt = \nu(t)$ 이므로 마지막 미분방정식은 $g = 32\ \text{ft/s}^2$ 에 대하여 $d\nu/dt = -g$ 와 같다. 시간 t 에서 포탄의 속도 $\nu(t)$ 를 구하여라.

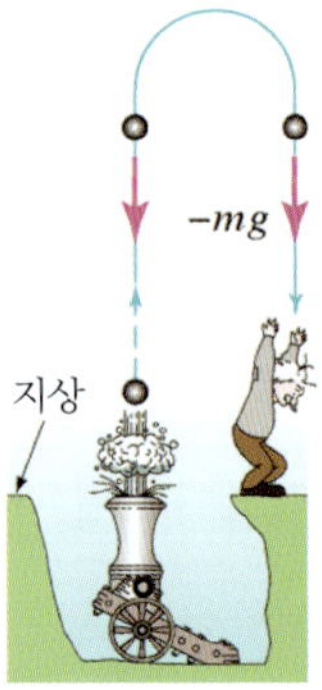

그림 3.1.12 문제 36에서 포탄의 최고 높이를 구하여라.

(b) (a)에서 구한 결과를 이용하여 지상으로부터 측정한 탄환의 높이 $s(t)$ 를 구하여라. 포탄이 도달하는 최고 높이를 구하여라.

37 **높이가 얼마나? - 선형 공기 저항** 문제 36를 다시 하지만 이번에는 공기 저항이 순간 속도에 비례한다고 가정하자. 포탄이 도달하는 최고 높이가 (b)에서 구한 높이보다 낮을 것이라고 유추할 수 있다. 비례 상수가 $k = 0.0025$ 라고 가정하고 포탄이 도달하는 최고 높이를 구하여라. [힌트: 문제 35에 있는 미분방정식을 약간 변형한다.]

38 **스카이다이빙** 한 스카이다이버의 몸무게는 125파운드이고 그녀의 낙하산과 장비를 합한 무게가 별도로 35파운드이다. 15,000피트의 상공에서 비행기에서 나온 후에 그녀는 15초를 기다렸다가 낙하산을 펼친다. 문제 35에 있는 모형에서 비례 상수가 자유낙하일 때 $k = 0.5$ 이고 낙하산이 펼쳐진 후에는 $k = 10$ 이라고 가정하자. 비행기에서 벗어났을 때 그녀의 초기 속도는 0이라고 가정한다. 비행기를 벗어난 후 20초 때의 그녀의 속도는 얼마이고 20초 동안 그녀가 이동한 거리는 어떻게 될까? 그림 3.1.13을 보자. 20초에서 그녀의 속도는 최종 속도와 비교하여 어떤가? 그녀가 지상에 도달하는데 얼마나 걸리겠는가?
[힌트: 두 개의 서로 다른 초깃값 문제들에 관하여 생각해 보자.]

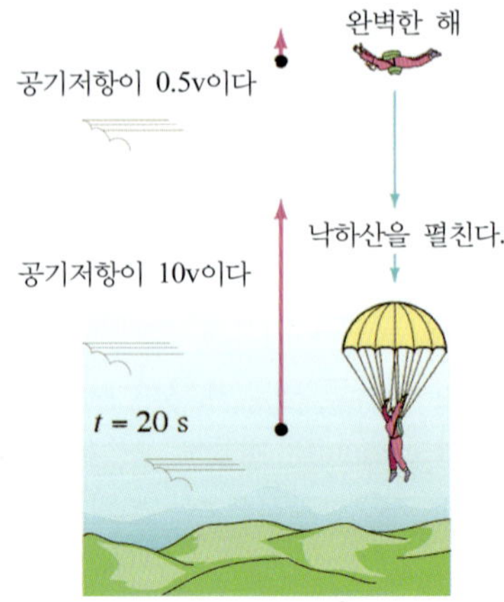

그림 3.1.13 문제 38에서 지상에 도달하는 시간을 구하여라.

39 **증발하는 낙숫물** 낙숫물이 떨어지면 구면적인 모습을 유지하는 동안에 그것은 증발한다. 만일 낙숫물이 증발하는 비율이 표면적에 비례한다고 하고 공기 저항이 무시할만 하다고 가정하면 낙숫물의 속도 $\nu(t)$에 대한 모형은

$$\frac{d\nu}{dt} + \frac{3(k/\rho)}{(k/\rho)t + r_0}\nu = g$$

이다. 여기서 ρ 는 물의 밀도이고 r_0 는 $t = 0$ 에서 낙숫물의 반지름이며 $k < 0$ 는 비례 상수이고 아래쪽 방향이 양의 방향으로 간주된다.

(a) 낙숫물이 정지상태에서 떨어진다고 할 때 $\nu(t)$에 대하여 풀어라.

(b) 1.3절의 문제 36을 다시 읽어 보고 시간 t 에서 낙숫물의 반지름이 $r(t) = (k/\rho)t + r_0$ 임을 증명하여라.

(c) 만일 $r_0 = 0.01$ 피트이고 낙숫물이 구름으로부터 떨어진 후 10초 후에 $r = 0.007$ 피트일 때 낙숫물이 완전하게 증발하는데 걸리는 시간을 구하여라.

40 **변동이 심한 인구** k 가 양의 상수일 때 미분방정식 $dP/dt = (k\cos t)P$는 연례적으로 계절에 의한 변화가 심한 인구 $P(t)$ 에 대한 수학적 모델이다. $P(0) = P_0$ 에 대하여 방정식을 풀어라. 그래프를 그리는 도구를 사용하여 서로 다른 값의 P_0 에 대한 해의 그래프를 그려라.

41 **인구 모형** 한 사회의 인구 $P(t)$의 변화에 대한 한 모형에서 dB/dt와 dD/dt 가 각각 탄생에 대한 비율과 죽음에 대한 비율을 나타낼 때

$$\frac{dP}{dt} = \frac{dB}{dt} - \frac{dD}{dt}$$

라고 가정된다. 여기서 dB/dt와 dD/dt는 각각 출생과 사망의 비율이다.

(a) $dB/dt = k_1 P$이고 $dD/dt = k_2 P$일 때 $P(t)$를 구하여라.

(b) $k_1 > k_2$, $k_1 = k_2$, $k_1 < k_2$인 경우들을 분석하여라.

42 **일정한 수확 모형** 일정한 비율로 수확이 행해지는 어장의 개체 수를 설명하는 모형이

$$\frac{dP}{dt} = kP - h$$

이다. 여기서 k와 h는 양의 상수들이다.

(a) $P(0) = P_0$일 때 미분방정식을 풀어라.

(b) 세 가지 경우 $P_0 > h/k$, $P_0 = h/k$, $0 < P_0 < h/k$에 대하여 시간이 증가함에 따라 개체 수 $P(t)$의 변화를 설명하여라.

(c) (b)의 결과를 이용하여 물고기의 개체 수가 유한한 시간 내에 멸종할 것인지(즉, $P(t) = 0$가 되는 시간 $T > 0$가 존재하는지) 판정하여라. 만일 물고기가 모두 없어진다고 할 때 T를 구하여라.

43 **약의 전이** 약이 혈류로 전이되는 비율에 대한 수학적 모형은

$$\frac{dx}{dt} = r - kx$$

로 주어진다. 여기서 r과 k는 양의 상수들이다. 함수 $x(t)$는 시간 t일 때 혈류 안에 있는 약의 농도를 나타낸다.

(a) 미분방정식이 자율적이므로 2.1절의 위상 사진의 개념을 이용하여 $t \to \infty$일 때 $x(t)$의 극한을 구하여라.

(b) $x(0) = 0$에 대하여 미분방정식을 풀어라. $x(t)$의 그래프를 그리고 (a)에 있는 예측을 증명하여라. 언제쯤 농도가 극한 농도의 절반에 도달하는가?

44 **기억** 건망증을 고려할 때 어떤 대상에 대한 기억의 비율은

$$\frac{dA}{dt} = k_1(M - A) - k_2 A$$

로 주어진다. 여기서 $k_1 > 0$, $k_2 > 0$이고 $A(t)$는 시간 t에서 기억되어져야 하는 양이며 M은 기억되어져야 하는 총 양을 나타내면 $M - A$는 기억되어야할 것으로 남아있는 양이다.

(a) 미분방정식이 자율적이므로 2.1절의 위상 사진의 개념을 이용하여 $t \to \infty$일 때 $A(t)$의 극한 값을 구하여라. 그리고 그 결과를 설명하여라.

(b) $A(0) = 0$에 대하여 미분방정식을 풀어라. $A(t)$의 그래프를 그리고 (a)에 있는 예측을 증명하여라.

45 **심장 보조장치** 그림 3.1.14에 있는 심장 보조장치는 개폐기, 전지, 축전기 그리고 저항기로서의 심장으로 되어 있다. 개폐기 S가 P에 있을 때 축전지는 충전된다. S가 Q에 있을 때 축전지는 전기적 자극을 심장에 보내면서 방전된다. 2.3절의 연습문제 53에서 전기적 자극이 심장으로 보내지는 시간동안 심장을 지나는 전압은 선형 미분방정식

$$\frac{dE}{dt} = -\frac{1}{RC}E$$

를 만족한다.

(a) $0 < t < t_1$인 길이가 t_1인 시간 구간에서 개폐기 S가 그림 3.1.14와 같이 P에 있고 축전지가 충전되고 있다고 가정하자. 시간 t_1에서 개폐기가 Q로 옮겨졌을 때 $t_1 \le t < t_1 + t_2$인 길이가 t_2인 시간 구간에서 축전지는 전기적 자극을 심장에 보내면서 방전된다. 따라서 $0 < t < t_1 + t_2$인 초기의 충전/방전 구간에서 심장에 대한 전압은 실제적으로 부분적으로 정의되는 미분방정식

$$\frac{dE}{dt} = \begin{cases} 0, & 0 \le t < t_1 \\ -\dfrac{1}{RC}E, & t_1 \le t < t_1 + t_2 \end{cases}$$

에 의하여 모형화된다.

P와 Q사이에서 S를 움직여서 길이가 t_1이고 t_2인 시간 구간들에서 충전과 방전이 무한히 반복된다. $t_1 = 4\,s$, $t_2 = 2\,s$, $E_0 = 12\,V$ 그리고 $E(0) = 0$, $E(4) = 12$, $E(6) = 0$, $E(10) = 12$, $E(12) = 0$을 가정하자. 구간 $0 \le t \le 24$에서 $E(t)$를 구하여라.

(b) 예증을 위하여 $R = C = 1$이라고 가정하자. 그래프를 그리는 도구를 사용하여 구간 $0 \le t \le 24$에서 (a)에 있는 초깃값 문제에 대한 해의 그래프를 그려라.

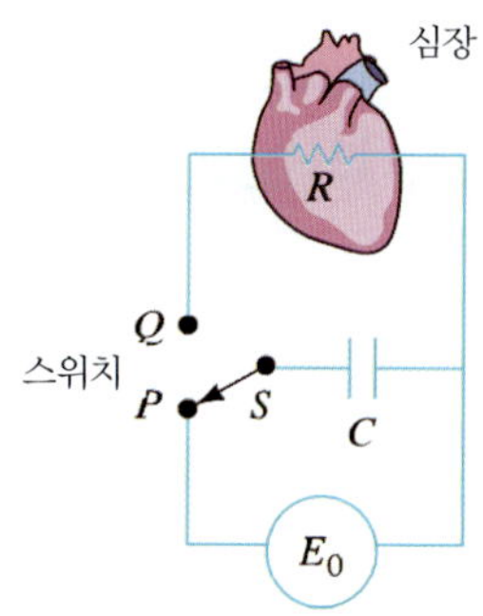

그림 3.1.14 문제 45에 있는 보조기의 모형

46 미끄럼 상자

(a) 질량이 m 인 상자가 그림 3.1.15에서와 같이 수평선과 θ 의 각도를 이루는 기울어진 평면을 미끄러져 내려온다. 다음 세 경우에 대하여 시간 t 에서 상자의 속도 $v(t)$에 대한 미분방정식을 구하여라.

(i) 미끄럼마찰이 없고 공기 저항도 없는 경우

(ii) 미끄럼마찰은 있고 공기 저항은 없는 경우

(iii) 미끄럼마찰이 있고 공기 저항도 있는 경우

(ii)와 (iii)의 경우 μ 가 미끄럼마찰의 계수이고 N 이 상자 무게의 법선 성분일 때 상자의 움직임과 반대인 마찰의 힘은 μN 이라는 사실을 이용한다. (iii)의 경우 공기 저항은 순간의 속도에 비례한다고 가정한다.

(b) (a)에서 상자의 무게가 96파운드이고 평면이 기운 각도가 $\theta = 30°$ 이며 미끄럼마찰 계수가 $\mu = \sqrt{3}/4$ 이

고 공기 저항에 따른 뒤처진 힘이 수치적으로 $\frac{1}{4}\nu$ 와

같다고 가정하자. 상자가 지상으로부터 50피트 위의 지점에서 정지 상태에서 시작한다고 가정하고 세 가지 경우에 대하여 미분방정식을 구하여라.

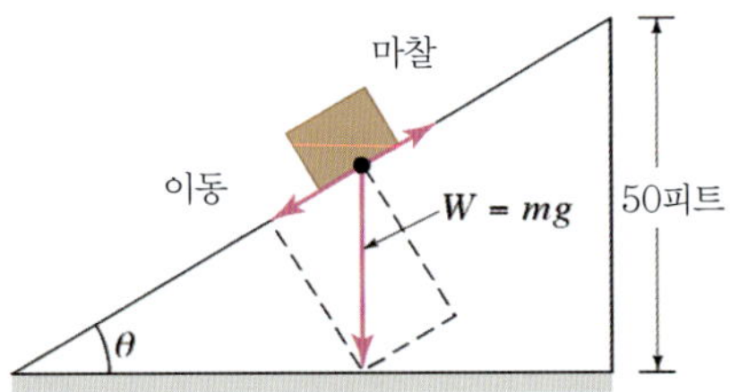

그림 3.15 문제 46에서 경사진 면을 미끄러져 내려오는 상자

47 미끄럼 상자 - 계속

(a) 문제 46에서 $s(t)$를 최고점으로부터 기울어진 평면을 따라서 아래로 측정한 거리라고 하자. $ds/dt = \nu(t)$와 문제 46의 (b)에 있는 세 가지 경우의 해를 이용하여 상자가 경사면 아래로 완전히 미끄러져 내려오는데 걸리는 시간을 구하여라. 컴퓨터 대수체계의 해 발견하기 응용이 여기서 유용하게 사용된다.

(b) 마찰($\mu \neq 0$)은 있지만 공기 저항은 없는 경우 경사각도 θ가 $\tan\theta \leq \mu$를 만족하면 지상으로부터 최고점인 곳에서 정지상태에서 시작하여 상자가 평면을 미끄러져 내려오지 않는 이유를 설명하여라.

(c) 만일 초기속도 $\nu(0) = \nu_0 > 0$이면 $\tan\theta \leq \mu$일 때 상자는 평면을 미끄러져 내려올 것이다. $\mu = \sqrt{3}/4$ 이

고 $\theta = 23^0$ 라고 가정하자. $v_0 = 1\ ft/s$ 일 때 상자가 얼마나 빨리 평면에서 미끄러져 내려오는가?

(d) $\mu = \sqrt{3}/4$과 $\theta = 23^0$ 를 이용하여 상자가 지상으로부터 최고 점 50 ft 높이에서 정지상태에서 출발하여 경사면을 따라서 완벽하게 미끄러져 내려오기 위한 최소의 초기속도 ν_0 의 근삿값을 구하여라. 그런 다음 평면을 완전히 내려오는데 걸리는 시간을 구하여라.

48 위로 올라가기

(a) 공기 저항이 무시된 모형인 문제 36의 (a)는 포탄이 최고 높이에 도달하는 시간 t_a가 포탄이 최고 높이에서 지상으로 떨어지는 시간 t_d와 같음은 잘 알려져 있다. 이에 더하여 충격속도 ν_i 의 크기는 포탄의 초기속도 ν_0와 같을 것이다. 이 결과들을 증명하여라.

(b) 공기 저항을 고려한 문제 37의 모형을 이용하여 t_a와 t_d의 값을 비교하고 ν_i 의 크기와 ν_0 의 크기를 비교하여라. 컴퓨터 대수체계(또는 그래프 계산기)의 해 발견하기 응용이 여기서 중요하게 사용된다.

3.2 비선형 모형들

필요한 개념

- 1.3절의 식 (5), (6), (10) 그리고 1.3절 연습문제 7, 8, 13, 14, 17
- 2.2절에 있는 변수 분리

소개 | 하나로 된 1계 미분방정식들에 대한 연구를 몇 가지 비선형 모형들을 연구하는 것으로 마무리한다.

인구 역학 만일 $P(t)$가 시간 t에서 인구의 크기를 나타날 때 지수적인 증가에 대한 모형은 적당한 $k>0$에 대하여 $dP/dt=kP$라는 가정에서 시작된다. 이 모형에서

$$\frac{dP/dt}{P} \tag{1}$$

로 정의된 **상대적**인 또는 **특정**한 **증가 비율**은 상수 k이다. 오랜 기간 동안의 지수적인 증가에 대한 실제 경우는 발견하기 매우 힘든데 이것은 환경에 대한 제한적인 자원이 인구의 증가를 제한하도록 작용하기 때문이다. 따라서 다른 모형들에 대하여 식 (1)은 인구 P의 크기가 증가함에 따라서 감소될 것으로 예측할 수 있다.

인구 증가 (또는 감소)의 비율이 단지 현재의 인구에 의존할 뿐이며 계절적인 현상(1.3절 연습문제 33번 참조)과 같은 어떠한 시간에 의존하는 기구에 의존하지 않는다고 가정하면

$$\frac{dP/dt}{P}=f(P) \text{ 또는 } \frac{dP}{dt}=Pf(P) \tag{2}$$

로 설명되어질 수 있다. 동물의 개체 수에 대한 모형으로 폭 넓게 사용되는 식 (2)에 있는 미분방정식을 **밀도에 의존하는 가설**(density-dependent hypothesis)이라고 한다.

로지스틱 방정식 환경이 인구를 K명까지만 유지할 수 있다고 가정하자. 이 K의 값을 환경의 **운송 용량**(carrying capacity)이라고 한다. 식 (2)에 있는 함수 f에 대하여 $f(K)=0$이고 $f(0)=r$이라고 둔다. 그림 3.2.1은 이 두 조건을 만족하는 세 함수 f를 보여준다. 우리가 할 수 있는 가장 간단한 가정은 $f(P)$가 $f(P)=c_1P+c_2$인 선형이라는 것이다. 만일 $f(0)=r$이고 $f(K)=0$인 조건을 사용하면 차례로 $c_2=r$이고 $c_1=-r/K$이며 따라서 f는 $f(P)=r-(r/K)P$의 형태가 된다. 식 (2)는

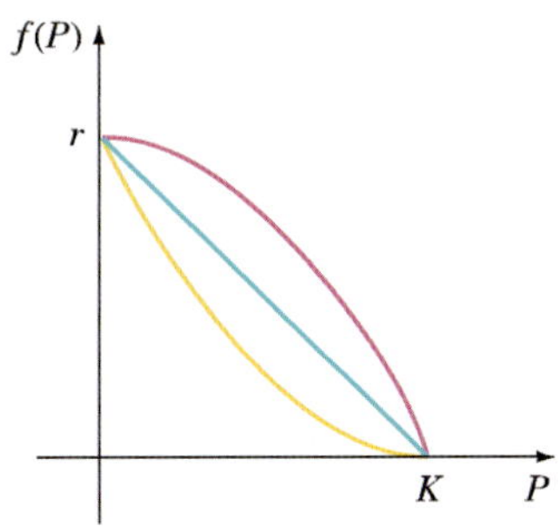

그림 3.2.1 $f(P)$에 대한 가장 간단한 가정은 직선이다. (파란색)

$$\frac{dP}{dt}=P\left(r-\frac{r}{K}P\right) \tag{3}$$

가 된다. 상수를 다시 이름 붙이면 비선형방정식 (3)은

$$\frac{dP}{dt}=P(a-bP) \tag{4}$$

와 같게 된다. 1840년경 벨기에 수학자이며 생물학자였던 베러스트(P. F. Verhulst)는 다양한 나라의 인구수를 예측하기 위하여 수학적 모형을 연구하였다. 그가 연구한 방정식 중의 하나가 식 (4)이었고 이 때 $a>0$, $b>0$ 이다. 식 (4)는 **로지스틱 방정식**으로 알려져 있으며 그 해를 **로지스틱 함수**라고 한다. 로지스틱 함수의 그래프를 **로지스틱 곡선**이라고 한다.

선형 미분방정식 $dP/dt = kP$는 인구수가 매우 큰 경우 인구수에 대한 정확한 모형이 되지 못한다. 공해나 음식과 연료에 대한 과도하고 경쟁적인 수요와 같은 환경에 유해한 효과들로 인한 과도한 조건들이 인구 증가에 방해가 될 수 있다. 이제 보게 되는 것과 같이 식 (4)의 해는 $t \to \infty$일 때 유계이다. 만일 식 (4)를 $dP/dt = aP - bP^2$이라고 나타내면 $b > 0$일 때 비선형인 항 $-bP^2$은 "방해" 또는 "경쟁"항으로 설명된다. 대부분의 응용에서 양의 상수 a는 상수 b보다 매우 크다. 로지스틱 곡선은 제한된 공간에서 박테리아, 원생동물, 물벼룩(Daphnia)과 과일 파리(Drosophila)의 증가 형태를 엄밀하게 설명하는 것으로 알려져 왔다.

로지스틱 방정식의 해 식 (4)를 풀기 위한 한 가지 방법은 변수 분리법이다. $dP/P(a - bP) = dt$의 좌변을 분해하여 부분 분수로 만든 후 적분을 하면

$$\left(\frac{1/a}{P} + \frac{b/a}{a - bP}\right)dP = dt$$

$$\frac{1}{a}\ln|P| - \frac{1}{a}\ln|a - bP| = t + c$$

$$\ln\left|\frac{P}{a - bP}\right| = at + ac$$

$$\frac{P}{a - bP} = c_1 e^{at}$$

을 얻는다. 마지막 방정식으로부터

$$P(t) = \frac{ac_1e^{at}}{1 + bc_1e^{at}} = \frac{ac_1}{bc_1 + e^{-at}}$$

이 성립한다.

만일 $P(0) = P_0$, $P_0 \neq a/b$이면 $c_1 = P_0/(a - bP_0)$이고 치환을 하여 간단히 정리하면 해는

$$P(t) = \frac{aP_0}{bP_0 + (a - bP_0)e^{-at}} \tag{5}$$

이다.

$P(t)$의 그래프들 로지스틱 함수 $P(t)$의 그래프의 기본적인 모습은 많은 노력 없이 쉽게 얻을 수 있다. 변수 t가 항상 시간을 나타내고 $t < 0$인 응용은 거의 나타나지 않지만 그럼에도 불구하고 P의 다양한 그래프를 표현할 때 이 구간에 포함하는 것은 흥미 있는 일이다. 식 (5)로부터

$$t \to \infty \text{ 일 때 } P(t) \to \frac{aP_0}{bP_0} = \frac{a}{b} \text{ 이고 } t \to -\infty \text{ 일 때 } P(t) \to 0$$

임을 알 수 있다. 그림 3.2.2에 나타나 있는 점선 $P=a/2b$는 로지스틱 곡선의 변곡점의 종축을 나타낸다. 이를 확인하기 위하여 곱에 대한 미분법칙을 이용하여 (4)를 미분한다.

$$\begin{aligned}\frac{d^2P}{dt^2}=P\left(-b\frac{dP}{dt}\right)+(a-bP)\frac{dP}{dt}&=\frac{dP}{dt}(a-2bP)\\&=P(a-bP)(a-2bP)\\&=2b^2P\left(P-\frac{a}{b}\right)\left(P-\frac{a}{2b}\right).\end{aligned}$$

미적분학으로부터 $d^2P/dt^2=0$을 만족하는 점들이 변곡점이 가능성이 있는 점들이지만 $P=0$와 $P=a/b$는 자명하게 배제될 수 있다. 여기서 $P=a/2b$는 그래프의 오목성이 변할 수 있는 유일한 종축의 값이다. $0<P<a/2b$ 에서 $P''>0$이고 $a/2b<P<a/b$에서 $P''<0$이다. 따라서 왼쪽에서 오른쪽으로 본 것처럼 그래프는 $P=a/2b$에 대응하는 점에서 위로 오목에서 아래로 오목으로 변한다. 초기 조건이 $0<P_0<a/2b$를 만족할 때 $P(t)$의 그래프는 그림 3.2.2(a)에서처럼 S자의 모습을 한다. $a/2b<P<a/b$에 대하여 그래프는 여전히 S자 모양이지만 변곡점은 그림 3.2.2의 (b)에서 보는 바와 같이 음의 t값에서 발생한다.

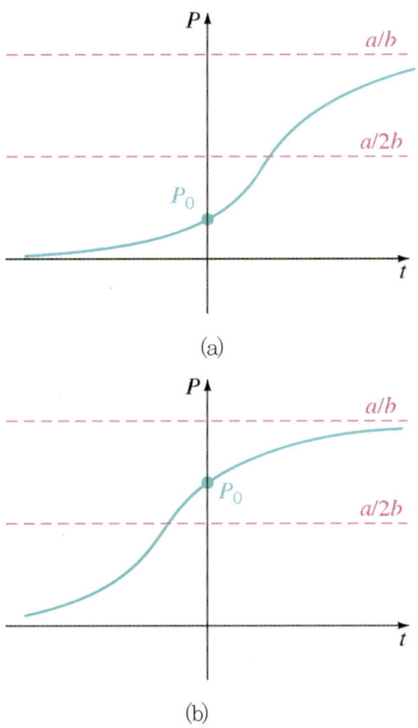

그림 3.2.2 서로 다른 초기 조건에 대한 로지스틱 곡선들

이미 $dx/dt=kx(n+1-x)$, $k>0$ 형태인 1.3절의 (5)에서 식 (4)의 형태를 보았다. 이 미분방정식은 처음에 한명의 감염자에서 시작하여 고정된 인구들에게 전파되는 유행병의 확산을 설명하는 합리적인 모형을 제공한다. 해 $x(t)$는 시간 t에서 질병에 감염된 사람들의 수를 나타낸다.

예제 1 로지스틱 성장

독감 바이러스를 옮기는 학생이 고립된 1000명의 학생이 재학 중인 캠퍼스에 돌아왔다고 가정하자. 바이러스가 확산되는 비율은 감염된 학생의 수 뿐 만이 아니라 감염되지 않는 학생의 수에 비례한다고 가정할 때 4일 후에 관찰된 감염 학생의 수가 $x(4)=50$일 때 6일 후에 감염된 학생의 수를 구하여라.

풀이 아무도 병이 지속되는 동안 캠퍼스를 떠나지 않은 것으로 가정하고 초깃값 문제

$$\frac{dx}{dt}=kx(1000-x),\qquad x(0)=1$$

을 풀어야 한다. $a=1000k$와 $b=k$라고 놓으면 (5)로부터 즉각적으로

$$x(t)=\frac{1000k}{k+999ke^{-1000kt}}=\frac{1000}{1+999e^{-1000kt}}$$

을 얻는다. 이제 $x(4)=50$을 이용하여

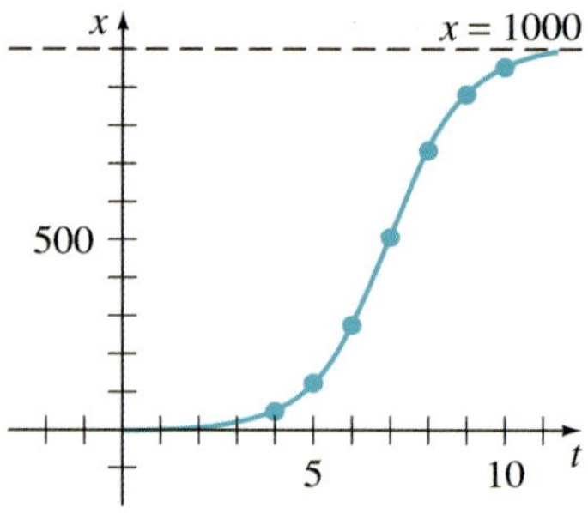

(a)

t(날의 수)	x(감염된 수)
4	50 (관찰된 수)
5	124
6	276
7	507
8	735
9	882
10	953

(b)

그림 3.2.3 예제 1에서 감염된 학생의 수

$$50 = \frac{1000}{1 + 999e^{-4000k}}$$

로부터 k 의 값을 구한다. $-1000k = \frac{1}{4}\ln\frac{19}{999} = -0.9906$ 이므로

$$x(t) = \frac{1000}{1 + 999e^{-0.9906t}}$$

가 된다. 따라서

$$x(6) = \frac{1000}{1 + 999e^{-5.9436}} = 276 \text{ (명)}$$

이 된다. $x(t)$ 에 대한 추가적인 계산 결과는 그림 3.2.3(b)에 있는 표에 있다. 감염된 학생의 수 $x(t)$ 는 t 가 증가함에 따라 1000명에 육박한다. ■

로지스틱 방정식의 변형 로지스틱 방정식은 다양한 형태로 존재한다. 예를 들어, 미분방정식

$$\frac{dP}{dt} = P(a - bP) - h \quad \text{와} \quad \frac{dP}{dt} = P(a - bP) + h \tag{6}$$

들은 각각 물고기가 h 의 비율로 **사육되거나 방류될 때** 양어장에 있는 물고기의 수에 대한 모형으로 알려져 있다. $h > 0$ 가 상수일 때 식 (6)에 있는 미분방정식은 변수 분리에 의하여 양적으로 분석할 수 있거나 해석적으로 해를 구할 수 있다. (6)에 있는 방정식들은 각각 외국으로의 이주로 인한 인구의 감소와 국내로의 이주로 인한 인구의 증가에 대한 모형으로도 사용될 수 있다. (6)에서 비율 h 는 시간 t 의 함수이거나 또는 개체의 수에 의존할 수 있다. 예를 들어, 수확이 시간에 따라서 주기적으로 행해지거나 시간 t 에서 개체의 수 P 에 비례하는 비율로 행해진다고 하자. 후자의 경우 모형은 $P' = P(a - bP) - cP$, $c > 0$와 유사하다. 어떤 사회의 인간의 수는 그 사회의 인구 P 가 매우 작을 때 이민에 기인하는 요소가 매우 크거나 반대로 그 사회의 인구 P 가 매우 클 때 이민에 기인하는 요소가 매우 작은 경우 이민에 의하여 변하게 된다. 한 사회의 인구에 대한 합리적인 모형은 $c > 0$ 이고 $k > 0$ 일 때 $P' = P(a - bP) + ce^{-kP}$ 이다(3.2절의 연습문제 24 참조). (2)에서 주어진 형태의 또 다른 방정식인

$$\frac{dP}{dt} = P(a - b\ln P) \tag{7}$$

는 영국인 수학자 벤자민 곰페르츠(Benjamin Gompertz,1779-1865)의 이름을 딴 **곰페르츠 미분방정식**으로 알려진 로지스틱 방정식의 변형이다. 이 미분방정식은 때때로 인구의 증가와 감소, 딱딱한 종양의 성장과 어떤 종류의 보험 통계의 예측에 대한 연구에서 모형으로 사용된다(3.2절 연습문제 8 참조).

화학적 반응들 A 화학물질 a그램을 B 화학물질 b그램과 섞었다고 하자. 만일 A의 M 부분과 B의 N 부분이 혼합물이 되고 $X(t)$가 만들어진 혼합물 C의 그램 수이면 시간 t에서 남아있는 A 화학물질의 그램 수와 B 화학물질의 그램 수는 각각

$$a-\frac{M}{M+N}X \text{ 와 } b-\frac{N}{M+N}X$$

이다.

질량작용법칙은 온도의 변화가 없을 때 두 물질이 반응하는 비율이 시간 t에서 변하지 않고 남아있는 A의 양과 B의 양의 곱에 비례한다는 것이다.

$$\frac{dX}{dt}\propto\left(a-\frac{M}{M+N}X\right)\left(b-\frac{N}{M+N}X\right) \tag{8}$$

만일 첫 번째 인수로부터 $M/(M+N)$을, 두 번째 인수로부터 $N/(M+N)$을 인수분해하고 비례상수 $k>0$를 도입하면 (8)은

$$\frac{dX}{dt}=k(\alpha-X)(\beta-X) \tag{9}$$

의 형태가 된다. 여기서 $\alpha=a(M+N)/M$이고 $\beta=b(M+N)/N$이다. 1.3절의 (6)으로부터 비선형방정식 (9)에 의하여 설명되는 화학적 반응을 **2차 반응**(second-order reaction)이라고 한다.

예제 2 이차 화학반응

화학물질 A와 B를 혼합하여 혼합물 C가 만들어졌다. 두 화학물질 사이에 남아있는 남은 반응은 1그램의 A에 대하여 4그램의 B가 사용되어 만들어진다. 30그램의 혼합물 C가 10분 만에 만들어지는 것으로 관찰되었다. 반응의 비율이 남아있는 A와 B의 양에 비례하고 초기에 50그램의 A와 32그램의 B가 있다고 할 때 시간 t에서 C의 양을 구하여라. 15분이 지난 후에 얼마나 많은 혼합물 C가 존재하는가? $t\to\infty$ 일 때 해를 해석하여라.

풀이 $X(t)$를 시간 t에서 존재하는 혼합물 C의 그램 수를 나타낸다고 하자. 당연히 $X(0)=0$ 그램이고 $X(10)=30$ 그램이다. 예를 들어 2그램의 혼합물 C가 존재한다면 a그램의 A와 b그램의 B를 사용하여야 했으므로 $a+b=2$이고 $b=4a$이다. 따라서 $a=\frac{2}{5}=2\left(\frac{1}{5}\right)$그램의 화학물질 A와 $b=\frac{8}{5}=2\left(\frac{4}{5}\right)$그램의 화학물질 B를 사용하여야 한다. 일반적으로 X그램의 혼합물 C를 만들기 위하여

$$\frac{1}{5}X\text{그램의 } A\text{와 } \frac{4}{5}X\text{그램의 } B$$

를 사용하여야 한다. 시간 t일 때 남아있는 A와 B의 양들은 각각

$$50-\frac{1}{5}X \text{와 } 32-\frac{4}{5}X$$

이다. 이제 혼합물 C가 만들어지는 비율은

$$\frac{dX}{dt}\propto\left(50-\frac{1}{5}X\right)\left(32-\frac{4}{5}X\right)$$

를 만족한다. 이 식을 간단히 하기 위하여 첫 번째 항을 $\frac{1}{5}$로 인수분해하고 두 번째 항을 $\frac{4}{5}$로 인수분해하고 난 다음 비례상수를 도입한다.

$$\frac{dX}{dt}=k(250-X)(40-X)$$

변수 분리와 부분 분수에 의하여

$$-\frac{1/210}{250-X}dX+\frac{1/210}{40-X}dX=k\,dt$$

라고 쓸 수 있다. 양 변을 적분하면

$$\ln\frac{250-X}{40-X}=210\,kt+c_1 \text{ 이고 이를 정리하면 } \frac{250-X}{40-X}=c_2e^{210\,kt} \tag{10}$$

이다. $t=0$일 때 $X=0$이고 이 점에서 $c_2=\frac{25}{4}$이다. $t=10$에서 $X=30$ 그램이므로 $210k=\frac{1}{10}\ln\frac{88}{25}=0.1258$ 이다. 이 정보를 이용하여 X에 대한 (10)에 있는 마지막 방정식을 푼다.

$$X(t)=1000\frac{1-e^{-0.1258t}}{25-4e^{-0.1258t}} \tag{11}$$

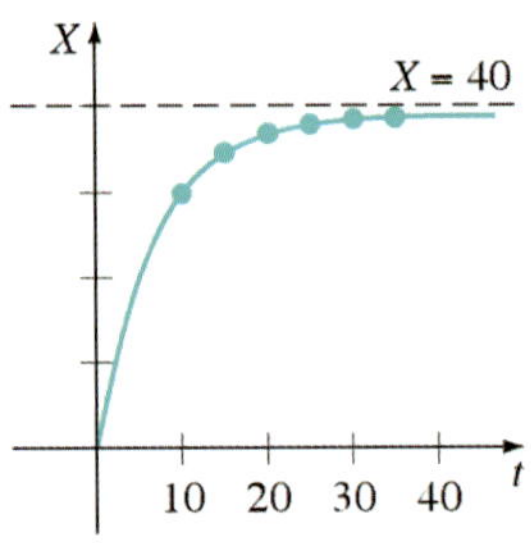

(a)

t(분)	$X(g)$
10	30 (측정된 값)
15	34.78
20	37.25
25	38.54
30	39.22
35	39.59

(b)

그림 3.2.4 예제 2에 있는 혼합물의 그램 수

식 (11)로 부터 $X(15)=34.78$ 그램임을 알 수 있다. 시간에 대한 함수로서 X의 성질은 그림 3.2.4에 나타나 있다. 3.2.4의 표와 (11)로 부터 $t\to\infty$일 때 $X\to40$임은 자명하다. 이것은 $50-\frac{1}{5}(40)=42$ 그램의 A와 $32-\frac{4}{5}(40)=0$ 그램의 B를 남겨두고 40그램의 혼합물 C가 만들어진다는 것을 의미한다. ■

주의

부정적분 $\int du/(a^2-u^2)$는 로그함수, 역 쌍곡 탄젠트 함수 또는 역 쌍곡 코탄젠트 함수를 이용하여 적분할 수 있다. 예를 들어, 다음의 두 가지 결과가 있다.

$$\int\frac{du}{a^2-u^2}=\frac{1}{a}\tanh^{-1}\frac{u}{a}+c,\quad |u|<a \tag{12}$$

$$\int\frac{du}{a^2-u^2}=\frac{1}{2a}\ln\left|\frac{a+u}{a-u}\right|+c,\quad |u|\neq a, \tag{13}$$

(12)는 3.2절의 연습문제 15와 26에 적용가능하며 (13)은 문제 27에 적용하는 것이 좋다.

연습문제 3.2

로지스틱 방정식

1 나라 전체에 있는 슈퍼마켓 중 자동으로 계산을 치루고 나갈 수 있는 슈퍼마켓의 수 $N(t)$는 초깃값 문제

$$\frac{dN}{dt} = N(1 - 0.0005N), \quad N(0) = 1$$

로 설명된다.

(a) 2.1절의 위상 사진 개념을 이용하여 오랜 시간이 지난 후에 이 새로운 체계를 선택할 슈퍼마켓이 얼마나 될 지를 예측하여라. 수작업으로 주어진 초깃값 문제의 해 곡선을 그려라.

(b) 초깃값 문제를 풀고 그래프를 그리는 도구를 사용하여 (a)에 그린 해 곡선을 입증하여라. $t = 10$일 때 얼마나 많은 회사들이 이 새로운 기술을 적용할 것으로 예측되는가?

2 어떤 사회에서 특정한 광고에 노출된 사람의 수 $N(t)$는 로지스틱 함수를 이용하여 나타낼 수 있다. 초기에는 $N(0) = 500$이고 $N(1) = 1000$으로 알려졌다. 이 사회에서 결국 그 광고를 보게 될 사람의 수가 50,000명이라고 할 때 $N(t)$에 대하여 풀어라.

3 큰 도시의 교외지역의 인구 $P(t)$에 대한 모형은 t가 월 단위일 때 초깃값 문제

$$\frac{dP}{dt} = P(10^{-1} - 10^{-7}P), \quad P(0) = 5000$$

으로 설명된다. 인구의 극한 값은 얼마인가? 인구가 극한 값 인구의 절반이 될 때는 언제인가?

4 (a) 1790년과 1950년 사이의 미국의 인구통계가 표 3.2.1에 주어져 있다. 1790년, 1850년, 1910년의 자료를 이용하여 로지스틱 인구 모형을 만들어라.

(b) 실제 인구통계자료와 (a)에 있는 모형에 의하여 예측된 인구를 비교하는 표를 만들어라. 오차를 계산하고 각각의 기입된 짝에 대한 오차와 백분율 오차를 계산하여라.

표 3.2.1

연도	인구수(백만명)
1790	3.929
1800	5.308
1810	7.240
1820	9.638
1830	12.866
1840	17.069
1850	23.192
1860	31.433
1870	38.558
1880	50.156
1890	62.948
1900	75.996
1910	91.972
1920	105.711
1930	122.775
1940	131.669
1950	150.697

로지스틱 모형의 변형

5 (a) 만일 일정한 수 h의 어류가 매 단위 시간당 양어장에서 수확된다면 시간 t에서 개체 수 $P(t)$에 대한 모형은

$$\frac{dP}{dt} = P(a - bP) - h, \quad P(0) = P_0$$

로 주어진다. 여기서 a, b, h와 P_0는 양의 상수들이다. 이제 $a = 5$, $b = 1$이고 $h = 4$로 가정하자. 미분방정식이 자율적이므로 2.1절의 위상 사진의 개념을 이용하여 $P_0 > 4$, $1 < P_0 < 4$와 $0 < P_0 < 1$인 경우에 대

응하는 대표적인 해 곡선들의 그래프를 그려라. 각각의 경우에 장기간의 개체 수의 움직임을 결정하여라.

(b) (a)에 있는 초깃값 문제를 풀어라. 그래프를 그리는 도구를 사용하여 주어진 각각의 세 구간들로부터 초깃값 조건을 갖는 $P(t)$ 의 그래프를 그려서 (a)에 있는 위상 사진의 결과들을 검증하여라.

(c) (a)와 (b)에 있는 정보를 이용하여 양어장에 있는 물고기의 개체 수가 유한한 시간 안에 멸종되는지에 대하여 결정하여라. 만일 멸종이 된다면 그 시간을 구하여라.

6 $a=5,\ b=1,\ h=\dfrac{25}{4}$ 인 경우에 문제 5에 있는 수확 모형을 양적으로 그리고 해석적으로 조사하여라. 개체 수가 유한한 시간 안에 멸종되는지에 대하여 결정하여라. 만일 멸종이 된다면 그 시간을 구하여라.

7 $a=5,\ b=1,\ h=7$ 인 경우에 대하여 문제 6을 다시 풀어라.

8 (a) 곰페르츠 미분방정식 (7)에서 $a=b=1$ 이라고 가정하자. 미분방정식이 자율적이므로 2.1절의 위상 사진의 개념을 이용하여 $P_0>e$ 와 $0<P_0<e$ 에 대응하는 대표적인 해 곡선들을 그려라.

(b) (7)에서 $a=1,\ b=-1$ 이라고 하자. 새로운 위상 사진을 이용하여 $P_0>e^{-1}$ 과 $0<P_0<e^{-1}$ 에 대응하는 대표적인 해 곡선들을 그려라.

(c) $P(0)=P_0$ 에 관한 (7)의 양적인 해를 구하여라.

화학적 반응

9 두 화학물질 A 와 B 를 섞어서 화학물질 C 를 만들었다. 반응의 속도는 화학물질 C 로 전환되지 않은 A 와 B 의 순간적인 양의 곱에 비례한다. 초기에 A 가 40그램 있었고 B 가 50그램 있었으며 B 화학물질 1그램당 A 화학물질 2그램이 사용되었다. C 가 10그램이 만들어지는데 5분이 걸린 것으로 관측되었다. 20분 동안에 C 가 얼마나 만들어지겠는가? 오랜 시간이 지난 후 최종적인 C 의 양은 얼마나 되는가? 오랜 시간이 지난 후 남아 있는 A 와 B 의 양은 얼마나 되는가?

10 처음에 A 가 100그램이 있었다고 가정하고 문제 9를 풀어라. 화학물질 C 가 궁극적으로 만들어지는 양의 절반 정도가 만들어지는데 얼마나 걸리는가?

추가적인 비선형 모형들

11 **새고 있는 원기둥 탱크** 직원기둥 모양의 탱크에서 바닥의 원형 구멍을 통해서 물이 새고 있다. 구멍에서 물의 마찰과 수축을 무시하였을 때 1.3절의 (10)에서 본 것처럼 탱크에 있는 물의 높이 h 는

$$\frac{dh}{dt}=-\frac{A_h}{A_w}\sqrt{2gh}$$

로 설명된다. 여기서 A_w 와 A_h 는 각각 물과 구멍의 단면적의 넓이를 의미한다.

(a) 물의 초기 높이가 H 일 때 미분방정식을 풀어라. 수작업으로 $h(t)$ 의 그래프를 그리고 기호 A_w, A_h 와 H 를 이용하여 정의되는 구간 I 를 구하여라. $g=32\ \text{ft/s}^2$ 을 이용하여라.

(b) 탱크의 높이가 10피트이고 반경이 2피트이며 원형의 구멍은 반지름이 $\dfrac{1}{2}$ 인치라고 가정하자. 만일 탱크가 초기에 꽉 차 있었다면 완전히 비워지는데 얼마나 걸
리겠는가?

12 **새고 있는 원기둥 탱크 – 계속** 구멍에서 물의 마찰과 수축이 고려될 때 문제 11에 있는 모형은 $0<c<1$ 일 때

$$\frac{dh}{dt}=-c\frac{A_h}{A_w}\sqrt{2gh}$$

로 주어진다. 만일 $c=0.6$ 이면 문제 11(b)에서 탱크가 비워지는데 얼마나 걸리겠는가? 1.3절의 문제 13을 참조하여라.

13 **새고 있는 원뿔 모양의 탱크** 정점이 아래에 있는 직원뿔 모양의 탱크의 바닥에 원형 모양의 구멍을 통해서 물이 새고 있다.

(a) 탱크의 높이가 20피트이고 반지름이 8피트이며 원형의 구멍은 반지름이 2인치라고 가정하자. 1.3절의 문제 14에서 탱크로부터 새는 물의 높이 h 에 관련된 미분방정식은

$$\frac{dh}{dt}=-\frac{5}{6h^{3/2}}$$

였다. 이 모형에 있는 구멍에서 $c=0.6$ 인 물의 마찰과 수축이 고려되었고 $g=32\ \text{ft/s}^2$ 이다(그림 1.3.12 참

조). 만일 탱크가 초기에 꽉 차 있었다면 완전히 비워지는데 얼마나 걸리겠는가?

(b) 만일 탱크의 정점의 각도가 $60°$이고 원형의 구멍은 반지름이 2인치라고 가정하자. 물의 높이 h와 관련된 미분방정식을 결정하여라. $c = 0.6$과 $g = 32\ \text{ft}/\text{s}^2$를 이용하여라. 만일 물의 높이가 초기에 9피트였다면 탱크가 비는데 얼마나 걸리겠는가?

14 뒤집혀진 원뿔 모양의 탱크 그림 3.2.5와 같이 문제 13(a)에 있는 원뿔모양의 탱크가 뒤집어져 있고 원형 바닥의 중앙에 2인치 크기의 원형 모양의 구멍을 통해서 물이 새고 있다고 가정하자. 물이 꽉 찬 탱크가 비워지는 시간과 13번 문제에 있는 정점이 아래에 위치한 물이 꽉찬 탱크의 물이 비워지는 시간은 같은가? 마찰/수축 계수는 $c = 0.6$이고 $g = 32\ \text{ft}/\text{s}^2$이다.

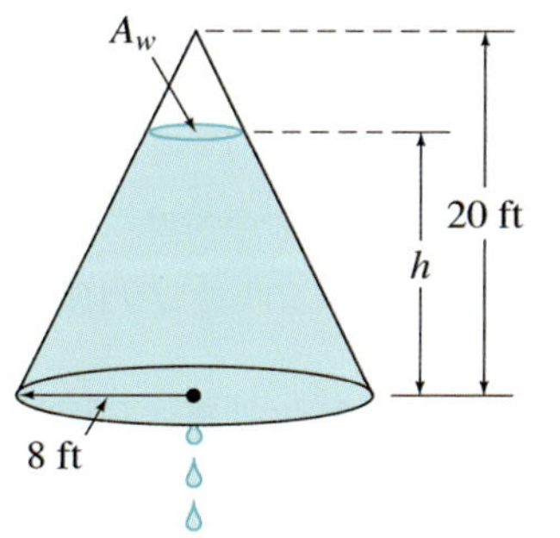

그림 3.2.5 문제 14에 있는 뒤집혀진 원뿔모양의 탱크

15 공기 저항 순간 속도의 제곱에 비례하는 공기 저항을 갖는 m인 질량을 갖는 물체의 낙하 속도 ν에 대한 미분 방정식은

$$m\frac{dv}{dt} = mg - kv^2$$

이다. 여기서 $k > 0$는 비례 상수이고 양의 방향은 아래쪽이다.

(a) 초기조건 $v(0) = v_0$에 대한 미분방정식을 풀어라.

(b) (a)에 있는 해를 이용하여 물체의 최종 속도를 구하여라. 2.1절의 연습문제 41번에서 미분방정식을 풀지 않고 어떻게 최종 속도를 구하는지를 알았다.

(c) 만일 물체가 지상 위에 놓여진 지점에서부터 측정한 거리 s가 $ds/dt = \nu(t)$에 의한 속도 ν와 관련이 된다면 $s(0) = 0$일 때 $s(t)$에 대한 양적인 표현을 구하여라.

16 얼마나 높게 - 비선형 공기저항 3.1절의 연습문제 36과 37에 있는 초기 속도가 $v_0 = 300\ \text{ft/s}$이고 수직으로 위로 발사된 16 파운드의 포탄을 생각해 보자. 만일 공기 저항이 순간 속도의 제곱에 비례할 때 포탄이 도달할 수 있는 최고 높이를 구하여라. 양의 방향이 위쪽이고 $k = 0.0003$으로 가정한다. [힌트: 문제 15의 미분방정식을 약간 변형한다.]

17 가라앉는 느낌

(a) 저항이 순간 속도의 제곱에 비례하고 크기가 아르키메데스의 원리에 의하여 주어지는 위쪽으로의 부력이 작용하는 물속에 가라앉고 있는 질량이 m인 물체의 속도 $v(t)$에 대한 미분방정식을 구하여라(1.3절의 연습 문제 18 참조). 양의 방향이 아래로 향하는 방향이라고 가정한다.

(b) (a)에 있는 미분방정식을 풀어라.

(c) 가라앉고 있는 물체의 최종 속도를 구하여라.

18 태양 집전자 미분방정식

$$\frac{dy}{dx} = \frac{-x + \sqrt{x^2 + y^2}}{y}$$

은 한 점으로 들어오는 모든 빛살을 반사하는 평면 곡선 C의 모습을 설명하며 또한 반사하는 망원경의 거울, 인공위성 안테나 혹은 태양 집전자에 대한 모형이 될 수 있다(1.3절의 연습문제 29를 참조). 이 미분방정식을 풀 수 있는 다양한 방법이 있다.

(a) 미분방정식이 동차임을 증명하여라(2.5절 참조). $y = ux$의 치환을 이용하면 주어진 미분방정식은

$$\frac{u\,du}{\sqrt{1+u^2}\,(1-\sqrt{1+u^2}\,)} = \frac{dx}{x}$$

으로 변형됨을 보여라. 컴퓨터 대수체계(또는 적절한 치환)를 이용하여 이 식의 좌변을 적분하여라. 곡선 C가 원점을 초점으로 하는 포물선이고 x축에 대하여 대칭임을 보여라.

(b) 첫 번째 미분방정식은 $u = x^2 + y^2$의 치환을 이용하여 풀 수 있음을 증명하여라.

19 쓰나미

(a) 쓰나미의 모습에 대한 단순한 모형은

$$\frac{dW}{dx} = W\sqrt{4 - 2W}$$

로 주어진다. 여기서 $W(x) > 0$는 근해에 관련된 위치

의 함수로 표현된 파도의 높이이다. 관찰에 의하여 미분방정식의 모든 상수 해들을 구하여라.

(b) (a)에 있는 미분방정식을 풀어라. 컴퓨터 대수체계가 적분을 계산하는데 매우 유용하다.

(c) 그래프를 그리는 도구를 이용하여 초기조건 $W(0)=2$ 를 만족하는 모든 해들의 그래프를 그려라.

20 **증발** 반구 모양 탱크처럼 생긴 야외 장식용 연못에 바닥의 삽입물을 통해서 탱크 안으로 물이 채워지고 있다. 탱크의 반경이 $R=10$ 피트이고 물이 $\pi\,\text{ft}^3/\text{min}$의 비율로 탱크 안으로 들어오고 있으며 시작할 때 탱크 안은 비었다고 가정하자. 그림 3.2.6을 참조할 것. 탱크가 채워짐에 따라서 증발로 인하여 물을 잃는다. 증발의 비율이 물의 표면의 면적 A에 비례하고 비례 상수가 $k=0.01$이라고 가정하자.

(a) 시간 t에서 물의 부피의 변화의 비율 $\dfrac{dV}{dt}$가 실제 비율이다. 이 실제 비율을 이용하여 시간 t에서 물의 높이 h에 대한 미분방정식을 풀어라. 그림에 있는 물의 부피는 $R=10$일 때 $V=\pi Rh^2-\dfrac{1}{3}\pi h^3$이다. h를 이용하여 물 $A=\pi r^2$의 표면의 넓이를 표현하여라.

(b) (a)에 있는 미분방정식을 풀어라. 해의 그래프를 그려라.

(c) 만일 증발이 없다면 탱크가 채워지는데 얼마나 걸리겠는가?

(d) 증발이 있을 때 (c)에서 구한 시간의 물의 깊이는 얼마인가? 탱크가 결국은 채워지겠는가? 당신의 주장을 증명하여라.

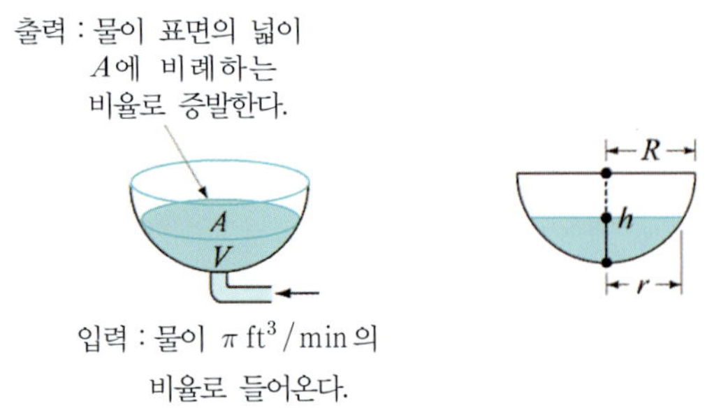

(a) 반구모양의 탱크 (b) 탱크의 단면

그림 3.2.6 문제 20에 있는 장식된 연못

21 **파멸의 방정식**

$k>0$이고 $c\geq 0$인 미분방정식

$$\frac{dP}{dt}=kP^{1+c}$$

를 생각해 보자. 3.1절에서 $c=0$인 경우 선형 미분방정식 $dP/dt=kP$는 무한구간 $[0,\infty)$에서 인구수 $P(t)$가 무한히 증가하는 것을 보여주는 수학적 모델임을 알았다. 이것은 $t\to\infty$일 때 $P(t)\to\infty$임을 의미한다 (104쪽의 예제 1 참조).

(a) $c=0.01$이라 하고 미분방정식

$$\frac{dP}{dt}=kP^{1.01},\quad k>0$$

이 작은 동물의 개체 수에 대한 수학적 모형이라 가정하자. 이 때 t는 월별로 계산한다. 초기조건 $P(0)=10$과 동물의 개체 수가 5개월마다 2배씩 증가한다는 사실을 이용하여 미분방정식을 풀어라.

(b) (a)에 있는 미분방정식을 파멸 방정식이라고 하는데 그 이유는 개체수 $P(t)$가 유한한 시간 구간 $(0,T)$에서 무한 성장함을 보여주기 때문이다. 이것은 $t\to T^-$일 때 $P(t)\to\infty$인 적당한 T가 존재함을 의미한다. T를 구하라.

(c) (a)를 이용하여 $P(50)$과 $P(100)$을 구하라.

22 **파멸 또는 멸종** 식 (4)의 개체 수 모형이

$$\frac{dP}{dt}=P(bP-a)$$

로 변형되었다고 가정하자.

(a) 만일 $a>0$, $b>0$이면 위상 사진(46쪽 참조)을 이용하여 초기조건 $P(0)=P_0$에 따라서 수학적 모형이 파멸의 시나리오($P(t)\to\infty$) 또는 멸종의 시나리오($P(t)\to 0$)을 설명함을 증명하여라.

(b) 초깃값 문제

$$\frac{dP}{dt}=P(0.0005P-0.1),\quad P(0)=300$$

을 풀어라. 이 모형이 유한한 시간 T에서 개체 수에 대한 파멸을 예측하는 모형임을 증명하여라.

(c) 초기조건 $P(0)=100$에 대하여 (b)의 미분방정식을 풀어라. 이 모형이 $t\to\infty$일 때 개체 수에 대한 멸종을 예측하는 모형임을 증명하여라.

프로젝트 문제

23 **회귀선** 산포도와 최소 제곱 선형 적합에 대한 컴퓨터 대수체계의 설명을 읽어보아라. 주어진 자료의 점들에 가장

적합한 직선을 **회귀선** 또는 **최소 제곱 직선**이라고 한다. 해야 할 작업은 회귀선의 방정식이 문제 4에 있는 표의 인구 자료에 바탕을 둔 회귀선의 식처럼 (2)에 있는 $f(P)$를 정의하여 미국 인구에 대한 로지스틱 모형을 만드는 것이다. 이 일을 하는 한 가지 방법은 dP/dt의 자리에 전향 차분 몫

$$Q(t)=\frac{1}{P(t)}\frac{P(t+h)-P(t)}{h}$$

를 사용하여 (2)에 있는 첫 번째 식의 좌변에 있는 $\frac{1}{P}\frac{dP}{dt}$ 에 접근하는 것이다.

(a) $t=0,\ 10,\ 20,\ \cdots,\ 160$과 $h=10$을 사용하여 t, $P(t)$, $Q(t)$의 값에 대한 표를 만들어라. 예를 들어, 표의 첫 번째 줄에는 반드시 $t=0$, $P(0)$, $Q(0)$가 포함되어야 한다. $P(0)=3.929$와 $P(10)=5.308$일 때 $Q(0)=\frac{1}{P(0)}\frac{P(10)-P(0)}{10}=0.035$이다. $Q(160)$은 1960년도의 인구 통계사료에 있는 인구 $P(170)$에 의존한다. 이 값을 찾아보아라.

(b) 컴퓨터 대수체계를 사용하여 (a)에서 계산한 자료 $(P(t),Q(t))$의 산포도를 그려라. 또한 컴퓨터 대수체계를 사용하여 회귀선의 방정식을 구하고 산포도들 위에 회귀선의 그래프를 겹쳐서 그려라.

(c) $f(P)$가 (b)에서 구한 회귀선의 방정식일 때 로지스틱 모형 $dP/dt=Pf(P)$를 만들어라.

(d) 초기 조건 $P(0)=3.929$를 사용하여 (c)에 있는 모형을 풀어라.

(e) 컴퓨터 대수체계를 사용하여 (a)에 있는 표로부터 순서쌍 $(t,P(t))$의 또 다른 산포도를 구하여라. 또한 컴퓨터 대수체계를 사용하여 회귀선의 방정식을 구하고 산포도들 위에 (d)에 있는 해의 그래프를 겹쳐서 그려라.

(f) 1970년, 1980년 그리고 1990년 미국 인구 통계를 찾아보아라. 이 연도들에 대하여 (c)에 있는 로지스틱 모형이 어떤 인구를 예측하는가? $t\to\infty$일 때 미국 인구 $P(t)$에 대하여 모형이 무엇을 예측하는가?

24 이민 모형

(a) 2.1절의 예제 3과 예제 4에서 (4)의 임의의 해 $P(t)$는 $P_0>a/b$와 $0<P_0<a/b$에 대하여 $t\to\infty$일 때 **점근적인 성질**(asymptotic behavior)을 갖는 것을 보았다. 그 결과로 평형 해 $P=a/b$를 **끌개**(attractor)라고 한다. 컴퓨터 대수체계의 해 발견하기 응용을 사용하여 이민 모형

$$\frac{dP}{dt}=P(1-P)+0.3e^{-P}$$

의 근사적인 평형 해를 구하여라.

(b) 그래프를 그리는 도구를 사용하여 함수 $F(P)=P(1-P)+0.3e^{-P}$의 그래프를 그려라. 이 그래프가 어떻게 (a)에서 구한 수가 끌개인지를 결정하는데 사용되는지를 설명하여라.

(c) 수치적 해결도구를 사용하여 $P_0=0.2$와 $P_0=1.2$인 초깃값 문제들

$$\frac{dP}{dt}=P(1-P),\ P(0)=P_0$$

에 대한 해 곡선들과 $P_0=0.2$와 $P_0=1.2$인 초깃값 문제들

$$\frac{dP}{dt}=P(1-P)+0.3e^{-P},\ P(0)=P_0$$

에 대한 해 곡선들을 비교하여라. 같은 좌표축에 모든 곡선들을 겹쳐서 그려라. 하지만 만일 가능하다면 다른 색을 사용하여 두 번째 초깃값 문제의 그래프들을 그려라. 오랜 시간이 지난 후 이민 모형이 로지스틱 모형과 비교하여 인구가 몇 퍼센트가 증가할 것으로 예측되는가?

25 얼마나 높이? 문제 16에서 t_a를 포탄이 최고 높이에 도달하는데 걸리는 시간, t_d를 포탄이 최고 높이에서 지상으로 떨어지는데 걸리는 시간이라고 하자. t_a와 t_d의 값을 비교하고 초기 속도가 v_0일 때 충격 속도 v_i를 구하여라. 3.1절에 있는 문제 48을 참조하여라. 컴퓨터 대수체계의 해 발견하기 응용이 여기서 유용하게 사용된다. [힌트: 포탄이 떨어질 때 문제 15에 있는 모형을 이용하여라.]

26 스카이다이빙 한 스카이다이버가 스톱워치와 고도계를 갖고 있다. 그림 3.2.7에 나와 있는 것처럼 고도 20,000피트 상공으로 날고 있는 비행기에서 벗어나 25초 후에 낙하산을 펴고 고도가 14,800피트인 것을 확인하였다. 공기 저항이 순간 속도의 제곱에 비례하고 비행기를 벗어날 때 초기 속도가 0이고 $g=32\,ft/s^2$이라고 가정하자.

(a) 비행기로부터 측정하여 스카이다이버가 t시간 동안

자유 낙하한 거리 $s(t)$를 구하여라. [힌트: 문제 15에 있는 모형에서 비례 상수 k는 특별히 정해져 있지 않다. 문제 15의 (b)에서 얻은 최종 속도 v_t에 대한 표현을 사용하여 초깃값 문제로부터 k를 제거한 후 v_t에 대하여 풀어라.]

(b) $t = 15$초에서 스카이다이버는 얼마나 낙하하였으며 속도는 얼마인가?

그림 3.2.7 문제 26에 있는 스카이다이버

27 **바닥에 닿기** 한 헬리콥터가 액체(물은 아님)로 가득한 커다란 열린 탱크 위 500피트 상공을 선회한다. 무게가 160 파운드인 조밀하고 아담한 물체가 헬리콥터로부터 정지 상태에서 풀어져서 액체 속으로 떨어졌다. 공기의 저항은 물체가 공중에 있는 동안 순간 속도 v에 비례하는 반면 물체가 액체에 들어간 다음에는 점성 감쇠는 v^2에 비례한다고 가정하자. 공기에 대하여 $k = \frac{1}{4}$로, 액체에 대하여는 $k = 0.1$로 선택한다. 양의 방향이 아래쪽이라고 가정하자. 탱크의 높이가 75피트일 때 물체가 탱크의 바닥에 닿을 때 시간과 충격 속도를 결정하여라. [힌트 : 두 개의 초깃값 문제를 이용하여 생각을 해 보아라. 만일 (13)을 사용하면 절대값을 제거할 때 주의하여야 한다. 물체가 닿을 때 속도—두 번째 문제에 대한 초기 속도—와 액체 속을 지나서 떨어지는 물체의 최종 속도 v_t를 비교하면 좋다.]

28 **올드만 강** 그림 3.2.8(a)에서 y축과 점선으로 표시된 직선 $x = 1$은 각각 서로 1마일 떨어져 있는 강의 서쪽과 동쪽 강가를 나타낸다고 하자. 강물은 일정한 속도 $|\mathbf{v}_r| = v_r\ mi/h$인 $\mathbf{v}_r$로 북쪽으로 흐른다고 하자. 한 사람이 동쪽 강가의 $(1, 0)$인 지점에서 강물로 들어가서 벡터 $\mathbf{v}_s$로 주어진 강에 비례한 비율로 한 방향으로 수영을 한다. 여기서 속력 $|\mathbf{v}_s| = v_s\ mi/h$는 상수이다. 그 사람은 정확히 $(0, 0)$인 서쪽 강가에 도달하기를 원해서 속도 벡터 $\mathbf{v}_s$를 유지하면서 항상 $(0, 0)$인 지점으로 향해 가도록 수영을 한다. 그림 3.2.8(b)를 사용하여 강에서 수영자의 경로에 대한 수학적 모형이

$$\frac{dy}{dx} = \frac{v_s y - v_r\sqrt{x^2 + y^2}}{v_s x}$$

임을 증명하여라. [힌트: 그림 3.2.8에서 보여준 경로를 따라서 수영자의 속도 $\mathbf{v}$는 $\mathbf{v} = \mathbf{v}_s + \mathbf{v}_r$의 결과이다. $\mathbf{v}_s$와 $\mathbf{v}_r$을 x축과 y축 성분들로 분해하여라. 만일 $x = x(t)$와 $y = y(t)$가 수영자의 경로에 대한 매개변수 방정식들이면 $\mathbf{v} = (dx/dt,\ dy/dt)$이다.]

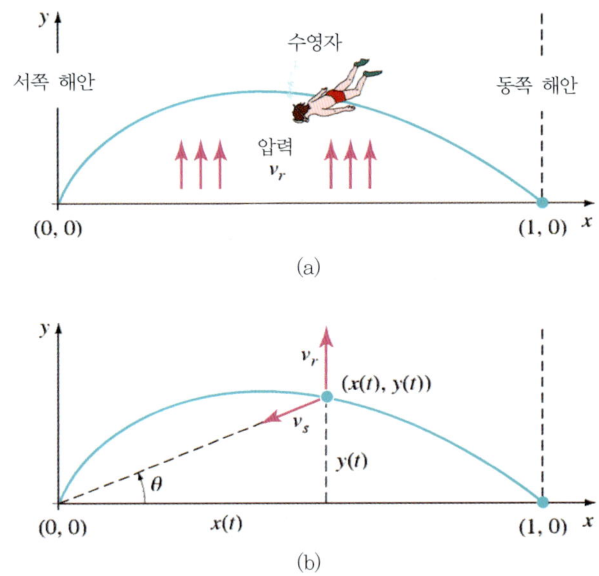

그림 3.2.8 문제 28에 있는 수영자의 경로

29 (a) $y(1) = 0$에 대하여 문제 28에 있는 미분방정식을 풀어라. 쉽게 구할 수 있게 $k = v_r/v_s$라고 둔다.

(b) $k = 1$, $k > 1$과 $k < 1$의 경우에 대하여 $\lim_{x\to 0^+} y(x)$를 조사하여 수영자가 점 $(0, 0)$에 도달하기 위한 v_s의 값을 구하여라.

30 **올드만 강에서 계속 움직이기** 문제 28에 있는 사람이 $(1, 0)$에서 강물로 들어갔지만 이번에는 그의 속도 벡터 v_s가 서쪽 강가를 향한 방향이 되도록 수영을 하기로 했다고 가정하자. 속력 $|\mathbf{v}_s| = v_s\ mi/h$는 상수이다. 강에서 수영한 사람의 경로에 대한 수학적 모형이

$$\frac{dy}{dx} = -\frac{v_r}{v_s}$$

임을 증명하여라.

31 문제 28에서와 같이 일직선인 강에서 흐르는 속력 v_r은 항상 상수인 것은 아니다. 오히려 시간당 마일로 계측한 물이 흐르는 속력에 대한 근삿값은 $v_r(x) = 30x(1-x)$, $0 \le x \le 1$과 같은 함수일 수 있다. 이 값들은 강가에서 (이 경우, $v_r(0) = 0$이고 $v_s(1) = 0$이다.) 작은 값을 갖고 강의 중간에서 최댓값을 갖는다. $y(1) = 0$일 때 문제 30에 있는 미분방정식을 풀어라. 여기서 $v_s = 2\ mi/h$이고 $v_r(x)$는 앞에서 주어진 함수이다. 수영자가 강을 가로질러갈 때, 점 $(0, 0)$에 도달하기 위하여 강을 따라서 얼마나 멀리 걸어가야 하는가?

32 **빗물이 계속 떨어짐** 한 병의 액체로 된 원기회복제를 열었더니 다음의 문구가 병의 뚜껑 안쪽에 적혀있었다.

떨어지는 빗물의 평균속도는 $7\ mils/hour$ 이다.

인터넷의 빠른 검색을 통해서 기상학자 제프 하비가 '평균적인' 구면형태의 빗물의 반경이 0.04인치이고 대략적인 부피는 $0.000000155\,ft^3$이라는 추가적인 정보를 제공하였음을 알았다. 이 자료와 필요하면 다른 자료를 더 검색하여 '떨어지는 빗물의 평균속도는 $7\ milcs/hour$이다.'는 문구가 3.1절의 연습문제 35와 36 그리고 이 절의 15번 문제에 있는 모형에 부합하는지를 결정하기 위한 다른 합리적인 가정을 만들어 보아라(1.3절에 있는 36번 문제 참조).

33 **조용히 흐르는 시간** 물시계인 클렙시드라(clepsydra)는 용기나 탱크의 바닥에 있는 작은 구멍을 통해서 넘쳐 나오는 물의 높이 변화를 관찰함에 의하여 시간의 경과를 측정할 수 있도록 고대 이집트인, 그리스인, 로마인과 중국인들에 의하여 고안되었다.

(a) 탱크가 유리로 만들어졌고 반지름이 1피트인 직원기둥의 모습이라고 하자. 각각의 문제들에서 $h(0) = 2$피트가 탱크의 맨 위까지 차있는 물의 높이이고 바닥에 있는 구멍은 반지름이 $\frac{1}{32}$인치인 원형이고 $g = 32\,ft/s^2$이며 $c = 0.6$이라고 가정한다. 문제 12에 있는 미분방정식을 이용하여 물의 높이 $h(t)$를 구하여라.

(b) (a)에 있는 탱크에서 그림 3.2.9와 같이 1시간이 지났을 때 밑에서부터 얼마나 높은 곳에 마크가 만들어지겠는가? 계속해서 2시간, 3시간, $\cdots$, 12시간이 지났을 때 마크가 어디에 표시될 지를 결정하여라. 이 마크들이 아주 균등하지 않은 이유를 설명하여라.

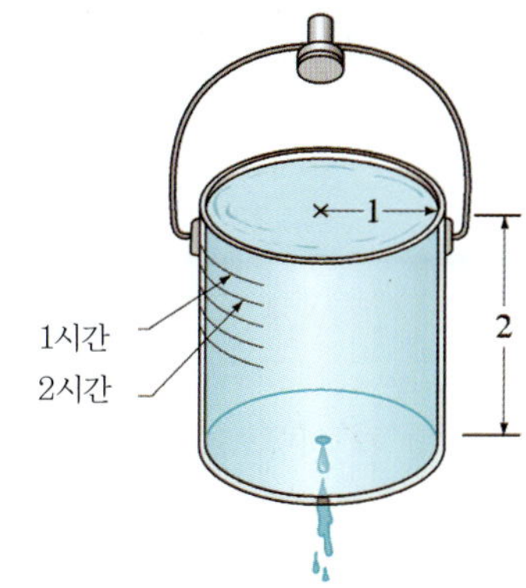

그림 3.2.9 문제 33에 있는 물시계

34 (a) 유리로 된 탱크가 그림 3.2.10과 같이 원형의 단면을 갖는 원뿔의 모습으로 되어있다고 하자. 문제 33의 탱크의 꼭대기까지 물이 채워졌을 때 $h(0) = 2\ ft$이고 바닥의 구멍은 반지름이 $\frac{1}{32}$인치인 원형이고 $g = 32\,ft/s^2$, $c = 0.6$이라고 가정한다. 문제 12에 있는 미분방정식을 이용하여 물의 높이 $h(t)$를 구하여라.

(b) 이 물시계는 1시간과 같은 길이의 12개의 시간 구간으로 측정할 수 있는가? 논리적인 수학을 이용하여 설명하여라.

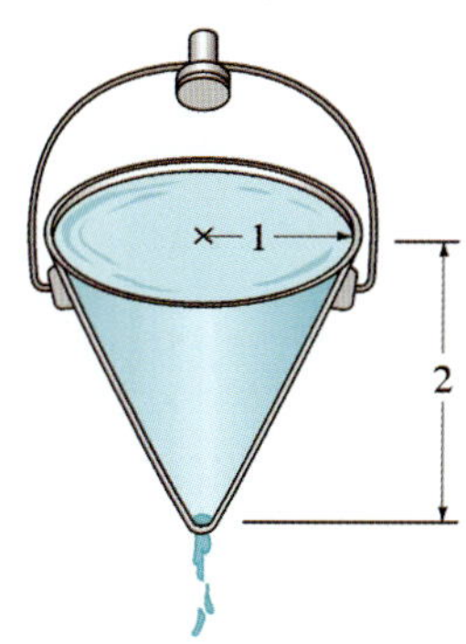

그림 3.2.10 문제 34에 있는 물시계

35 $r = f(h)$가 시간 표시가 균등한 간격으로 된 물 시계의 모습을 정의한다고 하자. 문제 12에 있는 미분방정식을 이용하여 $f(h)$를 구하고 r의 함수로서 전형적인 h의 그래프를 그려라. 구멍의 단면적 A_h가 상수라고 가정한다. [힌트: 이 상황에서 $a > 0$이 상수일 때 $dh/dt = -a$이다.]

3.3 미분방정식 계의 모형

필요한 개념

- 1.3절

소개 | 이 절은 우리가 어떤 수학적 모형들을 논의할 것이라는 점에서 1.3절과 유사하지만 하나의 미분방정식 대신에 1계 미분방정식의 계를 논의한다는 점에서는 다르다. 몇 몇 모형들은 앞선 두 절에서 탐구한 주제를 바탕으로 하겠지만 이 계를 푸는 일반적인 방법으로 심화되지는 않을 것이다. 이에 대한 몇 가지 이유가 있다. 첫째, 이 시점에서 우리는 계를 풀기 위한 필요한 수학적 도구를 갖고 있지 않다. 두 번째, 우리가 논의할 몇몇 계들 — 비선형 1계 미분방정식의 계 — 은 단순하게 해석적으로 풀 수 없다. 우리는 4, 7, 8장에서 선형 미분방정식의 계에 대한 해를 구하는 방법을 학습할 것이다.

선형/비선형계 한 개의 미분방정식은 환경에 따른 하나의 개체들에 대한 수학적 모형으로서 사용될 수 있다. 그러나 만일 같은 환경에서 살아가면서 상호 작용하기도 하고 경쟁하는 두 종족이 있다면(예를 들어, 토끼와 여우) 그들의 개체 수 $x(t)$와 $y(t)$에 대한 모형은

$$\begin{aligned}\frac{dx}{dt} &= g_1(t, x, y)\\ \frac{dy}{dt} &= g_2(t, x, y)\end{aligned} \tag{1}$$

와 같은 두 개의 1계 선형방정식의 계이다. g_1과 g_2가 x와 y에 대하여 선형적일 때 — 즉, g_1과 g_2가 $g_1(t, x, y) = c_1x + c_2y + f(t)$와 $g_2(t, x, y) = c_3x + c_4y + f_2(t)$의 형태이고 계수 c_i가 t에 의존할 때 — (1)은 **선형계**라고 정의된다. 선형적이지 않은 미분방정식의 계를 **비선형계**라고 정의한다.

방사성 계열 1.3절과 3.1절의 방사성 붕괴에 대한 논의에서 붕괴의 비율이 시간 t에서 존재하는 물질의 핵의 양 $A(t)$에 비례한다고 가정하였다. 한 물질이 방사능에 의하여 붕괴될 때 늘 안정된 물질로 한 단계만 변형되는 것은 아니다. 오히려 첫 번째 물질이 다른 방사성 물질로 붕괴되고 차례로 세 번째 물질, 네 번째 물질 등등으로 붕괴된다. 안정적인 원소가 될 때 까지 계속해서 일어나는 이 과정을 **방사성 붕괴 계열**(radioactive decay series)이라고 한다. 예를 들어 우라늄 붕괴 계열은 U-238 → Th-234 → ⋯ → Pb-206인데 Pb-206이 납의 안정적인 동위핵이다. 방사성 계열에서 다양한 원소의 반감기들은 수십억 년(U-238의 경우 4.5×10^9 년)부터 $\frac{1}{2}$ 초까지 다양하다. 방사성 붕괴가 개략적으로

$$X \xrightarrow{-\lambda_1} Y \xrightarrow{-\lambda_2} Z$$

로 설명된다고 하자. 여기서 $k_1 = -\lambda_1 < 0$와 $k_2 = -\lambda_2 < 0$ 는 각각 물질 X와 Y에 대한 붕괴 상수들이며 Z는 안정정인 원소이다. 또한 $x(t)$, $y(t)$, $z(t)$를 각각 물질 X, Y, Z가 시간 t일 때 남은 양이라고 하자. 원소 X의 붕괴는

$$\frac{dx}{dt} = -\lambda_1 x$$

로 설명되는 반면에 두 번째 원소 Y가 붕괴되는 비율은 순수하게 비율

$$\frac{dy}{dt} = \lambda_1 x - \lambda_2 y$$

인데 이것은 Y가 X의 붕괴로부터 원자들을 얻고 동시에 자기 자신의 붕괴로부터 원자를 잃기 때문이다. Z는 안정적인 원소이므로 단순히 Y의 붕괴로부터 원자를 얻는다.

$$\frac{dz}{dt} = \lambda_2 y$$

다시 말해서 세 원소에 대한 방사성 붕괴 계열의 모형은 세 개의 1계 미분방정식

$$\begin{aligned} \frac{dx}{dt} &= -\lambda_1 x \\ \frac{dy}{dt} &= \lambda_1 x - \lambda_2 y \\ \frac{dz}{dt} &= \lambda_2 y \end{aligned} \tag{2}$$

의 계이다.

혼합물 그림 3.3.1에 있는 두 탱크를 보자. 논의를 위하여 탱크 A에는 50갤런의 물에 25파운드의 소금이 녹아있다고 하고 탱크 B에는 순수한 물 50갤런이 있다고 가정하자. 액체가 그림과 같이 탱크 안으로 들어왔다가 나간다고 하자. 혼합물이 두 탱크 사이에서 교환되고 잘 혼합된 액체가 탱크 B밖으로 빠져나온다고 가정한다. 시간 t에서 $x_1(t)$와 $x_2(t)$가 각 탱크 A와 B에 있는 소금 무게의 파운드 수를 나타내는 수학적 모형을 만들고자 한다.

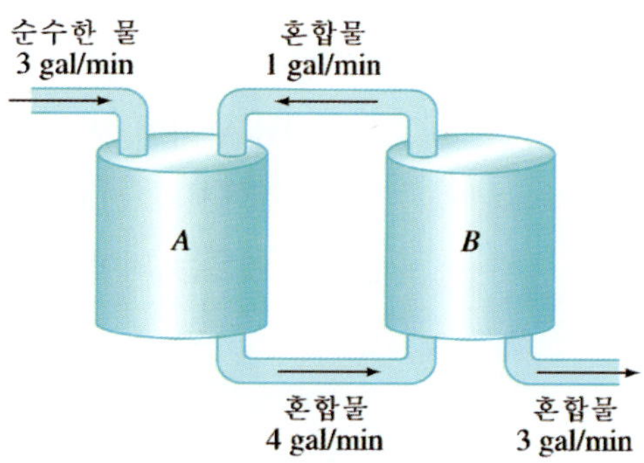

그림 3.3.1 연결된 혼합 탱크들

1.3절의 28쪽과 3.1절의 예제 5와 유사한 해석에 의하여 탱크 A에 대한 $x_1(t)$의 순수한 변화 비율이

$$\frac{dx}{dt} = \overbrace{(3\,\text{gal/min}) \cdot (0\,\text{lb/gal} + (1\,\text{gal/min}) \cdot \left(\frac{x_2}{50}\,\text{lb/gal}\right)}^{\text{소금의 입력 비율}}$$

$$- \overbrace{(4\,\text{gal/min}) \cdot \left(\frac{x_1}{50}\,\text{lb/gal}\right)}^{\text{소금의 출력 비율}}$$

$$= -\frac{2}{25}x_1 + \frac{1}{50}x_2$$

임을 알 수 있다. 같은 방법으로 탱크 B에 대한 $x_2(t)$의 순수 변화 비율은

$$\frac{dx_2}{dt} = 4 \cdot \frac{x_1}{50} - 3 \cdot \frac{x_2}{50} - 1 \cdot \frac{x_2}{50}$$

$$= \frac{2}{25}x_1 - \frac{2}{25}x_2$$

이다. 따라서 선형계

$$\begin{aligned} \frac{dx_1}{dt} &= -\frac{2}{25}x_1 + \frac{1}{50}x_2 \\ \frac{dx_2}{dt} &= \frac{2}{25}x_1 - \frac{2}{25}x_2 \end{aligned} \tag{3}$$

를 얻는다. 앞선 계는 초기 조건들 $x_1(0) = 25$, $x_2(0) = 0$에 의하여 수행됨을 명심하여야 한다.

포식자-먹이 모형 서로 다른 두 종류의 동물들이 같은 환경에서 상호작용하고 첫 번째 종류의 동물들은 채식만을 하고 두 번째 종류의 동물들은 오직 첫 번째 종류의 동물들을 잡아먹기만 한다고 가정하자. 다시 말해서 한 종족은 포식자이고 다른 종족은 먹이이다. 예를 들어 늑대들은 풀을 먹고 사는 순록을 사냥하고 상어들은 작은 생선들을 먹어치우며 눈부엉이는 레밍이라고 불리는 북극지방의 설치류를 추적한다.

논의를 위하여 포식자는 여우이고 먹이는 토끼라고 가정한다.

시간 t에서 $x(t)$와 $y(t)$를 각각 여우와 토끼의 개체 수라고 하자. 만일 토끼가 없다면 여우는 먹이의 부족으로 인하여

$$\frac{dx}{dt} = -ax, \quad a > 0 \tag{4}$$

을 따라서 개체의 수가 감소한다. 하지만 토끼가 같은 환경에 존재하면 단위 시간

당 이 두 종족사이의 상호작용 또는 만남의 수는 그들의 개체 수 x와 y에 연합하여 비례 — 즉, 곱 xy에 비례 — 하는 것이 합리적이다. 토끼가 존재하면 식량이 제공되는 것이고 따라서 여우들은 $b>0$에 대하여 bxy의 비율로 계에 대하여 늘어난다. 이 마지막 비율을 식 (4)에 추가하면 여우의 개체 수에 대한 모형을 얻을 수 있다.

$$\frac{dx}{dt} = -ax + bxy \tag{5}$$

반대로 만일 여우가 없다면 무한한 식량이 제공된다는 가정하여 토끼들은 시간 t일 때 존재하는 토끼의 수에 비례하는 비율로 증가한다.

$$\frac{dy}{dt} = dy, \quad d>0 \tag{6}$$

하지만 여우가 존재할 때 토끼의 개체 수에 대한 모형은 식 (6)에서 $c>0$에 대하여 cxy만큼 감소한다. 이것은 토끼들이 여우와 만나서 잡혀 먹히는 비율만큼 감소한다는 것을 말한다.

$$\frac{dy}{dt} = dy - cxy \tag{7}$$

식 (5)와 (7)들은 비선형 미분방정식계

$$\begin{aligned} \frac{dx}{dt} &= -ax + bxy = x(-a+by) \\ \frac{dy}{dt} &= dy - cxy = y(d-cx) \end{aligned} \tag{8}$$

을 형성한다. 여기서 a, b, c, d 들은 모두 양의 상수들이다. 이 유명한 방정식의 계는 **로카-볼테라 포식자-먹이 모형**으로 알려져 있다. 두 개의 상수 해인 $x(t)=0$, $y(t)=0$와 $x(t)=d/c$, $y(t)=a/b$를 제외하고 비선형 계 (8)은 기본적인 함수들을 이용하여 풀 수 없다. 하지만 우리는 이러한 계를 양적으로 그리고 질적으로 분석할 수 있다(9장의 "상미분방정식의 수치적 해법"과 10장의 "평면 자율 계"를 참조).

예제 1 포식자-먹이 모형

$$\begin{aligned} \frac{dx}{dt} &= -0.16x + 0.08xy \\ \frac{dy}{dt} &= 4.5y - 0.9xy \end{aligned}$$

가 포식자-먹이 모형을 나타낸다고 가정하자. 우리는 지금 개체 수를 다루고 있기 때문에 $x(t) \geq 0$, $y(t) \geq 0$이다. 수치적 해결도구를 사용하여 얻은 그림 3.3.2는

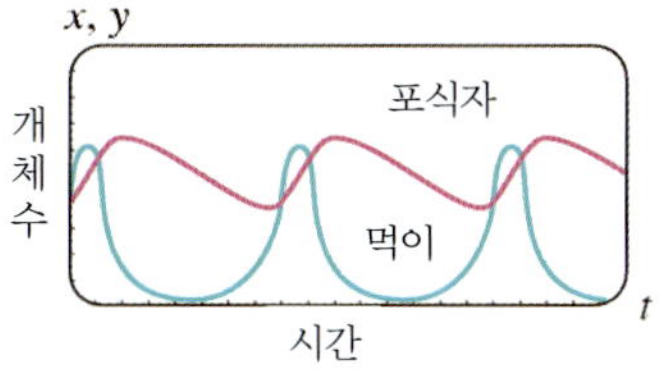

그림 3.3.2 예제 1에 있는 포식자(빨간색)와 먹이(파란색)의 개체수

같은 좌표평면상에 겹쳐서 그려진 이 모형에 대한 포식자와 먹이의 전형적인 개체 수의 곡선들을 보여준다. 초기 조건으로 $x(0) = 4$와 $y(0) = 4$가 사용되었다. 검은 색의 곡선은 포식자(여우)의 개체 수 $x(t)$를 나타내고 파란 색의 곡선은 먹이(토끼)의 개체 수 $y(t)$를 나타낸다. 모형은 두 개체의 수 $x(t)$와 $y(t)$가 시간에 따라서 주기적인 것으로 예측하게 한다. 이 예측은 직관적으로 맞는데 그 이유는 먹이의 수가 감소함에 따라서 포식자의 개체 수는 궁극적으로 먹이의 수가 줄어듦에 따라서 감소하게 되고 반대로 포식자의 수가 줄어듦에 따라서 먹이의 수가 다시 증가하게 된다. 그런 후 이것은 포식자의 수를 증가하는 것을 야기하고 궁극적으로는 먹이의 수에 대한 또 다른 감소가 야기된다.

경쟁 모형 이제 두 개의 서로 다른 종류의 동물들이 같은 환경 속에서 살고 있다고 가정하자. 하지만 포식자와 먹이의 관계가 아니라 같은 환경 안에서 같은 자원(음식과 삶의 공간)을 놓고 경쟁한다고 하자. 상대편 종족이 존재하지 않았을 때 각 개체 수가 증가하는 비율은 각각

$$\frac{dx}{dt} = ax\,, \quad \frac{dy}{dt} = cy \tag{9}$$

로 주어진다고 가정하자.

두 종족이 경쟁을 하기 때문에 이 비율들은 다른 개체 수의 영향으로 인하여 줄어들 것이라고 하는 또 다른 가정을 할 수 있다. 따라서 이 두 개체에 대한 모형은 선형계

$$\begin{aligned}\frac{dx}{dt} &= ax - by\\ \frac{dy}{dt} &= cy - dx\end{aligned} \tag{10}$$

로 주어진다. 여기서 a, b, c, d 들은 모두 양의 상수들이다. 한편 (5)에서 처럼 (9)에 있는 각각의 증가 비율은 두 종족 간의 상호작용의 수에 비례하여 감소될 것이다.

$$\begin{aligned}\frac{dx}{dt} &= ax - bxy\\ \frac{dy}{dt} &= cy - dxy\end{aligned} \tag{11}$$

자세히 보면 이 비선형계는 로카-볼테라 포식자-먹이 모형과 유사하다. 마지막으로 고립된 지역에서 각 종족이 지수적으로 증가하고 있다고 나타낸 (9)에 있는 비율을 로그적으로 증가하고 있는 비율(이것은 오랜 시간이 지난 후에 인구가 유계가 된다는 것을 의미한다)로 대체하는 것이 현실적이다.

$$\frac{dx}{dt} = a_1 x - b_1 x^2, \quad \frac{dy}{dt} = a_2 y - b_2 y^2 \tag{12}$$

이 새로운 비율들이 상호 작용의 수에 비례하는 비율에 의하여 감소될 때 또 다른 비선형 계

$$\begin{aligned} \frac{dx}{dt} &= a_1 x - b_1 x^2 - c_1 xy = x(a_1 - b_1 x - c_1 y) \\ \frac{dy}{dt} &= a_2 y - b_2 y^2 - c_2 xy = y(a_2 - b_2 y - c_2 x) \end{aligned} \tag{13}$$

를 얻는데 여기서 계수들은 모두 양수들이다. 선형계 (10)과 비선형계 (11), (13)을 **경쟁 모형**(competition model)이라고 한다.

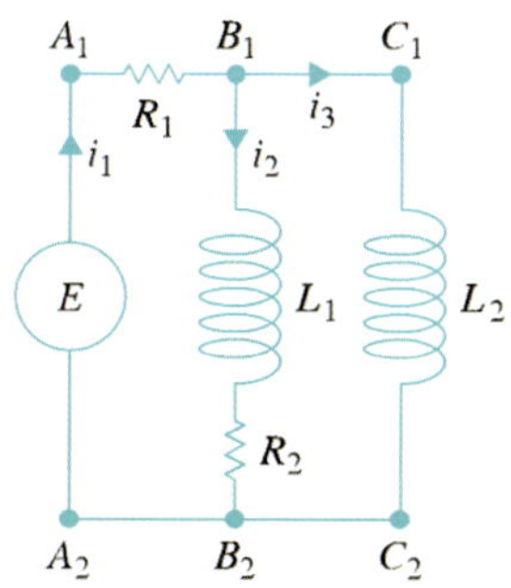

그림 3.3.3 (17)에 설명된 모형의 회로망

회로망 한 개 이상의 고리를 갖는 회로망은 동시적인 미분방정식을 야기한다. 그림 3.3.3에서 보인 것처럼 전류 $i_1(t)$는 회로망의 갈래점이라고 불리는 점 B_1에서 그림과 같은 방향들로 갈라진다. **키르히호프의 제1법칙**에 의하여

$$i_1(t) = i_2(t) + i_3(t) \tag{14}$$

가 성립한다. 또한 각 고리에 대하여 **키르히호프의 제2법칙**을 적용할 수 있다. 고리 $A_1B_1B_2A_2A_1$에 대하여 고리의 각 부분을 가로지르는 전압 강하들을 합하면

$$E(t) = i_1 R_1 + L_1 \frac{di_2}{dt} + i_2 R_2 \tag{15}$$

가 된다. 같은 방법으로 고리 $A_1B_1C_1C_2B_2A_2A_1$에 대하여 구하면

$$E(t) = i_1 R_1 + L_2 \frac{di_3}{dt} \tag{16}$$

이다. (14)를 이용하여 (15)와 (16)에서 i_1을 제거하면 전류 $i_2(t)$와 $i_3(t)$에 대하여 두 개의 선형 1계방정식을 얻는다.

$$\begin{aligned} L_1 \frac{di_2}{dt} + (R_1 + R_2) i_2 + R_1 i_3 &= E(t) \\ L_2 \frac{di_3}{dt} + R_1 i_2 + R_1 i_3 &= E(t) \end{aligned} \tag{17}$$

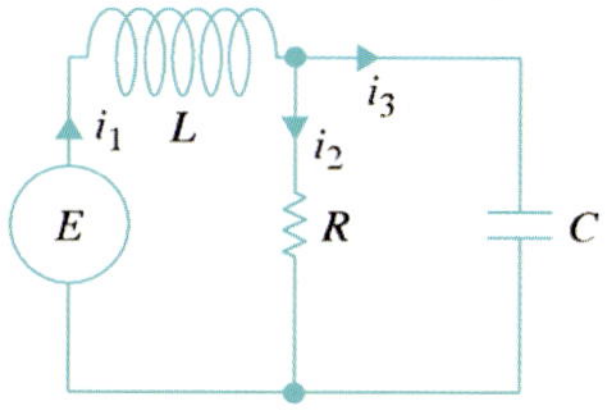

그림 3.3.4 (18)에 설명된 모형의 회로망

그림 3.3.4에 있는 저항, 유도기, 축전기가 포함된 회로망에서 전류 $i_1(t)$와 $i_2(t)$를 설명하는 미분방정식의 계가

$$\begin{aligned} L\frac{di_1}{dt} + Ri_2 &= E(t) \\ RC\frac{di_2}{dt} + i_2 - i_1 &= 0 \end{aligned} \tag{18}$$

임을 보이는 것은 연습문제로 한다(3.3절의 연습문제 14 참조).

연습문제 3.3

방사성 계열

1 우리는 아직 1계 미분방정식의 계를 푸는 방법에 대하여 학습하지 않았다. 그럼에도 불구하고 식 (2)와 같은 계는 하나의 선형 1계 방정식을 어떻게 푸는가에 대한 지식 이외의 다른 지식을 사용하지 않고도 풀 수 있다. 초기 조건들 $x(0)=x_0$, $y(0)=y_0$, $z(0)=0$에 관하여 식 (2)의 해를 구하여라.

2 문제 1에서 시간이 하루 단위로 측정되었고 붕괴 상수들이 $k_1=-0.138629$와 $k_2=-0.004951$이고 $x_0=20$이라고 가정하자. 그래프를 그리는 도구를 사용하여 같은 좌표축 위에 해 $x(t)$, $y(t)$, $z(t)$의 그래프를 그려라. 그래프를 이용하여 물질 X와 Y의 반감기를 추론하여라.

3 문제 2에 있는 그래프를 이용하여 $x(t)$와 $y(t)$의 값이 같을 때의 시간에 대한 근삿값, $x(t)$와 $z(t)$의 양이 같을 때의 시간에 대한 근삿값 그리고 $y(t)$와 $z(t)$의 시간이 같을 때의 시간에 대한 근삿값을 구하여라. $y(t)$와 $z(t)$의 양이 같을 때가 언제인지를 계산하여 구한 시간이 직관적으로 구한 시간과 같은 이유는 무엇인가?

4 Z가 안정적인 원소일 때 네 원소 W, X, Y, Z의 방사성 계열에 대한 수학적 모형을 만들어라.

혼합물

5 식 (3)의 계에서 설명된 것과 같이 액체가 들어오고 나가는 비율이 같은 탱크 A와 B를 생각해 보자. 순수한 물 대신에 갤런당 2 파운드의 소금이 포함된 소금물 용액이 탱크 A로 들어간다면 미분방정식의 계는 어떻게 되는가?

6 세 개의 큰 탱크들이 그림 3.3.5에서와 같이 소금물을 담고 있다. 그림에 있는 정보를 이용하여 시간 t에서 탱크 A, B, C에 있는 소금의 파운드 수 $x_1(t)$, $x_2(t)$, $x_3(t)$에 대한 수학적 모형을 각각 만들어 보아라. 계를 풀지 않고 $t\to\infty$일 때 $x_1(t)$, $x_2(t)$, $x_3(t)$의 극한값을 예측하여라.

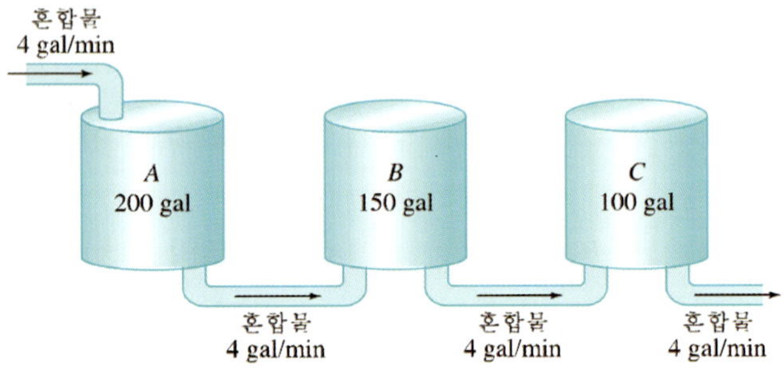

그림 3.3.5 문제 6에 있는 혼합된 탱크들

7 두 개의 매우 큰 탱크 A와 B에 부분적으로 소금물 100갤런이 들어있다. 100파운드의 소금이 탱크 A에 있는 용액에 녹아있고 50파운드의 소금이 탱크 B에 있는 용액에 녹아있다. 그림 3.3.6과 같이 시스템은 잘 혼합된 용액이 단지 두 탱크 사이만을 오고가도록 폐쇄되어 있다.

(a) 그림에서 주어진 정보를 이용하여 시간 t에서 탱크 A와 B에 있는 소금의 파운드 수 $x_1(t)$와 $x_2(t)$에 대한 수학적 모형을 각각 만들어 보아라.

(b) 시간 t에서 성립하는 변수들 $x_1(t)$와 $x_2(t)$ 사이의 관계를 구하여라. 이 관계가 직관적으로 왜 적절하다고 판단되는지를 설명하여라. 이 관계를 이용하여 $t=30$분일 때 탱크 B에 있는 소금의 양을 구하여라.

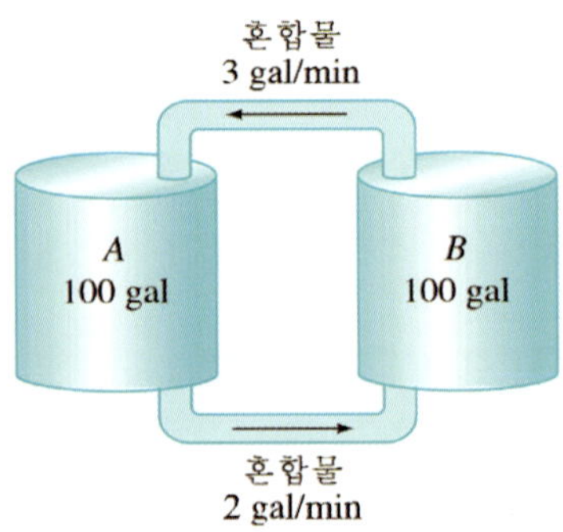

그림 3.3.6 문제 7에 있는 혼합된 탱크들

8 그림 3.3.7에서 주어진 정보를 이용하여 시간 t에서 탱크 A, B, C에 있는 소금의 파운드 수 $x_1(t)$, $x_2(t)$, $x_3(t)$

에 대한 수학적 모형을 각각 만들어 보아라.

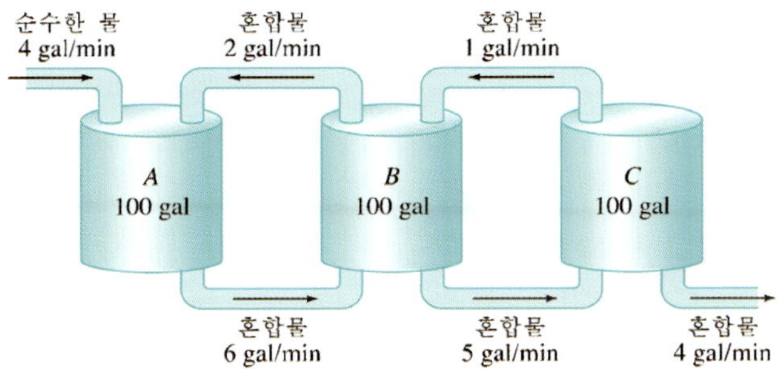

그림 3.3.7 문제 8에 있는 혼합된 탱크들

포식자–먹이 모형들

9
$$\frac{dx}{dt} = -0.1x + 0.02xy$$
$$\frac{dy}{dt} = 0.2y - 0.025xy$$

로 주어진 로카–볼테라 포식자–먹이 모형을 생각해 보자. 여기서 $x(t)$는 포식자의 개체 수이고 $y(t)$는 먹이의 개체 수를 1000마리 단위로 나타낸다. $x(0) = 6$이고 $y(0) = 6$이라고 가정하자. 수치적 해결도구를 사용하여 $x(t)$와 $y(t)$의 그래프를 그려라. 그래프를 이용하여 두 종족의 개체 수가 처음으로 같을 때의 시간 $t > 0$를 근사적으로 구하여라. 그래프를 이용하여 각 종족의 개체 수의 주기를 근사적으로 구하여라.

경쟁 모형들

10
$$\frac{dx}{dt} = x(2 - 0.4x - 0.3y)$$
$$\frac{dy}{dt} = y(1 - 0.1y - 0.3x)$$

로 정의된 경쟁 모형을 생각해 보자. 여기서 $x(t)$와 $y(t)$는 1000마리 단위로 나타내며 t는 년 단위로 나타낸다. 수치적 해결도구를 사용하여 다음 각각의 경우에 대하여 오랜 시간 후의 개체의 수를 분석하여라.

(a) $x(0) = 1.5,\quad y(0) = 3.5$

(b) $x(0) = 1,\quad y(0) = 1$

(c) $x(0) = 2,\quad y(0) = 7$

(d) $x(0) = 4.5,\quad y(0) = 0.5$

11
$$\frac{dx}{dt} = x(1 - 0.1x - 0.05y)$$
$$\frac{dy}{dt} = y(1.7 - 0.1y - 0.15x)$$

로 정의된 경쟁 모형을 생각해 보자. 여기서 $x(t)$와 $y(t)$의 개체 수는 1000마리 단위로 나타내며 t는 년 단위로 나타낸다. 수치적 해결도구를 사용하여 다음 각각의 경우에 대하여 오랜 시간 후의 개체의 수를 분석하여라.

(a) $x(0) = 1,\quad y(0) = 1$

(b) $x(0) = 4,\quad y(0) = 10$

(c) $x(0) = 9,\quad y(0) = 4$

(d) $x(0) = 5.5,\quad y(0) = 3.5$

회로망

12 그림 3.3.8과 같은 전기 회로망에서 전류 $i_2(t)$와 $i_3(t)$를 설명하는 미분방정식의 계가

$$L\frac{di_2}{dt} + L\frac{di_3}{dt} + R_1 i_2 = E(t)$$
$$-R_1\frac{di_2}{dt} + R_2\frac{di_3}{dt} + \frac{1}{C}i_3 = 0$$

임을 증명하여라.

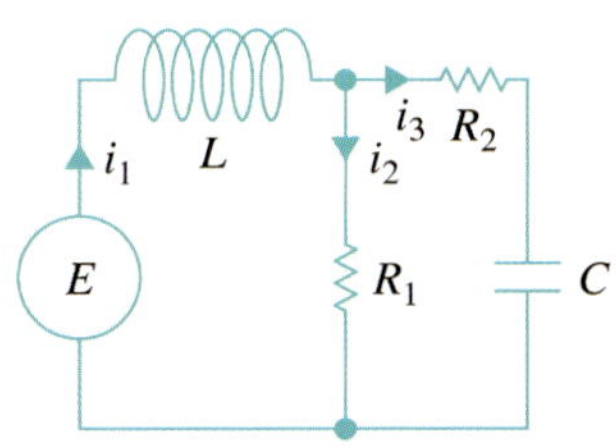

그림 3.3.8 문제 12에 있는 회로망

13 그림 3.3.9와 같은 전기 회로망에서 전류 $i_2(t)$와 $i_3(t)$를 설명하는 1계 미분방정식의 계를 구하여라.

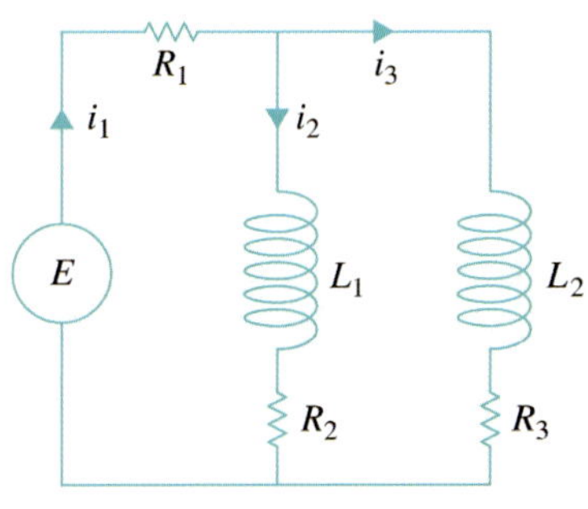

그림 3.3.9 문제 13에 있는 회로망

14 (18)에 있는 선형계가 그림 3.3.4의 회로망에서 전류 $i_1(t)$과 $i_2(t)$를 설명함을 증명하여라. [힌트: $dq/dt = i_3$]

추가적인 비선형 모형들

15 **SIR 모형** 전염성이 있는 질병이 고정된 인구가 n명인 마을에서 감염자들과 질병에 걸린 것으로 의심되는 사람들 간의 접촉을 통해서 퍼져나가고 있다. 초기에는 모든 사람이 질병에 걸리기 쉬웠고 전염병이 퍼지는 동안에 아무도 마을을 떠나지 않은 것으로 가정하자. 시간 t에서 $s(t)$, $i(t)$, $r(t)$가 차례로 질병에 감염된 것으로 의심되었지만 실제로는 감염되지 않은 사람의 수, 질병에 감염된 사람의 수, 질병에서 회복된 사람의 수라고 하자. 왜 미분방정식의 계

$$\frac{ds}{dt} = -k_1 s i$$
$$\frac{di}{dt} = -k_2 i + k_1 s i$$
$$\frac{dr}{dt} = k_2 i$$

가 **SIR 모형**이라고 불리는 마을을 통한 전염병의 확산에 대한 합리적인 수학적 모형인가를 설명하여라. 여기서 k_1 (감염 비율)과 k_2 (회복 비율)는 양의 상수이다. 이 방정식의 계에 관련된 그럴듯한 초깃값 조건을 주어라.

16 (a) 문제 15에서 왜

$$\frac{ds}{dt} = -k_1 s i$$
$$\frac{di}{dt} = -k_2 i + k_1 s i$$

만을 분석하는 것으로도 충분한가를 설명하여라.

(b) $k_1 = 0.2$, $k_2 = 0.7$이고 $n = 10$이라고 가정하자. $i(0) = i_0$, $0 < i_0 < 10$인 다양한 값을 선택한다. 수치적 해결도구를 사용하여 두 가지 경우 $s_0 > k_2/k_1$과 $s_0 \le k_2/k_1$에 대하여 전염병에 관한 예측한 바를 설명하여라. 전염병의 경우에 있어서 궁극적으로 감염된 사람의 수를 추정하여라.

프로젝트 문제

17 **영양소의 농도** 그림 3.3.10에서와 같이 칸막이 A와 B는 액체로 채워져 있으며 투과할 수 있는 얇은 막으로 분리되어 있다. 그림은 세포의 외부와 내부의 나누어진 표현이다. 세포의 성장에 필요한 영양소가 얇은 막을 통과하는 것으로 가정한다. 시간 t에서 칸막이 A와 B에 있는 영양소의 농도 $x(t)$와 $y(t)$에 대한 모형은

$$\frac{dx}{dt} = \frac{k}{V_A}(y - x)$$
$$\frac{dy}{dt} = \frac{k}{V_B}(x - y)$$

인 미분방정식의 선형계로 주어진다. 여기서 V_A와 V_B가 칸막이의 부피이고 $k > 0$가 투과 인자이다. $x(0) = x_0$와 $y(0) = y_0$가 영양소의 초기 농도를 나타낸다고 하자. 계에 있는 방정식의 기초와 $x_0 > y_0 > 0$이라는 가정을 이용하여 같은 좌표평면위에 계의 해 곡선들을 그리고 이유를 설명하여라. 오랜 시간이 지난 후에 대한 해의 성질을 논의하여라.

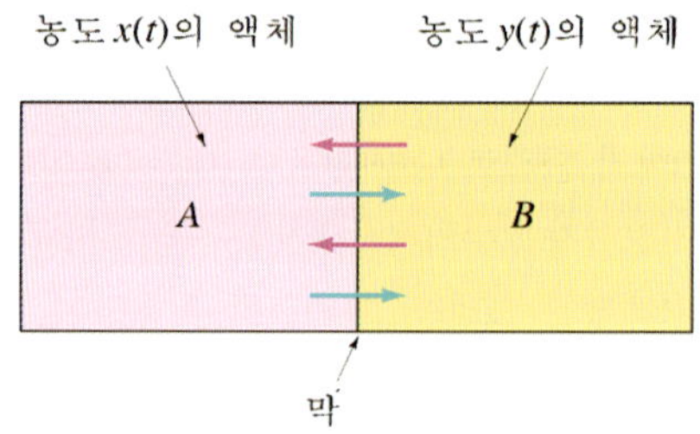

그림 3.3.10 문제 17에 있는 얇은 막을 통한 영양소의 흐름

18 (2)에 있는 계처럼 문제 17에 있는 계는 좀더 깊은 지식이 없이도 풀 수 있다. $x(t)$와 $y(t)$에 대하여 풀고 이 그래프를 문제 17에서 그린 그래프들과 비교하여라. $t \to \infty$일 때 $x(t)$와 $y(t)$의 극한 값을 구하여라. 마지막 질문에 대한 답이 왜 직관적으로 의미가 있는지를 설명하여라.

19 **혼합물** 134쪽과 그림 3.3.1에 있는 혼합물의 물리적 설명을 바탕으로 함수 $x_1(t)$와 $x_2(t)$의 성질을 논의하여라. 오랜 시간이 지난 후 각 함수의 성질은 어떻게 되는가? $x_1(t)$와 $x_2(t)$의 가능한 그래프들을 그려라. 수치적 해결도구를 사용하여 초기 조건 $x_1(0) = 25$, $x_2(0) = 0$에 대한 (3)의 수치적 해 곡선을 얻어서 당신의 추측을 점검해 보아라.

20 **뉴턴의 냉각/가열 법칙** 그림 3.3.11에서와 같이 작은 쇠막대가 용기 A안에 놓여있고 용기 A는 좀 더 큰 용기 B

안에 놓여있다. 쇠막대가 식으면 용기 A 안에 있는 매질의 주변 온도 $T_A(t)$ 도 뉴턴의 냉각법칙에 따라서 변한다. 용기 A가 식으면 용기 B안의 매질의 온도는 크게 변하지 않으며 상수 T_B로 생각할 수 있다. $T(t)$가 용기 A 안에 있는 쇠막대의 온도라고 할 때 $T(t)$와 $T_A(t)$ 의 온도에 대한 수학적 모형을 만들어 보아라. 문제 1과 18에서처럼 이 모형은 앞에서 다룬 지식을 사용하여 풀 수 있다. 초기조건 $T(0)=T_0$, $T_A(0)=T_1$ 에 대한 계의 해를 구하여라.

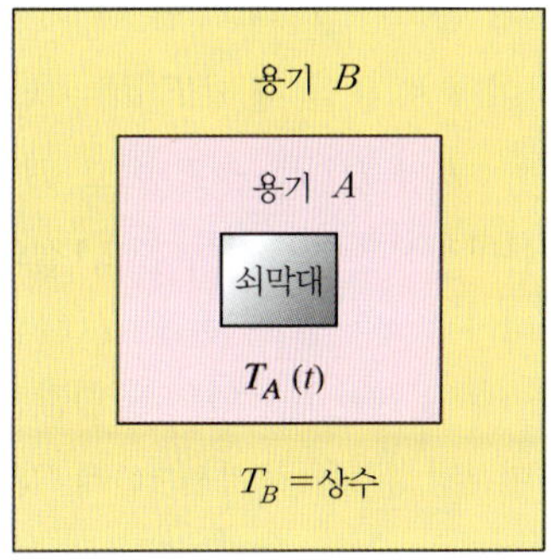

그림 3.3.11 문제 20에서 있는 용기 안의 용기

3장 복습

(1-2) 본문을 언급하지 않고 답하여라. 빈 칸을 채우거나 참과 거짓을 말하여라.

1 만일 $P(t)=P_0 e^{0.15t}$ 이 시간 t 에서 하나의 환경에 있는 개체의 수를 나타낸다면 $P(t)$에 의하여 만족되어지는 미분 방정식은 ___________.

2 방사성 물질의 붕괴 비율은 시간 t 에서 남아있는 양 $A(t)$ 에 비례한다고 할 때 물질의 반감기는 반드시 $T=-(\ln 2)/k$ 이다. 시간 $t=T$에서 물질의 붕괴 비율은 시간 $t=0$ 에서 붕괴 비율의 절반이다. _______

3 1976년 3월에 세계 인구는 40억 명에 도달하였다. 대중적인 뉴스 잡지에서는 평균적으로 연간 인구 증가 비율을 1.8%로 하여 세계 인구가 45년 후에 80억 명이 될 것이라고 예측하였다. 이 값을 어떻게 인구의 증가 비율이 시간 t 에서 존재하는 인구의 수에 비례한다고 가정한 모형에 의하여 예측한 인구의 수와 비교할 수 있을까?

4 0.06%의 이산화탄소가 포함된 공기가 부피가 8000 ft^3 인 방으로 들어온다. 공기는 2000 ft^3/min 의 비율로 들어오며 순환된 공기는 같은 비율로 방에서 빠져나간다. 초기에 방안에 0.2%의 이산화탄소가 있었다고 할 때 시간 t 에서 방의 있는 이산화탄소의 양을 구하여라. 10분 후에 농도는 얼마인가? 이산화탄소의 평형인 농도는 얼마인가?

5 트랙트릭스의 미분방정식 $\dfrac{dy}{dx}=-\dfrac{y}{\sqrt{s^2-y^2}}$ 를 풀어라 (1.3절의 연습문제 28 참조). 초기점이 y 축 위의 $(0, 10)$에 있고 로프의 길이는 $x=10$ 피트라고 가정한다.

6 한 세포가 일정한 농도 C_s 의 용매를 포함한 용액 속에 담겨있다고 가정하자. 이에 대하여 그 세포는 일정한 부피 V를 가지며 투과할 수 있는 얇은 막의 넓이는 상수 A라고 가정하자. **피크의 법칙(Fick's law)**에 의하여 $C(t)$가 시간 t 에서 세포의 내부에 있는 용매의 농도일 때 세포의 질량 m 의 변화하는 비율은 직접적으로 면적 A와 차이 $C_s-C(t)$에 비례한다. $m=V\cdot C(t)$이고 $C(0)=C_0$일 때 $C(t)$를 구하여라. 그림 3.R.1를 참조하여라.

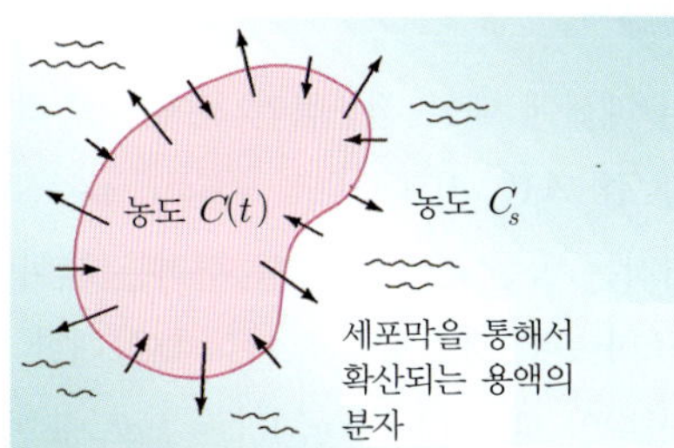

그림 3.R.1 문제 6에 있는 세포

7 물체가 식어감에 따라서 매질의 온도는 물체에 의하여 잃어버려진 열을 완벽하게 흡수함에 따라서 올라간다고 가정하자. 시간 t 에서 $T(t)$와 $T_m(t)$ 가 각각 물체의 온도와 매질의 온도라고 하자. 만일 초기의 물체의 온도가 T_1 이고

초기의 매질의 온도가 T_2라고 할 때 이 경우 뉴턴의 냉각 법칙에 의하여 $k<0$일 때 $dT/dt=k(T-T_m)$ 이다. 여기서 $T_m=T_2+B(T_1-T)$이고 $B>0$은 상수이다.

(a) 앞의 미분방정식은 자율적이다. 2.1절의 위상 사진 개념을 이용하여 $t\to\infty$일 때 온도 $T(t)$의 극한 값을 구하여라. $t\to\infty$일 때 $T_m(t)$의 극한값은 얼마인가?

(b) 실제로 미분방정식을 풀어서 (a)에 있는 답변을 증명하여라.

(c) (a)에 있는 답변의 물리적 해석을 논의하여라.

8 **스테판의 방사법칙**(Stefan's law of radiation)에 의하면 일정한 절대온도 T_m 인 매질 속에서 식어가는 절대 온도가 T인 물체는 k가 상수일 때

$$\frac{dT}{dt}=k(T^4-T_m^4)$$

으로 주어진다. 스테판의 법칙은 뉴턴의 냉각법칙보다 좀더 폭넓은 범위의 온도에 대하여 사용되어 질 수 있다.

(a) 미분방정식을 풀어라.

(b) $T-T_m$이 T_m에 비교하여 작은 값일 때 뉴턴의 냉각법칙은 스테판의 법칙에 근사적임을 증명하여라. [힌트: 미분방정식의 우변의 이항 급수를 생각해 보아라.]

9 LR 직렬회로가

$$L(t)=\begin{cases}1-\dfrac{1}{10}t, & 0\le t<10\\ 0, & t\ge 10\end{cases}$$

로 정의된 인덕턴스를 갖는 다양한 유도자를 갖고 있다. 저항이 0.2옴이고 인가전압이 $E(t)=4$이며 $i(0)=0$일 때 전류 $i(t)$를 구하여라. $i(t)$의 그래프를 그려라.

10 변분의 계산에 대한 전통적인 문제는 중력의 영향하에서 구슬이 점 $A(0, 0)$에서 점 $B(x_1, y_1)$로 최소 시간에 미끄러지는 곡선 C의 형태를 구하는 것이다. 그림 3.R.2를 참조하여라. 경로의 모습 $y(x)$에 대한 비선형 미분은 k가 상수일 때 $y[1+(y')^2]=k$로 표현된다. 우선 y와 dy를 이용하여 dx에 대하여 풀고 치환 $y=k\sin^2\theta$을 이용하여 매개 형태의 해를 얻을 수 있다. 이 곡선 C는 싸이클로이드로 밝혀졌다.

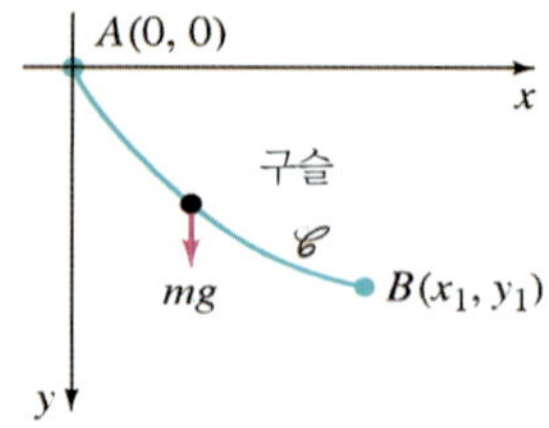

그림 3.R.2 문제 10에 있는 미끄러지는 구슬

11 두 개의 상호작용을 하는 동물 종족에 대한 모형이

$$\frac{dx}{dt}=k_1x(\alpha-x)$$

$$\frac{dy}{dt}=k_2xy$$

이다. t를 이용하여 x와 y에 대하여 풀어라.

12 초기에 두 개의 큰 탱크 A와 B가 각각 100 갤런의 소금물 용액을 담고 있다. 잘 저은 액체가 그림 3.R.3처럼 탱크들 사이에서 오고 간다. 그림에서 주어진 정보를 사용하여 시간 t에서 각각 탱크 A와 B에 있는 소금의 파운드 수 $x_1(t)$와 $x_2(t)$에 대한 수학적 모형을 만들어 보아라.

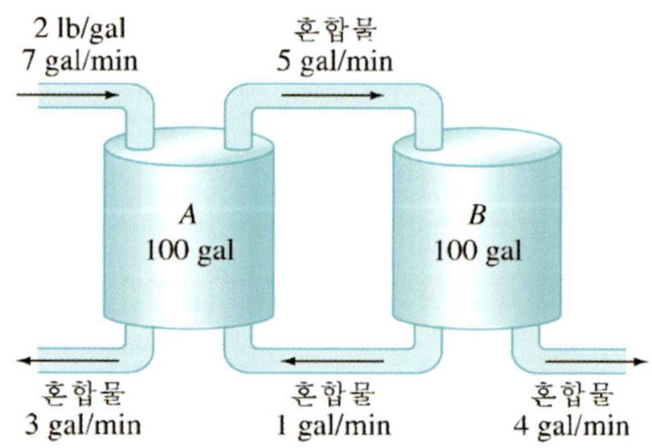

그림 3.R.3 문제 12에 있는 혼합된 탱크들

(13-14) 함수 족 $G(x, y, c_1)=0$에 있는 모든 곡선들이 다른 함수 족 $H(x, y, c_2)=0$에 있는 모든 곡선들에 직교적으로 교차할 때 이 족들을 서로에 대한 **직교 절선들**(orthogonal trajectories)이라고 한다(그림 3.R.4를 참조). 만일 $dy/dx=f(x, y)$가 한 족의 미분방정식이면 이 족의 직교 절선들에 대한 미분방정식은 $dy/dx=-1/f(x, y)$이다. 13번과 14번에서 주어진 족에 대한 미분방정식을 구하여라. 이 족의 직교 절선들을 구하여라. 그래프를 그리는 도구를 이용하여 같은 좌표축 위의 두 족을 그려라.

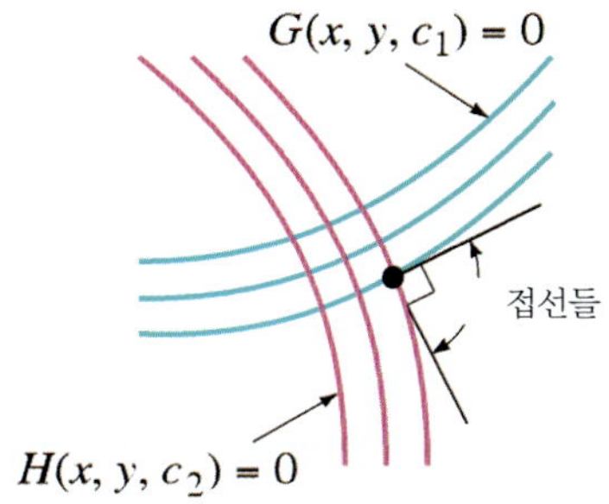

그림 3.R.4 직교 절선들

13 $y = -x - 1 + c_1 e^x$ 14 $y = \dfrac{1}{x + c_1}$

15 **칼륨-40의 붕괴** 지각과 해양에서 발견할 수 있는 가장 풍부한 고체 중의 하나가 칼륨이다. 칼륨은 일반적으로 세 가지 동위원소로 존재하는데 그 중 칼륨-40 (K-40)이 유일한 방사성 물질이다. 이 동위원소는 두 개의 서로 다른 핵반응에 의하여 붕괴된다는 점에서 조금 특이하다. 시간이 흐르면서 베타 입자를 방출하면서 초기 K-40의 양의 많은 부분이 안정적인 동위원소 칼슘-40(Ca-40)으로 붕괴되는 반면 전자포착에 의하여 초기 K-40의 양의 적은 부분은 안정적인 동위원소 아르곤-40(Ar-40)으로 붕괴된다.* Ca-40의 양 $C(t)$ 와 Ar-40의 양 $A(t)$ 는 현재 칼륨의 양 $K(t)$ 에 비례하여 증가하고 칼륨이 감소하는 비율도 $K(t)$ 에 비례하기 때문에 선형 1차 미분방정식

$$\frac{dC}{dt} = \lambda_1 K$$

$$\frac{dA}{dt} = \lambda_2 K$$

$$\frac{dK}{dt} = -(\lambda_1 + \lambda_2)K$$

를 얻는다. 이 때 λ_1 과 λ_2 는 모두 양의 비례상수이다.

(a) 앞의 미분방정식의 계에서 $K(0) = K_0$ 일 때 $K(t)$ 를 구하라. 만일 $C(0) = 0$ 이고 $A(0) = 0$ 일 때 $C(t)$ 와 $A(t)$ 를 구하라.

(b) $\lambda_1 = 4.7526 \times 10^{-10}$ 이고 $\lambda_2 = 0.5874 \times 10^{-10}$ 으로 알려져 있다. K-40의 반감기를 구하라.

(c) $C(t)$ 와 $A(t)$ 에 대한 답을 이용하여 오랜 시간이 지난 후 Ca-40으로 붕괴한 K-40의 초기 양 K_0 의 백분율과 Ar-40으로 붕괴한 K-40의 초기 양 K_0 의 백분율을 구하라.

* K-40의 붕괴에 관한 지식은 **칼륨–아르곤 연대추정법**에 대한 기초이다. 이 방법은 아주 오래된 화성암의 나이를 구하는데 상용될 수 있다. 화석도 화석이 발견된 기층에 있는 화성암의 연대를 측정하여 간접적으로 연대를 측정할 수 있다.

4 고계 미분방정식

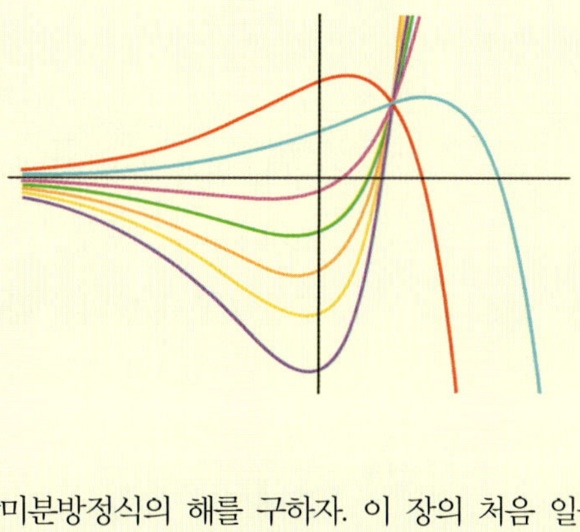

이제 2계 또는 고계 상미분방정식의 해를 구하자. 이 장의 처음 일곱 개의 절에서 우리는 특정한 형태의 선형미분방정식의 기초 이론과 그 해를 구하는 방법을 고찰할 것이다. 새롭지만 선택적인 4.8절에서는 4.6절의 내용에 근거하여 선형 초깃값과 경곗값 문제를 풀기 위하여 그린 함수를 구한다. 연립미분방정식을 풀기 위한 소거법이 4.8절에서 소개된다. 왜냐하면 이 방법은 연립방정식을 각각의 종속변수에 관한 개별적인 선형방정식으로 분리되기 때문이다. 이 장은 비선형 고계방정식의 간단한 고찰로 끝을 맺는다.

4.1 준비이론−선형방정식

필요한 개념

- 1.1절 끝 부분의 주의를 다시 읽어라.
- 2.3절 (특히 68쪽)

소개 | 우리는 2장에서 변수분리형, 완전미분방정식, 선형, 동차, 또는 베르누이 방정식과 같은 형태로 표현된 일부 1계 미분방정식의 해를 구할 수 있었다. 위의 형태의 미분방정식의 해가 일변수 함수 형태의 집합족이라도 한 가지 경우를 제외하고 이 집합족은 미분방정식의 일반해를 나타내지는 못한다. 계수가 연속이라는 조건을 주의하면서 1계 선형미분방정식만의 일반해를 구할 수 있다. **일반해**란 주어진 구간 I에서 정의된 미분방정식의 모든 해를 포함한 구간 I 위에서 정의된 해의 집합족을 일컫는다. 이 절의 근본 목표는 고계 선형미분방정식의 해를 구하는 것이기 때문에 우리는 우선 선형방정식에 대한 이론을 검토할 필요가 있다.

4.1.1 초깃값 및 경곗값 문제

초깃값 문제(Initial Value Problem) 1.2절에서 우리는 일반적인 n계 미분방정식의 초깃값 문제를 정의하였다. 선형미분방정식에서 **n계 초깃값 문제(IVP)**는

해를 구한다. :

$$a_n(x)\frac{d^n y}{dx^n}+a_{n-1}(x)\frac{d^{n-1}y}{dx^{n-1}}+\cdots+a_1(x)\frac{dy}{dx}+a_0(x)y=g(x)$$

조건 :

$$y(x_0)=y_0,\ y'(x_0)=y_1,\ \cdots,\ y^{n-1}(x_0)=y_{n-1} \tag{1}$$

이다. 위와 같은 문제에 대하여 우리는 미분방정식과 x_0에서 정의된 n개의 초기조건 : $y(x_0)=y_0,\ y'(x_0)=y_1,\cdots,\ y^{n-1}(x_0)=y_{n-1}$을 만족하는 x_0을 포함한 구간 I에서 정의된 함수를 구해야 함을 상기하자. 2계 초깃값 문제의 경우 해곡선은 $(x_0,\ y_0)$을 지나며 그 점에서 함수의 기울기는 y_1임을 보였다.

존재성과 유일성 1.2절에서 1계 미분방정식의 초깃값 문제의 해가 유일하게 존재하는 조건을 명시한 정리를 제시하였다. 문제 (1)의 해가 유일하게 존재할 충분조건은 다음 정리와 같다.

정리 4.1.1 유일한 해의 존재성

$a_n(x)$, $a_{n-1}(x)$, $\cdots$, $a_1(x)$, $a_0(x)$과 $g(x)$가 구간 I에서 연속이며 구간 I의 모든 점 x에 대하여 $a_n(x) \neq 0$이라 하자. 만일 $x = x_0$가 구간 I 내의 한 점이면 초깃값 문제 (1)의 해 $y(x)$는 구간 I에서 유일하게 존재한다.

예제 1 IVP 해의 유일성

초깃값 문제

$$3y''' + 5y'' - y' + 7y = 0,\ y(1) = 0,\quad y'(1) = 0,\quad y''(1) = 0$$

는 자명한 해 $y = 0$를 갖는다. 3계 방정식은 계수가 상수인 선형방정식이므로 정리 4.1.1을 만족한다. 그러므로 $x = 1$을 포함한 구간에서 $y = 0$은 유일한 해가 된다. ■

예제 2 IVP 해의 유일성

함수 $y = 3e^{2x} + e^{-2x} - 3x$가 초깃값 문제

$$y'' - 4y = 12x,\ y(0) = 4,\ y'(0) = 1$$

의 해가 됨을 보이자.
위의 미분방정식은 선형이며 $x = 0$을 포함한 임의의 구간 I에서 계수들과 $g(x) = 12x$ 모두 연속이며 $a_2(x) = 1 \neq 0$이다. 정리 4.1.1에 의하여 주어진 함수는 구간 I에서 유일한 해가 된다. ■

정리 4.1.1에서의 조건인 구간 I의 모든 점 x에 대하여 $a_i(x)$, $i = 0, 1, 2, \cdots, n$이 연속이고 $a_n(x) \neq 0$은 모두 중요하다. 특히 구간 I의 어떤 점 x에 대하여 $a_n(x) = 0$이면 선형미분방정식 초깃값 문제의 해가 유일하지 않을 수 있으며 심지어 해가 존재하지 않을 수도 있다. 예를 들면 c가 임의의 상수일 때 $y = cx^2 + x + 3$은 구간 $(-\infty, \infty)$에서의 초깃값 문제

$$x^2y'' - 2xy' + 2y = 6,\ y(0) = 3,\ y'(0) = 1$$

의 해가 된다. 즉 위의 문제에서 해는 유일하게 존재하지 않는다. 비록 정리 4.1.1의 대부분의 조건을 만족하지만, 명백한 어려움은 $a_2(x) = x^2$은 $x = 0$에서 근을 가지며 초깃값 조건은 $x = 0$에서 주어진 것이다.

경곗값 문제(Boundary Value Problem) 다른 형태의 문제는 종속변수 y 또는 그 도함수의 값이 서로 다른 점에서 주어진 2계 또는 그 이상의 선형미분방정식의 해를 구하는 것이다. 다음과 같은

$$\text{해를 구한다: } a_2(x)\frac{d^2y}{dx^2} + a_1(x)\frac{dy}{dx} + a_0(x)y = g(x)$$

$$\text{조건: } y(a) = y_0, \quad y(b) = y_1$$

문제를 **경곗값 문제(BVP)**라 한다. $y(a) = y_0$, $y(b) = y_1$을 **경계조건(boundary condition)**이라 한다. 위의 문제의 해는 a와 b를 포함하는 구간 I에서 미분방정식을 만족하는 함수로 그 그래프는 두 점 (a, y_0)과 (b, y_1)를 지난다. (그림 4.1.1 참조)

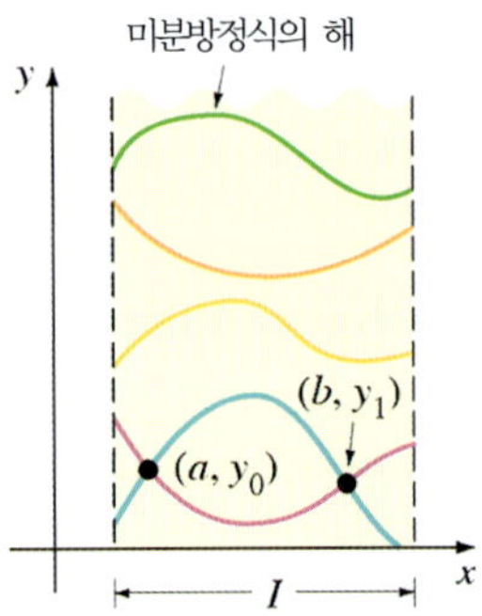

그림 4.1.1 두 점을 지나는 BVP의 해곡선

2계 미분방정식에서 y_0, y_1가 임의의 상수일 때 각각의 쌍

$$y'(a) = y_0, \quad y(b) = y_1$$
$$y(a) = y_0, \quad y'(b) = y_1$$
$$y'(a) = y_0, \quad y'(b) = y_1$$

들은 다른 형태의 경계조건이 된다. 위의 세 쌍의 조건은 일반적인 경계조건인

$$\alpha_1 y(a) + \beta_1 y'(a) = \gamma_1$$
$$\alpha_2 y(b) + \beta_2 y'(b) = \gamma_2$$

의 특별한 경우이다.

다음 예제는 정리 4.1.1의 조건을 모두 만족하지만 경곗값 문제는 여러 해를 가질 수도 있고(그림 4.1.1에서 제시한 것과 같이), 유일한 해를 가질 수도 있고, 또는 해가 하나도 없을 수도 있음을 보여준다.

예제 3 많은 해, 유일한 해 또는 해가 없는 경곗값 문제

1.1절의 예제 7에서 우리는 미분방정식 $x'' + 16x = 0$의 두 개의 매개변수의 해 집합족이

$$x = c_1 \cos 4t + c_2 \sin 4t \tag{2}$$

임을 보였다.

(a) 만일 경계조건 $x(0) = 0$, $x\left(\frac{\pi}{2}\right) = 0$을 만족하는 해를 구한다고 하자. 첫 번째 조건 $0 = c_1 \cos 0 + c_2 \sin 0$으로 $c_1 = 0$이므로 $x = c_2 \sin 4t$가 된다. 그러나 $t = \frac{\pi}{2}$이면 $\sin 2\pi = 0$이므로 임의의 상수 c_2에 대하여 $0 = c_2 \sin 2\pi$을 만족한다. 그러므로 경곗값 문제

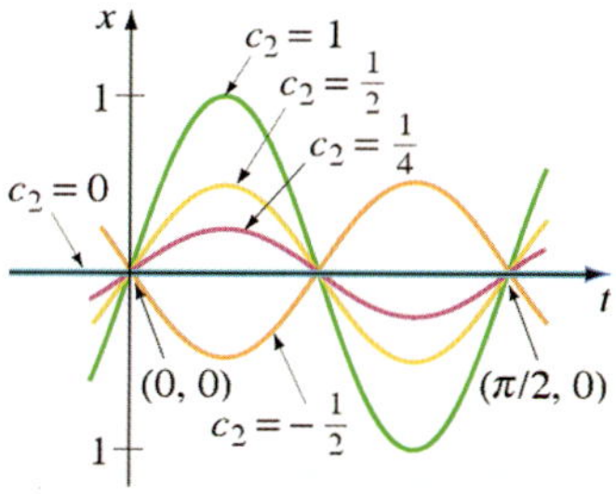

그림 4.1.2 예제 3 (a)의 BVP에 대한 해 곡선

$$x'' + 16x = 0, \quad x(0) = 0, \; x\left(\frac{\pi}{2}\right) = 0 \tag{3}$$

는 무수히 많은 해를 가진다. 그림 4.1.2는 $(0, 0)$과 $\left(\frac{\pi}{2}, 0\right)$을 지나는 한 개의 매개변수 집합족 $x = c_2 \sin 4t$ 중 일부 원소들의 그래프이다.

(b) 만일 (3)에서의 경계조건을

$$x'' + 16x = 0, \; x(0) = 0, \; x\left(\frac{\pi}{8}\right) = 0 \tag{4}$$

으로 바꾸면 $x(0) = 0$ 의 조건으로 해 (2)에서 $c_1 = 0$이다. 그러나 $x = c_2 \sin 4t$에 $x\left(\frac{\pi}{8}\right) = 0$을 대입하면 $0 = c_2 \sin \frac{\pi}{2} = c_2 \cdot 1$이 된다. 그러므로 $x = 0$은 새로운 경곗값 문제의 해가 된다. 실제로 $x = 0$이 (4)의 유일한 해가 됨을 증명할 수 있다.

(c) 마지막으로 이 문제를

$$x'' + 16x = 0, \; x(0) = 0, \; x\left(\frac{\pi}{2}\right) = 1 \tag{5}$$

으로 바꾸면 $x(0) = 0$ 의 조건으로 $c_1 = 0$이 되지만 $x = c_2 \sin 4t$에 $x\left(\frac{\pi}{2}\right) = 1$를 대입하면 $1 = c_2 \sin 2\pi = c_2 \cdot 0$이 되어 모순이 된다. 그러므로 경곗값 문제 (5)는 해를 가지지 않는다. ■

4.1.2 동차방정식

$$a_n(x)\frac{d^n y}{dx^n} + a_{n-1}(x)\frac{d^{n-1} y}{dx^{n-1}} + \cdots + a_1(x)\frac{dy}{dx} + a_0(x)y = 0 \tag{6}$$

형태의 n계 선형방정식을 **동차**(homogeneous)라 하고 $g(x) \neq 0$인

$$a_n(x)\frac{d^n y}{dx^n} + a_{n-1}(x)\frac{d^{n-1} y}{dx^{n-1}} + \cdots + a_1(x)\frac{dy}{dx} + a_0(x)y = g(x) \tag{7}$$

형태의 방정식을 **비동차**(non-homogeneous)라 한다. 예를 들면 $2y'' + 3y' - 5y = 0$은 동차 2계 선형미분방정식이며 $x^3 y''' + 6y' + 10y = e^x$는 비동차 3계 선형미분방정식이다. 여기서 **동차**라는 용어는 2.5절에서 언급되었던 계수가 동차함수라는 것과는 관계가 없다.

비동차 미분방정식 (7)을 풀기 위해서 우리는 먼저 그와 **관련된 동차 미분방정식** (associated homogeneous equation) (6)을 풀 수 있어야 한다.

이 책의 나머지 부분 전체에서, 실제로 과목에서, 불필요한 반복을 피하기 위하여 선형방정식 (1)에 대한 정의와 정리를 언급할 때 다음과 같은 중요한 가정을 하기로 하자. 어떤 공통구간 I 위에서

이 두 가정을 기억하라. ▶

- 계수 함수 $a_i(x)(i=0, 1, 2, \cdots, n)$과 $g(x)$는 연속이다.
- 그 구간의 모든 점 x에서 $a_n(x) \neq 0$이다.

미분연산자 미적분학에서 미분은 종종 영문 대문자 D, 즉 $\frac{dy}{dx} = Dy$로 표현된다. 기호 D는 미분가능한 함수를 다른 함수로 변환하기에 **미분연산자**(differential operator)라고 한다. 예를 들어 $D(\cos 4x) = -4\sin 4x$이고 $D(5x^3 - 6x^2) = 15x^2 - 12x$가 된다. 고계도함수는 다음과 같이 자연스럽게 D의 항으로 표현한다. 충분하게 미분 가능한 함수 y에 대하여

$$\frac{d}{dx}\left(\frac{dy}{dx}\right) = \frac{d^2y}{dx^2} = D(Dy) = D^2y \text{이며,} \quad \text{일반적으로} \quad \frac{d^ny}{dx^n} = D^ny$$

가 된다. $D+3$, D^2+3D-4와 $5x^2D^3 - 6x^2D^2 + 4xD + 9$과 같이 D를 포함한 다항식들도 미분연산자이다. 일반적으로,

$$L = a_n(x)D^n + a_{n-1}(x)D^{n-1} + \cdots + a_1(x)D + a_0(x) \tag{8}$$

을 n**계 미분연산자** 또는 **다항식 연산자**(polynomial operator)라 정의한다.

미분의 두 가지 기본성질 $D(cf(x)) = cDf(x)$ (여기서 c는 상수)와 $D\{f(x) + g(x)\} = Df(x) + Dg(x)$에 의해, 미분연산자 L은 선형성인 성질을 가진다. 즉, 미분 가능한 2개의 함수의 일차결합에 작용한 L은 각각의 함수에 L을 작용한 함수의 일차결합과 같다. 기호로 이것은 상수 α와 β에 대하여

$$L\{\alpha f(x) + \beta g(x)\} = \alpha L(f(x)) + \beta L(g(x)) \tag{9}$$

을 의미한다. (9) 때문에 우리는 n계 미분연산자 L을 **선형연산자**(linear operator)라 한다.

미분방정식 어떠한 선형미분방정식도 기호 D의 식으로 표현할 수 있다. 예를 들어 미분방정식 $y'' + 5y' + 6y = 5x - 3$은 $D^2y + 5Dy + 6y = 5x - 3$ 또는 $(D^2 + 5D + 6)y = 5x - 3$으로 나타낸다. (8)을 사용하여 (6)과 (7)의 형태의 n계 선형미분방정식을 각각

$$L(y) = 0 \text{과} \quad L(y) = g(x)$$

로 간단히 나타낼 수 있다.

중첩원리(Superposition Principle) 다음 정리에서 두 개 또는 그 이상의 동차 선형미분방정식의 해들의 합 또는 **중첩**도 해가 됨을 알 수 있다.

정리 4.1.2 중첩원리–동차방정식

y_1, y_2, $\cdots$, y_k 를 구간 I에서 n계 동차 미분방정식 (6)의 해라 하자. 그러면 임의의 상수 c_i $(i=1, 2, \cdots, k)$에 대하여 일차결합

$$y=c_1 y_1(x)+c_2 y_2(x)+ \cdots +c_k y_k(x)$$

도 그 구간에서 미분방정식의 해가 된다.

증명 $k=2$인 경우를 증명하자. L을 (8)과 같이 정의된 미분연산자라 하고 $y_1(x)$와 $y_2(x)$를 동차방정식 $L(y)=0$의 해라 하자. 만일 $y=c_1y_1(x)+c_2y_2(x)$라 하면 L의 선형성 때문에 다음 방정식이 성립한다.

$$L(y)=L[c_1y_1(x)+c_2y_2(x)]=c_1 L(y_1)+c_2 L(y_2) \quad =c_1 \cdot 0+c_2 \cdot 0=0$$

이다. ■

정리 4.1.2에 대한 따름정리

(A) 동차 선형미분방정식의 해 $y_1(x)$의 상수 배인 $y=c_1y_1(x)$도 해가 된다.

(B) 동차 선형미분방정식은 언제나 자명한 해 $y=0$을 갖는다.

예제 4 중첩–동차 미분방정식

함수 $y_1=x^2$과 $y_2=x^2\ln x$는 모두 구간 $(0, \infty)$에서 동차 선형방정식 $x^3y'''-2xy'+4y=0$의 해가 된다. 중첩원리에 의하여 일차결합

$$y=c_1x^2+c_2x^2\ln x$$

도 그 구간에서 미분방정식의 해가 된다. ■

함수 $y=e^{7x}$는 $y''-9y'+14y=0$의 해이다. 미분방정식이 선형이며 동차이므로 $y=ce^{7x}$도 해가 된다. c의 여러 값에 대하여 $y=9e^{7x}$, $y=0$, $y=-\sqrt{5}\,e^{7x}$, $\cdots$ 역시 미분방정식의 해가 됨을 알 수 있다.

일차종속과 일차독립 다음 두 개념은 선형미분방정식의 연구에 기본이 된다.

정의 4.1.1 일차종속/독립

구간 I의 모든 점 x에서

$$c_1 f_1(x) + c_2 f_2(x) + \cdots + c_n f_n(x) = 0$$

을 만족하는 상수 $c_1, c_2, \cdots c_n$ 중 적어도 하나가 0이 아니면 함수 $f_1(x)$, $f_2(x), \cdots, f_n(x)$의 집합을 구간 I에서 **일차종속(linearly dependent)**이라 한다. 만일 함수의 집합이 구간 I에서 일차종속이 아니면 구간 I에서 **일차독립(linearly independent)**이라 한다.

다시 말하면 만일 구간 I의 모든 점 x에 대하여

$$c_1 f_1(x) + c_2 f_2(x) + \cdots + c_n f_n(x) = 0$$

을 만족하는 상수들이 $c_1 = c_2 = \cdots = c_n = 0$ 뿐이면 함수의 집합을 그 구간에서 일차독립이라 한다.

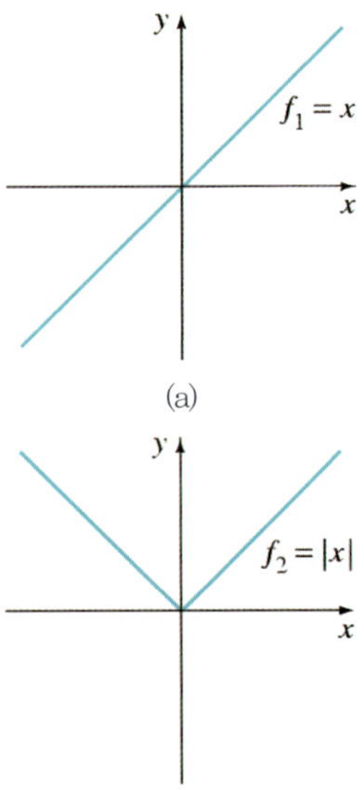

(a)

(b)

그림 4.1.3 f_1과 f_2로 구성된 집합은 $(-\infty, \infty)$에서 일차독립이다.

두 개의 함수 $f_1(x)$와 $f_2(x)$로 구성된 집합에 대하여 이 정의를 이해하는 것이 쉽다. 만일 함수들의 집합이 구간에서 일차종속이면 구간의 모든 점 x에 대하여 $c_1 f_1(x) + c_2 f_2(x) = 0$을 만족하는 모두 영이 아닌 상수 c_1과 c_2이 존재한다. 그러므로 $c_1 \neq 0$이라 하면 $f_1(x) = -\dfrac{c_2}{c_1} f_2(x)$가 된다 : 즉 두 개의 함수들의 집합이 일차종속이면 한 함수는 다른 함수의 상수배가 된다. 역으로 만일 어떤 상수 c_2에 대하여 $f_1(x) = c_2 f_2(x)$이면 그 구간의 모든 점 x에 대하여 $(-1) \cdot f_1(x) + c_2 f_2(x) = 0$를 만족한다. 그러므로 적어도 한 상수는 (즉 $c_1 = -1$) 영이 아니다. 구간에서 어떤 함수도 다른 함수의 상수배가 아닐 때 우리는 두 함수 $f_1(x)$와 $f_2(x)$의 집합이 일차독립이라 결론짓는다. 예를 들면 함수 $f_1(x) = \sin 2x$, $f_2(x) = \sin x \cos x$라 하면 sin함수의 배각공식으로 $\sin 2x = 2\sin x \cos x$이므로 $f_1(x)$가 $f_2(x)$의 상수배가 되므로 구간 $(-\infty, \infty)$에서 일차종속이다. 한편 $f_1(x) = x$, $f_2(x) = |x|$의 함수의 집합은 구간 $(-\infty, \infty)$에서 일차독립이다. 그림 4.1.3을 보면 어떤 함수도 구간에서 다른 함수의 상수배가 될 수 없음을 확인할 수 있다.

앞의 논리로 $f_1(x)$와 $f_2(x)$가 일차독립인 구간에서 몫 $\dfrac{f_2(x)}{f_1(x)}$는 상수가 될 수가 없다. 이 간단한 사실은 다음 절에서 언급할 것이다.

예제 5 일차 종속인 함수들의 집합

함수 $f_1(x) = \cos^2 x$, $f_2(x) = \sin^2 x$, $f_3(x) = \sec^2 x$, $f_4(x) = \tan^2 x$의 집합은

구간 $\left(-\frac{\pi}{2}, \frac{\pi}{2}\right)$에서 일차종속이다. 왜냐하면 $c_1 = c_2 = 1$, $c_3 = -1$, $c_4 = 1$이면 $c_1\cos^2 x + c_2\sin^2 x + c_3\sec^2 x + c_4\tan^2 x = 0$을 만족하기 때문이다. 여기서 $\cos^2 x + \sin^2 x = 1$와 $1 + \tan^2 x = \sec^2 x$의 관계식을 이용했다. ■

만일 함수 $f_1(x), f_2(x), \cdots, f_n(x)$ 중 적어도 한 함수가 나머지 함수들의 일차결합으로 표현될 수 있다면 이들 함수의 집합은 구간에서 일차종속이다.

예제 6 일차종속인 함수의 집합

함수 $f_1(x) = \sqrt{x} + 5$, $f_2(x) = \sqrt{x} + 5x$, $f_3(x) = x - 1$, $f_4(x) = x^2$의 집합은 구간 $(0, \infty)$에서 일차종속이다. 왜냐하면 f_2는 다른 함수 f_1, f_3, f_4의 일차결합으로 표현되기 때문이다. 구간 $(0, \infty)$ 위의 모든 점 x에 대하여

$$f_2(x) = 1 \cdot f_1(x) + 5 \cdot f_3(x) + 0 \cdot f_4(x)$$

를 만족한다. ■

미분방정식의 해 우리는 근본적으로는 일차독립인 함수들 특히 선형미분방정식의 일차독립인 **해들**에 관심이 있다. 비록 정의 4.1.1을 직접 적용할 수 있지만 n계 동차 선형미분방정식 (6)의 n개의 해 $y_1, y_2, \cdots, y_n$가 일차독립인지 판정하는 문제는 행렬식을 이용하여 다소 기계적으로 해결할 수 있다.

정의 4.1.2 론스키 행렬식(Wronskian)

각각의 함수 $f_1(x), f_2(x), \cdots, f_n(x)$이 적어도 $n-1$계 도함수가 존재한다고 하자. 행렬식

$$W(f_1, f_2, \cdots, f_n) = \begin{vmatrix} f_1 & f_2 & \cdots & f_n \\ f_1' & f_2' & \cdots & f_n' \\ \vdots & \vdots & \cdots & \vdots \\ f_1^{(n-1)} & f_2^{(n-1)} & \cdots & f_n^{(n-1)} \end{vmatrix}$$

을 함수의 **론스키 행렬식**이라 한다. 여기서 f'는 도함수를 뜻한다.

정리 4.1.3 일차독립인 해의 판정법

$y_1,\ y_2, \cdots,\ y_n$을 구간 I 위에서 n계 동차 선형방정식 (6)의 n개의 해라 하자. 해들의 집합이 구간 I에서 **일차독립**이 되기 위한 필요충분조건은 그 구간의 모든 점 x에서 $W(y_1, y_2, \cdots, y_n) \neq 0$이다.

정리 4.1.3으로부터 만일 $y_1,\ y_2, \cdots,\ y_n$을 구간 I 위에서 (6)의 n개의 해가 되면 론스키 행렬식 $W(y_1, y_2, \cdots, y_n)$는 구간의 모든 점에서 영이든지 또는 구간의 모든 점에서 절대로 영이 될 수 없다.

n계 동차 선형미분방정식의 n개의 일차독립인 해집합은 특별한 이름이 주어진다.

정의 4.1.3 기본 해집합(Fundamental set of solutions)

구간 I에서 n계 동차 선형방정식 (6)의 일차독립인 n개의 해 $y_1,\ y_2, \cdots,$ y_n의 집합을 그 구간에서의 **기본 해집합**이라 한다.

선형방정식에 대한 기본 해집합의 존재 여부는 다음 정리에 의해 알 수 있다.

정리 4.1.4 기본 해집합의 존재성

구간 I 위에서의 n계 동차 선형미분방정식 (6)에 대한 기본 해집합은 존재한다.

삼차원 공간의 모든 벡터들은 **일차독립**인 벡터 i, j, k의 일차결합으로 표현되는 것과 마찬가지로 구간 I 위에서 n계 동차 선형미분방정식 (6)의 해들도 I에서 일차독립인 n개의 해들의 일차결합으로 표현된다. 즉, 일차독립인 n개의 해 $y_1,\ y_2, \cdots,\ y_n$가 미분방정식의 일반해의 기본 주축돌이 된다.

정리 4.1.5 일반해−동차방정식

$y_1,\ y_2, \cdots,\ y_n$을 구간 I 위에서 n계 동차 선형미분방정식 (6)의 기본 해집합이라 하자. 그 구간위에서 이 방정식의 **일반해**(general solution)는

$$y = c_1 y_1(x) + c_2 y_2(x) + \cdots + c_n y_n(x)$$

의 식으로 여기서 $c_i,\ i = 1,\ 2,\ \cdots,\ n$는 임의의 상수이다.

정리 4.1.5는 $Y(x)$가 그 구간에서 미분방정식 (6)의 임의의 해가 되면

$$Y(x)=C_1y_1(x)+C_2y_2(x)+\cdots+C_ny_n(x)$$

를 만족하는 상수 C_1, C_2, $\cdots$, C_n을 찾을 수 있다.

$n=2$인 경우를 증명하자.

증명 구간 I에서 미분방정식 $a_2y''+a_1y'+a_0y=0$에 대하여 Y는 임의의 해이고 y_1과 y_2는 일차독립인 해라 하자. $x=t$를 I위의 점으로 $W(y_1(t),\ y_2(t))\neq 0$를 만족한다고 가정하자. $Y(t)=k_1$, $Y'(t)=k_2$라 하자. 연립방정식

$$C_1y_1(t)+C_2y_2(t)=k_1$$
$$C_1y_1'(t)+C_2y_2'(t)=k_2$$

을 살펴보면, 계수들의 행렬식 $\begin{vmatrix} y_1(t) & y_2(t) \\ y_1'(t) & y_2'(t) \end{vmatrix}\neq 0$을 만족하면 C_1과 C_2는 유일하게 존재함을 안다. 그러나 이 행렬식은 단순히 $x=t$에서의 론스키 행렬식을 계산한 것이며 가정에 의하여 $W\neq 0$이다. $G(x)=C_1y_1(x)+C_2y_2(x)$라 하면, $G(x)$가 미분방정식의 주어진 두 개의 해의 중첩이므로 $G(x)$는 미분방정식을 만족한다 ; $G(x)$는 초기조건

$$G(t)=C_1y_1(t)+C_2y_2(t)=k_1\text{과 } G'(t)=C_1y_1'(t)+C_2y_2'(t)=k_2$$

을 만족하며 $Y(x)$는 *같은* 선형방정식과 *같은* 초기조건을 만족한다. 선형 초깃값 문제의 해는 유일하게 존재하므로(정리 4.1.1) $Y(x)=G(x)$ 또는 $Y(x)=C_1y_1(x)+C_2y_2(x)$가 된다. ■

예제 7 동차 미분방정식의 일반해

동차 선형미분방정식 $y''-9y=0$은 구간 $(-\infty,\infty)$에서 함수 $y_1=e^{3x}$와 $y_2=e^{-3x}$를 해로 갖는다. 두 해가 x-축 위에서 일차 독립이다. 이 사실은 모든 x에 대하여 론스키 행렬식

$$W(e^{3x},e^{-3x})=\begin{vmatrix} e^{3x} & e^{-3x} \\ 3e^{3x} & -3e^{-3x} \end{vmatrix}=-6\neq 0$$

으로부터 확인할 수 있다. y_1, y_2가 기본 해집합이 되며, 결과적으로 $y=c_1e^{3x}+c_2e^{-3x}$가 그 구간에서 방정식의 일반해가 된다. ■

예제 8 일반해로부터 구한 해

함수 $y=4\sinh 3x-5e^{-3x}$는 예제 7의 미분방정식의 해가 된다.(이를 증명하여라) 정리 4.5의 관점에서 우리는 이 해를 일반해 $y=c_1e^{3x}+c_2e^{-3x}$로부터 구할 수 있어야 한다. 만일 $c_1=2$와 $c_2=-7$이라 하면 $y=2e^{3x}-7e^{-3x}$은 다음과 같이 표현된다.

$$y=2e^{3x}-2e^{-3x}-5e^{-3x}=4\left(\frac{e^{3x}-e^{-3x}}{2}\right)-5e^{-3x}$$

이다. 마지막 식은 $y=4\sinh 3x-5e^{-3x}$이 된다. ■

예제 9 동차 미분방정식의 일반해

함수 $y_1=e^x$, $y_2=e^{2x}$, $y_3=e^{3x}$는 3계 미분방정식 $y'''-6y''+11y'-6y=0$을 만족한다. 모든 실수 x에 대하여

$$W(e^x, e^{2x}, e^{3x})=\begin{vmatrix} e^x & e^{2x} & e^{3x} \\ e^x & 2e^{2x} & 3e^{3x} \\ e^x & 4e^{2x} & 9e^{3x} \end{vmatrix}=2e^{6x}\neq 0$$

이 성립하므로 함수 y_1, y_2, y_3은 $(-\infty,\infty)$에서 기본해집합이 된다. 그러므로 $y=c_1e^x+c_2e^{2x}+c_3e^{3x}$는 그 구간에서 미분방정식의 일반해가 된다. ■

4.1.3 비동차방정식

(7)을 만족하며 임의의 매개변수가 없는 함수 y_p를 방정식의 **특수해**(particular solution) 또는 **특수적분**(particular integral)이라 한다. 예를 들면 상수함수 $y_p=3$가 비동차 미분방정식 $y''+9y=27$의 특수해임을 직접 대입하면 알 수 있다.

이제 만약 y_1, $y_2,\cdots$, y_k을 구간 I에서 (6)의 해라 하고 y_p를 I에서 (7)의 특수해라 하면 일차결합

$$y=c_1y_1(x)+c_2y_2(x)+\cdots+c_ky_k(x)+y_p \tag{10}$$

도 역시 비동차방정식 (7)의 해가 된다. 왜냐하면 일차결합 $c_1y_1(x)+c_2y_2(x)+\cdots+c_ky_k(x)$는 연산자 $L=a_nD^n+a_{n-1}D^{n-1}+\cdots+a_1D+a_0$에 의해 영이 되는 반면 y_p는 $g(x)$로 변환되기 때문이다. 만일 n계 미분방정식 (6)의 $k=n$개의 일차독립인 해가 주어지면, (10)의 식은 (7)의 일반해가 된다.

정리 4.1.6 일반해–비동차방정식

y_p가 구간 I에서 n계 비동차 선형미분방정식 (7)의 특수해이고 y_1, y_2, $\cdots$, y_n을 구간 I에서 관련된 동차 선형미분방정식 (6)의 기본 해집합이라 하자. 그러면 그 구간에서 미분방정식의 **일반해**는

$$y = c_1 y_1(x) + c_2\ y_2(x) + \ \cdots\ + c_n\, y_n(x) + y_p$$

로 여기서 c_i, $i = 1, 2, \cdots, n$는 임의의 상수들이다.

증명 L을 (8)에서 정의된 미분연산자라 하고 $Y(x)$와 $y_p(x)$는 비동차방정식 $L(y) = g(x)$의 특수해라 하자. 만일 $u(x) = Y(x) - y_p(x)$라 하면 L의 선형성 때문에

$$L(u) = L\{\,Y(x) - y_p(x)\} = L(\,Y(x)) - L(y_p(x)) = g(x) - g(x) = 0$$

이 된다. 그러므로 $u(x)$는 동차방정식 $L(y) = 0$의 해가 된다. 정리 4.1.5에 의하여

$$u(x) = c_1 y_1(x) + c_2\, y_2(x) + \ \cdots\ + c_n\, y_n(x) \text{ 이며}$$
$$Y(x) - y_p(x) = c_1 y_1(x) + c_2\, y_2(x) + \ \cdots\ + c_n\, y_n(x)$$

또는

$$Y(x) = c_1 y_1(x) + c_2 y_2(x) + \ \cdots\ + c_n\, y_n(x) + y_p(x)$$

이다. ■

여함수(Complementary Function) 정리 4.1.6에서 비동차 선형방정식의 일반해는 두 함수의 합으로 되어있음을 알았다 :

$$y = c_1 y_1(x) + c_2 y_2(x) + \ \cdots\ + c_n\, y_n(x) + y_p(x) = y_c(x) + y_p(x).$$

(6)의 일반해인 일차결합 $y_c(x) = c_1 y_1(x) + c_2 y_2(x) + \ \cdots\ + c_n y_n(x)$를 방정식 (7)에 대한 **여함수**라 한다. 다시 말하면 비동차 선형미분방정식을 풀기 위하여 우리는 먼저 관련된 동차방정식을 풀고 비동차방정식의 특수해를 구해야한다. 그러면 비동차방정식의 일반해는

$$\begin{aligned} y &= \text{여함수} + \text{어떤 특수해} \\ &= y_c + y_p \end{aligned}$$

이다.

예제 10 비동차방정식의 일반해

함수 $y_p = -\frac{11}{12} - \frac{1}{2}x$를 비동차방정식

$$y''' - 6y'' + 11y' - 6y = 3x \tag{11}$$

에 대입하면 y_p가 특수해임을 쉽게 보인다. (11)의 일반해를 구하기 위해서 관련된 동차방정식

$$y''' - 6y'' + 11y' - 6y = 0$$

을 풀어야 한다. 그러나 예제 9에서 구간 $(-\infty, \infty)$에서 위 방정식의 일반해가 $y_c = c_1e^x + c_2e^{2x} + c_3e^{3x}$임을 보였다. 그러므로 그 구간에서 (11)의 일반해는

$$y = y_c + y_p = c_1e^x + c_2e^{2x} + c_3e^{3x} - \frac{11}{12} - \frac{1}{2}x$$

이다. ■

다른 중첩원리 이 절의 마지막 정리는 비동차방정식의 특수해를 구하는 방법을 배울 때 4.4절에서 활용할 것이다.

정리 4.1.7 중첩원리—비동차방정식

$y_{p_1}, y_{p_2}, \cdots, y_{p_k}$를 구간 I 위에서 k개의 서로 다른 함수 $g_1, g_2, \cdots, g_k$에 대응되는 각각의 n계 비동계 선형미분방정식 (7)의 특수해라 하자. 즉 $i = 1, 2, \cdots, k$에 대하여 y_{p_i}는 이에 대응되는

$$a_n(x)y^{(n)} + a_{n-1}(x)y^{(n-1)} + \cdots + a_1(x)y' + a_0(x)y = g_i(x) \tag{12}$$

의 특수해로 정의하자. 그러면

$$y_p = y_{p_1}(x) + y_{p_2}(x) + \cdots + y_{p_k}(x) \tag{13}$$

는

$$a_n(x)y^{(n)} + a_{n-1}(x)y^{(n-1)} + \cdots + a_1(x)y' + a_0(x)y$$
$$= g_1(x) + g_2(x) + \cdots + g_k(x) \tag{14}$$

의 특수해가 된다.

증명 $k = 2$인 경우를 증명하자. L을 (8)에서 정의된 미분연산자라 하고 $y_{p_1}(x)$와 $y_{p_2}(x)$를 비동차방정식 $L(y) = g_1(x)$와 $L(y) = g_2(x)$의 특수해라 하자.

$y_p = y_{p_1}(x) + y_{p_2}(x)$라 하면 y_p가 $L(y) = g_1(x) + g_2(x)$의 특수해가 됨을 보여야 한다. 이 결과는 다시 연산자 L의 선형성에 의하여 얻어진다 :

$$L(y_p) = L\{y_{p_1}(x) + y_{p_2}(x)\} = L(y_{p_1}(x)) + L(y_{p_2}(x)) = g_1(x) + g_2(x). \blacksquare$$

예제 11 중첩–비동차 미분방정식

$y_{p_1} = -4x^2$는 $y'' - 3y' + 4y = -16x^2 + 24x - 8$의 특수해이고

$y_{p_2} = e^{2x}$는 $y'' - 3y' + 4y = 2e^{2x}$의 특수해이며

$y_{p_3} = xe^x$는 $y'' - 3y' + 4y = 2xe^x - e^x$의 특수해임을 보여야 한다.

정리 4.1.7의 (13)로부터 y_{p_1}, y_{p_2}, y_{p_3}의 중첩

$$y_p = y_{p_1} + y_{p_2} + y_{p_3} = -4x^2 + e^{2x} + xe^x$$

는

$$y'' - 3y' + 4y = \underbrace{-16x^2 + 24x - 8}_{g_1(x)} + \underbrace{2e^{2x}}_{g_2(x)} + \underbrace{2xe^x - e^x}_{g_3(x)}.$$

의 해가 된다. ■

참조 만일 각각의 $i = 1, 2, \cdots, k$에 대하여 y_{p_i}가 (12)의 특수해이면 c_i가 상수일 때 일차결합

$$y_p = c_1 y_{p_1} + c_2 y_{p_2} + \cdots + c_k y_{p_k}$$

는 미분방정식의 우변 항이 일차결합

$$c_1 g_1(x) + c_2 g_2(x) + \cdots + c_k g_k(x)$$

인 (14)의 특수해이다.

동차와 비동차 선형미분방정식을 풀기 전에 우리는 다음 절에서 제시될 추가적인 이론이 필요하다.

주의

이 주의는 1.3절의 끝부분에서 언급된 동역학계의 간단한 설명의 연장이다.
수학적인 모델이나 규칙이 n계 선형미분방정식

$$a_n(t)y^{(n)} + a_{n-1}(t)y^{(n-1)} + \cdots + a_1(t)y' + a_0(t)y = g(t)$$

인 동역학계를 n계 **선형계**(linear system)라 한다. n개의 시간–종속 함수

$y(t),\ y'(t),\ \cdots,\ y^{(n-1)}(t)$를 그 체계의 **상태변수**(state variables)라 한다. 어떤 시간 t에서 이들의 값은 **체계의 상태**(state of the system) 를 준다. 함수 g는 **입력 함수**(input function), **강제함수**(forcing function) 또는 **들뜸함수**(excitation function)등 여러 가지로 정의한다. 미분방정식의 해 $y(t)$는 **출력**(output) 또는 **체계의 반응**(response of the system) 이라 한다. 정리 4.1.1에서 언급된 조건 하에서 출력 또는 반응 $y(t)$는 시간 t_0에서 규정된 입력과 체계의 상태—즉 초기 조건 $y(t_0),\ y'(t_0),\ \cdots,\ y^{(n-1)}(t_0)$—에 의하여 유일하게 존재한다.

선형계가 되기 위한 동역학계에선 중첩원리(정리 4.1.7)가 그 체계에서는 성립해야 한다. 즉 입력의 중첩에 대한 이 체계의 반응은 출력의 중첩이다. 우리는 3.1절(1계 선형방정식)에서 간단한 몇 개의 선형계를 보았다 ; 5.1절에서는 수학적 모델이 2계 미분방정식인 선형계를 공부할 것이다.

연습문제 4.1

4.1.1 초깃값과 경곗값 문제

(1-4) 주어진 함수들의 집합족은 제시된 구간에서 미분방정식의 일반해이다. 초깃값 문제의 해가 되는 집합족의 원소를 구하여라.

1 $y=c_1e^x+c_2e^{-x},\ (-\infty,\infty),$

$y''-y=0,\ y(0)=0,\ y'(0)=1$

2 $y=c_1+c_2\cos x+c_3\sin x,\ (-\infty,\infty),$

$y'''+y'=0,\ y(\pi)=0, y'(\pi)=2, y''(\pi)=-1$

3 $y=c_1x+c_2x\ln x,\ (0,\infty),$

$x^2y''-xy'+y=0,\ y(1)=3,\ y'(1)=-1$

4 $y=c_1e^{4x}+c_2e^{-x},\ (-\infty,\infty),$

$y''-3y'-4y=0,\ y(0)=1, y'(0)=2$

5 구간 $(-\infty,\ \infty)$에서 $xy''-y'=0$의 해인 두 개의 매개변수의 집합족 $y=c_1+c_2x^2$에서 초깃값 조건 $y(0)=0,\ y'(0)=1$을 만족하는 상수 c_1과 c_2를 구할 수 없음을 보여라. 이것이 정리 4.1.1에 위배되지 않는 이유를 설명하여라.

6 문제 5에서 초깃값 조건 $y(0)=0,\ y'(0)=0$을 만족하는 해 집합족의 두 원소를 구하여라.

7 구간 $(-\infty,\ \infty)$에서 $x''+\omega^2x=0$의 일반해가 $x(t)=x_1\cos\omega t+c_2\sin\omega t$로 주어졌을 때 초기조건 $x(0)=x_0$, $x'(0)=x_1$을 만족하는 해는

$$x(t)=x_0\cos\omega t+\frac{x_1}{\omega}\sin\omega t$$

임을 보여라.

8 문제 7에서 주어진 $x''+\omega^2x=0$의 일반해를 이용하여 초기 조건 $x(t_0)=x_0, x'(t_1)=x_1$을 만족하는 해는 문제 7에서 주어진 해를 t_0만큼 이동한

$$x(t)=x_0\cos\omega(t-t_0)+\frac{x_1}{\omega}\sin\omega(t-t_0)$$

임을 보여라.

(9-10) 주어진 초깃값 문제가 유일한 해를 갖게 되는 중점이 $x=0$인 구간을 구하여라.

9 $(x-2)y''+3y=x,\ y(0)=0, y'(0)=1$

10 $y''+(\tan x)y=e^x,\ y(0)=1, y'(0)=0$

11 (a) 문제 1의 집합족에서 경곗값 조건 $y(0)=0$, $y(1)=1$을 만족하는 $y''-y=0$의 해를 구하여라.

(b) (a)의 미분방정식은 구간 $(-\infty, \infty)$에서 다른 일반해 $y=c_3\cosh x+c_4\sinh x$를 가진다. 이 집합족에서 (a)의 경곗값 조건을 만족하는 해를 구하여라.

(c) (a)와 (b)의 해가 서로 동치임을 보여라.

12 문제 5의 집합족으로 경곗값 조건 $y(0)=1$, $y(1)=6$을 만족하는 $xy''-y'=0$의 해를 구하여라.

(13-14) 두 개의 매개변수 집합족은 구간 $(-\infty, \infty)$에서 주어진 미분방정식의 해이다. 경곗값 조건을 만족하는 원소가 해집합 족에 있는지 알아보아라.

13 $y=c_1e^x\cos x+c_2e^x\sin x$; $y''-2y'+2y=0$

(a) $y(0)=1, y'(\pi)=0$

(b) $y(0)=1, y(\pi)=-1$

(c) $y(0)=1, y\left(\dfrac{\pi}{2}\right)=1$

(d) $y(0)=0, y(\pi)=0$

14 $y=c_1x^2+c_2x^4+3$; $x^2y''-5xy'+8y=24$

(a) $y(-1)=0, y(1)=4$

(b) $y(0)=1, y(1)=2$

(c) $y(0)=3, y(1)=0$

(d) $y(1)=3, y(2)=15$

4.1.2 동차방정식

(15-22) 주어진 함수들의 집합이 구간 $(-\infty, \infty)$에서 일차독립이 되는지 알아보아라.

15 $f_1(x)=x$, $f_2(x)=x^2$, $f_3(x)=4x-3x^2$

16 $f_1(x)=0$, $f_2(x)=x$, $f_3(x)=e^x$

17 $f_1(x)=5$, $f_2(x)=\cos^2 x$, $f_3(x)=\sin^2 x$

18 $f_1(x)=\cos 2x$, $f_2(x)=1$, $f_3(x)=\cos^2 x$

19 $f_1(x)=x$, $f_2(x)=x-1$, $f_3(x)=x+3$

20 $f_1(x)=2+x$, $f_2(x)=2+|x|$

21 $f_1(x)=1+x$, $f_2(x)=x$, $f_3(x)=x^2$

22 $f_1(x)=e^x$, $f_2(x)=e^{-x}$, $f_3(x)=\sinh x$

(23-30) 주어진 함수들이 제시된 구간에서 미분방정식의 기본 해가 되는지 알아보아라. 일반해를 구하여라.

23 $y''-y'-12y=0$; e^{-3x}, e^{4x}, $(-\infty, \infty)$

24 $x^2y''+xy'+y=0$; $\cos(\ln x)$, $\sin(\ln x)$, $(0, \infty)$

25 $y''-2y'+5y=0$; $e^x\cos 2x$, $e^x\sin 2x$, $(-\infty, \infty)$

26 $y''-4y=0$; $\cosh 2x$, $\sinh 2x$, $(-\infty, \infty)$

27 $x^2y''-6xy'+12y=0$; x^3, x^4, $(0, \infty)$

28 $y^{(4)}+y''=0$; $1, x, \cos x, \sin x, (-\infty, \infty)$

29 $x^3y'''+6x^2y''+4xy'-4y=0$; $x, x^{-2}, x^{-2}\ln x, (0, \infty)$

30 $4y''-4y'+y=0$; $e^{x/2}$, $xe^{x/2}$, $(-\infty, \infty)$

4.1.3 비동차방정식

(31-34) 주어진 함수들의 두 개의 매개변수 집합족이 제시된 구간에서 비동차 미분방정식의 일반해가 됨을 증명하여라.

31 $y''-7y'+10y=24e^x$;
$y=c_1e^{2x}+c_2e^{5x}+6e^x, (-\infty, \infty)$

32 $y''+y=\sec x$;
$y=c_1\cos x+c_2\sin x+x\sin x+(\cos x)\ln(\cos x)$,
$(-\pi/2, \pi/2)$

33 $y''-4y'+4y=2e^{2x}+4x-12$;
$y=c_1e^{2x}+c_2xe^{2x}+x^2e^{2x}+x-2, (-\infty, \infty)$

34 $2x^2y''+5xy'+y=x^2-x$;
$y=c_1x^{-1/2}+c_2x^{-1}+\dfrac{1}{15}x^2-\dfrac{1}{6}x, (0, \infty)$

35 (a) $y_{p_1}=3e^{2x}$와 $y_{p_2}=x^2+3x$가 각각
$y''-6y'+5y=-9e^{2x}$와
$y''-6y'+5y=5x^2+3x-16$
의 특수해가 됨을 보여라.

(b) (a)를 이용하여
$y''-6y'+5y=5x^2+3x-16-9e^{2x}$와

$$y'' - 6y' + 5y = -10x^2 - 6x + 32 + e^{2x}$$

의 특수해를 구하여라.

36 (a) 검산에 의해 $y'' + 2y = 10$의 특수해를 구하여라.

(b) 검산에 의해 $y'' + 2y = -4x$의 특수해를 구하여라.

(c) $y'' + 2y = -4x + 10$의 특수해를 구하여라.

(d) $y'' + 2y = 8x + 5$의 특수해를 구하여라.

토론 문제

37 $n = 1, 2, 3, \cdots$라 하자. $D^n x^{n-1} = 0$와 $D^n x^n = n!$이 주어진 미분방정식의 일반해를 구하는데 어떻게 이용하는지 서술하여라.

(a) $y'' = 0$ (b) $y''' = 0$

(c) $y^{(4)} = 0$ (d) $y'' = 0$

(e) $y''' = 6$ (f) $y^{(4)} = 24$

38 $y_1 = e^x$와 $y_2 = e^{-x}$가 동차 선형미분방정식의 두 개의 해라 하자. $y_3 = \cosh x$와 $y_4 = \sinh x$도 같은 미분방정식의 해가 되는 이유를 설명하여라.

39 (a) $y_1 = x^3$과 $y_2 = |x|^3$가 구간 $(-\infty, \infty)$에서 미분방정식 $x^2y'' - 4xy' + 6y = 0$의 일차독립인 해임을 증명하여라.

(b) 모든 실수 x에 대하여 $W(y_1, y_2) = 0$임을 보여라. 이 결과는 정리 4.1.3에 위배되는가? 설명하여라.

(c) $Y_1 = x^3$과 $Y_2 = x^2$ 또한 구간 $(-\infty, \infty)$에서 (a)의 미분방정식에 대한 일차 독립인 해임을 증명하여라.

(d) $y(0) = 0, y'(0) = 0$을 만족하는 미분방정식의 해를 구하여라.

(e) 정리 4.1.2인 중첩원리에 의하여 일차결합 $y = c_1y_1 + c_2y_2$와 $Y = c_1Y_1 + c_2Y_2$ 모두 미분방정식의 해이다. 구간 $(-\infty, \infty)$에서 일차결합 중 한 개 또는 두 개 모두가 미분방정식의 일반해가 되든지 아니면 둘 다 일반해가 되지 않는지를 논하여라.

40 함수 $f_1(x) = e^{x+2}$와 $f_2(x) = e^{x-3}$은 구간 $(-\infty, \infty)$에서 일차독립 또는 일차종속인가? 서술하여라.

41 $y_1, y_2, \cdots, y_k$가 구간 $(-\infty, \infty)$에서 상수를 계수로 가지는 동차 n계 미분방정식의 k개인 일차독립인 해라 하자. 정리 4.2에 의하여 $y_{k+1} = 0$ 또한 미분방정식의 해가 된다. $(-\infty, \infty)$에서 $y_1, y_2, \cdots, y_k, y_{k+1}$은 일차독립 또는 일차종속인가? 서술하여라.

42 $y_1, y_2, \cdots, y_k$가 구간 $(-\infty, \infty)$에서 상수를 계수로 가지는 동차 n계 미분방정식의 자명하지 않은 k개의 해라 하고 $k = n+1$이라 하자. $y_1, y_2, \cdots, y_k$는 구간 $(-\infty, \infty)$에서 일차독립 또는 일차종속인가? 서술하여라.

4.2 계수의 감소

필요한 개념

- 2.5절(대입을 사용)
- 4.1절

소개 | 앞 절에서 우리는 2계 동차 선형미분방정식

$$a_2(x)y'' + a_1(x)y' + a_0(x)y = 0 \tag{1}$$

의 일반해는 적당한 구간 I에서 일차독립인 (1)의 해 y_1과 y_2의 일차결합 $y = c_1y_1 + c_2y_2$임을 알았다. 다음 절을 시작하면서, 미분방정식 (1)의 계수가 상수일 때 그 해를 구하는 방법에 대해 알아본다. 대수학에서의 간단한 연습문제인 이 방법은 몇몇 경우에서는 미분방정식 (1)의 오직 한 개의 해 y_1만이 구해진다. 만일 미분방정식의 자명한 해가 아닌 y_1을 알면 동차방정식 (1)의 ((1)의 계수가 변수일 때도) 두 번째 해 y_2를 구할 수 있다. 이 절에서 설명하는 기본 개념은 알고 있는 해 y_1을 포함하여 *대입에 의하여 방정식 (1)을 1계 선형미분방정식으로 계수를 감소하는 것*이다. (1)의 두 번째 해 y_2는 이 1계 미분방정식을 푼 후에 얻어진다.

계수의 감소 y_1이 구간 I에서 정의된 (1)의 자명하지 않은 해라 하자. 구간 I에서 y_1, y_2가 일차독립이 되는 두 번째 해인 y_2를 구하자. 4.1절로부터 y_1, y_2가 일차독립이면 이들의 몫인 y_2/y_1는 I에서 상수가 아니다. 즉 $\dfrac{y_2(x)}{y_1(x)} = u(x)$ 또는 $y_2(x) = u(x)y_1(x)$이다. 함수 $u(x)$는 $y_2(x) = u(x)y_1(x)$를 주어진 미분방정식에 대입하면 구할 수 있다. u를 구하기 위해 1계 선형미분방정식을 풀어야하므로 이 방법을 **계수의 감소**(reduction of order)라 한다.

예제 1 계수의 감소에 의한 두 번째 해

구간 $(-\infty, \infty)$에서 $y'' - y = 0$의 해 $y_1 = e^x$가 주어졌을 때 두 번째 해 y_2를 구하기 위해 계수의 감소를 이용하자.

풀이 $y(x) = u(x)y_1(x) = u(x)e^x$라 하면 곱셈공식에 의하여

$$y' = ue^x + e^x u', \quad y'' = ue^x + 2e^x u' + e^x u''$$

이므로

$$y'' - y = e^x(u'' + 2u') = 0$$

이다. $e^x \neq 0$이므로 마지막 방정식은 $u'' + 2u' = 0$을 만족한다. $w = u'$를 대입하면 u를 포함한 2계 선형방정식은 w에 관한 1계 선형미분방정식 $w' + 2w = 0$이 된다. 적분인수 e^{2x}를 이용하면 $\dfrac{d}{dx}[e^{2x}w] = 0$이다. 적분하면 $w = c_1 e^{-2x}$ 또는 $u' = c_1 e^{-2x}$이다. 다시 적분하면 $u = -\dfrac{1}{2}c_1 e^{-2x} + c_2$가 된다. 그러므로

$$y = u(x)e^x = -\frac{1}{2}c_1 e^{-x} + c_2 e^x \tag{2}$$

이다. $c_2 = 0$과 $c_1 = -2$이면 우리는 원하는 두 번째 해 $y_2 = e^{-x}$를 구한다. 모든 x에 대하여 $W(e^x, e^{-x}) \neq 0$이므로 이 해들은 구간 $(-\infty, \infty)$에서 일차독립이다. ■

$y_1 = e^x$와 $y_2 = e^{-x}$가 2계 선형방정식의 일차독립인 해가 됨을 보였기 때문에 식 (2)는 실제적으로 구간$(-\infty, \infty)$에서 $y'' - y = 0$의 일반해가 된다.

일반적인 경우 방정식 (1)을 **표준형**(standard form)

$$y'' + P(x)y' + Q(x)y = 0 \tag{3}$$

으로 고치기 위해 $a_2(x)$으로 식을 나누자. 여기서 $P(x)$ 와 $Q(x)$는 적당한 구간 I에서 연속인 함수이다. $y_1(x)$를 구간 I에서 (3)의 알고 있는 해라 하고 그 구간

의 모든 점 x에 대하여 $y_1(x) \neq 0$이라 하자. $y = u(x)y_1(x)$라 하면

$$y' = uy_1' + y_1 u', \quad y'' = uy_1'' + 2y'_1 u' + y_1 u''$$

$$y'' + Py' + Qy = u\underbrace{[y''_1 + Py'_1 + Qy_1]}_{0} + y_1 u'' + (2y'_1 + Py_1)u' = 0$$

이 된다. 그러므로 $w = u'$이라 하면

$$y_1 u'' + (2y_1' + Py_1)u' = 0 \quad \text{또는} \quad y_1 w' + (2y_1' + Py_1)w = 0 \qquad (4)$$

이다. (4)의 마지막 방정식은 선형이면서 변수분리형이다. 변수를 분리하고 적분을 하면

$$\frac{dw}{w} + 2\frac{y_1'}{y_1}dx + Pdx = 0$$

$$\ln|wy_1^2| = -\int Pdx + c \quad \text{또는} \quad wy_1^2 = c_1 e^{-\int Pdx}$$

이다. w에 관하여 마지막 방정식을 풀고, $w = u'$을 대입하고 적분을 하면

$$u = c_1 \int \frac{e^{-\int Pdx}}{y_1^2}dx + c_2$$

이 된다. $c_1 = 1$과 $c_2 = 0$이면 $y = u(x)y_1(x)$로부터 방정식 (3)의 두 번째 해는

$$y_2 = y_1(x)\int \frac{e^{-\int Pdx}}{y_1^2(x)}dx \qquad (5)$$

가 된다. (5)에서 정의된 함수 y_2가 방정식 (3)을 만족하고 $y_1(x)$가 0이 아닌 구간에서 y_1과 y_2가 일차독립인 것을 증명하는 것은 미분의 좋은 복습일 것이다.

예제 2 공식 (5)에 의한 두 번째 해

함수 $y_1 = x^2$는 $x^2y'' - 3xy' + 4y = 0$의 해이다. 구간 $(0, \infty)$에서 미분방정식의 일반해를 구하여라.

풀이 방정식의 표준형은 $y'' - \frac{3}{x}y' + \frac{4}{x^2}y = 0$에서, (5)에 의하여

$$y_2 = x^2\int \frac{e^{3\int \frac{1}{x}dx}}{x^4}dx \quad \leftarrow e^{3\int \frac{1}{x}dx} = e^{\ln x^3} = x^3$$

$$= x^2\int \frac{dx}{x} = x^2 \ln x$$

이다. 구간 $(0, \infty)$에서 일반해는 $y = c_1y_1 + c_2y_2$가 된다 ;

즉 $y = c_1x^2 + c_2x^2 \ln x$이다. ■

주의

(i) 공식 (5)는 다음 절과 4.7절, 6.2절에서 다시 언급되기에 그 공식의 유도와 적용을 이 절에서 예시했다. 우리는 원하는 결과를 구하는 시간을 단축하기 위하여 (5)를 이용한다. 학생들이 (5)를 외워야할지 또는 계수의 감소에 대한 첫 번째 원리를 알아야 할지는 교수님께서 말씀하실 것이다.

(ii) 비동차방정식 $a_2(x)y'' + a_1(x)y' + a_0(x)y = g(x)$의 일반해를 구할 때 관련된 동차 미분방정식의 해 y_1을 알고 있을 경우마다
계수의 감소를 사용할 수 있다. 4.2절 연습문제 17-20번을 참조하라.

연습문제 4.2

(1-16) 제시된 함수 $y_1(x)$는 주어진 미분방정식의 해이다. 계수의 감소 또는 공식 (5)을 이용하여 두 번째 해 $y_2(x)$을 구하여라.

1 $y'' - 4y' + 4y = 0;\ y_1 = e^{2x}$

2 $y'' + 2y' + y = 0;\ y_1 = xe^{-x}$

3 $y'' + 16y = 0;\quad y_1 = \cos 4x$

4 $y'' + 9y = 0;\quad y_1 = \sin 3x$

5 $y'' - y = 0;\quad y_1 = \cosh x$

6 $y'' - 25y = 0;\quad y_1 = e^{5x}$

7 $9y'' - 12y' + 4y = 0;\quad y_1 = e^{2x/3}$

8 $6y'' + y' - y = 0;\quad y_1 = e^{x/3}$

9 $x^2y'' - 7xy' + 16y = 0;\quad y_1 = x^4$

10 $x^2y'' + 2xy' - 6y = 0;\quad y_1 = x^2$

11 $xy'' + y' = 0;\quad y_1 = \ln x$

12 $4x^2y'' + y = 0;\quad y_1 = x^{1/2}\ln x$

13 $x^2y'' - xy' + 2y = 0;\quad y_1 = x\sin(\ln x)$

14 $x^2y'' - 3xy' + 5y = 0;\quad y_1 = x^2\cos(\ln x)$

15 $(1-2x-x^2)y'' + 2(1+x)y' - 2y = 0;\ y_1 = x+1$

16 $(1-x^2)y'' + 2xy' = 0;\quad y_1 = 1$

(17-20) 제시된 함수 $y_1(x)$는 주어진 관련된 동차 미분방정식의 해이다. 계수의 감소 방법을 이용하여 동차 미분방정식의 두 번째 해 $y_2(x)$를 구하고 주어진 비동차미분방정식의 특수해를 구하여라.

17 $y'' - 4y = 12;\quad y_1 = e^{-2x}$

18 $y'' + y' = 1;\quad y_1 = 1$

19 $y'' - 3y' + 2y = 5e^{3x};\quad y_1 = e^x$

20 $y'' - 4y' + 3y = x;\quad y_1 = e^x$

토론 문제

21 (a) a, b, c가 상수인 2계 방정식 $ay'' + by' + cy = 0$이 항상 $y_1 = e^{m_1x}$ (여기서 m_1은 상수)의 형태의 해를 적어도 한 개 가진다는 것을 증명하여라.

(b) (a)의 미분방정식의 두 번째 해는 m_1, m_2는 상수인 $y_2(x) = e^{m_2x}$ 또는 $y_2(x) = xe^{m_2x}$ 의 형태가 되는 이유를 설명하시오.

(c) 문제 1-8을 재검토하여라. 왜 위의 (a)와 (b)의 답이

문제 3-5의 정답에 모순이 안 되는지 설명할 수 있는가?

22 $y_1(x)=x$가 $xy''-xy'+y=0$의 해가 됨을 증명하시오. 계수의 감소에 의하여 무한급수의 형태인 두 번째 해 $y_2(x)$를 구하여라. $y_2(x)$가 정의되는 구간을 추정하여라.

컴퓨터 실습 과제

23 (a) $y_1(x)=e^x$가

$$xy''-(x+10)y'+10y=0$$

의 해가 됨을 보여라.

(b) 식 (5)를 이용하여 두 번째 해 $y_2(x)$를 구하여라. 컴퓨터 대수체계를 활용하여 필요한 적분을 구하여라.

(c) 정리 4.1.2의 따름정리 (A)를 이용하여 두 번째 해가 간단하게

$$y_2(x)=\sum_{n=0}^{10}\frac{1}{n!}x^n$$

로 표현됨을 설명하여라.

4.3 상수를 계수로 가지는 동차 선형미분방정식

필요한 개념

- 연습문제 1.1의 문제 27-30과 정리 4.1.5를 복습하자.
- 다항식의 해를 구하는 대수학을 복습하자. (학생 자료 매뉴얼(SRM)을 참조하라.)

소개 | 이 절의 내용을 전개하는 방법으로 1계 미분방정식, 좀 더 특별하게, $a\neq 0$, b는 상수인 *동차* 선형방정식 $ay'+by=0$ 으로 되돌아가자. 이런 형태의 방정식은 변수분리 또는 적분인수를 이용하여 풀 수 있지만 대수학에서만 사용되는 다른 방법으로 풀 수 있다. 다른 방법을 설명하기 전 다음을 고찰해보자 : y'에 대하여 $ay'+by=0$을 풀면 $y'=ky$ (여기서 k는 상수)가 된다. 이 사실로 미지의 해 y의 성질을 알 수 있다 ; 도함수가 자기 자신의 상수 배인 자명하지 않은 기본 함수는 지수함수인 e^{mx}뿐이다. 새로운 풀이 방법 : 만일 $y=e^{mx}$와 $y'=me^{mx}$를 $ay'+by=0$에 대입하면

$$ame^{mx}+be^{mx}=0 \text{ 또는 } e^{mx}(am+b)=0\text{이다.}$$

모든 실수 x에 대하여 e^{mx}는 절대로 영이 아니므로 마지막 방정식은 m이 일차다항식 $am+b=0$의 근일 때만 만족된다. 그 유일한 근 m에 대하여 $y=e^{mx}$이 미분방정식의 해가 된다. 계수가 상수인 방정식 $2y'+5y=0$을 예로 들자. 미분방정식에 $y=e^{mx}$를 미분하여 대입할 필요가 없다; 단지 방정식 $2m+5=0$을 만들어 m에 관하여 풀면 된다. $m=-\frac{5}{2}$로부터 $y=e^{-\frac{5}{2}x}$가 $2y'+5y=0$의 해가 되며 구간 $(-\infty,\infty)$에서의 일반해는 $y=c_1e^{-\frac{5}{2}x}$이다.

이 절에서 우리는 위에서 언급한 과정이 계수 $a_i\,(i=0,1,\cdots,n)$가 실수인 상수이며 $a_n\neq 0$인 고계 동차 선형 미분방정식

$$a_ny^{(n)}+a_{n-1}y^{(n-1)}+\cdots+a_2y''+a_1y'+a_0y=0 \tag{1}$$

에 대한 지수 함수가 해가 되는 것을 보일 것이다.

보조방정식(Auxiliary equation) 우선 a, b와 c가 상수인 2계 방정식

$$ay''+by'+cy=0 \tag{2}$$

을 고찰하여보자. 만일 $y=e^{mx}$ 형태의 해를 찾는다면, $y'=me^{mx}$와 $y''=m^2e^{mx}$

을 대입하면 , 방정식 (2)는

$$am^2e^{mx} + bme^{mx} + ce^{mx} = 0 \text{ 또는 } e^{mx}(am^2 + bm + c) = 0$$

이 된다. 소개에서와 같이 모든 x에 대하여 $e^{mx} \neq 0$이므로 $y = e^{mx}$가 미분방정식 (2)의 해가 되는 유일한 경우는 m이 이차방정식

$$am^2 + bm + c = 0 \tag{3}$$

의 근이 되는 경우이다. 이 마지막 방정식을 미분방정식 (2)의 **보조방정식** (auxiliary equation)이라 한다. (3)의 두 근은 $m_1 = \dfrac{-b+\sqrt{b^2-4ac}}{2a}$와 $m_2 = \dfrac{-b-\sqrt{b^2-4ac}}{2a}$이므로 (2)의 일반해는 다음 세 가지 경우와 대응되는 형태가 된다.

- m_1과 m_2가 서로 다른 실수 $(b^2 - 4ac > 0)$,
- m_1과 m_2가 서로 같은 실수 $(b^2 - 4ac = 0)$,
- m_1과 m_2가 켤레 복소수 $(b^2 - 4ac < 0)$.

우리는 각각의 경우를 차례로 살펴보자.

경우 I **서로 다른 실근** 보조방정식 (3)이 서로 다른 실근 m_1과 m_2을 가진다는 가정 하에 두 해 $y_1 = e^{m_1x}$과 $y_2 = e^{m_2x}$을 구한다. 이 두 함수는 구간 $(-\infty, \infty)$에서 일차 독립이므로 기본해집합이 된다. 그러므로 이 구간에서 (2)의 일반해는

$$y = c_1e^{m_1x} + c_2e^{m_2x} \tag{4}$$

이다.

경우 II **실수인 중근** $m_1 = m_2$이면 오직 한 개의 지수 함수해 $y_1 = e^{m_1x}$만 구해진다. 근의 공식으로부터 $m_1 = m_2$이면 $b^2 - 4ac = 0$이므로 $m_1 = -\dfrac{b}{2a}$이 된다. 4.2절 (5)로부터 방정식의 두 번째 해는

$$y_2 = e^{m_1x}\int \frac{e^{2m_1x}}{e^{2m_1x}}dx = e^{m_1x}\int dx = xe^{m_1x} \tag{5}$$

이다. (5)에서 $-\dfrac{b}{a} = 2m_1$을 이용했다. 그러므로 일반해는

$$y = c_1e^{m_1x} + c_2xe^{m_1x} \tag{6}$$

이다.

경우 III **켤레 복소수근** 만일 m_1과 m_2가 복소수이면 α와 $\beta > 0$가 실수인 $m_1 = \alpha + i\beta$과 $m_2 = \alpha - i\beta$로 나타내며 $i^2 = -1$이다. 형식적으로 이 경우

와 I의 경우와는 차이가 없어서

$$y = c_1 e^{(\alpha + i\beta)x} + c_2 e^{(\alpha - i\beta)x}$$

이다. 하지만 실제적으로 복소수 지수함수보다는 실수함수를 다루기를 선호한다. 따라서 **오일러(Euler)의 공식;**

$$e^{i\theta} = \cos\theta + i\sin\theta \quad (\text{여기서 } \theta\text{는 실수})$$

을 이용하자.* $\cos(-\beta x) = \cos\beta x$와 $\sin(-\beta x) = -\sin\beta x$를 이용하면

$$e^{i\beta x} = \cos\beta x + i\sin\beta x \text{와} \quad e^{-i\beta x} = \cos\beta x - i\sin\beta x \tag{7}$$

이 된다. (7)의 두 식들을 더하고 빼면 각각

$$e^{i\beta x} + e^{-i\beta x} = 2\cos\beta x \text{ 와} \quad e^{i\beta x} - e^{-i\beta x} = 2\sin\beta x$$

이 된다. 임의의 상수 C_1와 C_2에 대하여 $y = C_1 e^{(\alpha + i\beta)x} + C_2 e^{(\alpha - i\beta)x}$는 (2)의 해이므로, $C_1 = C_2 = 1$과 $C_1 = 1$, $C_2 = -1$을 택하면 차례로 다음과 같은 두 해를 구한다.

$$y_1 = e^{(\alpha + i\beta)x} + e^{(\alpha - i\beta)x} \text{과} \quad y_2 = e^{(\alpha + i\beta)x} - e^{(\alpha - i\beta)x}$$

그래서

$$y_1 = e^{\alpha x}(e^{i\beta x} + e^{-i\beta x}) = 2e^{\alpha x}\cos\beta x \text{와}$$

$$y_2 = e^{\alpha x}(e^{i\beta x} - e^{-i\beta x}) = 2e^{\alpha x}\sin\beta x$$

가 된다. 그러므로 정리 4.1.2의 따름정리 (A)에 의하여 마지막 두 결론은 $e^{\alpha x}\cos\beta x$와 $e^{\alpha x}\sin\beta x$는 (2)의 실수해가 됨을 보여준다. 더구나 이 해들은 구간 $(-\infty, \infty)$에서 기본 해집합이 된다. 결과적으로 일반해는

$$y = c_1 e^{\alpha x}\cos\beta x + c_2 e^{\alpha x}\sin\beta x = e^{\alpha x}(c_1\cos\beta x + c_2\sin\beta x) \tag{8}$$

이다.

예제 1 2계 미분방정식

다음 미분방정식을 풀어라.

(a) $2y'' - 5y' - 3y = 0$ (b) $y'' - 10y' + 25y = 0$ (c) $y'' + 4y' + 7y = 0$

풀이 보조방정식, 근과 대응되는 일반해를 구한다.

(a) $2m^2 - 5m - 3 = (2m+1)(m-3) = 0$, $m_1 = -\frac{1}{2}$, $m_2 = 3$

---

* 오일러(Euler) 공식의 형식적인 유도는 매클로린(Maclaurin) 급수 $e^x = \sum_{n=0}^{\infty} \frac{x^n}{n!}$에 $x = i\theta$를 대입하고 $i^2 = -1$, $i^3 = -i$, …를 이용하여 급수를 실수와 허수부분으로 분리하면 얻어진다. 그렇게 하여 $e^{i\theta}$를 $\cos\theta + i\sin\theta$라 정의한다.

(4)로부터 $y=c_1e^{-\frac{x}{2}}+c_2e^{3x}$이다.

(b) $m^2-10m+25=(m-5)^2=0 \quad m_1=m_2=5$

(6)으로부터 $y=c_1e^{5x}+c_2xe^{5x}$이다.

(c) $m^2+4m+7=0$, $m_1=-2+\sqrt{3}i$, $m_2=-2-\sqrt{3}i$

$\alpha=-2$, $\beta=\sqrt{3}$인 (8)로부터 $y=e^{-2x}(c_1\cos\sqrt{3}x+c_2\sin\sqrt{3}x)$이다. ■

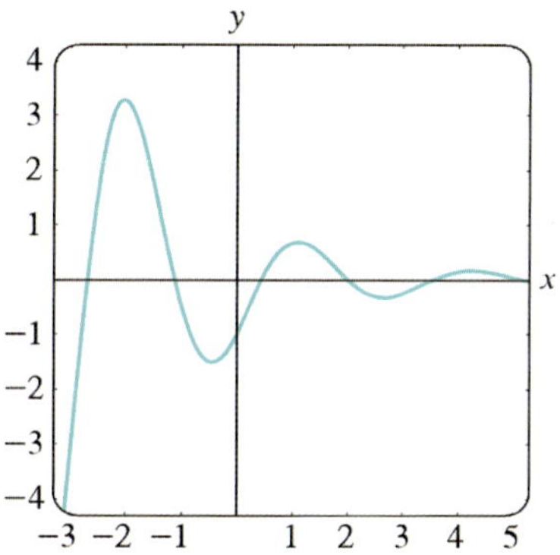

그림 4.3.1 예제 2의 초깃값 문제의 해곡선

예제 2 초깃값 문제

$4y''+4y'+17y=0$, $y(0)=-1$, $y'(0)=2$를 풀어라.

풀이 근의 공식에 의하여 보조방정식 $4m^2+4m+17=0$의 근은 $m_1=-\frac{1}{2}+2i$와 $m_2=-\frac{1}{2}-2i$이다. (8)로부터 $y=e^{-\frac{x}{2}}(c_1\cos2x+c_2\sin2x)$이다. 조건 $y(0)=-1$을 적용하면 $e^0(c_1\cos0+c_2\sin0)=-1$로부터 $c_1=-1$이다. $y=e^{-\frac{x}{2}}(-\cos2x+c_2\sin2x)$를 미분하여 $y'(0)=2$를 이용하면 $2c_2+\frac{1}{2}=2$ 또는 $c_2=\frac{3}{4}$이다. 그러므로 초깃값 문제의 해는 $y=e^{-\frac{x}{2}}(-\cos2x+\frac{3}{4}\sin2x)$이다. 그림 4.3.1에서 해는 진동하지만 $x\to\infty$함에 따라 $y\to0$임을 알 수 있다. ■

알아야 할 가치가 있는 두 개의 방정식 k가 실수인 두 개의 미분방정식

$$y''+k^2y=0\text{과 } y''-k^2y=0$$

는 응용수학에서 중요하다. $y''+k^2y=0$에 대한 보조방정식 $m^2+k^2=0$은 허수해 $m_1=ki$와 $m_2=-ki$를 갖는다. $\alpha=0$, $\beta=k$인 (8)로부터, 미분방정식의 일반해는

$$y=c_1\cos kx+c_2\sin kx \tag{9}$$

가 된다. 반면 $y''-k^2y=0$에 대한 보조방정식 $m^2-k^2=0$은 두 개의 서로 다른 실수해 $m_1=k$와 $m_2=-k$를 가지므로 (4)에 의하여 미분방정식의 일반해는

$$y=c_1e^{kx}+c_2e^{-kx} \tag{10}$$

이다. 만일 (10)에서 $c_1=c_2=\frac{1}{2}$와 $c_1=\frac{1}{2}$, $c_2=-\frac{1}{2}$로 택하면 특수해 $y=\frac{1}{2}(e^{kx}+e^{-kx})=\cosh kx$와 $y=\frac{1}{2}(e^{kx}-e^{-kx})=\sinh kx$를 구한다. $\cosh kx$와 $\sinh kx$는 x-축의 어느 구간에서도 일차독립이므로 $y''-k^2y=0$의 일반해의 다른 형태는

$$y=c_1\cosh kx+c_2\sinh kx \tag{11}$$

가 된다. 연습문제 4.3의 문제 41, 42를 참조하라.

고계 방정식 일반적으로 a_i, $i = 0, 1, \cdots, n$가 실수인 n계 미분방정식 (1)을 풀기 위하여 n차 다항식

$$a_n m^n + a_{n-1} m^{n-1} + \cdots + a_2 m^2 + a_1 m + a_0 = 0 \tag{12}$$

을 풀어야만 한다. (12)의 모든 근이 서로 다른 실수이면 (1)의 일반해는

$$y = c_1 e^{m_1 x} + c_2 e^{m_2 x} + \cdots + c_n e^{m_n x}$$

이다. 3차 이상의 보조방정식의 근은 많은 경우의 수가 생기기에 경우 II와 경우 III와 유사하게 요약하기에는 다소 어려움이 있다. 예를 들면 5차 방정식의 경우 5개의 서로 다른 실근 또는 3개의 서로 다른 실근과 2개의 복소수 근 또는 1개의 실근과 4개의 복소수 근 또는 서로 같은 5개의 실근 또는 5개의 실근 중 2개는 같은 실근 등등의 근을 가질 수 있다. m_1이 n차 보조방정식의 중복도 k (즉, k개의 근이 m_1과 같음)인 근이면

$$e^{m_1 x}, \quad xe^{m_1 x}, \quad x^2 e^{m_1 x}, \quad \cdots, \quad x^{k-1} e^{m_1 x}$$

은 일차독립인 해가 되며 일반해는 일차결합

$$c_1 e^{m_1 x} + c_2 x e^{m_1 x} + c_3 x^2 e^{m_1 x} + \cdots + c_k x^{k-1} e^{m_1 x}$$

을 포함해야 함을 보일 수 있다. 마지막으로 계수가 실수이면 보조방정식의 복소수 근은 항상 켤레 복소수의 쌍으로 나타나는 것을 기억해야만 한다. 그래서 예를 들면 3차 다항 방정식은 많아야 두 개의 복소수 근을 가질 수 있다.

예제 3 3계 미분방정식

$y''' + 3y'' - 4y = 0$을 풀어라.

풀이 $m^3 + 3m^2 - 4 = 0$의 한 근이 $m_1 = 1$이므로 $m - 1$는 $m^3 + 3m^2 - 4$의 인수이다. 나눗셈에 의하여

$$m^3 + 3m^2 - 4 = (m-1)(m^2 + 4m + 4) = (m-1)(m+2)^2$$

이므로 다른 근은 $m_2 = m_3 = -2$이다. 그러므로 미분방정식의 일반해는

$$y = c_1 e^{x} + c_2 e^{-2x} + c_3 x e^{-2x}$$

이다. ■

예제 4 4계 미분방정식

$\dfrac{d^4 y}{dx^4} + 2\dfrac{d^2 y}{dx^2} + y = 0$을 풀어라.

풀이 보조방정식 $m^4+2m^2+1=(m^2+1)^2=0$은 근 $m_1=m_3=i$와 $m_2=m_4=-i$를 갖는다. 경우 II로부터 해는

$$y=C_1e^{ix}+C_2e^{-ix}+C_3xe^{ix}+C_4xe^{-ix}$$

이다. 오일러의 공식에 의하여 상수를 다시 정한 후 $C_1e^{ix}+C_2e^{-ix}$는

$$c_1\cos x+c_2\sin x$$

으로 다시 쓸 수 있으며 마찬가지로 $x(C_3e^{ix}+C_4e^{-ix})$는 $x(c_3\cos x+c_4\sin x)$로 나타낼 수 있다. 그러므로 일반해는

$$y=c_1\cos x+c_2\sin x+c_3x\cos x+c_4x\sin x$$

이다. ■

예제 4는 보조방정식이 중근인 복소수 근을 가지는 특별한 경우를 예시했다. 일반적으로 $m_1=\alpha+i\beta,\ \beta>0$가 실수를 계수로 갖는 보조방정식의 중복도 k인 복소수 근이면 그 켤레복소수 $m_2=\alpha-i\beta$도 중복도 k인 근이 된다. $2k$개의 복소수 해

$$e^{(\alpha+i\beta)x},\ xe^{(\alpha+i\beta)x},\ x^2e^{(\alpha+i\beta)x},\ \cdots,\ x^{k-1}e^{(\alpha+i\beta)x}$$
$$e^{(\alpha-i\beta)x},\ xe^{(\alpha-i\beta)x},\ x^2e^{(\alpha-i\beta)x},\ \cdots,\ x^{k-1}e^{(\alpha-i\beta)x}$$

로부터, 오일러의 공식으로, 대응되는 미분방정식의 일반해는 $2k$개의 일차독립인 실수 해

$$e^{\alpha x}\cos\beta x,\ xe^{\alpha x}\cos\beta x,\ x^2e^{\alpha x}\cos\beta x,\ \cdots,\ x^{k-1}e^{\alpha x}\cos\beta x,$$
$$e^{\alpha x}\sin\beta x,\ xe^{\alpha x}\sin\beta x,\ x^2e^{\alpha x}\sin\beta x,\ \cdots,\ x^{k-1}e^{\alpha x}\sin\beta x$$

의 일차결합을 포함한다. 예제 4는 $k=2,\ \alpha=0$과 $\beta=1$이다.

물론 상수를 계수로 갖는 미분방정식을 푸는데 가장 어려운 것은 3차 이상의 보조방정식의 근을 구하는 것이다. 예를 들면 $3y'''+5y''+10y'-4y=0$을 풀기 위하여 $3m^3+5m^2+10m-4=0$을 풀어야 한다. 우리가 시도할 수 있는 방법은 보조방정식에 대한 유리수 근을 조사하는 것이다. $m_1=\dfrac{p}{q}$가 정수를 계수로 갖는 보조방정식 $a_nm^n+a_{n-1}m^{n-1}+\cdots+a_2m^2+a_1m+a_0=0$의 유리수 근(기약분수로 표현된)이면 p는 a_0의 약수이며 q는 a_n의 약수가 된다. 특별히 3차 보조방정식에서 $a_0=-4$와 $a_n=3$의 모든 약수는 : $p:\pm1,\ \pm2,\ \pm4$과 $q:\ \pm1,\ \pm3$이므로 가능한 유리수 근은 $\dfrac{p}{q}:\ \pm1,\ \pm2,\ \pm4,\pm\dfrac{1}{3},\ \pm\dfrac{2}{3},\ \pm\dfrac{4}{3}$이다. 예를 들면 조립제법에 의하여 이들 각각의 수를 검토해야 한다. 이런 방법으로 $m_1=\dfrac{1}{3}$이 근이 됨을 찾아내고 인수분해하면

$$3m^3+5m^2+10m-4=\left(m-\frac{1}{3}\right)(3m^2+6m+12)$$

이 된다. 근의 공식으로 나머지 근은 $m_2=-1+\sqrt{3}i$와 $m_3=-1-\sqrt{3}i$이다. 그래서 $3y'''+5y''+10y'-4y=0$의 일반해는 $y=c_1e^{\frac{x}{3}}+e^{-x}(c_2\cos\sqrt{3}x+c_3\sin\sqrt{3}x)$이다.

컴퓨터의 활용 적절한 계산기나 컴퓨터 프로그램을 사용하여 보조방정식의 근을 구하거나 근의 근삿값을 구하는 것은 기계적인 문제이다. 차수가 5미만인 (일변수) 다항식은 *mathematica*나 *Maple*에서 *solve* 명령어를 사용한 대수공식에 의하여 풀 수 있다. 차수가 5 이상인 보조다항식에서는 *mathematica*에서 NSolve와 FindRoot와 같은 수치적인 명령어를 사용할 필요가 있을 것이다. 다항식을 푸는 컴퓨터의 역량 때문에, 이런 컴퓨터 대수체계는 *dsolve* 명령어에 의하여 상수가 계수인 동차 선형미분방정식의 명확한 해도 역시 구할 수 있다는 것은 놀랍지가 않다.

이것에 관한 것은 SRM에 더 있다. ▶

Ralph Palmer Agrew*의 저서인 《미분방정식》 (저자가 학생일 때 사용한) 교재에 다음 문장이 적혀있다:

이 과목에서는 학생들에게

$$4.317\frac{d^4y}{dx^4}+2.179\frac{d^3y}{dx^3}+1.416\frac{d^2y}{dx^2}+1.295\frac{dy}{dx}+3.169y=0 \quad (13)$$

과 같은 방정식의 유효한 해를 구하기 위한 계산 기량과 적절한 도구를 반드시 갖출 것을 기대하는 것은 타당하지 않다.

계산 기량이 시간이 갈수록 개선되었는지는 논쟁의 대상이지만 과학 기술이 개선되었다는 것은 확실하다. 학생이 컴퓨터 대수체계를 접한다면, 방정식 (13)은 적절히 고려되어진다. 결과를 간단히 하고 재 명칭을 하면 *mathematica*에서 근사 일반해는

$$\begin{aligned}y=&c_1e^{-0.728852x}\cos(0.618605x)+c_2e^{-0.728852x}\sin(0.618605x)\\&+c_3e^{0.476478x}\cos(0.759081x)+c_4e^{0.476478x}\sin(0.759081x)\end{aligned}$$

가 된다.

마지막으로 예를 들어 4계 방정식으로 되어있는 초깃값 문제에 직면하면 미분방정식의 일반해는 4개의 초기조건을 만족하여, 4개의 미지수(일반해 안에 c_1, c_2, c_3, c_4)에 대한 4개의 선형방정식을 풀어야 한다. 컴퓨터 대수체계인 CAS를 활용하여 이 연립방정식을 푸는 것은 많은 시간을 단축할 수 있다. 연습문제

* McGraw-Hill, New York, 1960

4.3의 문제 69과 70, 4장의 복습 문제 41를 참조하라.

연습문제 4.3

(1-14) 주어진 2계 미분방정식의 일반해를 구하여라.

1 $4y'' + y' = 0$

2 $y'' - 36y = 0$

3 $y'' - y' - 6y = 0$

4 $y'' - 3y' + 2y = 0$

5 $y'' + 8y' + 16y = 0$

6 $y'' - 10y' + 25y = 0$

7 $12y'' - 5y' - 2y = 0$

8 $y'' + 4y' - y = 0$

9 $y'' + 9y = 0$

10 $3y'' + y = 0$

11 $y'' - 4y' + 5y = 0$

12 $2y'' + 2y' + y = 0$

13 $3y'' + 2y' + y = 0$

14 $2y'' - 3y' + 4y = 0$

(15-28) 주어진 고계 미분방정식의 일반해를 구하여라.

15 $y''' - 4y'' - 5y' = 0$

16 $y''' - y = 0$

17 $y''' - 5y'' + 3y' + 9y = 0$

18 $y''' + 3y'' - 4y' - 12y = 0$

19 $\dfrac{d^3u}{dt^3} + \dfrac{d^2u}{dt^2} - 2u = 0$

20 $\dfrac{d^3x}{dt^3} - \dfrac{d^2x}{dt^2} - 4x = 0$

21 $y''' + 3y'' + 3y' + y = 0$

22 $y''' - 6y'' + 12y' - 8y = 0$

23 $y^{(4)} + y''' + y'' = 0$

24 $y^{(4)} - 2y'' + y = 0$

25 $16\dfrac{d^4y}{dx^4} + 24\dfrac{d^2y}{dx^2} + 9y = 0$

26 $\dfrac{d^4y}{dx^4} - 7\dfrac{d^2y}{dx^2} - 18y = 0$

27 $\dfrac{d^5u}{dr^5} + 5\dfrac{d^4u}{dr^4} - 2\dfrac{d^3u}{dr^3} - 10\dfrac{d^2u}{dr^2} + \dfrac{du}{dr} + 5u = 0$

28 $2\dfrac{d^5x}{ds^5} - 7\dfrac{d^4x}{ds^4} + 12\dfrac{d^3x}{ds^3} + 8\dfrac{d^2x}{ds^2} = 0$

(29-36) 주어진 초깃값 문제를 풀어라.

29 $y'' + 16y = 0,\ \ y(0) = 2,\ \ y'(0) = -2$

30 $\dfrac{d^2y}{d\theta^2} + y = 0,\ y\left(\dfrac{\pi}{3}\right) = 0,\ y'\left(\dfrac{\pi}{3}\right) = 2$

31 $\dfrac{d^2y}{dt^2} - 4\dfrac{dy}{dt} - 5y = 0,\ y(1) = 0,\ y'(1) = 2$

32 $4y'' - 4y' - 3y = 0,\ y(0) = 1,\ y'(0) = 5$

33 $y'' + y' + 2y = 0,\ y(0) = y'(0) = 0$

34 $y'' - 2y' + y = 0,\ y(0) = 5,\ y'(0) = 10$

35 $y''' + 12y'' + 36y' = 0,$
$y(0) = 0,\ y'(0) = 1,\ y''(0) = -7$

36 $y''' + 2y'' - 5y' - 6y = 0,$
$y(0) = y'(0) = 0,\ \ y''(0) = 1$

(37-40) 주어진 경곗값 문제를 풀어라.

37 $y'' - 10y' + 25y = 0,\ \ y(0) = 1, y(1) = 0$

38 $y'' + 4y = 0,\ \ y(0) = 0,\ \ y(\pi) = 0$

39 $y'' + y = 0,\ \ y'(0) = 0,\ \ y'\left(\dfrac{\pi}{2}\right) = 0$

40 $y'' - 2y' + 2y = 0,\ \ y(0) = 1,\ \ y(\pi) = 1$

(41-42) 먼저 (10)에서 주어진 일반해의 형태를 이용하여 주어진 문제를 풀어라. 다음 (11)에서 주어진 형태를 이용하여 다시 풀어라.

41 $y'' - 3y = 0,\ \ y(0) = 1,\ \ y'(0) = 5$

42 $y'' - y = 0,\ \ y(0) = 1,\ \ y'(1) = 0$

(43-48) 각각의 그래프는 다음 미분방정식들 중 하나의 특수해의 그래프이다.

(a) $y'' - 3y' - 4y = 0$ (b) $y'' + 4y = 0$

(c) $y'' + 2y' + y = 0$ (d) $y'' + y = 0$

(e) $y'' + 2y' + 2y = 0$ (f) $y'' - 3y' + 2y = 0$

그래프에 맞는 미분방정식을 짝지어라. 그 이유를 설명하여라.

43

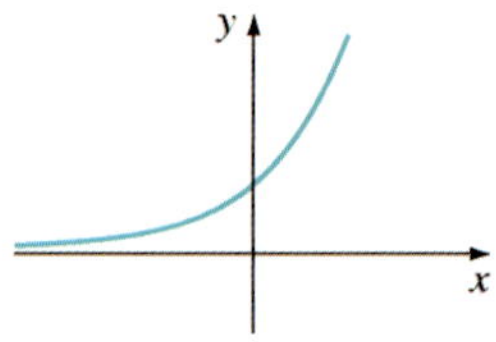

그림 4.3.2 문제 43의 그래프

44

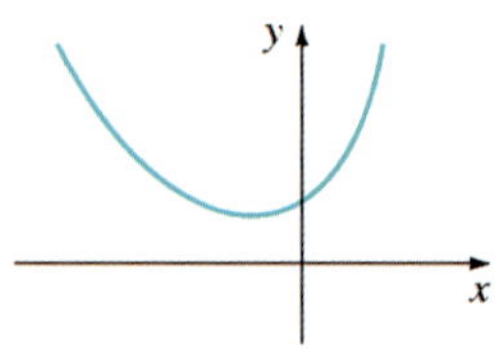

그림 4.3.3 문제 44의 그래프

45

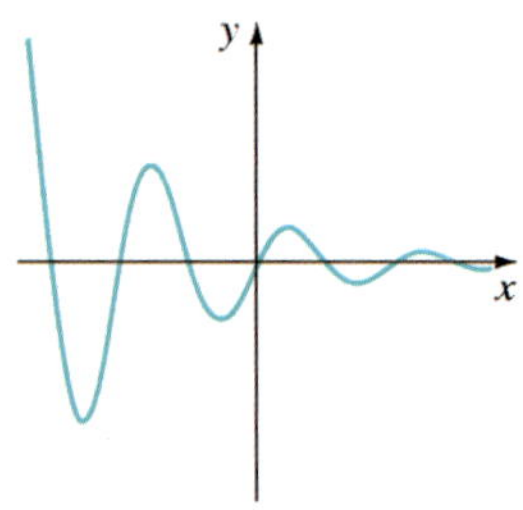

그림 4.3.4 문제 45의 그래프

46

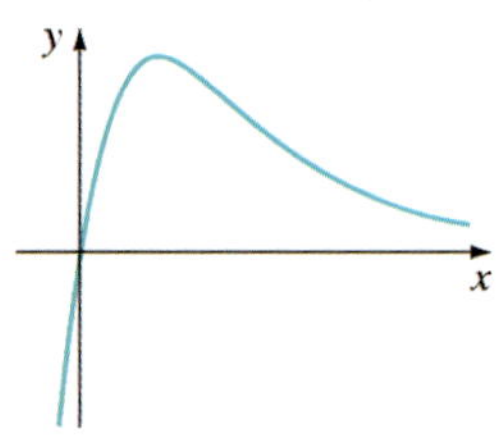

그림 4.3.5 문제 46의 그래프

47

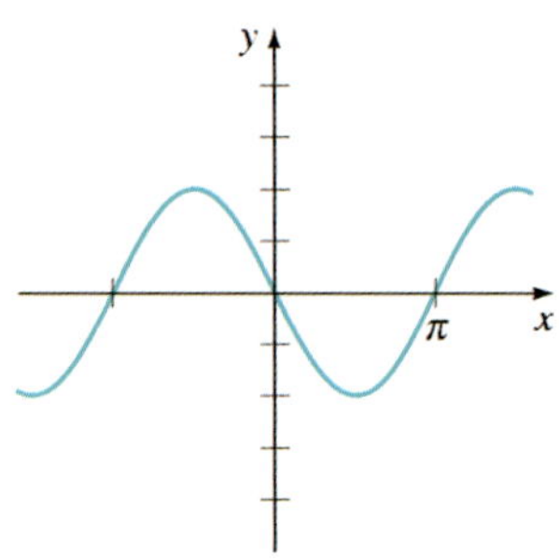

그림 4.3.6 문제 47의 그래프

48

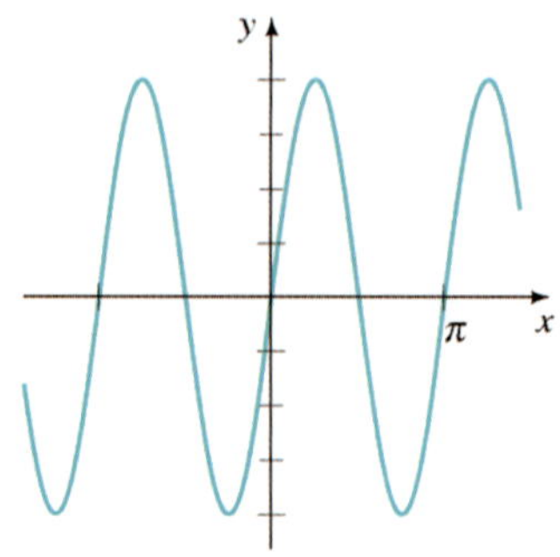

그림 4.3.7 문제 48의 그래프

(49-58) 주어진 함수를 일반해로 가지는 상수가 계수인 동차 미분방정식을 구하라.

49 $y=c_1e^1+c_2e^{5x}$

50 $y=c_1e^{-4x}+c_2e^{3x}$

51 $y=c_1+c_2e^{2x}$

52 $y=c_1e^{10x}+c_2xe^{10x}$

53 $y=c_1\cos 3x+c_2\sin 3x$

52 $y=c_1\cosh 7x+c_2\sinh 7x$

55 $y=c_1e^{-3}\cos x+c_2e^{-1}\sin x$

56 $y=c_1+c_2e^{2x}\cos 5x+c_3e^{2x}\sin 5x$

57 $y=c_1+c_2x+c_3e^{8x}$

58 $y=c_1\cos x+c_2\sin x+c_3\cos 2x+c_4\sin 2x$

토론 문제

59 실수를 계수로 하는 3차 보조다항식의 두 근이 $m_1=-\frac{1}{2}$와 $m_2=3+i$이다. 이에 대응되는 동차 선형미분방정식은 무엇인가?
토론: 구한 미분방정식이 유일한가?

60 만일 $m_1=\frac{1}{2}$가 $2y'''+7y''+4y'-4y=0$의 보조다항식의 한 근일 때 주어진 미분방정식의 일반해를 구하라.

61 $y_1=e^{-4x}\cos x$가 $y'''+6y''+y'-34y=0$의 한 해라 할 때, 주어진 미분방정식의 일반해를 구하여라.

62 $y^{(4)}+y=0$을 풀기 위하여 $m^4+1=0$의 근을 구해야만 한다. 이는 컴퓨터 대수체계를 활용하면 쉬운 문제이지만 복소수를 이용하여 손으로도 계산할 수 있다. $m^4+1=(m^2+1)^2-2m^2$을 관찰하여라. 이것이 어떻게 도움이 되는가? 미분방정식을 풀어라.

63 $y=\sinh x-2\cos\left(x+\frac{\pi}{6}\right)$가 $y^{(4)}-y=0$의 특수해임을 증명하여라. 이 특수해와 미분방정식의 일반해를 조화시켜라.

64 **경곗값 문제** $y''+\lambda y=0,\ y(0)=0,\ y\left(\frac{\pi}{2}\right)=0$를 보자. 토론 : 문제가 (a) 자명한 해 (b) 자명하지 않은 해를 가지도록 λ를 결정할 수 있는가?

컴퓨터 실습 과제

(65-68) 보조다항식의 근이나 주어진 미분방정식의 일반해를 직접적으로 구하는 수단으로 컴퓨터를 활용하여라. 만일 일반해를 구하기 위하여 컴퓨터 대수체계를 활용한다면 결과를 간단히 하고 필요하다면 실수 함수의 형태로 해를 작성하여라.

65 $y'''-6y''+2y'+y=0$

66 $6.11y'''+8.59y''+7.93y'+0.778y=0$

67 $3.15y^{(4)}-5.34y''+6.33y'-2.03y=0$

68 $y^{(4)}+2y''-y'+2y=0$

(69-70) 보조다항식을 풀기위하여 컴퓨터 대수체계를 활용하여라. 미분방정식의 일반해를 구하여라. 그리고 초깃값 조건이 일반해에 적용될 때 생기는 계수 c_i, $i=1,2,3,4$에 대한 연립방정식을 풀기 위하여 컴퓨터 대수체계를 활용하여라.

69 $2y^{(4)}+3y'''-16y''+15y'-4y=0$,
$y(0)=-2,\quad y'(0)=6,\quad y''(0)=3,\quad y'''(0)=\frac{1}{2}$

70 $y^{(4)}-3y'''+3y''-y'=0$,
$y(0)=y'(0)=0, y''(0)=y'''(0)=1$

4.4 미정계수–중첩접근*

필요한 개념

- 정리 4.1.6과 4.1.7를 복습하여라(4.1절)

소개 | 비동차 선형미분방정식

$$a_ny^{(n)}+a_{n-1}y^{(n-1)}+\cdots+a_2y''+a_1y'+a_0y=g(x) \tag{1}$$

을 풀기위하여 우리는 다음과 같은 두 가지를 해야 한다.

(i) 여함수 y_c를 구한다.

(ii) 비동차 방정식 (1)의 특수해 y_p를 *어느 것이든* 구한다.

그러면 4.1절에서 설명한 것과 같이 (1)의 일반해는 $y=y_c+y_p$이다. 여함수 y_c는 (1)과 관련된 동차방정식, 즉,

$$a_ny^{(n)}+a_{n-1}y^{(n-1)}+\cdots+a_2y''+a_1y'+a_0y=0$$

의 일반해이다. 4.3 절에서 계수가 상수일 때 위와 같은 형태의 방정식의 해를 구하는 방법을 배웠다. 이 절에서의 목표는 특수해를 구하는 방법을 계발하는 것이다.

미정계수법 비동차 선형미분방정식의 특수해 y_p을 구하는 두 가지 방법 중 첫 번째를 **미정계수법**(Method of undetermined coefficients)이라 한다. 이 방법에 뒷받침된 개념은 입력함수 $g(x)$을 생성할 수 있는 함수의 종류를 유도하여, 배운 가설로, y_p의 형태를 가정하는 것이다. 일반적인 방법은 다음과 같은 형태로 선형미분

방정식 (1)을 제한한다.

- 계수 a_i , $i = 0, 1, \cdots, n$ 는 상수이다.
- $g(x)$는 상수 k, 다항식, 지수함수 $e^{\alpha x}$, sine 또는 cosine 함수인 $\sin\beta x$, $\cos\beta x$, 또는 이들 함수들의 유한 개의 합과 곱으로 된 함수이다.

참고 엄밀히 말해 $g(x) = k$(상수)는 다항식 함수이다. 다항식 함수를 생각할 때 우선 상수함수는 떠오르지 않아서, 강조하기 위하여, 불필요하게 "상수함수, 다항식 …"이라고 계속 언급한다.

다음 함수들은 위의 설명에 적합한 입력함수 $g(x)$ 형태의 예들이다.

$$g(x) = 10,\ g(x) = x^2 - 5x,\ g(x) = 15x - 6 + 8e^{-x}$$

$$g(x) = \sin 3x - 5x\cos 2x,\ g(x) = xe^x \sin x + (3x^2 - 1)e^{-4x}$$

즉, $g(x)$는 다음 형태와 같은 함수들의 일차결합이다.

$$p(x) = a_n x^n + a_{n-1}x^{n-1} + \cdots + a_1 x + a_0,\ p(x)e^{\alpha x},$$

$$p(x)e^{\alpha x}\sin\beta x,\ p(x)e^{\alpha x}\cos\beta x$$

여기서 n은 음이 아닌 정수이고 α와 β는 실수이다. 미정계수법은

$$g(x) = \ln x,\ g(x) = \frac{1}{x},\ g(x) = \tan x,\ g(x) = \sin^{-1}x$$

등일 때 (1)의 형태의 방정식에는 적용할 수 없다. 입력함수 $g(x)$가 위와 같은 형태인 미분방정식은 4.6절에서 다룰 것이다.

상수, 다항식, 지수함수 $e^{\alpha x}$, sine 함수 cosine 함수로 구성된 함수의 집합은 원소들의 합과 곱의 도함수가 다시 상수, 다항식, 지수함수 $e^{\alpha x}$, sine 함수와 cosine 함수로 구성된 함수의 합과 곱이 되는 놀랄 만한 성질이 있다. 도함수의 일차결합인

$$a_n y_p^{(n)} + a_{n-1}y_p^{(n-1)} + \cdots + a_2 y_p'' + a_1 y_p' + a_0 y_p$$

이 $g(x)$와 같아야 하므로 y_p*가* $g(x)$*와 같은 형태*가 될 것이라 가정하는 것이 타당하게 보인다.

다음 두 예제는 기본 방법을 제시한다.

예제 1 미정계수법을 이용한 일반해

$y'' + 4y' - 2y = 2x^2 - 3x + 6$를 풀어라.

---

* **강사에게 참고**: 이 절에서 미정계수법은 비동차 방정식에 대한 중첩원리(정리 4.7.1)의 관점으로부터 계발되었다. 4.5절에서는 전반적으로 다른 접근인, 미분 영화 연산자를 활용하는 개념이 제시될 것이다. 마음에 드는 방법을 골라라.

풀이 **1단계** 우선 관련된 동차미분방정식 $y'' + 4y' - 2y = 0$을 풀자. 근의 공식에 의하여 보조다항식 $m^2 + 4m - 2 = 0$의 근은 $m_1 = -2 - \sqrt{6}$ 와 $m_2 = -2 + \sqrt{6}$ 이다. 그러므로 여함수는

$$y_c = c_1 e^{-(2+\sqrt{6})x} + c_2 e^{(-2+\sqrt{6})x}$$

이다.

2단계 $g(x)$가 이차 다항식이므로 특수해 역시 이차 다항식

$$y_p = Ax^2 + Bx + C$$

의 형태라 가정하자. 우리는 y_p가 (2)의 해가 되도록 *특정한* 상수 A, B와 C를 구하여야 한다. y_p와 그의 도함수

$$y_p' = 2Ax + B \text{와 } y_p'' = 2A$$

를 주어진 미분방정식 (2)에 대입하면

$$y_p'' + 4y_p' - 2y_p = 2A + 8Ax + 4B - 2Ax^2 - 2Bx - 2C = 2x^2 - 3x + 6$$

이 된다. 마지막 방정식은 항등식이므로 x의 거듭제곱이 같은 항의 계수는 같아야 한다.

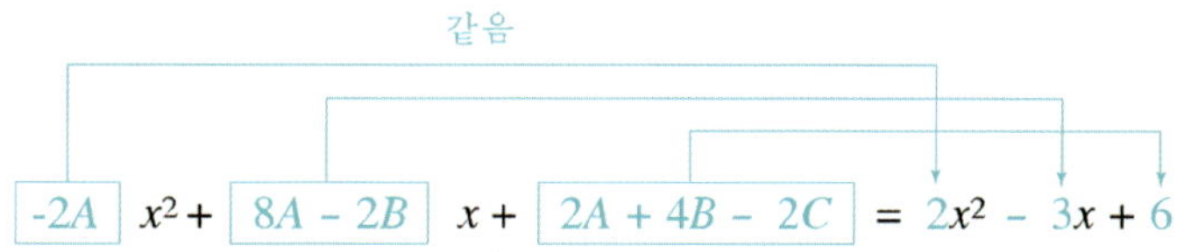

즉, $-2A = 2$, $8A - 2B = -3$, $2A + 4B - 2C = 6$이다.
연립방정식을 풀면 $A = -1$ $B = -\frac{5}{2}$ $C = -9$가 된다. 그러므로 특수해는

$$y_p = -x^2 - \frac{5}{2}x - 9$$

이다.

3단계 주어진 방정식의 일반해는

$$y = y_c + y_p = c_1 e^{-(2+\sqrt{6})x} + c_2 e^{(-2+\sqrt{6})x} - x^2 - \frac{5}{2}x - 9$$

이다. ■

예제 2 미정계수법을 이용한 특수해

$y'' - y' + y = 2\sin 3x$의 특수해를 구하여라.

풀이 특수해에 대한 첫 번째 가정은 $A\sin 3x$일 것이다. 그러나 $\sin 3x$를 연속적

으로 미분하면 $\sin 3x$와 $\cos 3x$가 생기므로 우리는 특수해를 다음과 같이 이들 두 함수가 모두 포함된 함수로 가정해야 할 것이다;

$$y_p = A\cos 3x + B\sin 3x$$

y_p를 미분하여 그 결과를 미분방정식에 대입하여 정리하면 다음 식이 얻어진다.

$$y_p'' - y_p' + y_p = (-8A - 3B)\cos 3x + (3A - 8B)\sin 3x = 2\sin 3x$$

또는

같음

$$\boxed{-8A-2B}\cos 3x + \boxed{3A-8B}\sin 3x = 0\cos 3x + 2\sin 3x.$$

연립방정식

$$-8A - 3B = 0,\ \ 3A - 8B = 2$$

으로부터 $A = \dfrac{6}{73}$, $B = -\dfrac{16}{73}$이 된다. 이 방정식의 특수해는

$$y_p = \frac{6}{73}\cos 3x - \frac{16}{73}\sin 3x$$

이다. ■

우리가 언급한 것처럼 특수해 y_p를 가정하는 형태는 맹목적인 가정이 아닌, 이론적으로 가정해야 한다. 이 이론적인 가정은 $g(x)$를 구성하는 함수의 형태뿐만 아니라, 예제 4에서와 같이, 여함수 y_c가 구성된 함수 형태를 파악하여야 한다.

예제 3 중첩에 의한 y_p의 구성

$y'' - 2y' - 3y = 4x - 5 + 6xe^{2x}$를 풀어라.

풀이 **1단계** 먼저 관련된 동차방정식 $y'' - 2y' - 3y = 0$의 해는 $y_c = c_1 e^{-x} + c_2 e^{3x}$로 구해진다.

2단계 $g(x)$에서 $4x - 5$의 존재로 특수해에 일차 다항식이 포함됨을 알 수 있다. 더구나 xe^{2x}의 도함수엔 $2xe^{2x}$와 e^{2x}가 있으므로 특수해에 $2xe^{2x}$와 e^{2x} 모두가 포함한다고 가정한다. 다시 말해, g는 다음 두 개의 기본 함수의 합이다;

$$g(x) = g_1(x) + g_2(x) = \textit{다항식} + \textit{지수함수}$$

이에 대응하여, 비동차 방정식의 중첩원리(정리 4.1.7)에 의하여 $y_{p_1} = Ax + B$이고 $y_{p_2} = Cxe^{2x} + Ee^{2x}$인

$$y_p = y_{p_1} + y_{p_2}$$

를 특수해라 가정하자.

$$y_p = Ax + B + Cxe^{2x} + Ee^{2x}$$

를 주어진 방정식 (3)에 대입하여 정리하면

$$\begin{aligned} y_p'' - 2y_p' - 3y_p &= -3Ax - 2A - 3B - 3Cxe^{2x} + (2C - 3E)e^{2x} \\ &= 4x - 5 + 6xe^{2x} \end{aligned} \tag{4}$$

가 된다. 이 항등식으로부터 우리는 4개의 방정식

$$-3A = 4, \quad -2A - 3B = -5, \quad -3C = 6\text{과} \quad 2C - 3E = 0$$

을 푼다. 마지막 방정식은 (4)의 오른쪽에서 e^{2x}의 계수가 영으로부터 얻어진다. 연립방정식을 풀면 $A = -\dfrac{4}{3}$, $B = \dfrac{23}{9}$, $C = -2$, $E = -\dfrac{4}{3}$ 이다. 결과적으로

$$y_p = -\frac{4}{3}x + \frac{23}{9} - 2xe^{2x} - \frac{4}{3}e^{2x}$$

이다.

3단계 이 미분방정식의 일반해는

$$y = c_1e^{-x} + c_2e^{3x} - \frac{4}{3}x + \frac{23}{9} - \left(2x + \frac{4}{3}\right)e^{2x}$$

이다. ■

중첩원리(정리 4.1.7)를 생각하면 예제 3을 두 개의 좀 더 간단한 문제를 푸는 관점으로 접근할 수 있다.

$$y_{p_1} = Ax + B\text{를} \ \ y'' - 2y' - 3y = 4x - 5\text{에}$$

$$y_{p_2} = Cxe^{2x} + Ee^{2x}\text{를} \ \ y'' - 2y' - 3y = 6xe^{2x}\text{에}$$

대입하면 차례로 $y_{p_1} = -\dfrac{4}{3}x + \dfrac{23}{9}$과 $y_{p_2} = -2xe^{2x} - \dfrac{4}{3}e^{2x}$가 얻어진다. 그러므로 (3)의 특수해는 $y_p = y_{p_1} + y_{p_2}$이다.

다음 예는 y_p의 형태에 대한 "명백한" 가정이 옳지 않은 가정임을 보여준다.

예제 4 방법의 사소한 결함

$y'' = 5y' + 4y = 8e^x$의 특수해를 구하여라.

풀이 e^x의 도함수는 다른 새로운 함수를 만들지 않는다. 앞의 예에서 했던 것처럼 특수해를 $y_p = Ae^x$의 형태로 가정하는 것이 타당할 것이다. 그러나 이 함수를 미분방정식에 대입하면 $0 = 8e^x$인 모순인 방정식이 되므로 y_p에 대한 가정은 확실히 잘못되었다.

이 어려움은 여함수 $y_c = c_1e^x + c_2e^{4x}$를 관찰하면 명백하다. 가정인 Ae^x는 이미 y_c 안에 있다. 이는 e^x가 관련된 동차미분방정식의 해임을 의미하며 상수 배인 Ae^x를 미분방정식에 대입하면 영이 된다.

그러면 y_p는 어떤 형태여야 하는가? 4.3절 경우 II처럼 특수해가

$$y_p = Axe^x$$

의 형태인지를 판명하자. $y_p{}' = Axe^x + Ae^x$와 $y_p{}'' = Axe^x + 2Ae^x$를 미분방정식에 대입하여 간단히 하면

$$y_p{}'' - 5y_p{}' + 4y_p = -3Ae^x = 8e^x$$

가 된다. 마지막 방정식에서 $A = -\dfrac{8}{3}$이 얻어진다. 그러므로 주어진 방정식의 특수해는 $y_p = -\dfrac{8}{3}xe^x$이다. ■

예제 1-3과 예제 4에서 사용된 풀이 과정의 차이는 두 가지 경우로 고려해야 함을 제시한다. 첫 번째 경우는 예제 1-3의 경우를 반영한 것이다.

경우 I 가정한 특수해에 있는 함수는 관련된 동차방정식의 해가 아니다.

표 4.4.1은 (1)의 $g(x)$의 몇 가지 특별한 예와 더불어 이에 대응되는 특수해의 형태를 제시한다. 물론 가정한 특수해 y_p안의 함수와 여함수 y_c에 있는 함수와는 중복되지 않아야만 한다.

표 4.4.1 시행 특수해

$g(x)$	y_p의 형태
1. 1 (임의의 상수)	A
2. $5x+7$	$Ax+B$
3. $3x^2-2$	Ax^2+Bx+C
4. x^3-x+1	Ax^3+Bx^2+Cx+E
5. $\sin 4x$	$A\cos 4x+B\sin 4x$
6. $\cos 4x$	$A\cos 4x+B\sin 4x$
7. e^{5x}	Ae^{5x}
8. $(9x-2)e^{5x}$	$(Ax+B)e^{5x}$
9. x^2e^{5x}	$(Ax^2+Bx+C)e^{5x}$
10. $e^{3x}\sin 4x$	$Ae^{3x}\cos 4x+Be^{3x}\sin 4x$
11. $5x^2\sin 4x$	$(Ax^2+Bx+C)\cos 4x+(Ex^2+Fx+G)\sin 4x$
12. $xe^{3x}\cos 4x$	$(Ax+B)e^{3x}\cos 4x+(Cx+E)e^{3x}\sin 4x$

예제 5 특수해의 형태 – 경우 I

다음 방정식의 특수해의 형태를 구하여라.

(a) $y'' - 8y' + 25y = 5x^3 e^{-x} - 7e^{-x}$

(b) $y'' + 4y = x\cos x$

풀이 (a) $g(x) = (5x^3 - 7)e^{-x}$로 쓸 수 있다. 표 4.4.1의 9 행의 형태로 특수해는

$$y_p = (Ax^3 + Bx^2 + Cx + E)e^{-x}$$

의 형태로 가정한다. y_p와 여함수 $y_c = e^{4x}(c_1\cos 3x + c_2\sin 3x)$와는 중복된 항이 없다.

(b) 함수 $g(x) = x\cos x$는 특수해 y_p에서 이차 대신 일차 다항식과 $\cos 4x$와 $\sin 4x$ 대신에 $\cos x$와 $\sin x$를 사용한 것을 제외하고는 표 4.4.1의 행 11과 비슷하다:

$$y_p = (Ax + B)\cos x + (Cx + E)\sin x$$

다시 y_p와 여함수 $y_c = c_1\cos 2x + c_2\sin 2x$와는 중복된 항이 없음을 확인하자. ■

만일 $g(x)$가 위의 표에 있는 종류의 m개 함수의 합으로 되어있으면, (예제 3과 같이) 특수해 y_p에 대한 가정은 이들의 항과 대응되는 $y_{p_1}, y_{p_2}, \cdots, y_{p_m}$의 시행 특수해 형태의 합으로 구성된다 ;

$$y_p = y_{p_1} + y_{p_2} + \cdots + y_{p_m}.$$

다음과 같이 다른 방법으로 표현할 수 있다.

경우 I에 대한 규칙 *y_p의 형태는 $g(x)$의 거듭 미분으로 생성된 일차독립인 모든 함수들의 일차결합이다.*

예제 6 중첩에 의한 y_p만들기 – 경우 I

$y'' - 9y' + 14y = 3x^2 - 5\sin 2x + 7xe^{6x}$의 특수해의 형태를 구하여라.

풀이

$3x^2$와 관련하여 $\quad y_{p_1} = Ax^2 + Bx + C$

$-5\sin 2x$와 관련하여 $\quad y_{p_2} = E\cos 2x + F\sin 2x$

$7xe^{6x}$와 관련하여 $\quad y_{p_3} = (Gx + H)e^{6x}$

를 가정한다. 그러므로 특수해에 대한 가정은 다음과 같다.

$$y_p = y_{p_1} + y_{p_2} + y_{p_3} = Ax^2 + Bx + C + E\cos 2x + F\sin 2x + (Gx + H)e^{6x}.$$

이 가정과 여함수 $y_c = c_1e^{2x} + c_2e^{7x}$와 중복되는 항은 없다. ■

경우 II 가정한 특수해의 함수는 또한 관련된 동차미분방정식의 해이다.

다음 예는 예제 4와 비슷하다.

예제 7 특수해 – 경우 II

$y'' - 2y' + y = e^x$의 특수해를 구하여라.

풀이 여함수는 $y_c = c_1 e^x + c_2 x e^x$이다. 예제 4에서처럼 e^x가 관련된 동차방정식 $y'' - 2y' + y = 0$의 근이라는 것은 y_c로부터 명백하므로 $y_p = Ae^x$의 가정은 틀리게 된다. 게다가 xe^x항 역시 y_c에 중복되어있으므로 $y_p = Axe^x$형태의 특수해도 구할 수 없다. 그러면

$$y_p = Ax^2 e^x$$

를 시도하여보자. 주어진 미분방정식에 대입하면 $2Ae^x = e^x$가 되어 $A = \frac{1}{2}$이다. 그러므로 특수해는 $y_p = \frac{1}{2}x^2 e^x$이다. ■

다시 $g(x)$가 표 4.4.1에서 주어진 종류 중 m개 항으로 구성되어있다고 가정하고 특수해 y_p에 대한 보편적인 가정이 $y_p = y_{p_1} + y_{p_2} + \cdots + y_{p_m}$라 하자. 여기서 y_{p_i}, $i = 1, 2, \cdots, m$는 각 항에 대응되는 시행 특수해 형태라 하자. 경우 II에서 언급된 가정 하에서 우리는 다음과 같은 일반적인 규칙을 만들 수 있다.

경우 II에 대한 곱셈규칙 *어떤 y_{p_i}의 항에 y_c안의 항과 중복된 함수가 있다면 그 y_{p_i}에는 x^n을 곱해야 한다. 여기서 n은 중복을 소거하는 가장 작은 양의 정수이다.*

예제 8 초깃값 문제

$y'' + y = 4x + 10\sin x$, $y(\pi) = 0$, $y'(\pi) = 2$를 풀어라.

풀이 관련된 동차방정식 $y'' + y = 0$의 해는 $y_c = c_1 \cos x + c_2 \sin x$이다. $g(x) = 4x + 10\sin x$는 일차다항식과 sine 함수의 합이므로, 표 4.4.1의 2와 5행에서 y_p에 대한 정상적인 가정은 $y_{p_1} = Ax + B$와 $y_{p_2} = C\cos x + E\sin x$의 합이다;

$$y_p = Ax + B + C\cos x + E\sin x \tag{5}$$

$\cos x$와 $\sin x$ 두 항은 가정한 y_p와 여함수 y_c에서 중복되는 항이다. 중복은 단순히 y_{p_2}에 x를 곱함으로써 소거된다. (5) 대신에 y_p는

$$y_p = Ax + B + Cx\cos x + Ex\sin x \tag{6}$$

로 사용한다.

이를 미분하고 그 결과를 미분방정식에 대입하면

$$y_p{}'' + y_p = Ax + B - 2C\sin x + 2E\cos x = 4x + 10\sin x$$

이므로 $A = 4$, $B = 0$, $-2C = 10$, $2E = 0$이다. 연립방정식의 해는 $A = 4$, $B = 0$, $C = -5$, $E = 0$이다. (6)으로부터 $y_p = 4x - 5x\cos x$이다. 주어진 방정식의 일반해는

$$y = y_c + y_p = c_1\cos x + c_2\sin x + 4x - 5x\cos x$$

이다. 다음 주어진 초깃값 조건을 일반해에 대입하자. 먼저 $\cos\pi = -1$, $\sin\pi = 0$이므로 $y(\pi) = c_1\cos\pi + c_2\sin\pi + 4\pi - 5\pi\cos\pi = 0$으로부터 $c_1 = 9\pi$이다. 다음 도함수

$$y' = -9\pi\sin x + c_2\cos x + 4 + 5x\sin x - 5\cos x \text{와}$$
$$y'(\pi) = -9\pi\sin\pi + c_2\cos\pi + 4 + 5\pi\sin\pi - 5\cos\pi = 2$$

로부터 $c_2 = 7$이다. 그러므로 초깃값의 해는

$$y = 9\pi\cos x + 7\sin x + 4x - 5x\cos x$$

가 된다. ■

예제 9 곱셈공식의 이용

$y'' - 6y' + 9y = 6x^2 + 2 - 12e^{3x}$을 풀어라.

풀이 여함수는 $y_c = c_1e^{3x} + c_2xe^{3x}$이다. 표 4.4.1의 행 3과 7에 의하여 특수해에 대한 일반적인 가정은 $y_p = \underbrace{Ax^2 + Bx + C}_{y_{p_1}} + \underbrace{Ee^{3x}}_{y_{p_2}}$

라 할 수 있다. 이들 함수를 보면 y_{p_2}중 한 항이 y_c에 중복됨을 알 수 있다. y_{p_2}에 x을 곱하면 xe^{3x}가 아직도 y_c에 있다. 그러나 y_{p_2}에 x^2을 곱하면 모든 중복이 소거된다. 그러므로 특수해의 형태는

$$y_p = Ax^2 + Bx + C + Ex^2e^{3x}$$

이다. 이를 미분하여 미분방정식에 대입하고 동류항을 정리하면

$$\begin{aligned} y_p{}'' - 6y_p{}' + 9y_p &= 9Ax^2 + (-12A + 9B)x + 2A - 6B + 9C + 2Ee^{3x} \\ &= 6x^2 + 2 - 12e^{3x} \end{aligned}$$

이다. 위의 항등식으로부터 $A = \frac{2}{3}$, $B = \frac{8}{9}$, $C = \frac{2}{3}$, $E = -6$이 된다. 그러므로 일반해 $y = y_c + y_p$는

$$y = c_1e^{3x} + c_2xe^{3x} + \frac{2}{3}x^2 + \frac{8}{9}x + \frac{2}{3} - 6x^2e^{3x}$$

이다. ■

예제 10 3계 미분방정식 – 경우 I

$y''' + y'' = e^x \cos x$를 풀어라.

풀이 보조방정식 $m^3 + m^2 = 0$로부터 $m_1 = m_2 = 0$과 $m_3 = -1$이다. 그러므로 방정식의 여함수는 $y_c = c_1 + c_2 x + c_3 e^{-x}$이다. $g(x) = e^x \cos x$이므로 표 4.4.1의 10행으로부터

$$y_p = Ae^x \cos x + Be^x \sin x$$

로 가정할 수 있다. 여함수와 중복되는 항이 y_p에 없으므로 하던 방법으로 계속하면 된다.

$$y_p''' + y_p'' = (-2A + 4B)e^x \cos x + (-4A - 2B)e^x \sin x = e^x \cos x$$

로부터 $-2A + 4B = 1$, $-4A - 2B = 0$이 된다. 이 연립방정식으로부터 $A = -\dfrac{1}{10}$, $B = \dfrac{1}{5}$이므로 특수해는 $y_p = -\dfrac{1}{10} e^x \cos x + \dfrac{1}{5} e^x \sin x$이다. 그러므로 일반해는

$$y = y_c + y_p = c_1 + c_2 x + c_3 e^{-x} - \frac{1}{10} e^x \cos x + \frac{1}{5} e^x \sin x$$

이다. ■

예제 11 4계 미분방정식 – 경우 II

$y^{(4)} + y''' = 1 - x^2 e^{-x}$의 특수해 형태를 구하여라.

풀이 특수해에 대한 보편적인 추측인

$$y_p = \underbrace{A}_{y_{p_1}} + \underbrace{Bx^2 e^{-x} + Cxe^{-x} + Ee^{-x}}_{y_{p_2}}$$

와 $y_c = c_1 + c_2 x + c_3 x^2 + c_4 e^{-x}$를 비교하면 y_c와 y_p사이의 중복은 y_{p_1}에 x^3을 곱하고 y_{p_2}에 x을 곱하면 소거된다. 그러므로 특수해에 대한 올바른 가정은

$$y_p = Ax^3 + Bx^3 e^{-x} + Cx^2 e^{-x} + Exe^{-x}$$

이다. ■

주의

(i) 4.4절의 문제 27–36는 초깃값 문제를 풀어야 하고 문제 37–40은 경곗값 문제를 풀어야 한다. 예제 8에서와 같이 초기조건 또는 경계조건은 일반해 $y = y_c + y_p$에 적용해야한다. 여함수 y_c에만 상수 $c_1, c_2, \cdots, c_n$을 포함되기 때문에 학생들은 이들 조건을 여함수에만 적용하는 실수를 종종 한다.

(ii) 이 절의 181쪽 "경우 I에 대한 규칙"으로부터 우리는 입력함수 $g(x)$가 176쪽의 파랑색으로 강조한 네 가지 기본형태 중 하나와 다른 형태일 때 미정계수법이 비동차 선형미분방정식에 잘 적용되지 않는 이유를 보였다. 예를 들면 $p(x)$가 다항식이면 $P(x)e^{\alpha x}\sin\beta x$의 거듭 미분은 모든 같은 형태인 *유한개*의 함수 -다항식 곱하기 $e^{\alpha x}\sin\beta x$ 또는 다항식 곱하기 $e^{\alpha x}\cos\beta x$을 포함하는 일차독립인 집합을 생성한다. 한편 $g(x)=\ln x$ 또는 $g(x)=\tan^{-1}x$와 같은 입력함수를 거듭 미분 하면 *무한히 많은* 함수를 포함하는 일차독립인 집합을 생성한다 :

$\ln x$의 도함수들 : $\dfrac{1}{x},\ -\dfrac{1}{x^2},\ \dfrac{1}{x^3},\ \cdots,$

$\tan^{-1}x$의 도함수들 : $\dfrac{1}{1+x^2},\ -\dfrac{2x}{(1+x^2)^2},\ \dfrac{-2+6x^2}{(1+x^2)^3},\ \cdots.$

연습문제 4.4

(1-26) 미정계수법으로 주어진 미분방정식을 풀어라.

1 $y''+3y'+2y=6$

2 $4y''+9y=15$

3 $y''-10y'+25y=30x+3$

4 $y''+y'-6y=2x$

5 $\frac{1}{4}y''+y'+y=x^2-2x$

6 $y''-8y'+20y=100x^2-26xe^x$

7 $y''+3y=-48x^2e^{3x}$

8 $4y''-4y'-3y=\cos 2x$

9 $y''-y'=-3$

10 $y''+2y'=2x+5-e^{-2x}$

11 $y''-y'+\frac{1}{4}y=3+e^{x/2}$

12 $y''-16y=2e^{4x}$

13 $y''+4y=3\sin 2x$

14 $y''-4y=(x^2-3)\sin 2x$

15 $y''+y=2x\sin x$

16 $y''-5y'=2x^3-4x^2-x+6$

17 $y''-2y'+5y=e^x\cos 2x$

18 $y''-2y'+2y=e^{2x}(\cos x-3\sin x)$

19 $y''+2y'+y=\sin x+3\cos 2x$

20 $y''+2y'-24y=16-(x+2)e^{4x}$

21 $y'''-6y''=3-\cos x$

22 $y'''-2y''-4y'+8y=6xe^{2x}$

23 $y'''-3y''+3y'-y=x-4e^x$

24 $y'''-y''-4y'+4y=5-e^x+e^{2x}$

25 $y^{(4)}+2y''+y=(x-1)^2$

26 $y^{(4)}-y''=4x+2xe^{-x}$

(27-36) 주어진 초깃값 문제를 풀어라.

27 $y''+4y=-2,\quad y\left(\frac{\pi}{8}\right)=\frac{1}{2},\quad y'\left(\frac{\pi}{8}\right)=2$

28 $2y''+3y'-2y=14x^2-4x-11,$
$y(0)=0,\ y'(0)=0$

29 $5y''+y'=-6x,\quad y(0)=0,\quad y'(0)=-10$

30 $y''+4y'+4y=(3+x)e^{-2x},\ y(0)=2,\ y'(0)=5$

31 $y'' + 4y' + 5y = 35e^{-4x}$, $y(0) = -3$, $y'(0) = 1$

32 $y'' - y = \cosh x$, $y(0) = 2$, $y'(0) = 12$

33 $\dfrac{d^2x}{dt^2} + w^2 x = F_0 \sin wt$, $x(0) = 0$, $x'(0) = 0$

34 $\dfrac{d^2x}{dt^2} + w^2 x = F_0 \cos \gamma t$, $x(0) = 0$, $x'(0) = 0$

35 $y''' - 2y'' + y' = 2 - 24e^{x} + 40e^{5x}$, $y(0) = \dfrac{1}{2}$,
$y'(0) = \dfrac{5}{2}$, $y''(0) = -\dfrac{9}{2}$

36 $y''' + 8y = 2x - 5 + 8e^{-2x}$, $y(0) = -5$, $y'(0) = 3$
$y''(0) = -4$

(37-40) 주어진 경곗값 문제를 풀어라.

37 $y'' + y = x^2 + 1$, $y(0) = 5$, $y(1) = 0$

38 $y'' - 2y' + 2y = 2x - 2$, $y(0) = 0$, $y(\pi) = \pi$

39 $y'' + 3y = 6x$, $y(0) = 0$, $y(1) + y'(1) = 0$

40 $y'' + 3y = 6x$, $y(0) + y'(0) = 0$, $y(1) = 0$

(41-42) 입력함수 $g(x)$가 불연속일 때 주어진 초깃값 문제를 풀어라. [힌트: 두 구간에서 각각의 문제를 풀고 y와 y'가 $x = \dfrac{\pi}{2}$(문제 41)와 $x = \pi$ (문제 42)에서 연속이 되도록 해를 구하여라.]

41 $y'' + 4y = g(x)$, $y(0) = 1$, $y'(0) = 2$, 여기서

$$g(x) = \begin{cases} \sin x, & 0 \le x \le \dfrac{\pi}{2} \\ 0, & x > \dfrac{\pi}{2} \end{cases}$$

42 $y'' - 2y' + 10y = g(x)$, $y(0) = 0$, $y'(0) = 0$, 여기서

$$g(x) = \begin{cases} 20, & 0 \le x \le \pi \\ 0, & x > \pi \end{cases}$$

토론 문제

43 a, b, c, k는 상수인 미분방정식 $ay'' + by' + cy = e^{kx}$ 을 보자. 관련된 동차 미분방정식의 보조다항식은 $am^2 + bm + c = 0$이다.

(a) k가 보조다항식의 근이 아니면 특수해는 $y_p = Ae^{kx}$의 형태임을 보여라.
여기서 $A = \dfrac{1}{(ak^2 + bk + c)}$ 이다.

(b) k가 보조다항식의 중복도 1인 근이라 하면 특수해는 $y_p = Axe^{kx}$의 형태임을 보여라.
여기서 $A = \dfrac{1}{(2ak + c)}$ 이다. $k \neq -\dfrac{b}{2a}$ 임을 어떻게 아는지 설명하여라.

(c) 만일 k가 보조다항식의 중복도 2인 근이라 하면 특수 해는 $y_p = Ax^2e^{kx}$의 형태임을 보여라. 여기서 $A = \dfrac{1}{2a}$ 이다.

44 $y'' + y = \sin x \cos 2x$의 특수해를 구하기 위해 이 절의 방법을 어떻게 사용되는지 서술하시오. 아이디어를 전개하여라.

45 풀이 없이, 주어진 그림 중 하나와 $y'' + y = f(x)$의 해 곡선의 그래프를 짝지어라.

(i) $f(x) = 1$, (ii) $f(x) = e^{-x}$,
(iii) $f(x) = e^{x}$, (iv) $f(x) = \sin 2x$,
(v) $f(x) = e^{x} \sin x$, (vi) $f(x) = \sin x$.

이유를 간단히 설명하시오.

(a)

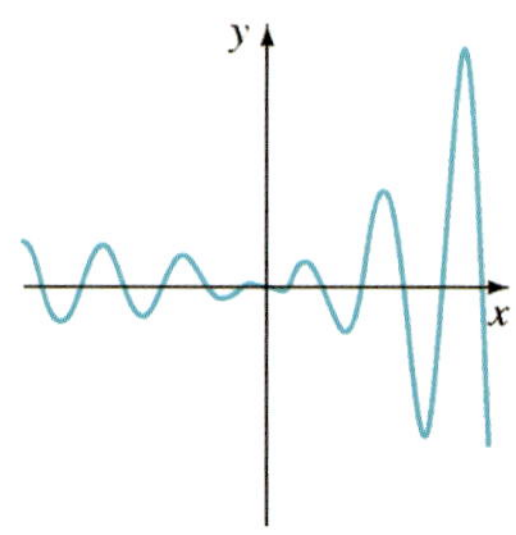

그림 4.4.1 해 곡선

(b)

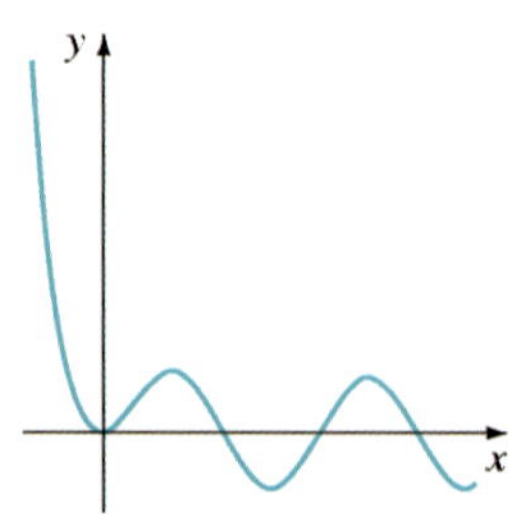

그림 4.4.2 해 곡선

(c)

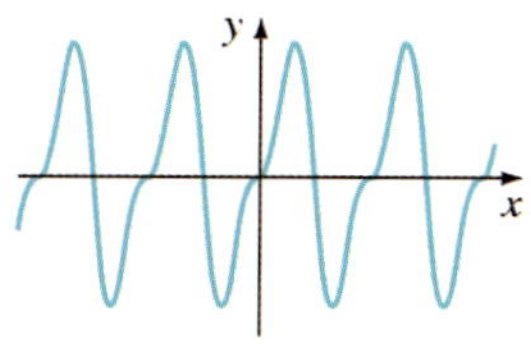

그림 4.4.3 해 곡선

(d)

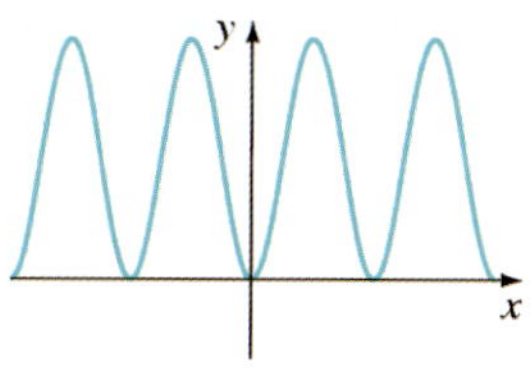

그림 4.4.4 해 곡선

컴퓨터 실습 과제

(46-47) 주어진 미분방정식의 특수해를 구하여라. 미분과 식의 계산은 컴퓨터 대수체계를 활용하여라.

46 $y'' - 4y' + 8y = (2x^2 - 3x)e^{2x}\cos 2x + (10x^2 - x - 1)e^{2x}\sin 2x$

47 $y^{(4)} + 2y'' + y = 2\cos x - 3x\sin x$

4.5 미정계수-영화접근

필요한 개념

- 정리 4.1.6과 4.1.7를 복습하라(4.1절).

소개 | 4.1절에서 n계 미분방정식은 $D^k y = \frac{d^k y}{dx^k}$, $k = 0, 1, \cdots, n$ 일 때

$$a_n D^n y + a_{n-1} D^{n-1} y + \cdots + a_1 Dy + a_0 y = g(x) \tag{1}$$

로 쓸 수 있음을 보였다. L을 n계 선형 미분, 다항식 또는 연산자

$$a_n D^n + a_{n-1} D^{n-1} + \cdots + a_1 D + a_0 \tag{2}$$

로 나타내면 (1)은 우리의 목적에 적합할 때, $L(y) = g(x)$로 쓸 수 있다.

연산자 표기는 간단할 뿐만 아니라 실용적인 단계에서 미분연산자의 응용은 앞 절에서 제시된 특수해 y_p의 형태를 결정하는데 설명하기 힘든 규칙을 체계화할 수 있다. 이 절에서는 특별한 규칙이 없다; y_p의 형태는 일단 (1)에서의 $g(x)$을 *영으로 만드는* 적당한 선형미분연산자를 찾으면 자동적으로 결정된다. 이것이 어떻게 되는지 공부하기 전에 우리는 두 가지의 개념을 고찰해야 한다.

연산자의 인수분해 계수 a_i $i = 0, 1, \cdots, n$가 실수일 때 고유다항식 $a_n m^n + a_{n-1} m^{n-1} + \cdots a_1 m + a_0$이 인수분해 되면 선형미분연산자 (1)도 인수분해가 된다. 즉 r_1이 보조다항식

$$a_n m^n + a_{n-1} m^{n-1} + \cdots a_1 m + a_0 = 0$$

의 근이 되면, $L = (D - r_1)P(D)$이다. 여기서 다항식 표현 $P(D)$는 $n-1$계 선형미분연산자이다. 예를 들면 만일 D를 대수적 양으로 간주하면 $D^2 + 5D + 6$은 $(D+2)(D+3)$ 또는 $(D+3)(D+2)$로 인수분해가 된다. 그러므로 $y = f(x)$가 2계 도함수를 포함하면

$$(D^2+5D+6)y=(D+2)(D+3)y=(D+3)(D+2)y$$

이다. 이것은 일반적인 성질을 제시한다.

상수를 계수로 갖는 선형미분 연산자의 인수는 교환할 수 있다.

$y''+4y'+4y=0$과 같은 미분방정식은

$$(D^2+4D+4)y=0,\quad (D+2)(D+2)y=0 \text{ 또는 } (D+2)^2y=0$$

과 같이 쓸 수 있다.

영화연산자 L이 상수를 계수로 갖는 선형미분연산자이고 f가 $L(f(x))=0$을 만족하는 충분히 미분가능한 함수이면 L을 그 함수의 **영화연산자**(annihilator)라 한다. 예를 들면 상수함수 $y=k$은 $Dk=0$이므로 D에 의하여 영이 된다. $y=x$는 x의 1계와 2계 도함수가 각각 1과 0이므로 미분연산자 D^2에 의하여 영이 된다. 같은 방법으로 $D^3x^2=0$이다.

미분연산자 D^n은 다음 각각의 함수를 영으로 만든다.

$$1,\ x,\ x^2,\ \cdots,\ x^{n-1} \tag{3}$$

(3)의 결과와 미분은 각 항별로 할 수 있다는 사실로, 다항식

$$c_0+c_1x+c_2x^2+\cdots+c_{n-1}x^{n-1} \tag{4}$$

을 영으로 만드는 것은 x의 최고 차수를 영으로 만드는 연산자를 찾는 것이다.

선형 n계 미분 연산자 L에 의하여 영으로 되는 함수는 동차미분방정식 $L(y)=0$의 일반해로부터 얻어질 수 있는 함수들이다.

미분연산자 $(D-\alpha)^n$는 다음 각각의 함수를 영으로 만든다.

$$e^{\alpha x},\ xe^{\alpha x},\ x^2e^{\alpha x},\ \cdots,\ x^{n-1}e^{\alpha x} \tag{5}$$

이것을 증명하기 위해서, 동차방정식 $(D-\alpha)^n y=0$의 보조다항식은 $(m-\alpha)^n=0$임을 주목하라. α는 중복도 n인 근이므로 일반해는

$$y=c_1e^{\alpha x}+c_2xe^{\alpha x}+\cdots+c_nx^{n-1}e^{\alpha x} \tag{6}$$

가 된다.

예제 1 영화연산자

다음 주어진 함수를 영으로 만드는 미분 연산자를 구하라.

(a) $1-5x^2+8x^3$ (b) e^{-3x} (c) $4e^{2x}-10xe^{2x}$

풀이 (a) (3)에서 $D^4x^3=0$이 되므로 (4)로부터

$D^4(1-5x^2+8x^3)=0$ 이다.

(b) (5)에서 $\alpha=-3$, $n=1$이라 하면

$(D+3)e^{-3x}=0$이다.

(c) (5)와 (6)에서 $\alpha=2$, $n=2$라 하면

$(D-2)^2(4e^{2x}-10xe^{2x})=0$이다. ■

α와 β, $\beta>0$인 실수이면, 근의 공식에 의하여 $[m^2-2\alpha m+(\alpha^2+\beta^2)]^n=0$은 각각 중복도가 n인 복소수 근 $\alpha+i\beta$와 $\alpha-i\beta$을 갖는다. 4.3절 마지막 부분의 설명으로부터 우리는 다음 결과를 얻는다.

미분연산자 $[D^2-2\alpha D+(\alpha^2+\beta^2)]^n$는 다음 각각의 함수를 영으로 만든다.

$$e^{\alpha x}\cos\beta x,\ xe^{\alpha x}\cos\beta x,\ x^2e^{\alpha x}\cos\beta x\ \cdots,\ x^{n-1}e^{\alpha x}\cos\beta x,$$
$$e^{\alpha x}\sin\beta x,\ xe^{\alpha x}\sin\beta x,\ x^2e^{\alpha x}\sin\beta x\ \cdots,\ x^{n-1}e^{\alpha x}\sin\beta x. \quad (7)$$

예제 2 영화연산자

$5e^{-x}\cos 2x-9e^{-x}\sin 2x$을 영으로 만드는 미분 연산자를 구하여라.

풀이 함수 $e^{-x}\cos 2x$와 $e^{-x}\sin 2x$에서 $\alpha=-1$, $\beta=2$임을 알 수 있다. 그러므로 (7)로부터 D^2+2D+5는 각각의 함수를 영으로 만든다. D^2+2D+5는 선형 연산자이므로 $5e^{-x}\cos 2x-9e^{-x}\sin 2x$과 같이 이들 함수의 *어떠한* 일차결합도 영으로 만든다. ■

$\alpha=0$이고 $n=1$인 (7)의 특별한 경우는

$$(D^2+\beta^2)\begin{cases}\cos\beta x\\ \sin\beta x\end{cases}=0 \quad (8)$$

이다. 예를 들면 D^2+16는 $\sin 4x$와 $\cos 4x$의 일차결합을 영으로 만든다.

우리는 종종 두 개 이상의 함수의 합을 영으로 만들어야 한다. 예제 1과 2에서와 같이, L이 $L(y_1)=0$과 $L(y_2)=0$이 되는 선형미분 연산자이면 L은 일차결합 $c_1y_1(x)+c_2y_2(x)$을 영으로 만든다. 이것은 바로 정리 4.1.2의 결과이다. L_1

과 L_2이 상수를 계수로 하는 선형미분 연산자로 L_1이 $y_1(x)$를 영으로 만들고 L_2이 $y_2(x)$을 영으로 만들지만 $L_1(y_2) \neq 0$과 $L_2(y_1) \neq 0$이라고 하자. 그러면 미분연산자의 *곱* L_1L_2는 합 $c_1y_1(x)+c_2y_2(x)$을 영으로 만든다. 이를 선형성과 $L_1L_2 = L_2L_1$을 이용하여 쉽게 보일 수 있다;

$$\begin{aligned} L_1L_2(y_1+y_2) &= L_1L_2(y_1)+L_1L_2(y_2) \\ &= L_2L_1(y_1)+L_1L_2(y_2) \\ &= L_2[\underbrace{L_1(y_1)}_{0}]+L_1[\underbrace{L_2(y_2)}_{0}] = 0 \end{aligned}$$

예를 들면 (3)으로부터 D^2은 $7-3x$을 영으로 만들고 (8)로부터 D^2+16은 $\sin 4x$를 영으로 만든다. 그러므로 연산자의 곱 $D^2(D^2+16)$은 일차결합 $7-x+6\sin 4x$를 영으로 만든다.

참조 함수를 영으로 만드는 미분연산자는 유일하지 않다. 예제 1의 (b)에서 $D+3$은 e^{-3x}를 영으로 만들지만 $D+3$을 인수로 가지는 고계 미분 연산자도 e^{-3x}를 영으로 만든다. 예를 들면 $(D+3)(D+1)$, $(D+3)^2$과 $D^2(D+3)$도 e^{-3x}을 영으로 만든다. (이를 증명하여라.) 당연히, 함수 $y=f(x)$에 대한 미분영화연산자를 구할 때 우리는 *가능한 최소의 계수*를 가지는 연산자를 원한다.

미정계수 이는 앞 절의 논리를 다시 가져온다. $L(y)=g(x)$가 상수를 계수로 하는 선형미분방정식이며 입력함수 $g(x)$가 (3), (5)와 (7)에 제시된 함수의 유한개의 합과 곱으로 되어있다고 가정하자. 즉 $g(x)$는 다음 형태의 함수의 일차결합으로 되어 있다.

$$k(\text{상수}),\quad x^m,\quad x^m e^{\alpha x},\quad x^m e^{\alpha x}\cos\beta x \text{와 } x^m e^{\alpha x}\sin\beta x$$

여기서 m은 음이 아닌 정수이고 α와 β는 실수이다. 이런 함수 $g(x)$는 연산자 D^n, $(D-\alpha)^n$과 $(D^2-2\alpha D+\alpha^2+\beta^2)^n$의 곱으로 되어있는 최소 계수의 미분연산자 L_1에 의하여 영이 되는 것을 알고 있다. L_1을 방정식 $L(y)=g(x)$의 양쪽 변에 작용하면 $L_1L(y)=L_1(g(x))=0$이 된다. *고계 동차*방정식 $L_1L(y)=0$의 해를 구함으로써 처음의 *비동차* 방정식 $L(y)=g(x)$의 특수해 y_p의 *형태*를 찾을 수 있다. 정확한 특수해를 구하기 위하여 우리는 이 가정한 형태를 $L(y)=g(x)$에 대입한다. **미정계수법**이라 불리는 y_p를 구하는 이 과정을 다음 몇 가지 예제에서 제시한다.

그 전에 비동차 선형미분방정식 $L(y)=g(x)$의 일반해는 y_c가 여함수일 때 — 즉 y_c가 관련된 동차방정식 $L(y)=0$의 일반해일 때, $y=y_c+y_p$이다. 각 방정식 $L(y)=g(x)$의 일반해는 구간 $(-\infty, \infty)$에서 정의한다.

예제 3 미정계수법에 의한 일반해

$y''+3y'+2y=4x^2$을 풀어라. (9)

풀이 **1단계** 먼저 동차방정식 $y''+3y'+2y=0$을 풀자. 보조다항식 $m^2+3m+2=(m+1)(m+2)=0$으로부터 $m_1=-1$과 $m_2=-2$이므로 여함수는

$$y_c=c_1e^{-x}+c_2e^{-2x} \tag{10}$$

이다.

2단계 $4x^2$은 미분연산자 D^3에 의하여 영이 되므로 $D^3(D^2+3D+2)y=4D^3x^2$은

$$D^3(D^2+3D+2)y=0$$

과 같다. (10)의 5계 방정식의 보조방정식

$$m^3(m^2+3m+2)=0 \quad \text{또는} \quad m^3(m+1)(m+2)=0$$

은 $m_1=m_2=m_3=0$, $m_4=-1$, $m_5=-2$를 근으로 가진다. 그러므로 일반해는

$$y=c_1+c_2x+c_3x^2+\boxed{c_4e^{-x}+c_5e^{-2x}} \tag{11}$$

이다. (11)의 상자 안의 항들은 원래의 방정식 (9)의 여함수이다. 그러므로 (9)의 특수해 y_p 또한 방정식 (10)을 만족해야 한다. 이는 (11)에 남아있는 항이 y_p의 기본형 이여야만 한다:

$$y_p=A+Bx+Cx^2 \tag{12}$$

여기서 편의상 상수 c_1, c_2와 c_3을 각각 A, B와 C로 바꾸었다. (12)가 (9)의 특수해가 되려면 *특정한* 계수 A, B와 C를 구해야만 한다. (12)를 미분하면

$$y_p'=B+2Cx, \quad y_p''=2C$$

이며 이를 (9)에 대입하면

$$y_p''+3y_p'+2y_p=2C+3B+6Cx+2A+2Bx+2Cx^2=4x^2$$

이다. 마지막 방정식은 항등식이므로 x의 거듭제곱의 계수는 서로 같아야 한다.

같음

$$\boxed{2C}\,x^2+\boxed{2B+6C}\,x+\boxed{2A+3B+2C}=4x^2+0x+0.$$

$$\text{즉 } 2C=4, \quad 2B+6C=0, \quad 2A+3B+2C=0 \tag{13}$$

이다. (13)의 방정식들을 풀면 $A=7$, $B=-6$, $C=2$이다. 그러므로 $y_p=7-6x+2x^2$이다.

3단계 방정식 (9)의 일반해는 $y=y_c+y_p$ 또는

$$y=c_1e^{-x}+c_2e^{-2x}+7-6x+2x^2$$

이다. ■

예제 4 미정계수법에 의한 일반해

$y''-3y'=8e^{3x}+4\sin x$를 풀어라. (14)

풀이 **1단계** 관련된 동차방정식 $y''-3y'=0$의 보조방정식은 $m^2-3m=m(m-3)=0$이므로 $y_c=c_1+c_2e^{3x}$이다.

2단계 $(D-3)e^{3x}=0$이고 $(D^2+1)\sin x=0$이므로 미분연산자 $(D-3)(D^2+1)$을 (14)의 양쪽 변에 작용하면

$$(D-3)(D^2+1)(D^2-3D)y=0 \tag{15}$$

이다. (15)의 보조방정식은

$$(m-3)(m^2+1)(m^2-3m)=0 \quad \text{또는} \quad m(m-3)^2(m^2+1)=0$$

이다. 그러므로

$$y=\boxed{c_1+c_2e^{3x}}+c_3xe^{3x}+c_4\cos x+c_5\sin x$$

이다. y_c와 대응된 상자안의 일차 결합의 항을 제외하면 y_p의 형태는

$$y_p=Axe^{3x}+B\cos x+C\sin x$$

이다. (14)에 y_p를 대입하여 간단히 하면

$$y_p''-3y_p'=3Ae^{3x}+(-B-3C)\cos x+(3B-C)\sin x=8e^{3x}+4\sin x$$

이다. 계수비교를 하면 $3A=8$, $-B-3C=0$, $3B-C=4$가 된다.
그러므로 $A=\frac{8}{3}$, $B=\frac{6}{5}$, $C=-\frac{2}{5}$이므로

$$y_p=\frac{8}{3}xe^{3x}+\frac{6}{5}\cos x-\frac{2}{5}\sin x$$

이다.

3단계 (14)의 일반해는

$$y=c_1+c_2e^{3x}+\frac{8}{3}xe^{3x}+\frac{6}{5}\cos x-\frac{2}{5}\sin x$$

이다. ■

예제 5 미정계수법에 의한 일반해

$y''+y=x\cos x-\cos x$를 풀어라. (16)

풀이 여함수는 $y_c=c_1\cos x+c_2\sin x$이다. $\cos x$와 $x\cos x$을 (7)의 첫 번째 행의 함수들과 비교하면 $\alpha=0$이고 $n=1$이므로 $(D^2+1)^2$이 방정식 (16)의 오른쪽 항에 대한 영화연산자이다. 이 연산자를 미분방정식에 작용하면

$$(D^2+1)^2(D^2+1)y=0 \quad \text{또는} \quad (D^2+1)^3y=0$$

이다. i와 $-i$ 모두 마지막 미분방정식의 보조방정식의 중복도 3인 복소수 근이므로

$$y=c_1\cos x+c_2\sin x+c_3x\cos x+c_4x\sin x+c_5x^2\cos x+c_6x^2\sin x$$

이다. (16)에

$$y_p=Ax\cos x+Bx\sin x+Cx^2\cos x+Ex^2\sin x$$

를 대입하여 간단히 하면

$$\begin{aligned} y_p''+y_p &= 4Ex\cos x-4Cx\sin x+(2B+2C)\cos x+(-2A+2E)\sin x \\ &= x\cos x-\cos x \end{aligned}$$

이다. 계수비교에 의하여 방정식 $4E=1$, $-4C=0$, $2B+2C=-1$, $-2A+2E=0$을 만족하므로 $A=\frac{1}{4}$, $B=-\frac{1}{2}$, $C=0$과 $E=\frac{1}{4}$이다. 그러므로 (16)의 일반해는

$$y=c_1\cos x+c_2\sin x+\frac{1}{4}x\cos x-\frac{1}{2}x\sin x+\frac{1}{4}x^2\sin x$$

이다. ■

예제 6 특수해의 형태

$y''-2y'+y=10e^{-2x}\cos x$의 특수해의 형태를 구하여라. (17)

풀이 주어진 방정식의 여함수는 $y_c=c_1e^x+c_2xe^x$이다.
(7)에서 $\alpha=-2$, $\beta=1$이고 $n=1$로부터

$$(D^2+4D+5)e^{-2x}\cos x=0$$

이다. 연산자 D^2+4D+5를 (17)에 적용하면

$$(D^2+4D+5)(D^2-2D+1)y=0 \tag{18}$$

이다. (18)의 보조다항식의 근은 $-2-i$, $-2+i$, 1과 1이므로

$$y=c_1e^x+c_2xe^x+c_3e^{-2x}\cos x+c_4e^{-2x}\sin x$$

으로부터 (17)의 특수해는

$$y = Ae^{-2x}\cos x + Be^{-2x}\sin x$$

형태이다. ■

예제 7 특수해의 형태

$y''' - 4y'' + 4y' = 5x^2 - 6x + 4x^2e^{2x} + 3e^{5x}$ 의 특수해의 형태를 구하여라.

(19)

풀이 $D^3(5x^2 - 6x) = 0$, $(D-2)^3 x^2 e^{2x} = 0$ $(D-5)e^{5x} = 0$이므로 $D^3(D-2)^3(D-5)$를 (19)에 작용하면

$$D^3(D-2)^3(D-5)(D^3 - 4D^2 + 4D)y = 0$$

또는 $D^4(D-2)^5(D-5)y = 0$이다.

마지막 미분방정식의 보조방정식의 근은 0, 0, 0, 0, 2, 2, 2, 2, 2와 5이다. 그러므로

$$\begin{aligned} y = {} & c_1 + c_2x + c_3x^2 + c_4x^3 + c_5e^{2x} + c_6xe^{2x} \\ & + c_7x^2e^{2x} + c_8x^3e^{2x} + c_9x^4e^{2x} + c_{10}e^{5x} \end{aligned} \tag{20}$$

이다. 일차결합 $c_1 + c_5e^{2x} + c_6xe^{2x}$는 (19)의 여함수와 일치하므로 (20)의 나머지 항이 미분방정식의 특수해의 형태가 된다 :

$$y_p = Ax + Bx^2 + Cx^3 + Ex^2e^{2x} + Fx^3e^{2x} + Gx^4e^{2x} + He^{5x}$$ ■

요약 편의상 미정계수법은 다음과 같이 요약된다.

미정계수법-영화연산자 접근

미분방정식 $L(y) = g(x)$가 상수를 계수로 갖고 함수 $g(x)$가 상수, 다항식, 지수함수 $e^{\alpha x}$, sine 함수와 cosine 함수의 유한 개의 합과 곱으로 되어있다고 하자.

(i) 동차방정식 $L(y) = 0$의 해인 여함수 y_c를 구하라.

(ii) $g(x)$을 영으로 만드는 미분연산자 L_1를 비동차 방정식 $L(y) = g(x)$의 양 변에 작용하라.

(iii) 고계동차미분방정식 $L_1L(y) = 0$의 일반해를 구하라.

(iv) 단계 (iii)의 해에서 단계 (i)에서 구한 여함수 y_c에서 중복된 모든 항을 없애라. 나머지 항들로 일차결합 y_p를 구성하라. 이것이 $L(y) = g(x)$의 특수해 y_p의 형태이다.

(v) 단계 (iv)에서 찾은 y_p를 $L(y) = g(x)$에 대입하여라. 등식의 양쪽 변의 모든 함수들의 계수를 일치시켜 y_p의 미정계수에 대한 연립방정

식을 풀어라.

(vi) 단계 (v)에서 구한 특수해를 가지고 주어진 미분방정식의 일반해 $y=y_c+y_p$를 만들어라.

주의

미정계수법은 변수를 계수로 하는 선형미분방정식이나 $g(x)$가

$$g(x)=\ln x,\quad g(x)=\frac{1}{x},\quad g(x)=\tan x,\quad g(x)=\sin^{-1}x$$

와 같은 형태인 계수가 상수인 선형방정식에는 적용할 수 없다. 입력함수 $g(x)$가 위의 형태인 미분방정식은 다음 절에서 다룰 것이다.

연습문제 4.5

(1-10) 주어진 미분방정식을 $L(y)=g(x)$의 꼴로 표현하라. 여기서 L은 상수를 계수로 하는 선형미분연산자이다. 가능하면 L을 인수분해 하여라.

1 $9y''-4y=\sin x$
2 $y''-5y=x^2-2x$
3 $y''-4y'-12y=x-6$
4 $2y''-3y'-2y=1$
5 $y'''+10y''+25y'=e^x$
6 $y'''+4y'=e^x\cos 2x$
7 $y'''+2y''-13y'+10y=xe^{-x}$
8 $y'''+4y''+3y'=x^2\cos x-3x$
9 $y^{(4)}+8y'=4$
10 $y^{(4)}-8y''+16y=(x^3-2x)e^{4x}$

(11-14) 주어진 미분방정식이 제시한 함수를 영으로 만드는 것을 보여라.

11 D^4; $y=10x^3-2x$
12 $2D-1$; $y=4e^{x/2}$
13 $(D-2)(D+5)$; $y=e^{2x}+3e^{-5x}$
14 D^2+64; $y=2\cos 8x-5\sin 8x$

(15-26) 주어진 함수를 영으로 만드는 선형미분 연산자를 구하여라.

15 $1+6x-2x^3$
16 $x^3(1-5x)$
17 $1+7e^{2x}$
18 $x+3xe^{6x}$
19 $\cos 2x$
20 $1+\sin x$
21 $13x+9x^2-\sin 4x$
22 $8x-\sin x+10\cos 5x$
23 $e^{-x}+2xe^x-x^2e^x$
24 $(2-e^x)^2$
25 $3+e^x\cos 2x$
26 $e^{-x}\sin x-e^{2x}\cos x$

(27-34) 주어진 미분연산자에 의하여 영이 되는 일차독립인 함수들을 구하여라.

27 D^5
28 D^2+4D
29 $(D-6)(2D+3)$
30 $D^2-9D-36$
31 D^2+5
32 $D^2-6D+10$
33 D^3-10D^2+25D
34 $D^2(D-5)(D-7)$

(35-64) 미정계수법에 의하여 주어진 미분방정식을 풀어라.

35 $y''-9y=54$
36 $2y''-7y'+5y=-29$
37 $y''+y'=3$
38 $y'''+2y''+y'=10$

39 $y'' + 4y' + 4y = 2x + 6$

40 $y'' + 3y' = 4x - 5$

41 $y''' + y'' = 8x^2$

42 $y'' - 2y' + y = x^3 + 4x$

43 $y'' - y' - 12y = e^{4x}$

44 $y'' + 2y' + 2y = 5e^{6x}$

45 $y'' - 2y' - 3y = 4e^x - 9$

46 $y'' + 6y' + 8y = 3e^{-2x} + 2x$

47 $y'' + 25y = 6\sin x$

48 $y'' + 4y = 4\cos x + 3\sin x - 8$

49 $y'' + 6y' + 9y = -xe^{4x}$

50 $y'' + 3y' - 10y = x(e^x + 1)$

51 $y'' - y = x^2 e^x + 5$

52 $y'' + 2y' + y = x^2 e^{-x}$

53 $y'' - 2y' + 5y = e^x \sin x$

54 $y'' + y' + \frac{1}{4}y = e^x(\sin 3x - \cos 3x)$

55 $y'' + 25y = 20\sin 5x$

56 $y'' + y = 4\cos x - \sin x$

57 $y'' + y' + y = x\sin x$

58 $y'' + 4y = \cos^2 x$

59 $y''' + 8y'' = -6x^2 + 9x + 2$

60 $y''' - y'' + y' - y = xe^x - e^{-x} + 7$

61 $y''' - 3y'' + 3y' - y = e^x - x + 16$

62 $2y''' - 3y'' - 3y' + 2y = (e^x + e^{-x})^2$

63 $y^{(4)} - 2y''' + y'' = e^x + 1$

64 $y^{(4)} - 4y'' = 5x^2 - e^{2x}$

(65-72) 주어진 초깃값 문제를 풀어라.

65 $y'' - 64y = 16, \quad y(0) = 1,\ y'(0) = 0$

66 $y'' + y' = x, \quad y(0) = 1,\ y'(0) = 0$

67 $y'' - 5y' = x - 2, \quad y(0) = 0,\ y'(0) = 2$

68 $y'' + 5y' - 6y = 10e^{2x}, \quad y(0) = 1, \quad y'(0) = 1$

69 $y'' + y = 8\cos 2x - 4\sin x,\ y\left(\frac{\pi}{2}\right) = -1,\ y'\left(\frac{\pi}{2}\right) = 0$

70 $y''' - 2y'' + y' = xe^x + 5,\ y(0) = 2,\ y'(0) = 2,$ $y''(0) = -1$

71 $y'' - 4y' + 8y = x^3, \quad y(0) = 2,\ y'(0) = 4$

72 $y^{(4)} - y''' = x + e^x,\ y(0) = 0,\ y'(0) = 0,$ $y''(0) = 0,\ y'''(0) = 0$

토론 문제

73 L이 인수분해는 되지만 변수를 계수로 갖는 선형미분연산자라 하자. L의 인수들은 교환법칙이 성립하는가? 답에 논리를 전개하여라.

4.6 매개변수 변화법

필요한 개념

- 미적분학의 기본 적분 공식과 기술
- 2.3절의 복습

소개 | 미정계수법은 폭넓게 선형방정식에 적용하기에 한계를 가지는 두 가지 약점이 있음을 4.4절과 4.5절에서 지적하였다 : 미분방정식이 상수를 계수로 가지고 입력함수 $g(x)$가 표 4.4.1에 제시된 형태여야만 한다. 이 절에서는 이론적으로 위와 같은 제약이 없는 비동차 선형미분방정식의 특수해 y_p를 구하는 방법을 알아본다. 유명한 천문학자이며 수학자인 Joseoh Louis Lagrange(1736-1813)에 의한 이 방법은 **매개변수 변화법 (variation of parameters)**으로 알려져 있다.

고계미분방정식에 대한 이 강력한 방법을 배우기 전에 표준형으로 바꾼 1계 선형미분방정식의 해를 구하는 방법을 다시 봐야 한다. 이 절의 처음 도입부는 선택적이고 이 절의 두 번째 도입에서 시작되는 주된 논리를 유도한다. 시간이 안 되면 도입부는 선행학습으로 한다.

재논의하는 1계 선형미분방정식 2.3절에서 1계 선형미분방정식 $a_1(x)y' + a_0(x)y = g(x)$의 일반해는 우선 표준형으로 바꾸어

$$\frac{dy}{dx} + P(x)y = f(x) \tag{1}$$

로 구할 수 있으며 $P(x)$와 $f(x)$는 공통 구간 I에서 연속임을 가정한다. 적분인자 방법을 이용하여 구간 I에서의 (1)의 특수해는

2.3절의 (4)를 참조하라. ▶

$$y = c_1 e^{-\int P(x)dx} + e^{-\int P(x)dx}\int e^{\int P(x)dx} f(x)dx$$

이다. 앞의 해는 정리 4.1.6로 주어진, 다시 말해 $y = y_c + y_p$ 형태의 해이다. 이 경우 $y_c = c_1 e^{-\int P(x)dx}$는 관련된 동차미분방정식

$$\frac{dy}{dx} + P(x)y = 0 \tag{2}$$

의 해이며

$$y_p = e^{-\int P(x)dx}\int e^{\int P(x)dx} f(x)dx \tag{3}$$

기본 과정은 4.2절에서 이용한 것이다. ▶

는 비동차방정식 (1)의 특수해이다. 고계 선형비동차미분방정식을 푸는 방법을 유도하기 위하여 **매개변수 변화법**으로 알려진 방법으로 특수해 (3)을 다시 유도할 것이다.

y_1이 동차방정식 (2)의 알려진 해, 즉

$$\frac{dy_1}{dx} + P(x)y_1 = 0 \tag{4}$$

라 하자. $y_1 = e^{-\int P(x)dx}$이 (4)의 해가 되는 것은 쉽게 보일 수 있고 방정식이 선형이므로, $c_1y_1(x)$가 일반해가 된다. 매개변수 변화법은 $y_p = u_1(x)y_1(x)$형태로 된 (1)의 특수해를 구하는 것이다. 다시 말하면 매개변수 c_1을 함수 u_1으로 치환하는 것이다.

$y_p = u_1y_1$을 (1)에 대입하고 곱셈법칙을 사용하면

$$\frac{d}{dx}[u_1y_1] + P(x)u_1y_1 = f(x)$$

$$u_1\frac{dy_1}{dx} + y_1\frac{du_1}{dx} + P(x)u_1y_1 = f(x)$$

$$u_1\overbrace{\left[\frac{dy_1}{dx} + P(x)y_1\right]}^{(4)\text{ 때문에 }0}y_1\frac{du_1}{dx} = f(x)$$

이므로 $y_1\dfrac{du_1}{dx} = f(x)$

가 된다. 변수를 분리하고 적분하여 u_1을 구한다 :

$$du_1 = \frac{f(x)}{y_1(x)}dx \quad \text{이므로} \qquad u_1 = \int \frac{f(x)}{y_1(x)}dx.$$

그러므로 구하고자 하는 특수해는

$$y_p = u_1 y_1 = y_1 \int \frac{f(x)}{y_1(x)}dx$$

이다. $y_1 = e^{-\int P(x)dx}$ 인 사실로 마지막 결과는 (3)과 일치한다.

2계 선형미분방정식 매개변수 변화법을 고계 미분방정식에 확장할 수 있음을 보이겠지만 우선 2계 선형미분방정식

$$a_2(x)y'' + a_1(x)y' + a_0(x)y = g(x) \tag{5}$$

의 경우를 생각하자. 이 방법 또한 (5)를 계수 $a_2(x)$로 양변을 나누어 방정식을 표준형

$$y'' + P(x)y' + Q(x)y = f(x) \tag{6}$$

으로 만드는 것부터 시작한다. (6)에서 계수함수 $P(x)$, $Q(x)$와 $f(x)$가 모두 어떤 공통 구간 I에서 연속이라 가정한다. 계수가 상수함수일 때는 4.3절에서 보인 것처럼 (6)과 관련된 동차미분방정식의 일반해인 여함수 $y_c = c_1y_1 + c_2y_2$를 구하는 데 어려움은 없다. 위의 설명과 비슷하게, 우리는 다음 질문을 한다 :
(6)의 특수해가

$$y_p = u_1(x)y_1(x) + u_2(x)y_2(x) \tag{7}$$

이 되도록 y_c 안의 변수 c_1과 c_2를 함수 u_1과 u_2로 바꿀 수 있을까? 이 질문에 답하기 위하여 (7)을 (6)에 대입하자. y_p를 두 번 미분하기 위하여 곱의 공식을 사용하면

$$y_p' = u_1y_1' + y_1u_1' + u_2y_2' + y_2u_2'$$
$$y_p'' = u_1y_1'' + y_1'u_1' + y_1u_1'' + u_1'y_1' + u_2y_2'' + y_2'u_2' + y_2u_2'' + u_2'y_2'$$

이 된다. (7)과 위의 도함수를 (6)에 대입하고 동류항을 정리하면

$$\begin{aligned} y''_p + P(x)y'_p + Q(x)y_p &= u_1\overbrace{[y_1'' + Py'_1 + Qy_1]}^{0} + u_2\overbrace{[y''_2 + Py'_2 + Qy_2]}^{0} \\ &\quad + y_1u''_1 + u'_1y'_1 + y_2u''_2 + u'_2y'_2 + P[y_1u'_1 + y_2u'_2] + y'_1u'_1 + y'_2u'_2 \\ &= \frac{d}{dx}[y_1u'_1] + \frac{d}{dx}[y_2u'_2] + P[y_1u'_1 + y_2u'_2] + y'_1u'_1 + y'_2u'_2 \qquad (8) \\ &= \frac{d}{dx}[y_1u'_1 + y_2u'_2] + P[y_1u'_1 + y_2u'_2] + y'_1u'_1 + y'_2u'_2 = f(x) \end{aligned}$$

가 된다. 두 개의 미지 함수 u_1과 u_2를 구해야 하기 때문에 두 개의 방정식이 필요하다. 함수 u_1과 u_2가 $y_1u_1' + y_2u_2' = 0$을 만족한다는 가정을 함으로써 이

두 방정식을 구할 수 있다. 이 가정은 갑자기 나온 것이 아니라 (8)에서의 처음 두 항에 의해 나온 것이다. 만일 $y_1u_1' + y_2u_2' = 0$이라 하면 (8)는 $y_1'u_1' + y_2'u_2' = f(x)$로 간단히 되기 때문이다. 도함수 u_1'과 u_2'를 구하기 위하여 필요한 두 개의 방정식을 구했다. 크래머(Cramer)의 법칙에 의하여 연립방정식

$$y_1u_1' + y_2u_2' = 0$$
$$y_1'u_1' + y_2'u_2' = f(x)$$

의 해는 행렬식의 형태로 나타내어진다 :

$$u_1' = \frac{W_1}{W} = -\frac{y_2 f(x)}{W} \text{ 과 } u_2' = \frac{W_2}{W} = \frac{y_1 f(x)}{W}, \tag{9}$$

여기서

$$W = \begin{vmatrix} y_1 & y_2 \\ y_1' & y_2' \end{vmatrix}, \quad W_1 = \begin{vmatrix} 0 & y_2 \\ f(x) & y_2' \end{vmatrix}, \quad W = \begin{vmatrix} y_1 & 0 \\ y_1' & f(x) \end{vmatrix} \tag{10}$$

이다. 함수 u_1과 u_2는 (9)의 결과를 적분함으로 얻어진다. 행렬식 W는 y_1과 y_2의 론스키 행렬식이다. 구간 I에서 y_1과 y_2가 일차독립이므로, 구간의 모든 값 x에 대하여 $W(y_1(x), y_2(x)) \neq 0$이다.

방법의 요약 일반적으로, 방법을 이해하는 것 대신 공식을 암기하는 것은 좋은 생각이 아니다. 그러나 미분방정식을 풀어야 할 때마다 사용하기에는 진행되는 과정이 너무 길고 복잡하다. 이런 경우에 공식 (9)를 사용하는 것이 좀 더 효율적이다. 그러므로 $a_2y'' + a_1y' + a_0y = g(x)$를 풀기 위하여 먼저 여함수 $y_c = c_1y_1 + c_2y_2$을 구한 뒤 론스키 행렬식 $W(y_1(x),\ y_2(x))$을 계산한다. $f(x)$를 구하기 위하여 방정식을 a_2로 나누어 표준형 $y'' + Py' + Qy = f(x)$으로 고친다. (10)에서 정의한 W_1과 W_2로 $u_1' = \frac{W_1}{W}$와 $u_2' = \frac{W_2}{W}$를 적분하여 u_1과 u_2을 구한다. 특수해는 $y_p = u_1y_1 + u_2y_2$이다. 그러므로 방정식의 일반해는 $y = y_c + y_p$이다.

예제 1 매개변수의 변화법을 이용한 일반해

$y'' - 4y' + 4y = (x+1)e^{2x}$를 풀어라.

풀이 보조다항식 $m^2 - 4m + 4 = (m-2)^2 = 0$으로부터 $y_c = c_1e^{2x} + c_2xe^{2x}$이다. $y_1 = e^{2x}$, $y_2 = xe^{2x}$라 하고 론스키 행렬식을 계산하면

$$W(e^{2x},\ xe^{2x}) = \begin{vmatrix} e^{2x} & xe^{2x} \\ 2e^{2x} & 2xe^{2x} + e^{2x} \end{vmatrix} = e^{4x}$$

이다. 주어진 미분방정식은 (6)의 형태이므로(즉 y''의 계수가 1임), $f(x)=(x+1)e^{2x}$이다. (10)으로부터

$$W_1=\begin{vmatrix} 0 & xe^{2x} \\ (x+1)e^{2x} & 2xe^{2x}+e^{2x}\end{vmatrix}=-(x+1)xe^{4x},$$

$$W_2=\begin{vmatrix} e^{2x} & 0 \\ 2e^{2x} & (x+1)e^{2x}\end{vmatrix}=(x+1)e^{4x}$$

이고 (9)로부터

$$u_1'=-\frac{(x+1)xe^{4x}}{e^{4x}}=-x^2-x,\quad u_2'=\frac{(x+1)e^{4x}}{e^{4x}}=x+1$$

이다. 이로부터 $u_1=-\frac{1}{3}x^3-\frac{1}{2}x^2$과 $u_2=\frac{1}{2}x^2+x$이다. 그러므로

$$y_p=\left(-\frac{1}{3}x^3-\frac{1}{2}x^2\right)e^{2x}+\left(\frac{1}{2}x^2+x\right)xe^{2x}=\frac{1}{6}x^3e^{2x}+\frac{1}{2}x^2e^{2x}$$

이고

$$y=y_c+y_p=c_1e^{2x}+c_2xe^{2x}+\frac{1}{6}x^3e^{2x}+\frac{1}{2}x^2e^{2x}$$

이다. ■

예제 2 매개변수의 변화법을 이용한 일반해

$4y''+36y=\csc 3x$을 풀어라.

풀이 방정식을 4로 나누어 표준형 (6)로 고치자 :

$$y''+9y=\frac{1}{4}\csc 3x.$$

보조방정식 $m^2+9=0$의 근은 $m_1=3i$와 $m_2=-3i$이므로 여함수는 $y_c=c_1\cos 3x+c_2\sin 3x$이다. $y_1=\cos 3x$, $y_2=\sin 3x$와 $f(x)=\frac{1}{4}\csc 3x$를 이용하면

$$W(\cos 3x,\sin 3x)=\begin{vmatrix}\cos 3x & \sin 3x\\ -\sin 3x & 3\cos 3x\end{vmatrix}=3,$$

$$W_1=\begin{vmatrix}0 & \sin 3x\\ \frac{1}{4}\csc 3x & 3\cos 3x\end{vmatrix}=-\frac{1}{4},\quad W_2=\begin{vmatrix}\cos 3x & 0\\ -\sin 3x & \frac{1}{4}\csc 3x\end{vmatrix}=\frac{1}{4}\frac{\cos 3x}{\sin 3x}$$

이다. $u_1'=\frac{W_1}{W}=-\frac{1}{12}$와 $u_2'=\frac{W_2}{W}=\frac{1}{12}\frac{\cos 3x}{\sin 3x}$을 적분하면
$u_1=-\frac{1}{12}x$와 $u_2=\frac{1}{36}\ln|\sin 3x|$이므로 특수해는

$$y_p=-\frac{1}{12}x\cos 3x+\frac{1}{36}(\sin 3x)\ln|\sin 3x|$$

이다. 방정식의 일반해는

$$y = y_c + y_p = c_1\cos 3x + c_2\sin 3x - \frac{1}{12}x\cos 3x + \frac{1}{36}(\sin 3x)\ln|\sin 3x| \tag{11}$$

이다. ■

방정식 (11)은 예를 들면 구간 $\left(0,\ \frac{\pi}{6}\right)$에서의 미분방정식의 일반해를 나타낸다.

적분상수 $u_1{}'$과 $u_2{}'$의 부정적분을 계산할 때 마다 적분상수를 쓸 필요가 없다. 왜냐하면

$$\begin{aligned} y = y_c + y_p &= c_1y_1 + c_2y_2 + (u_1 + a_1)y_1 + (u_2 + b_1)y_2 \\ &= (c_1 + a_1)y_1 + (c_2 + b_1)y_2 + u_1y_1 + u_2y_2 \\ &= C_1y_1 + C_2y_2 + u_1y_1 + u_2y_2 \end{aligned}$$

이기 때문이다.

예제 3 매개변수의 변화법을 이용한 일반해

$y'' - y = \dfrac{1}{x}$을 풀어라.

풀이 보조방정식 $m^2 - 1 = 0$의 근은 $m_1 = -1$과 $m_2 = 1$이다. 그러므로 $y_c = c_1e^x + c_2e^{-x}$이다. $W(e^x,\ e^{-x}) = -2$이고

$$u_1{}' = -\frac{e^{-x}(1/x)}{-2},\quad u_1 = \frac{1}{2}\int_{x_0}^{x}\frac{e^{-t}}{t}dt$$

$$u_2{}' = \frac{e^{x}(1/x)}{-2},\quad u_2 = -\frac{1}{2}\int_{x_0}^{x}\frac{e^{t}}{t}dt$$

이다. 위의 적분은 초급 수준이 아니므로 다음과 같이 쓰자.

$$y_p = \frac{1}{2}e^x\int_{x_0}^{x}\frac{e^{-t}}{t}dt - \frac{1}{2}e^{-x}\int_{x_0}^{x}\frac{e^{t}}{t}dt$$

이므로

$$y = y_c + y_p = c_1e^x + c_2e^{-x} + \frac{1}{2}e^x\int_{x_0}^{x}\frac{e^{-t}}{t}dt - \frac{1}{2}e^{-x}\int_{x_0}^{x}\frac{e^{t}}{t}dt \tag{12}$$

이다. ■

예제 3에서 원점을 포함하지 않은 $[x_0, x]$인 임의의 구간에서 적분할 수 있다. 4.8절에서 다룰 다른 방법에 의해서 예제 3의 방정식을 풀 것이다.

고계 방정식 2계 비동차방정식에서 고찰한 방법은 표준형

$$y^{(n)} + P_{n-1}(x)y^{(n-1)} + \cdots + P_1(x)y' + P_0(x)y = f(x) \qquad (13)$$

으로 바꾼 n계 선형방정식에도 일반화할 수 있다.

만일 $y_c = c_1y_1 + c_2y_2 + \cdots + c_ny_n$이 (13)의 여함수이면 특수해는

$$y_p = u_1(x)y_1(x) + u_2(x)y_2(x) + \cdots + u_n(x)y_n(x)$$

이다. 여기서 u_k', $k = 1, 2, \cdots, n$은 n개의 방정식

$$\begin{aligned} y_1u_1' + \quad y_2u_2' + \cdots + \quad y_nu_n' &= 0 \\ y_1'u_1' + \quad y_2'u_2' + \cdots + \quad y_n'u_n' &= 0 \\ \vdots \qquad\qquad\qquad & \vdots \\ y_1^{(n-1)}u_1' + y_2^{(n-1)}u_2' + \cdots + y_n^{(n-1)}u_n' &= f(x) \end{aligned} \qquad (14)$$

에 의해 결정된다. 이 연립방정식의 처음 $n-1$개의 방정식은, (8)의 $y_1u_1' + y_2u_2 = 0$과 같이, $y_p = u_1(x)y_1(x) + u_2(x)y_2(x) + \cdots + u_n(x)y_n(x)$을 (13)에 대입한 후 얻어진 방정식을 간단히 하기 위해 가정한 것이다. 크래머의 법칙에 의하여

$$u_k' = \frac{W_k}{W}, \quad k = 1, 2, \cdots, n$$

인데 여기서 W는 $y_1, y_2, \cdots, y_n$의 론스키 행렬식이고 W_k는 론스키 행렬식의 k번째 열 대신에 (14)의 오른쪽 항 - 즉, $(0, 0, \cdots, f(x))$로 구성된 열로 이루어진 행렬의 행렬식이다. $n = 2$이면 (9)가 된다. $n = 3$이면 특수해는 $y_p = u_1y_1 + u_2y_2 + u_3y_3$인데 여기서 y_1, y_2와 y_3은 관련된 동차미분방정식의 일차독립인 해 집합을 이루며 u_1, u_2, u_3은

$$W_1 = \begin{vmatrix} 0 & y_2 & y_3 \\ 0 & y_2' & y_3' \\ f(x) & y_2'' & y_3'' \end{vmatrix}, \quad W_2 = \begin{vmatrix} y_1 & 0 & y_3 \\ y_1' & 0 & y_3' \\ y_1'' & f(x) & y_3'' \end{vmatrix},$$

$$W_3 = \begin{vmatrix} y_1 & y_2 & 0 \\ y_1' & y_2' & 0 \\ y_1'' & y_2'' & f(x) \end{vmatrix} \text{와 } W = \begin{vmatrix} y_1 & y_2 & y_3 \\ y_1' & y_2' & y_3' \\ y_1'' & y_2'' & y_3'' \end{vmatrix}$$

인

$$u_1' = \frac{W_1}{W}, \quad u_2' = \frac{W_2}{W}, \quad u_3' = \frac{W_3}{W} \qquad (15)$$

으로 결정된다. 4.6절 연습문제 25-28번을 보아라.

주의

(i) 매개변수 변화법은 관련된 동차방정식을 풀 수만 있다면 특수해 y_p를 *항상* 구할 수 있는 방법이라는 점에서 미정계수법과 구별되는 우월성이 있다. 위의 방법은 함수 $f(x)$가 176쪽에서 제시한 네 가지 형태의 함수의 일차결합이라고 제한하지 않는다. 다음 절에서 배울 것과 같이 매개변수 변화법은, 미정계수법과 다르게 변수를 계수로 가지는 선형미분방정식에 응용할 수 있다.

(ii) 아래 연습문제에서 y_p의 형태를 간단히 하는 것을 주저하지 마라. u_1'와 u_2'의 원시함수를 어떻게 구하는 것에 따라 책 뒤의 해답 절에 제시된 것과 y_p가 같지 않을 수 있다. 예를 들면 4.6절 문제 3에서 $y_p = \frac{1}{2}\sin x - \frac{1}{2}x\cos x$와 $y_p = \frac{1}{4}\sin x - \frac{1}{2}x\cos x$ 모두 유효한 답이다. 각각의 경우 일반해 $y = y_c + y_p$는 $y = c_1\cos x + c_2\sin x - \frac{1}{2}x\cos x$로 간단히 된다. 왜 그러한가?

연습문제 4.6

(1-18) 각각의 미분방정식을 매개변수 변화법으로 풀어라.

1 $y'' + y = \sec x$

2 $y'' + y = \tan x$

3 $y'' + y = \sin x$

4 $y'' + y = \sec\theta\tan\theta$

5 $y'' + y = \cos^2 x$

6 $y'' + y = \sec^2 x$

7 $y'' - y = \cosh x$

8 $y'' - y = \sinh 2x$

9 $y'' - 4y = \dfrac{e^{2x}}{x}$

10 $y'' - 9y = \dfrac{9x}{e^{3x}}$

11 $y'' + 3y' + 2y = \dfrac{1}{1+e^x}$

12 $y'' - 2y' + y = \dfrac{e^x}{1+x^2}$

13 $y'' + 3y' + 2y = \sin e^x$

14 $y'' - 2y' + y = e^t \arctan t$

15 $y'' + 2y' + y = e^{-1}\ln t$

16 $2y'' + 2y' + y = 4\sqrt{x}$

17 $3y'' - 6y' + 6y = e^x \sec x$

18 $4y'' - 4y' + y = e^{x/2}\sqrt{1-x^2}$

(19-22) 각각의 미분방정식을 매개변수 변화법으로 풀고 초깃값 조건 $y(0) = 1, y'(0) = 0$을 풀어라.

19 $4y'' - y = xe^{x/2}$

20 $2y'' + y' - y = x + 1$

21 $y'' + 2y' - 8y = 2e^{-2x} - e^{-x}$

22 $y'' - 4y' + 4y = (12x^2 - 6x)e^{2x}$

(23-24) 예시된 함수들이 $(0, \infty)$에서 관련된 동차미분방정식의 일차독립인 해라 하자. 주어진 비동차 방정식의 일반해를 구하여라.

23 $x^2y'' + xy' + \left(x^2 - \frac{1}{4}\right)y = x^{3/2}$;
$y_1 = x^{-\frac{1}{2}}\cos x,\ y_2 = x^{-\frac{1}{2}}\sin x$

24 $x^2y'' + xy' + y = \sec(\ln x)$;
$y_1 = \cos(\ln x),\ y_2 = \sin(\ln x)$

(25-26) 주어진 3계 미분방정식을 매개변수 변화법으로 풀어라.

25 $y''' + y' = \tan x$

26 $y''' + 4y' = \sec 2x$

27 $y''' - 2y'' - y' + 2y = 4e^{4x}$

28 $y''' - 3y'' + 2y' = \dfrac{e^{2x}}{1+e^x}$

토론 문제

(29-30) 주어진 미분방정식을 푸는데 미정계수법과 매개변수 변화법의 방법을 어떻게 조화시킬 수 있는지에 관하여 서술하여라. 아이디어를 전개하여라.

29 $3y'' - 6y' + 30y = 15\sin x + e^x \tan 3x$

30 $y'' - 2y' + y = 4x^2 - 3 + x^{-1}e^x$

31 문제 1, 7, 9와 18에서 일반해가 정의되는 구간은 무엇인가? 문제 24에서 일반해가 정의되는 구간이 $(0, \infty)$이 아닌지 그 이유를 설명하여라.

32 $x^4y'' + x^3y' - 4x^2y = 1$과 관련된 동차방정식의 해가 $y_1 = x^2$일 때 주어진 미분방정식의 일반해를 구하여라.

4.7 코시–오일러 방정식

필요한 개념

- 4.3절의 보조다항식의 개념을 복습하라.

소개 | 앞 절에서 상수가 계수인 고계 선형미분방정식의 명확한 해를 구할 수 있는 다소 수월한 방법은 변수가 계수인 선형방정식엔 적용되지 않는다. 우리는 6장에서 선형미분방정식이 변수를 계수로 가질 때 *통상적으로* 기대할 수 있는 최선책은 급수의 형태를 가진 해를 구하는 것임을 배우게 된다. 그럼에도 이번 절에서 다루는 미분방정식의 형태는 이 규칙의 예외이다; 일반해가 항상 x의 지수, sine, cosine 또는 log 함수로 표시될 수 있는 변수를 계수로 가지는 선형방정식이다. 게다가 해를 구하는 방법은 보조방정식을 풀 수 있는 상수가 계수인 방정식에 대한 해를 구하는 방법과 많이 비슷하다.

코시–오일러 방정식 $a_n, a_{n-1}, \cdots, a_0$이 상수인

$$a_nx^n\frac{d^ny}{dx^n} + a_{n-1}x^{n-1}\frac{d^{n-1}y}{dx^{n-1}} + \cdots + a_1x\frac{dy}{dx} + a_0y = g(x)$$

의 형태의 선형미분방정식은 **코시–오일러(Cauchy–Euler) 방정식**이라고 알려져 있다. 이 미분방정식은 아주 유명한 두 명의 수학자, Augustin-Louis Cauchy (프랑스 1789-1857)와 Leonhard Euler (스위스 1707-1783)에 경의를 표하며 이름 지어졌다. 이런 형태의 방정식의 명백한 특성은 단항식 계수 x^k의 차수 $k = n, n-1, \cdots, 1, 0$가 k계 도함수 $\frac{d^ky}{dx^k}$의 계수와 일치한다:

같음 같음 같음 같음

$$\underset{\downarrow}{a_nx^n}\,\underset{\downarrow}{\frac{d^ny}{dx^n}} + \underset{\downarrow}{a_{n-1}x^{n-1}}\,\underset{\downarrow}{\frac{d^{n-1}y}{dx^{n-1}}} + \cdots$$

4.3절에서와 같이 2계 동차다항식

$$ax^2\frac{d^2y}{dx^2}+bx\frac{dy}{dx}+cy=0 \qquad (1)$$

의 일반해의 형태를 자세한 검토하면서 설명을 시작하자. 고계다항식의 해도 유사하게 구할 수 있다. 또한 일단 여함수 y_c를 결정하면 매개변수 변화법으로 비동차 방정식 $ax^2\frac{d^2y}{dx^2}+bx\frac{dy}{dx}+cy=g(x)$도 풀 수 있다.

주의

y''의 계수 ax^2은 $x=0$일 때 영이 된다. 그러므로 정리 4.1.1의 기본 결과가 코시-오일러 방정식에 적용될 수 있기 위하여 구간 $(0, \infty)$에서 정의되는 일반해를 구한다는 것으로 한정하자.

해를 구하는 방법 $y=x^m$의 형태의 해를 시도해보자. 여기서 m은 구해야만 한다. e^{mx}을 상수가 계수인 선형방정식에 대입했을 때와 비슷하게 x^m을 대입할 때에 코시-오일러 방정식의 각 항은 m에 관한 다항식에 x^m을 곱한 것이 되는데 이는

$$\begin{aligned}a_kx^k\frac{d^ky}{dx^k}&=a_kx^km(m-1)(m-2)\cdots(m-k+1)x^{m-k}\\&=a_km(m-1)(m-2)\cdots(m-k+1)x^m\end{aligned}$$

이기 때문이다. 예를 들면 2계 방정식에 $y=x^m$을 대입하면,

$$\begin{aligned}ax^2\frac{d^2y}{dx^2}+bx\frac{dy}{dx}+cy&=am(m-1)x^m+bmx^m+cx^m\\&=(am(m-1)+bm+c)x^m\end{aligned}$$

이 된다. m이 **보조다항식**

$$am(m-1)+bm+c=0 \quad \text{또는} \quad am^2+(b-a)m+c=0 \qquad (2)$$

의 근이 될 때마다 $y=x^m$은 미분방정식의 해가 된다. 여기서 이차방정식의 근이 서로 다른 실근, 실근인 중근, 또는 복소수가 고려되어야 할 세 가지 경우가 된다. 복소수 근은 서로 켤레복소수이다.

경우 I 서로 다른 실근 m_1과 m_2를 $m_1 \neq m_2$인 (2)의 실근이라 하자. $y_1=x^{m_1}$과 $y_2=x^{m_2}$은 기본 해집합을 이룬다. 그러므로 일반해는

$$y=c_1x^{m_1}+c_2x^{m_2} \qquad (3)$$

이다.

예제 1 서로 다른 근

$x^2\dfrac{d^2y}{dx^2}-2x\dfrac{dy}{dx}-4y=0$을 풀어라.

풀이 방정식 (2)을 단지 암기하는 것보다, 이 새로운 형태의 보조 다항식과 4.3절에서 얻어진 보조다항식 사이의 유래와 차이를 이해하고서 $y=x^m$이 해가 된다고 가정하는 것이 더 좋을 듯하다. 미분을 두 번하여, $\dfrac{dy}{dx}=mx^{m-1}$과 $\dfrac{d^2y}{dx^2}=m(m-1)x^{m-2}$을 미분방정식에 대입한다:

만일 $m^2-3m-4=0$이면

$$\begin{aligned}x^2\frac{d^2y}{dx^2}-2x\frac{dy}{dx}-4y&=x^2\cdot m(m-1)x^{m-2}-2x\cdot mx^{m-1}-4x^m\\&=x^m(m(m-1)-2m-4)=x^m(m^2-3m-4)=0\end{aligned}$$

이다. $(m+1)(m-4)=0$이면 $m_1=-1$, $m_2=4$이므로 $y=c_1x^{-1}+c_2x^4$이다. ■

경우 II 실수인 중근 (2)의 근이 중복되면 (즉, $m_1=m_2$) $y=x^{m_1}$인 근 한 개만 구해진다. 이차방정식 $am^2+(b-a)m+c=0$의 근들이 같다면 판별식은 영이여만 한다. 근의 공식으로부터 근은 $m_1=-\dfrac{b-a}{2a}$이다. 4.2절의 (5)를 이용하면 두 번째 해 y_2를 구할 수 있다. 먼저 코시-오일러 방정식을 표준형으로 쓰면

$$\frac{d^2y}{dx^2}+\frac{b}{ax}\frac{dy}{dx}+\frac{c}{ax^2}y=0$$

이고 $P(x)=\dfrac{b}{ax}$이고 $\displaystyle\int\frac{b}{ax}dx=\left(\frac{b}{a}\right)\ln x$이다. 그러므로

$$\begin{aligned}y_2&=x^{m_1}\int\frac{e^{-\left(\frac{b}{a}\right)\ln x}}{x^{2m_1}}dx\\&=x^{m_1}\int x^{-\frac{b}{a}}\cdot x^{-2m_1}dx \quad \leftarrow e^{-(b/a)\ln x}=e^{\ln x^{-b/a}}=x^{-b/a}\\&=x^{m_1}\int x^{-\frac{b}{a}}\cdot x^{\frac{b-a}{a}}dx \quad \leftarrow -2m_1=(b-a)/a\\&=x^{m_1}\int\frac{dx}{x}=x^{m_1}\ln x\end{aligned}$$

이다. 그러므로 일반해는

$$y = c_1 x^{m_1} + c_2 x^{m_1} \ln x \tag{4}$$

이다.

예제 2 중근

$4x^2 \dfrac{d^2y}{dx^2} + 8x\dfrac{dy}{dx} + y = 0$을 풀어라.

풀이 $y = x^m$을 대입하면 $4m^2 + 4m + 1 = 0$ 또는 $(2m+1)^2 = 0$이면

$$4x^2 \frac{d^2y}{dx^2} + 8x\frac{dy}{dx} + y = x^m(4m(m-1) + 8m + 1) = x^m(4m^2 + 4m + 1) = 0$$

이 된다. $m_1 = -\dfrac{1}{2}$이므로 일반해는 $y = c_1 x^{-\frac{1}{2}} + c_2 x^{-\frac{1}{2}} \ln x$가 된다. ■

고계 방정식에서 m_1이 중복도 k인 근이 되면

$$x^{m_1},\ x^{m_1}\ln x,\ x^{m_1}(\ln x)^2,\ \cdots,\ x^{m_1}(\ln x)^{k-1}$$

은 k개의 일차 독립인 해이다. 이에 대응하여, 미분방정식의 해는 이 k개의 해의 일차 결합을 포함한다.

경우 III **켤레복소수 근** (2)의 근이 α와 $\beta > 0$인 실수인 켤레복소수 $m_1 = \alpha + i\beta$과 $m_2 = \alpha - i\beta$라 하면 해는

$$y = C_1 x^{\alpha + i\beta} + C_2 x^{\alpha - i\beta}$$

이다. 그러나 보조방정식의 근이 복소수이면, 상수가 계수인 방정식의 경우에서처럼 우리는 실수 함수들의 항들로만 되어있는 해를 원한다. 항등식

$$x^{i\beta} = (e^{\ln x})^{i\beta} = e^{i\beta \ln x}$$

은 오일러 공식에 의하여

$$x^{i\beta} = \cos(\beta \ln x) + i\sin(\beta \ln x)$$

와 같다. 같은 방법으로

$$x^{-i\beta} = \cos(\beta \ln x) - i\sin(\beta \ln x)$$

가 된다. 두 결과를 더하고 빼면 각각

$$x^{i\beta} + x^{-i\beta} = 2\cos(\beta \ln x) \text{과 } x^{i\beta} - x^{-i\beta} = -2i\sin(\beta \ln x)$$

가 된다. $y = C_1 x^{\alpha + i\beta} + C_2 x^{\alpha - i\beta}$는 임의의 상수 값들에 대하여 해가 된다는

사실로부터 각각 $C_1 = C_2 = 1$과 $C_1 = 1$, $C_2 = -1$이라 하면

$$y_1 = x^{\alpha}(x^{i\beta} + x^{-i\beta}) \text{와 } y_2 = x^{\alpha}(x^{i\beta} - x^{-i\beta})$$

또는

$$y_1 = 2x^{\alpha}\cos(\beta \ln x) \text{와 } y_2 = 2ix^{\alpha}\sin(\beta \ln x)$$

모두 해가 된다. 구간 $(0, \infty)$에서 $\beta > 0$이고 $W(2x^{\alpha}\cos(\beta\ln x), x^{\alpha}\cos(\beta \ln x)) = \beta x^{2\alpha-1} \neq 0$이므로

$$y_1 = x^{\alpha}\cos(\beta \ln x) \text{와 } y_2 = x^{\alpha}\sin(\beta \ln x)$$

은 미분방정식의 실수해들의 기본 해집합으로 구성이 된다. 그러므로 일반해는

$$y = x^{\alpha}[c_1\cos(\beta \ln x) + c_2\sin(\beta \ln x)] \tag{5}$$

이다. ■

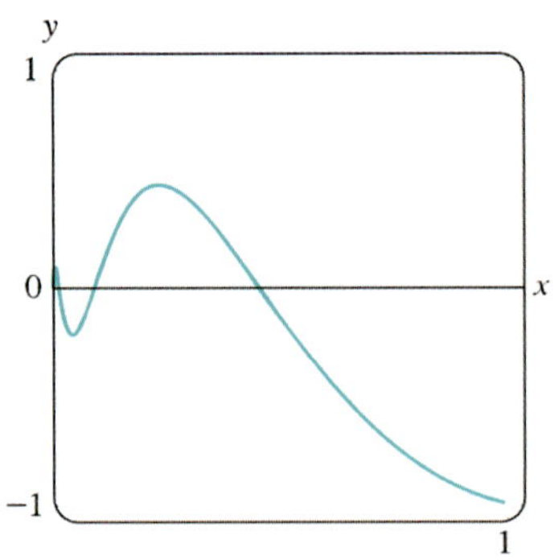

(a) $0 < x \leq 1$ 위에서의 해

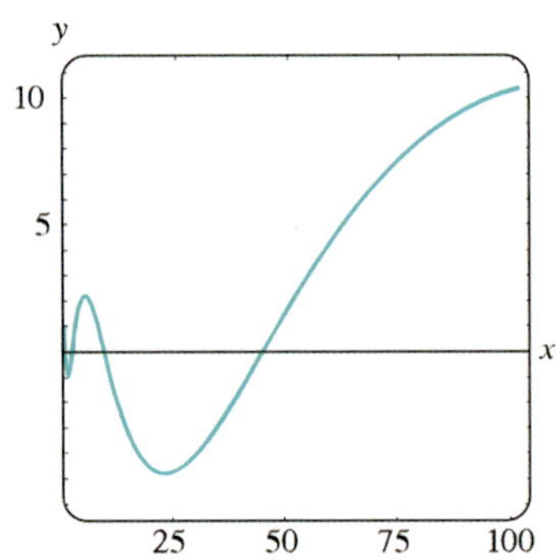

(b) $0 < x \leq 100$ 위에서의 해

그림 4.7.1 예제 3에서의 IVP 해 곡선

예제 3 초깃값 문제

$4x^2y'' + 17y = 0$, $y(1) = -1$, $y'(1) = -\dfrac{1}{2}$를 풀어라.

풀이 y'항이 주어진 코시-오일러 방정식에서 빠져 있다; 그럼에도 $y = x^m$을 대입하면, $4m^2 - 4m + 17 = 0$이면

$$4x^2y'' + 17y = x^m(4m(m-1) + 17) = x^m(4m^2 - 4m + 17) = 0$$

이다. 근의 공식으로부터 두 근은 $m_1 = \dfrac{1}{2} + 2i$와 $m_2 = \dfrac{1}{2} - 2i$이다. $\alpha = \dfrac{1}{2}$와 $\beta = 2$로부터 미분방정식의 일반해는

$$y = x^{\frac{1}{2}}[c_1\cos(2\ln x) + c_2\sin(2\ln x)]$$

임을 (5)로부터 알 수 있다. 초깃값 조건 $y(1) = -1$, $y'(1) = -\dfrac{1}{2}$을 위의 해에 적용하고 $\ln 1 = 0$을 이용하면 $c_1 = -1$과 $c_2 = 0$이다. 그러므로 초깃값 문제의 해는 $y = -x^{\frac{1}{2}}\cos(2\ln x)$이다. 그림 4.7.1은 컴퓨터의 소프트웨어를 활용하여 얻어진 이 함수의 그래프이다. 특수해는 $x \to \infty$함에 따라 진동하며 유계하지 않음을 알 수 있다. ■

다음 예는 3계 코시-오일러 방정식의 해를 제시한다.

예제 4 3계 방정식

$x^3\dfrac{d^3y}{dx^3} + 5x^2\dfrac{d^2y}{dx^2} + 7x\dfrac{dy}{dx} + 8y = 0$을 풀어라.

풀이 $y=x^m$의 3계까지의 도함수는

$$\frac{dy}{dx}=mx^{m-1},\ \frac{d^2y}{dx^2}=m(m-1)x^{m-2},\ \frac{d^3y}{dx^3}=m(m-1)(m-2)x^{m-3}$$

이므로 주어진 미분방정식은

$$\begin{aligned}&x^3\frac{d^3y}{dx^3}+5x^2\frac{d^2y}{dx^2}+7x\frac{dy}{dx}+8y\\&=x^3m(m-1)(m-2)x^{m-3}+5x^2m(m-1)x^{m-2}+7xmx^{m-1}+8x^m\\&=x^m(m(m-1)(m-2)+5m(m-1)+7m+8)\\&=x^m(m^3+2m^2+4m+8)=x^m(m+2)(m^2+4)=0\end{aligned}$$

이다. 이 경우 $m_1=-2$, $m_2=2i$, $m_3=-2i$이면 $y=x^m$이 미분방정식의 해가 된다. 그러므로 일반해는 $y=c_1x^{-2}+c_2\cos(2\ln x)+c_3\sin(2\ln x)$이다. ■

4.5절과 4.6절에서 언급된 미정계수법은 변수를 계수로 갖는 선형미분방정식에는 *일반적*으로 적용할 수 없다. 결과적으로, 다음 예에서 매개변수 변화법이 사용된다.

예제 5 매개변수 변화법

$x^2y''-3xy'+3y=2x^4e^x$를 풀어라.

풀이 이 방정식은 비동차이므로 먼저 관련된 동차방정식을 풀어야 한다. 보조다항식 $(m-1)(m-3)=0$으로부터 $y_c=c_1x+c_2x^3$이다. 특수해 $y_p=u_1y_1+u_2y_2$을 구하기 위하여 매개변수 변화법을 사용하기 전에 공식, $u_1'=\dfrac{W_1}{W}$과 $u_2'=\dfrac{W_2}{W}$을 기억하자. 여기서 W_1, W_2와 W는 미분방정식을 표준형 $y''+P(x)y'+Q(x)y=f(x)$으로 고친다는 가정 하에 199쪽에서 유도한 행렬식이다. 그러므로 주어진 방정식을 x^2로 나눈

$$y''-\frac{3}{x}y'+\frac{3}{x^2}y=2x^2e^x$$

로부터 $f(x)=2x^2e^x$이다. $y_1=x$, $y_2=x^3$과

$$W=\begin{vmatrix}x & x^3\\1 & 3x^2\end{vmatrix}=2x^3,\quad W_1=\begin{vmatrix}0 & x^3\\2x^2e^x & 3x^2\end{vmatrix}=-2x^5e^x,\quad W_2=\begin{vmatrix}x & 0\\1 & 2x^2e^x\end{vmatrix}=2x^3e^x$$

로부터

$$u_1'=-\frac{2x^5e^x}{2x^3}=-x^2e^x \text{와 } u_2'=\frac{2x^3e^x}{2x^3}=e^x$$

이다. u_2'는 바로 적분하고 u_1'는 부분적분법으로 두 번 적분하면 $u_1=$

$-x^2e^x+2xe^x-2e^x$이고 $u_2=e^x$이다. 그러므로 $y_p=u_1y_1+u_2y_2$는

$$y_p=(-x^2e^x+2xe^x-2e^x)x+e^xx^3=2x^2e^x-2xe^x$$

이다. 결과적으로 $y=y_c+y_p=c_1x+c_2x^3+2x^2e^x-2xe^x$이다. ■

상수계수로의 변형 코시-오일러 방정식의 해와 상수를 계수로 하는 선형방정식의 해의 형태와의 사이에 닮은 점은 우연의 일치가 아니다. 예를 들면 $ay''+by+cy=0$과 $ax^2y''+bxy'+cy=0$의 보조방정식의 근들이 서로 다른 실근일 때 각각의 일반해는

$$y=c_1e^{m_1x}+c_2e^{m_2x} \text{와 } y=c_1x^{m_1}+c_2x^{m_2} \quad x>0 \tag{5}$$

이다. $e^{\ln x}=x,\ x>0$로부터 (5)에서 주어진 두 번째 해는 첫 번째 해와 같은 형태로 표시할 수 있다:

$$y=c_1e^{m_1\ln x}+c_2e^{m_2\ln x}=c_1e^{m_1t}+c_2e^{m_2t}, \text{ 여기서 } t=\ln x.$$

이 마지막 결과는 코시-오일러 방정식은 $x=e^t$를 대입함으로써 *항상* 상수가 계수인 선형미분방정식으로 쓸 수 있음을 보여준다. 이 개념은 앞 절의 방법을 이용하여 변수 t에 관한 새로운 미분방정식을 푸는 것이고 일단 일반해가 구해지면 $t=\ln x$를 다시 대입한다. 마지막 예제에서 제시한 이 방법은 미분에 대한 연쇄법칙을 사용해야 한다.

예제 6 상수계수로 변환하기

$x^2y''-xy'+y=\ln x$를 풀어라.

풀이 $x=e^t$ 또는 $t=\ln x$를 대입하면

$$\frac{dy}{dx}=\frac{dy}{dt}\frac{dt}{dx}=\frac{1}{x}\frac{dy}{dt} \quad \leftarrow \text{연쇄법칙}$$

$$\frac{d^2y}{dx^2}=\frac{1}{x}\frac{d}{dx}\left(\frac{dy}{dt}\right)+\frac{dy}{dt}\left(-\frac{1}{x^2}\right) \quad \leftarrow \text{곱셈공식과 연쇄법칙}$$

$$=\frac{1}{x}\left(\frac{d^2y}{dt^2}\frac{1}{x}\right)+\frac{dy}{dt}\left(-\frac{1}{x^2}\right)=\frac{1}{x^2}\left(\frac{d^2y}{dt^2}-\frac{dy}{dt}\right)$$

이다. 주어진 미분방정식에 대입하여 간단히 하면

$$\frac{d^2y}{dt^2}-2\frac{dy}{dt}+y=t$$

이다. 이 마지막 방정식은 상수를 계수로 가지므로 보조방정식은 $m^2-2m+1=0$ 또는 $(m-1)^2=0$이다. 그러므로 $y_c=c_1e^t+c_2te^t$이다.

미정계수법에 의하여 특수해는 $y_p = A + Bt$ 의 형태이다. 이 가정으로 $-2B + A + Bt = t$ 이므로 $A = 2$와 $B = 1$이다. $y = y_c + y_p$로부터

$$y = c_1 e^t + c_2 t e^t + 2 + t$$

이다. $x = e^t$ 또는 $t = \ln x$를 대입하면 구간 $(0, \infty)$에서 주어진 미분방정식의 일반해는 $y = c_1 x + c_2 x \ln x + 2 + \ln x$이다. ■

$x < 0$에 대한 해 위의 설명에서 $x > 0$에 대한 코시-오일러 방정식의 해를 구했다. $x < 0$에 대한 코시-오일러의 해를 구하는 한 방법은 $t = -x$ ($t > 0$을 의미하는)을 대입하여 독립변수를 바꾸고 연쇄법칙을 이용하는 것이다 :

$$\frac{dy}{dx} = \frac{dy}{dt}\frac{dt}{dx} = -\frac{dy}{dt} \quad \text{와} \quad \frac{d^2y}{dx^2} = \frac{d}{dt}\left(-\frac{dy}{dt}\right)\frac{dt}{dx} = \frac{d^2y}{dt^2}.$$

연습문제 4.7의 문제 37과 38을 보라.

다른 형태

$$a(x - x_0)^2 \frac{d^2y}{dx^2} + b(x - x_0)\frac{dy}{dx} + cy = 0 \tag{6}$$

형태의 2계 방정식도 코시-오일러 방정식이라 한다. $x_0 = 0$이면 (6)은 (1)로 변환됨을 파악하라.

(1)에서와 같이 (6)도 풀 수 있다. 즉, $y = (x - x_0)^m$에 대한 해를 구하고

$$\frac{dy}{dx} = m(x - x_0)^{m-1} \text{과} \quad \frac{d^2y}{dx^2} = m(m-1)(x - x_0)^{m-2}$$

를 이용한다. 다시 말하면 독립변수 $t = x - x_0$의 치환으로 (6)을 익숙한 (1)의 형태로 바꾸어 변형된 방정식의 해를 구하여 다시 치환한다. 연습문제 4.7의 문제 39-42를 보라.

연습문제 4.7

(1-18) 주어진 미분방정식을 풀어라.

1 $x^2y'' - 2y = 0$

2 $4x^2y'' + y = 0$

3 $xy'' + y' = 0$

4 $x^2y'' - 3y' = 0$

5 $x^2y'' + xy' + 4y = 0$

6 $x^2y'' + 5xy' + 3y = 0$

7 $x^2y'' - 3xy' - 2y = 0$

8 $x^2y'' + 3xy' - 4y = 0$

9 $25x^2y'' + 25xy' + y = 0$

10 $4x^2y'' + 4xy' - y = 0$

11 $x^2y'' + 5xy' + 4y = 0$

12 $x^2y'' + 8xy' + 6y = 0$

13 $3x^2y'' + 6xy' + y = 0$

14 $x^2y'' - 7xy' + 41y = 0$

15 $x^3y''' - 6y = 0$

16 $x^3y''' + xy' - y = 0$

17 $xy^{(4)} + 6y''' = 0$

18 $x^4y^{(4)} + 6x^3y''' + 9x^2y'' + 3xy' + y = 0$

(19-24) 매개변수 변화법으로 주어진 미분방정식을 풀어라.

19 $xy'' - 4y' = x^4$

20 $2x^2y'' + 5xy' + y = x^2 - x$

21 $x^2y'' - xy' + y = 2x$

22 $x^2y'' - 2xy' + 2y = x^4e^x$

23 $x^2y'' + xy' - y = \ln x$

24 $x^2y'' + xy' - y = \dfrac{1}{x+1}$

(25-30) 주어진 초깃값 문제를 풀어라. 그래프를 그리는 도구로 해 곡선의 그래프를 그려라.

25 $x^2y'' + 3xy' = 0,\quad y(1) = 0,\ y'(1) = 4$

26 $x^2y'' - 5xy' + 8y = 0,\quad y(2) = 32,\ y'(2) = 0$

27 $x^2y'' + xy' + y = 0,\quad y(1) = 1,\quad y'(1) = 2$

28 $x^2y'' - 3xy' + 4y = 0,\quad y(1) = 5,\quad y'(1) = 3$

29 $xy'' + y' = x,\quad y(1) = 1,\ y'(1) = -\dfrac{1}{2}$

30 $x^2y'' - 5xy' + 8y = 8x^6,\quad y\left(\dfrac{1}{2}\right) = 0,\quad y'\left(\dfrac{1}{2}\right) = 0$

(31-36) $x = e^t$를 대입하여 주어진 코시-오일러 방정식을 상수가 계수인 미분방정식으로 변형하여라. 4.3-4.5절에서 이용하는 방법을 새로운 방정식에 적용하여 원래의 방정식을 풀어라.

31 $x^2y'' + 9xy' - 20y = 0$

32 $x^2y'' - 9xy' + 25y = 0$

33 $x^2y'' + 10xy' + 8y = x^2$

34 $x^2y'' - 4xy' + 6y = \ln x^2$

35 $x^2y'' - 3xy' + 13y = 4 + 3x$

36 $x^3y''' - 3x^2y'' + 6xy' - 6y = 3 + \ln x^3$

(37-38) $t = -x$를 대입하여 구간 $(-\infty, 0)$에서 주어진 초깃값 문제를 풀어라.

37 $4x^2y'' + y = 0,\quad y(-1) = 2,\ y'(-1) = 4$

38 $x^2y'' - 4xy' + 6y = 0,\quad y(-2) = 8,\quad y'(-2) = 0$

(39-40) $y = (x - x_0)^m$을 이용하여 주어진 미분방정식을 풀어라.

39 $(x+3)^2y'' - 8(x-1)y' + 14y = 0$

40 $(x-1)^2y'' - (x-1)y' + 5y = 0$

41-42 $t = x - x_0$을 대입하여 주어진 미분방정식을 풀어라.

41 $(x+2)^2y'' + (x+2)y' + y = 0$

42 $(x-4)^2y'' - 5(x-4)y' + 9y = 0$

토론 문제

43 문제 42의 일반해가 정의되는 가장 큰 구간을 구하라.

44 보조다항식의 근이 2와 $1-i$이라 하면 실수를 계수로 하는 가장 낮은 계수의 코시-오일러 미분방정식을 찾을 수 있는가? 아이디어를 전개하여라.

45 초기 조건 $y(0) = y_0,\ y'(0) = y_1$이 다음 각각의 미분방정식에 적용되었다 :

$$x^2y'' = 0,$$
$$x^2y'' - 2xy' + 2y = 0,$$
$$x^2y'' - 4xy' + 6y = 0.$$

각각의 초깃값 문제가 해를 가지는 y_0와 y_1의 값은 무엇인가?

46 그림 4.7.1에서 해곡선의 x-절편은 무엇인가? 구간 $0 < x < \dfrac{1}{2}$에서 x-절편은 몇 개인가?

컴퓨터 실습과제

(47-50) 보조다항식의 (근사치)근을 컴퓨터 대수체계를 활용하여 구하고 주어진 미분방정식을 풀어라.

47 $2x^3y''' - 10.98x^2y'' + 8.5xy' + 1.3y = 0$

48 $x^3y''' + 4x^2y'' + 5xy' - 9y = 0$

49 $x^4y^{(4)} + 6x^3y''' + 3x^2y'' - 3xy' + 4y = 0$

50 $x^4y^{(4)} - 6x^3y''' + 33x^2y'' - 105xy' + 169y = 0$

51 매개변수 변화법에 의하여

$$x^3y''' - x^2y'' - 2xy' + 6y = x^2$$

을 풀어라. 컴퓨터 대수체계를 사용하여 보조다항식의 근과 4.6절의 (15)으로 주어진 행렬식을 구하여라.

4.8 그린 함수(Green's function)

필요한 개념

- 반응, 입력과 출력함수의 정의는 4.1절의 끝부분 주의를 참조하라.
- 4.1절과 4.5절의 미분연산자
- 4.6절의 매개변수 변화법

소개 | 5장에서 우리는 2계 선형미분방정식

$$a_2(x)\frac{d^2y}{dx^2}+a_1(x)\frac{dy}{dx}+a_0(x)y=g(x) \tag{1}$$

이 많은 응용 문제에 중요한 역할을 할 것임을 보일 것이다. 물리적 시스템에 대한 수학적인 해석에서 초깃값 문제 또는 경곗값 문제에서 (1)의 **반응** 또는 출력 함수 $y(x)$가 종종 강제 또는 입력함수 $g(x)$로 표현되는 것이 바람직하기도 하다. 이런 식으로 시스템의 반응함수는 빠르게 다른 강제함수로 해석되어질 수 있다. 이것이 어떻게 진행되는지를 알기위해 우리는 미분방정식 (1)을 선행계수 $a_2(x)$로 나누어서 얻어진 표준형태

$$y''+P(x)y'+Q(x)y=f(x) \tag{2}$$

의 초깃값 문제의 해를 고찰하기 시작했다. 이 절에서 또한 계수함수 $P(x)$, $Q(x)$ 와 $f(x)$가 어떤 공통 구간 I에서 연속함수라고 가정한다.

4.8.1 초깃값 문제

2계 초깃값 문제

$$y''+P(x)y'+Q(x)y=f(x),\ y(x_0)=y_0,\quad y'(x_0)=y_1 \tag{3}$$

의 해는 두 개의 해를 합한 형태로 표현할 수 있다 :

$$y(x)=y_h(x)+y_p(x), \tag{4}$$

여기서 $y_h(x)$는 관련된 동차 미분방정식의 비동차 초깃값 문제

$$y''+P(x)y'+Q(x)y=0,\ y(x_0)=y_0,\ y'(x_0)=y_1 \tag{5}$$

여기서 y_0 또는 y_1 중 적어도 하나는 영이 아니라고 가정한다. 만일 y_0과 y_1이 모두 영일 경우엔 초깃값 문제의 해는 $y=0$이다.

의 해이고 $y_p(x)$는 비동차 미분방정식의 동차 (즉, 영)초깃값 조건

$$y''+P(x)y'+Q(x)y=f(x),\ y(x_0)=0,\ y'(x_0)=0 \tag{6}$$

의 해이다.

계수 P와 Q가 상수인 경우 초깃값 문제 (5)의 해는 어려움 없이 구해진다: 4.3절의 방법으로 동차 미분방정식의 일반해를 구하고 주어진 초깃값 조건으로 일반해의 두 개의 상수를 구한다. 그래서 초깃값 문제 (6)의 해를 구하는데 초점을 맞출 것이다. 영인 초깃값 조건으로 (6)의 해는 초기에 정지 상태인 물리적 시스템으로 나타낼 수 있어서 때때로 **정지 해**(rest solution)라 한다.

그린 함수(Green's function) 만일 $y_1(x)$와 $y_2(x)$가 구간 I에서 (2)와 관련된 동차 미분방정식의 기본 해집합을 이룬다면, 구간 I에서 비동차 방정식 (2)의 특수해는 매개변수 변환법으로 구할 수 있다. 4.6절의 (3)를 보면 이 해의 형태는

$$y_p(x) = u_1(x)y_1(x) + u_2(x)y_2(x) \tag{7}$$

이다. (7)의 변수계수인 $u_1(x)$와 $u_2(x)$는 4.6절의 (9)로 정의한다 :

$$u_1{}'(x) = -\frac{y_2(x)f(x)}{W},\quad u_2{}'(x) = \frac{y_1(x)f(x)}{W} \tag{8}$$

구간 I에서 $y_1(x)$와 $y_2(x)$가 일차독립이므로 I의 모든 x에 대하여 론스키 행렬식 $W = W(y_1(x), y_2(x)) \neq 0$이다. 만일 x와 x_0이 I의 점이면, (8)에서의 도함수 $u_1{}'(x)$와 $u_2{}'(x)$를 구간 $[x_0, x]$ 위에서 적분하여 그 결과를 (7)에 대입하면

t로 적분하는 경우 $y_1(x)$와 $y_2(x)$는 상수이므로 이 두 함수는 정적분 안으로 들어간다. ▶

$$\begin{aligned} y_p(x) &= y_1(x)\int_{x_0}^{x}\frac{-y_2(t)f(t)}{W(t)}dt + y_2(x)\int_{x_0}^{x}\frac{y_1(t)f(t)}{W(t)}dt \\ &= \int_{x_0}^{x}\frac{-y_1(x)y_2(t)}{W(t)}f(t)dt + \int_{x_0}^{x}\frac{y_1(t)y_2(x)}{W(t)}f(t)dt \end{aligned} \tag{9}$$

이 된다. 여기서 $W(t) = W(y_1(t), y_2(t)) = \begin{vmatrix} y_1(t) & y_2(t) \\ y_1{}'(t) & y_2{}'(t) \end{vmatrix}$이다.

정적분의 성질로부터 (9)의 두 번째 줄의 두 적분은 한 개의 적분

$$y_p(x) = \int_{x_0}^{x} G(x,t)f(t)dt \tag{10}$$

으로 다시 쓸 수 있다. (10)의 함수 $G(x,t)$,

$$G(x,t) = \frac{y_1(t)y_2(x) - y_1(x)y_2(t)}{W(t)} \tag{11}$$

는 미분방정식 (2)의 **그린 함수**(Green's function)라 한다.

중요함. 이 문단은 두 번 읽어라. ▶

그린함수 (11)는 오직 (2)와 관련된 동차 미분방정식의 기본해 $y_1(x)$와 $y_2(x)$에만 종속되고 강제함수 $f(x)$에는 종속되지 않는다. 그러므로 (2)에서 좌변은 같은 식이나 다른 강제함수를 가진 2계 선형 미분방정식 모두는 같은 그린함수를 가진다. 그러므로 (11)에 대한 다른 정의는 2계 미분연산자 $L = D^2 + P(x)D + Q(x)$에 대한 **그린 함수**(Green's function for the second-order differential opertor)이다.

예제 1 특수해

(1)과 (11)을 이용하여 $y'' - y = f(x)$의 특수해를 구하라.

풀이 관련된 동차 미분방정식 $y''-y=0$의 특수해는 $y_1=e^x$, $y_2=e^{-x}$이고 $W(y_1(t),\ y_2(t))=-2$이다. (11)로부터 그린 함수는

$$G(x,\ t)=\frac{e^te^{-x}-e^xe^{-t}}{-2}=\frac{e^{x-t}-e^{-(x-t)}}{2}=\sinh(x-t) \tag{12}$$

이다. 그러므로 (10)에 의하여 미분방정식의 특수해는

$$y_p(x)=\int_{x_0}^{x}\sinh(x-t)f(t)dt \tag{13}$$

이다. ■

예제 2 일반해

다음 비동차 미분방정식의 일반해를 구하라.

(a) $y''-y=1/x$ (b) $y''-y=e^{2x}$

풀이 예제 1로부터 두 미분방정식은 같은 여함수 $y_c(x)=x_1e^{-x}+c_2e^x$를 가진다. 더욱이 위의 예제 1에서 언급하였듯이 두 미분방정식의 그린 함수는 (12)이다.

(a) $f(x)=1/x$이고 $f(t)=1/t$이므로 (13)으로부터 $y''-y=1/x$의 특수해는 $y_p(x)=\int_{x_0}^{x}\frac{\sinh(x-t)}{t}dt$이다. 그러므로 원점을 포함하지 않는 구간 $[x_0,x]$에서 주어진 미분방정식의 일반해는 $y=y_c+y_p$로

$$y=c_1e^x+c_2e^{-x}+\int_{x_0}^{x}\frac{\sinh(x-t)}{t}dt \tag{14}$$

이다. 이 해와 4.6절의 예제 3에서 구한 해와 비교해보아라.

(b) (13)에서 $f(x)=e^x$이므로 $y''-y=e^{2x}$의 특수해는 $y_p(x)=\int_{x_0}^{x}\sinh(x-t)e^{2t}dt$이다. 그래서 일반해 $y=y_c+y_p$는

$$y(x)=c_1e^x+c_2e^{-x}+=\int_{x_0}^{x}\sinh(x-t)e^{2t}dt \tag{15}$$

이다. ■

이제, 동차 초기치 조건인 특별한 초깃값 문제 (6)에 대해 알아보자. $f(x)\neq 0$인 경우의 해를 구하는 한 가지 방법은 4.4절과 4.6절에서 이미 제시했다. 즉 초기 조건 $y(x_0)=0$, $y'(x_0)=0$을 비동차 미분방정식의 일반해에 대입한다. 그러나 (10)에서 정의된 함수가 초깃값 문제의 해인 것을 알기에 실제적으로 대입할 필요가 없다.

정리 4.8.1 초깃값 문제(6)의 해

(10)에서 정의된 함수 $y_p(x)$는 초깃값 문제 (6)의 해이다.

증명 식을 만든 과정에 의하여 (10)의 $y_p(x)$가 비동차 미분방정식을 만족한다. 다음 정적분은 $\int_a^a = 0$의 성질을 가지므로

$$y_p(x_0) = \int_{x_0}^{x_0} G(x_0,t)f(t)dt = 0$$

이다. 마지막으로 $y_p{}'(x_0) = 0$임을 보이기 위해 적분의 도함수에 관한 Leibniz 공식* 을 이용하자 :

$$y_p{}'(x) = \overbrace{G(x,x)f(x)}^{(11)\text{로부터 } 0} + \int_{x_0}^{x} \frac{y_1(t)y_2{}'(x) - y_1{}'(x)y_2(t)}{W(t)} f(t)dt$$

그러므로

$$y_p{}'(x_0) = \int_{x_0}^{x_0} \frac{y_1(t)y_2{}'(x_0) - y_1{}'(x_0)y_2(t)}{W(t)} f(t)dt = 0$$

이다. ■

예제 4 재논의하는 예제 2

초깃값 문제를 풀어라.

(a) $y'' - y = 1/x,\ y(1) = 0,\ y'(1) = 0$

(b) $y'' - y = e^{2x},\ y(0) = 0,\ y'(0) = 0$

풀이 (a) $x_0 = 1$과 $f(t) = 1/t$이므로 예제 2의 (14)와 정리 4.8.1로부터 초깃값 문제의 해는

$$y_p = \int_1^x \frac{\sinh(x-t)}{t} dt \text{이다. 여기서 } [1,x],\ x > 0 \text{이다.}$$

(b) $x_0 = 0$이고 $f(t) = e^{2t}$이므로 (15)로부터 IVP의 해는

$$y_p = \int_0^x \sin(x-t)e^{2t}dt \tag{16}$$

가 된다. ■

* 주로 고등미적분학에서 다루는 이 공식은

$$\frac{d}{dx}\int_{u(x)}^{v(x)} F(x,t)dt = F(x,v(x))v'(x) - F(x,u(x))u'(x) + \int_{u(x)}^{v(x)} \frac{\partial}{\partial x}F(x,t)dt$$

이다.

예제 3의 (b)에서, 우리는 (16)의 적분을 풀 수 있는데, t에 관한 적분에서 x는 상수임을 염두에 두자 :

$$y_p=\int_0^x \sin(x-t)e^{2t}dt=\int_0^x \frac{e^{x-t}-e^{-(x-t)}}{2}e^{2t}dt$$
$$=\frac{1}{2}e^x\int_0^x e^t dt-\frac{1}{2}e^{-x}\int_0^x e^{3t}dt$$
$$=\frac{1}{3}e^{2x}-\frac{1}{2}e^x+\frac{1}{6}e^{-x}.$$

예제 4 (10)과 (11)의 사용

초깃값 문제를 풀어라.

$$y''+4y=x\ ,\ y(0)=0,\ y'(0)=0.$$

풀이 우선 주어진 미분방정식에 대한 그린 함수를 구하자.
$y''+4y=0$의 두 개의 일차독립인 해는 $y_1(x)=\cos 2x$와 $y_2(x)=\sin 2x$이다. $W(\cos 2t, \sin 2t)=2$와 (11)로부터

여기서 우리는 삼각 등식 $\sin(2x-2t)=\sin 2x\cos 2t-\cos 2x\sin 2t$을 이용했다.

$$G(x,\ t)=\frac{\cos 2t\sin 2x-\cos 2x\sin 2t}{2}=\frac{1}{2}\sin 2(x-t)$$

가 된다. (10)에서 $x_0=0$과 $f(t)=t$이므로 주어진 초깃값 문제의 해는

$$y_p(x)=\frac{1}{2}\int_0^x t\sin 2(x-t)dt$$

가 된다. 만약에 적분을 계산하려면 우선

$$y_p(x)=\frac{1}{2}\sin 2x\int_0^x t\cos 2t dt-\frac{1}{2}\cos 2x\int_0^x t\sin 2t dt$$

로 쓰고 부분적분을 이용하면 된다 :

$$y_p(x)=\frac{1}{2}\sin 2x\left[\frac{1}{2}t\sin 2t+\frac{1}{4}\cos 2t\right]_0^x-\frac{1}{2}\cos 2x\left[-\frac{1}{2}t\cos 2t+\frac{1}{4}t\sin 2t\right]_0^x$$

또는 $y_p(x)=\frac{1}{4}x-\frac{1}{8}\sin 2x$ 이다. ■

초깃값 문제–연속 마지막으로 (3)으로 나타낸 초깃값 문제의 해를 구하기 위해서 정리 4.8.1을 사용할 수 있다. 이미 (4)로 주어진 함수이다.

정리 4.8.2 초깃값 문제(3)의 해

만일 $y_h(x)$가 초깃값 문제 (5)의 해이고 $y_p(x)$가 구간 I에서의 초깃값 문제 (6)의 해 (10)이면

$$y(x) = y_h(x) + y_p(x) \tag{17}$$

은 초깃값 문제 (3)의 해가 된다.

풀이 $y_h(x)$는 기본해의 일차결합이므로 4.1절의 (10)에 의하여 $y = y_h + y_p$는 비동차 미분방정식의 해가 된다. 더욱이 y_h는 (5)의 초기조건을 만족하고 y_p는 (6)의 초기 조건을 만족하므로

$$y(x_0) = y_h(x_0) + y_p(x_0) = y_0 + 0 = y_0$$
$$y'(x_0) = y_h'(x_0) + y_p'(x_0) = y_1 + 0 = y_1$$

이 된다. ■

(5)에는 강제함수가 존재하지 않고 (6)에는 강제함수가 존재하는 것을 상기하며 초깃값 문제 (3)에서 표현한 물리적 시스템에서 반응함수 $y(x)$는 두 개의 다른 반응함수로 분해할 수 있다 :

$$y(x) = \underbrace{y_h(x)}_{\substack{\text{초깃값 문제로 인한} \\ \text{시스템의 반응} \\ y(x_0)=y_0,\ y'(x_0)=y_1}} + \underbrace{y_p(x)}_{\substack{\text{강제함수 } f \text{로 인한} \\ \text{시스템의 반응}}} \tag{18}$$

다음 초깃값 문제는 용수철/질량계로 유도된 순수 공명 상태를 나타낸다. 254-257쪽을 참조하라.

예제 5 초깃값 문제를 풀어라.

$$y'' + 4y = \sin 2x,\ \ y(0) = 1,\ \ y'(0) = -2.$$

풀이 두 개의 초깃값 문제를 풀어야 한다.

먼저 $y'' + 4y = 0,\ \ y(0) = 1,\ \ y'(0) = -2$을 풀자. 동차 미분방정식의 일반해 $y(x) = c_1\cos 2x + c_2\sin 2x$에 초깃값 조건을 대입하면 $c_1 = 1$이고 $c_2 = -1$이다. 그러므로 $y_h(x) = \cos 2x - \sin 2x$이다.

다음 $y'' + 4y = \sin 2x,\ y(0) = 0\ ,\ y'(0) = 0$을 풀자. 미분방정식의 왼쪽 편은 예제 4의 미분방정식과 같으므로 같은 그린 함수, $G(x,t) = \dfrac{1}{2}\sin 2(x-t)$이다. $f(t) = \sin 2t$로 (10)으로부터 두 번째 문제의 해는

$$y_p(x) = \frac{1}{2}\int_0^x \sin 2(x-t)\sin 2t dt$$

가 된다.

마지막으로 정리 4.8.2의 (17)로 주어진 초깃값 문제의 해는

$$y(x) = y_h(x) + y_p(x) = \cos 2x - \sin 2x + \frac{1}{2}\int_0^x \sin 2(x-t)\sin 2t dt \quad (19)$$

이다. ■

원한다면, 삼각함수 항등식

$$\sin A \sin B = \frac{1}{2}[\cos(A-B) - \cos(A+B)]$$

과 $A = 2(x-t)$와 $B = 2t$을 이용하여 정적분 (19)를 적분할 수 있다 :

$$\begin{aligned} y_p(x) &= \frac{1}{2}\int_0^x \sin 2(x-t)\sin 2t dt \\ &= \frac{1}{4}\int_0^x [\cos(2x-4t) - \cos 2x]dt \quad (20) \\ &= \frac{1}{4}[-\frac{1}{4}\sin(2x-4t) - t\cos 2x]_0^x \\ &= \frac{1}{8}\sin 2x - \frac{1}{4}x\cos 2x. \end{aligned}$$

그러므로 (19)의 해는

$$y(x) = y_h(x) + y_p(x) = \cos 2x - \sin 2x + (\frac{1}{8}\sin 2x - \frac{1}{4}x\cos 2x),$$

또는

$$y(x) = \cos 2x - \frac{7}{8}\sin 2x - \frac{1}{4}x\cos 2x \quad (21)$$

이다. (18)에서 언급된 물리적인 의미는 (21)에서는 해 $y(x) = y_h(x) + y_p(x)$의 두 부분에서 같은 두 함수를 더하면서 그 의미가 없어졌다.

(19)에서 주어진 해의 묘미는 같은 상태의 초기 조건에서 강제함수가 변해도 시스템의 반응함수를 바로 적을 수 있다는 것이다. 예를 들면 예제 5에서의 문제를

$$y'' + 4y = x, \quad y(0) = 1, \quad y'(0) = -2$$

로 바꾸면 (19)의 적분에서 단순히 $\sin 2t$를 t로 바꾸어서 해는

$$\begin{aligned} y(x) &= y_h(x) + y_p(x) \\ &= \cos 2x - \sin 2x + \frac{1}{2}\int_0^x t\sin 2(x-t)dt \end{aligned}$$

← 예제 4를 참조하라.

$$= \frac{1}{4}x + \cos 2x - \frac{9}{8}\sin 2x$$

가 된다.

강제함수 f는 특수해 $y_p(x) = \int_{x_0}^{x} G(x,\ t)f(t)dt$ 안에만 있으므로 해 (17)는 f가 조각적으로 정의될 때 유효하다. 다음 예는 이 논리를 설명한다.

예제 6 초깃값 문제

강제함수 f가 다음과 같이 조각적으로 정의된 초깃값 문제를 구하여라.

$$y'' + 4y = f(x),\ \ y(0) = 1,\ \ y'(0) = -2$$

$$f(x) = \begin{cases} 0, & x < 0 \\ \sin 2x, & 0 \le x \le 2\pi \\ 0, & x > 2\pi. \end{cases}$$

풀이 (19)에서 $\sin 2t$를 $f(t)$로 바꾸면,

$$y(x) = \cos 2x - \sin 2x + \frac{1}{2}\int_0^x \sin 2(x-t)f(t)dt$$

가 된다. f가 세 조각으로 정의되므로 세 가지 경우로 정적분을 계산하여야 한다. $x < 0$이면

$$y_p(x) = \frac{1}{2}\int_0^x \sin 2(x-t)0dt = 0,$$

$0 \le x \le 2$이면

$$y_p(x) = \frac{1}{2}\int_0^x \sin 2(x-t)\sin 2t dt \quad \leftarrow \text{(20)의 적분을 인용하면}$$

$$= \frac{1}{8}\sin 2x - \frac{1}{4}\cos 2x$$

이고 마지막으로 $x > 2\pi$ 이면 예제 5의 적분을 인용할 수 있다:

$$y_p(x) = \frac{1}{2}\int_0^{2\pi} \sin 2(x-t)\sin 2t dt + \frac{1}{2}\int_{2\pi}^{x} \sin 2(x-t)0dt$$

$$= \frac{1}{2}\int_0^{2\pi} \sin 2(x-t)\sin 2t dt$$

$$= \frac{1}{4}\left[-\frac{1}{4}\sin(2x-4t) - t\cos 2x\right]_0^{2\pi} \quad \leftarrow \text{(20)의 적분을 인용하면}$$

$$= -\frac{1}{16}\sin(2x-8\pi) - \frac{1}{2}\pi\cos 2x + \frac{1}{16}\sin 2x \leftarrow \sin(2x-8\pi) = \sin 2x$$

$$= -\frac{1}{2}\pi\cos 2x$$

이다. 그러므로 $y_p(x)$는

$$y_p(x)=\begin{cases}0, & x<0\\ \frac{1}{8}\sin 2x-\frac{1}{4}x\cos 2x, & 0\le x\le 2\pi\\ -\frac{1}{2}\pi\cos 2x, & x>2\pi\end{cases}$$

이므로

$$y(x)=y_h(x)+y_p(x)=\cos 2x-\sin 2x+y_p(x)$$

이다. 조각을 다 합하면

$$y(x)=\begin{cases}\cos 2x-\sin 2x, & x<0\\ (1-\frac{1}{4}x)\cos 2x-\frac{7}{8}\sin 2x, & 0\le x\le 2\pi\\ (1-\frac{1}{2}\pi)\cos 2x-\sin 2x, & x>2\pi\end{cases}$$

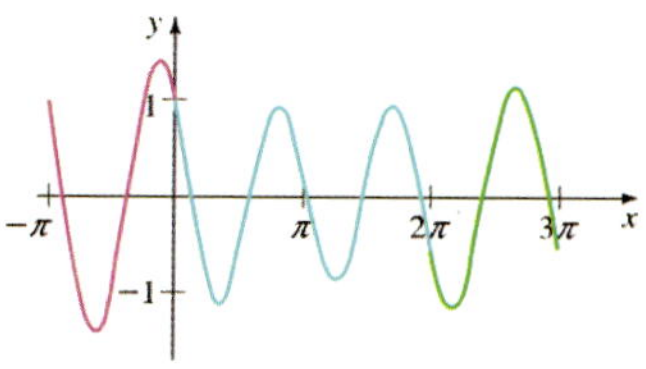

그림 4.8.1 예제 6의 $y(x)$의 그래프

이다. $y(x)$의 세 형태는 그림 4.8.1에서 서로 다른 색으로 표현했다. ■

다음으로 경곗값 문제 (BVP)를 어떻게 다른 형태의 그린 함수를 사용하여 푸는지 알아보자.

4.8.2 경곗값 문제

같은 점에서 $y(x)$와 $y'(x)$의 값이 주어지는 2계 미분방정식의 초깃값 문제와 다르게 2계 미분방정식의 BVP는 두 개의 다른 점 $x=a$와 $x=b$에서 $y(x)$와 $y'(x)$의 값이 주어진다.

$$y(a)=0,\quad y(b)=0;\ y(a)=0,\ y'(b)=0;\ y'(a)=0,\quad y'(b)=0$$

과 같은 조건은 좀 더 일반적인 동차경곗값 조건인

$$A_1y(a)+B_1y'(a)=0 \tag{22}$$

$$A_2y(b)+B_2y'(b)=0 \tag{23}$$

의 특수한 경우이다. 여기서 $A_1, A_2, B_1,$ 과 B_2는 상수이다. 특별히 우리의 목표는

$$\begin{aligned}&y''+P(x)y'+Q(x)y=f(x),\\ &A_1y(a)+B_1y'(a)=0\\ &A_2y(b)+B_2y'(b)=0\end{aligned} \tag{24}$$

의 형태인 비동차 경곗값 문제에 대한 (10)과 비슷한 적분해 $y_p(x)$를 구하는 것이다. $P(x)$, $Q(x)$와 $f(x)$가 $[a,b]$에서 연속이라는 가정과 더불어서, 동차 문제

$$y''+P(x)y'+Q(x)y=0,$$

$$A_1y(a)+B_1y'(a)=0$$

$$A_2y(b)+B_2y'(b)=0$$

가 자명한 해 $y=0$만을 가진다고 가정한다. 마지막 가정은 (24)의 해가 유일하고 해가 적분 $y_p(x)=\int_a^b G(x,t)f(t)dt$으로 주어진다는 것을 보증한다. 여기서 $G(x,\ t)$는 그린 함수이다.

$G(x,\ t)$의 존재성을 보이기는 것은 또 (7)과 (8)의 매개변수 변화법으로 시작한다.

다른 그린 함수 $y_1(x)$와 $y_2(x)$가 $[a,b]$에서 (24)의 미분방정식과 관련된 동차미분방정식의 일차독립인 해라 하고 x는 $[a,b]$의 점이라 하자. (8)의 도함수를 같은 구간위에서 적분하여 (9)를 구한 것과는 다르게 (8)의 첫 번째 식은 구간 $[b,x]$에서 적분하고 (8)의 두 번째 식은 구간 $[a,x]$에서 적분하자 :

$$u_1(x)=-\int_b^x \frac{y_2(t)f(t)}{W(t)}dt \text{와} \qquad u_2(x)=\int_a^x \frac{y_1(t)f(t)}{W(t)}dt. \tag{25}$$

$u_1'(x)$와 $u_2'(x)$을 다른 구간에서 적분하는 이유는 잠시 후 알 수 있다. (25)로부터 미분방정식의 특수해 $y_p(x)=u_1(x)y_1(x)+u_2(x)y_2(x)$는

여기서 (25)에 있는 -부호로 적분구간을 바꾸었다.

$$y_p(x)=y_1(x)\overbrace{\int_x^b \frac{y_2(t)f(t)}{W(t)}dt}+y_2(x)\int_a^x \frac{y_1(t)f(t)}{W(t)}dt$$

또는 $$y_p(x)=\int_a^x \frac{y_2(x)y_1(t)}{W(t)}f(t)dt+\int_x^b \frac{y_1(x)y_2(t)}{W(t)}f(t)dt \tag{26}$$

이다. (26)의 우변은 하나의 적분

$$y_p(x)=\int_a^b G(x,t)f(t)dt \tag{27}$$

으로 쓸 수 있다. 여기서 함수 $G(x,t)$는

$$G(x,t)=\begin{cases} \dfrac{y_1(t)y_2(x)}{W(t)}, & a\le t\le x \\ \dfrac{y_1(x)y_2(t)}{W(t)}, & x\le t\le b \end{cases} \tag{28}$$

이다. 조각적으로 정의된 함수 (28)을 경곗값 문제 (28)의 **그린 함수**라 한다. $G(x,\ t)$는 구간 $[a,\ b]$위의 점 x에서 연속인 함수임을 보일 수 있다.

이제 (28)의 $G(x,\ t)$안의 해인 $y_1(x)$와 $y_2(x)$가 $x=a$에서 $A_1y(a)+B_1y'(a)=0$를 만족하고 $x=b$에서 $A_2y(b)+B_2y'(b)=0$를 만족한다면, 놀랍게도 (27)에서 정의된 $y_p(x)$는 (24)의 동차 경곗값 조건을 만족한다.

이것을 보이기 위해

(30)의 두 번째 줄은
$y_1(x)u_1(x)+y_2(x)\ u_2'(x)=0$
으로부터 얻어진다. 4.6의 (4)에 이어진 이론을 참조하라

$$y_p(x)=u_1(x)y_1(x)+u_2(x)y_2(x) \tag{29}$$

와

$$\begin{aligned} y_p'(x) &= u_1(x)y_1'(x)+y_1(x)u_1'(x)+u_2(x)y_2'(x)+y_2(x)u_2'(x) \\ &= u_1(x)y_1'(x)+u_2(x)y_2'(x) \end{aligned} \tag{30}$$

이 필요하다. 우선 (25)에서 $u_1(b)=0$과 $u_2(a)=0$을 보자. 이 두 성질 중 두 번째를 보면 $y_1(x)$가 같은 경곗값 조건을 만족할 때 마다 $y_p(x)$는 (22)를 만족함을 보일 수 있다. (29)와 (30)으로부터

$$\begin{aligned} A_1y_p(a)+B_1y_p'(a) &= A_1[u_1(a)y_1(a)+\overbrace{u_2(a)}^{0}y_2(a)] \\ &\quad +B_1[u_1(a)y_1'(a)+\underbrace{u_2(a)}_{0}y_2'(a)] \\ &= u_1(a)\underbrace{[A_1y_1(a)+B_1y_1'(a)]}_{(22)\text{로부터 }0}=0 \end{aligned}$$

이다. 마찬가지로 $y_2(x)$가 (23)을 만족할 때마다 $u_1(b)=0$은 $y_p(x)$도 (23)을 만족한다 :

$$\begin{aligned} A_2y_p(b)+B_2y_p'(b) &= A_2[\overbrace{u_1(b)}^{0}y_1(b)+u_2(b)y_2(b)] \\ &\quad +B_2[\underbrace{u_1(b)}_{0}y_1'(b)+u_2(b)y_2'(b)] \\ &= u_2(b)\underbrace{[A_2y_2(b)+B_2y_2'(b)]}_{(22)\text{로부터 }0}=0. \end{aligned}$$

이 결과를 다음 정리로 요약한다.

정리 4.8.3 BVP(24)의 해

$y_1(x)$와 $y_2(x)$가 구간 $[a,b]$에서

$$y''+P(x)y'+Q(x)y=0$$

의 일차독립인 해라 하고 $y_1(x)$와 $y_2(x)$가 각각 (22)와 (23)를 만족한다고 하자. 그러면 (27)로 정의된 $y_p(x)$가 경곗값 문제 (24)의 해가 된다.

예제 7 정리 4.8.3의 활용

경곗값 문제를 풀어라.

$$y'' + 4y = 3, \ y'(0) = 0, \ y(\pi/2) = 0.$$

풀이 관련된 동차 미분방정식 $y'' + 4y = 3$의 해는 $y_1(x) = \cos 2x$이고 $y_2{}'(x) = \sin 2x$이며 $y_1(x)$는 $y'(0) = 0$를 만족하는 반면 $y_2(x)$는 $y(\pi/2) = 0$를 만족한다. 론스키 행렬식은 $W(y_1, y_2) = 2$이므로 (28)로부터 경곗값 문제의 그린함수는

$$G(x,t) = \begin{cases} \dfrac{1}{2}\cos 2t \sin 2x, & 0 \le t \le x \\ \dfrac{1}{2}\cos 2x \sin 2t, & x \le t \le \pi/2 \end{cases}$$

이다. 정리 4.8.3으로부터 BVP의 해는 (27)에서 $a = 0$, $b = \pi/2$와 $f(t) = 3$이다 :

$$\begin{aligned} y_p(x) &= 3\int_0^{\pi/2} G(x,t)dt \\ &= 3 \cdot \frac{1}{2}\sin 2x \int_0^x \cos 2t dt + 3 \cdot \frac{1}{2} cos 2x \int_x^{\pi/2} \sin 2t dt \end{aligned}$$

또는 정적분을 적분한 $y_p(x) = \dfrac{3}{4} + \dfrac{3}{4}\cos 2x$ 이다. ■

위의 예제에서 $y_1(x)$가 (22)를 만족하고 $y_2(x)$가 (23)을 만족한다는 것이 이들 함수가 유일하게 존재함을 의미하는 것은 아니다. 다음 예제에서 보듯이, 이들 함수를 임의로 선택할 수도 있다.

예제 8 경곗값 문제

경곗값 문제를 풀어라.

$$x^2 y'' - 2xy' + 3y = 24x^5, \quad y(1) = 0, \ y(2) = 0.$$

풀이 미분방정식은 코시 오일러 미분방정식이다. 보조방정식 $m(m-1) - 3m + 3 = (m-1)(m-3) = 0$으로부터 관련된 동차미분방정식의 일반해는 $y = c_1 x + c_2 x^3$ 이다. 이 해에 $y(1) = 0$을 적용하면 $c_1 + c_2 = 0$ 또는 $c_1 = -c_2$이다. $c_2 = -1$이라 하면 $c_1 = 1$이고 $y_1 = x - x^3$이다. 한편 $y(2) = 0$을 일반해에 적용하면 $2c_1 + 8c_2 = 0$ 또는 $c_1 = -4c_2$ 이다. $c_2 = -1$이라 하면 $c_1 = 4$이고 $y_2(x) = 4x - x^3$이 된다. 이 두 함수의 론스키 행렬식은

$$W(y_1(x), y_2(x)) = \begin{vmatrix} x - x^3 & 4x - x^3 \\ 1 - 3x^2 & 4 - 3x^2 \end{vmatrix} = 6x^3$$

이다. 그러므로 경곗값 문제에 대한 그린 함수는

$$G(x,t)=\begin{cases}\dfrac{(t-t^3)(4x-x^3)}{6t^3}, & 1\le t\le x\\ \dfrac{(x-x^3)(4t-t^3)}{6t^3}, & x\le t\le 2\end{cases}$$

이다. 강제함수 f가 정확한지 확인하기 위하여 미분방정식을 표준형

$$y''-\frac{3}{x}y'+\frac{3}{x^2}y=24x^3$$

으로 고치자. 위 방정식에서 $f(t)=24t^3$이므로 (27)의 y_p는

$$\begin{aligned}y_p(x)&=24\int_1^2 G(x,t)t^3dt\\&=4(4x-x^3)\int_1^x(t-t^3)dt+4(x-x^3)\int_x^2(4t-t^3)dt\end{aligned}$$

이다. 적분을 한 후 간단히 하면 해는

$y_p(x)$가 미분방정식과 두 경곗값 조건을 만족함을 보여라. ▶

$$y_p(x)=3x^5-15x^3+12x$$

이다. ■

주의

우리는 복잡하지만 훌륭한 그린 함수의 이론을 겨우 손을 댔을 뿐이다. 2계 선형 편미분방정식에서도 그린 함수는 구할 수 있지만 추후 고등 과목의 주제로 남겨 둔다.

연습문제 4.8

4.8.1 초깃값 문제

(1-6) 주어진 미분방정식의 특수해 $y_p(x)$를 예제 1과 같이 (10)의 적분형태로 구하여라.

1 $y''-16y=f(x)$ 2 $y''+3y''-10y=f(x)$

3 $y''+2y''+y=f(x)$ 4 $y''-4y'+y=f(x)$

5 $y''+9y=f(x)$ 6 $y''-2y'+2y=f(x)$

(7-12) 주어진 미분방정식의 일반해를 예제 2와 같이 구하여라. 문제 1-6에서 구한 결과를 이용하라. $y_p(x)$로 정의된 적분은 계산하지 않는다.

7 $y''-16y=xe^{-2x}$ 8 $y''+3y'-10y=x^2$

9 $y''+2y'+y=e^2$

10 $y''+4y'+y=\arctan x$

11 $y''+9y=x+\sin x$ 12 $y''-2y'+2y=\cos^2 x$

(13-18) 초깃값 문제의 해를 예제 3과 같이 구하여라. $y_p(x)$로 정의된 적분을 계산하여라.

13 $y''-4y=3^{2x},\ y(0)=0,\ y'(0)-0$

14 $y''-y'=1,\ y(0)-0,\ y'(0)-0$

15 $y''-10y'+25y-e^{3x},\ y(0)-0,\ y'(0)=0$

16 $y''+6y'+9y-x,\ y(0)=0,\ y'(0)=0$

17 $y''+y=\csc x\cot x,\ y(\pi/2)=0,\ y'(\pi/2)=0$

18 $y''+y=\sec^2 x,\ y(\pi)=().\ y'(\pi)=0$

(19-30) 주어진 초깃값 문제의 해를 예제 5와 같이 구하여라.

19 $y''-4y=e^{2x},\ y(0)=1,\ y'(0)=-4$

20 $y''-y'=1,\ y(0)=10,\ y'(0)=1$

21 $y''-10y'+25y=e^{5x},\ y(0)=-1,\ y'(0)=1$

22 $y''-6y'+9y=x,\ y(0)=-1,\ y'(0)=-3$

23 $y''-y=\csc x\cot x,\ y(\pi/2)$
$=-\pi/2,\ y'(\pi/2)=0-1$

24 $y''+y=\sec^2 x,\ y(\pi)=\dfrac{1}{2},\ y'(\pi)=-1$

25 $y''+3y'+2y=\sin e^{x},\ y(0)=-1,\ y'(0)=0$

26 $y''+3y'+2y\dfrac{1}{1+e^{x}},\ y(0)=0,\ y'(0)=1$

27 $x^2y''-2xy'+2y=x,\ y(1)-2,\ y'(1)=-1$

28 $x^2y''-2xy'+2y=x\ln x,\ y(1)-1,\ y'(1)=0$

29 $x^2y''-6y=\ln x,\ y(1)=1,\ y'(1)=3$

30 $x^2y''-xy'+y=x^2,\ y(1)=4,\ y'(1)=3$

(31-34) 조각적으로 정의된 강제함수를 포함한 초깃값 문제의 해를 예제 6과 같이 구하여라.

31 $y''-y=f(x),\ y(0)=8,\ y'(0)=2$

여기서 $f(x)=\begin{cases}1, & x<0\\ 1, & x\ge 0\end{cases}$

32 $y''-y=f(x),\ y(0)=3,\ y'(0)=2$

여기서 $f(x)=\begin{cases}0, & x<0\\ x, & x\ge 0\end{cases}$

33 $y''+y=f(x),\ y(0)=1,\ y'(0)=-1$

여기서 $f(x)=\begin{cases}0, & x<0\\ 10, & 0\le x\le 3\pi\\ 0, & x>3\pi\end{cases}$

34 $y''+y=f(x),\ y(0)=1,\ y'(0)=1$

여기서 $f(x)=\begin{cases}0, & x<0\\ \cos x, & 0\le x\le 3\pi\\ 0, & x>3\pi\end{cases}$

4.8.2 경곗값 문제

(35-38) (a) (27)와 (28)를 이용하여 경곗값 문제를 풀어라. (b) $y_p(x)$가 미분방정식과 경계치 조건도 만족함을 보여라.

35 $y''=f(x),\ y(0)=0,\ y(1)=0$

36 $y''=f(x),\ y(0)=0,\ y(1)+y'(1)=0$

37 문제 35에서 $f(x)=1$일 때 BVP의 해를 구하여라.

38 문제 36에서 $f(x)=x$일 때 BVP의 해를 구하라.

(39-55) 주어진 경곗값 문제의 해를 예제 7과 8과 같이 구하여라.

39 $y''+y=1,\ y(0)=0,\ y(1)=0$

40 $y''+9y=1,\ y(0)=0,\ y'(\pi)=0$

41 $y''-2y'+2y=e^{t},\ y(0)=0,\ y(\pi/2)=0$

42 $y''-y'=e^{2x},\ y(0)=0,\ y(1)=0$

43 $x^2y''+xy'=1,\ y(e^{-1})=0,\ y(1)=0$

44 $x^2y''-4xy'+6y=x^4,\ y(1)-y'(1)=0,\ y(3)=0$

토론 문제

45 경곗값 문제

$y''+Py'+Qy=f(x),\ y(a)=0,\ y(b)=0,\quad a<b$

의 해가 $y_p(x)=\displaystyle\int_a^b G(x,t)dt$로 주어졌다고 가정하자. 여기서 $y_1(x)$와 $y_2(x)$는 관련된 동차 미분방정식의 해로 $G(x,t)$을 구할 때 $y_1(a)=0$이고 $y_2(b)=0$을 만족하도록 하였다. 비동차미분방정식의 경곗값 조건

$$y''+Py'+Qy=f(x),\ y(a)=A,\ y(b)=B$$

인 경곗값 문제의 해는

$$y(x)=y_p(x)+\frac{B}{y_1(b)}y_1(x)+\frac{A}{y_2(a)}y_2(x)$$

임을 증명하라.

[힌트 : 증명에서 $y_1(b)\ne 0$이고 $y_2(b)\ne 0$임을 보여야 한다. (24) 다음의 가정들을 다시 읽어라.]

46 문제 45의 결과를 이용하여

$$y''+y=1,\ y(0)=5,\ y(1)=-10$$

을 풀어라.

4.9 소거에 의한 연립 선형미분방정식의 해법

필요한 개념

- 연립방정식의 소거법은 연립방정식을 각각의 종속변수로 되어있는 서로 다른 상미분방정식으로 분리하는 것이기 때문에 이 절은 4.3절, 4.4절 (또는 4.5절)과 4.6절에서 배운 것을 익히는 기회를 준다.

소개 | 연립 상미분방정식은 한 개의 독립변수에 관하여 두 개 이상의 종속 변수인 미지 함수에 대한 한 개의 독립변수에 관한 도함수를 포함하는 두 개 또는 그 이상의 방정식을 포함한다. 상수를 계수로 가지는 미분방정식의 연립방정식을 풀기 위한 **연립방정식의 소거법**은 변수의 소거의 대수적 원리에 근거를 둔다. 우리는 대수적 방정식에 상수를 *곱하는 것*의 유사성은 도함수의 결합으로 상미분방정식에 도함수의 적당한 결합을 *작용하는 것*이라는 것을 배울 것이다.

연립방정식의 소거 선형미분방정식의 연립방정식에서 미지수의 소거는 미분 연산자의 기호로 연립방정식의 각각의 방정식을 다시 쓰면 편리하다. 4.1절에서 $a_i,\ i=0,1,\cdots,n$가 상수인 한 개의 선형방정식

$$a_n y^{(n)}+a_{n-1}y^{(n-1)}+\cdots a_1y'+a_0y=g(t)$$

을 $(a_nD^{\,n}+a_{n-1}D^{\,n-1}+\cdots a_1D+a_0)y=g(t)$로 다시 쓸 수 있다는 것을 상기하자. 만일 n계 미분연산자 $a_nD^{\,n}+a_{n-1}D^{\,n-1}+\cdots a_1D+a_0$가 좀 더 낮은 계수의 미분연산자로 인수분해된다면 그 인수들은 서로 교환된다. 예를 들면 연립방정식

$$\begin{aligned} x''+2x'+y''&=x+3y+\sin t\\ x'+y'&=-4x+2y+e^{-t}\end{aligned}$$

을 연산자 D로 다시 쓰면 우선 종속변수가 포함된 모든 항을 한 쪽에 두고 같은 변수로 묶는다 :

$$\begin{aligned} x''+2x'-x+y''-3y&=\sin t\\ x'-4x+y'-2y&=e^{-t}\end{aligned} \quad \text{는} \quad \begin{aligned} (D^2+2D-1)x+(D^2-3)y&=\sin t\\ (D-4)x+(D-2)y&=e^{-t}\end{aligned}$$

와 같다.

연립방정식의 해 연립 미분방정식의 **해**는 적당한 공통 구간 I에서 연립방정식의 각각의 방정식을 만족하는 충분히 미분 가능한 함수 $x=\phi_1(t),\ y=\phi_2(t),\ z=\phi_3(t)$ 등의 집합이다.

해법 1계 선형 방정식으로 되어 있는 단순한 연립방정식

$$\begin{aligned}\frac{dx}{dt}&=3y\\ \frac{dy}{dt}&=2x\end{aligned} \quad \text{또는} \quad \begin{aligned} Dx-3y&=0\\ 2x-Dy&=0\end{aligned} \tag{1}$$

을 생각해 보자. (1)의 첫 번째 방정식에 D를 작용하고 두 번째 방정식에 -3을 곱하여 두 방정식을 더하여 연립방정식에서 y를 소거하면 $D^2x-6x=0$이 된다. 이 미분방정식의 보조방정식의 근이 $m_1=\sqrt{6}$과 $m_2=-\sqrt{6}$이므로

$$x(t)=c_1e^{-\sqrt{6}t}+c_2e^{-\sqrt{6}t} \tag{2}$$

이다. (1)의 첫 번째 방정식에 2를 곱하고 두 번째 방정식에 D를 작용하여 빼면 y에 관한 미분방정식 $D^2y-6y=0$이 생긴다. 이로부터

$$y(t)=c_3e^{-\sqrt{6}t}+c_4e^{\sqrt{6}t} \tag{3}$$

이다.

연립방정식 자체가 임의로 택할 수 있는 해에 있는 매개변수의 수를 제한하기 때문에 (2)와 (3)은 모든 c_1, c_2, c_3과 c_4에 대하여 연립방정식 (1)을 만족하지 않는다. 이를 보기 위하여 $x(t)$와 $y(t)$를 원래의 연립방정식 (1)의 첫 번째 방정식에 대입하여 간단히 하면,

$$(-\sqrt{6}c_1-3c_3)e^{-\sqrt{6}t}+(\sqrt{6}c_2-3c_4)e^{\sqrt{6}t}=0$$

가 된다. 위 식은 모든 t에 대하여 영이 되어야 하므로 $-\sqrt{6}c_1-3c_3=0$이고 $\sqrt{6}c_2-3c_4=0$이다. 이 두 식으로부터 우리는 c_3을 c_1의 배수로 c_4를 c_2의 배수로 쓸 수 있다:

$$c_3=-\frac{\sqrt{6}}{3}c_1\text{과 } c_4=\frac{\sqrt{6}}{3}c_2 \tag{4}$$

그러므로 연립방정식의 해는

$$x(t)=c_1e^{-\sqrt{6}t}+c_2e^{\sqrt{6t}},\quad y(t)=-\frac{\sqrt{6}}{3}c_1e^{-\sqrt{6}t}+\frac{\sqrt{6}}{3}c_2e^{\sqrt{6}t}$$

이다.

(2)와 (3)을 (1)의 두 번째 방정식에 대입하여 상수 사이에 같은 관계식 (4)가 성립함을 보여야만 한다.

예제 1 소거 해법

$$Dx+(D+2)y=0 \tag{5}$$

$$(D-3)x-2y=0\text{을 풀어라.}$$

풀이 첫 번째 방정식에 $D-3$을 두 번째 방정식에 D를 작용하여 빼서 연립방정식에서 x를 소거하자. 이로부터 y에 관한 미분방정식

$$[(D-3)(D+2)+2D]y=0 \text{ 또는 } (D^2+D-6)y=0$$

이 된다. 위의 미분방정식의 보조방정식은 $m^2+m-6=(m-2)(m+3)=0$이므로

$$y(t)=c_1e^{2t}+c_2e^{-3t} \tag{6}$$

이 된다. 같은 방법으로 y를 소거하면 $(D^2+D-6)x=0$이 되며, 이로부터

$$x(t)=c_3e^{2t}+c_4e^{-3t} \tag{7}$$

이다. 위의 설명에서 언급한 것처럼 (5)의 해는 네 개의 독립적인 상수를 포함하지 않는다. (6)과 (7)을 (5)의 첫 번째 방정식에 대입하면

$$(4c_1+2c_3)e^{2t}+(-c_2-3c_4)e^{-3t}=0$$

이 된다. $4c_1+2c_3=0$과 $-c_2-3c_4=0$으로부터 $c_3=-2c_1$과 $c_4=-\frac{1}{3}c_2$이다. 따라서 연립방정식의 해는

$$x(t)=-2c_1e^{2t}-\frac{1}{3}c_2e^{-3t},\ y(t)=c_1e^{2t}+c_2e^{-3t}$$

이다. ■

우리는 c_3과 c_4를 c_1과 c_2의 항으로 쉽게 풀 수 있기 때문에 예제 1의 해는

$$x(t)=c_3e^{2t}+c_4e^{-3t},\ y(t)=-\frac{1}{2}c_3e^{2t}-3c_4e^{-3t}$$

의 다른 형태로 쓸 수 있다.

이 방법은 시간을 줄일 수 있다. ▶

연립방정식을 풀 때는 때때로 주의를 기울여야 한다. 예제 1에서 먼저 x에 대하여 풀었다면 연립방정식 (5) 중 마지막 방정식을 이용하여 상수들 사이의 관계식과 더불어 y를 구할 수 있을 것이다. $x(t)$를 $y=\frac{1}{2}(Dx-3x)$에 대입하여 $y=-\frac{1}{2}c_3e^{2t}-3c_4e^{-3t}$가 됨을 보여야 할 것이다. 처음 설명에서 (4)에서 주어진 관계식과 (1)의 해 $y(t)$가 (2)의 $x(t)$와 (1)의 첫 번째 방정식인

$$y=\frac{1}{3}Dx=-\frac{1}{3}\sqrt{6}\,c_1e^{-\sqrt{6}\,t}+\frac{1}{3}\sqrt{6}\,c_2e^{\sqrt{6}\,t}$$

의 형태에 의해 구할 수 있음을 참조하여라.

예제 2 소거 해법

$$\begin{aligned} x'-4x+y''&=t^2 \\ x'+x+y'&=0 \end{aligned} \tag{8}$$

를 풀어라.

풀이 먼저 미분연산자 기호로 연립방정식을 다시 표기한다:

$$(D-4)x + D^2y = t^2 \tag{9}$$
$$(D+1)x + Dy = 0$$

x를 소거하면

$$[(D+1)D^2 - (D-4)D]y = (D+1)t^2 - (D-4)0$$

또는 $$(D^3 + 4D)y = t^2 + 2t$$

가 된다. 보조방정식 $m(m^2+4) = 0$의 근이 $m_1 = 0$, $m_2 = 2i$과 $m_3 = -2i$이므로 여함수는 $y_c = c_1 + c_2\cos 2t + c_3 \sin 2t$이다. 특수해 y_p를 구하기 위하여 $y_p = At^3 + Bt^2 + Ct$를 가정하여 미정계수를 구하자. $y_p' = 3At^2 + 2Bt + C$, $y_p'' = 6At + 2B$, $y_p''' = 6A$,

$$y_p''' + 4y_p' = 12At^2 + 8Bt + 6A + 4C = t^2 + 2t$$

이다. 마지막 식은 $12A = 1$, $8B = 2$와 $6A + 4C = 0$이므로 $A = \frac{1}{12}$, $B = \frac{1}{4}$와 $C = -\frac{1}{8}$가 된다. 그래서

$$y = y_c + y_p = c_1 + c_2\cos 2t + c_3\sin 2t + \frac{1}{12}t^3 + \frac{1}{4}t^2 - \frac{1}{8}t \tag{10}$$

이다. 연립방정식 (9)에서 y를 소거하면

$$[(D-4) - D(D+1)]x = t^2 \quad \text{또는} \quad (D^2+4)x = -t^2$$

이다. 명백히 $x_c = c_4\cos 2t + c_5 \sin 2t$이고 미정계수법을 이용하여 $x_p = At^2 + Bt + C$의 형태인 특수해를 구하자. 이 경우에 통상적인 미분과 대수를 이용하면 $x_p = -\frac{1}{4}t^2 + \frac{1}{8}$이므로

$$x = x_c + x_p = c_4\cos 2t + c_5\sin 2t - \frac{1}{4}t^2 + \frac{1}{8} \tag{11}$$

가 된다.

이제 (10)과 (11)을 (8)의 한 방정식에 대입하여 c_4와 c_5를 c_2와 c_3의 항으로 나타내자. 두 번째 방정식에 대입하여 항을 정리하면,

$$(c_5 - 2c_4 - 2c_2)\sin 2t + (2c_5 + c_4 + 2c_3)\cos 2t = 0$$

이 되므로 $c_5 - 2c_4 - 2c_2 = 0$이고 $2c_5 + c_4 + 2c_3 = 0$이다. c_4와 c_5를 c_2와 c_3의 항으로 풀면 $c_4 = -\frac{1}{5}(4c_2 + 2c_3)$과 $c_5 = \frac{1}{5}(2c_2 - 4c_3)$이다. 마지막으로 (8)의 해는

$$x(t) = -\frac{1}{5}(4c_2 + 2c_3)\cos 2t + \frac{1}{5}(2c_2 - 4c_3)\sin 2t - \frac{1}{4}t^2 + \frac{1}{8},$$
$$y(t) = c_1 + c_2\cos 2t + c_3\sin 2t + \frac{1}{12}t^3 + \frac{1}{4}t^2 - \frac{1}{8}t$$

이다. ■

예제 3 재논의하는 혼합물 문제

3.3절의 (3)에서 1계 선형미분방정식의 연립방정식

$$\frac{dx_1}{dt} = -\frac{2}{25}x_1 + \frac{1}{50}x_2,$$
$$\frac{dx_2}{dt} = \frac{2}{25}x_1 - \frac{2}{25}x_2$$

은 그림 3.3.1에서와 같이 수조 A와 B의 소금물의 혼합에서 소금의 양 $x_1(t)$와 $x_2(t)$에 대한 모델임을 보였다. 그 절에서 우리는 연립방정식을 풀 수가 없었다. 그러나 이제 미분연산자 표현에 의해 위의 연립방정식은

$$\left(D+\frac{2}{25}\right)x_1 - \frac{1}{50}x_2 = 0$$
$$-\frac{2}{25}x_1 + \left(D+\frac{2}{25}\right)x_2 = 0$$

로 쓸 수 있다. 첫 번째 방정식에 $D+\frac{2}{25}$을 작용하고 두 번째 방정식에 $\frac{1}{50}$을 곱한 후 더하여 간단히 하면 $(625D^2+100D+3)x_1 = 0$이 된다. 보조방정식

$$625m^2+100m+3 = (25m+1)(25m+3) = 0$$

으로부터 $x_1(t) = c_1e^{-\frac{t}{25}} + c_2e^{\frac{3t}{25}}$임을 바로 안다. $x_2(t)$는 연립방정식의 첫 번째 방정식 $x_2 = 50\left(D+\frac{2}{25}\right)x_1$에서 구해진다. 이런 방법으로 연립방정식의 해는

$$x_1(t) = c_1e^{-\frac{t}{25}} + c_2e^{\frac{3t}{25}}, \quad x_2(t) = 2c_1e^{-\frac{t}{25}} - 2c_2e^{-\frac{3t}{25}}$$

가 된다. 134쪽의 설명에서 초깃값 조건이 $x_1(0)=25$와 $x_2(0)=0$이라 가정하였다. 이 조건을 해에 대입하면 $c_1+c_2=25$와 $2c_1-2c_2=0$이 된다. 이 방정식을 풀면 $c_1=c_2=\frac{25}{2}$이다. 결과적으로 초깃값 문제의 해는

$$x_1(t) = \frac{25}{2}e^{-\frac{t}{25}} + \frac{25}{2}e^{-\frac{3t}{25}}, \quad x_2(t) = 25e^{-\frac{t}{25}} - 25e^{-\frac{3t}{25}}$$

이다. 이 두 방정식의 그래프는 그림 4.9.1로 주어졌다. 순수한 물이 수조 A에서 일정하게 들어가면 $t\to\infty$임에 따라 $x_1(t)\to 0$과 $x_2(t)\to 0$임을 알 수 있다. ■

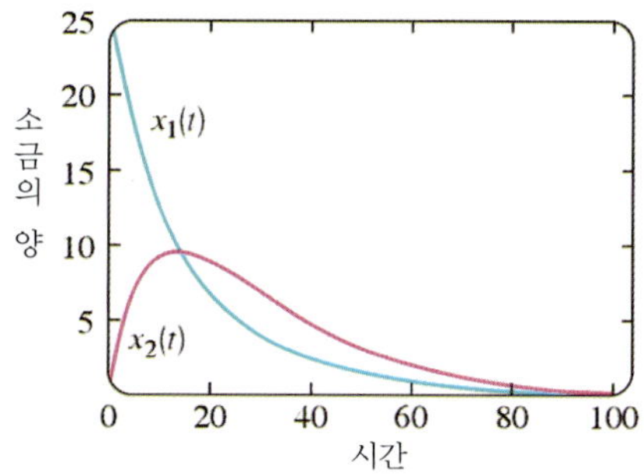

그림 4.9.1 예제 3의 탱크 A와 B안의 소금의 양

연습문제 4.9

(1-20) 연립방정식 소거법에 의하여 연립 미분방정식을 풀어라.

1 $\frac{dx}{dt}=2x-y,\ \frac{dy}{dt}=x$

2 $\frac{dx}{dt}=4x+7y,\ \frac{dy}{dt}=x-2y$

3 $\frac{dx}{dt}=-y+t,\ \frac{dy}{dt}=x-t$

4 $\frac{dx}{dt}-4y=1,\ \frac{dy}{dt}+x=2$

5 $(D^2+5)x-2y=0$
$-2x+(D^2+2)y=0$

6 $(D+1)x+(D-1)y=2$
$3x+(D+2)y=-1$

7 $\frac{d^2x}{dt^2}=4y+e^t$
$\frac{d^2y}{dt^2}=4x-e^t$

8 $\frac{d^2x}{dt^2}+\frac{dy}{dt}=-5x$
$\frac{dx}{dt}+\frac{dy}{dt}=-x+4y$

9 $Dx+D^2y=e^{3t}$
$(D+1)x+(D-1)y=4e^{3t}$

10 $D^2x-Dy=t$
$(D+3)x+(D+3)y=2$

11 $(D^2-1)x-y=0$
$(D-1)x+Dy=0$

12 $(2D^2-D-1)x-(2D+1)y=1$
$(D-1)x+Dy=-1$

13 $2\frac{dx}{dt}-5x+\frac{dy}{dt}=e^t$
$\frac{dx}{dt}-x+\frac{dy}{dt}=5e^t$

14 $\frac{dx}{dt}+\frac{dy}{dt}=e^t$
$-\frac{d^2x}{dt^2}+\frac{dx}{dt}+x+y=0$

15 $(D-1)x+(D^2+1)y=1$
$(D^2-1)x+(D+1)y=2$

16 $D^2x-2(D^2+D)y=\sin t$
$x+Dy=0$

17 $Dx=y$
$Dy=z$
$Dz=x$

18 $Dx+z=e^t$
$(D-1)x+Dy+Dz=0$
$x+2y+Dz=e^t$

19 $\frac{dx}{dt}=6y$
$\frac{dy}{dt}=x+z$
$\frac{dz}{dt}=x+y$

20 $\frac{dx}{dt}=-x+z$
$\frac{dy}{dt}=-y+z$
$\frac{dz}{dt}=-x+y$

(21-22) 주어진 초깃값 문제를 풀어라.

21 $\frac{dx}{dt}=-5y-y$
$\frac{dy}{dt}=4x-y$
$x(1)=0,\ y(1)=1$

22 $\frac{dx}{dt}=y-1$
$\frac{dy}{dt}=-3x+2y$
$x(0)=0,\ y(0)=0$

수학적 모델

23 **발사체 운동** 총으로 쏜 총탄의 무게는 $w=mg$이고 속도 $\mathbf{v}$는 운동 궤도에 접한다. 총탄의 무게를 제외하고 발사체에 작용하는 공기저항과 다른 모든 힘을 무시할 때 운동 궤도를 나타내는 연립 미분방정식을 세워라. 그림 4.9.2를 참조하고 연립 미분방정식을 풀어라. [힌트: x와 y 방향에서 뉴턴의 제2운동 법칙을 사용하여라.]

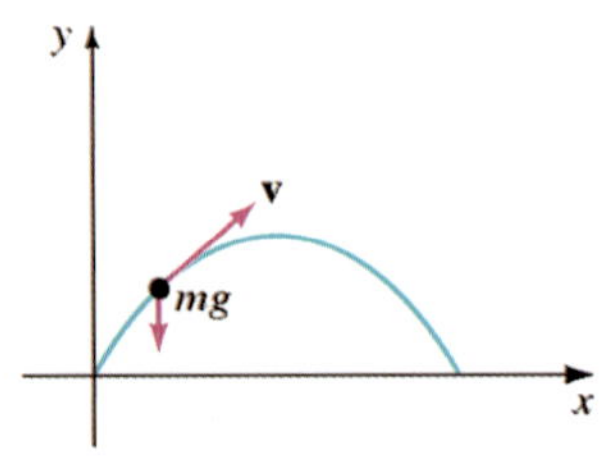

그림 4.9.2 문제 23의 발사체의 궤도

24 **공기 저항을 가진 발사체 운동** 공기저항이 발사체의 궤도에 접하지만 운동에 반대로 작용하는 뒤처진 힘이 $\mathbf{k}$ (크기 k인)일 때 문제 23에서의 운동궤도를 나타내는 연립 미분방정식을 세워라. 그림 4.9.3을 참조하고 연립 미분방정식

을 풀어라. [힌트: **k**는 속도의 상수 배, $c\mathbf{v}$ 이다.]

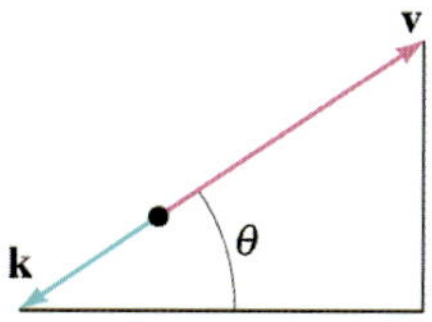

그림 4.9.3 문제 24의 힘

토론 문제

25 다음 연립방정식에 대해 검토하고 논하여라.

$$\begin{aligned} Dx \qquad - 2Dy &= t^2 \\ (D+1)x - 2(D+1)y &= 1. \end{aligned}$$

컴퓨터 실습 과제

26 예제 3의 그림 4.9.1을 다시 검토하여라. 근을 구하는 응용 프로그램을 이용하여 언제 탱크 A보다 탱크 B에 더 많은 소금이 포함되는지를 확인하라.

27 (a) 연습문제 3.3의 문제 6을 다시 읽어라. 그 문제에서 우리는 연립 미분방정식

$$\begin{aligned} \frac{dx_1}{dt} &= -\frac{1}{50}x_1 \\ \frac{dx_2}{dt} &= \frac{1}{50}x_1 - \frac{2}{75}x_2 \\ \frac{dx_3}{dt} &= \frac{2}{75}x_2 - \frac{1}{25}x_3 \end{aligned}$$

이 그림 3.3.7과 같이 연결된 혼합 탱크 A, B, C에서의 소금의 양에 관한 모델임을 보여야 했다. $x_1(0) = 15$, $x_2(t) = 10, x_3(t) = 5$가 되도록 연립방정식을 풀어라.

(b) 컴퓨터 대수체계를 활용하여 구간 [0, 200]에서 (그림 4.9.1에서처럼) 같은 좌표평면위에 $x_1(t)$, $x_2(t)$와 $x_3(t)$의 그래프를 그려라.

(c) 탱크 A에는 순수한 물만 들어가기 때문에 궁극적으로 소금이 세 개의 모든 탱크에서 빠져 나갈 것이라는 것은 이치에 맞다. 컴퓨터 대수체계의 근을 찾는 프로그램을 사용하여 각각의 탱크 안에 소금의 양이 0.5파운드보다 작거나 같게 되는 시점을 구하여라. 소금의 양 $x_1(t)$, $x_2(t)$와 $x_3(t)$가 동시에 0.5파운드보다 작거나 같게 되는 때는 언제인가?

4.10 비선형미분방정식

필요한 개념

- 2.2와 2.5절
- 4.2절
- 미분적분학의 테일러(Taylor) 급수의 복습을 권한다.

소개 | 고계 *비선형*미분방정식에 관한 어려움과 해석적인 해를 구하는 몇 가지의 방법이 이 절에서 고찰된다. 이 절에서 다루는 해를 구하는 두 가지 방법은 2계 미분 방정식을 1계 미분방정식으로 줄이기 위하여 변수변환법을 적용한다. 이러한 의미로 이 방법은 4.2절의 내용과 비슷하다.

몇 가지 차이점 선형과 비선형미분방정식 사이에는 몇 가지 중요한 차이점이 있다. 4.1절에서 우리는 2계 이상의 동차 선형방정식은 해의 일차결합도 해로 가짐을 보였다(정리 4.1.2). 비선형방정식은 이와 비슷한 성질이 없다. 4.10절 연습문제 1번과 18번을 참조하라. 우리는 1계 선형미분방정식과 상수를 계수로 하는 고계 방정식의 일반해를 구할 수 있다. 우리가 비선형 1계 미분방정식을 일 변수 집합족의 형태로 풀 수 있을 때에도 이 집합족은 일반적으로 일반해를 제시하지를

않는다. 다시 말하면 비선형 1계 미분방정식은 선형방정식이 가질 수 없는 특이해를 가질 수 있다. 그러나 2계 또는 그 이상의 선형과 비선형의 중요한 차이점은 가해성의 부분에 달려있다. 주어진 선형방정식에 대해서는 명백한 해 또는 무한급수 형태의 해(6장 참고)와 같은 어떤 형태의 해를 구할 수 있는 기회가 있다. 반면에 비선형 고계 미분방정식은 해석적인 방법에 의하여 실제적으로 해를 구할 수 없게 한다. 이것이 낙담시키는 것 같지만 할 수 있는 방법들이 아직 있다. 1.3절의 마지막에서 지적한 것처럼 비선형미분방정식을 정성적으로 그리고 수치적으로 분석할 수 있다.

예를 들면 물리학적인 체계와 같은 수학적인 모델을 조율함으로, 고차의 해결 모델은 비선형일 가능성이 높기 때문에, 이 시점에서 비선형미분방정식이 중요한 것을 명백히 하자 – 선형방정식보다 더 중요하다고 감히 말하는가?

가끔은 특별한 형태의 2계 비선형미분방정식의 명백한/불투명한 해를 구할 수 있는 해석적인 방법을 예제로 제시하는 것으로 시작하자.

계수의 감소 종속변수 y가 없는 비선형 2계 미분방정식 $F(x, y', y'')=0$과 독립변수 x가 없는 비선형 2계 미분방정식 $F(y, y', y'')=0$은 1계 방법을 이용하여 풀 수 있다. 각각의 방정식에 $u=y'$을 대입하는 방법에 의하여 1계 방정식으로 감소시킬 수 있다.

종속변수의 부재 다음 예는 $F(x, y', y'')=0$의 형태의 방정식에 대입 기술을 제시한다. 만일 $u=y'$이면 미분방정식은 $F(x, u, u')=0$이 된다. 마지막 방정식을 u에 대해 풀 수 있으면, 적분에 의하여 y를 구할 수 있다. 2계 방정식을 풀고 있기 때문에 그 해는 두 개의 임의의 상수가 포함되어야 함을 주의하자.

예제 1 종속변수 y가 없다.

$y''=2x(y')^2$을 풀어라.

풀이 $u=y'$이라 하면 $\dfrac{du}{dx}=y''$이다. 대입하면 2계 방정식은 변수분리가 되는 1계 방정식으로 감소된다; 독립변수는 x이고 종속변수는 u이다:

$$\frac{du}{dx}=2xu^2 \quad \text{또는} \quad \frac{du}{u^2}=2x\,dx$$

$$\int u^{-2}du=\int 2x\,dx$$

$$-u^{-1}=x^2+c_1^2$$

이다. 편리하게 적분상수를 c_1^2이라 쓴다. 그 이유는 다음 몇 단계에서 명백해질 것이

다. $u^{-1} = \frac{1}{y'}$ 이므로

$$\frac{dy}{dx} = -\frac{1}{x^2 + c_1^2}$$

이고, 따라서

$$y = -\int \frac{dx}{x^2 + c_1^2} \quad \text{또는} \quad y = -\frac{1}{c_1}\tan^{-1}\frac{x}{c_1} + c_2$$

이다. ■

독립변수의 부재 다음 $F(y, y', y'') = 0$ 형태의 방정식을 푸는 법을 보인다. 한 번 더 $u = y'$ 이라 하면 독립변수 x가 없으므로 이를 대입하여 미분방정식을 독립변수가 y이고 종속변수가 u인 미분방정식으로 변형한다. 이를 위하여 연쇄법칙(Chain rule)을 사용하여 2계도함수 y''을 구한다.

$$y'' = \frac{du}{dx} = \frac{du}{dy}\frac{dy}{dx} = u\frac{du}{dy}.$$

이 경우 풀어야 할 1계 방정식은

$$F\left(y,\ u,\ u\frac{du}{dy}\right) = 0$$

이다.

예제 2 독립변수 x가 없다.

$yy'' = (y')^2$을 풀어라.

풀이 $u = y'$에 의하여, 위에서 보인 연쇄법칙과 변수분리로 주어진 미분방정식은

$$y\left(u\frac{du}{dy}\right) = u^2 \quad \text{또는} \quad \frac{du}{u} = \frac{dy}{y}$$

이 된다. 마지막 방정식을 적분하면 $\ln|u| = \ln|y| + c_1$을 얻어 상수 $\pm e^{c_1}$을 c_2로 하면 $u = c_2 y$가 된다. 다시 $u = \frac{dy}{dx}$를 대입하고, 변수 분리하고, 적분하고, 상수를 다시 치환한다.

$$\int \frac{dy}{y} = c_2 \int dx \quad \text{또는} \quad \ln|y| = c_2 x + c_3 \quad \text{또는} \quad y = c_4 e^{c_2 x}$$

이다. ■

테일러 급수의 활용 어떤 경우에는 초깃값 조건이 x_0에서 지정된 비선형 초깃값 문제의 해는 x_0에 관한 테일러급수에 의해 근사할 수 있다.

예제 3 초깃값 문제의 테일러급수 해

초깃값 문제

$$y'' = x + y - y^2, \; y(0) = -1, \; y(0) = -1 \tag{1}$$

의 해가 존재한다고 가정하자. 추가적으로 만일 이 문제의 해 $y(x)$가 0에서 해석적이라 가정하면 $y(x)$는 0에서 테일러급수로 전개가 된다 :

$$\begin{aligned} y(x) = y(0) + \frac{y'(0)}{1!}x + \frac{y''(0)}{2!}x^2 + \frac{y'''(0)}{3!}x^3 \\ + \frac{y^{(4)}(0)}{4!}x^4 + \frac{y^{(5)}(0)}{5!}x^5 + \cdots . \end{aligned} \tag{2}$$

지정된 초기조건 $y(0) = -1$, $y'(0) = 1$ 때문에 급수 (2)의 처음과 두 번째 항의 값은 알 수 있다. 게다가 미분방정식 자체로 0에서의 2계 도함수의 값이 정해진다 : $y''(0) = 0 + y(0) - y(0)^2 = 0 + (-1) - (-1)^2 = -2$. 미분방정식의 순차적인 도함수를 계산함으로써 고계도함수 y''', $y^{(4)}$, …의 표현을 구할 수 있다:

$$y'''(x) = \frac{d}{dx}(x + y - y^2) = 1 + y' - 2yy' \tag{3}$$

$$y^{(4)}(x) = \frac{d}{dx}(1 + y' - 2yy') = y'' - 2yy'' - 2(y')^2 \tag{4}$$

$$y^{(5)}(x) = \frac{d}{dx}(y'' - 2yy'' - 2(y')^2) = y''' - 2yy''' - 6y'y'' \tag{5}$$

등. $y(0) = -1$과 $y'(0) = 1$를 이용하여 (3)에서 $y'''(0) = 4$이다. $y(0) = -1$, $y'(0) = 1$과 $y'''(0) = 4$으로 (4)에 의해 $y^{(4)}(0) = -8$이다. $y'''(0) = 4$이므로 (5)에서 $y^{(5)}(0) = 24$이다. 그러므로 (2)로 초깃값 문제 (1)의 급수해의 처음 여섯 번째 항은

$$y(x) = -1 + x - x^2 + \frac{2}{3}x^3 - \frac{1}{3}x^4 + \frac{1}{5}x^5 + \cdots$$

이다. ■

수치적 해결도구의 사용 오일러의 방법 또는 룽게 쿠타(Rúnge-Kùtta) 방법과 같은 수치적 방법은 단지 1계 미분방정식을 위해 개발되었고 1계 방정식의 연립방정식으로 확장된다. n계 초깃값 문제를 수치적으로 해석하기 위하여 n계 상미분방정식을 n개의 1계 방정식의 연립방정식으로 나타낸다. 간단하게 여기서 2계 초깃값 문제를 어떻게 하는지 보여준다.

먼저 y''에 관하여 푼다 – 즉, 미분방정식을 정칙형 $y'' = f(x, y, y')$으로 놓고 $-y' = u$라 한다. 예를 들어 $y' = u$을

$$\frac{d^2y}{dx^2} = f(x, y, y'), \quad y(x_0) = y_0, \quad y'(x_0) = u_0 \tag{6}$$

에 대입하면 $y'' = u'$과 $y'(x_0) = u(x_0)$이고 초깃값 문제 (6)는

해를 구한다 : $\begin{cases} y' = u \\ u' = f(x, y, u) \end{cases}$

조건 : $y(x_0) = y_0, \; y'(x_0) = u_0$

이 된다. 그럼에도 이 연립방정식을 지원하는 상업적인 수치적 해결도구가 필요하지* *않을 수 있다.*

예제 4 예제 3의 그래프적인 해석

위의 과정에 따르면 우리는 예제 3에서 2계 초깃값 문제는

$$\frac{dy}{dx} = u$$

$$\frac{du}{dx} = x + y - y^2$$

초깃값 조건 $y(0) = -1, \; u(0) = 1$과 동치이다. 수치적 해결도구의 도움으로 해곡선은 그림 4.10.1에서 파랑색으로 표현된 해곡선이 된다. 비교하기 위하여 5차 테일러 다항식 $T_5(x) = -1 + x - x^2 + \frac{2}{3}x^3 - \frac{1}{3}x^4 + \frac{1}{5}x^5$의 그래프는 빨강색으로 되어 있다. 예제 3에서 얻어진 테일러 급수의 수렴구간은 알지 못하지만 원점의 근방에서 두 곡선이 근접하는 것은 멱급수가 구간 $(-1, 1)$에서 수렴할 수 있음을 시사한다. ■

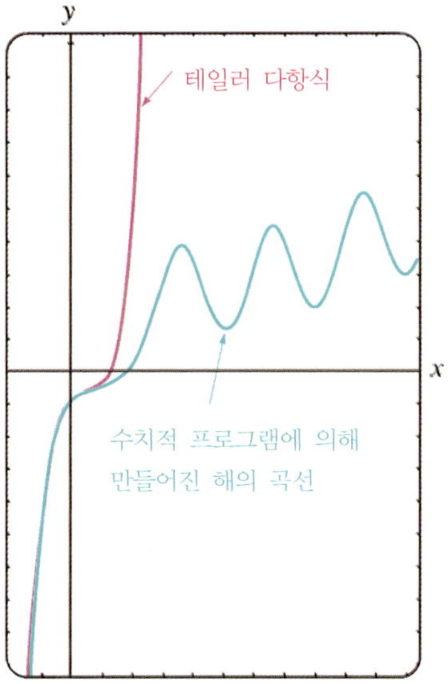

그림 4.10.1 예제 1의 두 근사해의 비교

정성적인 문제 그림 4.10.1의 파랑색 그래프는 정성적인 형상에 관한 몇 개의 문제를 제기한다: 처음의 초깃값 문제의 해는 $x \to \infty$ 함에 따라 진동하는가? 그림 4.10.2의 좀 더 큰 구간에서 수치적 해결도구에 의해 생성된 그래프는 그 답이 항상 맞는다는 것을 시사하는 것 같다. 그러나 이 하나의 예제가 – 또는 각종 예제에서 조차도 – 미분방정식 $y'' = x + y - y^2$의 모든 해가 사실상 진동하는지 여부와 같은 기본 질문의 답이 아니다. 또한 x가 -1에 가까우면 그림 4.10.2의 해 곡선에 무엇이 일어나는가? $x \to -\infty$일 때 미분방정식 해의 움직임은 무엇인가? $x \to \infty$일 때 해는 유계한가? 일반적으로 비선형 2계 미분방정식에 대한 이와 같은 질문은 쉽게 대답하지 못한다. 그러나 어떤 형태의 2계 방정식들은 체계적인 정

* 어떤 수치적 해결도구는 2계 미분방정식이 정칙형 $y'' = f(x, y, y')$의 형태로 표현되어야만 한다. 연립방정식의 첫 번째 방정식은 언제나 $y' = u$이고 두 번째 방정식은 $u' = f(x, y, u)$이기 때문에 단 한 개의 방정식을 두 개의 방정식으로 되어 있는 연립방정식으로 바꾸는 것은 컴퓨터 프로그램에 내장되어 있다.

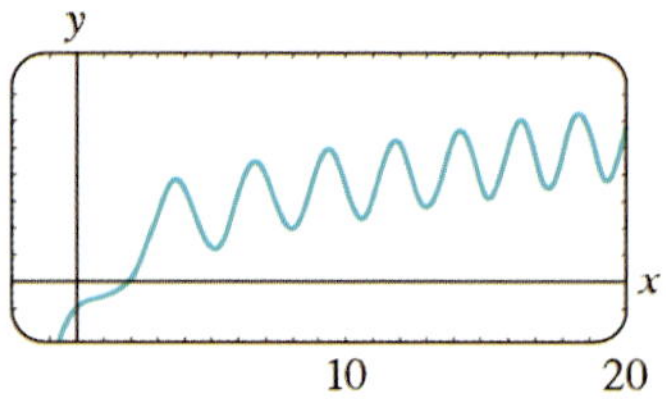

그림 4.10.2 (1)의 IVP에 대한 수치 해곡선

성적 해석에 적합하여 2.1절에서 접한 1계 관계식들과 같이 그것들은 독립변수에 확실한 종속변수가 없는 형태가 된다. 독립변수 x가 없는

$$F(y, y', y'') = 0 \quad \text{또는} \quad \frac{d^2y}{dx^2} = f(y, y')$$

형태의 2계 상미분방정식을 **자율적(autonomous)**이라 한다. 예제 2의 미분방정식는 자율적이고 예제 3의 방정식은 오른쪽 항에서 x항의 존재 때문에 비자율적이다. 자율 2계 미분방정식과 자율 연립 미분방정식의 안정성에 관한 주제의 깊이 있는 내용에 대하여 *경곗값 문제에 관한 미분방정식(Differential Equations with Boundary-value Problems)*의 10장을 참조하라.

연습문제 4.10

(1-2) y_1과 y_2가 주어진 미분방정식의 해가 되지만 일반적으로 $y = c_1y_1 + c_2y_2$는 해가 되지 않음을 보여라.

1 $(y'')^2 = y^2; \quad y_1 = e^x, \quad y_2 = \cos x$

2 $yy'' = \frac{1}{2}(y')^2; \quad y_1 = 1, \ y_2 = x^2$

(3-8) $u = y'$로 치환하여 주어진 미분방정식을 풀어라.

3 $y'' + (y')^2 + 1 = 0$

4 $y'' = 1 + (y')^2$

5 $x^2y'' + (y')^2 = 0$

6 $(y+1)y'' = (y')^2$

7 $y'' + 2y(y')^3 = 0$

8 $y^2y'' = y'$

9-10 주어진 초깃값 문제를 풀어라

9 $2y'y'' = 1, \ y(0) = 2, \ y'(0) = 1$

10 $y'' + x(y')^2 = 0, \ y(1) = 4, \ y'(1) = 2$

11 초깃값 문제

$$y'' + yy' = 0, \ y(0) = 1, \ y'(0) = -1$$

을 보자.

(a) 미분방정식과 수치적 해결도구에 의하여 해곡선의 그래프를 그려라.

(b) 초깃값 문제의 명확한 해를 구하여라. 그래프 그리는 도구를 활용하여 이 해의 그래프를 그려라.

(c) (b)에서 구한 해가 정의되는 구간을 구하여라.

12 초깃값 문제

$$(y'')^2 + (y')^2 = 1, \ y\left(\frac{\pi}{2}\right) = \frac{1}{2}, \ y'\left(\frac{\pi}{2}\right) = \frac{\sqrt{3}}{2}$$

의 두 해를 구하여라. 수치적 해결도구를 활용하여 해곡선의 그래프를 그려라.

(13-14) $u = y'$로 치환하면 베르누이 방정식이 됨을 보여라. 이 미분방정식을 풀어라(2.5절을 참조).

13 $xy'' = y' + (y')^3$

14 $xy'' = y' + x(y')^2$

(15-18) 예제 3과 같은 방법으로 하여 0의 근방에서 주어진 초깃값 문제의 테일러급수 해를 처음 영이 아닌 여섯 개의 항을 구하여라. 수치적 해결도구와 그래프를 그리는 도구를 활용하여 해곡선과 테일러 다항식의 그래프를 비교하여라.

15 $y'' = x + y^2, \ y(0) = 1, \ y'(0) = 1$

16 $y'' + y^2 = 1, \ y(0) = 2, \ y'(0) = 3$

17 $y'' = x^2 + y^2 - 2y', \ y(0) = 1, \ y'(0) = 1$

18 $y'' = e^y, \ y(0) = 0, \ y'(0) = -1$

19 미적분학에서 함수 $y = f(x)$로 정의된 곡선의 곡률은

$$\kappa = \frac{y''}{[1+(y')^2]^{3/2}}$$

로 정의했다. $\kappa = 1$인 $y = f(x)$를 구하여라. [힌트: 간단히 하기 위하여, 적분상수는 무시하여라.]

토론 문제

20 문제 1에서 $\cos x$와 e^x가 비선형방정식 $(y'')^2 - y^2 = 0$의 해가 됨을 보였다. $\sin x$와 e^{-x}도 해가 됨을 보여라. 미분방정식을 풀지 않고 선형방정식에 관한 지식만으로 어떻게 이들 명확한 해를 구할 수 있는지 설명하여라. 증명하지 않고, 일반적으로 일차결합 $y = c_1e^x + c_2e^{-x} + c_3\cos x + c_4\sin x$ 와 $y = c_2e^{-x} + c_4\sin x$가 미분방정식의 해가 되지 않지만 두 개의 특정한 일차결합 $y = c_1e^x + c_2e^{-x}$와 $y = c_3\cos x + c_4\sin x$는 미분방정식을 만족해야만 하는지 그 이유를 논하여라.

21 이 절에서 배운 계수의 감소 방법이 어떻게 3계 미분방정식 $y''' = \sqrt{1+(y'')^2}$에 적용되는지 논하여라. 아이디어를 전개하고 방정식을 풀어라.

22 예제 1의 비선형미분방정식 $y'' = 2x(y')^2$에 대한 해의 다른 두 개의 매개변수 집합족을 어떻게 구하는가에 대해 논하여라. [힌트: 적분상수로 $+c_1^2$대신 $-c_1^2$을 사용했다고 가정하자.]

수학적 모델

23 **역장에서의 운동** 역제곱 역장에서 x축 위를 직선방향으로 움직이는 물체의 위치 $x(t)$에 대한 수학적 모델은

$$\frac{d^2x}{dt^2} = -\frac{k^2}{x^2}$$

으로 주어진다. $t=0$일 때 물체는 정지 상태에서 위치 $x = x_0$, $x_0 > 0$에서 움직이기 시작했다. 시간 t에서 물체의 속도는 $v^2 = 2k^2(1/x - 1/x_0)$으로 주어짐을 보여라. 시간 t를 x에 관하여 표현하기 위하여 마지막 방정식과 컴퓨터 대수체계를 활용하여 적분을 하라.

24 움직이는 물체의 위치 $x(t)$에 대한 수학적 모델은

$$\frac{d^2x}{dt^2} + \sin x = 0$$

이다. $x(0) = 0, x'(0) = x_1$, $x_1 \geq 0$에 대한 방정식의 근을 수치적 해결도구를 활용하여 그래프적으로 고찰하여라. $t \geq 0$와 다양한 x_1의 값에 대하여 물체의 운동을 논하여라. 같은 방법으로 방정식

$$\frac{d^2x}{dt^2} + \frac{dx}{dt} + \sin x = 0$$

을 연구하여라. dx/dt 항에 대한 가능한 물리적인 해석을 하여라.

4장 복습

(1-4) 교과서를 참조하지 말고 답하여라. 빈칸을 채우거나 참 또는 거짓인지를 답하여라.

1 초깃값 문제 $y'' + x^2y = 0$, $y(0) = 0$, $y'(0) = 0$의 유일한 해는 ______ 이다.

2 $y'' - y = 1 + e^x$의 특수해 y_p를 미정계수법으로 가정한 해는 ______ 이다.

3 선형미분방정식의 해의 상수배도 또한 해가 된다. ______

4 만일 두 함수 f_1과 f_2로 이루어진 집합이 구간 I에서 일차 독립이면 구간 I의 모든 점 x에서 론스키 행렬식 $W(f_1, f_2) \neq 0$이다. ______

5 $y = \sin 5x$가 상수가 계수인 동차 2계 선형 미분방정식의 해이면 미분방정식의 일반해는 ______ 이다.

6 $y = 1 - x + 6x^2 + 3e^x$가 상수가 계수인 4계 선형 동차 미분방정식의 해이면 보조다항식의 근은 ______ 이다.

7 $y = c_1x^2 + c_2x^2\ln x$, $x > 0$이 동차 2계 코시-오일러 방정식의 해이면 미분방정식은 ______ 이다.

8 $A =$ ______ 일 때 $y_p = Ax^2$이 $y''' + y'' = 1$의 특수

해이다.

9 만일 $y_{p_1} = x$가 $y'' + y = x$의 특수해이고

$y_{p_2} = x^2 - 2y'' + y = x^2$의 특수해이면

$y'' + y = x^2 + x$의 특수해는 ______ 이다.

10 만일 $y_1 = e^x$와 $y_2 = e^{-x}$가 동차 선형 미분방정식의 해이면, 필연적으로 $y = -5e^{-x} + 10e^x$도 또한 이 미분방정식의 해가 된다. ________

11 두 함수 $f_1(x) = x^2$과 $f_2(x) = x|x|$의 집합이 일차독립이 되는 구간을 구하여라. f_1과 f_2로 이루어진 집합이 일차종속이 되는 구간을 구하여라.

12 론스키 행렬식을 이용하지 않고 주어진 함수들의 집합이 제시된 구간에서 일차 독립인지 종속인지를 밝혀라.

(a) $f_1(x) = \ln x$, $f_2(x) = \ln x^2$, $(0, \infty)$

(b) $f_1(x) = x^n$, $f_2(x) = x^{n+1}$,
$n = 1, 2, \cdots (-\infty, \infty)$

(c) $f_1(x) = x$, $f_2(x) = x + 1$, $(-\infty, \infty)$

(d) $f_1(x) = \cos\left(x + \frac{\pi}{2}\right)$,
$f_2(x) = \sin x$, $(-\infty, \infty)$

(e) $f_1(x) = 0$, $f_2(x) = x$, $(-5, 5)$

(f) $f_1(x) = 2$, $f_2(x) = 2x$, $(-\infty, \infty)$

(g) $f_1(x) = x^2$, $f_2(x) = 1 - x^2$,
$f_3(x) = 2 + x^2$, (∞, ∞)

(h) $f_1(x) = xe^{x+1}$, $f_2(x) = (4x-5)e^x$,
$f_3(x) = xe^x$, $(-\infty, \infty)$

13 $m_1 = 3$ $m_2 = -5$와 $m_3 = 1$이 각각 중복도 1, 2, 3인 보조다항식의 근이라 하자. 만일 대응되는 동차 선형미분방정식이 다음과 같은 경우 각각의 미분방정식의 일반해를 구하여라.

(a) 계수가 상수인 방정식

(b) 코시-오일러 방정식

14 a, b, c는 상수인 미분방정식 $ay'' + by' + cy = g(x)$을 보자. 미정계수 방법이 적용되는 입력함수 $g(x)$와 매개변수 변화법이 적용되는 입력함수를 찾아라.

(a) $g(x) = e^x \ln x$ (b) $g(x) = x^3 \cos x$

(c) $g(x) = \dfrac{\sin x}{e^x}$ (d) $g(x) = 2x^{-2}e^x$

(e) $g(x) = \sin^2 x$ (f) $g(x) = \dfrac{e^x}{\sin x}$

(15-30) 이 장에서 전개된 과정을 사용하여 각각의 미분방정식의 일반해를 구하여라.

15 $y'' - 2y' - 2y = 0$

16 $2y'' + 2y' + 3y = 0$

17 $y''' + 10y'' + 25y' = 0$

18 $2y''' + 9y'' + 12y' + 5y = 0$

19 $3y''' + 10y'' + 15y' + 4y = 0$

20 $2y^{(4)} + 3y''' + 2y'' + 6y' - 4y = 0$

21 $y'' - 3y' + 5y = 4x^3 - 2x$

22 $y'' - 2y' + y = x^2 e^x$

23 $y''' - 5y'' + 6y' = 8 + 2\sin x$

24 $y''' - y'' = 6$

25 $y'' - 2y' + 2y = e^x \tan x$

26 $y'' - y = \dfrac{2e^x}{e^x + e^{-x}}$

27 $6x^2y'' + 5xy' - y = 0$

28 $2x^3y''' + 19x^2y'' + 39xy' + 9y = 0$

29 $x^2y'' - 4xy' + 6y = 2x^4 + x^2$

30 $x^2y'' - xy' + y = x^3$

31 $\omega \neq \alpha$와 $\omega = \alpha$인 두 경우에 대하여 주어진 미분방정식의 일반해를 $y = y_c + y_p$의 형태로 구하여라. y_p에서의 계수는 구하지 않는다.

(a) $y'' + \omega^2 y = \sin \alpha x$ (b) $y'' - \omega^2 y = e^{\alpha x}$

32 (a) $y^{(4)} + 2y''' + 11y'' + 2y' + 10y = 0$의 한 해 $y = \sin x$가 주어졌을 때 *계산기나 컴퓨터를 사용하지 않고* 미분방정식의 일반해를 구하여라.

(b) $y_1 = 1$과 $y_2 = e^{-x}$가 관련된 동차미분방정식의 해이
고 $y_p = \frac{1}{2}x^2 - x$가 특수해가 되는 상수를 계수로 하
는 비동차 2계 선형미분방정식을 구하여라.

33 (a) 4계 미분방정식 $y^{(4)} - 2y'' + y = 0$의 일반해를 모두 쌍곡선함수로 이루어진 형태로 구하여라.

(b) $y^{(4)} - 2y'' + y = \sinh x$의 특수해의 형태를 구하여라.

34 미분방정식 $x^2y'' - (x^2 + 2x)y' + (x+2)y = x^3$을 보자. $y_1 = x$가 관련된 동차방정식의 한 해가 됨을 증명하여라. 4.2절에서 설명한 계수의 감소 방법이 동차방정식의 두 번째 해인 y_2와 비동차 방정식의 특수해 y_p를 유도함을 보여라. 구간 $(0, \infty)$에서 미분방정식의 일반해를 구하여라.

(35-40) 제시된 조건에 대한 주어진 미분방정식을 풀어라.

35 $y'' - 2y' + 2y = 0,\ y\left(\frac{\pi}{2}\right) = 0,\ y(\pi) = -1$

36 $y'' + 2y' + y = 0,\quad y(-1) = 0,\quad y'(0) = 0$

37 $y'' - y = x + \sin x,\ y(0) = 2,\ y'(0) = 3$

38 $y'' + y = \sec^3 x,\ y(0) = 1,\ y'(0) = \frac{1}{2}$

39 $y'y'' = 4x,\quad y(1) = 5,\quad y'(1) = 2$

40 $2y'' = 3y^2,\ y(0) = 1,\ y'(0) = 1$

41 (a) $12y^{(4)} + 64y''' + 59y'' - 23y' - 12y = 0$의 보조 다항식의 근을 컴퓨터 대수체계를 활용하여 구하여라. 이 방정식의 일반해를 구하여라.

(b) 초깃값 조건 $y(0) = -1,\ y'(0) = 2,\quad y''(0) = 5,\ y'''(0) = 0$에 대하여 (a)의 미분방정식을 풀어라. 4개의 방정식의 4개의 미지수에 대한 연립방정식을 풀기 위하여 컴퓨터 대수체계를 활용하여라.

42 $xy'' + y' + \sqrt{x} = 0$의 해 집합족 중 그래프가 $x = 1$에서 x축에 접하는 한 원소를 구하여라. 그래프를 그리는 도구를 활용하여 해곡선의 그래프를 그려라.

(43-46) 주어진 연립방정식을 풀기 위하여 연립방정식 소거법을 사용하여라.

43 $\frac{dx}{dt} + \frac{dy}{dt} = 2x + 2y + 1$
$\frac{dx}{dt} + 2\frac{dy}{dt} = y + 3$

44 $\frac{dx}{dt} = 2x + y + t - 2$
$\frac{dy}{dt} = 3x + 4y - 4t$

45 $(D-2)x - y = -e^t$
$-3x + (D-4)y = -7e^t$

46 $(D+2)x + (D+2)y = \sin 2t$
$5x + (D+3)y = \cos 2t$

5 고계 미분방정식 모델

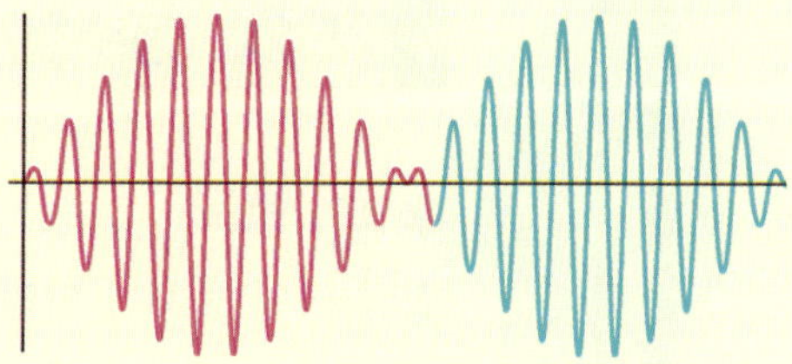

우리는 한 개의 미분방정식이 물리적 운동계의 다양한 모델이 될 수 있음을 보였다. 이런 이유로, 응용 중에 하나인, 용수철에 매달린 물체의 운동을 5.1절에서 아주 상세하게 다룬다. 선형방정식 $ay'' + by' + cy = g(t)$에서 전문용어이며 물리적 해석인 4개의 항을 제외하면 예를 들어, 직렬전자회로의 대한 수학은 용수철/질량계의 진동에 대한 수학과 같다. 이 2계 선형 미분방정식의 형태는 과학과 공학에서 많고 다양한 분야에 관한 문제의 분석에서 나타난다. 5.1절에서는 *초깃값* 문제만 다루는 반면, 5.2절에서는 경곗값 문제로 표현된 응용 문제를 검토한다. 5.2절에서 우리는 또한 일부 경곗값 문제가 *고윳값*과 *고유함수*의 중요한 개념으로 어떻게 이어지는지를 알아본다. 5.3절은 선형과 비선형 용수철 간의 차이점에 대한 논의로 시작한다: 그리고 우리는 단순 진자와 매달린 전선이 어떻게 비선형 수학적 모델로 이어지는지를 보인다.

5.1 선형모델 : 초깃값 문제

필요한 개념

- 4.1절, 4.3절, 4.4절
- 4.3절의 문제 29~36
- 4.4절의 문제 27~36

소개 | 이 절에서 우리는 각각의 수학적 모델이 $t=0$ 으로 택한 시간에서 정의된 초기조건을 가진 상수가 계수인 2계 미분방정식으로 되는 몇 가지의 선형 동역학계를 고찰할 것이다:

$$a\frac{d^2y}{dt^2}+b\frac{dy}{dt}+cy=g(t)\ ,\quad y(0)=y_0,\quad y'(0)=y_1.$$

함수 g를 시스템의 **입력**(input), **구동함수**(driving function) 또는 **강제함수**(forcing function)라 한다. 초기조건을 만족하는 $t=0$ 을 포함하는 구간 I에서의 미분방정식의 해 $y(t)$를 시스템의 **출력**(output) 또는 **반응**(response)함수라 한다.

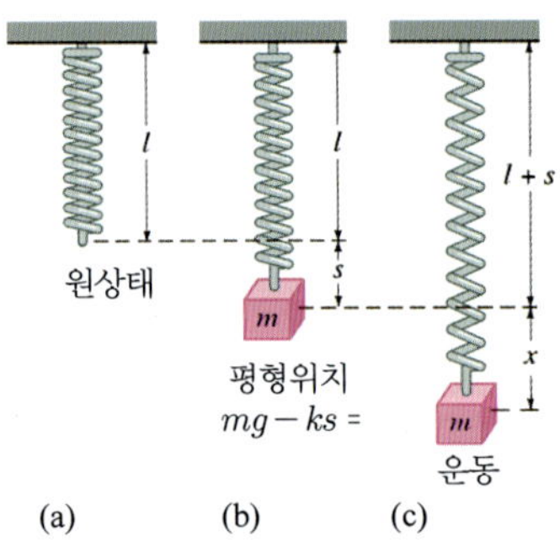

그림 5.1.1 용수철/질량계

5.1.1 용수철/질량계 : 자유 비감쇠운동

후크의 법칙 유연한 용수철이 단단한 지주대에 수직으로 매달려 있고 그 끝에 질량 m인 물체가 달려있다고 가정하자. 용수철의 늘어난 길이 또는 연장된 길이는 물론 물체의 질량에 좌우 된다; 다른 무게를 가진 물체들은 용수철을 다른 길이로 늘린다. 후크의 법칙에 의하여 용수철은 연장된 방향의 반대이고 늘어난 길이 s에 비례한 복원력 F을 발휘한다. 간단히 k가 **용수철 상수**라 불리는 비례상수이면 $F=ks$이다. 용수철은 본질적으로 상수 k에 의하여 특징을 규정한다. 예를 들면, 10파운드의 질량이 용수철을 $\frac{1}{2}$ 피트를 늘어나게 하면 $10=k\left(\frac{1}{2}\right)$로 $k=20\,\mathrm{lb/ft}$를 의미한다. 그러면 질량이 8파운드인 물체는 같은 용수철을 $\frac{2}{5}$ 피트 늘어나게 한다.

뉴턴의 두 번째 법칙 질량 m인 물체를 용수철에 매달면 용수철은 길이 s 만큼 늘어나고 무게 W가 복원력 ks에 의해 균형을 이루는 지점에서 평형위치에 도달한다. 무게는 $W=mg$로 정의하는데 질량은 slugs, kilograms 또는 grams로 측정하고 g는 각각 $g=32\,\mathrm{ft/s^2}$, $9.8\,\mathrm{m/s^2}$ 또는 $980\,\mathrm{cm/s^2}$이다. 그림 5.1.1(b)처럼 평형의 조건은 $mg=ks$ 또는 $mg-ks=0$이다. 만일 물체를 평형위치에서 x로 옮기면 용수철의 복원력은 $k(x+s)$가 된다. 이 운동계에 작용하는 뒤처진 힘이 없고 이 물체가 다른 외부력의 영향 없이 – **자유운동**(free motion) – 진동한다고 가정하면 뉴턴의 두 번째 법칙을 알짜힘 또는 합성력, 복원력과 무게로 등식을 만

들 수 있다:

$$m\frac{d^2x}{dt^2} = -k(s+x) + mg = -kx + \underbrace{mg - ks}_{0} = -kx. \tag{1}$$

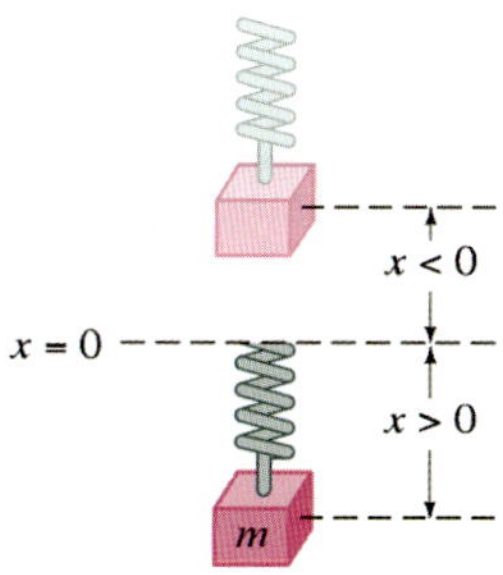

그림 5.1.2 평형위치 아래 방향이 양수이다.

(1)에서 음부호는 용수철의 복원력이 운동의 방향과 반대방향으로 작용함을 나타낸다. 더구나, 우리는 편리하게 평형위치 $x=0$ *아래*에서 측정된 변위는 양으로 택한다. 그림 5.1.2를 참조하라.

자유 비감쇠운동에 관한 미분방정식 (1)을 질량 m으로 나누면 2계 미분방정식 $\frac{d^2x}{dt^2} + \frac{k}{m}x = 0$ 또는 $\omega^2 = \frac{k}{m}$인 방정식

$$\frac{d^2x}{dt^2} + \omega^2 x = 0 \tag{2}$$

이 된다. 방정식 (2)는 **단순조화운동**(simple harmonic motion) 또는 **자유 비감쇠 운동**(free undamped motion)을 나타낸다고 한다. (2)와 관련된 확실한 두 개의 초기 조건은 물체의 초기 변위인 $x(0) = x_0$과 초기 속도인 $x'(0) = x_1$이다. 예를 들어 $x_0 > 0$, $x_1 < 0$이면 이 물체는 *위쪽으로* 향하는 속도로 평형위치 *아래*의 한 지점에서 시작한다. $x'(0) = 0$일 때, 물체는 정지 상태에서 놓아진다고 한다. 예를 들어 $x_0 < 0$, $x_1 = 0$이면 이 물체는 *정지 상태*에서 평형위치보다 $|x_0|$ *위*인 지점에서 놓아진다.

운동방정식 방정식 (2)를 풀기 위하여, 보조방정식 $m^2 + \omega^2 = 0$의 근이 복소수 $m_1 = \omega i$, $m_2 = -\omega i$ 임을 주목하자. 4.3의 (8)로부터 (2)의 일반해는

$$x(t) = c_1 \cos \omega t + c_2 \sin \omega t \tag{3}$$

이다. (3)으로 표현된 운동의 **주기**(period)는 $T = \frac{2\pi}{\omega}$이다. 실수 T는 물체가 한 번의 운동 사이클을 실행한 시간을 (초 단위) 나타낸다. 한 번의 사이클은 물체가 한 번의 완전한 진동, 즉, 질량 m인 물체가 말하자면 평형위치 아래의 가장 낮은 지점으로부터 평형위치 위의 가장 높은 지점으로 움직이는 것이다. 그래프식의 관점에서 $T = \frac{2\pi}{\omega}$초는 $x(t)$의 연속되는 두 최대 지점(최소 지점) 사이 시구간의 길이이다. $x(t)$의 최댓값은 물체가 평형위치 아래로 가장 먼 거리에 있을 때의 물체에 대응하는 양수의 변위이며 $x(t)$의 최솟값은 물체가 평형위치 위로 가장 먼 거리에 있을 때의 물체에 대응하는 음수의 변위이다. 각각의 경우를 물체의 **극변위**(extreme displacement)라 한다. 운동의 **진동수**(frequency)는 $f = \frac{1}{T} = \frac{\omega}{2\pi}$이고 매 초당 완성되는 사이클의 개수이다. 예를 들어, $x(t) = 2\cos 3\pi t - 4\sin 3\pi t$

이면 주기는 $T=\frac{2\pi}{3\pi}=\frac{2}{3}\,\mathrm{s}$ 이고 진동수는 $f=\frac{3}{2}\,\mathrm{cycles/s}$ 이다. 그래프식의 관점에서 $x(t)$의 그래프는 매 $\frac{2}{3}$초마다 반복된다. 즉, $x\left(t+\frac{2}{3}\right)=x(t)$이고 1초마다 그래프의 $\frac{3}{2}$사이클이 완성된다. (또는 그래프의 세 개의 사이클이 2초마다 완성된다.) 실수 $\omega=\sqrt{\frac{k}{m}}$ (radian/second로 측정됨)는 이 운동계의 **원 진동수**(circular frequency)라 한다. 교재에 따라 $f=\frac{\omega}{2\pi}$와 ω 모두를 이 운동계의 **자연 진동수**(natural frequency)라 하기도 한다. 마지막으로 초기 조건이 (3)에서의 c_1과 c_2를 구하기 위하여 사용될 때 결과의 특수해 또는 반응을 **운동방정식**(equation of motion)이라 한다.

예제 1 자유 비감쇠 운동

무게가 2파운드인 물체가 용수철을 6인치 늘어나게 했다. $t=0$일 때 물체는 위쪽으로 향하는 속도 $\frac{4}{3}\,\mathrm{ft/s}$로 평형위치 아래 8인치 지점에서 놓아졌다. 운동방정식을 구하라.

풀이 우리는 공학 단위계를 사용하기 때문에 인치로 주어진 단위는 피트로 바꾸어야만 한다: $6\,\mathrm{in}=\frac{1}{2}\,\mathrm{ft}$; $8\,\mathrm{in}=\frac{2}{3}\,\mathrm{ft}$. 더구나, 파운드로 주어진 무게의 단위는 질량의 단위로 전환하여야만 한다. $m=\frac{W}{g}$로부터 $m=\frac{2}{32}=\frac{1}{16}\,\mathrm{slug}$이다. 또한 후크의 법칙으로 $2=k\left(\frac{1}{2}\right)$로 용수철 상수는 $k=4\,\mathrm{lb/ft}$이다. 그러므로 (1)은

$$\frac{1}{16}\frac{d^2x}{dt^2}=-4x \quad \text{또는} \quad \frac{d^2x}{dt^2}+64x=0$$

이다. 초기 변위와 초기 속도는 각각 $x(0)=\frac{2}{3}$, $x'(0)=-\frac{4}{3}$이다. 여기서 마지막 조건에서의 음 부호는 물체가 음 또는 위쪽으로 향하는 초기 속도로 주어진 결과이다.

$\omega^2=64$ 또는 $\omega=8$이므로 미분방정식의 일반해는

$$x(t)=c_1\cos 8t+c_2\sin 8t \tag{4}$$

이다. 초기조건을 $x(t)$와 $x'(t)$에 적용하면 $c_1=\frac{2}{3}$과 $c_2=-\frac{1}{6}$이다. 그러므로 운동방정식은

$$x(t)=\frac{2}{3}\cos 8t-\frac{1}{6}\sin 8t \tag{5}$$

이다. ■

$x(t)$의 다른 형태 $c_1\neq 0$과 $c_2\neq 0$이면 자유 진동의 실제적인 **진폭**(amplitude) A는 방정식 (3)의 관찰로는 분명하지 않다. 예를 들어 예제 1의 물체는 평형위치

아래 $\frac{2}{3}$ 피트에서 처음 변위되었지만, 진동 진폭은 $\frac{2}{3}$ 보다 크다. 그러므로 가끔은 (3)의 형태인 해를 조금 더 간단한 형태

$$x(t) = A\sin(\omega t + \phi) \tag{6}$$

로 바꾸는 것이 편리하다. 여기서 $A = \sqrt{c_1^2 + c_2^2}$ 이고 ϕ는

$$\left.\begin{aligned} \sin\phi &= \frac{c_1}{A} \\ \cos\phi &= \frac{c_2}{A} \end{aligned}\right\} \tan\phi = \frac{c_1}{c_2}. \tag{7}$$

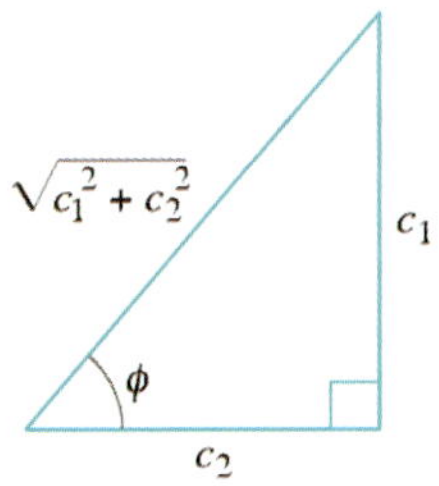

그림 5.1.3 $c_1 > 0$, $c_2 > 0$과 위상각 ϕ 사이의 관계

으로 정의된 **위상각**(phase angle)이다. 이를 증명하기 위하여 sine 함수에 대한 덧셈공식에 의하여 (6)을 전개한다.

$$A\sin\omega t\cos\phi + A\cos\omega t\sin\phi = (A\sin\phi)\cos\omega t + (A\cos\phi)\sin\omega t. \tag{8}$$

그림 5.1.3으로부터 ϕ가

$$\sin\phi = \frac{c_1}{\sqrt{c_1^2 + c_2^2}} = \frac{c_1}{A}, \quad \cos\phi = \frac{c_2}{\sqrt{c_1^2 + c_2^2}} = \frac{c_2}{A}$$

라 하면, (8)은

$$A\frac{c_1}{A}\cos\omega t + A\frac{c_2}{A}\sin\omega t = c_1\cos\omega t + c_2\sin\omega t = x(t)$$

이 된다.

예제 2 해 (5)의 다른 형태

앞의 설명에서 해 (5)를 $x(t) = A\sin(8t + \phi)$인 다른 형태로 쓸 수 있다. 진폭 계산은 바로 되지만, $A = \sqrt{\left(\frac{2}{3}\right)^2 + \left(-\frac{1}{6}\right)^2} = \sqrt{\frac{17}{36}} \approx 0.69\text{ ft}$, (7)로 정의된 위상각 ϕ를 계산할 때는 주의가 필요하다. $c_1 = \frac{2}{3}$이고 $c_2 = -\frac{1}{6}$으로 $\tan\phi = -4$가 되어 계산기를 이용하면 $\tan^{-1}(-4) = -1.326\text{rad}$이다. $\tan^{-1}(-4)$는 *4사분면*에 위치하고 $c_1 > 0$과 $c_2 < 0$이므로 $\sin\phi > 0$과 $\cos\phi < 0$인 사실에 모순이므로 이는 위상각이 *아니다*. 그러므로 ϕ는 2*사분면*의 각 $\phi = \pi + (-1.326) = 1.816\text{rad}$으로 택하여야 한다. 그래서 (5)는

$$x(t) = \frac{\sqrt{17}}{6}\sin(8t + 1.816) \tag{9}$$

과 같다. 이 함수의 주기는 $T = 2\pi/8 = \pi/4\text{ s}$이다. ■

과학이나 공대강사들은 (3)이 이동한 코사인 함수

$$x(t) = A\cos(\omega t - \phi) \tag{6'}$$

로 표현된 것을 더 선호한다는 것을 인지해야 한다. 여기서 $A = \sqrt{c_1^2 + c_2^2}$ 이다. 이 경우 라디안으로 측정된 위상각 ϕ는 (7)과 약간만 다르게 정의한다 :

$$\left.\begin{aligned} \sin\phi &= \frac{c_2}{A} \\ \cos\phi &= \frac{c_1}{A} \end{aligned}\right\} \tan\phi = \frac{c_2}{c_1}. \tag{7'}$$

예를 들면, 예제 2에서 $c_1 = \frac{2}{3}$ 이고 $c_2 = -\frac{1}{6}$ 이면, (7')는 $\tan\phi = -\frac{1}{4}$ 가 된다. $\sin\phi < 0$ 이고 $\cos\phi > 0$ 이므로 각 ϕ는 4사분면에 있고 소숫점 세 자리에서 반올림하여 $\phi = \tan^{-1}(-\frac{1}{4}) = -0.245$ rad이 된다. (6')으로 해(5)의 두 번째 다른 형태를 구한다 :

$$x(t) = \frac{\sqrt{17}}{6}\cos(8t - (-0.245)) \text{ 또는 } x(t) = \frac{\sqrt{17}}{6}\cos(8t + 0.245).$$

그래프적 해석 그림 5.1.4(a)는 예제 3에서의 물체가 약 두 개의 완전한 운동 사이클을 따라 움직이는 것을 보여준다. 왼쪽부터 오른쪽으로 보면 처음 5개의 위치(검은 점으로 표시)는 평형위치 아래가 초기위치$\left(x = \frac{2}{3}\right)$인 물체, 처음으로 위쪽 방향인 평형위치$(x = 0)$를 지나는 물체, 평형위치 위 극변위 $\left(x = -\frac{\sqrt{17}}{6}\right)$에서의 물체, 처음으로 아래쪽 방향인 평형위치$(x = 0)$에 있는 물체 그리고 평형위치 아래 극변위$\left(x = \frac{\sqrt{17}}{6}\right)$에서의 물체와 일치한다. 그림 5.1.4(b)에 주어진, (9)의 그래프 위의 검은 점은 또한 위에서 주어진 5개의 점과 동일하다. 그림 5.1.4(b)에서 tx-평면의 양의 방향은 보통 위로 향하는 방향이므로 그림 5.1.4(a)에서 표시한 양의 방향과 반대이다. 그러므로 5.1.4(b)의 물체의 운동을 표현한 파랑색 그래프는 5.1.4(a)의 파랑색 점으로 표시된 곡선을 t-축에 관하여 반사한 것이다.

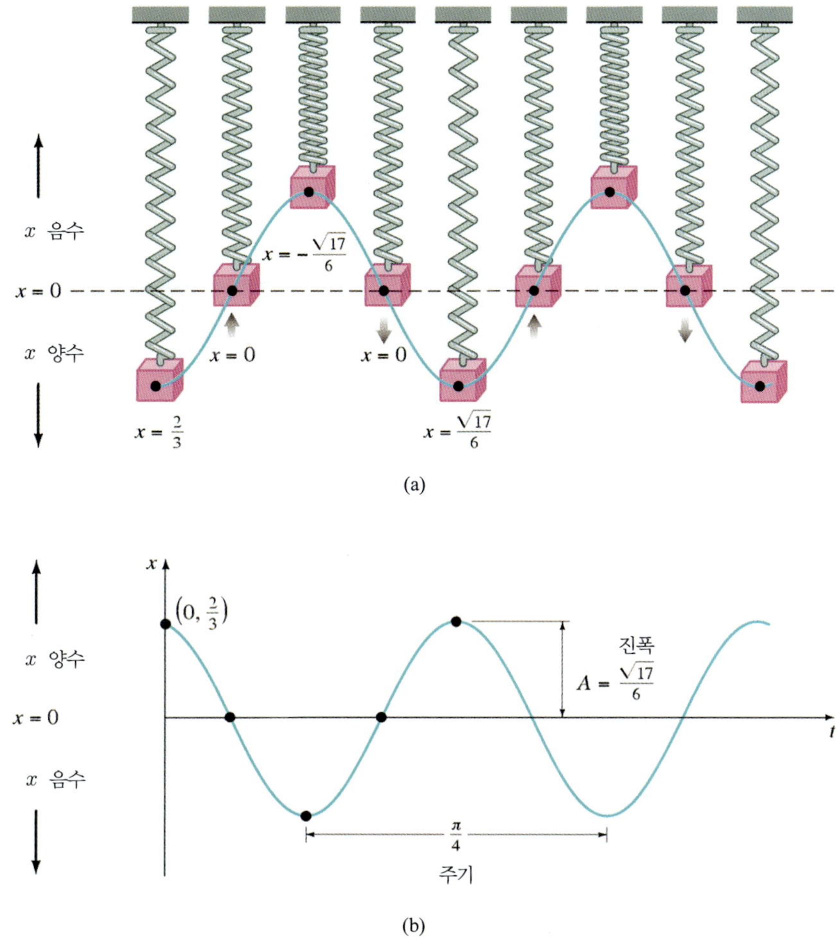

그림 5.1.4 단조 조화 운동

$x(t)$의 그래프가 양의 t-축 (선 $x=0$)을 지날 때의 시간을 구하기 쉽기 때문에 (6)의 형태의 식은 매우 유용하다. 음이 아닌 정수 n에 대하여 $\omega t+\phi=n\pi$일 때 $\sin(\omega t+\phi)=0$이다.

용수철 상수가 변수인 운동계 위의 모델에서는 이상적인 세상 –용수철의 물리적 특징이 시간이 갈수록 변하지 않는 세상–을 가정하였다. 그렇지만 비이상적인 세상에서는 오랜 기간 용수철/질량계가 움직이면 용수철이 약해진다고 예측하는 것이 타당하다 : 다른 말하면 "용수철 상수"는 시간과 더불어 변할 것이다. 또는, 좀 더 명확하게 부식할 것이다. **낡아가는 용수철**(aging spring)에 관한 한 가지 모델에서 (1)의 용수철 상수 k는 감소함수 $K(t)=ke^{-\alpha t}$, $k>0$, $\alpha>0$로 대치된다. 선형 미분방정식 $mx''+ke^{-\alpha t}x=0$ 은 4장에서 다룬 방법으로는 풀 수가 없다. 그럼에도 6장에서 이용할 방법으로 두 개의 일차 독립인 해를 구할 수 있다. 5.1절의 문제 15, 6.3절의 예제 4와 6.3절의 문제 33과 39를 참조하라.

용수철/질량계가 온도가 빠르게 떨어지는 환경에 놓여있을 때, 상수 k는 시간에

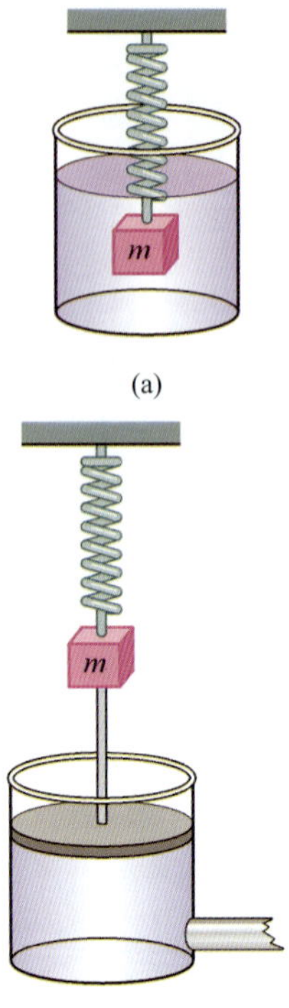

그림 5.1.5 감쇠 장치

따라 증가하는 함수 $K(t)=kt,\ k>0$로 대치하는 것이 타당할 수 있다. 그 결과로 생기는 모델, $mx''+ktx=0$는 **에어리(Airy)의 미분방정식**의 형태이다. 낡아가는 용수철의 방정식처럼, 에어리의 방정식은 6장의 방법에 의하여 풀 수 있다. 연습문제 5.1의 문제 12번, 6.2절의 예제 5와 연습문제 6.4의 문제 34, 35와 40를 참조하라.

5.1.2 용수철/질량계 : 자유 감쇠운동

방정식 (1)에서 표현된 운동은 움직이는 물체에 작용하는 뒤쳐진 힘이 없다고 가정하므로 자유 조화운동의 개념은 다소 비현실적이다. 물체가 완전한 진공상태에서 매달려 있지 않는 한, 적어도 주위 매질로 인한 저항력은 있다. 그림 5.1.5와 같이, 물체는 점성물질에 매달려 있을 수 있거나 감쇠장치에 연결될 수도 있다.

자유 감쇠운동의 미분방정식 역학의 연구에서는, 물체에 작용하는 감쇠력은 순간 속도의 힘에 비례한다고 생각되어진다. 특별히, 우리는 앞으로의 논의에 있어서 이 힘이 $\dfrac{dx}{dt}$의 상수 배인 수로 주어진다고 가정하자. 다른 외부의 힘이 이 운동계에 작용하지 않으면, 뉴턴의 두 번째 법칙에 의하여

$$m\frac{d^2x}{dt^2}=-kx-\beta\frac{dx}{dt} \tag{10}$$

이다. 여기서 β는 양의 *감쇠상수(damping constant)*이고 음부호는 감쇠력이 운동의 반대방향에서 작용하는 결과이다.

(10)을 질량 m으로 나누면 **자유 감쇠운동**의 미분방정식은

$$\frac{d^2x}{dt^2}+\frac{\beta}{m}\frac{dx}{dt}+\frac{k}{m}x=0$$

또는

$$\frac{d^2x}{dt^2}+2\lambda\frac{dx}{dt}+\omega^2x=0 \tag{11}$$

이다. 여기서

$$2\lambda=\frac{\beta}{m},\ \ \omega^2=\frac{k}{m} \tag{12}$$

이다. 보조방정식이 $m^2+2\lambda m+\omega^2=0$이면 대응하는 근이

$$m_1=-\lambda+\sqrt{\lambda^2-\omega^2},\quad m_2=-\lambda-\sqrt{\lambda^2-\omega^2}$$

이기 때문에 오직 대수적 편리함을 위해 기호 2λ를 사용한다.

세 가지 가능한 경우는 $\lambda^2-\omega^2$의 대수적 부호에 의해 구분할 수 있다. 각각의 해는 *감수인수* $e^{-\lambda t}$, $\lambda>0$를 포함하기 때문에 물체의 변위는 t가 증가할수록 무시할 수 있다.

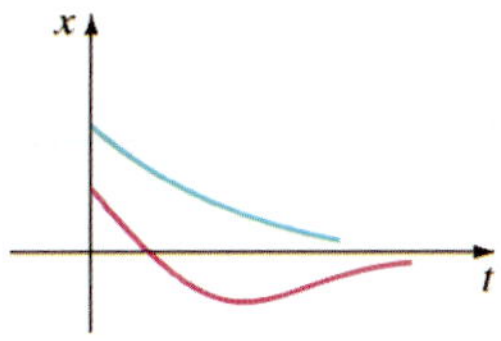

그림 5.1.6 과잉감쇠계의 운동

경우 I $\lambda^2-\omega^2>0$ 이 경우 감쇠 계수 β가 용수철상수 k에 비하여 크기 때문에 이 운동계는 **과잉감쇠**(overdamped)한다고 한다. (11)에 대응하는 일반해는 $x(t)=c_1e^{m_1t}+c_2e^{m_2t}$ 또는

$$x(t)=e^{-\lambda t}(c_1e^{\sqrt{\lambda^2-\omega^2}\,t}+c_2e^{-\sqrt{\lambda^2-\omega^2}\,t}) \tag{13}$$

이다. 이 방정식은 매끄럽고 비진동인 운동을 나타낸다. 그림 5.1.6은 $x(t)$의 두 가지 가능한 그래프를 보여준다.

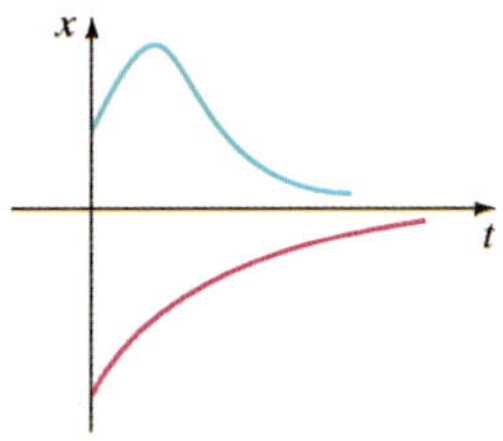

그림 5.1.7 임계감쇠계의 운동

경우 II $\lambda^2-\omega^2=0$ 약간의 감쇠력 감소는 진동 운동을 야기하기에 이 운동계는 **임계감쇠**(critically damped)라고 한다. (11)의 일반해는 $x(t)=c_1e^{m_1t}+c_2te^{m_1t}$ 또는

$$x(t)=e^{-\lambda t}(c_1+c_2t). \tag{14}$$

이다. 몇 개의 전형적인 그래프는 그림 5.1.7에 주어진다. 이 운동이 과잉 운동계의 운동과 많이 비슷함을 주시하여라. (14)로부터 이 물체가 기껏해야 한 번만 평형위치를 지나갈 수 있음을 확실히 알 수 있다.

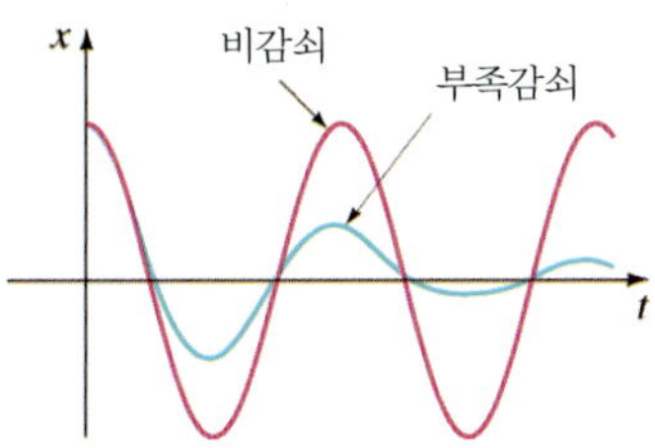

그림 5.1.8 부족감쇠계의 운동

경우 III $\lambda^2-\omega^2<0$ 이 경우에는 감쇠 계수 β가 용수철 상수 k에 비하여 작기 때문에 이 운동계는 **부족감쇠**(underdamped)라 한다. 근 m_1과 m_2는 복소수이다:

$$m_1=-\lambda+\sqrt{\omega^2-\lambda^2}\,i,\quad m_2=-\lambda-\sqrt{\omega^2-\lambda^2}\,i.$$

그러므로 방정식 (11)의 일반해는

$$x(t)=e^{-\lambda t}(c_1\cos\sqrt{\omega^2-\lambda^2}\,t+c_2\sin\sqrt{\omega^2-\lambda^2}\,t) \tag{15}$$

이다. 그림 5.1.8에서와 같이 (15)로 표현된 운동은 진동한다 ; 계수 $e^{-\lambda t}$ 때문에, 진동의 진폭은 $t\to\infty$ 함에 따라 0으로 다가간다.

예제 3 과잉감쇠운동

초깃값 문제 $\frac{d^2x}{dt^2}+5\frac{dx}{dt}+4x=0$, $x(0)=1$, $x'(0)=1$의 해가

$$x(t)=\frac{5}{3}e^{-t}-\frac{2}{3}e^{-4t} \tag{16}$$

가 되는 것은 쉽게 증명된다. 이 문제는 용수철에 있는 물체의 과잉감쇠운동을 나타낸다고 해석할 수 있다. 이 물체는 아래로 향하는 속도 1 ft/s로 평형위치 *아래* 단위 1인 지점에서 처음 놓아졌다.

$x(t)$의 그래프를 그리기 위하여 우리는 함수가 극값을 가지는 – 즉, 1계 도함수(속도)가 영이 되는 시간 t의 값을 구한다. (16)을 미분하면 $x'(t)=-\frac{5}{3}e^{-t}+\frac{8}{3}e^{-4t}$이고 $x'(t)=0$은 $e^{3t}=\frac{8}{5}$ 또는 $t=\frac{1}{3}\ln\frac{8}{5}=0.157$이다. 1계도함수 판정과 우리의 물리적인 직관으로 $x(0.157)=1.069$ ft에서 실제적으로 최댓값이다. 다시 말하면 물체는 평형위치 아래 1.069ft 지점에서 극 변위가 된다.

우리는 또한 그래프가 t-축과 만나는지를 – 즉 물체가 평형위치를 지나가는지 알아보아야만 한다. 방정식 $x(t)=0$ 또는 $e^{3t}=\frac{2}{5}$는 물리적으로 부적절한 해 $t=\frac{1}{3}\ln\frac{2}{5}=-0.305$를 갖기 때문에 이 경우는 발생하지 않는다.

다른 적절한 데이터와 함께 $x(t)$의 그래프는 그림 5.1.9에 주어진다. ■

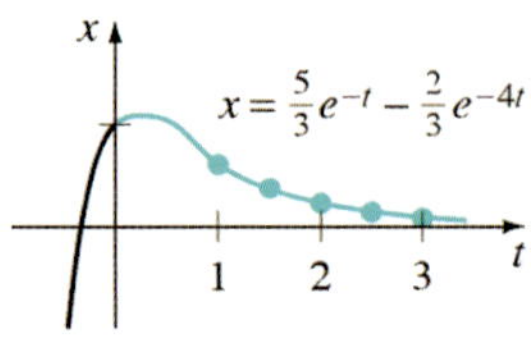

(a)

t	$x(t)$
1	0.601
1.5	0.370
2	0.225
2.5	0.137
3	0.083

(b)

그림 5.1.9 예제 3의 과잉감쇠계

예제 4 임계감쇠운동

무게가 8파운드 물체가 용수철을 2피트 늘어나게 했다. 순간 속도의 2배와 같은 감쇠력이 이 운동계에 적용된다고 가정하고, 위쪽으로 향하는 3 ft/s속도로 평형위치에서 물체가 놓아졌을 때의 운동방정식을 구하라.

풀이 후크의 법칙으로부터 $8=k(2)$로 $k=4\,\text{lb/ft}$이고 $W=mg$로 $m=\frac{8}{32}=\frac{1}{4}$slug이다. 운동 미분방정식은

$$\frac{1}{4}\frac{d^2x}{dt^2}=-4x-2\frac{dx}{dt} \quad 또는 \quad \frac{d^2x}{dt^2}+8\frac{dx}{dt}+16x=0 \tag{17}$$

이다. (17)의 보조방정식은 $m^2+8m+16=(m+4)^2=0$이므로 $m_1=m_2=-4$이다. 그러므로 이 운동계는 임계감쇠이고,

$$x(t)=c_1e^{-4t}+c_2te^{-4t} \tag{18}$$

이다. 초기조건 $x(0)=0$과 $x'(0)=-3$을 적용하면 차례로 $c_1=0$과 $c_2=-3$이다. 그러므로 운동방정식은

$$x(t)=-3te^{-4t} \tag{19}$$

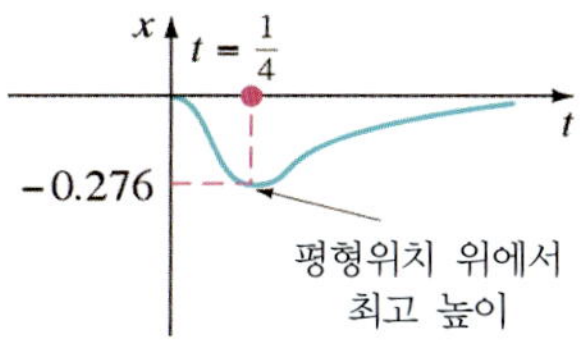

그림 5.1.10 예제 4의 임계감쇠계

이다. $x(t)$의 그래프를 그리기 위하여 예제 3과 같이 한다. $x'(t)=-3e^{-4t}(1-4t)$로부터 $t=\frac{1}{4}$이면 $x'(t)=0$이 된다. 대응하는 극 변위는 $x\left(\frac{1}{4}\right)=-3\left(\frac{1}{4}\right)e^{-1}=-0.276$ ft이다. 그림 5.1.10에서와 같이 이 값은 물체가 평형위치 위로 최대 높이 0.276피트 지점에 도달함을 의미한다. ■

예제 5 부족감쇠운동

무게가 16파운드인 물체가 길이 5피트인 용수철에 매달려있다. 평형상태에서 용수철은 8.2피트이다. 만일 물체가 평형상태 위 2피트인 지점에서 놓아졌을 때 주변 매질이 수치적으로 순간 속도와 같은 저항력을 준다고 할 경우에 변위 $x(t)$를 구하여라.

풀이 물체가 매달린 후 용수철이 늘어난 길이는 $8.2-5=3.2$피트이므로 후크의 법칙에 의해 $16=k(3.2)$ 또는 $k=5\,\text{lb/ft}$이다. 또한 $m=\frac{16}{32}=\frac{1}{2}$ slug이므로 미분방정식은

$$\frac{1}{2}\frac{d^2x}{dt^2}=-5x-\frac{dx}{dt} \quad \text{또는} \quad \frac{d^2x}{dt^2}+2\frac{dx}{dt}+10x=0 \tag{20}$$

로 주어진다. $m^2+2m+10=0$의 근은 $m_1=-1+3i$과 $m_2=-1-3i$이며 이는 이 운동계가 부족감쇠임을 나타내며

$$x(t)=e^{-t}(c_1\cos 3t+c_2\sin 3t) \tag{21}$$

이다. 마지막으로 초기 조건 $x(0)=-2$과 $x'(0)=0$으로부터 $c_1=-2$와 $c_2=-\frac{2}{3}$이므로 운동방정식은

$$x(t)=e^{-t}\left(-2\cos 3t-\frac{2}{3}\sin 3t\right) \tag{22}$$

이다. ■

$x(t)$의 다른 형태 247쪽과 같은 방법에 의하여 우리는 임의의 해

$$x(t)=e^{-\lambda t}\left(c_1\cos\sqrt{\omega^2-\lambda^2}\,t+c_2\sin\sqrt{\omega^2-\lambda^2}\,t\right)$$

를 다른 형태의 방정식

$$x(t)=Ae^{-\lambda t}\sin\left(\sqrt{\omega^2-\lambda^2}\,t+\phi\right) \tag{23}$$

으로 쓸 수 있다. 여기서 $A=\sqrt{c_1^2+c_2^2}$이고 위상각 ϕ는 방정식

$$\sin\phi=\frac{c_1}{A},\quad \cos\phi=\frac{c_2}{A},\quad \tan\phi=\frac{c_1}{c_2}$$

로부터 결정된다. 계수 $Ae^{-\lambda t}$는 때때로 진동의 **감쇠진폭**(damped amplitude)이라

한다. (23)은 주기함수가 아니기 때문에 수 $\frac{2\pi}{\sqrt{\omega^2-\lambda^2}}$ 을 **준주기**(quasi period), $\frac{\sqrt{\omega^2-\lambda^2}}{2\pi}$ 를 **준진동수**(quasi frequency)라 부른다. 준주기는 $x(t)$의 연속적인 두 최댓값 사이의 시간 간격이다. 우리는 예제 5의 운동방정식에서 $A=\frac{2\sqrt{10}}{3}$ 이고 $\phi=4.391$ 임을 보여야 한다. 그러므로 (22)와 동치인 형태는

$$x(t)=\frac{2\sqrt{10}}{3}e^{-t}\sin(3t+4.391)$$

이다.

5.1.3 용수철/질량계 : 강제운동

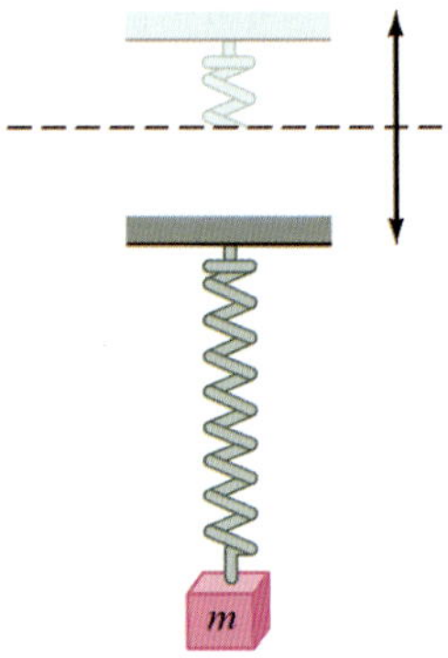

그림 5.1.11 지지대에서 진동하는 수직운동

감쇠력이 있는 강제운동의 미분방정식 이제 용수철에서 진동하는 물체에 작용하는 외부 힘 $f(t)$를 고려한다고 가정하자. 예를 들면, $f(t)$가 용수철 지지대의 수직 진동운동을 유발하는 구동력을 표현한다고 할 수 있다. 그림 5.1.11를 보라. 뉴턴의 제2법칙 공식에 $f(t)$를 포함하면 **유도**(driven) **또는 강제운동**(forced motion)의 미분방정식이 된다:

$$m\frac{d^2x}{dt^2}=-kx-\beta\frac{dx}{dt}+f(t) \tag{24}$$

(24)를 m으로 나누면

$$\frac{d^2x}{dt^2}+2\lambda\frac{dx}{dt}+\omega^2x=F(t) \tag{25}$$

으로 여기서 $F(t)=\frac{f(t)}{m}$ 이고 앞 절에서와 같이 $2\lambda=\frac{\beta}{m}$, $\omega^2=\frac{k}{m}$ 이다. 마지막 비동차 방정식을 풀기 위하여 우리는 미정계수법이나 매개변수 변화법을 사용할 수 있다.

예제 6 초깃값 문제의 해석

초깃값 문제

$$\frac{1}{5}\frac{d^2x}{dt^2}+1.2\frac{dx}{dt}+2x=5\cos 4t,\quad x(0)=\frac{1}{2},\quad x'(0)=0 \tag{26}$$

을 해석하고 풀어라.

풀이 우리는 이 문제가 용수철($k=2\,\mathrm{lb/ft}$ 또는 $\mathrm{N/m}$)에 매달려있는 물체 ($m=\frac{1}{5}$ slug 또는 kg)로 구성된 진동하는 운동계를 나타낸다고 해석할 수 있

다. 이 물체는 평형위치 아래 $\frac{1}{2}$단위(피트 또는 미터) 지점에서 놓아졌다. 이 운동은 감쇠 ($\beta = 1.2$)되고 $t = 0$에서 시작하는 외부 주기력 $\left(T = \frac{\pi}{2}\text{ s}\right)$에 의하여 움직인다. 직관적으로 우리는 감쇠에서조차도 이 운동계는 강제 함수가 "꺼진(turned off)" 그런 시간까지 운동계의 움직임이 남아 있을 것이고, 그럴 경우 진폭이 감소될 것이라 생각할 것이다. 그럼에도 문제가 주어졌을 때 $f(t) = 5\cos 4t$는 영원히 "작동하는(on)" 상태로 남아 있을 것이다.

미분방정식 (26)에 5를 곱하여

$$\frac{d^2x}{dt^2} + 6\frac{dx}{dt} + 10x = 0$$

을 풀자. $m_1 = -3 + i$, $m_2 = -3 - i$이므로 $x_c(t) = e^{-3t}(c_1 \cos t + c_2 \sin t)$이다. 미정계수법을 이용하여 특수해가 $x_p(t) = A\cos 4t + B\sin 4t$의 형태라고 가정하자. $x_p(t)$를 미분하여 미분방정식에 대입하면

$$x_p'' + 6x_p' + 10x_p = (-6A + 24B)\cos 4t + (-24A - 6B)\sin 4t = 25\cos 4t$$

가 된다. 구한 연립방정식

$$-6A + 24B = 25, \quad -24A - 6B = 0$$

의 해는 $A = -\frac{25}{102}$와 $B = \frac{50}{51}$이다. 그러므로

$$x(t) = e^{-3t}(c_1 \cos t + c_2 \sin t) - \frac{25}{102}\cos 4t + \frac{50}{51}\sin 4t \qquad (27)$$

이다. 위의 방정식에 $t = 0$이라 하면 $c_1 = \frac{38}{51}$이 된다. 방정식을 미분하여 $t = 0$이라 하면 $c_2 = -\frac{86}{51}$이다. 그러므로 운동방정식은

$$x(t) = e^{-3t}\left(\frac{38}{51}\cos t - \frac{86}{51}\sin t\right) - \frac{25}{102}\cos 4t + \frac{50}{51}\sin 4t \qquad (28)$$

이다. ■

과도(transient)와 안정–상태(steady–state) 항 F가 $F(t) = F_0 \sin \gamma t$ 또는 $F(t) = F_0 \cos \gamma t$와 같은 주기함수일 때, $\lambda > 0$에 관한 (25)의 일반해는 비주기함수 $x_c(t)$와 주기함수 $x_p(t)$의 합이 된다. 게다가 시간이 갈수록 $x_c(t)$는 소멸된다. –즉 $\lim_{t\to\infty} x_c(t) = 0$이다. 따라서 시간의 값이 크면, 물체의 변위는 특수해 $x_p(t)$에 가깝게 근사한다. 여함수 $x_c(t)$를 **과도 항**(transient term) 또는 **과도 해**(transient solution)라 하고 적당한 시 구간 후에 남아있는 해의 일부분인 함수 $x_p(t)$를 **안정–상태 항**(steady-state term) 또는 **안정–상태 해**(steady-state solution)라 한다. 그래서 F에 의해 움직여진 용수철/질량계에서 초기 조건의 결과는 과도적임

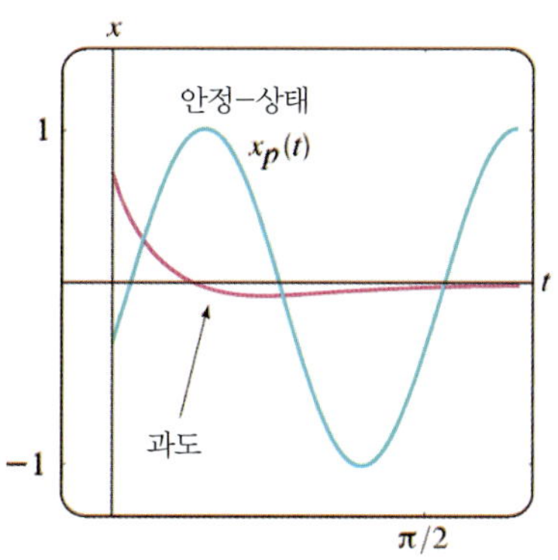

(a)

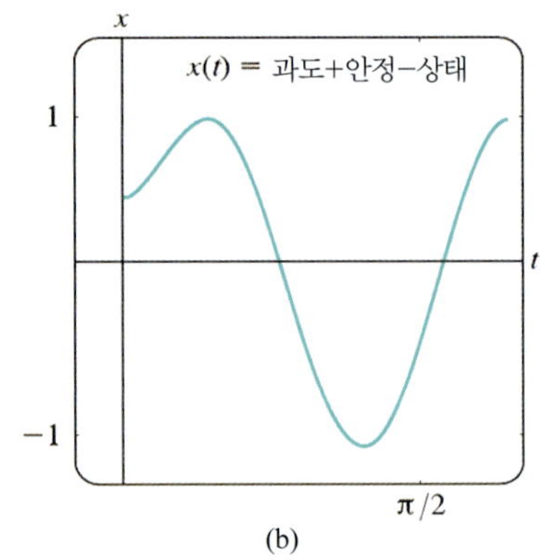

그림 5.1.12 예제 6 (28)의 해 그래프

에 주의하자. (28)의 특수해에서 $e^{-3t}\left(\dfrac{38}{51}\cos t-\dfrac{86}{51}\sin t\right)$는 과도항이고 $x_p(t)=-\dfrac{25}{102}\cos 4t+\dfrac{50}{51}\sin 4t$는 안정-상태 항이다. 이 두 개의 항과 해 (28)에 대한 그래프는 각각 그림 5.1.12(a)와 5.1.12 (b)로 주어졌다.

예제 7 과도/안정-상태 해

초깃값 문제

$$\frac{d^2x}{dt^2}+2\frac{dx}{dt}+2x=4\cos t+2\sin t,\ \ x(0)=0,\ \ x'(0)=x_1\ \ (x_1\text{는 상수})$$

의 해는

$$x(t)=\underbrace{(x_1-2)e^{-t}\sin t}_{\text{과도}}+\underbrace{2\sin t}_{\text{안정−상태}}$$

이다. 그림 5.1.13은 초기 속도 x_1의 값에 따른 해곡선의 그래프이다. 이 그래프는 약 $t>\dfrac{3\pi}{2}$가 되면 과도항의 영향은 무시될 수 있음을 보여준다. ■

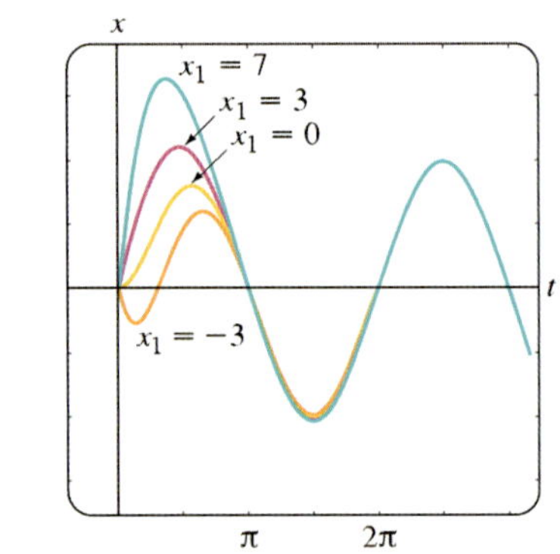

그림 5.1.13 여러 초기 속도 x_1에 대한 예제 7의 해 그래프

감쇠력이 없는 강제 운동의 미분방정식 주기적인 인가력이 있고 감쇠력은 없는, 문제의 해에는 과도항이 없다. 또한 자유 비감쇠진동과 근접하거나 같은 진동수를 가진 주기적인 인가력은 임의의 진동 역학계에서 심각한 문제를 야기 시킬 수 있다.

예제 8 비감쇠력 운동

초깃값 문제

$$\frac{d^2x}{dt^2}+\omega^2x=F_0\sin\gamma t,\quad x(0)=0,\quad x'(0)=0 \tag{29}$$

를 풀어라. 여기서 F_0은 상수이고 $\gamma\neq\omega$이다.

풀이 여함수는 $x_c(t)=c_1\cos\omega t+c_2\sin\omega t$이다. 특수해를 구하기 위하여 $x_p(t)=A\cos\gamma t+B\sin\gamma t$라 하면

$$x_p''+\omega^2x_p=A(\omega^2-\gamma^2)\cos\gamma t+B(\omega^2-\gamma^2)\sin\gamma t=F_0\sin\gamma t$$

이다. 계수 비교를 하면 $A=0$이고 $B=\dfrac{F_0}{\omega^2-\gamma^2}$이므로

$$x_p(t)=\frac{F_0}{\omega^2-\gamma^2}\sin\gamma t$$

이다. 주어진 초기 조건을 일반해

$$x(t) = c_1 \cos \omega t + c_2 \sin \omega t + \frac{F_0}{\omega^2 - \gamma^2} \sin \gamma t$$

에 대입하면 $c_1 = 0$과 $c_2 = -\dfrac{\gamma F_0}{\omega(\omega^2 - \gamma^2)}$이다. 그러므로 해는

$$x(t) = \frac{F_0}{\omega(\omega^2 - \gamma^2)}(-\gamma \sin \omega t + \omega \sin \gamma t), \quad \gamma \neq \omega \tag{30}$$

이다. ■

순수 공명 방정식 (30)은 $\gamma = \omega$이면 정의가 안 되지만 $\gamma \to \omega$일 때의 극한값은 로피탈(L'Hospital) 정리에 의하여 구할 수 있다는 것은 흥미롭다. 이 극한 과정은 구동력의 진동수 $\left(\dfrac{\gamma}{2\pi}\right)$를 자유 진동의 진동수 $\left(\dfrac{\omega}{2\pi}\right)$로 "동조(turing in)" 하는 것과 비슷하다. 직관적으로 우리는 어떤 시 구간동안 진동의 진폭이 계속 증가할 수 있다고 생각한다. $\gamma = \omega$에 대하여 이 해가

$$\begin{aligned} x(t) &= \lim_{\gamma \to \omega} F_0 \frac{-\gamma \sin \omega t + \omega \sin \gamma t}{\omega(\omega^2 - \gamma^2)} = F_0 \lim_{\gamma \to \omega} \frac{\dfrac{d}{d\gamma}(-\gamma \sin \omega t + \omega \sin \gamma t)}{\dfrac{d}{d\gamma}(\omega^3 - \omega \gamma^2)} \\ &= F_0 \lim_{\gamma \to \omega} \frac{-\sin \omega t + \omega t \cos \gamma t}{-2\omega\gamma} \\ &= F_0 \frac{-\sin \omega t + \omega t \cos \omega t}{-2\omega^2} \\ &= \frac{F_0}{2\omega^2} \sin \omega t - \frac{F_0}{2\omega} t \cos \omega t \end{aligned} \tag{31}$$

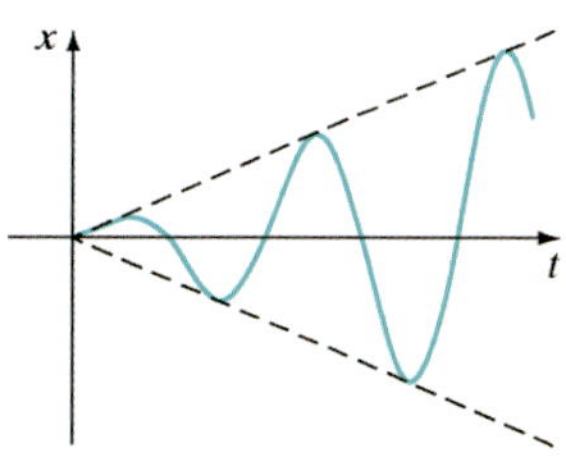

그림 5.1.14 순수 공명

가 되도록 정의한다. 짐작한 것처럼 $t \to \infty$ 함에 따라 변위는 커진다 : 실제적으로 $t_n = \dfrac{n\pi}{\omega}$, $n = 1, 2, \cdots$일 때 $|x(t_n)| \to \infty$이다. 우리가 방금 설명한 것과 같은 현상을 **순수 공명**(pure resonance)이라 한다. 주어진 그림 5.1.14의 그래프는 이 경우의 전형적인 운동이다.

결론적으로 $\gamma = \omega$에 대한 해를 구하기 위하여 (30)의 극한 과정을 활용할 필요는 없음을 참조하여야 한다. 대신 방정식 (31)은 초깃값 문제

$$\frac{d^2x}{dt^2} + \omega^2 x = F_0 \sin \omega t, \quad x(0) = 0, \quad x'(0) = 0$$

를 편한 방법으로 바로 풀어서 얻어진다.

용수철/질량계의 변위가 실제적으로 (31)과 같은 함수로 표현된다면, 운동계는 부득이 없어질 것이다. 물체의 큰 진동은 결국에는 용수철에 탄력성의 한계 너머로 힘을 줄 것이다. 또한 그림 5.1.14에 제시된 공명하는 모델은 항상 존재하는 감쇠

력의 지연 효과를 무시하기 때문에 비현실적이라 말 할 것이다. 가장 작은 감쇠량을 고려했을 때 순수 공명은 발생할 수 없는 것은 사실이지만, ($t \to \infty$ 에 따라 유계이지만) 크고 똑같이 파괴적인 진동의 진폭이 발생할 수 있다. 연습문제 5.1의 문제 43을 참조하라.

5.1.4 아날로그 직렬회로

LRC 직렬회로 이 장의 소개에서 언급한 것처럼, 다른 많은 물리적 운동계는 감쇠력이 있는 강제 운동에 관한 미분방정식과 비슷한 2계 선형 미분방정식으로 표현할 수 있다 :

$$m\frac{d^2x}{dt^2}+\beta\frac{dx}{dt}+kx=f(t). \tag{32}$$

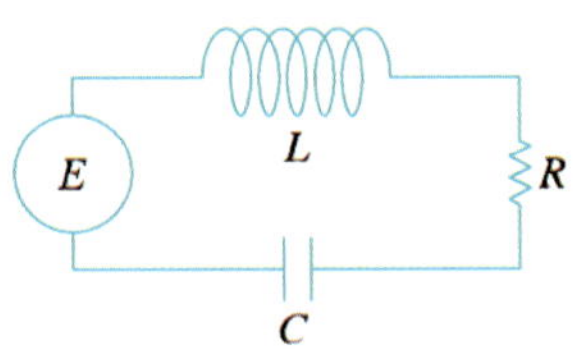

그림 5.1.15 LRC 직렬회로

만일 $i(t)$를 그림 5.1.15와 같은 ***LRC* 직렬 전기 회로**의 전류라 하면, 그림 1.3.4와 같은 유도기, 저항기와 축전기를 지나가면서 전압은 떨어진다. 키르히호프(Kirchhoff)의 제2법칙에 의하여 이들 전압의 합은 회로에 부가된 전압 $E(t)$와 같다; 즉,

$$L\frac{di}{dt}+Ri+\frac{1}{C}q=E(t) \tag{33}$$

이다. 축전기의 전하 $q(t)$는 $i=\frac{dq}{dt}$인 전류 $i(t)$와 연관이 되어, (33)은 선형 2계 미분방정식

$$L\frac{d^2q}{dt^2}+R\frac{dq}{dt}+\frac{1}{C}q=E(t) \tag{34}$$

이 된다.

회로 분석에 이용되는 용어는 용수철/질량계에서 표현되는 용어와 비슷하다.

만일 $E(t)=0$이면 회로의 **전기 진동**(electrical vibration)이 **자유롭다**고 (free)한다. (34)의 보조방정식이 $Lm^2+Rm+\frac{1}{C}=0$이므로 $R\neq 0$인 경우 판별식의 값 $R^2-\frac{4L}{C}$에 따라 세 가지 형태의 해가 있다. 회로가

$R^2-\frac{4L}{C}>0$이면 **과잉감쇠**(overdamped)라 하고,

$R^2-\frac{4L}{C}=0$이면 **임계감쇠**(critically damped)라 하고,

$R^2-\frac{4L}{C}<0$이면 **부족감쇠**(underdamped)라 한다.

위의 각각의 세 가지 경우에서 (34)의 일반해는 $e^{-\frac{Rt}{2L}}$ 인수를 포함하여, $t\to\infty$ 이

면 $q(t)\to 0$이다. 부족감쇠의 경우 $q(0)=q_0$이면 축전기의 전하가 감소함에 따라 전하는 진동한다; 다시 말하면 $t\to\infty$에 따라 축전기는 충전되고 방전된다. $E(t)=0$이고 $R=0$이면 회로는 비감쇠 되었다고 하고, t가 무한히 증가함에 따라 전기 진동은 영으로 다가가지 않는다. 이 회로의 반응은 **단순조화**(simple harmonic)이다.

예제 9 부족 감쇠 직렬회로

$L=0.25$ henry(h), $R=10$ ohms(Ω), $C=0.001$ farad(f), $E(t)=0$, $q(0)=q_0$ coulombs(C)이고 $i(0)=0$일 때 LRC 직렬회로에서 축전기의 전하 $q(t)$를 구하여라.

풀이 $\dfrac{1}{C}=1000$이므로 방정식 (34)는

$$\frac{1}{4}q''+10q'+1000q=0 \quad \text{또는} \quad q''+40q'+4000q=0$$

이다. 이 동차방정식을 풀면; 회로는 부족감쇠이며 $q(t)=e^{-20t}(c_1\cos 60t+c_2\sin 60t)$이다. 초기조건을 적용하면, $c_1=q_0$이고 $c_2=\frac{1}{3}q_0$이다. 그러므로

$$q(t)=q_0e^{-20t}\left(\cos 60t+\frac{1}{3}\sin 60t\right)$$

이다. (23)을 이용하여 위의 해를

$$q(t)=\frac{q_0\sqrt{10}}{3}e^{-20t}\sin(60t+1.249)$$

라고 쓸 수 있다. ■

회로에 인가전압 $E(t)$이 있을 때 전기 진동은 **강제되었다**(forced)고 한다. 이 경우 $R\neq 0$이면, (34)의 여함수 $q_c(t)$를 **과도 해**(transient solution)라 한다. $E(t)$가 주기적이거나 상수이면, (34)의 특수해 $q_p(t)$는 **안정-상태 해**(steady-state solution)이다.

예제 10 안정-상태 전류

인가전압이 $E(t)=E_0\sin\gamma t$일 때 LRC 직렬회로에서의 안정-상태 해 $q_p(t)$와 안정-상태 전류를 구하여라.

풀이 안정-상태 해 $q_p(t)$는 미분방정식

$$L\frac{d^2q}{dt^2}+R\frac{dq}{dt}+\frac{1}{C}q=E_0\sin\gamma t$$

의 특수 해이다. 미정계수법을 이용하여, 특수해가 $q_p(t) = A\sin\gamma t + B\cos\gamma t$의 형태라 가정하자. 이를 미분방정식에 대입하고, 간단히 하여 계수비교를 하면

$$A = \frac{E_0\left(L\gamma - \frac{1}{C\gamma}\right)}{-\gamma\left(L^2\gamma^2 - \frac{2L}{C} + \frac{1}{C^2\gamma^2} + R^2\right)}, \quad B = \frac{E_0 R}{-\gamma\left(L^2\gamma^2 - \frac{2L}{C} + \frac{1}{C^2\gamma^2} + R^2\right)}$$

이다. A와 B를 적당한 새로운 기호로 표현하는 것이 편하다.

만일 $X = L\gamma - \frac{1}{C\gamma}$ 라 하면, $X^2 = L^2\gamma^2 - \frac{2L}{C} + \frac{1}{C^2\gamma^2}$ 이다.

만일 $Z = \sqrt{X^2 + R^2}$ 라 하면, $Z^2 = L^2\gamma^2 - \frac{2L}{C} + \frac{1}{C^2\gamma^2} + R^2$ 이다.

그러므로 $A = \frac{E_0 X}{(-\gamma Z^2)}$ 이고 $B = \frac{E_0 R}{(-\gamma Z^2)}$ 이므로 안전−상태 전하는

$$q_p(t) = -\frac{E_0 X}{\gamma Z^2}\sin\gamma t - \frac{E_0 R}{\gamma Z^2}\cos\gamma t$$

이다. 안정−상태 전류는 $i_p(t) = q_p{}'(t)$로 주어진다:

$$i_p(t) = \frac{E_0}{Z}\left(\frac{R}{Z}\sin\gamma t - \frac{X}{Z}\cos\gamma t\right) \tag{35}$$

■

예제 10에서 정의된 $X = L\gamma - \frac{1}{C\gamma}$와 $Z = \sqrt{X^2 + R^2}$ 는 각각 회로의 **반응저항**(reactance)과 **임피던스**(impedance)라 부른다. 반응저항과 임피던스 모두 옴(ohms)으로 측정한다.

연습문제 5.1

5.1.1 용수철/질량계 : 자유 비감쇠운동

1 질량 4파운드의 물체가 용수철 상수가 16 lb/ft인 용수철에 매달려 있다. 단순조화운동의 주기는 얼마인가?

2 질량 32파운드의 물체가 용수철을 2피트 늘어나게 한다. 물체가 위쪽으로 향하는 속도 2 ft/s로 평형위치의 1피트 위 지점에서 처음 놓아질 때 운동의 주기와 진폭을 구하여라. 4π초까지 물체는 몇 개의 완전한 사이클을 만드는가?

3 용수철 끝에 매달린 질량 24파운드의 물체로 용수철이 4인치 늘어났다. 처음 평형위치에서 3인치 위인 지점에서 정지 상태인 물체를 놓았다. 운동 방정식을 구하여라.

4 만일 문제 3에서 물체가 아래로 향하는 속도 2 ft/s로 평형위치에서 놓아졌을 때의 운동방정식을 구하여라.

5 질량 20파운드의 물체가 용수철을 6인치 늘어나게 했다. 정지 상태인 이 물체가 평형위치의 6인치 아래의 지점에서 놓아졌다.

(a) 시간 $t = \pi/12,\ \pi/8,\ \pi/6,\ \pi/4$와 $9\pi/32$에서 물체의 위치를 구하여라.

(b) $t = 3\pi/16$일 때 물체의 속도는 얼마인가? 이 순간에 물체가 향한 방향은 어느 쪽인가?

(c) 물체가 평형위치를 지나는 시간은 언제인가?

6 질량 20kg의 물체가 용수철에 매달려 있다. 만일 단순 조화 운동의 진동수가 $2/\pi$ cycles/s 이라면 용수철 상수 k는 얼마인가? 원래 매달린 물체를 80kg의 물체로 바꾸었을 때의 단순조화운동의 진동수는 얼마인가?

7 용수철 상수가 20 N/m인 다른 용수철이 문제 6의 용수철/질량계와 같은 단단한 구조물에 평행하게 매달려 있다. 질량 20 kg의 물체가 두 번째 용수철에 매달려 있고 두 개의 물체 모두 위쪽으로 향하는 속도 10 m/s로 평형위치에서 처음 놓아졌다.

(a) 어떤 물체가 운동의 진폭이 더 큰가?

(b) 어떤 물체가 시간 $t = \pi/4$s에서 더 빨리 움직이는가? 시간 $t = \pi/2$s에서는?

(c) 두 물체가 같은 위치에 있을 때는 언제인가? 이 때 물체들은 어떤 방향으로 움직이는가?

8 400뉴턴의 힘이 용수철을 2m 늘어나게 한다. 50 kg의 물체가 용수철 끝에 매달려 있고 위쪽으로 향한 10 m/s의 속도로 평형위치에서 처음 놓아졌다. 운동방정식을 구하여라.

9 질량 8파운드의 물체가 용수철에 매달려있다. 움직일 때, 용수철/질량계는 단순조화운동을 나타낸다.

(a) 용수철 상수가 1lb/ft이고 물체를 평형위치 아래 6인치 지점에서 아래로 향하는 속도 $\frac{3}{2}$ ft/s로 놓았을 때의 운동 방정식을 구하라.

(b) (6)에서 주어진 형태로 운동방정식을 나타내어라.

(c) (6')에서 주어진 형태로 운동방정식을 나타내어라.

10 질량 10파운드의 물체가 용수철을 $\frac{1}{4}$ 피트 늘어나게 한다. 물체를 떼어내고 무게가 1.6 slug인 물체를 아래로 향하는 속도 $\frac{5}{4}$ ft/s로 평형위치에서 $\frac{1}{3}$ 피트 위인 지점에서 처음 놓았다.

(a) (6)에서 주어진 형태로 운동방정식을 나타내어라.

(b) (6')에서 주어진 형태로 운동방정식을 나타내어라.

(c) (a)와 (b)에서 얻은 해 중 하나를 이용하여 평형위치 아래의 변위가 수치적으로 운동 진폭의 $\frac{1}{2}$가 되는 시간을 구하여라.

11 질량 64파운드의 물체가 용수철을 0.32피트를 늘어나게 한다. 물체가 아래로 향하는 속도 5 ft/s로 평형위치 위 8인치 지점에서 처음 놓아졌다.

(a) 운동방정식을 구하여라.

(b) 운동의 진폭과 주기는 얼마인가?

(c) 3π초 후에 물체는 몇 개의 완전한 사이클을 만드는가?

(d) 물체는 언제 두 번째로 평형위치에서 아래로 향하는가?

(e) 물체는 언제 평형위치의 어떤 방향에서든 극변위를 갖는가?

(f) $t = 3$s일 때의 물체의 위치는 어디인가?

(g) $t = 3$s일 때의 순간 속도는 얼마인가?

(h) $t = 3$s일 때의 가속도는 얼마인가?

(i) 물체가 평형위치를 지날 때의 순간 가속도는 얼마인가?

(j) 물체가 평형위치 아래 5인치 지점에 있을 때는 언제인가?

(k) 물체가 평형위치 아래 5인치 지점에서 위로 향할 때는 언제인가?

12 용수철/질량계의 모델이 $4x'' + tx = 0$이다. 미분방정식만 보고 오랜 시간 동안의 이 용수철/질량계의 움직임에 대하여 논하여라.

13 용수철 상수가 각각 k_1과 k_2인 두 개의 용수철이 한 개의 물체를 매달고 나란히 놓여 있는 상태 하에서 이 운동계의 **유효 용수철 상수**는 $k = 4k_1k_2/(k_1 + k_2)$로 주어진다. 20파운드의 물체가 한 용수철은 6인치 다른 하나의 용수철은 2인치 늘어나게 한다. 용수철들이 단단한 고정대와 그리고 금속판에 붙여 있다. 그림 5.1.16과 같이 물체가 두 개의 용수철 장치의 금속판 중심에 매달려 있다. 이 운동계의 유효 용수철 상수를 구하여라. 물체를 아래로 향하는 속도 2 ft/s로 평형위치에서 처음 놓았을 때의 운동 방정식을 구하여라.

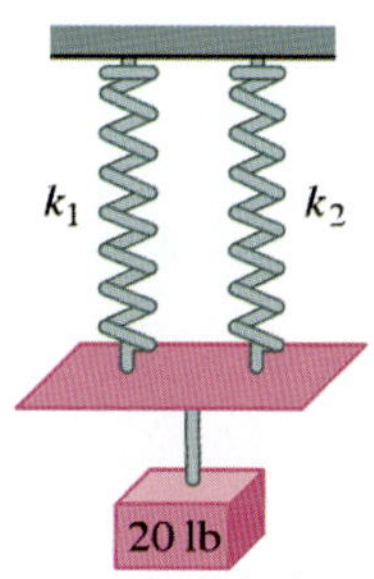

그림 5.1.16 문제 13의 이중 용수철계

14 질량 1 slug의 물체가 용수철 상수가 9 lb/ft인 용수철에 매달려있다. 물체가 위로 향하는 속도 $\sqrt{3}$ ft/s로 평형위치 1피트 위 지점에서 놓아졌다. 물체가 속도 3 ft/s로 아래로 향할 때의 시간을 구하여라.

15 용수철/질량계의 모델이 $4x'' + e^{-0.1t}x = 0$이다. 미분방정식만 보고 긴 시간동안의 이 용수철/질량계의 움직임에 대하여 논하여라.

16 어떤 물체가 한 용수철을 $\frac{1}{3}$ 피트 다른 용수철을 $\frac{1}{2}$ 피트 늘어나게 했다. 두 개의 용수철이 문제 13과 그림 5.1.16에서 언급한 것과 같은 단단한 고정대에 매달려 있다. 처음 물체를 놔두고 질량 8파운드인 물체를 이중용수철 장치에 매달고 움직이기 시작했다. 만일 운동 주기가 $\pi/15$초 이면 처음 물체의 질량은 얼마인가?

5.1.2 용수철/질량계 : 자유감쇠운동

(17-20) 주어진 그림은 감쇠 용수철/질량계의 운동방정식의 그래프를 나타낸 것이다. 그래프를 보고 다음을 결정하여라.

(a) 처음의 변위가 평형위치의 위인가 또는 아래인가?

(b) 물체는 처음 정지 상태에서 아래로 향하는 방향과 위로 향하는 방향 중 어느 방향으로 놓아졌는가?

17

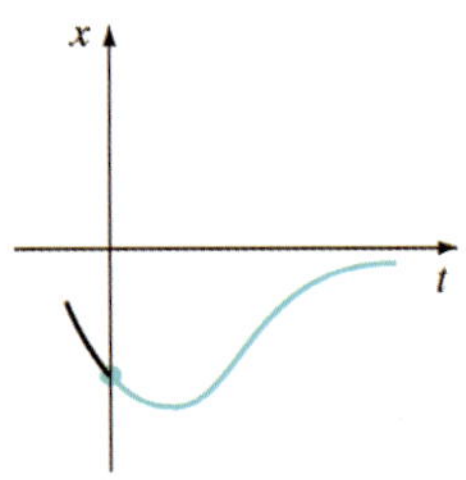

그림 5.1.17 문제 17의 그래프

18

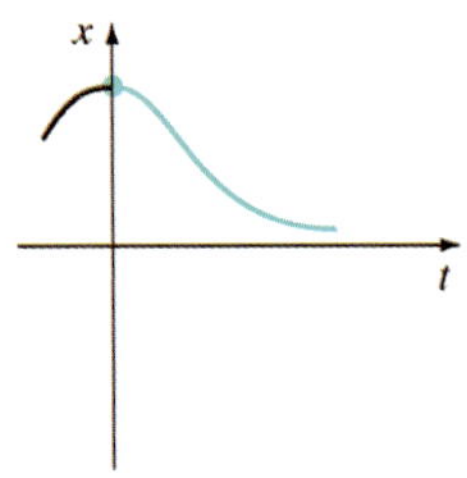

그림 5.1.18 문제 18의 그래프

19

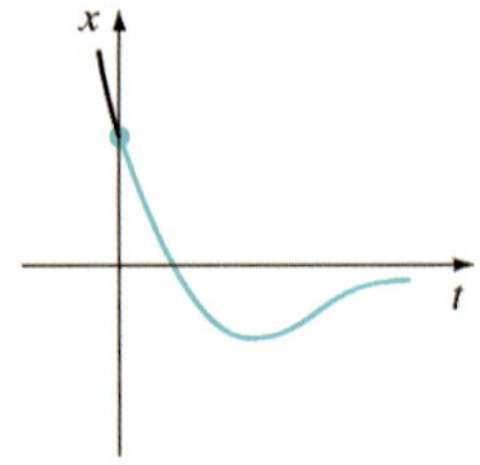

그림 5.1.19 문제 19의 그래프

20

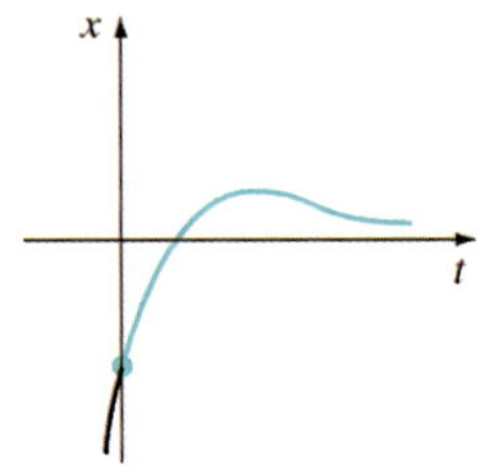

그림 5.1.20 문제 20의 그래프

21 질량 4파운드의 물체가 용수철 상수가 2 lb/ft인 용수철에 매달려있다. 매질은 순간속도와 수치적으로 같은 감쇠력을 생기게 한다. 이 물체가 아래로 향하는 속도 8 ft/s로 평형위치에서 1피트 위 지점에서 처음으로 놓아졌다. 이 물체가 평형위치를 지나는 시간을 구하여라. 물체가 평형위치로부터 극 변위를 가지는 시간을 구하여라. 이 순간의 물체의 위치는 어디인가?

22 질량 24파운드의 물체가 용수철을 4피트 늘어나게 했다. 후속 운동이 수치적으로 순간 속도의 $\beta(\beta > 0)$배와 같은 감쇠력을 주는 매질 안에서 일어난다. 만일 물체가 위쪽으로 향하는 속도 2 ft/s로 평형위치에서 놓아진다면 $\beta > 3\sqrt{2}$ 일 때의 운동 방정식이

$$x(t) = \frac{-3}{\sqrt{\beta^2 - 18}} e^{-2\beta t/3} \sinh \frac{2}{3}\sqrt{\beta^2 - 18t}$$

가 됨을 보여라.

23 질량 1 kg의 물체가 용수철 상수가 16 N/m인 용수철에 매달려 있고 전체 장치는 수치적으로 순간속도의 10배와 같은 감쇠력을 전하는 액체에 잠겨 있다. 다음의 운동 방정식을 구하여라.

(a) 물체가 평형위치 1미터 아래 지점에서 처음 정지 상태에서 놓아졌을 때

(b) 물체가 위로 향하는 속도 12 m/s로 평형위치 1미터 아래 지점에서 처음 놓아졌을 때

24 문제 23의 (a)와 (b)에서 물체가 평형위치를 지나는지를 결

정하여라. 각각의 경우에서 물체가 평형위치로부터 극 변위가 되는 시간을 구하여라. 이 순간 물체의 위치는 어디인가?

25 2파운드의 힘이 용수철을 1피트 늘어나게 한다. 무게 3.2파운드의 물체가 용수철에 매달려 있고 이 장치는 수치적으로 순간 속도의 0.4배와 같은 감쇠력을 생기게 하는 매질에 잠겨있다.

(a) 물체가 평형위치 1피트 위 지점 정지 상태에서 처음 놓아졌을 때의 운동 방정식을 구하여라.

(b) (23)에서 주어진 형태로 운동방정식을 나타내어라.

(c) 물체가 위로 향하며 평형위치를 지나는 처음 시점을 구하여라.

26 질량 10파운드의 물체가 5피트의 용수철에 매달린 후 용수철은 7피트가 되었다. 이 물체를 떼어내고 질량 8파운드의 다른 물체를 매달았다. 전체 장치를 수치적으로 순간속도와 같은 감쇠력을 생기게 하는 매질에 놓았다.

(a) 물체를 아래로 향하는 1ft/s의 속도로 평형위치 $\frac{1}{2}$피트 아래의 지점에서 처음 놓았을 때의 운동 방정식을 구하여라.

(b) (23)에서 주어진 형태로 운동방정식을 나타내어라.

(c) 물체가 아래로 향하며 평형위치를 지나는 시점을 구하여라.

(d) 운동방정식의 그래프를 그려라.

27 질량 10파운드의 물체가 용수철을 2피트 늘어나게 한다. 물체는 수치적으로 순간속도의 $\beta(\beta > 0)$배와 같은 감쇠력이 생기는 완충 제어 장치 판 (Dashpot board) 에 달려 있다. 후속 운동이 (a) 과잉감쇠 (b) 임계감쇠 (c) 부족감쇠가 되도록 감쇠상수 β의 값을 구하여라.

28 4피트의 용수철에 질량 8파운드의 물체를 매달면 길이가 8피트가 된다. 물체가 움직이는 동안 매질은 수치적으로 순간속도의 $\sqrt{2}$ 배인 감쇠력이 생기게 한다. 아래로 향하는 속도 5 ft/s로 평형위치에서 물체를 처음 놓았을 때의 운동방정식을 구하여라. 물체가 평형위치로부터 극 변위가 되는 시간을 구하여라. 이 순간의 물체의 위치는 어디인가?

5.1.3 용수철/질량계 : 강제운동

29 질량 16파운드의 물체가 용수철을 $\frac{8}{3}$피트를 늘어나게 한다. 물체가 평형위치 아래 2피트인 지점 정지상태에서 처음 놓아지고 후속 운동이 수치적으로 순간 속도의 $\frac{1}{2}$배와 같은 감쇠력이 생기는 매질 안에서 일어난다. 물체에 $f(t)=10\cos 3t$와 같은 외부 힘이 가해졌을 때 운동방정식을 구하여라.

30 질량 1 slug의 물체가 용수철 상수 5 lb/ft인 용수철에 매달려 있다. 처음 물체가 아래로 향하는 속도 5 ft/s로 평형위치 아래 1피트인 지점에서 놓아져 후속 운동이 수치적으로 순간 속도의 2배와 같은 감쇠력이 생기는 매질 안에서 일어난다.

(a) 물체에 $f(t)=12\cos 2t+3\sin 2t$인 외부 힘이 가해졌을 때 운동방정식을 구하여라.

(b) 과도 상태와 안정상태의 해의 그래프를 같은 좌표평면에 그려라.

(c) 운동방정식의 그래프를 그려라.

31 용수철에 매달린 질량 1 slug의 물체가 용수철을 2피트 늘어나게 하고 평형위치에서 멈추었다. $t=0$에서 시작하여 $f(t)=8\sin 4t$인 외부 힘이 이 운동계에 작용되었다. 주변 매질이 수치적으로 순간속도의 8배와 같은 감쇠력을 줄 때 운동방정식을 구하여라.

32 문제 31에서 외부 힘이 $f(t)=e^{-t}\sin 4t$일 때 운동방정식을 구하여라. $t\to\infty$에 대한 변위를 분석하여라.

33 질량 2 kg의 물체가 용수철 상수 32 N/m인 용수철에 매달려 있을 때 평형위치에서 정지한다. $t=0$일 때 시작하여 $f(t)=68e^{-2t}\cos 4t$인 외부 힘이 이 운동계에 작용된다. 감쇠가 없을 때의 운동방정식을 구하여라.

34 문제 33에서 운동방정식을

$x(t)=A\sin(\omega t+\phi)+Be^{-2t}\sin(4t+\theta)$의 형태로 써라. 아주 오랜 시간 후 진동의 진폭은 얼마인가?

35 질량 m인 물체가 용수철 상수가 k인 용수철 끝에 매달려 있다. 물체가 평형위치에 도달한 후 고정대가 수평선 L과 수직으로 수식 $h(t)$에 따라서 진동하기 시작하였다. h의 값은 L로부터 거리를 피트로 측정한 값을 나타낸다. 그림

5.1.21을 참조하라.

(a) 전체 운동계가 감쇠력이 수치적으로 $\beta(dx/dt)$와 같은 매질에서 움직일 때의 운동에 대한 미분방정식을 구하여라.

(b) 만일 무게 16파운드의 물체가 용수철을 4피트 늘어나게 하고 $\beta = 2$, $h(t) = 5\cos t$, $x(0) = x'(0) = 0$일 때 (a)의 미분방정식을 풀어라.

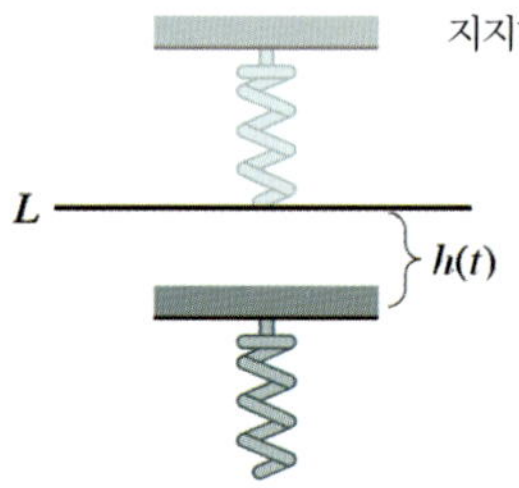

그림 5.1.21 문제 35의 진동하는 지지대

36 질량 100 g인 물체가 용수철 상수 1600 dynes/cm인 용수철에 매달려있다. 물체가 평형에 도달한 후, 그 고정대가 수식 $h(t) = \sin 8t$에 따라 진동한다. 여기서 h는 처음 위치로부터의 변위를 나타낸다. 문제 35와 그림 5.1.21을 참조하라.

(a) 감쇠가 없는 상태에서 물체가 정지 상태로 평형위치에서 움직이기 시작하는 경우의 운동방정식을 구하여라.

(b) 물체가 평형위치를 통과하는 시점은 언제인가?

(c) 물체가 극 변위를 갖는 시점은 언제인가?

(d) 최대와 최소 변위는 얼마인가?

(e) 운동방정식의 그래프를 그려라.

(37-38) 주어진 초깃값 문제를 풀어라.

37 $\dfrac{d^2x}{dt^2} + 4x = -5\sin 2t + 3\cos 2t,$

$x(0) = -1,\ x'(0) = 1$

38 $\dfrac{d^2x}{dt^2} + 9x = 5\sin 3t,\ x(0) = 2,\ x'(0) = 0$

39 (a) 초깃값 문제

$$\frac{d^2x}{dt^2} + \omega^2 x = F_0\cos\gamma t,\ x(0) = 0,\ x'(0) = 0$$

의 해가 $x(t) = \dfrac{F_0}{\omega^2 - \gamma^2}(\cos\gamma t - \cos\omega t)$임을 보여라.

(b) $\displaystyle\lim_{\gamma \to \omega} \frac{F_0}{\omega^2 - \gamma^2}(\cos\gamma t - \cos\omega t)$의 값을 구하여라.

40 외부력이 $F_0\cos\omega t$일 때 문제 39의 (b)에서 얻어진 결과와 매개변수 변화법을 사용하여 얻어진 해를 비교하여라.

41 (a) 문제 39의 (a)에서 주어진 $x(t)$가

$$x(t) = \frac{-2F_0}{\omega^2 - \gamma^2}\sin\frac{1}{2}(\gamma - \omega)t\sin\frac{1}{2}(\gamma + \omega)t$$

의 형태로 쓸 수 있음을 보여라.

(b) 만일 $\epsilon = \dfrac{1}{2}(\gamma - \omega)$라 하면 ϵ이 작을 때 근사해가

$$x(t) = \frac{F_0}{2\epsilon\gamma}\sin\epsilon t\sin\gamma t$$

임을 보여라. ϵ이 작을 때, 인가력의 진동수 $\gamma/2\pi$는 자유진동의 진동수 $\omega/2\pi$에 가깝다. 이때, 운동은 그림 5.1.22과 같다. 이런 경우의 진동은 **맥놀이**(beat)라 하고 $\sin\epsilon t$의 진동수는 $\sin\gamma t$의 진동수와 비교하여 아주 작다는 사실에 기인한다. 점으로 표시된 곡선 또는 그래프 $x(t)$를 감싼 곡선은 $\pm(F_0/2\epsilon\gamma)\sin\epsilon t$의 그래프이다. F_0, ϵ, γ의 다양한 값에 대하여 그래프를 그리는 도구를 사용하여 그림 5.1.22의 그래프를 증명하여라.

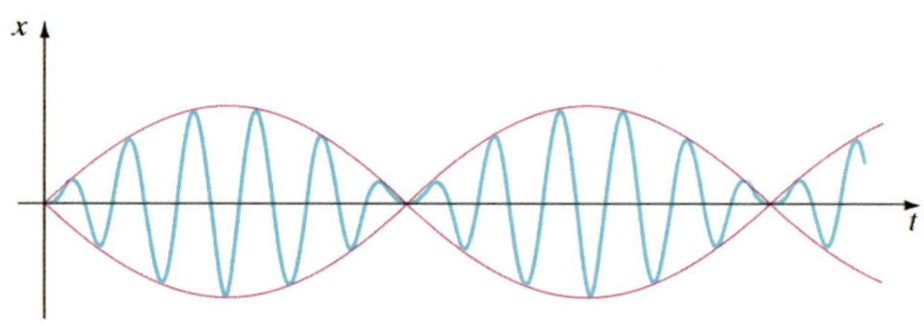

그림 5.1.22 문제 41의 맥놀이 현상

컴퓨터 실습 과제

42 문제 39의 (a)의 모델에 감쇠력이 더해졌을 때 맥놀이가 존재할 수 있는가?

$$\frac{d^2x}{dt^2} + 2\lambda\frac{dx}{dt} + \omega^2 x = F_0\cos\gamma t,\ x(0) = 0,\ x'(0) = 0$$

의 양함수해의 그래프 또는 수치적 해결도구를 사용하여 얻은 해 곡선으로부터 답을 정당화하여라.

43 (a) $\dfrac{d^2x}{dt^2} + 2\lambda\dfrac{dx}{dt} + \omega^2 x = F_0\sin\gamma t$의 일반해가

$$x(t) = Ae^{-\lambda t}\sin(\sqrt{\omega^2 - \lambda^2 t} + \phi)$$

$$+\frac{F_0}{\sqrt{(\omega^2-\lambda^2)^2+4\lambda^2\gamma^2}}\sin(\gamma t+\theta)$$

임을 보여라. 여기서 $A=\sqrt{c_1^2+c_2^2}$이고 위상각 ϕ, θ는 각각 $\sin\phi=c_1/A$, $\cos\phi=c_2/A$,

$$\sin\theta=\frac{-2\lambda\gamma}{\sqrt{(\omega^2-\gamma^2)^2+4\lambda^2\gamma^2}},$$

$$\cos\theta=\frac{\omega^2-\gamma^2}{\sqrt{(\omega^2-\gamma^2)^2+4\lambda^2\gamma^2}}$$

이다.

(b) (a)의 해는 $x(t)=x_c(t)+x_p(t)$의 형태를 갖는다. $x_c(t)$는 과도항 임을 보이고 시간의 값이 크면 해는 $x_p(t)=g(\gamma)\sin(\gamma t+\theta)$로 근사함을 보여라. 여기서

$$g(\gamma)=\frac{F_0}{\sqrt{(\omega^2-\gamma^2)^2+4\lambda^2\gamma^2}}$$

이다. $x_p(t)$의 진폭 $g(\gamma)$는 $t\to\infty$ 함에 따라 유계하지만 최대 진폭은 $\gamma_1=\sqrt{\omega^2-2\lambda^2}$ 의 값에서 얻어짐을 보여라. g의 최댓값은 얼마인가? 실수 $\sqrt{\omega^2-2\lambda^2}/2\pi$를 이 운동계의 **공명진동수**(resonance frequency)라 한다.

(c) $F_0=2, m=1, k=4$일 때 g는

$$g(\gamma)=\frac{2}{\sqrt{(4-\gamma^2)^2+\beta^2\gamma^2}}$$

이 된다. 감쇠 계수가 $\beta=2, \beta=1, \beta=\frac{3}{4}, \beta=\frac{1}{2}, \beta=\frac{1}{4}$에 대응되는 γ_1과 $g(\gamma_1)$의 값에 대한 표를 작성하여라. 그래프를 그리는 도구를 활용하여 각각의 감쇠계수에 대응하는 g의 그래프를 그려라. 같은 좌표축에 그려라. 이 그래프의 집합족을 이 운동계의 **공명곡선**(resonance curve) 또는 **진동수 반응곡선**(frequency response curve)이라 한다. $\beta\to 0$에 따라 γ_1은 어떤 값으로 가까워지는가? $\beta\to 0$에 따라 공명곡선은 어떻게 되는가?

44 다음과 같은 초깃값 문제로 주어진 비감쇠 용수철/질량계에 대해 생각해 보자.

$$\frac{d^2x}{dt^2}+\omega^2x=F_0\sin^n\gamma t,\ x(0)=0,\ x'(0)=0$$

(a) $n=2$에 대하여 이 운동계가 순수공명 상태에 있을 때 한 개의 진동수 $\gamma_1/2\pi$가 존재하는 이유를 설명하여라.

(b) $n=3$에 대하여 이 운동계가 순수공명 상태에 있을 때 두 개의 진동수 $\gamma_1/2\pi$와 $\gamma_2/2\pi$가 존재하는 이유를 설명하여라.

(c) $\omega=1$이고 $F_0=1$이라 하자. (a)에서 $n=2$이고 $\gamma=\gamma_1$에 대한 초깃값 문제의 해 그래프를 수치적 해결도구를 활용하여 그려라.

5.1.4 아날로그 직렬회로

45 $L=0.05\,\text{h}$, $R=2\Omega$, $C=0.01\,\text{f}$, $E(t)=0\,\text{V}$, $q(0)=5\,\text{C}$, $i(0)=0\,\text{A}$일 때 $t=0.01\,\text{s}$에서 LRC 직렬 회로 축전기의 전하를 구하여라. 축전기의 전하가 처음으로 영이 되는 시간을 구하여라.

46 $L=\frac{1}{4}\,\text{h}, R=20\Omega, C=\frac{1}{300}\,\text{f}, E(t)=0\,\text{V}, q(0)=4\,\text{C}$, $i(0)=0\,\text{A}$일 때 LRC 직렬 회로 축전기의 전하를 구하여라. 축전기의 전하가 0과 같을 수 있는가?

(47-48) 축전기의 전하와 주어진 LRC 직렬회로의 전류를 구하여라. 축전기의 최대 전하를 구하여라.

47 $L=\frac{5}{3}\,\text{h}$, $R=10\Omega$, $C=\frac{1}{30}\,\text{f}$, $E(t)=300\,\text{V}$, $q(0)=0\,\text{C}$, $i(0)=0\,\text{A}$

48 $L=1\,\text{h}$, $R=100\Omega$, $C=0.0004\,\text{f}$, $E(t)=30\,\text{V}$, $q(0)=0\,\text{C}$, $i(0)=2\,\text{A}$

49 $L=1\,\text{h}$, $R=2\Omega$, $C=0.25\,\text{f}$, $E(t)=50\cos t\,\text{V}$일 때 LRC 직렬회로의 안정상태의 전하와 안정상태의 전류를 구하여라.

50 예제 10의 LRC 직렬회로의 안정 상태의 전류의 증폭은 E_0/Z로 주어짐을 보여라. 여기서 Z는 회로의 임피던스이다.

51 문제 50을 이용하여 $L=\frac{1}{2}\,\text{h}$, $R=20\Omega$, $C=0.001\,\text{f}$, $E(t)=100\sin 60t\,\text{V}$일 때 LRC 직렬회로의 안정상태의 전류가 $i_p(t)=4.160\sin(60t-0.588)$가 됨을 보

여라.

52 $L=\frac{1}{2}\,\text{h}$, $R=20\,\Omega$, $C=0.001\,\text{f}$, $E(t)=100\sin 60t+200\cos 40t\,\text{V}$ 일 때 LRC 직렬회로의 안정상태의 전류를 구하여라.

53 $L=\frac{1}{2}\,\text{h}$, $R=10\,\Omega$, $C=0.01\,\text{f}$, $E(t)=150\,\text{V}$, $q(0)=1\text{C}$, $i(0)=0\,\text{A}$ 일 때 LRC 직렬회로 축전기의 전하를 구하여라. 긴 시간 후의 축전기의 전하는 얼마인가?

54 만일 L, R, C, E_0이 상수이면 예제 10에서의 안정상태의 전류의 증폭이 $\gamma=1/\sqrt{LC}$ 일 때 최대가 됨을 보여라. 최대 증폭은 얼마인가?

55 L, R, E_0, γ가 상수이면 예제 10에서 안정상태의 전류의 증폭은 전기용량이 $C=1/L\gamma^2$ 일 때 최대임을 보여라.

56 $L=0.1\,\text{h}$, $C=0.1\,\text{f}$, $E(t)=100\sin\gamma t\,\text{V}$, $q(0)=0\,\text{C}$ 이고 $i(0)=0\,\text{A}$ 일 때 축전기의 전하와 LC 회로의 전류를 구하여라.

57 $E(t)=E_0\cos\gamma t\,\text{V}$, $q(0)=q_0\,\text{C}$ 이고 $i(0)=i_0\,\text{A}$ 일 때, 축전기의 전하와 LC 회로의 전류를 구하여라.

58 문제 57에서 회로가 공명일 때의 전류를 구하여라.

5.2 선형모델 : 경곗값 문제

필요한 개념

- 4.1절 (146쪽)
- 연습문제 4.3의 문제 37-40
- 연습문제 4.4의 문제 37-40

소개 | 앞 절은 초기조건 − 즉, 한 점에서 미지 함수와 그 함수에 대한 1계도함수의 값을 정한 조건을 동반한 2계 수학적 모델의 운동계를 다루었다. 그러나 가끔 물리적 운동계의 수학적 표현은 경곗값 조건 − 즉, 두 개(또는 그 이상)의 점에서의 미지 함수와 그 함수의 도함수 중 하나 또는 미지 함수의 일차결합 또는 그 함수의 도함수 값을 정한 조건을 동반한 동차 선형미분방정식을 풀어야 한다.

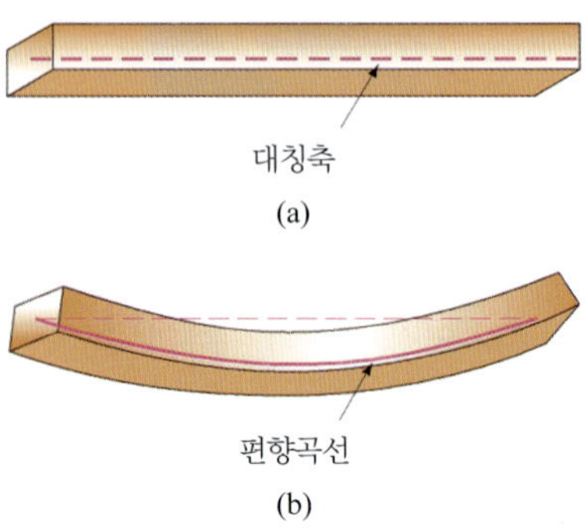

그림 5.2.1 균일한 빔의 편향

빔의 편향 많은 구조물은 대들보 또는 빔을 사용하여 설치하며 이 빔들은 그들 자체의 무게나 어떤 외부 힘의 영향으로 기울어지거나 비틀어진다. 우리가 지금 배울 것처럼 이 편향 $y(x)$는 상대적으로 간단한 4계 선형 미분방정식에 의해 좌우된다.

우선 길이 L인 빔이 동질이며 길이의 단면이 균일하다고 가정하자. (빔의 무게를 포함하여) 빔 위에 가중된 어떠한 부하도 없는 상태에서는 빔의 모든 단면의 무게중심을 연결하는 직선은 **대칭축**(axis of symmetry)이라 한다. 그림 5.2.1(a)를 보라. 부하가 빔에 대칭축을 포함한 수직 평면에서 적용된다면 그림 5.2.1(b)와 같이 빔은 비틀어지며, 단면의 모든 무게중심을 연결한 곡선은 **편향 곡선**(deflection curve) 또는 **탄성곡선**(elastic curve)이라 한다. 편향곡선은 빔의 모양에 근접한다. x축이 대칭축과 같고 그 축으로부터 측정한 편향 $y(x)$가 아래쪽으로 향하면 양수

라 가정하자. 탄성학에서 빔을 따라 한 점 x에서의 휨 모멘트 $M(x)$는 방정식

$$\frac{d^2M}{dx^2} = w(x) \tag{1}$$

에 의해 단위 길이 $w(x)$당 부하와 관련이 있음을 보였다. 게다가 휨 모멘트 $M(x)$는 탄성곡선의 곡률 κ에 비례한다.

$$M(x) = EI\kappa \tag{2}$$

여기서 E와 I는 상수이다 ; E는 빔의 물질에 대한 영(Young)의 탄성률이고 I는 빔 단면의 (중립축이라 알려진 축에 의한) 관성 모멘트이다. 곱 EI을 빔의 **굽힘 강성률**(flexural rigidity)이라 한다.

미적분학으로부터, 곡률은 $\kappa = \dfrac{y''}{[1+(y')^2]^{\frac{3}{2}}}$로 주어진다. 편향 $y(x)$가 작고 기울기가 $y'(0) \approx 0$이면 $[1+(y')^2]^{\frac{3}{2}} \approx 1$이다. $\kappa \approx y''$라 하면 방정식 (2)는 $M = EIy''$가 된다. 이 방정식의 2계 도함수는

$$\frac{d^2M}{dx^2} = EI\frac{d^2}{dx^2}y'' = EI\frac{d^4y}{dx^4} \tag{3}$$

이다. (1)의 주어진 결과를 이용하여 (3)의 $\dfrac{d^2M}{dx^2}$를 대치하면 편향 $y(x)$는 4계 미분방정식

$$EI\frac{d^4y}{dx^4} = w(x) \tag{4}$$

을 만족함을 알 수 있다.

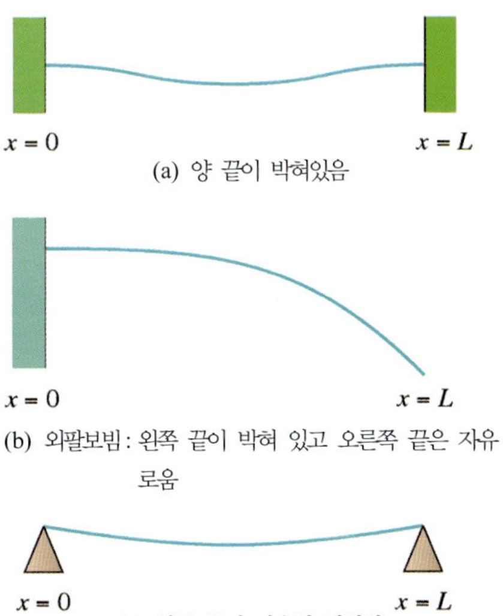

(a) 양 끝이 박혀있음
(b) 외팔보빔 : 왼쪽 끝이 박혀 있고 오른쪽 끝은 자유로움
(c) 양쪽 끝이 단순히 걸쳐짐

그림 5.2.2 양 끝의 상태가 여러 가지인 빔

방정식 (4)와 관련된 경곗값 조건은 빔의 양 끝이 어떻게 지탱하는가에 달려 있다. 외팔보 빔은 한 쪽 끝은 **박혀있고**(embedded) 또는 **고정되어져 있고**(clamped) 다른 한 쪽은 **자유롭다**(free). 다이빙 대, 뻗친 팔, 비행기 날개와 발코니는 이런 빔의 예가 되며 심지어 나무, 국기 게양대, 전망대와 조지 워싱턴(George Washington) 기념비도 한 쪽 끝이 파 묻혀있고 바람의 힘에 구부러지는 힘이 있으므로 외팔보와 같은 작용을 한다. 외팔보에 대하여서는 편향 $y(x)$는 $x=0$인 끼워져 있는 지점에서 다음 두 조건을 만족하여야만 한다.

- 편향이 없기 때문에 $y(0)=0$이고
- 편향 곡선이 x 축에 접하기 때문에 (다시 말하면 편향 곡선의 기울기가 이 점에서 영이기 때문에) $y'(0)=0$이다.

$x=L$에서 자유로운 끝 지점의 조건은

- 휨 모멘트가 영이기 때문에 $y''(L)=0$이고
- 층 밀리기 힘이 영이기 때문에 $y'''(0)=0$이다.

함수 $F(x)=\dfrac{dM}{dx}=EI\dfrac{d^3y}{dx^3}$ 를 **층 밀리기 힘**(shear force)이라 부른다. 막대의 한 쪽 끝은 **간단히 걸쳐지던지**(simply supported) 또는 **경첩에 달려있든지**(hinged) (또한 **핀으로 고정되었던지**(pin support) 또는 **지레받침으로 고정되었던지**(fulcrum supported)라고 하는) 하면, 그 끝에서 $y=0$과 $y''=0$이여야만 한다. 표 5.2.1은 (4)와 관련된 경곗값 조건을 요약한 것이다. 그림 5.2.2를 보라.

표 5.2.1

빔의 양 끝	경곗값 조건
끼워짐	$y=0,\ y'=0$
자유로움	$y''=0,\ y'''=0$
간단히 걸쳐짐 또는 경첩에 달림	$y=0,\ y''=0$

예제 1 박혀있는 빔

길이 L인 빔의 양 쪽 모두 박혀있다. 만일 상수 부하 w_0이 빔 길이를 따라 균등하게 걸릴 때 - 즉 $w(x)=w_0,\ 0<x<L$, 빔의 편향을 구하여라.

풀이 (4)로부터 편향 $y(x)$는

$$EI\frac{d^4y}{dx^4}=w_0$$

를 만족한다. 빔은 왼쪽 끝 $(x=0)$과 오른쪽 끝 $(x=L)$ 모두 박혀있으므로 수직 편향은 없고 편향 직선은 이들 점에서 수평이 된다. 그러므로 경계 조건은

$$y(0)=0,\ \ y'(0)=0,\ \ y(L)=0,\ \ y'(L)=0$$

이다. 우리는 하던 방법으로 비동차 미분방정식을 풀 수 있다. ($m=0$이 보조방정식 $m^4=0$의 중복도 4인 근이 되므로 y_c를 구하고 미정계수법으로 특수 해 y_p를 구한다.) 또는 단순히 $\dfrac{d^4y}{dx^4}=\dfrac{w_0}{EI}$를 4번 연속하여 적분한다. 어떤 방법이든 방정식의 일반해 $y=y_c+y_p$는

$$y(x)=c_1+c_2x+c_3x^2+c_4x^3+\frac{w_0}{24EI}x^4$$

가 된다. 이제 조건 $y(0)=0,\ y'(0)=0$은 차례로 $c_1=0$ 이고 $c_2=0$인 반면 나머지 조건 $y(L)=0,\ y'(L)=0$을 $y(x)=c_3x^2+c_4x^3+\dfrac{w_0}{24EI}x^4$에 대입하면 연립 방정식

$$c_3L^2+c_4L^3+\frac{w_0}{24EI}L^4=0,$$

$$2c_3L+3c_4L^2+\frac{w_0}{6EI}L^3=0$$

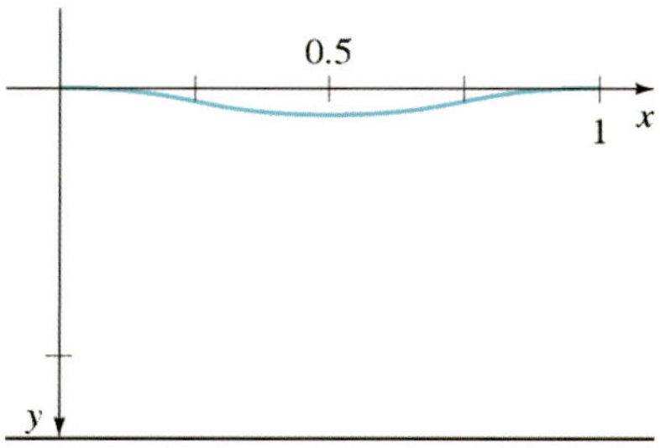

그림 5.2.3 예제 1의 BVP에 대한 편향곡선

을 얻는다. 이 연립방정식을 풀면 $c_3=\dfrac{w_0 L^2}{24EI}$ 이고 $c_4=-\dfrac{w_0 L}{12EI}$ 이다. 그러므로 편향은

$$y(x)=\frac{w_0 L^2}{24EI}x^2-\frac{w_0 L}{12EI}x^3+\frac{w_0}{24EI}x^4$$

또는

$y(x)=\dfrac{w_0 L^2}{24EI}x^2(x-L)^2$이다. $w_0=24EI$ 이고 $L=1$이라 하면 편향곡선은 그림 5.2.3이 된다. ■

고윳값과 고유함수 많은 응용문제는 매개변수 λ를 포함한 선형미분방정식의 두 점에서의 경곗값 문제 (BVP)를 풀어야 한다. 우리는 경곗값 문제가 *자명하지 않은, 즉 영이 아닌,* 해를 갖게 하는 λ의 값을 구해야 한다.

예제 2 경곗값 문제의 자명하지 않은 해

경곗값 문제

$$y''+\lambda y=0,\quad y(0)=0,\quad y(L)=0$$

를 풀어라.

풀이 다음 세 가지의 경우를 고려하자. $\lambda=0,\ \lambda<0,\ \lambda>0$

경우 I $\lambda=0$이면 $y''=0$의 해는 $y=c_1x+c_2$이다. 조건 $y(0)=0,\ y(L)=0$을 이 해에 적용하면 차례로 $c_2=0$과 $c_1=0$이다. 그러므로 $\lambda=0$에 대한 경곗값 문제의 유일한 해는 자명한 해인 $y=0$ 뿐이다.

경우 II $\lambda<0$이면 편리하게 양수인 α에 대하여 $\lambda=-\alpha^2$라 하자. 이 식으로 보조다항식 $m^2-\alpha^2=0$의 근은 $m_1=\alpha$와 $m_2=-\alpha$이다. 주어진 구간은 유한하므로 $y''-\alpha^2y=0$의 일반해를 $y=c_1\cosh\alpha x+c_2\sinh\alpha x$라고 하자. $y(0)$는

우리는 여기서 포물선 함수를 사용하였다. "Two Equations Worth Knowing"의 134-135쪽을 다시 읽어라. ▶

$$y(0)=c_1\cosh 0+c_2\sinh 0=c_1\cdot 1+c_2\cdot 0=c_1$$

이므로 $y(0)=0$은 $c_1=0$을 의미한다. 그러므로 $y=c_2\sinh\alpha x$이다. 두 번째 조건 $y(L)=0$로부터 $c_2\sinh\alpha L=0$이 된다. $\alpha\neq 0$이므로, $\sinh\alpha L\neq 0$이다. 결과적으로 $c_2=0$일 수 밖에 없다. 다시 이 경곗값 문제의 유일한 해는 자명한 해인 $y=0$뿐이다.

경우 III $\lambda>0$이면 양수인 α에 대하여 $\lambda=\alpha^2$이라 하자. 보조다항식

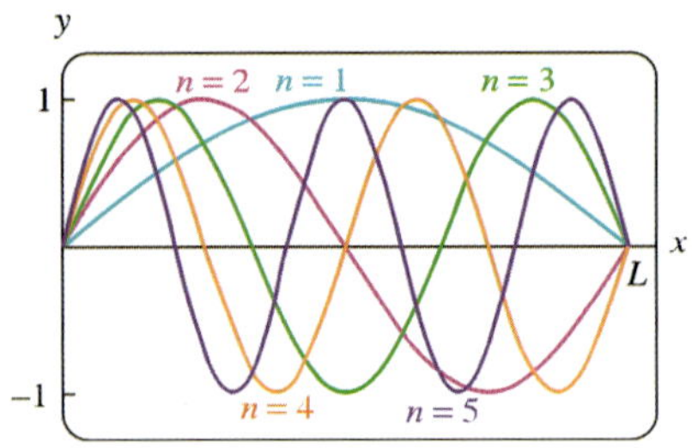

그림 5.2.4 $n = 1, 2, 3, 4, 5$일 때 고유함수 $y_n = \sin(n\pi x/L)$의 그래프

$m^2 + \alpha^2 = 0$은 복소수 근 $m_1 = \alpha i$와 $m_2 = -\alpha i$를 가지므로 $y'' + \alpha^2 y = 0$의 일반해는 $y = c_1 \cos\alpha x + c_2 \sin\alpha x$이다. 앞에서와 같이 $y(0) = 0$으로부터 $c_1 = 0$이므로 $y = c_2 \sin\alpha x$ 이다. 마지막 조건 $y(L) = 0$, 또는 $c_2 \sin\alpha L = 0$은 $c_2 = 0$이면 만족한다. 그러나 이는 $y = 0$을 의미한다. 만약 $c_2 \neq 0$이면 $\sin\alpha L = 0$은 αL이 π의 정수 배일 때 만족한다.

$$\alpha L = n\pi \ \text{ 또는 } \ \alpha = \frac{n\pi}{L} \ \text{ 또는 } \ \lambda_n = \alpha_n^2 = \left(\frac{n\pi}{L}\right)^2, \ n = 1, 2, 3, \cdots$$

이다. 그러므로 임의의 영이 아닌 실수 c_2에 대하여 각각의 n에 대하여 $y = c_2 \sin\left(\frac{n\pi x}{L}\right)$는 문제의 해가 된다. 미분방정식이 동차이므로 해의 임의의 상수 배 역시 해가 되며 만일 원하면 단순히 $c_2 = 1$로 택하자. 다시 말하면 수열

$$\lambda_1 = \frac{\pi^2}{L^2}, \quad \lambda_2 = \frac{4\pi^2}{L^2}, \quad \lambda_3 = \frac{9\pi^2}{L^2}, \quad \cdots$$

에 대하여 이 수열에 대응하는 함수

$$y_1 = \sin\frac{\pi}{L}x, \quad y_2 = \sin\frac{2\pi}{L}x, \quad y_3 = \sin\frac{3\pi}{L}x, \ \cdots$$

는 $n = 1, 2, 3, \cdots$에 대한 각각 주어진 문제 $y'' + \lambda_n y = 0$, $y(0) = 0$, $y(L) = 0$의 자명하지 않은 해가 된다. ■

예제 2에서의 경곗값 문제에서 자명하지 않은 해가 존재하기 위한 수 $\lambda_n = \frac{n^2\pi^2}{L^2}$, $n = 1, 2, 3, \cdots$를 **고윳값(eigenvalue)**이라 한다. 이들 수 λ_n에 대응하는, 자명하지 않은 해 $y_n = c_2 \sin\left(\frac{n\pi x}{L}\right)$ 또는 간단히 $y_n = \sin\left(\frac{n\pi x}{L}\right)$를 **고유함수(eigenfunction)**라 한다.

예제 3 예제 2의 재논의

예제 2와 위의 설명으로부터 5는 고윳값이 *아니므로* 경곗값 조건

$$y'' + 5y = 0 \ , \ y(0) = 0, \ y(L) = 0$$

은 자명한해 $y = 0$만을 가진다. ■

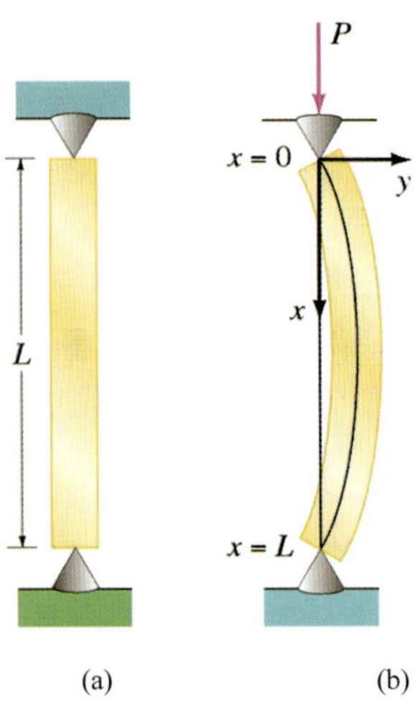

그림 5.2.5 압축력 하에서 저항하는 탄력적인 기둥

얇은 수직인 기둥의 휨 18세기에 오일러는 축 방향으로 압축력을 가하는 상태에서 얇고 탄력이 있는 기둥이 어떻게 휘는지 분석하는데 고윳값 문제를 연구한 최초의 수학자 중의 한 명이다.

절단면이 균등한 길고 가느다란 길이 L인 수직 기둥을 보자. 그림 5.2.5와 같이 수직이고 일정한 압축력, 또는 로드 P가 기둥의 위쪽에서 가해질 때 기둥의 편향을 $y(x)$라 하자. 기둥을 따라 임의의 점에서 휨모멘트를 비교함으로서 우리는 E

가 영의 탄성률이고 I가 기둥의 무게중심을 따라 수직선으로 자른 절단면의 관성 모멘트인 식

$$EI\frac{d^2y}{dx^2}=-Py \text{ 또는 } EI\frac{d^2y}{dx^2}+Py=0$$

을 얻는다.

예제 4 오일러 부하

양 끝이 경첩에 달려있는 길이 L인 가늘고 수직이며 동질인 기둥에 일정한 축 방향의 부하 P가 걸릴 때 이 기둥의 편향을 구하여라.

풀이 풀어야 할 경곗값 문제는

$$EI\frac{d^2y}{dx^2}+Py=0,\quad y(0)=0,\quad y(L)=0$$

이다. $y(0)=0$은 이 문제의 완벽히 좋은 해임을 주시하라. 이 해에는 단순하고 직관적인 해석이 있다: 부하 P가 충분히 크지 않으면, 편향은 없다. 문제는 이렇다: P의 어떤 값이 기둥을 구부리게 하는가? 수학적인 용어로: P의 어떤 값이 주어진 경곗값 문제에 자명하지 않은 해를 존재하게 하는가?

$\lambda=\dfrac{P}{EI}$라 하면

$$y''+\lambda y=0,\quad y(0)=0,\quad y(L)=0$$

는 예제 2의 문제와 동일하다. 그 풀이의 경우 III으로부터 편향은 $y_n(x)=c_2\sin\left(\dfrac{n\pi x}{L}\right)$이고 대응하는 고윳값은 $\lambda_n=\dfrac{P_n}{EI}=\dfrac{n^2\pi^2}{L^2}$, $n=1, 2, 3, \cdots$이다. 물리적으로 이는 편향이 $P_n=\dfrac{n^2\pi^2EI}{L^2}$, $n=1, 2, 3, \cdots$ 중 한 값일 때만 기둥이 휘어지든지 기울어지는 것을 의미한다. 이런 다른 힘을 **임계 부하**(critical loads)라 한다. **오일러 부하**라 하는 가장 작은 임계 부하인 $P_1=\dfrac{\pi^2EI}{L^2}$에 대응하는 편향은 $y_1(x)=c_2\sin\left(\dfrac{\pi x}{L}\right)$이고 **첫 번째 휨 방식**(first buckling mode)이라고 알려졌다. ■

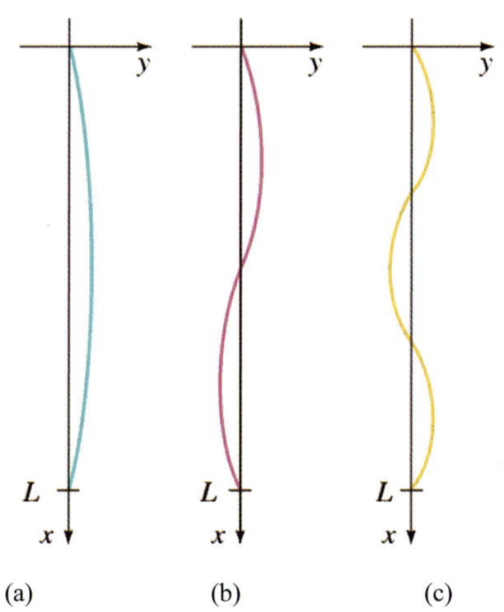

그림 5.2.6 압축력 P_1, P_2, P_3에 대응하는 편향곡선

예제 4에서 $n=1$, $n=2$와 $n=3$에 대응하는 편향곡선은 그림 5.2.6과 같이 주어졌다. 원래의 기둥에 $x=\dfrac{L}{2}$에서 물리적인 제제를 가한다면 가장 작은 임계 부하는 $P_2=\dfrac{4\pi^2EI}{L^2}$가 되고 편향곡선은 그림 5.2.6(b)과 같을 것이다. $x=\dfrac{L}{3}$과 $x=\dfrac{2L}{3}$에서 기둥에 제제가 가해지면, 임계 부하 $P_3=\dfrac{9\pi^2EI}{L^2}$가 적용될 때 까지 기둥은 휘어지지 않을 것이고 편향곡선은 그림 5.2.6(c)과 같을 것이다. 연습문제 5.2의 문제 23을 참조하라.

회전하는 줄 간단한 2계 선형미분방정식

$$y'' + \lambda y = 0 \tag{6}$$

이 수학적인 모델로 다시 만들어졌다. 5.1절에서 간단한 용수철/질량계의 조화 운동과 간단한 직렬회로의 조화 반응에 대한 모델로서 각각 $\dfrac{d^2x}{dt^2} + \left(\dfrac{k}{m}\right)x = 0$과 $\dfrac{d^2q}{dt^2} + \left(\dfrac{1}{LC}\right)q = 0$ 형태인 (6)을 보았다. (5)의 얇은 기둥에 대한 편향에 관한 모델이 (6)과 같은 $\dfrac{d^2y}{dt^2} + \left(\dfrac{P}{EI}\right)y = 0$ 로 표현되는 것은 명백하다. 이 절에서 회전하는 줄로 가정한 편향곡선 또는 $y(x)$의 모양을 나타낸 모델에서, 한 번 더 기본 방정식 (6)을 대한다. 이 물리적 상황은 두 사람이 줄넘기를 잡고 같은 동작으로 줄을 회전하는 것과 같다. 그림 5.2.7(a)와 5.2.7(b)를 참조하라.

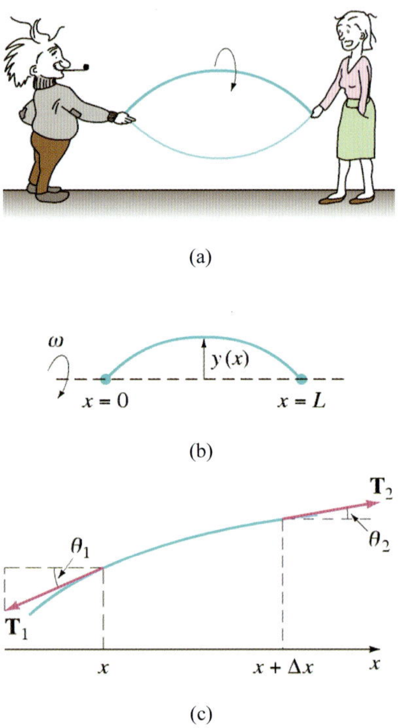

그림 5.2.7 회전하는 줄과 그 위로 작용하는 힘

일정한 선밀도 (단위 길이 당 질량) ρ를 가진 길이 L인 줄이 x 축을 따라 $x = 0$과 $x = L$에 쭉 뻗어 있다. 줄이 일정한 각속력 ω로 축 주위를 회전한다고 가정하자. 작은 Δx에 대하여 구간 $[x,\ x + \Delta x]$ 위에서 줄의 일부분을 보자. 만약 줄의 접선에 작용하는, 크기 T의 장력 $\mathbf{T}$이 줄을 따라 일정하다면 원하는 미분방정식은 구간 $[x,\ x + \Delta x]$에서 줄에 작용하는 알짜힘(net force)에 대한 두 개의 서로 다른 공식을 같게 함으로써 얻을 수 있다. 우선 그림 5.2.7(c)에서 수직인 알짜힘은

$$F = T\sin\theta_2 - T\sin\theta_1 \tag{7}$$

이다. (라디안으로 측정한) 각 θ_1과 θ_2가 작으면, $\sin\theta_2 \simeq \tan\theta_2$이고 $\sin\theta_1 \simeq \tan\theta_1$이다. 게다가 $\tan\theta_2$와 $\tan\theta_1$가 차례로 벡터 $\mathbf{T}_2$와 $\mathbf{T}_1$을 포함하는 직선의 기울기이므로,

$$\tan\theta_2 = y'(x + \Delta x) \text{이고 } \tan\theta_1 = y'(x)$$

라 쓸 수 있다. 그러므로 (7)은

$$F \approx T[y'(x + \Delta x) - y'(x)] \tag{8}$$

이 된다. 두 번째로 뉴턴의 두 번째 법칙, $F = mg$을 이용하여 이와 같은 알짜힘의 다른 형태를 구할 수 있다. 여기서 구간에서 줄의 질량은 $m = \rho\Delta x$ 이다. 반지름이 r인 원 안에서 각속력 ω로 돌아가는 물체의 구심가속도는 $a = r\omega^2$이다. Δx가 작으면 $r = y$라 하자. 그러면 수직인 알짜힘은

$$F \approx -(\rho\Delta x)y\omega^2 \tag{9}$$

으로 근사된다. 여기서 음부호는 가속 점이 양의 y 방향에 반대되는 방향으로 향하는 경우이다. (8)과 (9)를 같게 하면

$$T[y'(x + \Delta x) - y'(x)] = -(\rho\Delta x)y\omega^2 \text{ 또는}$$

$$T \frac{\overset{\text{미분몫}}{\overbrace{y'(x+\Delta x) - y'(x)}}}{\Delta x} + \rho\omega^2 y = 0 \tag{10}$$

이다. Δx가 0에 가까워지면 (10)의 미분몫은 2계도함수 $\frac{d^2y}{dx^2}$에 근사한다. 결과적으로 모델

$$T\frac{d^2y}{dx^2} + \rho\omega^2 y = 0 \tag{11}$$

이 된다. 줄은 그 끝이 $x = 0$과 $x = L$에 고정되었으므로 방정식 (11)의 해 $y(x)$는 경곗값 조건 $y(0) = 0$과 $y(L) = 0$을 만족한다.

주의

(i) 고윳값은 예제 2에서처럼 항상 쉽게 구할 수 없다; $\tan x = -x$나 $\cos x \cosh x = 1$ 과 같은 방정식의 근의 근삿값을 구해야 할 경우도 있다. 연습문제 5.2의 문제 34-38을 참조하라.

(ii) 선형미분방정식의 일반해에 적용할 경곗값 조건은 미지수가 일반해에서의 계수 c_i가 미지수인 일차방정식의 동차 대수적 연립방정식을 유도할 수 있다. 동차 대수적 연립방정식은 적어도 한 개의 자명한 해를 갖기 때문에 항상 해가 존재한다. 그러나 n 개의 미지수를 가진 n 개의 일차방정식의 동차 연립방정식이 자명하지 않은 해를 가지기 위한 필요충분조건은 계수의 행렬식이 영이 되어야 한다. 연습문제 5.2의 문제 19와 20에서 마지막 사실을 활용해야 할 것이다.

연습문제 5.2

빔의 편향

(1-5) 적절한 경곗값 조건에 기인한 방정식 (4)를 풀어라. 빔의 길이는 L이고 w_0은 상수이다.

1 (a) 빔의 왼쪽 끝은 박혀져 있고 오른 쪽 끝은 자유로우며 $w(x) = w_0,\ 0 < x < L$이다.

(b) 그래프를 그리는 도구를 활용하여 $w_0 = 24EI$이고 $L = 1$일 때의 편향 곡선의 그래프를 그려라.

2 (a) 빔의 왼쪽 끝은 박혀 있고 오른쪽 끝은 간단히 걸쳐져 있으며 $w(x) = w_0 \sin(\pi x/L),\ 0 < x < L$이다.

(b) 그래프를 그리는 도구를 활용하여 $w_0 = 2\pi^3 EL$이고 $L = 1$일 때의 편향곡선의 그래프를 그려라.

(c) 컴퓨터 대수체계 (또는 그래프 계산기)의 근을 구하는 프로그램을 활용하여 (b)의 그래프에서 최대 편향이 일어나는 점의 근삿값을 구하여라. 최대 편향은 얼마인가?

3 (a) 빔의 왼쪽 끝은 박혀져 있고 오른쪽 끝은 간단히 걸쳐져

있으며 $w(x) = w_0$, $0 < x < L$이다.

(b) 그래프를 그리는 도구를 활용하여 $w_0 = 48EL$이고 $L = 1$일 때의 편향곡선의 그래프를 그려라.

4 (a) 빔의 양 끝이 간단히 걸쳐져 있고 $w(x) = w_0$, $0 < x < L$이다.

(b) 그래프를 그리는 도구를 활용하여 $w_0 = 24EI$이고 $L = 1$일 때의 편향 곡선의 그래프를 그려라.

5 (a) 빔의 양쪽 끝이 모두 간단히 걸쳐져 있고 $w(x) = w_0 x$, $0 < x < L$이다.

(b) 그래프를 그리는 도구를 활용하여 $w_0 = 36EL$이고 $L = 1$일 때의 편향곡선의 그래프를 그려라.

(c) 컴퓨터 대수체계 (또는 그래프 계산기)의 근을 구하는 프로그램을 활용하여 (b)의 그래프에서 최대 편향이 일어나는 점의 근삿값을 구하여라. 최대 편향은 얼마인가?

6 (a) 문제 1의 외팔보 빔의 최대 편향을 구하여라.

(b) (a)의 값과 비교하여 길이가 반인 빔의 최대 편향은 얼마인가?

(c) 문제 2에서 간단히 걸쳐져 있는 빔의 최대 편향을 구하여라.

(d) (c)와 같이 간단히 걸쳐져 있는 빔의 최대 편향은 예제 1의 박혀있는 빔의 최대 편향의 값과 어떻게 비교가 되는가?

7 길이 L인 외팔보 빔의 오른쪽 끝이 박혀있으며 P 파운드의 수평 장력이 빔의 자유로운 왼쪽 끝에 가해진다. 그림 5.2.8과 같이, 원점을 자유로운 끝 부분이라 할 때, 빔의 편향 $y(x)$은 다음 미분방정식을 만족한다.

$$EIy'' = Py - w(x)\frac{x}{2}.$$

$w(x) = w_0 x$, $0 < x < L$이고 $y(0) = 0$, $y'(L) = 0$일 때 외팔보 빔의 편향을 구하여라.

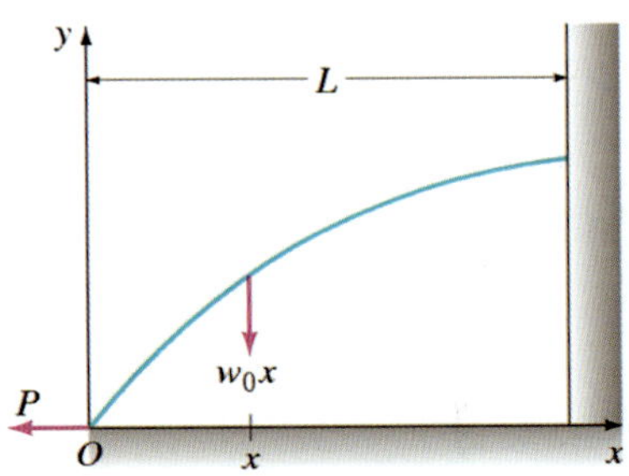

그림 5.2.8 문제 7의 외팔보 빔의 편향

8 문제 7에서 자유로운 빔의 끝에 장력 대신 압축력이 작용할 때, 편향의 미분방정식은

$$EIy'' = -Py - w(x)\frac{x}{2}$$

이다. 만일 $w(x) = w_0 x$, $0 < x < L$이고 $y(0) = 0$, $y'(L) = 0$일 때 이 방정식을 풀어라.

고윳값와 고유함수

(9-18) 주어진 경곗값 문제에 대한 고윳값과 고유함수를 구하여라.

9 $y'' + \lambda y = 0$, $y(0) = 0$, $y(\pi) = 0$

10 $x^2 y'' + xy' + \lambda y = 0$, $y'(e^{-1}) = 0$, $y(1) = 0$

11 $y'' + \lambda y = 0$, $y'(0) = 0$, $y(L) = 0$

12 $y'' + \lambda y = 0$, $y(0) = 0$, $y(\pi/4) = 0$

13 $y'' + \lambda y = 0$, $y'(0) = 0$, $y'(\pi) = 0$

14 $y'' + \lambda y = 0$, $y(0) = 0$, $y'(\pi/2) = 0$

15 $y'' + 2y' + (\lambda + 1)y = 0$, $y(0) = 0$, $y(5) = 0$

16 $y'' + \lambda y = 0$, $y(-\pi) = 0$, $y(\pi) = 0$

17 $x^2 y'' + xy' + \lambda y = 0$, $y(1) = 0$, $y(e^{\pi}) = 0$

18 $y'' + (\lambda + 1)y = 0$, $y'(0) = 0$, $y'(1) = 0$

(19-20) 주어진 경곗값 문제에 관한 고윳값과 고유함수를 구하여라. $\lambda = \alpha^4$, $\alpha > 0$ 경우만 고려하여라.

19 $y^{(4)} - \lambda y = 0$, $y(0) = 0$, $y''(0) = 0$, $y(1) = 0$, $y''(1) = 0$

20 $y^{(4)} - \lambda y = 0$, $y'(0) = 0$, $y'''(0) = 0$, $y(\pi) = 0$, $y''(\pi) = 0$

얇은 기둥의 휨

21 그림 5.2.6을 보자. 만일 임계부하가 P_4가 되도록 한다면 물리적인 억제는 기둥 어디에 가해져야 하는가? 이 부하에 대한 편향곡선을 그려라.

22 얇은 기둥의 임계부하는 기둥 양 끝의 조건에 좌우된다. 예제 4에서의 오일러 부하 P_1의 값은 기둥 양 끝이 경첩에 매달려있다는 가정에서 유도되었다. 가늘고 수직인 균질의

기둥은 밑면 $(x=0)$이 고정되어있고 꼭대기는 $(x=L)$ 자유롭고 일정한 축의 부하 P가 자유로운 끝에 가해진다고 가정하자. 이 부하는 그림 5.2.9과 같이 편향 δ는 작은 값을 야기하거나 편향을 야기하지 않는다. 어떤 경우에서나 편향 $y(x)$에 대한 미분방정식은

$$EI\frac{d^2y}{dx^2}+Py=P\delta$$

이다.

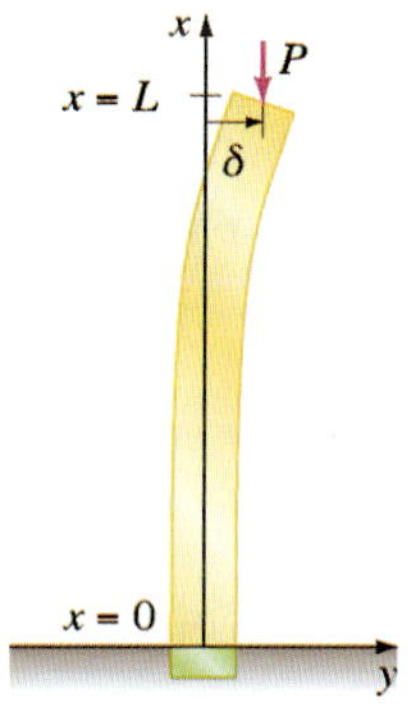

그림 5.2.9 문제 22의 수직 기둥의 편향

(a) $\delta=0$일 때 예상되는 편향은 무엇인가?

(b) $\delta\neq 0$일 때 이 기둥에 대한 오일러 부하가 예제 4에서 양 끝이 박혀있는 기둥에 대한 오일러 부하의 $\frac{1}{4}$임을 보여라.

23 문제 22에서 언급한 것과 같이 일정한 축 압축력 P가 가해지는 얇고 탄력적인 기둥의 편향 $y(x)$를 결정하는 미분방정식 (5)는 기둥의 양 끝이 경첩에 달려 있을 때만 유효하다. 일반적으로 이 기둥의 편향을 좌우하는 미분방정식은

$$\frac{d^2}{dx^2}\left(EI\frac{d^2y}{dx^2}\right)+P\frac{d^2y}{dx^2}=0$$

이다. 기둥이 균일(EI이 상수)하고 기둥의 양끝은 경첩에 달려있다고 가정하자. 경곗값 문제 $y(0)=0$, $y''(0)=0$, $y(L)=0$, $y''(L)=0$를 만족하는 4계 미분방정식의 해는 예제 5에서의 분석과 같음을 보여라.

24 균일하고 얇고 탄력적이 기둥이 끝점 $x=0$에 경첩에 달려있고 끝점 $x=L$은 박혀있다고 하자.

(a) 문제 23에서 주어진 미분방정식을 이용하여 고윳값 λ_n, 임계부하 P_n, 오일러 부하 P_1과 편형 $y_n(x)$를 구하라.

(b) 그래프를 그리는 도구를 활용하여 첫 번째 좌굴 모드의 그래프를 그려라.

회전하는 줄

25 회전하는 줄의 모양에 관한 수학적 모델을 세우는 과정에서 소개한 경곗값 문제를 보자 :

$$T\frac{d^2y}{dx^2}+\rho\omega^2y=0,\ \ y(0)=0,\ \ y(L)=0.$$

상수 T와 ρ에 대하여, 각회전의 임계속력 ω_n을 경곗값 문제가 자명하지 않은 해를 가지는 ω의 값으로 정의하자. 임계속력 ω_n과 대응되는 편향 $y_n(x)$를 구하여라.

26 장력 T의 크기가 일정하지 않을 때 회전하는 줄에 의해 추정된 편향곡선 또는 $y(x)$의 모양에 관한 모델은

$$\frac{d}{dx}\left[T(x)\frac{dy}{dx}\right]+\rho\omega^2y=0$$

으로 주어진다. $1<x<e$와 $T(x)=x^2$이라 하자.

(a) 만일 $y(1)=0$, $y(e)=0$이고 $\rho\omega^2>0.25$이면 각 회전의 임계속력은 $\omega_n=\frac{1}{2}\sqrt{(4n^2\pi^2+1)/\rho}$이고 대응되는 편향은

$y_n(x)=c_2x^{-1/2}\sin(n\pi\ln x)\ \ n=1,\ 2,\ 3,\ \cdots$

임을 보여라.

(b) 그래프를 그리는 도구를 활용하여 구간 $[1,\ e]$에서 $n=1,\ 2,\ 3$에 관한 편향곡선의 그래프를 그려라. $c_2=1$로 하여라.

다양한 경곗값 문제

27 **구의 온도** 반지름이 $r=a$와 $r=b$, $a<b$인 중심이 같은 두 개의 구를 보자. 그림 5.2.10을 참조하라. 두 구 사이 영역의 온도 $u(r)$은 경곗값 문제

$$r\frac{d^2u}{dr^2}+2\frac{du}{dr}=0,\ \ u(a)=u_0,\ \ u(b)=u_1$$

로 결정된다. 여기서 u_0과 u_1은 상수이다. $u(r)$을 풀어라.

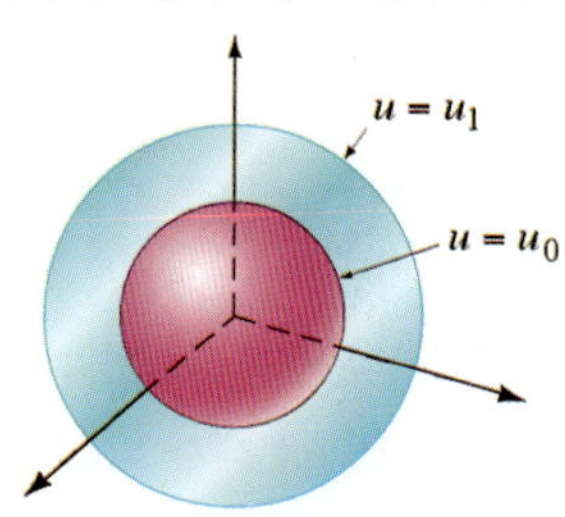

그림 5.2.10 문제 27의 중심이 같은 구

28 **환의 온도** 그림 5.2.11에서 제시된 원환의 온도 $u(r)$은 경곗값 문제

$$r\frac{d^2u}{dr^2}+\frac{du}{dr}=0, u(a)=u_0, u(b)=u_1$$

로 결정된다. 여기서 u_0과 u_1은 상수이다.

$$u(r)=\frac{u_0\ln(r/b)-u_1\ln(r/a)}{\ln(a/b)}$$

임을 보여라.

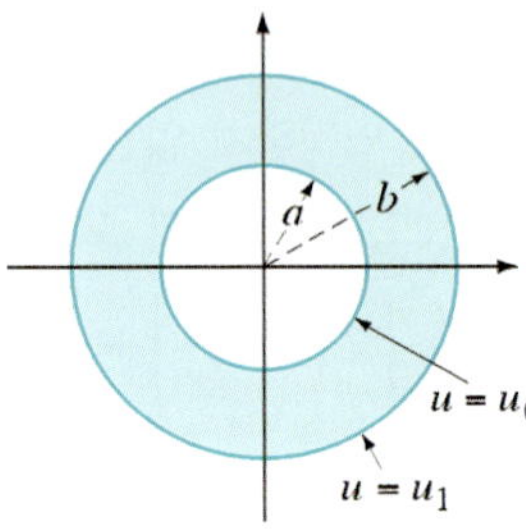

그림 5.2.11 문제 28의 원환

토론 문제

29 **단순조화운동** 5.1절에서 논의한 단순조화운동에 대한 모델 $mx''+kx=0$은 이 절의 예제 2와 연관할 수 있다. 용수철 상수가 $k=10$ lb/ft인 자유 비감쇠 용수철/질량계를 생각하자. 용수철에 매달린 각각의 물체가 $t=0$일 때 영이 아닌 속도 v_0로 평형위치에서 놓아졌을 때 $t=1$초에서 평형위치를 지나갈 수 있는 물체의 질량 m_n을 결정하여라. 각각의 질량 m_n은 $0<t<1$의 시 구간에서 평형위치를 몇 번이나 지나가는가?

30 **감쇠운동** 문제 29의 용수철/질량계에 대한 모델을

$$mx''+2x'+kx=0$$

로 바꾼다고 하자. 다시 말하면, 이 운동계는 자유롭지만 감쇠가 수치적으로 순간 속도의 두 배와 같게 된다. 초깃값 조건과 용수철 상수가 문제 29와 같을 때, $t=1$초에서 평형 위치를 지나는 물체 m를 찾을 수 있는지를 알아보아라.

(31-32) 주어진 경곗값 문제가 (a) 정확히 1개의 자명하지 않은 해 (b) 두 개 이상의 해 (c) 해가 없음 (d) 자명한 해를 가지도록 y_0과 y_1의 값 (문제 31)과 $L>0$인 L의 값 (문제 32)을 구할 수 있는지 판정하여라.

31 $y''+16y=0$, $y(0)=y_0$, $y(\pi/2)=y_1$

32 $y''+16y=0$, $y(0)=1$, $y(L)=1$

33 경곗값 문제

$$y''+\lambda y=0, y(-\pi)=y(\pi), y'(-\pi)=y'(\pi)$$

를 보자.

(a) 명시된 경곗값 조건의 형태를 **주기적 경곗값 조건**이라 한다. 이들 조건에 대한 기하학적 해석을 하여라.

(b) 이 문제의 고윳값과 고유함수를 구하여라.

(c) 그래프를 그리는 도구를 활용하여 일부 고유함수의 그래프를 그려라. (a)에서 주어진 경곗값 조건에 대한 기하학적 해석을 증명하여라.

34 경곗값 문제

$$y''+\lambda y=0, y(0)=0, y(1)+y'(1)=0$$

에 대한 고윳값과 고유함수가 각각 $\lambda_n=\alpha_n^2$과 $y_n=\sin\alpha_n x$임을 보여라. 여기서 α_n $n=1, 2, 3, \cdots$는 방정식 $\tan\alpha=-\alpha$의 연속적인 양의 근이다.

컴퓨터 실습 과제

35 컴퓨터 대수체계를 활용하여 그래프를 그려 문제 34의 방정식 $\tan\alpha=-\alpha$이 무한히 많은 해를 가짐을 증명하여라. 방정식의 음수의 해는 왜 무시 할 수 있는지 설명하여라. $\alpha=0$은 $\tan\alpha=-\alpha$의 명백한 근이지만 $\lambda=0$은 왜 고윳값이 아닌지를 설명하여라.

36 컴퓨터 대수체계의 근을 구하는 프로그램을 활용하여 문제 34의 경곗값 문제에 대한 처음 4개의 고윳값 λ_1, λ_2, λ_3과 λ_4의 근삿값을 구하여라.

(37-38) 주어진 경곗값 문제의 고윳값과 고유함수를 구하여라. 처음 4개의 고윳값 λ_1, λ_2, λ_3과 λ_4의 근삿값을 구하기 위하여 컴퓨터 대수체계를 활용하여라.

37 $y''+\lambda y=0$, $y(0)=0$, $y(1)-\frac{1}{2}y'(1)=0$

38 $y^{(4)}-\lambda y=0$, $y(0)=0$, $y'(0)=0$, $y(1)=0$, $y'(1)=0$ [힌트 : $\lambda=\alpha^4$, $\alpha>0$인 경우만 고려하라.]

5.3 비선형 모델

필요한 개념

- 4.10절

소개 | 이 절에서 우리는 몇몇의 비선형 고계 수학적 모델을 검토한다. 235쪽에 소개된 대입 방법(미분방정식의 계수를 줄이는 것을 유도한)을 이용하여 이런 모델의 몇 가지를 풀 수 있다. 풀리지 않는 모델의 몇 가지 경우에서는, 비선형미분방정식을 *선형화*(linearization)라고 불리는 방법에 의해서 어떻게 선형미분방정식으로 변형할 수 있는지를 보인다.

비선형 용수철 5.1절 (1)의 수학적 모델은 $F(x)=kx$인

$$m\frac{d^2x}{dt^2}+F(x)=0 \tag{1}$$

의 형태이다. x는 평형위치에서부터 물체의 변위를 나타내므로, $F(x)=kx$는 후크의 법칙이다.—즉, 힘은 물체를 평형상태로 되돌리려하는 용수철에 의하여 발휘된다. 선형 복원력 $F(x)=kx$하에서 움직이는 용수철을 자연스럽게 **선형 용수철**(linear spring)이라 한다. 그러나 용수철이 완전하게 선형이기는 드물다. 만들어진 방법과 사용된 재질에 따라 용수철은 '흐물흐물한' 또는 부드러운 것부터 너무 '뻣뻣한', 또는 단단하다고 하는 범위까지 구분이 되어서 그 복원력은 주어진 선형 법칙보다 아래인 그 무엇부터 위인 그 무엇까지 다양할 것이다. 자유운동의 경우에는, 변치 않는 용수철이 어떤 비선형인 특성을 가진다면, 용수철의 복원력은 – 즉 (1)의 $F(x)$ – 예를 들면, 평형위치 아래의 물체의 변위 x의 세 제곱 승에 비례하거나 또는 $F(x)$가 비선형 함수 $F(x)=kx+k_1x^3$ 로 주어진 것과 같이 변위의 거듭제곱의 일차결합이 된다.

$$m\frac{d^2x}{dt^2}+kx^3=0 \quad \text{또는} \quad m\frac{d^2x}{dt^2}+kx+k_1x^3=0 \tag{2}$$

와 같이 수학적 모델이 비선형 복원력을 포함한 용수철을 **비선형 용수철**(nonlinear spring)이라 한다. 게다가 우리는 운동에 전하는 감쇠가 순간 속도 $\frac{dx}{dt}$에 비례하고 용수철의 복원력이 일차 함수 $F(x)=kx$로 주어진 수학적 모델을 공부했다. 그러나 이러한 것은 단지 가정이다: 좀 더 실제 상황에서는 감쇠가 순간속도 $\frac{dx}{dt}$의 어떤 거듭제곱에 비례할 수 있다. 비선형미분방정식

$$m\frac{d^2x}{dt^2}+\left|\frac{dx}{dt}\right|\frac{dx}{dt}+kx=0 \tag{3}$$

은 감쇠력이 속도의 제곱에 비례하는 자유 용수철/질량계의 한 모델이다. 다른 종류의 모델을 상상할 수 있다; 선형 감쇠력과 비선형 복원력, 비선형 감쇠력과 비선

형 복원력 등등. 물리적 운동계의 비선형 특성은 비선형인 수학적 모델이라는 것이다.

(2)에서 $F(x)=kx^3$ 과 $F(x)=kx+k_1x^3$는 x에 대한 기함수이다. x의 홀수인 거듭제곱을 포함하는 다항식 함수가 복원력에 관한 타당한 모델을 제공하는 이유를 알기 위하여 F를 평형 위치 $x=0$에서 전개된 급수로 나타내자.

$$F(x)=c_0+c_1x+c_2x^2+c_3x^3+\ \cdots$$

변위 x가 작으면 충분히 큰 n에 대하여서는 x^n의 값은 무시할 수 있다. 급수를, 말하자면, 4개의 항으로 자른다면 $F(x)=c_0+c_1x+c_2x^2+c_3x^3$ 이다. $x>0$에서의 힘은

$$F(x)=c_0+c_1x+c_2x^2+c_3x^3$$

이고 $-x<0$에서의 힘은

$$F(-x)=c_0-c_1x+c_2x^2-c_3x^3$$

로 반대 방향에 작용하지만 같은 양을 가지므로 $F(-x)=-F(x)$이다. 이는 F가 기함수임을 의미하므로 $c_0=0$이고 $c_2=0$으로 $F(x)=c_1x+c_3x^3$ 이다. 급수에서 처음 두 항만을 사용하면, 같은 논리로 $F(x)=c_1x$ 이다. $F(x)=c_1x+c_2x^2$과 같은 혼합된 거듭제곱을 가진 복원력과 대응하는 진동을 **비대칭적**(unsymmetrical)이라 부른다. 다음 논의에서 $c_1=k$이고 $c_3=k_1$이라 하자.

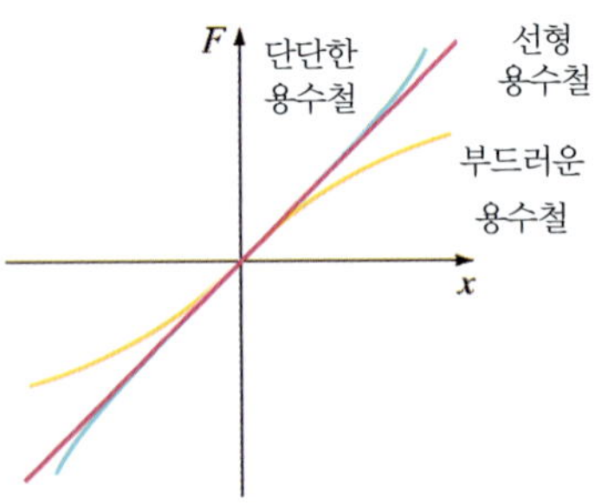

그림 5.3.1 단단하고 부드러운 용수철

단단한 용수철과 부드러운 용수철 복원력이 $F(x)=kx+k_1x^3$ $(k>0)$으로 주어진 경우에서 방정식 (1)을 자세히 관찰하자. 용수철은 $k_1>0$이면 **단단하고**(hard) $k_1<0$이면 **부드럽다**(soft)고 한다. 세 가지 형태의 복원력에 관한 그래프는 그림 5.3.1에 예시되었다. 다음 예제는 미분방정식 $m\dfrac{d^2x}{dt^2}+kx+k_1x^3=0$, $m>0$, $k>0$에서 두 가지 특별한 경우이다.

예제 1 부드러운 용수철과 단단한 용수철의 비교

미분방정식

$$\frac{d^2x}{dt^2}+x+x^3=0 \text{ 과} \tag{4}$$

$$\frac{d^2x}{dt^2}+x-x^3=0 \tag{5}$$

은 (2)의 두 번째 방정식의 특별한 경우이고 각각 단단한 용수철과 부드러운 용수철의 모델이다. 그림 5.3.2(a)는 (4)의 두 해이고 5.3.2(b)는 수치적 해결도구로부터 얻어진

(5)의 두 개의 해를 나타낸다. 빨간색 곡선은 초기조건 $x(0)=2,\ x'(0)=-3$ 을 만족하는 해이고; 파란색으로 그려진 곡선은 $x(0)=0,\ x'(0)=0$을 만족하는 해이다. 이들 해 곡선은 단단한 용수철의 물체 운동은 진동하는 반면, 부드러운 용수철의 물체 운동은 진동하지 않음을 알려준다. 그러나 우리는 두 개의 수치적인 해 곡선에 근거하여 그 결론을 조심해서 이끌어 내야만 한다. 이 두 개의 방정식의 해의 성질에 대한 좀 더 완벽한 그림은 10장에서 논의될 정성적인 분석으로부터 얻어질 수 있다. ■

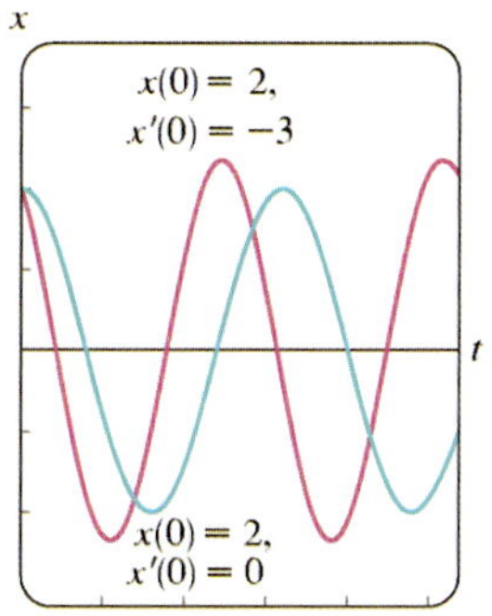

(a) 단단한 용수철

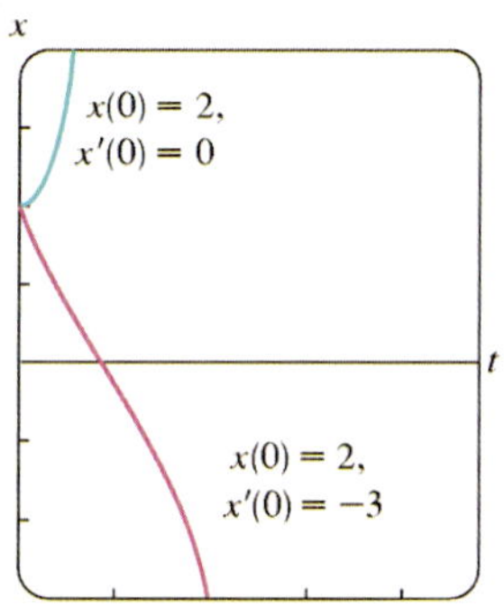

(b) 부드러운 용수철

그림 5.3.2 수치적 해곡선

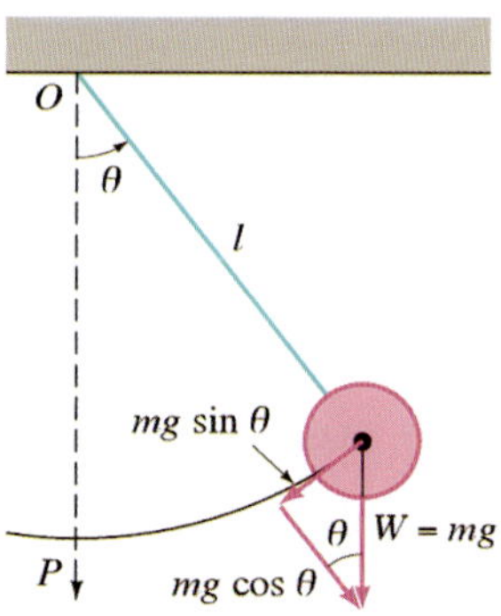

그림 5.3.3 단진자

비선형 진자 앞과 뒤로 움직이는 물체를 **물리적 진자**(phisical pendulum)라 한다. **단진자**(simple pendulum)는 물리적 진자의 특별한 경우로 길이 l인 막대의 끝에 질량 m인 물체가 매달려있다. 수직평면에 단진자의 운동을 설명하려면, 우리는 막대의 무게는 무시하고 이 운동계에 작용하는 외부적 감쇠나 구동력이 없다는 단순한 가정을 한다. 그림 5.3.3에서와 같이 수직으로부터 측정된 진자의 변위각 θ는 OP의 오른쪽에서 측정하면 양수로 OP의 왼쪽에선 음수로 간주한다. 반지름이 l인 원의 호 s는 공식 $s=l\theta$에 의해 중심각 θ와 관련이 있다. 그러므로 각가속도는

$$a=\frac{d^2s}{dt^2}=l\frac{d^2\theta}{dt^2}$$

이다. 뉴턴의 제2법칙으로

$$F=ma=ml\frac{d^2\theta}{dt^2}$$

이다. 그림 5.3.3에서 무게 W로 인한 힘의 접선성분의 크기는 $mg\sin\theta$이다. $\theta>0$이면 왼쪽이고 $\theta<0$이면 오른쪽을 가리키기에 방향으로는 이 힘은 $-mg\sin\theta$ 이다. 접선력에 대한 두 개의 다른 식을 같게 하면 $ml\dfrac{d^2\theta}{dt^2}=-mg\sin\theta$, 또는

$$\frac{d^2\theta}{dt^2}+\frac{g}{l}\sin\theta=0 \tag{6}$$

이다.

선형화 $\sin\theta$의 존재로 모델 (6)은 비선형이다. 비선형 고계 미분방정식의 해의 움직임을 이해하려고 우리는 때때로 비선형인 항을 어떤 근사치로 대치하여 문제를 간단히 하기도 한다. 예를 들면 $\sin\theta$에 대한 매클로린급수는

$$\sin\theta=\theta-\frac{\theta^3}{3!}+\frac{\theta^5}{5!}-\cdots$$

로 주어지므로 $\sin\theta\approx\theta-\dfrac{\theta^3}{6}$ 으로 근사하면, 방정식 (6)은

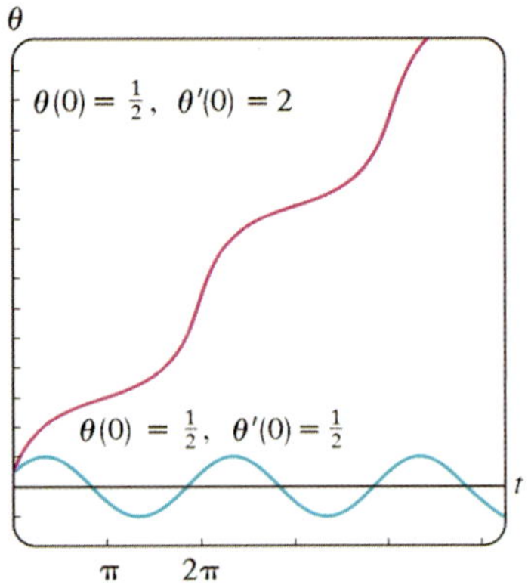

(a)

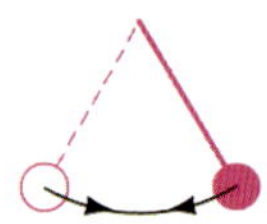

(b) $\theta(0)=\frac{1}{2},\ \theta'(0)=\frac{1}{2}$

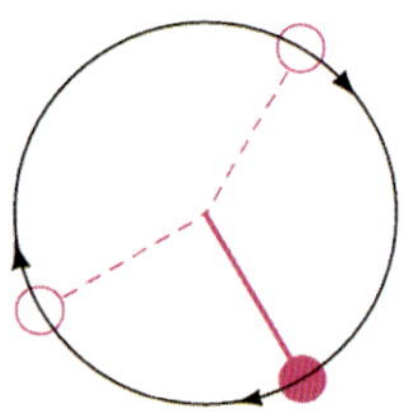

(c) $\theta(0)=\frac{1}{2},\ \theta'(0)=2$

그림 5.3.4 (b) 진동하는 진자 (c) 회전하는 진자

$$\frac{d^2\theta}{dt^2}+\left(\frac{g}{l}\right)\theta-\left(\frac{g}{6l}\right)\theta^3=0$$

이 된다. 이 방정식은 $m=1,\ k=\frac{g}{l}$ 이고 $k_1=-\frac{g}{6l}$ 인 (2)의 두 번째 비선형 방정식이다. 그럼에도 변위 θ가 $\sin\theta\approx\theta$로 대치되도록 충분히 작으면 (6)은

$$\frac{d^2\theta}{dt^2}+\frac{g}{l}\theta=0 \tag{7}$$

이 된다. 연습문제 5.3의 문제 25를 참조하라. $\omega^2=\frac{g}{l}$ 이면 (7)은 선형 용수철/질량계의 자유 비감쇠 진동에 대한 모델인 5.1절의 미분방정식 (2)로 인식된다. 다시 말하면 (7)은 다시 5.2절 269쪽에서 논의 된 기본 선형 방정식 $y''+\lambda y=0$ 이다. 결과적으로 방정식 (7)은 방정식 (6)의 **선형화**(linearization)라고 한다. (7)의 일반해는 $\theta(t)=c_1\cos\omega t+c_2\sin\omega t$ 이므로 이 선형화는 작은 진동에 따르는 초기조건에 대하여 (6)의 진동운동은 주기적일 것이라는 것을 암시한다.

예제 2 두 개의 초깃값 문제

그림 5.3.4(a)의 그래프는 수치적 해결도구의 도움으로 얻어졌으며 $\omega^2=1$일 때 방정식 (6)의 근사적 또는 수치적 해 곡선을 나타낸다. 파란색 곡선은 초기 조건 $\theta(0)=\frac{1}{2},\ \theta'(0)=\frac{1}{2}$을 만족하는 (6)의 해 곡선인 반면 빨간색의 곡선은 초기 조건 $\theta(0)=\frac{1}{2},\ \theta'(0)=2$을 만족하는 (6)의 해를 나타냈다. 파란색 곡선은 명백하게 $A\le 1$인 진폭으로 그림 5.3.4(b)에서 보는 것과 같이 앞과 뒤로 진동하는 진자의 주기적인 해이다. 빨간색 곡선은 시간이 갈수록 θ가 경계 없이 증가함을 보여준다. —같은 초기 변위로 시작하는 진자는 그것을 꼭대기 위쪽으로 보낼 수 있을 만큼 충분히 큰 초기 속도가 주어졌다. 다시 말하면, 그림 5.3.4(c)에서처럼 진자는 선회축 주위로 회전하고 있다. 감쇠 없이, 각각의 경우의 운동은 무기한으로 계속되어진다. ■

전화선 1계 미분방정식 $\frac{dy}{dx}=\frac{W}{T_1}$은 1.3절의 방정식 (16)이다. 그림 1.3.8의 설명으로 만든 이 미분방정식은 전선에 수직으로 부하가 걸릴 때 두 개의 수직인 지지대 사이에 늘어진 유연한 전선의 모양에 대한 수학적 모델이다. 2.2절에서 현수교의 케이블이 가지고 있는 수직 부하가 x축을 따라 골고루 분배된 수평적인 노반의 무게라는 가정 하에서 우리는 이 단순한 미분방정식을 풀었다. ρ가 노반의 단위 길이 당 무게라 할 때 $W=\rho x$로 수직인 전선주 사이의 각각의 전선의 형태는 포물선이 될 것이다. 우리는 두 개의 전선주 사이에 늘어진 전선과 같이, 오직 전선의 무게로만 늘어졌다는 가정 하에 동질의 유연한 전선의 형태를 결

정할 수 있다. 수직인 부하는 전선 그 자체이므로 ρ가 전선의 선형 밀도(피트 당 파운드로 측정된)이고 s가 그림 1.3.8의 P_1P_2의 길이라 하면 $W=\rho s$이다. 그러므로

$$\frac{dy}{dx}=\frac{\rho s}{T_1} \tag{8}$$

이다. 점 P_1과 P_2 사이의 호의 길이는

$$s=\int_0^x \sqrt{1+\left(\frac{dy}{dx}\right)^2}\,dx \tag{9}$$

로 주어지기 때문에 미적분학의 기본 정리로 (9)의 도함수는

$$\frac{ds}{dx}=\sqrt{1+\left(\frac{dy}{dx}\right)^2} \tag{10}$$

이다. (8)을 x에 관하여 미분하여 (10)을 이용하면 2계 방정식

$$\frac{d^2y}{dx^2}=\frac{\rho}{T_1}\frac{ds}{dx} \quad \text{또는} \quad \frac{d^2y}{dx^2}=\frac{\rho}{T_1}\sqrt{1+\left(\frac{dy}{dx}\right)^2} \tag{11}$$

이 된다.

다음의 예제에서 우리는 (11)을 풀고 늘어진 전선으로 가정한 곡선은 **현수선**(catenary)임을 보인다. 더 나아가기 전에 (11)의 2계 비선형 미분방정식은 4.9절에서 다룬 $F(x,\ y',\ y'')=0$의 형태인 방정식 중 하나임을 생각하자. $u=y'$를 대입하는 방법에 의하여 방정식의 계수를 줄임으로써 이런 형태의 방정식을 풀 수 있는 기회가 있음을 상기하자.

예제 3 (11)의 해

그림 1.3.8의 y축의 위치로부터 2계 미분방정식 (11)과 연관된 초깃값 조건은 명백하게 $y(0)=a$이고 $y'(0)=0$이 된다. $u=y'$를 대입하면 방정식 (11)은 $\frac{du}{dx}=\frac{\rho}{T_1}\sqrt{1+u^2}$이 된다. 변수 분리를 하여,

$$\int\frac{du}{\sqrt{1+u^2}}=\frac{\rho}{T_1}\int dx \quad \text{로부터} \quad \sinh^{-1}u=\frac{\rho}{T_1}x+c_1$$

이다. $y'(0)=0$ 는 $u(0)=0$과 동치이다. $\sinh^{-1}0=0$이므로 $c_1=0$이고 $u=\sinh\left(\frac{\rho x}{T_1}\right)$이다. 마지막으로 $\frac{du}{dx}=\sinh\left(\frac{\rho x}{T_1}\right)$의 양변을 적분하면 $y=\frac{T_1}{\rho}\cosh\frac{\rho}{T_1}x+c_2$이다. $y(0)=a$, $\cosh 0=1$이므로 $c_2=a-\frac{T_1}{\rho}$가 된다. 그러므로 늘어진 전선의 모양은

$$y=\left(\frac{T_1}{\rho}\right)\cosh\left(\frac{\rho x}{T_1}\right)+a-\frac{T_1}{\rho}$$

이다. ■

예제 3에서 처음부터 우리가 $a=\dfrac{T_1}{\rho}$로 택할 만큼 현명하다면 문제의 해는 간단히 쌍곡 코사인 $y=\left(\dfrac{T_1}{\rho}\right)\cosh\left(\dfrac{\rho x}{T_1}\right)$이 될 것이다.

로켓 운동 1.3절의 (12)에서 지구 표면 근처에서 질량이 m인 물체의 자유 낙하에 관한 미분방정식은

$$m\frac{d^2s}{dt^2}=-mg \quad \text{또는 간단히} \quad \frac{d^2s}{dt^2}=-g$$

로 주어짐을 보였다. 여기서 s는 지구 표면으로부터 물체까지의 거리를 나타내며 양의 방향은 위쪽으로 향하는 것으로 간주한다. 다시 말하면, 여기서의 가정은 지구의 반지름 R에 비례하여 물체에 대한 거리 s가 작다는 것이다 ; 다른 식으로 말하면, 지구 중심으로부터 물체까지의 거리 y는 R과 같은 값으로 근사한다. 한편, R과 비교하여 로켓이나 인공위성과 같은 물체까지의 거리 y가 크면, 변수 y에 관한 미분방정식을 유도하기 위하여 운동에 대한 뉴턴의 두 번째 법칙과 만유인력의 법칙을 결합한다.

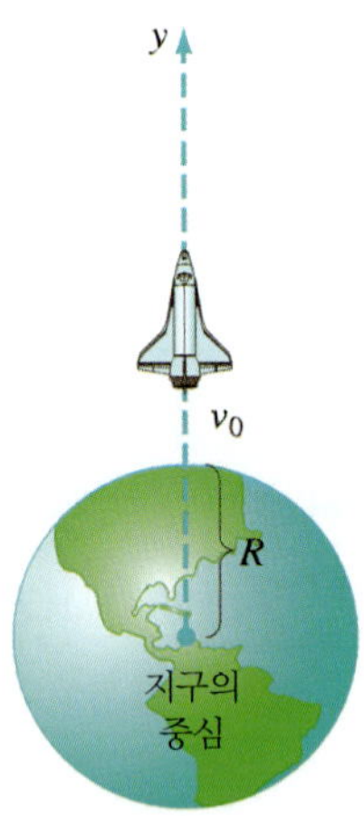

그림 5.3.5 로켓까지의 거리는 R보다 크다

로켓이 그림 5.3.5와 같이 지구로부터 수직으로 발사되었다고 가정하자. 양의 방향이 위쪽으로 향하는 것이고 공기저항은 무시한다면, 연료가 완전 연소된 후에 운동 미분방정식은

$$m\frac{d^2y}{dt^2}=-k\frac{Mm}{y^2} \quad \text{또는} \quad \frac{d^2y}{dt^2}=-k\frac{M}{y^2} \tag{12}$$

이다. 여기서 k는 비례상수, y는 지구 중심으로부터 로켓까지의 거리, M은 지구의 질량이고 m은 로켓의 질량이다. 상수 k를 정하기 위해서는 $y=R$일 때, $\dfrac{kMm}{R^2}=mg$ 또는 $k=\dfrac{gR^2}{M}$라는 사실을 사용해야 한다. 그러므로 (12)의 마지막 방정식은

$$\frac{d^2y}{dt^2}=-g\frac{R^2}{y^2} \tag{13}$$

이 된다. 연습문제 5.3의 문제 14를 참조하라.

변화하는 질량 위의 설명에서 우리는 로켓이 연료를 다 소모한 후, 아마 로켓의 질량 m이 상수일 때, 로켓의 운동을 설명한 것임을 유념하라. 물론 로켓이 상

승하는 동안 로켓의 총 질량은 연료가 소모되는 것에 따라 달라진다. 연습문제 1.3의 (17)에서 원래 뉴턴에 의해 향상된 제2운동법칙은 질량 m인 물체가 속도 v로 역장 위를 움직일 때 물체의 운동량 mv의 시간 변화율은 물체에 작용하는 응용력 또는 알짜힘 F와 같다 :

$$F = \frac{d}{dt}(mv). \tag{14}$$

m이 상수이면 (14)는 좀 더 익숙한 형태로 a는 가속도인 $F = m\frac{dv}{dt} = ma$가 된다. 물체의 질량 m이 변화하는, 다음 예제에서는 (14)로 주어진 뉴턴의 제2법칙을 사용한다.

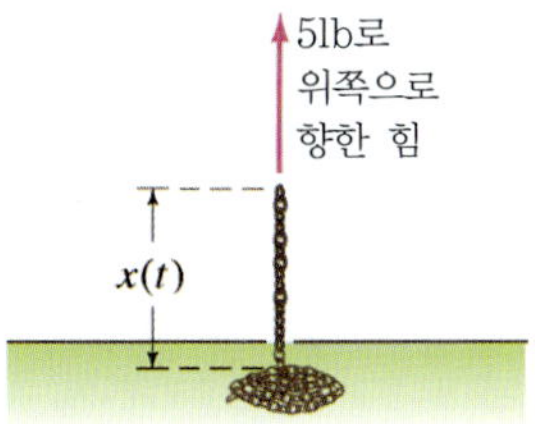

그림 5.3.6 예제 4에서 일정한 힘으로 위로 당긴 체인

예제 4 일정한 힘에 의하여 위로 당겨지는 체인

균등한 10 피트 길이의 체인이 운동장에 느슨하게 감겨져 있다. 체인의 한 끝이 5 파운드의 일정한 힘으로 수직으로 위로 당겨진다. 체인은 1피트 당 1파운드의 무게이다. 시간 t일 때 운동장 위 체인의 끝의 높이를 구하여라. 그림 5.3.6을 참조하라.

풀이 $x = x(t)$를 시간 t에서 공중에 있는 체인 끝의 높이라 하면 $v = \frac{dx}{dt}$이고 양의 방향이 위로 향하는 것이다. 시간이 t일 때 공중에 있는 체인에 대하여 다음과 같은 변량들이 있다.

무게 : $W = (x\ \text{ft}) \cdot (1\ \text{lb/ft}) = x,$

질량 : $m = \frac{W}{g} = \frac{x}{32},$

알짜힘 : $F = 5 - W = 5 - x.$

(14)로부터

$$\frac{d}{dt}\left(\frac{x}{32}v\right) = 5 - x \quad \text{또는} \quad \underbrace{x\frac{dv}{dt} + v\frac{dx}{dt}}_{\text{곱공식}} = 160 - 32x \tag{15}$$

이다. $v = \frac{dx}{dt}$이므로 위의 방정식은

$$x\frac{d^2x}{dt^2} + \left(\frac{dx}{dt}\right)^2 + 32x = 160 \tag{16}$$

이다. 비선형 2계 미분방정식 (16)은 4.10절에서 계수를 줄임으로서 풀 수 있는 두 가지 형태 중 두 번째인 $F(x, x', x'') = 0$ 형태이다. (16)을 풀기 위하여 (15)로 되돌아가 연쇄법칙과 더불어 $v = x'$를 적용한다. $\frac{dv}{dt} = \frac{dv}{dx}\frac{dx}{dt} = v\frac{dv}{dx}$으로부터 (15)의 두 번째 방정식은

$$xv\frac{dv}{dx}+v^2=160-32x \tag{17}$$

가 된다. (17)은 2장에서 풀었던 1계 미분방정식의 어떠한 형태로도 분류되지 않기 때문에 (17)은 풀기 어려운 것처럼 보인다. 그럼에도 (17)을 미분형식 $M(x,\ v)dx+N(x,\ v)dv=0$의 꼴로 다시 쓰면 방정식

$$(v^2+32x-160)dx+xvdv=0 \tag{18}$$

은 완전 미분방정식은 아니지만 적분인수를 방정식에 곱하면 완전 미분방정식으로 변형될 수 있다. $\frac{(M_v-N_x)}{N}=\frac{1}{x}$로부터 2.4절 (13)에서 적분인수는 $e^{\int \frac{dx}{x}}=e^{\ln x}=x$임을 알 수 있다. (18)에 $\mu(x)=x$를 곱한 방정식은 완전 미분방정식이다(증명하여라). $\frac{\partial f}{\partial x}=xv^2+32x^2-160x,\ \frac{\partial f}{\partial v}=x^2v$이고 2.4절에서처럼 계산하면

$$\frac{1}{2}x^2v^2+\frac{32}{3}x^3-80x^2=c_1 \tag{19}$$

가 된다. 체인 전부가 처음엔 운동장에 놓여 있다고 가정했기 때문에 $x(0)=0$이다. 이 조건을 (19)에 적용하면 $c_1=0$이다. $v=\frac{dx}{dt}>0$에 대하여 대수적 방정식 $\frac{1}{2}x^2v^2+\frac{32}{3}x^3-80x^2=0$을 풀면 또 다른 1계 미분방정식

$$\frac{dx}{dt}=\sqrt{160-\frac{64}{3}x}$$

가 생긴다. 이 방정식은 변수 분리에 의하여 풀 수 있다.

$$-\frac{3}{32}\left(160-\frac{64}{3}x\right)^{\frac{1}{2}}=t+c_2 \tag{20}$$

임을 증명해야 한다. 이번에 초기 조건 $x(0)=0$은 $c_2=-\frac{3\sqrt{10}}{8}$임을 의미한다. 마지막으로 (20)의 양 변을 제곱하여 x에 관하여 풀면 우리는 원하는 결과

$$x(t)=\frac{15}{2}-\frac{15}{2}\left(1-\frac{4\sqrt{10}}{15}t\right)^2 \tag{21}$$

를 얻는다. 물리적인 근거로 그림 5.3.7에 주어진 (21)의 그래프는 그대로 받아들일 수 없다. 연습문제 5.3의 문제 15를 참조하라. ■

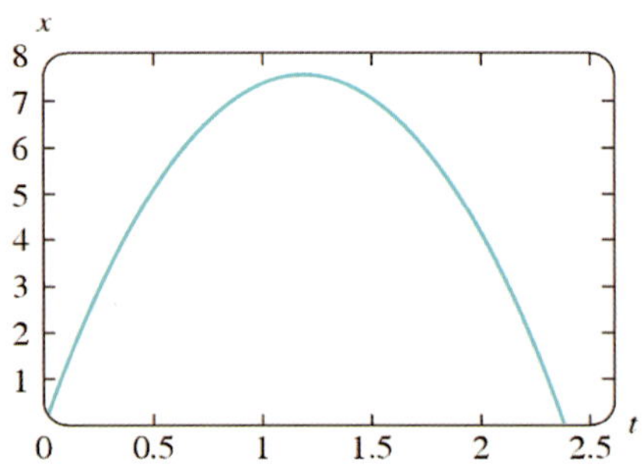

그림 5.3.7 예제 4의 (21)의 그래프

연습문제 5.3

강사에게 문제 24, 25번과 추가로 문제 1-6, 8-13, 15, 20, 21번의 전부 또는 일부분은 컴퓨터 실습 과제로 할 수 있다.

비선형 용수철

(1-4) 주어진 미분방정식은 (1)에서의 복원력 $F(x)$가 비선형인 비감쇠 용수철/질량계의 모델이다. 각각의 방정식에 대하여 주어진 초기 조건을 만족하는 해 곡선을 수치적 해결도구를 활용하여 그려라. 해가 주기적이면 해 곡선을 이용하여 진동주기 T를 추산하여라.

1 $\dfrac{d^2x}{dt^2}+x^3=0,$

$x(0)=1,\ x'(0)=1;\ x(0)=\dfrac{1}{2},\ x'(0)=-1$

2 $\dfrac{d^2x}{dt^2}+4x-16x^3=0,$

$x(0)=1,\ x'(0)=1;\ x(0)=-2,\ x'(0)=2$

3 $\dfrac{d^2x}{dt^2}+2x-x^2=0,$

$x(0)=1,\ x'(0)=1;\ x(0)=\dfrac{3}{2},\ x'(0)=-1$

4 $\dfrac{d^2x}{dt^2}+xe^{0.01x}=0,$

$x(0)=1,\ x'(0)=1;\ x(0)=3,\ x'(0)=-1$

5 문제 3에서 물체가 초기 속도 $x'(0)=x_1$으로 초기 위치 $x(0)=1$에서 놓아졌다고 가정하자. 수치적 해결도구를 활용하여 물체 운동이 비주기적이 되는 가장 작은 값 $|x_1|$을 추산하여라.

6 문제 3에서 물체가 초기 속도 $x'(0)=1$으로 초기 위치 $x(0)=x_0$에서 놓아졌다고 가정하자. 수치적 해결도구를 활용하여 운동이 진동하는 구간 $a\le x_0\le b$를 추산하여라.

7 문제 4이 미분방정식의 선형화를 구하여라.

8 $x''+8x-6x^3+x^5=0$으로 주어진 비감쇠 비선형 용수철/질량계의 모델을 고려하자. 수치적 해결도구를 활용하여 다음과 같은 초기 조건을 갖는 진동 운동계의 특성을 논하여라.

$x(0)=1,\ x'(0)=1;\ x(0)=-2,\ x'(0)=\dfrac{1}{2}$

$x(0)=\sqrt{2},\ x'(0)=1;\ x(0)=2,\ x'(0)=\dfrac{1}{2}$

$x(0)=2,\ x'(0)=0;\ x(0)=-\sqrt{2},\ x'(0)=-1.$

(9-10) 주어진 미분방정식은 감쇠 비선형 용수철/질량계의 모델이다. $t\to\infty$ 함에 따라 각각의 운동계의 움직임을 예측하여라. 수치적 해결도구를 활용하여 각각의 방정식에 주어진 초기 조건을 만족하는 해 곡선을 구하라.

9 $\dfrac{d^2x}{dt^2}+\dfrac{dx}{dt}+x+x^3=0,$

$x(0)=-3,\ x'(0)=4;\ x(0)=0,\ x'(0)=-8$

10 $\dfrac{d^2x}{dt^2}+\dfrac{dx}{dt}+x-x^3=0,$

$x(0)=0,\ x'(0)=\dfrac{3}{2};\ x(0)=-1,\ x'(0)=1$

11 주기적으로 움직이는 비감쇠 용수철/질량계의 모델 $mx''+kx+k_1x^3=F_0\cos\omega t$를 **더핑(Duffing)의 미분방정식**이라 한다. 초깃값 문제 $x''+x+k_1x^3=5\cos t$, $x(0)=1,\ x'(0)=0$을 보자. $k_1=0.01$부터 $k_1=100$의 범위에 있는 $k_1>0$인 k_1의 값에 대하여 수치적 해결도구를 활용하여 운동계의 움직임을 관찰하여라. 결론을 서술하여라.

12 (a) 문제 11의 운동계가 진동하는 $k_1<0$인 k_1의 값을 구하여라.

(b) 초깃값 문제

$$x''+x+k_1x^3=\cos\frac{3}{2}t,\ x(0)=0,\ x'(0)=0$$

을 보자. 운동계가 진동하는 $k_1<0$인 k_1의 값을 구하여라.

비선형진자

13 $\dfrac{d^2\theta}{dt^2}+2\lambda\dfrac{d\theta}{dt}+\omega^2\sin\theta=0$

으로 주어진 자유 감쇠 비선형 진자의 모델을 보자. 수치적 해결도구를 활용하여 $\lambda^2-\omega^2>0$과 $\lambda^2-\omega^2<0$의 두 가지 경우의 운동계가 각각 5.1절에서 논의가 된 용수철/질량계의 과잉감쇠와 부족감쇠의 경우와 일치하는지를 조

사하여라. $\lambda^2-\omega^2>0$일 때 $\lambda=2,\ \omega=1,\ \theta(0)=1$과 $\theta'(0)=2$을 활용하라. $\lambda^2-\omega^2<0$일 때 $\lambda=\frac{1}{3}$, $\omega=1,\ \theta(0)=-2$과 $\theta'(0)=4$을 활용하라.

로켓 운동

14 (a) $v=\frac{dy}{dt}$를 대입하여 (13)을 y의 항으로 v로 풀어라. 완전 연소 될 때 로켓의 속력이 $v=v_0$이고 그 순간에 $y\approx R$이라 가정하면 , 적분상수 c의 근삿값이 $c=-gR+\frac{1}{2}v_0^2$임을 보이자.

(b) (a)의 v에 관한 해를 이용하여 로켓의 이탈 속도가 $v_0=\sqrt{2gR}$로 주어짐을 보이자.
[힌트 : $y\to\infty$로 택하고 모든 시간 t에 대하여 $v>0$임을 가정하자.]

(c) (b)의 결과가 태양계의 어떠한 물체에 대하여서도 성립한다. $g=32\ \mathrm{ft/s^2}$과 $R=4000$ 마일임을 이용하여 지구로부터 이탈속도가 대략 $v_0=25{,}000\ \mathrm{mi/h}$임을 보여라.

(d) 만일 중력 가속도가 $0.165\,g$이고 $R=1080$ 마일일 때 달로부터의 이탈속도를 구하여라.

변화하는 질량

15 (a) 예제 4에서 일정한 5파운드의 힘으로 들어 올릴 수 있는 체인의 길이는 직관적으로 얼마인가?

(b) 체인의 초기 속도는 얼마인가?

(c) 왜 그림 5.3.7에서 주어진 $x(t)\geq 0$에 대응하는 시구간이 해 (21)에서 정의된 구간 I가 아닌가? 구간 I를 구하여라. 실제적으로 얼마나 긴 체인이 들어 올려졌는가? 이 답과 (a)에서 예측한 값과 어떤 차이가 있는지 설명하여라.

16 피트의 단위로 측정된 길이 L인 균일한 체인이 아래 끝이 마루에 닿도록 수직으로 매달려 있다. 체인의 무게는 $2\,\mathrm{lb/ft}$이다. 매달린 위 쪽 끝이 정지 상태에서 시간 $t=0$에 풀어졌고 체인은 똑바로 떨어졌다. $x(t)$는 시간 t에 대한 마루 위에 있는 체인의 길이를 나타내고, 공기저항은 무시되었으며, 양의 방향이 아래로 향한 방향이라면

$$(L-x)\frac{d^2x}{dt^2}-\left(\frac{dx}{dt}\right)^2=Lg$$

이다.

(a) v를 x에 관하여 풀어라. x를 t에 관하여 풀어라. v를 t에 관하여 나타내어라.

(b) 체인이 완전히 바닥에 떨어지는데 얼마나 많은 시간이 걸리는지 구하여라.

(c) (a)의 모델에서 체인의 위 쪽 끝이 땅에 닿는 때의 속도는 얼마로 예측하는가?

다양한 수학적 모델

17 **추적곡선** 해군의 훈련에서 그림 5.3.8과 같이 배 S_1은 잠수함 S_2의 추적을 받는다. 배 S_1은 $t=0$일 때 점 (0, 0)에서 출발하고 일정한 속도 v_1으로 직선 방향 (y 축)으로 앞으로 나아간다. 잠수함 S_2는 곡선 C를 따라 일정한 속도 v_2로 움직이며 그림의 점선 L로 표시한 것과 같이 눈으로 보면서 S_1을 따라가고 있다. S_2가 시간 $t=0$일 때 $(a,\ 0)$ $a>0$인 점에서 출발하고 L은 C에 접한다고 가정하자.

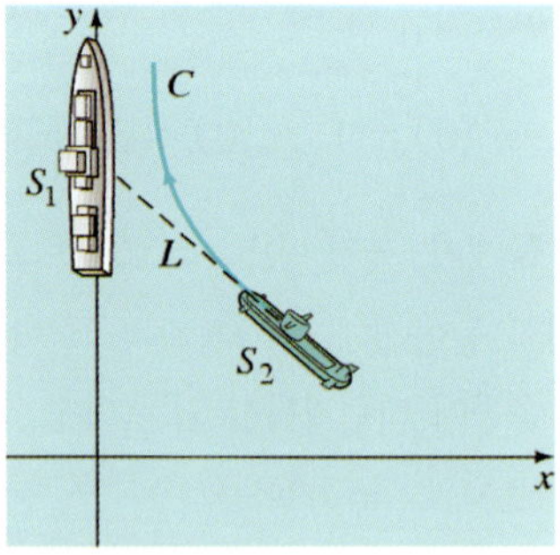

그림 5.3.8 문제 17의 추적곡선

(a) 곡선 C를 나타내는 수학적 모델을 구하여라.

(b) 미분방정식의 명확한 해를 구하여라. 편의상 $r=v_1/v_2$라 정의하자.

(c) $r>1,\ r<1$ 그리고 $r=1$인 경우에 S_1과 S_2의 경로가 교차하는지를 확인하라. [힌트: $\frac{dt}{dx}=\frac{dt}{ds}\frac{ds}{dx}$, 여기서 s는 C를 따라 측정한 호의 길이이다.]

18 추적곡선 다른 해군 훈련에서 구축함 S_1이 잠수한 잠수함 S_2를 추적한다. x축 위의 $(9, 0)$에 있는 S_1이 $(0, 0)$에 있는 S_2를 감지하고 동시에 S_2가 S_1를 감지하였다. 구축함 S_1의 선장은 잠수함이 즉시 도피하는 행동을 취해 새 항로는 아마도 그림 5.3.9에서 제시한 직선과 같을 것이라 추측하였다. S_1이 $(3, 0)$에 있을 때, 원점을 향한 직선 항로에서 추적곡선 C로 바꿨다. 구축함의 속력은 항상 상수 $30\,\mathrm{mi/h}$이고 잠수함의 속력은 상수 15 mi/h라 하자.

(a) 선장이 항로를 C로 선회를 명령하기 전에 S_1이 $(3, 0)$인 지점에 도달할 때를 왜 기다렸는지 그 이유를 설명하시오.

(b) 극좌표를 이용하여 곡선 C에 대한 방정식 $r = f(\theta)$를 구하여라.

(c) T를 구축함이 잠수함을 처음 발견 때부터 붙잡을 때까지를 측정한 시간이라 하자. T의 상계를 구하여라.

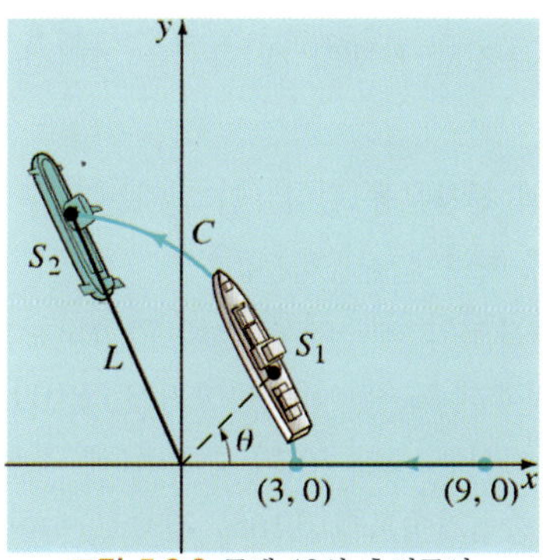

그림 5.3.9 문제 18의 추적곡선

19 탄동 진자 역사적으로, 조립라인으로 생산된 탄약(총알)에 대한 품질관리를 위해, 생산자는 총의 포구속도, 즉, 총알이 총구에서 나갈 때의 총알의 속도를 정하기 위해 탄동진자(ballistic pendulum)를 사용한다. 1742년 영국 공학자 벤자민 로빈(Benjamin Robins)에 의해서 발명된 탄동진자는 질량을 무시 할 수 있는 막대에 질량 m_w인 나무 조각이 부착 되어있다. 이 시스템은 미지 속도 v_b로 수평하게 움직이는 총알의 충격으로 움직이기 시작하며: $t = 0$인 충격시에 ; 나무에 박힌 총알의 질량이 m_b일 때 합성 질량은 $m_w + m_b$이다. 이 절의 (7)에서 작은 진동의 경우에서는 그림 5.3.3으로 나타낸 보통 진자의 각변위 $\theta(t)$는 $\theta > 0$이 수선 오른쪽으로의 운동이라 할 때 선형미분방정식 $\theta'' + (g/l)\theta = 0$으로 주어진다. 속도 v_b는 그림 5.3.10과 같은 최대 각변위 $\theta_{\max}$에서 질량 $m_2 + m_b$의 높이 h를 측정하여 구할 수 있다.

직관적으로, 충격 이후 합성 질량 (나무+ 총알)의 수평속도 V는 총알의 속도 v_b의 분수인 즉

$$V = \left(\frac{m_b}{m_w + m_b}\right) v_b$$

이다. 원 궤도를 따라 움직이는 물체가 간 거리인 s는 공식 $s = l\theta$에 의해 반지름 l과 중심각 θ와 연관이 있다. 이 공식을 시간 t에 관하여 미분하면, 물체의 각속도 ω와 그 선형속도 v는 $v = l\omega$가 된다. 그래서 총알이 나무 조각에 충격을 준 시간 t에서의 초기 각속도 ω_0는 $V = l\omega_0$ 또는

$$V = \left(\frac{m_b}{m_w + m_b}\right) \frac{v_b}{l}$$

이다.

(a) 초깃값 문제

$$\frac{d^2\theta}{dt^2} + \frac{g}{l}\theta = 0, \;\; \theta(0) = 0, \;\; \theta'(0) = \omega_0.$$

를 풀어라.

(b) (a)의 결과로

$$v_b = \left(\frac{m_w + m_b}{m_b}\right) \sqrt{lg}\,\theta_{\max}$$

임을 보여라.

(c) 그림 5.3.10으로 $\cos\theta_{\max}$를 l과 h로 나타내라. $\cos\theta$를 매클로린급수의 처음 두 항으로 하여 $\theta_{\max}$를 l과 h로 나타내라.

마지막으로 v_b가

$$v_b = \left(\frac{m_w + m_b}{m_b}\right) \sqrt{2gh}$$

(근사적)으로 나타냄을 보이라.

(d) (c)의 결과로 $m_b = 5\,\mathrm{g}$, $m_w = 1\,\mathrm{kg}$과 $h = 6\,\mathrm{cm}$일 때 v_b를 구하여라.

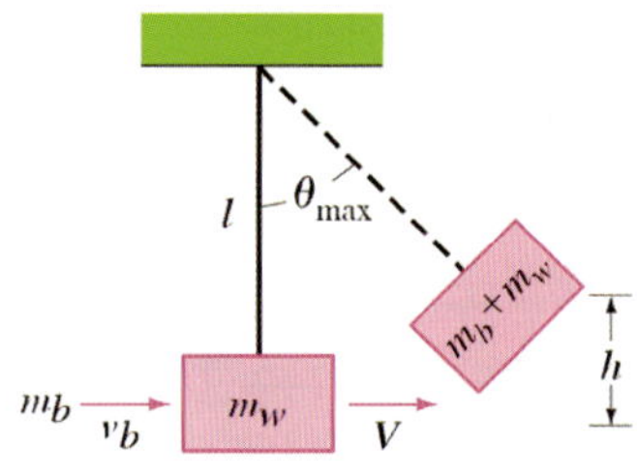

그림 5.3.10 문제 19의 탄동진자

20 **구호품** 그림 5.3.11과 같이 일정 속도 v_0로 수평하게 날아가는 비행기가 땅에 있는 사람에게 구호품 주머니를 떨어뜨린다. 원점은 구호품을 떨어뜨리는 점이고 양의 x-축인 점은 앞으로 향하고 양의 y-축 점은 아래 방향이라 가정하자. 공기저항의 수평과 수직 성분은 각각 $(dx/dt)^2$과 $(dy/dt)^2$에 비례한다는 가정 하에, 만일 구호품의 위치가 $r(t) = x(t)\mathrm{i} + y(t)\mathbf{j}$로 주어진다면, 속도는 $v(t) = (dx/dt)\mathrm{i} + (dy/dt)\mathbf{j}$로 주어진다. 벡터 형태의 뉴턴 제2 운동법칙에서 항을 동일시하면,

$$m\frac{dv}{dt} = mg - k[(\frac{dx}{dt})^2\mathrm{i} + (\frac{dy}{dt})^2\mathbf{j}]$$

로

$$m\frac{d^2x}{dt^2} = mg - k(\frac{dx}{dt})^2,\ \ x(0) = 0,\ \ x'(0) = v_0$$
$$m\frac{d^2y}{dt^2} = mg - k(\frac{dy}{dt})^2,\ \ y(0) = 0,\ \ y'(0) = 0$$

이 된다.

(a) $u = dx/dt$, $w = dy/dt$를 대입하고 변수분리로 위의 두 초깃값 문제를 풀어라. [힌트 : 3.2절 마지막의 *주의*를 참조하라.]

(b) 비행기가 고도 1000피트에서 일정한 속도 300mi/h로 날아가고 있다고 가정하자. 공기저항에 대한 비례 상수는 $k = 0.0053$이고 구호품의 무게는 256lb라 가정하자. CAS의 근을 구하는 응용도구로 구호품이 떨어지는 점에서 땅에 떨어지는 점까지 측정한, 구호품이 움직인 수평거리를 계산하여라.

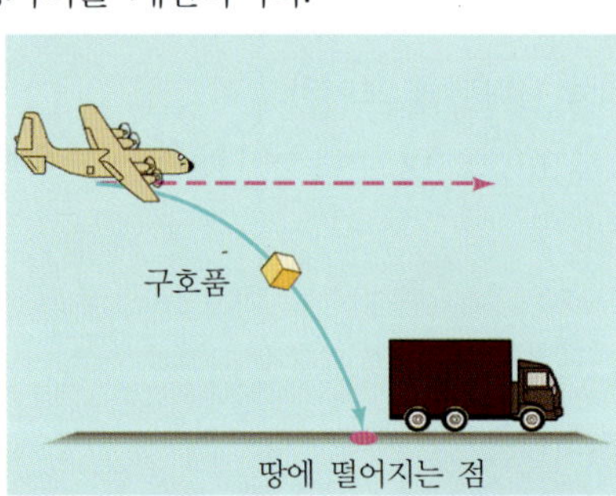

그림 5.3.11 문제 20에서 비행기에서 떨어진 구호품

토론 문제

21 방정식 (3)의 감쇠 항이 $\beta\left(\frac{dx}{dt}\right)^2$ 대신 $\beta\left|\frac{dx}{dt}\right|\frac{dx}{dt}$로 표현되는 이유를 논하여라.

22 (a) 계산기를 사용하여 θ가 라디안으로 측정된 값으로 $\sin\theta \approx \theta$가 꽤 좋은 근삿값이라 생각될 수 있는 구간 $0 \le \theta < \theta_1$을 구하라. 그래프를 그리는 도구를 활용하여 $0 \le x \le \pi/2$에서 $y = x$와 $y = \sin x$의 그래프를 같은 좌표축에서 그려라. 그래프가 계산기의 결과를 확인하는가?

(b) 수치적 해결도구를 활용하여 (a)에서 찾은 구간 $0 \le \theta < \theta_1$의 여러 값 θ_0에 대한 초깃값 문제

$$\frac{d^2\theta}{dt^2} + \sin\theta = 0, \theta(0) = \theta_0, \theta'(0) = 0\text{과}$$

$$\frac{d^2\theta}{dt^2} + \theta = 0, \theta(0) = \theta_0, \theta'(0) = 0$$

의 해 곡선을 그려라. $\theta_0 > \theta_1$인 여러 개의 θ_0에 대한 초깃값 문제의 해 곡선을 그려라.

23 **달에서의 진자운동** 길이 l인 진자는 지구 또는 달 중 어디에서 더 빠르게 진동하는가?

(a) $l = 3$이고 지구에서 중력 가속도는 $g = 32$로 하자. 수치적 해 도구를 이용하여 초기조건 $\theta(0) = 1$, $\theta'(0) = 2$인 비선형 모델 (6)의 수치적 해 곡선을 생성하라. 달의 중력가속도를 0.165g 값으로 하여 문제를 다시 풀어라.

(b) (a)의 그래프로 어떤 진자가 더 빠르게 진동하는지를 정하라. 어떤 진자의 운동 진폭이 더 큰가?

24 **달에서의 진자운동-연속** 이번엔 문제 23의 두 부분을 선형 모델 (7)을 이용하여 풀어라.

컴퓨터 실습과제

25 비선형 진자에 대한 초깃값 문제

$$\frac{d^2\theta}{dt^2} + \sin\theta = 0,\ \ \theta(0) = \frac{\pi}{12},\ \ \theta'(0) = -\frac{1}{3}$$

를 보자. 우리는 이 미분방정식을 풀 수 없기에 이 문제의 명확한 해를 구할 수 없다. 그림 5.3.3에서처럼 진자가 초기 위치에서 오른쪽인 위치 OP에 도달한 최초의 시간

$t_1 > 0$ – 즉, $\theta(t)=0$에 대한 첫 번째 양의 근 – 을 구하기를 원한다고 하자. 이 문제와 다음 문제에서 우리는 풀이의 여러 방법을 연구할 수 있다.

(a) 선형 문제

$$d^2\theta/dt^2+\theta=0,\ \theta(0)=\pi/12,\ \theta'(0)=-\frac{1}{3}$$

을 풀면서 t_1을 근사하여라.

(b) 4.10절 예제 3에서 제시한 방법을 이용하여 비선형 초깃값 문제에 대한 0을 중심으로 한 테일러 급수해 $\theta(t)$의 처음 영이 아닌 4개의 항을 구하여라.

(c) (b)의 테일러급수의 처음 두 항을 이용하여 t_1을 근사하여라.

(d) (b)의 테일러급수의 처음 세 항을 이용하여 t_1을 근사하여라.

(e) 컴퓨터 대수체계의 근을 구하는 응용도구 또는 그래프 계산기를 활용하고 (b)의 테일러급수의 처음 네 항을 이용하여 t_1을 근사하여라.

(f) 문제의 이 경우에서는 *Mathematica*의 명령어를 통해 근 t_1의 근삿값을 구할 수 있도록 한다. 이 과정은 쉽게 $\theta(t)=0$의 어떤 근도 근사할 수 있도록 변형된다. (*만일 Mathematica가 없으면 가지고 있는 컴퓨터 대수체계 문법에 맞도록 하여 주어진 과정을 수정하여라.*) 정확하게 재구성하여 주어진 명령어로 각각의 줄을 실행하라.

```
sol = NDSolve[{y"[t]+Sin[y[t]] = = 0,
        y[0] = = Pi/12, y'(0) = = -1/3},
        y, {t, 0, 5}]//Flatten
solution = y[t]/.sol
Clear[y]
y[t_]: = Evaluate[solution]
y[t]
gr1 = Plot[y[t], {t, 0, 5}]
root = FindRoot[y[t] = = 0, {t, 1}]
```

(g) (f)의 문법을 적절히 수정하고 $\theta(t)=0$의 그 밖의 두 개의 양수의 근을 구하여라.

26 θ_0라디안의 초기변위로 정지 상태에서 놓아진 진자를 고찰하자. 초기조건 $\theta(0)=\theta_0$, $\theta'(0)=0$으로 선형 모델 (7)의 풀이는 $\theta(t)=\theta_0\cos\sqrt{g/l}\ t$가 된다. 이 모델로 예상한 진폭의 주기는 익숙한 공식 $T=2\pi/\sqrt{g/l}=2\pi\sqrt{l/g}$로 주어진다. T에 대한 공식 중 흥미로운 것은 이것이 초기 변위 θ_0의 크기에 좌우되지 않는 것이다. 다시 말하면, 선형 모델은 진자가 초기 변위에서 다시 돌아가려고 흔들리는데 걸리는 시간—말하자면 $\theta_0=\pi/2\,(=90°)$에서 $-\pi/2$까지—과 한번 회전하는데 걸리는 시간—말하자면 $\theta_0=\pi/360\,(=0.5°)$에서 $-\pi/360$까지—은 정확히 같다고 예측한다. 이것은 직관적으로 비합리적이다 ; 실제적인 주기는 θ_0에 좌우된다.

만일 $g=32\ \text{ft/s}^2$이고 $l=32\ \text{ft}$라고 가정하면 이 선형 모델의 진폭주기는 $T=2\pi s$이다. 이 진폭주기와 $\theta_0=\pi/4$일 때 비선형 모델에서 예측한 주기를 비교하자. 신빙성이 있는 데이터를 만들 수 있는 수치적 해결도구를 활용하여 구간 $0\le t\le 2$에서

$$\frac{d^2\theta}{dt^2}+\sin\theta=0,\ \theta(0)=\frac{\pi}{4},\ \theta'(0)=0$$

의 해를 근사하여라. 문제 25처럼 t_1을 진자가 그림 5.3.3의 OP 위치에 도달한 최초의 시간으로 하면 비선형 진자의 주기는 $4t_1$이다. 방정식 $\theta(t)=0$을 푸는 다른 방법이 있다. 작은 단위의 크기로 시도하고 $t=0$에서 시작하여 $t=2$로 끝나는 시간으로 진행하라. 신빙성이 있는 데이터로 $\theta(t)$가 처음으로 양수에서 음수로 변하는 시간 t_1을 관찰하라. 비선형 진자의 주기의 참값을 결정하기 위하여 t_1의 값을 사용하라. $T=2\pi$로 측정된 기간 동안의 상대오차의 퍼센트를 계산하여라.

5장 복습

(1-8) 교과서를 참조하지 말고 답하라. 빈칸을 채우거나 참/거짓으로 답하여라.

1 만일 질량 10파운드의 물체가 용수철 2.5피트를 늘어나게 하면 무게 32파운드의 물체는 용수철을 ________ 피트 늘어나게 한다.

2 질량 8파운드의 물체가 용수철 상수 6.25 lb/ft인 용수철에

매달려 있는 단순 조화 운동의 주기는 _________ 초이다.

3 용수철/질량계의 미분방정식은 $x'' + 16x = 0$이다. 물체가 아래로 향하는 속도 3 m/s로 평형위치 1 m 위인 지점에서 처음 놓아졌다면 진동의 진폭은 _________m 이다.

4 순수 공명은 감쇠력이 있는 곳에서는 발생하지 않는다. _________

5 감쇠력이 있는 곳에서 용수철의 물체의 변위는 $t \to \infty$ 에 따라 항상 0으로 가까워진다. _________

6 임계적으로 감쇠된 운동인 용수철의 물체는 두 번 평형 위치를 통과하는 것이 가능하다. _________

7 임계 감쇠 때 감쇠에서 어떠한 증가도 _________ 운동계를 유발한다.

8 단순 조화 운동을 $x = (\sqrt{2}/2)\sin(2t + \phi)$로 나타낸다면

초기조건이 $x(0) = -\dfrac{1}{2}$와 $x'(0) = 1$이면 위상각 ϕ은 _________ 이다.

(9-10) 경곗값 문제 $y'' + \lambda y = 0,\ y'(0) = 0,\ y'(\pi) = 0$의 고윳값과 고유함수는 각각 $\lambda_n = n^2,\ n = 0, 1, 2, \cdots$와 $y = \cos nx$이다. 빈 칸을 채워라.

9 $\lambda = 8$일 때 BVP의 해는 $y =$_________이다. 왜냐하면 _________ 때문이다.

10 $\lambda = 36$일 때 BVP의 해는 $y =$_________이다. 왜냐하면 _________ 때문이다.

11 자유 비감쇠 용수철/질량계는 3초의 주기로 진동한다. 질량 8파운드의 물체를 용수철에서 떼어낼 때 이 운동계는 주기가 2초였다. 용수철에 달려있었던 처음 물체의 무게는 얼마인가?

12 질량 12파운드의 물체가 용수철을 2피트 늘어나게 했다. 그 물체는 위로 향하는 속도 4 ft/s로 평형위치 1피트 아래의 지점에서 처음 놓아졌다.

(a) 운동방정식을 구하여라.

(b) 단순 조화 운동의 진폭, 주기와 진동수는 얼마인가?

(c) 물체가 평형위치 아래 1피트 지점으로 돌아오는 시간은 언제인가?

(d) 물체가 위로 향하여 평형위치를 지나는 시간은 언제인가? 아래로 움직이는 시간은?

(e) $t = \dfrac{3}{16}$ s일 때 물체의 속도는 얼마인가?

(d) 속도가 0이 되는 때는 언제인가?

13 2파운드의 힘이 용수철을 1피트 늘어나게 한다. 한 끝점을 고정하고 질량 8파운드의 물체가 다른 한 끝에 매달려 있다. 이 운동계는 수치적으로 순간속도의 $\dfrac{3}{2}$배인 마찰력이 생기는 책상 위에 놓여있다. 처음에 이 물체는 평형위치 4인치 위인 지점에 놓고 정지 상태에서 놓아졌다. 운동이 x축으로 택한 수평인 직선을 따라 일어났을 때의 운동방정식을 구하여라.

14 무게 32파운드인 물체가 용수철을 6인치 늘어나게 한다. 이 물체는 감쇠력이 수치적으로 순간 속도의 β배와 같은 매질 안에서 움직인다. 용수철/질량계가 진동 운동으로 나타내는 $\beta > 0$의 값을 구하여라.

15 용수철 상수가 $k = 2$인 용수철이 수치적으로 순간 속도의 4배와 같은 감쇠력을 가진 용액 안에 매달려 있다. 만일 질량 m인 물체가 용수철에 매달려 있을 때 차후의 자유 운동이 비진동적이 되는 m의 값을 결정하여라.

16 용수철에 매달린 물체의 수직적 운동은 초깃값 문제 $\dfrac{1}{4}y'' + x' + x = 0,\ \ x = 0,\ \ x(0) = 4,\ \ x'(0) = 2$로 나타낸다. 물체의 최대 수직인 변위를 구하여라.

17 질량 4파운드의 물체가 용수철을 18인치 늘어나게 한다. $f(t) = \cos\gamma t + \sin\gamma t$와 같은 주기적인 힘이 $t = 0$에 시작하여 이 용수철에 가해진다. 감쇠력이 없는 상태에서, 이 운동계가 순수 공명 상태에 놓이는 γ의 값은 무엇인가?

18 A가 일정한 힘인 $x'' + 2\lambda x' + \omega^2 x = A$의 특수해를 구하여라.

19 질량 4파운드의 물체가 용수철 상수가 3 lb/ft인 용수철에 매달려있다. 전체 운동계는 수치적으로 순간 속도와 같은 감쇠력을 가지는 용액에 잠겨있다. $t = 0$에서 시작하여 $f(t) = e^{-t}$와 같은 외부 힘이 이 운동계에 가해진다. 물체가 평형위치 아래 2피트인 지점에서 정지 상태로부터 놓아졌을 때 운동방정식을 구하여라.

20 (a) 두 개의 물체가 그림 5.R.1과 같이 매달려있다. 만일 각각의 용수철의 질량을 무시한다면 이 운동계의 실제의 용수철 상수 k는 $1/k = 1/k_1 + 1/k_2$로 정의됨을 보여라.

(b) 질량 W파운드인 물체가 한 용수철을 $\frac{1}{2}$피트를 늘어나게 하고 다른 용수철을 $\frac{1}{4}$피트 늘어나게 한다. 두 용수철을 붙이고 물체가 그림 5.R.1과 같이 두 개의 용수철에 매달려 있다. 자유운동이고 감쇠력이 없다고 가정하자.

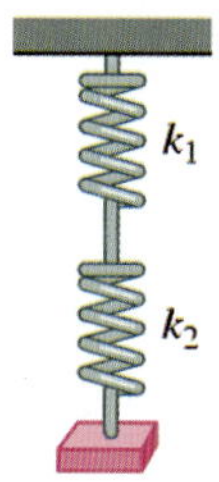

그림 5.R.1 문제 20의 연결된 용수철

만일 물체를 평형위치 아래 1피트인 지점에서 아래로 향하는 속도 $\frac{2}{3}$ ft/s로 놓았을 때의 운동방정식을 구하여라.

(c) 물체의 최대 속력이 $\frac{2}{3}\sqrt{3g+1}$ 임을 보여라.

21 직렬회로가 $L = 1\,\text{h}$인 인덕턴스가, $C = 10^{-4}\,\text{f}$인 전기용량 그리고 $E(t) = 100\sin 50t\,\text{V}$인 기전력을 포함한다. 처음 전하 q와 전류 i는 모두 영이다.

(a) 전하 $q(t)$을 구하여라.

(b) 전류 $i(t)$를 구하여라.

(c) 축전기의 전하가 영이 되는 시간을 구하여라.

22 (a) LRC 직렬 회로에서 전류 $i(t)$는

$$L\frac{d^2i}{dt^2} + R\frac{di}{dt} + \frac{1}{C}i = E'(t)$$

를 만족함을 보여라. 여기서 $E'(t)$는 $E(t)$의 도함수이다.

(b) 두 초기조건 $i(0)$과 $i'(0)$은 (a)의 미분방정식을 구체화 할 수 있다. 만일 $i(0) = i_0$과 $q(0) = q_0$이라면 $i'(0)$은 얼마인가?

23 **경곗값 문제**

$$y'' + \lambda y = 0, \ \ y(0) = y(2\pi), \ \ y'(0) = y'(2\pi)$$

를 고려하자. $\lambda = 0$인 경우를 제외하고 각각의 고윳값에 대한 두 개의 일차독립인 고유함수가 존재함을 보여라.

24 구슬이 마찰력인 없는 길이 L인 줄을 따라 미끄러지도록 되어있다. 이 줄이 수직인 평면에서 줄의 중간에서 고정된 회전축 P 주변으로 일정한 각속도 ω로 회전하고 있지만, 회전축의 설계는 구슬이 줄의 전체 길이를 따라 움직이게 되어있다. $r(t)$는 그림 5.R.2에서와 같이 이 회전하는 기준틀에서 구슬의 위치라 하자. 이 회전하는 기준틀에 뉴턴의 제2운동 법칙을 적용하려면 구슬에 작용하는 알짜힘은 실제 힘 (이 경우, 중력에 의한 힘)과 관성적인 힘의(코리올리, 역 방향, 원심력) 합이라는 사실을 활용할 필요가 있다. 수학은 조금 복잡하기에 r에 대한 미분방정식

$$m\frac{d^2r}{dt^2} = m\omega^2 r - mg\sin\omega t$$

을 제시한다.

(a) 초기 조건 $r(0) = r_0$, $r'(0) = v_0$에 근거한 위의 미분방정식을 풀어라.

(b) 구슬이 단순 조화 운동을 나타내는 초기조건을 구하여라. 구슬의 단순 조화 운동을 도모하는 줄의 최소길이 L은 얼마인가?

(c) (b)에서 구한 초기조건과 다른 초기조건에 대해, 구슬은 궁극적으로 줄에서 벗어난다. (a)의 해 $r(t)$를 이용하여 설명하여라.

(d) $\omega = 1\,\text{rad/s}$라 하자. 그래프를 그리는 도구나 계산기를 활용하여 초기조건 $r(0) = 0$, $r'(0) = v_0$에 대한 해 $r(t)$의 그래프를 그려라. 여기서 v_0은 0, 10, 15, 16, 16.1, 17이다.

(e) 줄의 길이가 $L = 40$피트라 하자. (d)의 각각 초기조건의 쌍에 대하여, 근을 구하는 프로그램을 활용하여 구슬이 줄 위에 놓여있는 전체 시간을 구하여라.

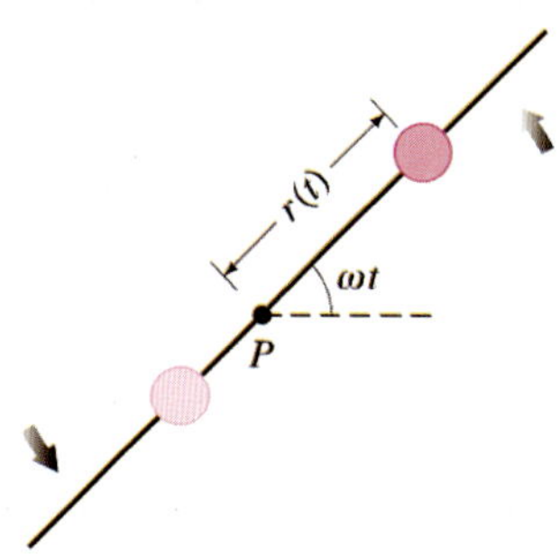

그림 5.R.2 문제 24의 회전하는 줄

25 평편하고 건조하고 마찰력 없는 표면에 놓여있는 물체는

용수철 상수가 k인 용수철의 자유로운 끝에 붙어있다. 그림 5.R.3(a)에서 물체는 평형위치 $x = 0$에 있다. 즉, 용수철이 늘어나지도 줄어들지도 않았다. 그림 5.R.3(b)에서처럼 물체의 변위 $x(t)$는 평형위치의 오른쪽은 양수이고 왼쪽은 음수이다. 물체가 자유롭게 미끄러지는 변위 $x(t)$에 대한 미분방정식을 결정하여라. 이 미분방정식의 유도와 5.1절 (1)로 유도된 해석의 차이를 논하여라.

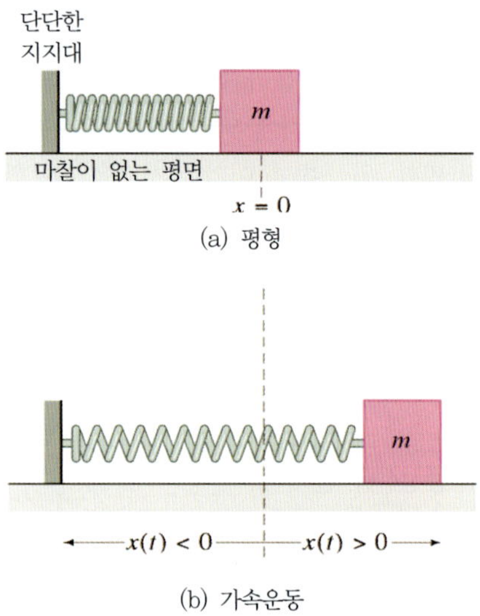

그림 5.R.3 문제 25의 미끄러지는 용수철/질량계

26 문제 25의 평평하고 건조하며 마찰이 없는 표면에 물체 m이 그림 5.R.4와 같이 두 개의 용수철에 달려있다고 가정하자. 용수철 상수가 k_1과 k_2일 때 자유롭게 미끄러지는 물체에 대한 변위 $x(t)$의 미분방정식을 구하여라.

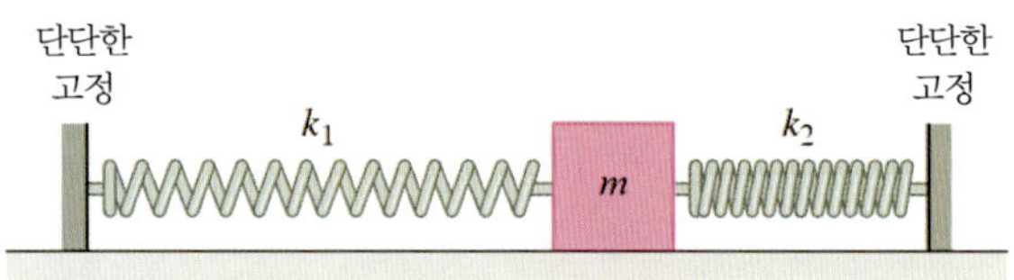

그림 5.R.4 문제 26의 두 개의 용수철계

27 문제 25의 용수철/질량계에서 질량 m인 물체가 미끄럼 마찰 계수가 $\mu > 0$인 건조한 표면 위에서 미끄러진다고 가정하자. 운동마찰의 뒤처진 힘이 $f_k = \mu mg$라 하자. 여기서 mg가 물체의 무게이고 움직이는 방향의 반대로 작용한다면, 이를 **쿨롱 마찰력(coulomb friction)**이라 한다. **부호함수**

$$sgn(x') = \begin{cases} -1, & x' < 0(\text{왼쪽으로 운동}) \\ 1, & x' > 0(\text{오른쪽으로 운동}) \end{cases}$$

를 이용하여 감쇠 미끄러지는 물체의 변위 $x(t)$에 관한 조각적으로 정의된 미분방정식을 결정하여라.

28 간단히 하기 위하여 문제 27에서 $m = 1$, $k = 1$이고 $f_k = 1$이라 하자.

(a) 평형위치의 오른쪽 5.5단위에서 정지 상태, 즉 초기조건 $x(0) = 5.5$, $x'(0) = 0$에서 물체의 변위 $x(t)$를 구하라. 놓아졌을 때 처음 물체의 운동은 왼쪽 방향이다. 이 해가 정의되는 시 구간 $[0, t_1]$을 구하라. t_1일 때 물체는 어디에 있는가?

(b) $t > t_1$에 대하여 운동은 이제 오른쪽 방향이라 하자. t_1에서의 초기조건으로 $x(t)$를 구하고 이 해가 정의되는 시 구간 $[t_1, t_2]$를 구하라. t_2일 때 물체는 어디에 있는가?

(c) $t > t_2$에 대하여 운동은 이제 왼쪽 방향이라 하자. t_2에서의 초기조건으로 $x(t)$를 구하고 이 해가 정의되는 시 구간 $[t_2, t_3]$를 구하라. t_3일 때 물체는 어디에 있는가?

(d) t_3에서의 초기조건으로 $t > t_3$에 대하여 더 이상 움직임이 없는 모델이 예측됨을 보여라.

(e) 구간 $[0, t_3]$에서 변위 $x(t)$의 그래프를 그려라.

6 선형미분방정식의 급수해

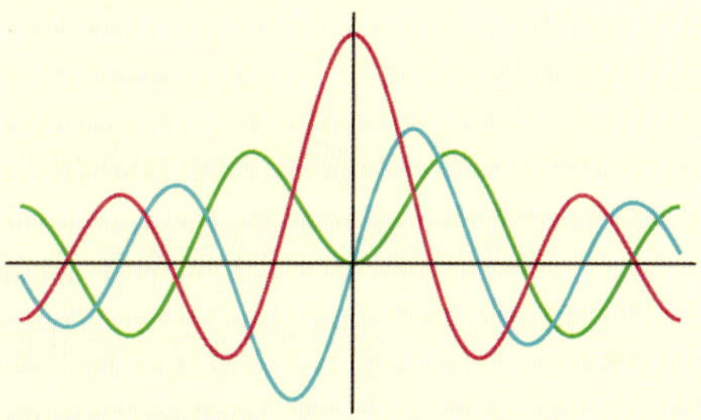

지금까지 우리는 상수계수를 가진 선형미분방정식들을 주로 해결해 왔다. 여기서 유일한 예외는 코시-오일러 방정식이다. 응용에 있어 다양한 변수계수를 가진 높은 차원의 미분방정식들은 상수계수를 가진 미분방정식보다 경우에 따라 중요하지 않을 수도 있지만 일반적으로는 매우 중요하다. 4.7절에서 설명한 것처럼, $y'' + xy = 0$와 같은 다양한 계수를 가진 간단한 2계 미분방정식조차도 기본적인 해를 가지지는 않는다. 그럼에도 불구하고 우리는 $y'' + xy = 0$의 두 개의 선형 독립 해를 찾을 수 있다. 하지만 6.2절과 6.4절에서 볼 수 있는 것처럼 이 방정식의 해법은 무한급수에 의해 정의되어진다.

이 장에서는 2계 동차 선형미분방정식 $a_2(x)y'' + a_1(x)y' + a_0(x)y = 0$의 해를 풀기 위해 두 가지 무한급수해법을 공부할 것이다. 여기서 변수계수 $a_2(x)$, $a_1(x)$, $a_0(x)$는 단순한 다항식이다.

6.1 멱급수의 소개

필요한 개념

- 상수의 무한급수, p-급수, 조화급수, 교대조화급수, 기하급수, 비 판정법과 같은 수렴판정법
- 멱급수, 테일러급수, 맥클로린급수(미적분학 교재를 보아라.)

소개 | 4.3절에서 보듯이 상수계수를 갖는 동차 선형미분방정식을 해결하는 것은 대수적인 문제였다. 보조방정식의 근을 구함으로써 기본함수 x^k, $x^ke^{\alpha x}$, $x^ke^{\alpha x}\cos\beta x$ $x^ke^{\alpha x}\sin\beta x$의 일차결합으로써 미분방정식의 일반해를 표현할 수 있었다. 그러나 4.7절에서 소개했듯이 변수계수를 갖는 대부분의 고계 선형 미분방정식은 기본함수로 표현할 수 없다. 이러한 종류의 방정식을 해결하는 방법은 무한급수의 형태로 해를 가정하고 미정계수법과 유사한 방법을 이용하여 해결하는 것이다(4.4절). 6.2절에서는 멱급수형태로 해를 갖는 변수계수의 2계 선형미분방정식에 대하여 생각할 것이다.

멱급수 $x-a$에 관한 **멱급수**는

합의 첨자는 $n=0$에서 시작할 필요는 없다. ▶

$$\sum_{n=0}^{\infty} c_n(x-a)^n = c_0 + c_1(x-a) + c_2(x-a)^2 + \cdots$$

형태의 무한급수이다.

이러한 급수를 **중심이 a인 멱급수**라고 한다. 예를 들어 멱급수 $\sum_{n=0}^{\infty}(x+1)^n$은 중심이 $a=-1$이다. 이 절에서는 x에 관한 멱급수 즉, 중심 $a=0$인 $\sum_{n=0}^{\infty}2^nx^n = 1+2x+4x^2+\cdots$ 와 같은 멱급수에 대하여만 생각한다.

중요한 성질들 다음은 멱급수 $\sum_{n=0}^{\infty}c_n(x-a)^n$에 대한 중요한 성질들이다.

- **수렴성**: 부분합 $\{S_N(x)\}$가 수렴하면 즉, $\lim_{N\to\infty} S_N(x) = \lim_{N\to\infty}\sum_{n=0}^{N}c_n(x-a)^n$이 존재하면 멱급수 $\sum_{n=0}^{\infty}c_n(x-a)^n$은 **수렴**한다고 한다. 극한이 존재하지 않으면 **발산**한다고 한다.
- **수렴구간**: 모든 멱급수는 수렴구간을 갖는다. **수렴구간**은 급수가 수렴하는 모든 실수 x의 집합이다. 수렴구간의 중심은 급수의 중심 a이다.
- **수렴반경**: '멱급수에 대한 수렴구간의 반경 R을 급수의 **수렴반경**이라고 한다.' 만일 $R>0$이면 멱급수 $\sum_{n=0}^{\infty}c_n(x-a)^n$은 $|x-a|<R$에서 수렴하고 $|x-a|>R$에서 발산한다. 만일 급수가 중심 a에서만 수렴한다면 $R=0$이다. 만일 급수가 모든 x에 대하여 수렴한다면 $R=\infty$이다. 절대부등식 $|x-a|<R$은 $a-R<x<a+R$을 의미한다. 멱급수는 구간의 끝점 $a-R$과 $a+R$에서 수렴하거나 발산할 수 있다.
- **절대수렴**: 수렴구간안에서 멱급수는 **절대수렴**한다. 즉, x가 수렴구간안에 있는

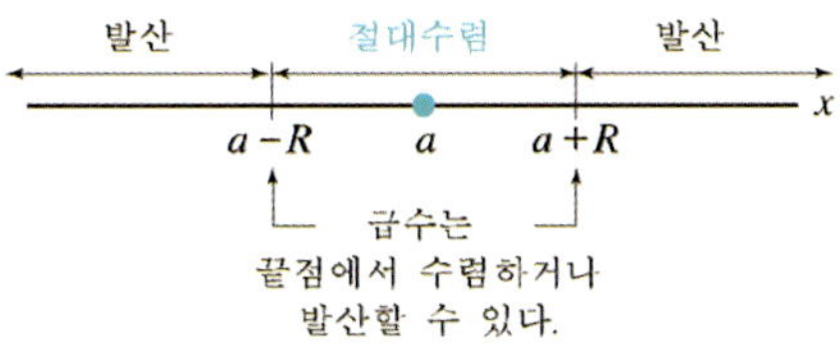

그림 6.1.1 수렴구간 안에서 절대수렴과 구간 밖에서 발산

수이고 구간의 끝점이 아니라면 절대값 급수 $\left|\sum_{n=0}^{\infty} c_n(x-a)^n\right|$은 수렴한다.(그림 6.1.1)

- **비판정법**: 멱급수의 수렴성은 종종 **비판정법**으로 판정할 수 있다. $\sum_{n=0}^{\infty} c_n(x-a)^n$에서 모든 n에 대하여 $c_n \neq 0$이고

$$\lim_{n\to\infty}\left|\frac{c_{n+1}(x-a)^{n+1}}{c_n(x-a)^n}\right| = |x-a|\lim_{n\to\infty}\left|\frac{c_{n+1}}{c_n}\right| = L$$

라고 하자. $L<1$이면 이 급수는 절대수렴하고 $L>1$이면 발산한다. $L=1$이면 이 판정법으로 결론내릴 수 없다. 비판정법은 항상 끝점 $a\pm R$에서 결론내릴 수 없다.

예제 1 수렴구간

멱급수 $\sum_{n=1}^{\infty}(x-3)^n/2^n n$에 대해 수렴구간과 수렴반경을 구하여라.

풀이 비판정법을 적용하면

$$\lim_{n\to\infty}\left|\frac{\dfrac{(x-3)^{n+1}}{2^{n+1}(n+1)}}{\dfrac{(x-3)^n}{2^n n}}\right| = |x-3|\lim_{n\to\infty}\frac{n}{2(n+1)} = \frac{1}{2}|x-3|$$

이고 $\frac{1}{2}|x-3|<1$ 즉 $|x-3|<2$이면 이 급수는 수렴하고, $|x-3|>2$ 즉 $x>5$이거나 $x<1$이면 발산한다. 수렴구간의 끝점 $x=1$에서 급수 $\sum_{n=1}^{\infty}((-1)^n/n)$은 교대급수판정법에 의해 수렴한다. 또 다른 끝점 $x=5$에서 급수 $\sum_{n=1}^{\infty}\frac{1}{n}$은 발산한다. 그러므로 수렴구간은 $[1, 5)$이고 수렴반경은 $R=2$이다. ■

- **멱급수로 표현되는 함수** : 정의구역이 급수의 수렴구간인 함수 $f(x)$는 멱급수 $f(x)=\sum_{n=0}^{\infty} c_n(x-a)^n$로 표현될 수 있다. 만일 수렴반경이 $R>0$이면 f는 $(a-R,\ a+R)$에서 연속이며, 미분가능하고 적분가능하다. 더욱이 $f'(x)$와 $\int f(x)dx$는 항상 미분과 적분을 통해 얻어질 수 있다. 만일

$$y=\sum_{n=0}^{\infty} c_n x^n = c_0 + c_1 x + c_2 x^2 + c_3 x^3 + \cdots$$

이 x에 관한 멱급수이면 $y'=\sum_{n=0}^{\infty} c_n n x^{n-1}$, $y''=\sum_{n=0}^{\infty} c_n n(n-1)x^{n-2}$이다. 1계도함수에서 초항과 2계도함수에서 처음 2개항은 0이 된다. 이들 항을 생략하고 다시

표현하면

$$y' = \sum_{n=1}^{\infty} c_n n x^{n-1} = c_1 + 2c_2 x + 3c_3 x^2 + 4c_4 x^3 + \cdots,$$
$$y'' = \sum_{n=2}^{\infty} c_n n(n-1) x^{n-2} = 2c_2 + 6c_3 x + 12c_4 x^2 + \cdots \tag{1}$$

이다. (1)의 결과들의 확실하게 이해하여라. 특히 각 급수에서 시작하는 합의 첨자를 주의하여라. 이 결과들은 중요하며 다음 절에서 모든 예제에 사용될 것이다.

- **항등식 성질** : $\sum_{n=0}^{\infty} c_n (x-a)^n = 0$이고, 수렴구간안의 모든 x에 대해 $R > 0$이면 모든 n에 대해 $c_n = 0$이다.
- **한 점에서의 해석적 성질** : 함수 f가 양의 수렴반경 또는 무한 수렴반경을 갖는 $x-a$에 관한 멱급수로 표현되면 한 **점 a에서 해석적**이라고 한다. 미적분학에서 e^x, $\cos x$, $\sin x$, $\ln(1-x)$같은 함수는

$$\sum_{n=0}^{\infty} \frac{f^{(n)}(a)}{n!}(x-a)^n = f(a) + \frac{f'(a)}{1!}(x-a) + \frac{f''(a)}{2!}(x-a)^2 + \cdots$$

와 같은 테일러 급수 또는

$$\sum_{n=0}^{\infty} \frac{f^{(n)}(0)}{n!}x^n = f(0) + \frac{f'(0)}{1!}x + \frac{f''(0)}{2!}x^2 + \cdots$$

와 같은 맥클로린 급수로 표현된다는 사실을 배웠다.
다음 맥클로린 급수 표현을 기억하여라.

맥클로린 급수	수렴구간
$e^x = 1 + \frac{x}{1!} + \frac{x^2}{2!} + \frac{x^3}{3!} + \cdots = \sum_{n=0}^{\infty} \frac{1}{n!}x^n$	$(-\infty, \infty)$
$\cos x = 1 - \frac{x^2}{2!} + \frac{x^4}{4!} + \frac{x^6}{6!} + \cdots = \sum_{n=0}^{\infty} \frac{(-1)^n}{(2n)!}x^{2n}$	$(-\infty, \infty)$
$\sin x = x - \frac{x^3}{3!} + \frac{x^5}{5!} + \frac{x^7}{7!} + \cdots = \sum_{n=0}^{\infty} \frac{(-1)^n}{(2n+1)!}x^{2n+1}$	$(-\infty, \infty)$
$\tan^{-1} x = x - \frac{x^3}{3} + \frac{x^5}{5} + \frac{x^7}{7} + \cdots = \sum_{n=0}^{\infty} \frac{(-1)^n}{2n+1}x^{2n+1}$	$[-1, 1]$
$\cosh x = 1 - \frac{x^2}{2!} + \frac{x^4}{4!} + \frac{x^6}{6!} + \cdots = \sum_{n=0}^{\infty} \frac{1}{(2n)!}x^{2n}$	$(-\infty, \infty)$
$\sinh x = x + \frac{x^3}{3!} + \frac{x^5}{5!} + \frac{x^7}{7!} + \cdots = \sum_{n=0}^{\infty} \frac{1}{(2n+1)!}x^{2n+1}$	$(-\infty, \infty)$
$\ln(1+x) = x - \frac{x^2}{2} + \frac{x^3}{3} + \frac{x^4}{4} + \cdots = \sum_{n=0}^{\infty} \frac{(-1)^{n+1}}{n}x^n$	$(-1, 1]$
$\frac{1}{1-x} = 1 + x + x^2 + x^3 + \cdots = \sum_{n=0}^{\infty} x^n$	$(-1, 1)$

(2)

이 결과들은 다른 함수들의 멱급수표현에도 사용된다. 예를 들어 e^{x^2}에 대한 맥클로린 급수를 구하고자 한다면 e^x에 대한 맥클로린 급수를 사용한다.

$$e^{x^2} = 1 + \frac{x^2}{1!} + \frac{x^4}{2!} + \frac{x^6}{3!} \cdots = \sum_{n=0}^{\infty} \frac{1}{n!} x^{2n}$$

유사하게 $a = 1$에 중심을 둔 $\ln x$의 테일러급수를 구하기 위해 $\ln(x+1)$에 대한 맥클로린 급수에서 x를 $x-1$로 바꾼다.

$$\begin{aligned} \ln x = \ln(1+(x-1)) &= (x-1) - \frac{(x-1)^2}{2} + \frac{(x-1)^3}{3} - \frac{(x-1)^4}{4} \cdots \\ &= \sum_{n=1}^{\infty} \frac{(-1)^{n+1}}{n}(x-1)^n. \end{aligned}$$

e^{x^2}에 대한 멱 급수의 수렴구간은 e^x의 수렴구간인 $(-\infty, \infty)$와 같다.

비판정법을 사용하면 수렴구간은 (0,2]가 됨을 보일 수 있다. ▶

그러나 $\ln x$의 테일러급수에 대한 수렴구간은 $(0,\ 2]$이며 이것은 구간 $(-1,\ 1]$을 우측으로 1만큼 이동한 것이다.

- **멱급수의 연산**: 멱급수는 덧셈, 곱셈, 나눗셈이 가능하다. 멱급수의 연산은 두 다항식의 덧셈, 곱셈, 나눗셈, 즉, x의 같은 멱의 계수끼리 더하고, 분배법칙을 사용하고 항끼리 모아 나눗셈을 시행하는 작업과 유사하다.

예제 2 멱급수의 곱셈

$e^x \sin x$의 멱급수를 구하여라.

풀이 e^x와 $\sin x$의 급수를 사용하면

$$\begin{aligned} e^x \sin x &= \left(1 + x + \frac{x^2}{2} + \frac{x^3}{6} + \frac{x^4}{24} + \cdots\right)\left(x - \frac{x^3}{6} + \frac{x^5}{120} - \frac{x^7}{5040} + \cdots\right) \\ &= (1)x + (1)x^2 + \left(-\frac{1}{6} + \frac{1}{2}\right)x^3 + \left(-\frac{1}{6} + \frac{1}{6}\right)x^4 \\ &\quad + \left(\frac{1}{120} - \frac{1}{12} + \frac{1}{24}\right)x^5 + \cdots \\ &= x + x^2 + \frac{x^3}{3} - \frac{x^5}{50} - \cdots \end{aligned}$$

e^x와 $\sin x$에 대한 멱급수는 $|x| < \infty$에 대해 수렴하므로 급수의 곱도 같은 구간에서 수렴한다. 멱급수의 곱셈, 나눗셈을 포함하는 문제는 컴퓨터 시스템을 사용하여 해결할 수도 있다. ■

합 첨자의 이동 이 장의 남은 세 개 절을 위해서 합의 기호로 표현된 두 개 이상의 멱급수의 합을 단순화하는데 익숙해야 한다. 다음 예제는 하나의 합으로 표현된 두 개 이상의 급수의 연산에 대해 합의 첨자를 이동하여 재첨자화하는 방법을 설명한다.

예제 3 멱급수의 합

$\sum_{n=2}^{\infty} n(n-1)c_n x^{n-2} + \sum_{n=0}^{\infty} c_n x^{n+1}$를 하나의 멱급수로 나타내어라.

풀이 두 급수를 더하기 위해 $\sum$의 첨자를 같은 수로 시작하고 각 급수에서 x의 멱도 같이 놔야 한다. 즉, 하나의 급수가 x의 제곱에서 시작한다면, 다른 급수도 같은 멱으로 시작해야 한다. 주어진 문제에서 첫 번째 급수는 x^0에서 시작하고 두 번째 급수는 x^1에서 시작한다. 첫 번째 급수의 첫 번째 항을 따로 빼낸다. 즉

급수는 $n=3$에서 시작한다 / 급수는 $n=0$에서 시작한다

$$\sum_{n=2}^{\infty} n(n-1)c_n x^{n-2} + \sum_{n=0}^{\infty} c_n x^{n+1} = 2 \cdot 1 c_2 x^0 + \sum_{n=3}^{\infty} n(n-1)c_n x^{n-2} + \sum_{n=0}^{\infty} c_n x^{n+1} \tag{3}$$

이 경우, 우측항은 x^1로 시작된다. 첫 번째 급수에서 $k=n-2$로 놓고, 마찬가지로 두 번째 급수도 $k=n+1$로 놓으면 우측항은

동일

$$2c_2 + \sum_{k=1}^{\infty} (k+2)(k+1)c_{k+2} x^k + \sum_{k=1}^{\infty} c_{k-1} x^k \tag{4}$$

동일

로 된다. (4)에서의 급수를 항별 더하면

$$\sum_{n=2}^{\infty} n(n-1)c_n x^{n-2} + \sum_{n=0}^{\infty} c_n x^{n+1} = 2c_2 + \sum_{k=1}^{\infty} [(k+2)(k+1)c_{k+2} + c_{k-1}]x^k \tag{5}$$

이 된다. ■

만일 (5)의 결과를 확신하지 못한다면 등식의 처음 몇 항을 표현하여 비교해 보아라.

정리 다음 절에서는 2계 선형미분방정식의 해를 구해야 하는 데 멱급수를 사용하므로 멱급수의 다양한 성질을 학습하였다. 다음 예제에서는 학습한 개념들을 사용하여 6.2절에서 배울 방법을 미리 학습한다. 일계 선형미분방정식을 푸는 다음 예제를 잘 기억해야한다. 이해를 위해 2.3절에의 적분인자 방법에 의해 주어진 방정식을 푸는 법을 이미 알고 있다는 사실을 잠시 중단한다.

예제 4 멱급수 해

미분방정식 $y'+y=0$의 멱급수해 $y=\sum_{n=0}^{\infty} c_n x^n$를 구하여라.

풀이 다음 단계로 나누어서 해결한다.

(i) 가정된 해의 도함수를 계산한다.

$$y' = \sum_{n=0}^{\infty} c_n n x^{n-1} \qquad \leftarrow \text{(1)의 첫째 줄}$$

(ii) y와 y'를 미분방정식에 대입한다.

$$y'+y = \sum_{n=0}^{\infty} c_n n x^{n-1} + \sum_{n=0}^{\infty} c_n x^n$$

(iii) 합의 첨자를 이동한다. 합의 첨자가 시작점이 같고 x의 지수가 동일 할 때 다음과 같이 합을 조합한다.

$$y'+y = \underbrace{\sum_{n=0}^{\infty} c_n n x^{n-1}}_{k=n-1} + \underbrace{\sum_{n=0}^{\infty} c_n x^n}_{k=n}$$

$$= \sum_{k=0}^{\infty} c_{k+1}(k+1)x^k + \sum_{k=0}^{\infty} c_k x^k$$

$$= \sum_{k=0}^{\infty} [c_{k+1}(k+1)+c_k]x^k$$

(iv) 우리는 어떤 구간의 모든 x에 대해 $y'+y=0$의 해를 구해야 하므로

$$\sum_{k=0}^{\infty} [c_{k+1}(k+1)+c_k]x^k = 0$$

이고 $c_{k+1}(k+1)+c_k=0$ 또는

$$c_{k+1} = \frac{1}{k+1}c_k, \quad k=0,1,2,\cdots$$

이다.

(v) $k=0$부터 대입하면

$$c_1 = -\frac{1}{1}c_0 = -c_0$$

$$c_2 = -\frac{1}{2}c_1 = -\frac{1}{2}(-c_0) = \frac{1}{2}c_0$$

$$c_3 = -\frac{1}{3}c_2 = -\frac{1}{3}\left(\frac{1}{2}c_0\right) = -\frac{1}{3\cdot 2}c_0$$

$$c_4 = -\frac{1}{4} = -\frac{1}{4}\left(-\frac{1}{3\cdot 2}c_0\right) = \frac{1}{4\cdot 3\cdot 2}c_0$$

이다 여기서 c_0는 임의의 상수이다.

(vi) 처음 가정된 해와 (v)의 결과를 이용하면 다음과 같은 멱급수 해를 얻는다.

$$\begin{aligned} y &= c_0 + c_1 x + c_2 x^2 + c_3 x^3 + c_4 x^4 + \cdots \\ &= c_0 - c_0 x + \frac{1}{2} c_0 x^2 - c_0 \frac{1}{3 \cdot 2} x^3 + c_0 \frac{1}{4 \cdot 3 \cdot 2} x^4 - \cdots \\ &= c_0 \left[1 - x + \frac{1}{2} x^2 - \frac{1}{3 \cdot 2} x^3 + \frac{1}{4 \cdot 3 \cdot 2} x^4 - \cdots \right] \end{aligned}$$

(v)에서 계수들의 패턴은 $c_k = c_0(-1)^k/k!$, $k = 0, 1, 2, \cdots$ 이므로 해는

합의 첨자로 n으로 표현할 수 있다. ▶

$$y = c_0 \sum_{k=0}^{\infty} \frac{(-1)^k}{k!} x^k. \qquad (6)$$

(2)의 결과로부터 (6)의 해는 $y = c_0 e^{-x}$임을 알 수 있다. 2.3절에서 배운 방법을 사용하면 구간 $(-\infty, \infty)$에서 $y' + y = 0$의 해는 $y = ce^{-x}$임을 알 수 있다. 이 구간은 멱급수 (6)의 수렴구간이다.

연습문제 6.1

(1-10) 주어진 멱급수의 수렴반경과 수렴구간을 구하여라.

1 $\sum_{n=1}^{\infty} \frac{(-1)^n}{n} x^n$ 　 2 $\sum_{n=0}^{\infty} \frac{5^n}{n!} x^n$

3 $\sum_{n=1}^{\infty} \frac{2^n}{n} x^n$ 　 4 $\sum_{k=0}^{\infty} k!(x-1)^k$

5 $\sum_{k=1}^{\infty} \frac{(-1)^k}{10^k} (x-5)^k$ 　 6 $\sum_{k=0}^{\infty} 3^{-k}(4x-5)^k$

7 $\sum_{k=1}^{\infty} \frac{1}{k^2+k} (3x-1)^k$ 　 8 $\sum_{n=0}^{\infty} \frac{(-1)^n}{9^n} x^{2n+1}$

9 $\sum_{k=1}^{\infty} \frac{2^{5k}}{5^{2k}} \left(\frac{x}{3}\right)^k$ 　 10 $\sum_{n=1}^{\infty} \frac{1}{n^2} x^n$

(11-16) (2)를 이용하여 주어진 함수의 맥클로린급수를 구하여라.

11 $e^{-x/2}$ 　 12 $\frac{x}{1+x^2}$

13 $\frac{1}{2+x}$ 　 14 xe^{3x}

15 $\ln(1-x)$ 　 16 $\sin x^2$

(17-18) (2)를 이용하여 주어진 함수를 a로 지정된 중심에 대한 테일러급수를 구하여라.

17 $\sin x$, $a = 2\pi$ [힌트 : 주기성을 이용하여라]

18 $\ln x$, $a = 2$ [힌트 : $x = 2[1 + (x-2)/2]$]

(19-20) 주어진 함수는 $a = 0$에서 해석적이다. (2)와 곱셈를 이용하여 주어진 함수의 멕클로린급수의 처음 4항을 구하여라.

19 $\sin x \cos x$ 　 20 $e^{-x} \cos x$

(21-22) 주어진 함수는 $a = 0$에서 해석적이다. (2)와 나눗셈를 이용하여 주어진 함수의 멕클로린급수의 처음 4항을 구하여라.

21 $\sec x$ 　 22 $\tan x$

(23-24) 일반항이 x^k를 포함하도록 주어진 멱급수를 다시 작성하여라.

23 $\sum_{n=1}^{\infty} nc_n x^{n+2}$ 　 24 $\sum_{n=3}^{\infty} (2n-1)c_n x^{n-3}$

(25-30) 예제 3의 방법을 사용하여 일반항이 x^k를 포함하는 하나의 멱급수로 주어진 멱급수를 다시 작성하여라.

25 $\sum_{n=1}^{\infty} nc_n x^{n-1} - \sum_{n=0}^{\infty} c_n x^n$

26 $\sum_{n=2}^{\infty} n(n-1)c_n x^{n-2} + \sum_{n=0}^{\infty} c_n x^{n+2}$

27 $\sum_{n=1}^{\infty} 2nc_n x^{n-1} + \sum_{n=0}^{\infty} 6c_n x^{n+1}$

28 $\sum_{n=2}^{\infty} n(n-1)c_n x^n + 2\sum_{n=2}^{\infty} n(n-1)c_n x^{n-2} + 3\sum_{n=1}^{\infty} nc_n x^n$

29 $\sum_{n=2}^{\infty} n(n-1)c_n x^{n-2} - 2\sum_{n=1}^{\infty} nc_n x^n + \sum_{n=0}^{\infty} c_n x^n$

30 $\sum_{n=1}^{\infty} nc_n x^{n-1} + 3\sum_{n=0}^{\infty} c_n x^{n+2}$

(31-34) 직접 대입하여 주어진 멱급수가 미분방정식의 특수해가 되는지를 증명하여라.[힌트 : x^{2n+1}에 대해 $k=n+1$로 놓아라.]

31 $y = \sum_{n=0}^{\infty} \frac{(-)^n}{n!} x^{2n}, \quad y' + 2xy = 0$

32 $y = \sum_{n=0}^{\infty} \frac{(-1)^n}{2^{2n}(n!)^2} x^{2n}, \quad xy'' + y' + xy = 0$

33 $y = \sum_{n=1}^{\infty} \frac{(-1)^{n+1}}{n} x^n, \quad (x+1)y'' + y' = 0$

34 $y = \sum_{n=0}^{\infty} (-1)^n x^{2n}, \quad (1+x^2)y' + 2xy = 0$

(35-38) 예제 4의 방법을 이용하여 주어진 선형미분방정식의 멱급수해 $y = \sum_{n=0}^{\infty} c_n x^n$를 구하여라.

35 $y' - 5y = 0$

36 $(1+x)y' + y = 0$

37 $y' = xy$

38 $4y' + y = 0$

토론 문제

39 문제 19에서 $\sin x \cos x$의 맥클로린 급수를 구하기 위해 두 멱급수의 곱셈을 이용하였는데 이 방법보다 쉬운 방법을 찾아보아라.

40 문제 21에서 $\sec x$의 맥클로린 급수에 대한 수렴구간은 무엇인가?

6.2 보통점 근방에서의 해

필요한 개념

멱급수, 한 점에서 해석적, 6.1절에서 학습한 합의 첨자 이동

소개 | 앞 절의 마지막 부분에서 일계 선형 미분방정식의 멱급수해를 구하는 방법을 알아보았다. 이 절에서는 2계 선형 미분방정식의 멱급수해를 구하는 방법을 학습한다. 이것에 더해서 멱급수의 중심이 미분방정식의 **보통점**(ordinary point)인 x_0에 관한 멱급수해를 구할 것이다. 이제 보통점의 정의부터 시작하자.

정의

2계 동차 선형 미분방정식

$$a_2(x)y'' + a_1(x)y' + a_0(x)y = 0 \tag{1}$$

을 계수 $a_2(x)$로 나누면

$$y'' + P(x)y' + Q(x)y = 0 \tag{2}$$

로 바뀐 표준형 방정식을 얻을 수 있다.

정의 6.2.1 보통점과 특이점

(2)에서 $P(x)$와 $Q(x)$가 x_0에서 해석적이면 점 $x=x_0$는 미분방정식 (1)의 **보통점**이라고 한다. 보통점이 아닌 점을 방정식의 **특이점**이라고 한다.

예제 1 보통점

(a) $y''+y=0$, $y''+3y'+2y=0$와 같이 상수계수를 갖는 동차 2계 선형 미분방정식은 특이점을 갖지 않는다. 즉, x의 모든 유한값은 방정식의 보통점이다.
(b) x의 모든 유한값은 미분방정식

$$y''+e^x y'+(\sin x)y=0$$

의 보통점이다. 특히 e^x와 $\sin x$는 6.1절의 (2)에서 보듯이 $x=0$에서 해석적이므로 $x=0$는 미분방정식의 보통점이다.

정의 6.2.1의 두 번째 문장을 다시 표현하면 (2)의 계수 함수 $P(x)$, $Q(x)$중 적어도 하나가 x_0에서 해석적이 아니라면 x_0는 특이점이다.

예제 2 특이점

(a) 미분방정식

$$y''+xy'+(\ln x)y=0$$

은 표준형이다. 계수함수는

$$P(x)=x, \quad Q(x)=\ln x$$

이다. $P(x)=x$는 모든 실수에서 해석적이고 $Q(x)=\ln x$는 모든 양의 실수에서 해석적이다. 그러나 $Q(x)=\ln x$는 $x=0$에서 불연속이므로 중심이 0인 멱급수로 표현할 수 없다. 그러므로 $x=0$는 미분방정식의 특이점이다.
(b) $xy''+y'+xy=0$을 표준형

$$y''+\frac{1}{x}y'+y=0$$

로 바꾸면 $P(x)=\dfrac{1}{x}$은 $x=0$에서 해석적이지 않다. 그러므로 $x=0$는 특이점이다.

다항식 계수 우리는 (1)가 다항식 형태의 계수를 갖는 경우에 특히 관심이 있다. 임의의 x에 대하여 다항식은 해석적이고, 특히 유리함수는 분모가 0이 되는 점을 제외하고 해석적이다. 그러므로 (2)에서 만일 $a_2(x)$, $a_1(x)$, $a_0(x)$가 다항식이라면 유리함수 $P(x) = \dfrac{a_1(x)}{a_2(x)}$, $Q(x) = \dfrac{a_0(x)}{a_2(x)}$는 $a_2(x) = 0$인 점을 제외하고 해석적이다.

즉, $a_2(x_0) \neq 0$라면 $x = x_0$는 (1)의 보통점이고 $a_2(x_0) = 0$이면 $x = x_0$는 (1)의 특이점이다.

예제 3 보통점과 특이점

(a) 미분방정식 $(x^2 - 1)y'' + 2xy' + 6y = 0$의 유일한 특이점은 $x^2 - 1 = 0$의 해 즉 $x = \pm 1$이 된다. x의 모든 다른 유한한 값은 보통점이 된다.

(b) 코시-오일러 방정식

$$x^2 y'' + y = 0 \quad \leftarrow x = 0\text{에서 } a_2(x) = x^2 = 0$$

의 특이점은 $x = 0$이고 모든 다른 점은 보통점이다.

(c) 특이점은 실수일 필요는 없다. 방정식

$$(x^2 + 1)y'' + xy' - y = 0$$

의 특이점은 $x^2 + 1 = 0$의 해 즉 $x = \pm i$이다. x의 모든 다른 점들은 보통점이 된다. ■

우리는 멱급수 해의 존재성에 관해 다음 정리를 알아본다. 증명은 책의 범위를 벗어나므로 생략한다.

정리 6.2.1 멱급수 해의 존재성

$x = x_0$가 미분방정식 (1)의 보통점이면 x_0에 중심을 둔 멱급수 즉,

$$y = \sum_{n=0}^{\infty} c_n (x - x_0)^n$$

형태의 두 개의 일차독립인 해를 얻을 수 있다. 급수 해는 적어도 $|x - x_0| < R$에 의해 정의된 어떤 구간상에서 수렴한다. 여기서 R은 x_0에서 가장 가까운 특이점까지의 거리이다.

$y = \sum_{n=0}^{\infty} c_n (x - x_0)^n$ 형태의 해를 **보통점 x_0 주위의 해**라고 한다. 정리 6.2.1에서의 거리 R은 x_0 주위의 미분방정식의 급수 해의 수렴반경에 대한 최솟값 또는 하한이다.

예제 4 수렴반경의 하한

2계 미분방정식

$$(x^2-2x+5)y''+xy'-y=0$$

의 급수해의 최소 수렴반경을 (a) 보통점 $x=0$에 대하여 (b) 보통점 $x=-1$에 대하여 구하여라.

풀이 2차 방정식 $x^2-2x+5=0$의 근인 $1\pm 2i$는 미분방정식의 특이점이다.

(a) $x=0$는 방정식의 보통점이므로 정리 6.2.1에 의해 0 주위의 두 개의 멱급수 해 즉, $y=\sum_{n=0}^{\infty} c_n x_n$를 얻을 수 있다. 이들 해를 구하지 않고서도 $R=\sqrt{5}$는 복소평면 안의 0(점 $(0, 0)$)에서 $1+2i$(점 $(1, 2)$) 또는 $1-2i$(점 $(1, -2)$)까지의 거리이므로 우리는 각 급수 해가 적어도 $|x|<\sqrt{5}$에 대해 수렴한다는 사실을 알 수 있다. 그러나 두 개의 해 중 하나는 $-\sqrt{5}<x<\sqrt{5}$보다 더 큰 구간에 대하여 성립한다. 실제로, 0 주위의 두 멱급수 해 중 하나는 다항식이 되기 때문에 $(-\infty, \infty)$에 대하여 성립한다. 그러므로 $\sqrt{5}$는 0 주위의 미분방정식의 급수 해의 수렴반경에 대한 하한이 된다. (그림 6.2.1)

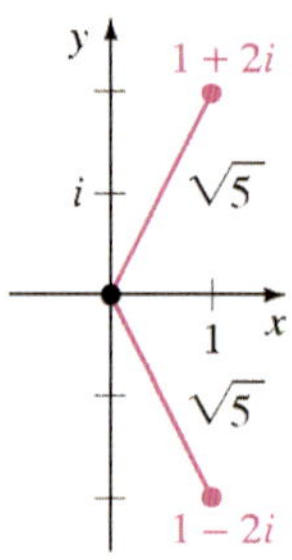

그림 6.2.1 예제 4에서 특이점부터 보통점 0까지 거리

(b) $x=-1$은 미분방정식의 보통점이므로 정리 6.2.1에 의해 1 주위의 두 개의 멱급수 해 즉, $y=\sum_{n=0}^{\infty} c_n(x+1)^n$를 얻을 수 있다. 각각의 특이점부터 -1(점 $(-1, 0)$)까지의 거리는 $R=\sqrt{8}=2\sqrt{2}$이므로 적어도 $|x+1|<2\sqrt{2}$에 대해 각 급수 $y=\sum_{n=1}^{\infty} c_n(x+1)^n$는 수렴하게 된다. ■

참고 일반성을 잃지 않고, 우리는 보통점 $x=0$ 주위의 급수 해를 구할 것이다. 만일 보통점 $x_0\neq 0$ 주위의 미분방정식의 급수 해를 구하고자 한다면 방정식에서 변수변환 $t=x-x_0$을 취한 후 ($x=x_0$이면 $t=0$이다), $y=\sum_{n=0}^{\infty} c_n t^n$ 형태의 새로운 방정식의 해를 구한 후 $t=x-x_0$를 대입하면 된다.

멱급수 해 구하기 동차 선형 2계 미분방정식의 멱급수 해를 구하는 과정은 미정계수법에 의해 비동차 미분방정식의 특수해를 구하는 4.4절의 방법과 유사하다. 실제로 변수계수를 갖는 선형 미분방정식의 해를 구하는 멱급수 방법은 "미정 급수 계수법"으로 표현된다. 요약하면, $y=\sum_{n=0}^{\infty} c_n x_n$을 미분방정식에 대입한 후 6.1절의 예제 3에서 했던 것처럼 급수를 정리하고 계수 c_n을 결정하기 위해 방정식의 우측과 모든 계수를 같게 놓는다. 그러나 우측항은 0이므로 항등성질에 의해 x의 모든 계수는 0과 같아야 한다. 정리 6.2.1에 의하면 2개의 해를 얻을 수 있다고 하였다. 해 $y=\sum_{n=0}^{\infty} c_n x_n=c_0+c_1x+c_2x^2+\cdots$에서 어떻게 두 종류의 계수를 얻는지, 그래서 보통점 $x=0$ 주위의 서로 다른 급수 해 $y_1(x)$, $y_2(x)$를 얻을 수 있는

지는 예제 5에서 자세히 설명된다. 미분방정식의 일반해는 $y = C_1y_1(x) + C_2y_2(x)$이 된다. 실제로 $C_1 = c_0$, $C_2 = c_1$이다.

예제 5 멱급수 해

이 예제를 풀기 전에, 6.1절의 예제 4를 다시 보기를 권한다.

$y'' + xy = 0$의 해를 구하여라.

풀이 유한인 특이점이 존재하지 않으므로 정리 6.2.1에 의해 0에 중심을 두고 $|x| < \infty$에 대해 수렴하는 두 개의 멱급수 해를 가정할 수 있다. $y = \sum_{n=0}^{\infty} c_n x_n$과 2계 도함수 $y'' = \sum_{n=1}^{\infty} n(n-1)c_n x^{n-2}$(6.1절의 (1))을 미분방정식에 대입하면

$$y'' + xy = \sum_{n=2}^{\infty} c_n n(n-1)x^{n-2} + x\sum_{n=0}^{\infty} c_n x^n = \sum_{n=2}^{\infty} c_n n(n-1)x^{n-2} + \sum_{n=0}^{\infty} c_n x^{n+1} \tag{3}$$

을 얻는다. 6.1절 (5)에서 주어진 결과를 이용하면

$$y'' + xy = 2c_2 + \sum_{k=1}^{\infty}[(k+1)(k+2)c_{k+2} + c_{k-1}]x^k = 0 \tag{4}$$

이다. 이제 항등식 성질을 사용한다. (4)는 0이므로 x의 멱의 계수는 0가 된다. 즉, $2c_2 = 0$(이것은 x^0의 계수이다) 이고

$$(k+1)(k+2)c_{k+2} + c_{k-1} = 0, \quad k = 1, 2, 3, \cdots \tag{5}$$

이다. 그러므로 $c_2 = 0$이다. 식 (5)를 **점화식**이라 부르는데, 0가 되지 않는 계수의 형태로 다시 정리하여 c_k를 구할 수 있다. k의 모든 값에 대해 $(k+1)(k+2) \neq 0$이므로

$$c_{k+2} = -\frac{c_{k-1}}{(k+1)(k+2)}, \qquad k = 1, 2, 3, \cdots \tag{6}$$

이다.

이 관계식은 (6)에서 표현된 k를 계속 대입함으로써 가정된 해의 계속되는 계수를 얻을 수 있다.

$$k = 1, \quad c_3 = -\frac{c_0}{2 \cdot 3}$$

$$k = 2, \quad c_4 = -\frac{c_1}{3 \cdot 4}$$

$$k = 3, \quad c_5 = -\frac{c_2}{4 \cdot 5} = 0 \qquad \leftarrow c_2 = 0$$

$$k = 4, \quad c_6 = -\frac{c_3}{5 \cdot 6} = \frac{1}{2 \cdot 3 \cdot 5 \cdot 6}c_0$$

$$k = 5, \quad c_7 = -\frac{c_4}{6 \cdot 7} = \frac{1}{3 \cdot 4 \cdot 6 \cdot 7}c_1$$

$$k = 6, \quad c_8 = -\frac{c_5}{7 \cdot 8} = 0 \qquad \leftarrow c_5 = 0$$

$$k=7,\quad c_9=-\frac{c_6}{8\cdot 9}=\frac{1}{2\cdot 3\cdot 5\cdot 6\cdot 8\cdot 9}c_0$$

$$k=8,\quad c_{10}=-\frac{c_7}{9\cdot 10}=\frac{1}{3\cdot 4\cdot 6\cdot 7\cdot 9\cdot 10}c_1$$

$$k=9,\quad c_{11}=-\frac{c_8}{10\cdot 11}=0 \qquad \leftarrow c_8=0$$

처음 가정된 해

$$y=c_0+c_1x+c_2x^2+c_3x^3+c_4x^4+c_5x^5+c_6x^6+c_7x^7+c_8x^8+c_9x^9+c_{10}x^{10}+c_{11}x^{11}+\cdots,$$

에 계수를 대입하면

$$y=c_0+c_1x+0-\frac{c_0}{2\cdot 3}x^3-\frac{c_1}{3\cdot 4}x^4+0+\frac{c_0}{2\cdot 3\cdot 5\cdot 6}x^6$$
$$+\frac{c_1}{3\cdot 4\cdot 6\cdot 7}x^7+0-\frac{c_0}{2\cdot 3\cdot 5\cdot 6\cdot 8\cdot 9}x^9-\frac{c_1}{3\cdot 4\cdot 6\cdot 7\cdot 9\cdot 10}x^{10}+0+\cdots.$$

을 얻는다.

c_0와 c_1을 포함하는 항으로 나누면 $y=c_0y_1(x)+c_1y_2(x)$을 얻을 수 있다. 여기서

$$y_1(x)=1-\frac{1}{2\cdot 3}x^3+\frac{1}{2\cdot 3\cdot 5\cdot 6}x^6-\frac{1}{2\cdot 3\cdot 5\cdot 6\cdot 8\cdot 9}x^9+\cdots=1+\sum_{k=1}^{\infty}\frac{(-1)^k}{2\cdot 3\cdots(3k-1)(3k)}x^{3k}$$

$$y_2(x)=x-\frac{1}{3\cdot 4}x^4+\frac{1}{3\cdot 4\cdot 6\cdot 7}x^7-\frac{1}{3\cdot 4\cdot 6\cdot 7\cdot 9\cdot 10}x^{10}+\cdots=x+\sum_{k=1}^{\infty}\frac{(-1)^k}{3\cdot 4\cdots(3k)(3k+1)}x^{3k+1}$$

이다. 점화식 (6)을 사용하면 c_0와 c_1을 완벽하게 결정할 수 있다. 여기서 c_0와 c_1은 임의의 수이다. 예제에 앞서 언급했던 것처럼 일차결합 $y=c_0y_1(x)+c_1y_2(x)$은 미분방정식의 일반해이다. 각 급수 해는 $|x|<\infty$, 즉, 구간 $(-\infty,\ \infty)$에 대해 수렴한다는 사실은 정리 6.2.1에 의해 밝혀졌을지라도 이 사실은 비판정법에 의해서도 증명될 수 있다. ■

예제 5에서의 미분방정식을 영국의 수학자이자 천문학자인 George Biddel Airy(1801-1892)의 이름을 붙인 **에어리(Airy)의 방정식**이라고 하는데, 빛의 굴절, 지구표면의 전자파의 굴절, 공기역학, 가는 수평기둥의 편향에 대한 연구에서 주로 활용된다. 에어리 방정식의 다른 형태는 $y''-xy=0$와 $y''+\alpha^2xy=0$이다. 마지막 방정식의 응용에 대하여는 6.4절 연습문제 41번을 참조하여라.

예제 6 멱급수 해

$(x^2+1)y''+xy'-y=0$의 해를 구하여라.

풀이 주어진 미분방정식은 $x=\pm i$에서 특이점을 갖는다는 사실을 알고 있다. 복소

평면에서 0에서 i 또는 $-i$까지의 거리는 1이므로 0에 중심을 둔 멱급수 해는 적어도 $|x|<1$에 대해 수렴한다. $y=\sum_{n=0}^{\infty}c_n x_n$를 가정하고 도함수를 주어진 방정식에 대입하면

$$
\begin{aligned}
&(x^2+1)\sum_{n=2}^{\infty}n(n-1)c_n x^{n-2}+x\sum_{n=1}^{\infty}nc_n x^{n-1}-\sum_{n=0}^{\infty}c_n x^n\\
&=\sum_{n=2}^{\infty}n(n-1)c_n x^n+\sum_{n=2}^{\infty}n(n-1)c_n x^{n-2}+\sum_{n=1}^{\infty}nc_n x^n-\sum_{n=0}^{\infty}c_n x^n\\
&=2c_2x^0-c_0x^0+6c_3x+c_1x-c_1x+\underbrace{\sum_{n=2}^{\infty}n(n-1)c_n x^n}_{k=n}\\
&\quad+\underbrace{\sum_{n=4}^{\infty}n(n-1)c_n x^{n-2}}_{k=n-2}+\underbrace{\sum_{n=2}^{\infty}nc_n x^n}_{k=n}-\underbrace{\sum_{n=2}^{\infty}c_n x^n}_{k=n}\\
&=2c_2-c_0+6c_3x+\sum_{k=2}^{\infty}[k(k-1)c_k+(k+2)(k+1)c_{k+2}+kc_k-c_k]x^k\\
&=2c_2-c_0+6c_3x+\sum_{k=2}^{\infty}[(k+1)(k-1)c_k+(k+2)(k+1)c_{k+2}]x^k=0
\end{aligned}
$$

이다.

항등식이므로 $2c_2-c_0=0$, $6c_3=0$이고

$$(k+1)(k-1)c_k+(k+2)(k+1)c_{k+2}=0$$

이다. 그리므로

$$
\begin{aligned}
c_2&=\frac{1}{2}c_0\\
c_3&=0\\
c_{k+2}&=\frac{1-k}{k+2}c_k,\quad k=2,\ 3,\ 4,\ \cdots
\end{aligned}
$$

이고, 마지막 식에 $k=2,\ 3,\ 4,\ \cdots$을 대입하면

$$
\begin{aligned}
c_4&=-\frac{1}{4}c_2=-\frac{1}{2\cdot 4}c_0=-\frac{1}{2^2 2!}c_0\\
c_5&=-\frac{2}{5}c_3=0 \qquad \leftarrow c_3=0\\
c_6&=-\frac{3}{6}c_4=\frac{3}{2\cdot 4\cdot 6}c_0=\frac{1\cdot 3}{2^3 3!}c_0\\
c_7&=-\frac{4}{7}c_5=0 \qquad \leftarrow c_5=0\\
c_8&=-\frac{5}{8}c_6=-\frac{3\cdot 5}{2\cdot 4\cdot 6\cdot 8}c_0=-\frac{1\cdot 3\cdot 5}{2^4 4!}c_0\\
c_9&=-\frac{6}{9}c_7=0, \qquad \leftarrow c_7=0
\end{aligned}
$$

$$c_{10} = -\frac{7}{10}c_8 = \frac{3 \cdot 5 \cdot 7}{2 \cdot 4 \cdot 6 \cdot 8 \cdot 10}c_0 = \frac{1 \cdot 3 \cdot 5 \cdot 7}{2^5 5!}c_0$$

이다. 그러므로

$$\begin{aligned} y &= c_0 + c_1x + c_2x^2 + c_3x^3 + c_4x^4 + c_5x^5 + c_6x^6 + c_7x^7 + c_8x^8 + c_9x^9 + c_{10}x^{10} + \cdots \\ &= c_0\left[1 + \frac{1}{2}x^2 - \frac{1}{2^2 2!}x^4 + \frac{1 \cdot 3}{2^3 3!}x^6 - \frac{1 \cdot 3 \cdot 5}{2^4 4!}x^8 + \frac{1 \cdot 3 \cdot 5 \cdot 7}{2^5 5!}x^{10} - \cdots\right] + c_1x \\ &= c_0y_1(x) + c_1y_2(x) \end{aligned}$$

이다. 두 개의 해는 다항식 $y_2(x) = x$와 멱급수

$$y_1(x) = 1 + \frac{1}{2}x^2 + \sum_{n=2}^{\infty}(-1)^{n-1}\frac{1 \cdot 3 \cdot 5 \cdots (2n-3)}{2^n n!}x^{2n}, \quad |x| < 1$$

이다. ■

예제 7 3항 점화식

미분방정식

$$y'' - (1+x)y = 0$$

의 급수 해 $y = \sum_{n=0}^{\infty} c_n x_n$를 가정하면 $c_2 = \frac{1}{2}c_0$와 3항 점화식

$$c_{k+2} = \frac{c_k + c_{k-1}}{(k+1)(k+2)}, \quad k = 1, 2, 3, \cdots$$

을 얻는다. 점화식으로부터 모든 계수 $c_n (n \geq 3)$은 c_0와 c_1으로 표현할 수 있다. 단순하게 하기 위해 $c_0 \neq 0$, $c_1 = 0$이라고 하자. 그러면 c_0에 의해 표현된 하나의 해에 대한 계수를 얻는다. 만일 $c_0 = 0$, $c_1 \neq 0$라고 하자. 그러면 다른 해에 대한 계수는 c_1에 의해 표현된다. $c_2 = \frac{1}{2}c_0$이므로 $k = 1, 2, 3, \cdots$에 대한 점화식은

$c_0 \neq 0,\ c_1 = 0$	$c_0 \neq 0,\ c_1 = 0$
$c_2 = \frac{1}{2}c_0$	$c_2 = \frac{1}{2}c_0 = 0$
$c_3 = \frac{c_1 + c_0}{2 \cdot 3} = \frac{c_0}{2 \cdot 3} = \frac{c_0}{6}$	$c_3 = \frac{c_1 + c_0}{2 \cdot 3} = \frac{c_1}{2 \cdot 3} = \frac{c_1}{6}$
$c_4 = \frac{c_2 + c_1}{3 \cdot 4} = \frac{c_0}{2 \cdot 3 \cdot 4} = \frac{c_0}{24}$	$c_4 = \frac{c_2 + c_1}{3 \cdot 4} = \frac{c_1}{3 \cdot 4} = \frac{c_1}{12}$
$c_5 = \frac{c_3 + c_2}{4 \cdot 5} = \frac{c_0}{4 \cdot 5}\left[\frac{1}{6} + \frac{1}{2}\right] = \frac{c_0}{30}$	$c_5 = \frac{c_3 + c_2}{4 \cdot 5} = \frac{c_1}{4 \cdot 5 \cdot 6} = \frac{c_1}{120}$

이 된다. 방정식의 일반해는 $y = c_0y_1(x) + c_1y_2(x)$이다. 여기서

$$y_1(x) = 1 + \frac{1}{2}x^2 + \frac{1}{6}x^3 + \frac{1}{24}x^4 + \frac{1}{30}x^5 + \cdots$$

$$y_2(x) = x + \frac{1}{6}x^3 + \frac{1}{12}x^4 + \frac{1}{120}x^5 + \cdots$$

이고 각 급수는 유한인 x에 대해 수렴한다. ■

다항식이 아닌 계수 다음 예제는 계수가 다항식이 아닌 미분방정식에서 보통점 $x_0 = 0$ 주위의 멱급수 해를 구하는 방법을 설명해준다. 이 예제에서는 두 개의 멱급수의 곱셈이 적용되는 것을 볼 수 있다.

예제 8 다항식이 아닌 계수를 갖는 미분방정식

$y'' + (\cos x)y = 0$의 해를 구하여라.

풀이 $\cos x$는 $x = 0$에서 해석적이므로 $x = 0$은 미분방정식의 보통점이다. $y = \sum_{n=0}^{\infty} c_n x_n$를 가정하고 6.1절의 (2)에서 주어진 $\cos x$에 대한 매클로린 급수와 6.1절의 (1)을 사용하면

$$\begin{aligned} y'' + (\cos x)y &= \sum_{n=2}^{\infty} n(n-1)c_n x^{n-2} + \left(1 - \frac{x^2}{2!} + \frac{x^4}{4!} - \frac{x^6}{6!} + \cdots\right)\sum_{n=0}^{\infty} c_n x^n \\ &= 2c_2 + 6c_3 x + 12c_4 x^2 + 20c_5 x^3 + \cdots + \left(1 - \frac{x^2}{2!} + \frac{x^4}{4!} + \cdots\right)(c_0 + c_1 x + c_2 x^2 + c_3 x^3 + \cdots) \\ &= 2c_2 + c_0 + (6c_3 + c_1)x + \left(12c_4 + c_2 - \frac{1}{2}c_0\right)x^2 + \left(20c_5 + c_3 - \frac{1}{2}c_1\right)x^3 + \cdots = 0 \end{aligned}$$

을 얻는다.

$2c_2 + c_0 = 0,\ 6c_3 + c_1 = 0,\ 12c_4 + c_2 - \frac{1}{2}c_0 = 0,\ 20c_5 + c_3 - \frac{1}{2}c_1 = 0$이므로

$c_2 = -\frac{1}{2}c_0,\ c_3 = -\frac{1}{6}c_1,\ c_4 = \frac{1}{12}c_0,\ c_5 = \frac{1}{30}c_1,\ \cdots$이 성립한다.

항별로 모으면, 일반해 $y = c_0 y_1(x) + c_1 y_2(x)$을 얻는다. 여기서

$$y_1(x) = 1 - \frac{1}{2}x^2 + \frac{1}{12}x^4 - \cdots, \qquad y_2(x) = x - \frac{1}{6}x^3 + \frac{1}{30}x^5 - \cdots$$

이다.

미분방정식은 유한한 특이점을 갖지 않으므로 위 멱급수는 $|x| < \infty$에 대해 수렴한다. ■

해 곡선 멱급수 해 $y = \sum_{n=0}^{\infty} c_n x_n$의 근사그래프는 다양한 방법으로 얻을 수 있다. 항을 분류하여 급수의 부분합 $S_N(x) = \sum_{n=0}^{N} c_n x^n$의 그래프를 그린다. 매우 큰 N에 대해 $S_N(x)$는 보통점 $x = 0$ 주위의 $y(x)$의 대략적인 모양을 알 수 있다.

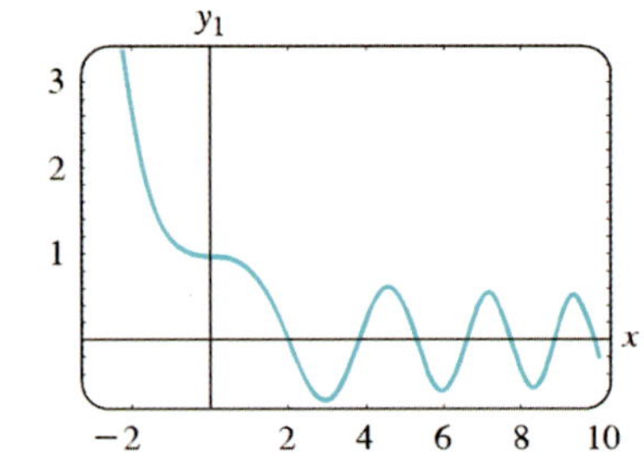

(a) $y_1(x)$의 그래프

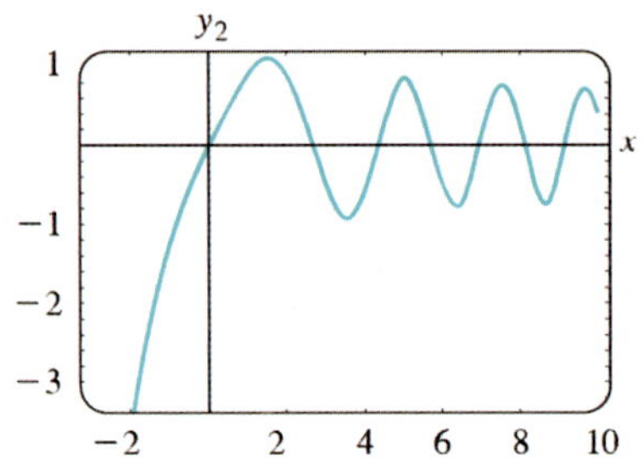

(b) $y_2(x)$의 그래프

그림 6.2.2 에어리 미분방정식에 대한 수치해 곡선

또한 4.10절에서 했던 것처럼 근삿값 또는 수치 해를 얻을 수도 있다. 예를 들어, 예제 5의 에어리 방정식의 급수 해를 살펴본다면 $y_1(x)$와 $y_2(x)$는 초깃값 문제

$$\begin{aligned} &y'' + xy = 0, \quad y(0) = 1, \quad y'(0) = 0 \\ &y'' + xy = 0, \quad y(0) = 0, \quad y'(0) = 1 \end{aligned} \tag{7}$$

의 해가된다는 것을 알 수 있다. 급수 해의 가정 $y = \sum_{n=0}^{\infty} c_n x_n$, $y(0) = c_0$, $y'(0) = c_1$으로부터 명백하기 때문에 $y = c_0 y_1(x) + c_1 y_2(x)$에 의해 초기조건으로부터 해를 만들 수 있다. 한편 $y'' + xy = 0$에서 $y' = u$라고 하면 $y'' = u' = -xy$이고, 에어리 방정식과 동치인 두 개의 1계 연립 미분방정식은

$$\begin{aligned} y' &= u \\ u' &= -xy \end{aligned} \tag{8}$$

이다.

(8)에서의 초기조건은 (7)의 초기조건을 다시 표현한 $y(0) = 1$, $u(0) = 0$와 $y(0) = 0$, $u(0) = 1$이다. 그림 6.2.2에서 주어진 $y_1(x)$와 $y_2(x)$의 그래프는 수치적인 방법으로 그린 것이다. 수치해의 곡선이 진동하는 것처럼 나타나는 것은 시간에 따라 증가하는 "스프링상수" $K(t) = kt$를 갖는 스프링의 모델로써 $mx'' + ktx = 0$ 형태로 5.1절에서 나타났던 에어리 방정식과 일치한다.

주의

(i) 이어지는 문제에서는, 각각의 경우에 합의 기호로 해를 표현할 수 있다고 기대하지 말아라. 점화관계식 또는 예제 8에서처럼 곱셈의 사용으로 많은 항들을 급수 해 $y = \sum_{n=0}^{\infty} c_n x^n$으로 만들 수 있을지라도 계수 c_n에 대한 일반항을 유도하는 것은 불가능하다. 우리는 예제 7과 8에서 했던 것처럼 단지 급수의 처음 몇 항만을 표현할 수 있을 뿐이다.

(ii) 만일 $P(x)$, $Q(x)$와 $f(x)$가 x_0에서 해석적이면 점 x_0는 비동차 2계 선형 미분방정식 $y'' + P(x)y' + Q(x)y = f(x)$의 보통점이다. 더욱이 정리 6.2.1은 이러한 미분방정식으로 확장된다. 즉, 예제 5-8에서와 같은 방법으로 비동차 선형 미분방정식의 멱급수 해 $y = \sum_{n=0}^{\infty} c_n (x - x_0)^n$을 구할 수 있다(6.2절 연습문제 26번 참조).

연습문제 6.2

(1-2) 주어진 미분방정식을 풀지 말고, 보통점 $x=0$와 $x=1$ 주위의 멱급수의 수렴반경에 대한 하한을 구하여라.

1 $(x^2-25)y''+2xy'+y=0$

2 $(x^2-2x+10)y''+xy'-4y=0$

(3-6) 주어진 미분방정식에 대하여 보통점 $x=0$근방의 두 멱급수 해를 구하여라. 급수해와 4.3절의 방법으로 구한 해와 비교하여라. 두가지 형태의 해의 차이점을 설명하여라.

3 $y''+y=0$

4 $y''-y=0$

5 $y''-y'=0$

6 $y''+2y'=0$

(7-18) 보통점 $x=0$에 관해 주어진 미분방정식의 두 개의 멱급수 해를 구하여라.

7 $y''-xy=0$

8 $(x+2)y''+xy'-y=0$

9 $y''-2xy'+y=0$

10 $y''-x^2y=0$

11 $y''+x^2y'+xy=0$

12 $y''-xy'+2y=0$

13 $(x-1)y''+y'=0$

14 $y''+2xy'+2y=0$

15 $y''-(x+1)y'-y=0$

16 $(x^2-1)y''+xy'-y=0$

17 $(x^2+2)y''+3xy'-y=0$

18 $(x^2+1)y''-6y=0$

(19-22) 멱급수 해법을 이용하여 주어진 초깃값 문제를 풀어라.

19 $(x-1)y''-xy'+y=0,\ \ y(0)=-2,\ \ y'(0)=6$

20 $(x+1)y''-(2-x)y'+y=0,\ y(0)=2,\ y'(0)=-1$

21 $y''-2xy'+8y=0,\ \ y(0)=3,\ \ y'(0)=0$

22 $(x^2+1)y''+2xy'=0,\ \ y(0)=0,\ \ y'(0)=1$

(23-24) 예제 8의 방법을 사용하여 보통점 $x=0$ 주위의 주어진 미분방정식의 두 개의 멱급수 해를 구하여라.

23 $y''+(\sin x)y=0$

24 $y''+e^xy'-y=0$

토론 문제

25 주어진 미분방정식 $(\cos x)y''+y'+5y=0$을 풀지말고, 보통점 $x=0$와 $x=1$ 주위의 멱급수의 수렴반경에 대한 하한을 구하여라.

26 이 절에서 진술된 방법은 보통점 $x=0$ 주위의 비동차 방정식 $y''-xy=1$와 $y''-4xy'-4y=e^x$의 멱급수 해를 구하는데 어떻게 사용되는가? 방정식을 풀어서 이유를 설명하여라.

27 $x=0$는 미분방정식 $xy''+(\sin x)y=0$의 보통점 또는 특이점인가? 논리적인 수학이론으로 답을 내어라.[힌트: $\sin x$의 매클로린급수를 이용하여 $(\sin x)/x$를 검토하여라]

28 $x=0$는 미분방정식 $y''+5xy'+\sqrt{x}\,y=0$의 보통점인가?

컴퓨터 활용문제

29 (a) $y''+xy'+y=0$에 대해 두 개의 멱급수 해를 구하고 합의 기호로 해 $y_1(x)$와 $y_2(x)$를 표현하여라.

(b) 컴퓨터를 사용하여 $N=2,\ 3,\ 5,\ 6,\ 8$일 때 $y_1(x)$에 대한 부분합 $S_N(x)$의 그래프를 그려라. $y_2(x)$에 대해서도 마찬가지로 구하여라.

(c) (b)에서 얻어진 그래프와 수치적인 방법으로 구한 곡선을 비교하여라. 초기조건 $y_1(0)=1,\ y_1{}'(0)=0$와 $y_2(0)=0,\ y_2{}'(0)=1$을 사용하여라.

(d) (a)에서 구한 $y_1(x)$를 다시 조사하여 이 급수를 기본함수로 표현하여라. 4.2절의 (5)를 사용하여 방정식의 두 번째 해를 구하여라. 이 두 번째 해는 멱급수 해 $y_2(x)$와 같다는 사실을 증명하여라.

30 (a) 예제 8의 $y_1(x)$와 $y_2(x)$ 각각에 대해 하나이상의 음아닌 항을 구하여라.

(b) 초깃값 문제 $y''+(\cos x)y=0,\ y(0)=1,\ y'(0)=1$의 급수 해 $y(x)$를 구하여라.

(c) 컴퓨터를 사용하여 $N=2,\ 3,\ 4,\ 5,\ 6,\ 7$일 때 (b)에서의 해 $y(x)$에 대한 부분합 $S_N(x)$의 그래프를

그려라.

(d) (b)에서의 초깃값 문제에 대해 (c)에서 얻어진 그래프와 수치적인 방법으로 구한 곡선을 비교하여라.

6.3 특이점 근방에서의 해

필요한 개념

- 4.2절(특히 (5))
- 정의 6.2.1의 특이점의 정의

소개 | 두 개의 미분방정식 $y''+xy=0$와 $xy''+y=0$은 변수계수를 갖는 선형 미분방정식이라는 점에서 유사하다. $x=0$는 $y''+xy=0$의 보통점이기 때문에 그 점에 중심을 둔 두개의 서로 다른 멱급수 해를 구하는 방법을 6.2절에서 배웠다. 반대로 $x=0$은 $xy''+y=0$의 특이점이기 때문에 그 점 주위의 방정식의 급수 해를 구하는 것은 어려운 작업이 될 것이다.

이 절에서 이야기되는 해는 항상 2개의 무한급수 해를 얻지는 않는다. 하나의 해가 구해지면 4.2절의 (5)에서 주어진 식을 이용해 두 번째 해를 구할 수 있다.

정의

$$a_0(x)y''+a_1(x)y'+a_0(x)y=0 \tag{1}$$

의 특이점 x_0는 정칙과 비정칙으로 나눌 수 있다. 이러한 구분은 표준형

$$y''+P(x)y'+Q(x)y=0 \tag{2}$$

에서의 P와 Q의 형태에 따라서 분류된다.

정의 6.3.1 정칙특이점과 비정칙 특이점

함수 $p(x)=(x-x_0)P(x)$와 $q(x)=(x-x_0)^2Q(x)$가 모두 x_0에서 해석적이면 특이점 $x=x_0$는 미분방정식 (1)의 **정칙특이점**이라고 한다. 정칙이 아닌 특이점을 **비정칙 특이점**이라고 한다.

정의 6.3.1의 두 번째 문장은 함수 $p(x)=(x-x_0)P(x)$와 $q(x)=(x-x_0)^2Q(x)$중 하나 또는 두 개가 x_0에서 해석적이 아니면 x_0는 비정칙 특이점이 된다는 것을 의미한다.

다항식 계수 6.2절에서처럼 계수 $a_2(x)$, $a_1(x)$, $a_0(x)$가 다항식인 선형방정식 (1)에 주로 관심을 들 것이다. 만일 $a_2(x_0)=0$이면 표준형 (2)에서의 유리함수 $P(x)=a_1(x)/a_2(x)$와 $Q(x)=a_0(x)/a_2(x)$ 중 적어도 하나는 x_0에서 해석적이 되지 않으므로 $x=x_0$는 (1)의 특이점이다. 그러나 $a_2(x)$는 다항식이고 x_0는 근의 하나이므로 대수학의 인수정리에 의해 $x-x_0$는 $a_2(x)$의 인수이다.

이것은 $P(x)$와 $Q(x)$를 $a_1(x)/a_2(x)$와 $a_0(x)/a_2(x)$로 변형하여 최저항을 구한 후 인수 $x-x_0$를 분모에 적당한 양의 정수 차수로 남겨놓아야 한다는 사실을 의미한다. 한편 $x=x_0$가 (1)의 특이점이고 $p(x)=(x-x_0)P(x)$와 $q(x)=(x-x_0)^2Q(x)$에 의해 정의된 함수가 x_0에서 해석적이라고 하자. $P(x)$에 $x-x_0$를 곱하고 $Q(x)$에 $(x-x_0)^2$을 곱하면 $x-x_0$는 분모에 더 이상 나타나지 않는다는 결론에 이른다. 분모의 계산에 의해 x_0는 정칙이라고 결정할 수 있다.

인수 $x-x_0$가 $P(x)$의 분모에 기껏해야 1차 멱승으로 나타나며 $Q(x)$의 분모에 기껏해야 2차멱승으로 나타나면 $x=x_0$는 정칙특이점이 된다. 더욱이 $x=x_0$가 정칙특이점이다.

더욱이 (2)에 $(x-x_0)^2$을 곱한다면 원래의 미분방정식은

$$(x-x_0)^2y''+(x-x_0)p(x)y'+q(x)y=0 \tag{3}$$

이 된다. 여기서 p와 q는 $x=x_0$에서 해석적이다.

예제 1 특이점의 분류

$x=2$와 $x=-2$는

$$(x^2-4)y''+3(x-2)y'+5y=0$$

의 특이점이다.

$(x^2-4)^2=(x-2)^2(x+2)^2$으로 방정식을 나누면

$$P(x)=\frac{3}{(x-2)(x+2)^2},\quad Q(x)=\frac{5}{(x-2)^2(x+2)^2}$$

이다. 이제 각 특이점에서 $P(x)$와 $Q(x)$의 성질을 볼 것이다.

정칙특이점이 되는 $x=2$에 대해 인수 $x-2$는 $P(x)$의 분모에 기껏해야 1차 멱승으로 나타나야 하고 $Q(x)$의 분모에는 기껏해야 2차멱승으로 나타나야한다. $P(x)$와 $Q(x)$의 분모를 보면 이들 성질들이 성립하며 그래서 $x=2$는 정칙특이점이 된다. 다른 방법으로 유리함수

$$p(x)=(x-2)P(x)=\frac{3}{(x+2)^2},\quad q(x)=(x-2)^2Q(x)=\frac{5}{(x+2)^2}$$

는 $x=2$에서 해석적이라는 사실로 확인할 수도 있다.

한편 인수 $x-(-2)=x+2$는 $P(x)$의 분모에서 2차멱승으로 나타나므로 $x=-2$는 방정식의 비정칙 특이점이 된다. 이것은

$$p(x)=(x+2)P(x)=\frac{3}{(x-2)(x+2)}$$

이 $x=-2$에서 해석적이 아니라는 사실로도 확인할 수 있다. ■

예제 1에서 $x=2$는 정칙특이점이기 때문에 원래의 방정식은

$$\underset{\substack{p(x)\,:\,x=2\text{에서}\\ \text{해석적}}}{}\qquad \underset{\substack{q(x)\,:\,x=2\text{에서}\\ \text{해석적}}}{}$$

$$(x-2)^2y''+(x-2)\frac{3}{(x+2)^2}y'+\frac{5}{(x+2)^2}y=0$$

로 표현할 수도 있다.

다른 예제로는 $x=0$는 $x^3y''-2xy'+8y=0$의 비정칙 특이점이다. 이는 $P(x)=\dfrac{-2}{x^2}$와 $Q(x)=\dfrac{8}{x^3}$의 분모를 보면 알 수 있다.
한편 $x=0$는 $xy''-2xy'+8y=0$의 정칙특이점이다. 이것은 $x-0$와 $(x-0)^2$이 각각 $P(x)=-2$와 $Q(x)=\dfrac{8}{x}$의 분모에 나타나지 않는다는 사실로 알 수 있다. 특이점 $x=x_0$에 대하여 $P(x)$와 $Q(x)$의 분모에 각각 1보다 작은 (즉, 0) $x-x_0$의 임의의 음이 아닌 멱승과 2보다 작은(즉, 0과 1) 음이 아닌 멱승이 존재하면 x_0는 정칙특이점이다. 또한 특이점은 복소수일 수도 있다. $x=3i$와 $x=-3i$는 모두 방정식 $(x^2+9)y''-3xy'+(1-x)y=0$의 정칙특이점이다.

참조 2계 코시-오일러 방정식 $ax^2y''+bxy'+cy=0$(a, b, c는 실수)는 $x=0$에서 정칙특이점을 갖는다. $y_1=x^2$과 $y_2=x^2\ln x$는 구간 $(0,\ \infty)$에서 방정식 $x^2y''-3xy'+4y=0$의 해임을 알 수 있다. 만일 정칙특이점 $x=0$ 주위의 멱급수해(즉, $y=\sum_{n=0}^{\infty}c_nx^n$)를 구하고자 한다면 $y_1=x^2$만을 얻을 수 있을 것이다. 둘째 해를 얻을 수 없다는 사실은 $\ln x$(즉, $y_2=x^2\ln x$)가 $x=0$에서 해석적이 아니기 때문에 즉, y_2는 $x=0$를 중심으로 한 테일러 급수 전개를 할 수 없기 때문에 당연하다.

프로베니우스 방법 (1)과 같은 미분방정식을 정칙특이점에 관해 해를 구하고자 한다면 유명한 독일 수학자 Ferdinand Georg Frobenius (1849-1917)가 만든 다음 정리를 적용한다.

정리 6.3.1 프로베니우스 정리

$x=x_0$가 방정식 (1)의 정칙특이점이면

$$y=(x-x_0)^r\sum_{n=0}^{\infty}c_n(x-x_0)^n=\sum_{n=0}^{\infty}c_n(x-x_0)^{n+r} \tag{4}$$

와 같은 급수 해가 적어도 하나 존재한다. 여기서 수 r은 결정되어야할 상수이고, 이 급수는 어떤 구간 $0<x-x_0<R$에서 수렴한다.

정리 6.3.1의 첫 번째 문장에서 적어도라는 표현에 주목하자. 정리 6.2.1, 정리 6.3.1과 비교해서 이 표현은 반드시 (4)와 같은 형태의 2개의 급수 해를 구할 수 있다는 것을 의미하는 것은 아니다. 정칙특이점 x_0주위의 급수 해를 구하는 **프로베니우스 방법**은 주어진 미분방정식에 $y=\sum_{n=0}^{\infty} c_n(x-x_0)^{n+r}$을 대입한 후 점화식에 의해 미지계수 c_n을 결정한다는 점에서 앞 절의 "미정 급수 계수법"과 유사하다. 그러나, 이 과정에서 추가적인 작업이 필요하다. 계수를 결정하기 전에 미지의 지수 r을 구해야 한다는 점이다. 만일 r이 음수인 수가 된다면 대응되는 해 $y=\sum_{n=0}^{\infty} c_n(x-x_0)^{n+r}$은 멱급수가 아니다.

보통점 주위의 해를 공부할 때 했던 것처럼, 정칙특이점은 $x=0$라고 가정할 것이다.

예제 2 두 개의 급수 해

$x=0$은 미분방정식

$$3xy''+y'-y=0 \tag{5}$$

의 정칙특이점이므로 $y=\sum_{n=0}^{\infty} c_n(x-x_0)^{n+r}$ 형태의 해를 구할 수 있다.

$$y'=\sum_{n=0}^{\infty}(n+r)c_n x^{n+r-1}, \quad y''=\sum_{n=0}^{\infty}(n+r)(n+r-1)c_n x^{n+r-2}$$

이므로

$$\begin{aligned}3xy''+y'-y &= 3\sum_{n=0}^{\infty}(n+r)(n+r-1)c_n x^{n+r-1}+\sum_{n=0}^{\infty}(n+r)c_n x^{n+r-1}-\sum_{n=0}^{\infty}c_n x^{n+r}\\ &= \sum_{n=0}^{\infty}(n+r)(3n+3r-2)c_n x^{n+r-1}-\sum_{n=0}^{\infty}c_n x^{n+r}\\ &= x^r\left[r(3r-2)c_0x^{-1}+\underbrace{\sum_{n=1}^{\infty}(n+r)(3n+3r-2)c_n x^{n-1}}_{k=n-1}-\underbrace{\sum_{n=0}^{\infty}c_n x^n}_{k=n}\right]\\ &= x^r\left[r(3r-2)c_0x^{-1}+\sum_{k=0}^{\infty}[(k+r+1)(3k+3r+1)c_{k+1}-c_k]x^k\right]=0\end{aligned}$$

이다.

그러므로 $r(3r-2)c_0=0$이고

$$(k+r+1)(3k+3r+1)c_{k+1}-c_k=0, \quad k=0,\ 1,\ 2,\ \cdots$$

이다. $c_0=0$가 될 수 없으므로

$$r(3r-2)=0 \tag{6}$$

이고

$$c_{k+1} = \frac{c_k}{(k+r+1)(3k+2r+1)}, \quad k=0,\ 1,\ 2,\ \cdots \tag{7}$$

이다.

방정식 (6)을 만족하는 2개의 r을 (7)에 대입하면 두 개의 점화관계식

$$r_1 = \frac{2}{3}, \quad c_{k+1} = \frac{c_k}{(3k+5)(k+1)}, \quad k=0,\ 1,\ 2,\ \cdots \tag{8}$$

$$r_2 = 0, \quad c_{k+1} = \frac{c_k}{(k+1)(3k+1)}, \quad k=0,\ 1,\ 2,\ \cdots \tag{9}$$

을 얻는다.

(8)로부터

$$c_1 = \frac{c_0}{5 \cdot 1}$$

$$c_2 = \frac{c_1}{8 \cdot 2} = \frac{c_0}{2!5 \cdot 8}$$

$$c_3 = \frac{c_2}{11 \cdot 3} = \frac{c_0}{3!5 \cdot 8 \cdot 11}$$

$$c_4 = \frac{c_3}{14 \cdot 4} = \frac{c_0}{4!5 \cdot 8 \cdot 11 \cdot 14}$$

$$\vdots$$

$$c_n = \frac{c_0}{n!5 \cdot 8 \cdot 11 \cdots (3n+2)}$$

(9)로부터

$$c_1 = \frac{c_0}{1 \cdot 1}$$

$$c_2 = \frac{c_1}{2 \cdot 4} = \frac{c_0}{2!1 \cdot 4}$$

$$c_3 = \frac{c_2}{3 \cdot 7} = \frac{c_0}{3!1 \cdot 4 \cdot 7}$$

$$c_4 = \frac{c_3}{4 \cdot 10} = \frac{c_0}{4!1 \cdot 4 \cdot 7 \cdot 10}$$

$$\vdots$$

$$c_n = \frac{c_0}{n!1 \cdot 4 \cdot 7 \cdots (3n-2)}$$

이다.

여기서 보통 점주위의 해를 얻을 때 나타나지 않았던 사실을 만나게 된다. 우리는 두 개의 다른 종류의 계수형태를 만나게 되는데, 각각은 같은 c_0가 곱해져 있다. 이 항을 제외하면 급수 해는

$$y_1(x) = x^{2/3}\left[1 + \sum_{n=1}^{\infty} \frac{1}{n!5 \cdot 8 \cdot 11 \cdots (3n+2)} x^n\right] \tag{10}$$

$$y_2(x) = x^0\left[1 + \sum_{n=1}^{\infty} \frac{1}{n!1 \cdot 4 \cdot 7 \cdots (3n-2)} x^n\right] \tag{11}$$

이 된다.

비 판정법에 의해 (10)과 (11)은 $|x| < \infty$인 모든 x에 대해 수렴한다. 또한 해의 형태로부터 어떤 급수도 다른 것은 상수배가 되지 않는다는 사실을 알 수 있다. 그러므로 $y_1(x)$와 $y_2(x)$는 x 축상에서 일차독립이다. 따라서 중첩원리에 의해 $y = C_1 y_1(x) + C_2 y_2(x)$는 (5)의 다른 해가 된다. $(0,\ \infty)$와 같은 원점을 포함하지 않는 구간에서 이 일차결합은 미분방정식의 일반해를 의미한다. ■

결정방정식 방정식 (6)을 이 문제의 **결정방정식**이라고 하고 $r_1 = \dfrac{2}{3}$와 $r_2 = 0$을 특이점 $x = 0$의 **결정근** 또는 **지수**라고 한다. $y = \sum_{n=0}^{\infty} c_n (x - x_0)^{n+r}$을 주어진 미분방정식에 대입한 후에 간단히 하면 결정방정식은 x의 최저 멱승의 총계수를 0과 같게 놓아서 얻어지는 r의 2차 방정식이다. r의 2개의 값을 구하고 이 값들을 (7)과 같은 점화관계식에 대입한다. 정리 6.3.1은 가정된 급수의 적어도 하나의 해를 구할 수 있다는 사실을 보장한다.

$y = \sum_{n=0}^{\infty} c_n (x - x_0)^{n+r}$을 미분방정식에 대입하기에 앞서서 결정방정식을 얻는 것도 가능하다. 만일 $x = 0$가 (1)의 정칙특이점이면 $P(x)$와 $Q(x)$가 표준형 (2)에서 정의된 함수일 때 정의 6.3.1에 의해 $p(x) = xP(x)$와 $q(x) = x^2 Q(x)$는 $x = 0$에서 해석적이다. 즉, 양의 수렴반경을 갖는 구간상에서 멱급수 전개

$$p(x) = xP(x) = a_0 + a_1 x + a_2 x^2 + \cdots, \quad q(x) = x^2 Q(x) = b_0 + b_1 + b_2 x^2 + \cdots \tag{12}$$

가 가능하다. (2)에 x^2을 곱하면 (3)과 같은 형태

$$x^2 y'' + x[xP(x)]y' + [x^2 Q(x)]y = 0 \tag{13}$$

을 얻는다. $y = \sum_{n=0}^{\infty} c_n (x - x_0)^{n+r}$을 대입하고 (12)의 두 급수를 (13)에 대입하여 급수의 곱셈을 시행하면, 일반적인 결정방정식

$$r(r-1) + a_0 r + b_0 = 0 \tag{14}$$

을 얻는다. 여기서 a_0, b_0는 (12)에서 정의된 것이다(6.3절 연습문제 13, 14).

예제 3 2개의 급수 해

$2xy'' + (1 + x)y' + y = 0$의 해를 구하여라.

풀이 $y = \sum_{n=0}^{\infty} c_n (x - x_0)^{n+r}$이라고 하면

$$\begin{aligned}
2xy'' + (1+x)y' + y &= 2\sum_{n=0}^{\infty} (n+r)(n+r-1)c_n x^{n+r-1} + \sum_{n=0}^{\infty} (n+r)c_n x^{n+r-1} \\
&\quad + \sum_{n=0}^{\infty} (n+r)c_n x^{n+r} + \sum_{n=0}^{\infty} c_n x^{n+r} \\
&= \sum_{n=0}^{\infty} (n+r)(2n+2r-1)c_n x^{n+r-1} + \sum_{n=0}^{\infty} (n+r+1)c_n x^{n+r} \\
&= x^r \Bigg[r(2r-1)c_0 x^{-1} + \underbrace{\sum_{n=1}^{\infty} (n+r)(2n+2r-1)c_n x^{n-1}}_{k=n-1} + \underbrace{\sum_{n=0}^{\infty} (n+r+1)c_n x^n}_{k=n} \Bigg] \\
&= x^r \Bigg[r(2r-1)c_0 x^{-1} + \sum_{k=0}^{\infty} [(k+r+1)(2k+2r+1)c_{k+1} + (k+r+1)c_k] x^k \Bigg],
\end{aligned}$$

이고 이것으로부터

$$r(2r-1)=0 \tag{15}$$

$$(k+r+1)(2k+2r+1)c_{k+1}+(k+r+1)c_k=0, \tag{16}$$

$k=0,\ 1,\ 2,\ \cdots$이다. (15)로부터 결정근은 $r_1=\dfrac{1}{2}$과 $r_2=0$이다.

$r_1=\dfrac{1}{2}$에 대하여 (16)에서 $k+\dfrac{3}{2}$으로 나누면

$$c_{k+1}=\frac{-c_k}{2(k+1)},\quad k=0,\ 1,\ 2,\ \cdots \tag{17}$$

이고 $r_2=0$에 대해 (16)은

$$c_{k+1}=\frac{-c_k}{2k+1},\quad k=0,\ 1,\ 2,\ \cdots \tag{18}$$

이 된다.

(17)로부터

$$c_1=\frac{-c_0}{2\cdot 1}$$
$$c_2=\frac{-c_1}{2\cdot 2}=\frac{c_0}{2^2\cdot 2!}$$
$$c_3=\frac{-c_2}{2\cdot 3}=\frac{c_0}{2^3\cdot 3!}$$
$$c_4=\frac{-c_3}{2\cdot 4}=\frac{c_0}{2^4\cdot 4!}$$
$$\vdots$$
$$c_n=\frac{(-1)^n c_0}{2^n n!}$$

(18)로부터

$$c_1=\frac{-c_0}{1}$$
$$c_2=\frac{-c_1}{3}=\frac{c_0}{1\cdot 3}$$
$$c_3=\frac{-c_2}{5}=\frac{-c_0}{1\cdot 3\cdot 5}$$
$$c_4=\frac{-c_3}{7}=\frac{c_0}{1\cdot 3\cdot 5\cdot 7}$$
$$\vdots$$
$$c_n=\frac{(-1)^n c_0}{1\cdot 3\cdot 5\cdot 7\cdots\ (2n-1)}$$

이다. 그러므로 결정근 $r_1=\dfrac{1}{2}$에 대해 해

$$y_1(x)=x^{1/2}\left[1+\sum_{n=1}^{\infty}\frac{(-1)^n}{2^n n!}x^n\right]=\sum_{n=0}^{\infty}\frac{(-1)^n}{2^n n!}x^{n+1/2},$$

을 얻을 수 있다. 이것은 $x\geq 0$에 대해 수렴하고, 주어진 바와 같이 이 급수는 $x^{1/2}$이 존재하므로 $x<0$에 대하여 정의되지 않는다. $r_2=0$에 대해 두 번째 해는

$$y_2(x)=1+\sum_{n=1}^{\infty}\frac{(-1)^n}{1\cdot 3\cdot 5\cdot 7\cdots\ (2n-1)}x^n,\quad |x|<\infty$$

이다. 구간 $(0,\ \infty)$에서 일반해는 $y=C_1y_1(x)+C_2y_2(x)$이다. ■

예제 4 유일한 급수 해

$xy''+y=0$의 해를 구하여라.

풀이 $xP(x)=0$, $x^2Q(x)=x$이고 0와 x는 그 자체로 0에 중심을 둔 멱급수이므로 $a_0=0$, $b_0=0$이고 (14)에 의해 결정방정식은 $r(r-1)=0$이다. 결정근 $r_1=1$, $r_2=0$에 대응되는 2개의 점화관계식으로부터 같은 종류의 계수를 얻을 수 있다. 즉, 이 경우에 프로베니우스 방법으로 부터 하나의 급수 해

$$y_1(x)=\sum_{n=0}^{\infty}\frac{(-1)^n}{n!(n+1)!}x^{n+1}=x-\frac{1}{2}x^2+\frac{1}{12}x^3-\frac{1}{144}x^4+\cdots$$

을 얻을 수 있다. ■

세 가지 가능성 $x=0$가 방정식 (1)의 정칙특이점이고 결정근 r_1, r_2는 실수라고 하자. 프로베니우스 방법을 사용할 때 우리는 결정근 r_1, r_2의 성질에 따라서 세 가지 가능성으로 나눌 수 있다. 처음 두 가지 경우는 r_1은 두 개의 근 중 큰 근 즉, $r_1>r_2$인 경우이고 마지막 경우는 $r_1=r_2$인 경우이다.

경우 I r_1, r_2는 서로 다르고 차 r_1-r_2가 양의 정수가 아니면 방정식 (1)의 해는

$$y_1(x)=\sum_{n=0}^{\infty}c_nx^{n+r_1},\quad c_0\neq 0,\quad y_2(x)=\sum_{n=0}^{\infty}b_nx^{n+r_2},\quad b_0\neq 0$$

형태의 두 개의 일차독립인 해가 존재한다.

이것은 예제 2와 예제 3에서 설명되었다.

다음으로 근의 차가 N이고 N이 양의 정수라면 두 번째 해는 로그함수를 포함할 수 있다.

경우 II r_1, r_2는 서로 다르고 차 r_1-r_2가 양의 정수이면 방정식 (1)의 해는

$$y_1(x)=\sum_{n=0}^{\infty}c_nx^{n+r_1},\quad c_0\neq 0, \tag{19}$$

$$y_2(x)=Cy_1(x)\ln x+\sum_{n=0}^{\infty}b_nx^{n+r_2},\quad b_0\neq 0 \tag{20}$$

형태의 두 개의 일차독립인 해가 존재한다. 여기서 C는 0도 될 수 있는 상수이다.

마지막으로 $r_1=r_2$인 경우에 두 번째 해는 항상 로그함수를 포함하게 된다. 이 경우는 보조방정식의 근이 같을 때 코시-오일러 방정식의 해를 구하는 과정과 유사하다.

경우 III r_1, r_2가 같으면 방정식 (1)의 해는

$$y_1(x) = \sum_{n=0}^{\infty} c_n x^{n+r_1}, \quad c_0 \neq 0, \tag{21}$$

$$y_2(x) = y_1(x) \ln x + \sum_{n=1}^{\infty} b_n x^{n+r_1} \tag{22}$$

형태의 두 개의 일차독립인 해가 존재한다.

두 번째 해를 구하는 법 차 $r_1 - r_2$가 양의 정수이면(두 번째 경우) $y = \sum_{n=0}^{\infty} c_n x^{n+r}$ 형태를 갖는 두개의 해를 구하거나 구하지 못할 수 있다. 이것은 우리가 미리 알지 못하는 것이고 단지 결정근을 구하고 계수 c_n을 정의하는 점화관계식을 주의깊게 관찰한 후에 결정되어지는 것이다. 우리는 다행히 x의 멱승 즉 $y_1(x) = \sum_{n=0}^{\infty} c_n x^{n+r_1}$(식 (19))와 $y_2(x) = \sum_{n=0}^{\infty} b_n x^{n+r_2}$($C=0$인 식 (20))만을 포함하는 두 해를 구할 수 있다. 한편 예제 4에서는 결정근의 차가 양의 정수 ($r_1 - r_2 = 1$)이고 두 번째 급수 해를 구하는데 프로베니우스 방법을 사용하지 못했다. 이 경우에 $C \neq 0$인 식 (20)은 두 번째 해의 모양이 무엇인지를 알려준다. 마지막으로 차 $r_1 - r_2$가 0일 때(세 번째 경우) 프로베니우스 방법으로 두 번째 급수해를 구할 수 없다. 두 번째 해 (22)는 항상 로그함수를 포함하고 $C=1$인 식 (20)과 같게 된다. 로그함수를 갖는 두 번째 해를 구하는 방법은 y_1이 알려진 해일 때

$$y_2(x) = y_1(x) \int \frac{e^{-\int P(x)dx}}{y_1^2(x)} dx \tag{23}$$

가 항상 $y'' + P(x)y' + Q(x)y = 0$의 해가 된다는 사실을 사용하는 것이다. 다음 예제에서 (23)을 사용하는 방법을 설명한다.

예제 5 컴퓨터 대수체계를 사용한 예제 4

$xy'' + y = 0$의 일반해를 구하여라.

풀이 예제 4에서 주어진 해

$$y_1(x) = x - \frac{1}{2}x^2 + \frac{1}{12}x^3 - \frac{1}{144}x^4 + \cdots$$

와 (23)을 이용하여 두 번째 해 $y_2(x)$를 구할 수 있다. 급수의 제곱근과 나눗셈, 몫의 적분 등을 직접 계산하기에는 많은 시간과 노력이 필요하다. 그러나 이러한 작업은 컴퓨터 대수체계의 도움으로 구할 수 있다. 그 결과는 다음과 같다.

$$y_2(x) = y_1(x)\int \frac{e^{-\int 0dx}}{[y_1(x)]^2}dx = y_1(x)\int \frac{dx}{\left[x - \frac{1}{2}x^2 + \frac{1}{12}x^3 - \frac{1}{144}x^4 + \cdots\right]^2}$$

$$= y_1(x)\int \frac{dx}{\left[x^2 - x^3 + \frac{5}{12}x^4 - \frac{7}{12}x^5 + \cdots\right]} \qquad \leftarrow \text{제곱하면}$$

$$= y_1(x)\int \left[\frac{1}{x^2} + \frac{1}{x} + \frac{7}{12} + \frac{19}{72}x + \cdots\right]dx \qquad \leftarrow \text{나누면}$$

$$= y_1(x)\left[-\frac{1}{x} + \ln x + \frac{7}{12}x + \frac{19}{144}x^2 + \cdots\right] \qquad \leftarrow \text{적분하면}$$

$$= y_1(x)\ln x + y_1(x)\left[-\frac{1}{x} + \frac{7}{12}x + \frac{19}{144}x^2 + \cdots\right],$$

또는

$$y_2(x) = y_1(x)\ln x + \left[-1 - \frac{1}{2}x + \frac{1}{2}x^2 + \cdots\right]. \qquad \leftarrow \text{곱하면}$$

구간 $(0, \infty)$상에서 일반해는 $y = C_1y_1(x) + C_2y_2(x)$이다. ■

예제 5에서 y_2의 마지막 형태는 $C = 1$인 (20)과 일치한다. 괄호 안에 급수는 $r_2 = 0$인 (20)에서의 합에 대응한다.

주의

(i) 2계 선형 미분방정식의 세 가지 다른 형태 (1), (2), (3)은 다양한 이론적인 개념을 이야기하는데 사용된다. 실질적인 면에서 보면 프로베니우스 방법을 사용하여 미분방정식을 풀게 되었을 때 (1)에서 주어진 미분방정식의 형태로 작업하는 것이 현명하다.

(ii) 결정근의 차 $r_1 - r_2$가 양의 정수$(r_1 > r_2)$이면 작은 근 r_2를 우선 사용하여 점화관계식을 반복하는 것이 좋다(6.3절 연습문제 31, 32).

(iii) 결정근 r은 이차방정식의 해이므로 복소수도 될 수 있다. 그러나 이 경우는 논의하지 않을 것이다.

(iv) $x = 0$가 비정칙 특이점이라면 $y = \sum_{n=0}^{\infty} c_n x^{n+r}$ 형태의 미분방정식의 임의의 해를 구할 수는 없게 된다.

연습문제 6.3

(1-10) 주어진 미분방정식의 특이점을 구하고 각 특이점을 정칙과 비정칙으로 나누어라.

1 $x^3y'' + 4x^2y' + 3y = 0$

2 $(x^3 - 2x^2 + 3x)^2y'' + x(x-3)^2y' - (x+1)y = 0$

3 $(x^2 - 9)^2y'' + (x+3)y' + 2y = 0$

4 $x(x+3)^2y'' - y = 0$

5 $(x^3 + 4x)y'' - 2xy' + 6y = 0$

6 $y'' - \frac{1}{x}y' + \frac{1}{(x-1)^3}y = 0$

7 $(x^2 + x - 6)y'' + (x+3)y' + (x-2)y = 0$

8 $x^2(x-5)^2y'' + 4xy' + (x^2 - 25)y = 0$

9 $x^3(x^2 - 25)(x-2)^2y' + 3x(x-2)y'$
$+ 7(x+5)y = 0$

10 $x(x^2+1)^2y'' + y = 0$

(11-12) 방정식의 각각의 정칙특이점에 대해 주어진 미분방정식을 (3)의 형태로 나타내어라.

11 $(x^2 - 1)y'' + 5(x+1)y' + (x^2 - x)y = 0$

12 $xy'' + (x+3)y' + 7x^2y = 0$

(13-14) $x = 0$는 주어진 미분방정식의 정칙특이점이다. 결정방정식의 일반형 (14)를 사용하여 결정근을 구하여라. 미분방정식을 풀지말고 프로베니우스의 방법을 사용하여 구할 것으로 기대되는 급수 해의 개수를 구하여라.

13 $x^2y'' + (\frac{5}{3}x + x^2)y' - \frac{1}{3}y = 0$

14 $xy'' + y' + 10y = 0$

(15-24) $x = 0$는 주어진 미분방정식의 정칙특이점이다. 결정근은 정수차가 되지 않는다는 것을 보여라. 프로베니우스 방법을 사용하여 $x = 0$ 주위의 두 개의 일차독립인 해를 구하고 $(0, \infty)$상의 일반해를 만들어라.

15 $2xy'' - y' + 2y = 0$

16 $x^2y'' - \left(x - \frac{2}{9}\right)y = 0$

17 $4xy'' + \frac{1}{2}y' + y = 0$

18 $2xy'' + 5y' + xy = 0$

19 $3xy'' + (2-x)y' - y = 0$

20 $2x^2y'' - xy' + (x^2+1)y = 0$

21 $2xy'' - (3+2x)y' + y = 0$

22 $2x^2y'' + 3xy' + (2x-1)y = 0$

23 $9x^2y'' + 9x^2y' + 2y = 0$

24 $x^2y'' + xy' + \left(x^2 - \frac{4}{9}\right)y = 0$

(25-30) $x = 0$는 주어진 미분방정식의 정칙특이점이다. 결정근은 정수차가 된다는 것을 보여라. 프로베니우스 방법을 사용하여 $x = 0$ 근방의 적어도 하나의 급수 해를 구하여라. 두 번째 해를 구하기 위해 (23)을 사용하고 $(0, \infty)$상의 일반해를 만들어라.

25 $xy'' + 2y' - xy = 0$

26 $x^2y'' + xy' + \left(x^2 - \frac{1}{4}\right)y = 0$

27 $xy'' - xy' + y = 0$

28 $xy'' + y' + y = 0$

29 $xy'' + (1-x)y' - y = 0$

30 $y'' + \frac{3}{x}y' - 2y = 0$

(31-32) $x = 0$는 주어진 미분방정식의 정칙특이점이다. 결정근은 정수차가 된다는 것을 보여라. 우선 큰 근 r_1을 가지고 프로베니우스 방법에 의해 얻어진 점화관계식을 사용하여라. 얼마나 많은 해를 발견했는가? 다음으로 작은 근 r_2를 가지고 점화관계식을 사용하여라. 얼마나 많은 해를 발견했는가?

31 $xy'' + (x-6)y' - 3y = 0$

32 $x(x-1)y'' + 3y' - 2y = 0$

33 (a) 미분방정식 $x^4y'' + \lambda y = 0$는 $x=0$에서 비정칙 특이점을 갖는다. $t = 1/x$로 대입하여 $t=0$에서 정칙 특이점을 갖는 미분방정식

$$\frac{d^2y}{dt^2} + \frac{2}{t}\frac{dy}{dt} + \lambda y = 0$$

이 됨을 보여라.

(b) 이 절에서의 방법을 사용하여 (a)의 두 번째 방정식에 대하여 정칙특이점 $t=0$ 근방의 두 급수 해를 구하여라.

(c) 원래의 방정식의 각각의 급수 해를 기본함수로 표현하여라.

수학적 모델

34 원뿔모양 기둥의 경첩 일정한 수직의 압축력 또는 부하가 평평하고 얇은 기둥에 가해졌을 때 편향 $y(x)$는 경곗값 문제

$$EI\frac{d^2y}{dx^2} + Py = 0, \quad y(0)=0, \quad y(L)=0 \tag{24}$$

의 해가 된다는 사실을 5.2절의 예제 4에서 보았다. 여기서의 가정은 기둥 양쪽에 경첩이 날려있다는 것이다. 압축력이 P_n일 때 기둥은 구부러질 것이다.

(a) 이 문제에서 길이 L인 기둥은 양 끝에 경첩이 달려있고, 원형의 단면을 가지며, 그림 6.3.1(a)에서 보여진 것처럼 점점 가늘어진다고 가정하자. 잘려진 원뿔같은 기둥이 그림 6.3.1(b)의 단면을 보는 것처럼 선형 굵기 $y = cx$를 갖는다면 xy평면에 수직인 축에 관한 단면의 관성 모멘트는 $I = \frac{1}{4}\pi r^2$이다. 여기서 $r = y$이고 $y = cx$이다. 그러므로 $I(x) = I_0(x/b)^4$이다. 여기서 $I_0 = I(b) = \frac{1}{4}\pi(cb)^4$이다. $I(x)$를 미분방정식 (24)에 대입하면 이 경우의 편향은 경곗값 문제

$$x^4\frac{d^2y}{dx^2} + \lambda y = 0, \quad y(a)=0, \quad y(b)=0$$

로부터 결정된다. 여기서 $\lambda = Pb^4/EI_0$이다. 문제 33의 결과를 사용하여 구부러진 기둥에 대한 부하 P_n을 구하여라. 적당한 항등식을 사용하여 경첩이 달린 모델 $y_n(x)$을 하나의 함수로 표현하여라.

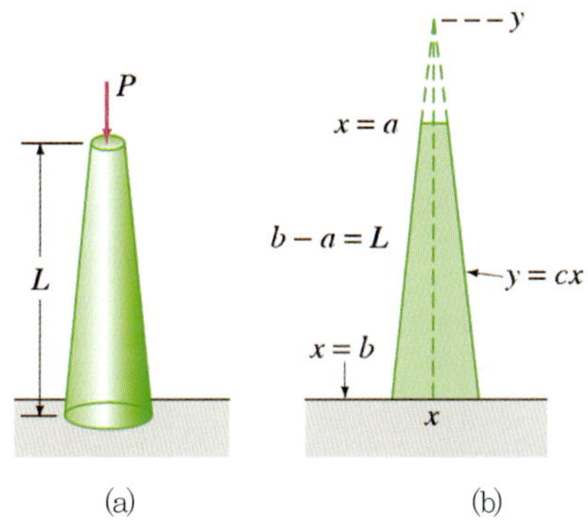

그림 6.3.1 문제 34에서의 원뿔모양의 기둥

(b) 컴퓨터를 사용하여 $b = 11$, $a = 1$일 때 오일러 부하 P_1에 대응하는 첫 번째 모델 $y_1(x)$의 그래프를 그려라.

토론 문제

35 3계 선형 미분방정식

$$a_3(x)y''' + a_2(x)y'' + a_1(x)y' + a_0(x)y = 0$$

에 대하여 정칙특이점을 어떻게 정의하는지 이야기 하여라.

36 미분방정식

$$x^3y'' + y = 0 \quad 와 \quad x^2y'' + (3x-1)y' + y = 0$$

는 $x=0$에서 비정칙 특이점을 갖는다. 프로베니우스 방법을 이용하면 $x=0$ 근방의 급수 해를 얻을 수 있는지 결정하고 설명하여라.

37 $x=0$는 코시-오일러 방정식 $ax^2y'' + bxy' + cy = 0$의 정칙특이점임을 알고 있다. 코시-오일러 방정식에 대한 결정방정식 (14)와 보조방정식은 서로 연관이 있는가? 이를 설명해 보아라.

6.4 특수한 함수들

필요한 개념

- 6.1절과 6.2절

소개 | 2.3절의 주의에서 **특수한 함수**라고 부르는 수학의 한 분야를 언급했다. 많은 함수들이 베셀함수, Legendre함수, Airy함수, Chebyshev다항식, Hermite다항식, Jacobi다항식, Laguerre다항식, 가우스의 초기하함수, Mathieu함수 등 적절한 명칭을 갖고 학습되기 때문에 아마도 이러한 응용수학의 분야에 대한 더 좋은 이름은 단순히 유명한 함수라고 이름 붙여도 좋을 것이다. 역사적으로 특수한 함수는 필요에 의해 나온 결과이다 ; 어떤 사람들은 물리적인 문제를 해결하려는 시도에서 발생되는 매우 특수한 미분방정식의 해가 필요하였을 것이다. 실제로 특수한 함수는 미분방정식에 의해 결정되고 정의되었으며 함수의 많은 성질들은 해의 급수형태로부터 발견되었을 것이다.

두 개의 미분방정식

$$x^2y''+xy'+(x^2-\nu^2)y=0 \tag{1}$$

$$(1-x^2)y''-2xy'+n(n+1)y=0 \tag{2}$$

은 응용수학과 물리학, 공학에서 많이 사용된다. 이들 방정식을 각각 독일 수학자이며 천문학자인 Friedrich Wilhelm Bessel(1784-1846)과 프랑스 수학자인 Adrein-Marie Legendre(1752-1833)의 이름을 붙인 차수 ν의 **베셀 방정식**과 차수 n인 **르장드르 방정식**이라고 한다. (1)의 해를 구하는 경우 $\nu \geq 0$으로 가정하고 (2)의 경우는 n이 음이 아닌 정수의 경우만을 생각하기로 한다.

베셀 방정식의 해 $x=0$는 베셀(Bessel) 방정식의 정칙특이점이므로 $y=\sum_{n=0}^{\infty} c_n x^{n+r}$ 형태의 해가 적어도 한 개 존재한다. $y=\sum_{n=0}^{\infty} c_n x^{n+r}$을 (1)에 대입하면

$$\begin{aligned}x^2y''+xy'+(x^2-\nu^2)y &= \sum_{n=0}^{\infty} c_n(n+r)(n+r-1)x^{n+r}+\sum_{n=0}^{\infty} c_n(n+r)x^{n+r}+\sum_{n=0}^{\infty} c_n x^{n+r+2}-\nu^2\sum_{n=0}^{\infty} c_n x^{n+r}\\ &= c_0(r^2-r+r-\nu^2)x^r+x^r\sum_{n=1}^{\infty} c_n[(n+r)(n+r-1)+(n+r)-\nu^2]x^n+x^r\sum_{n=0}^{\infty} c_n x^{n+2}\\ &= c_0(r^2-\nu^2)x^r+x^r\sum_{n=1}^{\infty} c_n[(n+r)^2-\nu^2]x^n+x^r\sum_{n=0}^{\infty} c_n x^{n+2}\end{aligned} \tag{3}$$

이다. (3)으로부터 결정방정식은 $r^2-\nu^2=0$이고, 결정근은 $r_1=\nu,\ r_2=-\nu$이다. $r_1=v$일 때, (3)은

$$\begin{aligned}x^{\nu}\sum_{n=1}^{\infty} c_n n(n+2\nu)x^n+x^{\nu}\sum_{n=0}^{\infty} c_n x^{n+2}\\ &= x^{\nu}\Bigg[(1+2\nu)c_1x+\underbrace{\sum_{n=2}^{\infty} c_n n(n+2\nu)x^n}_{k=n-2}+\underbrace{\sum_{n=0}^{\infty} c_n x^{n+2}}_{k=n}\Bigg]\\ &= x^{\nu}\Bigg[(1+2\nu)c_1x+\sum_{k=0}^{\infty}[(k+2)(k+2+2\nu)c_{k+2}+c_k]x^{k+2}\Bigg]=0\end{aligned}$$

이 된다. $(1+2\nu)c_1 = 0$이고

$$(k+2)(k+2+2\nu)c_{k+2} + c_k = 0$$

또는

$$c_{k+2} = \frac{-c_k}{(k+2)(k+2+2\nu)}, \quad k=0,\ 1,\ 2,\ \cdots \tag{4}$$

이다.

(4)에서 $c_1 = 0$을 선택하면 $c_3 = c_5 = c_7 = \cdots = 0$이다. 그래서 $k=0,\ 2,\ 4,\ \cdots$에 대해 $k+2=2n,\ n=1,\ 2,\ 3,\ \cdots$로 놓으면

$$c_{2n} = -\frac{c_{2n-2}}{2^2 n(n+\nu)} \tag{5}$$

이다. 그러므로

$$\begin{aligned}
c_2 &= -\frac{c_0}{2^2 \cdot 1 \cdot (1+\nu)} \\
c_4 &= -\frac{c_2}{2^2 \cdot 2(2+\nu)} = \frac{c_0}{2^4 \cdot 1 \cdot 2(1+\nu)(2+\nu)} \\
c_6 &= -\frac{c_4}{2^2 \cdot 3(3+\nu)} = -\frac{c_0}{2^6 \cdot 1 \cdot 2 \cdot 3(1+\nu)(2+\nu)(3+\nu)} \\
&\vdots \\
c_{2n} &= \frac{(-1)^n c_0}{2^{2n} n!(1+\nu)+(2+\nu)\cdots\ (n+\nu)}, \quad n=1,\ 2,\ 3,\ \cdots
\end{aligned} \tag{6}$$

이다. c_0를 특정한 값, 즉

$$c_0 = \frac{1}{2^{\nu}\Gamma(1+\nu)},$$

로 택하는 것이 표준관례이다. 여기서 $\Gamma(1+\nu)$는 **감마**(Gamma) **함수**이다(부록 1). 감마 함수는 $\Gamma(1+\alpha) = \alpha\Gamma(\alpha)$가 성립하므로 (6)의 분모에 있어서 나타난 곱은 하나의 항으로 변형할 수 있다. 예를 들어,

$$\begin{aligned}
&\Gamma(1+\nu+1) = (1+\nu)\Gamma(1+\nu) \\
&\Gamma(1+\nu+2) = (2+\nu)\Gamma(2+\nu) = (2+\nu)(1+\nu)\Gamma(1+\nu).
\end{aligned}$$

이고 따라서 (6)은 $n=0,\ 1,\ 2,\ \cdots$에 대해

$$c_{2n} = \frac{(-1)^n}{2^{2n+\nu} n!(1+\nu)(2+\nu)\cdots\ (n+\nu)\Gamma(1+\nu)} = \frac{(-1)^n}{2^{2n+\nu} n!\Gamma(1+\nu+n)}$$

와 같이 쓸 수 있다.

제 1 종의 베셀 함수 얻어진 계수 c_{2n}과 $r=\nu$를 사용하면 (1)의 급수 해는 $y=\sum_{n=0}^{\infty}c_{2n}x^{2n+\nu}$이다. 이 해를 일반적으로 $J_\nu(x)$로 표시한다.

$$J_\nu(x)=\sum_{n=0}^{\infty}\frac{(-1)^n}{n!\Gamma(1+\nu+n)}\left(\frac{x}{2}\right)^{2n+\nu} \tag{7}$$

$\nu\geq 0$이면 이 급수는 $[0, \infty)$에서 수렴한다. 또한 둘째 지수 $r_2=-\nu$에 대해서 같은 방법으로

$$J_{-\nu}(x)=\sum_{n=0}^{\infty}\frac{(-1)^n}{n!\Gamma(1+\nu+n)}\left(\frac{x}{2}\right)^{2n-\nu} \tag{8}$$

을 얻는다. 함수 J_ν와 $J_{-\nu}$을 각각 차수 ν와 $-\nu$인 **제1종의 베셀 함수**라고 한다. ν의 값에 따라서 (8)은 x의 음의 멱승을 포함할 수도 있다. 따라서 $(0, \infty)$에서 수렴한다.

(1)의 일반해를 표기하는 경우에는 약간의 주의를 해야 한다. $\nu=0$일 때 (7)과 (8)은 명백하게 같다. 만일 $\nu>0$이고 $r_1-r_2=\nu-(-\nu)=2\nu$가 양의 정수가 아니면 6.3절의 경우 I에 의하여 $J_\nu(x)$와 $J_{-\nu}(x)$는 $(0, \infty)$에서 (1)의 일차독립인 해이고 따라서 이 구간에서 일반해는 $y=c_1J_\nu(x)+c_2J_{-\nu}(x)$로 될 것이다. 그러나 또한 6.3절의 경우 II로부터 $r_1-r_2=2\nu$가 양의 정수일 때 (1)의 둘째 급수해는 존재할 수 있음을 안다. 이 둘째 경우에 있어서 두가지 가능성을 구별한다. $\nu=m$=양의 정수일 때 (8)에 의해 정의된 $J_{-m}(x)$는 $J_m(x)$의 상수배임을 밝힐 수 있다(이 절의 성질 (i)참조). 더구나 $r_1-r_2=2\nu$는 ν가 양의 홀수정수의 반일 때 양의 정수일 수 있다. 이 후자의 경우에 있어서 $J_\nu(x)$와 $J_{-\nu}(x)$는 일차독립임을 밝힐 수 있다. 다시 말하자면 $(0, \infty)$에서 (1)의 일반해는

$$y=c_1J_\nu(x)+c_2J_{-\nu}(x),\ \ v\neq \text{정수} \tag{9}$$

이다.

$y=J_0(x)$와 $y=J_1(x)$의 그래프는 그림 6.4.1에 주어졌다.

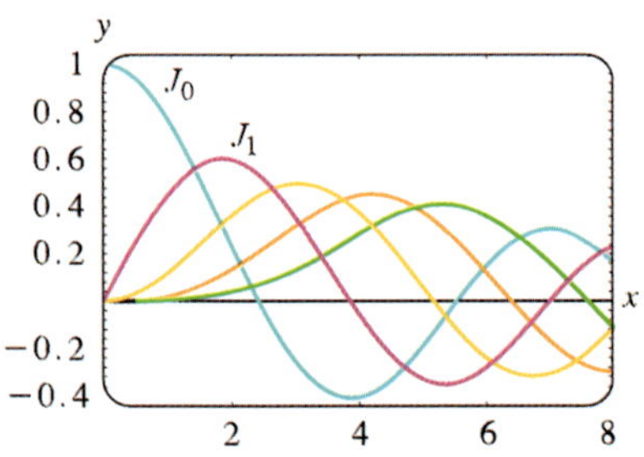

그림 6.4.1 $n=0, 1, 2, 3, 4$에 대한 제1종의 베셀 함수

예제 1 차수 1/2인 베셀 방정식

$\nu^2=\frac{1}{4}\left(\nu=\frac{1}{2}\right)$에 의해 $(0, \infty)$상에서 방정식 $x^2y''+xy'+\left(x^2-\frac{1}{4}\right)y=0$의 일반해는 $y=c_1J_{1/2}(x)+c_2J_{-1/2}(x)$이다. ■

제 2 종의 베셀 함수 $v\neq$ 정수이면 아니면 일차결합으로 정의된 함수

$$Y_\nu(x) = \frac{\cos\nu\pi J_\nu(x) - J_{-\nu}(x)}{\sin\nu\pi} \tag{10}$$

와 함수 $J_\nu(x)$는 (1)의 일차독립인 해이다. 그러므로 (1)의 일반해의 다른 형식은 ν가 정수가 아니면 $y = c_1 J_\nu(x) + c_2 Y_\nu(x)$이다. $\nu \to m$(m은 정수)일 때 (10)은 부정형 0/0이 된다. 그러나 로피탈 법칙에 의해 $\lim_{\nu\to\infty} Y_\nu(x)$는 존재함을 밝힐 수 있다. 더구나 함수

$$Y_m(x) = \lim_{\nu\to m} Y_\nu(x)$$

와 $J_m(x)$는 $x^2y'' + xy' + (x^2 - m^2)y = 0$의 일차독립인 해이다. 그러므로 ν의 임의의 값에 대해서 $(0, \infty)$상에서 (1)의 일반해는

$$y = c_1 J_\nu(x) + c_2 Y_\nu(x) \tag{11}$$

로 쓸 수 있다.

$Y_\nu(x)$를 차수 ν인 **제2종의 베셀 함수**라고 한다. 그림 6.4.2에 $Y_0(x)$와 $Y_1(x)$의 그래프를 표시하였다.

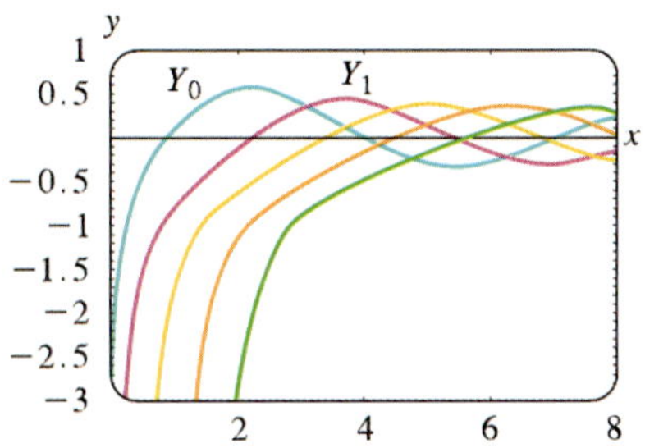

그림 6.4.2 $n = 0,\ 1,\ 2,\ 3,\ 4$에 대한 제2종의 베셀 함수

예제 2 차수 3인 베셀 함수

$\nu^2 = 9(\nu = 3)$에 의해 $(0, \infty)$상에서 방정식 $x^2y'' + xy' + (x^2 - 9)y = 0$의 일반해는 $y = c_1 J_3(x) + c_2 Y_3(x)$이다. ■

베셀 함수의 항으로 풀 수 있는 미분방정식 때때로 변수변환에 의해 미분방정식을 (1)의 형태로 바꾸는 것이 가능하다. 그러면 원래의 미분방정식의 해를 베셀 함수로 표현할 수 있다. 예를 들면

$$x^2y'' + xy' + (\alpha^2x^2 - \nu^2)y = 0 \tag{12}$$

에서 $t = \alpha x,\ \alpha > 0$라고 하면 연쇄법칙에 의해

$$\frac{dy}{dx} = \frac{dy}{dt}\frac{dt}{dx} = \alpha\frac{dy}{dt}, \quad \frac{d^2y}{dx^2} = \frac{d}{dt}\left(\frac{dy}{dx}\right)\frac{dt}{dx} = \alpha^2\frac{d^2y}{dt^2}$$

이다. 따라서 (12)는

$$\left(\frac{t}{\alpha}\right)^2\alpha^2\frac{d^2y}{dt^2} + \left(\frac{t}{\alpha}\right)\alpha\frac{dy}{dt} + (t^2 - \nu^2)y = 0 \quad \text{또는} \quad t^2\frac{d^2y}{dt^2} + t\frac{dy}{dt} + (t^2 - \nu^2)y = 0$$

이 된다. 마지막 방정식은 차수 ν인 베셀 방정식이고 해는

$$y = c_1 J_\nu(t) + c_2 Y_\nu(t)$$

이다. $t = \alpha x$로 놓으면 (12)의 일반해는

$$y = c_1 J_\nu(\alpha x) + c_2 Y_\nu(\alpha x) \tag{13}$$

이다.

방정식 (12)를 **차수 ν인 매개변수 베셀 방정식**이라고 하고 일반해 (13)은 원주 좌표계로 표현되는 편미분방정식을 포함하는 경곗값 문제의 연구에서 매우 중요하다.

수정된 베셀함수 (1)과 유사한 또다른 방정식은 **차수 ν인 매개변수 베셀 방정식**

$$x^2 y'' + xy' - (x^2 + \nu^2) y = 0 \tag{14}$$

이다.

이 미분방정식은 (12)에서 설명된 방법으로 풀 수 있다. $t = ix$, $i^2 = -1$라고 하면 (14)는

$$t^2 \frac{d^2 y}{dt^2} + t \frac{dy}{dt} + (t^2 - \nu^2) y = 0$$

이 된다. 이 방정식의 해는 $J_\nu(t)$와 $Y_\nu(t)$이므로 (14)의 복소수해는 $J_\nu(ix)$와 $Y_\nu(ix)$이다. 차수 ν인 **제 1 종의 수정된 베셀함수**라 불리는 실수 해는 $J_\nu(ix)$에 의해 정의된다 ;

$$I_\nu(x) = i^{-\nu} J_\nu(ix) \tag{15}$$

(6.4절의 연습문제 21).

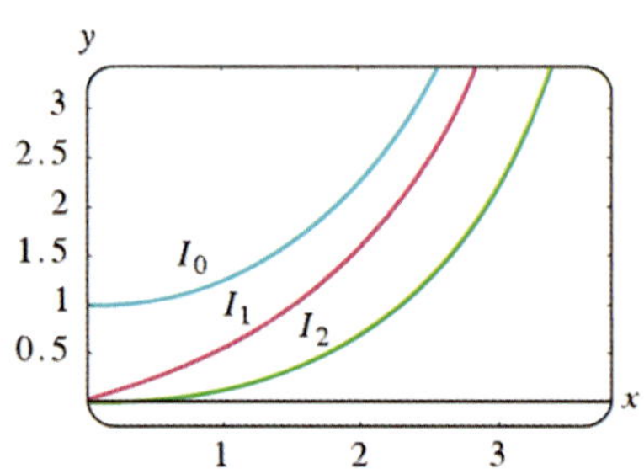

그림 6.4.3 $n = 0, 1, 2$에 대한 제1종의 수정된 베셀함수

(10)과 유사하게 정수가 아닌 위수 ν인 **제 2 종의 수정된 베셀함수**는

$$K_\nu(x) = \frac{\pi}{2} \frac{I_{-\nu}(x) - I_\nu(x)}{\sin \nu\pi} \tag{16}$$

이고 정수 $\nu = n$에 대해

$$K_n(x) = \lim_{\nu \to n} K_\nu(x)$$

이다.

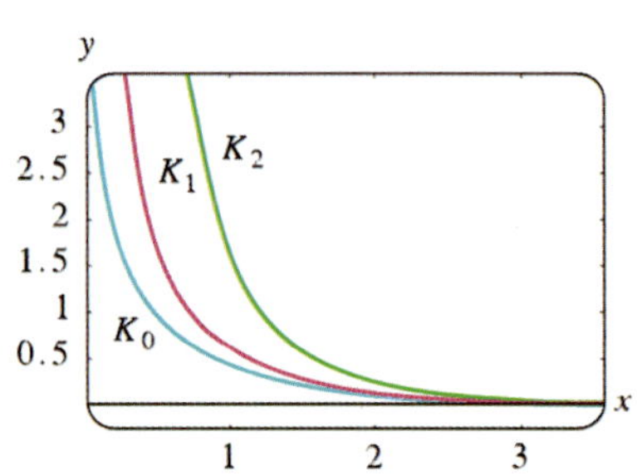

그림 6.4.4 $n = 0, 1, 2$에 대한 제2종의 수정된 베셀함수

I_ν와 K_ν는 ν의 임의의 값에 대해 구간 $(0, \infty)$상에서 일차독립이므로 (14)의 일반해는

$$y = c_1 I_\nu(x) + c_2 K_\nu(x) \tag{17}$$

이다.

$y = I_0(x)$, $y = I_1(x)$, $y = I_2(x)$의 그래프는 그림 6.4.3에 있고 $y = K_0(x)$, $y = K_1(x)$, $y = K_2(x)$의 그래프는 그림 6.4.4에 있다.

제 1종과 2종의 베셀함수와는 달리 제1종과 2종의 수정된 베셀함수는 진동하지 않는다. 그림 6.4.3과 6.4.4는 수정된 베셀함수 $I_n(x)$와 $K_n(x)$, $n = 0, 1, 2, \cdots$는

구간 $(0,\infty)$에서 실근을 갖지 않는다는 사실을 알려준다. 또한 제2종의 베셀함수 $Y_n(x)$와 같이 2종의 수정된 베셀함수 $K_n(x)$도 $x\to0^+$일 때 유계가 아니다.

(14)를 변수변환하면 차수 ν의 수정된 베셀함수의 매개변수형태를 얻는다;

$$x^2y''+xy'-(\alpha^2x^2+\nu^2)y=0.$$

구간 $(0,\infty)$에서 위 방정식의 일반해는

$$y=c_1I_\nu(\alpha x)+c_2K_\nu(\alpha x)$$

이다.

많은 미분방정식이 적당한 매개변수의 선택에 의해 그 형태를 바꾸기 때문에

$$y''+\frac{1-2a}{x}y'+\left(b^2c^2x^{2c-2}+\frac{a^2-p^2c^2}{x^2}\right)y=0,\quad p\geq0 \tag{18}$$

은 중요하다. 자세히 설명은 힘들지라도 (18)의 일반해

$$y=x^a\left[c_1J_p(bx^c)+c_2Y_p(bx^c)\right] \tag{19}$$

는 독립변수와 종속변수의 변환 $z=bx^c$, $y(x)=\left(\frac{z}{b}\right)^{a/c}$에 의해 구해질 수 있다. p가 정수가 아니라면 (19)에서 Y_p는 J_{-p}로 바꿀 수 있다.

예제 3 (18)의 적용

$(0,\ \infty)$상에서 $xy''+3y'+9y=0$의 일반해를 구하여라.

풀이 주어진 미분방정식을

$$y''+\frac{3}{x}y'+\frac{9}{x}y=0$$

로 다시 표현하면 (18)과 대응하여 다음과 같은 식을 얻는다.

$$1-2a=3,\ b^2c^2=9,\ 2c-2=-1,\ a^2-p^2c^2=0$$

첫째와 셋째 방정식에서 $a=-1$이고 $c=1/2$이다. 이 값을 둘째와 넷째 식에 대입하면 $b=6$, $p=2$이다. (19)로부터 $(0,\ \infty)$상에서 주어진 미분방정식의 일반해는 $y=x^{-1}[c_1J_2(6x^{1/2})+c_2Y_2(6x^{1/2})]$이다. ■

예제 4 노화된 스프링

노화된 스프링에서 물질의 자유 비감쇠운동에 대한 수학적 모델은 $mx''+ke^{-\alpha t}x=0$, $\alpha>0$임은 5.1절에서 보았다. 이제 이 방정식의 일반해를 구해보자.

$s = \frac{2}{\alpha}\sqrt{\frac{k}{m}}\, e^{-\alpha t/2}$로 변수변환을 하면 스프링에 대한 미분방정식은

$$s^2 \frac{d^2x}{ds^2} + s\frac{dx}{ds} + s^2 x = 0$$

로 되는데 이의 증명은 연습문제로 남긴다. 마지막 방정식은 (1)에서 $\nu = 0$로 놓고 x와 s는 각각 y와 x의 역할을 한다. 새로운 방정식의 일반해는 $x = c_1 J_0(s) + c_2 Y_0(s)$이다. 변수변환한 식을 다시 대입하면 $mx'' + ke^{-\alpha t}x = 0$의 일반해는

$$x(t) = c_1 J_0\left(\frac{2}{\alpha}\sqrt{\frac{k}{m}}\, e^{-\alpha/2}\right) + c_2 Y_0\left(\frac{2}{\alpha}\sqrt{\frac{k}{m}}\, e^{-\alpha t/2}\right)$$

이다(6.4절의 연습문제 33, 39). ■

5.1절에서 이야기되었던 시간에 따라서 변하는 스프링의 다른 모델은 $mx'' + ktx = 0$이다. m으로 나누면 $x'' + \frac{k}{m}tx = 0$는 에어리의 방정식 $y'' + \alpha^2 xy = 0$이다(6.2절 예제 5). 에어리의 미분방정정식의 일반해는 베셀 함수로 표현할 수 있다(6.4절 연습문제 34, 35, 40).

성질들 차수 $m(m = 0, 1, 2, 3, \cdots)$인 베셀 함수의 더 많은 유용한 몇가지 성질을 아래에 적었다.

(i) $J_{-m}(x) = (-1)^m J_m(x)$, (ii) $J_m(-x) = (-1)^m J_m(x)$

(iii) $J_m(0) = \begin{cases} 0, & m > 0 \\ 1, & m = 0 \end{cases}$, (iv) $\lim_{x \to 0^+} Y_m(x) = -\infty$

성질 (ii)에서 $J_m(x)$는 m이 짝수의 정수일 때 우함수, m이 홀수의 정수일 때 기함수임을 나타낸다. 그림 6.4.2에서의 $Y_0(x)$와 $Y_1(x)$의 그래프는 성질 (iv) 즉, $Y_m(x)$는 원점에서 유계가 아니라는 사실을 설명해준다. 차수 0의 베셀 방정식의 해는 6.3절의 (21)에서의 해 $y_1(x)$와 (22)에서의 $y_2(x)$를 사용함으로써 얻을 수 있다. 6.3절의 (21)은 $y_1(x) = J_0(x)$이다. 반면에 (22)는

$$y_2(x) = J_0(x)\ln x - \sum_{k=1}^{\infty} \frac{(-1)^k}{(k!)^2}\left(1 + \frac{1}{2} + \cdots + \frac{1}{k}\right)\left(\frac{x}{2}\right)^{2k}$$

이다. 차수 0의 제2종의 베셀 함수 $Y_0(x)$는 일차결합
$Y_0(x) = \frac{2}{\pi}(\gamma - \ln 2)y_1(x) + \frac{2}{\pi}y_2(x)\ (x > 0)$으로 정의된다. 즉

$$Y_0(x) = \frac{2}{\pi}J_0(x)\left[\gamma + \ln\frac{x}{2}\right] - \frac{2}{\pi}\sum_{k=1}^{\infty}\frac{(-1)^k}{(k!)^2}\left(1 + \frac{1}{2} + \cdots + \frac{1}{k}\right)\left(\frac{x}{2}\right)^{2k}$$

이다. 여기서 $\gamma = 0.57721566\cdots$는 **오일러 상수**이다. 로그함수가 나타나 있으므

로 $Y_0(x)$는 $x=0$에서 불연속이다.

수치적인 값 $J_0(x)$, $J_1(x)$, $Y_0(x)$, $Y_1(x)$의 처음 5개의 음 아닌 근은 표 6.4.1에 주어졌다. 이들의 추가적인 함수값들은 표 6.4.2에 주어졌다.

표 6.4.1 $J_0(x)$, $J_1(x)$, $Y_0(x)$, $Y_1(x)$의 근

$J_0(x)$	$J_1(x)$	$Y_0(x)$	$Y_1(x)$
2.4048	0.0000	0.8936	2.1971
5.5201	3.8317	3.9577	5.4297
8.6537	7.0156	7.0861	8.5960
11.7915	10.1735	10.2223	11.7492
14.9309	13.3237	13.3611	14.8974

표 6.4.2 $J_0(x)$, $J_1(x)$, $Y_0(x)$, $Y_1(x)$의 수치적인 값

x	$J_0(x)$	$J_1(x)$	$Y_0(x)$	$Y_1(x)$
0	1.0000	0.0000	−	−
1	0.7652	0.4401	0.0883	−0.7812
2	0.2239	0.5767	0.5104	−0.1070
3	−0.2601	0.3391	0.3769	0.3247
4	−0.3971	−0.0660	−0.0169	0.3979
5	−0.1776	−0.3276	−0.3085	0.1479
6	0.1506	−0.2767	−0.2882	−0.1750
7	0.3001	−0.0047	−0.0259	−0.3027
8	0.1717	0.2346	0.2235	−0.1581
9	−0.0903	0.2453	0.2499	0.1043
10	−0.2459	0.0435	0.0557	0.2490
11	−0.1712	−0.1768	−0.1688	0.1637
12	0.0477	−0.2234	−0.2252	−0.0571
13	0.2069	−0.0703	−0.0782	−0.2101
14	0.1711	0.1334	0.1272	−0.1666
15	−0.0142	0.2051	0.2055	0.0211

미분 점화관계식 서로 다른 차수의 베셀 함수에 관계되는 점화식은 응용면에서 중요하다. 다음 예제는 **미분 점화관계식**을 보여준다.

예제 5 급수 정의를 사용한 유도

공식 $xJ_\nu'(x)=\nu J_\nu(x)-xJ_{\nu+1}(x)$을 유도하여라.

풀이 (7)에 의해

$$\begin{aligned} xJ_\nu'(x) &= \sum_{n=0}^{\infty}\frac{(-1)^n(2n+\nu)}{n!\Gamma(1+\nu+n)}\left(\frac{x}{2}\right)^{2n+\nu} \\ &= \nu\sum_{n=0}^{\infty}\frac{(-1)^n}{n!\Gamma(1+\nu+n)}\left(\frac{x}{2}\right)^{2n+\nu}+2\sum_{n=0}^{\infty}\frac{(-1)^n}{n!\Gamma(1+\nu+n)}\left(\frac{x}{2}\right)^{2n+\nu} \\ &= \nu J_\nu(x)+x\underbrace{\sum_{n=1}^{\infty}\frac{(-1)^n}{(n-1)!\Gamma(1+\nu+n)}\left(\frac{x}{2}\right)^{2n+\nu-1}}_{k=n-1} \end{aligned}$$

$$= \nu J_v(x) - x \sum_{k=0}^{\infty} \frac{(-1)^k}{k!\Gamma(2+\nu+k)} \left(\frac{x}{2}\right)^{2k+\nu+1} = \nu J_\nu(x) - x J_{\nu+1}(x)$$

이다. ■

예제 5에서의 결과는 다른 형태로 표현할 수 있다. $xJ_\nu'(x) - \nu J_\nu(x) = -xJ_{\nu+1}(x)$를 x로 나누면

$$J_\nu'(x) - \frac{\nu}{x} J_\nu(x) = -J_{\nu+1}(x)$$

이다. 위 표현은 $J_\nu(x)$에 관한 1계 선형 미분방정식이다. 등호의 양쪽에 적분인자 $x^{-\nu}$를 곱하면

$$\frac{d}{dx}[x^{-\nu} J_\nu(x)] = -x^{-\nu} J_{\nu+1}(x) \tag{20}$$

이다.

유사한 방법으로

$$\frac{d}{dx}[x^{\nu} J_\nu(x)] = x^{\nu} J_{\nu-1}(x) \tag{21}$$

을 얻는다(6.4절 연습문제 27).

미분 점화관계식 (20)과 (21)은 제2종의 베셀 함수 $Y_\nu(x)$에 대해서도 성립한다. $\nu = 0$이면 (20)으로부터

$$J_0'(x) = -J_1(x), \qquad Y_0'(x) = -Y_1(x)$$

이다. 이들 결과의 응용은 6.4절 연습문제 39에서 볼 수 있다.

정수의 반 차수의 베셀함수 차수 ν가 홀수의 절반 즉, $\pm\frac{1}{2}$, $\pm\frac{3}{2}$, $\pm\frac{5}{2}$, $\cdots$이면 제1종과 2종의 베셀함수는 $\sin x$, $\cos x$, x의 멱승 등과 같은 기본함수로 표현할 수 있다.

$\nu = \frac{1}{2}$에 대하여 살펴보자. (7)에 의해

$$J_{1/2}(x) = \sum_{n=0}^{\infty} \frac{(-1)^n}{n!\Gamma\left(1+\frac{1}{2}+n\right)} \left(\frac{x}{2}\right)^{2n+1/2}$$

이다. $\Gamma(1+\alpha) = \alpha\Gamma(\alpha)$이고, $\Gamma\left(\frac{1}{2}\right) = \sqrt{\pi}$이므로 $n=0$, $n=1$, $n=2$ 그리고 $n=3$에 대해 $\Gamma\left(1+\frac{1}{2}+n\right)$은 각각

$$\Gamma\left(\frac{3}{2}\right) = \Gamma\left(1+\frac{1}{2}\right) = \frac{1}{2}\Gamma\left(\frac{1}{2}\right) = \frac{1}{2}\sqrt{\pi}$$

$$\Gamma\left(\frac{5}{2}\right)=\Gamma\left(1+\frac{3}{2}\right)=\frac{3}{2}\Gamma\left(\frac{3}{2}\right)=\frac{3}{2^2}\sqrt{\pi}$$

$$\Gamma\left(\frac{7}{2}\right)=\Gamma\left(1+\frac{5}{2}\right)=\frac{5}{2}\Gamma\left(\frac{5}{2}\right)=\frac{5\cdot 3}{2^3}\sqrt{\pi}=\frac{5\cdot 4\cdot 3\cdot 2\cdot 1}{2^3 4\cdot 2}\sqrt{\pi}=\frac{5!}{2^5 2!}\sqrt{\pi}$$

$$\Gamma\left(\frac{9}{2}\right)=\Gamma\left(1+\frac{7}{2}\right)=\frac{7}{2}\Gamma\left(\frac{7}{2}\right)=\frac{7\cdot 5}{2^6\cdot 2!}\sqrt{\pi}=\frac{7\cdot 6\cdot 5!}{2^6\cdot 6\cdot 2!}\sqrt{\pi}=\frac{7!}{2^7 3!}\sqrt{\pi}.$$

로 된다. 일반적으로

$$\Gamma\left(1+\frac{1}{2}+n\right)=\frac{(2n+1)!}{2^{2n+1}n!}\sqrt{\pi}$$

이다. 그러므로

$$J_{1/2}(x)=\sum_{n=0}^{\infty}\frac{(-1)^n}{n!\dfrac{(2n+1)!}{2^{2n+1}n!}\sqrt{\pi}}\left(\frac{x}{2}\right)^{2n+1/2}=\sqrt{\frac{2}{\pi x}}\sum_{n=1}^{\infty}\frac{(-1)^n}{(2n+1)!}x^{2n+1}$$

이다. 마지막 줄의 무한급수는 $\sin x$에 대한 매클로린 급수이고 따라서

$$J_{1/2}(x)=\sqrt{\frac{2}{\pi x}}\sin x \tag{23}$$

이다.

$$J_{-1/2}(x)=\sqrt{\frac{2}{\pi x}}\cos x \tag{24}$$

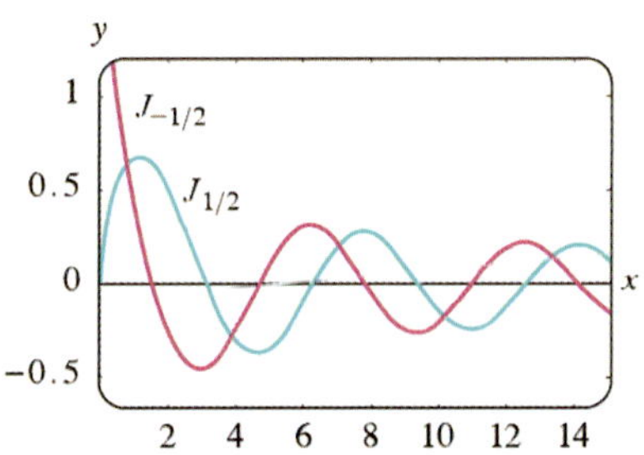

그림 6.4.5 차수 1/2(푸른색)과 차수 −1/2(붉은색)의 베셀함수

임을 보이는 것은 연습문제로 남긴다

그림 6.4.5와 6.4절 연습문제 31, 32, 38을 보아라.

n이 정수이면 $\cos(n+\frac{1}{2})\pi=0$이고 $\sin(n+\frac{1}{2})\pi=\cos n\pi=(-1)^n$이므로 (10)으로부터 $Y_{n+1/2}(x)=(-1)^{n+1}J_{-(n+1/2)}(x)$이다. $n=0$와 $n=-1$에 대해 $Y_{1/2}(x)=-J_{-1/2}(x)$이고 $Y_{-1/2}(x)=J_{1/2}(x)$이다. (23)과 (24)에 의해 이 결과는

$$Y_{1/2}(x)=-\sqrt{\frac{2}{\pi x}}\cos x \tag{25}$$

$$Y_{-1/2}(x)=\sqrt{\frac{2}{\pi x}}\sin x \tag{26}$$

와 같다.

구면 베셀함수 정수의 반 차수의 베셀함수는 2개의 중요한 함수

$$j_n(x)=\sqrt{\frac{\pi}{2x}}J_{n+1/2}(x)\text{와 } y_n(x)=\sqrt{\frac{\pi}{2x}}Y_{n+1/2}(x) \tag{27}$$

를 정의하는 데 사용하였다.

함수 $j_n(x)$를 **제1종의 구면 베셀함수**, $y_n(x)$를 **제2종의 구면 베셀함수**라고 부

른다. 예를 들어

$$j_0(x) = \sqrt{\frac{\pi}{2x}} J_{1/2}(x) = \sqrt{\frac{\pi}{2x}} \sqrt{\frac{2}{\pi x}} \sin x = \frac{\sin x}{x}$$

$$y_0(x) = \sqrt{\frac{\pi}{2x}} Y_{1/2}(x) = -\sqrt{\frac{\pi}{2x}} \sqrt{\frac{2}{\pi x}} \cos x = -\frac{\cos x}{x}$$

이다.

(27)과 $n \geq 0$에 대한 그림 6.4.2에 의해 제2종의 구면 베셀함수 $y_n(x)$는 $x \to 0^+$일 때 유계가 아니다.

구면 베셀함수는 구면좌표계에서 나타나는 구면 편미분방정식의 해를 구할 때 이용된다. (6.4절 연습문제 54번과 13.3절 연습문제 13번)

르장드르 방정식의 해 $x = 0$는 르장드르(Legendre) 방정식 (2)의 보통점이므로 $y = \sum_{k=0} c_k x^k$를 해로 가정할 수 있다. 따라서

$$(1-x^2)y'' - 2xy' + n(n+1)y = [n(n+1)c_0 + 2c_2] + [(n-1)(n+2)c_1 + 6c_3]x + \sum_{j=2}^{\infty} [(j+2)(j+1)c_{j+2} + (n-j)(n+j+1)c_j]x^j = 0$$

이고

$$n(n+1)c_0 + 2c_2 = 0$$
$$(n-1)(n+2)c_1 + 6c_3 = 0$$
$$(j+2)(j+1)c_{j+2} + (n-j)(n+j+1)c_j = 0$$

이 성립하므로

$$c_2 = -\frac{n(n+1)}{2!} c_0$$
$$c_3 = -\frac{(n-1)(n+2)}{3!} c_1$$
$$c_{j+2} = -\frac{(n-j)(n+j+1)}{(j+2)(j+1)} c_j, \quad j = 2,\ 3,\ 4,\ \cdots \tag{28}$$

이다.

점화관계식 (28)에서 j에 2, 3, 4, $\cdots$을 대입하면

$$c_4 = -\frac{(n-2)(n+3)}{4 \cdot 3} c_2 = \frac{(n-2)n(n+1)(n+3)}{4!} c_0$$
$$c_5 = -\frac{(n-3)(n+4)}{5 \cdot 4} c_3 = \frac{(n-3)(n-1)(n+2)(n+4)}{5!} c_1$$
$$c_6 = -\frac{(n-4)(n+5)}{6 \cdot 5} c_4 = -\frac{(n-4)(n-2)n(n+1)(n+3)(n+5)}{6!} c_0$$

$$c_7 = -\frac{(n-5)(n+6)}{7 \cdot 6} c_5 = -\frac{(n-5)(n-3)(n-1)(n+2)(n+4)(n+6)}{7!} c_1$$

등이다. 따라서 $|x| < 1$에 대하여 두 개의 일차독립 멱급수 해

$$\begin{aligned} y_1(x) = c_0 \Big[1 - \frac{n(n+1)}{2!} x^2 + \frac{(n-2)n(n+1)(n+3)}{4!} x^4 \\ - \frac{(n-4)(n-2)n(n+1)(n+3)(n+5)}{6!} x^6 + \cdots \Big], \end{aligned} \tag{29}$$

$$\begin{aligned} y_2(x) = c_1 \Big[x - \frac{(n-1)(n+2)}{3!} x^3 + \frac{(n-3)(n-1)(n+2)(n+4)}{5!} x^5 \\ - \frac{(n-5)(n-3)n(n-1)(n+2)(n+4)(n+6)}{7!} x^7 + \cdots \Big] \end{aligned}$$

을 얻는다.

만일 n이 짝수의 정수이면 첫째 급수는 유한항으로 끝나고 $y_2(x)$는 무한급수가 됨을 알 수 있다. 예를 들어 $n=4$이면

$$y_1(x) = c_0 \left[1 - \frac{4 \cdot 5}{2!} x^2 + \frac{2 \cdot 4 \cdot 5 \cdot 7}{4!} x^4 \right] = c_0 \left[1 - 10x^2 + \frac{35}{3} x^4 \right]$$

이다. 같은 방법으로 n이 홀수의 정수이면 $y_2(x)$에 대한 급수는 x^n을 갖는 항으로 끝난다. 즉, n이 음이 아닌 정수이면 르장드르 방정식의 n차 방정식해를 얻는다.

르장드르 방정식의 해의 상수배는 또한 해가 되므로 n이 양의 짝수 또는 홀수의 정수이냐에 따라서 c_0와 c_1에 대한 특수값을 선정하는 것이 관례이다. $n=0$에 대해 $c_0 = 1$, $n = 2, 4, 6, \cdots$에 대해

$$c_0 = (-1)^{n/2} \frac{1 \cdot 3 \cdots (n-1)}{2 \cdot 4 \cdots n}$$

을 택하고, $n=1$에 대해 $c_1 = 1$, $n = 3, 5, 7, \cdots$에 대해

$$c_1 = (-1)^{(n-1)/2} \frac{1 \cdot 3 \cdots n}{2 \cdot 4 \cdots (n-1)}$$

을 택한다.

예를 들어 $n=4$이면

$$y_1(x) = (-1)^{4/2} \frac{1 \cdot 3}{2 \cdot 4} \left[1 - 10x^2 + \frac{35}{3} x^4 \right] = \frac{1}{8} (35x^4 - 30x^2 + 3)$$

이다.

르장드르 다항식 이들 특수 n차 다항식 해를 **르장드르 다항식**이라 하고 $P_n(x)$로 표시한다. $y_1(x)$와 $y_2(x)$에 대한 급수와 c_0와 c_1의 위 선택으로부터 다음 여러 가지 르장드르 다항식을 구한다.

$$P_0(x) = 1, \qquad P_1(x) = x,$$
$$P_2(x) = \frac{1}{2}(3x^2 - 1), \qquad P_3(x) = \frac{1}{2}(5x^3 - 3x), \tag{30}$$
$$P_4(x) = \frac{1}{8}(35x^4 - 30x^2 + 3), \quad P_5(x) = \frac{1}{8}(63x^5 - 70x^3 + 15x).$$

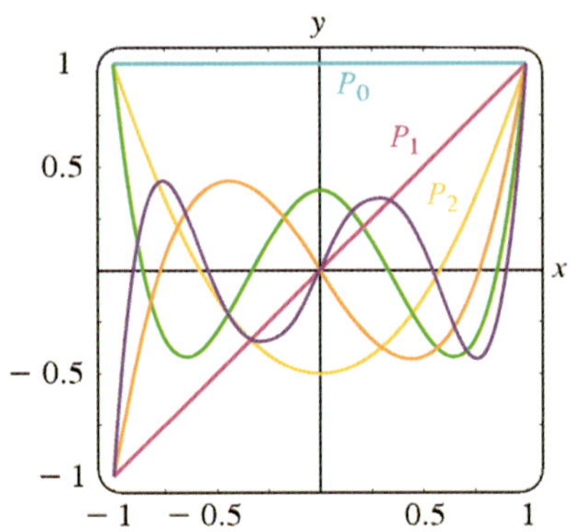

그림 6.4.6 $n = 0,\ 1,\ 2,\ 3,\ 4,\ 5,\ 6$에 대한 르장드르 다항식

$P_0(x),\ P_1(x),\ P_2(x),\ P_3(x),\ \cdots$는 차례로 미분방정식

$$\begin{aligned} n=0:&\ \ (1-x^2)y'' - 2xy' = 0, \\ n=1:&\ \ (1-x^2)y'' - 2xy' + 2y = 0, \\ n=2:&\ \ (1-x^2)y'' - 2xy' + 6y = 0, \\ n=3:&\ \ (1-x^2)y'' - 2xy' + 12y = 0, \\ &\ \ \vdots \end{aligned} \tag{31}$$

의 특수해이다.

구간 $-1 \le x \le 1$상에서 (30)의 르장드르 다항식의 그래프는 그림 6.4.6에 주어졌다.

성질 르장드르 다항식에 관한 다음 성질은 (30)에서 르장드르 다항식을 이용하여 증명할 수 있다.

(i) $P_n(x) = (-1)^n P_n(x)$ (ii) $P_n(1) = 1$

(iii) $P_n(-1) = (-1)^n$ (iv) $P_n(0) = 0,\ n$: 홀수

(v) $P_n{}'(0) = 0,\ n$: 짝수

성질 (i)은 n이 짝수 또는 홀수이냐에 따라서 $P_n(x)$이 우 또는 기함수임을 나타낸다.

점화관계 서로 다른 차수의 르장드르 다항식에 관련된 점화관계식은 응용면에서 중요하다.

우리는 증명없이 $k = 1,\ 2,\ 3,\ \cdots$에 대해 성립하는 다음의 3항 점화관계식을 진술한다.

$$(k+1)P_{k+1}(x) - (2k+1)xP_k(x) + kP_{k-1}(x) = 0 \tag{32}$$

만일 $P_6(x)$를 구하고자 한다면 (32)에서 $k = 5$를 대입한다. 이 경우 알고 있는 $P_4(x)$와 $P_5(x)$에 의해 $P_6(x)$를 구할 수 있다(6.4절 연습문제 45).

비록 점화식은 아닐지라도 다음 공식은 미분에 의해 르장드르 다항식을 만들 수 있다. 다음 공식을 이들 다항식에 관한 **로드리게스(Rodrigues) 공식**이라고 한다(6.4절 연습문제 48).

$$P_n(x) = \frac{1}{2^n n!} \frac{d^n}{dx^n}(x^2-1)^n, \quad n=0, 1, 2, \cdots \tag{33}$$

주의

르장드르 방정식 $(1-x^2)y'' - 2xy' + n(n+1)y = 0$에서의 모수 n은 음이 아닌 정수일지라도 성립하며, 더 일반적으로는 n은 임의의 실수이다. 르장드르 방정식의 임의의 해를 **르장드르 함수**라고 부른다. n이 음 아닌 정수가 아니라면 (29)에서 주어진 르장드르 함수 $y_1(x)$와 $y_2(x)$는 개구간 $-1 < x < 1$에 수렴하고 $x = \pm 1$에서 발산(유계가 아니다)하는 무한급수이다. n이 음이 아닌 정수이면 우리가 이미 보았던 것처럼 (29)의 르장드르 함수 중 하나는 다항식이고 다른 하나는 $-1 < x < 1$에서 수렴하는 무한급수이다. 르장드르 방정식은 $n = 0, 1, 2, \cdots$일 때 폐구간 $[-1, 1]$에서 유계인 해를 갖는다. 더욱이 폐구간 $[-1, 1]$에서 유계인 유일한 르장드르 함수는 르장드르 다항식 $P_n(x)$이거나 이 다항식의 상수배인 것이다 (6.4절 연습문제 47, 6장의 복습문제 24).

연습문제 6.4

베셀 방정식

(1-6) (1)을 사용하여 $(0, \infty)$상에서 주어진 미분방정식의 일반해를 구하여라.

1 $x^2y'' + xy' + \left(x^2 - \frac{1}{9}\right)y = 0$

2 $\frac{d}{dx}[xy'] + \left(x - \frac{4}{x}\right)y = 0$

3 $4x^2y'' + 4xy' + (4x^2 - 25)y = 0$

4 $x^2y'' + xy' + (x^2 - 1)y = 0$

5 $xy'' + y' + xy = 0$

6 $16x^2y'' + 16xy' + (16x^2 - 1)y = 0$

(7-10) (12)를 사용하여 $(0, \infty)$상에서 주어진 미분방정식의 일반해를 구하여라.

7 $x^2y'' + xy' + (9x^2 - 4)y = 0$

8 $x^2y'' + xy' + (2x^2 - 64)y = 0$

9 $x^2y'' + xy' + \left(25x^2 - \frac{4}{9}\right)y = 0$

10 $x^2y'' + xy' + \left(36x^2 - \frac{1}{4}\right)y = 0$

(11-12) 주어진 변수변환을 이용하여 $(0, \infty)$상에서 주어진 미분방정식의 일반해를 구하여라.

11 $x^2y'' + 2xy' + \alpha^2x^2y = 0$; $y = x^{-1/2}v(x)$

12 $x^2y'' + \left(\alpha^2x^2 - \nu^2 + \frac{1}{4}\right)y = 0$; $y = \sqrt{x}\,v(x)$

(13-20) (18)을 사용하여 $(0, \infty)$상에서 주어진 미분방정식의 일반해를 구하여라.

13 $xy'' + 2y' + 4y = 0$

14 $xy'' - 5y' + xy = 0$

15 $xy'' - y' + xy = 0$

16 $4x^2y'' + (16x^2+1)y = 0$

17 $x^2y'' + (x^2-2)y = 0$

18 $xy'' + 3y' + xy = 0$

19 $xy'' + 3y' + x^3y = 0$

20 $9x^2y'' + 9xy' + (x^6-36)y = 0$

21 (7)의 급수를 사용하여 $I_\nu(x) = i^{-\nu}J_\nu(ix)$가 실수함수임을 증명하여라.

22 (18)에서의 b가 순허수 즉, $b=\beta i,\ \beta>0,\ i^2=-1$라고 하자. 이 가정을 사용하여 주어진 미분방정식의 일반해를 수정된 베셀 함수 I_n과 K_n으로 표현하여라.

(a) $y'' - x^2y = 0$ (b) $xy'' + y' - 7x^3y = 0$

(23-28) 우선 (18)을 사용하여 주어진 미분방정식의 일반해를 베셀 함수로 표현하고, (23)과 (24)를 사용하여 일반해를 기본함수로 표현하여라.

23 $y'' + y = 0$

24 문제 27의 (a)에 따른 예제 5에서 얻어진 결과를 사용하여 다음 점화관계식을 유도하여라.

$$2\nu J_\nu(x) = xJ_{\nu+1}(x) + xJ_{\nu-1}(x)$$

25 $16x^2y'' + 32xy' + (x^4-12)y = 0$

26 $x^2y'' + 4xy' + (x^2+2)y = 0$

27 (a) 예제 5에서처럼

$$xJ_\nu{}'(x) = -\nu J_\nu(x) + xJ_{\nu-1}(x)$$

을 증명하여라. [힌트: $2n+\nu = 2(n+\nu)-\nu$을 이용하여라.]

(b) (a)의 결과를 사용하여 (21)을 유도하여라.

28 $4x^2y'' - 4xy' + (16x^2+3)y = 0$

(29-30) (20)과 (21)을 사용하여 다음 결과를 유도하여라.

29 $\displaystyle\int_0^x rJ_0(r)dr = xJ_1(x)$

30 $J_0{}'(x) = J_{-1}(x) = -J_1(x)$

31 333쪽에서 했던 것처럼 (24)에서 주어진 $J_{-1/2}(x)$의 기본형태를 유도하여라.

32 문제 28의 점화관계식을 사용하여 $J_{3/2}(x)$, $J_{-3/2}(x)$와 $J_{5/2}(x)$을 $\sin x$, $\cos x$와 x의 멱승으로 표현하여라.

33 변수변환 $s = \dfrac{2}{\alpha}\sqrt{\dfrac{k}{m}}e^{-\alpha t/2}$을 이용하여 노화 스프링의 미분방정식 $mx'' + ke^{-\alpha t}x = 0,\ \alpha > 0$은

$$s^2\frac{d^2s}{ds^2} + s\frac{dx}{ds} + s^2x = 0$$

가 됨을 보여라.

34 w가 차수 1/3인 베셀 방정식의 해 즉, $t^2w'' + tw' + \left(t^2 - \dfrac{1}{9}\right)w = 0,\ t>0$일 때 $y = x^{1/2}w\left(\dfrac{2}{3}\alpha x^{3/2}\right)$는 에어리의 미분방정식 $y'' + \alpha^2xy = 0,\ x>0$의 해가 됨을 보여라. [힌트: 미분하고 대입하여 간단히 한 후, $t = \dfrac{2}{3}\alpha x^{3/2}$로 놓는다]

35 (a) 문제 34의 결과를 사용하여 $x>0$에 대한 에어리의 미분방정식의 일반해를 베셀 함수로 표현하여라.

(b) (18)을 사용하여 (a)의 결과를 증명하여라.

36 표 6.4.1을 사용하여 경곗값 문제

$$xy'' + y' + \lambda xy = 0.$$

$x\to0^+$일 때 $y(x)$, $y'(x)$는 유계, $y(2)=0$

의 처음 세 개의 양의 고유치와 고유벡터를 구하여라. [힌트: $\lambda=\alpha^2$에 의해 미분방정식은 차수 0인 매개변수화 된 베셀 방정식이 된다.]

37 (a) (18)을 사용하여 구간 $(0,\infty)$상에서 미분방정식 $xy'' + \lambda y = 0$의 일반해는

$$y = c_1\sqrt{x}\,J_1(2\sqrt{\lambda x}) + c_2\sqrt{x}\,Y_1(2\sqrt{\lambda x})$$

이 됨을 보여라.

(b) 대입법에 의해 $y = \sqrt{x}\,J_1(2\sqrt{x})$는 $\lambda=1$인 경우에 미분방정식의 특수해가 됨을 증명하여라.

컴퓨터 활용문제

38 컴퓨터를 활용하여 $J_{3/2}(x)$, $J_{-3/2}(x)$, $J_{5/2}(x)$, $J_{-5/2}(x)$의 그래프를 그려라.

39 (a) 예제 4에서 주어진 일반해를 사용하여 경곗값문제

$$4x'' + e^{-0.1t}x = 0, \quad x(0) = 1, \quad x'(0) = -\frac{1}{2}$$

를 풀어라. 또한 계수를 계산하기 위해 표 6.4.1 또는 컴퓨터와 함께 $J_0'(x) = -J_1(x)$, $Y_0'(x) = -Y_1(x)$을 사용하여라.

(b) 컴퓨터를 사용하여 구간 $0 \le t \le \infty$ 상에서 (a)에서 얻어진 해의 그래프를 그려라.

40 (a) 문제 35에서 얻어진 일반해를 사용하여 경곗값 문제

$$4x'' + tx = 0, \quad x(0.1) = 1, \quad x'(0.1) = -\frac{1}{2}$$

를 풀어라. 컴퓨터를 사용하여 계수를 계산하여라.

(b) 컴퓨터를 사용하여 구간 $0 \le t \le 200$ 상에서 (a)에서 얻어진 해의 그래프를 그려라.

41 **땅에 묻혀있는 기둥** 한쪽 끝이 땅에 묻혀서 수직으로 서있는 길이 L의 균등하고 얇은 기둥은 그 자신의 길이 또는 높이가 임계값을 초과할 때 그 자신의 힘의 영향 아래 수직으로부터 구부러질 것이다. 점 $P(x)$에서 수직으로부터 원기둥의 편향각 $\theta(x)$는 경곗값 문제

$$EI\frac{d^2\theta}{dx^2} + \delta g(L-x)\theta = 0, \quad \theta(0) = 0, \quad \theta'(L) = 0$$

의 해가 된다는 사실은 보여질 수 있다. 여기서 E는 영(Young)의 계수, I는 단명의 관성 모멘트, δ는 일정한 선형 밀도이고 x는 바닥에서부터 측정된 기둥의 거리이다(그림 6.4.7). 기둥은 경곗값 문제가 자명하지 않은 해를 갖도록 하는 L의 값에 대해서만 구부러질 것이다.

(a) 변수변환 $t = L - x$에 의해 경곗값 문제를 다시 진술하여라. 그리고 이 연습문제 등에서의 결과를 사용하여 미분방정식의 일반해를 베셀 함수로 표현하여라.

(b) (a)에서 구한 일반해를 사용하여 경곗값 문제의 해를 구하고 임계길이 L 즉, 기둥이 구부러지기 시작하는 L의 최솟값을 정의하는 방정식을 구하여라.

(c) 컴퓨터를 사용하여 반지름 $r = 0.05$인치, $\delta g = 0.28A\,\text{lb/in.}$, $E = 2.6\times10^7\,\text{lb/in.}^2$, $A = \pi r^2$, $l = \frac{1}{4}\pi r^4$인 견고한 강철 막대의 임계길이를 구하여라.

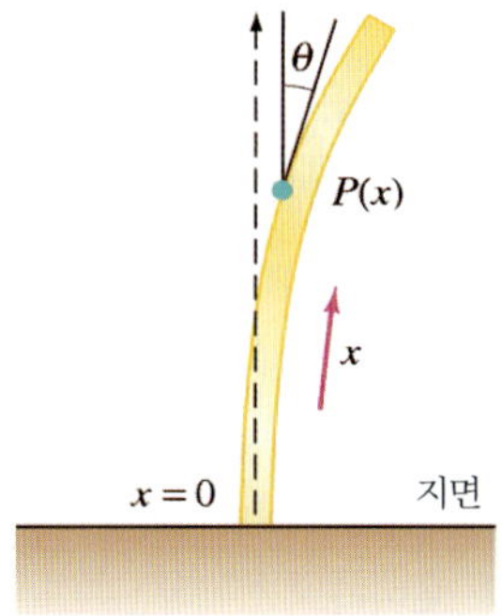

그림 6.4.7 문제 41에서의 기둥

42 **수직힘을 받는 기둥의 경첩** 일정한 수직 압축력 또는 부하 P가 균등한 단면의 얇은 기둥에 가해지고 양 끝에 경첩이 달려있다고 할 때 편향 $y(x)$는 경곗값 문제

$$EI\frac{d^2y}{dx^2} + Py = 0, \quad y(0) = 0, \quad y(L) = 0$$

의 해가 된다는 사실은 5.2절의 예제 4에서 보았다.

(a) 뻣뻣함 인자 EI가 x에 수직이면 $EI(x) = kx$이다. 여기서 k는 비례상수이다. 만일 $EI(L) = kL = M$이 최대 뻣뻣함 인자이면 $k = M/L$이고 그래서 $EI(x) = Mx/L$이다. 만일 $\sqrt{x}\,Y_1(2\sqrt{\lambda x})$가 $x = 0$에서 0이 아니라면 문제 37의 정보를 이용하여

$$M\frac{x}{L}\frac{d^2y}{dx^2} + Py = 0, \quad y(0) = 0, \quad y(L) = 0$$

의 해를 구하여라.

(b) 표 6.4.1을 사용하여 기둥에 대한 오일러 부하 P_1를 구하여라.

(c) 컴퓨터를 사용하여 오일러 부하 P_1에 대응하는 첫 번째 경첩이 달린 모드 $y_1(x)$의 그래프를 그려라. 단순하게 하기 위해 $c_1 = 1$, $L = 1$로 가정하여라.

43 **길이가 변하는 진자** 5.5절에서 이야기 되었던 단순한 진자에 대해서 한 끝에 질량 m의 물체가 매달린 막대는 구부리기 쉬운 철사 또는 끈으로 바꾸고 이것은 그림 5.3.3에서처럼 받침점 O에서 도르레로 연결되어 있다고 가정하자. 이러한 방법으로 수직평면에서 운동하는 동안 질량 m의 물질은 올라가거나 내려갈 것이다. 다른 말로 진자의 길이 $l(t)$는 시간에 따라서 변한다. 5.3절에서 방정식 (6)으로 유도되는 같은 가정아래서 변위각 θ에 대한 미분방정식은

$$l\theta'' + 2l'\theta' + g\sin\theta = 0$$

이 된다는 사실을 보일 수 있다.

(a) l이 일정한 비율 ν로 증가하고 $l(0)=l_0$이면 앞서 말한 미분방정식은

$$(l_0+\nu t)\theta''+2\nu\theta'+g\theta=0 \tag{34}$$

이 됨을 보여라.

(b) 변수변환 $x=(l_0+\nu t)/\nu$을 만들어서 (31)은

$$\frac{d^2\theta}{dx^2}+\frac{2}{x}\frac{d\theta}{dx}+\frac{g}{\nu x}\theta=0$$

이 됨을 보여라.

(c) (b)와 (18)을 사용하여 방정식 (34)의 일반해를 베셀 함수로 표현하여라.

(d) (c)에서 얻어진 일반해를 사용하여 방정식 (34)와 초깃값 조건 $\theta(0)=\theta_0$, $\theta'(0)=0$로 이루어진 초깃값 문제를 풀어라.(힌트: 계산을 단순화하기 위해 변수변환 $u=\frac{2}{\nu}\sqrt{g(l_0+\nu t)}=2\sqrt{\frac{g}{\nu}}x^{1/2}$을 이용하여라.)
또한 (20)은 $J_1(u)$와 $Y_1(u)$에 대해서 성립한다는 사실을 기억하고 마지막으로 항등식 $J_1(u)Y_2(u)-J_2(u)Y_1(u)=-\frac{2}{\pi u}$이 도움이 될 것이다.

(e) 컴퓨터를 사용하여 $l_0=1$ ft, $\theta_0=\frac{1}{10}$ radian, $\nu=\frac{1}{60}$ ft/s일 때 (d)에서의 경곗값 문제의 해 $\theta(t)$의 그래프를 그려라. [0, 10], [0, 30] 등등과 같이 서로 다른 시간의 구간을 사용하여 그래프를 실험하여라.

(f) 철사의 길이 l이 시간에 따라 증가할 때 그래프는 변위각 $\theta(t)$에 관해 무엇을 나타내는가?

르장드르 방정식

44 (a) (29)에서 주어진 르장드르 방정식의 양함수해 $y_1(x)$와 $y_2(x)$를 사용하고 c_0와 c_1를 적당히 선택하여 르장드르 다항식 $P_6(x)$와 $P_7(x)$을 구하여라.

(b) $P_6(x)$와 $P_7(x)$가 특수해가 되는 미분방정식을 만들어라.

45 점화관계식 (32)와 $P_0(x)=1$, $P_1(x)=x$를 사용하여 다음 6개의 르장드르 다항식을 만들어라.

46 미분방정식

$$\sin\theta\frac{d^2y}{d\theta^2}+\cos\theta\frac{dy}{d\theta}+n(n+1)(\sin\theta)y=0$$

은 $x=\cos\theta$를 대입함으로써 르장드르 방정식으로 변환된다는 사실을 증명하여라.

47 다음 문제

$$(1-x^2)y''-2xy'+\lambda y=0,$$
$$y(0)=0,\ y(x),\ y'(x)\text{는 } [-1,1]\text{에서 유계}$$

이 자명하지 않은 해를 갖도록 λ의 처음 세 개의 양의 값을 구하여라.

컴퓨터 활용문제

48 이 문제를 위해서 르장드르 다항식의 목록과 그림 6.4.3에서 주어진 그래프를 신경쓰지 말아라. 로드리게스 공식 (33)을 사용하여 르장드르 다항식 $P_1(x)$, $P_2(x)$, $\cdots$, $P_7(x)$을 만들어라. 컴퓨터를 사용하여 미분과 단순화하는 작업을 하여라.

49 컴퓨터를 사용하여 구간 $[-1,1]$상에서 $P_1(x)$, $P_2(x)$, $\cdots$, $P_7(x)$의 그래프를 그려라.

50 근을 구하는 방법에 의해 $P_1(x)$, $P_2(x)$, $\cdots$, $P_7(x)$의 근을 구하여라. 만일 르장드르 다항식이 당신의 컴퓨터에 갖추어져 있다면, 더 높은 차수의 르장드르 다항식의 근을 구하여라. 임의의 르장드르 다항식 $P_n(x)$의 근의 위치에 대하여 추측하고, 그 추측이 사실인지를 보여 보아라.

복합 미분방정식

51 미분방정식

$$y''-2xy'+2\alpha y=0$$

은 프랑스 수학자인 Charles Hermite(1822-1901)의 이름을 붙여서 차수 α인 Hermite 방정식이라고 부른다. 이 방정식의 일반해는 $y(x)=c_0y_1(x)+c_1y_2(x)$임을 보여라. 여기서

$$y_1(x)=1+\sum_{k=1}^{\infty}(-1)^k\frac{2^k\alpha(\alpha-2)\cdots(\alpha-2k+2)}{(2k)!}x^{2k}$$

$$y_2(x)=x+\sum_{k=1}^{\infty}(-1)^k\frac{2^k(\alpha-1)(\alpha-3)\cdots(\alpha-2k+1)}{(2k+1)!}$$

은 보통점 0에 중심을 둔 멱급수해이다.

52 (a) $\alpha = n$이 음아닌 정수일 때 Hermite 미분방정식은 항상 차수 n의 다항식해를 소유한다. 51번에서 주어진 $y_1(x)$를 사용하여 $n=0, n=2, n=4$에 대한 다항식해를 구하여라. 그리고 $y_2(x)$를 사용하여 $n=1$, $n=3$, $n=5$에 대한 다항식해를 구하여라.

(b) Hermite **다항식** $H_n(x)$는 적당한 상수가 곱해진 Hermite 방정식의 n차 다항식 해로 정의한다. $H_n(x)$에서 x^n의 계수는 2^m이다. (a)에서 다항식해를 이용하여 처음 6개의 Hermite 다항식은

$$H_0(x) = 1$$
$$H_1(x) = 2x$$
$$H_2(x) = 4x^2 - 2$$
$$H_3(x) = 8x^3 - 12x$$
$$H_4(x) = 16x^4 - 48x^2 + 12$$
$$H_5(x) = 32x^5 - 160x^3 + 120x$$

임을 보여라.

53 미분방정식

$$(1-x^2)y'' - xy' + \alpha^2 y = 0$$

은 러시아 수학자인 Pafnuty Chebyshev(1821-1894)의 이름을 붙여서 **Chebyshev 방정식**이라고 부른다. $\alpha = n$이 음아닌 정수일 때 Hermite 미분방정식은 차수 n의 다항식 해를 소유한다. 이 미분방정식의 5차 다항식해를 구하여라.

54 n이 정수일 때 치환 $R(x) = (\alpha x)^{-1/2} Z(x)$을 이용하여 구간 $(0, \infty)$에서 미분방정식

$$x^2 R'' + 2xR' + [\alpha^2 x^2 - n(n+1)]R = 0$$

의 일반해는 $R(x) = c_1 j_n(\alpha x) + c_2 y_n(\alpha x)$임을 보여라. 여기서 $j_n(\alpha x)$, $y_n(\alpha x)$는 각각 (27)에서 정의된 제1종과 2종의 구면 베셀함수이다.

6장 복습

(1-2) 참 거짓을 판정하여라.

1 $x^2y'' + xy' + (x^2-1)y = 0$의 일반해는 $y = c_1 J_1(x) + c_2 J_{-1}(x)$이다. ____________

2 $x = 0$는 $x^3y'' - xy' + y = 0$의 비정칙 특이점이므로 미분방정식은 $x = 0$에서 해석적인 어떠한 해도 갖지 않는다.

____

3 보통점 $x = 0$에 중심을 둔 $y'' + \ln(x+1)y' + y = 0$의 멱급수 해는 다음 중 어떤 구간에서 수렴하는지 조사하여라.

(a) $(-\infty, \infty)$ (b) $(-1, \infty)$

(c) $\left[-\frac{1}{2}, \frac{1}{2}\right]$ (d) $[-1, 1]$

4 $x = 0$는 어떤 선형 미분방정식의 보통점이다.

$y = \sum_{n=0}^{\infty} c_n x^n$을 미분방정식에 대입한 후 x^0, x^1, x^2, x^3의 계수를 0으로 놓으면 다음이 얻어진다.

$$2c_2 + 2c_1 + c_0 = 0$$
$$6c_3 + 4c_2 + c_1 = 0$$
$$12c_4 + 6c_3 + c_2 - \frac{1}{3}c_1 = 0$$
$$20c_5 + 8c_4 + c_3 - \frac{2}{3}c_2 = 0$$

c_0와 c_1은 임의라는 것을 기억하고, 미분방정식의 2개의 멱급수 해의 처음 다섯 개의 항을 적어라.

5 멱급수 $\sum_{k=0}^{\infty} c_k (x-4)^k$는 -2에서 수렴하고 13에서 발산한다고 가정하자. 이 급수가 −7, 0, 7, 10 그리고 11에서 수렴하는지, 수렴하지 않는지, 그리고 수렴할 수 있는지 이야기해 보아라.

6 나눗셈과 함께 $\sin x$와 $\cos x$에 대한 맥클로린을 사용하여 함수 $f(x) = \frac{\sin x}{\cos x}$에 대한 x의 멱급수의 처음 세 개의 영이 아닌 항을 구하여라.

(7-8) 주어진 성질을 만족하는 2계 선형 미분방정식을 만들어라.

7 $x=1$에서 정칙특이점, $x=0$에서 비정칙 특이점을 갖는 미분방정식

8 $x=1$과 $x=-3$에서 정칙특이점을 갖는 미분방정식

(9-14) $x=0$에 관한 적당한 무한급수방법을 사용하여 주어진 미분방정식의 두 개의 해를 구하여라.

9 $2xy''+y'+y=0$

10 $y''-xy'-y=0$

11 $(x-1)y''+3y=0$

12 $y''-x^2y'+xy=0$

13 $xy''-(x+2)y'+2y=0$

14 $(\cos x)y''+y=0$

(15-16) 주어진 경곗값 문제를 풀어라.

15 $y''+xy'+2y=0,\quad y(0)=3,\quad y'(0)=-2$

16 $(x+2)y''+3y=0,\quad y(0)=0,\quad y'(0)=1$

17 미분방정식 $(1-2\sin x)y''+xy=0$를 직접 풀지 말고, 보통점 $x=0$ 주위의 멱급수 해의 수렴반경에 대한 하한을 구하여라.

18 $x=0$는 미분방정식의 보통점일지라도 초깃값 문제

$$y''+xy'+y=0,\quad y(1)=-6,\quad y'(1)=3$$

에서 $y=\sum_{n=0}^{\infty}c_nx^n$ 형태의 해를 구하려는 시도는 좋은 생각이 아닌 이유를 설명하여라. 멱급수를 사용하여 이 문제를 푸는 더 좋은 방법을 구하여라.

(19-20) $x=0$가 주어진 미분방정식의 보통점, 특이점 또는 비정칙 특이점이 되는지를 조사하여라.

19 $xy''+(1-\cos x)y'+x^2y=0$

20 $(e^x-1-x)y''+xy=0$

21 $x=0$는 미분방정식 $y''+x^2y'+2xy=5-2x+10x^3$의 보통점이다. $y=\sum_{n=0}^{\infty}c_nx^n$이라고 가정하여 $x=0$에 중심을 둔 3개의 멱급수로 구성된 일반해 $y=y_c+y_p$을 구하여라.

22 1계 미분방정식 $dy/dx=x^2+y^2$은 기본함수로 풀 수 없다. 그러나 이 해는 베셀 함수로 표현할 수 있다.

(a) $y=-\dfrac{1}{u}\dfrac{du}{dx}$로 치환하면 $u''+x^2u=0$로 됨을 보여라.

(b) 6.4절 (18)을 사용하여 $u''+x^2u=0$의 일반해를 구하여라.

(c) $J_\nu'(x)=\dfrac{\nu}{x}J_\nu(x)-J_{\nu+1}(x)$와

$J_\nu'(x)=-\dfrac{\nu}{x}J_\nu(x)+J_{\nu-1}(x)$

형태의 6.4절 (20)과 (21)을 사용하여

$dy/dx=x^2+y^2$ 의 해의 모임은

$$y=x\frac{J_{3/4}\left(\frac{1}{2}x^2\right)-cJ_{-3/4}\left(\frac{1}{2}x^2\right)}{cJ_{1/4}\left(\frac{1}{2}x^2\right)+J_{1/4}\left(\frac{1}{2}x^2\right)}$$

으로 주어진다는 사실을 보여라.

23 (a) 6.4절 (10)과 연습문제 6.4의 32번을 사용하여

$$Y_{1/2}(x)=-\sqrt{\frac{2}{\pi x}}\left(\frac{\cos x}{x}+\sin x\right)$$

을 증명하여라.

(b) 6.4절 (15)를 사용하여

$$I_{1/2}(x)=\sqrt{\frac{2}{\pi x}}\sinh x \text{ 와}$$

$$I_{-1/2}(x)=\sqrt{\frac{2}{\pi x}}\cosh x$$

을 증명하여라.

(c) 6.4절 (16)과 (b)을 이용하여

$$K_{1/2}(x)=\sqrt{\frac{\pi}{2x}}e^{-x}$$

을 증명하여라.

24 (a) 6.4절 (30), (31)로부터 $n=0$일 때 르장드르 미분방정식 $(1-x^2)y''-2xy'=0$은 다항식 해 $y=P_0(x)=1$을 갖는다는 사실을 보았다. 4.2절의 (5)을 사용하여 구간 $-1<x<1$상에서 미분방정식을 만족하는 두 번째 르장드르 함수는

$$y=\frac{1}{2}\ln\left(\frac{1+x}{1-x}\right)$$

임을 보여라.

(b) 6.4절 (30), (31)로부터 $n=1$일 때 르장드르 미분방정식 $(1-x^2)y''-2xy'+2y=0$은 다항식 해 $y=$

$P_1(x) = x$을 갖는다는 사실을 보았다. 4.2절의 (5)를 사용하여 구간 $-1 < x < 1$상에서 미분방정식을 만족하는 두 번째 르장드르 함수는

$$y = \frac{x}{2} \ln\left(\frac{1+x}{1-x}\right) - 1$$

임을 보여라.

(c) (a)와 (b)에서 주어진 로그 르장드르 함수의 그래프를 그려라.

25 (a) 이항급수를 사용하여

$$(1 - 2xt + t^2)^{-1/2} = \sum_{n=0}^{\infty} P_n(x) t^n$$

을 보여라.

(b) (a)에서 주어진 결과를 사용하여 $P_n(1) = 1$, $P_n(-1) = (-1)^n$ 임을 보여라(6.3.2절의 성질의 (ii)와 (iii)을 참조).

7 라플라스 변환

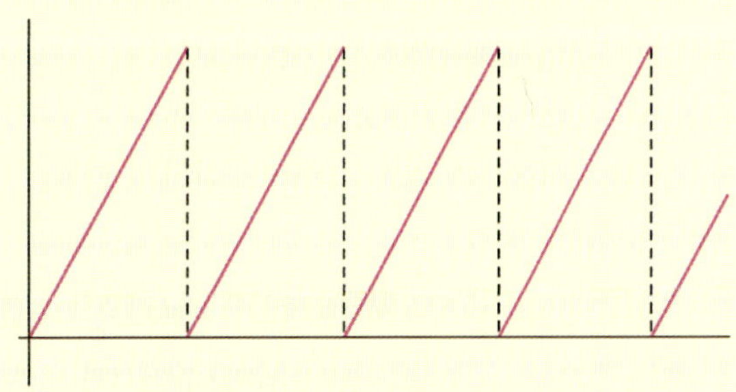

스프링/질량 체계 또는 전기회로와 같은 물리적 체계에 대한 선형수학적 모형에서, 미분방정식

$$m\frac{d^2x}{dt^2}+\beta\frac{dx}{dt}+kx=f(x) \quad \text{또는} \quad L\frac{d^2q}{dt^2}+R\frac{dq}{dt}+\frac{1}{C}q=E(t)$$

의 우변의 항 또는 입력은 구동함수이며 외부력 $f(t)$나 인가전압 $E(t)$를 나타낸다.

5.1절에서 함수 f와 E가 연속인 문제를 생각하였다. 그러나 불연속 구동함수가 희구한 것은 아니다. 예를 들어, 회로상에서 인가전압은 위의 그림의 "톱니모양" 함수에서 본 것처럼 조각적 연속이고 주기적일 수 있다. 이 경우에 회로의 미분방정식을 푼다는 것은 4장의 기법을 사용하면 어렵다. 본 장에서 다루는 라플라스 변환이 이와 같은 문제들의 해를 단순화하는데 유용한 도구이다.

7.1 라플라스 변환의 정의

필요한 개념

- 적분의 무한극한을 갖는 이상적분
- 부분적분과 부분분수분해

소개 | 기본 미적분학에서 우리는 미분과 적분이 변환이라는 것을 배웠다. 즉, 미분과 적분에 관한 연산들이 하나의 함수를 다른 함수로 변환한다는 것을 의미한다.

예를 들어, 함수 $f(x)=x^2$은 $\dfrac{d}{dx}x^2=2x$, $\displaystyle\int x^2dx=\frac{1}{3}x^3+c$ 와 같은 미분과 적분의 연산에 의하여 순서대로 일차함수와 3차의 다항식 함수족으로 변환되었다.

더욱이, 이 두 개의 변환은 함수의 일차결합의 변환이 변환의 일차결합이라는 선형성의 성질을 갖고 있다. 즉, 각 함수의 도함수와 적분이 존재한다면

$$\frac{d}{dx}[\alpha f(x)+\beta g(x)]=\alpha f'(x)+\beta g'(x)$$

$$\int[\alpha f(x)+\beta g(x)]dx=\alpha\int f(x)dx+\beta\int g(x)dx \quad (\text{여기서 } \alpha, \beta\text{는 상수})$$

이 성립한다.

이 절에서는 라플라스 변환이라고 하는 적분변환의 특수한 형태를 조사하고자 한다.

선형성 성질을 포함하는 것에 더하여 라플라스 변환은 선형초깃값 문제를 해결하는데 있어서 매우 유용한 많은 다른 흥미 있는 성질들을 가지고 있다.

적분변환 $f(x,y)$가 2변수 함수이면 이중 하나의 변수에 대한 f의 정적분은 다른 변수의 함수가 된다. 예를 들어, y를 상수로 간주하면 $\displaystyle\int_1^2 2xy^2dx=3y^2$ 이다. 마찬가지로 $\displaystyle\int_a^b K(s,t)f(t)dt$ 와 같은 정적분은 변수 t의 함수 f를 변수 s의 함수 F로 변환한다. 특히 적분구간이 유계가 아닌 구간 $[0,\infty)$에서의 적분변환에 관심을 갖는다. $t\geqq 0$에 대해서 정의된 함수 $f(t)$의 이상적분 $\displaystyle\int_0^\infty K(s,t)f(t)dt$는 극한

$$\int_0^\infty K(s,\,t)f(t)dt=\lim_{b\to\infty}\int_0^b K(s,\,t)f(t)dt \tag{1}$$

으로 정의된다. (1)에서의 극한값이 존재하면 적분이 존재한다 또는 수렴한다고 하고, 극한값이 존재하지 않으면 적분이 존재하지 않는다 또는 발산한다고 한다. 일반적으로 (1)에서의 극한값은 변수 s의 특정한 값에 대하여만 존재하게 된다.

정의 (1)에서의 함수 $K(s,t)$는 변환의 핵이라고 한다. 핵으로 $K(s,t)=e^{-st}$을 선택하면 특히 중요한 적분변환을 주게 된다.

정의 7.1.1 라플라스 변환

$t \geq 0$에 대해서 정의된 함수 $f(t)$의 이상적분 $\int_0^\infty e^{-st} f(t)dt$이 존재할 때, 이 적분값을 $f(t)$의 라플라스 변환이라 하고 다음과 같이 표시한다.

$$L\{f(t)\} = \int_0^\infty e^{-st} f(t)dt \tag{2}$$

라플라스 변환은 프랑스 수학자이며 천문학자인 피에스-시몬 마르퀴스 드 라플라스(1749-1827)를 기념하기 위하여 붙인 것이다.

정의된 적분 (2)가 수렴할 때 그 결과는 s의 함수이다. 일반적으로 변환하는 함수를 나타내기 위해서 소문자를 사용하고 그것의 라플라스 변환은 대응된 대문자를 사용한다.

예를 들어,

$$L\{f(t)\} = F(s),\ L\{g(t)\} = G(s),\ L\{y(t)\} = Y(s)$$

로 나타낸다.

예제 1 정의 7.1.1 적용

$L\{1\}$을 구하여라.

풀이 (2)로부터

$$L\{1\} = \int_0^\infty e^{-st}(1)dt = \lim_{b\to\infty}\int_0^b e^{-st}dt$$
$$= \lim_{b\to\infty}\frac{-e^{-st}}{s}\Big|_0^b = \lim_{b\to\infty}\frac{-e^{-sb}+1}{s} = \frac{1}{s} \quad (s>0)$$

여기서 $s > 0$이면 지수 $-sb < 0$ 이므로 $b\to\infty$일 때 $e^{-sb}\to 0$ 이고, $s < 0$이면 위의 적분값은 발산한다. ■

극한값 기호의 사용은 다소 지루하므로 $\lim_{b\to\infty}(\ )\Big|_0^b$ 로 쓰는 대신에 간단하게 $\Big|_0^\infty$ 로 나타내기로 한다. 예를 들어,

$$L\{1\} = \int_0^\infty e^{-st}(1)dt = \frac{-e^{-st}}{s}\Big|_0^\infty = \frac{1}{s}, \quad s>0$$

상극한에서 $t\to\infty$일 때 $e^{-st}\to 0\ (s>0)$임을 이해한다.

예제 2 정의 7.1.1 적용

$L\{t\}$를 구하여라.

풀이 정의 7.1.1로부터 $L\{t\}=\int_0^{\infty} e^{-st}t\,dt$ 이다. 부분적분과 $\lim_{t\to\infty} te^{-st}=0$ $(s>0)$임을 이용하면 예제 1의 결과로부터

$$L\{t\}=\frac{-te^{-st}}{s}\Big|_0^{\infty}+\frac{1}{s}\int_0^{\infty} e^{-st}dt=\frac{1}{s}L\{1\}=\frac{1}{s}\left(\frac{1}{s}\right)=\frac{1}{s^2}$$

임을 얻는다. ■

예제 3 정의 7.1.1 적용

다음을 구하여라.

(a) $L\{e^{-3t}\}$ (b) $L\{e^{5t}\}$

풀이 각각의 경우에 정의 7.1.1을 사용하면

(a) $$L\{e^{-3t}\}=\int_0^{\infty} e^{-3t}e^{-st}dt=\int_0^{\infty} e^{-(s+3)t}dt$$
$$=\frac{-e^{-(s+3)t}}{s+3}\Big|_0^{\infty}$$
$$=\frac{1}{s+3}$$

마지막 결과는 $s+3>0$ 즉, $s>-3$에 대하여 $\lim_{t\to\infty} e^{-(s+3)t}=0$이므로 성립한다.

(b) $$L\{e^{5t}\}=\int_0 e^{5t}e^{-st}dt=\int_0^{\infty} e^{-(s-5)t}dt$$
$$=\frac{-e^{-(s-5)t}}{s-5}\Big|_0^{\infty}$$
$$=\frac{1}{s-5}$$

(a)와 비교하여, 이 결과는 $s-5>0$ 즉, $s>5$에 대하여 $\lim_{t\to\infty} e^{-(s-5)t}=0$이므로 성립한다. ■

예제 4 정의 7.1.1 적용

$L\{\sin 2t\}$를 구하여라.

풀이 정의 7.1.1과 두 번의 부분적분 적용에 의하여

$$L\{\sin 2t\}=\int_0^{\infty} e^{-st}\sin 2t\,dt=\frac{-e^{-st}\sin 2t}{s}\Big|_0^{\infty}+\frac{2}{s}\int_0^{\infty} e^{-st}\cos 2t\,dt$$

$$= \frac{2}{s}\int_0^\infty e^{-st}\cos 2t\,dt,\ s>0$$

$\lim_{t\to\infty} e^{-st}\cos 2t = 0,\ s>0$ ↓ sin $2t$의 라플라스 변환 ↓

$$= \frac{2}{s}\left[\frac{-e^{-st}\cos st}{s}\Big|_0^\infty - \frac{2}{s}\int_0^\infty e^{-st}\sin 2t dt\right]$$

$$= \frac{2}{s^2} - \frac{4}{s^2}L\{\sin 2t\}$$

여기서 $L(\sin 2t)$에 관하여 풀면

$$L(\sin 2t) = \frac{2}{s^2+4}, \qquad s>0$$

이다.

L은 선형변환이다 두 함수 $f(t)$, $g(t)$의 라플라스 변환이 존재할 때, 두 함수의 일차결합 $\alpha f(t) + \beta g(t)$에 대해서

$$\int_0^\infty e^{-st}[\alpha f(t) + \beta g(t)]dt = \alpha\int_0^\infty e^{-st}f(t)dt + \beta\int_0^\infty e^{-st}g(t)dt$$

이고, 따라서

$$L\{\alpha f(t) + \beta g(t)\} = \alpha L\{f(t)\} + \beta L\{g(t)\} = \alpha F(s) + \beta G(s) \quad (3)$$

이 성립한다.

(3)에서 주어진 성질 때문에 L은 선형변환이라고 한다.

예제 5 라플라스 변환의 선형성

본 예제에서는 라플라스 변환의 선형성을 보이기 위하여 앞의 예제들의 결과를 이용한다.

(a) 예제 1과 2로부터, $s>0$에 대하여

$$L\{1+5t\} = L\{1\} + 5L\{t\} = \frac{1}{s} + \frac{5}{s^2}$$

이다.

(b) 예제 3과 4로부터, $s>5$에 대하여

$$L\{4e^{5t} - 10\sin 2t\} = 4L\{e^{5t}\} - 10L\{\sin 2t\} = \frac{4}{s-5} - \frac{20}{s^2+4}$$

이다.

(c) 예제 1, 2와 3으로부터, $s>0$에 대하여

$$\begin{aligned} L\{20e^{-3t}+7t-9\} &= 20L\{e^{-3t}\}+7L\{t\}-9L\{1\} \\ &= \frac{20}{s+3}+\frac{7}{s^2}-\frac{9}{s} \end{aligned}$$

이다.

라플라스 변환이 수렴하도록 s를 제한함으로써 앞의 예제에서 다루었던 함수들의 라플라스 변환에 대한 일반화를 생각하여 다음의 정리를 얻을 수 있다.

정리 7.1.1 몇 가지의 기본적인 함수들의 변환

(a) $L\{1\}=\dfrac{1}{s}$ (b) $L\{t^n\}=\dfrac{n!}{s^{n+1}},\quad n=1,2,3,\cdots$

(c) $L\{e^{at}\}=\dfrac{1}{s-a}$ (d) $L\{\sin kt\}=\dfrac{k}{s^2+k^2}$

(e) $L\{\cos kt\}=\dfrac{s}{s^2+k^2}$ (f) $L\{\sinh kt\}=\dfrac{k}{s^2-k^2}$

(g) $L\{\cosh kt\}=\dfrac{s}{s^2-k^2}$

정리 7.1.1의 (b)의 결과는 먼저 양의 정수 n에 대하여 부분적분을 이용하여

$$L\{t^n\}=\frac{n}{s}L\{t^{n-1}\}$$

임을 알 수 있다. 그러면 $n=1,2$와 3에 대하여 각각

$$\begin{aligned} L\{t\} &= \frac{1}{s}\cdot L\{1\}=\frac{1}{s}\cdot\frac{1}{s}=\frac{1}{s^2} \\ L\{t^2\} &= \frac{2}{s}\cdot L\{t\}=\frac{2}{s}\cdot\frac{1}{s^2}=\frac{2\cdot 1}{s^3} \\ L\{t^3\} &= \frac{3}{s}\cdot L\{t^2\}=\frac{3}{s}\cdot\frac{2\cdot 1}{s^3}=\frac{3\cdot 2\cdot 1}{s^4} \end{aligned}$$

이고, 이 방법을 계속하면

$$L\{t^n\}=\frac{n\cdots 3\cdot 2\cdot 1}{s^{n+1}}=\frac{n!}{s^{n+1}}$$

임을 확인하게 된다.

$L\{f(t)\}$의 존재성에 대한 충분조건 모든 함수의 라플라스 변환이 수렴하는 것은 아니다. 예를 들어, $L\left\{\dfrac{1}{t}\right\}$과

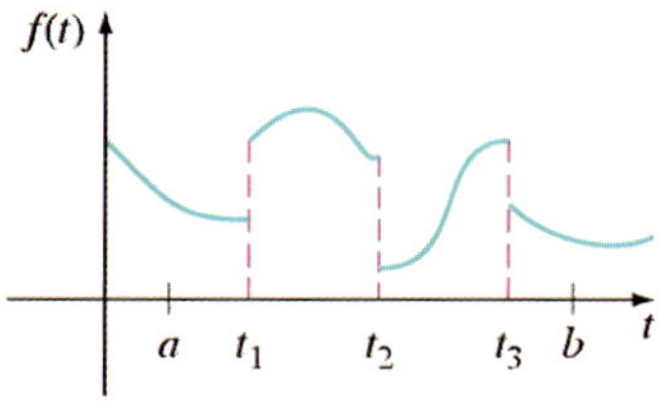

그림 7.1.1 조각적으로 연속인 함수

$L\{e^{t^2}\}$는 존재하지 않는다. $L\{f(t)\}$가 존재하기 위한 충분조건은 f가 $[0,\infty)$에서 조각적으로 연속이고, $t>T$에 대하여 지수위수인 것이다.

f가 $[0,\infty)$에서 조각적으로 연속이란 임의의 구간 $0 \leqq a \leqq t \leqq b$ 에서 많아야 유한개의 점 $t_k\ (k=1,2,\cdots,n)\ (t_{k-1}<t_k)$가 존재하여 그 점에서 f는 유한개의 불연속점을 가지며 각각의 개구간 $t_{k-1}<t<t_k$에서 연속임을 뜻한다. 그림 7.1.1 참조.

지수위수의 개념은 다음과 같은 방법으로 정의된다.

정의 7.1.2 지수위수

상수 c, $M>0$과 $T>0$가 존재하여 $t>T$에 대하여 $|f(t)| \leqq Me^{ct}$이면 함수 f는 지수위수라고 한다.

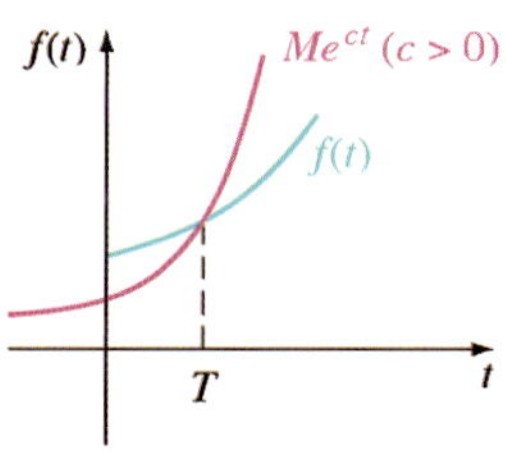

그림 7.1.2 f는 지수위수이다.

f가 증가함수이면 조건 $|f(t)| \leqq Me^{ct}$, $t>T$는 간단히 구간 (T,∞)에서 f의 그래프가 지수함수 Me^{ct} (여기서 c는 양의 상수)의 그래프보다 빨리 증가하지 않음을 나타낸다. 그림 7.1.2 참조.

함수 $f(t)=t$, $f(t)=e^{-t}$, $f(t)=2\cos t$는

$$|t| \leqq e^t,\quad |e^{-t}| \leqq e^t,\quad |2\cos t| \leqq 2e^t$$

을 만족하므로 모두 지수위수 $c=1$인 함수들이다.

구간 $(0,\infty)$에서 이 그래프들의 비교는 그림 7.1.3에서 주어져있다.

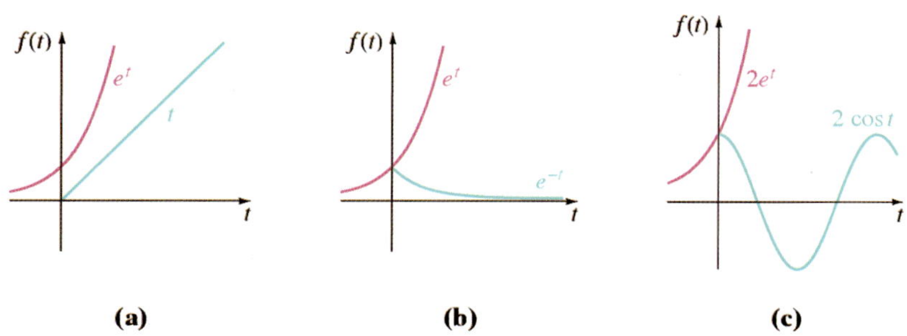

그림 7.1.3 지수위수인 세 개의 함수

t의 양의 정수 멱승은 $c>0$에 대하여

$$|t^n| \leqq Me^{ct} \qquad \text{또는} \qquad \left|\frac{t^n}{e^{ct}}\right| \leqq M \quad (t>T)$$

은 $n=1,2,3,\cdots$에 대하여 $\displaystyle\lim_{t\to\infty}\frac{t^n}{e^{ct}}$이 유한이라는 것과 같으므로 항상 지수위수

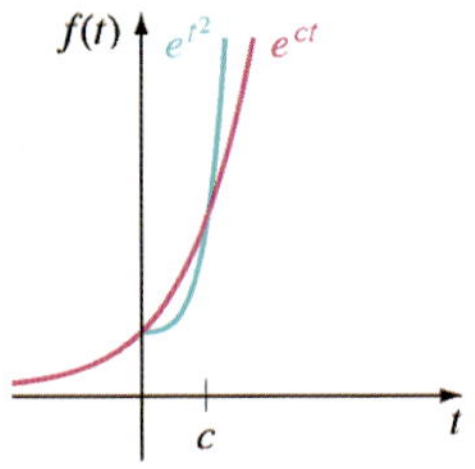

그림 7.1.4 e^{t^2}은 지수위수가 아니다.

이다.

이 결과는 로피탈의 법칙을 n번 적용함으로써 성립한다.

$f(t)=e^{t^2}$과 같은 함수는 그림 7.1.4에서 보듯이 그것의 그래프가 $t>c>0$에 대하여 e의 임의의 양의 일차 멱승보다 빨리 증가하기 때문에 지수위수가 아니다.

이것은 또한

$$t\to\infty \text{ 일 때, } \left|\frac{e^{t^2}}{e^{ct}}\right| = e^{t^2-ct} = e^{t(t-c)} \to \infty$$

로부터 알 수 있다.

정리 7.1.2 존재성에 대한 충분조건

f가 $[0,\infty)$에서 조각적으로 연속이고 지수위수이면 $L\{f(t)\}$는 $s>c$에 대하여 존재한다.

증명 정적분의 덧셈성질에 의하여

$$L\{f(t)\}=\int_0^T e^{-st}f(t)dt+\int_T^\infty e^{-st}f(t)dt = I_1+I_2$$

여기서 I_1은 $e^{-st}f(t)$가 연속인 구간에 대한 적분의 합으로 쓸 수 있으므로 존재한다. 또한, f가 지수위수이므로 상수 c, $M>0$, $T>0$이 존재하여 $t>T$에 대하여 $|f(t)|\leqq Me^{ct}$이 성립하므로 $s>c$에 대하여

$$|I_2|\leqq \int_T^\infty |e^{-st}f(t)|\,dt \leqq M\int_T^\infty e^{-st}e^{ct}dt = M\int_T^\infty e^{-(s-c)t}dt = M\frac{e^{-(s-c)t}}{s-c}$$

이다. $\int_T^\infty Me^{-(s-c)t}dt$이 수렴하므로 이상적분에 대한 비교판정법에 의하여 $\int_T^\infty |e^{-st}f(t)|\,dt$ 도 수렴한다. 그러므로 I_2는 $s>c$에 대하여 존재한다. I_1과 I_2의 존재성은 $L\{f(t)\}=\int_0^\infty e^{-st}f(t)dt$가 $s>c$에 대하여 존재함을 의미한다.

예제 6 조각적으로 연속인 함수의 변환

$f(t)=\begin{cases}0, & 0\leqq t<3\\ 2, & t\geqq 3\end{cases}$ 에 대한 $L\{f(t)\}$를 구하여라.

풀이 그림 7.1.5에서 보듯이 f는 $t>0$에서 조각적으로 연속이고 지수위수이다. f가 두 개의 구간에서 정의되었으므로 $L\{f(t)\}$는 다음과 같이 두 개의 적분의 합으로 나타낼 수 있다.

$$L\{f(t)\}=\int_0^\infty e^{-st}f(t)dt=\int_0^3 e^{-st}(0)dt+\int_3^\infty e^{-st}(2)dt$$
$$=0+\frac{2e^{-st}}{-s}\Big|_3^\infty$$
$$=\frac{2e^{-3s}}{s},\quad s>0$$

일반적으로 연구대상이 되는 s의 함수 형태에 대한 추가적인 간단한 정리로 이 절을 마치고자 한다. 다음 정리는 s의 모든 임의의 함수가 지수위수이고 조각적으로 연속인 함수의 라플라스 변환이 아님을 보여준다.

정리 7.1.3 **$s\to\infty$ 일 때 $F(s)$의 거동**

f가 $[0,\ \infty)$에서 조각적으로 연속이고 지수위수이고 $F(s)=L\{f(t)\}$이면 $\lim_{s\to\infty} F(s)=0$이다.

증명 f가 지수위수이므로 상수 γ, $M_1>0$과 $T>0$가 존재하여 $t>T$에 대하여 $|f(t)|\leqq M_1e^{\gamma t}$이다. 또한, f는 $[0,\ T]$에서 조각적으로 연속이므로 이 구간에서 반드시 유계이다. 즉,

$$|f(t)|\leqq M_2=M_2e^{ot}$$

M을 $\{M_1, M_2\}$의 최대치로, c를 $\{0,\gamma\}$의 최대치라 하면 $s>c$에 대하여

$$|F(s)|\leqq\int_0^\infty e^{-st}|f(t)|dt\leqq M\int_0^\infty e^{-st}e^{ct}dt=M\int_0^\infty e^{-(s-c)t}dt=\frac{M}{s-c}$$

이다. $s\to\infty$ 일 때, $|F(s)|\to 0$이므로 $F(s)=L\{f(t)\}\to 0$이다.

주의

(i) 이 장에서는 조각적으로 연속이고 지수위수인 함수들을 주로 다루기로 한다. 그러나 이들 조건은 라플라스 변환이 존재하기 위한 충분조건이지 필요조건은 아님을 유의한다.

$f(t)=t^{-\frac{1}{2}}$은 $[0,\infty)$에서 조각적으로 연속이 아니지만 라플라스 변환은 존재한다.

$f(t)=2te^{t^2}\cos e^{t^2}$ 은 지수위수가 아니지만 그것의 라플라스 변환이 존재함을 보일 수 있다. 연습문제 7.1의 문제 43과 54 참조.

(ii) 정리 7.1.3의 결과로서 $F_1(s)=1$과 $F_2(s)=\dfrac{s}{s+1}$는 $s\to\infty$ 일 때 $F_1(s)\not\to 0$

이고 $F_1(s) \not\to 0$이므로 지수위수이고 조각적으로 연속인 함수의 라플라스 변환이 아니다. 그러나 이 사실로부터 $F_1(s)$와 $F_2(s)$는 라플라스 변환이 아니라고 할 수 없고, 다른 종류의 함수가 존재하는 것이다.

연습문제 7.1

(1-18) 정의 7.1.1을 사용하여 $L\{f(t)\}$를 구하여라.

1 $f(t) = \begin{cases} -1, & 0 \leqq t < 1 \\ 1, & t \geqq 1 \end{cases}$

2 $f(t) = \begin{cases} 0, & 0 \leqq t < \dfrac{\pi}{2} \\ \cos t, & t \geqq \dfrac{\pi}{2} \end{cases}$

3 $f(t) = \begin{cases} t, & 0 \leqq t < 1 \\ 1, & t \geqq 1 \end{cases}$

4 $f(t) = \begin{cases} 4, & 0 \leqq t < 2 \\ 0, & t \geqq 2 \end{cases}$

5 $f(t) = \begin{cases} \sin t, & 0 \leqq t < \pi \\ 0, & t \geqq \pi \end{cases}$

6 $f(t) = \begin{cases} 2t+1, & 0 \leqq t < 1 \\ 0, & t \geqq 1 \end{cases}$

7

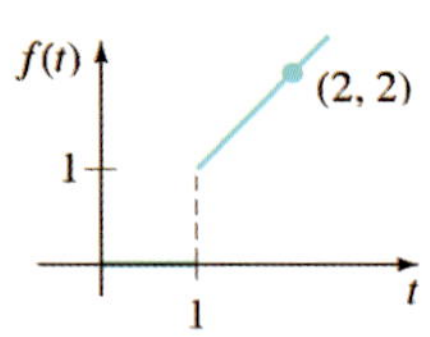

그림 7.1.6 문제 7에 대한 그래프

8

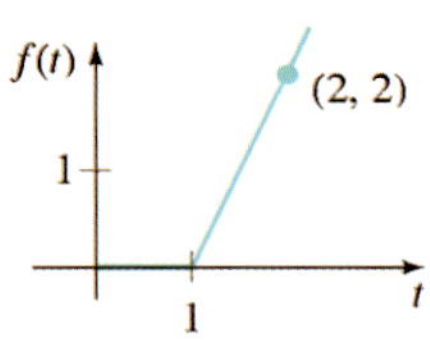

그림 7.1.7 문제 8에 대한 그래프

9

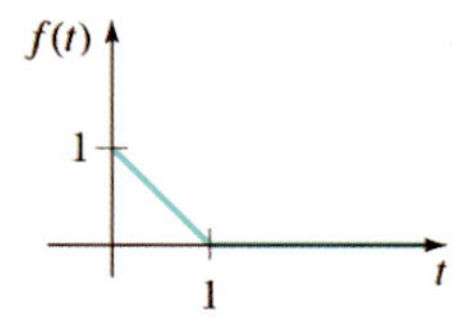

그림 7.1.8 문제 9에 대한 그래프

10

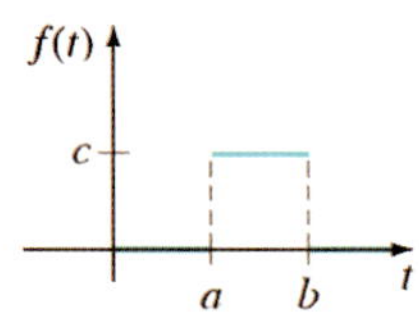

그림 7.1.9 문제 10에 대한 그래프

11 $f(t) = e^{t+7}$

12 $f(t) = t \sin t$

13 $f(t) = te^{4t}$

14 $f(t) = e^{-2t-5}$

15 $f(t) = e^{-t} \sin t$

16 $f(t) = t^2 e^{-2t}$

17 $f(t) = t \cos t$

18 $f(t) = e^t \cos t$

(19-36) 정리 7.1.1을 사용하여 $L\{f(t)\}$를 구하여라.

19 $f(t) = 2t^4$

20 $f(t) = 7t + 3$

21 $f(t) = 4t - 10$

22 $f(t) = t^5$

23 $f(t) = t^2 + 6t - 3$

24 $f(t) = (2t-1)^3$

25 $f(t) = (t+1)^3$

26 $f(t) = t^2 - e^{-9t} + 5$

27 $f(t) = 1 + e^{4t}$

28 $f(t) = (e^t - e^{-t})^2$

29 $f(t) = (1 + e^{2t})^2$

30 $f(t) = \cos 5t + \sin 2t$

31 $f(t) = 4t^2 - 5 \sin 3t$

32 $f(t) = \cosh kt$

33 $f(t)=\sinh kt$

34 $f(t)=e^{-t}\cosh t$

35 $f(t)=e^{t}\sinh t$

36 $f(t)=-4t^2+16t+9$

(37-40) 먼저 삼각함수의 항등식을 사용하여 $L\{f(t)\}$ 를 구하여라.

37 $f(t)=\sin 2t\cos 2t$

38 $f(t)=\cos^2 t$

39 $f(t)=\sin(4t+5)$

40 $f(t)=10\cos(t-\frac{\pi}{6})$

41 6.4절(325쪽) 베셀함수의 연구에서 감마함수를 보았다. 감마함수의 정의는 이상적분

$$\Gamma(\alpha)=\int_0^\infty t^{\alpha-1}e^{-t}dt,\ \alpha>0$$

에 의하여 주어진다.

이 정의를 이용하여 $\Gamma(\alpha+1)=\alpha\Gamma(\alpha)$ 임을 보여라.

42 문제 41과 변수변화를 이용하여 정리 7.1.1(b)의 결과의 일반화인

$$L\{t^\alpha\}=\frac{\Gamma(\alpha+1)}{s^{\alpha+1}},\ \alpha>-1$$

를 보여라.

(43-46) 문제 41, 42와 $\Gamma\left(\frac{1}{2}\right)=\sqrt{\pi}$ 를 이용하여 다음 함수들의 라플라스 변환을 구하여라.

43 $f(t)=t^{-\frac{1}{2}}$

44 $f(t)=t^{\frac{1}{2}}$

45 $f(t)=t^{\frac{3}{2}}$

46 $f(t)=2t^{\frac{1}{2}}+8t^{\frac{5}{2}}$

토론 문제

47 $F(t)$는 지수위수이나 $f(t)=F'(t)$는 지수위수가 아닌 함수 $F(t)$를 결정하여라.

또한 지수위수는 아니지만 라플라스 변환이 존재하는 함수 f를 결정하여라.

48 $L\{f_1(t)\}=F_1(s),\ s>c_1$ 그리고 $L\{f_2(t)\}=F_2(s)$, $s>c_2$라 하자.

이때 $L\{f_1(t)+f_2(t)\}=F_1(s)+F_2(s)$ 이 성립하는 조건은?

49 그림 7.1.4는 $f(t)=e^{t^2}$이 지수위수가 아님을 보여주지만 증명하지는 않는다.

$M>0$과 충분히 큰 t에 대하여 $t^2>\ln M+ct$가 임의의 c에 대하여 $e^{t^2}>Me^{ct}$임을 보이는데 어떻게 이용이 되는가?

50 정리 7.1.1의 (c)를 사용하여

$$L\{e^{(a+ib)t}\}=\frac{s-a+ib}{(s-a)^2+b^2}$$

(여기서 a,b는 실수이고 $i^2=-1$이다)임을 보여라. 또한 오일러 공식(168쪽)이 $L\{e^{at}\cos bt\}=\frac{s-a}{(s-a)^2+b^2}$ 과 $L\{e^{at}\sin bt\}=\frac{b}{(s-a)^2+b^2}$ 을 유도하는데 어떻게 사용될 수 있는지를 보여라.

51 어떤 조건하에서 일차함수 $f(x)=mx+b,\ m\neq 0$가 일차변환이 되는가?

52 $f(t)=\begin{cases} t, & 0\leqq t<2 \\ 4, & 2<t<5 \\ \frac{1}{t-5}, & t>5 \end{cases}$ 가 $[0,\infty)$에서 조각적으로 연속이 아닌 이유를 설명하라.

53 $f(t)=\frac{1}{t^2}$ 의 라플라스 변환이 존재하지 않음을 보여라.

[힌트: $L\left\{\frac{1}{t^2}\right\}$이 두 개의 이상적분으로 나타낸다.

$$L\left\{\frac{1}{t^2}\right\}=\int_0^1\frac{e^{-st}}{t^2}dt+\int_1^\infty\frac{e^{-st}}{t^2}dt=I_1+I_2$$

여기서 I_1은 발산함을 보여라.]

54 라플라스 변환 $L\{2te^{t^2}\cos e^{t^2}\}$이 존재함을 보여라.

[힌트: 부분적분으로 시작한다.]

55 $L\{f(t)\}=F(s)$와 $a>0$가 상수이면

$$L\{f(at)\}=\frac{1}{a}F\left(\frac{s}{a}\right)$$

임을 보여라. 이 결과는 change of scale 정리로 알려져 있다.

56 주어진 라플라스 변환과 문제 55의 결과를 이용하여, 각각의 문제에서 표시된 라플라스 변환을 구하여라. 여기서 a, k는 양의 상수이다.

(a) $L\{e^t\}=\frac{1}{s-1}$; $L\{e^{at}\}$

(b) $L\{\sin t\} = \dfrac{1}{s^2+1}$; $L\{\sin kt\}$

(c) $L\{1-\cos t\} = \dfrac{1}{s(s^2+1)}$; $L\{1-\cos kt\}$

(d) $L\{\sin t \sinh t\} = \dfrac{2s}{s^4+4}$; $L\{\sin kt \sinh kt\}$

7.2 역변환과 도함수의 변환

필요한 개념

- 부분분수분해
- 학생 자료 설명서 참조

소개 | 이 절에서는 미지의 함수에 대한 어떤 형태의 방정식을 푸는데 라플라스 변환이 어떻게 사용될 수 있는지에 대하여 조사하기 위하여 몇 가지 단계를 취한다.

역 라플라스 변환의 개념 즉, 좀 더 정확히는 라플라스 변환 $F(s)$의 역의 개념을 가지고 얘기를 시작한다. 도함수 $f'(t)$, $f''(t)$, $\cdots$의 라플라스 변환에서 몇 가지의 중요한 사전 지식을 조사한 후에 라플라스 변환과 역 라플라스 변환이 몇 가지의 간단한 상미분방정식을 해결하는데 있어서 어떤 역할을 하는지를 설명한다.

7.2.1 역변환

역 문제 $F(s)$가 함수 $f(t)$의 라플라스 변환이면 즉, $L\{f(t)\} = F(s)$이면, $f(t)$는 $F(s)$의 **역 라플라스 변환**이라 하고, $f(t) = L^{-1}\{F(s)\}$로 표시한다. 예를 들어, 7.1절의 예제 1, 2와 3으로부터 각각 아래의 관계식을 얻을 수 있다.

변환	역변환
$L\{1\} = \dfrac{1}{s}$	$1 = L^{-1}\left\{\dfrac{1}{s}\right\}$
$L\{t\} = \dfrac{1}{s^2}$	$t = L^{-1}\left\{\dfrac{1}{s^2}\right\}$
$L\{e^{-3t}\} = \dfrac{1}{s+3}$	$e^{-3t} = L^{-1}\left\{\dfrac{1}{s+3}\right\}$

방정식에 대한 라플라스 변환의 응용에서 미지의 함수 $f(t)$를 직접 결정할 수는 없고 오히려 $f(t)$의 라플라스 변환 $F(s)$에 대하여 풀 수 있으며 $f(t) = L^{-1}\{F(s)\}$를 계산함으로써 f를 알아낸다는 사실로부터 간단히 알게 된다. 이 생각은 단순하다. $F(s) = \dfrac{-2s+6}{s^2+4}$가 라플라스 변환이라고 하고 $L\{f(t)\} = F(s)$가 되는 함수 $f(t)$를 구해 보자. 예제 2에서 이 문제를 어떻게 해결하는지를 보게 된다.

앞으로의 참고를 위해 정리 7.1.1과 유사한 역변환에 대한 정리가 다음 정리에서 제시된다.

정리 7.2.1 몇 가지 역변환

(a) $1 = L^{-1}\left\{\frac{1}{s}\right\}$

(b) $t^n = L^{-1}\left\{\frac{n!}{s^{n+1}}\right\}, \quad n = 1, 2, 3, \cdots$

(c) $e^{at} = L^{-1}\left\{\frac{1}{s-a}\right\}$

(d) $\sin kt = L^{-1}\left\{\frac{k}{s^2+k^2}\right\}$

(e) $\cos kt = L^{-1}\left\{\frac{s}{s^2+k^2}\right\}$

(f) $\sinh kt = L^{-1}\left\{\frac{k}{s^2-k^2}\right\}$

(g) $\cosh kt = L^{-1}\left\{\frac{s}{s^2-k^2}\right\}$

역변환을 계산할 때, s의 함수가 표에서 주어진 라플라스 변환 $F(s)$의 형태와 완전히 일치하지 않는 경우가 있다. 이 경우에는 적당한 상수를 곱하고 나누어서 s의 함수를 조정하는 것이 필요하다.

예제 1 정리 7.2.1 적용

다음을 구하여라.

1. (a) $L^{-1}\left\{\frac{1}{s^5}\right\}$ (b) $L^{-1}\left\{\frac{1}{s^2+7}\right\}$

풀이 (a) 정리 7.2.1의 (b)에 주어진 형태와 일치하기 위해서는 $n+1=5$ 즉, $n=4$로 놓고 $4!$을 곱하고 나누면

$$L^{-1}\left\{\frac{1}{s^5}\right\} = \frac{1}{4!}L^{-1}\left\{\frac{4!}{s^5}\right\} = \frac{1}{24}t^4$$

(b) 정리 7.2.1의 (d)에 주어진 형태와 일치하기 위해서는 $k^2 = 7$ 즉, $k = \sqrt{7}$로 놓고 $\sqrt{7}$을 곱하고 나누어서 식을 조정하면

$$L^{-1}\left\{\frac{1}{s^2+7}\right\} = \frac{1}{\sqrt{7}}L^{-1}\left\{\frac{\sqrt{7}}{s^2+7}\right\} = \frac{1}{\sqrt{7}}\sin\sqrt{7}\,t$$ ■

L^{-1}은 선형변환이다 역 라플라스 변환은 또한 선형변환이다. 즉, 상수 α, β에 대하여

$$L^{-1}\{\alpha F(s) + \beta G(s)\} = \alpha L^{-1}\{F(s)\} + \beta L^{-1}\{G(s)\} \qquad (1)$$

여기서 F와 G는 어떤 함수 f, g의 변환이다.

7.1절의 (3)과 같이 (1)은 라플라스 변환의 임의의 유한개의 일차결합으로 확장된다.

예제 2 항별 나눗셈과 선형성

$L^{-1}\left\{\dfrac{-2s+6}{s^2+4}\right\}$를 구하여라.

풀이 먼저 s의 주어진 함수를 항별 나눗셈에 의하여 두 개의 식으로 다시 쓴 후에 (1)을 사용하면

항별 나눗셈 ↓

$$\mathscr{L}^{-1}\left\{-\frac{2s+6}{s^2+4}\right\}=\mathscr{L}^{-1}\left\{\frac{-2s}{s^2+4}+\frac{6}{s^2+4}\right\}$$

선형성과 상수 조정 ↓

$$=-2\mathscr{L}^{-1}\left\{\frac{s}{s^2+4}\right\}+\frac{6}{2}\mathscr{L}^{-1}\left\{\frac{2}{s^2+4}\right\} \tag{2}$$

$$=-2\cos 2t+3\sin 2t.$$ ← $k=2$인 정리 7.2.1의 (e)와 (d) ■

부분분수 부분분수는 역 라플라스 변환을 구하는데 있어서 중요한 역할을 한다. 유리식의 항별 분수로의 분해는 대부분의 컴퓨터 대수 체계에서 단 하나의 명령에 의하여 빠르게 처리될 수 있다. 실제로, 어떤 컴퓨터 대수 체계는 라플라스 변환과 역 라플라스 변환 명령을 수행하는 패키지를 가지고 있다. 그러나 그러한 소프트웨어에 접근하지 못하는 여러분들을 위하여 이 절과 다음 절에서는 라플라스 변환 $F(s)$의 분모가 서로 다른 일차인수를 갖는 경우, 반복되는 일차인수를 갖는 경우와 실수 일차인수가 없는 이차의 다항식을 갖는 중요한 경우에서 기초 대수학 몇 가지를 복습한다. 이 장이 전개되면서 이러한 경우들 모두를 조사하여도 좀 더 많은 광범위한 이론의 복습을 위해서 미적분 또는 초급 미적분 교재를 복습하는 것이 도움이 될 수 있다.

다음의 예제는 $F(s)$의 분모가 서로 다른 일차인수의 곱으로 나타내어지는 경우의 부분분수 분해에 대하여 보여준다.

예제 3 부분분수: 서로 다른 일차인수

$L^{-1}\left\{\dfrac{s^2+6s+9}{(s-1)(s-2)(s+4)}\right\}$를 구하여라.

풀이 $\dfrac{s^2+6s+9}{(s-1)(s-2)(s+4)}$을 부분분수로 분해하면

$$\frac{s^2+6s+9}{(s-1)(s-2)(s+4)}=\frac{A}{s-1}+\frac{B}{s-2}+\frac{C}{s+4}$$

$$= \frac{A(s-2)(s+4)+B(s-1)(s+4)+C(s-1)(s-2)}{(s-1)(s-2)(s+4)}$$

양변의 분모는 같으므로 분자를 같게 놓으면

$$s^2+6s+9 = A(s-2)(s+4)+B(s-1)(s+4)+C(s-1)(s-2) \quad (3)$$

이 등식 양변의 s의 멱승의 계수를 비교함으로써 세 개의 미지수 A, B, C를 갖는 세 개의 연립방정식을 얻는다. 그러나 이들 미지수를 결정하는데 더욱 간단한 방법이 있다. (3)에서 $s=1,\ s=2,\ s=-4$로 놓으면 각각

$$16 = A(-1)(5), \quad 25 = B(1)(6), \quad 1 = C(-5)(-6)$$

을 얻는다. 따라서 $A=-\dfrac{16}{5},\ B=\dfrac{25}{6},\ C=\dfrac{1}{30}$

그러므로 부분분수 분해는

$$\frac{s^2+6s+9}{(s-1)(s-2)(s+4)} = -\frac{\frac{16}{5}}{s-1}+\frac{\frac{25}{6}}{s-2}+\frac{\frac{1}{30}}{s+4} \quad (4)$$

L^{-1}의 선형성과 정리 7.2.1의 (c)로부터

$$\begin{aligned} L^{-1}&\left\{\frac{s^2+6s+9}{(s-1)(s-2)(s+4)}\right\} \\ &= -\frac{16}{5}L^{-1}\left\{\frac{1}{s-1}\right\}+\frac{25}{6}L^{-1}\left\{\frac{1}{s-2}\right\}+\frac{1}{30}L^{-1}\left\{\frac{1}{s+4}\right\} \quad (5) \\ &= -\frac{16}{5}e^{t}+\frac{25}{6}e^{2t}+\frac{1}{30}e^{-4t} \end{aligned}$$

■

7.2.2 도함수의 변환

도함수의 변환 이 장의 소개에서 지적한 것처럼 우리의 목적은 미분방정식을 풀기 위하여 라플라스 변환을 사용하는데 있다. 이를 위해서 $L\left\{\dfrac{dy}{dt}\right\}$와 $L\left\{\dfrac{d^2y}{dt^2}\right\}$ 등과 같은 양을 계산할 필요가 있다. 예를 들어, f'이 $t \geq 0$에서 연속이면 부분적분에 의하여

$$\begin{aligned} L\{f'(t)\} &= \int_0^\infty e^{-st}f'(t)dt = e^{-st}f(t)\Big|_0^\infty + s\int_0^\infty e^{-st}f(t)dt \\ &= -f(0)+sL\{f(t)\} \end{aligned}$$

또는
$$L\{f'(t)\} = sF(s)-f(0) \quad (6)$$

여기서 $t\to\infty$일 때에 $e^{-st}f(t)\to 0$임을 가정하였다. 같은 방법으로 (6)을 이용하여

$$L\{f''(t)\} = \int_0^\infty e^{-st} f''(t)dt = e^{-st} f'(t)|_0^\infty + s\int_0^\infty e^{-st} f'(t)dt$$
$$= -f'(0) + sL\{f'(t)\}$$
$$= s[sF(s) - f(0)] - f'(0)$$

또는 $L\{f''(t)\} = s^2F(s) - sf(0) - f'(0)$ (7)

같은 방법으로

$$L\{f'''(t)\} = s^3F(s) - s^2f(0) - sf'(0) - f''(0) \tag{8}$$

임을 보일 수 있다.

함수 f의 도함수의 라플라스 변환의 회귀적인 성질은 (6), (7)과 (8)의 결과들로부터 명백해진다. 다음 정리는 f의 n계 도함수에 대한 라플라스 변환이고, 증명은 생략한다.

정리 7.2.2 도함수의 변환

$f, f', \cdots, f^{(n-1)}$가 $[0, \infty)$에서 연속이고 지수위수이고, $f^{(n)}(t)$가 $[0, \infty)$에서 조각적으로 연속이면

$$L\{f^n(t)\} = s^n F(s) - s^{n-1} f(0) - s^{n-2} f'(0) - \cdots - f^{(n-1)}(0)$$

이고 여기서 $F(s) = L\{f(t)\}$이다.

선형 미분방정식 해결하기 정리 7.2.2에서 주어진 일반적인 결과로부터 $L\left\{\dfrac{d^n y}{dt^n}\right\}$은 $Y(s) = L\{y(t)\}$와 $t = 0$에서 계산된 $y(t)$의 $n-1$개의 도함수로 결정됨이 명백하다. 이 성질은 라플라스 변환이 상수계수를 갖는 미분방정식의 선형 초깃값 문제를 풀 때 적합하다.

그러한 미분방정식은 단순히 $y, y', y'', \cdots, y^{(n)}$에 관한 일차결합이다. 즉,

$$a_n \frac{d^n y}{dt^n} + a_{n-1} \frac{d^{n-1} y}{dt^{n-1}} + \cdots + a_0 y = g(t),$$

$$y(0) = y_0,\ y'(0) = y_1,\ \cdots,\ y^{(n-1)}(0) = y_{n-1},$$

여기서 $a_i, i = 0, 1, \cdots, n$ 과 $y_0, y_1, \cdots, y_{n-1}$는 상수이다. 선형성에 의하여 일차결합의 라플라스 변환은 라플라스 변환의 일차결합이다. 즉,

$$a_n L\left\{\frac{d^n y}{dt^n}\right\} + a_{n-1} L\left\{\frac{d^{n-1} y}{dt^{n-1}}\right\} + \cdots + a_0 L\{y\} = L\{g(t)\} \tag{9}$$

정리 7.2.2로부터 (9)는

$$a_n\left[s^n Y(s)-s^{n-1}y(0)-\cdots-y^{(n-1)}(0)\right]$$
$$+a_{n-1}\left[s^{n-1}Y(s)-s^{n-2}y(0)-\cdots-y^{(n-2)}(0)\right] \quad (10)$$
$$+\cdots+a_0 Y(s)=G(s)$$

이다. 여기서 $L\{y(t)\}=Y(s)$와 $L\{g(t)\}=G(s)$이다. 다시 말하면 상수계수를 갖는 선형 미분방정식의 라플라스 변환은 $Y(s)$에 관한 대수방정식이 된다. $Y(s)$에 대한 일반적인 변형된 방정식 (10)을 푼다면 먼저 $P(s)Y(s)=Q(s)+G(s)$를 얻고, 정리하면

$$Y(s)=\frac{Q(s)}{P(s)}+\frac{G(s)}{P(s)} \quad (11)$$

이다. 여기서 $P(s)=a_n s^n+a_{n-1}s^{n-1}+\cdots+a_0$, $Q(s)$는 계수 a_i, $i=1,2,\cdots,n$와 정해진 초기 조건 $y_0, y_1, \cdots, y_{n-1}$의 다양한 곱으로 구성된 $n-1$차수 이하의 s에 관한 다항식이고, $G(s)$는 $g(t)$의 라플라스 변환이다.

전형적으로 (11)에 있는 두 개의 항을 최소 공분모로 놓고 그 다음에 이 식을 2개 이상의 부분분수로 분해한다. 마지막으로 원래의 초깃값 문제의 해 $y(t)$는 $y(t)=L^{-1}\{Y(s)\}$이고, 여기서 역변환은 항별로 얻어진다.

이 절차는 다음의 도표에서 요약된다.

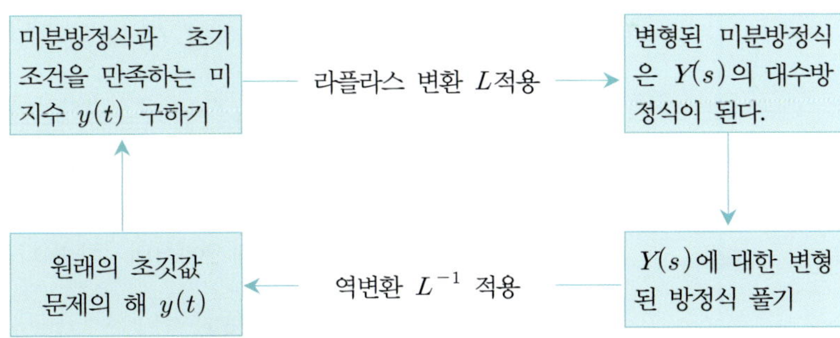

그림 7.2.1 라플라스 변환에 의한 초깃값 문제 해결 단계

다음의 예제는 $Y(s)$의 분모가 실수의 일차인수가 없는 2차의 다항식을 갖는 경우에서 부분분수 분해처럼 미분방정식을 푸는 앞의 방법을 나타낸다.

예제 4 1계 초깃값 문제 해결

라플라스 변환을 사용하여 다음의 초깃값 문제를 풀어라.

$$\frac{dy}{dt}+3y=13\sin 2t,\quad y(0)=6$$

풀이 미분방정식의 양변에 라플라스 변환을 취하면

$$L\left\{\frac{dy}{dt}\right\}+3L\{y\}=13\,L\{\sin 2t\} \tag{12}$$

이다. (6)으로부터 $L\left\{\frac{dy}{dt}\right\}=s\,Y(s)-y(0)=s\,Y(s)-6$이고, 정리 7.1.1의 (d)로부터 $L\{\sin 2t\}=\frac{2}{s^2+4}$이므로 (12)는

$$s\,Y(s)-6+3\,Y(s)=\frac{26}{s^2+4} \quad \text{또는} \quad (s+3)\,Y(s)=6+\frac{26}{s^2+4} \text{ 이다.}$$

$Y(s)$에 대하여 이 방정식을 풀면

$$Y(s)=\frac{6}{s+3}+\frac{26}{(s+3)(s^2+4)}=\frac{6s^2+50}{(s+3)(s^2+4)} \tag{13}$$

을 얻는다. 이차 다항식 s^2+4는 실수를 사용하여 인수분해 되지 않으므로 부분분수 분해에서 분자는 s에 대한 일차 다항식 즉,

$$\frac{6s^2+50}{(s+3)(s^2+4)}=\frac{A}{s+3}+\frac{Bs+C}{s^2+4}$$

이다. 이 등식의 우변을 공통분모로 놓고 분자를 같게 하면 $6s^2+50=A(s^2+4)+(Bs+C)(s+3)$이다. $s=-3$이면 $A=8$이다. 분모가 더 이상 실수 제로 인수를 갖지 않으므로, 양변의 s^2과 s의 계수를 갖게 하면 $6=A+B$, $0=3B+C$이다. 첫 번째 방정식에 $A=8$를 대입하면 $B=-2$이고, 두 번째 방정식에 $B=-2$를 대입하면 $C=6$이다. 따라서

$$Y(s)=\frac{6s^2+50}{(s+3)(s^2+4)}=\frac{8}{s+3}+\frac{-2s+6}{s^2+4}$$

위 식의 마지막 유리식이 아직 두 개의 분수로 나타내어질 수 있으므로 완전히 끝나지 않았다. 이것은 예제 2에서의 항별 나눗셈에 의하여 해결되었다. 예제 2의 (2)로부터

$$y(t)=8L^{-1}\left\{\frac{1}{s+3}\right\}-2L^{-1}\left\{\frac{s}{s^2+4}\right\}+3L^{-1}\left\{\frac{2}{s^2+4}\right\}$$

이다. 정리 7.2.1의 (c), (d)와 (e)로부터 초깃값 문제의 해는

$$y(t)=8e^{-3t}-2\cos 2t+3\sin 2t$$

이다. ■

예제 5 2계 초깃값 문제 해결

$y''-3y'+2y=e^{-4t}$, $y(0)=1$, $y'(0)=5$을 풀어라.

풀이 예제 4에서와 같은 절차로 주어진 미분방정식을 변환한다. (6)과 (7), 주어진 초깃값 조건과 정리 7.1.1의 (c)를 사용하여 각 항의 변환의 합을 취한다음 $Y(s)$에 대하여 푼다.

$$L\left\{\frac{d^2y}{dt^2}\right\}-3L\left\{\frac{dy}{dt}\right\}+2L\{y\}=L\{e^{-4t}\}$$

$$s^2Y(s)-sy(0)-y'(0)-3[sY(s)-y(0)]+2Y(s)=\frac{1}{s+4}$$

$$(s^2-3s+2)Y(s)=s+2+\frac{1}{s+4}$$

$$Y(s)=\frac{s+2}{s^2-3s+2}+\frac{1}{(s^2-3s+2)(s+4)}=\frac{s^2+6s+9}{(s-1)(s-2)(s+4)} \quad (14)$$

$Y(s)$의 부분분수 분해에 대한 자세한 내용은 예제 3에서 이미 실행되었다. (4)와 (5)의 결과에 의하여 초깃값 문제의 해는

$$y(t)=L^{-1}\{Y(s)\}=-\frac{16}{5}e^{t}+\frac{25}{6}e^{2t}+\frac{1}{30}e^{-4t}$$

이다. ■

예제 4와 5는 선형 초깃값 문제를 풀기 위하여 라플라스 변환을 사용하기 위한 기본적인 절차를 제시하지만 이 예제들이 2.3절과 4.3-4.6절에서 설명된 그러한 문제들에 대한 접근보다 훨씬 더 좋지 않은 방법임을 나타낼 수도 있지만, 단지 두 개의 예제들로부터 어떤 부정적인 결론을 끌어내지 말아라. 라플라스 변환의 사용에서는 고유한 많은 대수가 있으나 매개변수 변화를 사용하지 않거나 미정 계수법의 경우와 대수에 대하여 걱정하지 않는 것을 보게 된다. 더구나 방법이 규정된 초기 조건이 직접 해에 포함되므로 초깃값 조건 문제의 특수해 속에 특별한 상수를 구하기 위하여 미분방정식의 일반해 $y=c_1y_1+c_2y_2+\cdots+c_ny_n+y_p$ 에 초기 조건을 적용하는데 별도의 연산이 필요가 없다.

라플라스 변환은 많은 연산적인 성질을 가지고 있다. 이 절에서는 이러한 성질 중 몇 가지를 조사하고 이 성질들이 더 복잡한 문제를 어떻게 풀 수 있는지를 보게 된다.

주의

(i) $F(s)$의 역 라플라스 변환은 유일하지 않을 수 있다. 즉, $L\{f_1(t)\}=L\{f_2(t)\}$이면서 $f_1\neq f_2$이 가능하다. 이러한 목적을 위해서 고려해야 할 것이 아무것도 없다. f_1과 f_2가 $[0,\infty)$에서 조각적으로 연속이고 지수위수이면 f_1과 f_2는 근본적으로 같다. 연습문제 7.2의 문제 44번 참조. 그러나 f_1과 f_2가 $[0,\infty)$에서 연속이고 $L\{f_1(t)\}=L\{f_2(t)\}$이면 이 구간에서 $f_1=f_2$이다.

(ii) 이 내용은 직접 부분분수 분해를 하도록 요구되는 여러분들을 위한 것이다.

$L\{f(t)\}=F(s)$는 s의 유리함수이고 F의 분모는 서로 다른 일차인수의 곱인 특별한 경우에 부분분수 분해에서 계수를 결정하는 다른 방법이 있다. 예제 3을 다시 시도해 봄으로써 설명해보자.

$$\frac{s^2+6s+9}{(s-1)(s-2)(s+4)}=\frac{A}{s-1}+\frac{B}{s-2}+\frac{C}{s+4} \tag{15}$$

와 같은 부분분수 분해의 양변에 간단히 $s-1$을 곱한 다음에 $s=1$을 놓는다. 등식의 우변에 있는 B, C의 계수는 0이므로

$$\left.\frac{s^2+6s+9}{(s-2)(s+4)}\right|_{s=1}=A \quad \text{또는} \quad A=-\frac{16}{5}$$

을 얻는다. 다른 방법으로 쓰면

$$\left.\frac{s^2+6s+9}{\boxed{(s-1)}(s-2)(s+4)}\right|_{s=1}=-\frac{16}{5}=A$$

여기서 $s-1$로 곱해 졌을 때 좌변의 지워지는 인수는 어둡게 하였다. 이제

$$\left.\frac{s^2+6s+9}{(s-1)\boxed{(s-2)}(s+4)}\right|_{s=2}=\frac{25}{6}=B \text{ 와}$$

$$\left.\frac{s^2+6x+9}{(s-1)(s-2)\boxed{(s+4)}}\right|_{s=-4}=\frac{1}{30}=C.$$

B, C를 얻기 위해서는 순서대로 $s-2$와 $s+4$를 어둡게 하면서 간단히 (15)의 좌변을 계산한다.

요구된 분해 (15)는 (4)에서 주어져 있다. 이와 같이 계수를 결정하는 특별한 기술은 자연스럽게 덮개 방법으로 알려져 있다.

(iii) 여기서는 역학계의 용어에 대한 소개를 하고자 한다. (9)와 (10)에 의하여 라플라스 변환은 선형 역학계에 적합하다.

(11)의 다항식 $P(s)=a_ns^n+a_{n-1}s^{n-1}+\cdots+a_0$은 (10)의 $Y(s)$의 전체 계수이며 간단히 도함수 $\dfrac{d^ky}{dt^k}$가 멱 s^k, $k=0,1,\cdots,n$로 대치된 미분방정식의 좌변이다. $P(s)$의 역수 즉, $W(s)=\dfrac{1}{P(s)}$를 역학계의 이동함수라고 하는 것은 관례적이며 (11)을

$$Y(s)=W(s)Q(s)+W(s)G(s) \tag{16}$$

으로 나타낸다. 이러한 방법으로 입력함수 g(즉, $W(s)G(s)$)에 대한 반응으로부터 초깃값 조건(즉, $W(s)Q(s)$)에 대한 반응에서의 효과들을 추가적인 의미로 분리하였다. (13)과 (14) 참조.

그러므로 이 역학계의 반응 $y(t)$는 두 반응의 중첩이다. 즉,

$$y(t)=L^{-1}\{W(s)Q(s)\}+L^{-1}\{W(s)G(s)\}=y_0(t)+y_1(t)$$

이다. 입력 $g(t)=0$이면 문제의 해는 $y_0(t)=L^{-1}\{W(s)Q(s)\}$이다. 이

해는 역학계의 제로-입력 반응이라고 한다. 다른 한편으로 함수 $y_1(t) = L^{-1}\{W(s)G(s)\}$는 입력 $g(t)$에 대한 출력이다. 이제 이 역학계의 초기 상태가 제로 상태(모든 초깃값 조건들이 제로이다)이면 $Q(s) = 0$이므로 초깃값 문제의 유일한 해는 $y_1(t)$이다. 후자의 해는 이 역학계의 제로-상태 반응 이라고 한다. $y_0(t)$와 $y_1(t)$ 모두는 특수해이다. 여기서 $y_0(t)$는 주어진 초깃값 조건을 갖는 수반된 동차 방정식으로 구성된 초깃값 문제의 해이고 $y_1(t)$는 제로 초깃값 조건을 갖는 비동차 방정식으로 구성된 초깃값 문제의 해이다. 예제 5에서 (14)로부터 이동함수는 $W(s) = \dfrac{1}{s^2 - 3s + 2}$이고 제로-입력 반응은

$$y_0(t) = L^{-1}\left\{\frac{s+2}{(s-1)(s-2)}\right\} = -3e^t + 4e^{2t}$$

이고 제로-상태 반응은

$$y_1(t) = L^{-1}\left\{\frac{1}{(s-1)(s-2)(s+4)}\right\} = -\frac{1}{5}e^t + \frac{1}{6}e^{2t} + \frac{1}{30}e^{-4t}$$

이다. $y_0(t)$와 $y_1(t)$의 합은 예제 5의 해 $y(t)$이고 $y_0(0) = 1$, $y_0{}'(0) = 5$이고 반면에 $y_1(0) = 0$, $y'_1(0) = 0$임을 보여라.

연습문제 7.2

7.2.1 역 변환

(1-30) 적당한 대수와 정리 7.2.1을 사용하여 주어진 역 라플라스 변환을 구하여라.

1 $L^{-1}\left\{\dfrac{1}{s^3}\right\}$

2 $L^{-1}\left\{\dfrac{(s+2)^2}{s^3}\right\}$

3 $L^{-1}\left\{\dfrac{1}{s^2} - \dfrac{48}{s^5}\right\}$

4 $L^{-1}\left\{\dfrac{1}{s^4}\right\}$

5 $L^{-1}\left\{\dfrac{(s+1)^3}{s^4}\right\}$

6 $L^{-1}\left\{\left(\dfrac{2}{s} - \dfrac{1}{s^3}\right)^2\right\}$

7 $L^{-1}\left\{\dfrac{1}{s^2} - \dfrac{1}{s} + \dfrac{1}{s-2}\right\}$

8 $L^{-1}\left\{\dfrac{1}{5s-2}\right\}$

9 $L^{-1}\left\{\dfrac{1}{4s+1}\right\}$

10 $L^{-1}\left\{\dfrac{10s}{s^2+16}\right\}$

11 $L^{-1}\left\{\dfrac{5}{s^2+49}\right\}$

12 $L^{-1}\left\{\dfrac{1}{4s^2+1}\right\}$

13 $L^{-1}\left\{\dfrac{4s}{4s^2+1}\right\}$

14 $L^{-1}\left\{\dfrac{s+1}{s^2+2}\right\}$

15 $L^{-1}\left\{\dfrac{2s-6}{s^2+9}\right\}$

16 $L^{-1}\left\{\dfrac{4}{s} + \dfrac{6}{s^5} - \dfrac{1}{s+8}\right\}$

17 $L^{-1}\left\{\dfrac{1}{s^2+3s}\right\}$

18 $L^{-1}\left\{\dfrac{1}{s^2+s-20}\right\}$

19 $L^{-1}\left\{\dfrac{s}{s^2+2s-3}\right\}$

20 $L^{-1}\left\{\dfrac{s+1}{s^2-4s}\right\}$

21 $L^{-1}\left\{\dfrac{0.9s}{(s-0.1)(s+0.2)}\right\}$

22 $\mathscr{L}^{-1}\left\{\frac{s^2+1}{s(s-1)(s+1)(s-2)}\right\}$

23 $\mathscr{L}^{-1}\left\{\frac{s}{(s-2)(s-3)(s-6)}\right\}$

24 $\mathscr{L}^{-1}\left\{\frac{s-3}{(s-\sqrt{3})(s+\sqrt{3})}\right\}$

25 $\mathscr{L}^{-1}\left\{\frac{1}{s^3+5s}\right\}$

26 $\mathscr{L}^{-1}\left\{\frac{1}{s^4-9}\right\}$

27 $\mathscr{L}^{-1}\left\{\frac{2s-4}{(s^2+s)(s^2+1)}\right\}$

28 $\mathscr{L}^{-1}\left\{\frac{6s+3}{s^4+5s^2+4}\right\}$

29 $\mathscr{L}^{-1}\left\{\frac{1}{(s^2+1)(s^2+4)}\right\}$

30 $\mathscr{L}^{-1}\left\{\frac{s}{(s+2)(s^2+4)}\right\}$

7.2.2 도함수의 변환

(31-40) 라플라스 변환을 사용하여 주어진 초깃값 문제를 풀어라.

31 $\frac{dy}{dt}-y=1, \quad y(0)=0$

32 $y'''+2y''-y'-2y=\sin 3t,$
$y(0)=0,\ y'(0)=0,\quad y''(0)=1$

33 $y'+6y=e^{4t}, \quad y(0)=2$

34 $2\frac{dy}{dt}+y=0, \quad y(0)=-3$

35 $y''+5y'+4y=0, \quad y(0)=1, \quad y'(0)=0$

36 $y'-y=2\cos 5t, \quad y(0)=0$

37 $y''+y=\sqrt{2}\sin\sqrt{2}\,t, \quad y(0)=10, \quad y'(0)=0$

38 $y''-4y'=6e^{3t}-3e^{-t}, \quad y(0)=1, \quad y'(0)=-1$

39 $2y'''+3y''-3y'-2y=e^{-t},\ y(0)=0,\ y'(0)=0,$
$y''(0)=1$

40 $y''+9y=e^t, \quad y(0)=0, \quad y'(0)=0$

연습문제 7.1의 문제 50에 있는 결과들의 역 라플라스 변환은

$$\mathscr{L}^{-1}\left\{\frac{s-a}{(s-a)^2+b^2}\right\}=e^{at}\cos bt$$
$$\mathscr{L}^{-1}\left\{\frac{b}{(s-a)^2+b^2}\right\}=e^{at}\sin bt$$

이다.

(41-42) 라플라스 변환과 위의 역 변환을 사용하여 주어진 초깃값 문제를 풀어라.

41 $y'+y=e^{-3t}\cos 2t,\ y(0)=0$

42 $y''-2y'+5y=0,\ y(0)=1,\ y'(0)=3$

토론 문제

43 (a) (6)의 변환의 표현을 조금 바꾸면

$$\mathscr{L}\{f'(t)\}=s\mathscr{L}\{f(t)\}-f(0)$$

와 같다. $f(t)=te^{at}$로 놓고 정리 7.1.1의 (c)와 연결하여 이 결과가 $\mathscr{L}\{te^{at}\}$을 구하기 위하여 어떻게 사용될 수 있는지를 논하여라.

(b) (a)에서와 같은 식으로 해 보아라. 그러나 이번에는 $f(t)=t\sin kt$로 놓고 정리 7.1.1의 (d), (e)와 연결하여 (7)이 $\mathscr{L}\{t\sin kt\}$를 구하기 위하여 어떻게 사용될 수 있는지를 논하라.

44 같은 라플라스 변환을 갖는 두 개의 함수 f_1, f_2를 만들어라. 깊이 있게 생각하지 않고 만든다.

45 364쪽에 있는 주의 (iii)을 다시 읽는다. 문제 36에서 초깃값 문제에 대한 제로 입력과 제로 상태 반응을 구하여라.

46 $f'(t)$가 조각적으로 연속이고 지수위수 c인 함수 $f(t)$가 있다. 이 절과 7.1절의 결과들을 사용하여

$$f(0)=\lim_{s\to\infty}sF(s)$$

임이 성립한다. 여기서 $F(s)=\mathscr{L}\{f(t)\}$이다. $f(t)=\cos kt$에 대하여 이 결과를 증명하여라.

7.3 연산 성질 I

필요한 개념

- 부분분수 분해 연습
- 완전 제곱식의 완비

소개 | 함수 $f(t)$의 라플라스 변환을 구할 때마다 정의 7.1.1을 사용하는 것이 편리하지는 않다. 예를 들어, $L\{e^t t^2 \sin 3t\}$을 계산하는데 있어서 포함된 부분적분은 간단하지 않다. 이 절과 다음 절에서 기본 정의와 적분을 사용하지 않고 좀 더 광범위한 변환표(부록 III의 표 참조)를 만들 수 있도록 수고를 덜어주는 라플라스 변환의 여러 가지의 연산 성질들을 제시한다.

7.3.1 s-축으로의 이동

이동 $L\{e^{5t}t^3\}$과 $L\{e^{-2t}\cos 4t\}$와 같은 변환의 계산은 $L\{t^3\}$과 $L\{\cos 4t\}$을 안다면 간단한 것이다. 일반적으로 함수 f의 라플라스 변환 $L\{f(t)\}=F(s)$을 안다면 f의 지수 곱의 라플라스 변환 즉, $L\{e^{at}f(t)\}$는 추가적으로 적분을 계산하지 않고 단지 $F(s)$를 $F(s-a)$로 이동함으로써 계산하는 것이 가능하다. 이 결과는 제1이동정리로 알려져 있다.

정리 7.3.1 제1이동정리

$L\{f(t)\}=F(s)$이고 a가 임의의 실수이면

$$L\{e^{at}f(t)\}=F(s-a)$$

이다.

증명 이 증명은 정의 7.1.1에 의하여

$$L\{e^{at}f(t)\}=\int_0^\infty e^{-st}e^{at}f(t)dt=\int_0^\infty e^{-(s-a)}f(t)dt=F(s-a)$$

이므로 간단하다. ■

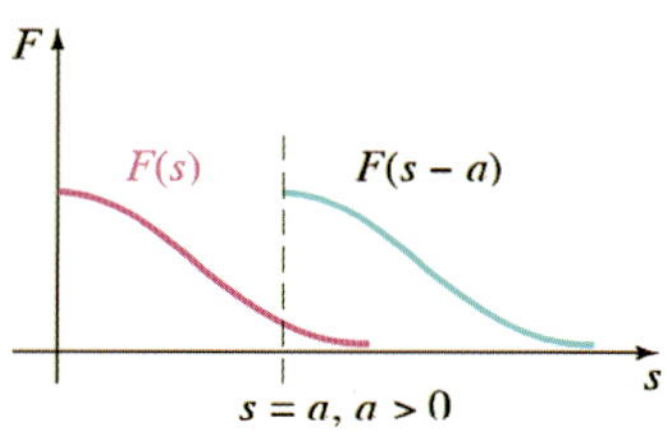

그림 7.3.1 s축으로의 이동

만일 s를 실변수로 간주하면 $F(s-a)$의 그래프는 $F(s)$의 그래프를 s-축에서 $|a|$만큼 이동한 것이다. $a>0$이면 $F(s)$의 그래프는 오른쪽으로 a만큼 이동한 것이고, 반면에 $a<0$이면 $F(s)$의 그래프는 왼쪽으로 $|a|$만큼 이동한 것이다. 그림 7.3.1 참조.

이를 강조하기 위해서 간혹 기호

$$\mathscr{L}\{e^{at}f(t)\} = \mathscr{L}\{f(t)\}|_{s \to s-a}$$

를 사용하는 것이 유용하다. 여기서 $s \to s-a$는 $f(t)$의 라플라스 변환 $F(s)$에서 기호 s가 나타나는 곳에서는 $s-a$로 대치하는 것을 의미한다.

예제 1 제1이동정리 사용하기

(a) $\mathscr{L}\{e^{5t}t^3\}$ (b) $\mathscr{L}\{e^{-2t}\cos 4t\}$ 을 구하여라.

풀이 이 결과들은 정리 7.1.1과 7.3.1로부터 성립한다.

(a) $\mathscr{L}\{e^{5t}t^3\} = \mathscr{L}\{t^3\}|_{s \to s-5} = \dfrac{3!}{s^4}\Big|_{s \to s-5} = \dfrac{6}{(s-5)^4}$

(b) $\mathscr{L}\{e^{-2t}\cos 4t\} = \mathscr{L}\{\cos 4t\}|_{s \to s-(-2)} = \dfrac{s}{s^2+16}\Big|_{s \to s+2} = \dfrac{s+2}{(s+2)^2+16}$ ■

정리 7.3.1의 역 형식 $F(s-a)$의 역 변환을 계산하기 위해서는 $F(s)$를 인지하고 $F(s)$의 역 라플라스 변환을 취함으로써 $f(t)$를 구한 다음에 지수함수 e^{at}을 곱한다. 이 과정을 다음과 같이 기호로 요약할 수 있다.

$$\mathscr{L}^{-1}\{F(s-a)\} = \mathscr{L}^{-1}\{F(s)|_{s \to s-a}\} = e^{at}f(t) \tag{1}$$

여기서 $f(t) = \mathscr{L}^{-1}\{F(s)\}$이다.

다음 예제의 첫 번째 부분은 $Y(s)$의 분모가 반복된 일차인수를 포함하는 경우에 부분분수 분해를 나타낸다.

예제 2 부분분수: 반복된 일차인수

(a) $\mathscr{L}^{-1}\left\{\dfrac{2s+5}{(s-3)^2}\right\}$ (b) $\mathscr{L}^{-1}\left\{\dfrac{\frac{s}{2}+\frac{5}{3}}{s^2+4s+6}\right\}$ 를 구하여라.

풀이 (a) 반복된 일차인수는 $(s-a)^n$ 항이다. 여기서 a는 실수, n는 $n \geq 2$인 양의 정수이다. $(s-a)^n$이 유리식의 분모에서 나타난다면 부분분수 분해가 상수 분자와 분모로서 $s-a, (s-a)^2, \cdots, (s-a)^n$와 같은 인수를 가진 n개의 부분분수를 포함한다고 하자.

그러면 $a=3, n=2$로 놓으면

$$\frac{2s+5}{(s-3)^2}=\frac{A}{s-3}+\frac{B}{(s-3)^2}$$

로 나타낸다. 우변을 통분하여 분자를 정리하면 $2s+5=A(s-3)+B$이므로 $A=2,\ B=11$을 얻는다. 그러므로

$$\frac{2s+5}{(s-3)^2}=\frac{2}{s-3}+\frac{11}{(s-3)^2} \tag{2}$$

이므로

$$L^{-1}\left\{\frac{2s+5}{(s-3)^2}\right\}=2L^{-1}\left\{\frac{1}{s-3}\right\}+11L^{-1}\left\{\frac{1}{(s-3)^2}\right\} \tag{3}$$

이다. 이제 $\frac{1}{(s-3)^2}$은 $F(s)=\frac{1}{s^2}$이 우측으로 3만큼 이동되었다.

$L^{-1}\left\{\frac{1}{s^2}\right\}=t$이므로 (1)로부터

$$L^{-1}\left\{\frac{1}{(s-3)^2}\right\}=L^{-1}\left\{\frac{1}{s^2}\Big|_{s\to s-3}\right\}=e^{3t}t$$

이다. 따라서 (3)은

$$L^{-1}\left\{\frac{2s+5}{(s-3)^2}\right\}=2e^{3t}+11e^{3t}t \tag{4}$$

이다.

(b) 우선 이차의 다항식 s^2+4s+6은 실수의 일차인수를 갖지 않는다는 것을 알 수 있다. 이 상황에서는 분모를 완전제곱식으로 변형한다. 즉,

$$\frac{\frac{s}{2}+\frac{5}{3}}{s^2+4s+6}=\frac{\frac{s}{2}+\frac{5}{3}}{(s+2)^2+2} \tag{5}$$

여기서 우리의 목표는 우변의 식을 s가 모두 $s+2$로 대치된 어떤 라플라스 변환 $F(s)$로 인식하는 것이다. 앞의 예제 1의 (b)부분과 유사한 시도를 적용하면 (5)의 분모는 이미 정확한 형식 즉, s^2+2에서 s가 $s+2$로 대치되어있다. 그러나 상수를 조정하여 분자를 결정하면

$$\frac{1}{2}s+\frac{5}{3}=\frac{1}{2}(s+2)+\frac{5}{3}-\frac{2}{2}=\frac{1}{2}(s+2)+\frac{2}{3}$$

이다.

이제 항별 나눗셈, L^{-1}의 선형성, 정리 7.2.1의 (e)와 (d) 그리고 (1)에 의하여

$$\frac{\frac{s}{2}+\frac{5}{3}}{(s+2)^2+2}=\frac{\frac{1}{2}(s+2)+\frac{2}{3}}{(s+2)^2+2}=\frac{1}{2}\frac{s+2}{(s+2)^2+2}+\frac{2}{3}\frac{1}{(s+2)^2+2}$$

$$L^{-1}\left\{\frac{\frac{s}{2}+\frac{5}{3}}{s^2+4s+6}\right\}=\frac{1}{2}L^{-1}\left\{\frac{s+2}{(s+2)^2+2}\right\}+\frac{2}{3}L^{-1}\left\{\frac{1}{(s+2)^2+2}\right\}$$

$$=\frac{1}{2}L^{-1}\left\{\frac{s}{s^2+2}\Big|_{s\to s+2}\right\}+\frac{2}{3\sqrt{2}}L^{-1}\left\{\frac{\sqrt{2}}{s^2+2}\Big|_{s\to s+2}\right\} \tag{6}$$

$$=\frac{1}{2}e^{-2t}\cos\sqrt{2}\,t+\frac{\sqrt{2}}{3}e^{-2t}\sin\sqrt{2}\,t \tag{7}$$

이다. ■

예제 3 초깃값 문제

$y''-6y'+9y=t^2e^{3t},\quad y(0)=2,\ y'(0)=17$ 을 풀어라.

풀이 미분방정식을 변형하기에 앞서 주어진 방정식의 우변은 예제 1의 (a)에 있는 함수와 유사하다. 선형성, 정리 7.3.1과 초깃값 조건을 사용한 후에 $Y(s)=L\{y(t)\}$ 에 관하여 간단히 한 후 풀면

$$L\{y''\}-6L\{y\}+9L\{y\}=L\{t^2e^{3t}\}$$

$$s^2Y(s)-sy(0)-y'(0)-6[sY(s)-y(0)]+9Y(s)=\frac{2}{(s-3)^3}$$

$$(s^2-6s+9)Y(s)=2s+5+\frac{2}{(s-3)^3}$$

$$(s-3)^2Y(s)=2s+5+\frac{2}{(s-3)^3}$$

$$Y(s)=\frac{2s+5}{(s-3)^2}+\frac{2}{(s-3)^5}$$

이다.

우변의 첫 번째 항은 예제 2의 (a)에서 (2)와 같은 부분분수로 이미 분해되었다.

$$Y(s)=\frac{2}{s-3}+\frac{11}{(s-3)^2}+\frac{2}{(s-3)^5}$$

따라서

$$y(t)=2L^{-1}\left\{\frac{1}{s-3}\right\}+11L^{-1}\left\{\frac{1}{(s-3)^2}\right\}+\frac{2}{4!}L^{-1}\left\{\frac{4!}{(s-3)^5}\right\} \tag{8}$$

정리 7.3.1의 역 형식 (1)로부터 (8)의 마지막 2개의 항은

$$L^{-1}\left\{\frac{1}{s^2}\Big|_{s\to s-3}\right\}=te^{3t} \quad \text{과} \quad L^{-1}\left\{\frac{4!}{s^5}\Big|_{s\to s-3}\right\}=t^4e^{3t}$$

이다.

따라서 (8)은 $y(t)=2e^{3t}+11te^{3t}+\frac{1}{12}t^4e^{3t}$ 이다. ■

예제 4 초깃값 문제

$y'' + 4y' + 6y = 1 + e^{-t}$, $y(0) = 0$, $y'(0) = 0$을 풀어라.

풀이 $L\{y''\} + 4L\{y'\} + 6L\{y\} = L\{1\} + L\{e^{-t}\}$

$$s^2 Y(s) - sy(0) - y'(0) + 4[sY(s) - y(0)] + 6Y(s) = \frac{1}{s} + \frac{1}{s+1}$$

$$(s^2 + 4s + 6)Y(s) = \frac{2s+1}{s(s+1)}$$

$$Y(s) = \frac{2s+1}{s(s+1)(s^2+4s+6)}$$

분모의 이차항은 실수의 일차인수로 인수분해 되지 않으므로 $Y(s)$에 대한 부분분수 분해는

$$Y(s) = \frac{\frac{1}{6}}{s} + \frac{\frac{1}{3}}{s+1} - \frac{\frac{s}{2} + \frac{5}{3}}{s^2+4s+6}$$

이다. 더욱이 역변환을 취하는데 있어서 마지막 항을 예제 2의 (b)에 있는 필요한 형으로 이미 조정하였으므로 (6)과 (7)에 있는 결과에 의하여 해는

$$\begin{aligned} y(t) &= \frac{1}{6}L^{-1}\left\{\frac{1}{s}\right\} + \frac{1}{3}L^{-1}\left\{\frac{1}{s+1}\right\} - \frac{1}{2}L^{-1}\left\{\frac{s+2}{(s+2)^2+2}\right\} \\ &\quad - \frac{2}{3\sqrt{2}}L^{-1}\left\{\frac{\sqrt{2}}{(s+2)^2+2}\right\} \\ &= \frac{1}{6} + \frac{1}{3}e^{-t} - \frac{1}{2}e^{-2t}\cos\sqrt{2}\,t - \frac{\sqrt{2}}{3}e^{-2t}\sin\sqrt{2}\,t \end{aligned}$$

이다. ■

7.3.2 t–축으로의 이동

단위계단 함수 공학에서 "off" 또는 "on"인 함수를 자주 접하게 된다. 예를 들어, 기계적인 체계에 작동하는 외부력이나 회로에 인가된 전압은 일정시간 후에 없어질 수 있다. 이 때 어떤 시간 $t = a$까지는 수 0이고, 그 시간 이후에는 수 1인 특수한 함수를 정의하는 것이 간편하다. 이 함수를 단위계단 함수 또는 영국의 다방면의 박식가인 올리버 헤비사이드(1850-1925)의 이름을 따서 **헤비사이드 함수**라고 한다.

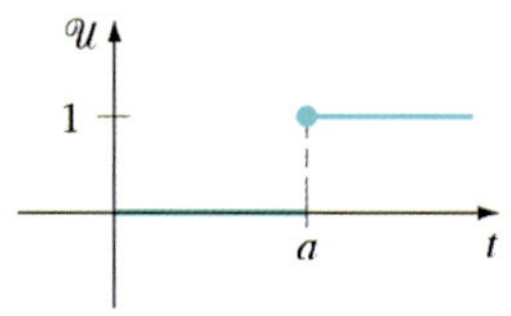

그림 7.3.2 단위계단 함수의 그래프

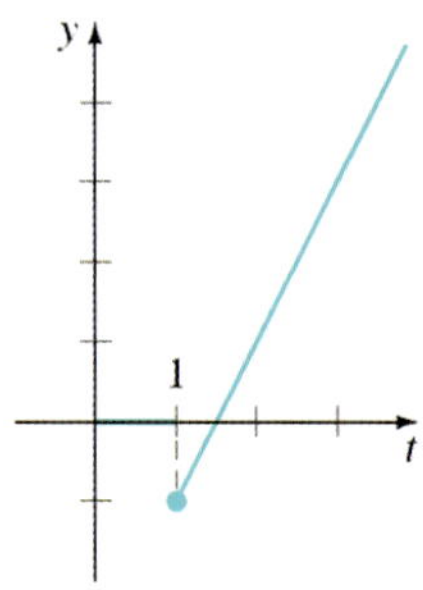

그림 7.3.3 함수는 $f(t)=(2t-3)\,U(t-1)$이다.

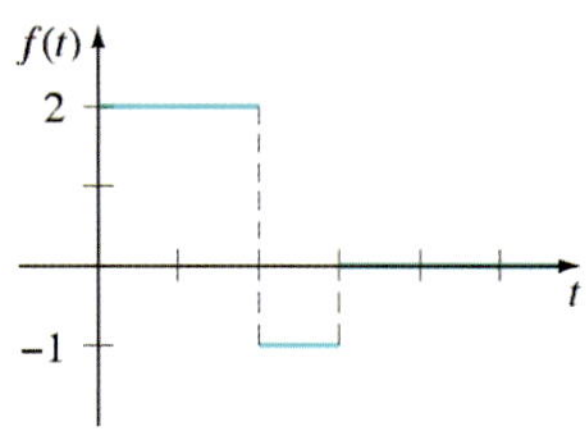

그림 7.3.4
함수는 $f(t)=2-3U(t-2)+U(t-3)$이다.

정의 7.3.1 단위계단 함수

단위계단 함수 $U(t-a)$는

$$U(t-a)=\begin{cases}0, & 0\leqq t<a\\ 1, & t\geqq a\end{cases}$$

으로 정의된다.

$U(t-a)$는 모두 라플라스 변환의 연구와 관련되므로 음이 아닌 t-축 상에서만 정의된다. 넓은 의미에서 $t<a$에 대하여 $U(t-a)=0$이다. $U(t-a)$의 그래프는 그림 7.3.2에서와 같다. $a=0$인 경우에는 $t\geqq 0$에 대하여 $U(t)=1$을 택한다.

$t\geqq 0$에 대하여 정의된 함수 f와 $U(t-a)$가 곱해 질 때 단위계단 함수는 이 결합된 함수의 그래프의 어떤 부분을 지운다. 예를 들어, $f(t)=2t-3$을 생각해 보자. $0\leqq t<1$에서 f의 그래프의 일부를 지우기 위해서는 단순히 곱

$$(2t-3)\,U(t-1)$$

을 만든다. 그림 7.3.3 참조.

일반적으로 $f(t)U(t-a)$의 그래프는 $0\leqq t<a$에서는 0이고, $t\geqq a$에서는 f의 그래프의 부분으로 표시된다. 또한 단위계단 함수는 간결한 형태로 조각적으로 정의된 함수를 나타내도록 사용될 수 있다. 예를 들어, 구간 $0\leqq t<2$, $2\leqq t<3$과 $t\geqq 3$ 그리고 $U(t-2)$와 $U(t-3)$의 대응된 값을 생각하면 그림 7.3.4에서와 같은 조각적으로 정의된 함수는 $f(t)=2-3U(t-2)+U(t-3)$와 같음이 분명해진다.

또한

$$f(t)=\begin{cases}g(t), & 0\leqq t<a\\ h(t), & t\geqq a\end{cases} \tag{9}$$

형태의 일반적인 조각적으로 정의된 함수는

$$f(t)=g(t)-g(t)U(t-a)+h(t)U(t-a) \tag{10}$$

와 같다.

마찬가지로

$$f(t)=\begin{cases}0, & 0\leq t<a\\ g(t), & a\leq t<b\\ 0, & t\geq b\end{cases} \tag{11}$$

형태의 함수는

$$f(t)=g(t)[U(t-a)-U(t-b)] \tag{12}$$

로 나타낼 수 있다.

예제 5 조각적으로 정의된 함수

$f(t)=\begin{cases}20t, & 0\leqq t<5\\ 0, & t\geqq 5\end{cases}$ 를 단위계단 함수로 나타내고 그래프를 그려라.

풀이 f의 그래프는 그림 7.3.5에 주어져 있다.

$a=5$, $g(t)=20t$와 $h(t)=0$으로 놓고 (9)와 (10)으로부터 $f(t)=20t-20t\,U(t-5)$를 얻는다. ■

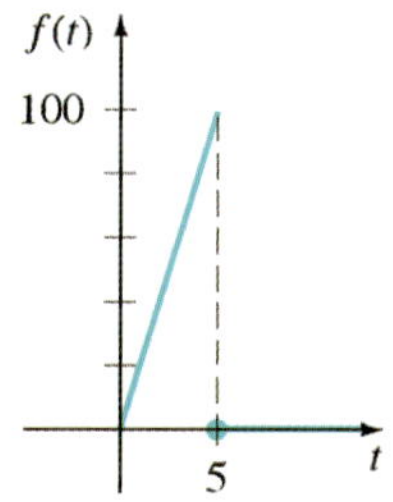

그림 7.3.5 예제 5의 함수

$t\geqq 0$에 대하여 정의된 일반적인 함수 $y=f(t)$를 생각해 보자. 조각적으로 정의된 함수

$$f(t-a)\,U(t-a)=\begin{cases}0, & 0\leqq t<a\\ f(t-a), & t\geqq a\end{cases} \tag{13}$$

는 앞으로 논하게 될 내용에서 의미 있는 역할을 한다. 그림 7.3.6에서와 같이 $a>0$에 대하여 함수 $y=f(t-a)\,U(t-a)$의 그래프는 $t\geqq a$에 대하여 $y=f(t-a)$의 그래프와 일치하지만 (즉, t-축 상에서 오른쪽으로 a만큼 이동한 $y=f(t)$, $t\geqq 0$ 의 전체 그래프이다.) $0\leqq t<a$에 대해서는 0이다.

정리 7.3.1에서 $f(t)$의 지수배수는 변환 $F(s)$의 s-축 상으로의 이동임을 보았다. 다음 정리의 결과로서 $F(s)$가 지수함수 e^{-as}, $a>0$에 의하여 곱해진 경우에 곱 $e^{-as}F(s)$의 역변환은 그림 7.3.6(b)에서 제시된 방식으로 함수 f가 t-축을 따라 이동된 것이다. 다음의 변환설명에서 주어진 이 결과는 **제2이동정리**라고 한다.

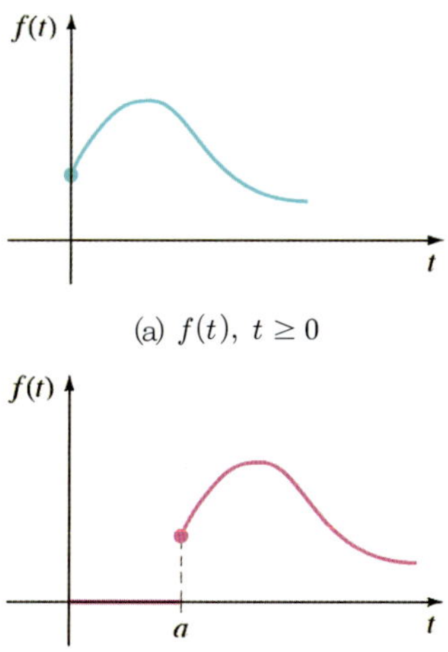

(a) $f(t)$, $t\geq 0$

(b) $f(t-a)U(t-a)$

그림 7.3.6 t축으로의 이동

정리 7.3.2 제2이동정리

$F(s)=\mathscr{L}\{f(t)\}$이고 $a>0$이면

$$\mathscr{L}\{f(t-a)\,U(t-a)\}=e^{-as}F(s)$$

이다.

풀이 적분의 덧셈구간성질에 의하여

$$\int_0^\infty e^{-st}f(t-a)\,U(t-a)dt$$

는 다음과 같은 두 개의 적분으로 나타낼 수 있다:

$$\mathscr{L}\{f(t-a)\,U(t-a)\}=\int_0^a e^{-st}f(t-a)\underbrace{U(t-a)}_{0\leq t<a\text{에 대하여 }0}dt+\int_a^\infty e^{-st}f(t-a)\underbrace{U(t-a)}_{t\geq a\text{에 대하여 }1}dt$$

$$=\int_a^\infty e^{-st}f(t-a)dt.$$

이제 마지막 적분에서 $v=t-a$로 놓으면 $dv=dt$이고

$$\mathcal{L}\{f(t-a)\mathcal{U}(t-a)\} = \int_0^\infty e^{-s(v+a)} f(v)dv = e^{-as}\int_0^\infty e^{-sv} f(v)dv$$
$$= e^{-as}\mathcal{L}\{f(t)\}$$

이다. ■

가끔은 단위계단 함수만의 라플라스 변환을 구하고자 한다. 이것은 정의 7.1.1이나 정리 7.3.2로부터 구할 수 있다. 정리 7.3.2에서 $f(t)=1$로 놓으면 $f(t-a)=1$, $F(s)=\mathcal{L}\{1\}=\frac{1}{s}$이므로

$$\mathcal{L}\{\mathcal{U}(t-a)\} = \frac{e^{-as}}{s} \tag{14}$$

이다.

예제 6 그림 7.3.4 재논의

그림 7.3.4의 함수 f의 라플라스 변환을 구하라.

풀이 함수 f를 단위계단 함수로 나타내고 $f(t)=2-3\mathcal{U}(t-2)+\mathcal{U}(t-3)$이고 (14)를 사용하면 라플라스 변환은

$$\mathcal{L}\{f(t)\} = 2\mathcal{L}\{1\} - 3\mathcal{L}\{\mathcal{U}(t-2)\} + \mathcal{L}\{\mathcal{U}(t-3)\}$$
$$= \frac{2}{s} - 3\frac{e^{-2s}}{s} + \frac{e^{-3s}}{s}$$

이다. ■

정리 7.3.2의 역 형식 $f(t)=\mathcal{L}^{-1}\{F(s)\}$이면 정리 7.3.2 $(a>0)$ 의 역 형식은

$$\mathcal{L}^{-1}\{e^{-as}F(s)\} = f(t-a)\mathcal{U}(t-a) \tag{15}$$

이다.

예제 7 공식 (15) 사용하기

(a) $\mathcal{L}^{-1}\left\{\frac{1}{s-4}e^{-2s}\right\}$ (b) $\mathcal{L}^{-1}\left\{\frac{s}{s^2+9}e^{-\frac{\pi s}{2}}\right\}$ 를 계산하여라.

풀이 (a) $a=2$, $F(s)=\frac{1}{s-4}$로 놓으면 $\mathcal{L}^{-1}\{F(s)\}=e^{4t}$이므로 (15)로부터

$$\mathcal{L}^{-1}\left\{\frac{1}{s-4}e^{-2s}\right\} = e^{4(t-2)}\mathcal{U}(t-2)$$

이다.

(b) $a=\dfrac{\pi}{2}$, $F(s)=\dfrac{s}{s^2+9}$로 놓으면 $L^{-1}\{F(s)\}=\cos 3t$이므로 (15)로부터

$$L^{-1}\left\{\frac{s}{s^2+9}e^{-\frac{\pi s}{2}}\right\}=\cos 3\left(t-\frac{\pi}{2}\right)U\left(t-\frac{\pi}{2}\right)$$

이다. 마지막 표현은 코사인에 대한 덧셈공식을 사용하여 좀 더 단순화될 수 있다. 이 결과는 $-\sin 3t\, U\left(t-\dfrac{\pi}{2}\right)$와 같음을 보여라. ■

정리 7.3.2의 또 다른 형식 우리는 자주 함수 g와 단위계단 함수 $U(t-a)$의 곱의 라플라스 변환을 구하는 문제에 직면한다. 여기서 g는 정리 7.3.2에 있는 정확한 이동 형식 $f(t-a)$를 필요로 한다. $g(t)\,U(t-a)$의 라플라스 변환을 구하기 위해서 $g(t)$를 대수적인 조작에 의하여 요구된 형식 $f(t-a)$로 결정하는 것이 가능하다. 예를 들어, $t^2\,U(t-a)$의 라플라스 변환을 구하기 위해서 정리 7.3.2를 사용한다면 $g(t)=t^2$을 형식 $f(t-2)$로 변형해야 한다. 상세하게 작업하여 $t^2=(t-2)^2+4(t-2)+4$ 임을 보인다. 그러므로

$$L\{t^2\,U(t-2)\}=L\{(t-2)^2\,U(t-2)+4(t-2)\,U(t-2)+4\,U(t-2)\}$$

이고, 여기서 우변의 각각의 항은 정리 7.3.2에 의하여 계산되어질 수 있다. 그러나 이러한 조작이 시간을 소비하고 가끔 명확하지 않으므로 정리 7.3.2의 또 다른 설명을 고안하는 것이 더 간단하다. 정의 7.1.1, $U(t-a)$의 정의와 치환 $u=t-a$를 사용하여

$$L\{g(t)\,U(t-a)\}=\int_0^\infty e^{-st}g(t)dt=\int_0^\infty e^{-s(u+a)}g(u+a)du$$

를 얻는다.

$$\text{즉, } L\{g(t)\,U(t-a)\}=e^{-as}L\{g(t+a)\} \tag{16}$$

이다.

예제 8 제2이동정리–또 다른 형식

$L\{\cos t\,U(t-\pi)\}$를 구하여라.

풀이 $g(t)=\cos t$와 $a=\pi$로 놓으면 코사인 함수의 덧셈 공식에 의하여 $g(t+\pi)=\cos(t+\pi)=-\cos t$ 이다. (16)에 의하여

$$L\{\cos t\,U(t-\pi)\}=-e^{-\pi s}L\{\cos t\}=-\frac{s}{s^2+1}e^{-\pi s}$$

이다. ■

예제 9 초깃값 문제

$y' + y = f(t)$, $y(0) = 5$를 풀어라. 여기서 $f(t) = \begin{cases} 0, & 0 \leq t < \pi \\ 3\cos t, & t \geq \pi \end{cases}$ 이다.

풀이 함수 f는 $f(t) = 3\cos t\, U(t-\pi)$로 쓸 수 있고, 선형성, 예제 7의 결과와 부분분수에 의하여

$$\mathscr{L}\{y'\} + \mathscr{L}\{y\} = 3\mathscr{L}\{\cos t\, U(t-\pi)\}$$

$$sY(s) - y(0) + Y(s) = -3\frac{s}{s^2+1}e^{-\pi s}$$

$$(s+1)Y(s) = 5 - \frac{3s}{s^2+1}e^{-\pi s}$$

$$Y(s) = \frac{5}{s+1} - \frac{3}{2}\left[-\frac{1}{s+1}e^{-\pi s} + \frac{1}{s^2+1}e^{-\pi s} + \frac{s}{s^2+1}e^{-\pi s}\right] \tag{17}$$

이다.

이제 예제 7에서 한 것과 같이 진행하면 $a = \pi$로 놓고 (15)로부터 괄호안의 항의 역은

$$\mathscr{L}^{-1}\left\{\frac{1}{s+1}e^{-\pi s}\right\} = e^{-(t-\pi)}U(t-\pi), \quad \mathscr{L}^{-1}\left\{\frac{1}{s^2+1}e^{-\pi s}\right\} = \sin(t-\pi)U(t-\pi)$$

이고 $\mathscr{L}^{-1}\left\{\frac{s}{s^2+1}e^{-\pi s}\right\} = \cos(t-\pi)U(t-\pi)$ 이다.

따라서 (17)의 역은

$$y(t) = 5e^{-t} + \frac{3}{2}e^{-(t-\pi)}U(t-\pi) - \frac{3}{2}\sin(t-\pi)U(t-\pi)$$

$$-\frac{3}{2}\cos(t-\pi)U(t-\pi)$$

$$= 5e^{-t} + \frac{3}{2}[e^{-(t-\pi)} + \sin t + \cos t]U(t-\pi) \quad \leftarrow \text{삼각함수 항등식}$$

$$= \begin{cases} 5e^{-t}, & 0 \leq t < \pi \\ 5e^{-t} + \frac{3}{2}e^{-(t-\pi)} + \frac{3}{2}\sin t + \frac{3}{2}\cos t, & t \geq \pi \end{cases} \tag{18}$$

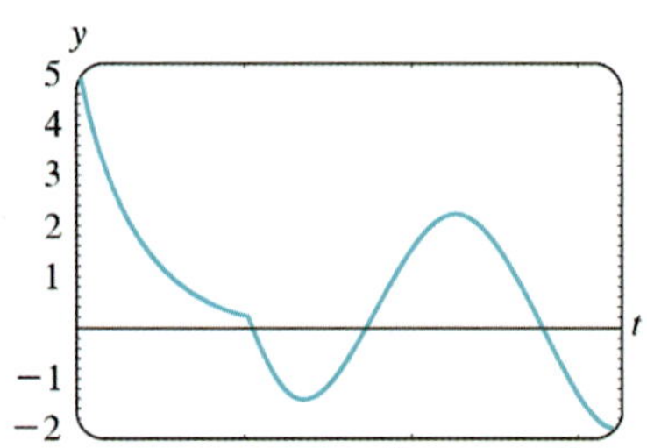

그림 7.3.7 예제 9의 함수 (18)의 그래프

이다. 그래프를 그리는 도구에 의하여 그림 7.3.7에서 보여진 (18)의 그래프를 얻었다. ■

막대 5.2절에서 단위 길이 당 하중 $w(x)$가 닿는 길이 L의 동일한 막대의 정지하고 있는 휨은 선형 4계 미분방정식

$$EI\frac{d^4y}{dx^4} = w(x) \tag{19}$$

으로부터 구해짐을 보았다. 여기서 E는 영의 탄성계수이고 I는 막대의 횡단면의 관성능률이다. $w(x)$가 조각적으로 정의될 때 라플라스 변환은 (19)를 푸는데 특히

유용하다. 그러나 라플라스 변환을 사용하기 위해서는 $y(x)$와 $w(x)$가 $(0, L)$에서 보다는 오히려 $(0, \infty)$에서 정의되었다고 해야 한다. 또한 다음의 예제는 초깃값 문제라기 보다는 경곗값 문제임에 유의한다.

예제 10 경곗값 문제

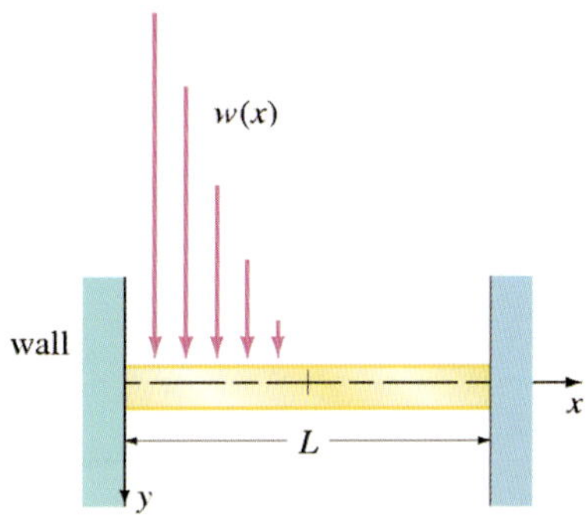

그림 7.3.8 예제 10의 변수 하중을 갖는 둘러싸인 막대

길이가 L인 막대가 그림 7.3.8에서와 같이 양쪽 끝이 둘러싸여 있다. 하중이

$$w(x) = \begin{cases} w_0(1 - \frac{2}{L}x), & 0 < x < \frac{L}{2} \\ 0, & \frac{L}{2} < x < L \end{cases}$$

으로 주어진 막대의 휨을 구하라.

풀이 막대의 양쪽 끝이 둘러싸여 있기 때문에 경곗값 조건은 $y(0) = 0, y'(0) = 0$, $y(L) = 0$, $y'(L) = 0$임을 알 수 있다. 이제 (10)에 의하여 $w(x)$를 단위계단 함수로 다음과 같이 나타낼 수 있다:

$$\begin{aligned} w(x) &= w_0(1 - \frac{2}{L}x) - w_0(1 - \frac{2}{L}x)U(x - \frac{L}{2}) \\ &= \frac{2w_0}{L}[\frac{L}{2} - x + (x - \frac{L}{2})U(x - \frac{L}{2})] \end{aligned}$$

(19)를 x에 관하여 변형하면

$$EI(s^4Y(s) - s^3y(0) - s^2y'(0) - sy''(0) - y'''(0))$$

$$= \frac{2w_0}{L}[\frac{\frac{L}{2}}{s} - \frac{1}{s^2} + \frac{1}{s^2}e^{-\frac{Ls}{2}}]$$

또는 $s^4Y(s) - sy''(0) - y'''(0) = \frac{2w_0}{EIL}[\frac{\frac{L}{2}}{s} - \frac{1}{s^2} + \frac{1}{s^2}e^{-\frac{Ls}{2}}]$이다. $c_1 = y''(0)$와 $c_2 = y'''(0)$로 놓으면

$$Y(s) = \frac{c_1}{s^3} + \frac{c_2}{s^4} + \frac{2w_0}{EIL}[\frac{\frac{L}{2}}{s^5} - \frac{1}{s^6} + \frac{1}{s^6}e^{-\frac{Ls}{2}}]$$

이므로 결과적으로

$$\begin{aligned} y(x) &= \frac{c_1}{2!}\mathcal{L}^{-1}\left\{\frac{2!}{s^3}\right\} + \frac{c_2}{3!}\mathcal{L}^{-1}\left\{\frac{3!}{s^4}\right\} + \frac{2w_0}{EIL}[\frac{\frac{L}{2}}{4!}\mathcal{L}^{-1}\left\{\frac{4!}{s^5}\right\} - \frac{1}{5!}\mathcal{L}^{-1}\left\{\frac{5!}{s^6}\right\} \\ &\quad + \frac{1}{5!}\mathcal{L}^{-1}\left\{\frac{5!}{s^6}e^{-\frac{Ls}{2}}\right\}] \\ &= \frac{c_1}{2}x^2 + \frac{c_2}{6}x^3 + \frac{w_0}{60EIL}[\frac{5L}{2}x^4 - x^5 + (x - \frac{L}{2})^5U(x - \frac{L}{2})] \end{aligned}$$

이다.

마지막 결과에 조건 $y(L) = 0$, $y'(L) = 0$을 적용하면 c_1과 c_2에 대한 다음의 연립방

정식을 얻는다:

$$c_1\frac{L^2}{2}+c_2\frac{L^3}{6}+\frac{49w_0L^4}{1920EI}=0$$

$$c_1L+c_2\frac{L^2}{2}+\frac{85w_0L^3}{960EI}=0$$

이를 풀면 $c_1=\dfrac{23w_0L^2}{960EI}$와 $c_2=\dfrac{-9w_0L}{40EI}$이고 따라서 휨은

$$y(x)=\frac{23w_0L^2}{1920EI}x^2-\frac{3w_0L}{80EI}x^3+\frac{w_0}{60EIL}[\frac{5L}{2}x^4-x^5+(x-\frac{L}{2})^5U(x-\frac{L}{2})]$$

으로 주어진다. ■

연습문제 7.3

7.3.1 s-축으로의 이동

(1-20) 표시된 대로 $F(s)$ 또는 $f(t)$를 구하라:

1 $L\{te^{10t}\}$

2 $L\{e^{-2t}\cos 4t\}$

3 $L\{t^3e^{-2t}\}$

4 $L\{e^{2t}(t-1)^2\}$

5 $L\{t(e^t+e^{2t})^2\}$

6 $L\{t^{10}e^{-7t}\}$

7 $L\{e^t\sin 3t\}$

8 $L\{te^{-6t}\}$

9 $L\{(1-e^t+3e^{-4t})\cos 5t\}$

10 $L\left\{e^{3t}\left(9-4t+10\sin\frac{t}{2}\right)\right\}$

11 $L^{-1}\left\{\frac{1}{(s+2)^3}\right\}$

12 $L^{-1}\left\{\frac{(s+1)^2}{(s+2)^4}\right\}$

13 $L^{-1}\left\{\frac{1}{s^2-6s+10}\right\}$

14 $L^{-1}\left\{\frac{5s}{(s-2)^2}\right\}$

15 $L^{-1}\left\{\frac{s}{s^2+4s+5}\right\}$

16 $L^{-1}\left\{\frac{2s+5}{s^2+6s+34}\right\}$

17 $L^{-1}\left\{\frac{s}{(s+1)^2}\right\}$

18 $L^{-1}\left\{\frac{1}{s^2+2s+5}\right\}$

19 $L^{-1}\left\{\frac{2s-1}{s^2(s+1)^3}\right\}$

20 $L^{-1}\left\{\frac{1}{(s-1)^4}\right\}$

(21-30) 라플라스 변환을 사용하여 주어진 초깃값 문제를 풀어라.

21 $y'+4y=e^{-4t},\ \ y(0)=2$

22 $y''-2y'+5y=1+t,\ \ y(0)=0,\ \ y'(0)=4$

23 $y''+2y'+y=0,\ \ y(0)=1,\ \ y'(0)=1$

24 $y'-y=1+te^t,\ \ y(0)=0$

25 $y''-6y'+9y=t,\ \ y(0)=0,\ \ y'(0)=1$

26 $y''-4y'+4y=t^3e^{2t},\ \ y(0)=0,\ \ y'(0)=0$

27 $y''-6y'+13y=0,\ \ y(0)=0,\ \ y'(0)=-3$

28 $y''-4y'+4y=t^3,\ \ y(0)=1,\ \ y'(0)=0$

29 $y''-y'=e^t\cos t,\ \ y(0)=0,\ \ y'(0)=0$

30 $2y''+20y'+51y=0,\ \ y(0)=2,\ \ y'(0)=0$

(31-32) 라플라스 변환과 예제 10에서 제시된 과정을 사용하여 주어진 경곗값 문제를 풀어라.

31 $y''+2y'+y=0,\ y'(0)=2,\ y(1)=2$

32 $y''+8y'+20y=0,\ y(0)=0,\ y'(\pi)=0$

33 4 lb의 무게에 의해 스프링은 2 ft 늘어난다. 평형위치에서 18 in 위에서 무게가 제거되고 순간속도의 $\frac{7}{8}$배에 달하는 감쇠력이 작동하는 매개체에서 운동하고 있다. 라플라스 변환을 사용하여 운동 $x(t)$의 방정식을 구하라.

34 LRC 직렬회로의 축전기에서 순간 충전 $q(t)$에 대한 미분 방정식은

$$L\frac{d^2q}{dt^2}+R\frac{dq}{dt}+\frac{1}{C}q=E(t) \qquad (20)$$

에 의하여 주어짐을 생각하자. 5.1절 참조. 라플라스 변환을 사용하여 $L=1h$, $R=20\Omega$, $C=0.005f$, $E(t)=150\,V$, $t>0$, $q(0)=0$과 $i(0)=0$일 때 $q(t)$를 구하라. 전류 $i(t)$는 얼마인가?

35 그림 7.3.9에서 보듯이 축전기를 충전하는 일정한 전압 E_0의 전지를 생각하자. 방정식 (20)을 L로 나누고 $2\lambda=\dfrac{R}{L}$과 $\omega^2=\dfrac{1}{LC}$로 정의한다. 라플라스 변환을 사용하여 $q(0)=0$, $i(0)=0$인 조건에 대한 $q''+2\lambda q'+\omega^2 q=\dfrac{E_0}{L}$의 해 $q(t)$는

$$q(t)=\begin{cases} E_0C\left[1-e^{-\lambda t}\left(\cosh\sqrt{\lambda^2-\omega^2}\,t+\dfrac{\lambda}{\sqrt{\lambda^2-\omega^2}}\sinh\sqrt{\lambda^2-\omega^2}\,t\right)\right], & \lambda>\omega \\ E_0C[1-e^{-\lambda t}(I+\lambda t)], & \lambda=\omega \\ E_0C\left[1-e^{-\lambda t}\left(\cos\sqrt{\omega^2-\lambda^2}\,t+\dfrac{\lambda}{\sqrt{\omega^2-\lambda^2}}\sin\sqrt{\omega^2-\lambda^2}\,t\right)\right], & \lambda<\omega \end{cases}$$

임을 보여라.

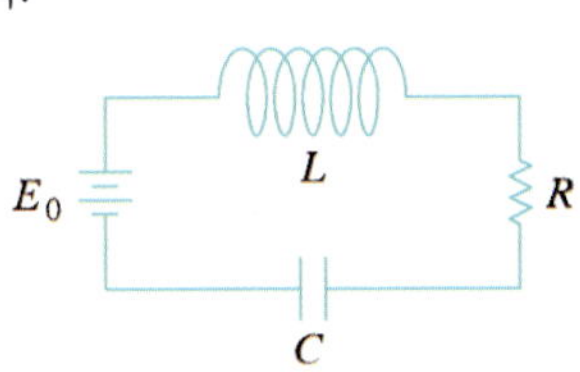

그림 7.3.9 문제 35의 직렬회로

36 라플라스 변환을 사용하여 $q(0)=0$과 $E(t)=E_0e^{-kt}$, $k>0$일 때 RC-직렬회로에서 충전 $q(t)$를 구하라. $k\neq\dfrac{1}{RC}$과 $k=\dfrac{1}{RC}$에 대한 두 가지 경우를 생각하라.

7.3.2 t-축으로의 이동

(37-48) 표시된 대로 $F(s)$ 또는 $f(t)$를 구하라.

37 $\mathcal{L}\{(t-1)\,\mathcal{U}(t-1)\}$

38 $\mathcal{L}^{-1}\left\{\dfrac{e^{-2s}}{s^2(s-1)}\right\}$

39 $\mathcal{L}\{t\,\mathcal{U}(t-2)\}$

40 $\mathcal{L}^{-1}\left\{\dfrac{se^{-\frac{\pi s}{2}}}{s^2+4}\right\}$

41 $\mathcal{L}\{\cos 2t\,\mathcal{U}(t-\pi)\}$

42 $\mathcal{L}^{-1}\left\{\dfrac{(1+e^{-2s})^2}{s+2}\right\}$

43 $\mathcal{L}^{-1}\left\{\dfrac{e^{-2s}}{s^3}\right\}$

44 $\mathcal{L}\left\{\sin t\,\mathcal{U}\left(t-\dfrac{\pi}{2}\right)\right\}$

45 $\mathcal{L}^{-1}\left\{\dfrac{e^{-\pi s}}{s^2+1}\right\}$

46 $\mathcal{L}\{(3t+1)\,\mathcal{U}(t-1)\}$

47 $\mathcal{L}^{-1}\left\{\dfrac{e^{-s}}{s(s+1)}\right\}$

48 $\mathcal{L}\{e^{2-t}\,\mathcal{U}(t-2)\}$

(49-54) 주어진 그래프를 (a)-(f)에 있는 함수중 하나와 일치하여라. $f(t)$의 그래프는 그림 7.3.10에서 주어져 있다.

(a) $f(t)-f(t)\,\mathcal{U}(t-a)$
(b) $f(t-b)\,\mathcal{U}(t-b)$
(c) $f(t)\,\mathcal{U}(t-a)$
(d) $f(t)-f(t)\,\mathcal{U}(t-b)$
(e) $f(t)\,\mathcal{U}(t-a)-f(t)\,\mathcal{U}(t-b)$
(f) $f(t-a)\,\mathcal{U}(t-a)-f(t-a)\,\mathcal{U}(t-b)$

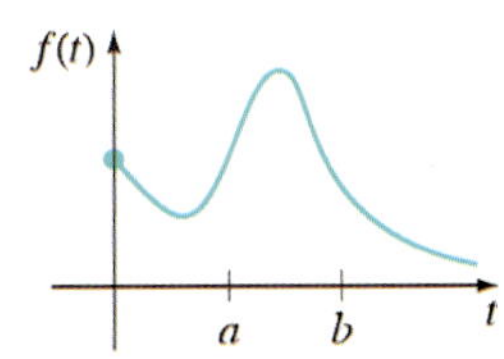

그림 7.3.10 문제 49−54에 대한 그래프

49

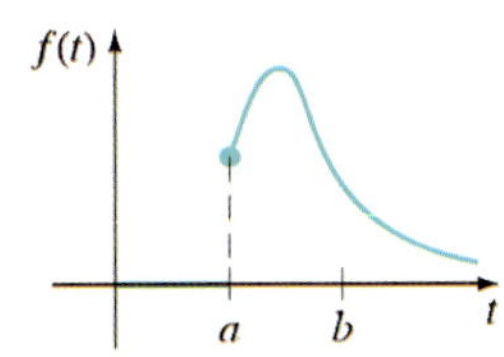

그림 7.3.11 문제 49에 대한 그래프

50

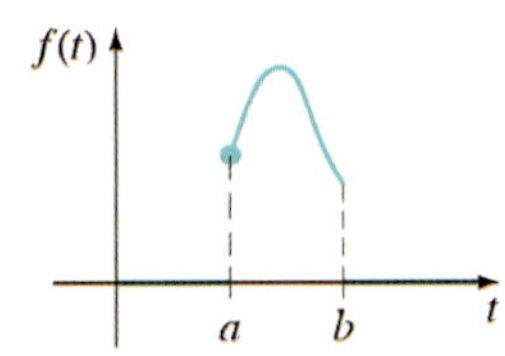

그림 7.3.12 문제 50에 대한 그래프

51

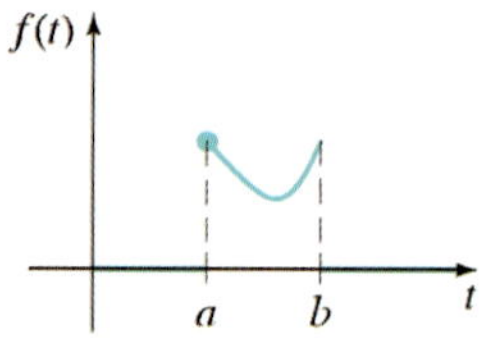

그림 7.3.13 문제 51에 대한 그래프

52

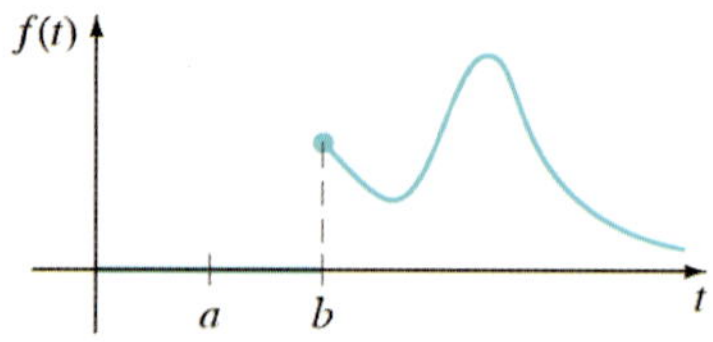

그림 7.3.14 문제 52에 대한 그래프

53

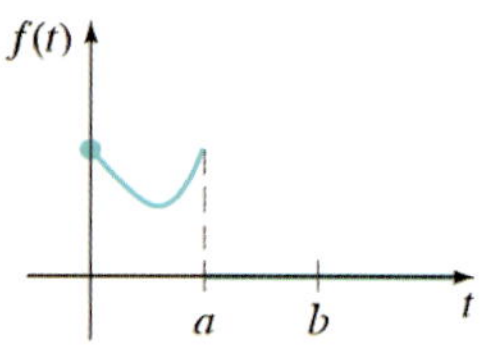

그림 7.3.15 문제 53에 대한 그래프

54

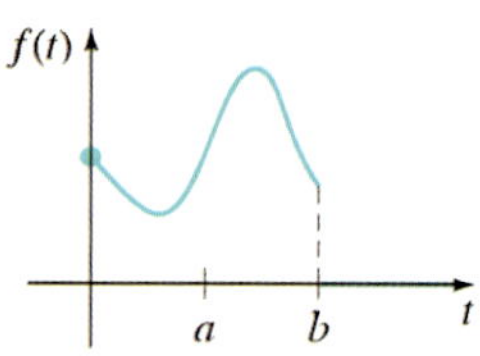

그림 7.3.16 문제 54에 대한 그래프

(55-62) 각각의 함수를 단위계단 함수로 나타내고, 주어진 함수의 라플라스 변환을 구하라.

55 $f(t)=\begin{cases} 2, & 0\le t<3 \\ -2, & t\ge 3 \end{cases}$

56 $f(t)=\begin{cases} 1, & 0\le t<4 \\ 0, & 4\le t<5 \\ 1, & t\ge 5 \end{cases}$

57 $f(t)=\begin{cases} 0, & 0\le t<1 \\ t^2, & t\ge 1 \end{cases}$

58 $f(t)=\begin{cases} 0, & 0\le t<3\pi/2 \\ \sin t, & t\ge 3\pi/2 \end{cases}$

59 $f(t)=\begin{cases} t, & 0\le t<2 \\ 0, & t\ge 2 \end{cases}$

60 $f(t)=\begin{cases} \sin t, & 0\le t<2\pi \\ 0, & t\ge 2\pi \end{cases}$

61

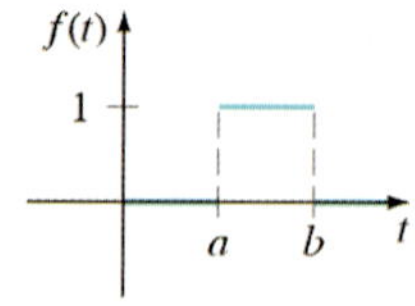

직사각 펄스
그림 7.3.17 문제 61에 대한 그래프

62

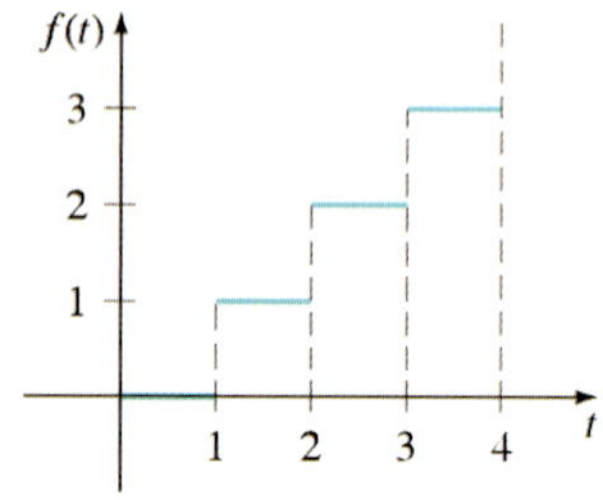

계단 함수
그림 7.3.18 문제 62에 대한 그래프

(63-70) 라플라스 변환을 사용하여 주어진 초깃값 문제를 풀어라.

63 $y'+y=f(t),\ y(0)=0$ 여기서

$f(t)=\begin{cases} 0, & 0\leqq t<1 \\ 5, & t\geqq 1 \end{cases}$

64 $y''+4y'+3y=1-\mathcal{U}(t-2)-\mathcal{U}(t-4)$
$+\mathcal{U}(t-6),\ y(0)=0,\ y'(0)=0$

65 $y'+2y=f(t),\ y(0)=0$ 여기서

$f(t)=\begin{cases} t, & 0\leqq t<1 \\ 0, & t\geqq 1 \end{cases}$

66 $y'+y=f(t),\ y(0)=0$ 여기서

$f(t)=\begin{cases} 1, & 0\leqq t<1 \\ -1, & t\geqq 1 \end{cases}$

67 $y''+4y=\sin t\ \mathcal{U}(t-2\pi),\ y(0)=1,\ y'(0)=0$

68 $y''+4y=f(t),\ y(0)=0,\ y'(0)=-1$ 여기서

$f(t)=\begin{cases} 1, & 0\leqq t<1 \\ 0, & t\geqq 1 \end{cases}$

69 $y''+y=f(t),\ y(0)=0,\ y'(0)=1$
여기서

$f(t)=\begin{cases} 0, & 0\le t<\pi \\ 1, & \pi\le t<2\pi \\ 0, & t\ge 2\pi \end{cases}$

70 $y''-5y'+6y=\mathcal{U}(t-1),\ y(0)=0,\ y'(0)=1$

71 32 lb의 무게에 의해 스프링은 2 ft 늘어난다고 하자. 평형 위치에서 무게가 제거되고 $0 \leq t < 5$에 대하여 강제력 $f(t) = 20t$가 시스템에 작용하고 그 후에 제거된다면 운동 $x(t)$의 방정식을 구하라. (예제 5 참조) 모든 감쇠력은 무시한다. 그래프 그리는 도구를 사용하여 구간 $[0, 10]$에서 $x(t)$의 그래프를 그려라.

72 강제력 $f(t) = \sin t$가 $0 \leq t < 2\pi$에 대하여 시스템에 작용하고 그 후에 제거되는 경우에 문제 71을 풀어라.

(73-74) 라플라스 변환을 사용하여 주어진 조건에 대응된 RC-직렬회로의 축전기에서 충전 $q(t)$를 구하라.

73 $q(0) = 0$, $R = 2.5\,\Omega$, $C = 0.08\,f$, $E(t)$는 그림 7.3.19에서 주어져 있다.

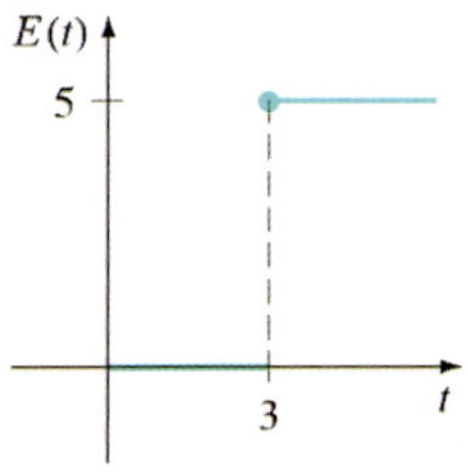

그림 7.3.19 문제 73에서의 $E(t)$

74 $q(0) = q_0$, $R = 10\,\Omega$, $C = 0.1\,f$, $E(t)$는 그림 7.3.20에서 주어져 있다.

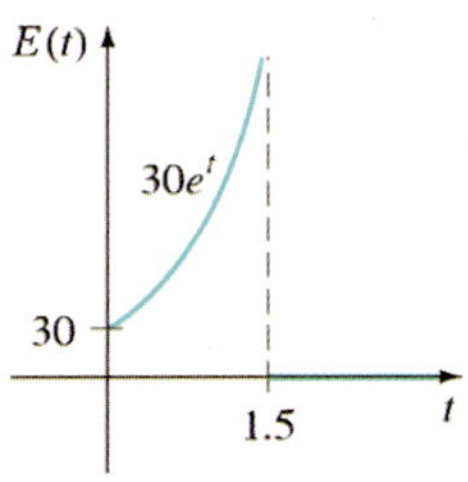

그림 7.3.20 문제 74에서의 $E(t)$

75 (a) 라플라스 변환을 사용하여 $i(0) = 0$, $L = 1\,h$, $R = 10\,\Omega$이고 $E(t)$가 그림 7.3.21에 주어진 바와 같을 때, 단일 LR 직렬회로에서 전류 $i(t)$를 구하라.

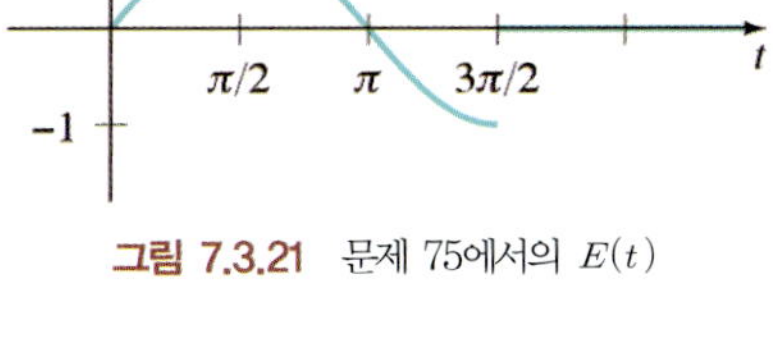

그림 7.3.21 문제 75에서의 $E(t)$

(b) 컴퓨터 그래핑 프로그램을 사용하여 구간 $0 \leq t \leq 6$에서 $i(t)$ 그래프를 그려라. 그래프를 이용하여 전류의 최댓값과 최솟값 i_{max}와 i_{min}을 추정하라.

76 (a) 라플라스 변환을 사용하여 $q(0) = 0$, $R = 50\,\Omega$ $C = 0.01\,f$이고 $E(t)$가 그림 7.3.22에 주어진 바와 같을 때, RC 직렬회로의 축전기에서 충전 $q(t)$를 구하라.

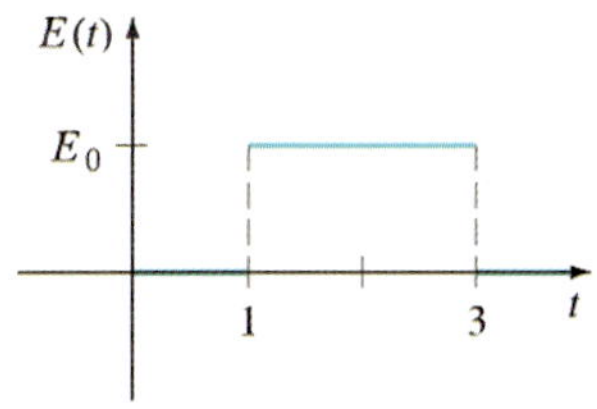

그림 7.3.22 문제 76에서의 $E(t)$

(b) $E_0 = 100\,V$라 하자. 컴퓨터 그래핑 프로그램을 사용하여 구간 $0 \leq t \leq 6$에서 $q(t)$의 그래프를 그려라. 그래프를 이용하여 충전의 최댓값 q_{max}을 추정하라.

77 왼쪽 끝이 고정되어 있고 오른쪽 끝은 자유로운 외팔보가 있다. 하중이

$$w(x) = \begin{cases} w_0, & 0 < x < \dfrac{L}{2} \\ 0, & \dfrac{L}{2} \leq x < L \end{cases}$$

으로 주어질 때 라플라스 변환을 사용하여 휨 $y(x)$를 구하라.

78 하중이

$$w(x) = \begin{cases} 0, & 0 < x < \dfrac{L}{3} \\ w_0, & \dfrac{L}{3} < x < \dfrac{2L}{3} \\ 0, & \dfrac{2L}{3} < x < L \end{cases}$$

으로 주어질 때 문제 77을 풀어라.

79 하중이 예제 10에서 주어진 바와 같을 때 왼쪽 끝이 고정되고 오른쪽 끝이 자유로운 외팔보의 휨 $y(x)$를 구하라.

80 왼쪽 끝이 고정되어 있고 단순히 오른쪽 끝에서 지탱하고 있는 막대가 있다. 하중이 문제 77에서 주어진 바와 같을 때 휨 $y(x)$를 구하라.

수학적 모델

81 **오븐 안의 케이크** 오븐에서 꺼낸 케이크의 냉각에 관한 3.1절의 예제 4번을 다시 읽어 본다.

(a) 다음과 같은 가정에 근거하여 오븐 내부에 있는 동안 케이크의 온도에 대한 수학적 모델을 고안해 본다: $t=0$에서 케이크 혼합물은 70°의 실내 온도에 있다; 오븐은 예열하지 않아서 $t=0$에서 케이크 혼합물이 오븐 속에 놓여질 때 오븐 내부의 온도는 또한 70°이다; 오븐의 온도는 300°의 요구된 온도에 이를 때 $t=4$분 까지 연속적으로 증가 한다; 오븐의 온도는 $t \geqq 4$에 대하여 300°로 일정하다.

(b) 라플라스 변환을 사용하여 (a)의 초깃값 문제를 풀어라.

토론 문제

82 정리 7.3.2이 주어진 라플라스 변환을 구하는데 직접적으로 사용될 수 있도록 다음 함수들 각각을 어떻게 조정하는지를 논하라. 이 절의 (16)을 사용하여 답을 점검한다.

(a) $\mathscr{L}\{(2t+1)\,\mathscr{U}(t-1)\}$ (b) $\mathscr{L}\{e^t\,\mathscr{U}(t-5)\}$

(c) $\mathscr{L}\{\cos t\,\mathscr{U}(t-\pi)\}$ (d) $\mathscr{L}\{(t^2-3t)\,\mathscr{U}(t-2)\}$

83 (a) a가 ki로 대치되었을 때 정리 7.3.1이 만족한다고 하자. 여기서 k는 실수이고 $i^2=-1$이다. $\mathscr{L}\{te^{kti}\}$이

$$\mathscr{L}\{t\cos kt\}=\frac{s^2-k^2}{(s^2+k^2)^2}$$

과

$$\mathscr{L}\{t\sin kt\}=\frac{2ks}{(s^2+k^2)^2}$$

을 유도하는데 사용될 수 있음을 보여라.

(b) 이제 라플라스 변환을 사용하여 초깃값 문제 $x''+\omega^2 x=\cos\omega t$, $x(0)=0$, $x'(0)=0$을 풀어라.

7.4 연산 성질 II

필요한 개념

- 정의 7.1.1
- 정리 7.3.1과 정리 7.3.2

소개 | 이 절에서는 라플라스 변환의 몇 가지의 추가적인 연산 성질들을 조사한다. 특히, $f(t)$와 단항식 t^n의 곱에 대한 변환, 특수한 형태의 적분의 변환과 주기함수의 변환을 구하는 방법을 본다. 마지막 두 개의 변환 성질들은 지금까지 접하지 못한 어떤 방정식들 즉, 볼테라 적분방정식, 미적분 방정식 그리고 입력함수가 조각적으로 정의된 주기함수인 상미분방정식 등을 풀 수 있게 한다.

7.4.1 변환식의 도함수

$f(t)$와 t^n의 곱 $f(t)$와 t의 곱에 대한 라플라스 변환은 $f(t)$의 라플라스 변환을 미분함으로써 구할 수 있다. 이 결과를 유도하기 위해서는 $F(s)=\mathscr{L}\{f(t)\}$가 존재하고 미분과 적분의 순서를 바꿀 수 있다고 하면

$$\frac{d}{ds}F(s)=\frac{d}{ds}\int_0^\infty e^{-st}f(t)\,dt=\int_0^\infty \frac{\partial}{\partial s}[e^{-st}f(t)]\,dt$$

$$= -\int_0^\infty e^{-st} tf(t)dt = -L\{tf(t)\}.$$

즉,
$$L\{tf(t)\} = -\frac{d}{ds}L\{f(t)\}$$

이다.

$t^2 f(t)$의 라플라스 변환을 구하기 위해서 위의 결과를 사용하면

$$L\{t^2 f(t)\} = L\{t \cdot tf(t)\} = -\frac{d}{ds}L\{tf(t)\} = -\frac{d}{ds}(-\frac{d}{ds}L\{f(t)\}) = \frac{d^2}{ds^2}L\{f(t)\}$$

이다.

앞의 두 가지 경우는 $L\{t^n f(t)\}$에 대한 일반적인 결과를 제시한다.

정리 7.4.1 변환식의 도함수

$F(s) = L\{f(t)\}$이고 $n = 1, 2, 3, \cdots$이면

$$L\{t^n f(t)\} = (-1)^n \frac{d^n}{ds^n}F(s)$$

이다.

예제 1 정리 7.4.1 사용하기

$L\{t \sin kt\}$를 구하여라.

풀이 $f(t) = \sin kt$, $F(s) = \frac{k}{s^2 + k^2}$, $n = 1$로 놓으면 정리 7.4.1에 의하여

$$L\{t \sin kt\} = -\frac{d}{ds}L\{\sin kt\} = -\frac{d}{ds}(\frac{k}{s^2 + k^2}) = \frac{2ks}{(s^2 + k^2)^2}$$

이다. ■

$L\{t^2 \sin kt\}$과 $L\{t^3 \sin kt\}$를 구하기 위해서는 우리가 필요로 하는 모든 것은 차례대로 예제 1의 결과를 s에 대하여 미분하고 여기에 $-$를 취하고 그리고 $L\{t^2 \sin kt\}$를 s에 대하여 미분하고 여기에 $-$를 취하는 것이다.

참고 함수 $t^n e^{at}$의 변환 식을 구하기 위해서는 정리 7.3.1 또는 정리 7.4.1을 사용할 수 있다. 예를 들어,

정리 7.3.1: $L\{te^{3t}\} = L\{t\}_{s \to s-3} = \frac{1}{s^2}|_{s \to s-3} = \frac{1}{(s-3)^2}$

정리 7.4.1: $L\{te^{3t}\} = -\frac{d}{ds}L\{e^{3t}\} = -\frac{d}{ds}\frac{1}{s-3} = (s-3)^{-2} = \frac{1}{(s-3)^2}$

예제 2 초깃값 문제

$x'' + 16x = \cos 4t,\ x(0) = 0,\ x'(0) = 1$ 을 풀어라.

풀이 초깃값 문제는 스프링에 매달린 물체의 강제되고, 감쇠하지 않고, 잘 울리는 운동능력을 묘사한다. 이 물체는 평형위치로부터 아래쪽 방향으로 1 ft/s의 초기속도로 시작한다. 미분방정식을 변형하면

$$(s^2+16)X(s) = 1 + \frac{s}{s^2+16} \quad \text{또는} \quad X(s) = \frac{1}{s^2+16} + \frac{s}{(s^2+16)^2}$$

이다. 이제 예제 1에서

$$L^{-1}\left\{\frac{2ks}{(s^2+k^2)^2}\right\} = t\sin kt \tag{1}$$

임을 보았다. (1)에서 $k=4$로 놓고 정리 7.2.1의 (d)로부터

$$\begin{aligned} x(t) &= \frac{1}{4}L^{-1}\left\{\frac{4}{s^2+16}\right\} + \frac{1}{8}L^{-1}\left\{\frac{8s}{(s^2+16)^2}\right\} \\ &= \frac{1}{4}\sin 4t + \frac{1}{8}t\sin 4t \end{aligned}$$

를 얻는다. ■

7.4.2 적분의 변환식

합성 곱 함수 f와 g가 $[0, \infty)$에서 조각적으로 연속이면 $f * g$로 표시된 특수한 곱은

적분

$$f * g = \int_0^t f(\tau)g(t-\tau)d\tau \tag{2}$$

에 의하여 정의되고 f와 g의 합성 곱이라고 한다. 합성 곱 $f * g$는 t의 함수이다.

예를 들어,

$$e^t * \sin t = \int_0^t e^{\tau}\sin(t-\tau)d\tau = \frac{1}{2}(-\sin t - \cos t + e^t) \tag{3}$$

이다.

$$\int_0^t f(\tau)g(t-\tau)d\tau = \int_0^t f(t-\tau)g(\tau)d\tau$$

즉, $f * g = g * f$ 임을 보이는 것은 연습문제로 남긴다. 이것은 두 함수의 합성 곱은 가환적임을 의미한다.

함수들의 곱에 관한 적분이 적분들의 곱이라는 것은 성립하지 않는다. 그러나 특수한 곱 (2)의 라플라스 변환은 f와 g의 라플라스 변환의 곱과 같다. 이것은 두 함수의 합성 곱의 라플라스 변환을 (3)에서 한 것처럼 실제적으로 적분을 계산하지 않고도 구할 수 있음을 의미한다. 다음의 결과는 합성 곱 정리로 알려져 있다.

정리 7.4.2 합성 곱 정리

함수 $f(t)$와 $g(t)$가 $[0,\infty)$에서 조각적으로 연속이고 지수위수이면

$$L\{f*g\}=L\{f(t)\}L\{g(t)\}=F(s)\,G(s)$$

이다.

증명 $F(s)=L\{f(t)\}=\int_0^\infty e^{-s\tau}f(\tau)d\tau$와

$$G(s)=L\{g(t)\}=\int_0^\infty e^{-s\beta}g(\beta)d\beta$$

라고 하면

$$\begin{aligned}F(s)\,G(s)&=\left(\int_0^\infty e^{-s\tau}f(\tau)d\tau\right)\left(\int_0^\infty e^{-s\beta}g(\beta)d\beta\right)\\&=\int_0^\infty\int_0^\infty e^{-s(\tau+\beta)}f(\tau)g(\beta)\,d\tau d\beta\\&=\int_0^\infty f(\tau)d\tau\int_0^\infty e^{-s(\tau+\beta)}g(\beta)d\beta\end{aligned}$$

이다. τ를 고정하고 $t=\tau+\beta$로 놓으면 $dt=d\beta$이므로

$$F(s)\,G(s)=\int_0^\infty f(\tau)d\tau\int_\tau^\infty e^{-st}g(t-\tau)dt$$

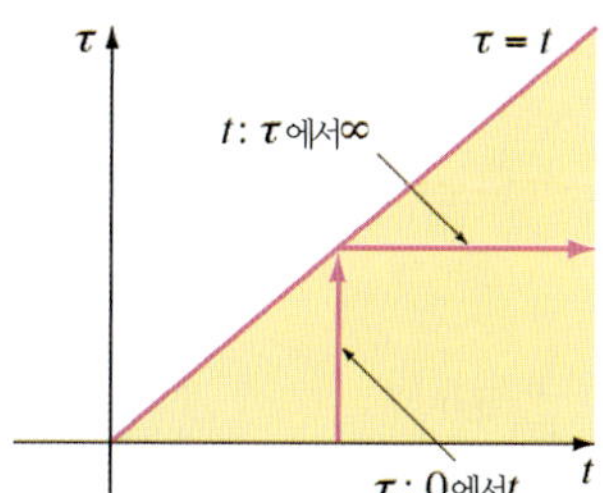

그림 7.4.1 t에서 τ까지 적분순서 바꾸기

이다. $t\tau$평면에서 그림 7.4.1의 음영부분의 영역에 관하여 적분한다.

f와 g가 $[0,\infty)$에서 조각적으로 연속이고 지수위수이므로 적분순서를 교환할 수 있다. 즉,

$$\begin{aligned}F(s)\,G(s)&=\int_0^\infty e^{-st}dt\int_0^t f(\tau)g(t-\tau)d\tau\\&=\int_0^\infty e^{-st}\left\{\int_0^t f(\tau)g(t-\tau)d\tau\right\}dt=L\{f*g\}\end{aligned}$$

이다. ■

예제 3 합성 곱의 변환

$L\left\{\int_0^t e^{\tau}\sin(t-\tau)\,d\tau\right\}$ 를 구하여라.

풀이 $f(t)=e^t$과 $g(t)=\sin t$로 놓으면 합성 곱 정리는 f와 g의 합성 곱의 라플라스 변환은 각각의 라플라스 변환의 곱임을 나타낸다. 즉,

$$L\left\{\int_0^t e^{\tau}\sin(t-\tau)\,d\tau\right\}=L\{e^t\}\cdot L\{\sin t\}=\frac{1}{s-1}\cdot\frac{1}{s^2+1}=\frac{1}{(s-1)(s^2+1)}$$

이다. ■

정리 7.4.2의 역 형식 합성 곱 정리는 간혹 두 함수의 라플라스 변환의 곱에 관한 역 라플라스 변환을 구하는데 있어서 유용하다. 정리 7.4.2로부터

$$L^{-1}\{F(s)G(s)\}=f*g \tag{4}$$

이다. 부록 III에서 라플라스 변환의 표에 있는 많은 결과들이 (4)를 사용하여 유도될 수 있다. 예를 들어, 다음의 예제에서 표의 25번 즉,

$$L\{\sin kt-kt\cos kt\}=\frac{2k^3}{(s^2+k^2)^2} \tag{5}$$

을 얻는다.

예제 4 합성 곱으로서의 역 변환

$L^{-1}\left\{\dfrac{1}{(s^2+k^2)^2}\right\}$ 를 구하여라.

풀이 $F(s)=G(s)=\dfrac{1}{s^2+k^2}$라 하면

$$f(t)=g(t)=\frac{1}{k}L^{-1}\left\{\frac{k}{s^2+k^2}\right\}=\frac{1}{k}\sin kt$$

이다. 이 경우에 식 (4)는

$$L^{-1}\left\{\frac{1}{(s^2+k^2)^2}\right\}=\frac{1}{k^2}\int_0^t \sin k\tau\,\sin k(t-\tau)\,d\tau \tag{6}$$

이다. 삼각함수의 항등식

$$\sin A\cos B=\frac{1}{2}[\cos(A-B)-\cos(A+B)]$$

와 치환 $A=k\tau$, $B=k(t-\tau)$에 의하여 (6)의 적분을 계산할 수 있다. 즉,

$$\begin{aligned}L^{-1}\left\{\frac{1}{(s^2+k^2)^2}\right\}&=\frac{1}{2k^2}\int_0^t[\cos k(2\tau-t)-\cos kt]\,d\tau\\&=\frac{1}{2k^2}\left[\frac{1}{2k}\sin k(2\tau-t)-\tau\cos kt\right]_0^t\\&=\frac{\sin kt-kt\cos kt}{2k^3}\end{aligned}$$

이다. 양변에 $2k^3$을 곱하면 (5)의 역 형식을 얻는다. ■

적분의 변환 $g(t)=1$과 $L\{g(t)\}=G(s)=\frac{1}{s}$일 때, f의 적분의 라플라스 변환은

$$L\left\{\int_0^t f(\tau)d\tau\right\}=\frac{F(s)}{s} \tag{7}$$

임을 합성 곱 정리에 의하여 알 수 있다. (7)의 역 형식 즉,

$$\int_0^t f(\tau)d\tau=L^{-1}\left\{\frac{F(s)}{s}\right\} \tag{8}$$

은 s^n이 분모의 인수이고 $f(t)=L^{-1}\{F(s)\}$가 적분하기 쉬울 때 부분분수를 대신하여 사용될 수 있다. 예를 들어, $F(s)=\frac{1}{s^2+1}$인 $f(t)=\sin t$ 에 대하여 알고 있으므로 (8)에 의하여

$$L^{-1}\left\{\frac{1}{s(s^2+1)}\right\}=L^{-1}\left\{\frac{\frac{1}{s^2+1}}{s}\right\}=\int_0^t \sin\tau\,d\tau=1-\cos t$$

$$L^{-1}\left\{\frac{1}{s^2(s^2+1)}\right\}=L^{-1}\left\{\frac{\frac{1}{s(s^2+1)}}{s}\right\}=\int_0^t(1-\cos\tau)\,d\tau=t-\sin t$$

$$L^{-1}\left\{\frac{1}{s^3(s^2+1)}\right\}=L^{-1}\left\{\frac{\frac{1}{s^2(s^2+1)}}{s}\right\}=\int_0^t(\tau-\sin\tau)\,d\tau=\frac{1}{2}t^2-1+\cos t$$

등등 이다. ■

볼테라 적분 방정식 합성 곱 정리와 (7)의 결과는 적분기호 아래에 나타나는 미지의 함수에 대한 다른 형태의 방정식을 푸는데 유용하다. 다음 예제에서 $f(t)$에 대한 **볼테라 적분 방정식**

$$f(t)=g(t)+\int_0^t f(\tau)h(t-\tau)d\tau \tag{9}$$

을 푼다. 함수 $g(t)$와 $h(t)$는 알고 있고, (9)에서의 적분은 합성 곱 형식 (2)에서 g를 h로 놓은 것임에 유의한다.

예제 5 적분방정식

$f(t)$에 대한 $f(t)=3t^2-e^{-t}-\int_0^t f(\tau)e^{t-\tau}d\tau$ 를 풀어라.

풀이 적분에서 $h(t-\tau)=e^{t-\tau}$로 놓으면 $h(t)=e^t$이다. 각 항에 라플라스 변환을

취하면, 특히 정리 7.4.2에 의하여 적분의 변환은 $L\{f(t)\}=F(s)$와 $L\{e^t\}=\dfrac{1}{s-1}$의 곱이다. 즉,

$$F(s)=3\cdot\frac{2}{s^3}-\frac{1}{s+1}-F(s)\cdot\frac{1}{s-1}$$

이다. 위의 방정식을 $F(s)$에 대하여 풀고 부분분수로 분해하면

$$F(s)=\frac{6}{s^3}-\frac{6}{s^4}+\frac{1}{s}-\frac{2}{s+1}$$

이다. 역 변환을 구하면

$$\begin{aligned} f(t) &= 3L^{-1}\left\{\frac{2!}{s^3}\right\}-L^{-1}\left\{\frac{3!}{s^4}\right\}+L^{-1}\left\{\frac{1}{s}\right\}-2L^{-1}\left\{\frac{1}{s+1}\right\} \\ &= 3t^2-t^3+1-2e^{-t} \end{aligned}$$

이다. ■

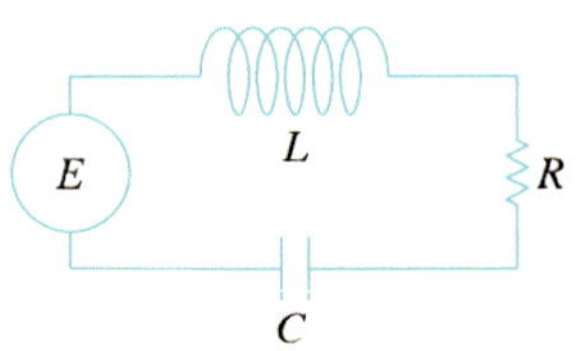

그림 7.4.2 LRC 직렬회로

직렬회로 단일 폐회로 또는 직렬회로에서 키르히호프의 두 번째 법칙은 인덕터, 저항과 축전기를 지나는 전압의 합은 인가전압 $E(t)$와 같음을 말한다. 이제 인덕터, 저항과 축전기를 지나는 전압은 각각

$$L\frac{di}{dt},\ Ri(t)\ \text{와}\ \frac{1}{C}\int_0^t i(\tau)d\tau$$

임이 알려져 있고, 여기서 $i(t)$는 전류이고 L, R, C는 상수이다. 그림 7.4.2에서와 같이 회로의 전류는 미적분 방정식

$$L\frac{di}{dt}+Ri(t)+\frac{1}{C}\int_0^t i(\tau)d\tau=E(t) \tag{10}$$

에 의하여 지배된다.

예제 6 미적분방정식

$L=0.1\,h$, $R=2\Omega$, $C=0.1\,f$, $i(0)=0$이고 인가전압

$$E(t)=120t-120t\ U(t-1)$$

일 때 단일 LRC 폐쇄회로에서 전류 $i(t)$를 구하여라.

풀이 주어진 자료를 대입하면 방정식 (10)은

$$0.1\frac{di}{dt}+2i+10\int_0^t i(\tau)d\tau=120t-120t\,U(t-1)$$

이다. 이제 (7)에 의하여 $L\left\{\int_0^t i(\tau)d\tau\right\}=\dfrac{I(s)}{s}$이고 여기서 $I(s)=L\{i(t)\}$이다.

따라서 미적분방정식의 라플라스 변환은

$$0.1sI(s)+2I(s)+10\frac{I(s)}{s}=120\left[\frac{1}{s^2}-\frac{1}{s^2}e^{-s}-\frac{1}{s}e^{-s}\right]$$ ← 7.3절의 (16)에 의하여

이다. 이 방정식에 $10s$를 곱하고 $s^2+20s+100=(s+10)^2$을 사용하여 $I(s)$에 대하여 풀면

$$I(s)=1200\left[\frac{1}{s(s+10)^2}-\frac{1}{s(s+10)^2}e^{-s}-\frac{1}{(s+10)^2}e^{-s}\right]$$

이다. 부분분수에 의하여

$$I(s)=1200\left[\frac{\frac{1}{100}}{s}-\frac{\frac{1}{100}}{s+10}-\frac{\frac{1}{10}}{(s+10)^2}-\frac{\frac{1}{100}}{s}e^{-s}\right.$$
$$\left.+\frac{\frac{1}{100}}{s+10}e^{-s}+\frac{\frac{1}{10}}{(s+10)^2}e^{-s}-\frac{1}{(s+10)^2}e^{-s}\right]$$

이다. 제2이동정리의 역 형식과 7.3절의 (15)로부터 최종적으로

$$i(t)=12[1-\mathcal{U}(t-1)]-12[e^{-10t}-e^{-10(t-1)}\mathcal{U}(t-1)]$$
$$-120te^{-10t}-1080(t-1)e^{-10(t-1)}\mathcal{U}(t-1)$$

을 얻는다. 조각적으로 정의된 함수로 나타내면 전류는

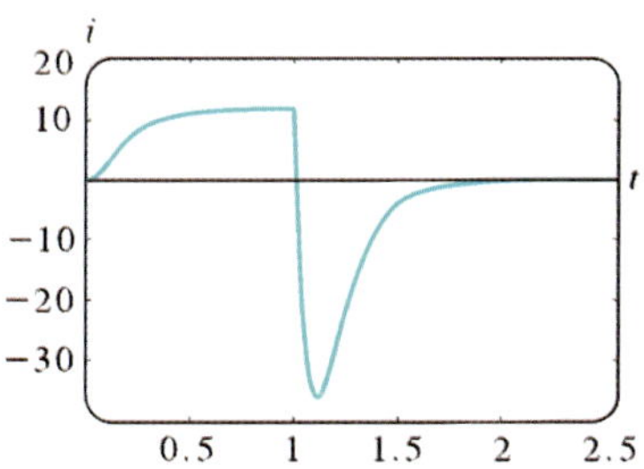

그림 7.4.3 예제 6에서 전류 $i(t)$의 그래프

$$i(t)=\begin{cases}12-12e^{-10t}-120te^{-10t}, & 0\le t<1\\ -12e^{-10t}+12e^{-10(t-1)}-120te^{-10t}-1080(t-1)e^{-10(t-1)}, & t\ge 1\end{cases}$$

이다. 이 마지막 표현과 컴퓨터 대수체계를 사용하여 두 개의 구간 각각에서 $i(t)$의 그래프를 그린 다음에 이 그래프들을 합성한다. 그림 7.4.3에서 입력 $E(t)$가 불연속일지라도 출력 또는 응답 $i(t)$는 연속함수임에 유의한다.

추신–그린 함수 회귀 초깃값 문제

$$y''+ay'+by=f(t),\ y(0)=0,\ y'(0)=0,\ (\text{여기서 } a,b\text{는 상수})$$

에 라플라스 변환을 적용하여 $y(t)$의 변환

$$Y(s)=\frac{F(s)}{s^2+as+b},\ \text{여기서 } F(s)=\mathcal{L}\{f(t)\}$$

을 얻는다. 앞의 변환을 곱

$$Y(s)=\frac{1}{s^2+as+b}F(s)$$

으로 다시 나타내서 초깃값 문제의 해를

$$y(t)=\int_0^t g(t-\tau)f(\tau)d\tau, \tag{11}$$

으로 나타내기 위해서 합성 곱 정리 (4)의 역 형식을 이용할 수 있다.

여기서 $L^{-1}\left\{\dfrac{1}{s^2+as+b}\right\}=g(t)$, $L^{-1}\{F(s)\}=f(t)$ 이다.

다른 한편으로 4.8절의 (10)으로부터 초깃값 문제의 해는 또한

$$y(t)=\int_0^t G(t,\tau)f(\tau)d\tau \tag{12}$$

임을 안다. 여기서 $G(t,\tau)$는 미분방정식의 그린 함수이다.

(11)과 (12)를 비교하면 미분방정식에 대한 그린 함수는

$$G(t,\tau)=g(t-\tau) \tag{13}$$

에 의한 $L^{-1}\left\{\dfrac{1}{s^2+as+b}\right\}=g(t)$에 대한 것이다.

예를 들어, 초깃값 문제 $y''+4y=f(t)$, $y(0)=0$, $y'(0)=0$ 에 대하여

$$L^{-1}\left\{\frac{1}{s^2+4}\right\}=\frac{1}{2}\sin 2t=g(t)$$

임을 얻는다. (13)으로부터 미분방정식 $y''+4y=f(t)$에 대한 그린 함수는

$G(t,\tau)=g(t-\tau)=\dfrac{1}{2}\sin 2(t-\tau)$ 임을 본다. 4.8절의 예제 4 참조.

7.4.3 주기함수의 변환

주기함수 주기함수가 주기 T, $T>0$를 가지면 $f(t+T)=f(t)$이다. 다음 정리는 주기함수의 라플라스 변환이 한 주기에 대하여 적분하여 얻어질 수 있음을 보인다.

정리 7.4.3 주기함수의 변환

$f(t)$가 $[0,\infty)$에서 조각적으로 연속이고 지수위수이고 주기 T를 갖는 주기함수이면

$$L\{f(t)\}=\frac{1}{1-e^{-sT}}\int_0^T e^{-st}f(t)dt$$

이다.

증명 f의 라플라스 변환을 두 개의 적분

$$L\{f(t)\}=\int_0^T e^{-st}f(t)dt+\int_T^\infty e^{-st}f(t)dt$$

으로 나타낸다.

$t=u+T$로 놓으면 마지막 적분은

$$\int_{T}^{\infty} e^{-st} f(t)dt = \int_{0}^{\infty} e^{-s(u+T)} f(u+T)du$$
$$= e^{-sT}\int_{0}^{\infty} e^{-su} f(u)du = e^{-sT}L\{f(t)\}$$

이 된다. 그러므로 $L\{f(t)\}=\int_{0}^{T} e^{-st}f(t)dt + e^{-sT}L\{f(t)\}$ 이다. 이 방정식을 $L\{f(t)\}$에 관하여 풀면 정리가 증명된다. ■

예제 7 주기함수의 변환

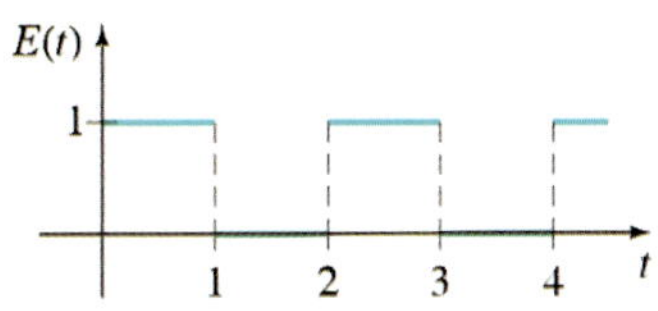

그림 7.4.4 예제 7의 네모파

그림 7.4.4에서 표시된 주기함수의 라플라스 변환을 구하여라.

풀이 함수 $E(t)$는 네모파라 하고 주기 $T=2$를 갖는다. 구간 $0 \leqq t < 2$에서 $E(t)$는

$$E(t) = \begin{cases} 1, & 0 \leqq t < 1 \\ 0, & 1 \leqq t < 2 \end{cases}$$

에 의하여 정의될 수 있고 이 구간 밖에서는 $E(t+2)=E(t)$이다. 이제 정리 7.4.3 으로부터

$$L\{E(t)\} = \frac{1}{1-e^{-2s}}\int_{0}^{2} e^{-st}E(t)dt$$
$$= \frac{1}{1-e^{-2s}}\left[\int_{0}^{1} e^{-st}\cdot 1dt + \int_{1}^{2} e^{-st}\cdot 0dt\right]$$
$$= \frac{1}{1-e^{-2x}}\frac{1-e^{-s}}{s} \qquad \leftarrow 1-e^{-2s}=(1+e^{-s})(1-e^{-s})$$
$$= \frac{1}{s(1+e^{-s})} \tag{14}$$

이다. ■

예제 8 주기적 인가전압

단일 LR 폐쇄회로에서 전류 $i(t)$에 대한 미분방정식은

$$L\frac{di}{dt} + Ri = E(t) \tag{15}$$

이다. $i(0)=0$이고 그림 7.4.4에서와 같이 $E(t)$는 네모파 함수일 때 전류 $i(t)$를 결정하여라.

풀이 이전 예제의 (14)의 결과를 사용하면 방정식의 라플라스 변환은

$$LsI(s) + RI(s) = \frac{1}{s(1+e^{-s})}$$

또는
$$I(s)=\frac{\frac{1}{L}}{s\left(s+\frac{R}{L}\right)}\cdot\frac{1}{1+e^{-s}} \tag{16}$$

이다. 마지막 함수의 역 라플라스 변환을 구하기 위해서 먼저 기하급수를 사용한다. $x=e^{-s},\ s>0$로 놓으면 기하급수

$$\frac{1}{1+x}=1-x+x^2-x^3+\cdots \text{는 } \frac{1}{1+e^{-s}}=1-e^{-s}+e^{-2s}-e^{-3s}+\cdots$$

이 된다. $\dfrac{1}{s\left(s+\frac{R}{L}\right)}=\dfrac{\frac{L}{R}}{s}-\dfrac{\frac{L}{R}}{s+\frac{R}{L}}$ 로부터 (16)을

$$\begin{aligned}I(s)&=\frac{1}{R}\left(\frac{1}{s}-\frac{1}{s+\frac{R}{L}}\right)(1-e^{-s}+e^{-2s}-e^{-3s}+\cdots)\\&=\frac{1}{R}\left(\frac{1}{s}-\frac{e^{-s}}{s}+\frac{e^{-2s}}{s}-\frac{e^{-3s}}{s}+\cdots\right)\\&\quad-\frac{1}{R}\left(\frac{1}{s+\frac{R}{L}}-\frac{1}{s+\frac{R}{L}}e^{-s}+\frac{e^{-2s}}{s+\frac{R}{L}}-\frac{e^{-3s}}{s+\frac{R}{L}}+\cdots\right)\end{aligned}$$

으로 다시 나타낼 수 있다. 양변의 각 항에 제2이동정리의 형식을 적용하면

$$\begin{aligned}i(t)&=\frac{1}{R}(1-\ \mathcal{U}(t-1)+\ \mathcal{U}(t-2)-\ \mathcal{U}(t-3)+\cdots)\\&\quad-\frac{1}{R}\Big(e^{-\frac{Rt}{L}}-e^{-\frac{R(t-1)}{L}}\ \mathcal{U}(t-1)+e^{-\frac{R(t-2)}{L}}\ \mathcal{U}(t-2)\\&\quad-e^{-\frac{R(t-3)}{L}}\ \mathcal{U}(t-3)+\cdots\Big)\end{aligned}$$

또는 항등적으로

$$i(t)=\frac{1}{R}\left(1-e^{-\frac{Rt}{L}}\right)+\frac{1}{R}\sum_{n=1}^{\infty}(-1)^n\left(1-e^{-\frac{R(t-n)}{L}}\right)\mathcal{U}(t-n)$$

을 얻는다. 해를 해석하기 위해서는 예시를 위하여 $R=1,\ L=1$과 $0\le t<4$로 놓으면 이 경우에는

$$i(t)=1-e^{-t}-(1-e^{t-1})\mathcal{U}(t-1)+(1-e^{-(t-2)})\mathcal{U}(t-2)-(1-e^{-(t-3)})\mathcal{U}(t-3)$$

이고, 즉, 다시 말하면

$$i(t)=\begin{cases}1-e^{-t}. & 0\le t<1\\-e^{-t}+e^{-(t-1)}, & 1\le t<2\\1-e^{-t}+e^{-(t-1)}-e^{-(t-2)}, & 2\le t<3\\-e^{-t}+e^{-(t-1)}-e^{-(t-2)}+e^{-(t-3)}, & 3\le t<4\end{cases}$$

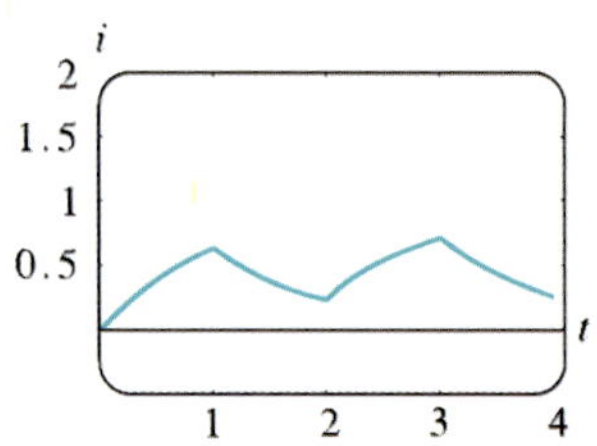

그림 7.4.5 예제 8의 전류 $i(t)$의 그래프

이다. 그림 7.4.5에서와 같이 구간 $0\le t<4$에서 $i(t)$의 그래프는 컴퓨터 대수체계

의 도움으로 얻어졌다. ■

연습문제 7.4

7.4.1 변환식의 도함수

(1-8) 정리 7.4.1을 사용하여 주어진 라플라스 변환을 구하라.

1 $L\{te^{-10t}\}$　2 $L\{te^{-3t}\cos 3t\}$

3 $L\{t\cos 2t\}$　4 $L\{t^2\cos t\}$

5 $L\{t^2\sinh t\}$　6 $L\{t\sinh 3t\}$

7 $L\{te^{2t}\sin 6t\}$　8 $L\{t^3e^t\}$

(9-14) 라플라스 변환을 사용하여 주어진 초깃값 문제를 풀어라. 필요하면 부록 III의 라플라스 변환의 표를 이용하라.

9 $y'+y=t\sin t,\quad y(0)=0$

10 $y''+y=\sin t,\quad y(0)=1,\quad y'(0)=-1$

11 $y''+9y=\cos 3t,\quad y(0)=2,\quad y'(0)=5$

12 $y'-y=te^t\sin t,\quad y(0)=0$

13 $y''+16y=f(t),\quad y(0)=0,\quad y'(0)=1,$

여기서 $f(t)=\begin{cases}\cos 4t & 0\le t<\pi\\ 0, & t\ge\pi\end{cases}$

14 $y''+y=f(t),\ y(0)=1,\ y'(0)=0$

여기서 $f(t)=\begin{cases}1, & 0\leqq t<\dfrac{\pi}{2}\\ \sin t, & t\geqq\dfrac{\pi}{2}\end{cases}$

(15-16) 그래프를 그리는 도구를 이용하여 지시된 해의 그래프를 그려라.

15 구간 $0\leqq t<\dfrac{\pi}{2}$에서 문제 13의 $y(t)$

16 구간 $0\leqq t<3\pi$에서 문제 14의 $y(t)$

(17-18) 어떤 경우에 라플라스 변환은 변수의 단항식 계수를 갖는 선형 미분방정식을 푸는데 사용될 수 있다. 정리 7.4.1을 사용하여 주어진 미분방정식을 변환된 함수 $Y(s)=L\{y(t)\}$에 관한 1계의 선형 미분방정식으로 낮추어 풀고 난 후에 $y(t)=L^{-1}\{Y(s)\}$를 구하라.

17 $ty''-y'=2t^2,\ y(0)=0$

18 $.2y''+ty'-2y=10,\ y(0)=y'(0)=0$

7.4.2 적분의 변환 식

(19-30) 정리 7.4.2를 사용하여 주어진 라플라스 변환을 구하라. 변환하기 전에는 적분값을 계산하지 않는다.

19 $L\{1*t^3\}$　20 $L\left\{\int_0^t \cos\tau d\tau\right\}$

21 $L\{e^{-t}*e^t\cos t\}$　22 $L\left\{\int_0^t \tau\sin\tau d\tau\right\}$

23 $L\left\{\int_0^t e^{\tau}d\tau\right\}$

24 $L\left\{\int_0^t \sin\tau\cos(t-\tau)d\tau\right\}$

25 $L\left\{\int_0^t e^{-\tau}\cos\tau d\tau\right\}$　26 $L\left\{t\int_0^t \tau e^{-\tau}d\tau\right\}$

27 $L\left\{\int_0^t \tau e^{t-\tau}d\tau\right\}$　28 $L\{e^{2t}*\sin t\}$

29 $L\left\{t\int_0^t \sin\tau d\tau\right\}$　30 $L\{t^2*te^t\}$

(31-34) (8)을 사용하여 주어진 역 변환을 구하라.

31 $L^{-1}\left\{\dfrac{1}{s(s-1)}\right\}$　32 $L^{-1}\left\{\dfrac{1}{s^2(s-1)}\right\}$

33 $L^{-1}\left\{\dfrac{1}{s^3(s-1)}\right\}$　34 $L^{-1}\left\{\dfrac{1}{s(s-a)^2}\right\}$

35 부록 III의 표는

$$L^{-1}\left\{\frac{8k^3 s}{(s^2+k^2)^3}\right\}$$

에 대한 번호를 포함하고 있지 않는다.

(a) (5)의 결과를 가지고 (4)를 이용하여 이 역 변환을 구하라. 합성 곱을 계산하는데 있어서의 도움으로 컴퓨터 대수 체계를 사용하라.

(b) (a)에 대한 여러분의 대답을 재검토하라. 다른 방법으로 결과를 얻을 수 있는가?

36 라플라스 변환과 문제 35의 결과를 사용하여 초깃값 문제

$$y''+y=\sin t+t\sin t,\ y(0)=0,\ y'(0)=0$$

를 풀어라. 그래프를 그리는 도구를 이용하여 해의 그래프를 그려라.

(37-46) 라플라스 변환을 사용하여 주어진 적분 방정식 또는 미적분 방정식을 풀어라.

37 $f(t)+\int_0^t (t-\tau)f(\tau)d\tau=t$

38 $\frac{dy}{dt}+6y(t)+9\int_0^t y(\tau)d\tau=1,\quad y(0)=0$

39 $f(t)=te^t+\int_0^t \tau f(t-\tau)d\tau$

40 $f(t)=2t-4\int_0^t \sin\tau f(t-\tau)d\tau$

41 $f(t)+\int_0^t f(\tau)d\tau=1$

42 $f(t)+2\int_0^t f(\tau)\cos(t-\tau)d\tau=4e^{-t}+\sin t$

43 $f(t)=1+t-\frac{8}{3}\int_0^t (\tau-t)^3 f(\tau)d\tau$

44 $f(t)=\cos t+\int_0^t e^{-\tau}f(t-\tau)d\tau$

45 $y'(t)=1-\sin t-\int_0^t y(\tau)d\tau,\quad y(0)=0$

46 $t-2f(t)=\int_0^t (e^\tau-e^{-\tau})f(t-\tau)d\tau$

(47-48) L, R, C와 $E(t)$는 주어져 있고 $i(0)=0$ 에 대응한 방정식 (10)을 풀어라. 그래프를 그리는 도구를 사용하여 구간 $0 \leqq t \leqq 3$에서 해의 그래프를 그려라.

47 $L=0.1\,\mathrm{h},\ R=3\ \Omega,\ C=0.05\ \mathrm{f}$

$E(t)=100[\mathcal{U}(t-1)-\mathcal{U}(t-2)]$

48 $L=0.005\,\mathrm{h},\ R=1\ \Omega,\ C=0.02\ \mathrm{f}$

$E(t)=100[t-(t-1)\mathcal{U}(t-1)]$

7.4.3 주기함수의 변환

(49-54) 정리 7.4.3을 사용하여 주어진 주기함수의 라플라스 변환을 구하라.

49

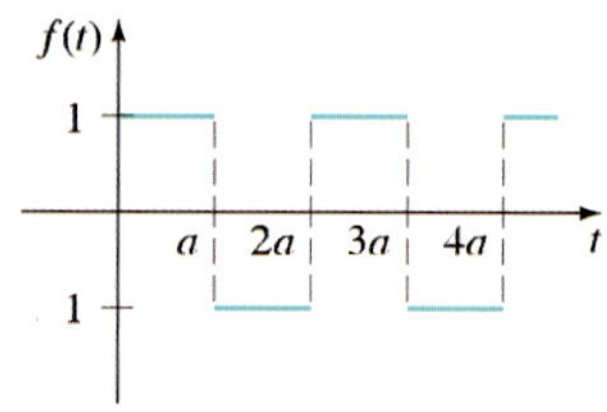

미로 함수

그림 7.4.6 문제 49에 대한 그래프

50

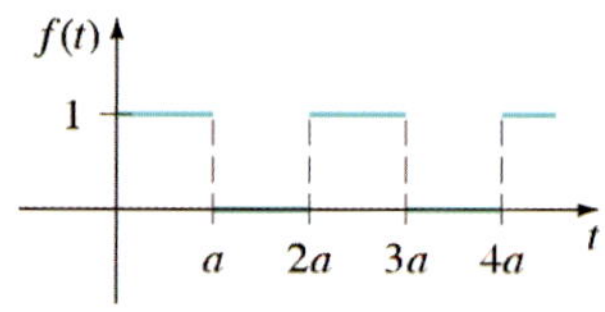

네모파

그림 7.4.7 문제 50에 대한 그래프

51

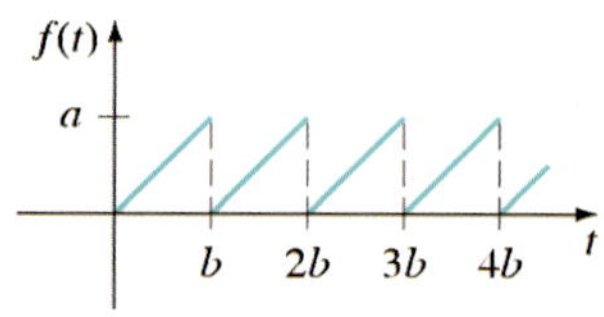

톱니함수

그림 7.4.8 문제 51에 대한 그래프

52

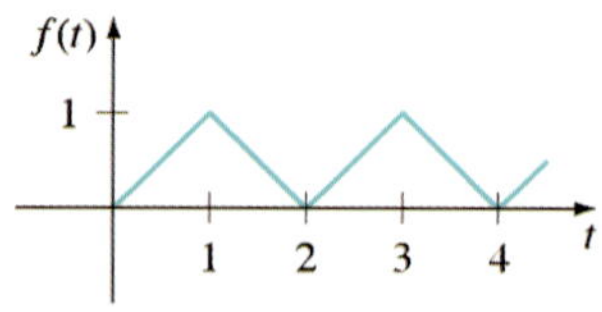

삼각 파동

그림 7.4.9 문제 52에 대한 그래프

53

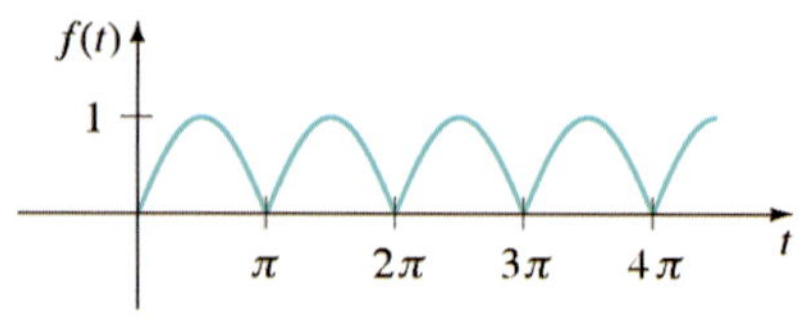

$\sin t$의 전 파동 정류

그림 7.4.10 문제 53에 대한 그래프

54

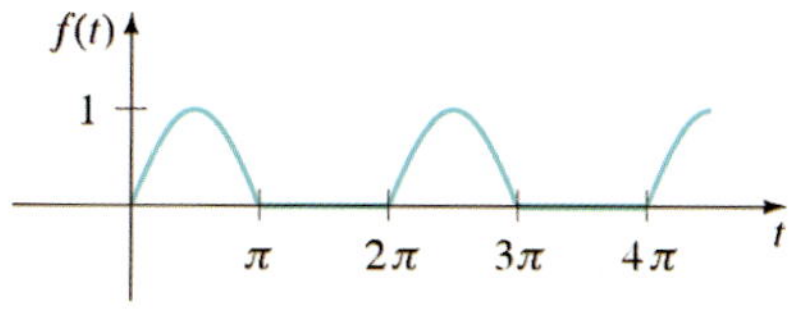

sin t 의 반 파동 정류

그림 7.4.11 문제 54에 대한 그래프

(55-56) $E(t)$는 주어져 있고 $i(0)=0$에 대응한 방정식 (15)를 풀어라. 그래프를 그리는 이동 도구를 이용하여 $L=1$, $R=1$인 경우에 구간 $0 \leqq t < 4$에서 해의 그래프를 그려라.

55 $E(t)$는 폭이 1이고 $a=1$인 문제 49의 미로함수이다.

56 $E(t)$는 폭이 1이고 $b=1$인 문제 51의 톱니함수이다.

(57-58) 감쇠력을 갖는 강제된 스프링/질량 체계에 대한 모델

$$m\frac{d^2x}{dt^2}+\beta\frac{dx}{dt}+kx=f(t),\ x(0)=0,\ x'(0)=0$$

을 풀어라. 여기서 강제함수 f는 특수화되어 있다. 그래프 그리는 도구를 이용하여 지시된 구간에서 $x(t)$의 그래프를 그려라.

57 $m=\frac{1}{2}$, $\beta=1$, $k=5$, f는 폭 10이고 $a=\pi$, $0 \leqq t < 2\pi$를 갖는 문제 49에서의 미로함수이다.

58 $m=1$, $\beta=2$, $k=1$, f는 폭 5이고 $a=\pi$, $0 \leqq t < 4\pi$를 갖는 문제 50에서의 네모파이다.

토론 문제

59 정리 7.4.1이

$$L^{-1}\left\{\ln\frac{s-3}{s+1}\right\}$$

을 구하는데 어떻게 사용될 수 있는지를 논하라.

60 6.4절에서 $ty''+y'+ty=0$이 위수 $v=0$인 베셀의 방정식임을 보았다. 그 절의 (22)와 표 6.4.1에 의하여 초깃값 문제 $ty''+y'+ty=0$, $y(0)=1$, $y'(0)=0$의 해는 $y=J_0(t)$이다.

이 결과와 문제 17과 18에 대한 지시에서 제시된 과정을 이용하여 $L\{J_0(t)\}=\dfrac{1}{\sqrt{s^2+1}}$ 임을 보여라.

(힌트: 연습문제 7.2의 문제 46을 사용할 필요가 있다.)

61 (a) 라게르의 미분방정식

$$ty''+(1-t)y'+ny=0$$

은 n이 음의 정수가 아닐 때 다항식의 해를 갖는 것으로 알려져 있다. 이 해를 자연스럽게 라게르의 다항식이라 하고 $L_n(t)$로 나타낸다. $L_n(0)=1$로 알고 있다면 $n=0,1,2,3,4$에 대하여 $y=L_n(t)$를 구하라.

(b) $L\left\{\dfrac{e^t}{n!}\dfrac{d^n}{dt^n}t^ne^{-t}\right\}=Y(s)$

임을 보여라. 여기서 $Y(s)=L\{y\}$이고 $y=L_n(t)$는 (a)의 미분방정식의 다항식 해이다.

$$L_n(t)=\frac{e^t}{n!}\frac{d^n}{dt^n}t^ne^{-t},\ n=0,1,2,\cdots$$

으로 결론을 내린다. 라게르의 다항식을 생성하는 이 마지막 관계는 르장드르 다항식에 대한 로드리게스의 공식과 유사하다. 6.3절의 (33) 참조.

62 라플라스 변환 $L\{e^{-t^2}\}$이 존재하지만 이것을 구하지 않고 초깃값 문제 $y''+y=e^{-t^2}$, $y(0)=0$, $y'(0)=0$를 풀어라.

63 적분방정식

$$f(t)=e^t+e^t\int_0^t e^{-\tau}f(\tau)d\tau$$

을 풀어라.

64 (a) 그림 7.4.4에서 주어지 네모파 함수 $E(t)$가

$$E(t)=\sum_{k=0}^{\infty}(-1)^kU(t-k)$$

으로 나타낼 수 있음을 보여라.

(b) (a)에서의 급수의 각항에 라플라스 변환을 취하여 이 절의 (14)를 얻어라.

65 이상적분 $\int_0^{\infty} te^{-2t}\sin 4t\,dt$을 구하는데 있어서의 도움으로 라플라스 변환을 사용하라.

66 $L\left\{\dfrac{f(t)}{t}\right\}$이 존재하고 $L\{f(t)\}=F(s)$이면,

$$L\left\{\frac{f(t)}{t}\right\}=\int_s^{\infty}F(u)du$$

이다. 이 결과를 이용하여 주어진 함수의 라플라스 변환을 구하라. 여기서 a, k는 양의 상수이다.

(a) $f(t)=\dfrac{\sin at}{t}$

(b) $f(t)=\dfrac{2(1-\cos kt)}{t}$

67 **로그함수의 변환** $f(t) = \ln t$가 $t=0$에서 불연속이므로 $L\{\ln t\}$가 존재하지 않는다고 가정할 수 있다. 그러나 이것은 사실이 아니다. 이 문제의 본질은 $f(t) = \ln t, t > 0$의 라플라스 변환을 이끌어내기 위한 단계를 제시하는 것이다.

(a) 부분적분을 이용하여

$$L\{\ln t\} = sL\{t \ln t\} - \frac{1}{s}$$

임을 보여라.

(b) $L\{\ln t\} = Y(s)$이면, $n=1$에 대한 정리 7.4.1을 이용하여 (a)가

$$s\frac{dY}{ds} + Y = -\frac{1}{s}$$

임을 보인다. 앞의 미분방정식의 해 $Y(s)$를 구하라.

(c) 마지막으로 오일러 상수의 적분 정의는

$\gamma = -\int_0^\infty e^{-t} \ln t\, dt$이다.

여기서 $\gamma = 0.5772156649\cdots$이다. (b)에서의 해에서 $Y(1) = -\gamma$임을 이용하여

$$L\{\ln t\} = -\frac{\gamma}{s} - \frac{\ln s}{s}, \quad s > 0$$

임을 보여라.

컴퓨터 활용문제

68 이 문제에서는 미분방정식의 라플라스 변환과 역 변환을 구함으로서 초깃값 문제의 해를 얻도록 하는 매스매티카의 명령어를 알려준다. 매스매티카에서 함수 $y(t)$의 라플라스 변환은 라플라스 변환 $[y[t], t, s]$을 사용함으로서 얻어진다. 문장의 둘째 줄에서 라플라스 변환 $[y[t], t, s]$이 기호 Y로 대치된다. (매스매티카를 갖고 있지 않다면 수중에 갖고 있는 컴퓨터 대수 체계에 대한 대응된 문장을 찾음으로서 주어진 과정을 적용한다.)

초깃값 문제

$$y'' + 6y' + 9y = t \sin t,\ y(0) = 2,\ y'(0) = -1$$

를 생각하자. 라플라스 변환 패키지를 넣고, 정확하게 다음의 일련의 명령어에서 각각의 줄을 재생하고 그 후 차례대로 실행하여라. 직접 출력을 복사하거나 결과를 출력하여라.

```
diffequat = y''[t] + 6y'[t] + 9y[t] == t sin[t]
transformdeq= Laplacetransform[diffequat, t, s]/
y[0]→2, y'[0]→ − 1,
LaplaceTransform [y[t], t, s]→ Y}
soln=Solve[transformdeq, Y]//Flatten
Y= Y/.soln
InverseLaplaceTransform[Y, s, t]
```

69 문제 68의 과정을 적절히 수정하여

$$y''' + 3y' - 4y = 0,$$
$$y(0) = 0,\ y'(0) = 0,\ y''(0) = 1$$

의 해를 구하라.

70 LC 직렬회로에서 축전기에서의 충전 $q(t)$는

$$\frac{d^2q}{dt^2} + q = 1 - 4\,U(t-\pi) + 6\,U(t-3\pi),$$
$$q(0) = 0,\ q'(0) = 0$$

으로 주어진다. 문제 68의 과정을 적절히 수정하여 $q(t)$를 구하고, 해의 그래프를 그려라.

7.5 디랙의 델타 함수

소개 | 353쪽의 마지막 단락에서 정리 7.1.3의 직접적인 결과로서 $F(s)=1$은 $[0,\infty)$에서 조각적으로 연속이고 지수위수인 함수 f의 라플라스 변환이 될 수 없다는 것을 지적하였다. 앞으로 다루는 내용에서는 이전 경우에 조사한 종류와는 아주 다른 함수를 소개하고자 한다. 라플라스 변환이 $F(s)=1$인 함수가 실제 존재하거나 좀 더 정확하게는 일반화된 함수가 존재하게 됨을 보게 된다.

단위 충격 역학계는 간혹 매우 짧은 시간동안에만 작용하는 커다란 외부력(또는 전기회로에서 기전력)을 받게 된다. 예를 들어, 진동하는 비행기의 날개는 번개에 맞을 수도 있고, 스프링위에 있는 물체를 쇠망치로 강하게 가격하거나 어떤 종류의 클럽(야구방망이, 골프클럽, 테니스 라켓)으로 공(야구공, 골프공, 테니스 공)을 강하게 강타하여 하늘높이 보내는 현상 등이다. 그림 7.5.1 참조

그림 7.5.1 골프클럽은 매우 짧은 시간동안 볼에 큰 힘을 작용한다.

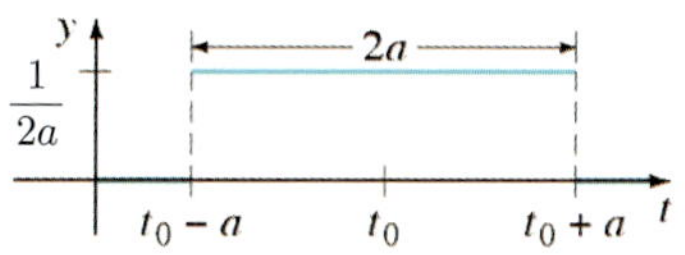

(a) $\delta_a(t-t_0)$의 그래프

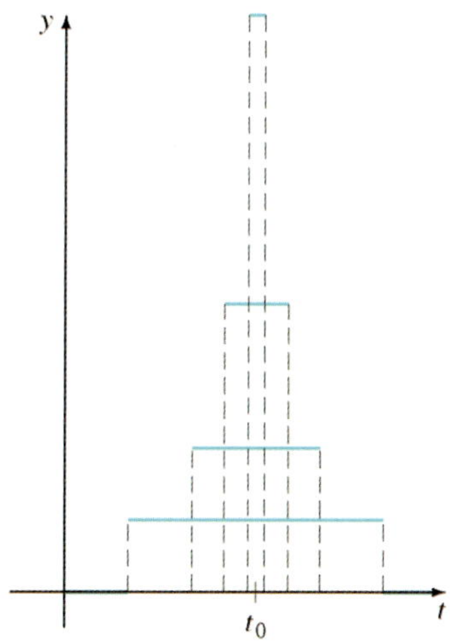

(b) $a\to0$일 때 δ_a의 거동

그림 7.5.2 단위충격

그림 7.5.2(a)에서 보듯이 조각적으로 정의된 함수의 그래프는

$$\delta_a(t-t_0)=\begin{cases}0, & 0\le t<t_0-a\\ \dfrac{1}{2a}, & t_0-a\le t<t_0+a\\ 0, & t\ge t_0+a\end{cases} \tag{1}$$

$(a>0,\ t_0>0)$ 그러한 힘에 대한 모형으로서 역할을 한다. a의 작은 값에 대해 $\delta_a(t-t_0)$는 본래 t_0 주위에서 매우 짧은 시간에만 작용하는 크기가 큰 일정한 함수이다. $a\to0$일 때 $\delta_a(t-t_0)$의 거동은 그림 7.5.2(b)에 제시되어 있다. 함수 $\delta_a(t-t_0)$는 $\int_0^\infty \delta_a(t-t_0)dt=1$인 적분성질을 갖기 때문에 단위충격이라 한다.

디랙의 델타함수 실제로 다른 형태의 단위충격 즉, $\delta_a(t-t_0)$에 근사하고 극한

$$\delta(t-t_0)=\lim_{a\to0}\delta_a(t-t_0) \tag{2}$$

에 의하여 정의된 함수로 다루는 것이 편리하다.

전혀 함수가 아닌 위의 표현은 다음 두 가지 성질

$$(i)\ \delta(t-t_0)=\begin{cases}\infty, & t=t_0\\ 0, & t\neq t_0\end{cases} \quad \text{와} \quad (ii)\ \int_0^{\infty}\delta(t-t_0)dt=1$$

로 특성화될 수 있다. 단위충격 $\delta(t-t_0)$를 디랙의 델타 함수라 한다.

$L\{\delta(t-t_0)\}=\lim_{a\to 0}L\{\delta_a(t-t_0)\}$인 가정에 의하여 **디랙의 델타 함수**의 라플라스 변환을 얻을 수 있다.

정리 7.5.1 디랙의 델타 함수의 변환

$t_0>0$에 대하여

$$L\{\delta(t-t_0)\}=e^{-st_0} \tag{3}$$

이다.

증명 우선 $\delta_a(t-t_0)$를 7.3절의 (11)과 (12)에 의하여 단위계단 함수를 이용하여 나타낼 수 있다. 즉,

$$\delta_a(t-t_0)=\frac{1}{2a}[U(t-(t_0-a))-U(t-(t_0+a))]$$

이다. 선형성과 7.3절의 (14)에 의하여 위 식의 라플라스 변환은

$$L\{\delta_a(t-t_0)\}=\frac{1}{2a}[\frac{e^{-s(t_0-a)}}{s}-\frac{e^{-s(t_0+a)}}{s}]=e^{-st_0}(\frac{e^{sa}-e^{-sa}}{2sa}) \tag{4}$$

이다. (4)는 $a\to 0$일 때 부정형 $\frac{0}{0}$이므로 로피탈의 법칙을 적용하면

$$L\{\delta(t-t_0)\}=\lim_{a\to 0}L\{\delta_a(t-t_0)\}=e^{-st_0}\lim_{a\to 0}(\frac{e^{sa}-e^{-sa}}{2sa})=e^{-st_0}$$

이다. ■

이제 $t_0=0$일 때 (3)으로부터

$$L\{\delta(t)\}=1$$

이라 할 수 있다.

위의 결과는 정리 7.1.3으로부터 $s\to\infty$일 때 $L\{f(t)\}\to 0$으로 기대되므로 $\delta(t)$는 우리가 생각한 일상적인 함수가 아니라는 사실을 강조한다.

예제 1 두 개의 초깃값 문제

다음 조건에 대응된 초깃값 문제를 풀어라.

$y''+y=4\delta(t-2\pi)$

(a) $y(0)=1,\ y'(0)=0$ (b) $y(0)=0,\ y'(0)=0$

이 두 초깃값 문제는 제동력이 무시될 수 있는 매체 속에서 움직이고 있는 스프링 상의 질량의 운동을 묘사하는 모형 역활을 한다. $t=2\pi$에서 질량은 아래로 예리하게 주어져있다.

(a)에서는 질량이 평형위치 아래로 1단위에서 놓아준다. (b)에서는 질량을 평형위치에서 놓아준다.

풀이 (a) (3)으로부터 미분방정식의 라플라스 변환은

$$s^2Y(s)-s+Y(s)=4e^{-2\pi s} \quad \text{또는} \quad Y(s)=\frac{s}{s^2+1}+\frac{4e^{-2\pi s}}{s^2+1}$$

이다. 제2이동정리의 역 형식을 사용하여

$$y(t)=\cos t+4\sin(t-2\pi)\,\mathcal{U}(t-2\pi)$$

를 구한다. $\sin(t-2\pi)=\sin t$이므로 위의 해는

$$y(t)=\begin{cases}\cos t, & 0\leqq t<2\pi\\ \cos t+4\sin t, & t\geqq 2\pi\end{cases} \tag{5}$$

으로 나타낼 수 있다.

그림 7.5.3에서 (5)의 그래프로부터 질량은 $t=2\pi$에서 부딪칠 때까지 단순조화운동을 나타냄을 보게 된다. 단위충격의 영향은 진동의 폭이 $t>2\pi$에 대해서 $\sqrt{17}$까지 증가하는 것이다.

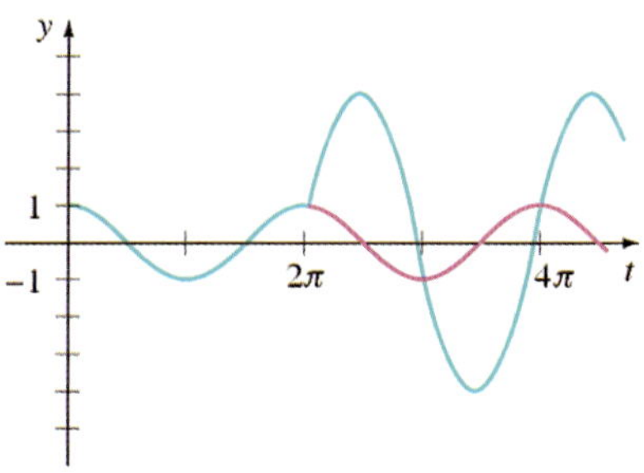

그림 7.5.3 예제 1의 (a)에서 질량은 $t=2\pi$에서 부딪친다.

(b) 이 경우에 있어서 방정식의 변환은 간단히

$$Y(s)=\frac{4e^{-2\pi s}}{s^2+1}$$

이므로

$$y(t)=4\sin(t-2\pi)\,\mathcal{U}(t-2\pi) \tag{6}$$

$$=\begin{cases}0, & 0\leqq t<2\pi\\ 4\sin t, & t\geqq 2\pi\end{cases}$$

이다. 그림 7.5.4에서 (6)의 그래프는 초기조건으로부터 예상할 수 있는 것처럼 질량은 $t=2\pi$에서 부딪칠 때까지 운동을 하지 않는다. ■

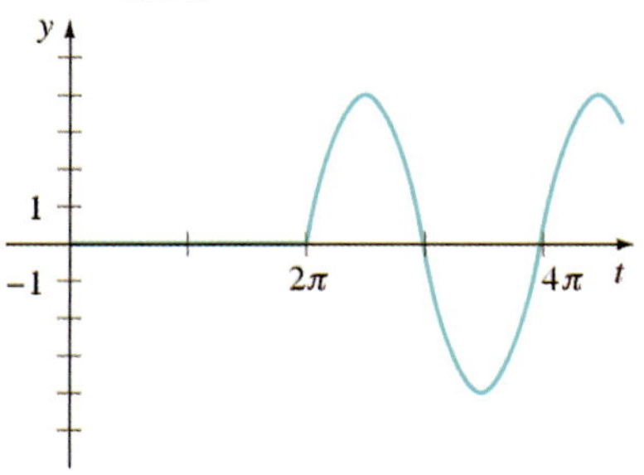

그림 7.5.4 예제 1의 (a)에서 질량은 $t=2\pi$에서 부딪칠 때까지 운동하지 않는다.

주의

(i) $\delta(t-t_0)$가 일상적인 의미에서 함수였다면 401쪽의 성질 (i)은

$\int_0^\infty \delta(t-t_0)dt=1$이라기보다는 오히려 $\int_0^\infty \delta(t-t_0)dt=0$이였을 것이다.

디랙의 델타함수가 보통의 함수와 같이 움직이지 않기 때문에 그것의 사용자가 정확한 결과를 산출해 내어도 처음에는 수학자들에 의하여 커다란 조롱에 직면하였다. 그러나 1940년도에 디랙의 논쟁의 여지가 있는 함수가 프랑스의

수학자 로랑 슈바르츠가 그의 저서 "분포이론"에서 엄밀한 기반위에서 제시되었고 이어서 **분포이론** 또는 **일반화된 함수**로서 알려진 수학의 새로운 분야에 완전히 이르게 되었다. 이 이론에서 (2)는 $\delta(t-t_0)$의 일반적인 정의가 아니며 또한 함수의 값이 ∞ 또는 0인 함수를 언급하지도 않는다. 비록 이 주제를 더 이상 추구하지 않아도 디랙의 델타 함수는 다른 함수들에 있어서의 영향에 의하여 가장 잘 특징되어진다고 말할 수 있다. f가 연속인 함수라면

$$\int_0^\infty f(t)\delta(t-t_0)dt = f(t_0) \tag{7}$$

은 $\delta(t-t_0)$의 정의로서 취해질 수 있다. 이 결과는 $\delta(t-t_0)$가 $[0,\infty)$에서 f의 값의 집합으로부터 값 $f(t_0)$의 검사에 영향을 주기 때문에 **감별성질**로서 알려져 있다.

성질 (ii) ($f(t)=1$에 대하여)와 (3) ($f(t)=e^{-st}$에 대하여) 은 (7)과 일치함에 유의한다.

(ii) 7.2절의 주의 (iii)에서 상수계수를 갖는 일반적인 선형 n계 미분방정식의 변환함수는 $W(s)=\dfrac{1}{P(s)}$이고, 여기서 $P(s)=a_n s^n + a_{n-1}s^{n-1}+\cdots+a_0$임을 나타낸다. 변환함수는 선형체계의 **중력함수**라고 하는 함수 $w(t)$의 라플라스 변환이다. 그러나 $w(t)$는 바로 토론의 관점에서 또한 특징지어질 수 있다. 간단히 하기 위해서 입력이 $t=0$에서 단위 충격인 2계 선형체계

$$a_2y''+a_1y'+a_0y=\delta(t),\ y(0)=0,\ y'(0)=0$$

를 생각해 보자.

라플라스 변환을 적용하고 $L\{\delta(t)\}=1$을 사용하면 이 경우에 응답 y의 변환은 변환함수

$$Y(s)=\frac{1}{a_2s^2+a_1s+a_0}=\frac{1}{P(s)}=W(s) \text{ 이므로 } y=L^{-1}\left\{\frac{1}{P(s)}\right\}=w(t)$$

임을 본다. 이것으로부터 일반적으로 n계 선형체계의 중력 함수 $y=w(t)$는 단위 충격에 대한 체계의 제로 상태 응답임을 알 수 있다. 이러한 이유로 $w(t)$는 또한 체계의 **충격응답**이라고 한다.

연습문제 7.5

(1-12) 라플라스 변환을 사용하여 주어진 초깃값 문제를 풀어라.

1 $y'-3y=\delta(t-2),\quad y(0)=0$

2 $y''+y=\delta(t-2\pi)+\delta(t-4\pi),\ y(0)=1,\ y'(0)=0$

3 $y''+y=\delta(t-2\pi),\quad y(0)=0,\quad y'(0)=1$

4 $y''+2y'+y=\delta(t-1),\quad y(0)=0,\quad y'(0)=0$

5 $y''+y=\delta\left(t-\frac{1}{2}\pi\right)+\delta\left(t-\frac{3}{2}\pi\right), y(0)=0, y'(0)=0$

6 $y''-2y'=1+\delta(t-2),\quad y(0)=0,\quad y'(0)=1$

7 $y''+2y'=\delta(t-1),\quad y(0)=0,\quad y'(0)=1$

8 $y''+16y=\delta(t-2\pi),\quad y(0)=0,\quad y'(0)=0$

9 $y''+4y'+5y=\delta(t-2\pi),\quad y(0)=0,\quad y'(0)=0$

10 $y'+y=\delta(t-1),\quad y(0)=2$

11 $y''+4y'+13y=\delta(t-\pi)+\delta(t-3\pi),$
$y(0)=1,\quad y'(0)=0$

12 $y''-7y'+6y=e^t+\delta(t-2)+\delta(t-4),$
$y(0)=0,\quad y'(0)=0$

13. 길이 L의 동일한 막대에 $x=\frac{1}{2}L$에서 집중된 하중 w_0가 닿고 있다. 막대는 왼쪽 끝이 포함되어 있고, 오른쪽 끝은 자유로이 있다. 라플라스 변환을 사용하여

$$EI\frac{d^4y}{dx^4}=w_0\delta(x-\frac{1}{2}L)$$

으로부터 휨 $y(x)$를 결정하라.
여기서
$y(0)=0,\ y'(0)=0,\ y''(L)=0,\ y'''(L)=0$ 이다.

14 $y(0)=0,\ y'(0)=0,\ y(L)=0,\ y'(L)=0$에 대응한 문제 13의 미분방정식을 풀어라. 이 경우에 막대는 양쪽이 포함되어 있다. 그림 7.5.5 참조.

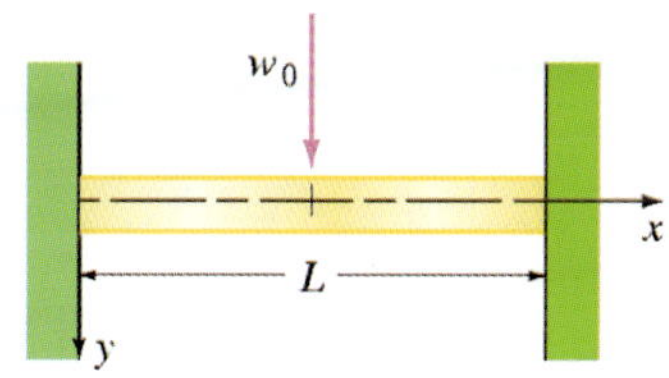

그림 7.5.5 문제 14의 막대

토론 문제

15 누군가가 두 개의 초깃값 문제

$$y''+2y'+10y=0,\ y(0)=0,\ y'(0)=1$$

$$y''+2y'+10y=\delta(t),\ y(0)=0,\ y'(0)=0$$

의 해가 정확히 같다고 한다. 여기에 동의하는가? 동의하면 그 이유를 설명하라.

7.6 연립 선형미분방정식

필요한 개념

- 미지수가 2개인 2개의 연립 방정식 풀기

소개 | 초기 조건이 주어졌을 때 상수계수를 갖는 연립 선형미분방정식에 있어서 각 방정식의 라플라스 변환은 이 연립방정식을 변환된 함수에 있어서 동차의 연립대수방정식으로 변형한다. 변환된 함수들에 대한 연립대수방정식을 풀고 보통의 방식대로 역 라플라스 변환을 구한다.

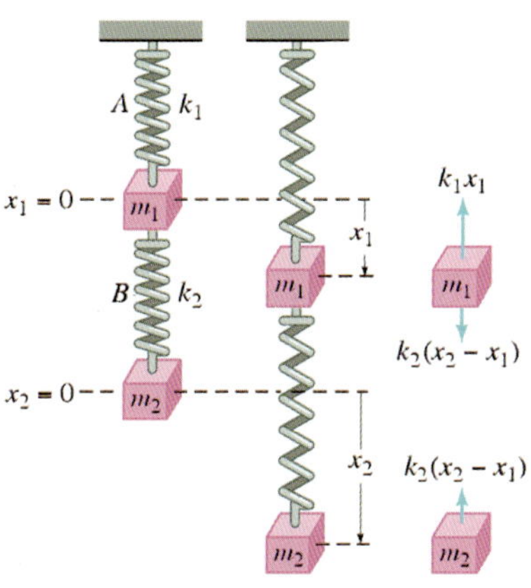

그림 7.6.1 두 개의 스프링/질량계

두 개의 스프링 두 질량 m_1과 m_2가 각각 스프링 상수가 k_1, k_2이고 무시할 수 있는 질량의 두 스프링 A, B에 연결한다. 교대로 두 스프링은 그림 7.6.1에서와 같이 달려있다.

$x_1(t)$와 $x_2(t)$는 이들의 평형위치로부터 질량의 수직이동을 나타낸다고 하자. 이 장치가 운동할 때 스프링 B는 늘리기와 압축에 따른다. 따라서 그것의 최종적인 늘리기는 x_2-x_1이므로 후크의 법칙으로부터 스프링 A와 B는 각각 m_1에 대해서 힘 $-k_1x_1$과 $k_2(x_2-x_1)$이 가해지게 된다. 만일에 외부력이 이 계에 일어나지 않고 감쇠력이 존재하지 않는다면 m_1에 대한 최종적인 힘은 $-k_1x_1+k_2(x_2-x_1)$이다. 뉴턴의 제 2법칙에 의하여

$$m_1 \frac{d^2 x_1}{dt^2} = -k_1 x_1 + k_2(x_2 - x_1)$$

로 쓸 수 있다. 같은 방법으로 질량 m_2에 가해진 최종적인 힘은 B의 최종적인 늘리기에만 의존한다. 즉, $-k_2(x_2 - x_1)$ 이므로

$$m_2 \frac{d^2 x_2}{dt^2} = -k_2(x_2 - x_1)$$

이다. 바꾸어 말하면 두 개의 스프링 운동은 연립 2계 미분방정식

$$\begin{aligned} m_1 x_1'' &= -k_1 x_1 + k_2(x_2 - x_1) \\ m_2 x_2'' &= -k_2(x_2 - x_1) \end{aligned} \tag{1}$$

으로 표현된다.

다음 예제에서 $k_1 = 6$, $k_2 = 4$, $m_1 = 1$, $m_2 = 1$ 이고 질량은 반대의 단위 속도를 갖는 그들의 평형위치로부터 시작한다는 가정 하에서 (1)을 푼다.

예제 1 두 개의 스프링

$x_1(0) = 0$, $x_1'(0) = 1$, $x_2(0) = 0$, $x_2'(0) = -1$ 을 조건으로 갖는

$$\begin{aligned} x_1'' + 10x_1 \qquad - 4x_2 &= 0 \\ -4x_1 + x_2'' \quad + 4x_2 &= 0 \end{aligned} \tag{2}$$

을 풀어라.

풀이 각 방정식의 라플라스 변환은

$$\begin{aligned} s^2 X_1(s) - s x_1(0) - x_1'(0) + 10X_1(s) - 4X_2(s) = 0 \\ -4X_1(s) + s^2 X_2(s) - s x_2(0) - x_2'(0) + 4X_2(s) = 0 \end{aligned}$$

이고 여기서 $X_1(s) = L\{x_1(t)\}$, $X_2(s) = L\{x_2(t)\}$이다. 이 방정식은

$$\begin{aligned} (s^2 + 10)\, X_1(s) - 4X_2(s) &= 1 \\ -4X_1(s) + (s^2 + 4)\, X_2(s) &= -1 \end{aligned} \tag{3}$$

와 같다. (3)을 $X_1(s)$에 대하여 풀고 이 결과에서 부분분수를 사용하면

$$X_1(s) = \frac{s^2}{(s^2+2)(s^2+12)} = -\frac{\frac{1}{5}}{s^2+2} + \frac{\frac{6}{5}}{s^2+12}$$

이므로

$$\begin{aligned} x_1(t) &= -\frac{1}{5\sqrt{2}} L^{-1}\left\{\frac{\sqrt{2}}{s^2+2}\right\} + \frac{6}{5\sqrt{12}} L^{-1}\left\{\frac{\sqrt{12}}{s^1+12}\right\} \\ &= -\frac{\sqrt{2}}{10} \sin \sqrt{2}\, t + \frac{\sqrt{3}}{5} \sin 2\sqrt{3}\, t \end{aligned}$$

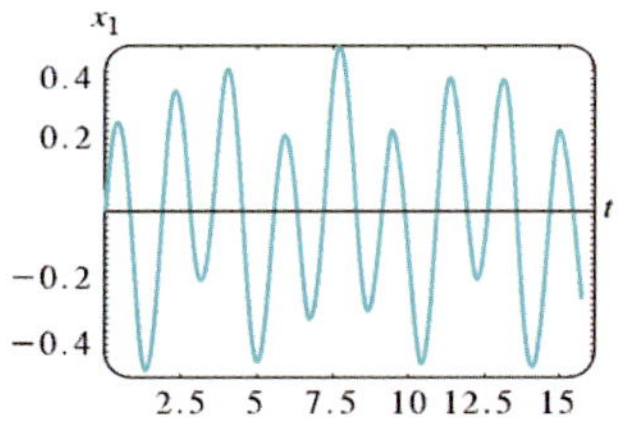

(a) $x_1(t)$의 궤적

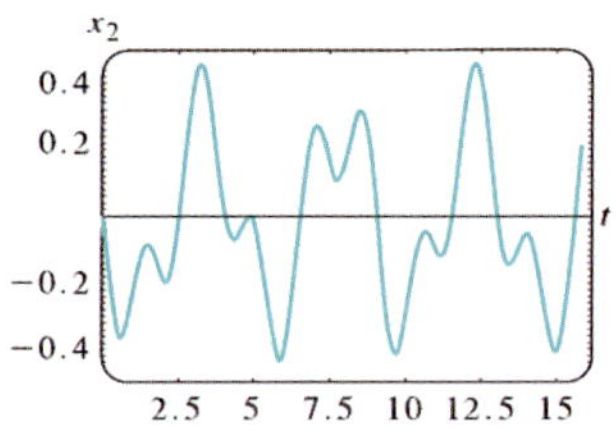

(b) $x_2(t)$의 궤적

그림 7.6.2 두 질량의 위치

이다. $X_1(s)$에 대한 표현을 (3)의 첫 번째 방정식에 대입하면

$$X_2(s) = -\frac{s^2+6}{(s^2+2)(s^2+12)} = -\frac{\frac{2}{5}}{s^2+2} - \frac{\frac{3}{5}}{s^2+12}$$

이므로

$$x_2(t) = -\frac{2}{5\sqrt{2}} L^{-1}\left\{\frac{\sqrt{2}}{s^2+2}\right\} - \frac{3}{5\sqrt{12}} L^{-1}\left\{\frac{\sqrt{12}}{s^1+12}\right\}$$

$$= -\frac{\sqrt{2}}{5}\sin\sqrt{2}\,t - \frac{\sqrt{3}}{10}\sin 2\sqrt{3}\,t$$

이다. 마지막으로 주어진 연립방정식 (2)에 대한 해는

$$x_1(t) = -\frac{\sqrt{2}}{10}\sin\sqrt{2}\,t + \frac{\sqrt{3}}{5}\sin 2\sqrt{3}\,t$$

$$x_2(t) = -\frac{\sqrt{2}}{5}\sin\sqrt{2}\,t - \frac{\sqrt{3}}{10}\sin 2\sqrt{3}\,t \qquad (4)$$

이다. 그림 7.6.2에서 x_1과 x_2의 그래프는 각 질량의 복잡한 진동운동을 나타낸다. ■

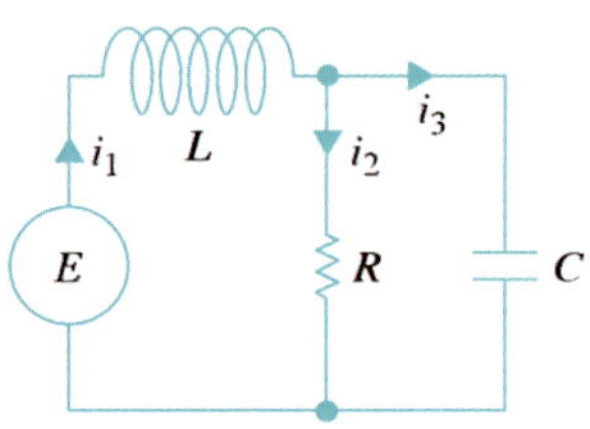

그림 7.6.3 전기회로

회로 3.3절의 (18)에서 그림 7.6.3에서 보인 회로에서 인덕터, 저항과 축전기를 포함 하는 전류 $i_1(t)$와 $i_2(t)$는 1계 연립미분방정식

$$L\frac{di_1}{dt} + Ri_2 = E(t) \qquad (5)$$
$$RC\frac{di_2}{dt} + i_2 - i_1 = 0$$

에 의하여 주어졌음을 보았다. 다음 예제에서 이 연립방정식을 라플라스 변환에 의하여 푼다.

예제 2 전기회로

$E(t) = 60\,V$, $L = 1\,h$, $R = 50\,\Omega$, $C = 10^{-4}f$ 와 전류 i_1과 i_2는 초기에 0인 조건하에서 (5)의 방정식을 풀어라.

풀이 $i_1(0) = 0$, $i_2(0) = 0$을 조건으로 갖는

$$\frac{di_1}{dt} + 50i_2 = 60$$
$$50(10^{-4})\frac{di_2}{dt} + i_2 - i_1 = 0$$

을 푼다. 이 방정식 각각에 라플라스 변환을 적용하고 간단히 하면

$$sI_1(s)+50I_2(s)=\frac{60}{s}$$
$$-200I_1(s)+(s+200)I_2(s)=0$$

이고, 여기서 $I_1(s)=L\{i_1(t)\}$, $I_2(s)=L\{i_2(t)\}$이다. 이 연립방정식을 I_1과 I_2에 대하여 풀고 이 결과를 부분분수로 분해하면

$$I_1(s)=\frac{60s+12{,}000}{s(s+100)^2}=\frac{\frac{6}{5}}{s}-\frac{\frac{6}{5}}{s+100}-\frac{60}{(s+100)^2}$$
$$I_2(s)=\frac{12{,}000}{s(s+100)^2}=\frac{\frac{6}{5}}{s}-\frac{\frac{6}{5}}{s+100}-\frac{120}{(s+100)^2}$$

이다. 역 라플라스 변환을 취하면 전류는

$$i_1(t)=\frac{6}{5}-\frac{6}{5}e^{-100t}-60te^{-100t}$$
$$i_2(t)=\frac{6}{5}-\frac{6}{5}e^{-100t}-120te^{-100t}$$

임을 얻는다. ■

예제 2에서 전류 $i_1(t)$와 $i_2(t)$는 모두 $t\to\infty$일 때 값 $\frac{E}{R}=\frac{6}{5}$이 됨에 유의한다. 더욱이 축전기를 지나는 전류는 $i_3(t)=i_1(t)-i_2(t)=60te^{-100t}$이므로 $t\to\infty$일 때 $i_3(t)\to 0$임을 본다.

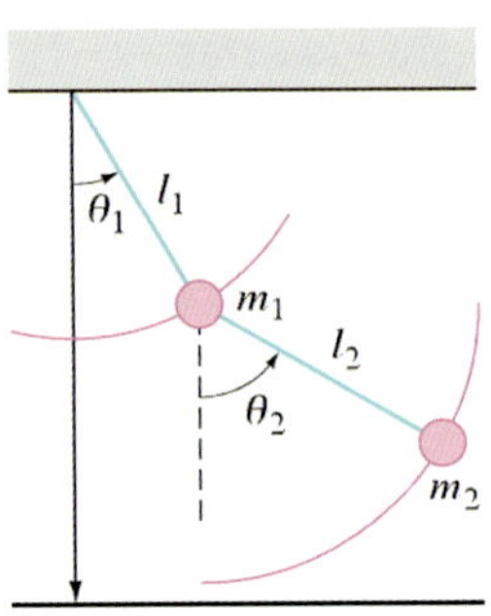

그림 7.6.4 이중 추

이중 추 그림 7.6.4에서 보이듯 추에 매달린 추로 이루어진 이중 추를 생각해 보자. 이 장치는 중력의 영향 하에서 수직인 평면으로 진동하고 각각의 막대기의 무게는 무시하고 감쇠력은 이 장치에 작용하지 않는다고 하자. 또한 그림 7.6.4는 이 동각 θ_1은 이 장치의 회전축으로부터 아래쪽으로 연결된 수직축으로부터 라디안으로 측정되었고 θ_2는 질량 m_1의 중심으로부터 아래쪽으로 연결된 수직축으로부터 측정되었음을 보인다. 양의 방향은 오른쪽이고 음의 방향은 왼쪽이다. 5.3절의 방정식 (6)에 대한 분석으로부터 예상하듯이 연립 미분방정식은 이 운동이 비선형임을 나타낸다. 즉,

$$(m_1+m_2)l_1^2\theta_1''+m_2l_1l_2\theta_2''\cos(\theta_1-\theta_2)+m_2l_1l_2(\theta_2')^2\sin(\theta_1-\theta_2)$$
$$+(m_1+m_2)l_1g\sin\theta_1=0$$
$$m_2l_2^2\theta_2''+m_2l_1l_2\theta_1''\cos(\theta_1-\theta_2)-m_2l_1l_2(\theta_1')^2\sin(\theta_1-\theta_2)$$
$$+m_2l_2g\sin\theta_2=0 \qquad (6)$$

이동 $\theta_1(t)$와 $\theta_2(t)$는 작은 값으로 가정하면 근삿값

$\cos(\theta_1-\theta_2)\approx 1$, $\sin(\theta_1-\theta_2)\approx 0$, $\sin\theta_1\approx\theta_1$, $\sin\theta_2\approx\theta_2$은 방정식 (6)을

선형화

$$(m_1+m_2)l_1^2\theta_1''+m_2l_1l_2\theta_2''+(m_1+m_2)l_1g\,\theta_1=0$$
$$m_2l_2^2\theta_2''+m_2l_1l_2\theta_1''+m_2l_2g\,\theta_2=0 \tag{7}$$

로 바꿀 수 있게 한다.

예제 3 이중 추

$m_1=3,\ m_2=1,\ l_1=l_2=16,\ \theta_1(0)=1,\ \theta_2(0)=-1,\ \theta_1'(0)=0,\ \theta_2'(0)=0$ 일 때 방정식 (7)을 풀기 위하여 라플라스 변환을 사용하는 상세한 것은 연습문제로 남긴다.

해는

$$\theta_1(t)=\frac{1}{4}\cos\frac{2}{\sqrt{3}}t+\frac{3}{4}\cos 2t$$
$$\theta_2(t)=\frac{1}{2}\cos\frac{2}{\sqrt{3}}t-\frac{3}{2}\cos 2t \tag{8}$$

임을 얻는다.

컴퓨터 대수체계의 도움으로 $t=0$과 그 이후의 시간에서 두 질량의 위치는 그림 7.6.5에서 보인다. 연습문제 7.6의 문제 21을 참조.

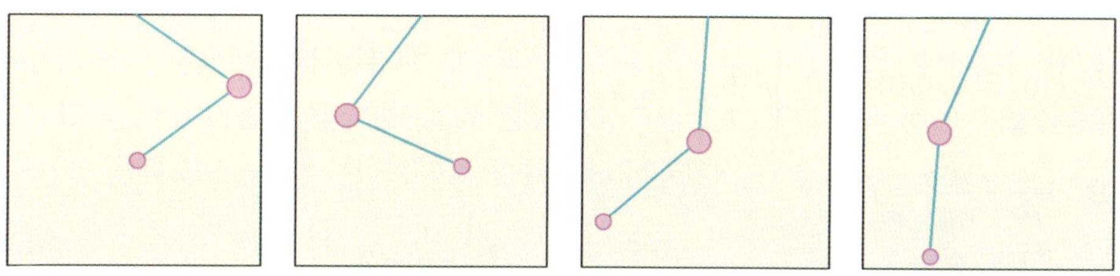

(a) $t=0$ (b) $t=1.4$ (c) $t=2.5$ (d) $t=8.5$

그림 7.6.5 예제 3의 다양한 시간에서 이중 추에 있는 질량의 위치

연습문제 7.6

(1-12) 라플라스 변환을 사용하여 주어진 연립 미분방정식을 풀어라.

1 $\dfrac{dx}{dt}=-x+y$

$\dfrac{dy}{dt}=2x$

$x(0)=0,\ y(0)=1$

2 $\dfrac{dx}{dt}+3x+\dfrac{dy}{dt}=1$

$\dfrac{dx}{dt}-x+\dfrac{dy}{dt}-y=e^t$

$x(0)=0,\ y(0)=0$

3 $\dfrac{dx}{dt}=x-2y$

$\dfrac{dy}{dt}=5x-y$

$x(0)=-1,\ y(0)=2$

4 $\dfrac{dx}{dt}=2y+e^{t}$
$\dfrac{dy}{dt}=8x-t$
$x(0)=1,\ y(0)=1$

5 $2\dfrac{dx}{dt}+\dfrac{dy}{dt}-2x=1$
$\dfrac{dx}{dt}+\dfrac{dy}{dt}-3x-3y=2$
$x(0)=0,\ y(0)=0$

6 $\dfrac{dx}{dt}=4x-2y+2\,U(t-1)$
$\dfrac{dy}{dt}=3x-y+U(t-1)$
$x(0)=0,\ y(0)=\dfrac{1}{2}$

7 $\dfrac{d^2x}{dt^2}+x-y=0$
$\dfrac{d^2y}{dt^2}+y-x=0$
$x(0)=0,\ x'(0)=-2,\ y(0)=0,\ y'(0)=1$

8 $\dfrac{dx}{dt}-4x+\dfrac{d^3y}{dt^3}=6\sin t$
$\dfrac{dx}{dt}+2x-2\dfrac{d^3y}{dt^3}=0$
$x(0)=0,\ y(0)=0,\ y'(0)=0,\ y''(0)=0$

9 $\dfrac{d^2x}{dt^2}+\dfrac{d^2y}{dt^2}=t^2$
$\dfrac{d^2x}{dt^2}-\dfrac{d^2y}{dt^2}=4t$
$x(0)=8,\ x'(0)=0,\ y(0)=0,\ y'(0)=0$

10 $\dfrac{d^2x}{dt^2}+\dfrac{dx}{dt}+\dfrac{dy}{dt}=0$
$\dfrac{d^2y}{dt^2}+\dfrac{dy}{dt}-4\dfrac{dx}{dt}=0$
$x(0)=1,\ x'(0)=0,\ y(0)=-1,\ y'(0)=5$

11 $\dfrac{d^2x}{dt^2}+3\dfrac{dy}{dt}+3y=0$
$\dfrac{d^2x}{dt^2}+3y=te^{-t}$
$x(0)=0,\ x'(0)=2,\ y(0)=0$

12 $\dfrac{dx}{dt}+x-\dfrac{dy}{dt}+y=0$
$\dfrac{dx}{dt}+\dfrac{dy}{dt}+2y=0$
$x(0)=0,\ y(0)=1$

13 $k_1=3,\ k_2=2,\ m_1=1,\ m_2=1$과 $x_1(0)=0,\ x_1'(0)=1,\ x_2(0)=1,\ x_2'(0)=0$일 때, 연립방정식 (1)을 풀어라.

14 그림 7.6.6에서 보인 두 개의 스프링의 수직 직선운동을 묘사하는 연립 미분방정식을 유도하고, 라플라스 변환을 사용하여 $k_1=1,\ k_2=1,\ k_3=1,\ m_1=1,\ m_2=1$과 $x_1(0)=0,\ \ x_1'(0)=-1,\ x_2(0)=0,\ x_2'(0)=1$일 때, 이 연립방정식을 풀어라.

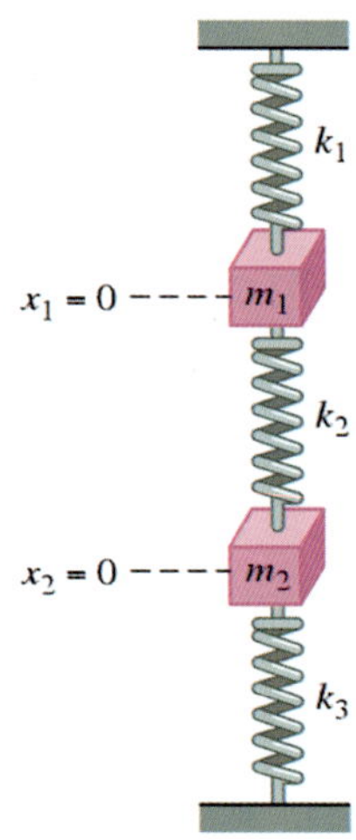

그림 7.6.6 문제 14의 두 개의 스프링

15 (a) 그림 7.6.7에서 보인 전기회로에서 전류 $i_2(t)$와 $i_3(t)$에 대한 연립 미분방정식은

$$L_1\frac{di_2}{dt}+Ri_2+Ri_3=E(t)$$
$$L_2\frac{di_3}{dt}+Ri_2+Ri_3=E(t)$$

임을 보여라.

(b) $R=5\,\Omega, L_1=0.01h, L_2=0.0125h, E=100\,V$, $i_2(0)=0$과 $i_3(0)=0$이면 (a)의 연립방정식을 풀어라.

(c) 전류 $i_1(t)$를 결정하라.

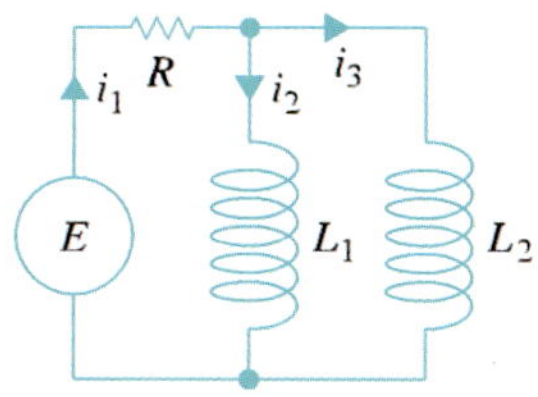

그림 7.6.7 문제 15의 회로

16 (a) 연습문제 3.3의 문제 12에서 그림 7.6.8에서 보인 전기회로에서 전류 $i_2(t)$와 $i_3(t)$는

$$L_1\frac{di_2}{dt}+L\frac{di_3}{dt}+R_1i_2=E(t)$$
$$-R_1\frac{di_2}{dt}+R_2\frac{di_3}{dt}+\frac{1}{C}i_3=0$$

을 만족함을 보이도록 요구되었다.

$R_1=10\,\Omega,\ R_2=5\,\Omega,\ L=1\,h,\ C=0.2\,f,$

$E(t)=\begin{cases}120, & 0\le t<2\\ 0, & t\ge 2\end{cases}$, $i_2(0)=0$과 $i_3(0)=0$일 때, 이 방정식을 풀어라.

(b) 전류 $i_1(t)$를 결정하라.

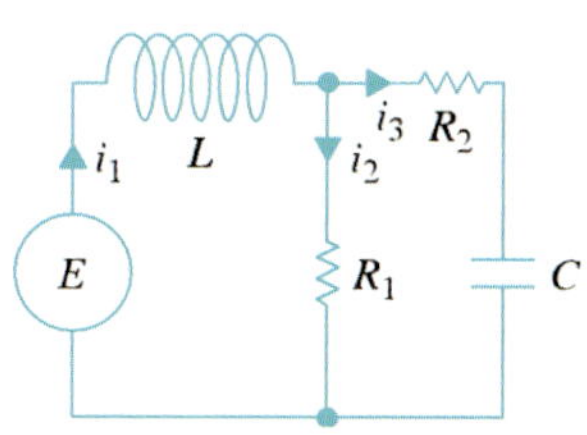

그림 7.6.8 문제 16의 회로

17 $R_1=6\Omega,\ R_2=5\Omega,\ L_1=1h,\ L_2=1h,\ E(t)=50\sin t\,V,\ i_2(0)=0$과 $i_3(0)=0$일 때, 3.3절의 (17)에서 주어진 연립방정식을 풀어라.

18 $E=60\ V,\ L=\frac{1}{2}h,\ R=50\,\Omega,\ C=10^{-4}f,$ $i_1(0)=0$과 $i_2(0)=0$일 때, (5)를 풀어라.

19. $E=60\ V,\ L=2h,\ R=50\,\Omega,\ C=10^{-4}f,$ $i_1(0)=0$과 $i_2(0)=0$일 때, (5)를 풀어라.

20 (a) 그림 7.6.9에서 보인 전기회로에서 축전기에서의 전하 $q(t)$와 전류 $i_3(t)$에 대한 연립 미분방정식은

$$R_1\frac{dq}{dt}+\frac{1}{C}q+R_1i_3=E(t)$$
$$L\frac{di_3}{dt}+R_2i_3-\frac{1}{C}q=0$$

임을 보여라.

(b) $L=1\,h,\ R_1=1\,\Omega,\ R_2=1\,\Omega,\ C=1\,f,$

$E(t)=\begin{cases}0, & 0<t<1\\ 50e^{-t}, & t\ge 1\end{cases}$, $i_3(0)=0$

과 $q(0)=0$일 때, 전기용량에서의 전하를 구하라.

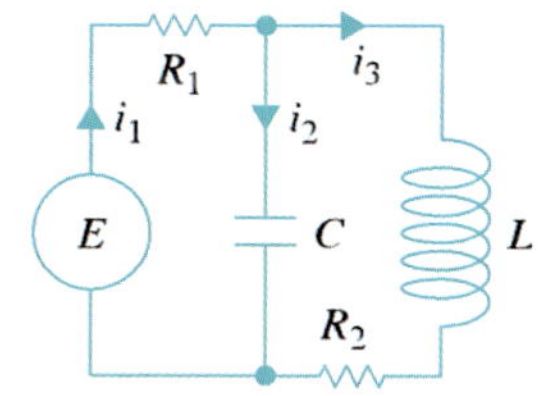

그림 7.6.9 문제 20의 회로

컴퓨터 활용문제

21 (a) 라플라스 변환과 예제 3에서 주어진 자료를 사용하여 (7)에서 주어진 연립방정식의 해 (8)을 얻어라.

(b) 그래프 그리는 도구를 이용하여 $t\theta$-평면에서 $\theta_1(t)$와 $\theta_2(t)$의 그래프를 그려라.

어떤 질량이 보다 큰 힘의 극단적인 이동을 갖는가? 그래프를 이용하여 각각의 질량이 그것의 평형위치를 지나는 최초의 시간을 측정하고, 추의 운동이 주기적인지를 논하라.

(c) 매개방정식으로 $\theta_1\theta_2$-평면에서 $\theta_1(t)$와 $\theta_2(t)$의 그래프를 그려라. 이 매개방정식에 의하여 정의된 곡선을 리사주 곡선이라 한다.

(d) $t=0$에서 질량들의 위치는 그림 7.6.5(a)에서 주어진다. 1 radian $\approx 57.3^\circ$ 임에 유의한다. 계산기나 컴퓨터 대수체계의 표 응용을 이용하여 $t=1,\ 2,\ \cdots,\ 10$에 대하여 각 θ_1과 θ_2의 값에 대한 도표를 만들고, 이러한 시간들에서 두 질량의 위치를 정하라.

(e) 컴퓨터 대수체계를 이용하여 $\theta_1(t)=\theta_2(t)$인 최초의 시간과 대응된 각의 값을 구하라. 이러한 시간들에서 두 질량의 위치를 정하라.

(f) 컴퓨터 대수체계를 이용하여 그림 7.6.5에서처럼 추 막대기와 같은 적당한 선을 그려라. 컴퓨터 대수체계의 애니메이션 역량을 이용하여 0.1 시간의 증가를 사용함으로써 $t=0$에서 $t=10$까지 두 개의 추의 움직임에 관한 영상을 만들어라. (힌트: 질량 m_1과 m_2의 좌표 $(x_1(t),\ y_1(t))$와 $(x_2(t),\ y_2(t))$를 각각 $\theta_1(t)$와 $\theta_2(t)$로 나타내어라.)

7장 복습

(1-2) 라플라스 변환의 정의를 사용하여 $\mathscr{L}\{f(t)\}$를 구하라:

1 $f(t)=\begin{cases} t, & 0 \leqq t < 1 \\ 2-t, & t \geqq 1 \end{cases}$

2 $f(t)=\begin{cases} 0, & 0 \leq t < 2 \\ 1, & 2 \leq t < 4 \\ 0, & t \geq 4 \end{cases}$

(3-24) 공란을 채우거나 참 또는 거짓으로 대답하라.

3 f가 $[0, \infty)$에서 조각적으로 연속이 아니면, $\mathscr{L}\{f(t)\}$는 존재하지 않는다. _____

4 함수 $f=(e^t)^{10}$은 지수위수가 아니다. _____

5 $F(s)=\dfrac{s^2}{s^2+4}$는 조각적으로 연속이고 지수위수인 함수의 라플라스 변환이 아니다. _____

6 $\mathscr{L}\{f(t)\}=F(s)$이고 $\mathscr{L}\{g(t)\}=G(s)$이면 $\mathscr{L}^{-1}\{F(s)G(s)\}=f(t)g(t)$ 이다. _____

7 $\mathscr{L}^{-1}\{e^{-7t}\}=$_____

8 $\mathscr{L}^{-1}\{te^{-7t}\}=$_____

9 $\mathscr{L}^{-1}\{\sin 2t\}=$_____

10 $\mathscr{L}^{-1}\{e^{-3t}\sin 2t\}=$_____

11 $\mathscr{L}^{-1}\{t\sin 2t\}=$_____

12 $\mathscr{L}^{-1}\{\sin 2t\,\mathscr{U}(t-\pi)\}=$_____

13 $\mathscr{L}^{-1}\left\{\dfrac{20}{s^6}\right\}=$_____

14 $\mathscr{L}^{-1}\left\{\dfrac{1}{3s-1}\right\}=$_____

15 $\mathscr{L}^{-1}\left\{\dfrac{1}{(s-5)^3}\right\}=$_____

16 $\mathscr{L}^{-1}\left\{\dfrac{1}{s^2-5}\right\}=$_____

17 $\mathscr{L}^{-1}\left\{\dfrac{s}{s^2-10s+29}\right\}=$_____

18 $\mathscr{L}^{-1}\left\{\dfrac{e^{-5s}}{s^2}\right\}=$_____

19 $\mathscr{L}^{-1}\left\{\dfrac{s+\pi}{s^2+\pi^2}e^{-s}\right\}=$_____

20 $\mathscr{L}^{-1}\left\{\dfrac{1}{L^2s^2+n^2\pi^2}\right\}=$_____

21 $\mathscr{L}\{e^{-5t}\}$이 $s>$_____ 에 대하여 존재한다.

22 $\mathscr{L}\{f(t)\}=F(s)$ 이면 $\mathscr{L}\{te^{8t}f(t)\}=$______ 이다.

23 $\mathscr{L}\{f(t)\}=F(s)$ 이고 $k>0$이면,

$\mathscr{L}\{e^{at}f(t-k)\mathscr{U}(t-k)\}=$______ 이다.

24 $\mathscr{L}\left\{\displaystyle\int_0^t e^{a\tau}f(\tau)d\tau\right\}=$ ______ 이지만,

$\mathscr{L}\left\{e^{at}\displaystyle\int_0^t f(\tau)d\tau\right\}=$ ______ 이다.

(25-28) 단위계단 함수를 이용하여 그래프가 그림 7.R.1에서 주어진 함수 $y=f(t)$의 관점에서 각 그래프에 대한 방정식을 구하라.

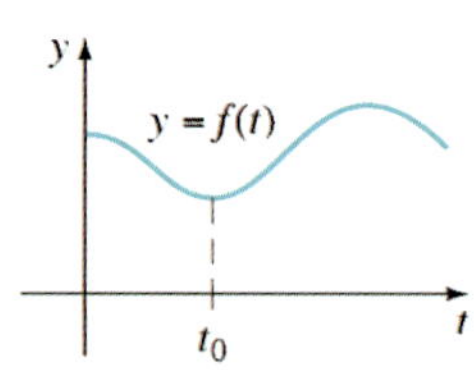

그림 7.R.1 문제 25-28에 대한 그래프

25

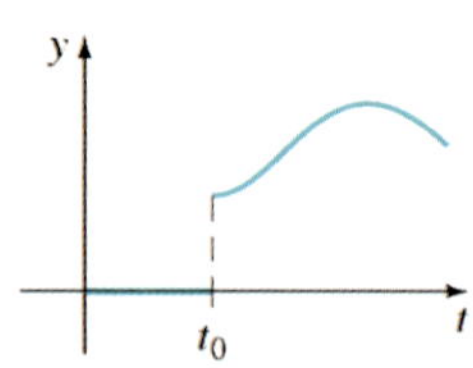

그림 7.R.2 문제 25에 대한 그래프

26

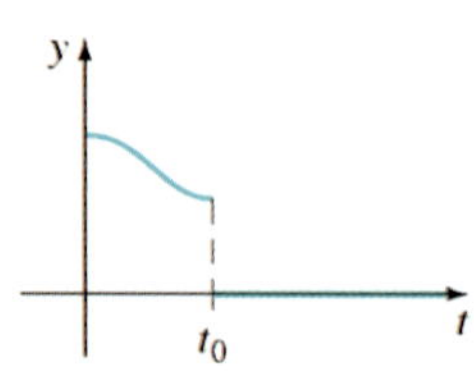

그림 7.R.3 문제 26에 대한 그래프

27

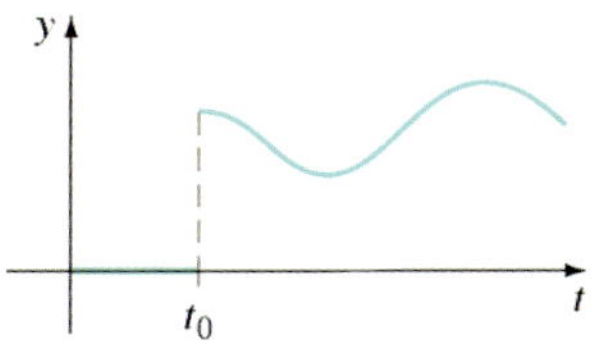

그림 7.R.4 문제 27에 대한 그래프

28

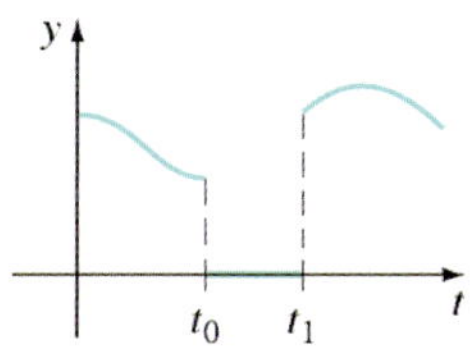

그림 7.R.5 문제 28에 대한 그래프

(29-32) f를 단위계단 함수들로 나타내고 $L\{f(t)\}$와 $L\{e^t f(t)\}$를 구하라.

29

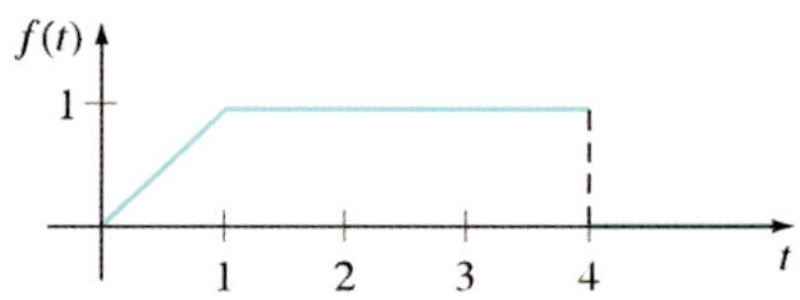

그림 7.R.6 문제 29에 대한 그래프

30

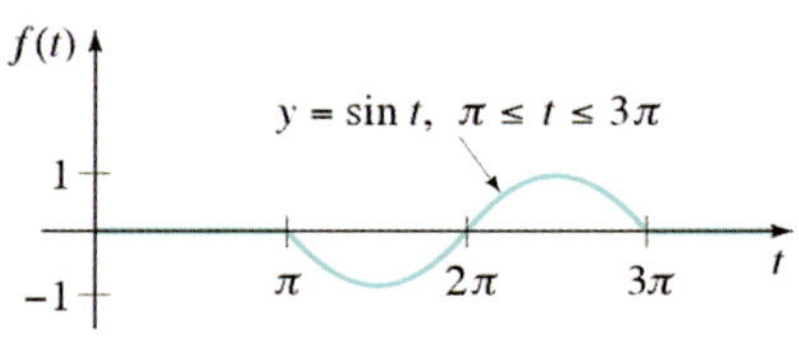

그림 7.R.7 문제 30에 대한 그래프

31

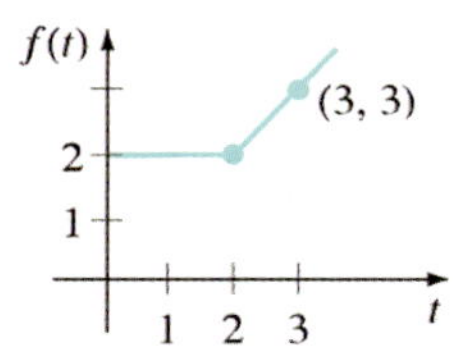

그림 7.R.8 문제 31에 대한 그래프

32

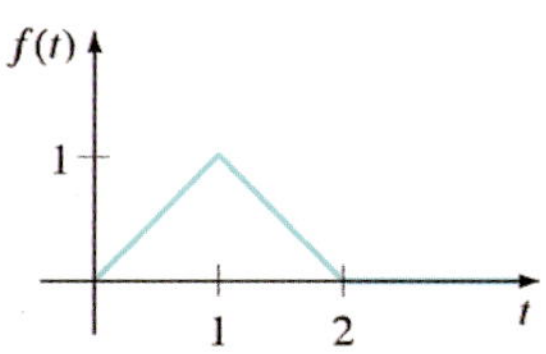

그림 7.R.9 문제 32에 대한 그래프

(33-40) 라플라스 변환을 사용하여 주어진 방정식을 풀어라.

33 $y'' - 2y' + y = e^t,\ y(0) = 0,\ y'(0) = 5$

34 $y'' - 8y' + 20y = te^t,\ y(0) = 0,\ y'(0) = 0$

35 $y'' + 6y' + 5y = t - tU(t-2),\ y(0) = 1,\ y'(0) = 0$

36 $y' - 5y = f(t)$ 여기서

$$f(t) = \begin{cases} t^2, & 0 \leqq t < 1 \\ 0, & t \geqq 1 \end{cases},\ y(0) = 1$$

37 $y' + 2y = f(t),\ y(0) = 1$ 여기서 $f(t)$는 그림 7.R.10에서 주어져 있다.

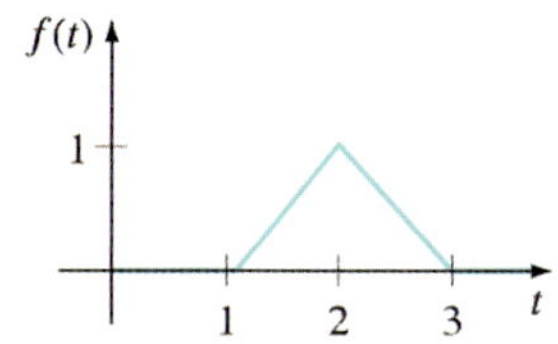

그림 7.R.10 문제 37에 대한 그래프

38 $y'' + 5y' + 4y = f(t),\ y(0) = 0,\ y'(0) = 3$ 여기서

$$f(t) = 12\sum_{k=0}^{\infty}(-1)^k U(t-k)$$

39 $y'(t) = \cos t + \int_0^t y(\tau)\cos(t-\tau)d\tau,\ y(0) = 1$

40 $\int_0^t f(\tau)f(t-\tau)d\tau = 6t^3$

(41-42) 라플라스 변환을 사용하여 각 연립방정식을 풀어라.

41 $x' + y = t$
$4x + y' = 0$
$x(0) = 1,\ y(0) = 2$

42 $x'' + y'' = e^{2t}$
$2x' + y'' = -e^{2t}$
$x(0) = 0,\ y(0) = 0,\ x'(0) = 0,\ y'(0) = 0$

43 RC-직렬회로에서 전류 $i(t)$는 적분방정식

$$Ri + \frac{1}{C}\int_0^t i(\tau)d\tau = E(t)$$

로부터 결정될 수 있다. 여기서 $E(t)$는 인가전압이다. $R = 10\,\Omega,\ C = 0.5f$와 $E(t) = 2(t^2 + t)$일 때, $i(t)$를 결정하라.

44 직렬회로는 각각 $L = \frac{1}{2}h,\ R = 10\,\Omega$와 $C = 0.01f$인 인덕터, 저항과 축전기를 포함하고 있다. 전압

$$E(t) = \begin{cases} 10, & 0 \leqq t < 5 \\ 0, & t \geqq 5 \end{cases}$$

가 회로에 적용된다. $q(0)=0$과 $q'(0)=0$이면 $t>0$에 대하여 축전기에서의 순간 전하 $q(t)$를 결정하라.

45 왼쪽 끝($x=0$)이 고정되고 오른쪽 끝이 자유로운 길이 L의 균일한 외팔보가 있다. 단위 길이 당 하중이

$$w(x)=\frac{2w_0}{L}\left[\frac{L}{2}-x+\left(x-\frac{L}{2}\right)U\left(x-\frac{L}{2}\right)\right]$$

로 주어질 때, 휨 $y(x)$를 구하라.

46 동일한 막대가 신축성 있는 탄성에 의하여 지탱될 때, 그것의 휨 $y(x)$에 대한 미분방정식은

$$EI\frac{d^4y}{dx^4}+ky=w(x)$$

이다. 여기서 k는 지지대 계수이고 $-ky$는 하중 $w(x)$와 반대방향으로 움직이는 지지대의 복원력이다. 그림 7.R.11 참조. 대수적인 편의상 미분방정식은

$$\frac{d^4y}{dx^4}+4a^4y=\frac{w(x)}{EI}$$

으로 나타낼 수 있다. 여기서 $a=\left(\frac{k}{4EI}\right)^{\frac{1}{4}}$이다. $L=\pi$이고 $a=1$이라 하자.

다음의 경우에서 탄성 지지대에서 지탱된 막대의 휨 $y(x)$를 구하라.

(a) 기둥이 단순히 양쪽 끝이 고정되어 있고 그것의 길이를 따라 상수하중 w_0가 균일하게 분포되어 있을 때

(b) 기둥이 양쪽 끝이 포함되어 있고 $w(x)$가 $x=\frac{\pi}{2}$에서 적용된 집중하중 w_0 일 때

(힌트: 이 문제의 (a)와 (b)에서 부록 III의 라플라스 변환의 표에서 35번과 36번을 사용한다.)

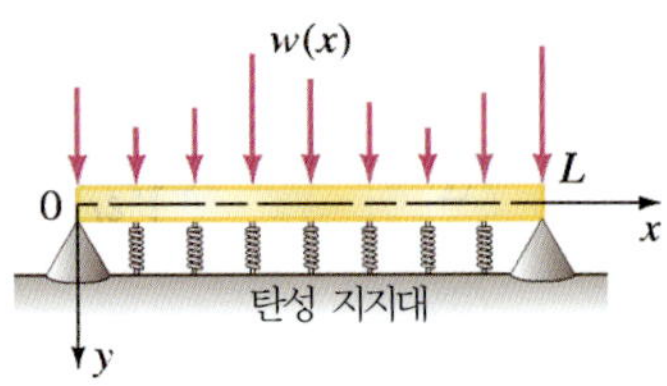

그림 7.R.11 문제 46의 탄성 지지대에서의 막대

47 (a) 두 개의 동일한 추가 상수 k인 스프링에 의하여 연결되어 있다. 그림 7.R.12 참조. 7.6절의 예제 3에 앞서의 토론에서 만들어진 같은 가정 하에서 이동 각 $\theta_1(t)$와 $\theta_2(t)$가 작을 때 이 운동을 묘사하는 선형 연립 미분방정식은

$$\theta_1''+\frac{g}{l}\theta_1=-\frac{k}{m}(\theta_1-\theta_2)$$
$$\theta_2''+\frac{g}{l}\theta_2=\frac{k}{m}(\theta_1-\theta_2)$$

임을 보일 수 있다. 라플라스 변환을 사용하여 $\theta_1(0)=\theta_0$, $\theta_1'(0)=0$, $\theta_2(0)=\psi_0$, $\theta_2'(0)=0$이고 θ_0와 ψ_0는 상수일 때, 이 연립방정식을 풀어라. 편의상 $\omega^2=\frac{g}{l}$, $K=\frac{k}{m}$이라 하자.

(b) (a)의 해를 이용하여 초기조건이 $\theta_1(0)=\theta_0$, $\theta_1'(0)=0$ $\theta_2(0)=\theta_0$, $\theta_2'(0)=0$인 특수한 경우에 이중 추의 운동을 논하라.

초기조건이 $\theta_1(0)=\theta_0$, $\theta_1'(0)=0$, $\theta_2'(0)=0$, $\theta_2'(0)=0$일 때, 이중 추의 운동을 논하라.

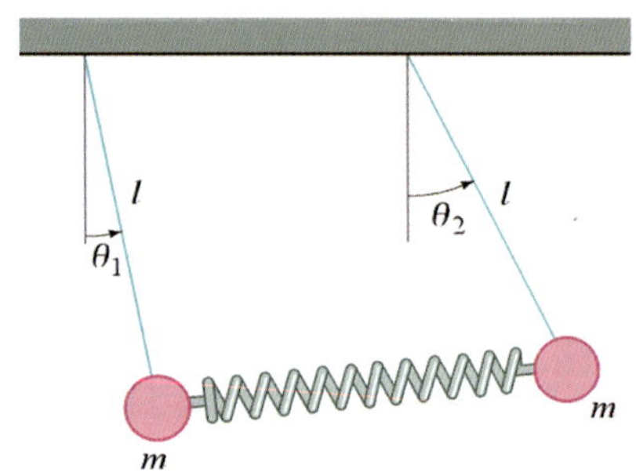

그림 7.R.12 문제 47의 이중 추

48 **쿨롱 마찰 다시보기** 5장 복습의 문제 27에서 질량 m인 물질이 운동마찰의 계수가 상수 μ인 마른 수평표면 위를 미끄러지는 스프링/질량 체계를 보았다. 운동방향에 반대로 작용하는 마른표면의 힘 $f_k=\mu mg$을 억제하는 상수를 프랑스 물리학자 샤를 오거스탱 드 쿨롱(1736-1806)을 기념하여 쿨롱마찰이라 한다. 이 물질의 변위 $x(t)$에 대한 조각적으로 정의된 미분방정식이

$$m\frac{d^2x}{dt^2}+kx=\begin{cases} f_k, & x'<0\ (\text{왼쪽으로의 움직임}) \\ -f_k, & x'>0\ (\text{오른쪽으로의 움직임}) \end{cases}$$

으로 주어짐을 보았다.

(a) 물질이 점 $x(0)=x_0>0$에서 정지 상태에 놓여있고 다른 외부력은 없다고 하자. 이 때, 질량 m인 물질을 나타내는 미분방정식은

$$x''+\omega^2x=F,\quad 0<t<\frac{T}{2}$$
$$x''+\omega^2x=-F,\quad \frac{T}{2}<t<T$$

$$x'' + \omega^2 x = F, \quad T < t < \frac{3T}{2}$$

이다. 여기서 $\omega^2 = \dfrac{k}{m}$, $F = \dfrac{f_k}{m} = \mu g$, $g = 32$, $T = \dfrac{2\pi}{\omega}$ 이다.

이 때, 시간 0, $\dfrac{T}{2}$, T, $\dfrac{3T}{2}$은 $x'(t) = 0$에 대응함을 보여라.

(b) 일반적으로 초기 변위가 $\omega^2|x_0| > F$ 을 만족하는 이유를 설명하여라.

(c) 구간 $-\dfrac{F}{\omega^2} \leq x \leq \dfrac{F}{\omega^2}$이 적절하게 방정식의 "데드존"이라 불리는 이유를 설명하여라.

(d) 라플라스 변환과 미로 함수의 개념을 이용하여 $t \geq 0$에 대한 변위 $x(t)$에 대하여 풀어라.

(e) $m = 1$, $k = 1$, $f_k = 1$, $x_0 = 5.5$인 경우에 구간 $[0, 2\pi)$에서 여러분이 구한 해가 5장 복습의 문제 28의 (a), (b)와 일치함을 보여라.

(f) 각각의 연속적인 진동이 앞선 진동보다 $\dfrac{2F}{\omega^2}$가 짧음을 보여라.

(g) 방정식의 장기적 반응을 예측하여라.

49 **공기 저항이 없는 발사체의 범위** (a) 그림 7.R.13에서 본 캐넌 볼과 같은 발사체는 무게가 $\omega = mg$이고 운동경로에 접하는 초기속도가 $\mathbf{v}_0$이다. 공기저항과 무게를 제외한 모든 다른 물리력이 무시된다면 발사체의 운동은 선형 연립방정식

$$m\frac{d^2x}{dt^2} = 0$$
$$m\frac{d^2y}{dt^2} = -mg$$

으로 나타냄을 연습문제 4.9의 문제 23에서 보았다.

라플라스 변환을 이용하여 초기조건 $x(0) = 0$, $x'(0) = v_0 \cos\theta$, $y(0) = 0$, $y'(0) = v_0 \sin\theta$이 주어진 이 방정식을 풀어라. 여기서 $v_0 = |\mathbf{v}_0|$는 상수이고, θ는 그림 7.R.13에서 본 고도의 상수 각이다. 해 $x(t)$와 $y(t)$는 발사체 궤적의 매개방정식이다.

(b) (a)에서의 $x(t)$를 이용하여 $y(t)$에서 매개변수 t를 소거하여라. y에 대해서 얻은 방정식을 이용하여 발사체의 수평범위 R이

$$R = \frac{v_0^2}{g}\sin 2\theta$$

으로 주어짐을 보여라.

(c) (b)의 공식으로부터 R이 $\sin 2\theta = 1$ 또는 $\theta = \dfrac{\pi}{4}$일 때 최대임을 본다. 최대보다 작은 같은 범위가 두 개의 보각 θ와 $\dfrac{\pi}{2} - \theta$ 중에서 총의 발사에 의하여 도달됨을 보여라. 유일한 차이는 더 작은 각은 낮은 궤적에서 발생하는 반면에 더 큰 각은 높은 궤적에서 주어진다.

(d) $g = 32\ ft/s^2$, $\theta = 38^\circ$, $v_0 = 300\ ft/s$ 라고 하자. (b)를 이용하여 발사체의 수평범위를 구하고, 발사체가 지상에 떨어질 때의 시간을 구하라.

(e) (d)의 수치적 데이터를 가지고 (a)의 매개방정식 $x(t)$와 $y(t)$를 이용하여 발사체의 탄도곡선을 그려라. $\theta = 52^\circ$, $v_0 = 300\ ft/s$로 반복하라. 같은 좌표계에서 두 곡선을 겹쳐놓아라.

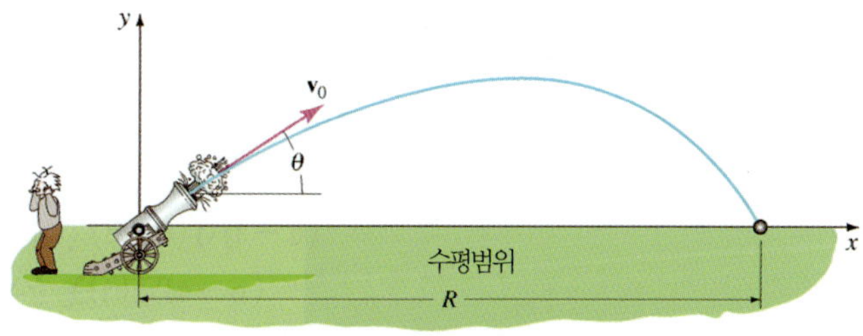

그림 7.R.13 문제 49의 발사체

50 **공기 저항이 있는 발사체의 범위** (a) 공기 저항이 움직임에 반대로 작용하고 경로에 접한 물리력을 방해한다고 하자. 발사체의 속도에 비례하는 공기 저항을 취하게 되면, 연습문제 4.9의 문제 24에서 발사체의 운동은 선형 연립방정식

$$m\frac{d^2x}{dt^2} = -\beta\frac{dx}{dt}$$
$$m\frac{d^2y}{dt^2} = -mg - \beta\frac{dy}{dt}$$

로 나타난다. 여기서 $\beta > 0$이다. 라플라스 변환을 이용하여 초기조건

$x(0) = 0$, $x'(0) = v_0 \cos\theta$, $y(0) = 0$, $y'(0) = v_0 \sin\theta$이 주어진 방정식을 풀어라. 여기서 $v_0 = |\mathbf{v}_0|$이고, θ는 상수이다.

(b) $m = \dfrac{1}{4}\ slug$, $g = 32\ ft/s^2$, $\beta = 0.02$, $\theta = 38^\circ$, $v_0 = 300\ ft/s$라고 하자. 컴퓨터대수체계를 이용하여 발사체가 지상에 떨어질 때 시간을 구하고, 수평범위에 대응한 시간을 구하라.

(c) 보각 $\theta = 52^\circ$ 를 이용하여 (c)를 반복하고, (b)에서 구

한 범위를 비교하라. 문제 49의 (c)에서의 성질을 만족하는가?

(d) (b)의 수치적 데이터를 가지고 (a)의 매개방정식 $x(t)$와 $y(t)$를 이용하여 발사체의 탄도곡선을 그려라. (b)의 같은 수치적 데이터를 가지고 반복하라. 이 때 $\theta = 52^\circ$로 취한다.

같은 좌표계에서 두 곡선을 겹쳐놓아라. 문제 49의 (e)에서 얻어진 결과를 가지고 두 곡선을 비교하여라.

8 연립 1계 선형미분방정식

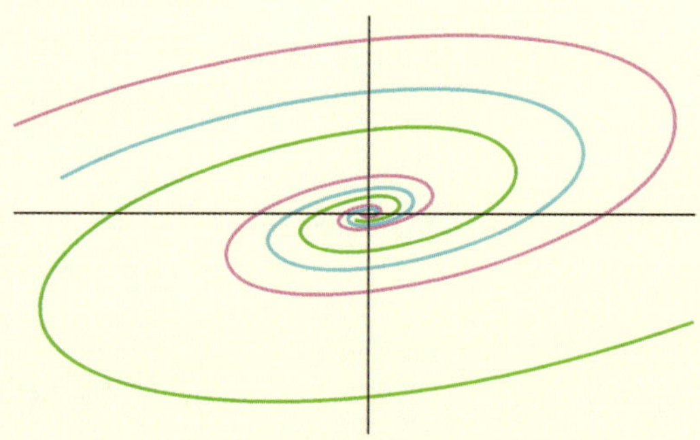

3.3, 4.9와 7.6절에서 연립 미분방정식을 접하였고, 체계적인 소거법이나 라플라스 변환에 의하여 이러한 연립방정식 중 몇 개는 해결할 수 있었다. 본 장에서는 연립 1계 선형미분방정식에만 집중하고자 한다. 고려된 연립방정식 중 대부분이 소거법이나 라플라스 변환을 사용하여 해결할 수 있지만, 이러한 종류의 연립방정식과 상수계수를 갖는 연립방정식의 경우에서 행렬의 대수로부터 몇 가지의 기본적인 개념들을 활용하는 해의 방법에 대한 일반적인 이론을 전개하고자 한다. 이러한 일반적인 이론과 해의 과정이 4장에서 다룬 연립 고계 선형미분방정식의 것과 유사함을 보게 된다. 이 개념은 10장의 연립 1계 비선형 미분방정식의 분석에 기본적이다.

8.1 기본이론–선형 연립방정식

필요한 개념

- 행렬의 개념과 성질들이 이 장을 통틀어서 광범위하게 사용된다. 만약에 이러한 개념들을 잘 모른다면 부록 II나 선형대수 교재를 복습하는 것이 필요하다.

소개 | 4.9절에서 미지수와 방정식의 개수가 n개인 연립 선형미분방정식

$$\begin{aligned} P_{11}(D)x_1 + P_{12}(D)x_2 + \cdots + P_{1n}(D)x_n &= b_1(t) \\ P_{21}(D)x_1 + P_{22}(D)x_2 + \cdots + P_{2n}(D)x_n &= b_2(t) \\ \vdots \qquad\qquad\qquad\qquad & \quad \vdots \\ P_{n1}(D)x_1 + P_{n2}(D)x_2 + \cdots + P_{nn}(D)x_n &= b_n(t) \end{aligned} \tag{1}$$

의 해를 구하는 방법을 보았다. 여기서 P_{ij}는 미분연산자 D에 관한 다양한 차수의 다항식이다. 이 장에서는 표준형

$$\begin{aligned} \frac{dx_1}{dt} &= g_1(t, x_1, x_2, \cdots, x_n) \\ \frac{dx_2}{dt} &= g_2(t, x_1, x_2, \cdots, x_n) \\ \vdots \qquad & \qquad \vdots \\ \frac{dx_n}{dt} &= g_n(t, x_1, x_2, \cdots, x_n) \end{aligned} \tag{2}$$

을 갖는 연립 1계 미분방정식에 대한 특수한 경우로 제한하여 다룬다.

(2)와 같은 n개의 연립 1계 미분방정식을 **연립 1계 미분방정식**이라고 한다.

선형 연립방정식 (2)에서 함수 $g_1, g_2, \cdots, g_n$ 각각이 종속변수 $x_1, x_2, \cdots, x_n$에 관해서 선형일 때, 연립 1계 미분방정식의 표준형

$$\begin{aligned} \frac{dx_1}{dt} &= a_{11}(t)x_1 + a_{12}(t)x_2 + \cdots + a_{1n}(t)x_n + f_1(t) \\ \frac{dx_2}{dt} &= a_{21}(t)x_1 + a_{22}(t)x_2 + \cdots + a_{2n}(t)x_n + f_2(t) \\ \vdots \qquad & \qquad\qquad\qquad \vdots \\ \frac{dx_n}{dt} &= a_{n1}(t)x_1 + a_{n2}(t)x_2 + \cdots + a_{nn}(t)x_n + f_n(t) \end{aligned} \tag{3}$$

을 얻는다.

(3)에서 주어진 연립방정식을 간단히 선형 연립방정식으로 언급한다. 계수 a_{ij}와 함수 f_i는 공통구간 I에서 연속인 함수라고 하자. $f_i(t) = 0\ (i = 1, 2, \cdots, n)$일 때 선형 연립방정식 (3)은 동차라 하고 그렇지 않은 경우는 비동차라 한다.

선형 연립미분방정식의 행렬 형 X, $A(t)$와 $F(t)$가 각각 행렬

$$X = \begin{pmatrix} x_1(t) \\ x_2(t) \\ \vdots \\ x_n(t) \end{pmatrix}, \quad A(t) = \begin{pmatrix} a_{11}(t) & a_{12}(t) & \cdots & a_{1n}(t) \\ a_{21}(t) & a_{22}(t) & \cdots & a_{2n}(t) \\ \vdots & & & \vdots \\ a_{n1}(t) & a_{n2}(t) & \cdots & a_{nn}(t) \end{pmatrix}, \quad F(t) = \begin{pmatrix} f_1(t) \\ f_2(t) \\ \vdots \\ f_n(t) \end{pmatrix}$$

을 나타내면 연립 1계 선형미분방정식 (3)은

$$\frac{d}{dt}\begin{pmatrix} x_1 \\ x_2 \\ \vdots \\ x_n \end{pmatrix} = \begin{pmatrix} a_{11}(t) & a_{12}(t) & \cdots & a_{1n}(t) \\ a_{21}(t) & a_{22}(t) & \cdots & a_{2n}(t) \\ \vdots & & & \vdots \\ a_{n1}(t) & a_{n2}(t) & \cdots & a_{nn}(t) \end{pmatrix}\begin{pmatrix} x_1 \\ x_2 \\ \vdots \\ x_n \end{pmatrix} + \begin{pmatrix} f_1(t) \\ f_2(t) \\ \vdots \\ f_n(t) \end{pmatrix}$$

또는 간단히

$$X' = AX + F \tag{4}$$

로 나타낼 수 있다. 이 연립방정식이 동차이면 이것의 행렬 형은

$$X' = AX \tag{5}$$

이다.

예제 1 행렬표기로 나타낸 연립방정식

(a) $X = \begin{pmatrix} x \\ y \end{pmatrix}$이면 동차 연립방정식

$$\begin{aligned} \frac{dx}{dt} &= 3x + 4y \\ \frac{dy}{dt} &= 5x - 7y \end{aligned} \quad \text{의 행렬 형은 } X' = \begin{pmatrix} 3 & 4 \\ 5 & -7 \end{pmatrix} X \text{ 이다.}$$

(b) $X = \begin{pmatrix} x \\ y \\ z \end{pmatrix}$이면 비동차 연립방정식

$$\begin{aligned} \frac{dx}{dt} &= 6x + y + z + t \\ \frac{dy}{dt} &= 8x + 7y - z + 10t \\ \frac{dz}{dt} &= 2x + 9y - z + 6t \end{aligned} \quad \text{의 행렬 형은 } X' = \begin{pmatrix} 6 & 1 & 1 \\ 8 & 7 & -1 \\ 2 & 9 & -1 \end{pmatrix} X + \begin{pmatrix} t \\ 10t \\ 6t \end{pmatrix}$$

이다. ■

정의 8.1.1 해 벡터

구간 I에서 해 벡터는 임의의 열벡터

$$X = \begin{pmatrix} x_1(t) \\ x_2(t) \\ \vdots \\ x_n(t) \end{pmatrix}$$

이고 그 성분은 주어진 구간에서 연립방정식 (4)를 만족하는 미분 가능한 함수이다.

물론 (4)의 해 벡터는 n개의 스칼라 방정식 $x_1 = \phi_1(t),\quad x_2 = \phi_2(t),\ \cdots\ ,$ $x_n = \phi_n(t)$와 동치이며 기하학적으로 공간곡선의 매개방정식의 집합으로 해석되어질 수 있다. $n = 2$인 중요한 경우에서 방정식 $x_1 = \phi_1(t)$, $x_2 = \phi_2(t)$는 x_1x_2-평면에서 곡선을 나타낸다. 보통 평면에서 곡선을 **직교절선**으로, x_1x_2-평면을 **위상평면**이라고 한다. 다음 절에서 이러한 개념들을 다시 살펴보고 그것에 대한 예제를 제시한다.

예제 2 해의 증명

구간 $(-\infty, \infty)$에서

$$X_1 = \begin{pmatrix} 1 \\ -1 \end{pmatrix} e^{-2t} = \begin{pmatrix} e^{-2t} \\ -e^{-2t} \end{pmatrix} \text{ 과 } X_2 = \begin{pmatrix} 3 \\ 5 \end{pmatrix} e^{6t} = \begin{pmatrix} 3e^{6t} \\ 5e^{6t} \end{pmatrix}$$

이

$$X' = \begin{pmatrix} 1 & 3 \\ 5 & 3 \end{pmatrix} X \tag{6}$$

의 해임을 보여라.

풀이 $X_1' = \begin{pmatrix} -2e^{-2t} \\ 2e^{-2t} \end{pmatrix}$과 $X_2' = \begin{pmatrix} 18e^{6t} \\ 30e^{6t} \end{pmatrix}$으로부터

$$AX_1 = \begin{pmatrix} 1 & 3 \\ 5 & 3 \end{pmatrix}\begin{pmatrix} e^{-2t} \\ -e^{-2t} \end{pmatrix} = \begin{pmatrix} e^{-2t} - 3e^{-2t} \\ 5e^{-2t} - 3e^{-2t} \end{pmatrix} = \begin{pmatrix} -2e^{-2t} \\ 2e^{-2t} \end{pmatrix} = X_1' \text{ 이고}$$

$$AX_2 = \begin{pmatrix} 1 & 3 \\ 5 & 3 \end{pmatrix}\begin{pmatrix} 3e^{6t} \\ 5e^{6t} \end{pmatrix} = \begin{pmatrix} 3e^{6t} + 15e^{6t} \\ 15e^{6t} + 15e^{6t} \end{pmatrix} = \begin{pmatrix} 18e^{6t} \\ 30e^{6t} \end{pmatrix} = X_2'$$

임을 알 수 있다. ■

n개의 연립 1계 선형미분방정식의 대부분의 이론은 n계 선형미분방정식의 이론과 비슷하다.

초깃값 문제 t_0를 구간 I에서의 한 점이고

$$X(t_0) = \begin{pmatrix} x_1(t_0) \\ x_2(t_0) \\ \vdots \\ x_n(t_0) \end{pmatrix} \text{ 와 } X_0 = \begin{pmatrix} \gamma_1 \\ \gamma_2 \\ \vdots \\ \gamma_n \end{pmatrix}$$

이라 하자. 여기서 γ_i, $i = 1, 2, \cdots, n$는 주어진 상수이다. 이 때 문제

풂다: $X' = A(t)X + F(t)$

조건: $X(t_0) = X_0 \tag{7}$

은 구간에서 초깃값 문제이다.

정리 8.1.1 유일해의 존재

행렬 $A(t)$와 $F(t)$의 성분이 t_0를 포함하는 공통구간 I에서 연속인 함수라고 하자. 이때 이 구간에서 초깃값 문제 (7)의 유일한 해가 존재한다.

동차 연립방정식 다음의 여러 가지 정의와 정리에서 동차 연립방정식만을 다루기로 한다. 특별한 언급이 없다면 a_{ij}와 f_i는 항상 공통구간 I에서 t의 연속인 함수라 가정한다.

중첩원리 다음의 결과는 선형 연립방정식의 해에 대한 중첩원리이다.

정리 8.1.2 중첩원리

$X_1, X_2, \cdots, X_k$를 구간 I에서 동차 연립방정식 (5)의 해 벡터의 집합이라 하자. 이때 일차결합

$$X = c_1X_1 + c_2X_2 + \cdots + c_kX_k \quad (c_i,\ i = 1, 2, \cdots, k\text{는 임의의 상수이다})$$

는 또한 이 구간에서 해이다.

정리 8.1.2로부터 동차 연립 1계 선형 미분방정식의 임의의 해 벡터의 상수 배는 또한 해임을 알 수 있다.

예제 3 중첩원리를 사용하기

두 벡터

$$X_1 = \begin{pmatrix} \cos t \\ -\frac{1}{2}\cos t + \frac{1}{2}\sin t \\ -\cos t - \sin t \end{pmatrix} \text{과 } X_2 = \begin{pmatrix} 0 \\ e^t \\ 0 \end{pmatrix}$$

가 연립방정식

$$X' = \begin{pmatrix} 1 & 0 & 1 \\ 1 & 1 & 0 \\ -2 & 0 & -1 \end{pmatrix} X \tag{8}$$

의 해임을 보임으로서 실행한다. 중첩원리에 의하여 일차결합

$$X = c_1X_1 + c_2X_2 = c_1\begin{pmatrix} \cos t \\ -\frac{1}{2}\cos t + \frac{1}{2}\sin t \\ -\cos t - \sin t \end{pmatrix} + c_2\begin{pmatrix} 0 \\ e^t \\ 0 \end{pmatrix}$$

은 이 연립방정식의 또 다른 해이다. ■

일차종속과 일차독립 동차 연립방정식 (5)의 일차독립인 해에 주로 관심을 갖는다.

정의 8.1.2 일차종속/독립

$X_1, X_2, \cdots, X_k$를 구간 I에서 동차 연립방정식 (5)의 해 벡터의 집합이라 하자. 모두는 0이 아닌 $c_1, c_2, \cdots, c_k$가 존재해서 이 구간의 모든 t에 대하여

$$c_1X_1 + c_2X_2 + \cdots + c_kX_k = 0$$

을 만족하면 해 벡터 집합은 이 구간에서 일차종속이라 한다. 이 구간에서 일차종속이 아닌 해 벡터 집합은 일차독립이라 한다.

$k=2$인 경우는 자명하다; 즉, 두 개의 해 벡터 X_1과 X_2는 하나가 다른 하나의 상수 배이면 일차 종속이고, 역도 성립한다. $k>2$에 대해서는 해 벡터의 집합은 적어도 하나의 해 벡터가 나머지 벡터의 일차결합으로 표현되면 일차종속이다.

론스키안 앞에서 언급한 하나의 상미분방정식의 이론에서와 같이 일차독립의 판정법으로서 론스키안 행렬식의 개념을 도입할 수 있다. 증명 없이 다음의 정리를 서술한다.

정리 8.1.3 일차독립 해에 대한 판정

$$X_1 = \begin{pmatrix} x_{11} \\ x_{21} \\ \vdots \\ x_{n1} \end{pmatrix},\ X_2 = \begin{pmatrix} x_{12} \\ x_{22} \\ \vdots \\ x_{n2} \end{pmatrix},\ \cdots,\ X_n = \begin{pmatrix} x_{1n} \\ x_{2n} \\ \vdots \\ x_{nn} \end{pmatrix}$$

를 구간 I에서 동차 연립방정식 (5)의 n개의 해 벡터라고 하자. 이 때 해 벡터의 집합이 구간 I에서 일차독립이기 위한 필요충분조건은 이 구간의 모든 t에 대해서 론스키안

$$W(\boldsymbol{X}_1,\ \boldsymbol{X}_2,\ \cdots,\ \boldsymbol{X}_n) = \begin{vmatrix} x_{11} & x_{12} & \cdots & x_{1n} \\ x_{21} & x_{22} & \cdots, & x_{2n} \\ \vdots & & & \vdots \\ x_{n1} & x_{n2} & \cdots & x_{nn} \end{vmatrix} \neq 0 \tag{9}$$

이다.

$X_1, X_2, \cdots, X_n$이 (5)의 해 벡터이면 구간 I의 모든 t에 대해서

$$W(X_1, X_2, \cdots, X_n) \neq 0 \text{ 또는 } W(X_1, X_2, \cdots, X_n) = 0$$

임을 보일 수 있다. 따라서 구간 I의 어떤 t_0에 대해서 $W \neq 0$임을 보일 수 있다면 모든 t에 대해서 $W \neq 0$이므로 해는 이 구간에서 일차독립이다.

4.1절의 론스키안의 정의와는 달리 여기서 행렬식 (9)의 정의는 미분을 포함하지 않음에 유의한다.

예제 4 일차독립인 해

예제 2에서 $X_1 = \begin{pmatrix} 1 \\ -1 \end{pmatrix} e^{-2t}$과 $X_2 = \begin{pmatrix} 3 \\ 5 \end{pmatrix} e^{6t}$는 연립방정식 (6)의 해임을 보았다. 확실히 X_1과 X_2는 어느 벡터도 서로의 상수 배가 아니므로 구간 $(-\infty, \infty)$에서 일차독립이다. 또한 t의 모든 실수 값에 대해서

$$W(X_1, X_2) = \begin{vmatrix} e^{-2t} & 3e^{6t} \\ -e^{-2t} & 5e^{6t} \end{vmatrix} = 8e^{4t} \neq 0$$

이다. ■

정의 8.1.3 기본 해 집합

구간 I에서 동차 연립방정식 (5)의 n개의 일차독립인 해 벡터의 임의의 집합 $X_1, X_2, \cdots, X_n$은 이 구간에서 **기본 해 집합**이라고 한다.

정리 8.1.4 기본 해 집합의 존재성

구간 I에서 동차 연립방정식 (5)에 대한 기본 해 집합이 존재한다.

다음 두 정리는 정리 4.1.5와 4.1.6과 동치인 선형 연립방정식이다.

정리 8.1.5 일반해–동차 연립방정식

$X_1, X_2, \cdots, X_n$를 구간 I에서 동차 연립방정식 (5)의 기본 해 집합이라 하자. 이 때 이 구간에서 동차 연립방정식의 **일반해**는

$$X = c_1X_1 + c_2X_2 + \cdots + c_nX_n$$

이고, 여기서 c_i, $i = 1, 2, \cdots, n$ 는 임의의 상수이다.

예제 5 연립방정식 (6)의 일반해

예제 2로부터 $X_1 = \begin{pmatrix} 1 \\ -1 \end{pmatrix} e^{-2t}$과 $X_2 = \begin{pmatrix} 3 \\ 5 \end{pmatrix} e^{6t}$는 구간 $(-\infty, \infty)$에서 연립방정식 (6)의 일차독립인 해임을 안다. 그러므로 X_1과 X_2는 이 구간에서 기본 해 집합이고 이 구간에서 연립방정식의 일반해는

$$X = c_1 X_1 + c_2 X_2 = c_1 \begin{pmatrix} 1 \\ -1 \end{pmatrix} e^{-2t} + c_2 \begin{pmatrix} 3 \\ 5 \end{pmatrix} e^{6t} \tag{10}$$

이다. ■

예제 6 연립방정식 (8)의 일반해

벡터

$$X_1 = \begin{pmatrix} \cos t \\ -\frac{1}{2}\cos t + \frac{1}{2}\sin t \\ -\cos t - \sin t \end{pmatrix}, \quad X_2 = \begin{pmatrix} 0 \\ 1 \\ 0 \end{pmatrix} e^t, \quad X_3 = \begin{pmatrix} \sin t \\ -\frac{1}{2}\sin t - \frac{1}{2}\cos t \\ -\sin t + \cos t \end{pmatrix}$$

는 예제 3(연습문제 8.1의 문제 16 참조)의 연립방정식 (8)의 해이다.
t의 모든 실수값에 대해서

$$W(X_1, X_2, X_3) = \begin{vmatrix} \cos t & 0 & \sin t \\ -\frac{1}{2}\cos t + \frac{1}{2}\sin t & e^t & -\frac{1}{2}\sin t - \frac{1}{2}\cos t \\ -\cos t - \sin t & 0 & -\sin t + \cos t \end{vmatrix} = e^t \neq 0$$

이므로 X_1, X_2와 X_3는 $(-\infty, \infty)$에서 기본 해 집합을 이룬다. 따라서 이 구간에서 연립방정식의 일반해는 일차결합 $X = c_1X_1 + c_2X_2 + c_3X_3$ 이다. 즉,

$$X = c_1 \begin{pmatrix} \cos t \\ -\frac{1}{2}\cos t + \frac{1}{2}\sin t \\ -\cos t - \sin t \end{pmatrix} + c_2 \begin{pmatrix} 0 \\ 1 \\ 0 \end{pmatrix} e^t + c_3 \begin{pmatrix} \sin t \\ -\frac{1}{2}\sin t - \frac{1}{2}\cos t \\ -\sin t + \cos t \end{pmatrix}$$

이다. ■

비동차 연립방정식 비동차 연립방정식에 대해서 구간 I에서 특수해 X_p는 임의의 매개변수가 없고 그 성분이 비동차 연립방정식 (4)를 만족하는 함수인 임의의 벡터이다.

정리 8.1.6 일반해-비동차 연립방정식

X_p를 구간 I에서 비동차 연립방정식 (4)의 주어진 해라 하고

$$X_c = c_1X_1 + c_2X_2 + \cdots + c_nX_n$$

를 수반된 동차 연립방정식 (5)의 같은 구간에서 일반해라 하자. 이 때 이 구간에서 비동차 연립방정식의 일반해는

$$X = X_c + X_p$$

이다. 수반된 동차 연립방정식 (5)의 일반해 X_c는 비동차 연립방정식 (4)의 보함수라고 한다.

예제 7 일반해-비동차 연립방정식

벡터 $X_p = \begin{pmatrix} 3t-4 \\ -5t+6 \end{pmatrix}$는 구간 $(-\infty, \infty)$에서 비동차 연립방정식

$$X' = \begin{pmatrix} 1 & 3 \\ 5 & 3 \end{pmatrix}X + \begin{pmatrix} 12t-11 \\ -3 \end{pmatrix} \tag{11}$$

의 특수해이다. (이것을 증명하라.) 같은 구간에서 (11)의 보함수 또는 $X' = \begin{pmatrix} 1 & 3 \\ 5 & 3 \end{pmatrix}X$의 일반해는 예제 5의 (10)에서 $X_c = c_1\begin{pmatrix} 1 \\ -1 \end{pmatrix}e^{-2t} + c_2\begin{pmatrix} 3 \\ 5 \end{pmatrix}e^{6t}$이 됨을 보았다. 그러므로 정리 8.1.6에 의하여

$$X = X_c + X_p = c_1\begin{pmatrix} 1 \\ -1 \end{pmatrix}e^{-2t} + c_2\begin{pmatrix} 3 \\ 5 \end{pmatrix}e^{6t} + \begin{pmatrix} 3t-4 \\ -5t+6 \end{pmatrix}$$

은 구간 $(-\infty, \infty)$에서 (11)의 일반해이다. ■

연습문제 8.1

(1-6) 선형 연립방정식을 행렬 형으로 나타내어라.

1 $\dfrac{dx}{dt} = 3x - 5y$

$\dfrac{dy}{dt} = 4x + 8y$

2 $\dfrac{dx}{dt} = x - y$

$\dfrac{dy}{dt} = x + 2z$

$\dfrac{dz}{dt} = -x + z$

3 $\dfrac{dx}{dt} = -3x + 4y - 9z$

$\dfrac{dy}{dt} = 6x - y$

$\dfrac{dz}{dt} = 10x + 4y + 3z$

4 $\dfrac{dx}{dt} = 4x - 7y$

$\dfrac{dy}{dt} = 5x$

5 $\dfrac{dx}{dt} = x - y + z + t - 1$

$\dfrac{dy}{dt} = 2x + y - z - 3t^2$

$\dfrac{dz}{dt} = x + y + z + t^2 - t + 2$

6 $\dfrac{dx}{dt} = -3x + 4y + e^{-t}\sin 2t$

$\dfrac{dy}{dt} = 5x + 9z + 4e^{-t}\cos 2t$

$\dfrac{dz}{dt} = y + 6z - e^{-t}$

(7-10) 행렬을 사용하지 않고 주어진 연립방정식을 나타내어라.

7 $X' = \begin{pmatrix} 4 & 2 \\ -1 & 3 \end{pmatrix} X + \begin{pmatrix} 1 \\ -1 \end{pmatrix} e^t$

8 $\frac{d}{dt}\begin{pmatrix} x \\ y \end{pmatrix} = \begin{pmatrix} 3 & -7 \\ 1 & 1 \end{pmatrix}\begin{pmatrix} x \\ y \end{pmatrix} + \begin{pmatrix} 4 \\ 8 \end{pmatrix} \sin t + \begin{pmatrix} t-4 \\ 2t+1 \end{pmatrix} e^{4t}$

9 $\frac{d}{dt}\begin{pmatrix} x \\ y \\ z \end{pmatrix} = \begin{pmatrix} 1 & -1 & 2 \\ 3 & -4 & 1 \\ -2 & 5 & 6 \end{pmatrix}\begin{pmatrix} x \\ y \\ z \end{pmatrix} + \begin{pmatrix} 1 \\ 2 \\ 2 \end{pmatrix} e^{-t} - \begin{pmatrix} 3 \\ -1 \\ 1 \end{pmatrix} t$

10 $X' = \begin{pmatrix} 7 & 5 & -9 \\ 4 & 1 & 1 \\ 0 & -2 & 3 \end{pmatrix} X + \begin{pmatrix} 0 \\ 2 \\ 1 \end{pmatrix} e^{5t} - \begin{pmatrix} 8 \\ 0 \\ 3 \end{pmatrix} e^{-2t}$

(11-16) 벡터 X가 주어진 연립방정식의 해임을 보여라.

11 $\frac{dx}{dt} = 3x - 4y$

$\frac{dy}{dt} = 4x - 7y;\quad X = \begin{pmatrix} 1 \\ 2 \end{pmatrix} e^{-5t}$

12 $X' = \begin{pmatrix} 2 & 1 \\ -1 & 0 \end{pmatrix} X;\quad X = \begin{pmatrix} 1 \\ 3 \end{pmatrix} e^t + \begin{pmatrix} 4 \\ -4 \end{pmatrix} te^t$

13 $X' = \begin{pmatrix} -1 & \frac{1}{4} \\ 1 & -1 \end{pmatrix} X;\quad X = \begin{pmatrix} -1 \\ 2 \end{pmatrix} e^{-\frac{3t}{2}}$

14 $\frac{dx}{dt} = -2x + 5y$

$\frac{dy}{dt} = -2x + 4y;\quad X = \begin{pmatrix} 5\cos t \\ 3\cos t - \sin t \end{pmatrix} e^t$

15 $X' = \begin{pmatrix} 1 & 2 & 1 \\ 6 & -1 & 0 \\ -1 & -2 & -1 \end{pmatrix} X;\quad X = \begin{pmatrix} 1 \\ 6 \\ -13 \end{pmatrix}$

16 $X' = \begin{pmatrix} 1 & 0 & 1 \\ 1 & 1 & 0 \\ -2 & 0 & -1 \end{pmatrix} X;$

$X = \begin{pmatrix} \sin t \\ -\frac{1}{2}\sin t - \frac{1}{2}\cos t \\ -\sin t + \cos t \end{pmatrix}$

(17-20) 주어진 벡터가 연립방정식 $X' = AX$의 해이다. 이 벡터들이 구간 $(-\infty, \infty)$에서 기본 해집합을 형성하는지를 결정하라.

17 $X_1 = \begin{pmatrix} 1 \\ 1 \end{pmatrix} e^{-2t},\quad X_2 = \begin{pmatrix} 1 \\ -1 \end{pmatrix} e^{-6t}$

18 $X_1 = \begin{pmatrix} 1 \\ 6 \\ -13 \end{pmatrix},\quad X_2 = \begin{pmatrix} 1 \\ -2 \\ -1 \end{pmatrix} e^{-4t},\quad X_3 = \begin{pmatrix} 2 \\ 3 \\ -2 \end{pmatrix} e^{3t}$

19 $X_1 = \begin{pmatrix} 1 \\ -2 \\ 4 \end{pmatrix} + t\begin{pmatrix} 1 \\ 2 \\ 2 \end{pmatrix},\quad X_2 = \begin{pmatrix} 1 \\ -2 \\ 4 \end{pmatrix},$

$X_3 = \begin{pmatrix} 3 \\ -6 \\ 12 \end{pmatrix} + t\begin{pmatrix} 2 \\ 4 \\ 4 \end{pmatrix}$

20 $X_1 = \begin{pmatrix} 1 \\ -1 \end{pmatrix} e^t,\quad X_2 = \begin{pmatrix} 2 \\ 6 \end{pmatrix} e^t + \begin{pmatrix} 8 \\ -8 \end{pmatrix} te^t$

(21-24) 벡터 X_p가 주어진 연립방정식의 특수해임을 보여라.

21 $\frac{dx}{dt} = x + 4y + 2t - 7$

$\frac{dy}{dt} = 3x + 2y - 4t - 18;\quad X_p = \begin{pmatrix} 2 \\ -1 \end{pmatrix} t + \begin{pmatrix} 5 \\ 1 \end{pmatrix}$

22 $X' = \begin{pmatrix} 1 & 2 & 3 \\ -4 & 2 & 0 \\ -6 & 1 & 0 \end{pmatrix} X + \begin{pmatrix} -1 \\ 4 \\ 3 \end{pmatrix} \sin 3t;$

$X_p = \begin{pmatrix} \sin 3t \\ 0 \\ \cos 3t \end{pmatrix}$

23 $X' = \begin{pmatrix} 2 & 1 \\ 3 & 4 \end{pmatrix} X - \begin{pmatrix} 1 \\ 7 \end{pmatrix} e^t;\quad X_p = \begin{pmatrix} 1 \\ 1 \end{pmatrix} e^t + \begin{pmatrix} 1 \\ -1 \end{pmatrix} te^t$

24 $X' = \begin{pmatrix} 2 & 1 \\ 1 & -1 \end{pmatrix} X + \begin{pmatrix} -5 \\ 2 \end{pmatrix};\quad X_p = \begin{pmatrix} 1 \\ 3 \end{pmatrix}$

25 구간 $(-\infty, \infty)$에서

$$X' = \begin{pmatrix} 0 & 6 & 0 \\ 1 & 0 & 1 \\ 1 & 1 & 0 \end{pmatrix} X$$

의 일반해는

$$X = c_1\begin{pmatrix} 6 \\ -1 \\ -5 \end{pmatrix} e^{-t} + c_2\begin{pmatrix} -3 \\ 1 \\ 1 \end{pmatrix} e^{-2t} + c_3\begin{pmatrix} 2 \\ 1 \\ 1 \end{pmatrix} e^{3t}$$

임을 보여라.

26 구간 $(-\infty, \infty)$에서

$$X' = \begin{pmatrix} -1 & -1 \\ -1 & 1 \end{pmatrix} X + \begin{pmatrix} 1 \\ 1 \end{pmatrix} t^2 + \begin{pmatrix} 4 \\ -6 \end{pmatrix} t + \begin{pmatrix} -1 \\ 5 \end{pmatrix}$$

의 일반해는

$$X = c_1\begin{pmatrix} 1 \\ -1-\sqrt{2} \end{pmatrix} e^{\sqrt{2}t} + c_2\begin{pmatrix} 1 \\ -1+\sqrt{2} \end{pmatrix} e^{-\sqrt{2}t} + \begin{pmatrix} 1 \\ 0 \end{pmatrix} t^2 + \begin{pmatrix} -2 \\ 4 \end{pmatrix} t + \begin{pmatrix} 1 \\ 0 \end{pmatrix}$$

임을 보여라.

8.2 동차 선형 연립방정식

필요한 개념

- 부록 II의 II.3절
- 또한 학생 자료 설명서

소개 | 8.1절의 예제 5에서 동차 연립방정식 $X' = \begin{pmatrix} 1 & 3 \\ 5 & 3 \end{pmatrix} X$의 일반해는 $X = c_1X_1 + c_2X_2 = c_1\begin{pmatrix} 1 \\ -1 \end{pmatrix}e^{-2t} + c_2\begin{pmatrix} 3 \\ 5 \end{pmatrix}e^{6t}$임을 보았다. 두 개의 해 벡터가 $X_i = \begin{pmatrix} k_1 \\ k_2 \end{pmatrix} e^{\lambda_i t}$, $i = 1,2$ (여기서 k_1, k_2, λ_1과 λ_2는 상수이다.) 형식이므로 일반적인 동차의 선형 연립 1계방정식

$$X' = AX \tag{1}$$

(여기서 A는 $n \times n$ 상수행렬이다.)에 대하여

$$X = \begin{pmatrix} k_1 \\ k_2 \\ \vdots \\ k_n \end{pmatrix} e^{\lambda t} = Ke^{\lambda t} \tag{2}$$

형식의 해를 항상 구할 수 있는가를 알고자 한다.

고윳값과 고유벡터 (2)가 동차 선형연립방정식 (1)의 해 벡터이면 $X' = K\lambda e^{\lambda t}$이므로 이 연립방정식은 $K\lambda e^{\lambda t} = AKe^{\lambda t}$으로 된다. $e^{\lambda t}$으로 나눈 후에 정리하면 $AK = \lambda K$ 또는 $AK - \lambda K = 0$를 얻는다. $K = IK$이므로 이 방정식은

$$(A - \lambda I)K = 0 \tag{3}$$

과 같다. 행렬 방정식 (3)은 연립 대수방정식

$$\begin{aligned} (a_{11} - \lambda)k_1 + a_{12}k_2 + \cdots + a_{1n}k_n &= 0 \\ a_{21}k_1 + (a_{22} - \lambda)k_2 + \cdots + a_{2n}k_n &= 0 \\ \vdots \qquad\qquad & \quad \vdots \\ a_{n1}k_1 + a_{n2}k_2 + \cdots + (a_{nn} - \lambda)k_n &= 0 \end{aligned}$$

와 동치이다. 따라서 (1)의 자명하지 않은 해 X를 구하기 위해서는 위의 연립방정식의 자명하지 않은 해를 먼저 구해야 한다. 즉, (3)을 만족하는 자명하지 않은 벡터 K를 구해야 한다. 그러나 (3)이 명백한 해 $k_1 = k_2 = \cdots = k_n = 0$ 이외의 해를 갖기 위해서는

$$\det(A - \lambda I) = 0$$

이어야 한다. λ에 관한 이 다항식의 방정식을 행렬 A의 **특성방정식**이라 하고, 이것의 해를 행렬 A의 **고윳값**이라 한다. 고윳값 λ에 대응된 (3)의 해 $K \neq 0$를 행렬 A의 **고유벡터**라고 한다. 이 때 동차 연립방정식 (1)의 해는 $X = Ke^{\lambda t}$이다.

앞으로의 논의에서 3가지 경우 즉, 서로 다른 실수 고윳값(즉, 고윳값이 같지 않다), 중복 고윳값과 마지막으로 복소 고윳값 등을 조사한다.

8.2.1 서로 다른 실수 고윳값

$n \times n$ 행렬 A가 n개의 서로 다른 실수 고윳값 $\lambda_1, \lambda_2, \cdots, \lambda_n$을 갖는 경우 n개의 일차 독립인 고유벡터 $K_1, K_2, \cdots, K_n$의 집합은 항상 구할 수 있고

$$X_1 = K_1 e^{\lambda_1 t}, \quad X_2 = K_2 e^{\lambda_2 t}, \cdots, \quad X_n = K_n e^{\lambda_n t}$$

는 $(-\infty, \infty)$에서 (1)의 기본 해 집합이다.

정리 8.2.1 일반해–동차 연립방정식

$\lambda_1, \lambda_2, \cdots, \lambda_n$를 동차 연립방정식 (1)의 계수행렬 A의 n개의 서로 다른 실수 고윳값이라 하고 $K_1, K_2, \cdots, K_n$을 대응하는 고유벡터라고 하자. 이 때 구간 $(-\infty, \infty)$에서 (1)의 일반해는

$$X = c_1 K_1 e^{\lambda_1 t} + c_2 K_2 e^{\lambda_2 t} + \cdots + c_n K_n e^{\lambda_n t}$$

으로 주어진다.

예제 1 서로 다른 고윳값

$$\begin{aligned} \frac{dx}{dt} &= 2x + 3y \\ \frac{dy}{dt} &= 2x + y \end{aligned} \tag{4}$$

을 풀어라.

풀이 먼저 계수행렬의 고윳값과 고유벡터를 구한다. 특성방정식으로부터

$$\det(A - \lambda I) = \begin{vmatrix} 2-\lambda & 3 \\ 2 & 1-\lambda \end{vmatrix} = \lambda^2 - 3\lambda - 4 = (\lambda + 1)(\lambda - 4) = 0$$

이다. 고윳값은 $\lambda_1 = -1$과 $\lambda_2 = 4$ 이다. 이제 $\lambda_1 = -1$에 대해서 (3)은

$$\begin{aligned} 3k_1 + 3k_2 &= 0 \\ 2k_1 + 2k_2 &= 0 \end{aligned}$$

과 같으므로 $k_1 = -k_2$이다. $k_2 = -1$이면 대응된 고유벡터는

$$K_1 = \begin{pmatrix} 1 \\ -1 \end{pmatrix}$$

이다. $\lambda_2 = 4$에 대해서

$$\begin{aligned} -2k_1 + 3k_2 &= 0 \\ 2k_1 - 3k_2 &= 0 \end{aligned}$$

이므로 $k_1 = \frac{3}{2}k_2$이고 $k_2 = 2$로 놓으면 대응된 고유벡터는

$$K_2 = \begin{pmatrix} 3 \\ 2 \end{pmatrix}$$

이다. 계수행렬 A는 2×2 행렬이고 (4)의 두 개의 일차 독립인 해

$$X_1 = \begin{pmatrix} 1 \\ -1 \end{pmatrix} e^{-t} \quad \text{과} \quad X_2 = \begin{pmatrix} 3 \\ 2 \end{pmatrix} e^{4t}$$

를 구했으므로 주어진 연립방정식의 일반해는

$$X = c_1X_1 + c_2X_2 = c_1\begin{pmatrix} 1 \\ -1 \end{pmatrix} e^{-t} + c_2\begin{pmatrix} 3 \\ 2 \end{pmatrix} e^{4t} \tag{5}$$

이다. ■

위상적인 묘사 연립 1계 선형미분방정식의 해를 행렬로 나타내는 것은 단순히 4.9절에서 사용한 방법 −개개의 함수들을 목록에 올리고 상수사이의 관계−에 대한 대안임을 확고히 명심해야한다. (5)의 우변의 벡터들을 더한 후에 좌변의 벡터의 대응된 항과 같게 하면 더욱 익숙한 명제

$$x = c_1e^{-t} + 3c_2e^{4t}, \quad y = -c_1e^{-t} + 2c_2e^{4t}$$

를 얻는다. 8.1절에서 지적하였듯이 이 방정식들을 $xy-$평면 또는 **위상 평면**에서 곡선의 매개방정식으로 해석할 수 있다. c_1과 c_2의 특수한 선택에 대응한 각각의 곡선은 **직교절선**이라고 한다. 해 (5)에서 상수 $c_1 = c_2 = 1$로 선택하여 그림 8.2.1에서 $tx-$평면에서 $x(t)$의 그래프, $ty-$평면에서 $y(t)$의 그래프와 위상평면에서 점 $(x(t), y(t))$들로 이루어진 직교절선을 본다. 그림 8.2.2에서 보여진 것처럼, 위상평면에서 대표적인 직교절선들의 모임을 주어진 선형 연립방정식의 **위상적인 묘사**라고 한다. 그림 8.2.2에서 두 개의 빨간색 직선이 나타내는 것은 실제로 각각 해 X_2, $-X_1$, $-X_2$와 X_1에 의하여 제 1, 2, 3, 4사분면에서 매개변수적으로 정의된 4개의 빨간색 반직선이다. 예를 들어, 제 1사분면과 제 4사분면에서 반직선의 카텐션 방정식 $y = \frac{2}{3}x$, $x > 0$와 $y = -x$, $x > 0$는 각각 해 $x = 3e^{4t}$, $y = 2e^{4t}$와 $x = e^{-t}$, $y = -e^{-t}$에서 매개변수 t를 소거함으로써 얻어졌다. 더욱이, 모든 고유벡터는 이러한 반직선들 중 하나를 따라서 놓여있는 2차원 벡터로 상상할 수 있다. 고유벡터 $K_2 = \begin{pmatrix} 3 \\ 2 \end{pmatrix}$는 제 1사분면에서 $y = \frac{2}{3}x$를 따라서 놓여있고, $K_1 = \begin{pmatrix} 1 \\ -1 \end{pmatrix}$은 제 4사분면에서 $y = -x$를 따라서 놓여있다. 모든 벡터는 원점에서 출발한다. K_2는 점 $(2, 3)$에서 종료하고 K_1은 $(1, -1)$에서 종료한다.

원점은 모든 2×2 동차의 선형 연립방정식 $X' = AX$의 상수 해 $x = 0$, $y = 0$일 뿐만 아니라 그러한 연립방정식의 질적인 연구에서 중요한 위치이다. 물리적인 용어로 생각하면, 그림 8.2.2에서 각각의 직교절선위의 화살촉은 시간 t에서 직교

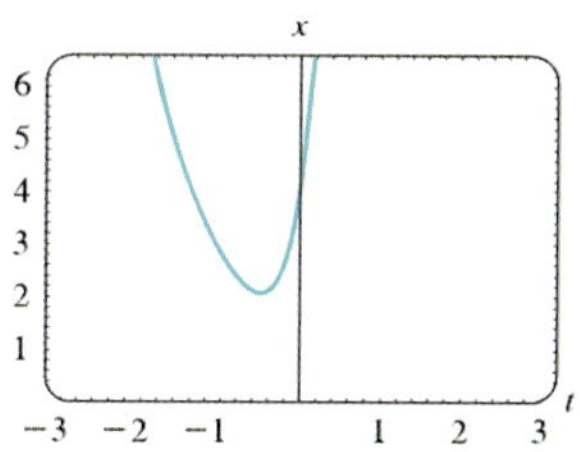

(a) $x = e^{-t} + 3e^{4t}$의 그래프

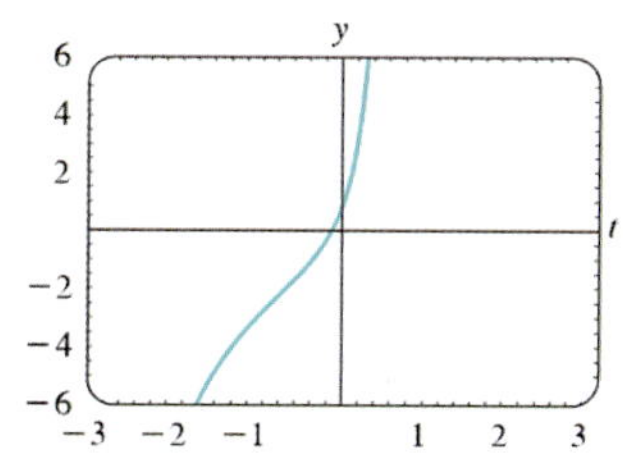

(b) $y = -e^{-t} + 2e^{4t}$의 그래프

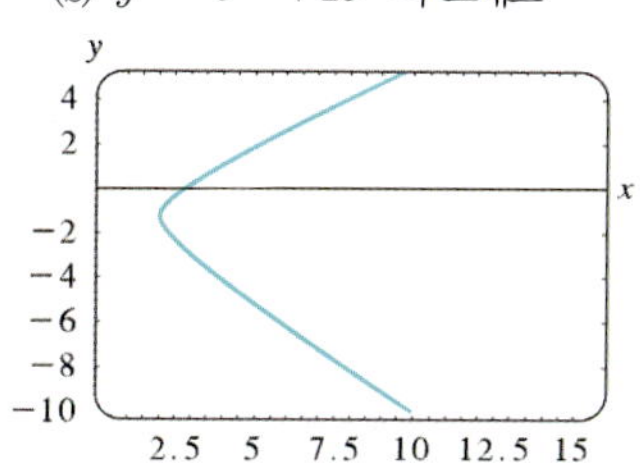

(c) 위상평면에서 $x = e^{-t} + 3e^{4t}$, $y = -e^{-t} + 2e^{4t}$으로 정의된 직교절선

그림 8.2.1 (5)로부터 해는 3개의 다른 평면에서 3가지의 다른 곡선을 준다.

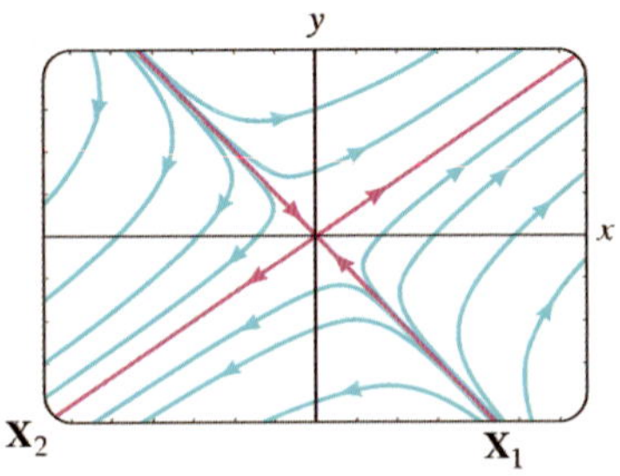

그림 8.2.2 연립방정식 (4)의 위상적인 묘사

절선위의 좌표 $(x(t), y(t))$를 갖는 입자가 시간이 증가하면서 움직이는 방향을 나타낸다. 제 2사분면과 제 4사분면에서 단지 반직선위를 제외한 화살촉들은 입자가 시간 t가 증가하면서 원점에서부터 멀리 떨어지게 됨을 관찰한다. 시간 t가 $-\infty$에서 ∞까지의 범위를 생각하면, 해 $x=c_1e^{-t}+3c_2e^{4t}$, $y=-c_1e^{-t}+2c_2e^{4t}$, $c_1 \neq 0$, $c_2 \neq 0$는 직교절선 또는 움직이는 입자가 X_1 또는 $-X_1$(e^{4t}은 $t \to -\infty$일 때에 무시할 수 있다.)으로 정의된 반직선중의 하나로 점근적으로 "시작하고", X_2와 $-X_2$(e^{-t}은 $t \to \infty$일 때에 무시할 수 있다.)으로 정의된 반직선중의 하나로 점근적으로 "종료됨을" 보인다.

그림 8.2.2는 반대 부호의 실수 고윳값을 갖는 모든 2×2 동차의 선형 연립방정식 $X'=AX$의 대표적인 위상적인 묘사를 나타냄에 유의한다. 연습문제 8.2의 문제 17 참조. 더욱이, 서로 다른 실수 고윳값이 같은 대수적 부호를 갖는 두 가지 경우의 위상적인 묘사는 그러한 모든 2×2 선형 연립방정식의 특징이다. 유일한 차이는 화살촉이 λ_1과 λ_2가 양수 일 때 $t \to \infty$일 때에 입자가 모든 직교절선위에서 원점으로부터 멀리 떨어지고, λ_1과 λ_2가 음수일 때 모든 직교절선위에서 원점쪽으로 움직임을 나타낸다는 것이다. 결과적으로, $\lambda_1>0$, $\lambda_2>0$인 경우에 원점을 **밀개**(repeller)라 하고 $\lambda_1<0$, $\lambda_2<0$인 경우에 원점을 **끌개**(attractor)라 한다. 연습문제 8.2의 문제 18 참조. 그림 8.2.2의 원점은 밀개도 끌개도 아니다. $\lambda=0$이 2×2 동차 선형 연립방정식의 고윳값인 남은 경우의 조사는 연습문제로 남긴다. 연습문제 8.2의 문제 49 참조.

예제 2 서로 다른 고윳값

$$\begin{aligned}\frac{dx}{dt}&=-4x+y+z\\ \frac{dy}{dt}&=x+5y-z\\ \frac{dz}{dt}&=y-3z\end{aligned} \tag{6}$$

을 풀어라.

풀이 셋째 행의 여인수를 사용하면

$$\det(A-\lambda I)=\begin{vmatrix}-4-\lambda & 1 & 1\\ 1 & 5-\lambda & -1\\ 0 & 1 & -3-\lambda\end{vmatrix}=-(\lambda+3)(\lambda+4)(\lambda-5)=0,$$

이므로 고윳값은 $\lambda_1=-3, \lambda_2=-4$와 $\lambda_3=5$이다.

$\lambda_1=-3$에 대해서 가우스-조르당 소거법은

$$(A+3I|0)=\left(\begin{array}{ccc|c}-1 & 1 & 1 & 0\\ 1 & 8 & -1 & 0\\ 0 & 1 & 0 & 0\end{array}\right) \xrightarrow{\text{행 연산}} \left(\begin{array}{ccc|c}1 & 0 & -1 & 0\\ 0 & 1 & 0 & 0\\ 0 & 0 & 0 & 0\end{array}\right)$$

을 주므로 $k_1 = k_3$와 $k_2 = 0$이다. $k_3 = 1$로 택하면 고유벡터와 대응된 해 벡터는

$$K_1 = \begin{pmatrix} 1 \\ 0 \\ 1 \end{pmatrix}, \quad X_1 = \begin{pmatrix} 1 \\ 0 \\ 1 \end{pmatrix} e^{-3t} \tag{7}$$

을 준다. 같은 방법으로 $\lambda_2 = -4$에 대해서

$$(A + 4I|0) = \left(\begin{array}{ccc|c} 0 & 1 & 1 & 0 \\ 1 & 9 & -1 & 0 \\ 0 & 1 & 0 & 0 \end{array}\right) \xrightarrow{\text{행 연산}} \left(\begin{array}{ccc|c} 1 & 0 & -10 & 0 \\ 0 & 1 & 1 & 0 \\ 0 & 0 & 0 & 0 \end{array}\right)$$

은 $k_1 = 10k_3$와 $k_2 = -k_3$를 의미한다. $k_3 = 1$로 택하면 두 번째 고유벡터와 해 벡터는

$$K_2 = \begin{pmatrix} 10 \\ -1 \\ 1 \end{pmatrix}, \quad X_2 = \begin{pmatrix} 10 \\ -1 \\ 1 \end{pmatrix} e^{-4t} \tag{8}$$

을 얻는다. 마지막으로 $\lambda_3 = 5$일 때 첨가행렬

$$(A + 5I|0) = \left(\begin{array}{ccc|c} -9 & 1 & 1 & 0 \\ 1 & 0 & -1 & 0 \\ 0 & 1 & -8 & 0 \end{array}\right) \xrightarrow{\text{행 연산}} \left(\begin{array}{ccc|c} 1 & 0 & -1 & 0 \\ 0 & 1 & -8 & 0 \\ 0 & 0 & 0 & 0 \end{array}\right)$$

은

$$K_3 = \begin{pmatrix} 1 \\ 8 \\ 1 \end{pmatrix}, \quad X_3 = \begin{pmatrix} 1 \\ 8 \\ 1 \end{pmatrix} e^{5t} \tag{9}$$

을 준다.

(6)의 일반해는 (7), (8)과 (9)에 있는 해 벡터들의 일차결합이다. 즉,

$$X = c_1 \begin{pmatrix} 1 \\ 0 \\ 1 \end{pmatrix} e^{-3t} + c_2 \begin{pmatrix} 10 \\ -1 \\ 1 \end{pmatrix} e^{-4t} + c_3 \begin{pmatrix} 1 \\ 8 \\ 1 \end{pmatrix} e^{5t}$$

■

컴퓨터의 사용 매트랩, 매스매티카, 매플과 디라이브와 같은 소프트웨어 패키지는 행렬 A의 고윳값과 고유벡터를 구하는데 있어서 시간을 절약할 수 있다.

8.2.2 중복 고윳값

물론 $n \times n$ 행렬 A의 n개의 고윳값 $\lambda_1, \lambda_2, \cdots, \lambda_n$의 모든 값이 서로 다를 필요는 없다. 즉, 고윳값 중 몇 개는 중복될 수 있다. 예를 들어 연립방정식

$$X' = \begin{pmatrix} 3 & -18 \\ 2 & -9 \end{pmatrix} X \tag{10}$$

에서 계수 행렬의 특성방정식은 $(\lambda + 3)^2 = 0$이 됨을 쉽게 볼 수 있으므로 $\lambda_1 = \lambda_2 = -3$은 중복도 2인 근이다. 이 값에 대하여 단일 고유벡터는 $K_1 = \begin{pmatrix} 3 \\ 1 \end{pmatrix}$

이므로

$$X_1 = \begin{pmatrix} 3 \\ 1 \end{pmatrix} e^{-3t} \tag{11}$$

은 (10)의 하나의 해임을 안다. 그러나 이 연립방정식의 일반해를 구하는 것이 목적이므로 둘째 해를 구하는 문제를 다룰 필요가 있다.

일반적으로 m이 양의 정수이고 $(\lambda - \lambda_1)^m$이 특성방정식의 인수이며 $(\lambda - \lambda_1)^{m+1}$이 인수가 아니면 λ_1은 **중복도 m인 고윳값**이라 한다. 다음 3개의 예제들은 아래의 경우들에 관한 설명이다.

(i) 어떤 $n \times n$ 행렬 A에 대하여 중복도 $m \leq n$인 고윳값 λ_1에 대응하는 m개의 일차 독립인 고유벡터 $K_1, K_2, \cdots, K_m$을 구할 수 있다. 이 경우에는 연립방정식의 일반해는 일차결합

$$c_1 K_1 e^{\lambda_1 t} + c_2 K_2 e^{\lambda_1 t} + \cdots + c_m K_m e^{\lambda_1 t}$$

을 포함한다.

(ii) 중복도 m인 고윳값 λ_1에 대응하는 오직 하나의 고유벡터가 존재하면

$$\begin{aligned} X_1 &= K_{11} e^{\lambda_1 t} \\ X_2 &= K_{21} t e^{\lambda_1 t} + K_{22} e^{\lambda_1 t} \\ &\vdots \\ X_m &= K_{m1} \frac{t^{m-1}}{(m-1)!} e^{\lambda_1 t} + K_{m2} \frac{t^{m-2}}{(m-2)!} e^{\lambda_1 t} \cdots + K_{mm} e^{\lambda_1 t} \end{aligned}$$

형식의 m개의 일차독립인 해를 항상 구할 수 있다. 여기서 K_{ij}는 열 벡터이다.

중복도 2인 고윳값 중복도가 2인 고윳값을 생각함으로서 시작하자. 첫 번째 예제에서 중복 고윳값에 대응하는 두 개의 서로 다른 고유벡터를 구할 수 있는 행렬을 제시한다.

예제 3 중복 고윳값

$$X' = \begin{pmatrix} 1 & -2 & 2 \\ -2 & 1 & -2 \\ 2 & -2 & 1 \end{pmatrix} X$$

을 풀어라.

풀이 특성방정식

$$\det(A - \lambda I) = \begin{vmatrix} 1-\lambda & -2 & 2 \\ -2 & 1-\lambda & -2 \\ 2 & -2 & 1-\lambda \end{vmatrix} = 0$$

에서 행렬식을 전개하면 $-(\lambda+1)^2(\lambda-5)=0$이므로 $\lambda_1=\lambda_2=-1$과 $\lambda_3=5$이다.

$\lambda_1=-1$에 대해서 가우스-조르당 소거법은 즉시

$$(A+I|0)=\left(\begin{array}{rrr|r} 2 & -2 & 2 & 0 \\ -2 & 2 & -2 & 0 \\ 2 & -2 & 2 & 0 \end{array}\right) \xrightarrow{\text{행 연산}} \left(\begin{array}{rrr|r} 1 & -1 & 1 & 0 \\ 0 & 0 & 0 & 0 \\ 0 & 0 & 0 & 0 \end{array}\right)$$

을 준다. 이 마지막 행렬의 첫 번째 행은 $k_1-k_2+k_3=0$ 또는 $k_1=k_2-k_3$를 의미한다.

$k_2=1, k_3=0$과 $k_2=1, k_3=1$로 택하면 순서대로 $k_1=1$과 $k_1=0$이다. 따라서 $\lambda_1=-1$에 대응하는 두 개의 고유벡터는

$$K_1=\begin{pmatrix}1\\1\\0\end{pmatrix} \text{ 과 } K_2=\begin{pmatrix}0\\1\\1\end{pmatrix}$$

이다. 이들 고유벡터는 다른 벡터의 상수 배가 아니므로 같은 고윳값에 대응하는 두 개의 일차독립인 해

$$X_1=\begin{pmatrix}1\\1\\0\end{pmatrix}e^{-t} \text{ 과 } X_2=\begin{pmatrix}0\\1\\1\end{pmatrix}e^{-t}$$

를 얻는다. 마지막으로 $\lambda_3=5$에 대해서 변형

$$(A+5I|0)=\left(\begin{array}{rrr|r} -4 & -2 & 2 & 0 \\ -2 & -4 & -2 & 0 \\ 2 & -2 & -4 & 0 \end{array}\right) \xrightarrow{\text{행 연산}} \left(\begin{array}{rrr|r} 1 & 0 & -1 & 0 \\ 0 & 1 & 1 & 0 \\ 0 & 0 & 0 & 0 \end{array}\right)$$

은 $k_1=k_3$와 $k_2=-k_3$를 의미한다. $k_3=1$로 선택하면 $k_1=1, k_2=-1$이므로 세 번째 고유벡터는

$$K_3=\begin{pmatrix}1\\-1\\1\end{pmatrix}$$

이다. 따라서 이 연립방정식의 일반해는

$$X=c_1\begin{pmatrix}1\\1\\0\end{pmatrix}e^{-t}+c_2\begin{pmatrix}0\\1\\1\end{pmatrix}e^{-t}+c_3\begin{pmatrix}1\\-1\\1\end{pmatrix}e^{5t}$$

이다. ■

예제 3에서 계수 행렬 A는 대칭행렬로 알려진 특수한 종류의 행렬이다. $n\times n$ 행렬 A는 그것의 전치행렬 A^T(행과 열이 교환된 행렬)가 A와 같으면 즉, $A^T=A$이면 대칭이라고 한다. 연립방정식 $X'=AX$에서 행렬 A가 대칭이고 실수 성분을 가지면 항상 n개의 일차독립인 고유벡터 $K_1, K_2, \cdots, K_n$을 구할 수 있고 그러한 연립방정식의 일반해는 정리 8.2.1에서와 같이 주어짐을 보일 수 있다.

예제 3에서 제시된바와 같이 이 결과는 고윳값 중 몇 개가 중복된 경우에 조차도 만족된다.

두 번째 해 λ_1을 중복도 2인 고윳값이라 하고 이 값에 대응하는 오직 하나의 고유벡터가 존재한다고 가정하자. 두 번째 해는

$$X_2 = Kte^{\lambda_1 t} + Pe^{\lambda_1 t} \tag{12}$$

형식으로 구해질 수 있고 여기서

$$K = \begin{pmatrix} k_1 \\ k_2 \\ \vdots \\ k_n \end{pmatrix} \text{와} \quad P = \begin{pmatrix} p_1 \\ p_2 \\ \vdots \\ p_n \end{pmatrix}$$

이다. 이것을 확인하기 위하여 (12)를 연립방정식 $X' = AX$에 대입하여 간단히 하면

$$(AK - \lambda_1 K)te^{\lambda_1 t} + (AP - \lambda_1 P - K)e^{\lambda_1 t} = 0$$

이다. 이 방정식이 t의 모든 값에 대하여 만족해야 하므로

$$(A - \lambda_1 I)K = 0 \tag{13}$$

과

$$(A - \lambda_1 I)P = K \tag{14}$$

이다. 방정식 (13)은 간단히 K가 λ_1에 대응한 A의 고유벡터임을 뜻한다. (13)을 풀면 하나의 해 $X_1 = Ke^{\lambda_1 t}$이 구해진다. 두 번째 해 X_2를 구하기 위해서 벡터 P에 대한 추가적인 연립방정식 (14)를 단지 풀면 된다.

예제 4 중복 고윳값

(10)에서 주어진 연립방정식의 일반해를 구하여라.

풀이 (11)로부터 $\lambda_1 = -3$이고 하나의 해는 $X_1 = \begin{pmatrix} 3 \\ 1 \end{pmatrix} e^{-3t}$이다. $K = \begin{pmatrix} 3 \\ 1 \end{pmatrix}$, $P = \begin{pmatrix} p_1 \\ p_2 \end{pmatrix}$로 놓으면 이제 (14)로부터

$$(A + 3I)P = K \quad \text{또는} \quad \begin{aligned} 6p_1 - 18p_2 &= 3 \\ 2p_1 - 6p_2 &= 1 \end{aligned}$$

을 풀어야 한다. 이 연립방정식은 하나의 방정식이 되므로 p_1과 p_2에 관하여 무한개의 선택을 갖는다. 예를 들면, $p_1 = 1$로 선택하면 $p_2 = \frac{1}{6}$이다. 그러나 간단히 하기 위하여 $p_2 = 0$이 되도록 $p_1 = \frac{1}{2}$을 선택하면 $P = \begin{pmatrix} \frac{1}{2} \\ 0 \end{pmatrix}$이다. 따라서 (12)로부터

$X_2 = \begin{pmatrix}3\\1\end{pmatrix}te^{-3t} + \begin{pmatrix}1\\2\\0\end{pmatrix}e^{-3t}$이다. 이 때 (10)의 일반해는 $X = c_1X_1 + c_2X_2$ 또는

$$X = c_1\begin{pmatrix}3\\1\end{pmatrix}e^{-3t} + c_2\left[\begin{pmatrix}3\\1\end{pmatrix}te^{-3t} + \begin{pmatrix}1\\2\\0\end{pmatrix}e^{-3t}\right]$$

이다. ■

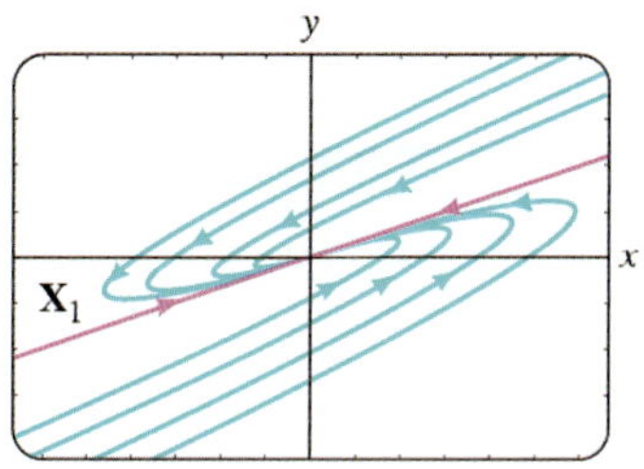

그림 8.2.3 연립방정식 (10)의 위상적인 묘사

예제 4의 해에서 c_1과 c_2에 여러 가지의 값을 지정하여 연립방정식 (10)의 직교절선들을 그릴 수 있다. (10)의 위상적인 묘사가 그림 8.2.3에 주어져 있다. 해 X_1과 $-X_1$은 각각 그림에서 어둡게 표시된 두 개의 반직선 $y = \frac{1}{3}x,\ x > 0$ 와 $y = \frac{1}{3}x,\ x < 0$을 결정한다. 단 하나의 고윳값이 음수이고 모든 직교절선에서 $t \to \infty$일 때에 $e^{-3t} \to 0$이므로, $t \to \infty$일 때에 $(x(t), y(t)) \to (0, 0)$을 갖는다. 이것이 그림 8.2.3에서 화살촉들이 모든 직교절선 위의 입자가 시간이 증가하면서 원점에 가까워지고 이러한 경우에 원점이 끌기가 되는 이유이다. 더욱이, 이동하는 입자나 직교절선 $x = 3c_1e^{-3t} + c_2\left(3te^{-3t} + \frac{1}{2}e^{-3t}\right),\ y = c_1e^{-3t} + c_2te^{-3t},\ c_2 \neq 0$은 $t \to \infty$일 때에 반직선 중의 하나로 접선으로 $(0, 0)$에 접근하다. 이에 반하여, 중복 고윳값이 양수일 때 이 상황은 반대가 되어 원점은 밀기이다. 연습문제 8.2의 문제 21 참조. 그림 8.2.2와 비슷하게 그림 8.2.3은 두 개의 음수인 중복 고윳값을 갖는 모든 2×2 동차의 선형 연립방정식 $X' = AX$의 대표적이다. 연습문제 8.2의 문제 32 참조.

중복도 3인 고윳값 계수행렬 A가 중복도 3인 고윳값 λ_1에 대응하는 오직 하나의 고유벡터를 가질 때 형식 (12)의 두 번째 해와

$$X_3 = K\frac{t^2}{2}e^{\lambda_1 t} + Pte^{\lambda_1 t} + Qe^{\lambda_1 t} \tag{15}$$

형식의 세 번째 해를 구할 수 있고 여기서

$$K = \begin{pmatrix}k_1\\k_2\\\vdots\\k_n\end{pmatrix},\quad P = \begin{pmatrix}p_1\\p_2\\\vdots\\p_n\end{pmatrix}\text{와}\quad Q = \begin{pmatrix}q_1\\q_2\\\vdots\\q_n\end{pmatrix}$$

이다. (15)를 연립방정식 $X' = AX$에 대입하면 열 벡터 K, P와 Q는

$$(A - \lambda_1 I)K = 0 \tag{16}$$

$$(A - \lambda_1 I)P = K \tag{17}$$

$$(A - \lambda_1 I)Q = P \tag{18}$$

를 만족한다. 물론 (16)과 (17)의 해는 해 X_1과 X_2를 공식화하는데 이용될 수 있

다.

예제 5 중복 고윳값

$$X' = \begin{pmatrix} 2 & 1 & 6 \\ 0 & 2 & 5 \\ 0 & 0 & 2 \end{pmatrix} X$$

를 풀어라.

풀이 특성방정식 $(\lambda - 2)^3 = 0$은 $\lambda_1 = 2$가 중복도 3인 고윳값 임을 나타낸다. $(A - 2I)K = 0$를 풀면 단 한 개의 고유벡터

$K = \begin{pmatrix} 1 \\ 0 \\ 0 \end{pmatrix}$를 얻는다. 다음에 연립방정식 $(A - 2I)P = K$와 $(A - 2I)Q = P$를 잇달아 풀면 $P = \begin{pmatrix} 0 \\ 1 \\ 0 \end{pmatrix}$와 $Q = \begin{pmatrix} 0 \\ -\frac{6}{5} \\ \frac{1}{5} \end{pmatrix}$를 얻는다. (12)와 (15)를 사용하면 이 연립방정식의 일반해는

$$X = c_1 \begin{pmatrix} 1 \\ 0 \\ 0 \end{pmatrix} e^{2t} + c_2 \left[\begin{pmatrix} 1 \\ 0 \\ 0 \end{pmatrix} te^{2t} + \begin{pmatrix} 0 \\ 1 \\ 0 \end{pmatrix} e^{2t} \right] + c_3 \left[\begin{pmatrix} 1 \\ 0 \\ 0 \end{pmatrix} \frac{t^2}{2} e^{2t} + \begin{pmatrix} 0 \\ 1 \\ 0 \end{pmatrix} te^{2t} + \begin{pmatrix} 0 \\ -\frac{6}{5} \\ \frac{1}{5} \end{pmatrix} e^{2t} \right]$$

이다. ■

주의

고윳값 λ_1이 중복도 m을 갖는 경우에는 m개의 일차독립인 고유벡터를 얻거나 m보다 작은 대응하는 고유벡터의 수를 얻을 수 있다. 그러므로 430쪽에 있는 두 가지 경우는 중복 고윳값이 발생되는 경우에서는 가능성이 전혀 없는 것은 아니다. 5×5 행렬은 중복도 5인 고윳값을 갖고 3개의 대응하는 일차독립인 고유벡터가 존재하는 경우가 일어날 수 있다. 연습문제 8.2의 문제 31과 50을 참조.

8.2.3 복소 고윳값

$\lambda_1 = \alpha + \beta i$와 $\lambda_2 = \alpha - \beta i$, $\beta > 0$, $i^2 = -1$ 이 계수행렬 A의 복소 고윳값이면 이 때 이들의 대응하는 고유벡터가 또한 복소 성분을 갖는다고 분명히 기대할 수 있다.

예를 들어, 연립방정식

$$\frac{dx}{dt} = 6x - y \qquad \frac{dy}{dt} = 5x + 4y \tag{19}$$

의 특성방정식은

$$\det(A - \lambda I) = \begin{vmatrix} 6-\lambda & -1 \\ 5 & 4-\lambda \end{vmatrix} = \lambda^2 - 10\lambda + 29 = 0$$

이다. 이차공식으로부터 $\lambda_1 = 5+2i$, $\lambda_2 = 5-2i$ 를 얻는다.

이제 $\lambda_1 = 5+2i$에 대하여

$$\begin{aligned}(1-2i)k_1 - \qquad\quad k_2 &= 0 \\ 5k_1 - (1+2i)k_2 &= 0\end{aligned}$$

을 푼다. $k_2 = (1-2i)k_1$ 이므로 $k_1 = 1$로 선택하면 다음의 고유벡터와 대응하는 해 벡터를 준다. 즉,

$$K_1 = \begin{pmatrix} 1 \\ 1-2i \end{pmatrix}, \quad X_1 = \begin{pmatrix} 1 \\ 1-2i \end{pmatrix} e^{(5+2i)t}$$

같은 방법으로 $\lambda_2 = 5-2i$에 대하여

$$K_2 = \begin{pmatrix} 1 \\ 1+2i \end{pmatrix}, \quad X_2 = \begin{pmatrix} 1 \\ 1+2i \end{pmatrix} e^{(5-2i)t}$$

를 얻는다. 론스키안에 의하여 이 해 벡터들이 일차 독립임을 증명할 수 있고 그래서 (19)의 일반해는

$$X = c_1\begin{pmatrix} 1 \\ 1-2i \end{pmatrix} e^{(5+2i)t} + c_2\begin{pmatrix} 1 \\ 1+2i \end{pmatrix} e^{(5-2i)t} \tag{20}$$

이다.

λ_2에 대응하는 K_2의 성분은 λ_1에 대응하는 K_1의 성분의 복소 공액임에 유의한다. 물론 λ_1의 복소 공액은 λ_2이다. 이것을 $\lambda_2 = \overline{\lambda_1}$ 과 $K_2 = \overline{K_1}$으로 표기한다. 다음의 일반적인 결과를 제시한다.

정리 8.2.2 복소 고윳값에 대응하는 해

A를 동차 연립방정식 (1)의 실수 성분을 갖는 계수행렬이라 하고 K_1을 복소 고윳값 $\lambda_1 = \alpha + i\beta$ (α와 β는 실수)에 대응하는 고유벡터라고 하자.

이 때

$$K_1 e^{\lambda_1 t} \quad 와 \quad \overline{K_1}\, e^{\overline{\lambda_1} t}$$

은 (1)의 해이다.

(20)과 같은 해를 실함수의 항으로 다시 나타내는 것은 바람직스럽고 상대적으로 쉽다. 이렇게 하기 위하여 먼저 오일러 공식을 사용하여

$$e^{(5+2i)t} = e^{5t}e^{2ti} = e^{5t}(\cos 2t + i\sin 2t)$$
$$e^{(5-2i)t} = e^{5t}e^{-2ti} = e^{5t}(\cos 2t - i\sin 2t)$$

으로 나타낸다. 이 때 복소수를 곱하고 항별로 모으고 $c_1 + c_2$를 C_1, $(c_1 - c_2)i$를 C_2로 대치하면 (20)은

$$X = c_1X_1 + c_2X_2 \tag{21}$$

이 된다. 여기서

$$X_1 = \left[\begin{pmatrix}1\\1\end{pmatrix}\cos 2t - \begin{pmatrix}0\\-2\end{pmatrix}\sin 2t\right]e^{5t}$$

과

$$X_2 = \left[\begin{pmatrix}0\\-2\end{pmatrix}\cos 2t + \begin{pmatrix}1\\1\end{pmatrix}\sin 2t\right]e^{5t}$$

이다. 이제 (21)에서 벡터 X_1과 X_2는 처음 연립방정식의 일차독립인 실수해의 집합임을 인식하는 것이 중요하다. 결과적으로 C_1, C_2와 c_1, c_2 사이의 관계를 무시하는 근거가 되고 C_1과 C_2를 완전히 임의의 실수로 간주할 수 있다. 즉, 일차결합 (21)은 (19)의 또 다른 일반해이다. 더욱이 (21)에서 주어진 실수 형으로 (19)의 연립방정식의 위상적인 묘사를 얻을 수 있다. (21)로부터 $x(t)$와 $y(t)$가

$$x = C_1e^{5t}\cos 2t + C_2e^{5t}\sin 2t$$
$$y = (C_1 - 2C_2)e^{5t}\cos 2t + (2C_1 + C_2)e^{5t}\sin 2t$$

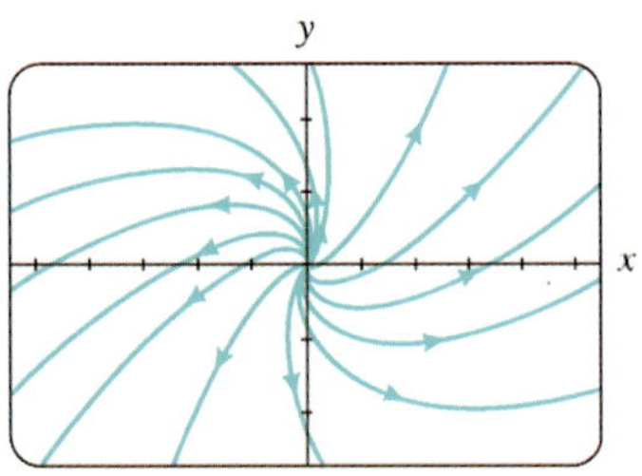

그림 8.2.4 연립방정식 (19)의 위상적인 묘사

임을 얻는다. C_1과 C_2의 여러 값들에 대한 직교절선 $(x(t), y(t))$를 그림으로써 그림 8.2.4에서 보여준 (19)의 위상적 묘사를 얻는다. λ_1의 실수부분이 $5 > 0$이므로 $t\to\infty$일 때에 $e^{5t}\to\infty$이다. 이것이 그림 8.2.4에서 화살촉들이 원점으로부터 멀어지는 이유이다. 즉, 모든 직교절선 위의 입자들이 $t\to\infty$일 때에 원점으로부터 멀리 나선형으로 상승하므로 원점은 밀기이다.

(21)에서 실수해를 얻은 과정을 일반화할 수 있다. K_1을 복소 고윳값 $\lambda_1 = \alpha + i\beta$에 대응하는 계수행렬 A(실수 성분을 갖는)의 고유벡터라고 하면 정리 8.2.2의 해 벡터는

$$K_1e^{\lambda_1 t} = K_1e^{\alpha t}e^{i\beta t} = K_1e^{\alpha t}(\cos\beta t + i\sin\beta t)$$
$$\overline{K_1}\,e^{\overline{\lambda_1}t} = \overline{K_1}\,e^{\alpha t}e^{-i\beta t} = \overline{K_1}\,e^{\alpha t}(\cos\beta t - i\sin\beta t)$$

로 나타낼 수 있다. 중첩원리인 정리 8.1.2에 의하여 다음의 벡터

$$X_1 = \frac{1}{2}(K_1e^{\lambda_1 t} + \overline{K_1}\,e^{\overline{\lambda_1}t}) = \frac{1}{2}(K_1 + \overline{K_1})e^{\alpha t}\cos\beta t - \frac{i}{2}(-K_1 + \overline{K_1})e^{\alpha t}\sin\beta t$$

$$X_2 = \frac{i}{2}(-K_1 e^{\lambda_1 t} + \overline{K_1}\, e^{\overline{\lambda_1} t}) = \frac{i}{2}(-K_1 + \overline{K_1})e^{\alpha t}\cos\beta t + \frac{1}{2}(K_1 + \overline{K_1})e^{\alpha t}\sin\beta t$$

가 또한 해이다.

임의의 복소수 $z = a + ib$에 대하여 $\frac{1}{2}(z+\bar{z}) = a$와 $\frac{i}{2}(-z+\bar{z}) = b$는 실수이다. 그러므로 열벡터 $\frac{1}{2}(K_1+\overline{K_1})$와 $\frac{i}{2}(-K_1+\overline{K_1})$의 성분은 실수이다.

$$B_1 = \frac{1}{2}(K_1 + \overline{K_1}) \text{와 } B_2 = \frac{i}{2}(-K_1 + \overline{K_1}) \tag{22}$$

으로 정의함으로써 다음의 정리를 얻는다.

정리 8.2.3 복소 고윳값에 대응하는 실수해

$\lambda_1 = \alpha + i\beta$를 동차 연립방정식 (1)의 계수행렬 A의 복소 고윳값이라 하고 B_1과 B_2를 (22)에서 정의된 열벡터로 나타내면 이 때

$$\begin{aligned} X_1 &= [B_1\cos\beta t - B_2\sin\beta t]e^{\alpha t} \\ X_2 &= [B_2\cos\beta t + B_1\sin\beta t]e^{\alpha t} \end{aligned} \tag{23}$$

는 $(-\infty, \infty)$에서 (1)의 일차독립인 해이다.

(22)의 행렬 B_1과 B_2는 이들 벡터가 각각 고유벡터 K_1의 실수 부분과 허수 부분이므로 흔히

$$B_1 = Re(K_1) \text{과 } B_2 = Im(K_1) \tag{24}$$

으로 표시한다. 예를 들어, (21)은 (23)으로부터

$$K_1 = \begin{pmatrix} 1 \\ 1-2i \end{pmatrix} = \begin{pmatrix} 1 \\ 1 \end{pmatrix} + i\begin{pmatrix} 0 \\ -2 \end{pmatrix}$$

$$B_1 = Re(K_1) = \begin{pmatrix} 1 \\ 1 \end{pmatrix} \text{과 } B_2 = Im(K_1) = \begin{pmatrix} 0 \\ -2 \end{pmatrix}$$

으로 나타낸다.

예제 6 복소 고윳값

초깃값 문제

$$X' = \begin{pmatrix} 2 & 8 \\ -1 & -2 \end{pmatrix} X; \quad X(0) = \begin{pmatrix} 2 \\ -1 \end{pmatrix} \tag{25}$$

을 풀어라.

풀이 먼저

$$\det(A - \lambda I) = \begin{vmatrix} 2-\lambda & 8 \\ -1 & -2-\lambda \end{vmatrix} = \lambda^2 + 4 = 0$$

으로부터 고윳값을 얻는다. 고윳값은 $\lambda_1 = 2i$와 $\lambda_2 = \overline{\lambda_1} = -2i$ 이다. λ_1에 대하여 연립방정식

$$\begin{aligned}(2-2i)k_1 + \qquad\quad 8k_2 &= 0\\ -k_1 + (-2-2i)k_2 &= 0\end{aligned}$$

은 $k_1 = -(2+2i)k_2$를 준다. $k_2 = -1$로 선택하면

$$K_1 = \begin{pmatrix}2+2i\\-1\end{pmatrix} = \begin{pmatrix}2\\-1\end{pmatrix} + i\begin{pmatrix}2\\0\end{pmatrix}$$

을 얻는다. 이제 (24)로부터

$$B_1 = Re(K_1) = \begin{pmatrix}2\\-1\end{pmatrix} \text{과 } B_2 = Im(K_1) = \begin{pmatrix}2\\0\end{pmatrix}$$

를 만든다. $\alpha = 0$이므로 (23)으로부터 이 연립방정식의 일반해는

$$\begin{aligned}X &= c_1\left[\begin{pmatrix}2\\-1\end{pmatrix}\cos 2t - \begin{pmatrix}2\\0\end{pmatrix}\sin 2t\right] + c_2\left[\begin{pmatrix}2\\0\end{pmatrix}\cos 2t + \begin{pmatrix}2\\-1\end{pmatrix}\sin 2t\right]\\ &= c_1\begin{pmatrix}2\cos 2t - 2\sin 2t\\ -\cos 2t\end{pmatrix} + c_2\begin{pmatrix}2\cos 2t + 2\sin 2t\\ -\sin 2t\end{pmatrix} \qquad (26)\end{aligned}$$

이다. 이 연립방정식의 해 (26)에 의하여 정의된 곡선과 직교절선의 몇 개의 그래프가 그림 8.2.5에서 위상적인 묘사로서 제시되어 있다. 이제 초기조건 $X(0) = \begin{pmatrix}2\\-1\end{pmatrix}$ 또는 동치인 $x(0) = 2$와 $y(0) = -1$는 대수 연립방정식 $2c_1 + 2c_2 = 2,\ -c_1 = -1$을 주고 이것의 해는 $c_1 = 1,\ c_2 = 0$이다. 따라서 이 문제에 대한 해는 $X = \begin{pmatrix}2\cos 2t - 2\sin 2t\\ -\cos 2t\end{pmatrix}$이다. 특수해 $x = 2\cos 2t - 2\sin 2t,\ y = -\cos 2t$에 의하여 매개변수적으로 정의된 특별한 직교절선은 그림 8.2.5의 빨간색 곡선이다. 이 곡선이 $(2, -1)$을 지나는 것에 유의한다. ■

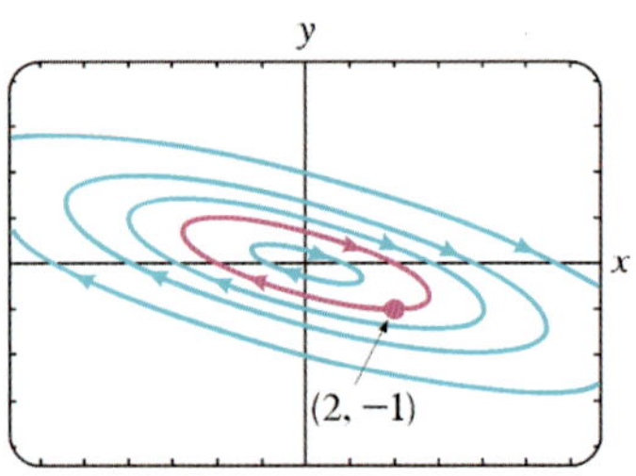

그림 8.2.5 연립방정식 (25)의 위상적인 묘사

주의

이 절에서는 오로지 표준형 $X' = AX$인 동차의 1계 선형 연립방정식을 조사하였다. 그러나 가끔은 물리적 동력계의 수학적 모델은 표준형이 $X'' = AX$인 동차의 2계 연립방정식이다. 예를 들어, 7.6절의 (1)에서 두개의 스프링에 대한 모델

$$\begin{aligned}m_1 x_1'' &= -k_1 x_1 + k_2(x_2 - x_1)\\ m_2 x_2'' &= -k_2(x_2 - x_1)\end{aligned} \qquad (27)$$

은 $MX'' = KX$ 로 쓸 수 있다. 여기서

$$M = \begin{pmatrix}m_1 & 0\\ 0 & m_2\end{pmatrix},\quad K = \begin{pmatrix}-k_1-k_2 & k_2\\ k_2 & -k_2\end{pmatrix} \text{와 } X = \begin{pmatrix}x_1(t)\\ x_2(t)\end{pmatrix}$$

이다. M이 정칙행렬이므로 X''에 대해서 $X'' = AX$로 풀 수 있다. 여기서 $A = M^{-1}K$이다.

따라서 (27)은

$$X'' = \begin{pmatrix} -\frac{k_1}{m_1} - \frac{k_2}{m_1} & \frac{k_2}{m_1} \\ \frac{k_2}{m_2} & -\frac{k_2}{m_2} \end{pmatrix} X \tag{28}$$

와 동치이다. 이 절에서의 방법들은 그러한 연립방정식을 두 가지 방법으로 해결하도록 사용될 수 있다.

- 먼저 처음의 연립방정식 (27)은 치환에 의하여 연립 1계방정식으로 변형될 수 있다. $x_1' = x_3$와 $x_2' = x_4$로 놓으면 $x_3' = x_1''$과 $x_4' = x_2''$ 이므로 (27)은 4개의 선형 1계 연립방정식

$$x_1' = x_3$$
$$x_2' = x_4$$
$$x_3' = -\left(\frac{k_1}{m_1} + \frac{k_2}{m_1}\right)x_1 + \frac{k_2}{m_1}x_2 \text{ 또는}$$
$$X' \begin{pmatrix} 0 & 0 & 1 & 0 \\ 0 & 0 & 0 & 1 \\ -\frac{k_1}{m_1} - \frac{k_2}{m_1} & \frac{k_2}{m_1} & 0 & 0 \\ \frac{k_2}{m_2} & -\frac{k_2}{m_2} & 0 & 0 \end{pmatrix} X, \tag{29}$$
$$x_4' = \frac{k_2}{m_2}x_1 - \frac{k_2}{m_2}x_2$$

과 동치이다. (29)의 계수행렬 A의 고윳값과 고유벡터를 구하면 이 연립 1계방정식의 해는 물리체계의 완전한 상태-시간 t에서 질량 (x_3와 x_4)의 속도뿐만 아니라 평형상태 (x_1과 x_2)에 대한 질량의 위치-를 준다. 연습문제 8.2의 문제 48(a) 참조.

- 두 번째로 (27)은 자유감쇠운동을 나타내므로 2계 연립방정식 (28)의 실수 값 해는

$$X = V\cos\omega t\text{와 } X = V\sin\omega t \tag{30}$$

형식을 갖는다. 여기서 V는 상수성분의 열 행렬이다. (30)의 함수중 하나를 $X'' = AX$에 대입하면 $(A + \omega^2 I)V = 0$이 된다(증명하라). 본 절의 (3)과 같게 하면 $\lambda = -\omega^2$은 고윳값을, V는 A의 대응하는 고유벡터임을 나타낸다. A의 고윳값 $\lambda_i = -\omega_i^2$, $i = 1, 2$는 음수임을 보일 수 있으므로 $\omega_i = \sqrt{-\lambda_i}$는 실수이고 (원형) 진동수를 나타낸다. (7.6절의 (4) 참조)
이 때, 중첩원리에 의하여 (28)의 일반해는

$$\begin{aligned} X &= c_1 V_1 \cos\omega_1 t + c_2 V_1 \sin\omega_1 t + c_3 V_2 \cos\omega_2 t + c_4 V_2 \sin\omega_2 t \\ &= (c_1\cos\omega_1 t + c_2\sin\omega_1 t)V_1 + (c_3\cos\omega_2 t + c_4\sin\omega_2 t)V_2 \end{aligned} \tag{31}$$

이고 여기서 V_1과 V_2는 순서대로 λ_1과 λ_2에 대응하는 A의 실수 고유벡터이다.

(31)에서 주어진 결과를 일반화한다. $-\omega_1^2, -\omega_2^2, \cdots, -\omega_n^2$이 서로 다른 음수의 고윳값이고 $V_1, V_2, \cdots, V_n$이 $n\times n$ 계수행렬 A의 대응하는 실수 고유벡터이면 이 때 동차의 2계 연립방정식 $X''=AX$는 일반해

$$X=\sum_{i=1}^{n}(a_i\cos\omega_i t+b_i\sin\omega_i t)V_i \tag{32}$$

를 갖고, 여기서 a_i와 b_i는 임의의 상수를 나타낸다. 연습문제 8.2의 문제 48(b) 참조.

연습문제 8.2

8.2.1 서로 다른 실수 고윳값

(1-12) 주어진 연립방정식의 일반해를 구하라.

1 $\dfrac{dx}{dt}=x+2y$, $\dfrac{dy}{dt}=4x+3y$

2 $X'=\begin{pmatrix}-6 & 2\\ -3 & 1\end{pmatrix}X$

3 $\dfrac{dx}{dt}=-4x+2y$, $\dfrac{dy}{dt}=-\dfrac{5}{2}x+2y$

4 $\dfrac{dx}{dt}=2x+2y$, $\dfrac{dy}{dt}=x+3y$

5 $X'=\begin{pmatrix}10 & -5\\ 8 & -12\end{pmatrix}X$

6 $\dfrac{dx}{dt}=2x-7y$, $\dfrac{dy}{dt}=5x+10y+4z$, $\dfrac{dz}{dt}=5y+2z$

7 $\dfrac{dx}{dt}=x+y-z$, $\dfrac{dy}{dt}=2y$, $\dfrac{dz}{dt}=y-z$

8 $\dfrac{dx}{dt}=-\dfrac{5}{2}x+2y$, $\dfrac{dy}{dt}=\dfrac{3}{4}x-2y$

9 $X'=\begin{pmatrix}-1 & 1 & 0\\ 1 & 2 & 1\\ 0 & 3 & -1\end{pmatrix}X$

10 $X'=\begin{pmatrix}-1 & 4 & 2\\ 4 & -1 & -2\\ 0 & 0 & 6\end{pmatrix}X$

11 $X'=\begin{pmatrix}-1 & -1 & 0\\ \frac{3}{4} & -\frac{3}{2} & 3\\ \frac{1}{8} & \frac{1}{4} & -\frac{1}{2}\end{pmatrix}X$

12 $X'=\begin{pmatrix}1 & 0 & 1\\ 0 & 1 & 0\\ 1 & 0 & 1\end{pmatrix}X$

(13-14) 주어진 초깃값 문제를 풀어라.

13 $X'=\begin{pmatrix}\frac{1}{2} & 0\\ 1 & -\frac{1}{2}\end{pmatrix}X,\quad X(0)=\begin{pmatrix}3\\ 5\end{pmatrix}$

14 $X'=\begin{pmatrix}1 & 1 & 4\\ 0 & 2 & 0\\ 1 & 1 & 1\end{pmatrix}X,\quad X(0)=\begin{pmatrix}1\\ 3\\ 0\end{pmatrix}$

컴퓨터 활용문제

(15-16) 주어진 연립방정식의 일반해를 구하는데 있어서 도움으로 컴퓨터대수체계 또는 선형대수 소프트웨어를 이용하라.

15 $X'=\begin{pmatrix}0.9 & 2.1 & 3.2\\ 0.7 & 6.5 & 4.2\\ 1.1 & 1.7 & 3.4\end{pmatrix}X$

16 $X' = \begin{pmatrix} 1 & 0 & 2 & -1.8 & 0 \\ 0 & 5.1 & 0 & -1 & 3 \\ 1 & 2 & -3 & 0 & 0 \\ 0 & 1 & -3.1 & 4 & 0 \\ -2.8 & 0 & 0 & 1.5 & 1 \end{pmatrix} X$

17 (a) 컴퓨터 소프트웨어를 이용하여 문제 5의 연립방정식의 위상적인 묘사를 얻어라. 가능하다면 그림 8.2.2에서와 같이 화살촉을 포함하고, 또한 위상적인 묘사에서 4개의 반직선을 포함하라.

(b) (a)에서 4개의 반직선 각각에 대한 카테션 방정식을 얻어라.

(c) 이 연립방정식의 위상적인 묘사에서 고유벡터를 그려라.

18 문제 2와 4의 연립방정식에 대한 위상적인 묘사를 구하라. 각각의 연립방정식에 대하여 모든 반직선 직교절선을 구하고, 위상적인 묘사에서 이 직선들을 포함하라.

8.2.2 중복 고윳값

(19-28) 주어진 연립방정식의 일반해를 구하라.

19 $\dfrac{dx}{dt} = 3x - y$, $\dfrac{dy}{dt} = 9x - 3y$

20 $X' = \begin{pmatrix} 1 & 0 & 0 \\ 0 & 3 & 1 \\ 0 & -1 & 1 \end{pmatrix} X$

21 $X' = \begin{pmatrix} -1 & 3 \\ -3 & 5 \end{pmatrix} X$

22 $\dfrac{dx}{dt} = 3x + 2y + 4z$, $\dfrac{dy}{dt} = 2x + 2z$, $\dfrac{dz}{dt} = 4x + 2y + 3z$

23 $\dfrac{dx}{dt} = 3x - y - z$, $\dfrac{dy}{dt} = x + y - z$, $\dfrac{dz}{dt} = x - y + z$

24 $X' = \begin{pmatrix} 4 & 1 & 0 \\ 0 & 4 & 1 \\ 0 & 0 & 4 \end{pmatrix} X$

25 $X' = \begin{pmatrix} 5 & -4 & 0 \\ 1 & 0 & 2 \\ 0 & 2 & 5 \end{pmatrix} X$

26 $X' = \begin{pmatrix} 12 & -9 \\ 4 & 0 \end{pmatrix} X$

27 $X' = \begin{pmatrix} 1 & 0 & 0 \\ 2 & 2 & -1 \\ 0 & 1 & 0 \end{pmatrix} X$

28 $\dfrac{dx}{dt} = -6x + 5y$, $\dfrac{dy}{dt} = -5x + 4y$

(29-30) 주어진 초깃값 문제를 풀어라.

29 $X' = \begin{pmatrix} 2 & 4 \\ -1 & 6 \end{pmatrix} X,\quad X(0) = \begin{pmatrix} -1 \\ 6 \end{pmatrix}$

30 $X' = \begin{pmatrix} 0 & 0 & 1 \\ 0 & 1 & 0 \\ 1 & 0 & 0 \end{pmatrix} X,\quad X(0) = \begin{pmatrix} 1 \\ 2 \\ 5 \end{pmatrix}$

31 5×5 행렬

$$A = \begin{pmatrix} 2 & 1 & 0 & 0 & 0 \\ 0 & 2 & 0 & 0 & 0 \\ 0 & 0 & 2 & 0 & 0 \\ 0 & 0 & 0 & 2 & 1 \\ 0 & 0 & 0 & 0 & 2 \end{pmatrix}$$

은 중복도 5인 고윳값 λ_1을 가짐을 보이고, λ_1에 대응한 3개의 일차독립인 고유벡터를 구할 수 있음을 보여라.

컴퓨터 활용문제

32 문제 20과 21의 연립방정식에 대한 위상적인 묘사를 구하라. 각각의 연립방정식에 대하여 모든 반직선 직교절선을 구하고, 위상적인 묘사에서 이 직선들을 포함하라.

8.2.3 복소 고윳값

(33-44) 주어진 연립방정식의 일반해를 구하라.

33 $\dfrac{dx}{dt} = 6x - y$, $\dfrac{dy}{dt} = 5x + 2y$

34 $\dfrac{dx}{dt} = 2x + y + 2z$, $\dfrac{dy}{dt} = 3x + 6z$, $\dfrac{dz}{dt} = -4x - 3z$

35 $\dfrac{dx}{dt} = 5x + y$, $\dfrac{dy}{dt} = -2x + 3y$

36 $X' = \begin{pmatrix} 1 & -8 \\ 1 & -3 \end{pmatrix} X$

37 $X' = \begin{pmatrix} 4 & -5 \\ 5 & -4 \end{pmatrix} X$

38 $\dfrac{dx}{dt} = 4x + 5y$, $\dfrac{dy}{dt} = -2x + 6y$

39 $\dfrac{dx}{dt} = z$, $\dfrac{dy}{dt} = -z$, $\dfrac{dz}{dt} = y$

40 $\dfrac{dx}{dt} = x + y$, $\dfrac{dy}{dt} = -2x - y$

41 $X' = \begin{pmatrix} 1 & -1 & 2 \\ -1 & 1 & 0 \\ -1 & 0 & 1 \end{pmatrix} X$ 42 $X' = \begin{pmatrix} 4 & 0 & 1 \\ 0 & 6 & 0 \\ -4 & 0 & 4 \end{pmatrix} X$

43 $X' = \begin{pmatrix} 2 & 5 & 1 \\ -5 & -6 & 4 \\ 0 & 0 & 2 \end{pmatrix} X$ 44 $X' = \begin{pmatrix} 2 & 4 & 4 \\ -1 & -2 & 0 \\ -1 & 0 & -2 \end{pmatrix} X$

(45-46) 주어진 초깃값 문제를 풀어라.

45 $X' = \begin{pmatrix} 1 & -12 & -14 \\ 1 & 2 & -3 \\ 1 & 1 & -2 \end{pmatrix} X, \quad X(0) = \begin{pmatrix} 4 \\ 6 \\ -7 \end{pmatrix}$

46 $X' = \begin{pmatrix} 6 & -1 \\ 5 & 4 \end{pmatrix} X, \quad X(0) = \begin{pmatrix} -2 \\ 8 \end{pmatrix}$

컴퓨터 활용문제

47 문제 36, 37과 38의 연립방정식에 대한 위상적인 묘사를 구하라.

48 (a) 439쪽의 주의에서 언급한 첫 번째 방법을 사용하여 7.6절의 (2)를 풀어라. 즉, 7.6절의 (2)를 4개의 방정식으로 구성된 1계 선형 연립방정식으로 나타내어라. 4×4 행렬의 고윳값과 고유벡터를 구하는데 있어서 도움으로 컴퓨터대수체계 또는 선형대수 소프트웨어를 사용하라. 이 때, 7.6절의 (4)를 얻기 위하여 일반해에 초기조건을 적용하라.
(b) 주의에서 언급한 두 번째 방법을 이용하여 7.6절의 (2)를 풀어라. 즉, 7.6절의 (2)를 2개의 방정식으로 구성된 2계 선형 연립방정식으로 나타내어라.
$X = V\sin\omega t$ 와 $X = V\cos\omega t$ 형식의 해를 가정하자. 2×2 행렬의 고윳값과 고유벡터를 구하라. (a)에서와 같이 7.6절의 (4)를 얻어라.

토론 문제

49 다음 선형 연립방정식을 풀어라.
(a) $X' = \begin{pmatrix} 1 & 1 \\ 1 & 1 \end{pmatrix} X$ (b) $X' = \begin{pmatrix} 1 & 1 \\ -1 & -1 \end{pmatrix} X$
각각의 연립방정식의 위상적인 묘사를 구하라. 각각의 묘사에서 직선 $y = -x$의 기하학적인 의미는 무엇인가?

50 문제 31에서 주어진 5×5 행렬을 생각하자. 행렬 방법에 대한 도움 없이 연립방정식 $X' = AX$를 풀고, 행렬 표현을 사용하여 일반해를 나타내어라. 이 연립방정식이 본 절의 행렬 방법을 사용하여 어떻게 해결 될 수 있는지의 논의에 대한 근거로 일반해를 사용하라. 여러분의 생각을 끌어내라.

51 예제 6의 선형 연립방정식의 해에 의하여 매개변수적으로 정의된 곡선의 카테션 방정식을 얻어라. 그림 8.2.5에서 $(2, -1)$을 지나는 곡선을 확인하라. (힌트: x^2, y^2과 xy를 계산하라.)

52 문제 47의 위상적인 묘사를 조사하라. 복소 고윳값을 갖는 2×2 동차의 선형 연립방정식의 위상적인 묘사가 어떤 조건하에서 폐곡선 군으로 이루어지는가? 나선형 군으로 이루어지는가? 어떤 조건하에서 원점 $(0, 0)$이 밀기가 되는가? 끌기가 되는가?

8.3 비동차 선형 연립방정식

필요한 개념

- 4.4절(미정계수)
- 4.6절(매개변수 변화)

소개 | 8.1절에서 구간 I에서 **비동차 선형 연립방정식** $X' = AX + F(t)$의 일반해는 $X = X_c + X_p$ 임을 보았다. 여기서 $X_c = c_1X_1 + c_2X_2 + \cdots + c_nX_n$는 수반된 동차 선형 연립방정식 $X' = AX$ 의 **여함수** 또는 **일반해**이고 X_p는 비동차 연립방정식의 임의의 특수해이다. 8.2절에서 A가 $n \times n$ 상수행렬일 때 X_c를 구하는 방법을 보았다. 이제 X_p를 얻기 위한 두 가지 방법을 생각해 보자.

비동차 선형 미분방정식의 **특수해**를 구하기 위해서 4장에서 사용한 미정계수법과 매개변수 변화법은 비동차 선형 연립방정식 $X' = AX + F(t)$의 해에 함께 적용할 수 있다. 두 가지 방법 중 매개변수 변화법이 더욱 강력한 기법이나 특수해를 구하는 데 있어서는 미정계수법으로 빠르게 구할 수 있는 경우가 있다.

8.3.1 미정계수법

가정 4.4절에서 미정계수법은 특수해 벡터 X_p의 형식에 대하여 추측하고, 그 추측은 열 행렬 $F(t)$의 성분을 구성하는 함수의 유형에 의하여 유발된다. 놀라운 일은 아니지만 미정계수의 행렬 설명은 A의 성분이 상수이고 $F(t)$의 성분이 상수, 다항식, 지수함수, sine과 cosine, 또는 이들 함수의 유한 합과 곱일 때만 $X' = AX + F(t)$에 적용할 수 있다.

예제 1 미정계수법

$(-\infty, \infty)$에서 연립방정식 $X' = \begin{pmatrix} -1 & 2 \\ -1 & 1 \end{pmatrix} X + \begin{pmatrix} -8 \\ 3 \end{pmatrix}$ 을 풀어라.

풀이 먼저 수반된 동차 연립방정식

$$X' = \begin{pmatrix} -1 & 2 \\ -1 & 1 \end{pmatrix} X$$

를 푼다. 계수행렬 A의 특성방정식

$$\det(A - \lambda I) = \begin{vmatrix} -1-\lambda & 2 \\ -1 & 1-\lambda \end{vmatrix} = \lambda^2 + 1 = 0$$

은 복소 고윳값 $\lambda_1 = i$와 $\lambda_2 = \overline{\lambda_1} = -i$ 을 준다. 8.2절의 절차에 의하여

$$X_c = c_1\begin{pmatrix} \cos t + \sin t \\ \cos t \end{pmatrix} + c_2\begin{pmatrix} \cos t - \sin t \\ -\sin t \end{pmatrix}$$

를 얻는다. 이제 $F(t)$가 상수벡터이므로 상수 특수해 벡터를 $X_p = \begin{pmatrix} a_1 \\ b_1 \end{pmatrix}$으로 가정하

자. 이 가정을 주어진 연립방정식에 대입하고 성분을 일치하면

$$\begin{aligned} 0 &= -a_1 + 2b_1 - 8 \\ 0 &= -a_1 + b_1 + 3 \end{aligned}$$

이다. 이 대수연립방정식을 풀면 $a_1 = 14$와 $b_1 = 11$ 이므로 특수해는 $X_p = \begin{pmatrix} 14 \\ 11 \end{pmatrix}$ 이다. 이 때 구간 $(-\infty, \infty)$에서 주어진 연립방정식의 일반해는 $X = X_c + X_p$ 또는

$$X = c_1 \begin{pmatrix} \cos t + \sin t \\ \cos t \end{pmatrix} + c_2 \begin{pmatrix} \cos t - \sin t \\ -\sin t \end{pmatrix} + \begin{pmatrix} 14 \\ 11 \end{pmatrix}$$

이다. ■

예제 2 미정계수법

$(-\infty, \infty)$에서 $X' = \begin{pmatrix} 6 & 1 \\ 4 & 3 \end{pmatrix} X + \begin{pmatrix} 6t \\ -10t + 4 \end{pmatrix}$를 풀어라.

풀이 수반 동차 연립방정식 $X' = \begin{pmatrix} 6 & 1 \\ 4 & 3 \end{pmatrix} X$의 고윳값과 대응된 고유벡터는 $\lambda_1 = 2, \lambda_2 = 7$, $K_1 = \begin{pmatrix} 1 \\ -4 \end{pmatrix}$과 $K_2 = \begin{pmatrix} 1 \\ 1 \end{pmatrix}$ 이다. 그러므로 여함수는

$$X_c = c_1 \begin{pmatrix} 1 \\ -4 \end{pmatrix} e^{2t} + c_2 \begin{pmatrix} 1 \\ 1 \end{pmatrix} e^{7t}$$

이다. 이제 $F(t)$가 $F(t) = \begin{pmatrix} 6 \\ -10 \end{pmatrix} t + \begin{pmatrix} 0 \\ 4 \end{pmatrix}$로 나타낼 수 있으므로 같은 형식을 갖는 이 연립방정식의 특수해를 구하기 위해서

$$X_p = \begin{pmatrix} a_2 \\ b_2 \end{pmatrix} t + \begin{pmatrix} a_1 \\ b_1 \end{pmatrix}$$

으로 시도한다. 이 가정을 주어진 연립방정식에 대입하면

$$\begin{pmatrix} a_2 \\ b_2 \end{pmatrix} = \begin{pmatrix} 6 & 1 \\ 4 & 3 \end{pmatrix} \left[\begin{pmatrix} a_2 \\ b_2 \end{pmatrix} t + \begin{pmatrix} a_1 \\ b_1 \end{pmatrix} \right] + \begin{pmatrix} 6 \\ -10 \end{pmatrix} t + \begin{pmatrix} 0 \\ 4 \end{pmatrix}$$

또는

$$\begin{pmatrix} 0 \\ 0 \end{pmatrix} = \begin{pmatrix} (6a_2 + b_2 + 6)t + 6a_1 + b_1 - a_2 \\ (4a_2 + 3b_2 - 10)t + 4a_1 + 3b_1 - b_2 + 4 \end{pmatrix}$$

이다. 이 항등식으로부터 미지수가 4개인 4개의 대수방정식

$$\begin{aligned} 6a_2 + b_2 + 6 &= 0 \\ 4a_2 + 3b_2 - 10 &= 0 \end{aligned} \qquad \text{와} \qquad \begin{aligned} 6a_1 + b_1 - a_2 &= 0 \\ 4a_1 + 3b_1 - b_2 + 4 &= 0 \end{aligned}$$

을 얻는다. 처음 2개의 방정식을 연립하여 풀면 $a_2 = -2$와 $b_2 = 6$이다. 이 때 이 값을 마지막 2개의 방정식에 대입하여 a_1과 b_1에 대하여 풀면 이 결과는 $a_1 = -\frac{4}{7}$, $b_1 = \frac{10}{7}$이다.

그러므로 특수해 벡터는

$$X_p=\begin{pmatrix}-2\\6\end{pmatrix}t+\begin{pmatrix}-\dfrac{4}{7}\\\dfrac{10}{7}\end{pmatrix}$$

이다. $(-\infty,\infty)$에서 이 연립방정식의 일반해는 $X=X_c+X_p$ 또는

$$X=c_1\begin{pmatrix}1\\-4\end{pmatrix}e^{2t}+c_2\begin{pmatrix}1\\1\end{pmatrix}e^{7t}+\begin{pmatrix}-2\\6\end{pmatrix}t+\begin{pmatrix}-\dfrac{4}{7}\\\dfrac{10}{7}\end{pmatrix}$$

이다. ■

예제 3 X_p의 형식

연립방정식

$$\frac{dx}{dt}=5x+3y-2e^{-t}+1$$
$$\frac{dy}{dt}=-x+y+e^{-t}-5t+7$$

에 대한 특수해 벡터 X_p의 형식을 결정하여라.

풀이 $F(t)$가

$$F(t)=\begin{pmatrix}-2\\1\end{pmatrix}e^{-t}+\begin{pmatrix}0\\-5\end{pmatrix}t+\begin{pmatrix}1\\7\end{pmatrix}$$

와 같은 행렬표현으로 나타낼 수 있으므로 특수해에 대한 자연스런 가정이

$$X_p=\begin{pmatrix}a_3\\b_3\end{pmatrix}e^{-t}+\begin{pmatrix}a_2\\b_2\end{pmatrix}t+\begin{pmatrix}a_1\\b_1\end{pmatrix}$$

이 될 수 있다. ■

주의

선형 연립방정식에 대한 미정계수법은 위의 3개의 예제가 나타내는 것처럼 복잡하지 않다. 4.4절에서 특수해 y_p의 형태는 여함수 y_c의 앞서의 사실에 의하여 예견되어졌다. 같은 내용이 X_p의 형성에 대해서도 사실이다. 그러나 더 많은 어려움이 있다. 4.4절의 y_p의 형식을 정하는 특수한 규칙은 X_p의 형성으로 이르게 하지는 않는다. 예를 들어, $F(t)$가 예제 1에서와 같은 상수벡터이고 $\lambda=0$이 중복도 1인 고윳값이면 이 때 X_c는 상수벡터를 포함한다. 182쪽의 "곱셈규칙"하에서 보통은 형식 $X_p=\begin{pmatrix}a_1\\b_1\end{pmatrix}t$ 의 특수해를 시도한다. 이것은 선형 연립방정식에 대한 적절한 가정은 아니지만, 특수해는 $X_p=\begin{pmatrix}a_2\\b_2\end{pmatrix}t+\begin{pmatrix}a_1\\b_1\end{pmatrix}$가 될 것이다. 이와 비슷하게 예제 3에서, $F(t)$에서 e^{-t}을 e^{2t} ($\lambda=2$는 고윳값) 을 대치하면 이 때 특수

해 벡터의 정확한 형식은

$$X_p = \begin{pmatrix} a_4 \\ b_4 \end{pmatrix} te^{2t} + \begin{pmatrix} a_3 \\ b_3 \end{pmatrix} e^{2t} + \begin{pmatrix} a_2 \\ b_2 \end{pmatrix} t + \begin{pmatrix} a_1 \\ b_1 \end{pmatrix}$$

이다. 이러한 난제에 파고들기보다는 매개변수 변화법으로 방향을 돌린다.

8.3.2 매개변수 변화법

기본행렬 $X_1, X_2, \cdots, X_n$가 구간 I에서 동차 연립방정식 $X' = AX$의 기본 해 집합이면 이 구간에서 연립방정식의 일반해는 일차결합 $X = c_1X_1 + c_2X_2 + \cdots + c_nX_n$ 또는

$$X = c_1\begin{pmatrix} x_{11} \\ x_{21} \\ \vdots \\ x_{n1} \end{pmatrix} + c_2\begin{pmatrix} x_{12} \\ x_{22} \\ \vdots \\ x_{n2} \end{pmatrix} + \cdots + c_n\begin{pmatrix} x_{1n} \\ x_{2n} \\ \vdots \\ x_{nn} \end{pmatrix} = \begin{pmatrix} c_1x_{11} + c_2x_{12} + \cdots + c_nx_{1n} \\ c_1x_{21} + c_2x_{22} + \cdots + c_nx_{2n} \\ \vdots \\ c_1x_{n1} + c_2x_{n2} + \cdots + c_nx_{nn} \end{pmatrix} \tag{1}$$

이다. (1)에서 마지막 행렬은 $n \times n$ 행렬과 $n \times 1$ 행렬의 곱으로 간주된다. 즉, 일반해 (1)은 곱

$$X = \phi(t)C \tag{2}$$

으로 나타낼 수 있다. 여기서 C는 임의의 상수 $c_1, c_2, \cdots, c_n$의 $n \times 1$ 열벡터이고 행렬의 열이 동차 연립방정식 $X' = AX$의 해 벡터의 성분들로 구성이 된 $n \times n$ 행렬

$$\phi(t) = \begin{pmatrix} x_{11} & x_{12} & \cdots & x_{1n} \\ x_{21} & x_{22} & \cdots & x_{2n} \\ \vdots & & & \vdots \\ x_{n1} & x_{n2} & \cdots & x_{nn} \end{pmatrix}$$

를 이 구간에서 동차 연립방정식의 기본행렬이라 한다.

앞으로 다루게 되는 내용에서는 기본행렬의 두 가지 성질

- 기본행렬 $\phi(t)$는 정칙이다.
- $\phi(t)$가 동차 연립방정식 $X' = AX$의 기본행렬이면 이 때

$$\phi'(t) = A\phi(t) \tag{3}$$

을 사용할 필요가 있다.

정리 8.1.3의 (9)를 다시 살펴보면 $\det(\phi(t))$가 론스키안 $W(X_1, X_2, \cdots, X_n)$과 같음을 보인다. 그러므로 구간 I에서 $\phi(t)$의 열 벡터의 일차독립은 이 구간의 모든 t에 대하여 $\det \phi(t) \neq 0$임을 나타낸다. $\phi(t)$가 정칙이므로 곱의 역 $\phi^{-1}(t)$는 이 구간의 모든 t에 대하여 존재한다. (3)에서 주어진 결과는 $\phi(t)$의 모든 열이

$X' = AX$의 해 벡터라는 사실로부터 바로 나온다.

매개변수 변화법 4.6절의 방법에서와 같이 (2)의 상수행렬 C를 함수의 열 행렬

$$U(t) = \begin{pmatrix} u_1(t) \\ u_2(t) \\ \vdots \\ u_n(t) \end{pmatrix}$$

로 대치하면

$$X_p = \phi(t) U(t) \tag{4}$$

가 비동차 연립방정식

$$X' = AX + F(t) \tag{5}$$

의 특수해가 되는 것이 가능한지를 묻는다. 곱의 법칙에 의하여 (4)의 도함수는

$$X_p{}' = \phi(t) U'(t) + \phi'(t) U(t) \tag{6}$$

이다. (6)에서 곱의 순서는 매우 중요함에 유의한다. $U(t)$는 열 행렬이므로 곱 $U'(t)\phi(t)$와 $U(t)\phi'(t)$는 정의되지 않는다. (4)와 (6)을 (5)에 대입하면

$$\phi(t)\, U'(t) + \phi'(t)\, U(t) = A\phi(t)\, U(t) + F(t) \tag{7}$$

이다. 이제 $\phi'(t)$를 대치하기 위하여 (3)을 사용하면 (7)은

$$\phi(t)\, U'(t) + A\phi(t)\, U(t) = A\phi(t)\, U(t) + F(t)$$

또는

$$\phi(t)\, U'(t) = F(t) \tag{8}$$

이 된다. 방정식 (8)의 양변에 $\phi^{-1}(t)$를 곱하면

$U'(t) = \phi^{-1}(t) F(t)$이므로 $U(t) = \int \phi^{-1}(t) F(t) dt$이다.

$X_p = \phi(t) U(t)$이므로 (5)의 특수해는

$$X_p = \phi(t) \int \phi^{-1}(t) F(t) dt \tag{9}$$

이다. (9)의 열 행렬 $\phi^{-1}(t) F(t)$의 부정적분을 계산하기 위해서는 각 성분을 적분한다. 따라서 연립방정식 (5)의 일반해는 $X = X_c + X_p$ 또는

$$X = \phi(t)\, C + \phi(t) \int \phi^{-1}(t) F(t) dt \tag{10}$$

이다.

4.6절의 매개변수 변화법의 논의에서 설명된 같은 이유로 인하여

$$\int \phi^{-1}(t) F(t) dt$$

의 계산에서 적분상수를 사용하는 것이 필요하지 않음에 유의한다.

예제 4 매개변수 변화법

$(-\infty, \infty)$에서 비동차 연립방정식

$$X' = \begin{pmatrix} -3 & 1 \\ 2 & -4 \end{pmatrix} X + \begin{pmatrix} 3t \\ e^{-t} \end{pmatrix} \tag{11}$$

을 풀어라.

풀이 먼저 수반된 동차연립방정식

$$X' = \begin{pmatrix} -3 & 1 \\ 2 & -4 \end{pmatrix} X \tag{12}$$

을 푼다. 계수행렬의 특성방정식은

$$\det(A - \lambda I) = \begin{vmatrix} -3-\lambda & 1 \\ 2 & -4-\lambda \end{vmatrix} = (\lambda+2)(\lambda+5) = 0$$

이므로 고윳값은 $\lambda_1 = -2$와 $\lambda_2 = -5$이다. 일반적 방법에 의하여 λ_1과 λ_2에 대응하는 고유벡터는 각각 $K_1 = \begin{pmatrix} 1 \\ 1 \end{pmatrix}$과 $K_2 = \begin{pmatrix} 1 \\ -2 \end{pmatrix}$ 이다. 이 때 동차연립방정식 (12)의 해벡터는

$$X_1 = \begin{pmatrix} 1 \\ 1 \end{pmatrix} e^{-2t} = \begin{pmatrix} e^{-2t} \\ e^{-2t} \end{pmatrix} \text{ 과 } X_2 = \begin{pmatrix} 1 \\ -2 \end{pmatrix} e^{-5t} = \begin{pmatrix} e^{-5t} \\ -2e^{-5t} \end{pmatrix}$$

이다. X_1의 성분은 $\phi(t)$의 첫 번째 열을 형성하고 X_2의 성분은 $\phi(t)$의 두 번째 열을 형성하므로

$$\phi(t) = \begin{pmatrix} e^{-2t} & e^{-5t} \\ e^{-2t} & -2e^{-5t} \end{pmatrix} \text{과 } \phi^{-1}(t) = \begin{pmatrix} \frac{2}{3}e^{2t} & \frac{1}{3}e^{2t} \\ \frac{1}{3}e^{5t} & -\frac{1}{3}e^{5t} \end{pmatrix}$$

이다. (9)로부터 특수해

$$\begin{aligned}
\mathrm{X}_p = \Phi(t)\int \Phi^{-1}(t)\mathrm{F}(t)\,dt &= \begin{pmatrix} e^{-2t} & e^{-5t} \\ e^{-2t} & -2e^{-5t} \end{pmatrix} \int \begin{pmatrix} \frac{2}{3}e^{2t} & \frac{1}{3}e^{2t} \\ \frac{1}{3}e^{5t} & -\frac{1}{3}e^{5t} \end{pmatrix} \begin{pmatrix} 3t \\ e^{-t} \end{pmatrix} dt \\
&= \begin{pmatrix} e^{-2t} & e^{-5t} \\ e^{-2t} & -2e^{-5t} \end{pmatrix} \int \begin{pmatrix} 2te^{2t} + \frac{1}{3}e^{t} \\ te^{5t} - \frac{1}{3}e^{4t} \end{pmatrix} dt \\
&= \begin{pmatrix} e^{-2t} & e^{-5t} \\ e^{-2t} & -2e^{-5t} \end{pmatrix} \begin{pmatrix} te^{2t} - \frac{1}{2}e^{2t} + \frac{1}{3}e^{t} \\ \frac{1}{5}te^{5t} - \frac{1}{25}e^{5t} - \frac{1}{12}e^{4t} \end{pmatrix} \\
&= \begin{pmatrix} \frac{6}{5}t - \frac{27}{50} + \frac{1}{4}e^{-t} \\ \frac{3}{5}t - \frac{21}{50} + \frac{1}{2}e^{-t} \end{pmatrix}.
\end{aligned}$$

을 얻는다. 따라서 (10)으로부터 이 구간에서 (11)의 일반해는

$$X=\begin{pmatrix} e^{-2t} & e^{-5t} \\ e^{-2t} & -2e^{-5t} \end{pmatrix}\begin{pmatrix} c_1 \\ c_2 \end{pmatrix}+\begin{pmatrix} \frac{6}{5}t-\frac{27}{50}+\frac{1}{4}e^{-t} \\ \frac{3}{5}t-\frac{21}{50}+\frac{1}{2}e^{-t} \end{pmatrix}$$

$$=c_1\begin{pmatrix} 1 \\ 1 \end{pmatrix}e^{-2t}+c_2\begin{pmatrix} 1 \\ -2 \end{pmatrix}e^{-5t}+\begin{pmatrix} \frac{6}{5} \\ \frac{3}{5} \end{pmatrix}t-\begin{pmatrix} \frac{27}{50} \\ \frac{21}{50} \end{pmatrix}+\begin{pmatrix} \frac{1}{4} \\ \frac{1}{2} \end{pmatrix}e^{-t}$$

이다. ■

초깃값 문제 어떤 구간에서 (5)의 일반해는 또 다른 형식

$$X=\phi(t)C+\phi(t)\int_{t_0}^{t}\phi^{-1}(s)F(s)ds \tag{13}$$

으로 나타낼 수 있고 여기서 t와 t_0는 이 구간의 점들이다. 이 형식은 적분의 극한값이 특수해가 $t=t_0$에서 0이 되도록 선택되므로 초기조건 $X(t_0)=X_0$이 주어진 (5)를 푸는데 있어서 유용하다. $t=t_0$를 (13)에 대입하면 $X_0=\phi(t_0)C$이고 이것으로부터 $C=\phi^{-1}(t_0)X_0$를 얻는다. 이 결과를 (13)에 대입하면 초깃값 문제에 대한 해

$$X=\phi(t)\phi^{-1}(t_0)X_0+\phi(t)\int_{t_0}^{t}\phi^{-1}(s)F(s)ds \tag{14}$$

를 준다.

연습문제 8.3

8.3.1 미정계수법

(1-8) 미정계수법을 사용하여 주어진 연립방정식을 풀어라.

1 $\dfrac{dx}{dt}=2x+3y-7$

$\dfrac{dy}{dt}=-x-2y+5$

2 $X'=\begin{pmatrix} 0 & 0 & 5 \\ 0 & 5 & 0 \\ 5 & 0 & 0 \end{pmatrix}X+\begin{pmatrix} 5 \\ -10 \\ 40 \end{pmatrix}$

3 $X'=\begin{pmatrix} 1 & 3 \\ 3 & 1 \end{pmatrix}X+\begin{pmatrix} -2t^2 \\ t+5 \end{pmatrix}$

4 $X'=\begin{pmatrix} -1 & 5 \\ -1 & 1 \end{pmatrix}X+\begin{pmatrix} \sin t \\ -2\cos t \end{pmatrix}$

5 $X'=\begin{pmatrix} 4 & \frac{1}{3} \\ 9 & 6 \end{pmatrix}X+\begin{pmatrix} -3 \\ 10 \end{pmatrix}e^t$

6 $X'=\begin{pmatrix} 1 & -4 \\ 4 & 1 \end{pmatrix}X+\begin{pmatrix} 4t+9e^{6t} \\ -t+e^{6t} \end{pmatrix}$

7 $X'=\begin{pmatrix} 1 & 1 & 1 \\ 0 & 2 & 3 \\ 0 & 0 & 5 \end{pmatrix}X+\begin{pmatrix} 1 \\ -1 \\ 2 \end{pmatrix}e^{4t}$

8 $\dfrac{dx}{dt}=5x+9y+2$

$\dfrac{dy}{dt}=-x+11y+6$

9 $X(0)=\begin{pmatrix}-4\\5\end{pmatrix}$를 조건으로 하는

$X'=\begin{pmatrix}-1 & -2\\3 & 4\end{pmatrix}X+\begin{pmatrix}3\\3\end{pmatrix}$을 풀어라.

10 (a) 그림 8.3.1에서 보인 전기회로에서 전류 $i_2(t)$와 $i_3(t)$에 대한 연립 미분방정식은

$$\frac{d}{dt}\begin{pmatrix}i_2\\i_3\end{pmatrix}=\begin{pmatrix}-\dfrac{R_1}{L_1} & -\dfrac{R_1}{L_1}\\ -\dfrac{R_1}{L_2} & -\dfrac{R_1+R_2}{L_2}\end{pmatrix}\begin{pmatrix}i_2\\i_3\end{pmatrix}+\begin{pmatrix}\dfrac{E}{L_1}\\ \dfrac{E}{L_2}\end{pmatrix}$$

이다. 미정계수법을 사용하여 $R_1=2\,\Omega$, $R_2=3\,\Omega$, $L_1=1\,h$, $L_2=1\,h$, $E=60\,V$, $i_2(0)=0$와 $i_3(0)=0$일 때, 이 연립 방정식을 풀어라.

(b) 전류 $i_1(t)$를 결정하라.

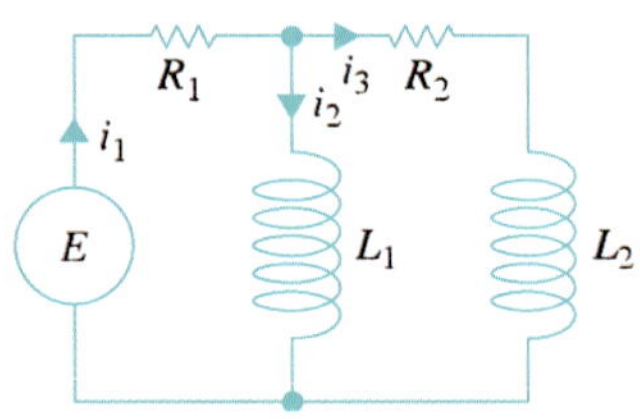

그림 8.3.1 문제 10의 회로

8.3.2 매개변수 변화법

(11-30) 매개변수 변화법을 사용하여 주어진 연립 방정식을 풀어라.

11 $\dfrac{dx}{dt}=3x-3y+4$

$\dfrac{dy}{dt}=2x-2y-1$

12 $\dfrac{dx}{dt}=2x-y$

$\dfrac{dy}{dt}=3x-2y+4t$

13 $X'=\begin{pmatrix}3 & -5\\ \frac{3}{4} & -1\end{pmatrix}X+\begin{pmatrix}1\\-1\end{pmatrix}e^{\frac{t}{2}}$

14 $X'=\begin{pmatrix}1 & -2\\1 & -1\end{pmatrix}X+\begin{pmatrix}\tan t\\1\end{pmatrix}$

15 $X'=\begin{pmatrix}0 & 2\\-1 & 3\end{pmatrix}X+\begin{pmatrix}1\\-1\end{pmatrix}e^{t}$

16 $X'=\begin{pmatrix}3 & -1 & -1\\1 & 1 & -1\\1 & -1 & 1\end{pmatrix}X+\begin{pmatrix}0\\t\\2e^{t}\end{pmatrix}$

17 $X'=\begin{pmatrix}1 & 8\\1 & -1\end{pmatrix}X+\begin{pmatrix}12\\12\end{pmatrix}t$

18 $X'=\begin{pmatrix}0 & 2\\-1 & 3\end{pmatrix}X+\begin{pmatrix}2\\e^{-3t}\end{pmatrix}$

19 $X'=\begin{pmatrix}3 & 2\\-2 & -1\end{pmatrix}X+\begin{pmatrix}2e^{-t}\\e^{-t}\end{pmatrix}$

20 $X'=\begin{pmatrix}1 & 8\\1 & -1\end{pmatrix}X+\begin{pmatrix}e^{-t}\\te^{t}\end{pmatrix}$

21 $X'=\begin{pmatrix}0 & -1\\1 & 0\end{pmatrix}X+\begin{pmatrix}\sec t\\0\end{pmatrix}$

22 $X'=\begin{pmatrix}3 & 2\\-2 & -1\end{pmatrix}X+\begin{pmatrix}1\\1\end{pmatrix}$

23 $X'=\begin{pmatrix}1 & -1\\1 & 1\end{pmatrix}X+\begin{pmatrix}\cos t\\\sin t\end{pmatrix}e^{t}$

24 $X'=\begin{pmatrix}1 & -1\\1 & 1\end{pmatrix}X+\begin{pmatrix}3\\3\end{pmatrix}e^{t}$

25 $X'=\begin{pmatrix}0 & 1\\-1 & 0\end{pmatrix}X+\begin{pmatrix}0\\\sec t\tan t\end{pmatrix}$

26 $X'=\begin{pmatrix}2 & -2\\8 & -6\end{pmatrix}X+\begin{pmatrix}1\\3\end{pmatrix}\dfrac{e^{-2t}}{t}$

27 $X'=\begin{pmatrix}1 & 2\\-\frac{1}{2} & 1\end{pmatrix}X+\begin{pmatrix}\csc t\\\sec t\end{pmatrix}e^{t}$

28 $X'=\begin{pmatrix}0 & 1\\-1 & 0\end{pmatrix}X+\begin{pmatrix}1\\\cot t\end{pmatrix}$

29 $X'=\begin{pmatrix}1 & 1 & 0\\1 & 1 & 0\\0 & 0 & 3\end{pmatrix}X+\begin{pmatrix}e^{t}\\e^{2t}\\te^{3t}\end{pmatrix}$

30 $X'=\begin{pmatrix}2 & -1\\4 & 2\end{pmatrix}X+\begin{pmatrix}\sin 2t\\2\cos 2t\end{pmatrix}e^{2t}$

(31-32) (14)를 이용하여 주어진 초깃값 문제를 풀어라.

31 $X'=\begin{pmatrix}3 & -1\\-1 & 3\end{pmatrix}X+\begin{pmatrix}4e^{2t}\\4e^{4t}\end{pmatrix}$, $X(0)=\begin{pmatrix}1\\1\end{pmatrix}$

32 $X'=\begin{pmatrix}1 & -1\\1 & -1\end{pmatrix}X+\begin{pmatrix}\frac{1}{t}\\ \frac{1}{t}\end{pmatrix}$, $X(1)=\begin{pmatrix}2\\-1\end{pmatrix}$

33 그림 8.3.2에서 보인 전기회로에서 전류 $i_1(t)$와 $i_2(t)$에 대한 연립 미분방정식은

$$\frac{d}{dt}\begin{pmatrix} i_1 \\ i_2 \end{pmatrix} = \begin{pmatrix} -\dfrac{R_1+R_2}{L_2} & \dfrac{R_2}{L_2} \\ \dfrac{R_2}{L_1} & -\dfrac{R_2}{L_1} \end{pmatrix}\begin{pmatrix} i_1 \\ i_2 \end{pmatrix} + \begin{pmatrix} \dfrac{E}{L_2} \\ 0 \end{pmatrix}$$

이다. 매개변수 변화법을 사용하여

$R_1 = 8\,\Omega,\ R_2 = 3\,\Omega,\ L_1 = 1\,h, L_2 = 1\,h,$

$E(t) = 100\sin t\ V,\ i_1(0) = 0$

와 $i_2(0) = 0$일 때, 이 연립 방정식을 풀어라.

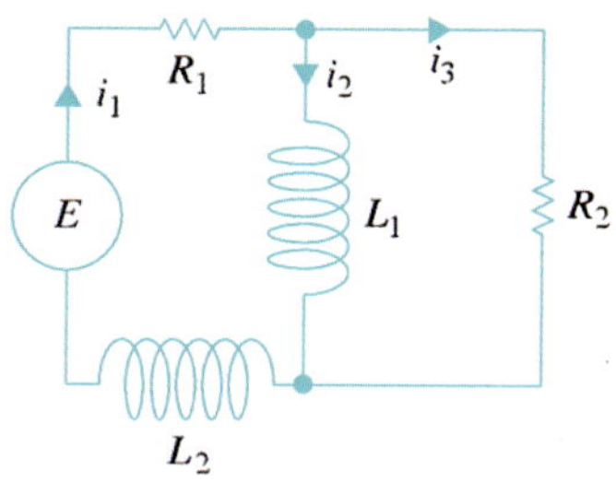

그림 8.3.2 문제 33의 회로

토론 문제

34 y_1과 y_2가 $y'' + P(x)y' + Q(x)y = f(x)$에 대한 수반된 동차 미분방정식의 일차독립인 해이면, 비동차 2계 선형 미분방정식의 경우에서 (9)는 4.6절에서 논의한 매개변수 변화법의 형식이 됨을 보여라.

컴퓨터 활용문제

35 A가 3×3행렬(또는 더 큰 행렬)일 때 매개변수 변화법으로 비동차 선형 연립방정식 $X' = AX + F(t)$를 직접 푸는 것은 거의 불가능한 일이다. 연립방정식

$$X' = \begin{pmatrix} 2 & -2 & 2 & 1 \\ -1 & 3 & 0 & 3 \\ 0 & 0 & 4 & -2 \\ 0 & 0 & 2 & -1 \end{pmatrix} X + \begin{pmatrix} te^t \\ e^{-t} \\ e^{2t} \\ 1 \end{pmatrix}$$

을 생각하자.

(a) 컴퓨터대수체계 또는 선형대수 소프트웨어를 사용하여 계수행렬의 고윳값과 고유벡터를 구하라.

(b) 기본행렬 $\phi(t)$를 만들고, 컴퓨터를 사용하여 $\phi^{-1}(t)$를 구하라.

(c) 컴퓨터를 사용하여 다음의 계산들을 완성하라:

$\phi^{-1}(t)F(t),\quad \int \phi^{-1}(t)F(t)dt,$

$\phi(t)\int \phi^{-1}(t)F(t)dt,\quad \phi(t)C$와

$\phi(t)C + \int \phi^{-1}(t)F(t)dt$

여기서 C는 상수 c_1, c_2, c_3와 c_4의 열 행렬이다.

(d) 형식 $X = X_c + X_p$의 연립방정식의 일반해에 대한 컴퓨터 출력을 다시 써라. 여기서 $X_c = c_1X_1 + c_2X_2 + c_3X_3 + c_4X_4$이다.

8.4 행렬의 지수함수

필요한 개념

- 부록 II.1(정의 II.10과 II.11)

소개 | 행렬은 연립 1계 선형 미분방정식을 푸는데 완전히 다른 방법으로 이용될 수 있다. a가 상수일 때 간단한 1계 선형 미분방정식 $x' = ax$가 일반해 $x = ce^{at}$을 가짐을 상기하자. 이 때 A가 상수행렬일 때 e^{At}이 연립방정식 $X' = AX$의 해가 되도록 행렬의 지수함수 e^{At}을 정의할 수 있는가 하는 의문은 당연하다.

동차 연립방정식 이제

$$X = e^{At}C \tag{1}$$

가 동차 연립방정식 $X' = AX$의 해가 되도록 행렬의 지수함수 e^{At}을 정의할 수 있다는 것을 보일 것이다. 여기서 A는 $n\times n$ 상수행렬이고 C는 임의 상수의 $n\times 1$ 열 행렬이다. (1)에서 e^{At}이 $n\times n$ 행렬이 되므로 C를 e^{At} 뒤에 곱하였음에 유의한다. 행렬의 지수함수의 의미와 이론에 대한 완전한 전개가 행렬 대수의 지식을 요구하므로 e^{At}을 정의하는 한 가지 방법은 스칼라 지수함수 e^{at}의 멱급수 표현

$$e^{at} = 1 + at + \frac{(at)^2}{2!} + \cdots + \frac{(at)^k}{k!} + \cdots$$
$$= 1 + at + a^2\frac{t^2}{2!} + \cdots + a^k\frac{t^k}{k!} + \cdots = \sum_{k=0}^{\infty} a^k \frac{t^k}{k!} \tag{2}$$

에 의하여 고무된다. (2)의 급수는 모든 t에 대하여 수렴한다. 1을 항등행렬 I로, 상수 a를 $n\times n$ 상수행렬 A로 대치하여 이 급수를 이용하면 $n\times n$ 행렬 e^{At}에 대한 정의에 이른다.

정의 8.4.1 행렬의 지수함수

임의의 $n\times n$ 행렬 A에 대하여

$$e^{At} = I + At + A^2\frac{t^2}{2!} + \cdots + A^k\frac{t^k}{k!} + \cdots = \sum_{k=0}^{\infty} A^k \frac{t^k}{k!} \tag{3}$$

이다.

(3)에서 주어진 급수는 t의 모든 값에 대하여 $n\times n$ 행렬로 수렴함을 보일 수 있다. 또한, $A^2 = AA$, $A^3 = A(A^2)$ 등등이다.

예제 1 (3)을 이용한 행렬의 지수함수

행렬 $A = \begin{pmatrix} 2 & 0 \\ 0 & 3 \end{pmatrix}$에 대하여 e^{At}을 구하라.

풀이 여러 가지의 멱

$$A^2 = \begin{pmatrix} 2^2 & 0 \\ 0 & 3^2 \end{pmatrix},\ A^3 = \begin{pmatrix} 2^3 & 0 \\ 0 & 3^3 \end{pmatrix},\ A^4 = \begin{pmatrix} 2^4 & 0 \\ 0 & 3^4 \end{pmatrix}, \cdots,\ A^n = \begin{pmatrix} 2^n & 0 \\ 0 & 3^n \end{pmatrix}$$

과 (3)으로부터

$$e^{At} = I + At + \frac{A^2}{2!}t^2 + \cdots$$
$$= \begin{pmatrix} 1 & 0 \\ 0 & 1 \end{pmatrix} + \begin{pmatrix} 2 & 0 \\ 0 & 3 \end{pmatrix}t + \begin{pmatrix} 2^2 & 0 \\ 0 & 3^2 \end{pmatrix}\frac{t^2}{2!} + \cdots + \begin{pmatrix} 2^n & 0 \\ 0 & 3^n \end{pmatrix}\frac{t^n}{n!} + \cdots$$

$$= \begin{pmatrix} 1+2t+2^2\dfrac{t^2}{2!}+\cdots & 0 \\ 0 & 1+3t+3^2\dfrac{t^2}{2!}+\cdots \end{pmatrix}$$

을 얻는다. (2)에서 $a=2$와 $a=3$을 놓으면, 위의 행렬의 첫 번째 행과 두 번째 행의 멱급수는 각각 e^{2t}과 e^{3t}이므로

$$e^{At} = \begin{pmatrix} e^{2t} & 0 \\ 0 & e^{3t} \end{pmatrix}$$

이다. ■

예제 1의 행렬은 2×2 대각행렬의 예이다. 일반적으로 $n\times n$ 행렬 A는 주 대각을 제외한 모든 성분이 0이면, 즉,

$$A = \begin{pmatrix} a_{11} & 0 & \cdots & 0 \\ 0 & a_{22} & \cdots & 0 \\ \vdots & \vdots & & \vdots \\ 0 & 0 & & a_{nn} \end{pmatrix}$$

이면 대각행렬이다. 그러므로 A가 임의의 $n\times n$ 대각행렬이면, 예제 1로부터

$$e^{At} = \begin{pmatrix} e^{a_{11}t} & 0 & \cdots & 0 \\ 0 & e^{a_{22}t} & \cdots & 0 \\ 0 & 0 & \cdots & e^{a_{nn}t} \end{pmatrix}$$

이다.

e^{At}의 도함수 행렬의 지수함수의 도함수는 스칼라 지수함수 $\dfrac{d}{dt}e^{at} = ae^{at}$의 미분성질과 유사하다.

$$\frac{d}{dt}e^{At} = Ae^{At} \tag{4}$$

임을 보이기 위해서는 (3)을 항별로 미분하면

$$\begin{aligned}\frac{d}{dt}e^{At} &= \frac{d}{dt}\left[I+At+A^2\frac{t^2}{2!}+\cdots+A^k\frac{t^k}{k!}+\cdots\right] = A+A^2t+\frac{1}{2!}A^3t^2+\cdots \\ &= A\left[I+At+A^2\frac{t^2}{2!}+\cdots\right] = Ae^{At}\end{aligned}$$

이다. 상수의 모든 $n\times 1$ 벡터 C에 대하여 (1)이 $X' = AX$의 해가 됨을 (4)로 인하여 보일 수 있다. 즉,

$$X' = \frac{d}{dt}e^{At}C = Ae^{At}C = A(e^{At}C) = AX$$

e^{At}은 기본행렬이다 행렬의 지수함수 e^{At}을 $\psi(t)$로 나타내면 이 때 (4)는 행렬의 미분방정식 $\psi'(t) = A\psi(t)$와 같다. (8.3절의 (3) 참조) 또한 정의 8.4.1로부터

$\psi(0)=e^{A0}=I$이고 det $\psi(0)\neq 0$이다. 이 두 가지 성질은 $\psi(t)$가 연립방정식 $X'=AX$의 기본행렬이라고 결론짓기에 충분하다고 판명된다.

비동차 연립방정식 2.3절의 (4)에서 단일 1계 선형 미분방정식 $x'=ax+f(t)$ (a는 상수)의 일반해는

$$x=x_c+x_p=ce^{at}+e^{at}\int_{t_0}^{t}e^{-as}f(s)ds$$

으로 표현될 수 있음을 보았다. 비동차 연립 1계 선형 미분방정식에 대해서는 $X'=AX+F(t)$ (A는 $n\times n$ 상수행렬)의 일반해는

$$X=X_c+X_p=e^{At}C+e^{At}\int_{t_0}^{t}e^{-As}F(s)ds \tag{5}$$

임을 보일 수 있다. 행렬의 지수함수 e^{At}은 기본행렬이므로 항상 정칙이고 $e^{-As}=(e^{As})^{-1}$ 이다. 실제로 e^{-As}는 간단히 t를 $-s$로 대치하여 e^{At}으로부터 얻을 수 있다.

e^{At}의 계산 물론 (3)에서 주어진 e^{At}의 정의는 항상 e^{At}을 계산하는데 이용될 수 있다. 그러나 (3)의 실질적인 유용은 e^{At}의 성분들이 t의 멱급수라는 사실에 의하여 제한되어 있다. 간단하고 익숙한 것들을 다루고자 하는 자연스런 바람을 가지면서 이 급수들이 닫힌 형식의 함수를 정의하는지를 인식하고자 한다. 다행히도 e^{At}을 계산하는데 있어서 많은 다른 방법들이 있다. 즉, 다음의 내용은 라플라스 변환이 어떻게 이용될 수 있는가를 보인다.

라플라스 변환의 이용 (5)에서 $X=e^{At}$이 $X'=AX$의 해임을 보았다. 실제로 $e^{A0}=I$ 이므로 $X=e^{At}$이 초깃값 문제

$$X'=AX,\quad X(0)=I \tag{6}$$

의 해이다. $x(s)=L\{X(t)\}=L\{e^{At}\}$이면 (6)의 라플라스 변환은

$$sX(s)-X(0)=AX(s)\quad \text{또는}\quad (sI-A)X(s)=I$$

이다. 이 방정식에 $(sI-A)^{-1}$을 곱하면 $x(s)=(sI-A)^{-1}I=(sI-A)^{-1}$ 이다. 즉, $L\{e^{At}\}=(sI-A)^{-1}$ 또는

$$e^{At}=L^{-1}\{(sI-A)^{-1}\} \tag{7}$$

이다.

예제 2 (7)을 이용한 행렬의 지수함수

라플라스 변환을 이용하여 $A=\begin{pmatrix}1 & -1\\ 2 & -2\end{pmatrix}$에 대한 e^{At}을 계산하여라.

풀이 먼저 행렬 $sI-A$를 계산하고 이것의 역을 구하면

$$sI-A=\begin{pmatrix}s-1 & 1\\ -2 & s+2\end{pmatrix}$$

$$(sI-A)^{-1}=\begin{pmatrix}s-1 & 1\\ -2 & s+2\end{pmatrix}^{-1}=\begin{pmatrix}\dfrac{s+2}{s(s+1)} & \dfrac{-1}{s(s+1)}\\ \dfrac{2}{s(s+1)} & \dfrac{s-1}{s(s+1)}\end{pmatrix}$$

이다. 이 때, 마지막 행렬의 성분들을 부분분수로 분해하면

$$(sI-A)^{-1}=\begin{pmatrix}\dfrac{2}{s}-\dfrac{1}{s+1} & -\dfrac{1}{s}+\dfrac{1}{s+1}\\ \dfrac{2}{s}-\dfrac{2}{s+1} & -\dfrac{1}{s}+\dfrac{2}{s+1}\end{pmatrix} \tag{8}$$

이다. (7)로부터 (8)의 역 라플라스 변환은 요구된 결과

$$e^{At}=\begin{pmatrix}2-e^{-t} & -1+e^{-t}\\ 2-2e^{-t} & -1+2e^{-t}\end{pmatrix}$$

를 준다. ■

컴퓨터의 이용 해를 보다 빨리 얻기 위해서 e^{At}은 컴퓨터 소프트웨어의 도움으로 계산될 수 있다. 연습문제 8.4의 문제 27과 28 참조.

연습문제 8.4

(1-2) e^{At}과 e^{-At}를 계산하라.

1 $A=\begin{pmatrix}1 & 0\\ 0 & 2\end{pmatrix}$ 2 $A=\begin{pmatrix}0 & 1\\ 1 & 0\end{pmatrix}$

(3-4) (3)을 이용하여 e^{At}을 계산하라.

3 $A=\begin{pmatrix}1 & 1 & 1\\ 1 & 1 & 1\\ -2 & -2 & -2\end{pmatrix}$ 4 $A=\begin{pmatrix}0 & 0 & 0\\ 3 & 0 & 0\\ 5 & 1 & 0\end{pmatrix}$

(5-8) (1)을 이용하여 주어진 연립방정식의 일반해를 구하라.

5 $X'=\begin{pmatrix}1 & 0\\ 0 & 2\end{pmatrix}X$ 6 $X'=\begin{pmatrix}0 & 1\\ 1 & 0\end{pmatrix}X$

7 $X'=\begin{pmatrix}1 & 1 & 1\\ 1 & 1 & 1\\ -2 & -2 & -2\end{pmatrix}X$ 8 $X'=\begin{pmatrix}0 & 0 & 0\\ 3 & 0 & 0\\ 5 & 1 & 0\end{pmatrix}X$

(9-12) (5)를 이용하여 주어진 연립방정식의 일반해를 구하라.

9 $X'=\begin{pmatrix}1 & 0\\ 0 & 2\end{pmatrix}X+\begin{pmatrix}3\\ -1\end{pmatrix}$

10 $X'=\begin{pmatrix}1 & 0\\ 0 & 2\end{pmatrix}X+\begin{pmatrix}t\\ e^{4t}\end{pmatrix}$

11 $X'=\begin{pmatrix}0 & 1\\ 1 & 0\end{pmatrix}X+\begin{pmatrix}1\\ 1\end{pmatrix}$

12 $X'=\begin{pmatrix}0 & 1\\ 1 & 0\end{pmatrix}X+\begin{pmatrix}\cosh t\\ \sinh t\end{pmatrix}$

13 초기조건 $X(0)=\begin{pmatrix}1\\-4\\6\end{pmatrix}$을 갖는 문제 7의 연립방정식을 풀어라.

14 초기조건 $X(0)=\begin{pmatrix}4\\3\end{pmatrix}$을 갖는 문제 9의 연립방정식을 풀어라.

(15-18) 예제 2의 방법을 사용하여 계수행렬에 대한 e^{At}을 계산하라. (1)을 이용하여 주어진 연립방정식의 일반해를 구하라.

15 $X'=\begin{pmatrix}4 & 3\\-4 & -4\end{pmatrix}X$ **16** $X'=\begin{pmatrix}4 & -2\\1 & 1\end{pmatrix}X$

17 $X'=\begin{pmatrix}5 & -9\\1 & -1\end{pmatrix}X$ **18** $X'=\begin{pmatrix}0 & 1\\-2 & -2\end{pmatrix}X$

$n\times n$ 행렬 A의 서로 다른 고윳값 $\lambda_1, \lambda_2, \cdots, \lambda_n$에 대응한 고유벡터 $K_1, K_2, \cdots, K_n$가 열인 행렬을 P라 하자. 이 때, $A=PDP^{-1}$임을 보일 수 있다. 여기서 D는

$$D=\begin{pmatrix}\lambda_1 & 0 & \cdots & 0\\0 & \lambda_2 & \cdots & 0\\ \vdots & & & \vdots\\0 & 0 & \cdots & \lambda_n\end{pmatrix} \qquad (9)$$

로 정의한다.

(19-20) 주어진 행렬에 대하여 위의 결과를 증명하라.

19 $A=\begin{pmatrix}2 & 1\\-3 & 6\end{pmatrix}$ **20** $A=\begin{pmatrix}2 & 1\\1 & 2\end{pmatrix}$

21 $A=PDP^{-1}$라 하자. 여기서 D는 (9)에서와 같이 정의한다. (3)을 이용하여 $e^{At}=Pe^{Dt}P^{-1}$임을 보여라.

22 e^{Dt}을 구하라. 여기서 D는 (9)에서와 같이 정의한다.

(23-24) 문제 19-22의 결과를 이용하여 주어진 연립방정식을 풀어라.

23 $X'=\begin{pmatrix}2 & 1\\-3 & 6\end{pmatrix}X$ **24** $X'=\begin{pmatrix}2 & 1\\1 & 2\end{pmatrix}X$

토론 문제

25 (7)에서 주어진 결과에 앞선 논의을 다시 읽어라. 행렬 $sI-A$가 항상 역을 갖는가? 를 논하라.

26 $A^m=0$이 되는 어떤 양의 정수 m이 존재하면 행렬 A는 '거듭제곱이 영'라고 한다. $A=\begin{pmatrix}-1 & 1 & 1\\-1 & 0 & 1\\-1 & 1 & 1\end{pmatrix}$가 '거듭제곱이 영'임을 보여라. A가 '거듭제곱이 영'일 때, e^{At}을 계산하는 것은 상대적으로 왜 쉬운지를 논하라. e^{At}을 계산하고 (1)을 이용하여 연립방정식 $X'=AX$를 풀어라.

컴퓨터 활용문제

27 (a) (1)을 이용하여 $X'=\begin{pmatrix}4 & 2\\3 & 3\end{pmatrix}X$의 일반해를 구하고, 컴퓨터대수체계를 사용하여 e^{At}을 구하라. 이 때, 컴퓨터를 사용하여 계수행렬 $A=\begin{pmatrix}4 & 2\\3 & 3\end{pmatrix}$의 고윳값과 고유벡터를 구하고, 8.2절에의 방법으로 일반해를 만들어라. 마지막으로, 이 연립방정식의 일반해의 두 가지 형식을 일치하여라 .

(b) (1)을 이용하여 $X'=\begin{pmatrix}-3 & -1\\2 & -1\end{pmatrix}X$의 일반해를 구하고, 컴퓨터대수체계를 사용하여 e^{At}을 구하라. 컴퓨터 출력의 경우에는 단순화하기 위하여 소프트웨어를 활용하라. 예를 들어, 매스매티카에서 m=MatrixExp[A t]가 복소수 성분을 가지면 이 때 명령어 Simplify[Complex Expand[m]]을 시도하라.

28 (1)을 이용하여

$$X'=\begin{pmatrix}-4 & 0 & 6 & 0\\0 & -5 & 0 & -4\\-1 & 0 & 1 & 0\\0 & 3 & 0 & 2\end{pmatrix}X$$

의 일반해를 구하라. 매트랩 또는 컴퓨터대수체계를 사용하여 e^{At}을 구하라.

8장 복습

(1-2) 공란을 채운다.

1 벡터 $X=k\begin{pmatrix}4\\5\end{pmatrix}$는 $k=$_____ 에 대하여

$X'=\begin{pmatrix}1 & 4\\2 & -1\end{pmatrix}X-\begin{pmatrix}8\\1\end{pmatrix}$의 해이다.

2 벡터 $X=c_1\begin{pmatrix}-1\\1\end{pmatrix}e^{-9t}+c_2\begin{pmatrix}5\\3\end{pmatrix}e^{7t}$은 $c_1=$_____ 과 $c_2=$ _____ 에 대하여 초깃값 문제

$X'=\begin{pmatrix}1 & 10\\6 & -3\end{pmatrix}X,\quad X(0)=\begin{pmatrix}2\\0\end{pmatrix}$의 해이다.

3 선형 연립방정식 $X'=\begin{pmatrix}4 & 6 & 6\\1 & 3 & 2\\-1 & -4 & -3\end{pmatrix}X$ 을 생각하자. 이 연립방정식을 풀지 않고 벡터

$K_1=\begin{pmatrix}0\\1\\0\end{pmatrix},\ K_2=\begin{pmatrix}1\\1\\-1\end{pmatrix},\ K_3=\begin{pmatrix}3\\1\\-1\end{pmatrix},\ K_4=\begin{pmatrix}6\\2\\-5\end{pmatrix}$중

의 어느 벡터가 계수행렬의 고유벡터인지를 결정하고, 이 고유벡터에 대응한 연립방정식의 해는 무엇인가?

4 두 개의 미분방정식에 관한 선형 연립방정식 $X'=AX$를 생각하자. 여기서 A는 실수의 계수행렬이다. $\lambda_1=1+2i$가 고윳값이고 $K_1=\begin{pmatrix}1\\i\end{pmatrix}$가 대응된 고유벡터로 알려져 있다면 이 연립방정식의 일반해는 무엇인가?

(5-14) 주어진 선형 연립방정식을 풀어라.

5 $\dfrac{dx}{dt}=2x+y$
$\dfrac{dy}{dt}=-x$

6 $\dfrac{dx}{dt}=-4x+2y$
$\dfrac{dy}{dt}=2x-4y$

7 $X'=\begin{pmatrix}1 & 2\\-2 & 1\end{pmatrix}X$

8 $X'=\begin{pmatrix}-2 & 5\\-2 & 4\end{pmatrix}X$

9 $X'=\begin{pmatrix}1 & -1 & 1\\0 & 1 & 3\\4 & 3 & 1\end{pmatrix}X$

10 $X'=\begin{pmatrix}0 & 2 & 1\\1 & 1 & -2\\2 & 2 & -1\end{pmatrix}X$

11 $X'=\begin{pmatrix}2 & 8\\0 & 4\end{pmatrix}X+\begin{pmatrix}2\\16t\end{pmatrix}$

12 $X'=\begin{pmatrix}1 & 2\\-\frac{1}{2} & 1\end{pmatrix}X+\begin{pmatrix}0\\e^t\tan t\end{pmatrix}$

13 $X'=\begin{pmatrix}-1 & 1\\-2 & 1\end{pmatrix}X+\begin{pmatrix}1\\\cot t\end{pmatrix}$

14 $X'=\begin{pmatrix}3 & 1\\-1 & 1\end{pmatrix}X+\begin{pmatrix}-2\\1\end{pmatrix}e^{2t}$

15 (a) 3개의 1계 미분방정식에 관한 선형 연립방정식 $X'=AX$를 생각하자. 여기서 계수행렬은

$$A=\begin{pmatrix}5 & 3 & 3\\3 & 5 & 3\\-5 & -5 & -3\end{pmatrix}$$

이고, $\lambda=2$는 중복도 2인 고윳값으로 알려져 있다. 특별한 공식(8.2절의 (12)와 같은 식)을 사용하지 않고 이 고윳값에 대응한 연립방정식의 서로 다른 2개의 해를 구하라.

(b) (a)의 과정을 이용하여

$$X'=\begin{pmatrix}1 & 1 & 1\\1 & 1 & 1\\1 & 1 & 1\end{pmatrix}X$$

을 풀어라.

16 $X=\begin{pmatrix}c_1\\c_2\end{pmatrix}e^t$이 임의의 상수 c_1과 c_2에 대하여 선형 연립방정식

$$X'=\begin{pmatrix}1 & 0\\0 & 1\end{pmatrix}X$$

의 해임을 보이고, 직접 이 연립방정식의 위상적인 묘사를 그려라.

9 상미분방정식의 수치적 해법

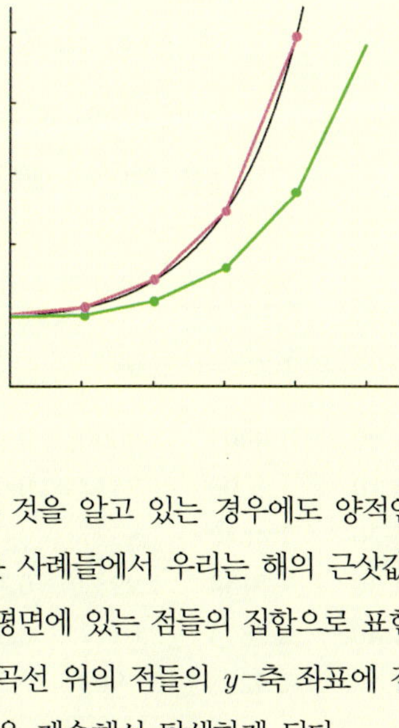

미분방정식의 해가 존재하는 것을 알고 있는 경우에도 양적인 해나 음적인 해로 나타나는 것이 어려울 때가 있다. 많은 사례들에서 우리는 해의 근삿값에 만족해야 한다. 만일 해가 존재하면 그 해는 데카르트 평면에 있는 점들의 집합으로 표현한다. 이 장에서 우리는 미분방정식을 이용하여 실제 해 곡선 위의 점들의 y-축 좌표에 접근하는 알고리즘을 만들려고 하는 2.6절의 기본적인 생각을 계속해서 탐색하게 된다.

우리가 이 장에서 주로 다루는 것은 $dy/dx = f(x, y)$, $y(x_0) = y_0$의 초깃값 문제이다. 4.10절에서 1계 미분방정식에 대하여 개발한 수치적 과정은 1계 방정식으로 자연스럽게 확장되고 1계 미분방정식의 계로 고침으로 인하여 고계 방정식의 해에 접근할 수 있음을 알았다. 9장에서는 선형 2계 경곗값 문제의 해에 대한 접근하는 방법으로 마무리한다.

9.1 오일러 방법과 오차 분석

필요한 개념

- 2.6절

소개 | 2장에서 우리는 1계 초깃값 문제 $y' = f(x, y)$, $y(x_0) = y_0$의 근사 해들에 대한 가장 단순한 형태의 수치적 방법 중의 하나를 조사하였다. **오일러 방법**의 핵심은 공식

$$y_{n+1} = y_n + h f(x_n, y_n) \tag{1}$$

임을 알아야 한다. 여기서 f는 미분방정식 $y' = f(x, y)$로부터 얻어지는 함수이다.
$n = 0, 1, 2, \cdots$에 대하여 식 (1)을 반복적으로 사용하여 $x_1, x_2, x_3, \ldots$ 또는 $x_n = x_0 + nh$에서 해 곡선에 대한 연속적인 "접선들" 위에 있는 점들의 y축 좌표 $y_1, y_2, y_3, \ldots$들을 얻는다. 여기서 h는 상수이고 x_n과 x_{n+1} 사이의 간격이다. $y_1, y_2, y_3, \ldots$값들은 $x_1, x_2, x_3, \ldots$에서 초깃값 문제의 해 $y(x)$의 값들에 접근한다. 식 (1)은 단순성의 장점을 갖고 있지만 접근성은 매우 좋지 않다.

비교 2.6절의 문제 4에서 초깃값 문제 $y' = 2xy$, $y(1) = 1$의 해에 대한 $y(1.5)$의 근삿값을 얻기 위한 방법으로 오일러 방법을 사용하도록 하였다. 여러분은 해석적인 해 $y = e^{x^2-1}$과 표 9.1.1과 9.1.2에 주어져 있는 것들과 유사한 결과들을 얻어야 했다.

표 9.1.1 $h = 0.1$일 때 오일러 방법

x_n	y_n	참값	절대 오차	%상대 오차
1.00	1.0000	1.0000	0.0000	0.00
1.10	1.2000	1.2337	0.0337	2.73
1.20	1.4640	1.5527	0.0887	5.71
1.30	1.8154	1.9937	0.1784	8.95
1.40	2.2874	2.6117	0.3244	12.42
1.50	2.9278	3.4903	0.5625	16.12

표 9.1.2 $h = 0.05$일 때 오일러 방법

x_n	y_n	참값	절대 오차	%상대 오차
1.00	1.0000	1.0000	0.0000	0.00
1.05	1.1000	1.1079	0.0079	0.72
1.10	1.2155	1.2337	0.0182	1.47
1.15	1.3492	1.3806	0.0314	2.27
1.20	1.5044	1.5527	0.0483	3.11
1.25	1.6849	1.7551	0.0702	4.00
1.30	1.8955	1.9937	0.0982	4.93
1.35	2.1419	2.2762	0.1343	5.90
1.40	2.4311	2.6117	0.1806	6.92
1.45	2.7714	3.0117	0.2403	7.98
1.50	3.1733	3.4903	0.3171	9.08

이 경우 간격 $h = 0.1$일 때 $y(1.5)$에 대한 근삿값의 계산에 있는 16%의 상대 오차는 전적으로 받아들일 수 없다. 간격을 $h = 0.05$로 하여 절반으로 줄였을 때 두 배의 계산을 하면 정밀도에 있어서 개선된 결과를 얻게 된다.

수치적 방법에 있는 오차들 초깃값 문제들에 대한 해를 구하기 위하여 선

택하고 사용한 수치적 방법에서 우리는 오류의 다양한 근원들에 대하여 주의하여야 한다. 몇몇 계산에서 누적된 오차가 계산을 필요로 하는 점에 대한 접근의 엄밀성을 무의미하게 만들기도 한다. 반면에 수치적 해를 반드시 사용해야할 때 최고의 정밀성은 추가되는 비용과 복잡성으로 인하여 값어치가 없을 수 있다.

계산하는데 있어서 늘 나타나는 오차의 근원은 **마무리오차**이다. 이 오차는 어떤 계산기나 컴퓨터도 단지 유한개의 숫자만을 사용하여 수들을 나타낼 수밖에 없다는 사실에서 발생한다. 예를 들어 10진법을 사용하고 유효숫자가 4자리인 계산기를 사용한다고 가정하자. 그러면 $\frac{1}{3}$은 이 계산기에서 0.3333으로 표현되고 $\frac{1}{9}$은 0.1111로 표현된다. 이 계산기를 사용하여 $x = 0.3334$ 일 때 $\left(x^2 - \frac{1}{9}\right)/\left(x - \frac{1}{3}\right)$의 값을 계산하면

$$\frac{(0.3334)^2 - 0.1111}{0.3334 - 0.3333} = \frac{0.1112 - 0.1111}{0.3334 - 0.3333} = 1$$

이 된다. 하지만 식을 간단히 하면

$$\frac{x^2 - \frac{1}{9}}{x - \frac{1}{3}} = \frac{\left(x - \frac{1}{3}\right)\left(x + \frac{1}{3}\right)}{x - \frac{1}{3}} = x + \frac{1}{3}$$

이므로 $x = 0.3334$ 일 때 $\left(x^2 - \frac{1}{9}\right)/\left(x - \frac{1}{3}\right) \approx 0.3334 + 0.3333 = 0.6667$ 이다.

이 예는 마무리오차의 효과가 조심하지 않으면 아주 위험할 수 있음을 보여준다. 마무리오차의 효과를 줄이기 위한 한 가지 방법은 계산의 횟수를 최소화하는 것이다. 컴퓨터에서의 또 다른 기술은 결과를 확인하기 위하여 이배정도 연산을 사용하는 것이다. 일반적으로 마무리 오차는 예측불가능하고 분석하기가 쉽지 않아서 오차 분석을 할 때 이를 무시하기로 한다. 우리는 해의 값에 접근하기 위한 공식이나 알고리듬을 사용하여 발생하는 오차를 조사하는 것에 집중할 것이다.

오일러 방법에 대한 절단오차 식 (1)로부터 얻어진 $y_1, y_2, y_3, \ldots$의 값들에서 일반적으로 y_1 의 값은 실제 x_1 에서의 해 —즉, $y(x_1)$ —와는 다른데 그 이유는 알고리즘이 단지 해에 대한 직선에 의한 접근만을 제공하기 때문이다. 그림 2.6.2를 참조하여라. 이 오류를 **국소절단오차, 공식오차** 또는 **이산오차**라고 한다. 이 오차는 각 단계에서 발생한다. 다시 말해서 y_n 이 정확하다고 가정하면 y_{n+1} 은 국소절단오차를 포함하게 된다.

오일러 방법에 관한 국소절단오차에 대한 공식을 유도하기 위하여 나머지 항을 갖고 있는 테일러 공식을 사용한다. 함수 $y(x)$ 가 a 와 x 를 포함하는 개구간에서 $k+1$계 도함수가 연속이면,

$$y(x) = y(a) + y'(a)\frac{x-a}{1!} + \cdots + y^{(k)}(a)\frac{(x-a)^k}{k!} + y^{(k+1)}(c)\frac{(x-a)^{k+1}}{(k+1)!}$$

이다. 여기서 c는 a와 x 사이의 점이다. $k = 1$, $a = x_n$ 이고 $x = x_{n+1} = x_n + h$ 라고 놓으면

$$y(x_{n+1}) = y(x_n) + y'(x_n)\frac{h}{1!} + y''(c)\frac{h^2}{2!}$$

이고 이를 정리하면

$$y(x_{n+1}) = \underbrace{y_n + hf(x_n, y_n)}_{y_{n+1}} + y''(c)\frac{h^2}{2!}$$

가 된다. 오일러 방법 (1)은 마지막 공식에서 마지막 항이 없는 것이다. 따라서 y_{n+1} 에서 국소절단오차는

$$y''(c)\frac{h^2}{2!}$$

이고 여기서 $x_n < c < x_{n+1}$ 이다. c의 값은 이론적으로는 존재하지만 실제로는 알려져 있지 않다. 따라서 정확한 오차는 계산할 수 없지만 오차의 절댓값의 상계는 $Mh^2/2!$이며 이 때 $M = \max_{x_n < x < x_{n+1}} |y''(x)|$ 이다.

수치적 방법을 사용하여 발생하는 오차를 논의할 때 기호 $O(h^n)$을 사용하는 것이 도움이 된다. 이 개념을 정의하기 위하여 $e(h)$를 수치적 계산에서 h에 의존하는 오차라고 정의한다. 만일 적당한 상수 C와 양의 정수 n이 존재하여 충분히 작은 h에 대하여 $|e(h)| \le Ch^n$이 성립하면 $e(h)$의 차수는 h^n이라고 하고 $O(h^n)$로 표현한다. 만일 수치적 방법에서 $e(h)$의 차수가 h^n 이고 h가 반으로 줄어들면 새로운 오차는 대략적으로 $C(h/2)^n = Ch^n/2^n$ 이 되기 때문에 오차는 $1/2^n$ 만큼 줄어들게 된다.

예제 1 국소절단오차의 범위

$y' = 2xy$, $y(1) = 1$ 에 오일러 방법을 사용하였을 때 발생하는 국소절단오차의 범위를 구하여라.

풀이 해 $y = e^{x^2-1}$ 로부터 $y'' = (2+4x^2)e^{x^2-1}$ 을 얻는다. 따라서 국소절단오차는

$$y''(c)\frac{h^2}{2} = (2+4c^2)e^{(c^2-1)}\frac{h^2}{2}$$

이고 여기서 c는 x_n과 $x_n + h$ 사이의 값이다. 특히, $h = 0.1$ 에 대하여 c에 1.1을 대입하여 y_1 에 대한 국소절단오차의 상계를 얻을 수 있다.

$$[2+(4)(1.1)^2]e^{((1.1)^2-1)}\frac{(0.1)^2}{2}=0.0422$$

표 9.1.1로부터 첫 단계 이후의 오차는 0.0337인데 이것은 범위에 의하여 주어진 값보다 작음을 알 수 있다.

같은 방법으로 c의 값에 1.5를 대입하여 표 9.1.1에 있는 어떠한 다섯 단계에 대한 국소절단오차의 상계도 얻을 수 있다. (이 c의 값은 임의의 단계들과 처음 몇 단계들에 대하여 $y''(c)$의 최댓값을 제시한다.) 이러한 작업을 하면 각 단계에서 국소절단오차에 대한 상계로서

$$[2+(4)(1.5)^2]e^{(1.5)^2-1)}\frac{(0.1)^2}{2}=0.1920 \tag{2}$$

을 얻게 된다. ■

만일 예제 1에서 h가 0.05가 되어 반으로 줄어든다면 오차의 범위는 0.0480이 되어 식 (2)에서 보여준 값의 1/4 정도가 된다. 오일러 방법에 대한 국소절단오차가 $O(h^2)$이기 때문에 이러한 결과가 예측될 수 있다.

위의 분석에서 우리는 y_n의 값은 y_{n+1}의 계산을 할 때 정확한 것으로 가정하지만 실제로는 전 단계들로부터 국소절단오차를 포함하고 있기 때문에 정확하지 않다. 이러한 오차를 **대역절단오차**라고 한다. 대역절단오차에 대한 완벽한 분석은 이 책의 범주를 벗어나지만 오일러 방법에 대한 대역절단오차가 $O(h)$임을 보일 수 있다.

우리는 오일러 방법에 대하여 단계의 크기가 반으로 줄어들면 오차가 대략적으로 반으로 줄어들 것이라는 것을 기대한다. 이것은 표 9.1.1과 9.1.2에서 입증되는데 여기서 $h=0.1$일 때 $x=1.50$에서의 절대오차는 0.5625이고 $h=0.05$일 때 $x=1.50$에서의 절대오차는 0.3171이므로 대략적으로 오차가 절반으로 줄었다.

일반적으로 미분방정식의 수치적 해에 대한 방법이 국소절단오차 $O(h^{\alpha+1})$을 가지면 대역절단오차는 $O(h^{\alpha})$라는 것을 보일 수 있다.

이 절의 나머지 부분과 다음의 절들에서 오일러 방법보다 좀 더 엄밀함을 제시하는 방법을 학습한다.

개선된 오일러 방법 다음의 공식으로 정의된 수치적 방법

$$y_{n+1}=y_n+h\frac{f(x_n,y_n)+f(x_{n+1},y^*_{n+1})}{2} \tag{3}$$

단, $$y^*_{n+1}=y_n+hf(x_n,y_n) \tag{4}$$

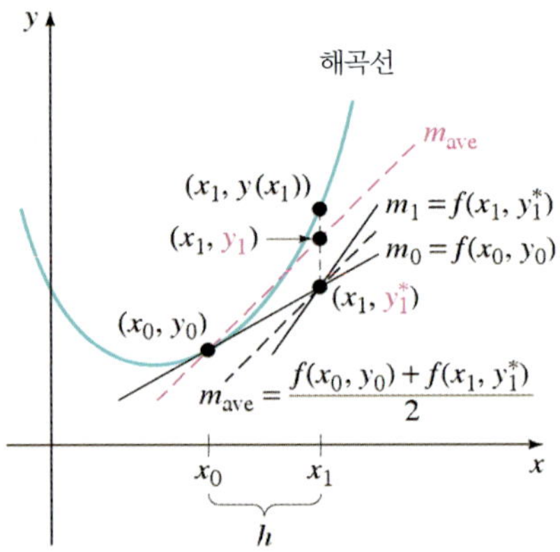

그림 9.1.1 붉은 점선의 그래프는 m_0와 m_1의 평균이다.

을 **개선된 오일러 방법**이라고 한다. $n = 0, 1, 2, \cdots$에 대하여 식 (3)으로부터 $y_1, y_2, y_3, \ldots$을 계산하기 위하여 각 단계에서 초기 근삿값 y_{n+1}^*을 계산하기 위하여 오일러 방법 (4)를 우선 사용하여야 한다. 예를 들어, $n = 0$일 때 식 (4)는 $y_1^* = y_0 + hf(x_0, y_0)$를 의미하고 이 값을 알게 되면서 우리는 식 (3)을 이용하여 $y_1 = y_0 + h\dfrac{f(x_0, y_0) + f(x_1, y_1^*)}{2}$를 얻게 되는데 여기서 $x_1 = x_0 + h$이다. 이 방정식들은 즉시 시각화할 수 있다. 그림 9.1.1에서 $m_0 = f(x_0, y_0)$와 $m_1 = f(x_1, y_1^*)$들은 각각 점 (x_0, y_0)와 (x_1, y_1^*)을 지나는 실직선으로 그려진 직선들의 기울기들이다. 이들 기울기들의 평균 $m_{ave} = \dfrac{f(x_0, y_0) + f(x_1, y_1^*)}{2}$을 선택하여 기울어진 점선으로 된 선들과 행한 기울기를 얻는다. 첫 단계로 점 (x_0, y_0)를 지나고 기울기가 $f(x_0, y_0)$인 직선을 따라서 오일러 방법에 의하여 얻어진 y축 좌표값이 y_1^*인 점으로 진행하는 대신에 점 (x_0, y_0)를 지나고 기울기가 m_{ave}인 빨간 점선을 따라서 진행하여 x_1에 도달한다. 그림을 관찰해 보면 y_1이 y_1^*의 개선점임을 알 수 있다.

일반적으로 개선된 오일러 방법은 **예측자-수정자 방법**의 한 예이다. 식 (4)에 의하여 주어진 y_{n+1}^*의 값은 $y(x_n)$의 값을 예측한다. 반면에 공식 (3)에 의하여 정의된 y_{n+1}의 값은 이 평가를 수정한다.

예제 2 개선된 오일러 방법

개선된 오일러 방법을 사용하여 초깃값 문제 $y' = 2xy$, $y(1) = 1$의 해에 대하여 $y(1.5)$의 근삿값을 구하여라. $h = 0.1$과 $h = 0.05$에 대하여 결과를 비교하여라.

풀이 $x_0 = 1$, $y_0 = 1$, $f(x_n, y_n) = 2x_n y_n$, $n = 0$와 $h = 0.1$에 대하여 우선 식 (4)를 계산한다.

$$y_1^* = y_0 + (0.1)(2x_0 y_0) = 1 + (0.1)2(1)(1) = 1.2$$

$x_1 = 1 + h = 1 + 0.1 = 1.1$일 때 식 (3)에 이 마지막 값을 대입한다.

$$y_1 = y_0 + (0.1)\frac{2x_0 y_0 + 2x_1 y_1^*}{2} = 1 + (0.1)\frac{2(1)(1) + 2(1.1)(1.2)}{2} = 1.232$$

$h = 0.1$과 $h = 0.05$에 대한 계산 결과들은 각각 표 9.1.3과 9.1.4에 있다.

표 9.1.3 $h=0.1$일 때 개선된 오일러 방법

x_n	y_n	참값	절대 오차	%상대 오차
1.00	1.0000	1.0000	0.0000	0.00
1.10	1.2320	1.2337	0.0017	0.14
1.20	1.5479	1.5527	0.0048	0.31
1.30	1.9832	1.9937	0.0106	0.53
1.40	2.5908	2.6117	0.0209	0.80
1.50	3.4509	3.4904	0.0394	1.13

표 9.1.4 $h=0.05$일 때 개선된 오일러 방법

x_n	y_n	참값	절대 오차	%상대 오차
1.00	1.0000	1.0000	0.0000	0.00
1.05	1.1077	1.1079	0.0002	0.02
1.10	1.2332	1.2337	0.0004	0.04
1.15	1.3798	1.3806	0.0008	0.06
1.20	1.5514	1.5527	0.0013	0.08
1.25	1.7531	1.7551	0.0020	0.11
1.30	1.9909	1.9927	0.0029	0.14
1.35	2.2721	2.2762	0.0041	0.18
1.40	2.6060	2.6117	0.0057	0.22
1.45	3.0038	3.0117	0.0079	0.26
1.50	3.4795	3.4904	0.0108	0.31

■

여기서 간단한 주의를 하도록 한다. 우리는 우선 y_n^*의 모든 값들을 계산하여 이 값들을 공식 (3)에 대입할 수 없다. 다시 말해서 표 9.1.3의 값들을 구하기 위하여 표 9.1.1에 있는 값들을 사용할 수 없다. 왜 그럴까?

개선된 오일러 방법에 대한 절단오차들 개선된 오일러 방법에 대한 국소절단오차는 $O(h^3)$이다. 이 결과를 유도하는 것은 오일러 방법에 대한 국소절단오차를 유도하는 것과 유사하다. 개선된 오일러 방법에 대한 국소절단오차는 $O(h^3)$이기 때문에 대역절단오차는 $O(h^2)$이다. 이것은 예제 2에서 알 수 있다. 간격이 $h=0.1$에서 $h=0.05$로 절반으로 줄었을 때 $x=1.50$에서 절대오차는 0.0394에서 0.0108로 줄어드는데 대략적으로 $\left(\frac{1}{2}\right)^2=\frac{1}{4}$로 줄어든다.

연습문제 9.1

(1-10) 개선된 오일러 방법을 사용하여 주어진 값의 소수점 아래 4자리 근삿값을 구하여라. 우선 $h=0.1$을 사용하고 다음에 $h=0.05$를 사용하여라.

1 $y'=2x-3y+1,\ y(1)=5;\ y(1.5)$

2 $y'=x+y^2,\ y(0)=0; y(0.5)$

3 $y'=1+y^2,\ y(0)=0;\ y(0.5)$

4 $y'=xy+\sqrt{y},\ y(0)=1;\ y(0.5)$

5 $y'=e^{-y},\ y(0)=0;\ y(0.5)$

6 $y'=y-y^2,\ y(0)=0.5;\ y(0.5)$

7 $y'=(x-y)^2,\ y(0)=0.5;\ y(0.5)$

8 $y'=x^2+y^2,\ y(0)=1;\ y(0.5)$

9 $y'=xy^2-\dfrac{y}{x},\ y(1)=1;\ y(1.5)$

10 $y'=4x-2y,\ y(0)=2; y(0.5)$

11 초깃값 문제 $y' = (x + y - 1)^2$, $y(0) = 2$를 생각해 보자. $h = 0.1$과 $h = 0.05$에 대하여 개선된 오일러 방법을 사용하여 $x = 0.5$에서 해의 근삿값을 구하여라. 각 단계에서 해석적 해의 실제값과 근삿값을 비교하여라.

12 미분방정식으로부터 명백한 것은 아니지만 미분방정식의 해는 우리가 $y(x)$에 접근하기를 원하는 x의 근처에서 '나쁘게 행동할' 수 있다. 수치적 과정들은 이 점 근처에서 아주 다른 결과를 제공할 수 있다. $y(x)$를 초깃값 문제 $y' = x^2 + y^3$, $y(1) = 1$의 해라고 하자.

(a) 수치적 도구를 사용하여 구간 $[1, 1.4]$에서 해의 그래프를 그려라.

(b) 간격 $h = 0.1$을 이용하여 $y(1.4)$의 근사에 대하여 오일러 방법으로부터 얻은 결과와 개선된 오일러 방법으로 얻은 결과를 비교하여라.

13 초깃값 문제 $y' = 2y$, $y(0) = 1$을 생각해 보자. 해석적 해는 $y = e^{2x}$이다.

(a) 일단계와 오일러 방법을 사용하여 $y(0.1)$의 근삿값을 구하여라.

(b) y_1에서 국소절단오차의 범위를 구하여라.

(c) y_1에 있는 오차와 오차의 범위를 비교하여라.

(d) 이단계와 오일러 방법을 사용하여 $y(0.1)$의 근삿값을 구하여라.

(e) 오일러 방법에 대한 대역절단오차가 (a)와 (d)의 오차를 비교함에 의하여 $O(h)$임을 증명하여라.

14 개선된 오일러 방법을 사용하여 문제 13을 다시 풀어라. 이 때 대역절단오차는 $O(h^2)$이다.

15 초깃값 문제 $y' = x - 2y$, $y(0) = 1$을 이용하여 문제 13을 다시 풀어라. 해석적 해는 $y = \frac{1}{2}x - \frac{1}{4} + \frac{5}{4}e^{-2x}$이다.

16 개선된 오일러 방법을 사용하여 문제 15를 다시 풀어라. 이 때 대역절단오차는 $O(h^2)$이다.

17 초깃값 문제 $y' = 2x - 3y + 1$, $y(1) = 5$를 생각해 보자. 해석적 해는 $y(x) = \frac{1}{9} + \frac{2}{3}x + \frac{38}{9}e^{-3(x-1)}$이다.

(a) 오일러 방법을 사용한다면 n번째 단계에 있는 국소절단오차에 대하여 c와 h를 포함하는 공식을 구하여라.

(b) 만일 $h = 0.1$이 $y(1.5)$를 근사하기 위하여 사용된다고 할 때 각 단계에서 국소절단오차에 대한 범위를 구하여라.

(c) 오일러 방법을 사용하여 $h = 0.1$과 $h = 0.05$일 때 $y(1.5)$의 근삿값을 구하여라 (2.6절의 연습문제 1을 참조).

(d) (c)에 있는 오차들을 계산하고 오일러 방법의 대역절단오차가 $O(h)$임을 증명하여라.

18. 대역절단오차가 $O(h^2)$인 개선된 오일러 방법을 사용하여 문제 17번을 다시 풀어라. 문제 1을 참조하라. 오차의 차수를 줄인 효과를 알아보기 위하여 소수점 아래 네 자리보다 더 작은 값을 유지해야 한다.

19. 초깃값 문제 $y' = e^{-y}$, $y(0) = 0$에 대하여 문제 17번을 다시 풀어라. 해석적인 해는 $y(x) = \ln(x + 1)$이다. $y(0.5)$의 근삿값을 구하여라 (2.6절의 연습문제 5번 참조).

20. 대역절단오차가 $O(h^2)$인 개선된 오일러 방법을 사용하여 문제 19번을 다시 풀어 보아라. 문제 5를 참조하여라. 오차의 차수를 줄인 효과를 알아보기 위하여 소수점 아래 네 자리 보다 더 작은 값을 유지해야 한다.

토론 문제

21 463쪽에 있는 예제 2 다음에 나오는 세 문장을 따라서 "왜 그럴까?"란 질문에 답하여라.

9.2 룽게-쿠타 방법

필요한 개념

- 2.6절 (94쪽 참조)

소개 | 1계 초깃값 문제 $y' = f(x, y)$, $y(x_0) = y_0$의 근사해를 구하기 위해 사용된 좀 더 알려지고 좀 더 정확한 수치적 방법 중의 하나는 아마도 **4차 룽게–쿠타(Runge–Kutta) 방법**이다. 이름이 제시하는 것처럼 **룽게–쿠타 방법**에는 여러 차수가 있다.

룽게–쿠타 방법 기본적으로 모든 룽게-쿠타 방법은 기울기 함수 f를 구간 $x_n \le x \le x_{n+1}$ 위에서 기울기의 가중 평균치로 대신한 9.1절의 기본 오일러 공식 (1)의 일반화이다. 즉

$$y_{n+1} = y_n + h\overbrace{(w_1k_1 + w_2k_2 + \cdots + w_mk_m)}^{\text{가중 평균치}} \tag{1}$$

이다. 여기서 가중치 w_i, $i = 1, 2, \cdots, m$은 일반적으로 $w_1 + w_2 + \cdots w_m = 1$을 만족하는 상수이고 각각의 k_i, $i = 1, 2, \cdots, m$은 $x_n \le x \le x_{n+1}$에 대한 선택한 점 (x, y)에서 함수 f의 수치를 구한 것이다. 이때 m을 이 방법의 **차수**(order)라 한다. $m = 1$, $w_1 = 1$, $k_1 = f(x_n, y_n)$로 택하면 유명한 오일러 공식 $y_{n+1} = y_n + hf(x_n, y_n)$를 얻는다. 그래서 오일러의 방법을 **1차 룽게–쿠타 방법**이라 한다.

(1)에서 평균은 아무렇게나 만든 것이 아니고 (1)이 m차 테일러 다항식과 일치되도록 변수를 선택하였다. 우리가 앞 절에서 보았듯이, 만일 함수 $y(x)$가 a와 x를 포함하는 개구간에서 연속인 $k+1$계 도함수를 가진다면, 우리는

$$y(x) = y(a) + y'(a)\frac{x-a}{1!} + y''(a)\frac{(x-a)^2}{2!} + \cdots + y^{(k+1)}(c)\frac{(x-a)^{k+1}}{(k+1)!}$$

이라 쓸 수가 있다. 여기서 c는 a와 x 사이의 어떤 수다. 만일 a를 x_n으로 x를 $x_{n+1} = x_n + h$로 대신하면 위의 식은

$$y(x_{n+1}) = y(x_n + h) = y(x_n) + hy'(x_n) + \frac{h^2}{2!}y''(x_n) + \cdots + \frac{h^{k+1}}{(k+1)!}y^{(k+1)}(c)$$

이 된다. 여기서 c는 이제 x_n과 x_{n+1} 사이의 수다. $k = 1$인 경우에서 $y(x)$가 $y' = f(x, y)$의 해가 되고 나머지 $\frac{1}{2}h^2y''(c)$가 작으면, 우리는 차수가 1인 테일러 다항식 $y(x_{n+1}) = y(x_n) + hy'(x_n)$이 오일러 방법의 근사식

$$y_{n+1} = y_n + hy'_n = y_n + hf(x_n, y_n)$$

과 일치함을 알 수 있다.

2차 룽게-쿠타 방법 (1)을 상세히 설명하기 위하여, 우리는 이제 **2차 룽게-쿠타 과정**을 생각한다. 이는

$$k_1 = f(x_n,\ y_n),$$
$$k_2 = f(x_n + \alpha h,\ y_n + \beta h k_1)$$

인 식

$$y_{n+1} = y_n + h(w_1 k_1 + w_2 k_2) \tag{2}$$

가 2차 테일러 다항식과 일치하도록 상수 또는 변수 w_1, w_2, α와 β를 구하는 방법으로 이루어져 있다. 우리의 목표를 위하여 상수가

$$w_1 + w_2 = 1,\ w_2\alpha = \frac{1}{2}\text{과 } w_2\beta = \frac{1}{2} \tag{3}$$

을 만족할 때 마다 상수를 구할 수 있다고 충분히 말 할 수 있다. 이것은 네 개의 미지수가 있는 세 개의 방정식의 대수적 연립방정식이고 무한히 많은 해

$$w_1 = 1 - w_2,\ \alpha = \frac{1}{2w_2}\text{과 } \beta = \frac{1}{2w_2} \tag{4}$$

을 가진다. 여기서 $w_2 \neq 0$이다. 예를 들면 $w_2 = \dfrac{1}{2}$이면 $w_1 = \dfrac{1}{2}$, $\alpha = 1$이고 $\beta = 1$이며 (2)는

$$y_{n+1} = y_n + \frac{h}{2}(k_1 + k_2)$$

가 된다. 여기서 $k_1 = f(x_n, y_n)$과 $k_2 = f(x_n + h, y_n + hk_1)$이다.

$x_n + h = x_{n+1}$과 $y_n + hk_1 = y_n + hf(x_n,\ y_n)$이므로 앞의 결과는 9.1절의 (3)과 (4)로 요약한 개선된 오일러 방법으로 인식된다.

(4)에서 $w_2 \neq 0$이 임의로 선택할 수 있다는 사실로부터 가능한 2차 룽게-쿠타 방법은 많이 있다.

우리는 이 절에서의 논의의 주요한 논의의 요점에 도달하기 위하여 삼차 방법에 대한 어떠한 논의도 하지 않기로 한다.

4차 룽게-쿠타 방법 **4차 룽게-쿠타 과정**은

$$k_1 = f(x_n, y_n)$$
$$k_2 = f(x_n + \alpha_1 h, y_n + \beta_1 h k_1)$$
$$k_3 = f(x_n + \alpha_2 h, y_n + \beta_2 h k_1 + \beta_3 h k_2)$$
$$k_4 = f(x_n + \alpha_3 h, y_n + \beta_4 h k_1 + \beta_5 h k_2 + \beta_6 h k_3)$$

인 식

$$y_{n+1} = y_n + h(w_1 k_1 + w_2 k_2 + w_3 k_3 + w_4 k_4) \tag{5}$$

가 4차 테일러 다항식과 일치하도록 변수를 찾는 것으로 이루어져 있다. 이는 13개의 미지수가 있는 11개 방정식의 연립방정식의 결과이다. 가장 많이 사용하는 변수의 값의 집합은 다음과 같다.

$$\begin{aligned} y_{n+1} &= y_n + \frac{h}{6}(k_1 + 2k_2 + 2k_3 + k_4), \\ k_1 &= f(x_n,\ y_n) \\ k_2 &= f\left(x_n + \frac{1}{2}h,\ y_n + \frac{1}{2}hk_1\right) \\ k_3 &= f\left(x_n + \frac{1}{2}h,\ y_n + \frac{1}{2}hk_2\right) \\ k_4 &= f(x_n + h,\ y_n + hk_3) \end{aligned} \tag{6}$$

다른 4차 공식은 쉽게 유도되는 반면, (6)으로 요약된 알고리즘은 4차 룽게-쿠타 방법 또는 고적적인 룽게-쿠타 방법으로 가끔 언급되는 값진 컴퓨터 도구로 널리 사용되고 인식된다. 이후로 우리가 약자 RK4 방법을 사용할 때 우리는 (6)을 기억해야 한다.

여러분은 (6)의 식을 주의 깊게 주목하기를 권한다. k_2는 k_1에, k_3은 k_2에, 그리고 k_4는 k_3에 좌우된다. 또한 k_2와 k_3은 $x_n \le x \le x_{n+1}$로 정의된 구간의 중점 $x_n + \frac{1}{2}h$에서의 기울기의 근삿값에 포함한다.

예제 1 RK4 방법

$h = 0.1$로 두고 RK4 방법을 사용하여 $y' = 2xy,\ y(1) = 1$의 해에서 $y(1.5)$의 근삿값을 구하라.

풀이 설명을 위하여 $n = 0$인 경우를 계산하자. (6)으로 부터 우리는

$$\begin{aligned} k_1 &= f(x_0,\ y_0) = 2x_0y_0 = 2 \\ k_2 &= f\left(x_0 + \frac{1}{2}(0.1),\ y_0 + \frac{1}{2}(0.1)2\right) \\ &= 2\left(x_0 + \frac{1}{2}(0.1)\right)\left(y_0 + \frac{1}{2}(0.2)\right) = 2.31 \\ k_3 &= f\left(x_0 + \frac{1}{2}(0.1),\ y_0 + \frac{1}{2}(0.1)2.31\right) \\ &= 2\left(x_0 + \frac{1}{2}(0.1)\right)\left(y_0 + \frac{1}{2}(0.231)\right) = 2.34255 \\ k_4 &= f(x_0 + (0.1),\ y_0 + (0.1)2.34255) \\ &= 2(x_0 + 0.1)(y_0 + 0.234255) = 2.715361 \end{aligned}$$

을 구하고 따라서

표 9.2.1 $h = 0.1$일 때 RK4 방법

x_0	y_0	참값	절대 오차	%상대 오차
1.00	1.0000	1.0000	0.0000	0.00
1.10	1.2337	1.2337	0.0000	0.00
1.20	1.5527	1.5527	0.0000	0.00
1.30	1.9937	1.9937	0.0000	0.00
1.40	2.6116	2.6117	0.0001	0.00
1.50	3.4902	3.4904	0.0001	0.00

$$y_1 = y_0 + \frac{0.1}{6}(k_1 + 2k_2 + 2k_3 + k_4)$$

$$= 1 + \frac{0.1}{6}(2 + 2(2.31) + 2(2.34255) + 2.715361) = 1.23367435$$

이다.

나머지 계산은 각 성분이 소수점 네 자리에서 반올림한 표 9.2.1로 요약했다. ■

4차 룽게-쿠타 방법이 인기 있는 이유는 표 9.2.1의 관찰로 알 수 있다. 만일 소수점 넷째 자리까지의 정확도가 우리가 원하는 것이라면 더 작은 크기의 단계까지 할 필요가 없다. 표 9.2.2는 초깃값 문제 $y' = 2xy,\ y(1) = 1$에 오일러의 방법, 개선된 오일러의 방법과 4차 룽게-쿠타 방법을 적용한 결과를 비교했다. (표 9.1.1-9.1.4를 보라.)

표 9.2.2 $y' = 2xy,\ y(1) = 1$

$h=0.1$일 때 수치적 방법의 비교					$h=0.05$일 때 수치적 방법의 비교				
x_0	오일러	개선된 오일러	RK4	참값	x_0	오일러	개선된 오일러	RK4	참값
1.00	1.0000	1.0000	1.0000	1.0000	1.00	1.0000	1.000	1.0000	1.0000
1.10	1.2000	1.2320	1.2337	1.2337	1.05	1.1000	1.1077	1.1079	1.1079
1.20	1.4640	1.5479	1.5527	1.5527	1.10	1.2155	1.2332	1.2337	1.2337
1.30	1.8154	1.9832	1.9937	1.9937	1.15	1.3492	1.3798	1.3806	1.3806
1.40	2.2874	2.5908	2.6116	2.6117	1.20	1.5044	1.5514	1.5527	1.5527
1.50	2.9278	3.4509	3.4902	3.4904	1.25	1.6849	1.7531	1.7551	1.7551
					1.30	1.8955	1.9909	1.9937	1.9937
					1.35	2.1419	2.2721	2.2762	2.2762
					1.40	2.4311	2.6060	2.6117	2.6117
					1.45	2.7714	3.0038	3.0117	3.0117
					1.50	3.1733	3.4795	3.4903	3.4904

RK4 방법의 절단오차 9.1절에서 오일러의 방법과 개선된 오일러의 방법에 대한 전체적인 절단오차가 차례로 $O(h)$와 $O(h^2)$임을 보였다. (6)의 첫 번째 방정식은 4차 테일러 방정식과 일치하므로 이 방법에 대한 국소 절단오차는 $y^{(5)}(c)h^5/5!$ 또는 $O(h^5)$이고 따라서 전체적인 절단오차는 $O(h^4)$이다. 오일러의 방법, 개선된 오일러의 방법과 (6)이 각각 1차, 2차, 4차 룽게-쿠타 방법이 되는 이유가 명확하다.

예제 2 국소 절단 오차의 한계

$y' = 2xy,\ y(1) = 1$에 RK4를 적용한 국소 절단 오차의 한계를 구하라.

풀이 알려진 해 $y(x)=e^{x^2-1}$의 5계 도함수를 계산하여, 우리는

$$y^{(5)}(c)\frac{h^5}{5!}=(120c+160c^3+32c^5)e^{c^2-1}\frac{h^5}{5!} \tag{7}$$

를 구한다. 그래서 $c=1.5$로, (7)은 $h=0.1$일 때 다섯 단계 각각에 대한 국소절단 오차는 0.00028의 한계가 된다. 표 9.2.1에서 y_1의 오차는 이 한계보다 아주 훨씬 작다.

표 9.2.3은 $x=1.5$에서의 RK4 방법으로부터 얻어진 초깃값 문제의 해에 대한 근삿값이다. $x=1.5$에서의 해석적 해의 값을 구함으로써 우리는 이들 근삿값의 오차를 구할 수 있다. 이 방법은 아주 정확하기 때문에 많은 소수 자릿수는 수치적 해에서 단계의 크기를 반감하는 효과를 알기 위하여 사용해야 한다. h가 $h=0.1$에서 $h=0.05$로 반감되면 오차는 기대한 것처럼 약 $2^4=16$의 인수로 나누어진다. ■

표 9.2.3 RK4 방법

h	근삿값	오차
0.1	3.49021064	1.32321089×10^{-4}
0.05	3.49033382	9.13776090×10^{-6}

적합적 방법 우리는 미분방정식의 근사 해에 대한 수치적 방법의 정확성은 단계 크기 h를 감소함으로서 개선할 수 있음을 보였다. 물론 이 높아진 정확성은 소위 계산시간의 증가와 좀 더 큰 반올림 오차의 가능성의 대가로 보통 얻어진다. 일반적으로 근사 구간위에서 원하는 한계에서 절단오차를 유지하기 위하여 비교적 큰 단계 크기가 충분한 부분 구간이 있고 보다 작은 단계가 필요한 다른 부분 구간이 있다. 다양한 단계 크기를 이용한 수치적 방법을 **적합적 방법**(adaptive methods)이라고 한다. 적합적 방법 중 좀 더 인기 있는 것 중의 하나는 **룽게–쿠타–펠베르크 방법**이다. 펠베르크(Fehlberg)는 다른 차수의 두 개의 룽게-쿠타 방법, 4차와 5차의 방법을 사용하였기 때문에 이 알고리즘을 종종 **RKF45 방법***이라 한다.

* RKF45에 사용된 4차 룽게-쿠타 방법은 (6)으로 주어진 것과는 같지 않다.

연습문제 9.2

1 $y(x)$가 초깃값 문제 $y'=(x+y-1)^2$, $y(0)=2$의 해일 때 $y(0.5)$의 근삿값을 구하기 위하여 $h=0.1$인 RK4 방법을 사용하여라. 이 근삿값을 연습문제 9.1의 문제 11에서 얻어진 참값과 비교하여라.

2 (4)에서 $w_2=\frac{3}{4}$이라고 하자. $y(x)$가 문제 1의 초깃값문제의 해일 때 $y(0.5)$의 근삿값을 구하기 위하여 2차 룽게-쿠타 방법을 사용하여라. 이 근삿값을 연습문제 9.1절의 문제 11에서 얻어진 근삿값과 비교하여라.

(3-12) 주어진 값의 소수점 네 자리의 근삿값을 구하기 위하여 $h=0.1$인 RK4 방법을 사용하여라.

3 $y'=2x-3y+1,\ y(1)=5;\ y(1.5)$

4 $y'=x^2+y^2,\ y(0)=1;\ y(0.5)$

5 $y'=1+y^2,\ y(0)=0;\ y(0.5)$

6 $y'=4x-2y,\ y(0)=2;\ y(0.5)$

7 $y'=e^{-y},\ y(0)=0;\ y(0.5)$

8 $y' = y - y^2,\ y(0) = 0.5;\ y(0.5)$

9 $y' = (x - y)^2,\ y(0) = 0.5;\ y(0.5)$

10 $y' = x + y^2,\ y(0) = 0;\ y(0.5)$

11 $y' = xy^2 - \dfrac{y}{x},\ y(1) = 1;\ y(1.5)$

12 $y' = xy + \sqrt{y},\ y(0) = 1;\ y(0.5)$

13 만일 공기저항이 순간속도의 제곱에 비례하면, 주어진 높이에서 떨어진 질량 m인 물체의 속도 v는

$$m\frac{dv}{dt} = mg - kv^2, \quad k > 0$$

로 결정된다. $v(0) = 0,\ k = 0.125,\ m = 5\,\text{slugs}$이고 $g = 32\,\text{ft/s}^2$이라 하자.

(a) $h = 1$인 RK4 방법을 사용하여 속도 $v(5)$의 근삿값을 구하라.

(b) 구간 $[0, 6]$ 위에서 초깃값 문제의 해의 그래프를 그리기 위하여 수치적 도구를 사용하여라.

(c) 초깃값 문제를 풀기위하여 변수 분리를 이용하고 참값 $v(5)$를 구하라.

14 박테리아가 점령한 영역의 면적 A(cm^2)에 대한 수학적 모델(B. dendroides)은

$$\frac{dA}{dt} = A(2.128 - 0.0432A)$$

로 주어진다. 처음 면적이 0.24cm^2이라 하자.

(a) 아래 표를 완성하기 위하여 $h = 0.5$인 RK4 방법을 사용하여라.

t(일)	1	2	3	4	5
A(조사값)	2.78	13.53	36.30	47.50	49.40
A(근삿값)					

(b) 초깃값 문제의 해의 그래프를 그리기 위하여 수치적 도구를 사용하여라. 그래프로부터 $A(1),\ A(2),\ A(3),\ A(4)$와 $A(5)$의 값을 추정하여라.

(c) 변수분리법을 사용하여 초깃값 문제를 풀고 $A(1),\ A(2),\ A(3),\ A(4)$과 $A(5)$의 참값을 계산하여라.

15 초깃값 문제 $y' = x^2 + y^3,\ y(1) = 1$을 생각해 보자. 9.1절의 연습문제 12를 보라.

(a) 구간 $[1, 1.4]$ 위에서 $h = 0.1$과 $h = 0.05$일 때 RK4 방법을 사용하여 구한 결과를 비교하여라.

(b) 수치적 도구를 사용하여 구간 $[1, 1.4]$ 위에서 초깃값 문제의 해의 그래프를 그려라.

16 초깃값 문제 $y' = 2y,\ y(0) = 1$을 보자. 해석적 해는 $y(x) = e^{2x}$이다.

(a) 1단계와 RK4 방법을 이용하여 $y(0.1)$의 근삿값을 구하라.

(b) y_1의 국소 절단 오차의 한계를 구하라.

(c) y_1의 오차와 구한 오차의 한계를 비교하여라.

(d) 2단계와 RK4 방법을 이용하여 $y(0.1)$의 근삿값을 구하라.

(e) (a)와 (d)의 오차를 비교하여 RK4 방법의 전체적인 절단 오차가 $O(h^4)$가 됨을 증명하여라.

17 초깃값 문제 $y' = -2y + x,\ y(0) = 1$을 이용하여 문제 16을 풀어라. 해석적 해는

$$y(x) = \frac{1}{2}x - \frac{1}{4} + \frac{5}{4}e^{-2x}$$

이다.

18 초깃값 문제 $y' = 2x - 3y + 1,\ y(1) = 5$를 보자. 해석적 해는

$$y(x) = \frac{1}{9} + \frac{2}{3}x + \frac{38}{9}e^{-3(x-1)}$$

이다.

(a) RK4 방법을 사용하여 n단계의 국소 절단 오차를 c와 h를 포함한 식으로 구하라.

(b) $y(1.5)$의 근삿값을 구하기 위하여 $h = 0.1$로 할 때 각 단계에서의 국소 절단 오차의 한계를 구하라.

(c) $h = 0.1$과 $h = 0.05$일 때 RK4 방법을 이용하여 $y(1.5)$의 근삿값을 구하라(문제 3을 보라). 여러분은 작아진 단계 크기의 효과를 보기위해서는 소수점 여섯 자리 이상을 계산하여야 한다.

19 초깃값 문제 $y' = e^{-y},\ y(0) = 0$를 이용하여 문제 18을 풀어라. 해석적 해는 $y(x) = \ln(x+1)$이다. $y(0.5)$의 근삿값을 구하라(문제 7을 참조).

토론 문제

20 초깃값 문제 $y' = f(x, y),\ y(x_0) = y_0$을 풀기 위하여 사용한 함수 f를 계산한 횟수는 수치적 방법의 컴퓨터 복잡성의 측도로 사용되어진다. 오일러, 개선된 오일러와 RK4 방법의 각 단계에 필요한 f의 측정 횟수를 구하여라.

특정한 예를 들어, 비교 가능한 컴퓨터 복잡성으로 활용할 때 위 방법들의 정확성을 비교하여라.

컴퓨터 실습과제

21 구간 $[a, b]$ 위에서 초깃값 문제를 풀기 위한 RK4 방법은 정확한 해의 그래프 위의 점들의 근삿값이 될 유한개 점들의 집합을 구한다. 이 서로 다른 점들의 집합을 구간 $[a, b]$ 위의 모든 점에서 정의된 근사 해로 확장하기 위해서, 우리는 **보간 함수**를 사용할 수 있다. 이것은 주어진 데이터와 정확히 일치하고 데이터 사이에서 매끄러운 전이를 가정한, 대부분의 컴퓨터 대수체계에 지원된 함수이다. 이 보간 함수는 다항식 또는 매끄럽게 연결된 다항식의 집합일 것이다. Mathematica에서 명령문 $y=$ Interpolation[data]는 점 data$=\{\{x_0, y_0\}, \{x_1, y_1\}, \cdots, \{x_n, y_n\}\}$을 지나는 보간 함수를 구하기 위하여 사용한다. 보간 함수 $y[x]$는 이제 컴퓨터 대수체계에서 내장된 다른 함수처럼 다룰 수 있다.

(a) 구간 $[0, 2]$에서 초깃값 문제 $y'=-y+10\sin 3x$; $y(0)=0$의 해석적 해를 구하라. 이 해의 그래프를 그리고 양의 근을 구하라.

(b) $h=0.1$의 RK4 방법을 사용하여 (a)의 초깃값 해의 근삿값을 구하라. 보간 함수를 구하고 그래프를 그려라. 구간 $[0, 2]$에서 보간 함수의 양의 근을 구하라.

9.3 다단계 방법

필요한 개념

- 9.1절과 9.2절

소개 | 오일러의 방법, 개선된 오일러의 방법과 룽게-쿠타 방법은 **단 한 번의 단계** 또는 **시작하는 방법**이다. 이러한 방법에서 각각의 연속적인 값 y_{n+1}은 바로 이전 값 y_n에 관한 정보에 근거해서만 계산된다. 다른 한편으로, **다단계 방법** 또는 **연속적인 방법**은 y_{n+1}의 값을 얻기 위하여 여러 가지 계산된 단계로부터 값을 사용한다. 미분방정식의 대략적인 해에 대한 여러 가지의 다양한 방법 공식이 있지만 수치적 과정의 방대한 분야를 조사하는 것이 우리의 의도가 아니므로 여기서는 단지 하나의 그러한 방법만을 생각한다.

아담스-배시포스-몰톤 방법 이 절에서 논의된 다양한 방법은 4계 **아담스-배시포스-몰톤 방법**이라 한다. 개선된 오일러 방법과 같이 이것은 예측-수정 방법-즉, 하나의 공식이 값 y^*_{n+1}을 예상하기 위해 사용되고 이것은 순서대로 정확한 값 y_{n+1}을 얻기 위해 사용된다. 이 방법에서 예측은 아담스-배시포스 공식 $n \geq 3$에 대하여

$$
\begin{aligned}
y^*_{n+1} &= y_n + \frac{h}{24}(55y'_n - 59y'_{n-1} + 37y'_{n-2} - 9y'_{n-3}), \\
y'_n &= f(x_n, y_n) \\
y'_{n-1} &= f(x_{n-1}, y_{n-1}) \qquad (1) \\
y'_{n-2} &= f(x_{n-2}, y_{n-2}) \\
y'_{n-3} &= f(x_{n-3}, y_{n-3})
\end{aligned}
$$

이다. 이 때 y^*_{n+1}의 값은 아담스-몰톤 수정

$$y_{n+1} = y_n + \frac{h}{24}(9y'_{n+1} + 19y'_n - 5y'_{n-1} + y'_{n-2}) \qquad (2)$$
$$y'_{n+1} = f(x_{n+1},\ y^*_{n+1})$$

에 대입한다.

공식 (1)은 y_4를 얻기 위해서 y_0, y_1, y_2와 y_3를 알아야 함에 유의한다. 물론 y_0의 값은 주어진 초기조건이다. 아담스-베시포스-몰톤 방법의 국소적인 절단 오차는 $O(h^5)$이고, y_1, y_2와 y_3의 값은 일반적으로 같은 오차성질에 대한 방법 즉, 4계 룽게-쿠타 방법으로 계산된다.

예제 1 아담스-베시포스-몰톤 방법

$$y' = x + y - 1,\ y(0) = 1$$

의 해에 대하여 $y(0.8)$에 대한 근삿값을 얻기 위하여 $h = 0.2$로 놓고 아담스-베시포스-몰톤 방법을 사용하라.

풀이 $h = 0.2$의 단계 크기로 놓고, $y(0.8)$은 y_4에 위해 근접하게 된다.
시작으로 $x_0 = 0$, $y_0 = 1$과 $h = 0.2$로 놓고 RK4 방법을 사용하여

$$y_1 = 1.02140000,\quad y_2 = 1.09181796,\quad y_3 = 1.22210646$$

을 얻는다. 이제 $x_0 = 0$, $x_1 = 0.2$, $x_2 = 0.4$, $x_3 = 0.6$과 $f(x, y) = x + y - 1$로 놓으면

$$y'_0 = f(x_0, y_0) = (0) + (1) - 1 = 0$$
$$y'_1 = f(x_1, y_1) = (0.2) + (1.02140000) - 1 = 0.22140000$$
$$y'_2 = f(x_2, y_2) = (0.4) + (1.09181796) - 1 = 0.49181796$$
$$y'_3 = f(x_3, y_3) = (0.6) + (1.22210646) - 1 = 0.82210646$$

을 얻는다.

이 때 이전 값을 가지고 예상 (1)은

$$y^*_4 = y_3 + \frac{0.2}{24}(55y'_3 - 59y'_2 + 37y'_1 - 9y'_0) = 1.42535975$$

를 준다. 수정 (2)를 사용하기 위해서는 먼저

$$y'_4 = f(x_4, y^*_4) = 0.8 + 1.42535975 - 1 = 1.22535975$$

가 필요하고 마지막으로 (2)는

$$y_4 = y_3 + \frac{0.2}{24}(9y'_4 + 19y'_3 - 5y'_2 + y'_1) = 1.42552788$$

를 준다. ■

예제 1에서 $y(0.8)$의 실제적인 값은 $y(0.8) = 1.42554093$임이 증명되어야만

한다(9.3절의 연습문제 1 참조).

수치방법의 안정성 초깃값 문제의 해를 근사하기 위해서 수치방법을 사용하는 데 있어서 중요한 고려는 방법의 안정성이다. 간단히 언급하면, 수치방법은 초기조건에서 조그만 변화가 계산된 해에서 단지 조그만 변화를 야기하면 **안정적**이고, 안정적이지 않으면 **불안정**하다고 한다. 안정성 고려가 중요한 이유는 수치적 방식의 첫 번째 단계 후에 매 단계에서 새로운 초깃값 문제를 가지고 근본적으로 다시 시작하는 것이고, 여기서 초기조건은 이전 단계에서 계산된 근사해 값이다. 반올림 오차가 있으므로 이 값은 거의 확실히 해의 참 값으로부터 적어도 약간 변화한다. 반올림 오차 외에도 다른 공통의 오차 원인은 초기조건 자체에서 일어나며, 물리적인 응용에서 자료는 부정확한 측정에 의하여 자주 일어난다.

특수화된 초깃값 문제의 수치 해에서 안정성을 찾아내는 한 가지 가능한 방법은 단계를 줄이는 크기가 사용될 때 얻어진 근사 해를 비교하는 것이다. 수치 방법이 불안정하면 오차는 더 작은 단계크기에 대하여 실제로 증가할 수 있다. 안정성을 조사하는 또 다른 방법은 초기조건이 약간 불안할 때 해에 일어나는 것을 관찰하는 것이다(예를 들어, $y(0)=1$에서 $y(0)=0.999$까지 변한다).

안정성에 대한 좀 더 자세하고 정확한 논의는 수치해석 교재를 참고한다. 일반적으로 이 장에서 논의된 모든 방법들은 훌륭한 안정성 특징을 가진다.

다단계 방법의 이점과 단점 미분방정식을 수치적으로 풀기 위하여 많은 방법의 선택을 고려한다. 단일단계 방법, 특히 RK4 방법은 정확성과 프로그램화하기가 쉬운 사실로부터 자주 선택된다. 그러나 커다란 결점은 미분방정식의 우변이 매 단계에서 여러번 평가되는 것이다. 예를 들어, RK4 방법은 각 단계에 대하여 4개의 함수 평가를 요구한다. 다른 한편, 이전단계에서 함수평가가 계산되고 저장된다면 다양한 방법은 각 단계에 대하여 단지 하나의 새로운 함수평가를 요구한다. 이것은 시간과 비용 면에서 많은 것을 절약하게 한다.

예제에서처럼 $y'=f(x,y)$, $y(x_0)=y_0$를 4계의 룽게-쿠타 방법에 의하여 n 단계를 사용하여 수치적으로 푼다는 것은 $4n$번의 함수 평가를 요구한다. 아담스-베시포스 방법은 룽게-쿠타 4계 스타터에 대하여 16번의 함수 평가와 n 아담스-베시포스 단계에 대하여 $n-4$번을 요구하여 이 방법에 대해 총 $n+12$번의 함수 평가를 준다. 일반적으로 아담스-베시포스 다양한 방법은 RK4 방법에 대하여 요구된 함수평가의 수의 $\frac{1}{4}$보다 약간 많이 요구한다. $f(x,y)$의 평가가 복잡하면 다양한 방법은 더욱 효과적일 것이다.

다양한 방법이 가지고 있는 또 다른 쟁점은 아담스-몰톤 수정이 각 단계에서 얼마나 많이 반복되는지에 있다. 매번 수정이 사용되고, 또 다른 함수평가가 이루어지면서 다단계 방법의 이점을 잃는 비용에서 정확성이 증가된다. 실제로 수정은 한 번 계산되고 y_{n+1}의 값이 큰 양에 의하여 변화한다면 전체 문제는 더 작은 단계크기를 사용하여 재시작된다. 이것은 자주 가변적인 단계크기 방법의 기본이며, 이것의 논의는 본 교재의 범위를 넘는다.

연습문제 9.3

1 예제 1에서 초깃값 문제의 해석적인 해를 구하라. 근삿값 y_1, y_2, y_3, y_4와 $y(0.2)$, $y(0.4)$, $y(0.6)$, $y(0.8)$의 실제 값을 비교하라.

2 아담스-베시포스-몰톤 방법을 실행하기 위하여 컴퓨터 프로그램을 작성하라.

(3-4) $y(0.8)$에 근사하기 위하여 아담스-베시포스-몰톤 방법을 사용하라. 여기서 $y(x)$는 주어진 초깃값 문제의 해이다. y_1, y_2, y_3를 계산하기 위하여 $h=0.2$와 RK4 방법을 사용하라.

3 $y'=2x-3y+1,\ \ y(0)=1$

4 $y'=4x-2y,\ \ y(0)=2$

(5-8) $y(1.0)$에 근사하기 위하여 아담스-베시포스-몰톤 방법을 사용하라. 여기서 $y(x)$는 주어진 초깃값 문제의 해이다. 먼저 $h=0.2$를 사용한 후에 $h=0.1$을 사용한다. y_1, y_2, y_3를 계산하기 위하여 RK4 방법을 사용하라.

5 $y'=1+y^2,\ \ y(0)=0$

6 $y'=xy+\sqrt{y}\,,\ \ y(0)=1$

7 $y'=(x-y)^2,\ \ y(0)=0$

8 $y'=y+\cos x,\ \ y(0)=1$

9.4 고계방정식과 연립방정식

필요한 개념

- 1.1절 (2계 미분방정식의 표준형)
- 4.10절 (연립 1계 미분방정식으로 나타낸 2계 미분방정식)

소개 | 지금까지 1계 초깃값 문제 $y'=f(x,y)$, $y(x_0)=y_0$의 해를 근사하기 위해 사용될 수 있는 수치적 방법에 집중하였다. 2계 초깃값 문제의 해를 근사하기 위해서는 2개의 연립 1계 미분방정식으로 2계 미분방정식을 나타내야만 한다. 이것을 하기 위해서는 y''을 x, y와 y'으로 풀어주고 표준형으로 2계 미분방정식을 나타냄으로서 시작한다.

2계 초깃값 문제 2계 초깃값 문제

$$y''=f(x,y,y'),\ y(x_0)=y_0,\ y'(x_0)=u_0 \qquad (1)$$

는 연립 1계 미분방정식에 대한 초깃값 문제로 나타낼 수 있다. $y'=u$로 놓으면

(1)에서 미분방정식은 연립방정식

$$\begin{aligned} y' &= u \\ u' &= f(x, y, u) \end{aligned} \tag{2}$$

이 된다. $y'(x_0) = u(x_0)$이므로 (2)에 대한 대응된 초기조건은 $y(x_0) = y_0$, $u(x_0) = u_0$이다. 연립방정식 (2)는 이제 단순히 연립에서 각각 1계 미분방정식에 특수한 수치방법을 적용함으로서 수치적으로 해결될 수 있다. 연립 (2)에 적용된 **오일러의 방법**은

$$\begin{aligned} y_{n+1} &= y_n + hu_n \\ u_{n+1} &= u_n + hf(x_n, y_n, u_n) \end{aligned} \tag{3}$$

이 되고 반면에 **4계 룽게-쿠타 방법** 또는 **RK4 방법**은

$$\begin{aligned} y_{n+1} &= y_n + \frac{h}{6}(m_1 + 2m_2 + 2m_3 + m_4) \\ u_{n+1} &= u_n + \frac{h}{6}(k_1 + 2k_2 + 2k_3 + k_4) \end{aligned} \tag{4}$$

이 된다. 여기서

$$\begin{aligned} m_1 &= u_n & k_1 &= f(x_n,\ y_n,\ u_n) \\ m_2 &= u_n + \frac{1}{2}hk_1 & k_2 &= f(x_n + \frac{1}{2}h, y_n + \frac{1}{2}hm_1, u_n + \frac{1}{2}hk_1) \\ m_3 &= u_n + \frac{1}{2}hk_2 & k_3 &= f(x_n + \frac{1}{2}h, y_n + \frac{1}{2}hm_2, u_n + \frac{1}{2}hk_2) \\ m_4 &= u_n + hk_3 & k_4 &= f(x_n + h, y_n + hm_3, u_n + hk_3) \end{aligned}$$

이다.

일반적으로 모든 n계 미분방정식 $y^{(n)} = f(x,\ y,\ y', \cdots,\ y^{(n-1)})$에 $y = u_1$, $y' = u_2$, $y'' = u_3, \cdots,$ $y^{(n-1)} = u_n$을 대입하여 n개의 연립 1계 방정식으로 나타낼 수 있다.

예제 1 오일러의 방법

오일러의 방법을 사용하여 $y(0.2)$의 근삿값을 구하라. 여기서 $y(x)$는 초깃값 문제

$$y'' + xy' + y = 0,\quad y(0) = 1,\quad y'(0) = 2 \tag{5}$$

의 해이다.

풀이 치환 $y' = u$에 의해 방정식은 연립방정식

$$\begin{aligned} y' &= u \\ u' &= -xu - y \end{aligned}$$

과 동치이다. 따라서 (3)으로부터

$$y_{n+1} = y_n + hu_n$$
$$u_{n+1} = u_n + h[-x_n u_n - y_n]$$

을 얻는다. 단계크기 $h = 0.1$과 $y_0 = 1$, $u_0 = 2$를 사용하면

$$y_1 = y_0 + (0.1)u_0 = 1 + (0.1)2 = 1.2$$
$$u_1 = u_0 + (0.1)[-x_0 u_0 - y_0] = 2 + (0.1)[-(0)(2) - 1] = 1.9$$
$$y_2 = y_1 + (0.1)u_1 = 1.2 + (0.1)(1.9) = 1.39$$
$$u_2 = u_1 + (0.1)[-x_1 u_1 - y_1] = 1.9 + (0.1)[-(0.1)(1.9) - 1.2] = 1.761$$

을 얻는다. 즉, $y(0.2) \approx 1.39$와 $y'(0.2) \approx 1.761$이다 ■

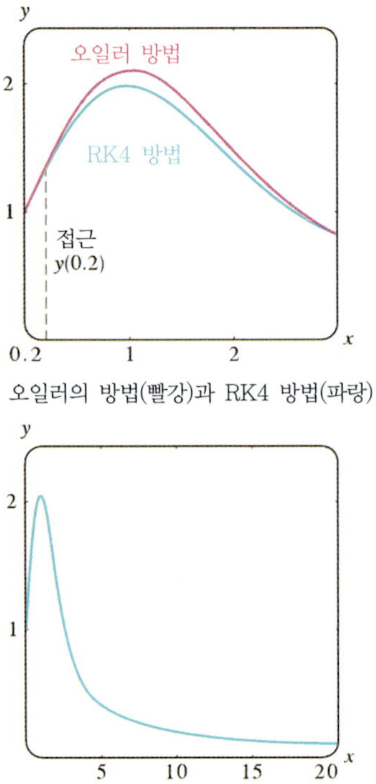

(a) 오일러의 방법(빨강)과 RK4 방법(파랑)

(b) RK4 방법

그림 9.4.1 다른 방법에 의해 생성된 수치해 곡선

그림 9.4.1 (a)에서 수치적 해결자의 그래프 특징의 도움으로 구간 $[0, 3]$에서 오일러의 방법($h = 0.1$)에 의해 생성된 (5)의 해곡선과 RK4 방법($h = 0.1$)에 의해 생성된 해곡선을 비교한다. 그림 9.4.1 (b)로부터 (4)의 해 $y(x)$는 $y(x) \to 0$ 과 $x \to \infty$ 성질을 가짐을 나타낸다.

원한다면 (5)에서 미분방정식의 2개의 멱급수 해를 얻기 위해 6.2절의 방법을 사용할 수 있다. 그러나 이 방법이 미분방정식이 기본해를 갖고 있음을 보여주지 않으면 단지 부분합을 이용하여 $y(0.2)$에 근사하게 할 수 있다. 305쪽에서 주어진 에어리의 미분방정식 $y'' + xy = 0$의 무한급수 해의 재조사는 그림 6.2.2의 그래프에서 나타낸 해 $y_1(x)$와 $y_2(x)$의 진동행위를 보여주지 않는다. 이 그래프들은 $h = 0.1$의 단계크기로 놓고 RK4 방법을 사용하여 수치적 해결자로부터 얻어졌다.

1계 연립으로 축소한 연립방정식 2계 미분방정식에 대하여 논의한 것과 같은 과정을 사용하면 연립 고계 미분방정식을 먼저 각각의 종속 변수의 고계 도함수에 대하여 풀고 난 후 하계 도함수에 대하여 적당한 대입을 만듦으로서 연립 1계 방정식으로 줄일 수 있다.

예제 2 1계 연립방정식의 계로서 다시 나타낸 계

$$x'' - x' + 5x + 2y'' = e^t$$
$$-2x + y'' + 2y = 3t^2$$

을 연립 1계 미분방정식의 계로 나타내어라.

풀이 주어진 연립방정식의 계를

$$x'' + 2\,y'' = e^t - 5x + x'$$
$$y'' = 3t^2 + 2x - 2y$$

으로 나타내고 두 번째 방정식에 2를 곱하고 빼주면 y''이 소거된다. 즉,

$$x'' = -9x + 4y + x' + e^t - 6t^2$$

이 된다. 주어진 계의 두 번째 방정식이 이미 y의 고계 도함수가 나머지 함수들로 나타내므로 이제 새로운 변수를 도입할 시점에 있다. $x' = u$와 $y' = v$로 놓으면 x''과 y''에 대한 표현은 각각

$$u' = x'' = -9x + 4y + u + e^t - 6t^2$$
$$v' = y'' = 2x - 2y + 3t^2$$

이 된다. 따라서 처음 계는 다음과 같이 나타낼 수 있다.

$$x' = u$$
$$y' = v$$
$$u' = -9x + 4y + u + e^t - 6t^2$$
$$v' = 2x - 2y + 3t^2$$

■

예제 2에서 제시된 축소가 실행되는 것이 항상 가능한 것은 아니다.

계의 수치적 해

$$\frac{dx_1}{dt} = g_1(t, x_1, x_2, \cdots, x_n)$$
$$\frac{dx_2}{dt} = g_2(t, x_1, x_2, \cdots, x_n)$$
$$\vdots \qquad\qquad \vdots$$
$$\frac{dx_n}{dt} = g_n(t, x_1, x_2, \cdots, x_n)$$

형인 계의 해는 계에 적용된 오일러, 룽게-쿠타, 또는 아담스-베시포스-몰톤 방법의 견해에 의해 근사될 수 있다. 예를 들어, 계

$$\begin{aligned} x' &= f(t, x, y) \\ y' &= g(t, x, y) \\ x(t_0) &= x_0,\ y(t_0) = y_0 \end{aligned} \tag{6}$$

에 적용된 RK4 방법은

$$\begin{aligned} x_{n+1} &= x_n + \frac{h}{6}(m_1 + 2m_2 + 2m_3 + m_4) \\ y_{n+1} &= y_n + \frac{h}{6}(k_1 + 2k_2 + 2k_3 + k_4) \end{aligned} \tag{7}$$

와 같다. 여기서

$$m_1 = f(t_n,\ x_n,\ y_n) \quad k_1 = g(t_n,\ x_n,\ y_n)$$
$$m_2 = f\left(t_n + \frac{1}{2}h, x_n + \frac{1}{2}hm_1, y_n + \frac{1}{2}hk_1\right) \quad k_2 = g\left(t_n + \frac{1}{2}h, x_n + \frac{1}{2}hm_1, y_n + \frac{1}{2}hk_1\right)$$

$$m_3 = f(t_n + \frac{1}{2}h, x_n + \frac{1}{2}hm_2, y_n + \frac{1}{2}hk_2) \quad k_3 = g(t_n + \frac{1}{2}h, x_n + \frac{1}{2}hm_2, y_n + \frac{1}{2}hk_2)$$
$$m_4 = f(t_n + h, x_n + hm_3, y_n + hk_3) \quad k_4 = g(t_n + h, x_n + hm_3, y_n + hk_3) \tag{8}$$

예제 3 RK4 방법

초깃값 문제

$$x' = 2x + 4y$$
$$y' = -x + 6y$$
$$x(0) = -1, \ y(0) = 6$$

를 생각하자. RK4 방법을 사용하여 $x(0.6)$과 $y(0.6)$의 근삿값을 구하여라. $h = 0.2$와 $h = 0.1$에 대하여 이 결과를 비교하라.

풀이 단계 크기 $h = 0.2$로 놓고 x_1과 y_1의 계산을 제시한다. $f(t, x, y) = 2x + 4y$, $g(t, x, y) = -x + 6y$, $t_0 = 0$, $x_0 = -1$과 $y_0 = 6$으로 놓으면 (8)로부터

$$m_1 = f(t_0, x_0, y_0) = f(0, -1, 6) = 2(-1) + 4(6) = 22$$
$$k_1 = g(t_0, x_0, y_0) = g(0, -1, 6) = -1(-1) + 6(6) = 37$$
$$m_2 = f\left(t_0 + \frac{1}{2}h, x_0 + \frac{1}{2}hm_1, y_0 + \frac{1}{2}hk_1\right) = f(0.1, 1.2, 9.7) = 41.2$$
$$k_2 = g\left(t_0 + \frac{1}{2}h, x_0 + \frac{1}{2}hm_1, y_0 + \frac{1}{2}hk_1\right) = g(0.1, 1.2, 9.7) = 57$$
$$m_3 = f\left(t_0 + \frac{1}{2}h, x_0 + \frac{1}{2}hm_1, y_0 + \frac{1}{2}hk_2\right) = f(0.1, 3.12, 11.7) = 53.04$$
$$k_3 = g\left(t_0 + \frac{1}{2}h, x_0 + \frac{1}{2}hm_2, y_0 + \frac{1}{2}hk_2\right) = g(0.1, 3.12, 11.7) = 67.08$$
$$m_4 = f(t_0 + h, \ x_0 + hm_3, \ y_0 + hk_3) = f(0.2, \ 9.608, \ 19.416) = 96.88$$
$$k_4 = g(t_0 + h, \ x_0 + hm_3, \ y_0 + hk_3) = g(0.2, \ 9.608, \ 19.416) = 106.888$$

이다. 그러므로 (7)로부터

$$x_1 = x_0 + \frac{0.2}{6}(m_1 + 2m_2 + 2m_3 + m_4)$$
$$= -1 + \frac{0.2}{6}(22 + 2(41.2) + 2(53.04) + 96.88) = 9.2453$$
$$y_1 = y_0 + \frac{0.2}{6}(k_1 + 2k_2 + 2k_3 + k_4)$$
$$= 6 + \frac{0.2}{6}(37 + 2(57) + 2(67.08) + 106.888) = 19.0683$$

을 얻는다. 여기서 항상 x_1과 y_1의 계산된 값은 네 번째 소수위치에서 마무리한다. 이

표 9.4.1 $h = 0.2$

t_n	x_n	y_n
0.00	−1.0000	6.0000
0.20	9.2453	19.0683
0.40	46.0327	55.1203
0.60	158.9430	150.8192

표 9.4.2 $h = 0.1$

t_n	x_n	y_n
0.00	−1.0000	6.0000
0.10	2.3840	10.8883
0.20	9.3379	19.1332
0.30	22.5541	32.8539
0.40	46.5103	55.4420
0.50	88.5729	93.3006
0.60	160.7563	152.0025

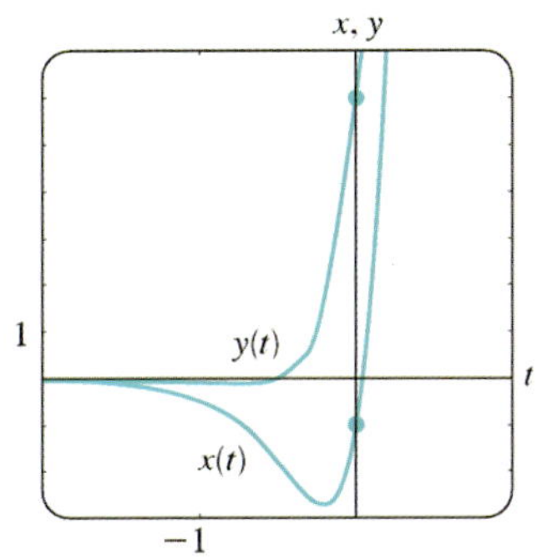

그림 9.4.2 예제 3에서 초깃값 문제에 대한 수치해 곡선

숫자들은 근삿값 $x_1 \approx x(0.2)$와 $y_1 \approx y(0.2)$를 준다. 컴퓨터의 도움으로 얻은 다음의 값은 표 9.4.1과 9.4.2에서 정리되어 있다. ■

예제 3에서 초깃값 문제의 해가 $x(t) = (26t-1)e^{4t}$, $y(t) = (13t+6)e^{4t}$으로 주어짐을 증명해야 한다. 이 방정식들로부터 실제 값 $x(0.6) = 160.9384$와 $y(0.6) = 152.1198$은 표 9.4.2 마지막 줄의 성분과 편리하게 비교한다. $t = 0$의 근방에서 해의 그래프는 그림 9.4.2에서 보인다. 즉, 그래프는 $h = 0.1$로 놓고 RK4 방법을 사용하여 수치적 해결자로부터 얻어졌다.

결론적으로, 일반적인 연립 (6)

$$x_{n+1} = x_n + hf(t_n, x_n, y_n)$$
$$y_{n+1} = y_n + hg(t_n, x_n, y_n)$$

에 대한 오일러의 방법을 설명한다.

연습문제 9.4

1 오일러의 방법을 사용하여 $y(0.2)$의 근삿값을 구하여라. 여기서 $y(x)$는 초깃값 문제

$$y'' - 4y' + 4y = 0, \quad y(0) = -2, \quad y'(0) = 1$$

의 해이다. $h = 0.1$을 사용하여라. 문제의 해석 해를 구하고, $y(0.2)$의 실제값을 y_2와 비교하여라.

2 오일러의 방법을 사용하여 $y(1.2)$의 근삿값을 구하여라. 여기서 $y(x)$는 초깃값 문제

$$x^2y'' - 2xy' + 2y = 0, \; y(1) = 4, \; y'(1) = 9, \; x > 0$$

의 해이다. $h = 0.1$을 사용하여라. 문제의 해석 해를 구하고, $y(1.2)$의 실제값을 y_2와 비교하여라.

(3-4) RK4 방법을 사용하여 제시된 문제를 다시 풀어라. 먼저 $h = 0.2$를 사용한 후에 $h = 0.1$을 사용하여라.

3 문제 1 **4** 문제 2

5 RK4 방법을 사용하여 $y(0.2)$를 근삿값을 구하여라. 여기서 $y(x)$는 초깃값 문제

$$y'' - 2y' + 2y = e^t \cos t, \quad y(0) = 1, \quad y'(0) = 2$$

의 해이다. 먼저 $h = 0.2$를 사용한 후에 $h = 0.1$을 사용하여라.

6 $E = 100\ V$, $R = 10\Omega$와 $L = 1\,h$일 때, 그림 9.4.3에 주어진 전기회로에서 전류 $i_1(t)$와 $i_3(t)$에 대한 연립 미분방정식은

$$\frac{di_1}{dt} = -20i_1 + 10i_3 + 100$$
$$\frac{di_3}{dt} = 10i_1 - 20i_3$$

이다. 여기서 $i_1(0) = 0$과 $i_3(0) = 0$이다. RK4 방법을 사용하여 $t = 0.1,\ 0.2,\ 0.3,\ 0.4,\ 0.5$에서 $i_1(t)$와 $i_3(t)$의 근삿값을 구하여라. $h = 0.1$을 사용하여라. 수치 해결자를 사용하여 $0 \le t \le 5$에 대한 해의 그래프를 그려라. 그래프를 이용하여 $t \to \infty$일 때 $i_1(t)$와 $i_3(t)$의 행위를 예상하여라.

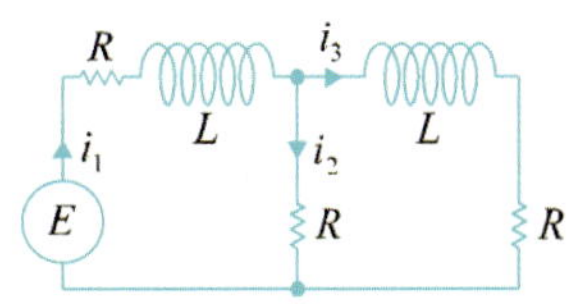

그림 9.4.3 문제 6의 회로

(7-12) 룽게-쿠타 방법을 사용하여 $x(0.2)$와 $y(0.2)$의 근삿값을 구하여라. 먼저 $h = 0.2$를 사용한 후에 $h = 0.1$을 사용하여라. 수치 해결도구와 $h = 0.1$을 사용하여 $t = 0$의 근방에서 해의 그래프를 그려라.

7 $x' = 2x - y$
$y' = x$
$x(0) = 6,\ y(0) = 2$

8 $x' = 6x + y + 6t$
$y' = 4x + 3y - 10t + 4$
$x(0) = 0.5,\ y(0) = 0.2$

9 $x' = -y + t$
$y' = x - t$
$x(0) = -3,\ y(0) = 5$

10 $x' + y' = 4t$
$-x' + y' + y = 6t^2 + 10$
$x(0) = 3,\ y(0) = -1$

11 $x' + 4x - y' = 7t$
$x' + y' - 2y = 3t$
$x(0) = 1,\ y(0) = -2$

12 $x' = x + 2y$
$y' = 4x + 3y$
$x(0) = 1,\ y(0) = 1$

9.5 2계 경곗값 문제

필요한 개념

- 4.1절 (146쪽)
- 4.3절 연습문제(문제 37-40)
- 4.4절 연습문제(문제 37-40)
- 5.2절

소개 | 우리는 9.4절에서 2계 초깃값 문제

$$y'' = f(x,\ y,\ y'),\quad y(x_0) = y_0,\quad y'(x_0) = u_0$$

의 근사적인 해를 구하는 법을 학습했다. 이 절에서는 2계 경곗값 문제

$$y'' = f(x,\ y,\ y'),\quad y(a) = \alpha,\quad y(b) = \beta$$

의 근사해를 구하는 2가지 방법을 알아본다. 2계 초깃값 문제에서 사용했던 방법과는 다르게 2계 경곗값 문제는 1계 연립미분방정식으로 2계 미분방정식을 표현할 필요는 없다.

유한차분접근 점 a를 중심으로 하는 함수 $y(x)$의 테일러 급수는

$$y(x) = y(a) + y'(a)\frac{x-a}{1!} + y''(a)\frac{(x-a)^2}{2!} + y'''(a)\frac{(x-a)^3}{3!} + \cdots$$

이다. $h = x - a$라고 하면 위 식은

$$y(x) = y(a) + y'(a)\frac{h}{1!} + y''(a)\frac{h^2}{2!} + y'''(a)\frac{h^3}{3!} + \cdots$$

이다.

계속되는 논의를 위해 두 개의 다른 형태 중 마지막 표현을 쓰는 것이 편리하다.

$$y(x+h) = y(x) + y'(x)h + y''(x)\frac{h^2}{2} + y'''(x)\frac{h^3}{6} + \cdots \tag{1}$$

$$y(x-h) = y(x) - y'(x)h + y''(x)\frac{h^2}{2} - y'''(x)\frac{h^3}{6} + \cdots \tag{2}$$

h가 작으면 $h^4,\ h^5,\ \cdots$는 0에 가깝게 되기 때문에 이들을 포함하는 항은 무시한다. 실제로 h^2이상을 포함하는 모든 항을 무시한다면 $y'(x)$에 대해 (1)과 (2)를 풀어서 다음 근삿값을 얻는다.

$$y'(x) \approx \frac{1}{h}[y(x+h) - y(x)] \tag{3}$$

$$y'(x) \approx \frac{1}{h}[y(x) - y(x-h)] \tag{4}$$

(1)과 (2)에서

$$y'(x) \approx \frac{1}{2h}[y(x+h) - y(x-h)] \tag{5}$$

를 얻는다.

한편, h^3 이상을 포함하는 모든 항을 무시한다면 (1)과 (2)를 더함으로써 2계 도함수 $y''(x)$에 대한 근삿값을 얻는다.

$$y''(x) \approx \frac{1}{h^2}[y(x+h) - 2y(x) + y(x-h)] \tag{6}$$

(3), (4), (5), (6)의 우측항을 **차분비율**이라고 한다. 그리고

$$y(x+h) - y(x), \quad y(x) - y(x-h), \quad y(x+h) - y(x-h)$$

와

$$y(x+h) - 2y(x) + y(x-h)$$

를 **유한차분**이라고 한다. 특히 $y(x+h) - y(x)$를 **전향차분**, $y(x) - y(x-h)$를 **후향차분**, 그리고 $y(x+h) - y(x-h)$와 $y(x+h) - 2y(x) + y(x-h)$를 **중앙차분**이라고 한다. (5)와 (6)을 도함수 y'와 y''에 대한 **중앙차분 근삿값**이라고 한다.

유한차분법 선형 2계 경곗값 문제

$$y'' + P(x)y' + Q(x)y = f(x), \quad y(a) = \alpha, \ y(b) = \beta \tag{7}$$

를 생각하자.

$a = x_0 < x_1 < x_2 < \cdots < x_{n-1} < x_n = b$는 구간 $[a, b]$의 분할이라고 하자. 즉, $x_i = a + ih, \ i = 0, 1, 2, \cdots, n, \ h = (b-a)/n$이다. 점

$$x_1 = a + h, \ x_2 = a + 2h, \cdots, \ x_{n-1} = a + (n-1)h$$

을 구간 $[a, b]$의 **내부 그물코점**이라고 한다.

$y_i = y(x_i), P_i = P(x_i), \ Q_i = Q(x_i), \ f_i = f(x_i)$라고 하고 (7)에서의 y''과 y'을 중앙차분 근삿값 (5)와 (6)으로 바꾸면

$$\frac{y_{i+1} - 2y_i + y_{i-1}}{h^2} + P_i \frac{y_{i+1} - y_{i-1}}{2h} + Q_i y_i = f_i$$

또는 단순화하여

$$\left(1 + \frac{h}{2}P_i\right)y_{i+1} + (-2 + h^2 Q_i)y_i + \left(1 - \frac{h}{2}P_i\right)y_{i-1} = h^2 f_i \tag{8}$$

로 된다.

유한차분방정식으로 알려진 마지막 방정식은 **미분방정식의 근삿값**이다. 이것은 구간 $[a, b]$의 내부 그물코점 $x_1, x_2, \cdots, x_{n-1}$에서 (7)의 해 $y(x)$를 근사시키는 것이 가능하다. (8)에서 i를 $1, 2, \cdots, n-1$로 취하면 $n-1$개 미지수 $y_1, y_2, \cdots, y_{n-1}$를 갖는 $n-1$개의 표현을 얻는다. y_0와 y_n은 경계조건 $y_0 = y(x_0) = y(a) = \alpha$, $y_n = y(x_n) = y(b) = \beta$이므로 y_0와 y_n은 아는 값이다.

예제 1에서 해의 참값과 우리가 구하는 근삿값을 비교할 수 있는 경곗값 문제를 생각해 본다.

예제 1 유한차분법 사용

$n = 4$에 대한 차분방정식 (8)을 사용하여 경곗값 문제 $y'' - 4y = 0$, $y(0) = 0$, $y(1) = 5$의 근사해를 구하여라.

풀이 (8)을 사용하기 위해 $P(x) = 0$, $Q(x) = -4$, $f(x) = 0, h = (1-0)/4 = \frac{1}{4}$로 놓는다. 그러므로 차분방정식은

$$y_{i+1} - 2.25y_i + y_{i-1} = 0 \tag{9}$$

이다.

내부 그물코점은 $x_1 = 0 + \frac{1}{4}$, $x_2 = 0 + \frac{2}{4}$, $x_3 = 0 + \frac{3}{4}$이고 따라서 $i = 1,2,3$에 대해 (9)는 y_1, y_2, y_3에 대한 다음 방정식을 얻는다.

$$y_2 - 2.25y_1 + y_0 = 0$$
$$y_3 - 2.25y_2 + y_1 = 0$$
$$y_4 - 2.25y_3 + y_2 = 0$$

경계조건이 $y_0 = 0$, $y_4 = 5$이므로

$$\begin{aligned} -2.25y_1 + y_2 \quad\quad &= 0 \\ y_1 - 2.25y_2 + y_3 &= 0 \\ y_2 - 2.25y_3 &= -5 \end{aligned}$$

이다. 방정식을 풀면 $y_1 = 0.7256$, $y_2 = 1.6327$, $y_3 = 2.9479$이다.

한편 주어진 미분방정식의 일반해는 $y = c_1\cosh 2x + c_2\sinh 2x$이다. $y(0) = 0$이므로 $c_1 = 0$이다. 다른 경계조건을 대입하면 c_2를 얻는다. 이 경우 경곗값 문제의 해는 $y(x) = (5\sinh 2x)/\sinh 2$이다. 그러므로 내부 그물코점에서 이 해의 (4자리수까지) 실질적인 값은 $y(0.25) = 0.7184$, $y(0.5) = 1.6201$, $y(0.75) = 2.9354$이다. ■

예제 1에서 h를 더 작게하면 근삿값의 정확도가 더 높아진다. 물론 더 작은 h

는 방대한 연립방정식을 해결하는데 필요하다. $h=\frac{1}{8}$의 경우 $y(0.25)$, $y(0.5)$와 $y(0.75)$의 근삿값은 각각 0.7202, 1.6233와 2.9386이 되는 것은 연습문제로 남긴다 (9.5절의 연습문제 11번을 참조).

예제 2 유한차분법 사용

$n=10$에 대한 차분방정식 (8)을 사용하여

$$y''-3y'+2y=4x^2,\ \ y(1)=1, y(2)=6$$

의 근사해를 구하여라.

풀이 $P(x)=3,\ Q(x)=2,\ f(x)=4x^2,\ h=(2-1)/10=0.1$로 놓으면 (8)은

$$1.15y_{i+1}-1.98y_i+0.85y_{i-1}=0.04x_i^2 \tag{10}$$

으로 된다.

한편, 내부 그물코점은 $x_1=1.1,\ x_2=1.2,\ x_3=1.3,\ x_4=1.4,\ x_5=1.5,\ x_6=1.6,\ x_7=1.7,\ x_8=1.8,\ x_9=1.9$이다. $i=1,2,\cdots,9$와 $y_0=1,\ y_{10}=6$에 대해 (10)은 9개의 미지수를 갖는 9개의 방정식으로 표현된다.

$$\begin{aligned}
1.15y_2-1.98y_1 &=-0.8016\\
1.15y_3-1.98y_2+0.85y_1 &=0.0576\\
1.15y_4-1.98y_3+0.85y_2 &=0.0676\\
1.15y_5-1.98y_4+0.85y_3 &=0.0784\\
1.15y_6-1.98y_5+0.85y_4 &=0.0900\\
1.15y_7-1.98y_6+0.85y_5 &=0.1024\\
1.15y_8-1.98y_7+0.85y_6 &=0.1156\\
1.15y_9-1.98y_8+0.85y_7 &=0.1296\\
-1.98y_9+0.85y_8 &=-6.7556
\end{aligned}$$

우리는 이 방대한 방정식을 가우스 소거법 또는 상대적으로 쉽게 컴퓨터 대수체계에 의해 풀 수 있다. 그 결과는 $y_1=2.4047,\ y_2=3.4432,\ y_3=4.2010,\ y_4=4.7469,\ y_5=5.1359,\ y_6=5.4124,\ y_7=5.6117,\ y_8=5.7620,\ y_9=5.8855$이다. ■

사격법 경곗값 문제 $y''=f(x,y,y'),\ y(a)=\alpha,\ y(b)=\beta$의 근사해를 구하는 다른 방법을 **사격법**이라고 한다. 이 방법의 출발점은 초깃값 문제

$$y''=f(x,y,y'),\quad y(a)=\alpha,\quad y'(a)=m_1 \tag{11}$$

로 경곗값 문제를 대치하는 것이다.

식 (11)에 있는 m_1은 알려진 점 $(a,\ y(a))$에서 해 곡선의 미지 기울기로 추측된다. 우리는 $y(b)$의 값에 대한 근삿값 β_1을 구하기 위해 (11)에서 2계 방정식에 단

계적인 수치적 방법을 적용한다, 만일 β_1이 주어진 값 $y(b)=\beta$와 같으면 작업은 끝난다. 그렇지 않으면 $y(b)$에 대한 두 번째 근삿값 β_2를 얻기 위해 다른 추측 $y'(a)=m_2$로 시작하여 계산을 반복한다. 이 방법은 시행착오를 하거나 또는 계속되는 기울기 $m_3, m_4, \cdots$가 어떤 체계적인 방법으로 조정될 때까지 계속된다; (11)에서의 미분방정식이 선형일 때는 선형보간법이 적용된다. 이 방법은 과녁의 중심 $y(b)$에 맞힐 때까지 과녁에서 사격하는 것과 유사하다(목표는 선택된 초기기울기이다. 9장 5절의 연습문제 14 참조).

물론 이 수치적인 방법을 사용하는 것은 항상 경곗값 문제의 해가 존재한다는 가정아래서 가능하다.

주의

유한차분을 이용한 근사방법은 1계도함수가 경계치에서 정해져있는 경곗값 문제에도 확장될 수 있다. 예를 들어 $y''=f(x, y, y')$, $y'(a)=\alpha$, $y(b)=\beta$와 같은 문제의 경우이다 (9.5절의 연습문제 13번 참조).

연습문제 9.5

(1-10) 유한차분 방법과 지정된 n을 이용하여 주어진 경곗값 문제의 근사해를 구하여라.

1 $y''+9y=0$, $y(0)=4$, $y(2)=1$; $n=4$

2 $y''+xy'+y=x$, $y(0)=1$, $y(1)=0$; $n=10$

3 $y''+2y'+y=5x$, $y(0)=0$, $y(1)=0$; $n=5$

4 $y''-y=x^2$, $y(0)=0$, $y(1)=0$; $n=4$

5 $y''-4y'+4y=(x+1)e^{2x}$,
$y(0)=3$, $y(1)=0$; $n=6$

6 $y''-10y'+25y=1$, $y(0)=1$, $y(1)=0$; $n=5$

7 $x^2y''+3xy'+3y=0$, $y(1)=5$, $y(2)=0$; $n=8$

8 $y''+5y'=4\sqrt{x}$, $y(1)=1$, $y(2)=-1$; $n=6$

9 $y''+(1-x)y'+xy=x$, $y(0)=0$,
$y(1)=2$; $n=10$

10 $x^2y''-xy'+y=\ln x$, $y(1)=0$,
$y(2)=-2$; $n=8$

11 $n=8$을 이용하여 예제 1을 다시 풀어라.

12 반경 $r=1$과 $r=4$인 두 개의 동심구 사이의 정전위는

$$\frac{d^2u}{dr^2}+\frac{2}{r}\frac{du}{dr}=0,\ u(1)=50,\ u(4)=100$$

으로부터 결정된다.
$n=6$인 경우 이 절에서 배운 방법을 이용하여 이 경곗값 문제의 근사해를 구하여라.

13 경곗값 문제 $y''+xy=0$, $y'(0)=1$, $y(1)=-1$을 생각해 보자.

(a) 미분방정식에 대응하는 차분방정식을 구하여라. $i=0, 1, 2, \cdots, n-1$에 대해 $n+1$개의 미지수 $y_{-1}, y_0, y_1, y_2, \cdots, y_{n-1}$을 갖는 n개 방정식이 됨을 보여라. 여기서 y_{-1}은 외부점 $x=-k$에서 y에 근삿값을 표현하고 y_0는 $x=0$에서 지정되어있지 않으므로 y_{-1}과 y_0는 미지수이다.

(b) 중앙차분 근삿값 (5)을 사용하여 $y_1 - y_{-1} = 2h$임을 보여라. 이 방정식을 사용하여 (a)에서의 방정식으로부터 y_{-1}을 소거하여라.

(c) $n = 5$와 (a)와 (b)에서 구한 방정식의 계를 사용하여 원래의 경곗값 문제의 근사해를 구하여라.

컴퓨터 실습과제

14 경곗값 문제 $y'' = y' - \sin(xy)$, $y(0) = 1, y(1) = 1.5$을 생각해 보자. 사격법을 이용하여 이 문제의 근사해를 구하여라. (이 근사해는 수치적인 방법 — 즉, $h = 0, 1$의 경우 RK4 방법 또는 *Mathematica*나 Maple 같은 CAS을 이용할 수 있다면 NDSolve함수를 사용할 수도 있다 — 을 사용하여 얻어질 수 있다.)

9장 복습

(1-4) 오일러 방법, 개선된 오일러 방법 그리고 RK4 방법을 사용하여 다음 $y(x)$의 값을 비교하는 표를 만들어라. 소수 4째 자리까지 계산하여라. 처음에는 $h = 0.1$로 하여 계산하고 다음에는 $h = 0.05$로 하여 계산하여라.

1 $y' = 2\ln xy$, $y(1) = 2$;
$y(1.1)$, $y(1.2)$, $y(1.3)$, $y(1.4)$, $y(1.5)$

2 $y' = \sin x^2 + \cos y^2$, $y(0) = 0$;
$y(0.1)$, $y(0.2)$, $y(0.3)$, $y(0.4)$, $y(0.5)$

3 $y' = \sqrt{x+y}$, $y(0.5) = 0.5$;
$y(0.6)$, $y(0.7)$, $y(0.8)$, $y(0.9)$, $y(1.0)$

4 $y' = xy + y^2$, $y(1) = 1$;
$y(1.1)$, $y(1.2)$, $y(1.3)$, $y(1.4)$, $y(1.5)$

5 오일러 방법을 사용하여 $y(0.2)$의 근삿값을 구하여라. 여기서 $y(x)$는 초깃값 문제 $y'' - (2x+1)y = 1$, $y(0) = 3$, $y'(0) = 1$의 해이다. 첫 번째 단계에서는 $h = 0.2$를 사용하여 계산하고 두 번째 단계에서는 $h = 0.1$을 사용하여 계산하여라.

6 아담스-베시포스-몰턴 방법을 사용하여 $y(0.4)$의 근삿값을 구하여라, 여기서 $y(x)$는 초깃값 문제 $y' = 4x - 2y$, $y(0) = 2$의 해이다. $h = 0.1$을 사용하고 RK4 방법을 사용하여 y_1, y_2, y_3의 값을 구하여라.

7 $h = 0.1$인 오일러방법을 이용하여 $x(0.2)$와 $y(0.2)$의 근삿값을 구하여라. 여기서 $x(t)$와 $y(t)$는 초깃값 문제

$$x' = x + y$$
$$y' = x - y$$
$$x(0) = 1, \quad y(0) = 2$$

의 해이다.

8 $n = 10$인 유한차분법을 사용하여 경곗값 문제

$$y'' + 6.55(1+x)y = 1, \quad y(0) = 0, \quad y(1) = 0$$

의 근사해를 구하여라.

10 평면 자율계

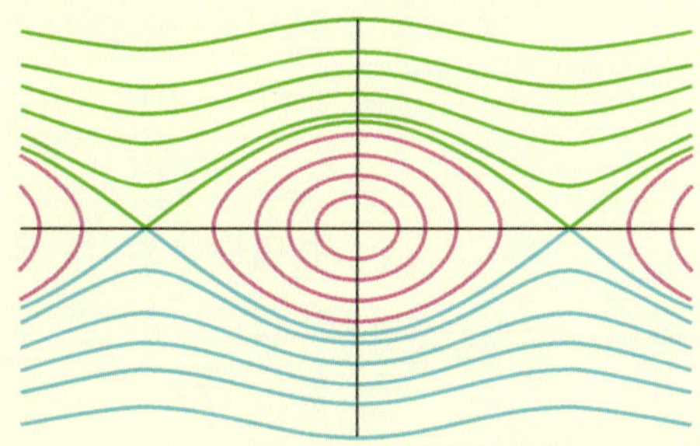

8장에서는 $X' = AX + F(t)$와 같은 일계 선형 연립 미분방정식을 풀기 위하여 행렬 기법들을 이용하였다. 연립 미분방정식이 선형이 아니라면, 초등함수로 표현되는 해를 구하는 것은 보통 불가능하다. 이 장에서는 연립방정식의 해에 대한 기하학적 특성에 관한 가치 있는 정보가 연립방정식의 임계점으로부터 얻어진 특별한 상수 해를 먼저 분석하고 주기적인 해를 찾는 것에 의해서 얻을 수 있음을 보일 것이다. 안정성에 대한 중요한 개념을 소개할 것이고, 물리학과 생태학에 관련된 수학적 모델을 소개하고 실례를 보일 것이다.

10.1 자율계

필요한 개념

- 2.1절의 45-49쪽을 다시 읽는 것을 강력히 권한다.

소개 | 자율 선형 연립 1계 미분방정식, 자율 미분방정식의 임계점과 2.1절의 임계점의 안정성에 관한 개념을 소개한다. 앞서 안정성에 대한 고찰은 의도적으로 다소 직관적인 수준이었다; 이제 이 개념에 대한 엄밀한 정의를 내릴 때다. 이를 위해, 1계 미분 방정식의 자율 연립방정식을 검토할 필요가 있다. 이 절에서는 두 개의 1계 미분방정식의 자율 연립방정식에 대한 임계점들을 정의한다; 자율 연립방정식은 선형 또는 비선형일 수 있다.

자율 연립방정식 다음과 같이 표현한 연립 1계 미분방정식을 **자율적**(autonomous)이라고 한다.

$$\begin{aligned}\frac{dx_1}{dt} &= g_1(x_1, x_2, \cdots, x_n)\\ \frac{dx_2}{dt} &= g_2(x_1, x_2, \cdots, x_n)\\ \vdots \qquad & \qquad \vdots\\ \frac{dx_n}{dt} &= g_n(x_1, x_2, \cdots, x_n)\end{aligned} \tag{1}$$

각 미분방정식의 오른쪽 항에 독립 변수 t가 나타나지 않음을 주시하라. (1)과 8.1절 (2)로 주어진 일반적인 연립방정식을 비교하라.

예제 1 비자율 연립방정식

일계 비선형 미분방정식의 연립방정식

$$\begin{aligned}\frac{dx_1}{dt} &= x_1 - 3x_2 + t^2\\ \frac{dx_2}{dt} &= tx_1 \sin x_2\end{aligned}$$

은 두 미분방정식의 오른쪽 항에 t가 존재하기 때문에 자율적이 아니다.

참고 (1)에서 $n=1$일 때, 한 개의 1계 미분방정식은 $dx/dt = g(x)$ 형태로 주어진다. 이 방정식은 기호 x와 t를 각각 y와 x로 치환하면 2.1절의 (1)과 동치이다. 미분방정식 $dx/dt = g(x)$이 변수 분리할 수 있기 때문에 양 함수해는 구할 수 있고, 우리는 이 장의 개념에 대한 예제를 제시하기 위해 이 사실을 이용할 것이다.

연립방정식으로 표현한 2계 미분방정식 어떠한 2계 미분방정식 $x'' = g(x, x')$ 도 자율 연립방정식으로 표현할 수 있다. 4.10절에서 우리가 했었던 것처럼, 만약 $y = x'$이라면 $x'' = g(x, x')$은 $y' = g(x, y)$이 된다. 그래서 2계 미분방정식은 두 개의 1계 미분방정식

$$x' = y$$
$$y' = g(x, y)$$

의 연립방정식이 된다.

예제 2 자율 연립미분방정식으로의 진자 미분방정식

5.3절의 (6)에서 진자의 변위각 θ은 비선형 2계 미분방정식

$$\frac{d^2\theta}{dt^2} + \frac{g}{l}\sin\theta = 0$$

을 만족함을 보였다.

만약 $x = \theta$와 $y = \theta'$라 하면, 이 2계 미분방정식은 자율 연립방정식

$$x' = y$$
$$y' = -\frac{g}{t}\sin x$$

로 쓸 수 있다.

표기 만약 $\boldsymbol{X}(t)$와 $\boldsymbol{g}(\boldsymbol{X})$를 각각 열벡터

$$\boldsymbol{X}(t) = \begin{pmatrix} x_1(t) \\ x_2(t) \\ \vdots \\ x_n(t) \end{pmatrix}, \quad \boldsymbol{g}(\boldsymbol{X}) = \begin{pmatrix} g_1(x_1, x_2, \cdots, x_n) \\ g_2(x_1, x_2, \cdots, x_n) \\ \vdots \\ g_n(x_1, x_2, \cdots, x_n) \end{pmatrix}$$

로 나타내면, 자율 연립방정식 (1)은 간결한 **열벡터 형태**(column vector form) $\boldsymbol{X}' = g(\boldsymbol{X})$로 쓸 수 있을 것이다. 8.2절에서 다룬 동차 선형 연립방정식 $\boldsymbol{X}' = \boldsymbol{AX}$은 중요하고 특별한 경우이다.

이 장에서는 행벡터로 (1)을 쓰는 것이 편리하다. 만약 $\boldsymbol{X}(t) = (x_1(t), x_2(t), \ldots, x_n(t))$라 하고

$$g(\boldsymbol{X}) = (g_1(x_1, x_2, \cdots, x_n),\ g_2(x_1, x_2, \cdots, x_n),\ \cdots,\ g_n(x_1, x_2, \cdots, x_n))$$

라 하면 자율 연립방정식 (1)은 또한 간결한 **행벡터 형태**(row vector form) $\boldsymbol{X}' = g(\boldsymbol{X})$로 쓸 수 있을 것이다. *문맥을 통해 우리가 열벡터의 형태를 이용할지 또는 행벡터의 형태를 이용하는지는 명확하게 해야 한다; 그러므로 $\boldsymbol{X}$와 $\boldsymbol{X}$의 전치, $\boldsymbol{X}^T$를 구별하지 않을 것이다.* 특별히 $n = 2$일 때 행벡터 형태를 이용하고 초기 조

건은 $\boldsymbol{X}(0)=(x_0, y_0)$로 쓰는 것이 편리하다.

변수 t를 시간이라고 할 때, (1)의 연립 미분방정식을 **역학적 연립방정식**(dynamical system)이라 할 수 있고 해 $\boldsymbol{X}(t)$는 시간 t에 대한 **시스템의 상태**(state of the system) 또는 **시스템의 반응**(response of the system)이다. 이런 용어들로 동역학계는 시스템이 변할 때의 $\boldsymbol{X}'(t)$의 비율이 시스템의 현재 상태 $\boldsymbol{X}(t)$에만 좌우될 때, 이 역학적 연립방정식은 자율적이다. 8장에서 공부한 선형 연립방정식 $\boldsymbol{X}'=\boldsymbol{AX}+\boldsymbol{F}(t)$은 $\boldsymbol{F}(t)$가 상수일 때 자율적이다. $n=2$ 또는 3일 때 곡선의 매개방정식을 $x=x_1(t), y=x_2(t)$와 $z=x_3(t)$라고 생각할 수 있기 때문에, 해를 **경로**(path) 또는 **궤적**(trajectory)이라고 부른다.

백터장의 설명 $n=2$일 때 (1)의 연립 방정식은 **평면 자율 연립방정식**(plane autonomous system)이라 하고 연립방정식을

$$\frac{dx}{dt}=P(x,\ y)$$

$$\frac{dy}{dt}=Q(x,\ y) \tag{2}$$

라 쓸 수 있다. 벡터 $\boldsymbol{V}(x,\ y)=(P(x,\ y),\cdots Q(x,\ y))$은 평면 영역에서의 **벡터장**(vector field)이라고 정의하고 연립 방정식으로부터의 해는 그 영역 위를 움직이는 입자의 경로의 결과라고 해석할 수 있을 것이다. 좀 더 구체적으로, $\boldsymbol{V}(x,\ y)=(P(x,\ y),\ Q(x,\ y))$를 위치 $(x,\ y)$에서 흐름의 속도로 나타내고 작은 입자(코르크처럼)가 흐름의 위치$(x_0,\ y_0)$에서 방출되었다고 가정하자. 만약 $\boldsymbol{X}(t)=(x(t),\ y(t))$가 시간 t에서 입자의 위치를 나타낸다면, $\boldsymbol{X}'(t)=(x'(t),\ y'(t))$는 속도 벡터 $\boldsymbol{V}$이다. 외부 힘은 존재하지 않고 마찰력을 무시하면, 시간이 t일 때 입자의 속도는 위치 $\boldsymbol{X}(t)$에서 흐름의 속도이다 :

$$\boldsymbol{X}'(t)=\boldsymbol{V}(x(t),\ y(t)) \quad \text{또는} \quad \begin{aligned}\frac{dx}{dt}&=P(x(t),\ y(t))\\ \frac{dx}{dt}&=Q(x(t),\ y(t))\end{aligned}$$

이다. 그래서 입자의 경로는 초기 조건 $\boldsymbol{X}(0)=(x_0,\ y_0)$을 만족하는 연립방정식의 해이다. 우리는 새로운 개념들을 예제로 제시하기 위하여 이 평면 자율 연립방정식에 대한 간단한 설명을 자주 할 것이다.

예제 3 속도장의 평면 자율 연립방정식

반지름이 1인 원기둥 주변의 유체에서 정상 상태인 유체 흐름에 대한 벡터장은

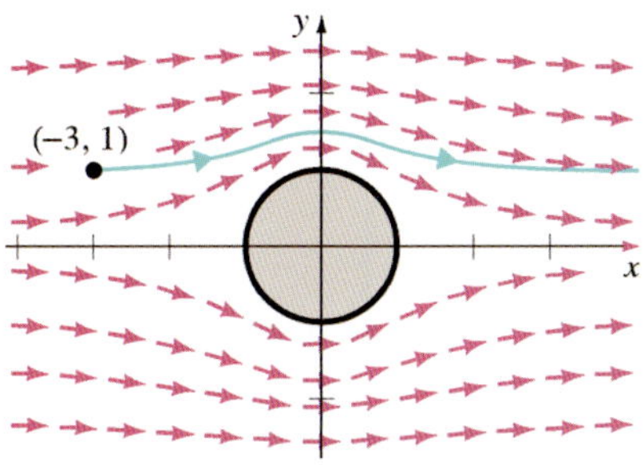

그림 10.1.1 예제 3의 유체흐름에 대한 벡터장

$$V(x,\ y) = V_0\left(1 - \frac{x^2 - y^2}{(x^2+y^2)^2},\ \frac{-2xy}{(x^2+y^2)^2}\right)$$

로 주어진다. 여기서 V_0은 원기둥으로부터 먼 유체의 속도이다. 만약 작은 코르크가 $(-3,1)$에서 방출된다면 코르크의 경로 $\mathbf{X}(t) = (x(t),\ y(t))$는 초기조건 $\mathbf{X}(0) = (-3,\ 1)$인 평면 자율 연립방정식

$$\frac{dx}{dt} = V_0\left(1 - \frac{x^2 - y^2}{(x^2+y^2)^2}\right)$$
$$\frac{dy}{dt} = V_0\frac{-2xy}{(x^2+y^2)^2}$$

을 만족한다. 그림 10.1.1과 연습 문제 2.4에서의 문제 46을 참조하라. ■

해의 형태 만약 $P(x,y)$, $Q(x,y)$와 일차 편도함수 $\partial P/\partial x, \partial P/\partial y, \partial Q/\partial x$과 $\partial Q/\partial y$가 평면의 영역 R에서 연속이면, $\mathbf{X}(0) = \mathbf{X}_0$을 만족하는 평면 자율 연립방정식 (2)의 해는 유일하고, 다음과 같은 세 가지 기본적인 형태 중 하나이다 :

(i) **상수 해** $x(t) = x_0, y(t) = y_0$ (또는 모든 t에 대해 $\mathbf{X}(t) = \mathbf{X}_0$). 상수 해는 **임계**(critical) 또는 **정상점**(stationary point)이라고 부른다. 입자가 임계점 $\mathbf{X}_0$에 위치할 때 (즉, $\mathbf{X}(0) = \mathbf{X}_0$), 입자는 그 점에 무한히 머물게 된다. 이러한 이유로 상수 해는 또한 **평형해**(equilibrium solution)라고 한다. $\mathbf{X}'(t) = 0$이기 때문에 임계점은 대수방정식의 연립 방정식

$$P(x,\ y) = 0$$
$$Q(x,\ y) = 0$$

의 해이다.

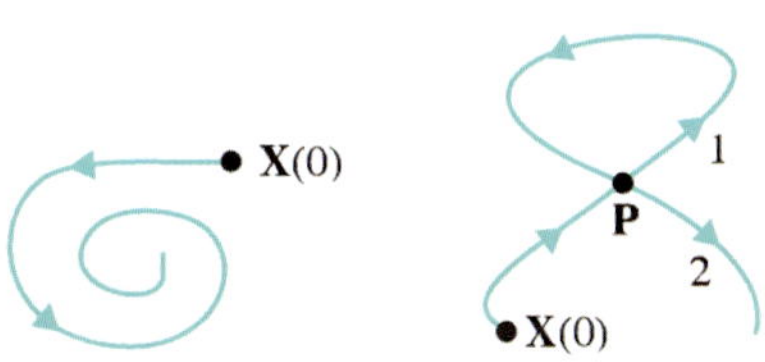

(a) (b)

그림 10.1.2 (a)의 곡선을 호라 한다.

(ii) 자기 자신과 교차하지 않는 평면곡선 - **호**(arc)라고 정의한 해 $x = x(t)$, $y = y(t)$. 그래서 그림 10.1.2(a)의 곡선은 평면 자율 연립방정식의 해가 될 수 있는 반면 그림 10.1.2(b)의 곡선은 해가 될 수 없다. 교차점 P에서 시작되는 두 개의 해가 있을 수 있다.

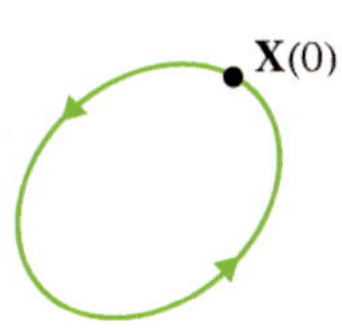

그림 10.1.3 주기 해 또는 순환

(iii) **주기 해** $x = x(t)$, $y = y(t)$. 주기 해를 **순환**(cycle)이라 한다. 만약 p가 해의 주기라면, $\mathrm{X}(t+p) = \mathrm{X}(t)$이고 X_0에서 곡선 위에 놓인 입자는 p단위 시간 내에서 곡선을 돌아 X_0로 돌아온다. 그림 10.1.3을 보아라.

예제 4 임계점 찾기

다음 각각의 평면 자율 연립방정식의 임계점을 모두 찾아라.

(a) $x' = -x + y$, $y' = x - y$ (b) $x' = x^2 + y^2 - 6$, $y' = x^2 - y$ (c) $x' = 0.01x(100 - x - y)$, $y' = 0.05y(60 - y - 0.2x)$

풀이 미분방정식의 오른쪽 항을 0으로 두고 임계점을 찾는다.

(a) 연립방정식

$$\begin{aligned} -x+y&=0 \\ x-y&=0 \end{aligned}$$

의 해는 직선 $y=x$의 모든 점으로 되어있다. 그래서 무한히 많은 임계점들이 존재한다.

(b) 연립방정식

$$\begin{aligned} x^2+y^2-6&=0 \\ x^2-y&=0 \end{aligned}$$

을 풀기 위하여 두 번째 식, $x^2=y$을 첫 번째 식에 대입하면

$y^2+y-6=(y+3)(y-2)=0$이 된다. 만약 $y=3$이면, $x^2=-3$

이므로 실근이 없다. 만약 $y=2$일 때 $x=\pm\sqrt{2}$이므로 임계점은 $(\sqrt{2},2)$과 $(-\sqrt{2},2)$이다.

(c) (c) 부분에서는 임계점을 찾는 것은 경우들을 신중히 생각해야 한다. 방정식 $0.01x(100-x-y)=0$는 $x=0$ 또는 $x+y=100$을 의미한다.

만약 $x=0$라면 $0.05y(60-y-0.2x)=0$에 대입하여 $y(60-y)=0$이 된다. 그러므로 $y=0$ 또는 60이므로 $(0,0)$과 $(0,60)$이 임계점이다.

만약 $x+y=100$이면 $0=y(60-y-0.2(100-y))=y(40-0.8y)$이다. 그것에 따라 $y=0$ 또는 50이므로 $(100,0)$과 $(50,50)$이 임계점이다. ■

평면 자율 연립방정식이 선형이면 해를 구하기 위하여 8장의 방법을 이용할 수 있다.

예제 5 주기 해를 찾기

주어진 선형 미분방정식이 주기 해를 가지는지 판정하여라.

(a) $\begin{aligned} x'&=2x+8y \\ y'&=-x-2y \end{aligned}$ (b) $\begin{aligned} x'&=x+2y \\ y'&=-\frac{1}{2}x+y \end{aligned}$

각각의 경우, $X(0)=(2,0)$을 만족하는 해의 그래프를 그려라.

풀이 (a) 8.2절 예제 6의 경우에서

$$\begin{aligned} x&=c_1(2\cos 2t-2\sin 2t)+c_2(2\cos 2t+2\sin 2t) \\ y&=-c_1\cos 2t-c_2\sin 2t \end{aligned}$$

을 보이기 위해 고윳값-고유벡터 방법을 사용하였다. 그래서 모든 해는 $p=\pi$가 주기인 주기적이다. $X(0)=(2,0)$를 만족하는 해는 $x=2\cos 2t+2\sin 2t$, $y=-\sin 2t$이다. 이 해는 그림 10.1.4(a)처럼 타원 모양을 만들어낸다.

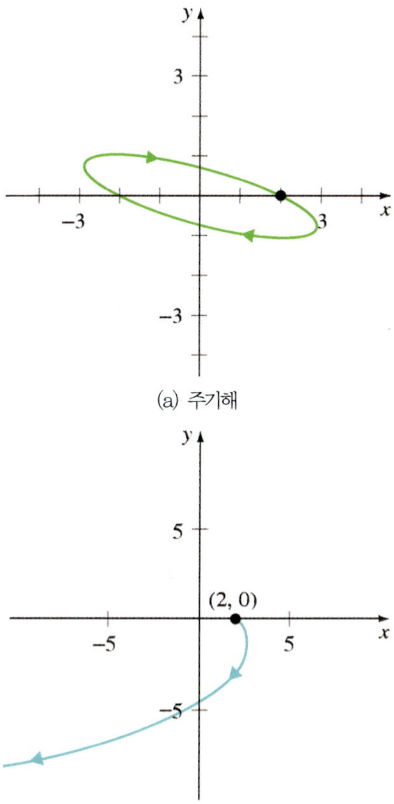

(a) 주기해

(b) 비주기해

그림 10.1.4 예제 5의 해곡선

(b) 고윳값-고유벡터 방법을 이용하면

$$x = 2c_1e^t\cos t + 2c_2e^t\sin t,\ y = -c_1e^t\sin t + c_2e^t\cos t$$

임을 보일 수 있다. 일반해에서 e^t가 존재하기 때문에 주기 해를 갖지 않는다(즉, 순환한다). $\boldsymbol{X}(0) = (2,0)$을 만족하는 해는 $x = 2e^t\cos t, y = -e^t\sin t$이고 곡선의 모양은 그림 10.1.4(b)와 같다. ■

극좌표로의 변환 상수해의 경우를 제외하고 *비선형* 자율 연립방정식의 해의 양함수로의 표현을 구하는 것은 일반적으로 가능하지 않다. 우리는 일부 비선형 연립방정식을 극좌표로 변환하여 풀 수가 있다. $r^2 = x^2 + y^2$과 $\theta = \tan^{-1}(y/x)$의 식으로부터

$$\frac{dr}{dt} = \frac{1}{r}\left(x\frac{dx}{dt} + y\frac{dy}{dt}\right),\ \frac{d\theta}{dt} = \frac{1}{r^2}\left(-y\frac{dx}{dt} + x\frac{dy}{dt}\right) \tag{3}$$

이 된다. (3)을 이용하면 종종 평면 자율 연립방정식을 직교 좌표계에서 극좌표계의 좀 더 간단한 연립방정식으로 바꿀 수 있다.

예제 6 극좌표로의 변환

초기조건 $\boldsymbol{X}(0) = (3,3)$을 만족하는 비선형 평면 자율 연립방정식

$$x' = -y - x\sqrt{x^2+y^2}$$
$$y' = x - y\sqrt{x^2+y^2}$$

의 해를 구하여라.

해 (3)에서 dr/dt와 $d\theta/dt$에 대한 식에서 dx/dt와 dy/dt를 대입하면

$$\frac{dr}{dt} = \frac{1}{r}[x(-y-xr) + y(x-yr)] = -r^2$$
$$\frac{d\theta}{dt} = \frac{1}{r^2}[-y(-y-xr) + x(x-yr)] = 1$$

가 된다. $(3,3)$은 극좌표로 $(3\sqrt{2}, \pi/4)$가 되므로 초기 조건 $\boldsymbol{X}(0) = (3,3)$은 $r(0) = 3\sqrt{2}$과 $\theta(0) = \pi/4$이 된다. 변수 분리법을 이용하여 $r \neq 0$ (확인하라!)일 때 연립방정식의 해는

$$r = \frac{1}{t + c_1},\ \theta = t + c_2$$

이 된다. 초기 조건을 적용하면

$$r = \frac{1}{t + \sqrt{2}/6},\ \theta = t + \frac{\pi}{4}$$

이다. 나선형 $r = \dfrac{1}{\theta + \sqrt{2}/6 - \pi/4}$의 그래프는 그림 10.1.5이다.

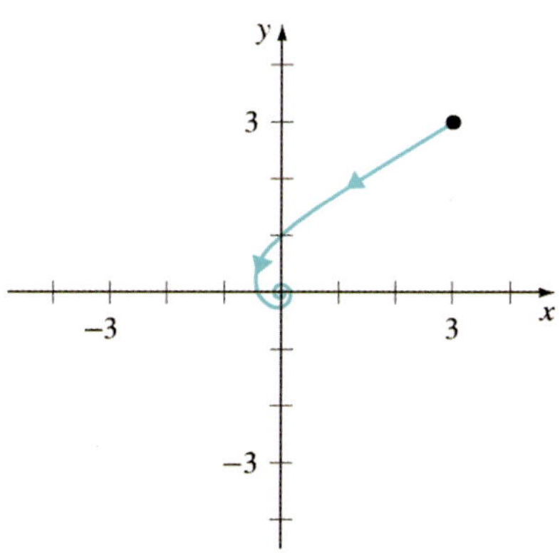

그림 10.1.5 예제 6의 해곡선

예제 7 극좌표에서의 해

극좌표로 표현된 평면 자율 연립방정식은

$$\frac{dr}{dt} = 0.5(3 - r)$$
$$\frac{d\theta}{dt} = 1$$

와 같은 형태이다. 초기조건 $\boldsymbol{X}(0) = (0, 1)$과 $\boldsymbol{X}(0) = (3, 0)$을 만족하는 해의 그래프를 그려라.

풀이 $dr/dt = 0.5(3 - r)$에 변수 분리법을 적용하고 $d\theta/dt$를 적분하면 해는 $r = 3 + c_1 e^{-0.5t}, \theta = t + c_2$이 된다.

만약 $\boldsymbol{X}(0) = (0, 1)$이면 $r(0) = 1$, $\theta(0) = \pi/2$이므로 $c_1 = -2$과 $c_2 = \pi/2$이다. 해 곡선은 나선형 $r = 3 - 2e^{-0.5(\theta - \pi/2)}$이다. $t \to \infty$일 때, θ는 무한히 증가하고 r는 3으로 접근한다.

만약 $\boldsymbol{X}(0) = (3, 0)$이라면 $r(0) = 3$, $\theta(0) = 0$이다. $c_1 = c_2 = 0$이므로 $r = 3$이다. 그러므로 $x = r\cos\theta = 3\cos t$과 $y = r \sin\theta = 3\sin t$이므로 해는 주기적이다. 이 해는 중심이 $(0, 0)$이고 반지름은 3인 원이다. 이 두 개의 해는 그림 10.1.6로 나타낸다.

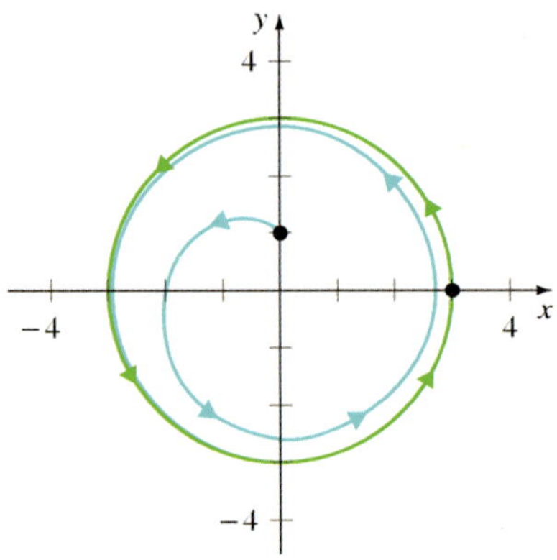

그림 10.1.6 예제 7의 해곡선

연습문제 10.1

(1-6) 2계 비선형 미분방정식을 평면 자율 연립방정식으로 나타내라. 구한 연립방정식의 임계점을 모두 구하여라.

1 $x'' + 9\sin x = 0$

2 $x'' + 4\dfrac{x}{1 + x^2} + 2x' = 0$

3 $x'' + x'(1 - x^3) - x^2 = 0$

4 $x'' + x - \epsilon x|x| = 0, \quad \epsilon > 0$

5 $x'' + x = \epsilon x^3, \quad \epsilon > 0$

6 $x'' + (x')^2 + 2x = 0$

(7-16) 평면 자율 연립방정식의 임계점을 모두 구하여라.

7 $x' = x + xy$, $y' = -y - xy$

8 $x' = -x(4 - y^2)$, $y' = 4y(1 - x^2)$

9 $x' = 3x^2 - 4y$, $y' = x - y$

10 $x' = y^2 - x$, $y' = x^2 - y$

11 $x' = x\left(10 - x - \dfrac{1}{2}y\right)$, $y' = y(16 - y - x)$

12 $x' = x^3 - y$, $y' = x - y^3$

13 $x' = x^2 e^y$, $y' = y(e^x - 1)$

14 $x' = -2x + y + 10$, $y' = 2x - y - 15\dfrac{y}{y + 5}$

15 $x' = x(1 - x^2 - 3y^2)$, $y' = y(3 - x^2 - 3y^2)$

16 $x' = \sin y$, $y' = e^{x - y} - 1$

(17-22) 선형 연립방정식은 연습문제 8.2에서 가지고 왔다.

(a) 일반해를 구하고 그 해가 주기해인지 판정하여라.

(b) 주어진 초기 조건을 만족하는 해를 구하여라.

(c) 계산기나 CAS를 사용하여 (b)의 해의 그래프를 그리고 곡선이 교차하는 곳의 방향을 나타내시오.

17 $x' = x + 2y$
$y' = 4x + 3y$, $\boldsymbol{X}(0) = (2, -2)$
(문제 1, 연습문제 8.2)

18 $x' = x + y$
$y' = -2x - y$, $\boldsymbol{X}(0) = (-2, 2)$
(문제 40, 연습문제 8.2)

19 $x' = 4x - 5y$
$y' = 5x - 4y$, $\boldsymbol{X}(0) = (4, 5)$
(문제 37, 연습문제 8.2)

20 $x' = x - 8y$
$y' = x - 3y$, $\boldsymbol{X}(0) = (2, 1)$
(문제 36, 연습문제 8.2)

21 $x' = 5x + y$
$y' = -2x + 3y$, $\boldsymbol{X}(0) = (-1, 2)$
(문제 35, 연습문제 8.2)

22 $x' = -6x + 2y$
$y' = -3x + y$, $\boldsymbol{X}(0) = (3, 4)$
(문제 2, 연습문제 8.2)

(23-26) 비선형 평면 자율 연립방정식을 극좌표로 바꾸어서 풀어라. 주어진 초기조건을 만족하는 해의 기하학적인 움직임을 묘사하라.

23 $x' = -y - x(x^2 + y^2)^2$
$y' = x - y(x^2 + y^2)^2$, $\boldsymbol{X}(0) = (4, 0)$

24 $x' = y + x(x^2 + y^2)$
$y' = -x + y(x^2 + y^2)$, $\boldsymbol{X}(0) = (4, 0)$

25 $x' = -y + x(1 - x^2 - y^2)$
$y' = x + y(1 - x^2 - y^2)$,
$\boldsymbol{X}(0) = (1, 0)$, $\boldsymbol{X}(0) = (2, 0)$
[힌트: r에 대해 얻어진 미분방정식은 베르누이 미분방정식이다. 2.5절을 보시오.]

26 $x' = y - \dfrac{x}{\sqrt{x^2 + y^2}}(4 - x^2 - y^2)$
$y' = -x - \dfrac{y}{\sqrt{x^2 + y^2}}(4 - x^2 - y^2)$,
$\boldsymbol{X}(0) = (1, 0)$, $\boldsymbol{X}(0) = (2, 0)$

(27-30) 만약 평면 자율 연립방정식이 주기 해를 가지면 해에 의해 생성된 곡선 안에 적어도 한 개의 임계점이 반드시 있다. 문제 27-30에서 주기 해의 가능성을 알아내기 위해서 수치적 도구와 더불어 위의 사실을 이용하라.

27 $x' = -x + 6y$
$y' = xy - 12$

28 $x' = -x + 6xy$
$y' = -8xy - 2y$

29 $x' = y$
$y' = y(1 - 3x^2 - 2y^2) - x$

30 $x' = xy$
$y' = -1 - x^2 - y^2$

10.2 선형 연립방정식의 안정성

필요한 개념

- 10.1절, 특히 예제 3과 4

소개 | 평면 자율 연립방정식

$$\frac{dx}{dt} = P(x, y)$$
$$\frac{dy}{dt} = Q(x, y)$$

은 벡터장($\boldsymbol{V}(x, y) = (P(x, y), Q(x, y))$)을 만들고, 연립방정식의 해 $\boldsymbol{X} = \boldsymbol{X}(t)$는 위치 $\boldsymbol{X}(0) = \boldsymbol{X}_0$에서 처음 놓인 입자가 움직인 경로로 해석될 수 있음을 보았다. 만약 $\boldsymbol{X}_0$가 연립방정식의 임계점이면 입자는 움직이지 않는다. 이번 절에서 $\boldsymbol{X}_0$을 연립방정식의 임계점에 가깝게 선택했을 때 해의 움직임을 조사한다.

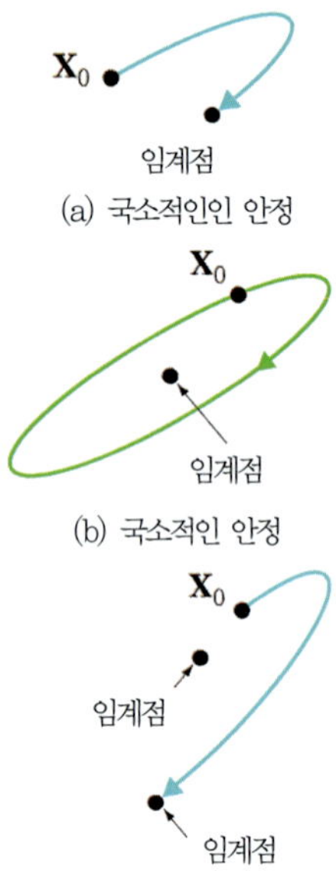

그림 10.2.1 임계점들

몇 개의 기본 질문 $\boldsymbol{X}_1$이 평면 자율 연립방정식의 임계점이고 $\boldsymbol{X}=\boldsymbol{X}(t)$가 초깃값 $\boldsymbol{X}(0)=\boldsymbol{X}_0$을 만족하는 연립방정식의 해라 하자. 만일 해가 움직이는 입자의 경로로 해석된다면, $\boldsymbol{X}_0$이 $\boldsymbol{X}_1$ 가까이에 위치했을 때 다음 질문에 대한 답을 알아본다:

(i) 입자가 임계점으로 돌아오는가? 더 명확하게 말하자면, $\lim_{t\to\infty}\boldsymbol{X}(t)=\boldsymbol{X}_1$인가?

(ii) 만일 입자가 임계점으로 돌아오지 *않는다면* 입자는 임계점 가까이 남아있는가 또는 임계점으로부터 멀어지는가? 예를 들어 입자가 단순히 임계점을 선회하거나, 또는 입자가 다른 임계점으로 돌아가거나 또는 어떠한 임계점으로도 가지 않을 수가 있다. 그림 10.2.1를 참조하라.

만일 어떤 임계점의 근방에서 그림 10.3.1의 (a)와 (b)경우가 항상 일어난다면 그 임계점을 **국소적 안정**(locally stable)이라 한다. 그러나 (c)와 비슷한 움직임을 초래하는 값 $\boldsymbol{X}_0$을 임의의 주어진 근방에서 찾을 수 있으면, 이 임계점을 **불안정**(unstable)이라 한다. 비선형 연립방정식에 대한 질문 (i)와 (ii)에 대해 공부하게 될 10.3절에서 이 개념은 좀 더 명확하게 될 것이다.

안정성 해석 우선 선형 평면 자율 연립방정식에 대한 이 두 가지 안정성 질문을 알아보고 10.3절에 대한 기초를 다질 것이다. 8장의 해를 찾는 방법은 우리에게

$$\begin{aligned} x' &= ax+by \\ y' &= cx+dy \end{aligned} \tag{1}$$

의 계수행렬

$$\boldsymbol{A}=\begin{pmatrix} a & b \\ c & d \end{pmatrix}$$

의 고윳값과 고유벡터로 표현된 해에 대한 세심한 기하적 해석을 가능하게 한다. $\boldsymbol{X}_0=(0,\,0)$가 유일한 임계점이 되려면 행렬식 $\Delta=ad-bc\neq 0$라고 가정해야 한다. 만일 $\tau=a+d$가 행렬 $\boldsymbol{A}$의 대각합*이라면, 고유다항식 $\det(\boldsymbol{A}-\lambda\boldsymbol{I})=0$은

$$\lambda^2-\tau\lambda+\Delta=0$$

로 쓸 수 있다. 따라서 $\boldsymbol{A}$의 고윳값은 $\lambda=(\tau\pm\sqrt{\tau^2-4\Delta})/2$이고 이 값에 대한 일반적인 세 가지의 경우는 $\tau^2-4\Delta$가 양수, 음수 또는 0에 따라 발생한다. 다음 예제에서 이 경우들에 대응되는 해의 특성을 찾기 위해 수치적 해 도구를 이용한다.

---

* 일반적으로 만일 A가 $n\times n$행렬이면 A의 **대각합**은 주 대각성분의 합이다.

예제 1 고윳값과 해의 형태

선형 연립방정식

$$\begin{aligned} x' &= -x + y \\ y' &= cx - y \end{aligned}$$

의 고윳값을 c의 항으로 구하고, 수치적 해 도구를 이용하여 c가 $\frac{1}{4}$, 4, 0, -9일 때 이에 대응되는 해의 형태를 찾아라.

풀이 계수 행렬$\begin{pmatrix} -1 & 1 \\ c & -1 \end{pmatrix}$의 대각합 τ는 -2이고 행렬식 Δ는 $1-c$이므로 고윳값은

$$\lambda = \frac{\tau \pm \sqrt{\tau^2 - 4\Delta}}{2} = \frac{-2 \pm \sqrt{4 - 4(1-c)}}{2} = -1 \pm \sqrt{c}$$

이다. 고윳값의 성질은 c의 부호에 따라 결정된다.

만약 $c = \frac{1}{4}$이라면 고윳값은 음수이고 서로 다른 λ는 $-\frac{1}{2}$과 $-\frac{3}{2}$이다. 그림 10.2.2(a)에서 여러 가지 초기조건에 대응되는 일반해의 곡선, 또는 궤도를 구하기 위해 수치적 해 도구를 이용했다. 그림에서 빨강색으로 그린 궤적을 제외하고, 모든 궤적은 고정된 방향으로부터 모두 0으로 다가가고 있다. 8장에서 xy평면 또는 **위상평면**(phase plane)의 궤적의 집합을 연립방정식의 **위상모방**(phase portrait)이라고 정의했음을 상기하자.

c가 4일 때 고윳값은 부호가 반대인 $\lambda = 1$과 $\lambda = -3$이며 재미있는 현상이 일어난다. 그림 10.2.2(b)에서 빨강색으로 그려진 한 개의 직선을 따라 시작된 해를 제외한 모든 궤적은 고정된 방향에서 원점으로부터 멀어지게 된다. 그림 8.2.2에서 주어진 위상모방에서 이미 이렇게 움직이는 것을 보았다. 수치적 해도구로 이를 실험하고 이 관찰을 증명하였다.

$c = 0$이면 한 개의 실수 고윳값은 $\lambda = -1$이다. 이 경우는 한 가지 주목할만한 해곡선을 제외하고는 $\lambda = \frac{1}{4}$의 경우와 매우 비슷하다. 그림 10.2.2(c)에서 모든 해 곡선은 t가 증가함에 따라 고정된 방향에서 0으로 가까워지는 것을 나타냈다.

마지막 c가 -9일 때 $\lambda = -1 \pm \sqrt{-9} = -1 \pm 3i$이다. 그래서 고윳값은 음의 실수 부분 -1을 가지는 켤레복소수이다. 그림 10.2.2(d)는 t가 증가함에 따라 해곡선이 원점으로 향하는 나선임을 보여준다. ■

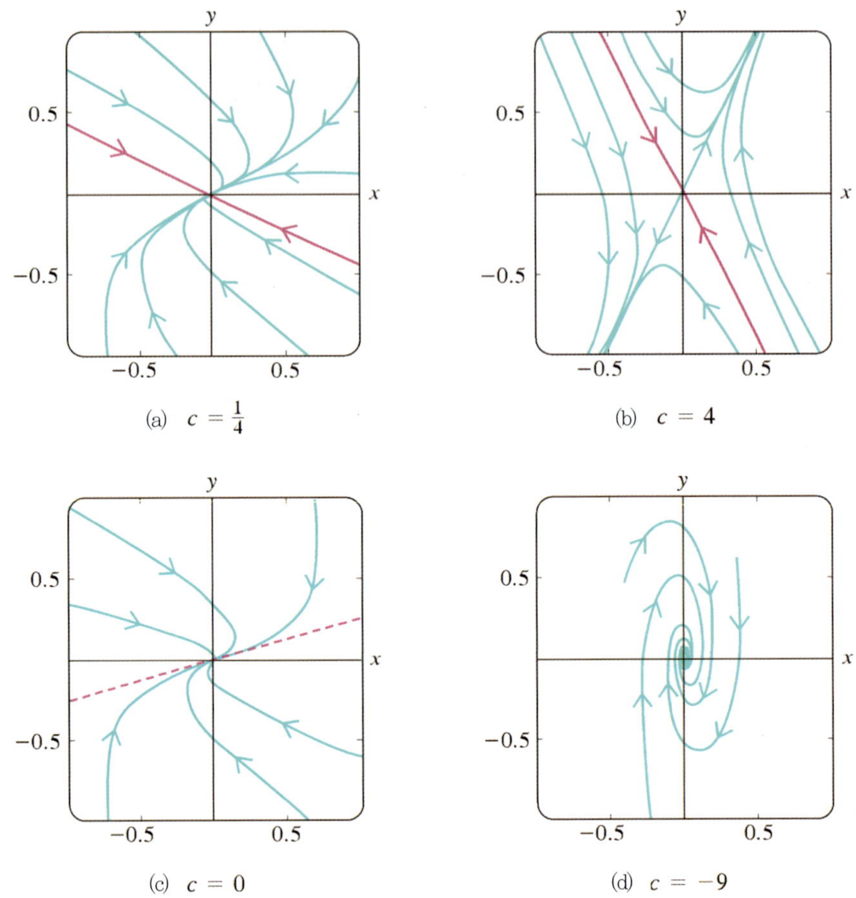

그림 10.2.2 예제 1의 여러 가지 값 c에 대한 연립방정식의 위상모방

예제 1에서 그림 10.2.2의 네 가지 위상모방을 살펴본 궤적의 움직임은 8장에서 배운 고윳값-고유벡터의 해를 이용하여 설명할 수 있다.

경우 I 서로 다른 실수 고윳값 ($\tau^2 - 4\Delta > 0$) 8.2절의 정리 8.2.1에 따라 λ_1과 λ_2는 고윳값이고 $\boldsymbol{K}_1$과 $\boldsymbol{K}_2$가 대응되는 고유벡터일 때 (1)의 일반해는

$$\boldsymbol{X}(t) = c_1\boldsymbol{K}_1 e^{\lambda_1 t} + c_2\boldsymbol{K}_2 e^{\lambda_2 t} \tag{2}$$

로 주어진다. 참고로 $\boldsymbol{X}(t)$는

$$\boldsymbol{X}(t) = e^{\lambda_1 t}\left[c_1\boldsymbol{K}_1 + c_2\boldsymbol{K}_2 e^{(\lambda_2 - \lambda_1)t}\right] \tag{3}$$

로 쓸 수 있다.

(a) 둘 다 음수인 고윳값 ($\tau^2 - 4\Delta > 0$, $\tau < 0$과 $\Delta > 0$)

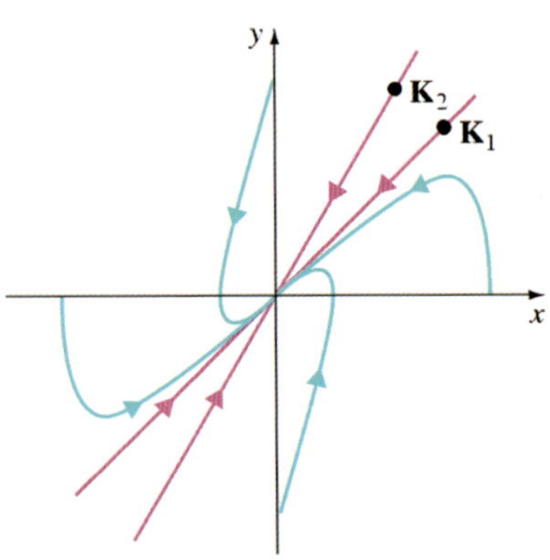

그림 10.2.3 안정 노드

안정 노드 ($\lambda_2 < \lambda_1 < 0$) : 두 고윳값이 모두 음수이기 때문에, (2)로부터 $\lim_{t\to\infty} \boldsymbol{X}(t) = \boldsymbol{0}$이다. 만약 $\lambda_2 < \lambda_1$이라면 $\lambda_2 - \lambda_1 < 0$이므로 $e^{(\lambda_2 - \lambda_1)t}$는 지수 소멸함수이다. 따라서 t가 큰 값일 때 (3)으로부터 $\boldsymbol{X}(t) \approx c_1\boldsymbol{K}_1 e^{\lambda_1 t}$이라 결론 내릴

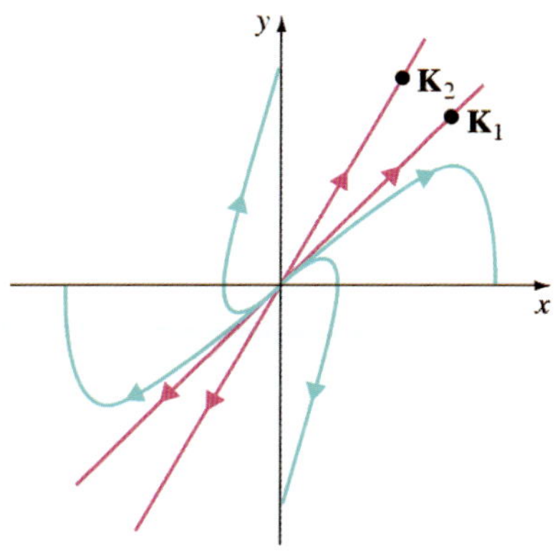

그림 10.2.4 불안정 노드

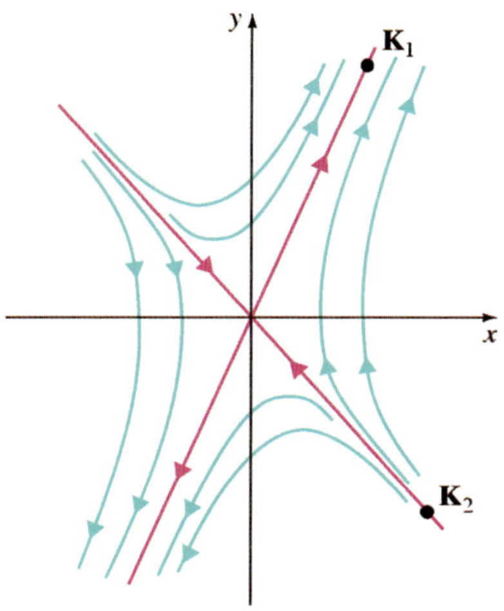

그림 10.2.5 안장 점

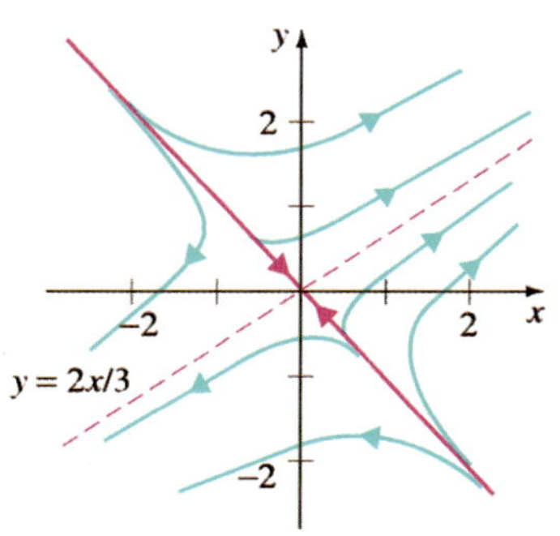

그림 10.2.6 안장 점

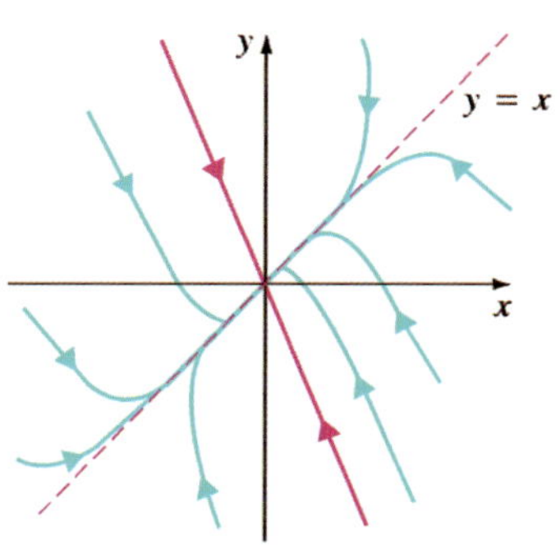

그림 10.2.7 안장 점

수 있다. $c_1 \neq 0$일 때 $\boldsymbol{X}(t)$는 λ_1의 고유벡터 $\boldsymbol{K}_1$에 의해 정해진 둘 중 하나의 방향에서 0으로 가까워질 것이다. 만약 $c_1 = 0$이라면 $\boldsymbol{X}(t) = c_2\boldsymbol{K}_2 e^{\lambda_2 t}$이고 $\boldsymbol{X}(t)$는 고유벡터 $\boldsymbol{K}_2$에 의해 정해진 직선을 따라 $\mathbf{0}$으로 가까워진다. 그림 10.2.3은 원점 주위의 해곡선의 집합족을 보여준다. 고윳값 모두 음수일 때 임계점은 **안정 노드**(stable node)라 한다.

(b) 둘 다 양수인 고윳값 ($\tau^2 - 4\Delta > 0$, $\tau > 0$과 $\Delta > 0$)

불안정 노드 $(0 < \lambda_2 < \lambda_1)$: 이 경우의 분석은 (a)와 비슷하다. 다시 (2)로부터 t가 증가함에 따라 $\boldsymbol{X}(t)$는 유계가 아니다. 게다가 다시 $\lambda_2 < \lambda_1$이라 가정하고 (3)을 이용하면, 고유벡터 $\boldsymbol{K}_1(c_1 \neq 0$일 때)에 의해 정해진 또는 고유벡터 $\boldsymbol{K}_2$ $(c_1 = 0)$에 의해 정해진 하나의 방향으로 $\boldsymbol{X}(t)$는 유계가 아니다. 그림 10.2.4는 해곡선의 전형적인 집합족을 보여준다. 고윳값이 모두 양수인 경우에 부합하여 이 임계점의 형태를 **불안정 노드**(unstable node)라 한다.

(c) 반대 부호를 가지는 고윳값 ($\tau^2 - 4\Delta > 0$, $\tau > 0$과 $\Delta < 0$)

안장 점 $(\lambda_2 < 0 < \lambda_1)$: 해의 분석은 (b)와 같고 하나의 예외를 갖는다. $c_1 = 0$일 때, $\boldsymbol{X}(t) = c_2\boldsymbol{K}_2 e^{\lambda_2 t}$이고 $\lambda_2 < 0$이기 때문에 $\boldsymbol{K}_2$에 의해 정해진 직선을 따라 $\boldsymbol{X}(t)$는 $\mathbf{0}$으로 접근한다. $\boldsymbol{X}(0)$가 $\boldsymbol{K}_2$에 의해 정해진 직선 위에 놓여있지 않다면, $\boldsymbol{K}_1$에 의해 정해진 직선은 $\boldsymbol{X}(t)$의 점근선 역할을 한다. 그래서 일부 해는 t가 증가하더라도 0으로 가까워지지만 임계점은 불안정하다. 이 불안정한 임계점을 **안장 점**(saddle point)이라고 한다. 그림 10.2.5를 참조하라.

예제 2 서로 다른 실수인 고윳값

다음 각각의 선형연립방정식 $\boldsymbol{X}' = \boldsymbol{A}\boldsymbol{X}$의 임계점 $(0, 0)$이 안정 노드, 불안정 노드 또는 안장 점인지를 판정하여라.

(a) $\boldsymbol{A} = \begin{pmatrix} 2 & 3 \\ 2 & 1 \end{pmatrix}$ (b) $\boldsymbol{A} = \begin{pmatrix} -10 & 6 \\ 15 & -19 \end{pmatrix}$

각각의 경우, $(0, 0)$ 근방에서 해의 특성을 논의하라.

풀이 (a) 대각합 τ가 3이고 행렬식 Δ는 4이며 고윳값은

$$\lambda = \frac{\tau \pm \sqrt{\tau^2 - 4\Delta}}{2} = \frac{3 \pm \sqrt{3^2 - 4(-4)}}{2} = \frac{3 \pm 5}{2} = 4,\ -1$$

이다. 고윳값의 부호가 반대이므로 (0,0)은 안장 점이다. 그리고 어렵지 않게 $\lambda_1 = 4$ 와 $\lambda_2 = -1$에 대응되는 고유벡터는 각각 (8.2절의 예제 1을 참고하라.)

$$\mathrm{K}_1 = \begin{pmatrix} 3 \\ 2 \end{pmatrix} \text{와 } \mathrm{K}_2 = \begin{pmatrix} 1 \\ -1 \end{pmatrix}$$

임을 보인다. 만약 $\boldsymbol{X}(0) = \boldsymbol{X}_0$이 $y = -x$의 직선 위에 있다면, $\boldsymbol{X}(t)$는 $\mathbf{0}$으로 접

근한다. 다른 모든 초기 조건에서는 K_1에 의해 정해진 방향으로 $X(t)$는 유계하지 않다. 즉, 직선 $y = \frac{2}{3}x$은 이런 모든 해 곡선에 대한 점근선의 역할을 한다. 그림 10.2.6을 참조하라.

(b) $\tau = -29$와 $\Delta = 100$에 의해 A의 고윳값은 $\lambda_1 = -4$와 $\lambda_2 = -25$이다. 두 고윳값 모두 음수이므로 이 경우에서는 (0,0)은 안정 노드이다. $\lambda_1 = -4$와 $\lambda_2 = -25$에 대응되는 고유벡터는 각각

$$K_1 = \begin{pmatrix} 1 \\ 1 \end{pmatrix} \text{와 } K_2 = \begin{pmatrix} 2 \\ -5 \end{pmatrix}$$

이므로, $X(0) = X_0$이 K_2에 의해 정해진 직선 $y = -\frac{5}{2}$ 위에 놓인 해들을 제외하고는 다른 모든 해는 K_1에 의해서 정해진 방향에서 0으로 접근한다. 이 해들은 $y = -\frac{5}{2}x$에 따라 0으로 가까워진다. 그림 10.2.7을 참조하라.

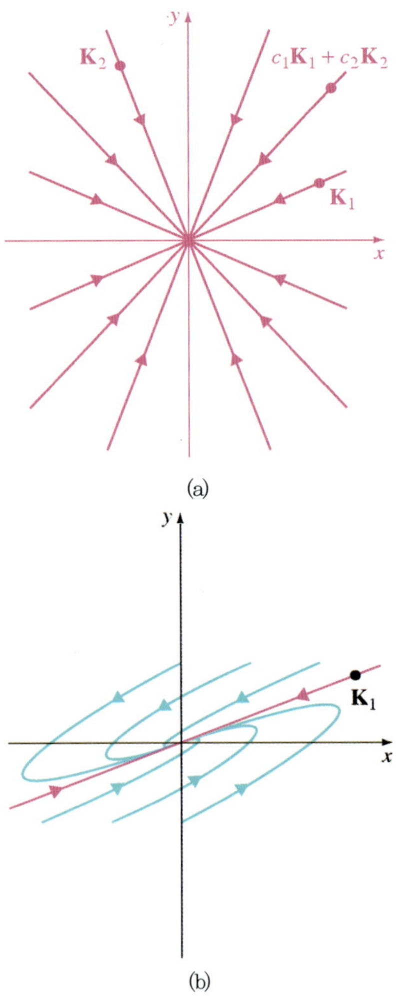

그림 10.2.8 퇴화 안정 노드

경우 II **중복된 실수 고윳값** ($\tau^2 - 4\Delta = 0$) 8.2절에서 중복된 고윳값 λ_1에 대하여 한 개 또는 두 개의 일차 독립인 고유 벡터를 구할 수 있는지에 따라 일반해는 두 가지 형태 중 하나를 취하게 된다.

(a) 두 개의 일차독립인 고유벡터

만약 K_1과 K_2가 λ_1에 대응되는 두 개의 일차 독립인 고유벡터이면, 일반해는

$$X(t) = c_1 K_1 e^{\lambda_1 t} + c_2 K_2 e^{\lambda_1 t} = (c_1 K_1 + c_2 K_2) e^{\lambda_1 t}$$

로 주어진다. $\lambda_1 < 0$이면, $X(t)$는 벡터 $c_1K_1 + c_2K_2$에 의해서 직선을 따라 0으로 다가가고 임계점을 **퇴화 안정 노드**(degenerate stable node)라고 한다. (그림 10.2.8(a)를 참조하라.) $\lambda_1 > 0$일 때는 그림 10.2.8(a)의 화살표는 반대방향이고 **퇴화 불안정 노드**(degenerate unstable node)라고 한다.

(b) 한 개의 일차독립인 고유벡터

오직 한 개의 일차독립인 고유벡터 K_1이 존재할 때, $(A - \lambda_1 I)P = K_1$ (8.2절 (12)-(14)를 참고)이면 일반해는

$$X(t) = c_1 K_1 e^{\lambda_1 t} + c_2 (K_1 t e^{\lambda_1 t} + P e^{\lambda_1 t})$$

로 주어지고, 해는

$$X(t) = te^{\lambda_1 t}\left[c_2 K_1 + \frac{c_1}{t} K_1 + \frac{c_2}{t} P\right]$$

로 다시 쓸 수 있다. $\lambda_1 < 0$일 때 $\lim_{t\to\infty} te^{\lambda_1 t} = 0$이고 따라서 $X(t)$는 벡터 K_1에 의해 정해진 하나의 방향으로 0으로 접근한다(그림 10.2.8(b)를 참고하라). 임계점은 다시 **퇴화 안정 노드**라고 한다. $\lambda_1 > 0$일 때, 해는 그림 10.2.8(b)에서 화살표는 반

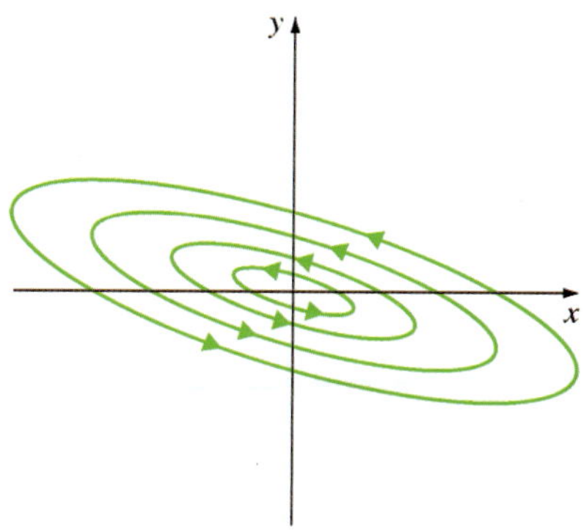

그림 10.2.9 중심

대방향인 궤적과 같이 나타낸다. 또한 $\boldsymbol{K}_1$에 의해 정해진 직선은 모든 해에 대한 점근선이다. 그 임계점은 다시 **퇴화 불안정 노드**라고 한다.

경우 III 복소수인 고윳값 $(\tau^2-4\Delta<0)$ 만약 $\lambda_1=\alpha+i\beta$이고 $\lambda_1=\alpha-i\beta$인 복소수 고윳값이고 $\boldsymbol{K}_1=\boldsymbol{B}_1+i\boldsymbol{B}_2$는 λ_1에 대응되는 복소수인 고유벡터라 하면, 일반해는

$$\boldsymbol{X}_1(t)=(\boldsymbol{B}_1\cos\beta t-\boldsymbol{B}_2\sin\beta t)e^{\alpha t},\ \ \boldsymbol{X}_2(t)=(\boldsymbol{B}_2\cos\beta t+\boldsymbol{B}_1\sin\beta t)e^{\alpha t}$$

일 때 $\boldsymbol{X}(t)=c_1\boldsymbol{X}_1(t)+c_2\boldsymbol{X}_2(t)$로 쓸 수 있다. 8.2절의 (23)과 (24)를 참고하라. 그러므로 해는

$$x(t)=e^{\alpha t}(c_{11}\cos\beta t+c_{12}\sin\beta t),\ \ y(t)=e^{\alpha t}(c_{21}\cos\beta t+c_{22}\sin\beta t) \quad (4)$$

로 쓸 수 있고 $\alpha=0$이면,

$$x(t)=c_{11}\cos\beta t+c_{12}\sin\beta t,\ \ y(t)=c_{21}\cos\beta t+c_{22}\sin\beta t \quad (5)$$

이 된다.

(a) **순허수** $(\tau^2-4\Delta<0,\ \tau=0)$

중심 $\alpha=0$일 때, 고윳값들은 순허수이고, (5)로부터 모든 해들은 주기 $p=2\pi/\beta$인 주기적이다. 만일 c_{12}와 c_{21}이 0이 된다면 (5)는 타원 $x^2/c_{11}^2+y^2/c_{22}^2=1$에 대한 표준 매개변수 표현인

$$x(t)=c_{11}\cos\beta t, \quad y(t)=c_{22}\sin\beta t$$

로 간단히 된다. $\cos\beta t$와 $\sin\beta t$에 대하여 (4)에 있는 연립방정식을 풀고 등식 $\sin^2\beta t+\cos^2\beta t=1$을 사용하면, 모든 해는 원점에서 중심을 갖는 타원임을 보일 수 있다. 임계점 $(0,0)$을 **중심**(center)이라 하고, 그림 10.2.9는 해곡선의 일반적인 집합족을 보여준다. 타원은 모두 시계방향으로 움직이거나 또는 모두 시계반대방향으로 움직인다.

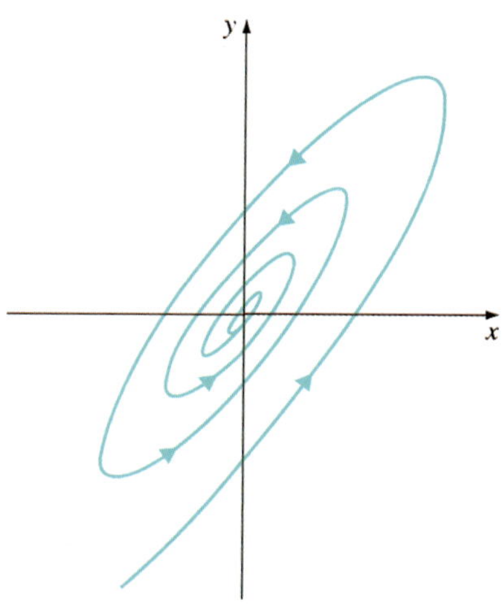

(a) 안정 와심

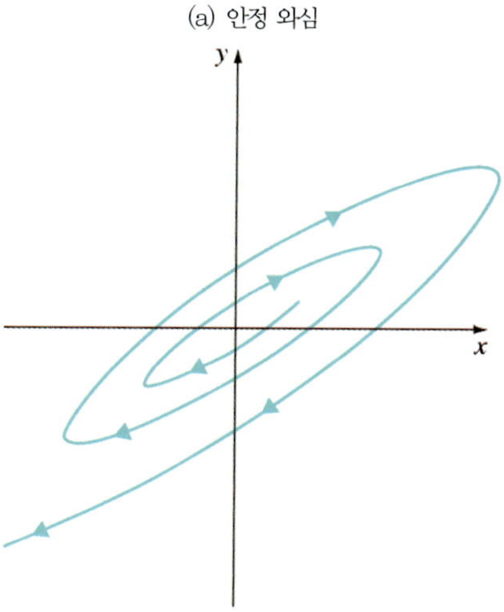

(b) 불안정 와심

그림 10.2.10 와심

(b) **0이 아닌 실수부분** $(\tau^2-4\Delta<0,\ \tau\neq0)$

와심 $\alpha\neq0$일 때, (4)에서 $e^{\alpha t}$항의 결과는 5.1장에서 주어진 감쇠 운동 분석의 지수항의 결과와 비슷하다. $\alpha<0$일 때, $e^{\alpha t}\to0$이고 타원과 같은 해는 원점으로 점점 더 나선형으로 움직인다. 이 임계점을 **안정 와심**(stable spinal point)이라고 한다. $\alpha>0$일 때, 결과는 정반대이다. 타원과 같은 해는 원점으로부터 점점 더 멀어지며 이 임계점을 **불안정 와심**(unstable spiral point)이라고 한다. 그림 10.2.10을 참조하라.

예제 3 중복된 고윳값과 복소수인 고윳값

다음 선형 연립방정식 $X' = AX$ 각각의 임계점 $(0,0)$을 분류하여라.

(a) $A=\begin{pmatrix} 3 & -18 \\ 2 & -9 \end{pmatrix}$ (b) $A=\begin{pmatrix} -1 & 2 \\ -1 & 1 \end{pmatrix}$

각각의 경우에 대하여 $X(0)=(1,\ 0)$을 만족하는 해의 특성을 논의하라. 각각의 해에 대한 매개변수방정식을 결정하여라.

풀이 (a) $\tau=-6$이고 $\Delta=9$이므로, 고유다항식은 $\lambda^2+6\lambda+9=(\lambda+3)^2$이고 $(0,0)$은 퇴화 안정 노드이다. 중복된 고윳값 $\lambda=-3$에 대하여 하나의 고유벡터 $K_1=\begin{pmatrix} 3 \\ 1 \end{pmatrix}$를 구하고 $X(0)=(1,\ 0)$을 만족하는 해 $X(t)$는 직선 $y=x/3$에 의해 정해진 방향으로부터 $(0,0)$으로 접근한다.

(b) $\tau=0$이고 $\Delta=1$이므로, 고윳값은 $\lambda=\pm i$이고, $(0,\ 0)$은 중심이다. $X(0)=(1,\ 0)$을 만족하는 해 $X(t)$는 매시간 2π단위로 원점을 회전하는 타원이다.

8.2절의 예제 4로부터 (a)의 연립방정식의 일반해는

$$X(t)=c_1\begin{pmatrix} 3 \\ 1 \end{pmatrix}e^{-3t}+c_2\left[\begin{pmatrix} 3 \\ 1 \end{pmatrix}te^{-3t}+\begin{pmatrix} \frac{1}{2} \\ 0 \end{pmatrix}e^{-3t}\right]$$

이다. 초기조건으로부터 $c_1=0,\ c_2=2$이고 $x=(6t+1)e^{-3t},\ y=2te^{-3t}$는 이 해에 대한 매개변수방정식이다.

(b)의 연립방정식의 일반해는

$$X(t)=c_1\begin{pmatrix} \cos t+\sin t \\ \cos t \end{pmatrix}+c_2\begin{pmatrix} \cos t-\sin t \\ -\sin t \end{pmatrix}$$

이다. 초기조건으로부터 $c_1=0,\ c_2=1$이고 $x=\cos t-\sin t,\ y=-\sin t$는 타원의 매개변수방정식이다. 작은 양수 값 t에 대하여 $y<0$이고, 그래서 타원은 시계 방향으로 움직임을 주시하자.

그림 10.2.11(a)와 10.2.11(b)는 각각 (a)와 (b)의 해들이다. ■

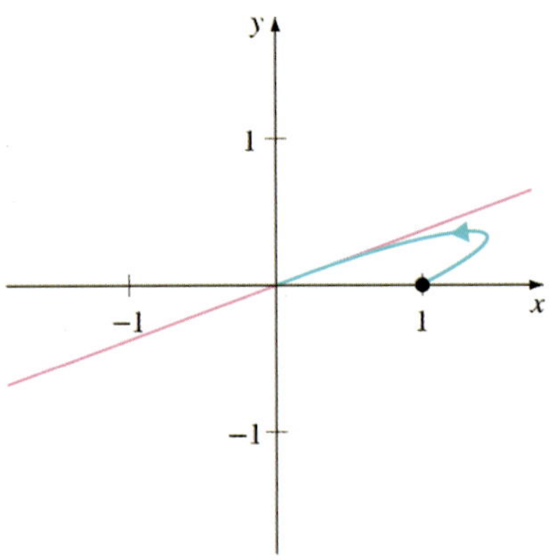

(a) 퇴화 안정노드

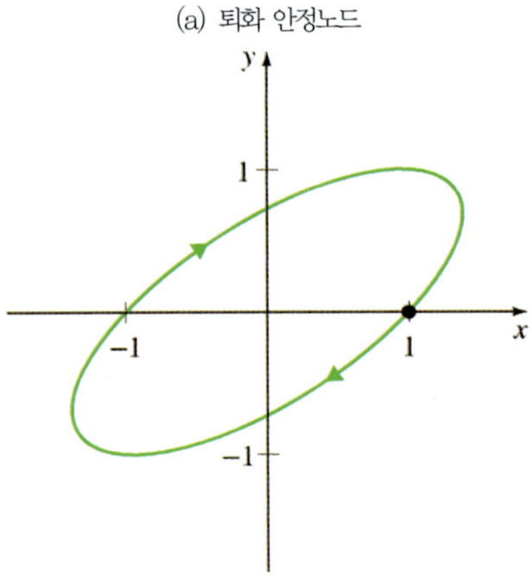

(b) 중심

그림 10.2.11 예제 3의 임계점

임계점의 분류 그림 10.2.12는 이 장의 결과를 간단하게 요약해준다. 해의 일반적인 기하학적 의미는 A의 대각합과 행렬식을 계산함으로서 결정할 수 있다. 실제적으로, 해의 그래프는 고윳값-고유벡터 해를 분명하게 구한 것에 의해서 그려지는 것이 *아니라* 오히려 수치적 해도구와 1계 연립방정식에 대한 룽게-쿠타(Runge-Kutta) 방법에 의해 좀 더 쉽게 그릴 수가 있다.

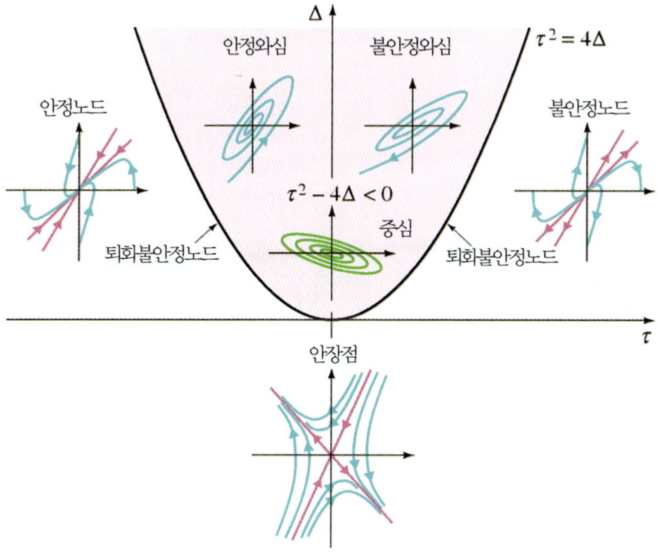

그림 10.2.12 경우 I, II, III의 기하학적 요약

예제 4 임계점의 분류

양의 상수 $a, b, c, d, \hat{x}$와 $\hat{y}$에 대하여 다음 각각의 선형 연립방정식 $\mathbf{X}' = \mathbf{A}\mathbf{X}$의 임계점 $(0,0)$을 분류하시오.

(a) $\mathbf{A} = \begin{pmatrix} 1.01 & 3.10 \\ -1.10 & -1.02 \end{pmatrix}$ (b) $\mathbf{A} = \begin{pmatrix} -a\hat{x} & -ab\hat{x} \\ -cd\hat{y} & -d\hat{y} \end{pmatrix}$

풀이 (a) 이 행렬에 대하여 $\tau = -0.01, \Delta = 2.3798$이기 때문에, $\tau^2 - 4\Delta < 0$이다. 그림 10.2.12를 사용하면 $(0,0)$은 안정 와심임을 알 수 있다.

(b) 이 행렬은 10.4장에서 공부할 로카-볼테라 (Lotka-Volterra) 경쟁 모델로부터 나온다. $\tau = -(a\hat{x} + d\hat{y})$이고 행렬의 모든 상수들이 양수이기 때문에 $\tau < 0$이다. 행렬식은 $\Delta = ad\hat{x}\hat{y}(1 - bc)$와 같이 쓸 수 있다. 만약 $bc > 1$이면 $\Delta < 0$이고 임계점은 안장 점이다. 만약 $bc < 1$이면 $\Delta > 0$이고 임계점은 안정 노드, 퇴화 안정 노드 또는 안정 와심 중 하나이다. 세 가지 모든 경우에서 $\lim_{t \to \infty} \mathbf{X}(t) = \mathbf{0}$이다. ■

$ad - bc \neq 0$인 선형 평면 자율 연립방정식 (1)에 대하여 이 장의 시작에서 언급한 질문에 대한 답은 다음 정리로 요약된다.

정리 10.2.1 선형 연립방정식에 대한 안정성 판별법

$\det A \neq 0$인 선형 평면 자율 연립방정식 $X' = AX$에 대하여 $X = X(t)$를 $X_0 \neq 0$인 초기조건 $X(0) = X_0$을 만족하는 해라고 하자.

(a) $\lim_{t \to \infty} X(t) = 0$일 필요충분조건은 A의 고윳값이 음수인 실수부분을 갖는 것이다. 이는 $\Delta > 0, \tau < 0$일 때 생긴다.

(b) $X(t)$가 주기적일 필요충분조건은 A의 고윳값이 순허수인 것이다. 이는 $\Delta > 0, \tau = 0$일 때 생긴다.

(c) 다른 모든 경우에서, 주어진 원점의 임의의 근방에서, t가 증가할수록 $X(t)$가 유계가 되지 않는 근방에서 적어도 한 개의 X_0이 존재한다.

주의

교재에 따라 임계점의 종류를 설명하기 위해 사용된 용어들이 다양하다. 다음 표는 책을 읽다가 마주하는 대체가능한 용어들이다.

용어	대체가능한 용어
임계점	평형점, 특이점, 안정화된 점, 정지점
와심	촛점, 모임점, 소용돌이 점
안정 노드 또는 와심	흡입자, 흡입
불안정 노드 또는 와심	반사, 근원

연습문제 10.2

(1-8) 연립방정식 $X' = AX$의 일반해가 주어졌다.

(a) 각각의 경우에서 $(0, 0)$ 근방에서의 해의 특성을 논하라.

(b) 계산기나 CAS를 사용하여 $X(0) = (1, 1)$를 만족하는 해의 그래프를 그려라.

1 $A = \begin{pmatrix} -2 & -2 \\ -2 & -5 \end{pmatrix}$, $X(t) = c_1\begin{pmatrix} 2 \\ -1 \end{pmatrix}e^{-t} + c_2\begin{pmatrix} 1 \\ 2 \end{pmatrix}e^{-x}$

2 $A = \begin{pmatrix} -1 & 5 \\ -1 & 1 \end{pmatrix}$

$$X(t) = c_1\begin{pmatrix} 5\cos 2t \\ \cos 2t - 2\sin 2t \end{pmatrix} + c_2\begin{pmatrix} 5\sin 2t \\ 2\cos 2t + \sin 2t \end{pmatrix}$$

3 $A = \begin{pmatrix} 1 & -1 \\ 1 & 1 \end{pmatrix}$, $X(t) = e^t\left[c_1\begin{pmatrix} -\sin t \\ \cos t \end{pmatrix} + c_2\begin{pmatrix} \cos t \\ \sin t \end{pmatrix}\right]$

4 $A = \begin{pmatrix} 2 & 4 \\ -1 & 6 \end{pmatrix}$,

$$X(t) = c_1\begin{pmatrix} 2 \\ 1 \end{pmatrix}e^{4t} + c_2\left[\begin{pmatrix} 2 \\ 1 \end{pmatrix}te^{4t} + \begin{pmatrix} 1 \\ 1 \end{pmatrix}te^{2t}\right]$$

5 $A = \begin{pmatrix} -6 & 5 \\ -5 & 4 \end{pmatrix}$

$$X(t) = c_1\begin{pmatrix} 1 \\ 1 \end{pmatrix}e^{t} + c_2\left[\begin{pmatrix} 1 \\ 1 \end{pmatrix}te^{2t} + \begin{pmatrix} 0 \\ \frac{1}{5} \end{pmatrix}e^{t}\right]$$

6 $A=\begin{pmatrix}-1 & -4\\ 1 & -1\end{pmatrix}$

$X(t)=e^{-t}\left[c_1\begin{pmatrix}2\cos 2t\\ \sin 2t\end{pmatrix}+c_2\begin{pmatrix}-2\sin 2t\\ \cos 2t\end{pmatrix}\right]$

7 $A=\begin{pmatrix}2 & -1\\ 3 & -5\end{pmatrix}$, $X(t)=c_1\begin{pmatrix}1\\1\end{pmatrix}e^{-t}+c_2\begin{pmatrix}1\\3\end{pmatrix}e^{-x}$

8 $A=\begin{pmatrix}-1 & -2\\ 3 & 4\end{pmatrix}$, $X(t)=c_1\begin{pmatrix}1\\-1\end{pmatrix}e^{-t}+c_2\begin{pmatrix}-4\\6\end{pmatrix}e^{2t}$

(9-16) 대각합 τ와 행렬식 Δ를 구하고 그림 10.2.12을 이용하여 주어진 선형연립방정식의 임계점 (0,0)을 분류하여라.

9 $x'=-5x+3y$
$y'=2x+7y$

10 $x'=-5x+3y$
$y'=2x-7y$

11 $x'=-5x+3y$
$y'=-2x+5y$

12 $x'=-5x+3y$
$y'=-7x+4y$

13 $y'=-\frac{3}{2}x+\frac{1}{4}y$
$y'=-x-\frac{1}{2}y$

14 $y'=\frac{1}{2x}+\frac{1}{4}y$
$y'=-x-\frac{1}{2}y$

15 $x'=0.02x-0.11y$
$y'=0.10x-0.05y$

16 $x'=0.03x+0.01y$
$y'=0.01x+0.05y$

17 (0, 0)이 선형 연립방정식

$$x'=-\mu x+y$$
$$y'=-x+\mu y$$

의 중심이 되도록 실수 μ에 대한 조건을 구하여라.

18 (0, 0)이 선형 연립방정식

$$x'=y$$
$$y'=-x+\mu y$$

의 안정 와심이 되도록 실수 μ에 대한 조건을 구하여라.

19 μ가 실수이고 $\mu\neq-1$일 때 (0, 0)이 항상 선형 연립방정식

$$x'=\mu x+y$$
$$y'=-x+y$$

의 불안정 임계점이 됨을 보여라.

20 $X=X(t)$가 초기조건 $X(0)=X_0$을 만족하는 선형동력계

$$x'=\alpha x-\beta y$$
$$y'=\beta x+\alpha y$$

의 반응이라 하자. $\lim_{t\to\infty}X(t)=(0,\ 0)$을 만족하는 실수 α와 β의 조건을 구하여라. $(0,\ 0)$이 노드 또는 안정점이 될 수 있는가?

21 $\Delta=\det A\neq 0$일 때 비동차 선형 연립방정식 $X'=AX+\mathrm{F}$가 유일한 임계점 X_1을 가짐을 보여라. 만일 $X=X(t)$가 비동차 연립방정식의 해이고 $\tau<0$이고 $\Delta>0$이면 $\lim_{t\to\infty}X(t)=X_1$으로 결론을 내려라.
[힌트 : $X(t)=X_c(t)+AX_1$]

22 예제 4 (b)에서 $bc<1$이면 $(0,0)$이 안정 노드임을 보여라.

(23-26) 비동차 선형 연립방정식 $X'=AX+F$이 주어졌다.
(a) 각각의 경우에서 유일한 임계점 X_1을 구하여라.
(b) 수치적 도구를 이용하여 (a)의 임계점의 특성을 결정하라.
(c) X_1과 동차 선형 연립방정식 $X'=AX$의 임계점 간의 관계를 알아보아라.

23 $x'=2x+3y-6$
$y'=-x-2y+5$

24 $x'=-5x+9y+13$
$y'=-x-11y-23$

25 $x'=0.1x-0.2y+0.35$
$y'=0.1x+0.1y-0.25$

26 $x'=3x-2y-1$
$y'=5x-3y-2$

10.3 선형화와 국소 안정성

필요한 개념

- 선형화의 개념은 2.6절에서 처음 소개되었다.

소개 | 이 장의 핵심 아이디어는 **선형화**(linearization)이다. 2.6절과 미적분학으로부터 실수 x_1에서 미분 가능한 함수 $f(x)$의 선형화는 그 점에서 f의 그래프에 **접선**의 방정식이다: $y=f(x_1)+f'(x_1)(x-x_1)$. x_1에 가까운 x에 대하여 f의 그래프 위의 점은 접선에 있는 점으로 가까워지며, 접선의 방정식으로부터 얻어진 $y(x)$의 값들은 대응되는 함수 값 $f(x)$로의 *국소 선형 근사*(*local linear approximation*)라고 한다. 마찬가지로 한 점 (x_1,y_1)에서 미분 가능한 2 변수 함수 $f(x,y)$의 선형화는 그 점에서 f의 그래프의 **접평면**의 방정식이다:

$$z=f(x_1,y_1)+f_x(x_1,y_1)(x-x_1)+f_y(x_1,y_1)(y-y_1)$$

으로 f_x와 f_y는 편도함수이다. 이 절에서는 비선형 미분방정식과 비선형 연립방정식을 분석하는 도구로 선형화를 사용할 것이다; 이 아이디어는 비선형을 선형 미분방정식과 선형 연립방정식으로 대체하는 것이다.

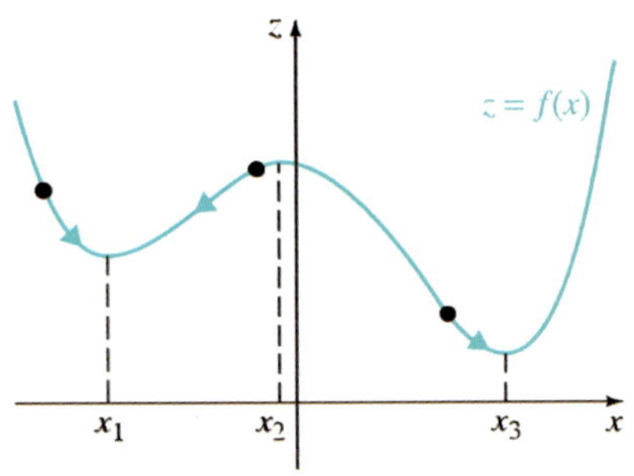

그림 10.3.1 그래프 $z=f(x)$ 위를 움직이는 구슬

움직이는 구슬 비선형 자율 연립방정식에도 같은 방법을 적용하여 10.2장에서 소개한 안정성의 개념을 개선하는 것으로 이 절을 시작한다. 선형 연립방정식 $\boldsymbol{X}'=\boldsymbol{AX}$은 $\det\boldsymbol{A}\neq 0$일 때 오직 한 개의 임계점을 가짐에도 불구하고, 10.1절에서 비선형 연립방정식은 많은 임계점을 가질 수 있다는 것을 보았다. 그러므로 우선 $\boldsymbol{X}_0$이 $\boldsymbol{X}_1$에 충분히 가까이 놓여있음에도 불구하고 초기에 $\boldsymbol{X}_0$에 위치한 점이 주어진 임계점 $\boldsymbol{X}_1$ 근처에 남아있을 것이라고 기대할 수는 없다. 아마도 입자는 두 번째 임계점으로 끌려갈 것이다. 이러한 아이디어를 강조하기 위해, 그림 10.3.1에 있는 구슬이 오직 중력의 영향에 의해 곡선 $z=f(x)$를 따라 미끄러지는 물리적 시스템을 생각해보자. 10.4절에서 구슬의 x-좌표는 비선형 2계 미분방정식 $x''=g(x,x')$을 만족함을 보일 것이다; $y=x'$라 놓으면 비선형 자율 연립방정식

$$\begin{aligned} x' &= y \\ y' &= g(x,y) \end{aligned}$$

을 만족한다.

구슬이 $P=(x,\ f(x))$에 위치하고 주어진 초기 속도가 0이면, 구슬은 $f'(x)=0$인 P에 머무를 것이다. 구슬이 $x=x_1$에 위치한 임계점 근처에 위치하면 그것의 초기 속도가 $x=x_3$에 위치한 임계점으로 향하는 $x=x_2$에서의 "언덕"을 넘지 못할 때만 $x=x_1$에 머무를 것이다. 따라서 $\boldsymbol{X}(0)=(x(0),x'(0))$은 반드시 $(x_1,0)$의 근처에 있어야만 한다.

다음 정의에서 두 점 $\boldsymbol{X}$와 $\boldsymbol{Y}$의 사이의 거리를 $|\boldsymbol{X}-\boldsymbol{Y}|$로 정의한다. $\boldsymbol{X}=(x_1,\ x_2,\ \cdots,\ x_n)$와 $\boldsymbol{Y}=(y_1y_2,\ldots,y_n)$일 때

$$|X - Y| = \sqrt{(x_1 - y_1)^2 + (x_2 - y_2)^2 + \cdots + (x_n - y_n)^2}$$

이다.

정의 10.3.1 안정 임계점

X_1을 자율 연립방정식의 임계점이라 하고 $X = X(t)$을 $X_0 \neq X_1$인 초기조건 $X(0) = X_0$을 만족하는 해라고 하자. 주어진 임의의 반지름 $\rho > 0$에 대하여, $r > 0$인 대응되는 반지름 r이 존재하여 초기 위치 X_0이 $|X_0 - X_1| < r$일 때 대응되는 해 $X(t)$가 $t > 0$인 모든 t에 대하여 $|X(t) - X_1| < \rho$을 만족하면 X_1을 **안정 임계점**(stable critical point)이라고 한다. 게다가, $|X_0 - X_1| < r$에 대하여 $\lim_{t \to \infty} X(t) = X_1$이면 X_1을 **점근적 안정 임계점**(asymptotically stable critical point)이라고 한다.

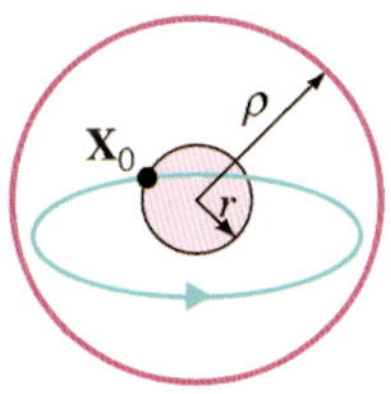

(a) 안정

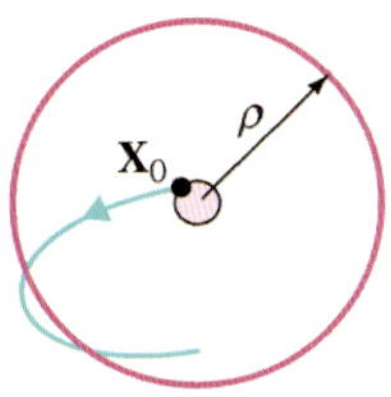

(b) 불안정

그림 10.3.2 임계점

이 정의가 그림 10.3.2(a)로 표현되었다. 중심이 임계점 X_1이고 반지름 ρ인 디스크에 대하여, $X(0) = X_0$이 X_1에 충분히 가깝도록 택하면 해는 디스크 안에 놓이게 될 것이다. X_1이 안정되기 위하여 해가 임계점으로 접근할 필요는 없다. 안정 노드, 안정 와심, 그리고 중심은 선형 연립방정식에 대한 안정 임계점의 예들이다. X_0이 X_1에 가깝게 선택되어야 함을 강조하기 위해 **국소 안정 임계점**(locally stabel critical point)이라는 용어 또한 사용된다.

정의 10.3.1을 반대로 하면, 불안정 임계점의 정의를 얻는다.

정의 10.3.2 불안정 임계점

X_1을 자율 연립방정식의 임계점이라 하고 $X = X(t)$을 $X_0 \neq X_1$인 초기조건 $X(0) = X_0$을 만족하는 해라고 하자. 주어진 임의의 $r > 0$에 대하여, $|X_0 - X_1| < r$을 만족하는 초기 위치 X_0이 적어도 하나 존재하지만 대응되는 해 $X(t)$는 적어도 한 개의 $t > 0$에 대하여 $|X(t) - X_1| \geq \rho$을 만족하면 X_1을 **불안정 임계점**(unstable critical point)이라고 한다.

임계점 X_1이 불안정하면, X_1의 아무리 작은 근방이라도, 초기 위치 X_0는 미래의 시간 t에서 반지름 ρ인 어떤 디스크를 벗어난 해를 항상 찾을 수 있다. 그림 10.3.2(b)를 참조하라. 따라서 불안정한 노드, 불안정한 와심과 안장 점은 선형 연립방정식의 불안정한 임계점의 예들이다. 그림 10.3.1에서 임계점 $(x_2,\ 0)$은 불안정하다. 약간의 변위 또는 초기 속도로 구슬은 $(x_2,\ f(x_2))$로부터 멀어진다.

예제 1 안정 임계점

$(0,0)$이 10.1절의 예제 6에서 다룬 비선형 평면 자율 연립방정식

$$x' = -y - x\sqrt{x^2+y^2}$$
$$y' = x - y\sqrt{x^2+y^2}$$

의 안정적인 임계점임을 보여라.

풀이 10.1절의 예제 6에서 우리는 극좌표에서 $r = 1/(t+c_1), \theta = t + c_2$가 연립방정식의 해임을 보였다. 만약 $\mathbf{X}(0) = (r_0, \theta_0)$가 극좌표에서의 초기조건이라면,

$$r = \frac{r_0}{r_0 t + 1}, \qquad \theta = t + \theta_0$$

이다. $t \geq 0$ 에 대하여 $r \leq r_0$ 이고 t가 증가함에 따라 r은 (0,0)에 접근한다는 점을 주목하라. 그러므로 주어진 $\rho > 0$에 대하여 (0,0)으로부터 ρ 단위보다 작게 출발한 해는 모든 $t \geq 0$ 에 대하여 원점의 ρ 단위 이내에 머물러 있다. 따라서 임계점 (0,0)은 안정적이고 실제로는 점근적으로 안정하다. 전형적인 해는 그림 10.3.3으로 나타낸다. ■

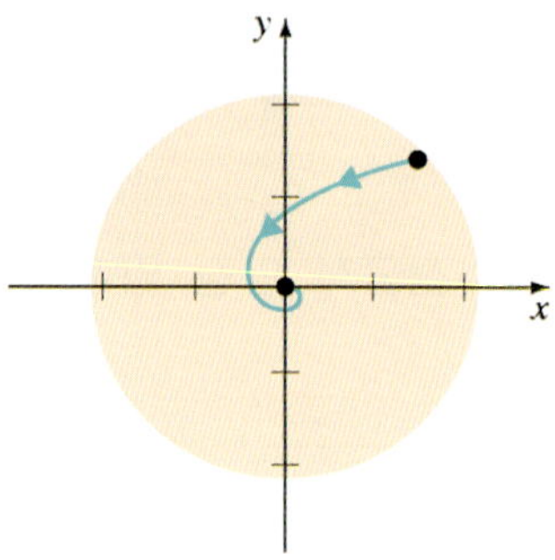

그림 10.3.3 예제 1의 점근적 안정 임계점

예제 2 불안정 임계점

극좌표로 표현될 때, 평면 자율 연립방정식은

$$\frac{dr}{dt} = 0.05r(3-r)$$
$$\frac{d\theta}{dt} = -1$$

와 같은 형태를 취한다. $(x, y) = (0, 0)$이 불안정 임계점임을 보여라.

풀이 $x = r\cos\theta$ 이고 $y = r\sin\theta$이기 때문에,

$$\frac{dx}{dt} = -r\sin\theta\frac{d\theta}{dt} + \frac{dr}{dt}\cos\theta$$
$$\frac{dy}{dt} = r\cos\theta\frac{d\theta}{dt} + \frac{dr}{dt}\sin\theta$$

이 된다. $dr/dt = 0.05r(3-r)$ 으로부터 $r = 0$일 때 $dr/dt = 0$ 이고 새 연립방정식에 $r = 0$을 대입하면 $(x, y) = (0, 0)$은 임계점이 된다.

미분방정식 $dr/dt = 0.05r(3-r)$은 로지스틱방정식으로 변수 분리 또는 3.2절의 방정식 (5)을 이용하여 풀 수 있다. 만약 $r(0) = r_0$이고, $r_0 \neq 0$ 이면 $c_0 = (3-r_0)/r_0$인

$$r = \frac{3}{1 + c_0 e^{-0.15t}}$$

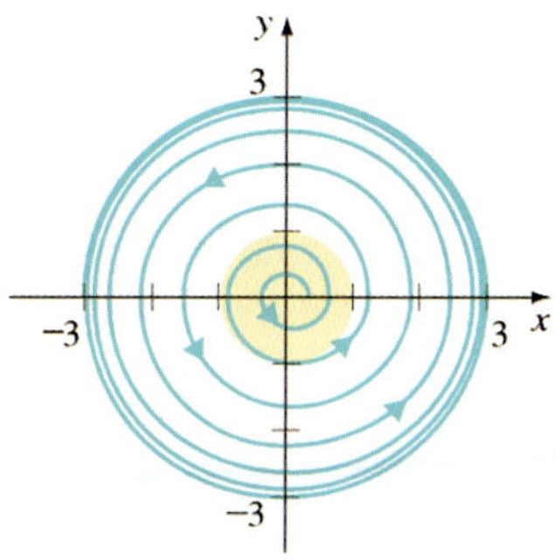

그림 10.3.4 예제 2의 불안정 임계점

이다. $\lim_{t \to \infty} \dfrac{3}{1+c_0 e^{-0.15t}} = 3$ 이기 때문에, 아무리 해가 (0,0)에 가까이에서 출발한다 할지라도, 해는 중심이 원점이고 반지름이 1인 디스크를 벗어날 것이다. 그러므로 (0,0)은 불안정 임계점이 된다. (0,0) 근방에서 출발한 전형적인 해는 그림 10.3.4로 나타낸다. ■

선형화 예제 1과 2에서와 같이 양함수 해를 구함으로써 비선형 연립방정식의 임계점의 안정성을 결정하는 것은 좀처럼 가능하지 않다. 대신에, 원래의 자율 연립방정식 $\mathbf{X}' = \mathbf{g}(\mathbf{X})$에서 항 $\mathbf{g}(\mathbf{X})$를 $\mathbf{X}_1$의 근방에서 $\mathbf{g}(\mathbf{X})$에 거의 근접하는 선형항 $\mathbf{A}(\mathbf{X}-\mathbf{X}_1)$로 대체한다. **선형화**(linearization)라 하는 이 대체과정은 1계 미분방정식 $x' = g(x)$ 으로 우선 제시할 것이다.

$x = x_1$ 에서 곡선 $y = g(x)$에 대한 접선의 방정식은 $y = g(x_1) + g'(x_1)(x - x_1)$이고, 만약 x_1이 $x' = g(x)$의 임계점이면, $g(x_1) = 0$이므로 $x' = g(x) \approx g'(x_1)(x - x_1)$이 된다. 선형방정식의 $x' = g'(x_1)(x - x_1)$의 일반적인 해는 $\lambda_1 = g'(x_1)$인 $x = x_1 + ce^{\lambda_1 t}$이다. 따라서 만약 $g'(x_1) < 0$이면, $x(t)$는 x_1에 접근한다. 정리 10.3.1은 $x(0) = x_0$ 을 x_1에 충분히 가깝게 택한다면, 같은 움직임이 처음 미분방정식에서 일어난다는 것을 보여준다.

정리 10.3.1 **$x' = g(x)$에 대한 안정성 판정**

g가 x_1에서 미분 가능할 때, x_1을 자율 미분방정식 $x' = g(x)$ 의 임계점이라 하자.

(a) 만약 $g'(x_1) < 0$이면, x_1은 점근적 안정 임계점이다.

(b) 만약 $g'(x_1) > 0$이면, x_1은 불안정 임계점이다.

예제 3 비선형 1계 미분방정식에서의 안정성

$x = \pi/4$와 $x = 5\pi/4$ 모두 자율 미분방정식 $x' = \cos x - \sin x$의 임계점이다. 이 미분방정식은 양함수 해를 구하기는 어렵지만, 이 두 임계점 근방에서 해들의 움직임을 예상하기 위하여 정리 10.3.1을 사용할 수 있다.

$g'(x) = -\sin x - \cos x$이기 때문에, $g'(\pi/4) = -\sqrt{2} < 0$이고 $g'(5\pi/4) = \sqrt{2} > 0$이다. 그러므로 $x = \pi/4$는 점근 안정 임계점이지만, $x = 5\pi/4$는 불안정하다. 그림 10.3.5에서 $(0, \pi/4)$ 와 $(0, 5\pi/4)$ 근방에서 시작하는 해들을 조사하기 위해 수치적 해결도구를 사용했다. 예상하는 바와 같이, $(0, 5\pi/4)$에 가깝게 출발한 해곡선은 직선 $x = 5\pi/4$ 로부터 빠르게 멀어지는 것을 관찰하여라. ■

예제 4 로지스틱 미분방정식의 안정성 분석

양함수 해를 구하지 않고, r과 K가 양수인 상수일 때, 로지스틱 미분방정식 $x' = \frac{r}{K}x(K-x)$의 임계점을 분석하라. (3.2절을 참조하라.)

풀이 두 임계점은 $x=0$과 $x=K$이므로 $g'(x) = r(K-2x)/K$로부터 $g'(0) = r$과 $g'(K) = -r$이 된다. 정리 10.3.1로부터 $x=0$은 불안정 임계점이고 $x=K$가 점근적 안정 임계점이 된다. ■

야코비(JACOBIAN) 행렬 평면 자율 연립방정식에 대하여서도 비슷한 분석이 실행되어진다. $\mathbf{X}_1 = (x_1,\ y_1)$에서 곡면 $z = g(x,\ y)$에 대한 접평면의 방정식은

$$z = g(x_1,\ y_1) + \left.\frac{\partial g}{\partial x}\right|_{(x_1,\ y_1)}(x-x_1) + \left.\frac{\partial g}{\partial x}\right|_{(x_1,\ y_1)}(y-y_1)$$

이고 $g(x,y)$는 $\mathbf{X}_1$의 근방에서 $g(x,\ y)$의 접평면으로 근사할 수도 있다.

$\mathbf{X}_1$이 평면 자율 연립방정식의 임계점일 때, $P(x_1, y_1) = Q(x_1, y_1) = 0$이고,

$$x' = P(x,\ y) \approx \left.\frac{\partial P}{\partial x}\right|_{(x_1,\ y_1)}(x-x_1) + \left.\frac{\partial P}{\partial y}\right|_{(x_1,\ y_1)}(y-y_1)$$
$$y' = Q(x,\ y) \approx \left.\frac{\partial Q}{\partial x}\right|_{(x_1,\ y_1)}(x-x_1) + \left.\frac{\partial Q}{\partial y}\right|_{(x_1,\ y_1)}(y-y_1)$$

이 된다. 원래의 연립방정식 $\mathbf{X}' = \mathbf{g}(\mathbf{X})$는 임계점 $\mathbf{X}_1$의 근방에서

$$A = \begin{pmatrix} \left.\frac{\partial P}{\partial x}\right|_{(x_1,\ y_1)} & \left.\frac{\partial P}{\partial y}\right|_{(x_1,\ y_1)} \\ \left.\frac{\partial Q}{\partial x}\right|_{(x_1,\ y_1)} & \left.\frac{\partial Q}{\partial y}\right|_{(x_1,\ y_1)} \end{pmatrix}$$

인 선형 연립방정식 $\mathbf{X}' = A(\mathbf{X} - \mathbf{X}_1)$로 근사할 수도 있다.

이 행렬은 $\mathbf{X}_1$에서의 **야코비 행렬**(Jacobian matrix)이라 하고, $\mathbf{g}'(\mathbf{X}_1)$으로 표시된다. 만약 $\mathbf{H} = \mathbf{X} - \mathbf{X}_1$이라 하면, 선형 연립방정식 $\mathbf{X}' = A(\mathbf{X} - \mathbf{X}_1)$은 10.2절에서 분석한 선형방정식의 형태인 $\mathbf{H}' = A\mathbf{H}$가 된다. $\mathbf{X}' = A(\mathbf{X} - \mathbf{X}_1)$에 대한 임계점 $\mathbf{X} = \mathbf{X}_1$은 이제 $\mathbf{H}' = A\mathbf{H}$에 대한 임계점 $\mathbf{H} = \mathbf{0}$으로 대응된다. 만약 A의 고윳값들이 음수인 실수 부분을 갖는다면, 정리 10.2.1에 의해 $\mathbf{0}$은 $\mathbf{H}' = A\mathbf{H}$의 점근적 안정 임계점이 된다. 만약 실수 부분이 양수인 고윳값이 있으면, $\mathbf{H} = \mathbf{0}$은 불안정 임계점이다. 정리 10.3.2는 원래의 연립방정식의 임계점 $\mathbf{X}_1$에서도 같은 결론을 얻을 수 있다는 것을 보여준다.

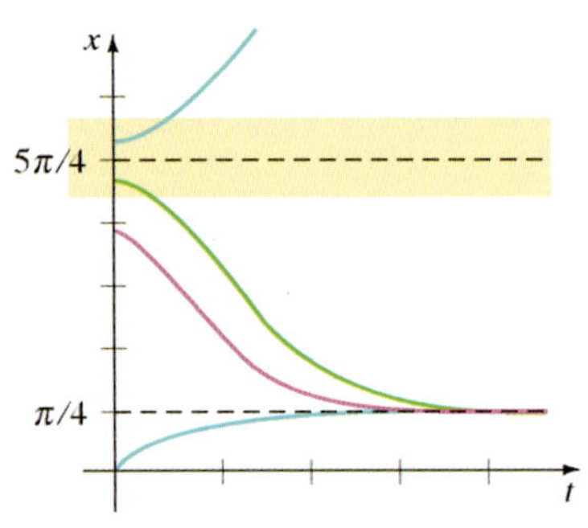

그림 10.3.5 예제 3에서 $\pi/4$는 점근적 안정이고 $5\pi/4$는 불안정이다.

정리 10.3.2 평면 자율 연립방정식에 대한 안정성 판정

X_1이 $P(x,y)$와 $Q(x,y)$가 X_1의 근방에서 연속인 일계 편도함수를 가지는 평면 자율 연립방정식 $X' = g(X)$의 임계점이라고 하자.
(a) 만약 $A = g'(X_1)$의 고윳값들이 음수인 실수부분을 가지면, X_1은 점근적 안정 임계점이 된다.
(b) 만약 $A = g'(X_1)$이 실수부분이 양수인 고윳값을 가지면, X_1은 불안정 임계점이 된다.

예제 5 비선형 연립방정식의 안정성 분석

(만약 가능하면) 다음 각각 평면 자율 연립방정식의 임계점이 안정 또는 불안정인지 판정하라.

(a) $x' = x^2 + y^2 - 6$
$y' = x^2 - y$

(b) $x' = 0.01x(100 - x - y)$
$y' = 0.05y(60 - y - 0.2x)$

풀이 각각 연립방정식의 임계점들은 10.1절의 예제 4에서 구했다.

(a) 임계점들은 $(\sqrt{2}, 2)$와 $(-\sqrt{2}, 2)$이고 야코비 행렬은

$$g'(X) = \begin{pmatrix} 2x & 2y \\ 2x & -1 \end{pmatrix}$$

이므로

$$A_1 = g'((\sqrt{2}, 2)) = \begin{pmatrix} 2\sqrt{2} & 4 \\ 2\sqrt{2} & -1 \end{pmatrix} \text{이고 } A_2 = g'((-\sqrt{2}, 2)) = \begin{pmatrix} -2\sqrt{2} & 4 \\ -2\sqrt{2} & -1 \end{pmatrix}$$

이다. A_1의 행렬식이 음수이므로, A_1은 양수인 실수 고윳값을 갖는다. 그러므로 $(\sqrt{2}, 2)$는 불안정 임계점이다. 행렬 A_2는 양수인 행렬식과 음수인 대각합을 가지므로 모든 고윳값들은 음수인 실수 부분을 갖는다. 이로 인해 $(-\sqrt{2}, 2)$이 안정 임계점이다.

(b) 임계점들은 (0,0), (0,60), (100,0)와 (50,50)이고, 야코비 행렬은

$$g'(X) = \begin{pmatrix} 0.01(100 - 2x - y) & -0.01x \\ -0.01y & 0.05(60 - 2y - 0.2y) \end{pmatrix}$$

이므로

$$A_1 = g'((0,\ 0)) = \begin{pmatrix} 1 & 0 \\ 0 & 3 \end{pmatrix}, \quad A_2 = g'((0,\ 60)) = \begin{pmatrix} 0.4 & 0 \\ -0.6 & -3 \end{pmatrix},$$
$$A_3 = g'((100,\ 0)) = \begin{pmatrix} -1 & -1 \\ 0 & 2 \end{pmatrix}, \quad A_4 = g'((50,50)) = \begin{pmatrix} -0.5 & -0.5 \\ -0.5 & -2.5 \end{pmatrix}$$

이다. 행렬 A_1의 행렬식이 양수이고 대각합이 양수이므로 , 두 고윳값들은 모두 양수인 실수부분을 갖는다. 그러므로 $(0, 0)$은 불안정 임계점이다. 행렬 A_2와 A_3의 행렬

그림 10.3.6 $(-\sqrt{2},\ 2)$는 안정 와심 같다.

식은 음수이므로, 각각의 경우에서, 고윳값들 중 하나가 양수이다. 그러므로 (0,60), (100,0) 모두 불안정 임계점들이다. 행렬 $\boldsymbol{A}_4$는 행렬식이 양수이고 대각합은 음수이므로 (50,50)은 안정 임계점이다. ■

예제 5에서 (10.2절에서처럼) $\tau^2 - 4\Delta$ 을 계산하지 않았고 좀 더 나아가 임계점들을 안정 노드, 안정 와심, 안장 점, 기타 등등과 같이 구분하였다. 예를 들면 예제 5(a)의 $X_1 = (-\sqrt{2}, 2)$ 대하여, $\tau^2 - 4\Delta < 0$ 이고, 만약 연립방정식이 선형이었다면, X_1은 안정 와심이라고 결론지을 수 있었을 것이다. 그림 10.3.6은 수치적 해결도구로 얻어진 X_1 근방에서 몇 개의 해 곡선들을 나타내며, 각각의 해는 임계점의 쪽으로 향하는 나선형으로 움직이는 것으로 나타난다.

임계점들의 분류 비선형 자율 방정식의 임계점 $\boldsymbol{X}_1$ 근방의 해들에 대한 기하학적 정보를 대응되는 선형 연립방정식의 임계점의 분석으로부터 더 추론할 수 있는지를 물어보는 것은 자연스런 일이다. 이 답은 그림 10.3.7에 요약되어 있지만, 다음과 같은 설명들을 참조해야 한다.

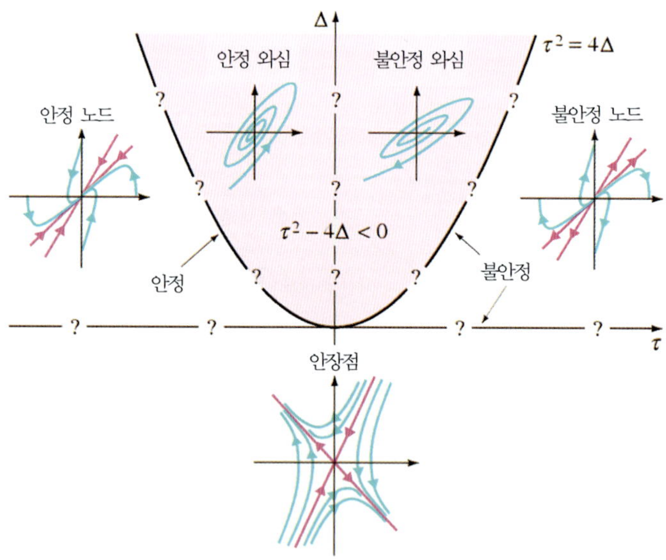

그림 10.3.7 비선형 자율연립방정식에 관한 일부 결론과 일부 답변할 수 없는 문제의 기하학적 요약

(i) 다섯 개의 분리된 경우에서(안정 노드, 안정 와심, 불안정 와심, 불안정 노드, 그리고 안장 점) 임계점은 대응되는 선형 연립방정식에서의 임계점과 같이 분류된다. 해들은 선형방정식에 대한 해들과 같은 일반적인 기하학적 특징을 갖고, $\boldsymbol{X}_1$에 대한 근방이 더 작을수록, 더 많이 유사해진다.

(ii) 만약 $\tau^2 - 4\Delta$ 이고 $\tau > 0$ 이면, 임계점 $\boldsymbol{X}_1$은 불안정하지만, 이것도 저것도

아닌 경우에서 X_1 *이 불안정 와심, 불안정 노드, 또는 퇴화 불안정 노드인지 아닌지를 아직 알 수가 없다.* 마찬가지로 $\tau^2 - 4\Delta$ 이고 $\tau < 0$이면, 임계점 X_1은 안정적이지만 안정 와심, 안정 노드, 또는 퇴화 안정 노드일지도 모른다.

(iii) 만약 $\tau = 0$이고 $\Delta > 0$이면, $A = g'(X)$의 고윳값들은 순허수이고, 이것도 저것도 아닌 경우에서 X_1은 안정 와심, 불안정 와심 또는 중심일지도 모른다. 그러므로 아직 X_1이 안정적인지 불안정적인지를 결정할 수 없다.

예제 6 비선형 연립방정식의 임계점들의 분류

예제 5(b)의 평면 자율 연립방정식의 각 임계점들을 안정 노드, 안정 와심, 불안정 와심, 불안정 노드, 또는 안장 점으로 분류하여라.

풀이 (0,0)에 대응되는 행렬 A_1에 대해서, $\Delta = 3$, $\tau = 4$이므로 $\tau^2 - 4\Delta = 4$ 이다. 그러므로 (0,0)은 불안정 노드이다. 임계점 (0,60)과 (100,0)은 두 경우 모두 $\Delta < 0$ 이기 때문에 (0,60)과 (100,0)은 안장 점이다. 행렬 A_4에 대해서, $\Delta > 0$, $\tau < 0$ 이고 $\tau^2 - 4\Delta > 0$ 이다. 따라서 (50,50)은 안정적인 노드이다. 이 결론들을 증명하기 위하여 수치적 해법도구로 실험을 해보아라. ■

예제 7 부드러운 용수철에 대한 안정성 분석

$k > 0$에 대한, 2계 미분 방정식 $mx'' + kx + k_1x^3 = 0$은 5.3절로부터 비선형 용수철에 매달린 질량 m인 물체의 자유, 비감쇠 진동에 대한 일반적인 모델을 표현한다는 것을 다시 상기하자. 만약 $k = 1$이고 $k_1 = -1$이면, 용수철은 부드럽다 라 하고, 비선형 2계 미분방정식 $x'' + x - x^3 = 0$에 대응되는 평면 자율 연립방정식은

$$x' = y,\ \ y' = x^3 - x$$

이다. (만약 가능하면) 임계점들은 찾고 분류하라.

풀이 $x^3 - x = x(x^2 - 1)$ 이기 때문에, 임계점들은 (0,0), (1,0)이고 (−1,0)이다. 대응되는 야코비 행렬들은

$$A_1 = g'((0,\ 0)) = \begin{pmatrix} 0 & 1 \\ -1 & 0 \end{pmatrix},\ A_2 = g'((1,\ 0)) = g'((-1,\ 0)) = \begin{pmatrix} 0 & 1 \\ 2 & 0 \end{pmatrix}$$

이다. $\det A_2 < 0$이기 때문에, 임계점들 $(1,\ 0)$과 $(-1,\ 0)$은 모두 안장 점이다. 행렬 A_1의 고윳값들은 $\pm i$이고, 설명 (iii)에 따르면, (0,0)에서 임계점의 상태는 여전히 불확실하다. 그것은 안정 와심, 불안정 와심, 또는 중심일지도 모른다. ■

위상-평면 방법 선형화 방법은, 성공적일 때, 임계점들 근방의 해들의 국지적

움직임에 대한 유용한 정보를 제공할 수 있다. 만약 초기 위치 $\mathbf{X}(0)=\mathbf{X}_0$가 임계점에 가까이 있지 않은 해들에 관심이 있다거나, 또는 해 곡선들의 집합족의 전체적인 모습을 알고 싶다면 선형화 방법은 약간의 도움이 된다. 그 **위상-평면 방법**은

$$\frac{dy}{dx}=\frac{dy/dt}{dx/dt}=\frac{Q(x,y)}{P(x,y)}$$

에 기초를 두고, 1계 미분 방정식(2장)의 해를 구할 수 있는 방법들 중 하나를 이용하여 x의 함수인 y를 구하는 것을 시도한다. 예제 8과 9에서 보았듯이 이 방법은 때때로 예제 7에서의 (0,0)과 같은 임계점이 안정 와심, 불안정 와심 또는 중심인지 아닌지 결정하는데 사용할 수 있다.

예제 8 위상-평면 방법

위상-평면 방법을 이용하여 평면 자율 연립방정식

$$\begin{aligned} x' &= y^2 \\ y' &= x^2 \end{aligned}$$

의 유일한 임계점 (0,0)을 분류하여라.

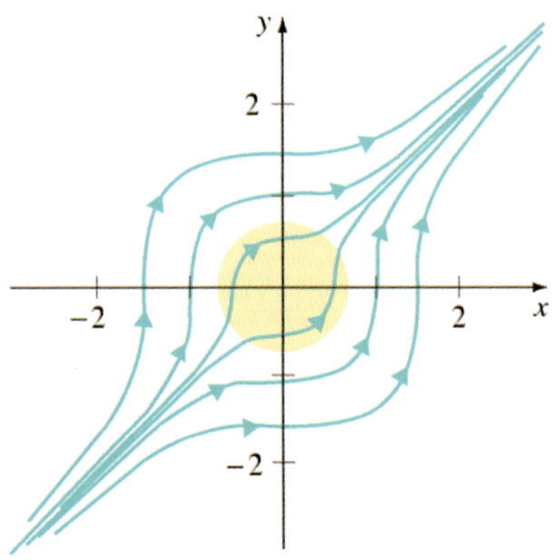

그림 10.3.8 예제 8의 비선형 연립방정식의 위상 모방

풀이 (0,0)에서 야코비 행렬

$$\mathbf{g}'(\mathbf{X})=\begin{pmatrix} 0 & 2y \\ 2x & 0 \end{pmatrix}$$

의 행렬식은 0이어서, 임계점 (0,0)의 특징은 여전히 불확실하다. 위상-평면 방법을 이용하여, 변수 분리에 의해 쉽게 해를 구할 수 있는 1계 미분방정식

$$\frac{dy}{dx}=\frac{dy/dt}{dx/dt}=\frac{x^2}{y^2}$$

을 구한다:

$$\int y^2dy=\int x^2dx \quad \text{또는} \quad y^3=x^3+c\ .$$

만약 $\mathbf{X}(0)=(0,\ y_0)$이면, $y^3=x^3+y_0^3$ 또는 $y=\sqrt[3]{x^3+y_0^3}$ 이 된다. 그림 10.3.8은 다양한 y_0의 값에 대응되는 해 곡선들의 집합족을 나타낸다. 임계점의 특징은 이 위상 모방으로부터 분명하다: 아무리 해가 (0, 0)에 가까이에서 출발하여도, $\mathbf{X}(t)$는 t가 증가함에 따라 원점으로부터 멀어진다. 그러므로 (0, 0)에서 임계점은 불안정이다. ■

예제 9 부드러운 용수철의 위상-평면 분석

위상-평면 방법을 이용하여 (0,0)의 근방에서 $x''+x-x^3=0$의 해의 특징을 구

하라.

풀이 만약 $dx/dt = y$라 하면, $dy/dt = x^3 - x$이다. 이로부터 변수 분리로 해를 구할 수 있는 1계 미분방정식

$$\frac{dy}{dx} = \frac{dy/dt}{dx/dt} = \frac{x^3 - x}{y}$$

을 구한다. 적분하면

$$\int y dy = \int (x^3 - x) dx \text{은 } \frac{y^2}{2} = \frac{x^4}{4} - \frac{x^2}{2} + c$$

이다.

완전 제곱을 하면, $y^2 = \frac{1}{2}(x^2 - 1)^2 + c_0$와 같이 해를 쓸 수 있다. 만약 $0 < x_0 < 1$인 $\boldsymbol{X}(0) = (x_0,\ 0)$이면, $c_0 = -\frac{1}{2}(x_0^2 - 1)^2$이고, 따라서

$$y^2 = \frac{(x^2-1)^2}{2} - \frac{(x_0^2-1)^2}{2} = \frac{(2 - x^2 - x_0^2)(x_0^2 - x^2)}{2}$$

이다. $x = -x_0$일 때 $y = 0$을 참고하라. 게다가, $-x_0 < x < x_0$일 때, 오른쪽 항은 양수이고, 그래서 각각의 x는 두 개의 대응되는 y값을 가진다. 그러므로 $\boldsymbol{X}(0) = (x_0,\ 0)$을 만족하는 해 $\boldsymbol{X} = \boldsymbol{X}(t)$는 주기적이고 그러므로 $(0,\ 0)$은 중심이다.

그림 10.3.9는 원래의 연립방정식의 해 곡선들, 또는 위상 모방의 집합족을 나타낸다. 각 궤도 위에 표시된 방향을 결정하기 위하여 원래의 평면 자율 연립방정식을 이용했다. ■

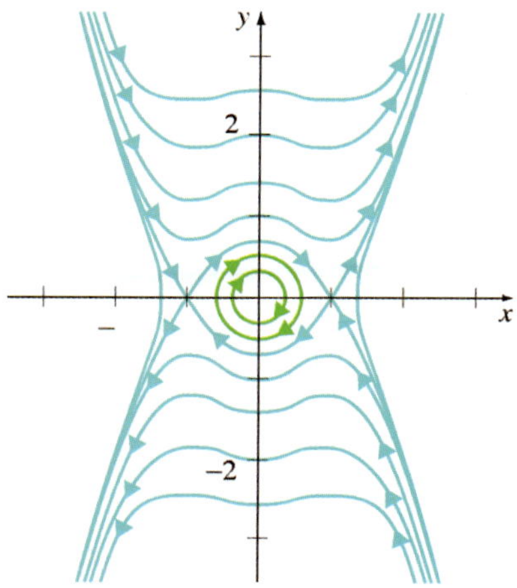

그림 10.3.9 예제 9의 비선형 연립방정식의 위상 모방

연습문제 10.3

1 $(0,\ 0)$은 비선형 자율 연립방정식

$$x' = \alpha x - \beta y + y^2$$
$$y' = \beta x + \alpha y - xy^2$$

에 대해 $\alpha < 0$일 때 점근적 안정 임계점이고 $\alpha > 0$일 때는 불안정 임계점임을 보여라.[힌트 : 극좌표로 변환하라.]

2 극좌표로 표현될 때, 평면 자율 연립방정식

$$\frac{dr}{dt} = \alpha(5 - r)$$
$$\frac{d\theta}{dt} = -1$$

의 형태를 취한다. $(0,\ 0)$이 점근적 안정적인 임계점이기 위한 필요충분조건이 $\alpha < 0$임을 보여라.

(3-10) 양함수 해를 구하지 말고, 주어진 1계 자율 미분방정식의 임계점들이 점근적으로 안정인지 불안정인지를 구분하라. 모든 상수들은 양수라고 가정한다.

3 $\frac{dx}{dt} = kx(n + 1 - x)$

4 $\frac{dx}{dt} = -kx\ln\frac{x}{K},\ x > 0$

5 $\frac{dT}{dt} = x(T - T_0)$

6 $m\frac{dy}{dt} = mg - kv$

7 $\frac{dx}{dt} = k(\alpha - x)(\beta - x),\ \alpha > \beta$

8 $\dfrac{dx}{dt} = k(\alpha - x)(\beta - x)(\gamma - x),\ \alpha > \beta > \gamma$

9 $\dfrac{dP}{dt} = P(a - bP)(1 - cP^{-1}),\ P > 0,\ a < bc$

10 $\dfrac{dA}{dt} = k\sqrt{A}(K - \sqrt{A}),\ A > 0$

(11-20) (만약 가능하면) 주어진 평면 자율 연립방정식의 각각의 임계점을 안정 노드, 안정 와심, 불안정 와심, 불안정 노드 또는 안장 점으로 구분하라.

11 $x' = 1 - 2xy$
$y' = 2xy - y$

12 $x' = x^2 - y^2 - 1$
$y' = 2y$

13 $x' = y - x^2 + 2$
$y' = x^2 - xy$

14 $x' = 2x - y^2$
$y' = -y + xy$

15 $x' = -3x + y^2 + 2$
$y' = x^2 - y^2$

16 $x' = xy - 3y - 4$
$y' = y^2 - x^2$

17 $x' = -2xy$
$y' = y - x + xy - y^3$

18 $x' = x(1 - x^2 - 3y^2)$
$y' = y(3 - x^2 - 3y^2)$

19 $x' = x\left(10 - x - \frac{1}{2}y\right)$
$y' = y(16 - y - x)$

20 $x' = -2x + y + 10$
$y' = 2x - y - 15\dfrac{y}{y+5}$

(21-26) (만약 가능하면) 주어진 2계 미분방정식의 각각의 임계점을 안정 노드, 안정 와심, 불안정 와심, 불안정 노드 또는 안장 점으로 구분하라.

21 $\theta'' = (\cos\theta - 0.5)\sin\theta,\ |\theta| < \pi$

22 $x' + x = \left(\frac{1}{2} - 3(x')^2\right)x' - x^2$

23 $x'' + x'(1 - x^3) - x^2 = 0$

24 $x'' + 4\dfrac{x}{1+x^2} + 2x' = 0$

25 $x'' + x = \epsilon x^3,\quad \epsilon > 0$

26 $x'' + x - \epsilon x|x| = 0,\quad \epsilon > 0$[힌트: $\dfrac{d}{dx}x|x| = 2|x|$]

27 비선형 2차 미분방정식

$$(1 + \alpha^2 x^2)x'' + (\beta + \alpha^2(x')^2)x = 0$$

이 $\beta < 0$일 때 $(0,\ 0)$에서 안장 점을 가짐을 보여라.

28 역학적 연립방정식

$$x' = -\alpha x + xy$$
$$y' = 1 - \beta y - x^2$$

이 $\alpha\beta > 1$일 때, 유일한 임계점을 가지고 이 임계점이 $\beta > 0$일 때 안정함을 보여라.

29 (a) $-x + y - x^3 = 0$ 와 $-x - y + y^2 = 0$의 그래프를 그려서 평면 자율 연립방정식

$$x' = -x + y - x^3$$
$$y' = -x - y + y^2$$

이 두 개의 임계점을 갖는 것을 보여라. (0,0)에서의 임계점을 분류하여라.

(b) 두 번째 임계점 X_1 = (0.88054, 1.56327)이 안장 점임을 보여라.

30 (a) (0,0)이 **Raleigh 미분방정식**

$$x'' + \epsilon\left(\frac{1}{3}(x')^3 - x'\right) + x = 0$$

의 유일한 임계점임을 보여라.

(b) $\varepsilon > 0$일 때, (0,0)이 불안정임을 보여라. 언제 (0,0)이 불안정 와심이 되는가?

(c) $\varepsilon < 0$일 때, (0,0)이 안정함을 보여라. 언제 (0,0)이 안정 와심이 되는가?

(d) $\varepsilon = 0$일 때, (0,0)이 중심임을 보여라.

31 위상-평면 방법을 이용하여 (0,0)이 비선형 2계 미분방정식 $x'' + 2x^3 = 0$의 중심임을 보여라.

32 위상-평면 방법을 이용하여 $x(0) = 1$과 $x'(0) = 0$을 만족하는 비선형 2계 미분방정식 $x'' + 2x - x^2 = 0$의 해가 주기적임을 보여라.

33 (a) 평면 자율 연립방정식

$$x' = 2xy$$
$$y' = 1 - x^2 + y^2$$

의 임계점을 구하고 선형화가 이 임계점들의 특징에

대하여 아무런 정보도 주지 않는 것을 보여라.

(b) 위상-평면 방법을 이용하여 (a)에서 임계점들이 모두 중심임을 보여라.

[힌트 : $u=y^2/x$라 하고 $(x-c)^2+y^2=c^2-1$임을 보여라.]

34 원점은 비선형 2차 미분방정식 $x''+(x')^2+x=0$의 유일한 임계점이다.

(a) 위상-평면 방법이 베르누이(Bernoulli) 미분방정식 $dy/dx=-y-xy^{-1}$가 됨을 보여라.

(b) $x(0)=\frac{1}{2}$와 $x'(0)=0$을 만족하는 해가 주기적이지 않음을 보여라.

35 비선형 2계 미분방정식 $x''+x-x^3=0$의 해가 $x(0)=0$와 $x'(0)=v_0$를 만족한다. 위상-평면 방법을 이용하여 구한 해가 언제 주기적인지를 판정하여라. [힌트 예제 9를 참조하라.]

36 비선형 미분방정식 $x''+x=1+\varepsilon x^2$은 상대적 이론을 이용한 행성 운동의 분석에서 발생한다. (만약 가능하면) 대응되는 평면 자율 연립방정식의 모든 임계점들을 분류하라.

37 비선형 축전기는 LRC-회로에서 표현될 때, 전압 강하는 더 이상 q/C로 주어지지 않고, α와 β가 상수들이고, $\alpha>0$일 때, $\alpha q+\beta q^3$로 좀 더 정확하게 표현된다. 그러면 5.1절의 자유 회로에 대한 미분방정식 (34)은

$$L\frac{d^2q}{dt^2}+R\frac{dq}{dt}+\alpha q+\beta q^3=0 \qquad (34)$$

으로 대체된다. 이 비선형 방정식의 모든 임계점들을 찾고 분류하다.[힌트 $\beta>0$와 $\beta<0$의 두 경우로 나누어라.]

38 $k>0$에 대하여, 비선형 방정식 $mx''+kx+k_1x^3=0$은 용수철에 매달린 질량 m인 물체의 자유 비감쇠 진동에 대한 일반적인 모델을 표현한다. 만약 $k_1>0$이면, 용수철은 단단하다 라고 한다 (5.3의 예제 1을 참조하라). (0,0)근방에서 $x''+x+x^3=0$의 해들의 특징을 판정하라.

39 비선형 방정식 $\theta''+\sin\theta=\frac{1}{2}$은 상수인 유도 함수를 가 진 어떤 진자에 대한 모델로 해석될 수 있다.

(a) $(\pi/6,0)$과 $(5\pi/6,0)$이 대응되는 평면 자율 연립방정식의 임계점임을 보여라.

(b) 선형화를 이용하여 임계점$(5\pi/6,0)$을 분류하여라.

(c) 위상-평면 방법을 이용하여 임계점$(\pi/6,0)$을 분류하여라.

토론 문제

40 (a) $(0,0)$이 평면 자율 연립방정식

$$x'=x^4-2xy^3$$
$$y'=2x^3y-y^4$$

의 고립된 임계점이지만 선형화가 이 임계점의 특징에 대하여 어떠한 유용한 정보도 주지 않음을 보여라.

(b) 위상-평면 방법을 이용하여 $x^3+y^3=3cxy$를 보여라 : 이 전형적인 곡선을 **데카르트의 잎사귀선**(folium of Descartes)이라고 한다. 잎사귀선에 대한 매개 방정식들은

$$x=\frac{3ct}{1+t^3},\quad y=\frac{3ct^2}{1+t^3}$$

이다. [힌트: x와 y의 미분방정식은 동차이다]

(c) 해 곡선들을 그리기 위하여 그래프를 그리는 소프트웨어 또는 수치적 해결도구를 이용하라. 이 그래프에 근거하여, 임계점이 안정적인지 불안정인지 분류할 수 있는가? 임계점이 노드, 안장 점, 중심 또는 와심인지를 분류할 수 있는가? 설명하라.

10.4 수학적 모델로서의 자율 연립방정식

필요한 개념

- 1.3, 3.3과 10.3절

소개 | 물리학으로부터 많은 응용이 $x'' = g(x,x')$의 형태인 2계 비선형 자율 미분방정식을 생기게 한다. 예를 들면, 5.1절의 자유 비감쇠 운동의 분석에서 감쇠력은 속도 x'에 비례한다고 가정했고, 그 결과로 나온 모델 $mx'' = -\beta x' - kx$는 선형 미분방정식이다. 그러나 감쇠력의 크기가 속도의 제곱에 비례한다면, 이 새로운 미분방정식 $mx'' = -\beta x'|x'| - kx$은 비선형이다. 대응되는 자율 연립방정식은 비선형이다:

$$x' = y$$
$$y' = -\frac{\beta}{m}y|y| - \frac{k}{m}x$$

이 절에서 비선형 진자 운동, 곡선 위 구슬의 운동, 로카-볼테라(Lotka-Voterra) 피식자-포식자 먹이모형, 그리고 로카-볼테라 경쟁 모델에 대한 분석을 할 것이다. 추가적인 모델들은 연습문제에서 제시하겠다.

비선형 진자 운동 5.3절의 (6)에서 간단한 진자 운동에 대한 변위각 θ가 비선형 2계 미분방정식

$$\frac{d^2\theta}{dt^2} + \frac{g}{l}\sin\theta = 0$$

을 만족하는 것을 보였다. $x = \theta$ 와 $y = \theta'$ 라 할 때, 이 2계 미분방정식은 역학적 연립방정식

$$x' = y$$
$$y' = -\frac{g}{l}\sin x$$

로 다시 쓸 수 있다. 임계점들은 $(\pm k\pi, 0)$이고, 야코비 행렬은 쉽게

$$\mathbf{g}'((\pm k\pi,\ 0)) = \begin{pmatrix} 0 & 1 \\ (-1)^{k+1}\dfrac{g}{l} & 0 \end{pmatrix}$$

임을 보인다. 만약 $k = 2n+1$ 이면, $\Delta < 0$ 이므로 모든 임계점 $(\pm(2n+1)\pi, 0)$은 안장 점이다. 특히, $(\pi, 0)$에서 임계점은 기대한 것처럼 불안정적이다. 그림 10.4.1을 참조하라 $k = 2n$ 일 때, 고윳값들은 순허수이므로 이 임계점들의 특징은 여전히 불확실하다. 진자에서 작용하는 감쇠력이 없다고 가정했기 때문에, 임계점 $(\pm 2n\pi, 0)$ 모두는 중심이라고 예상한다. 이것은 위상-평면 방법을 이용하여 증명할 수 있다.

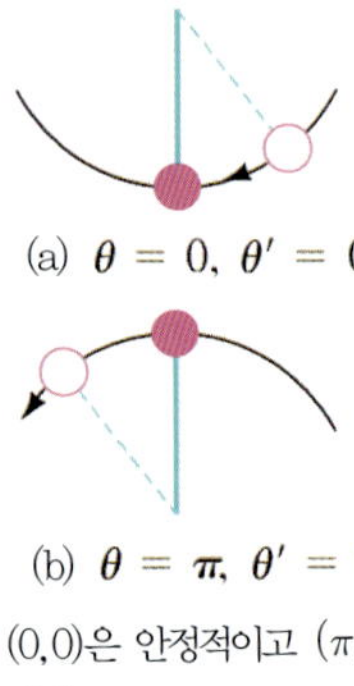

(a) $\theta = 0,\ \theta' = 0$

(b) $\theta = \pi,\ \theta' = 0$

그림 10.4.1 $(0,0)$은 안정적이고 $(\pi,0)$은 비안정적이다.

$$\frac{dy}{dx} = \frac{dy/dt}{dx/dt} = -\frac{g}{l}\frac{\sin x}{y}$$

에 의하여 $y^2 = (2g/l)\cos x + c$이다. 만약 $\mathbf{X}(0) = (x_0,\ 0)$이면 $y^2 = (2g/l)(\cos x - \cos x_0)$이다. $x = -x_0$일 때, $y = 0$이고 $|x| < |x_0| < \pi$에 대해 $(2g/l)(\cos x$

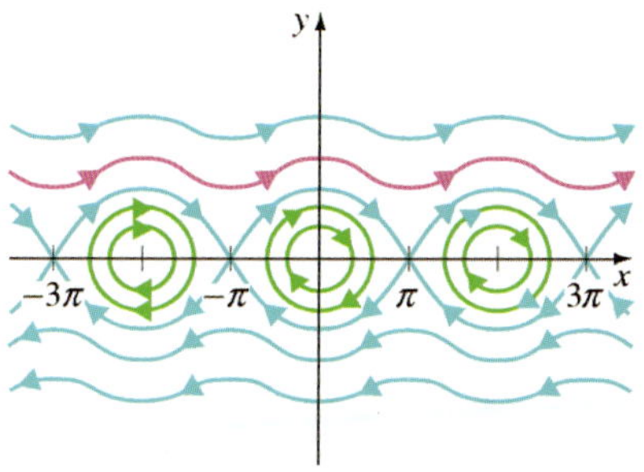

그림 10.4.2 진자의 위상 모방 ; 파상 곡선은 진자가 선회축 주위로 회전하고 있음을 나타낸다.

$-\cos x_0) > 0$임을 참조하라. 따라서 각각의 x는 대응되는 두 개의 y값을 가지고 $\mathbf{X}(0) = (x_0, 0)$을 만족하는 해 $\mathbf{X} = \mathbf{X}(t)$는 주기적이다. $(0, 0)$이 중심이 된다. 그림 10.4.2에서 빨간색으로 그려진 것과 같이 $x = \theta$ 가 큰 초기 속도들에 대응되는 해들로 증가하는 것을 관찰하라. 이 경우에서 진자는 선회축 주위로 완전한 원으로 돌거나 회전한다.

예제 1 진자 미분방정식의 주기적인 해

$\theta = 0$ 인 평형 위치에서 진자에 $w_0\, rad/s$의 초기 각속도가 주어진다. 어떤 조건 하에서 구한 운동이 주기적이 되는지를 결정하라.

풀이 $X(0) = (0, w_0)$ 을 만족하는 평면 자율 연립방정식의 해를 조사하여야 한다. $y^2 = (2g/l)\cos x + c$ 로부터

$$y^2 = \frac{2g}{l}\left(\cos x - 1 + \frac{l}{2g}w_0^2\right)$$

가 된다. 해 $X(t)$가 주기적이 되기 위해, 두 개의 x절편 $x = \pm x_0$ 은 $-\pi$와 π 사이에 있어야 하고 $|x| < |x_0|$ 에 대해 오른쪽 항이 양수임을 보이면 충분하다. 그러면 각각의 x는 두 개의 대응되는 y값을 가진다.

만약 $y = 0$ 이면, $\cos x = 1 - (l/2g)w_0^2$이고, 이 방정식은 $1 - (l/2g)w_0^2 > -1$이면 $-\pi$와 π 사이에서 두 개의 해 $x = \pm x_0$을 가진다. $|x| < |x_0|$ 에 대해 $(2g/l)(\cos x - \cos x_0)$가 양수임을 참조하라. 초기 각속도에 대한 이 제한은 $|w_0| < 2\sqrt{g/l}$ 와 같이 쓸 수도 있다. ■

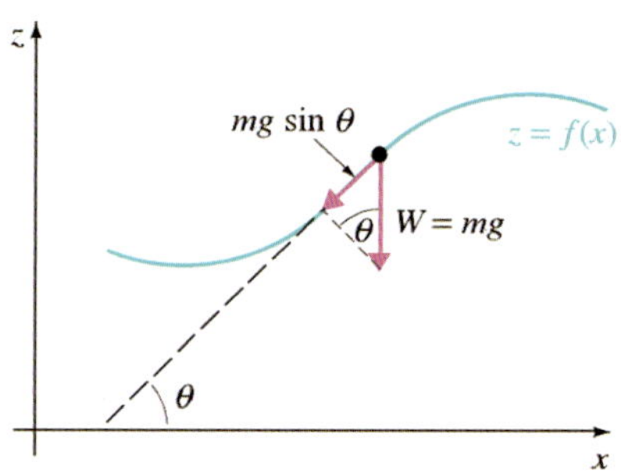

그림 10.4.3 미끄러지는 구슬에 작용하는 힘들

비선형 진동 : 미끄러지는 구슬 그림 10.4.3과 같이, 질량 m인 구슬이 함수 $z = f(x)$ 로 나타낸 형태의 얇은 줄을 따라 미끄러진다. 줄 모양의 변화와 구슬에 영향을 주는 힘에 대한 다른 가정들은 매우 다양한 비선형 진동을 만들 수 있다.

무게 $W = mg$로 인한 접선의 힘 $\mathbf{F}$는 크기가 $mg\sin\theta$이므로 $\mathbf{F}$의 x-성분은 $F_x = -mg\sin\theta\cos\theta$이다. $\tan\theta = f'(x)$이기 때문에, $1 + \tan^2\theta = \sec^2\theta$ 와 $\sin^2\theta = 1 - \cos^2\theta$을 이용한다면

$$F_x = -mg\sin\theta\cos\theta = -mg\frac{f'(x)}{1 + [f'(x)]^2}$$

이 된다. (5.1절에서처럼) 운동에 반대방향으로 작용하는 감쇠력 $\mathbf{D}$가 구슬의 속도에 상수 배라고 가정한다. 그러면 $\mathbf{D}$의 x-성분은 $D_x = -\beta x'$ 이다. 만약 줄과 구슬 사이의 마찰력을 무시하고, 이 운동계에 다른 외부힘이 작용하지 않는다고 가정하면, 뉴턴의 제 2법칙에 의해

$$mx'' = -mg\frac{f'(x)}{1+[f'(x)]^2} - \beta x'$$

이고 대응되는 평면 자율 연립방정식은

$$\begin{aligned} x' &= y \\ y' &= -g\frac{f'(x)}{1+[f'(x)]^2} - \frac{\beta}{m}y \end{aligned}$$

이다. 만약 $\boldsymbol{X}_1 = (x_1,\ y_1)$이 연립방정식의 임계점이면, $y_1 = 0$ 이므로 $f'(x_1) = 0$ 이다. 그러므로 구슬은 접선이 수평선인 줄 위의 한 점에서 정지하고 있어야만 한다. f가 두 번 미분가능할 때, $\boldsymbol{X}_1$에서 야코비 행렬은

$$g'(\boldsymbol{X}_1) = \begin{pmatrix} 0 & 1 \\ -gf''(x_1) & -\beta/m \end{pmatrix}$$

이고, 그래서 $\tau = -\beta/m$, $\Delta = gf''(x_1)$이고 $\tau^2 - 4\Delta = \beta^2/m^2 - 4gf''(x_1)$이다. 10.3절의 결과를 이용하면, 다음과 같은 결론을 낼 수 있다:

(i) $f''(x_1) < 0$:

그러므로 극대값은 $x = x_1$에서 나타나고, $\Delta < 0$이기 때문에, $\boldsymbol{X}_1 = (x_1,\ 0)$에서 불안정 안장 점이 나타난다.

(ii) $f''(x_1) > 0$ 이고 $\beta > 0$:

그러므로 극소값은 $x = x_1$에서 나타나고, $\tau < 0$이고 $\Delta > 0$이기 때문에, $\boldsymbol{X}_1 = (x_1,\ 0)$은 안정 임계점이다. 만약 $\beta^2 > 4gm^2f''(x_1)$이면, 이 운동계는 **과잉감쇠**(overdamped)이고, 임계점은 안정 노드이다. 만약 $\beta^2 < 4gm^2f''(x_1)$이면, 이 운동계는 **부족감쇠**(underdamped)이고, 임계점은 안정 와심이다. 만약 $\beta^2 = 4gm^2f''(x_1)$이면 안정 임계점의 정확한 특징은 여전히 확실하지 않다.

(iii) $f''(x_1) > 0$이고 운동계는 비감쇠이다. $(\beta = 0)$:

이 경우 고윳값들은 순허수이지만, 위상-평면 방법은 임계점이 *중심*임을 보이기 위해 사용될 수 있다. 그러므로 $\boldsymbol{X}_1 = (x_1,\ 0)$근방에서 $\boldsymbol{X}(0) = (x(0),\ x'(0))$인 해는 주기적이다.

예제 2 사인 파장을 따라 미끄러지는 구슬

10그램의 구슬이 $z = \sin x$ 의 그래프를 따라서 미끄러진다. 결론 (ii)에 따르면 $x_1 = -\pi/2$ 와 $-3\pi/2$에서 극솟값이 안정 임계점을 생기게 한다(그림 10.4.4를 참조하라). $f''(-\pi/2) = f''(-3\pi/2) = 1$ 이므로, 이 운동계는 $\beta^2 < 4gm^2$ 이면

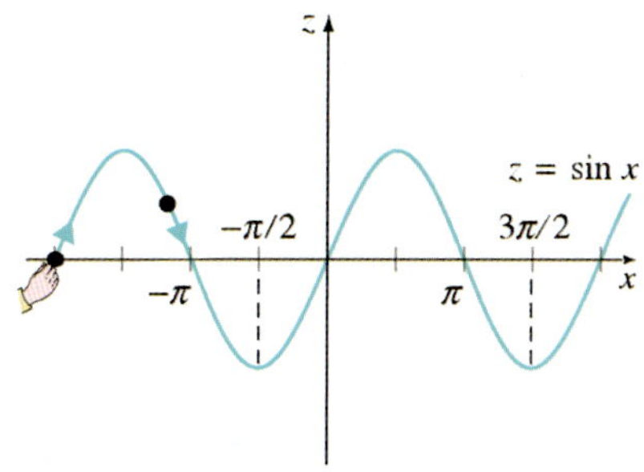

그림 10.4.4 예제 2에서 $-\pi/2$와 $3\pi/2$는 안정적이다.

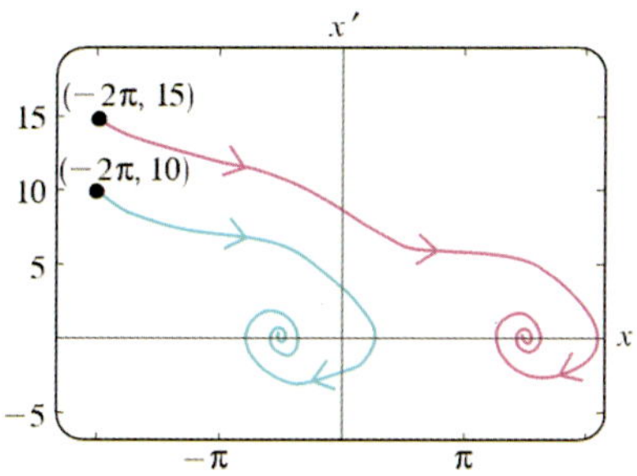

그림 10.4.5 예제 2에서 $\beta = 0.01$

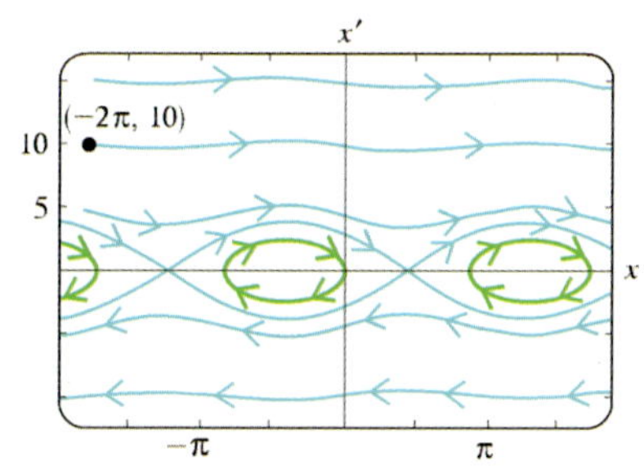

그림 10.4.6 예제 2에서 $\beta = 0$

부족감쇠가 될 것이다. 만약 SI 단위들을 사용하여, $m = 0.01kg$ 이고 $g = 9.8m/s^2$ 이면 부족감쇠 운동계에 대한 조건은 $\beta^2 < 3.92 \times 10^{-3}$ 이 된다.

만약 $\beta = 0.01$ 이 감쇠 상수이면, 두 임계점 모두는 안정 와심이다. 각각의 초기조건 $\boldsymbol{X}(0) = (x(0),\ x'(0)) = (-2\pi,\ 10)$과 $\boldsymbol{X}(0) = (-2\pi,\ 15)$에 대응하여 수치적 해결도구를 이용하여 구한 두 개의 해들은 그림 10.4.5과 같이 나타낸다. $x'(0) = 10$일 때, 구슬은 $x = -3\pi/2$에서 언덕을 넘기 위한 충분한 운동량을 가지지만, $x = \pi/2$에선 언덕을 넘지 못한다. 그래서 구슬은 $x = -\pi/2$ 에 있는 극솟값으로 접근한다. 만약 $x'(0) = 15$이면, 구슬은 모두 언덕들을 넘기 위한 운동량을 갖지만, $x = 3\pi/2$에 있는 골짜기에서 위 아래로 왕복하며, 줄 위의 점 $(3\pi/2, -1)$에 접근한다. 수치적 해결도구를 이용하여 다른 초기조건으로 실험해 보라.

그림 10.4.6은 수치적 해결도구로부터 얻어진 비감쇠 경우에 대한 해곡선의 집합족을 나타낸다. $\beta = 0$이므로 $x_1 = -\pi/2$와 $3\pi/2$에 대응되는 임계점들은 이제 중심이다. $\boldsymbol{X}(0) = (-2\pi, 10)$일 때, 구슬은 모든 언덕들을 넘기 위한 충분한 운동량을 갖는다. 그림은 구슬이 $x = -3\pi/2$와 $\pi/2$ 사이에서 줄 위의 한 위치에서 정지 상태로부터 놓아질 때, 그 운동이 또한 주기적임을 보여준다. ■

로카–볼테라 포식자–피식자 먹이 모형 두 종들 사이의 **포식자–피식자 상호작용**은 한 종(포식자)이 두 번째 종(피식자)을 먹을 때 발생한다. 예를 들면, 눈올빼미가 거의 독점적으로 나그네쥐라고 불리는 북극지방의 흔한 쥐들을 먹고 반면에 나그네쥐는 음식 공급원으로 북극지방의 툰드라 식물을 이용한다. 포식자-피식자 상호작용을 설명하는 것을 돕기 위해 수학을 이용하는 것에 대한 관심은 북극지방의 많은 포유동물들의 개체 수 순환을 관찰하는 것에 의하여 높아졌다. 예를 들면, 캐나다의 지역 MacKenzie 강에서 살쾡이의 주된 피식자는 눈신 산토끼이고, 두 개체 수 순환은 모두 약 10년의 주기이다.

적어도 하나의 주기적인 해를 가지는 평면 자율 연립방정식을 만드는 포식자-피식자 모델들은 많이 있다. 이러한 첫 번째 모델은 생물 수학의 개척자인 Authur Lotka(1925)와 Vito Volterra(1926)에 의해 독립적으로 만들어졌다. 만약 x를 포식자의 수이고 y를 피식자의 수로 나타내면, 로카-볼테라 모델은 a, b, c와 d가 양의 상수인

$$x' = -ax + bxy = x(-a + by)$$
$$y' = -cxy + dy = y(-cx + d)$$

와 같은 형태가 된다.

포식자들이 없을 때에는 $(x = 0)$, $y' = dy$이므로 피식자의 수는 기하급수적으로 늘어남을 주목하라. 피식자가 없을 때에는, $x' = -ax$이므로 포식자수는 멸종

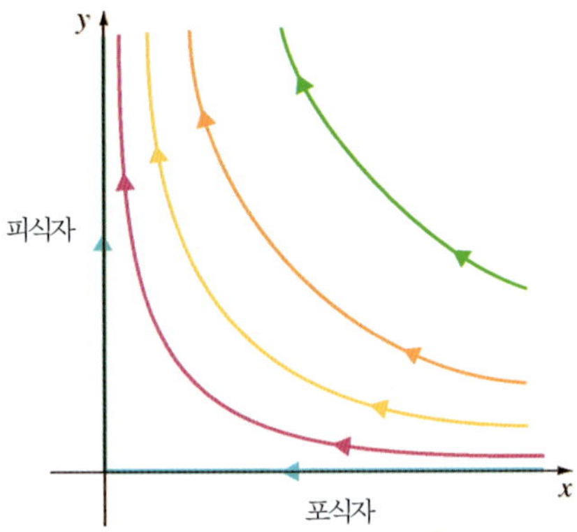

그림 10.4.7 $(0,0)$ 근처의 해

된다. 항 $-cxy$는 포식자로 인한 사망률을 나타낸다. 그러므로 이 모델은 이 사망률이 특정한 시간 t에서 포식자와 피식자 사이에 가능한 마주치는 수 xy에 직접적으로 비례한다고 가정하고, 항 bxy는 포식자 수에 초래한 양수의 기여를 나타낸다.

이 평면 자율 연립방정식의 임계점들은 (0,0)과 $(d/c, a/b)$이고, 대응되는 야코비 행렬은

$$\mathbf{A}_1 = \mathbf{g}'((0,\ 0)) = \begin{pmatrix} -a & 0 \\ 0 & d \end{pmatrix} \text{이고} \quad \mathbf{A}_2 = \mathbf{g}'((d/c,\ a/b)) = \begin{pmatrix} 0 & bd/c \\ -ac/b & 0 \end{pmatrix}$$

이다.

(0,0)에서 임계점은 안장 점이고, 그림 10.4.7은 (0,0) 근방의 1사분면에 있는 해들의 전형적인 윤곽을 보여준다.

행렬 A_2는 순허수 고윳값 $\lambda = \pm\sqrt{ad}\,i$을 가지고 임계점 $(d/c, a/b)$는 *중심일지도 모른다.* 이 가능성은 위상-평면 방법을 이용하여 조사할 수 있다.

$$\frac{dy}{dx} = \frac{y(-cx+d)}{x(-a+by)}$$

이므로 변수를 분리하면

$$\int \frac{-a+by}{y}\,dy = \int \frac{-cx+d}{x}\,dx$$

$$-a\ln y + by = -cx + d\ln x + c_1 \quad \text{또는} \quad (x^d e^{-cx})(y^a e^{-by}) = c_0$$

이 된다. 다음 논리는 1사분면에서 시작된 모든 해 곡선이 주기적임을 규명한다.

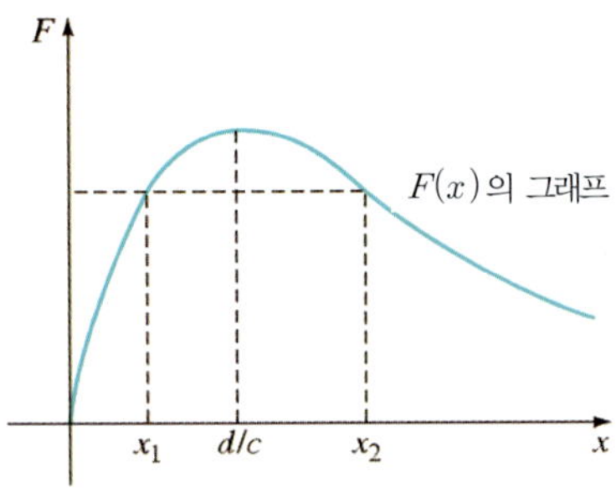

(a) $x = d/c$에서 F의 최댓값

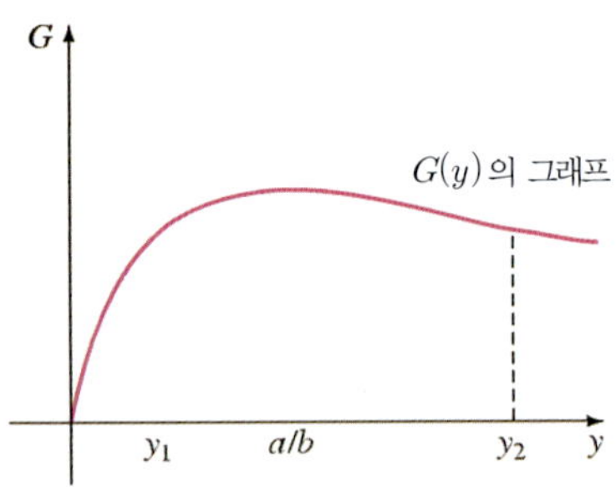

(a) $y = a/b$에서 G의 최댓값

그림 10.4.8 F와 G의 그래프는 성질 (1)–(3)을 갖는다.

음수가 아닌 함수들 $F(x) = x^d e^{-cx}$와 $G(y) = y^a e^{-by}$의 전형적인 그래프는 그림 10.4.8와 같다. $F(x)$가 $x = d/c$에서 절대 최댓값을 가지는 반면, $G(y)$가 $y = a/b$에서 절대 최댓값을 갖는 것을 보이는 것은 어렵지 않다. 0과 최댓값을 제외하고, F와 G 각각은 그들의 치역 안에서 모든 값을 정확하게 두 번 취한다.

1사분면의 임계점이 아닌 점 (x_0, y_0)에서 시작하는 해곡선이 다음과 같은 성질이 있음을 보이기 위해 이들 그래프를 사용할 수 있다.

(i) 만약 $y = a/b$이면, 방정식 $F(x)G(y) = c_0$는 $x_m < d/c < x_M$을 만족하는 정확히 두 개의 해 x_m과 x_M을 갖는다.

(ii) 만약 $x_m < d/c < x_M$이고 $x = x_1$이면, $F(x)G(y) = c_0$는 $y_1 < a/b < y_2$을 만족하는 정확히 두 개의 해 y_1과 y_2을 갖는다.

(iii) 만약 x가 구간 $[x_m, x_M]$ 바깥에 있으면, $F(x)G(y) = c_0$는 해를 갖지 않는다.

(i)의 증명과 (ii)와 (iii)의 요약은 연습문제에서 풀 것이다. $(x_0, y_0) \neq (d/c, a/b)$이므로 $F(x_0)G(y_0) < F(d/c)G(a/b)$이다. 만약 $y = a/b$ 이면,

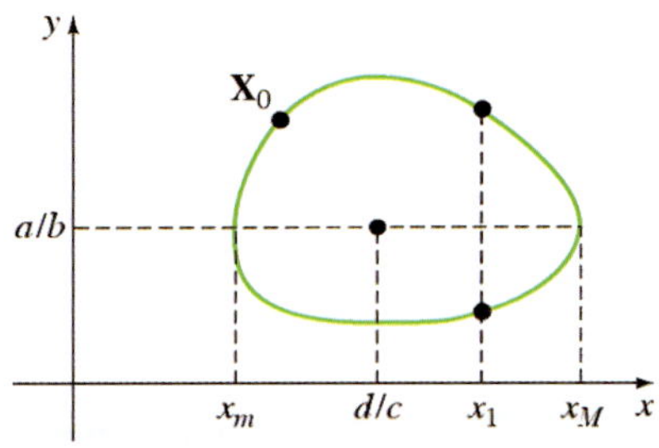

그림 10.4.9 로카-볼테라 모델의 주기적인 해

$$0 < \frac{c_0}{G(a/b)} = \frac{F(x_0)G(y_0)}{G(a/b)} < \frac{F(d/c)G(a/b)}{G(a/b)} = F(d/c)$$

이다. 그러므로 $F(x) = c_0/G(a/b)$는 $x_m < d/c < x_M$을 만족하는 정확히 두 개의 해 x_m과 x_M을 갖는다. 정형적인 주기적인 해의 그래프는 그림 10.4.9로 나타낸다.

예제 3 포식자-피식자 개체군 순환

만약 로카-볼테라 포식자-피식자 모델에서 $a = 0.1$, $b = 0.02$, $c = 0.0025$와 $d = 0.2$라 하면, 1사분면 위의 임계점은 $(d/c, a/b) = (80, 50)$이고, 이 임계점이 중심임을 알 수 있다. 수치적 해결도구를 이용하여 생성된 이 순환들은 그림 10.4.10을 참조하라. 초기 조건 $\boldsymbol{X}_0$이 (80,50)에 가까이 있을수록, 주기적인 해는 대응되는 선형 연립방정식의 타원 해와 좀 더 유사하다. $g'((80, 50))$의 고윳값들은 $\lambda = \pm\sqrt{ad}\,i = \pm\sqrt{2}/10\,i$이므로 임계점 근처에서의 해는 $p \approx 10\sqrt{2}\pi$ 또는 약 44.4의 주기를 갖는다. ■

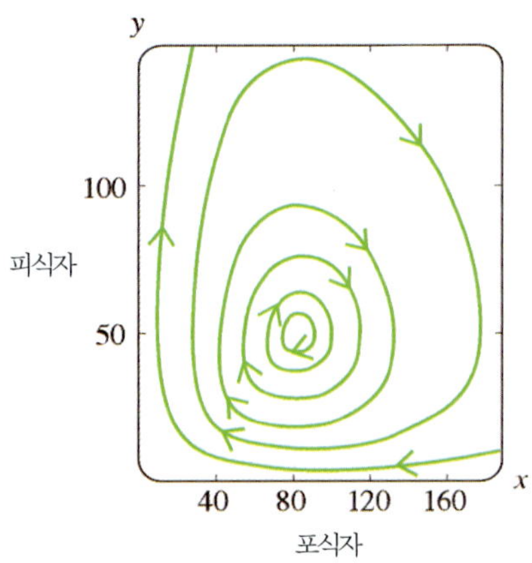

그림 10.4.10 예제 3의 로카-볼테라 모델의 위상모방

로카-볼테라 경쟁 모델 경쟁 상호작용은 두 개 또는 그 이상의 종들이 생태계의 음식, 물, 빛, 그리고 땅 자원들을 위해 경쟁을 할 때 발생한다. 그러므로 한 개체군에 의한 이들 자원들 중 하나의 소비는 생존과 성장을 위한 다른 개체군의 능력을 방해한다. 어떤 조건아래 경쟁하는 두 종이 공존할 수 있을까? 공존을 허용하는 조건에 대한 통찰력을 제공한 많은 수학적 모델들이 만들어진다. 만약 x는 종 I 의 개체수이고 y는 종 II 의 개체수라 하면, 로카-볼테라 모델은

$$\begin{aligned} x' &= \frac{r_1}{K_1}x(K_1 - x - \alpha_{12}y) \\ y' &= \frac{r_2}{K_2}y(K_2 - y - \alpha_{21}x) \end{aligned} \tag{1}$$

과 같은 형태를 취한다.

종 II 가 없을 때에 $(y = 0)$, $x' = (r_1/K_1)x(K_1 - x)$이므로 첫 번째 개체 수는 논리적으로 증가하고 정상 상태의 개체 수 K_1으로 접근한다.(3.3절과 10.3절의 예제 4를 참조하라.) 마찬가지로 종 I 이 없을 때에 종 II 가 늘어난다. 두 번째 방정식에서의 항 $-\alpha_{21}xy$은 종 II 에 종 I 의 경쟁 효과로부터 발생한다. 그러므로 이 모델에서 시간 t에서의 억제 비율은 경쟁이 가능한 쌍 xy의 수에 직접적으로 비례한다고 가정한다.

이 평면 자율 연립방정식은 $(0, 0)$, $(K_1, 0)$ 그리고 $(0, K_2)$에서 임계점들을 갖는다. $\alpha_{12}\alpha_{21} \neq 0$일 때, 직선 $K_1 - x - \alpha_{12}y = 0$과 $K_2 - y - \alpha_{21}x = 0$은 네 번

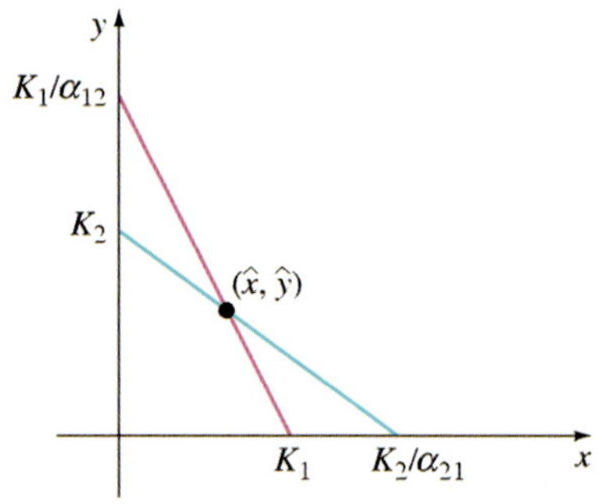

(a) $\alpha_{12}\alpha_{21} < 1$

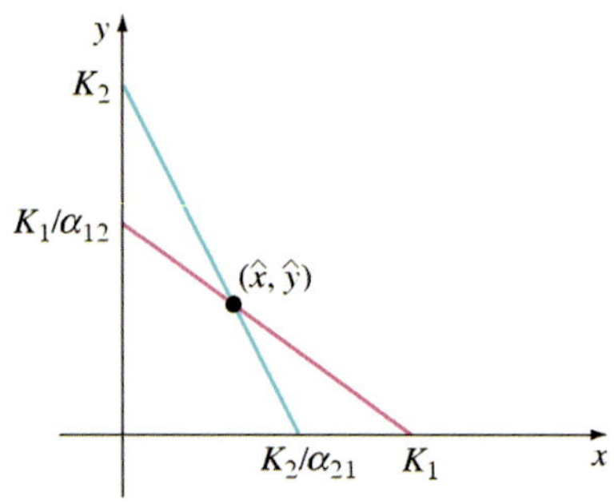

(b) $\alpha_{12}\alpha_{21} > 1$

그림 10.4.11 임계점 $(\hat{x}, \hat{y})$이 일사분면에 있을 두 조건

째 임계점 $\hat{\boldsymbol{X}} = (\hat{x}, \hat{y})$을 만들기 위해 교차한다. 그림 10.4.11은 $(\hat{x}, \hat{y})$가 1사분면에 존재하는 2개의 조건을 나타낸다. $(\hat{x}, \hat{y})$에서 야코비 행렬의 대각합과 행렬식은 각각

$$\tau = -\hat{x}\frac{r_1}{K_1} - \hat{y}\frac{r_2}{K_2} \text{이고 } \Delta = (1 - \alpha_{12}\alpha_{21})\hat{x}\hat{y}\frac{r_1 r_2}{K_1 K_2}$$

이다. 그림 10.4.11의 (a)의 경우에서, $K_1/\alpha_{12} > K_2$이고, $K_2/\alpha_{21} > K_1$이다. 그래서 $\alpha_{12}\alpha_{21} < 1, \tau < 0$이고 $\Delta > 0$이다.

$$\begin{aligned}\tau^2 - 4\Delta &= \left(\hat{x}\frac{r_1}{K_1} + \hat{y}\frac{r_2}{K_2}\right)^2 + 4(\alpha_{12}\alpha_{21} - 1)\hat{x}\hat{y}\frac{r_1 r_2}{K_1 K_2} \\ &= \left(\hat{x}\frac{r_1}{K_1} - \hat{y}\frac{r_2}{K_2}\right)^2 + 4\alpha_{12}\alpha_{21}\hat{x}\hat{y}\frac{r_1 r_2}{K_1 K_2}\end{aligned}$$

이므로 $\tau^2 - 4\Delta > 0$ 이고, 따라서 $(\hat{x}, \hat{y})$는 안정 노드이다. 그러므로 만약 $\boldsymbol{X}(0) = \boldsymbol{X}_0$이 $\hat{\boldsymbol{X}} = (\hat{x}, \hat{y})$에 충분히 가까이 있으면, $\lim_{t \to \infty} \boldsymbol{X}(t) = \hat{\boldsymbol{X}}$이고, 공존이 가능하다고 결론지을 수 있다. 경우 (b)가 안장 점이 된다는 증명과 $(0,0)$, $(K_1, 0)$과 $(0, K_2)$에서 임계점들의 특징에 대한 조사는 연습문제로 남긴다.

두 종들 사이에 경쟁 상호작용이 약해질 때, 두 계수 α_{12}와 α_{21} 모두는 작아질 것이고, 그래서 조건 $K_1/\alpha_{12} > K_2$과 $K_2/\alpha_{21} > K_1$이 만족할지도 모른다. 이것은 공통된 피식자를 사냥하는 두 포식자 종들의 영역이 약간 중복될 때 일어날 수도 있다.

예제 4 로카-볼테라 경쟁 모델

로카-볼테라 경쟁 모델에 의한 경쟁 상호작용은

$$\begin{aligned}x' &= 0.004x(50 - x - 0.75y) \\ y' &= 0.001y(100 - y - 3.0x)\end{aligned}$$

이다. 이 연립방정식의 모든 임계점들을 분류하시오.

답 (0,0), (50,0), (0,100)과 (20,40)에서 임계점들이 나타나는 것은 확인해야 한다. $\alpha_{12}\alpha_{21} = 2.25 > 1$이기 때문에, 그림 10.4.11의 (b)경우이고 임계점 $(20, 40)$은 안장점이다. 야코비 행렬은

$$\boldsymbol{g}'(\boldsymbol{X}) = \begin{pmatrix} 0.2 - 0.008x - 0.003y & -0.003x \\ -0.003y & 0.1 - 0.002y - 0.003x \end{pmatrix}$$

이고

$$\boldsymbol{g}'((0, 0)) = \begin{pmatrix} 0.2 & 0 \\ 0 & 0.1 \end{pmatrix}, \ \boldsymbol{g}'((50, 0)) = \begin{pmatrix} -0.2 & -0.15 \\ 0 & -0.05 \end{pmatrix},$$

$$g'((0,\ 100))=\begin{pmatrix}-0.1 & 0\\ -0.3 & -0.1\end{pmatrix}$$

이다. 그러므로 $(50,0)$과 $(0,100)$이 안정 노드임에 반해, $(0,0)$은 불안정 노드이다. (확인하라!) ■

로카-볼테라 경쟁 모델에서 만약 1사분면에 완전히 놓여있는 주기적 해가 적어도 하나 존재하면 공존은 또한 일어날 수 있다. 그럼에도 이 모델이 주기적 해가 없음을 보이는 것은 가능하다.

연습문제 10.4

비선형 진자 운동

1 진자가 $\theta=\pi/3$에서 놓아지고, w_0 rad/s의 초기 각속도가 주어졌다. 발생한 운동이 어느 조건 아래서 주기적으로 되는지 판정하라.

2 (a) 만약 진자가 $\theta=\theta_0$에서 정지 상태에서 놓아진다면, $\theta=-\theta_0$일 때, 각속도가 다시 0이 되는 것을 보여라.
(b) 진자의 주기 T는 θ에 대하여 θ_0가 $-\theta_0$로 그리고 다시 θ_0로 변화하는데 필요한 시간이다.

$$T=\sqrt{\frac{2L}{g}}\int_{-\theta_0}^{\theta_0}\frac{1}{\sqrt{\cos\theta-\cos\theta_0}}\,d\theta$$

임을 보여라.

미끄러지는 구슬

3 질량 m인 구슬이 함수 $z=f(x)$로 그려지는 모양의 얇은 줄을 따라 미끄러진다. 만약 $\boldsymbol{X}_1=(x_1,\ y_1)$이 미끄러지는 구슬의 평면 자율 연립방정식의 임계점이라면, $\boldsymbol{X}_1$에서 야코비 행렬은

$$g'(\boldsymbol{X}_1)=\begin{pmatrix}0 & 1\\ -gf''(x_1) & -\beta/m\end{pmatrix}$$

임을 보여라.

4 질량 m인 구슬이 함수 $z=f(x)$로 그려지는 모양의 얇은 줄을 따라 미끄러진다. $f'(x_1)=0,\ f''(x_1)>0$이고 연립방정식이 비감쇠일 때, 임계점 $\boldsymbol{X}_1=(x_1,\ 0)$이 중심이다. $x(0)$이 x_1 근방에 있고 $x'(0)=0$일 때 구슬의 주기를 예측하여라.

5 구슬이 곡선 $z=x^2/2$위의 점 $x(0)=x_0$으로부터 초기 속도 $x'(0)=v_0\ cm/s$로 놓아졌다.
(a) 위상-평면 방법을 사용하여 연립방정식이 비감쇠일 때 구한 해가 주기적임을 보여라.
(b) 구슬이 올라가는 최대 높이 $z_{\max}$는 $z_{\max}=\frac{1}{2}[e^{v_0^2/g}(1+x_0^2-1)]$로 주어짐을 보여라.

6 문제 5에서 $z=\cosh x$로 하여 다시 풀어라.

포식자–피식자 먹이 모형

7 (그림 10.4.9를 참조하라.) 만약 $x_m<x_1<x_M$이고 $x=x_1$이면, $F(x)G(y)=c_0$가 $y_1<a/b<y_2$를 만족하는 정확히 두 개의 해 y_1과 y_2을 가짐을 보여라.
[힌트: 먼저 $G(y)=x_0/F(x_1)<G(a/b)$임을 보여라.]

8 574쪽에 (ⅰ)과 (ⅱ)으로부터, $y=a/b$일 때, 포식자의 개체수가 최대가 됨을 보여라.

9 많은 어업 과학 모델들에서, 종들이 잡히는 비율이 정확히 그들의 수에 비례된다고 가정하자. 만약 포식자와 피식자 모두가 이 방법을 활용하면, 로카-볼테라 미분방정식은 ϵ_1과 ϵ_2가 양수인 상수일 때

$$x' = -ax + bxy - \epsilon_1 x$$
$$y' = -cxy + dy - \epsilon_2 y$$

이다.

(a) $\epsilon_2 < d$일 때, 중심이고 1사분면에 있는 새로운 임계점이 존재함을 보여라.

(b) 로카-볼테라 원리는 적당량의 광물개발은 피식자의 평균수를 증가시키고, 포식자의 평균수를 감소시킨다고 설명하였다. 이 어업 모델은 로카-볼테라 원리와 일치하는가?

10 로카-볼테라에 의해 포식자-피식자 상호작용은

$$x' = -0.1x + 0.02xy$$
$$y' = 0.2y - 0.025xy$$

이다.

(a) 1사분면의 임계점을 찾고, 수치적 해결도구를 이용하여 개체 수 순환의 그래프를 그려라.

(b) (a)에서 임계점에 가까이 있는 주기적 해들의 주기를 예측하여라.

경쟁 모델

11 로카-볼테라에 의해 경쟁 상호작용은

$$x' = 0.08x(20 - 0.4x - 0.3y)$$
$$y' = 0.06y(10 - 0.1y - 0.3x)$$

이다. 이 연립방정식의 모든 임계점들을 찾고 분류하여라.

12 (1)에서 (0,0)이 항상 불안정 노드임을 보여라.

13 (1)에서 $K_1 > K_2/\alpha_{21}$일 때, $(K_1, 0)$이 안정 노드이고 $K_1 < K_2/\alpha_{21}$일 때는, 안장 점임을 보여라.

14 문제 12와 13을 사용하여 $\hat{\boldsymbol{X}} = (\hat{x}, \hat{y})$이 안정 노드일 때, $(0,\ 0)$, $(K_1,\ 0)$과 $(0,\ K_2)$이 불안정임을 보여라.

15 (1)에서 $K_1/\alpha_{12} < K_2$이고 $K_2/\alpha_{21} < K_1$일 때, $\hat{\boldsymbol{X}} = (\hat{x}, \hat{y})$이 안장 점임을 보여라.

다양한 수학적 모델

16 **감쇠 진자** 각속도 $d\theta/dt$와 정비례인 크기를 가진 감쇠력이 진자 운동에 반대되는 방향에서 작용한다고 가정하면, 진자의 변위각 θ는 2계 비선형 미분방정식

$$ml\frac{d^2\theta}{dt^2} = -mg\sin\theta - \beta\frac{d\theta}{dt}$$

을 만족한다.

(a) 평면 자율 연립방정식으로 2계 미분방정식을 써라. 이 연립방정식의 임계점을 모두 구하여라.

(b) (0, 0)이 안정 와심이 되는 m, l과 β의 조건을 구하여라.

17 **비선형 감쇠** 5.1절에서 자유 감쇠 운동의 분석에서 우리는 감쇠력이 속도 x'에 비례한다고 가정하였다. 종종, 이 감쇠력의 크기는 속도의 제곱에 비례하며 새로운 미분방정식은

$$x'' = -\frac{\beta}{m}x'|x'| - \frac{k}{m}x$$

이 된다.

(a) 평면 자율 연립방정식으로 미분방정식을 써라. 이 연립방정식의 임계점을 모두 구하여라.

(b) (0,0)이 안정 노드일 때, 연립방정식을 과잉감쇠라 하고, (0,0)이 안정 와심일 때, 부족감쇠라 한다. 물리적인 사고는 (0,0)이 점근적 안정 임계점이여야만 한다고 제안한다. 연립방정식이 반드시 부족감쇠임을 보여라.

[힌트: $\frac{d}{dy}(y|y|) = 2|y|$]

토론 문제

18 질량 m인 구슬이 함수 $z = f(x)$로 그려지는 모양의 얇은 줄을 따라 미끄러진다. 줄을 조금 잡아당기는 것이 기울어진 평면 역할을 하고, 역학에서 구슬과 줄 사이에 마찰력의 크기는 $mg\cos\theta$에 정비례한다고 가정한다.(그림 10.4.3을 보라.)

(a) 어떤 양수인 상수 μ에 대해 구슬의 x좌표에 대한 새로운 미분방정식이 왜

$$x'' = g\frac{\mu - f'(x)}{1 + [f'(x)]^2} - \frac{\beta}{m}x'$$

가 되는지 설명하여라.

(b) 대응되는 평면 자율 연립방정식의 임계점을 조사하여라. 어떤 조건에서 임계점이 안장 점이 되는가? 또 안정 와심은?

19 비감쇠 진동이 $x \neq 0$과 $-d < x < d$에 대해 $f(0) = 0$과 $xf(x) > 0$일 때, 2계 비선형 미분방정식의 형태인 $x'' + f(x) = 0$을 만족한다. 위상-평면 방법을 사용하여 임계점 (0,0)이 안정 와심이 가능한지를 조사하여라. [힌트:

$F(x) = \int_0^x f(u)du$라 하고, $y^2 + 2F(x) = c$임을 보여라.]

20 로카-볼테라 포식자-피식자 먹이모형은 포식자의 부재일 때 피식자의 수가 기하급수적으로 증가한다고 가정한다. 만약 피식자의 수가 논리적으로 증가한다는 다른 가정을 하면, 새로운 연립방정식은 a, b, c, r와 K가 양수이고 $K > a/b$인

$$x' = -ax + bxy$$
$$y' = -cxy + \frac{r}{K}y(K-y)$$

이다.

(a) 연립방정식은 $\hat{y} > a/b$이고 $c\hat{x} = \frac{r}{K}(K-\hat{y})$일 때, $(0,0)$, $(0,K)$와 $(\hat{x},\hat{y})$에서 임계점을 가짐을 보여라

(b) $(\hat{x},\hat{y})$에서의 임계점이 안정 노드이거나 안정 와심인 반면에 $(0,0)$과 $(0,K)$에서 임계점들이 안장 점임을 보여라.

(c) 만약 $\hat{y} < \frac{4bK^2}{t+4bK}$일 때, $(\hat{x},\hat{y})$ 안정 와심임을 보여라. 포식자의 포화 밀도 K가 커질 때, 이 경우가 왜 발생하는지 설명하여라.

21 역학적인 연립방정식

$$x' = \alpha\frac{y}{1+y}x - x$$
$$y' = -\frac{y}{1+y}x - y + \beta$$

은 공급 자원으로부터 영양분이 성장 챔버 안으로 흐르는 간단한 실험 기구인 배양 조건 조절 장치(chemostat)에서 미생물의 성장에 대한 모델에서 구해진다. 이 연립방정식에서, x는 성장 챔버 안에 있는 미생물의 농도를 나타내고, y 영양소의 농도를 나타내고, $\alpha > 1$과 $\beta > 0$은 실험자에 의해 조절될 수 있는 상수이다. 연립방정식이 일사분면에 단 한 개의 임계점 $(\hat{x},\hat{y})$을 갖는 것을 확실히 하는 α와 β의 조건을 구하고 이 임계점의 안정성을 조사하여라.

22 이 장의 방법과 수치적 해결도구를 사용하여

$$x'' + 8x - 6x^3 + x^5 = 0$$

로 주어진 비선형 용수철/질량계의 안정성을 조사하여라. 연습문제 5.3의 문제 8을 보라.

10장 복습

(1-10) 책을 참조하지 말고 답하여라. 괄호를 채우거나, 참 또는 거짓을 답하여라.

1 2계 미분방정식 $x'' + f(x') + g(x) = 0$은 평면 자율 연립방정식으로 쓸 수 있다. ____________

2 만약 $\mathbf{X} = \mathbf{X}(t)$가 평면 자율 연립방정식의 해이고, $t_1 \neq t_2$에 대해 $\mathbf{X}(t_1) = \mathbf{X}(t_2)$이면, $\mathbf{X}(t)$는 주기적인 해이다. ____________

3 만약 행렬 $\mathbf{A}$의 대각합이 0이고, det $A \neq 0$이면, 선형 연립방정식 $\mathbf{X}' = \mathbf{AX}$의 임계점 (0,0)은 ____________와 같이 분류될 수 있다.

4 선형 연립방정식 $\mathbf{X}' = \mathbf{AX}$의 임계점 (0,0)이 안정적인 와심이면, A의 고윳값들은 ____________이다.

5 선형 연립방정식 $\mathbf{X}' = \mathbf{AX}$의 임계점 (0,0)이 안장 점이고, $\mathbf{X} = \mathbf{X}(t)$가 해이면, $\lim_{t\to\infty}\mathbf{X}(t)$가 존재하지 않는다. ____________

6 만약 평면 자율 연립방정식에서 임계점에서 야코비 행렬 $\mathbf{A} = g'(\mathbf{X}_1)$이 양수인 대각합과 행렬식을 갖는다면, 임계점X_1은 불안정하다. ____________

7 선형화를 이용하여 비선형 평면 자율 연립방정식이 주기적인 해를 갖는 것을 보이는 것이 가능하다. ____________

8 진자 운동방정식 $\frac{d^2\theta}{dt^2} + \frac{g}{l}\sin\theta = 0$에 대한 모든 해는 주기적이다. ____________

9 평면 자율 연립방정식

$$x' = \alpha x - 2y$$
$$y' = -\alpha x + y$$

이 주기적인 해를 가지는 α의 값은 무엇인가? ________

10 $x = n\pi$가 1계 자율 미분방정식 $x' = \sin x$의 점근적 안정 임계점이 되는 n의 값은 무엇인가? ________

11 비선형 자율 연립방정식

$$x' = -y - x\left(\sqrt{x^2+y^2}\right)^3$$
$$y' = x - y\left(\sqrt{x^2+y^2}\right)^3$$

을 극좌표로 바꾸어 풀어라. 초기 조건 $\boldsymbol{X}(0) = (1,0)$을 만족하는 해의 기하학적 움직임을 표현하여라.

12 일반해가 아래와 같이 주어진 선형 연립방정식 $\boldsymbol{X} = \boldsymbol{A}\boldsymbol{X}$에 대한 해들의 기하학적 특징을 논하라.

(a) $\boldsymbol{X}(t) = c_1\begin{pmatrix}1\\1\end{pmatrix}e^{-t} + c_2\begin{pmatrix}1\\-2\end{pmatrix}e^{-2t}$

(b) $\boldsymbol{X}(t) = c_1\begin{pmatrix}1\\-1\end{pmatrix}e^{-t} + c_2\begin{pmatrix}1\\2\end{pmatrix}e^{2t}$

13 주어진 연립방정식의 임계점 (0,0)을 대각합 τ와 행렬식 Δ을 계산하여 분류하여라.

(a) $x' = -3x + 4y$, $y' = -5x + 3y$ (b) $x' = -3x + 2y$, $y' = -2x + y$

14 (만약 가능하면) 평면 자율 연립방정식

$$x' = x + xy - 3x^2$$
$$y' = 4y - 2xy - y^2$$

의 임계점들을 구하고 분류하여라.

15 (0,0)이 평면 자율 연립방정식(극좌표)

$$r' = \alpha r$$
$$\theta = 1$$

의 안정 임계점이 되는 α값을 구하여라.

16 μ는 실수인 2계 비선형 미분방정식

$$x'' + \mu(x^2-1)x' + x = 0$$

에 대응되는 평면 자율 연립방정식의 임계점 (0,0)을 분류하여라.

17 양함수 해를 구하지 말고, (만약 가능하면) 1계 자율 미분방정식 $x' = (x^2-1)e^{-x/2}$의 임계점을 점근적 안정, 또는 불안정으로 분류하여라.

18 위상-평면 방법을 사용하여 $x(0) = x_0$와 $x'(0) = 0$을 만족하는 2계 비선형 미분방정식 $x'' = -2x\sqrt{(x')^2+1}$의 해가 주기적임을 보여라.

19 5.1절에서 우리는 s는 용수철의 늘어난 길이이고, k는 양수인 비례상수일 때, 용수철의 복원력 F이 후크의 법칙 $F = ks$를 만족한다고 가정하였다. 만약 이 가정을 비선형 법칙 $F = ks^3$로 대체한다면, 단단한 용수철의 감쇠 운동에 대한 새로운 미분방정식은

$$ks^3 = mg\text{인} \quad mx'' = -\beta x' - k(s+x)^3 + mg$$

이다. 이 운동계는 (0,0)이 안정 노드일 때, 과잉감쇠라 하고, (0,0)이 안정 와심일 때, 부족감쇠라 한다. 과잉감쇠와 부족감쇠를 유도할 새로운 조건 m, k 그리고 β를 구하여라.

20 진자 막대는 점 P에서 가동관절(movable joint)에 달려있고, 막대에 대한 수직 평면에서 w (rad/s)의 각속도로 회전한다. 그림 10.R.1을 보라. 결과적으로 회전하는 진자의 좌우 움직임은 추가적인 구심력을 받고, θ에 대한 새로운 방정식

$$ml\frac{d^2\theta}{dt^2} = \omega^2 ml\sin\theta\cos\theta - mg\sin\theta - \beta\frac{d\theta}{dt}$$

이 된다.

(a) 만약 $w^2 < g/l$이면, (0,0)이 안정 임계점이고, 정의역 $-\pi < \theta < \pi$에서 유일한 임계점임을 보여라.
$\theta(0) = \theta_0, \theta'(0) = 0$이고 θ_0가 작을 때, 물리적으로 무엇이 발생하는지 설명하여라.

(b) 만약 $w^2 > g/l$이면, (0,0)이 불안정 임계점이고, 정의역 $-\pi < \theta < \pi$에서 두 개의 추가적인 안정적인 임계점 $(\pm\hat{\theta}, 0)$이 존재함을 보여라. $\theta(0) = \theta_0, \theta'(0) = 0$, 그리고 θ_0가 작을 때, 물리적으로 무엇이 발생하는지 서술하여라.

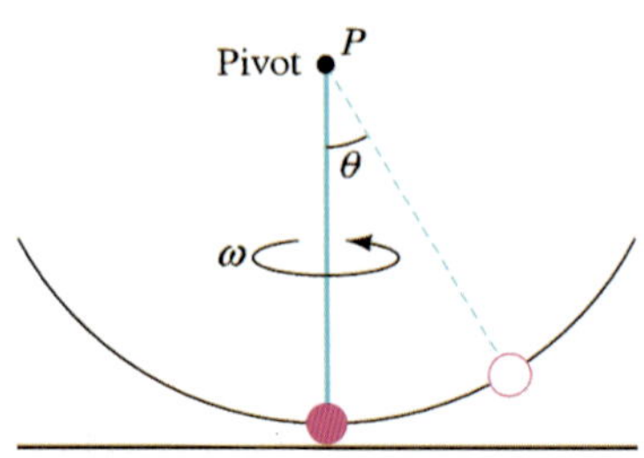

그림 10.R.1 문제 20의 회전하는 진자

11 푸리에(Fourier) 급수

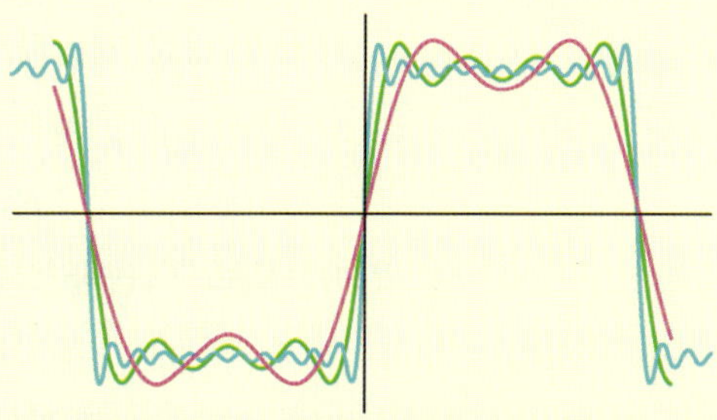

미적분학에서 영이 아닌 두 개의 벡터가 내적(스칼라곱)이 영이 될 때, 직교가 됨을 알고 있다. 미적분학의 범위를 넘어선 벡터, 직교, 또는 내적의 개념들은 종종 기하적인 설명이 불가능할 수도 있다. 이젠 이들 개념을 일반화하자: 수학에서 함수를 벡터로서 생각하는 것은 아주 흔한 일이 되었다. 그래서 두 개의 서로 다른 함수에 대해서도 내적이 0이 되면 직교한다고 말할 수 있다. 이 장에서는 이러한 벡터(함수)의 내적이 실제로 정적분이 됨을 배우게 된다.

직교함수의 개념과 또한 주어진 함수를 직교함수들의 무한집합으로 전개하는 개념들은 12장, 13장에서 다루어질 내용의 기본이 될 것이다.

11.1 직교함수

필요한 개념

- 일반화된 벡터와 벡터공간의 개념에 대해서는 선형대수학의 여러 교재에서 찾아 볼 수 있다.

소개 | 2차원 또는 3차원에서 기하적인 벡터, 직교 또는 수직인 벡터, 그리고 두 벡터의 내적 등에 대한 개념들이 일반화되었다. 수학에서 함수를 벡터로 생각하는 것도 완전히 관례화되었다. 이 절에서는 미적분학에서 배운 내적과는 다른 형태의 내적에 대해 살펴볼 것이다. 이 새로운 내적으로 직교함수와 직교함수들의 집합에 대해 정의한다. 미적분학에서 배우는 또 다른 논제는 함수 f의 멱급수 전개이다. 마찬가지로 이 절에서는 적합한 함수 f를 직교함수들의 무한집합의 원소로 전개하는 방법에 대해 알아본다.

내적 $\mathbf{u}$, $\mathbf{v}$를 R^3 또는 3차원 공간위의 두 개의 벡터라 할 때, 내적$(\mathbf{u}, \mathbf{v})$ (미적분학에서는 스칼라 곱이라 하고 $\mathbf{u}\cdot\mathbf{v}$라고 쓴다)는 다음 성질들을 만족한다:

(i) $(\mathbf{u}, \mathbf{v}) = (\mathbf{u}, \mathbf{v})$

(ii) $(k\mathbf{u}, \mathbf{v}) = (k\mathbf{u}, \mathbf{v})$, 여기서 k는 상수.

(iii) $\mathbf{u} = \mathbf{0}$ 이면 $(\mathbf{u}, \mathbf{u}) = 0$이고, $\mathbf{u} \neq \mathbf{0}$일 때, $(\mathbf{u}, \mathbf{u}) > 0$,

(iv) $(\mathbf{u} + \mathbf{v}, \mathbf{w}) = (\mathbf{u}, \mathbf{w}) + (\mathbf{v}, \mathbf{w})$.

임의의 내적 개념의 일반화는 이와 같은 성질을 가지고 있어야 한다.

f_1, f_2를 구간 $[a,b]$*에서 정의된 함수라 가정하자. 함수 곱 $f_1(x)f_2(x)$이 구간 $[a,b]$에서 적분 가능하면 $[a,b]$에서의 정적분은 위의 네 가지의 성질 (i)-(iv)을 만족하므로, 다음과 같은 정의를 생각할 수 있게 된다.

정의 11.1.1 함수의 내적(Inner product)

두 함수 f_1, f_2의 구간 $[a,b]$에서의 **내적**은

$$(f_1, f_2) = \int_a^b f_1(x) f_2(x)\, dx$$

의 값이다.

직교함수 두 기하적인 벡터 $\mathbf{u}$, $\mathbf{v}$가 내적이 영이 될 때 직교한다는 사실에 근거하여 **함수의 직교**도 비슷하게 정의한다.

---

* 구간은 $(-\infty, \infty)$, $[0, \infty)$ 등도 될 수 있다.

정의 11.1.2 직교함수(orthogonal functions)

두 함수 f_1, f_2가

$$(f_1, f_2) = \int_a^b f_1(x) f_2(x)\,dx = 0 \qquad (1)$$

를 만족하면 구간 $[a, b]$에서 직교한다.

예제 1 직교함수

(a) 함수 $f_1(x) = x^2$과 $f_2(x) = x^3$는

$$(f_1, f_2) = \int_{-1}^{1} x^2 \cdot x^3\,dx = \int_{-1}^{1} x^5 dx = \frac{1}{6}x^6\Big|_{-1}^{1} = \frac{1}{6}(1-1) = 0$$

이므로 구간 $[-1, 1]$에서 직교한다.

(b) 함수 $f_1(x) = x^2$과 $f_2(x) = x^4$는

$$(f_1, f_2) = \int_{-1}^{1} x^2 \cdot x^4\,dx = \int_{-1}^{1} x^6 dx = \frac{1}{7}x^7\Big|_{-1}^{1} = \frac{1}{7}(1-(-1)) = \frac{2}{7} \neq 0$$

이므로 구간 $[-1, 1]$에서 직교하지 않는다. ■

용어 *직교*가 *수직*과 동의어인 벡터 해석학과는 달리 이 장에서는 용어 *직교*와 조건 (1)은 기하적인 의미를 가지지 않는다. 영 함수는 모든 함수와 직교함을 참조하라.

직교집합 우리는 같은 구간 $[a, b]$에서 정의된 직교함수들의 무한 집합에 주요한 관심을 가진다.

정의 11.1.3 직교집합(orthogonal set)

실함수들의 집합$\{\phi_0(x), \phi_1(x), \phi_2(x), \cdots\}$이

$$(\phi_m, \phi_n) = \int_a^b \phi_m(x)\phi_n(x)\,dx = 0, \quad m \neq n \qquad (2)$$

을 만족하면 위의 집합을 구간 $[a, b]$에서 **직교집합**이라 한다.

정규직교집합 벡터 $\mathbf{u}$에 대한 노름 또는 길이 $\|\mathbf{u}\|$는 내적으로 표현할 수 있다. $(\mathbf{u}, \mathbf{u}) = \|\mathbf{u}\|^2$은 제곱노름이라 하고 노름은 $\|\mathbf{u}\| = \sqrt{(\mathbf{u}, \mathbf{u})}$이다. 같은 방법으로 함수 ϕ_n에 대해서 **제곱노름(square norm)**은 $(\phi_n, \phi_n) = \|\phi_n(x)\|^2$이 되며, 또한 노름, 즉 일반화된 길이는 $\|\phi_n(x)\| = \sqrt{(\phi_n, \phi_n)}$이 된다. 다시 말해서, 직교집합 $\{\phi_n(x)\}$에 속한 함수 ϕ_n에 대한 제곱노름과 노름은 각각

$$\|\phi_n(x)\|^2 = \int_a^b \phi_n^2(x)dx \text{과 } \|\phi_n(x)\| = \sqrt{\int_a^b \phi_n^2(x)dx} \tag{3}$$

이다. 만일 $\{\phi_n(x)\}$이 구간 $[a,b]$에서 정의된 직교집합이고 더욱이 모든 $n = 0,1,2,\cdots$에 대해서 $\|\phi_n(x)\| = 1$을 만족하면, 집합$\{\phi_n(x)\}$은 구간 $[a,b]$에서 **정규직교집합**(orrhonormal set)이라 한다.

예제 2 함수들의 직교집합

집합 $\{1,\ \cos x,\ \cos 2x,\ \ldots\}$은 구간 $[-\pi,\ \pi]$에서 직교함을 보여라.

풀이 먼저 $\phi_0(x) = 1,\ \phi_n(x) = \cos nx$이라 하면 $\int_{-\pi}^{\pi} \phi_0(x)\ \phi_n(x)dx = 0$, $n \neq 0$과 $\int_{-\pi}^{\pi} \phi_m(x)\phi_n(x)dx = 0, n \neq m$임을 보이면 된다. 첫 번째로,

$$\begin{aligned}(\phi_0, \phi_n) &= \int_{-\pi}^{\pi} \phi_0(x)\phi_n(x)dx = \int_{-\pi}^{\pi} \cos nx\, dx \\ &= \frac{1}{n}\sin nx\Big|_{-\pi}^{\pi} = \frac{1}{n}[\sin n\pi - \sin(-n\pi)] = 0, \qquad n \neq 0\end{aligned}$$

이고, 두 번째로

$$\begin{aligned}(\phi_n, \phi_m) &= \int_{-\pi}^{\pi} \phi_n(x)\phi_m(x)dx \\ &= \int_{-\pi}^{\pi} \cos mx \cos nx\, dx \\ &= \frac{1}{2}\int_{-\pi}^{\pi} [\cos(m+n)x + \cos(m-n)x]\ dx \quad \leftarrow \text{삼각함수의 합의 공식} \\ &= \frac{1}{2}\left[\frac{\sin(m+n)x}{m+n} + \frac{\sin(m-n)x}{m-n}\right]_{-\pi}^{\pi} = 0, \qquad m \neq n\end{aligned}$$

이다.

예제 3 노름

예제 1에서 주어진 직교집합 안의 각각의 함수의 노름을 구하라.

풀이 먼저 $\phi_0(x) = 1$에 대해서 (3)으로부터,

$$\|\phi_0(x)\|^2 = \int_{-\pi}^{\pi} dx = 2\pi$$

이 되며, 노름은 $\|\phi_0(x)\| = \sqrt{2\pi}$가 된다. $\phi_n(x) = \cos nx$에 대해서,

$$\|\phi_n(x)\|^2 = \int_{-\pi}^{\pi} \cos^2 nx \ dx = \frac{1}{2}\int_{-\pi}^{\pi} [1 + \cos 2nx] \ dx = \pi$$

이다. 그러므로 $n > 0$이면 $\|\phi_n(x)\| = \sqrt{\pi}$가 된다. ■

정규화 영이 아닌 함수들로 이루어진 어떠한 직교집합$\{\phi_n(x)\}$, $n = 0, 1, 2, \cdots$도 집합 안의 각 함수를 **정규화**(normalization), 즉 각 함수들을 함수의 노름으로 나누어서 정규직교집합으로 만들 수 있다. 다음 예는 이 아이디어를 설명한다.

예제 4 정규집합

예제 2에서 집합

$$\{1,\ \cos x,\ \cos 2x,\ \ldots\}$$

은 구간 $[-\pi, \pi]$에서 직교함을 증명하였다. 예제 3에서 위 집합의 각각 함수의 노름은

$$\|\phi_0(x)\| = \|1\| = \sqrt{2\pi} \text{ 과 } \quad \|\phi_n(x)\| = \|\cos nx\| = \sqrt{\pi},\ n = 1,\ 2,\ \cdots$$

임을 보였다. 각각의 함수를 그 함수의 노름으로 나누면 구간 $[-\pi, \pi]$에서 정규직교집합인 집합

$$\left\{\frac{1}{\sqrt{2\pi}},\ \frac{\cos x}{\sqrt{\pi}},\ \frac{\cos 2x}{\sqrt{\pi}},\ \ldots\right\}$$

을 구한다. ■

벡터의 유사성 이 절의 소개에서, 직교함수를 공부하는 목적은 직교함수의 무한집합 $\{\phi_n(x)\}$의 원소로 함수를 전개하는데 있다고 언급하였다. 이 개념을 유도하기 위하여, 벡터와 함수 사이에 유사성을 하나 이상 찾아야 한다. 먼저 벡터에 관한 성질부터 알아보자. R^3에서 영이 아닌 3개의 벡터 $\mathbf{v}_1$, $\mathbf{v}_2$, $\mathbf{v}_3$가 둘씩 서로 직교한다고 가정하자. 이 직교집합은 R^3의 기저로 사용할 수 있다; 즉, 3차원 공간의 임의의 벡터 $\mathbf{u}$는 c_1, c_2와 c_3이 $\boldsymbol{u}$의 **성분**(component)이라 하는 스칼라인 일차결합

$$\mathbf{u} = c_1\mathbf{v}_1 + c_2\mathbf{v}_2 + c_3\mathbf{v}_3 \tag{4}$$

로 표현될 수 있다.

각 성분 c_i는 $\mathbf{u}$와 대응되는 벡터 $\mathbf{v}_i$의 항으로 표현할 수 있다. 이를 보이기 위하

여 (4)와 $\mathbf{v}_1$과 내적을 구한다:

$$(\mathbf{u}, \mathbf{v}_1) = c_1(\mathbf{v}_1, \mathbf{v}_1) + c_2(\mathbf{v}_2, \mathbf{v}_1) + c_3(\mathbf{v}_3, \mathbf{v}_1) = c_1\|\mathbf{v}_1\|^2 + c_2 0 + c_3 0$$

따라서 $c_1 = \dfrac{(\mathbf{u}, \mathbf{v}_1)}{\|\mathbf{v}_1\|^2}$

이 된다. 같은 방법으로 성분 c_2와 c_3은

$$c_2 = \frac{(\mathbf{u}, \mathbf{v}_2)}{\|\mathbf{v}_2\|^2} \quad \text{그리고} \quad c_3 = \frac{(\mathbf{u}, \mathbf{v}_3)}{\|\mathbf{v}_3\|^2}$$

이다. 따라서 (4)는

$$\mathbf{u} = \frac{(\mathbf{u}, \mathbf{v}_1)}{\|\mathbf{v}_2\|^2}\mathbf{v}_1 + \frac{(\mathbf{u}, \mathbf{v}_2)}{\|\mathbf{v}_2\|^2}\mathbf{v}_2 + \frac{(\mathbf{u}, \mathbf{v}_3)}{\|\mathbf{v}_3\|^2}\mathbf{v}_3 = \sum_{n=1}^{3} \frac{(\mathbf{u}, \mathbf{v}_n)}{\|\mathbf{v}_n\|^2}\mathbf{v}_n \tag{5}$$

와 같이 쓸 수 있다.

직교급수 전개 집합 $\{\phi_n(x)\}$을 구간 $[a,b]$에서 함수의 무한직교집합이라 하자. 이런 질문을 하자: 만일 $y = f(x)$를 구간 $[a,b]$에서 정의된 함수라고 할 때,

$$f(x) = c_0\phi_0(x) + c_1\phi_1(x) + \cdots + c_n\phi_n(x) + \cdots \tag{6}$$

를 만족하는 계수 $c_n(n = 0,1,2,\cdots)$의 집합을 구하는 것이 가능한가?

앞에서 설명한 벡터의 성분값을 구하는 것과 마찬가지로, 내적을 사용하여 원하는 계수 $c_n(n = 0,1,2,\cdots)$들을 구할 수 있다. (6)에 $\phi_m(x)$를 곱한 후, 구간 $[a,b]$에서 적분하면

$$\begin{aligned}\int_a^b f(x)\phi_m(x)dx &= c_0\int_a^b \phi_0(x)\phi_m(x)dx + c_1\int_a^b \phi_1(x)\phi_m(x)dx \\ &\quad + \cdots + c_n\int_a^b \phi_n(x)\phi_m(x)dx + \cdots \\ &= c_0(\phi_0, \phi_m) + c_1(\phi_1, \phi_m) + \cdots + c_n(\phi_n, \phi_m) + \cdots\end{aligned}$$

이 된다. 이 때, 마지막 식의 우변의 각 항은 직교성에 의해 $m = n$일 때를 제외하고 모두 영이 된다. 그러므로

$$\int_a^b f(x)\phi_n(x)dx = c_n\int_a^b \phi_n^2(x)dx$$

이 된다. 따라서 구하고자 하는 계수는

$$c_n = \frac{\int_a^b f(x)\phi_n(x)dx}{\int_a^b \phi_n^2(x)dx}, \qquad n = 0,1,2,\cdots$$

이다. 다시 말하면, $$f(x) = \sum_{n=0}^{\infty} c_n \phi_n(x) \tag{7}$$

이다. 여기서 $$c_n = \frac{\int_a^b f(x)\phi_n(x)dx}{\|\phi_n(x)\|^2} \tag{8}$$

이다. 내적기호로 (7)은

$$f(x) = \sum_{n=0}^{\infty} \frac{(f, \phi_n)}{\|\phi_n\|^2} \phi_n(x) \tag{9}$$

이다. 그러므로 (9)는 벡터에 대하여 계산된 결과인 (5)와 유사한 형태임을 쉽게 알 수 있다.

정의 11.1.4 직교집합 / 가중치함수

실가 함수들의 집합$\{\phi_0(x), \phi_1(x), \phi_2(x), \cdots\}$이

$$\int_a^b w(x)\phi_m(x)\phi_n(x)dx = 0, \qquad \mathrm{m} \neq \mathrm{n}$$

을 만족하면 위의 집합을 구간 $[a,b]$에서 **가중치함수 $w(x)$에 대하여 직교 집합**이라 한다.

일반적으로 직교 구간 $[a, b]$에서 $w(x) > 0$라 가정한다. 예제 1에서 집합 $\{1, \ \cos x, \ \cos 2x, \ldots\}$은 구간 $[-\pi, \pi]$에서 가중치함수 $w(x) = 1$에 대하여 직교한다.

만일 $\{\phi_n(x)\}$이 구간 $[a, b]$에서 가중치함수 $w(x)$에 대하여 직교집합이라고 하면, (6)에 $w(x)\phi_n(x)$를 곱한 후, 적분하면

$$c_n = \frac{\int_a^b f(x)w(x)\phi_n(x)dx}{\|\phi_n(x)\|^2} \tag{10}$$

이다. 여기서 $$\|\phi_n(x)\|^2 = \int_a^b w(x)\phi_n^2(x)dx \tag{11}$$

이다. 이때, (8) 또는 (10)의 계수에 의해 표현되는 급수 (7)를 **직교급수 전개**(orthogonal series expansion) 또는 **일반화된 푸리에 급수**(generalized Fourier series)라고 한다.

완비성 집합 (8)에서 계수 c_n을 구하기 위해 설명한 대략적인 과정은 형식적이다; 즉, (7)과 같은 함수 f의 직교급수 전개식이 실제로 그 함수로 수렴하는지 안

하는지에 대한 기본적인 질문은 무시되었다. 어떤 특정한 직교집합에 대하여 위의 급수 전개는 실제로 그 함수로 수렴한다. 이 장의 다음 절들에서는 직교 구간 $[a, b]$ 위에서 정의된 함수의 유형에서 직교급수가 함수 f로 수렴하게 하는 충분 조건을 언급한다. 집합 $\{\phi_n(x)\}$의 종류가 어떤 것이여야만 한다는 것을 마지막으로 언급하기 위하여, 585-586쪽의 벡터 유사성을 다시 봐야 한다. 만일 $\{\mathbf{v}_1, \mathbf{v}_2, \mathbf{v}_3\}$이 서로 직교하는 영이 아닌 R^3의 벡터라 하면 이 세 개의 벡터는 이 공간의 임의의 벡터 $\mathbf{u}$를 (5)의 형태로 표현하기 위해 필요한 모든 벡터이기 때문에 집합 $\{\mathbf{v}_1, \mathbf{v}_2, \mathbf{v}_3\}$를 R^3에서 **완비**(complete)라 한다. 우리는 세 개의 벡터보다 더 적은 수의 벡터를 사용하여 (5)를 표현할 수 없다; 말하자면 집합 $\{\mathbf{v}_1, \mathbf{v}_2\}$은 R^3에서 완비가 될 수가 없다. $\{\mathbf{v}_1, \mathbf{v}_2, \mathbf{v}_3\}$의 완비성에 필요한 결과로서, 벡터 $\mathbf{v}_1, \mathbf{v}_2$와 $\mathbf{v}_3$ 각각과 직교하는 3차원 공간에서의 벡터 $\mathbf{u}$는 영 벡터뿐이다. 만일 $\mathbf{u}$가 $\mathbf{v}_1, \mathbf{v}_2$와 $\mathbf{v}_3$에 직교한다면, $(\mathbf{u}, \mathbf{v}_1) = 0$, $(\mathbf{u}, \mathbf{v}_2) = 0$이고 $(\mathbf{u}, \mathbf{v}_3) = 0$이며 (5)는 $\mathbf{u} = \mathbf{0}$임을 보여준다. 같은 방식으로, 직교급수 전개의 논의에서 함수 f와 $\{\phi_n(x)\}$의 각각의 함수는 더 큰 함수의 집합족, 또는 공간 S의 일부분이다. 집합족 S을, 예를 들면 구간 $[a, b]$에서의 연속인 함수의 집합, 또는 구간 $[a, b]$에서의 조각 연속인 함수의 집합이라 할 수 있다. S에 있는 모든 함수 f가 (7)의 형태로 표현될 수 있도록 $\{\phi_n(x)\}$이 충분히 많은 함수를 포함한다는 의미로 집합 $\{\phi_n(x)\}$이 S에서 완비가 되기를 원한다. 벡터 유사성에서와 같이 이는 오직 영 함수만 직교집합$\{\phi_n(x)\}$의 각각의 원소들과 직교하는 함수라는 것을 의미한다. 연습문제 11.1의 문제 22를 보라.

이 장에서 나머지 논의를 위하여 함수의 급수전개에서 사용하는 임의의 직교집합은 함수 S의 어떤 집합족에서 완비가 된다고 가정한다.

연습문제 11.1

(1-6) 주어진 함수들이 제시된 구간에서 직교함을 보여라.

1 $f_1(x) = x,\ f_2(x) = x^2;\quad [-2, 2]$

2 $f_1(x) = e^x,\ f_2(x) = \sin x;\quad [\pi/4, 5\pi/4]$

3 $f_1(x) = e^x,\ f_2(x) = xe^{-x} - e^{-x};\quad [0, 2]$

4 $f_1(x) = x^3,\ f_2(x) = x^2 + 1;\quad [-1, 1]$

5 $f_1(x) = x,\ f_2(x) = \cos 2x;\quad [-\pi/2, \pi/2]$

6 $f_1(x) = \cos x,\ f_2(x) = \sin^2 x;\ [0, \pi]$

(7-12) 주어진 함수 집합들이 제시된 구간에서 직교함을 보여라. 또한 각 함수들의 노름을 구하여라.

7 $\{\sin x, \sin 3x, \sin 5x, \cdots\};\quad [0, \pi/2]$

8 $\{\sin \frac{n\pi}{p} x\},\ n = 1, 2, 3 \cdots;\quad [0, p]$

9 $\{\sin nx\}, n = 1, 2, 3 \cdots;\quad [0, \pi]$

10 $\{\ 1, \cos \frac{n\pi}{p} x, \sin \frac{m\pi}{p} x\ \},\ n = 1, 2, 3 \cdots,$
$m = 1, 2, 3 \cdots;\quad [-p, p]$

11 $\{1, \cos\frac{n\pi}{p}x\}$, $n=1, 2, 3 \cdots$; $[0, p]$

12 $\{\cos x, \cos 3x, \cos 5x, \cdots\}$; $[0, \pi/2]$

(13-14) 다음 함수들이 주어진 구간에서 함수들이 가중치함수에 대하여 직교함을 직접 적분하여 증명하여라.

13 $H_0(x)=1$, $H_1(x)=2x$, $H_2(x)=4x^2-2$;

$w(x)=e^{-x^2}$, $(-\infty, \infty)$

14 $L_0(x)=1$, $L_1(x)=-x+1$,

$L_2(x)=\frac{1}{2}x^2-2x+1$; $w(x)=e^{-x}$, $[0, \infty)$

15 $\{\phi_n(x)\}$인 $\phi_0(x)=1$이고 구간 $[a, b]$에서 직교집합이라 하자. 모든 $n=1, 2, \cdots$에 대하여 $\int_a^b \phi_n(x)dx=0$임을 보여라.

16 $\{\phi_n(x)\}$이 $\phi_0(x)=1$이고 $\phi_1(x)=x$인 구간 $[a, b]$에서 직교집합이라 하자. 모든 $n=2, 3, \cdots$이고 α와 β는 임의의 상수에 대하여 $\int_a^b (\alpha x+\beta)\phi_n(x)\ dx=0$임을 보여라.

17 집합 $\{\phi_n(x)\}$을 구간 $[a, b]$에서 직교집합이라 하자. $n \neq m$이면 $\|\phi_m(x)+\phi_n(x)\|^2 = \|\phi_m(x)\|^2 + \|\phi_n(x)\|^2$임을 보여라.

18 문제 1에서 $f_1(x)=x$과 $f_{2(x)}=x^2$이 구간 $[-2, 2]$에서 직교함을 보였다. 이때, 같은 구간에서 $f_3(x)=x+c_1x^2+c_2x^3$가 두 함수 f_1과 f_2 모두에 직교하도록 상수 c_1과 c_2를 구하여라.

19 함수의 집합 $\sin nx$, $n=1, 2, 3, \cdots$은 구간 $[-\pi, \pi]$에서 직교집합이다. 이 집합은 완비성을 갖지 않음을 보여라.

20 함수 f_1, f_2와 f_3를 구간 $[a, b]$에서 연속이라고 하자. $(f_1+f_2, f_3)=(f_1, f_3)+(f_2, f_3)$임을 보여라.

토론 문제

21 실가 함수 f가 $f(x+T)=f(x)$을 만족하면 T를 주기라고 한다. 예를 들면, $\sin(x+4\pi)=\sin x$이므로 4π는 $\sin x$의 주기이다. $f(x+T)=f(x)$를 만족하는 가장 작은 수 T를 기본주기라고 한다. 예를 들면 함수 $f(x)=\sin x$의 기본주기는 $T=2\pi$이다. 다음 각 함수들의 기본주기는 무엇인가?

(a) $f(x)=\cos 2\pi x$

(b) $f(x)=\sin\frac{4}{L}x$

(c) $f(x)=\sin x+\sin 2x$

(d) $f(x)=\sin 2x+\cos 4x$

(e) $f(x)=\sin 3x+\cos 2x$

(f) $f(x)=A_0+\sum_{n=1}^{\infty}\left(A_n\cos\frac{n\pi}{p}x+B_n\sin\frac{n\pi}{p}x\right)$,

단 A_n과 B_n은 n에만 좌우된다.

22 문제 9에서 집합 $\{\sin nx\}$, $n=1, 2, 3\cdots$이 구간 $[0, \pi]$에서 직교함을 보였다. 이 집합이 구간 $[-\pi, \pi]$에서도 직교하지만 $[-\pi, \pi]$에서 정의된 모든 연속인 집합에서 완비성을 가지지 않음을 보여라. [힌트 : $f(x)=1$을 고려하라.]

11.2 푸리에 급수

필요한 개념

- 연습문제 11.1의 문제 10번을 다시, 더 자세히 읽는다.

소개 | 집합$\{\phi_0(x), \phi_1(x), \phi_2(x), \cdots\}$이 구간 $[a, b]$에서 직교집합이고, 함수 $f(x)$가 같은 구간에서 정의된 함수이면, $f(x) = c_0\phi_0(x) + c_1\phi_1(x) + c_2\phi_2(x) + \cdots$ 와 같은 직교급수로 전개할 수 있다는 것을 보였다. 여기서 계수 c_n들은 내적 개념을 사용하여 구했다. 삼각함수들로 이루어진 직교집합

$$\left\{1, \cos\frac{\pi}{p}x,\ \cos\frac{2\pi}{p}x,\ \cos\frac{3\pi}{p}x, \cdots, \sin\frac{\pi}{p}x,\ \sin\frac{2\pi}{p}x,\ \sin\frac{3\pi}{p}x, \cdots\right\} \tag{1}$$

은 나중에 선형편미분방정식을 포함한 여러 종류의 경곗값 문제의 해를 구하는 데 특별히 중요한 역할을 하게 된다. 집합 (1)은 구간 $[-p, p]$에서 직교집합이다. 연습문제 11.1의 문제 10번을 참조하여라.

삼각급수 $f(x)$를 구간 $[-p, p]$에서 정의된 함수이고 직교집합 (1)에 속한 삼각함수들의 직교급수로 전개될 수 있다고 가정하자 ; 즉,

$$f(x) = \frac{a_0}{2} + \sum_{n=1}^{\infty}\left(a_n \cos\frac{n\pi}{p}x + b_n \sin\frac{n\pi}{p}x\right). \tag{2}$$

이다. 계수 $a_0, a_1, a_2, \cdots, b_1, b_2, \cdots$는 586쪽에서 설명한 직교급수 전개의 일반적인 논의와 같은 방법으로 정확하게 구할 수 있다. 구하기에 앞서, 집합 (1)에서 상수함수 1에 대한 계수는 a_0가 아닌 $\frac{1}{2}a_0$을 사용한다는 것을 주시하라. 이는 a_n에 대한 공식을 $n = 0$인 a_0도 포함하여 쓰기 위한 편리성 외에 다른 이유는 없다.

이제 (2)의 양변에 $-p$부터 p까지 적분을 하면

$$\int_{-p}^{p} f(x)\,dx = \frac{a_0}{2}\int_{-p}^{p} dx + \sum_{n=1}^{\infty}\left(a_n\int_{-p}^{p}\cos\frac{n\pi}{p}x\,dx + b_n\int_{-p}^{p}\sin\frac{n\pi}{p}x\,dx\right) \tag{3}$$

이 된다. $n \ge 1$에 대하여 $\cos(n\pi x/p)$와 $\sin(n\pi x/p)$은 구간 $[-p, p]$에서 상수함수 1과 직교하므로, (3)의 우변에서 항이 하나만 남는다:

$$\int_{-p}^{p} f(x)\,dx = \frac{a_0}{2}\int_{-p}^{p} dx = \frac{a_0}{2}x\Big|_{-p}^{p} = pa_0$$

a_0를 구하면

$$a_0 = \frac{1}{p}\int_{-p}^{p} f(x)\,dx \tag{4}$$

이다. 이제 (2)에 $\cos(m\pi x/p)$을 곱하고 적분을 한다:

$$\int_{-p}^{p} f(x)\cos\frac{m\pi}{p}x\,dx = \frac{a_0}{2}\int_{-p}^{p}\cos\frac{m\pi}{p}x\,dx$$

$$+\sum_{n=1}^{\infty}\left(a_n\int_{-p}^{p}\cos\frac{n\pi}{p}x\cos\frac{m\pi}{p}x\,dx + b_n\int_{-p}^{p}\sin\frac{n\pi}{p}x\cos\frac{m\pi}{p}x\,dx\right) \quad (5)$$

직교성에 의하여

$$\int_{-p}^{p}\cos\frac{m\pi}{p}x\,dx = 0, \quad m>0, \qquad \int_{-p}^{p}\sin\frac{n\pi}{p}x\cos\frac{m\pi}{p}x\,dx = 0,$$

와

$$\int_{-p}^{p}\cos\frac{n\pi}{p}x\cos\frac{m\pi}{p}x\,dx = \begin{cases}0, & m \neq n\\ p, & m = n\end{cases}$$

이다. 그러므로 (5)는

$$\int_{-p}^{p} f(x)\cos\frac{n\pi}{p}x\,dx = a_n\,p$$

로 간단히 하여

$$a_n = \frac{1}{p}\int_{-p}^{p} f(x)\cos\frac{n\pi}{p}x\,dx \tag{6}$$

이다.

마지막으로 (2)에 $\sin(m\pi x/p)$을 곱한 후 적분을 하고

$$\int_{-p}^{p}\sin\frac{m\pi}{p}x\,dx = 0, \quad m>0, \qquad \int_{-p}^{p}\sin\frac{n\pi}{p}x\sin\frac{m\pi}{p}x\,dx = 0,$$

와

$$\int_{-p}^{p}\sin\frac{n\pi}{p}x\sin\frac{m\pi}{p}x\,dx = \begin{cases}0, & m \neq n\\ p, & m = n\end{cases}$$

을 적용하면

$$b_n = \frac{1}{p}\int_{-p}^{p} f(x)\sin\frac{n\pi}{p}x\,dx \tag{7}$$

이 된다.

(4), (6)과 (7)에서 정의한 계수 a_0, a_n과 b_n을 가지는 삼각급수 (2)를 f의 **푸리에 급수**(Fourier series)라고 한다. 프랑스 수학 물리학자 Jean Baptiste Joseph Fourier (1768-1830)가 그의 이름을 딴 급수를 고안하지는 않았지만, 그는 열전도에 관한 연구에 아주 정밀하지는 않지만 삼각급수를 사용함으로서 적어도 삼각급수에 대한 수학자의 흥미를 유발한 것에는 책임이 있다. 푸리에 급수의 계수인 (4), (6), (7)는 함수 $f(x)$의 **오일러(Euler) 공식**으로 알려져 있다.

정의 11.2.1 푸리에 급수

구간 $(-p, p)$에서 정의된 함수 f의 **푸리에 급수**는

$$f(x) = \frac{a_0}{2} + \sum_{n=1}^{\infty}\left(a_n \cos\frac{n\pi}{p}x + b_n \sin\frac{n\pi}{p}x\right) \tag{8}$$

이다. 여기서

$$a_0 = \frac{1}{p}\int_{-p}^{p} f(x)\,dx \tag{9}$$

$$a_n = \frac{1}{p}\int_{-p}^{p} f(x)\cos\frac{n\pi}{p}x\,dx \tag{10}$$

$$b_n = \frac{1}{p}\int_{-p}^{p} f(x)\sin\frac{n\pi}{p}x\,dx \tag{11}$$

이다.

푸리에 급수의 수렴 계수 a_0, a_n과 b_n을 구하기 위한 타당한 단계를 보장하는 어떠한 조건도 언급하지 않아, (8)의 등식 부호는 엄밀한 의미로 또는 글자 그대로의 의미로 여기지 말아야 한다. 일부 다른 책에서는 (8)이 단순히 (9)-(11)에서 f를 사용하여 만든 계수를 가진 대응하는 삼각급수임을 의미하기 위하여 기호 ~를 사용하기도 한다. 응용에서 사용되는 대부분의 함수들은 급수의 수렴성이 보장되는 함수라는 사실로, 등호기호를 사용해야 한다. 급수 (8)이 구간 $(-p, p)$의 점 x에서 $f(x)$와 다른 수로 수렴하는 것이 가능한가? 그 답은 명확한 '*네*'이다.

조각 연속인 함수 푸리에 급수가 수렴하는 조건을 언급하기 전에 첫 학기 미적분학에서 배운 두 주제를 간단히 복습할 필요가 있다. 각각 x에서 f로의 **우극한**과 **좌극한**이라고 하는 한쪽 극한

$$f(x+) = \lim_{\substack{h\to 0\\ h>0}} f(x+h), \quad f(x-) = \lim_{\substack{h\to 0\\ h>0}} f(x-h)$$

을 나타내기 위하여 부호 $f(x+)$와 $f(x-)$를 사용하자. 다음 조건을 만족하는 함수 f를 **조각 연속**(piecewise continuous)이라 한다.

7.1절에서 유계가 아닌 구간 $[0, \infty)$에서 조각 연속을 정의하였다. 351쪽의 그림 7.1.1을 참조하라.

- 구간 $[a, b]$에서 유한개의 점 $x_1 < x_2 < \cdots < x_n$이 존재하여 f는 그 점들에서 불연속 (도약)이고
- f는 각각의 개구간 (x_k, x_{k+1})에서 연속이다.

이 정의의 결과로 $a < x < b$을 만족하는 모든 점 x에서 한쪽 극한 $f(x+)$와 $f(x-)$는 존재하여야만 한다. 극한 $f(a+)$와 $f(b-)$는 또한 존재하지만 a 또는 b에서 연속일 필요도 없고 심지어 정의가 되지 않아도 된다.

첫 번째 정리는 점 x에서 푸리에 급수의 수렴성에 대한 충분조건을 알려준다.

정리 11.2.1 수렴 조건

구간 $[-p, p]$에서 f와 f'가 조각 연속이라 하자. 그러면 구간 $(-p, p)$ 안의 모든 점 x에 대하여, f의 푸리에 급수는 f가 연속인 점에서 $f(x)$로 수렴한다. $f(x+)$와 $f(x-)$는 각각 x에서 f로의 우극한과 좌극한이라 하면 불연속인 점에서 푸리에 급수는 평균값

$$\frac{f(x+)+f(x-)}{2}$$

로 수렴한다.

예제 1 푸리에 급수 전개

$$f(x)=\begin{cases}0, & -\pi<x<0\\ \pi-x, & 0\le x<\pi\end{cases} \tag{12}$$

를 푸리에 급수로 전개하여라.

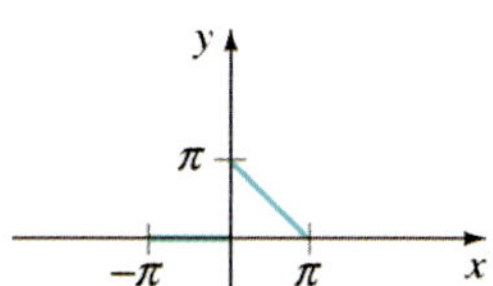

그림 11.2.1 예제 1에서의 조각 연속인 함수

풀이 함수의 그래프는 그림 11.2.1과 같다. (9)와 (10)에서 $p=\pi$이므로,

$$a_0=\frac{1}{\pi}\int_{-\pi}^{\pi}f(x)dx=\frac{1}{\pi}\left[\int_{-\pi}^{0}0dx+\int_{0}^{\pi}(\pi-x)dx\right]=\frac{1}{\pi}\left[\pi x-\frac{x^2}{2}\right]_0^{\pi}=\frac{\pi}{2}$$

$$a_n=\frac{1}{\pi}\int_{-\pi}^{\pi}f(x)\cos nx\,dx=\frac{1}{\pi}\left[\int_{-\pi}^{0}0dx+\int_{0}^{\pi}(\pi-x)\cos nx dx\right]$$

$$=\frac{1}{\pi}\left[(\pi-x)\frac{\sin nx}{n}\bigg|_0^{\pi}+\frac{1}{n}\int_0^{\pi}\sin nx dx\right] \leftarrow \text{부분적분}$$

$$=-\frac{1}{n\pi}\frac{\cos nx}{n}\bigg|_0^{\pi}=\frac{1-(-1)^n}{n^2\pi}$$

이다. 여기서 $\cos n\pi=(-1)^n$을 이용하였다. 같은 방법으로 (11)로부터

$$b_n=\frac{1}{\pi}\int_0^{\pi}(\pi-x)\sin nx\,dx=\frac{1}{n}$$

이다. 따라서

$$f(x)=\frac{\pi}{4}+\sum_{n=1}^{\infty}\left\{\frac{1-(-1)^n}{n^2\pi}\cos nx+\frac{1}{n}\sin nx\right\} \tag{13}$$

이다. ■

식 (10)에서 정의된 a_n의 식에 $n=0$을 대입하면 (9)의 a_0와 같은 값이 된다. 그러나 예제 1에서 보는 것과 같이, 이것은 a_n의 적분값을 계산한 *다음에* 대입하는 경우에는 성립 안 할 수도 있다.

예제 2 예제 1의 재논의

구간 $[-\pi, \pi]$에서 f와 f'가 조각 연속이므로 예제 1에서의 등식 (13)은 성립한다. 그림 11.2.1과 11.2.2를 참조하라. $x=0$을 제외한 구간$(-\pi, \pi)$ 내의 모든 점 x에서 f는 연속이므로, 급수(13)는 함수값 $f(x)$로 수렴할 것이다. 또한 $x=0$는 f가 연속인 점이므로, 급수(13)는

$$\frac{f(0+)+f(0-)}{2} = \frac{\pi+0}{2} = \frac{\pi}{2}$$

로 수렴할 것이다. ■

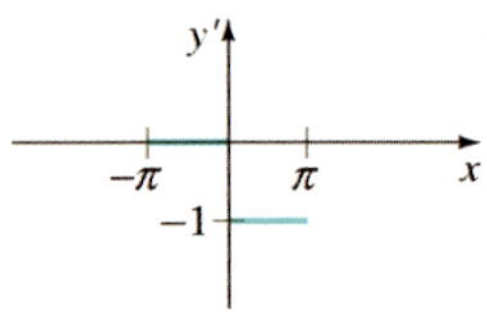

그림 11.2.2 예제 2에서 조각 연속 도함수 f'

주기적인 확장 기본집합 (1)의 각 함수는 각각 다른 기본주기*- 즉, $2p/n$, $n \geq 1$-를 가지고 있지만 기본주기에 정수배도 또한 주기가 되므로, 모든 함수들은 $2p$를 공통적인 주기로 한다. (확인하라.) 그러므로 (2)의 우변은 $2p$가 주기이다; 실제로, $2p$는 급수합의 기본주기가 된다. 푸리에 급수는 구간 $(-p, p)$에서 함수 f를 나타낼 뿐만 아니라 그 구간 밖에서는 함수 f의 주기적인 확장을 의미하게 된다. 여기서 f의 주기적인 확장에 정리 11.2.1을 적용할 수 있던지, 또는 시작부터 주어진 함수가 주기 $2p$인 주기함수, 즉, $f(x+2p)=f(x)$라고 가정할 수 있다. 함수 $f(x)$가 조각 연속이고, $x=-p$에서 우미분계수가 $x=p$에서 좌미분계수가 각각 존재한다고 가정하면, 급수 (8)는 점 $x=\pm p$과 주기적인 확장한 점 $x=\pm 3p, \pm 5p, \pm 7p, \cdots$에서도

$$\frac{f(p-)+f(p+)}{2}$$

으로 수렴한다.

예제 3 예제 1의 재논의

예제 1의 푸리에 급수(13)는 전체 x축 위에서 함수 (12)의 주기적인 확장 함수로 수렴한다. 그림 11.2.3을 참조하라. $x=0, \pm 2\pi, \pm 4\pi, \cdots$와 $x=\pm\pi, \pm 3\pi, \pm 5\pi, \cdots$에서 급수는 각각

$$\frac{f(0+)+f(0-)}{2} = \frac{\pi}{2} \text{와 } \frac{f(-\pi+)+f(\pi-)}{2} = 0$$

로 수렴한다. 그림 11.2.3에서 굵은 까만 점은 수 $\pi/2$를 나타낸다.

---

* 연습문제 11.2의 문제 21를 참조하라.

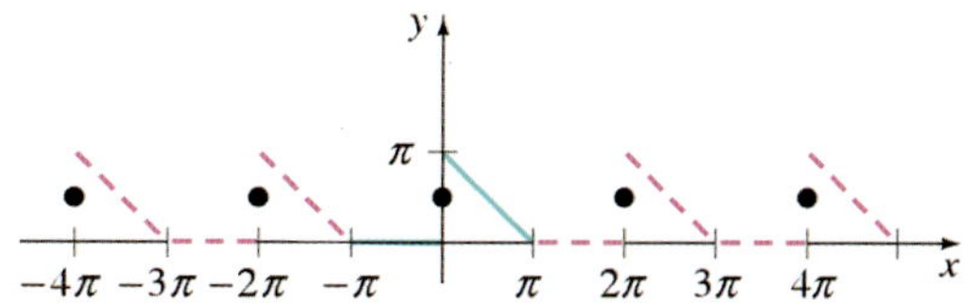

그림 11.2.3 그림 11.2.1에서 보인 함수의 주기적인 확장

부분합의 수열 푸리에 급수의 부분합 $\{S_N(x)\}$ 의 수열이 함수로 어떻게 근접하는지를 보는 것도 흥미로운 일이다. 예를 들어, 푸리에 급수(13)의 처음 세 개의 부분합은

$$S_1(x) = \frac{\pi}{4}$$

$$S_2(x) = \frac{\pi}{4} + \frac{2}{\pi}\cos x + \sin x \text{와}$$

$$S_3(x) = \frac{\pi}{4} + \frac{2}{\pi}\cos x + \sin x + \frac{1}{2}\sin 2x$$

이다. 그림 11.2.4에서는 CAS를 사용하여 구간 $(-\pi, \pi)$에서 (13)의 부분합 $S_3(x)$, $S_8(x)$와 $S_{15}(x)$들의 그래프를 그렸다. 그림 11.2.4 (d)은 구간 $(-4\pi, 4\pi)$에서 $S_{15}(x)$로 주기 확장을 한 그래프이다.

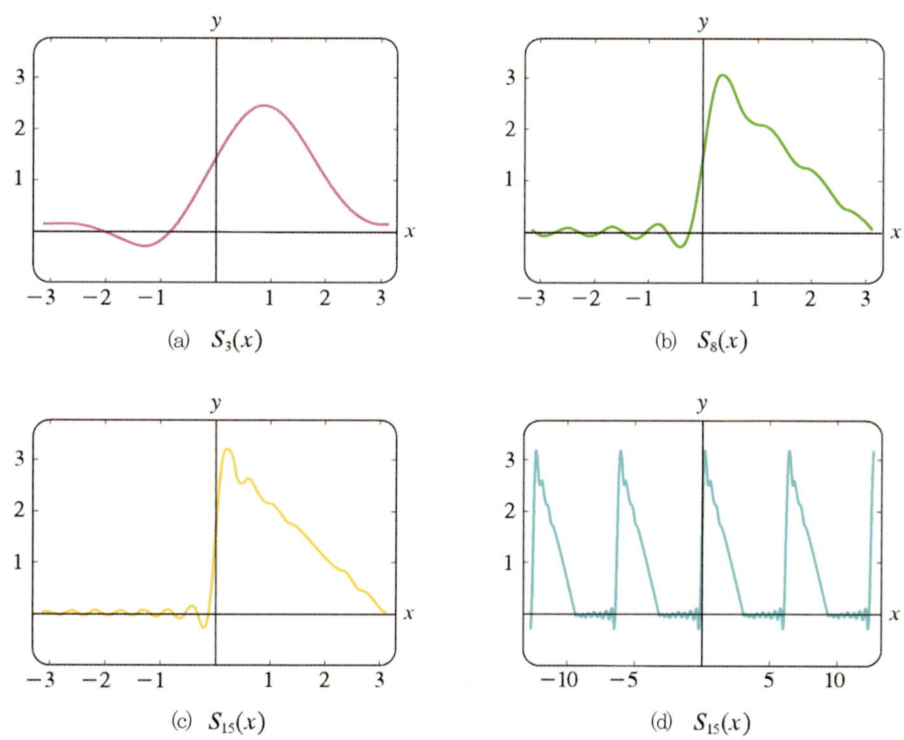

그림 11.2.4 예제 1의 푸리에 급수 (13)의 부분합

연습문제 11.2

(1-16) 주어진 구간에서 f의 푸리에 급수를 구하여라.

1 $f(x)=\begin{cases}0, & -\pi<x<0\\ 1, & 0\le x<\pi\end{cases}$

2 $f(x)=\begin{cases}0, & -\pi/2<x<0\\ \cos x, & 0\le x<\pi/2\end{cases}$

3 $f(x)=\begin{cases}1, & -1<x<0\\ x, & 0\le x<1\end{cases}$

4 $f(x)=\begin{cases}-1, & -\pi<x<0\\ 2, & 0\le x<\pi\end{cases}$

5 $f(x)=\begin{cases}0, & -\pi<x<0\\ x^2, & 0\le x<\pi\end{cases}$

6 $f(x)=\begin{cases}0, & -1<x<0\\ x, & 0\le x<1\end{cases}$

7 $f(x)=x+\pi,\quad -\pi<x<\pi$

8 $f(x)=\begin{cases}\pi^2, & -\pi<x<0\\ \pi^2-x^2, & 0\le x<\pi\end{cases}$

9 $f(x)=\begin{cases}0, & -\pi<x<0\\ \sin x, & 0\le x<\pi\end{cases}$

10 $f(x)=3-2x.\ -\pi<x<\pi$

11 $f(x)=\begin{cases}0, & -2<x<-1\\ -2, & -1\le x<0\\ 1, & 0\le x<1\\ 0, & 1\le x<2\end{cases}$

12 $f(x)=\begin{cases}0, & -\pi<x<0\\ e^x-1, & 0\le x<\pi\end{cases}$

13 $f(x)=\begin{cases}1, & -5<x<0\\ 1+x, & 0\le x<5\end{cases}$

14 $f(x)=\begin{cases}0, & -2<x<0\\ x, & 0\le x<1\\ 1, & 1\le x<2\end{cases}$

15 $f(x)=e^x,\ -\pi<x<\pi$

16 $f(x)=\begin{cases}2+x, & -2<x<0\\ 2, & 0\le x<2\end{cases}$

(17-18) 주어진 함수의 주기적인 확장 함수의 그래프를 그려라.

17 문제 9의 함수 f

18 문제 14의 함수 f

19 문제 5의 결과를 이용하여 다음을 증명하여라.

$$\frac{\pi^2}{6}=1+\frac{1}{2^2}+\frac{1}{3^2}+\frac{1}{4^2}+\cdots$$

과 $$\frac{\pi^2}{12}=1-\frac{1}{2^2}+\frac{1}{3^2}-\frac{1}{4^2}+\cdots$$

20 문제 19를 이용하여 $\pi^2/8$의 수치적인 값을 나타내는 급수를 구하여라.

21 문제 7의 결과를 이용하여 다음을 보여라.

$$\frac{\pi}{4}=1-\frac{1}{3}+\frac{1}{5}-\frac{1}{7}+\cdots$$

22 문제 9의 결과를 이용하여 다음을 증명하여라.

$$\frac{\pi}{4}=\frac{1}{2}+\frac{1}{1\cdot 3}-\frac{1}{3\cdot 5}+\frac{1}{5\cdot 7}-\frac{1}{7\cdot 9}+\cdots$$

23 (a) 코사인 함수와 사인 함수의 복소수 지수 함수 형태,

$$\cos\frac{n\pi}{p}x=\frac{e^{in\pi x/p}+e^{-in\pi x/p}}{2}$$ 와

$$\sin\frac{n\pi}{p}x=\frac{e^{in\pi x/p}-e^{-in\pi x/p}}{2i}$$

를 이용하여 (8)이 다음과 같이 **복소수 형태**로 표현할 수 있음을 보여라.

$$f(x)=\sum_{n=-\infty}^{\infty}c_n e^{in\pi x/p},$$

여기서 $c_0=\dfrac{a_0}{2}$, $n=1,\ 2,\ 3,\ \cdots$에 대하여

$c_n=\dfrac{(a_n-ib_n)}{2}$와 $c_{-n}=\dfrac{(a_n+ib_n)}{2}$이다.

(b) (a)에서 c_0, c_n과 c_{-n}들이 하나의 적분

$$c_n=\frac{1}{2p}\int_{-p}^{p}f(x)e^{-in\pi x/p}dx,\ n=0,\pm 1,\pm 2,\cdots$$

으로 표현할 수 있음을 보여라.

24 문제 23의 결과를 이용하여 구간 $-\pi<x<\pi$에서 함수 $f(x)=e^{-x}$의 푸리에 급수의 복소수 형태를 구하여라.

11.3 푸리에 코사인과 사인 급수

필요한 개념

- 11.1과 11.2절

소개 | 주어진 함수 f가 우함수이거나 혹은 기함수일 경우에 함수 f를 푸리에 급수로 전개하는 과정에서 계수 a_0, a_n과 b_n를 정의하는 정적분을 계산하는데 소모되는 노력을 많이 줄일 수 있다. 함수 $f(x)$가 $f(-x)=f(x)$이면 **우함수**라 하고, $f(-x)=-f(x)$이면 **기함수**라 함을 상기하자. $(-p,p)$와 같이 대칭적인 구간에서 우함수의 그래프는 y축에 대칭인 반면 기함수의 그래프는 원점에 대해 대칭이다.

우함수와 기함수 용어 우함수와 기함수의 어원은 아마도 x의 모든 지수가 짝수로 구성된 다항식의 그래프가 y축에 대하여 대칭인 반면 x의 홀수 승으로 구성된 다항식의 그래프가 원점에 대하여 대칭이라는 것에서 유래되었을 것이다. 예를 들어,

$$f(-x)=(-x)^2=x^2=f(x) \text{이므로 } f(x)=x^2 \text{는 우함수이다} \quad (\downarrow \text{ 짝수})$$

$$f(-x)=(-x)^3=-x^3=f(x) \text{이므로 } f(x)=x^3 \text{는 기함수이다.} \quad (\downarrow \text{ 홀수})$$

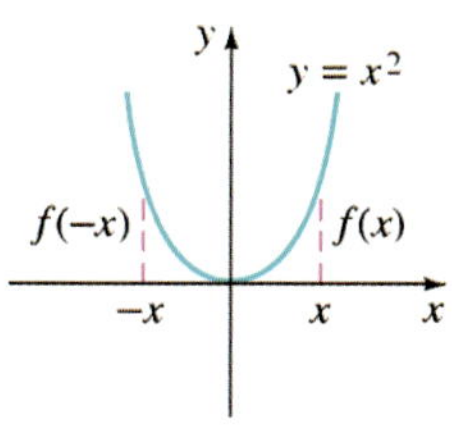

그림 11.3.1 우함수 : y축에 대하여 대칭인 그래프

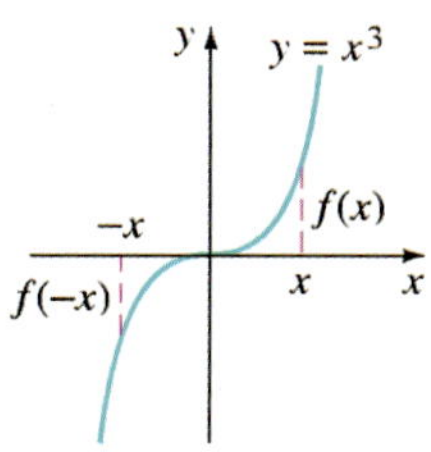

그림 11.3.2 기함수 : 원점에 대하여 대칭인 그래프

그림 11.3.1과 11.3.2를 참조하라. 삼각함수인 코사인 함수는 $\cos(-x)=\cos x$이 성립하므로 우함수이고, 사인 함수는 $\sin(-x)=-\sin x$이기 때문에 기함수이다. 지수 함수 $f(x)=e^x$와 $f(x)=e^{-x}$는 우함수도 기함수도 다 아니다.

성질 다음 정리에서 우함수와 기함수의 몇 가지 성질들을 나열하였다.

정리 11.3.1 우함수/기함수의 성질

(a) 두 우함수의 곱은 우함수이다.
(b) 두 기함수의 곱은 우함수이다.
(c) 우함수와 기함수의 곱은 기함수이다.
(d) 두 우함수의 합 (차)은 우함수이다.
(e) 두 기함수의 합 (차)은 기함수이다.
(f) 함수 f가 우함수이면, $\int_{-a}^{a} f(x)dx = 2\int_0^a f(x)dx$ 이다.
(g) 함수 f가 기함수이면, $\int_{-a}^{a} f(x)dx = 0$ 이다.

(b)의 증명 함수 f와 g를 기함수라고 하자. 그러면

$$f(-x)=f(x) \text{와 } g(-x)=g(x)$$

이다. f와 g의 곱을 $F(x)=f(x)g(x)$라 하면

$$F(-x)=f(-x)g(-x)=(-f(x))(-g(x))=f(x)g(x)=F(x)$$

가 성립한다. 이는 두 기함수의 곱F이 우함수가 된다는 것을 증명한다. 나머지 성질들의 증명은 연습문제로 남겨놓겠다. 연습문제 11.3의 문제 48을 참조하라. ■

코사인·사인 급수 함수 f가 구간 $(-p,p)$에서 우함수라 하면, 위의 성질에 의해, 11.2절의 계수 (9), (10)과 (11)은

$$a_0=\frac{1}{p}\int_{-p}^{p}f(x)\,dx=\frac{2}{p}\int_0^p f(x)\,dx,$$

$$a_n=\frac{1}{p}\int_{-p}^{p}\underbrace{f(x)\cos\frac{n\pi}{p}x}_{\text{우함수}}\,dx=\frac{2}{p}\int_0^p f(x)\cos\frac{n\pi}{p}x\,dx,\quad n=1,2,\cdots,$$

$$b_n=\frac{1}{p}\int_{-p}^{p}\underbrace{f(x)\sin\frac{n\pi}{p}x}_{\text{기함수}}\,dx=0,\quad n=1,2,\cdots$$

이 된다. 비슷한 방법으로, 함수 f가 구간 $(-p,\ p)$에서 기함수라 하면,

$$a_n=0,\ n=0,\ 1,\ 2,\ \cdots,\ b_n=\frac{2}{p}\int_0^p f(x)\sin\frac{n\pi}{p}x\,dx,\ n=1,\ 2,\ \cdots$$

이 된다. 이 결과를 다음 정의로 정리한다.

정의 11.3.1 푸리에 코사인·사인 급수

(i) 구간$(-p,p)$에서 정의된 우함수에 대한 푸리에 급수는 다음과 같은 코사인(Cosine) 급수가 된다.

$$f(x)=\frac{a_0}{2}+\sum_{n=1}^{\infty}a_n\cos\frac{n\pi}{p}x \tag{1}$$

여기서

$$a_0=\frac{2}{p}\int_0^p f(x)\,dx, \tag{2}$$

$$a_n=\frac{2}{p}\int_0^p f(x)\cos\frac{n\pi}{p}x\,dx \tag{3}$$

이다.

(ii) 구간$(-p,p)$에서 정의된 기함수에 대한 푸리에 급수는 다음과 같이 사인(Sine) 급수가 된다.

$$f(x)=\sum_{n=1}^{\infty}b_n\sin\frac{n\pi}{p}x \tag{4}$$

단, 여기서

$$b_n = \frac{2}{p}\int_0^p f(x)\sin\frac{n\pi}{p}x\,dx \tag{5}$$

이다.

$x=-p$, $x=0$과 $x=p$에서 항 $\sin(n\pi x/p)$는 0이므로, f가 이 점들에서 정의되든 안 되든 사인 급수 (4)는 이 점들에서 0으로 수렴한다.

예제 1 사인 급수 전개

다음 함수의 푸리에 급수 전개를 구하여라.

$$f(x)=x, \qquad -2<x<2$$

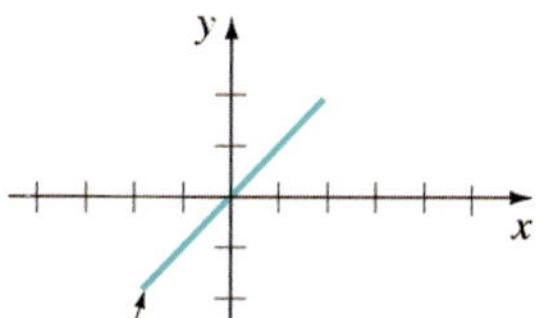

$y=x,\ -2<x<2$

그림 11.3.3 예제 1의 기함수

풀이 그림 11.3.3에서 보는 바와 같이, 주어진 함수 f는 구간 $(-2,\ 2)$에서 기함수이므로 사인 급수로 전개될 것이다. 여기서 $2p=4$가 되므로 $p=2$가 된다. 부분적분을 하면 (5)는

$$b_n=\int_0^2 x\sin\frac{n\pi}{2}x\,dx=\frac{4(-1)^{n+1}}{n\pi}$$

이다. 그러므로

$$f(x)=\frac{4}{\pi}\sum_{n=1}^{\infty}\frac{(-1)^{n+1}}{n}\sin\frac{n\pi}{2}x \tag{6}$$

가 된다. ■

예제 1에서 함수는 정리 11.2.1의 조건을 만족한다. 따라서 급수(6)는 구간 $(-2,2)$에서는 주어진 함수이고 (주기 4 인) 주기 확장이 그림 11.3.4와 같이 주어진 함수로 수렴하게 된다.

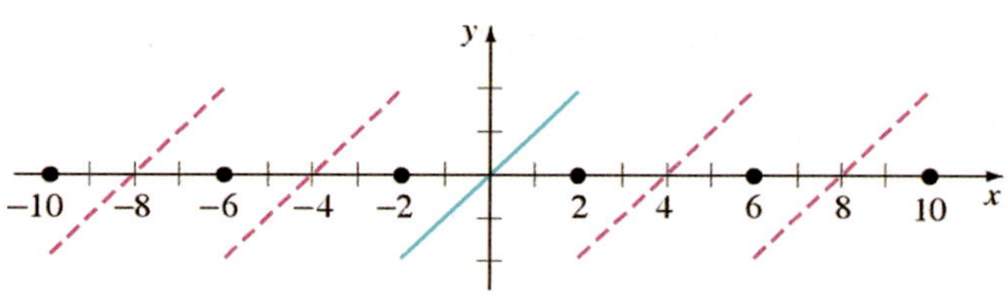

그림 11.3.4 그림 11.3.3으로 표현한 함수에 대한 주기 확장

예제 2 사인 급수 전개

그림 11.3.5로 표현된 함수 $f(x)=\begin{cases}-1, & -\pi<x<0\\ 1, & 0\le x<\pi\end{cases}$는 구간 $(-\pi,\pi)$에서 기함수이다. $p=\pi$이므로 (5)에 의해서,

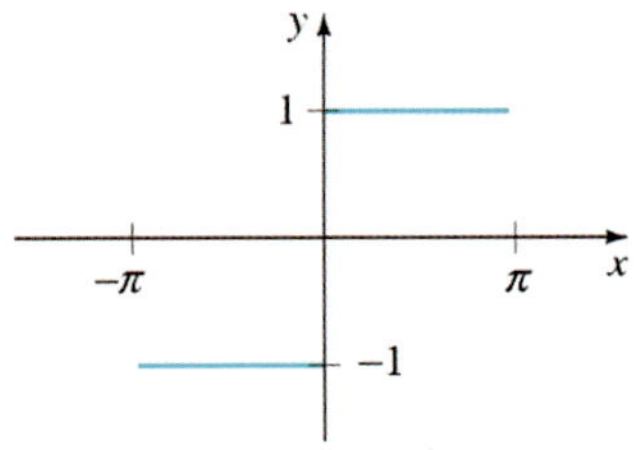

그림 11.3.5 예제 2의 기함수

$$b_n = \frac{2}{\pi}\int_0^{\pi}(1)\sin nx\,dx = \frac{2}{\pi}\frac{1-(-1)^n}{n}$$

이므로

$$f(x) = \frac{2}{\pi}\sum_{n=1}^{\infty}\frac{1-(-1)^n}{n}\sin nx \tag{7}$$

이다. ■

기브스(Gibbs) 현상 CAS를 이용하여 그림 11.3.6에서 (7)의 영이 아닌 항들의 부분합들, $S_1(x)$, $S_2(x)$, $S_3(x)$와 $S_{15}(x)$의 그래프를 그렸다. 그림 11.3.6 (d)에서 보는 것과 같이, $S_{15}(x)$의 그래프는 $x=0$, $x=-\pi$와 $x=\pi$ 등 불연속점 근방에서 확연히 뾰족한 곳이 있다. 이와 같은 불연속점 근처에서의 함수값에서 부분합S_N의 '초과량'은 매끄럽지는 않지만 심지어 N을 크게 택할 때에도 초과량은 거의 상수를 유지한다. 불연속점 근방에서 푸리에 급수의 이러한 현상을 **기브스(Gibbs) 현상**이라고 알려졌다.

실수축 전체로 예제 2에서의 함수 f의 주기 확장은 미로 함수가 된다. (395쪽을 참조하라.)

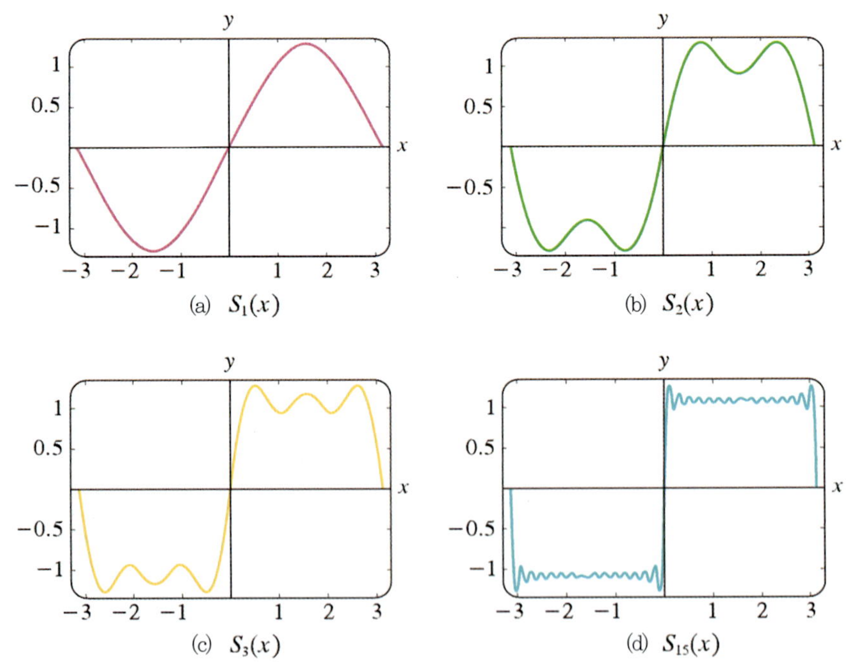

그림 11.3.6 사인 급수 (7)의 부분합들

반구간 전개 앞의 내용 전체에서 함수 f가 원점을 중점으로 하는 구간, 즉, $-p<x<p$에서 정의되었다. 하지만 많은 경우에서 우리는 $0<x<L$에서만 삼각급수로 정의된 함수를 표현하는 것에 관심을 가진다. 이런 경우에는 $-L<x<0$

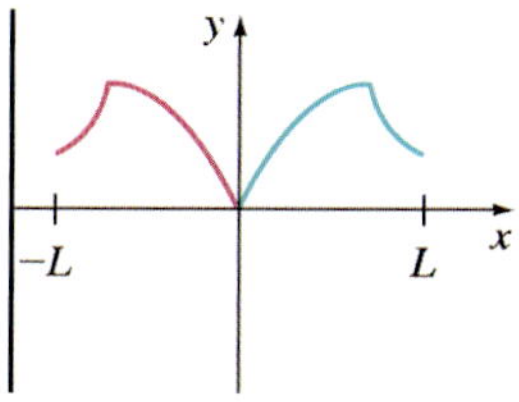

그림 11.3.7 우 반사

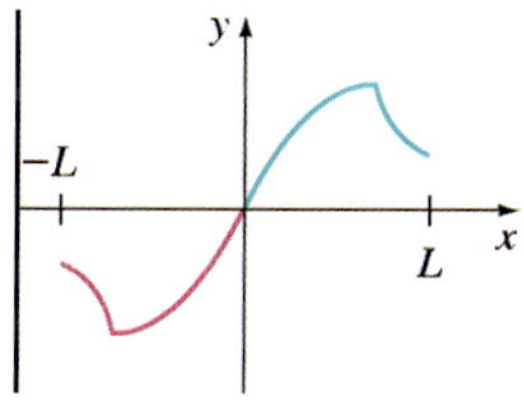

그림 11.3.8 기 반사

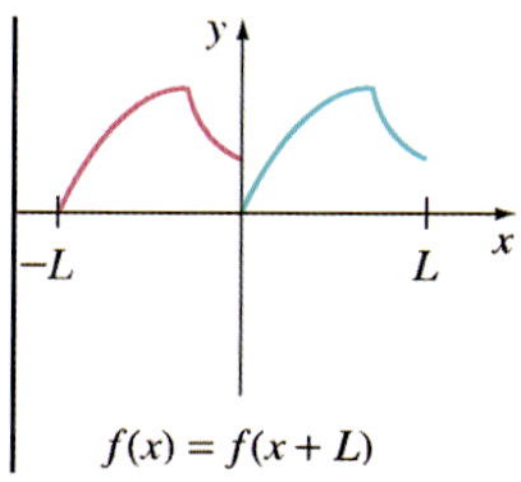

그림 11.3.9 동일 반사

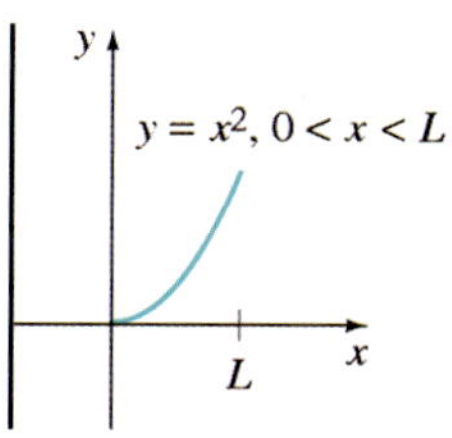

그림 11.3.10 우함수도 아니고 기함수도 아닌 함수 f

에서 $f(x)$를 임의로 *정의해줌에* 따라 다양한 방법으로 급수를 얻을 수 있다. 줄여서 가장 중요한 세 가지 경우를 고려한다.

만일 함수 $y=f(x)$가 구간 $(0,L)$에서 정의되었다면,

(i) $(-L,0)$에서 함수의 그래프를 y축에 대하여 대칭되게 한다; 함수는 $(-L,L)$에서 우함수가 된다 (그림 11.3.7을 참조하라); 또는

(ii) $(-L,0)$에서 함수의 그래프를 원점에 대하여 대칭되게 한다; 함수는 $(-L,L)$에서 기함수가 된다 (그림 11.3.8을 참조하라); 또는

(iii) $(-L,0)$에서 함수값을 $f(x)=f(x+L)$로 정의한다 (그림 11.12을 참조하라.)

급수 (1)과 (4)의 계수들은 $(0,p)$ (즉, 구간 $(-p,p)$의 반)에서 함수의 정의만 활용하는 것을 주목하라. 그래서 실제로 (i)과 (ii)에서 설명한 대칭을 할 필요가 없게 된다. 만일 함수가 $0<x<L$에서 정의되었다면, 간단히 구간의 길이 $p=L$를 주기의 반으로 한다. 계수 (2)와 (3), 또는 (5)와 그에 대응하는 급수는 주어진 함수의 주기 $2L$인 우함수 주기확장, 또는 기함수 주기 확장을 한다. 이와 같은 방법으로 구한 코사인·사인 급수는 **반구간전개**라고 알려졌다. 마지막으로 (iii)의 경우에는 구간 $(-L,0)$에서 함수 값을 구간 $(0,L)$에서 똑같이 되도록 정의한다. 앞의 두 경우와 마찬가지로, 실제로 대칭된 함수를 구할 필요는 없다. 11.2절의 함수 집합 (1)이 임의의 실수a에 대하여 구간 $[a,a+p]$에서 직교함을 보일 수 있다. $a=-p$이라 하면, 11.2절의 (9), (10)과 (11)의 적분한계를 구한다. 하지만 $a=0$이면 적분한계는 $x=0$에서 $x=2p$이다. 따라서 함수 f가 구간 $(0,L)$에서 정의되면, $2p=L$ 즉, $p=L/2$이 된다. 이렇게 하여 구한 푸리에 급수는 주기 L인 f의 주기 확장이 될 것이다. 이와 같은 방법으로 급수의 수렴하는 값은 $(-L,0)$에서나 $(0,L)$에서나 다 같다.

예제 3 사인 급수 전개

$$f(x)=x^2, \qquad 0<x<L\text{를}$$

(a) 코사인 급수로 (b) 사인급수로 (c) 푸리에 급수로 전개하여라.

풀이 함수의 그래프는 그림 11.3.10으로 주어졌다.

(a) a_n을 구하기 위해서 부분적분을 두 번 연속 사용하면

$$a_0=\frac{2}{L}\int_0^L x^2dx=\frac{2}{3}L^2,$$

$$a_n=\frac{2}{L}\int_0^L x^2\cos\frac{n\pi}{L}x\,dx=\frac{4L^2(-1)^n}{n^2\pi^2}$$

이 된다. 따라서

$$f(x) = \frac{L^2}{3} + \frac{4L^2}{\pi^2} \sum_{n=1}^{\infty} \frac{(-1)^n}{n^2} \cos \frac{n\pi}{L} x \tag{8}$$

이다.

(b) 이 경우도 부분적분을 계속하여 두 번 적용한다:

$$b_n = \frac{2}{L} \int_0^L x^2 \sin \frac{n\pi}{L} x dx = \frac{2L^2(-1)^{n+1}}{n\pi} + \frac{4L^2}{n^3\pi^3}[(-1)^n - 1]$$

이다. 따라서

$$f(x) = \frac{2L^2}{\pi} \sum_{n=1}^{\infty} \left(\frac{(-1)^{n+1}}{n} + \frac{2}{n^3\pi^2}[(-1)^n - 1] \right) \sin \frac{n\pi}{L} x \tag{9}$$

이다.

(c) $p = L/2$라 놓으면, $1/p = 2/L$이고 $n\pi/p = 2n\pi/L$이 되므로,

$$a_0 = \frac{2}{L} \int_0^L x^2 dx = \frac{2}{3} L^2,$$

$$a_n = \frac{2}{L} \int_0^L x^2 \cos \frac{2n\pi}{L} x dx = \frac{L^2}{n^2\pi^2},\text{과}$$

$$b_n = \frac{2}{L} \int_0^L x^2 \sin \frac{2n\pi}{L} x dx = -\frac{L^2}{n\pi}$$

이다. 따라서

$$f(x) = \frac{L^2}{3} + \frac{L^2}{\pi} \sum_{n=1}^{\infty} \left(\frac{1}{n^2\pi} \cos \frac{2n\pi}{L} x - \frac{1}{n} \sin \frac{2n\pi}{L} x \right) \tag{10}$$

이다. ■

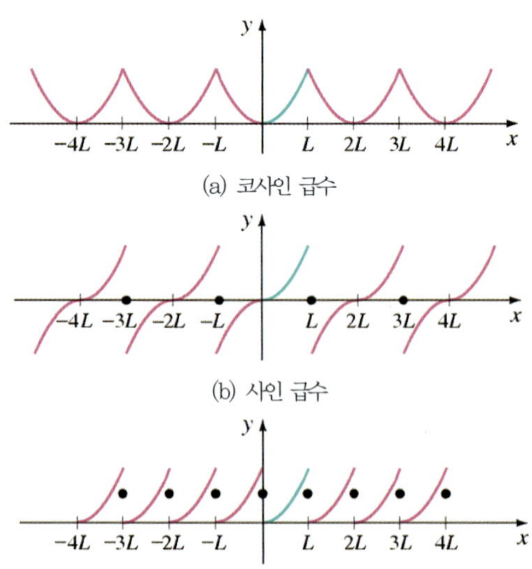

그림 11.3.11 $(0, L)$에서는 같은 함수이지만 다른 주기 확장 함수

(8), (9)와 (10)은 각각 f의 $2L$-주기 우함수 확장, $2L$-주기 기함수 확장 그리고 L-주기확장함수로 수렴한다. 이 주기 확장 함수들의 그래프는 그림 11.3.11로 나타낸다.

주기적인 구동력 입력 또는 구동력인 $f(x)$가 주기 함수인 물리적 시스템을 표현한 미분방정식의 특수해를 구하는데 푸리에 급수가 가끔 유용하다. 다음 예에서 비동차 선형 미분방정식

$$m\frac{d^2x}{dt^2}+kx=f(t) \tag{11}$$

의 특수해를 먼저 함수 f를 반구간 사인전개를 한 후, 특수해의 형태를

$$x_p(t)=\sum_{n=1}^{\infty}B_n\sin\frac{n\pi}{p}t \tag{12}$$

라 가정하고 구한다.

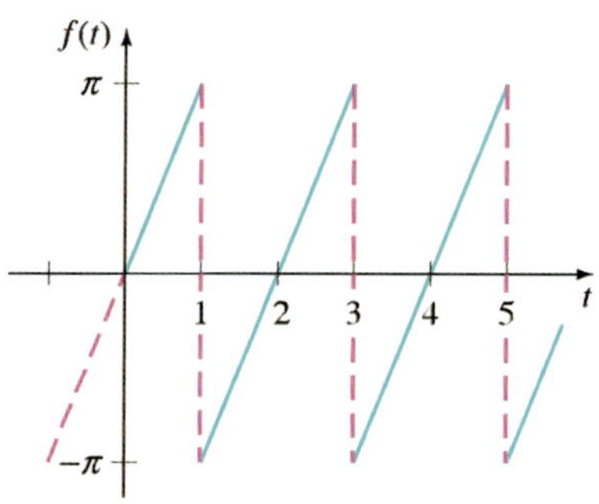

그림 11.3.12 용수철/질량계에 주기적인 외부력 함수

예제 4 미분방정식의 특수해

질량은 $m=\frac{1}{16}$ 슬러그이고 용수철의 탄성계수는 $k=4$ lb/ft인 비감쇠 용수철/질량계는 그림 11.3.12와 같은 주기 2인 외부력 $f(t)$에 의해 유도된다.
비록 힘 $f(t)$는 $t>0$일 때 시스템에 작용되지만, 2를 주기로 $t-$축에서도 함수의 그래프를 확장하면, 기함수가 된다. 실제로는 $f(t)=\pi t,\ 0<t<1$의 반구간 사인 급수전개를 구하기만 하면 된다는 의미이다. $p=1$이라 하고, (5)와 부분적분으로

$$b_n=2\int_0^1 \pi t\sin n\pi t\,dt=\frac{2(-1)^{n+1}}{n}$$

이 된다. (11)로부터 운동의 미분방정식은

$$\frac{1}{16}\frac{d^2x}{dt^2}+4x=\sum_{n=1}^{\infty}\frac{2(-1)^{n+1}}{n}\sin n\pi t. \tag{13}$$

이 된다. 특수해 $x_p(t)$를 구하기 위해, (12)를 방정식에 대입한 후, $\sin n\pi t$의 계수를 비교한다. 그러므로

$$\left(-\frac{1}{16}n^2\pi^2+4\right)B_n=\frac{2(-1)^{n+1}}{n} \quad \text{또는} \quad B_n=\frac{32(-1)^{n+1}}{n(64-n^2\pi^2)}$$

이 된다. 따라서

$$x_p(t)=\sum_{n=1}^{\infty}\frac{32(-1)^{n+1}}{n(64-n^2\pi^2)}\sin n\pi t \tag{14}$$

이다. ■

해 (14)에서 B_n의 분모 $64-n^2\pi^2$이 영이 되는 정수 $n \ge 1$는 없는 것을 살펴보자. 일반적으로, 만약 n을 N으로 하여 $\omega=\sqrt{k/m}$ 인 $N\pi/p=\omega$를 만족하는 정수 N이 존재한다면, (11)에 의해 표현되는 시스템은 순공명 상태가 된다. 다시 말해서, 구동력 $f(t)$의 푸리에 급수전개에 자유진동과 같은 주파수를 갖는 항 $\sin(N\pi/L)t$(또는 $\cos(N\pi/L)t$)이 포함되어 있다면 순공명이 된다.

물론, 여기서 음의 시간대로 구동력 $f(t)$의 $2p$ −주기확장은 우함수가 되면, f는 코사인 급수로 전개된다.

연습문제 11.3

(1-10) 다음 함수들이 우함수, 기함수 또는 둘 다 아닌지 판정하여라.

1 $f(x)=\sin 3x$

2 $f(x)=e^x-e^{-x}$

3 $f(x)=x^2+x$

4 $f(x)=x^3-4x$

5 $f(x)=e^{|x|}$

6 $f(x)=x\cos x$

7 $f(x)=\begin{cases} x^2, & -1<x<0 \\ -x^2, & 0\le x<1 \end{cases}$

8 $f(x)=\begin{cases} x+5, & -2<x<0 \\ -x+5, & 0\le x<2 \end{cases}$

9 $f(x)=x^3,\ 0\le x\le 2$

10 $f(x)=|x^5|$

(11-24) 주어진 함수를 알맞은 코사인 또는 사인급수로 전개하여라.

11 $f(x)=\begin{cases} -1, & -\pi<x<0 \\ 1, & 0\le x<\pi \end{cases}$

12 $f(x)=\cos x,\ -\pi/2<x<\pi/2$

13 $f(x)=|x|,\quad -\pi<x<\pi$

14 $f(x)=\begin{cases} -\pi, & -2\pi<x<-\pi \\ x, & -\pi\le x<\pi \\ \pi, & \pi\le x<2\pi \end{cases}$

15 $f(x)=x^2,\quad -1<x<1$

16 $f(x)=x^3,\quad -\pi<x<\pi$

17 $f(x)=\pi^2-x^2,\ -\pi<x<\pi$

18 $f(x)=\begin{cases} x+1, & -1<x<0 \\ x-1, & 0\le x<1 \end{cases}$

19 $f(x)=\begin{cases} x-1, & -\pi<x<0 \\ x+1, & 0\le x<\pi \end{cases}$

20 $f(x)=x|x|,\ -1<x<1$

21 $f(x)=\begin{cases} 1, & -2<x<-1 \\ -x, & -1\le x<0 \\ x, & 0\le x<1 \\ 1, & 1\le x<2 \end{cases}$

22 $f(x)=x,\quad -\pi<x<\pi$

23 $f(x)=|\sin x|,\ -\pi<x<\pi$

24 $f(x)=\begin{cases} 1, & -2<x<-1 \\ 0, & -1\le x<1 \\ 1, & 1\le x<2 \end{cases}$

(25-34) 주어진 함수의 반구간 코사인 또는 사인급수 전개를 구하여라.

25 $f(x)=\begin{cases} 1, & 0<x<1/2 \\ 0, & 1/2\le x<1 \end{cases}$

26 $f(x)=\sin x,\ 0<x<\pi$

27 $f(x)=\cos x,\ 0<x<\pi/2$

28 $f(x)=\begin{cases}0, & 0<x<1/2\\ 1, & 1/2\le x<1\end{cases}$

29 $f(x)=\begin{cases}x, & 0<x<\pi/2\\ \pi-x, & \pi/2\le x<\pi\end{cases}$

30 $f(x)=x(2-x),\quad 0<x<2$

31 $f(x)=\begin{cases}x, & 0<x<1\\ 1, & 1\le x<2\end{cases}$

32 $f(x)=\begin{cases}0, & 0<x<\pi\\ x-\pi, & \pi\le x<2\pi\end{cases}$

33 $f(x)=x^2+x,\quad 0<x<1$

34 $f(x)=\begin{cases}1, & 0<x<1\\ 2-x, & 1\le x<2\end{cases}$

(35-38) 주어진 함수를 푸리에 급수로 전개하여라.

35 $f(x)=x^2,\quad 0<x<2\pi$

36 $f(x)=2-x,\quad 0<x<2$

37 $f(x)=x+1,\quad 0<x<1$

38 $f(x)=x,\quad 0<x<\pi$

(39-40) $m=1,\ k=10$이고 구동력 $f(t)$이 다음과 같이 주어졌을 때, (11)의 특수해 x_p를 예제 4에서 했던 과정으로 구하여라. 함수 $f(t)$가 음의 $t-$축에서 주기적인 방법으로 확장될 때 기함수로 확장된다고 가정하자.

39 $f(t)=\begin{cases}5, & 0<t<\pi\\ -5, & \pi<t<2\pi\end{cases};\quad f(t+2\pi)=f(t)$

40 $f(t)=1-t,\ \ 0<t<2\ ;\quad f(t+2)=f(t)$

(41-42) $m=\dfrac{1}{4},\ k=12$이고 구동력 $f(t)$이 다음과 같이 주어졌을 때, (11)의 특수해 x_p를 예제 4에서 했던 과정으로 구하여라. 함수 $f(t)$는 음의 $t-$축에서 주기적인 방법으로 확장될 때 우함수로 확장된다고 가정하자.

41 $f(t)=2\pi t-t^2,\ \ 0<t<2\pi\ ;$
$f(t+2\pi)=f(t)$

42 $f(t)=\begin{cases}t, & 0<t<1/2\\ 1-t, & 1/2<t<1\end{cases};\quad f(t+1)=f(t)$

43 (a) 문제 39에서의 미분방정식 $x''+10x=f(t)$을 초기조건 $x(0)=0$과 $x'(0)=0$으로 풀어라.
(b) CAS를 이용하여 (a)의 해 $x(t)$의 그래프를 그려라.

44 (a) 문제 41에서의 미분방정식 $\dfrac{1}{4}x''+12x=f(t)$을 초기조건 $x(0)=1$과 $x'(0)=0$으로 풀어라.
(b) CAS를 이용하여 (a)의 해 $x(t)$의 그래프를 그려라.

45 길이가 L인 균일한 빔이 $x=0$과 $x=L$에서만 단순히 걸쳐져 있다고 가정하자. 단위 길이당 하중이 $w(x)=w_0/L,\ 0<x<L$과 같이 주어졌다고 할 때, 편향 $y(x)$에 관한 미분방정식은 $E,\ I,$ 와 w_0는 상수인

$$EI\frac{d^4y}{dx^4}=\frac{w_0x}{L}$$

이다.(5.2절의 (4)를 참조하여라.)
(a) $w(x)$를 반구간 사인 급수를 전개하여라.
(b) 예제 4의 방법을 사용하여, 미분방정식의 특수해 $y_p(x)$를 구하여라.

46 단위 길이당 하중이 그림 11.3.13과 같이 주어졌을 때, 미분방정식의 특수해 $y_p(x)$를 문제 45와 같이 구하여라.

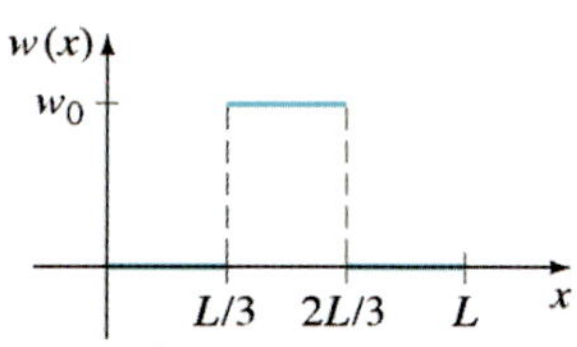

그림 11.3.13 문제 46에서의 그래프

47 균일한 빔이 탄력이 있는 토대 위에 고정되어 있고 단위 길이당 하중이 $w(x)$일 때, 편향 $y(x)$에 대한 미분방정식은 토대의 탄성계수가 k인

$$EI\frac{d^4y}{dx^4}+ky=\frac{w_0x}{L}$$

이다. 빔과 탄력이 있는 토대의 길이가 무한하고 (즉, $-\infty<x<\infty$)이고 단위 길이당 하중이

$$w(x)=\begin{cases}0, & -\pi<x<-\pi/2\\ w_0, & -\pi/2\le x\le\pi/2\\ 0, & \pi/2<x<\pi\end{cases},$$
$$w(x+2\pi)=w(x)$$

인 주기함수라 하자. 예제 4의 방법을 사용하여, 미분방정식의 특수해 $y_p(x)$를 구하여라.

토론 문제

48 정리 11.3.1의 (a), (c), (d), (f)와 (g)를 증명하여라.

49 우함수이면서 동시에 기함수인 함수는 단 하나 존재한다. 무엇일까?

50 4장에서 배운 바와 같이, 문제 47의 미분방정식의 일반해는 $y = y_c + y_p$의 형태이다. 그런데 문제 47의 해가 단순히 y_p가 된다고 주장할 수 있는지를 물리적인 근거로 토론해 보아라.

컴퓨터 실험 과제

(51-52) CAS를 이용하여 주어진 삼각급수의 부분합 $\{S_N(x)\}$의 그래프를 그려라. N값을 바꾸어 가면서, x축의 구간의 길이를 다르게 해서 그래프를 그려보아라. 그래프의 모양으로부터 $0 < x < L$에서 정의된 급수의 합이 나타내어지는 함수를 유한개의 함수의 합으로 추정해 보아라.

51 $f(x) = -\dfrac{\pi}{4} + \sum_{n=1}^{\infty}\left[\dfrac{(-1)^n - 1}{n^2\pi}\cos nx + \dfrac{1-2(-1)^n}{n}\sin nx\right]$

52 $f(x) = \dfrac{1}{4} + \dfrac{4}{\pi^2}\sum_{n=1}^{\infty}\dfrac{1}{n^2}\left(1-\cos\dfrac{n\pi}{2}\right)\cos\dfrac{n\pi}{2}x$

53 문제 51 또는 문제 52에서의 답이 유일하게 나왔는가? 아래와 같은 삼각급수를 가지는 원점을 중심으로 대칭인 구간 $(-a, a)$에서 정의된 함수 f는 무엇인가?

(a) 문제 51과 같은

(a) 문제 52과 같은

11.4 슈투름 – 리우빌(Sturm – Liouville) 문제

필요한 개념

- 고윳값과 고유함수의 개념에 대해서는 5.2절에서 처음 다루었다. 5.2절(특히 예제 2번)의 복습을 강력히 권한다.

소개 | 이 절에서는 매개변수λ를 포함하고 있는 좀 특별한 형태의 상미분방정식에 대한 경곗값 문제를 다룰 것이다. 경곗값 문제가 자명하지 않는 해를 갖는 λ의 값을 **고윳값**(eigenvalue)이라고 하며, 이에 대응하는 해를 **고유함수**(eigenfunction)라고 한다. 이런 형태의 경곗값 문제는 12장과 13장에서 매우 중요하게 사용된다. 또한 이 절에서는 직교집합과 경곗값 문제의 고유함수 사이의 관계에 대해서 공부한다.

상미분방정식의 복습 편의상 이 절과 이 장의 뒤에서 자주 나오게 될, 선형 상미분방정식에 대해 간단히 복습해 보자.

상수-계수 방정식	일반해
$y' + \alpha y = 0$	$y = c_1 e^{-\alpha x}$
$y'' + \alpha^2 y = 0, \quad \alpha > 0$	$y = c_1 \cos\alpha x + c_2 \sin\alpha x$
$y'' - \alpha^2 y = 0, \quad \alpha > 0$	$\begin{cases} y = c_1 e^{-\alpha x} + c_2 e^{\alpha x}, & \text{or} \\ y = c_1 \cosh\alpha x + c_2 \sinh\alpha x \end{cases}$

코시-오일러 방정식	일반해 $(x>0)$
$x^2y''+xy'-\alpha^2y=0, \quad \alpha\ge 0$	$\begin{cases} y=c_1x^{-\alpha}+c_2x^{\alpha}, & \alpha>0 \\ y=c_1+c_2\ln x, & \alpha=0 \end{cases}$

매개변수 베셀 방정식$(\nu=0)$	일반해 $(x>0)$
$xy''+y'+\alpha^2xy=0,$	$y=c_1J_0(\alpha x)+c_2Y_0(\alpha x)$

르장드르 방정식$(n=0,1,2,\cdots)$	특수해가 다항식이다.
$(1-x^2)y''-2xy'+n(n+1)y=0,$	$y=P_0(x)=1,$ $y=P_1(x)=x,$ $y=P_2(x)=\frac{1}{2}(3x^2-1),\ \ldots$

$y''-\alpha^2y=0$의 일반해의 두 가지 형태에 관하여, 예제 1과 또한 앞으로의 논리에서 다음 비공식적인 규칙을 바로 이용할 수 있을 것이다:

이 규칙은 12-14장에서 도움이 될 것이다.

x의 정의구역이 무한 또는 반무한 구간일 때에는 지수형식 $y=c_1e^{-\alpha x}+c_2e^{\alpha x}$을 사용하고; x의 정의구역이 유한구간일 때에는 쌍곡선형식 $y=c_1\cosh\alpha x+c_2\sinh\alpha x$을 사용하라.

고윳값과 고유함수 직교함수는 미분방정식의 해에서 나타난다. 더 중요한 것은, 함수의 직교집합은 매개변수 λ를 표함하고 있는 2계 선형 미분방정식에 대한 몇몇 종류의 두 점 경곗값 문제를 풀 때에 생성될 수 있다. 5.2절의 예제 2에서 경곗값 문제

$$y''+\lambda y=0, \quad y(0)=0, \quad y(L)=0 \tag{1}$$

는 매개변수 λ의 값이 **고윳값**이라 하는 $\lambda_n=n^2\pi^2/L^2,\ n=1,2,3,\ldots$ 일 때에만 자명하지 않은 해가 존재한다는 것을 알았다. 이에 대응하는 자명하지 않은 해 $y_n=c_2\sin(n\pi x/L)$ 또는 간단히 $y_n=\sin(n\pi x/L)$를 **고유함수**라 한다. 예를 들어, (1)의 경우에

↓ 고윳값이 아닌 값

경곗값 문제 : $y''-2y=0, \quad y(0)=0,\ y(L)=0$

자명해 : $y=0$ ← 결코 고유함수가 안 됨

↓ 고윳값임 $(n=3)$

경곗값 문제 : $y''+\dfrac{9\pi^2}{L^2}y=0, \quad y(0)=0,\ y(L)=0$

자명하지 않은 해 : $y_3=\sin(3\pi x/L)$ ← 고유함수

이 장의 목적에 비추어볼 때, 이 경곗값 문제에 의해 만들어지는 삼각함수의 집합, 즉, $\{\sin(n\pi x/L)\}, n=1,2,3,\ldots$은 구간 $[0,L]$에서 함수의 직교집합이 되고, 푸리에 사인급수의 기저로 사용되는 것을 인식하는 것은 중요하다. 연습문제 11.1의 문제 8를 참조하여라.

예제 1 고윳값과 고유함수

경곗값 문제

$$y''+\lambda y=0, \quad y'(0)=0, \; y'(L)=0 \tag{2}$$

를 보자. 5.2절의 예제 2에서와 같이, 매개변수 λ에 대한 세 가지 가능한 경우 - 영, 음수, 양수 - 가 있다. 즉, $\alpha>0$이라 할 때 $\lambda=0$, $\lambda=-\alpha^2<0$, 그리고 $\lambda=\alpha^2>0$이다. 미분방정식

$$y''=0, \qquad \lambda=0 \tag{3}$$

$$y''-\alpha^2 y=0, \quad \lambda=-\alpha^2 \tag{4}$$

$$y''+\alpha^2 y=0, \quad \lambda=\alpha^2 \tag{5}$$

의 해는 차례로,

$$y=c_1+c_2x \tag{6}$$

$$y=c_1\cosh\alpha x+c_2\sinh\alpha x \tag{7}$$

$$y=c_1\cos\alpha x+c_2\sin\alpha x \tag{8}$$

가 된다. 각각의 해에 경계조건 $y'(0)=0$과 $y'(L)=0$을 대입하면, (6)은 $y=c_1$이 되고, (7)은 오직 $y=0$이 되고, (8)은 $\alpha=n\pi/L$, $n=1,2,3,\ldots$이면, $y=c_1\cos\alpha x$이 된다. $y=c_1$은 미분방정식 (3)과 영이 아닌 임의의 c_1에 대한 경계조건을 만족하므로, $\lambda=0$도 고윳값이 된다. 따라서 이 문제의 고윳값과 이에 대응하는 고유함수는 $\lambda_0=0$, $y_0=c_1$, $c_1\neq 0$과 $\lambda_n=\alpha_n^2=n^2\pi^2/L^2$, $y_n=c_1\cos(n\pi x/L)$, $c_1\neq 0$, $n=1,2,\ldots,$이 된다. 각각의 경우에 우리는 $c_1=1$로 택하여도 된다. 또한 고윳값 $\lambda_0=0$에 대응하는 고유함수 $y_0=1$은 $n=0$부터 시작하는 함수족 $y_n=\cos(n\pi x/L)$에 포함시켜서 생각할 수 있다. 즉, 집합 $\{\cos(n\pi x/L)\}, n=0,1,2,3,\ldots$ 은 구간 $[0,L]$에서 직교한다. 이 예제의 자세한 설명은 연습문제 11.4의 문제 3에서 다루기 바란다.

정칙 슈투름–리우빌 문제 (1)과 (2)의 문제는 중요하고 일반적인 두 점 경곗값 문제의 특별한 경우이다. p, q, r와 r'을 구간 $[a,b]$에서 연속이고 구간 내의 모든 x값에 대해서, $r(x)>0$와 $p(x)>0$이라 하자. 그러면

$$\text{해를 구한다 : } \frac{d}{dx}[r(x)y']+(q(x)+\lambda p(x))y=0 \tag{9}$$

$$\text{경계조건 : } A_1 y(a) + B_1 y'(a) = 0 \tag{10}$$

$$A_2 y(b) + B_2 y'(b) = 0 \tag{11}$$

을 **정칙**(regular) **슈투름-리우빌 문제**라 한다. 경계조건 (10)과 (11)의 계수들은 실수이고 λ에 무관하다고 가정하자. 또한, A_1과 B_1은 둘 다 동시에 영이 아니고, A_2와 B_2도 둘 다 동시에 0이 아니다. 따라서 (1)과 (2)의 경곗값 문제는 정칙 슈투름-리우빌 문제이다. (1)은 미분방정식 (9)에서 $r(x)=1$, $q(x)=0$으로 할 수 있다; 경계조건 (10)에서 $a=0$, $A_1=1$, $B_1=0$이고 (11)에서 보면 $b=L$, $A_2=1$, $B_2=0$에 해당된다. (2)은 (10)에서 $a=0$, $A_1=0$, $B_1=1$, (11)에서 $b=L$, $A_2=0$, $B_2=1$에 해당된다.

미분방정식 (9)는 선형이고 동차이다. 각 점에서 y와 y'의 선형결합이 영인 경계조건 (10)과 (11)은 **동차**(homogeneous)이다. 만일, C_2가 영이 아닌 상수인 $A_2 y(b) + B_2 y'(b) = C_2$ 와 같은 경계조건은 **비동차**(nonhomogeneous)이다. 물론, 동차 선형미분방정식과 동차의 경계조건으로 이루어진 경곗값 문제를 동차 경곗값 문제(homogeneous BVP)라 하고, 그렇지 않으면 비동차라 한다. 경계조건 (10)과 (11)은 각각의 조건이 단 하나의 경계점으로만 포함하므로 이 조건을 **분리되었다**(separated)고 한다.

정칙 슈투름-리우빌 문제는 동차의 경곗값 문제이므로, 항상 자명해 $y=0$를 갖는다. 그렇지만, 우리는 이 해에는 전혀 관심이 없다. 이런 문제들을 푸는, 예제 1에서와 같이 (고윳값) λ와 λ에 좌우되는 자명하지 않은 해 y (고유함수)를 구하고자 한다.

성질 정리 11.4.1은 정칙 슈투름-리우빌 문제의 많은 성질 중에서 좀 더 중요한 성질들을 정리하였다. 증명은 마지막 하나만 하도록 하겠다.

정리 11.4.1 정칙 슈투름-리우빌 문제의 성질

(a) 실수 고윳값이 무한히 많이 존재하며, 이를 작은 값부터 순서대로 재배열하면

$$\lambda_1 < \lambda_2 < \lambda_3 < \ldots < \lambda_n < \ldots$$

이 되며, 이 때, $n \to \infty$ 이면 $\lambda_n \to \infty$ 이다.

(b) 각 고윳값에 대해서, 고유함수는 오직 하나뿐이다. (단, 영이 아닌 상수를 곱하는 것은 제외)

(c) 서로 다른 고윳값에 해당하는 고유함수들은 일차 독립이다.

(d) 고윳값의 집합에 대응하는 고유함수들의 집합은 구간 $[a,b]$에서 가중치 함수 $p(x)$에 대해서 직교한다.

(d)의 증명 고윳값 λ_m과 λ_n에 대응하는 고유함수를 각각 y_m과 y_n이라 하자. 그러면,

$$\frac{d}{dx}[r(x)y'_m] + (q(x) + \lambda_m p(x))y_m = 0 \tag{12}$$

$$\frac{d}{dx}[r(x)y'_n] + (q(x) + \lambda_n p(x))y_n = 0 \tag{13}$$

이다. (12)에 y_n을 곱하고, (13)에 y_m을 곱한 후, 두 방정식을 빼면

$$(\lambda_m - \lambda_n)p(x)y_m y_n = y_m \frac{d}{dx}[r(x)y'_n] - y_n \frac{d}{dx}[r(x)y'_m]$$

이 된다. 이 식을 $x = a$부터 $x = b$까지 적분하면

$$\begin{aligned}(\lambda_m - \lambda_n)\int_a^b p(x)y_m y_n dx &= r(b)[y_m(b)y'_n(b) - y_n(b)y'_m(b)] \\ &\quad - r(a)[y_m(a)y'_n(a) - y_n(a)y'_m(a)]\end{aligned} \tag{14}$$

이 된다. 이제 고유함수 y_m과 y_n이 모두 경계조건(10)과 (11)을 만족해야만 한다. 특히, 식 (10)으로부터

$$A_1 y_m(a) + B_1 y'_m(a) = 0,$$
$$A_1 y_n(a) + B_1 y'_n(a) = 0$$

이 된다. 이 연립방정식은 둘 다 동시에 영이 아닌 A_1과 B_1이 존재해야 하므로, 계수들의 행렬식은 영이 되어야 한다:

$$y_m(a)y'_n(a) - y_n(a)y'_m(a) = 0.$$

같은 방법을 (11)에 적용하면

$$y_m(b)y'_n(b) - y_n(b)y'_m(b) = 0$$

이 된다. (14)의 우변의 두 항이 영이 되므로 직교 관계식

$$\int_a^b p(x)y_m y_n dx = 0, \ \lambda_m \neq \lambda_n. \tag{15}$$

을 얻는다. ■

예제 2 정칙 슈투름-리우빌 문제

경곗값 문제

$$y'' + \lambda y = 0, \quad y(0) = 0, \quad y(1) + y'(1) = 0 \tag{16}$$

를 풀어라.

풀이 매개변수 λ를 세 가지 경우 - 영, 음수, 양수 - 로 나누어서 생각한 예제1과 똑

같이 풀어나가자. 즉, $\alpha > 0$일 때 $\lambda = 0$, $\lambda = -\alpha^2 < 0$, 그리고 $\lambda = \alpha^2 > 0$이다. 이들 값에 대한 미분방정식의 해는 (3)-(5)와 같다. $\lambda = 0$인 경우와 $\lambda = -\alpha^2 < 0$인 경우에는 경곗값 문제 (16)은 자명해 $y = 0$만 존재한다는 것을 알 수 있다. $\lambda = \alpha^2 > 0$인 경우에는 미분방정식의 일반해는 $y = c_1 \cos \alpha x + c_2 \sin \alpha x$이다. 경계조건 $y(0) = 0$은 이 해에서 $c_1 = 0$이 되므로 $y = c_2 \sin \alpha x$만 남는다. 만일 $c_2 \sin \alpha + c_2 \alpha \cos \alpha = 0$이면 두 번째 경계조건 $y(1) + y'(1) = 0$를 만족한다. $c_2 \neq 0$인 조건으로 위의 식은

$$\tan\alpha = -\alpha \tag{17}$$

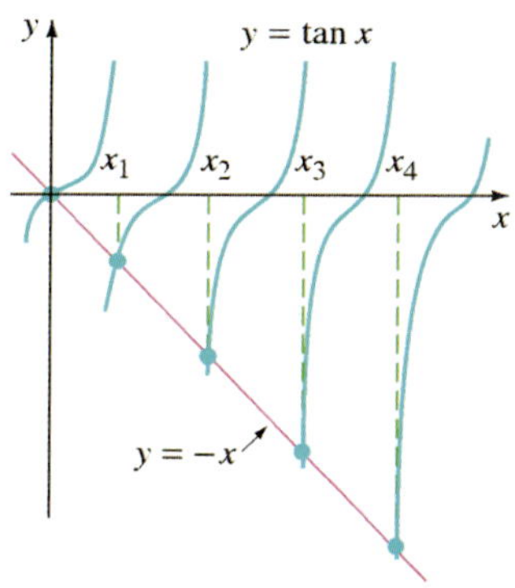

그림 11.4.1 예제 2의 $\tan x = -x$에 대한 양의 근 $x_1, x_2, x_3, \cdots$

로 쓸 수 있다. 잠깐 (17)을 $\tan x = -x$로 생각해보면, 그림11.4.1은 무한히 많은 해, 즉, 직선 $y = -x$가 $y = \tan x$의 그래프와 만나는 점의 x좌표를 가진다는 것이 타당하다는 것을 보여준다. (17)에서 연속적인 양의 근들을 $\alpha_1, \alpha_2, \alpha_3, \ldots$이라 할 때, 경곗값 문제 (16)의 고윳값은 $\lambda_n = \alpha_n^2$, $n = 1, 2, 3, \ldots$이 된다. CAS를 이용하여 소수 다섯째 자리에서 반올림한 값으로, $\alpha_1 = 2.0288$, $\alpha_2 = 4.9132$, $\alpha_3 = 7.9787$과 $\alpha_4 = 11.0855$이고, 그에 대응하는 고유함수들은 $y_1 = \sin 2.0288x$, $y_2 = \sin 4.9132x$, $y_3 = \sin 7.9787x$와 $y_4 = \sin 11.0855x$임을 쉽게 보인다. 일반적으로 이 문제의 고유함수들은 $\{\sin \alpha_n x\}, n = 1, 2, 3, \ldots$이다.

(16)은 $r(x) = 1$, $q(x) = 0$, $p(x) = 1$, $A_1 = 1$, $B_1 = 0$, $A_2 = 1$, $B_2 = 1$인 경우에 해당하는 정칙 슈투름-리우빌 문제임을 알 수 있다. $\{\sin \alpha_n x\}, n = 1, 2, 3, \ldots$은 구간 $[0, 1]$에서 가중함수 $p(x) = 1$에 대하여 직교집합이 된다. ■

어떠한 상황에서는 $x = a$ 또는 $x = b$에서 경계조건을 자세히 쓰지 않고 미분방정식 (9)의 해의 직교성을 증명할 수 있다.

특이 슈투름-리우빌 문제 미분방정식(9)의 자명하지 않는 해를 구할 수 있는 몇 가지 또 다른 중요한 조건들은 다음과 같다:

- $r(a) = 0$과 (11)로 주어진 형태의 경계조건이 $x = b$에서 지정되었다. (18)
- $r(b) = 0$과 (10)로 주어진 형태의 경계조건이 $x = b$에서 지정되었다. (19)
- $r(a) = r(b) = 0$과 경계조건이 $x = a$또는 $x = b$에서 지정되지 않았다. (20)
- $r(a) = r(b)$와 경계조건 $y(a) = y(b), y'(a) = y'(b)$ (21)

미분방정식 (9)에 (18)-(20) 중의 하나를 조건으로 하는 문제를 **특이**(singular) 경곗값 문제라고 한다. 또한 방정식(9)에 (21)을 조건으로 지정하게 되면 **주기** 경곗값 문제라고 한다. (또한 경계조건이 주기적이라고도 한다.) $r(a) = 0$이라는 조건이 주어질 때, 점 $x = a$은 이 미분방정식의 특이점이 될 수 있고, 결과적으로, (9)의 해는 $x \to a$일 때 유계가 안 될 수 있음을 주시하라. 그렇지만, (14)에서 보는 바와

같이, $r(a)=0$이면 $x=a$에서의 경계조건이 주어지지 않더라도 해가 그 점에서 유계라는 조건만 있으면, 고유함수의 직교성이 증명된다. 물론 이 유계조건은 적분의 존재성까지도 포함하게 된다. (9)의 해가 폐구간 $[a,b]$에서 유계라는 가정을 하게 되면, (14)에 대한 고찰은 다음과 같다.

- 만일 $r(a)=0$이면, $x=a$에서의 경계조건 없이도 직교관계식(15)을 만족한다. (22)
- 만일 $r(b)=0$이면, $x=b$에서의 경계조건 없이도 직교관계식(15)을 만족한다.* (23)
- 만일 $r(a)=r(b)=0$이면, $x=a$와 $x=b$에서 경계조건 없이도 직교관계식(15)을 만족한다. (24)
- 만일 $r(a)=r(b)$이면, 주기경계조건 $y(a)=y(b)$와 $y'(a)=y'(b)$을 주면 직교관계식(15)을 만족한다. (25)

또한 슈투름-리우빌 문제는 구간이 무한일 때에도 특이가 된다. 연습문제 11.4의 문제 9번과 10번을 참고하기 바란다.

자기수반형 (9)에서 표시된 미분을 계산하면 미분방정식은

$$r(x)y''+r'(x)y'+(q(x)+\lambda p(x))y=0 \tag{26}$$

와 같다. (26)을 살펴보면 주어진 y'의 계수는 y''의 계수의 도함수가 되어 (9)의 형태인 미분방정식은 드물다고 생각되어진다. 반면에 각 계수들이 연속이고, 어떤 구간 내의 모든 점 x에서 $a(x)\neq 0$이면, 임의의 2계미분방정식

$$a(x)y''+b(x)y'+(c(x)+\lambda p(x))y=0 \tag{27}$$

은 **자기수반형**(self-adjoint form)이라 불리는 (9)의 형태로 다시 쓸 수 있게 된다. 이를 마무리하기 위해 근본적으로 2.3절에서 했던 방법을 진행하자. 1계 선형 방정식 $a_1(x)y'+a_0(x)y=0$을 $\frac{d}{dx}[\mu y]=0$의 형태로 바꾸어 쓰기 위해 방정식을 $a_1(x)$로 나누고, $P(x)=a_0(x)/a_1(x)$을 기약분수로 한 적분인자 $\mu=e^{\int P(x)dx}$를 곱한다. 그러므로 먼저 (27)을 $a(x)$로 나눈다. 처음 두 항은 $Y'+\frac{b(x)}{a(x)}Y+\cdots$이 된다. 단, 여기서 $Y=y'$는 강조하기 위하여 대문자를 썼다. 두 번째로 이 방정식에 적분인자 $\mu=e^{\int (b(x)/a(x))dx}$를 곱한다. 단, 여기서 $a(x)$와 $b(x)$는 공통인자가 없다고 가정되어야 한다:

---

* 조건식 (22)와 (23)은 각각 $A_1=0,\ B_1=0$과 $A_2=0,\ B_2=0$을 선택함으로써 서로 동치임.

$$\overbrace{e^{\int (b(x)/a(x))dx} Y' + \frac{b(x)}{a(x)} e^{\int (b(x)/a(x))dx} Y}^{\text{곱의미분}} + \cdots$$
$$= \frac{d}{dx}[e^{\int (b(x)/a(x))dx} Y] + \cdots = \frac{d}{dx}[e^{\int (b(x)/a(x))dx} y'] + \cdots .$$

요약하면, (27)을 $a(x)$로 나눈 후, $\mu = e^{\int (b(x)/a(x))dx}$를 곱하면

$$e^{\int (b/a)dx} y'' + \frac{b(x)}{a(x)} e^{\int (b/a)dx} y' + \left(\frac{c(x)}{a(x)} e^{\int (b/a)dx} + \lambda \frac{d(x)}{a(x)} e^{\int (b/a)dx} \right) y = 0 \tag{28}$$

이 된다. 방정식 (28)은 (26)으로 주어진 원하는 형태이고 (9)와 같다:

$$\frac{d}{dx}[\underbrace{e^{\int (b/a)dx}}_{r(x)} y'] + \left(\underbrace{\frac{c(x)}{a(x)} e^{\int (b/a)dx}}_{q(x)} + \lambda \underbrace{\frac{d(x)}{a(x)} e^{\int (b/a)dx}}_{p(x)} \right) y = 0.$$

예를 들어, $2y'' + 6y' + \lambda y = 0$을 자기수반형으로 표현하기 위하여, 먼저 식을 $y'' + 3y' + \lambda \frac{1}{2} y = 0$와 같이 쓴 다음, $e^{\int 3dx} = e^{3x}$를 곱하다. 얻은 방정식은

$$\underset{\substack{\uparrow \\ r(x)}}{e^{3x}} y'' + 3\underset{\substack{\uparrow \\ r'(x)}}{e^{3x}} y' + \lambda \underset{\substack{\uparrow \\ p(x)}}{\frac{1}{2} e^{3x}} y = 0, \text{ 또는 } \frac{d}{dx}[e^{3x} y'] + \lambda \frac{1}{2} e^{3x} y = 0$$

이다. 2계 미분방정식 (27)을 풀기 위해서 (9)와 같은 자기수반형으로 변환시키는 것이 반드시 필요하지는 않다. 직교관계식 (15)에 필요한 가중치함수 $p(x)$를 결정해 줄 목적으로 (9)로 주어진 형태를 사용한다. 다음 두 예제는 베셀함수와 르장드르 다항식들의 직교 관계를 설명해준다.

예제 3 매개변수 베셀 방정식

6.4절에서 우리는 n이 음이 아닌 고정된 정수이고 α는 양의 매개변수인 계수가 n인 매개변수 베셀 미분방정식 $x^2 y'' + xy' + (\alpha^2 x^2 - n^2) y = 0$을 다루었다. 이 방정식의 일반해는 $y = c_1 J_n(\alpha x) + c_2 Y_n(\alpha x)$이다. 이 매개변수 베셀 방정식을 선행계수 x^2으로 나눈 후, 적분인자 $e^{\int (1/x)dx} = e^{\ln x} = x,\ x > 0$을 곱하면,

$$xy'' + y' + \left(\alpha^2 x - \frac{n^2}{x}\right) y = 0, \text{ 또는 } \frac{d}{dx}[xy'] + \left(\alpha^2 x - \frac{n^2}{x}\right) y = 0$$

이 된다. 위의 식을 자기수반형 형태 (9)와 비교하면, $r(x) = x,\ q(x) = -n^2/x,\ \lambda = \alpha^2$과 $p(x) = x$와 같은 값을 구하게 된다. 따라서 $r(0) = 0$이고 $x = 0$에서

두 개의 해 $J_n(\alpha x)$와 $Y_n(\alpha x)$ 중에서, 오직 하나 $J_n(\alpha x)$만이 $x=0$에서 유계가 된다. 따라서 (22)의 경우에서 볼 때, 집합 $\{J_n(\alpha_i x)\}$, $i=1,2,3,\cdots$은 구간 $[0,b]$에서 가중함수 $p(x)=x$에 대하여 직교이다. 직교관계식

$$\int_0^b x\, J_n(\alpha_i x)\, J_n(\alpha_j x)\, dx = 0, \;\; \lambda_i \neq \lambda_j \tag{29}$$

은 고윳값이 $\lambda_i=\alpha_i^2$, $i=1,\ 2,\ 3,\ \cdots$인 α_i가 (11)로 주어진 형태인 $x=b$에서 경계조건

추가된 α인수는 연쇄법칙으로부터 나온다: $\frac{d}{dx}J_n(\alpha x)=J_n'(\alpha x)\frac{d}{dx}\alpha x = \alpha J_n'(\alpha x)$ →

$$A_2\, J_n(\alpha b) + B_2\, \alpha\, J_n'(\alpha b) = 0 \tag{30}$$

에 의하여 정의되면 성립한다. ■

A_2와 B_2를 둘 다 영이 안 되도록 선택하게 되면, (30)은 무한히 많은 해 $x_i=\alpha_i b$를 가지게 되고, 이 때 $\lambda_i=\alpha_i^2=(x_i/b)^2$이 고윳값이 된다. 고윳값에 대한 더 자세한 설명은 다음 장에서 하기로 한다.

예제 4 르장드르 방정식

르장드르 미분방정식 $(1-x^2)y''-2xy'+n(n+1)y=0$은 $r(x)=1-x^2$이고 $r'(x)=-2x$인 정확히 (26)으로 주어진 형태이다. 그러므로 미분방정식의 자기수반형 (9)은 바로

$$\frac{d}{dx}\left[\,(1-x^2)\,y'\,\right] + n(n+1)\,y = 0 \tag{31}$$

이다. 더 나아가서, (31)로부터 $q(x)=0$, $\lambda=n(n+1)$이 되고, $p(x)=1$이다. 6.3절로부터 $n=0,1,2,\cdots$일 때, 르장드르 미분방정식은 다항식해 $P_n(x)$를 가짐을 상기하자. 여기서 우리는 르장드르 다항식 $P_n(x)$만이 구간 $[-1,1]$에서의 유계인 (31)의 해가 되고 $r(-1)=r(1)=0$이기 때문에, (24)로부터 집합 $\{P_n(x)\}$, $n=0,1,2,\cdots$은 구간 $[-1,1]$에서 가중함수 $p(x)=1$에 대하여 직교라고 결론을 내릴 수 있음을 관찰할 수 있다. 직교관계식은

$$\int_{-1}^{1} P_m(x)\, P_n(x)\, dx = 0, \qquad m \neq n,$$

이다. ■

연습문제 11.4

(1-2) 주어진 경계값 문제에 대한 고윳값을 정의하는 고유함수와 방정식을 구하여라. CAS를 사용하여 처음 네 개의 고윳값 λ_1, λ_2, λ_3와 λ_4의 근삿값을 구하여라. 이 근삿값에 대응하는 고유함수를 구하여라.

1 $y'' + \lambda y = 0, \quad y'(0) = 0,\ y(1) + y'(1) = 0$

2 $y'' + \lambda y = 0, \quad y(0) + y'(0) = 0,\ y(1) = 0$

3 다음 경계조건이 $y'(0) = 0$, $y'(L) = 0$인 $y'' + \lambda y = 0$을 보자. 고유함수가

$$\{\ 1,\ \cos\frac{\pi}{L}x,\ \cos\frac{2\pi}{L}x,\ \cdots\ \}$$

임을 보여라. 구간 $[0, L]$에서 직교하는 이 집합은 푸리에 코사인 급수의 기저이다.

4 주기경계조건이 $y(-L) = y(L)$, $y'(-L) = y'(L)$인 $y'' + \lambda y = 0$을 보자. 고유함수가

$$\{\ 1,\ \cos\frac{\pi}{L}x,\ \cos\frac{2\pi}{L}x,\ \cdots,$$
$$\sin\frac{\pi}{L}x,\ \sin\frac{2\pi}{L}x,\ \sin\frac{3\pi}{L}x,\ \cdots\ \}$$

임을 보여라. 구간 $[0, L]$에서 직교하는 이 집합은 푸리에 급수의 기저이다.

5 문제 1에서 각 고유함수의 제곱노름을 구하여라.

6 예제 2에서 고유함수에 대하여

$$\|\sin\alpha_n x\|^2 = \frac{1}{2}[1 + \cos^2\alpha_n].$$

임을 보여라.

7 (a) 경곗값 문제

$$x^2 y'' + x y' + \lambda y = 0,\ y(1) = 0,\ y(5) = 0$$

의 고윳값과 고유함수를 구하여라.

(b) 미분방정식을 자기수반형으로 고쳐라.

(c) 직교관계식을 구하여라.

8 (a) 경곗값 문제

$$y'' + y' + \lambda y = 0, \quad y(0) = 0,\ y(2) = 0$$

의 고윳값과 고유함수를 구하여라.

(b) 미분방정식을 자기수반형으로 고쳐라.

(c) 직교관계식을 구하여라.

9 **라게르(Laguerre) 미분방정식**

$$xy'' + (1 - x)y' + ny = 0, \quad n = 0, 1, 2, \cdots$$

는 다항식 해 $L_n(x)$를 가진다. 이 방정식을 자기수반형으로 고치고, 직교관계식을 구하여라.

10 **에르미트(Hermite) 미분방정식**

$$y'' - 2xy' + 2ny = 0, \quad n = 0, 1, 2, \cdots$$

는 다항식 해 $H_n(x)$를 가진다. 미분방정식을 자기수반형으로 고치고, 직교관계식을 구하여라.

11 다음 정칙 슈투름-리우빌 문제를 보자:

$$\frac{d}{dx}[(1 + x^2)y'] + \frac{\lambda}{1 + x^2}y = 0,\ y(0) = 0,\ y(1) = 0$$

(a) 이 경곗값 문제의 고윳값과 고유함수를 구하여라.
[힌트 : $x = \tan\theta$로 치환하고 연쇄법칙을 사용하여라.]

(b) 직교관계식을 구하여라.

12 (a) 경곗값 문제

$$x^2 y'' + x y' + (\lambda x^2 - 1)y = 0,\ x > 0,$$
$$y\text{는 } x = 0\text{에서 유계이다},\ y(3) = 0,$$

에 대한 고윳값을 정의하는 고유함수와 방정식을 구하여라. 여기서 $\lambda = \alpha^2, \alpha > 0$라 하자.

(b) 6.4절의 표 6.4.1을 사용하여, 처음 네 개의 고윳값 λ_1, λ_2, λ_3와 λ_4의 근삿값을 구하여라.

토론 문제

13 구간 $[a, b]$에서의 정칙 슈투름-리우빌 문제의 특별한 경우를 보자.

$$\frac{d}{dx}[r(x)\,y'] + \lambda\,p(x)\,y = 0,$$
$$y'(a) = 0,\ y'(b) = 0$$

$\lambda = 0$은 이 문제의 고윳값일까? 답변하여 보아라.

컴퓨터 실험 과제

14 (a) 문제 1에서 슈투름-리우빌 문제에 대한 직교관계식을 구하여라.
(b) CAS를 사용하여 처음 두 고윳값 λ_1와 λ_2에 대응하는 고유함수 y_1과 y_2가 직교함을 증명하여라.

15 (a) 문제 2에서 슈투름-리우빌 문제에 대한 직교관계식을 구하여라.
(b) CAS를 사용하여 두 고윳값 λ_1와 λ_2에 대응하는 고유함수 y_1과 y_2가 직교함을 증명하여라.

11.5 베셀(Bessel)과 르장드르(Legendre) 급수

필요한 개념

- 11.4절의 예제 3과 4에서의 결과가 앞으로 나오는 논리에 매우 중요하게 사용될 것이므로 11.1절의 (6)-(11)과 함께 이 예제들을 다시 한 번 자세히 복습하기를 강력히 권한다.

소개 | 푸리에 급수, 푸리에 코사인 급수, 푸리에 사인급수는 함수를 직교함수집합의 함수로 전개하는 세 가지 방법이다. 하지만, 이러한 전개에 *삼각함수*의 직교집합만을 사용해야 할 제한은 없다. 11.1절에서 우리는 구간 $(a,\ b)$에서 정의된 함수 f는 구간 $[a,b]$에서 가중함수에 대하여 직교인 임의의 함수들의 집합 $\{\phi_n(x)\}$의 함수들로, 적어도 공식적으로, 전개될 수 있음을 배웠다. 많은 종류의 직교급수전개 또는 일반화된 푸리에 급수는 슈투름-리우빌 문제로부터 유래되었는데, 이 또한 물리적인 시스템으로부터 모델링되어진 선형편미분방정식을 풀기 위한 시도로부터 시작된다. 이 절에서 살펴볼 두 종류의 급수뿐만 아니라 푸리에 급수나 직교급수 전개는 12장과 13장에서 이에 대한 응용문제에서 또 다루게 될 것이다.

11.5.1 푸리에–베셀 급수

우리는 11.4절의 예제 3에서 고정된 n에 대하여, 베셀 함수 $\{J_n(\alpha_i x)\}$, $i=1,2,3,\cdots$가 구간$[0,b]$에서 가중함수 $p(x)=x$에 대하여 직교가 된다는 것을 알았다. 물론 여기서 α_i는 경계조건

$$A_2 J_n(\alpha b) + B_2 \alpha J_n'(\alpha b) = 0. \tag{1}$$

에 의해서 결정된다. 대응하는 슈투름-리우빌 문제의 고윳값은 $\lambda_i = \alpha_i^2$ 이다. 11.1절의 (7)과 (8)로부터 구간$(0,b)$에서 정의된 함수 f를 이 직교집합의 항으로 직교급수, 또는 일반화된 푸리에 급수로의 전개하면

$$f(x) = \sum_{i=1}^{\infty} c_i J_n(\alpha_i x) \tag{2}$$

이다. 여기서

$$c_i = \frac{\displaystyle\int_0^b x J_n(\alpha_i x) f(x)\,dx}{\|J_n(\alpha_i x)\|^2} \tag{3}$$

이다. 함수 $J_n(\alpha_i x)$의 제곱노름은 11.1절의 (11)에서 정의된 노름이다.

$$\|J_n(\alpha_i x)\|^2 = \int_0^b x J_n^2(\alpha_i x)dx. \tag{4}$$

(3)을 계수로 가지는 급수(2)를 **푸리에-베셀 급수**(Fourier-Bessel series), 또는 간단히 **베셀 급수**라 한다.

미분점화관계식 6.3절의 (21)과 (20)으로 주어진 미분점화관계식은 (3)의 계수를 계산하기 위해서 종종 사용된다. 편의상 여기서 관계식을 다시 적어보기로 한다:

$$\frac{d}{dx}[x^n J_n(x)] = x^n J_{n-1}(x) \tag{5}$$

$$\frac{d}{dx}[x^{-n} J_n(x)] = -x^{-n} J_{n+1}(x) \tag{6}$$

제곱노름 제곱노름 (4)의 값은 고윳값 $\lambda_i = \alpha_i^2$가 어떻게 정의되었는가에 따라 좌우된다. $y = J_n(\alpha x)$이면, 11.4절의 예제 3으로부터

$$\frac{d}{dx}[xy'] + \left(\alpha^2 x - \frac{n^2}{x}\right)y = 0$$

이다. $2xy'$을 곱한 후, 방정식은

$$\frac{d}{dx}[xy']^2 + (\alpha^2 x^2 - n^2)\frac{d}{dx}[y]^2 = 0$$

로 다시 쓸 수 있다. 이 식을 $[0, b]$에서 부분 적분을 하면,

$$2\alpha^2 \int_0^b xy^2 dx = \left([xy']^2 + (\alpha^2 x^2 - n^2)y^2\right)\Big|_0^b$$

이 된다. $y = J_n(\alpha x)$이고, 모든 $n > 0$에 대하여 $J_n(0) = 0$이므로, 하극한은 영이다. 또한, $n = 0$일 때, $x = 0$에서 $[xy']^2 + \alpha^2 x^2 y^2$의 값은 0이 된다. 따라서 연쇄법칙을 사용하면 $y' = \alpha J_n'(\alpha x)$으로

$$2\alpha^2 \int_0^b x J_n^2(\alpha x)dx = \alpha^2 b^2 [J_n'(\alpha b)]^2 + (\alpha^2 b^2 - n^2)[J_n(\alpha b)]^2 \tag{7}$$

이 된다.

이제, (1)의 세 가지 경우에 대하여 생각해 보자.

경우 I $A_2 = 1$이고 $B_2 = 0$이면 (1)은

$$J_n(\alpha b) = 0 \tag{8}$$

이다. (8)에서 α_i를 $\alpha_i = x_i/b$로 정의한 무한히 많은 양의 근$x_i = \alpha_i b$이 존재한다. (그림 6.4.1를 참고하라.) 고윳값은 양수이며, $\lambda_i = \alpha_i^2 = x_i^2/b^2$이 된다. $J_n(-x) = (-1)^n J_n(x)$(331쪽을 참조하여라.)이므로 (8)의 음의 근으로부터 새로운 고윳값은 없다. 모든 자연수 $n = 1,2,3,\cdots$에 대하여, $J_n(0) = 0$이고 $J_0(0) = 0$ 이므로 실수 영은 모든 n에 대하여 고윳값이 아니다. 다시 말해서, $\lambda = 0$이라 하면, 자연수 $n = 1,2,3,\cdots$에 대해서는 자명한 해(이는 고유함수가 될 수 없다.)를 얻게 되며, $n = 0$에 대해서는 $\lambda = 0$(동치적으로 $\alpha = 0$)은 (8)을 만족시키지 않는다. (6)을 $x J_n^{'}(x) = nJ_n(x) - xJ_{n+1}(x)$의 형태로 쓰게 되면, (7)과 (8)로부터 $J_n(\alpha_i x)$의 제곱노름은 다음과 같다.

$$\|J_n(\alpha_i x)\|^2 = \frac{b^2}{2} J_{n+1}^2(\alpha_i b) \tag{9}$$

이다.

경우 II $A_2 = h \geq 0$이고 $B_2 = b$이면 (1)은

$$hJ_n(\alpha b) + \alpha b J_n^{'}(\alpha b) = 0 \tag{10}$$

이다. 방정식 (10)은 각각의 양의 정수 $n = 1,2,3,\cdots$에 대하여, 무한히 많은 양의 근 $x_i = \alpha_i b$을 가진다. 앞에서와 같이, 고윳값은 $\lambda_i = \alpha_i^2 = x_i^2/b^2$이 된다. $n = 1,2,3,\cdots$에 대하여 $\lambda = 0$은 고윳값이 아니다. (7)에 $\alpha_i b J_n^{'}(\alpha_i b) = -hJ_n(\alpha_i b)$를 대입하면, $J_n(\alpha_i x)$의 제곱노름은 이제

$$\|J_n(\alpha_i x)\|^2 = \frac{\alpha_i^2 b^2 - n^2 + h^2}{2\alpha_i^2} J_n^2(\alpha_i b) \tag{11}$$

이다.

경우 III (10)에서 $h = 0$이고 $n = 0$이면 방정식

$$J_0'(\alpha b) = 0 \tag{12}$$

의 근으로부터 α_i는 정의된다. 비록 (12)는 (10)의 특수한 경우이지만, $\lambda = 0$이 고윳값이 되는 유일한 상황이다. 이를 증명하기 위해서, $n = 0$일 때, (6)의 결과는 $J_0'(\alpha b) = 0$과 $J_1(\alpha b) = 0$이 동치임을 살펴보자. $x_1 = \alpha_1 b = 0$은 마지막 방정식의 해이므로, $\alpha_1 = 0$이 되고, 또한 $J_0(0) = 1$은 자명한 해가 아니므로, $\lambda_1 = \alpha_1^2 = x_1^2/b^2$으로부터, $\lambda_1 = 0$은 고윳값이 된다. 그렇지만, 분명한 것은 $\alpha_1 = 0$, $h = 0$이고 $n = 0$일 때, (11)을 이용할 수는 없다. 그러므로 제곱노름 (4)로부터,

$$\|1\|^2 = \int_0^b x\,dx = \frac{b^2}{2} \tag{13}$$

이다. $\alpha_1 > 0$인 경우에는 (11)에 $h = 0$과 $n = 0$을 대입한다:

$$\|J_0(\alpha_i x)\|^2 = \frac{b^2}{2} J_0^2(\alpha_i b) \tag{14}$$

다음 정의는 세 가지 경우의 제곱노름에 대응하는 급수(2)의 세 가지 형태를 정리한 것이다.

정의 11.5.1 푸리에-베셀 급수

구간 $(0, b)$에서 정의된 함수 f의 **푸리에-베셀 급수**는 α_i가 $J_n(\alpha b) = 0$에 의해 정의될 때,

(i)

$$f(x) = \sum_{i=1}^{\infty} c_i J_n(\alpha_i x) \tag{15}$$

$$c_i = \frac{2}{b^2 J_{n+1}^2(\alpha_i b)} \int_0^b x J_n(\alpha_i x) f(x) dx \tag{16}$$

이다.

(ii) α_i가 $h J_n(\alpha b) + \alpha b J_n'(\alpha b) = 0$에 의해 정의될 때,

$$f(x) = \sum_{i=1}^{\infty} c_i J_n(\alpha_i x) \tag{17}$$

$$c_i = \frac{2\alpha_i^2}{(\alpha_i^2 b^2 - n^2 + h^2) J_n^2(\alpha_i b)} \int_0^b x J_n(\alpha_i x) f(x) dx \tag{18}$$

이다.

(iii) α_i가 $J_0'(\alpha b) = 0$에 의해 정의될 때,

$$f(x) = c_1 + \sum_{i=2}^{\infty} c_i J_0(\alpha_i x) \tag{19}$$

$$c_1 = \frac{2}{b^2} \int_0^b x f(x) dx, \quad c_i = \frac{2}{b^2 J_0^2(\alpha_i b)} \int_0^b x J_0(\alpha_i x) f(x) dx \tag{20}$$

이다.

푸리에-베셀 급수의 수렴성 푸리에-베셀 급수의 수렴성에 대한 충분조건은 특별히 제한적인 것은 없다.

정리 11.5.1 수렴조건

f와 f'이 구간$[0,b]$에서 조각 연속이라 하자. 구간 $(0,b)$의 모든 x에 대하여, f의 푸리에-베셀 급수는 f가 연속인 점x에서는 $f(x)$로 수렴한다. f가 불연속인 점x에서는 푸리에-베셀 급수는 각각 x에서 f로의 우극한과 좌극한인 $f(x+)$와 $f(x-)$의 평균값

$$\frac{f(x+)+f(x-)}{2}$$

으로 수렴한다.

예제 1 푸리에-베셀 급수 전개

$f(x)=x,\ 0<x<3$을 계수가 1이고 경계조건 $J_1(3\alpha)=0$을 만족하는 베셀 함수를 사용하여 푸리에-베셀 급수로 전개하여라.

풀이 계수 c_i가 $b=3$인 (16)으로 주어진 (15)를 이용하자:

$$c_i=\frac{2}{3^2J_2^{\,2}(3\alpha_i)}\int_0^3 x^2J_1(\alpha_i x)\,dx.$$

이 적분을 계산하기 위해서, $t=\alpha_i x,\ \ dx=dt/\alpha_i$이고 $x^2=t^2/\alpha_i^2$이라 하고, $\frac{d}{dt}[t^2J_2(t)]=t^2J_1(t)$의 형태인 (5)를 이용하자:

$$c_i=\frac{2}{9\alpha_i^2J_2^{\,2}(3\alpha_i)}\int_0^{3\alpha_i}\frac{d}{dt}[t^2J_2(t)]\,dt=\frac{2}{\alpha_iJ_2(3\alpha_i)}.$$

따라서 구하고자 하는 급수는

$$f(x)=2\sum_{i=1}^{\infty}\frac{1}{\alpha_iJ_2(3\alpha_i)}J_1(\alpha_i x)$$

이다. ■

연습문제 11.5의 문제 1에서 나오는 푸리에-베셀 급수의 처음 네 개의 계수 α_i의 값을 구해야 할 것이다.

예제 2 푸리에-베셀 급수 전개

예제 1에서 α_i가 $J_1(3\alpha)+\alpha J_n'(3\alpha)=0$로 정의된다면, 전개에서 변화되는 것은 오직 제곱노름의 값이다. 경계조건에 3을 곱하면 $3J_1(3\alpha)+3\alpha J_n'(3\alpha)=0$이 되는데 이는 $h=3,\ b=3$과 $n=1$ 일 때의 (10)과 같다. 따라서 (18)과 (17)은 차례로

$$c_i = \frac{18\alpha_i J_2(3\alpha_i)}{(9\alpha_i^2+8)J_1^2(3\alpha_i)},$$

$$f(x) = 18\sum_{i=1}^{\infty} \frac{\alpha_i J_2(3\alpha_i)}{(9\alpha_i^2+8)J_1^2(3\alpha_i)} J_1(\alpha_i x)$$

이다. ■

컴퓨터 사용하기 베셀 함수는 CAS에서 "내장된 함수"이므로, 푸리에-베셀 급수의 α_i와 계수 c_i의 근삿값을 구하는 것은 단순하고 수월한 일이다. 예를 들어, (10)에서 방정식 $hJ_n(x)+xJ_n'(x)=0$의 가능한 양의 근을 $x_i=\alpha_i b$라 할 수 있다. 그러면, 예제 2에서 $3J_1(x)+xJ_1'(x)=0$의 처음 다섯 개의 가능한 양의 근 x_i를 구하기 위해 CAS를 이용했고, 이 근으로부터 α_i의 처음 다섯 개의 값들을 구하면 다음과 같다. $\alpha_1=x_1/3=0.98320$, $\alpha_2=x_2/3=1.94704$, $\alpha_3=x_3/3=2.95758$, $\alpha_4=x_4/3=3.98538$, 그리고 $\alpha_5=x_5/3=5.02078$이다. 근 $x_i=3\alpha_i$와 α_i를 알고 있으므로, 또 다시 CAS를 이용하여 $J_2(3\alpha_i)$와 $J_1^2(3\alpha_i)$와 최종적으로 계수 c_i의 수치값을 구한다. 이런 방법으로 예제 2에서의 $f(x)=x$, $0<x<3$에 대한 푸리에-베셀 급수전개의 5번째 부분합 $S_5(x)$

$$S_5(x) = 4.01844J_1(0.98320x) - 1.86937J_1(1.94704x) + 1.07106J_1(2.95758x) - 0.70306J_1(3.98538x) + 0.50343J_1(5.02078x).$$

이다. 그림 11.5.1(a)는 구간 $(0,3)$에서의 $S_5(x)$의 그래프이다. 그림 11.5.1(b)은 구간 $(0,50)$에서의 $S_{10}(x)$의 그래프이다. 베셀 함수가 주기함수가 아니기 때문에 정의구간 $(0,3)$의 바깥에서 급수는 f의 주기 확장으로 수렴하지 않음을 주목하라. 연습문제 11.5의 문제 11과 12를 참조하여라.

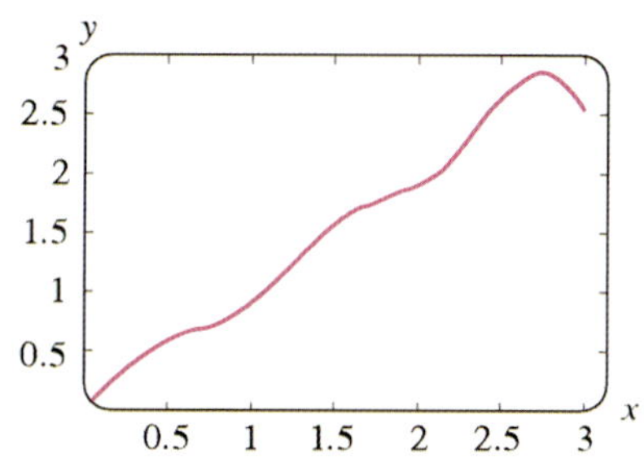

(a) $S_5(x), 0<x<3$

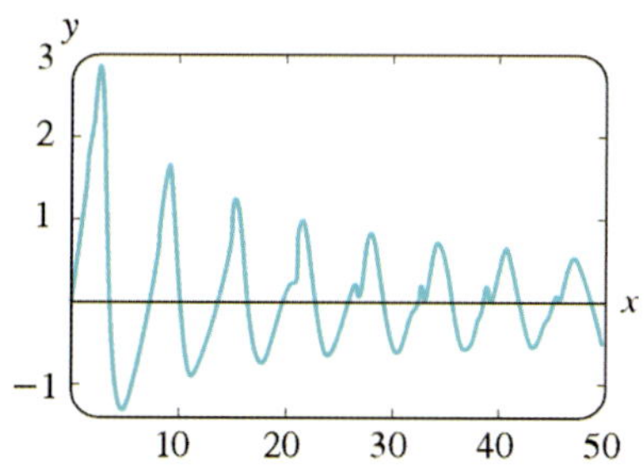

(b) $S_{10}(x)$, $0<x<50$

그림 11.5.1 예제 2의 푸리에 베셀 급수의 두 부분합의 그래프

11.5.2 푸리에-르장드르 급수

11.4절의 예제 4로부터, 르장드르 다항식 집합 $\{P_n(x)\}$, $n=0,1,2,\cdots$은 구간 $[-1,1]$에서 가중함수 $p(x)=1$에 대하여 직교함수임을 알고 있다. 더 나아가서, 다항식 $P_n(x)$의 제곱노름은 다음과 같이 n에 좌우됨을 증명할 수 있다:

$$\|P_n(x)\|^2 = \int_{-1}^{1} P_n^2(x)\,dx = \frac{2}{2n+1}.$$

함수를 르장드르 다항식으로 직교 급수전개는 다음 정의로 요약한다.

정의 11.5.2 푸리에-르장드르 급수

구간 $(-1, 1)$에서 정의된 함수 f의 **푸리에-르장드르 급수**(Fourier-Legendre series)는

$$f(x) = \sum_{n=0}^{\infty} c_n P_n(x) \tag{21}$$

이다. 여기서

$$c_n = \frac{2n+1}{2}\int_{-1}^{1} f(x)P_n(x)dx \tag{22}$$

이다.

푸리에-르장드르 급수의 수렴성 푸리에-르장드르 급수의 수렴성에 대한 충분조건은 다음 정리에서 주어진다.

정리 11.5.2 수렴조건

함수 f와 f'이 구간 $[-1,1]$에서 조각 연속이다. 구간 $(-1,1)$의 모든 x에 대하여 f의 푸리에-르장드르 급수는 f가 연속인 점 x에서는 $f(x)$로 수렴하고, 불연속인 점 x에서는 각각 x에서 f로의 우극한과 좌극한인 $f(x+)$와 $f(x-)$의 평균값

$$\frac{f(x+)+f(x-)}{2}$$

으로 수렴한다.

예제 3 푸리에-르장드르 급수 전개

$$f(x) = \begin{cases} 0, & -1 < x < 0 \\ 1, & 0 \le x < 1 \end{cases}$$

의 푸리에-르장드르 급수의 처음 네 개의 영이 아닌 항들을 구하여라.

풀이 처음 몇 개의 르장드르 다항식은 336쪽에 나와 있다, 이들과 (22)로부터

$$c_0 = \frac{1}{2}\int_{-1}^{1} f(x)P_0(x)dx = \frac{1}{2}\int_{0}^{1} 1 \cdot 1dx = \frac{1}{2}$$

$$c_1 = \frac{3}{2}\int_{-1}^{1} f(x)P_1(x)dx = \frac{3}{2}\int_{0}^{1} 1 \cdot xdx = \frac{3}{4}$$

$$c_2 = \frac{5}{2}\int_{-1}^{1} f(x)P_2(x)dx = \frac{5}{2}\int_{0}^{1} 1 \cdot \frac{1}{2}(3x^2-1)dx = 0$$

$$c_3 = \frac{7}{2}\int_{-1}^{1} f(x)P_3(x)dx = \frac{7}{2}\int_{0}^{1} 1 \cdot \frac{1}{2}(5x^3-3x)dx = -\frac{7}{16}$$

$$c_4 = \frac{9}{2}\int_{-1}^{1} f(x)P_4(x)dx = \frac{9}{2}\int_{0}^{1} 1 \cdot \frac{1}{8}(35x^4-30x^2+3)dx = 0$$

$$c_5 = \frac{11}{2}\int_{-1}^{1} f(x)P_5(x)dx = \frac{11}{2}\int_{0}^{1} 1 \cdot \frac{1}{8}(63x^5-70x^3+15x)dx = \frac{11}{32}$$

가 된다. 따라서 $f(x) = \frac{1}{2}P_0(x) + \frac{3}{4}P_1(x) - \frac{7}{16}P_3(x) + \frac{11}{32}P_3(x) + \cdots$이다. ■

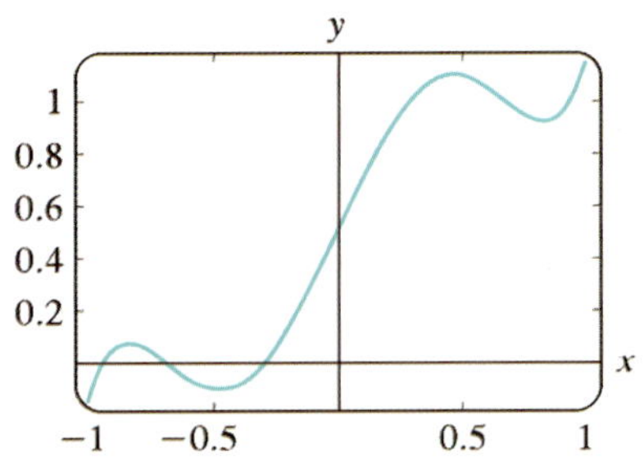

그림 11.5.2 예제 3의 푸리에-르장드르 급수의 부분합 $S_5(x)$

베셀함수와 마찬가지로, 르장드르 다항식도 Maple이나 Mathematica와 같은 CAS에서는 내장된 함수이므로 위에서 나열한 각각의 계수들은 이런 프로그램의 적분 응용을 이용하여 구할 수 있다. 실제로, CAS를 사용하면, $c_6 = 0$이고 $c_7 = -\frac{65}{256}$이 된다. 그러므로 예제 3에서 정의된 함수 f에 대한 푸리에-르장드르 급수의 다섯 번째 부분합은

$$S_5(x) = \frac{1}{2}P_0(x) + \frac{3}{4}P_1(x) - \frac{7}{16}P_3(x) + \frac{11}{32}P_5(x) - \frac{65}{256}P_7(x)$$

이다. 그림 11.5.2는 구간 $(-1, 1)$에서 $S_5(x)$의 그래프이다.

급수의 또 다른 형태 응용에서는 푸리에-르장드르 급수는 다른 형태를 갖는다. $x = \cos\theta$라고 놓으면, $x = 1$일 때 $\theta = 0$이 되고, $x = -1$이면 $\theta = \pi$가 된다. $dx = -\sin\theta\, d\theta$이므로, $f(\cos\theta)$를 $F(\theta)$로 바꾸면, (21)과 (22)는 각각

$$F(\theta) = \sum_{n=0}^{\infty} c_n P_n(\cos\theta) \tag{23}$$

$$c_n = \frac{2n+1}{2}\int_{0}^{\pi} F(\theta)\, P_n(\cos\theta)\sin\theta\, d\theta \tag{24}$$

이다.

연습문제 11.5

11.5.1 푸리에-베셀 급수

(1-2) 6.4절의 표 6.4.1을 이용하여라.

1 $J_1(3\alpha) = 0$에 의해 정의되는 처음 네 개의 양수 $\alpha_i > 0$를 구하여라.

2 $J_0'(2\alpha) = 0$에 의해 정의되는 처음 네 개의 음이 아닌 수

$\alpha_i \geq 0$를 구하여라.

(3-6) 차수가 0이고 주어진 경계조건을 만족하는 베셀 함수를 이용하여 함수 $f(x) = 1,\ 0 < x < 2$를 푸리에-베셀 급수로 전개하여라.

3 $J_0(2\alpha) = 0$

4 $J_0'(2\alpha) = 0$

5 $J_0(2\alpha) + 2\alpha J_0'(2\alpha) = 0$

6 $J_0(2\alpha) + \alpha J_0'(2\alpha) = 0$

(7-10) 주어진 경계조건에서와 같은 차수를 갖는 베셀 함수를 이용하여, 주어진 함수를 푸리에-베셀 급수로 전개하여라.

7 $f(x) = 5x,\ 0 < x < 4,\ 3J_1(4\alpha) + 4\alpha J_1'(4\alpha) = 0$

8 $f(x) = x^2,\ 0 < x < 1,\ J_2(\alpha) = 0$

9 $f(x) = x^2,\ 0 < x < 3,\ J_0'(3\alpha) = 0$
(힌트 : $t^3 = t^2 \cdot t$).

10 $f(x) = 1 - x^2,\ 0 < x < 1,\ J_0(\alpha) = 0$

컴퓨터 실습 과제

11 (a) CAS를 이용하여, 함수 $y = 3J_1(x) + xJ_1'(x)$의 그래프를 처음 다섯 개의 양의 x-절편이 주어진 구간에서 그려라.
(b) CAS의 근을 구하는 프로그램를 이용하여, 방정식 $3J_1(x) + xJ_1'(x) = 0$의 처음 다섯 개의 근 x_i의 근삿값을 구하여라.
(c) (b)에서 구한 데이터를 이용하여, $3J_1(4\alpha) + 4\alpha J_1'(4\alpha) = 0$을 만족하는 처음 다섯 개의 양수 α_i의 값을 구하여라. (문제 7을 참조하라.)
(d) 위의 문제를 풀었다면, 처음 10개의 양수 α_i의 값을 구하여라.

12 (a) 문제 11 (c)에서 구한 α_i의 값과 CAS를 이용하여, 문제 7에서 구한 푸리에-베셀 급수의 계수 c_i의 처음 다섯 개의 근삿값을 구하여라.
(b) CAS를 이용하여, 문제 7에서의 푸리에-베셀 급수의 부분합 $S_N(x),\ N = 1,2,3,4,5$의 그래프를 그려라.
(c) 위의 문제를 풀었다면, 구간 $(0,4)$와 $(0,50)$에서 $S_{10}(x)$의 그래프를 그려라.

토론 문제

13 문제 12에서의 부분합이 $(-30,30)$과 같이 대칭적인 구간에서 그려졌다면, 이 그래프는 어떤 대칭성을 가지고 있는가? 설명해 보아라.

14 (a) 문제 3의 푸리에-베셀 급수가 구간 $(-2,2)$에서 수렴한다고 생각되는 함수를 손으로 직접 그려라.
(b) 만일 문제 7의 α_i가 $3J_2(4\alpha) + 4\alpha J_2'(4\alpha) = 0$에 의해 정의된다면, 푸리에-베셀 급수가 구간 $(-4,4)$에서 수렴한다고 생각되는 함수를 손으로 직접 그려보아라.

11.5.2 푸리에-르장드르 급수

(15-16) 주어진 함수의 푸리에-르장드르 급수에서 처음 영이 아닌 다섯 개의 항을 써라. 구했으면, CAS를 이용하여 계수 값들을 계산하여 보아라. CAS를 이용하여 부분합 $S_5(x)$의 그래프를 그려라.

15 $f(x) = \begin{cases} 0, & -1 < x < 0 \\ x, & 0 < x < 1 \end{cases}.$

16 $f(x) = e^x,\ -1 < x < 1.$

17 처음 세 개의 르장드르 다항식은 $P_0(x) = 1,\ P_1(x) = x,\ P_2(x) = \frac{1}{2}(3x^2 - 1)$이다. $x = \cos\theta$라 하면, $P_0(\cos\theta) = 1$과 $P_1(\cos\theta) = \cos\theta$가 된다. $P_2(\cos\theta) = \frac{1}{4}(3\cos 2\theta + 1)$임을 보여라.

18 문제 17에서의 결과를 이용하여, $F(\theta) = 1 - \cos 2\theta$의 (23)형태의 푸리에-르장드르 급수 전개를 구하여라.

19 르장드르 다항식 $P_n(x)$은 n에 짝수 또는 홀수인가에 좌우되어, 우함수 또는 기함수가 된다. f가 구간 $(-1,1)$에서 우함수이면, (21)과 (22)는

$$f(x) = \sum_{n=0}^{\infty} c_{2n} P_{2n}(x) \tag{25}$$

$$c_{2n} = (4n+1)\int_0^1 f(x)P_{2n}(x)dx \quad (26)$$

임을 보여라. 급수 (25)는 함수 f가 오직 $(0,1)$에서만 정의될 때에도 사용할 수 있다. 그래서 급수는 구간 $(0,1)$에서는 f를 표현하고 구간 $(-1,0)$에서는 f의 우함수확장을 표현하게 된다.

20 함수 f가 구간 $(-1,1)$에서 기함수이면, 식 (21)과 (22)는

$$f(x) = \sum_{n=0}^{\infty} c_{2n+1}P_{2n+1}(x) \quad (27)$$

$$c_{2n+1} = (4n+3)\int_0^1 f(x)P_{2n+1}(x)dx \quad (28)$$

임을 보여라.
급수 (27)는 f가 오직 $(0,1)$에서만 정의되어 있어도 사용 할 수 있다. 이 때, 급수는 구간 $(0,1)$에서는 f를 표현하고, 구간 $(-1,0)$에서는 f의 기함수확장을 표현하게 된다.

(21-22) 주어진 함수의 표시된 급수전개에서 처음 네 개의 영이 아닌 항을 적어라. 급수는 구간 $(-1,1)$에서 어떤 함수를 표현하는가? CAS를 이용하여 부분합 $S_5(x)$의 그래프를 그려라.

21 $f(x)=x,\ 0<x<1$, (25)를 사용하라.

22 $f(x)=1,\ 0<x<1$, (27)를 사용하라.

토론 문제

23 토론 : 구간 $(-1,1)$에서 정의된 다항식의 푸리에-르장드르 급수는 왜 반드시 유한급수인가?

24 문제 23으로부터 나온 결론만을 이용하여, -즉 (22)를 이용하지 않고- $f(x)=x^2$의 푸리에-르장드르 급수를 구하여라. 또 $f(x)=x^3$의 급수를 구하여라.

11장 복습

(1-6) 문제 1부터 6의 빈칸을 채우거나 참·거짓을 말하여라.

1 함수 $f(x)=x^2-1$과 $g(x)=x^5$은 구간 $[-\pi,\pi]$에서 직교한다. _____

2 기함수 f와 기함수 g은 곱 함수는 ____함수이다.

3 함수 $f(x)=|x|+1,\ -\pi<x<\pi$를 적절한 삼각급수로 전개하기 위해서는 ____급수를 이용하면 된다.

4 $y=0$은 결코 슈투름-리우빌 문제의 고유함수가 될 수 없다. ______

5 $\lambda=0$은 결코 슈투름-리우빌 문제의 고윳값이 될 수 없다. ______

6 만일 함수 $f(x)=\begin{cases} x+1, & -1<x<0 \\ -x, & 0<x<1 \end{cases}$ 를 푸리에 급수로 전개하였다면, 이 급수는 $x=-1$에서는 ____로 수렴하고, $x=0$에서는 ____로 수렴하고, 또한 $x=1$에서는 ____로 수렴한다.

7 함수 $f(x)=x^2+1,\ 0<x<3$를 푸리에 급수, 코사인 급수, 사인급수로 전개한다고 가정하자. 각 급수의 $x=0$에서의 수렴값을 구하여라.

8 경곗값 문제

$$y''+\lambda y=0,\ y'(0)=0,\ y(\pi/2)=0$$

의 고윳값 $\lambda=25$에 대응하는 고유함수는 무엇인가?

9 **체비셰프**(Chebyshev)**의 미분방정식**

$$(1-x^2)y''-xy'+n^2y=0$$

은 다항식 해 $y=T_n(x),\ n=0,1,2,\cdots$를 가진다. 체비셰프(Chebyshev) 다항식의 집합 $\{T_n(x)\}$이 직교하기 위한 가중함수 $w(x)$와 구간을 구하여라. 직교관계식을 구하여라.

10 $P_0(x)=1,\ P_1(x)=x,\ \cdots$인 르장드르 다항식의 집합 $\{P_n(x)\}$은 구간 $[-1,1]$에서 가중함수 $w(x)=1$에 대하

여 직교한다. $n>0$에 대하여, 왜 $\int_{-1}^{1} P_n(x)dx = 0$인지를 설명하여라.

11 아무 계산 작업 없이, 함수 $f(x)=\cos^2 x,\ 0<x<\pi$의 코사인 급수가 유한급수인 $f(x)=\frac{1}{2}+\frac{1}{2}\cos 2x$로 전개 되는지 이유를 설명하여라.

12 (a) 집합

$$\left\{\sin\frac{\pi}{2L}x,\ \sin\frac{3\pi}{2L}x,\ \sin\frac{5\pi}{2L}x,\ \cdots\right\}$$

이 구간 $0\le x\le L$에서 직교함을 보여라.

(b) (a)에서 각 함수의 노름을 구하여라. 정규직교 집합을 구하여라.

13 함수 $f(x)=|x|-x,\ -1<x<1$를 푸리에 급수로 전개하여라.

14 함수 $f(x)=2x^2-1,\ -1<x<1$를 푸리에 급수로 전개하여라.

15 함수 $f(x)=e^x,\ 0<x<1$를 다음 급수로 전개하여라.

(a) 코사인 급수 (b) 푸리에 급수

16 문제 13, 14와 15에서 각 급수가 수렴하게 되는 f의 주기 확장의 그래프를 그려라.

17 토론 : 문제 15에서의 함수 f의 두 가지 급수 중 어느 것이 구간 $(-1,1)$에서

$$F(x)=\begin{cases} f(x), & 0<x<1 \\ f(-x), & -1<x<0 \end{cases}$$

로 수렴하는가?

18 주기 함수 f의 일부분이 그림 11.R.1과 같이 주어졌다. f를 적절한 푸리에 급수로 전개하여라.

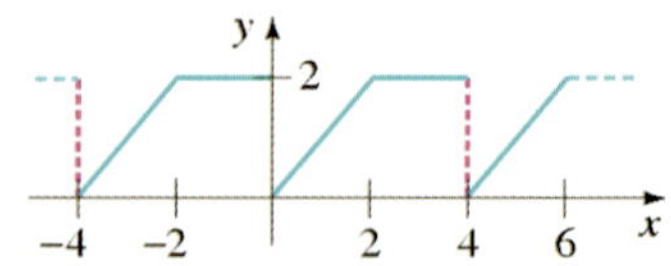

그림 11.R.1 문제 18의 그래프

19 다음 경곗값 문제

$$x^2y''+xy'+9\lambda y=0,\ y'(1)=0,\ y(e)=0.$$

의 고윳값과 고유함수를 구하여라.

20 문제 19에서의 고유함수에 대한 직교관계식을 구하여라.

21 차수가 영이고 경계조건 $J_0(4\alpha)=0$을 만족하는 베셀 함수를 이용하여

$$f(x)=\begin{cases} 1, & 0<x<2 \\ 0, & 2<x<4 \end{cases}$$

를 푸리에-베셀 급수로 전개하여라.

22 함수 $f(x)=x^4-1,\ -1<x<1$를 푸리에-르장드르 급수로 전개하여라.

23 함수 $y=f(x)$가 구간 $(-\infty,\infty)$에서 정의되었다고 가정하자.

(a) $f_e(x)=\dfrac{f(x)+f(-x)}{2}$이고

$f_o(x)=\dfrac{f(x)-f(-x)}{2}$일 때 등식

$f(x)=f_e(x)+f_o(x)$가 성립함을 보여라.

(b) $f_e(x)$는 우함수이고 $f_o(x)$는 기함수임을 보여라.

24 함수 $f(x)=e^x$는 우함수도 기함수도 아니다. 문제 23을 이용하여 f를 우함수와 기함수의 합으로 나타내라. f_e와 f_o을 구하여라.

25 f가 적분가능한 주기가 $2p$인 주기함수라 하자. 모든 실수 a에 대하여,

$\int_0^{2p} f(x)dx=\int_a^{a+2p} f(x)dx$ 임을 증명하여라.

12 직교 좌표계에서의 경곗값 문제

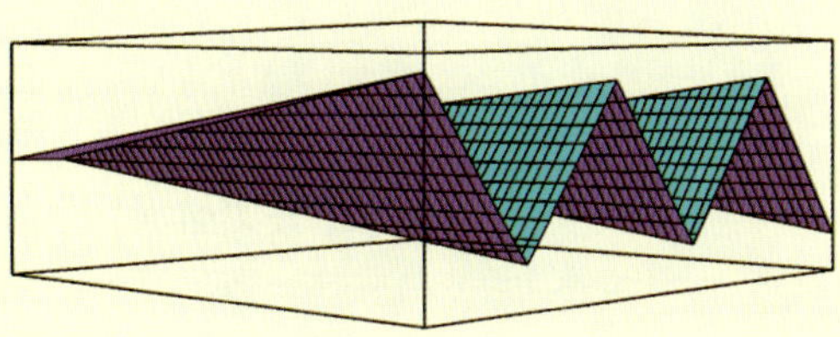

12장과 13장, 14장에서는 온도분포, 진동, 포텐셜과 관련된 문제들에서 발생하는 편미분방정식을 해결하는 데 사용된 두 가지 과정에 대해서 중점적으로 다룰 것이다. 경곗값 문제라고 불리는 이러한 문제들은 상대적으로 단순한 선형 2계 편미분방정식을 통해 설명할 수 있다. 이 과정들의 추진력은 선형 편미분방정식을 두 개 또는 그 이상의 선형 상미분방정식으로 줄여서 선형 편미분방정식의 해를 구하는데 있다.

이번 단원은 변수분리법(2.2절에 나오는 방법과는 전혀 관련이 없다) 이라 불리는 방법으로부터 시작한다. 이 방법의 응용은 11장에 나왔던 중요한 개념(고윳값, 고유함수 그리고 직교함수의 무한급수에서 함수의 전개)을 학습하게 된다.

12.1 분리가능한 편미분방정식

필요한 개념

- 2.3절, 4.3절과 4.4절
- 169쪽에서 170쪽에 있는 "알아야 할 가치가 있는 두 가지의 방정식" 다시 읽어보기

소개 | 상미분방정식과 같이 편미분방정식도 선형 또는 비선형으로 분류된다. 선형 상미분방정식과 유사하게 선형 편미분방정식에 있는 종속변수와 편미분들은 오직 1차이다. 이 교재의 나머지 부분에서 우리는 대부분 선형인 2계 편미분방정식을 다루게 된다.

선형 편미분방정식 u를 종속 변수, x와 y가 독립 변수라 하면 선형 2계 편미분방정식의 일반적인 형태는 다음과 같다:

$$A\frac{\partial^2 u}{\partial x^2}+B\frac{\partial^2 u}{\partial x\partial y}+C\frac{\partial^2 u}{\partial y^2}+D\frac{\partial u}{\partial x}+E\frac{\partial u}{\partial y}+Fu=G \tag{1}$$

이 때, 계수인 $A,\ B,\ C,\ \cdots,\ G$는 x와 y의 함수이다. $G(x,\ y)=0$일 때, 방정식 (1)은 동차라고 하고 $G(x, y)\neq 0$ 일 때 (1)은 비동차라고 한다. 예를 들어 선형 방정식

$$\frac{\partial^2 u}{\partial x^2}+\frac{\partial^2 u}{\partial y^2}=0 \quad 와 \quad \frac{\partial^2 u}{\partial x^2}-\frac{\partial u}{\partial y}=xy$$

은 각각 동차와 비동차이다.

편미분방정식의 풀이 선형 편미분방정식 (1)의 해는 식에 나타나 있는 모든 편미분들을 갖고 있으며 xy-평면의 적당한 영역에서 방정식을 만족하는 이변수함수인 $u(x, y)$이다.

선형 편미분방정식의 일반적인 풀이를 찾기 위해서 과정들을 검토해 보는 것이 우리의 의도는 아니다. 선형 2계 편미분방정식의 일반해를 얻는 것도 어려울 뿐만 아니라 일반해는 응용분야에 적용하는데 항상 유용하지 않다. 그래서 전체적으로는 다양한 응용분야에 적용되는 좀 더 중요한 선형 편미분방정식의 특수해를 구하는데 중점을 둘 것이다.

변수 분리 선형 편미분방정식의 특수해를 구하기 위해 시도되어질 수 여러 가지 방법이 있지만, 이 시점에서 우리는 **변수 분리법**에 대해서 관심을 가지고 있다. 이 방법에서 우리는 x의 함수와 y의 함수의 곱의 형태로 된 특수해를 구한다.

$$u(x, y)= X(x)\,Y(y)$$

이러한 가정을 통해서 때때로 이변수인 선형 편미분방정식을 두 개의 상미분방

정식으로 줄이는 것이 가능하다. 이를 위하여 우리는 다음과 같이 표현한다.

$$\frac{\partial u}{\partial x}=X'Y,\ \frac{\partial u}{\partial y}=XY',\ \frac{\partial^2 u}{\partial x^2}=X''Y,\ \frac{\partial^2 u}{\partial y^2}=XY''$$

이 때 프라임(prime)은 상미분을 나타낸다.

예제 1 변수 분리

$\dfrac{\partial^2 u}{\partial x^2}=4\dfrac{\partial u}{\partial y}$ 의 곱 해를 구하라.

풀이 편미분방정식에 $u(x,y)=X(x)Y(y)$를 대입하면

$$X''Y=4XY'$$

이다. 식의 양변을 $4XY$로 나누면, 변수들은 다음과 같이 분리된다.

$$\frac{X''}{4X}=\frac{Y'}{Y}.$$

마지막 방정식의 좌변은 y에 대하여 독립적이고, x에 대하여 독립적인 우변과 같기 때문에 방정식의 양변은 x와 y로부터 독립적이라고 결론내릴 수 있다. 즉, 방정식의 각 변은 상수이다. 실제로는, 이러한 실수인 분리상수를 $-\lambda$로 나타내는 것이 편리하다. (λ를 사용해도 같은 해를 이끌어 낼 수 있다.)
두 개의 등식

$$\frac{X''}{4X}=\frac{Y'}{Y}=-\lambda$$

로부터 우리는 두 개의 선형 상미분방정식을 얻는다.

$$X''+4\lambda X=0 \ \text{과} \ Y'+\lambda Y=0 \tag{2}$$

11.4절의 예제 1처럼 λ를 세 가지 경우로 생각할 수 있다: 0 또는 음 또는 양. 즉, $\alpha>0$일 때 $\lambda=0$, $\lambda=-\alpha^2<0$ 그리고 $\lambda=\alpha^2>0$.

경우 I $\lambda=0$이면 (2)에 있는 두 개의 상미분방정식은

$$X''=0\text{과} \ Y'=0$$

이다. 적분을 사용하여 각 방정식을 풀어보면 $X=c_1+c_2x$와 $Y=c_3$이다. 따라서 주어진 편미분방정식의 특이 곱 해는

$$u=XY=(c_1+c_2x)c_3=A_1+B_1x \tag{3}$$

이다. 이 때 우리는 c_1c_3와 c_2c_3를 각각 A_1과 B_1으로 대체하였다.

경우 II $\lambda=-\alpha^2$이면 (2)에 있는 미분방정식들은

$$X''-4\alpha^2X=0 \ \text{과} \ Y'-\alpha^2Y=0$$

이다. 일반적인 해들인

$$X = c_4 \cosh 2\alpha x + c_5 \sinh \alpha x \quad \text{와} \quad Y = c_6 e^{\alpha^2 y}$$

로부터 편미분방정식의 또 다른 특이 곱 해를 얻는다.

$$u = XY = (c_4 \cosh 2\alpha x + c_5 \sinh 2\alpha x) c_6 e^{\alpha^2 y}$$

즉

$$u = A_2 e^{\alpha^2 y} \cosh 2\alpha x + B_2 e^{\alpha^2 y} \sinh 2\alpha x$$

이다. 이 때 $A_2 = c_4 c_6$ 이고 $B_2 = c_5 c_6$ 이다.

경우 III $\lambda = \alpha^2$ 이면 미분방정식들은

$$X'' + 4\alpha^2 X = 0 \quad \text{과} \quad Y' + \alpha^2 Y = 0$$

이다. 일반적인 해들

$$X = c_7 \cos 2\alpha x + c_8 \sin 2\alpha x \quad \text{와} \quad Y = c_9 e^{-\alpha^2 y}$$

은 다음과 같은 특수해를 제공한다.

$$u = A_3 e^{-\alpha^2 y} \cos 2\alpha x + B_3 e^{-\alpha^2 y} \sin 2\alpha x$$

이 때 $A_3 = c_7 c_9$ 이고 $B_3 = c_8 c_9$ 이다.

(3), (4)와 (5)가 주어진 편미분방정식을 만족시킨다는 것을 입증하는 것은 연습문제로 한다. 12.1절의 연습문제 29번을 참조할 것.

중첩 원리 다음 정리는 정리 4.1.2와 유사하며 **중첩 원리**로 알려져 있다.

정리 12.1.1 중첩 원리

$u_1, u_2, \ldots, u_k$가 동차 선형 편미분방정식의 해이면, $c_i (i = 1, 2, \ldots, k)$가 상수일 때 선형 결합인

$$u = c_1 u_1 + c_2 u_2 + \cdots + c_k u_k$$

도 동차 선형 편미분방정식의 해이다.

이 단원의 나머지 부분에서 동차 선형방정식이 무한개의 해 $u_1, u_2, u_3, \cdots$를 가질 때, 무한급수인

$$u = \sum_{k=1}^{\infty} c_k u_k$$

를 만들어 또 다른 해 u를 만들 수 있다. 이 때 c_k, $k=1, 2, \cdots$ 은 상수들이다.

방정식의 분류 상수 계수들을 갖고 두 독립 변수들로 이루어진 선형 2계 편미분방정식은 세 가지 종류들 중 하나로 분류될 수 있다. 이 분류법은 2계 도함수의 계수들에 달려있다. 물론, 적어도 계수 A, B와 C 중 하나는 0이 아니라고 가정한다.

정의 12.1.1 방정식 분류

선형 2계 편미분방정식은 다음과 같다.

$$A\frac{\partial^2 u}{\partial x^2} + B\frac{\partial^2 u}{\partial x \partial y} + C\frac{\partial^2 u}{\partial y^2} + D\frac{\partial u}{\partial x} + E\frac{\partial u}{\partial y} + Fu = G,$$

이 때 A, B, C, D, E, F와 G는 실수인 상수이다. 선형 2계 편미분방정식은 다음과 같이 분류한다.

만일 $B^2 - 4AC > 0$ 이면 쌍곡형이다.
만일 $B^2 - 4AC = 0$ 이면 포물형이다.
만일 $B^2 - 4AC < 0$ 이면 타원형이다.

예제 2 2계 편미분방정식 분류하기

다음 방정식을 분류하라.

(a) $3\frac{\partial^2 u}{\partial x^2} = \frac{\partial u}{\partial y}$ (b) $\frac{\partial^2 u}{\partial x^2} = \frac{\partial^2 u}{\partial y^2}$ (c) $\frac{\partial^2 u}{\partial x^2} + \frac{\partial^2 u}{\partial y^2} = 0$

풀이 (a) 주어진 방정식을 정리하면 다음과 같다.

$$3\frac{\partial^2 u}{\partial x^2} - \frac{\partial u}{\partial y} = 0$$

따라서 $A=3$, $B=0$, 그리고 $C=0$이다. $B^2 - 4AC = 0$이므로 이 방정식은 포물형이다.

(b) 주어진 방정식을 정리하면 다음과 같다.

$$\frac{\partial^2 u}{\partial x^2} - \frac{\partial^2 u}{\partial y^2} = 0$$

따라서 $A=1$, $B=0$, $C=-1$이다. $B^2 - 4AC = -4(1)(-1) > 0$이므로 이 방정식은 쌍곡형이다.

(c) $A=1$, $B=0$, $C=-1$이다. $B^2 - 4AC = -4(1)(-1) < 0$이므로 이 방정식은

타원형이다. ■

주의

(i) 여러분이 의심하는 것처럼 변수 분리법은 특수해를 찾는 일반적인 방법은 아니다. 몇 몇 선형 편미분방정식은 단순하게 변수 분리되지 않는다. 여러분이 $u = XY$라는 가정이 선형 편미분방정식 $\partial^2 u/\partial x^2 - \partial u/\partial y = x$에 대한 해를 유도하지 않음을 증명할 것을 권한다.

(ii) 왜 우리가 선형 2계 편미분방정식을 쌍곡형인지, 포물형인지, 타원형인지 구별해야 하는가를 자세히 설명하는 것은 이 책의 범위를 벗어난다. 하지만 여러분은 적어도 이러한 분류가 중요하다는 것을 알고 있어야 한다. 우리는 단지 경계조건을 갖는 몇 가지 편미분방정식과 경계조건과 초기조건을 함께 갖는 다른 문제들을 풀 것이다. 주어진 방정식에 적절한 부가적인 조건의 종류는 주어진 방정식이 쌍곡형인지, 포물형인지, 타원형인지에 달려있다. 이와 관련하여 15장에서 우리는 선형 2계 편미분방정식의 수치적 해의 방법이 빙정식의 분류와 일치하지 않음을 보게 될 것이다.

연습문제 12.1

(1-16) 가능하면 변수 분리법을 사용하여 주어진 편미분방정식의 곱 해를 구하라.

1 $\dfrac{\partial u}{\partial x} = \dfrac{\partial u}{\partial y}$

2 $k\dfrac{\partial^2 u}{\partial x^2} = \dfrac{\partial u}{\partial t}$, $k > 0$

3 $u_x + u_y = u$

4 $y\dfrac{\partial u}{\partial x} + x\dfrac{\partial u}{\partial y} = 0$

5 $x\dfrac{\partial u}{\partial x} = y\dfrac{\partial u}{\partial y}$

6 $y\dfrac{\partial^2 u}{\partial x \partial y} + u = 0$

7 $\dfrac{\partial^2 u}{\partial x^2} + \dfrac{\partial^2 u}{\partial x \partial y} + \dfrac{\partial^2 u}{\partial y^2} = 0$

8 $u_x = u_y + u$

9 $k\dfrac{\partial^2 u}{\partial x^2} - u = \dfrac{\partial u}{\partial t}$, $\quad k > 0$

10 $\dfrac{\partial u}{\partial x} + 3\dfrac{\partial u}{\partial y} = 0$

11 $a^2\dfrac{\partial^2 u}{\partial x^2} = \dfrac{\partial^2 u}{\partial t^2}$

12 $a^2\dfrac{\partial^2 u}{\partial x^2} = \dfrac{\partial^2 u}{\partial t^2} + 2k\dfrac{\partial u}{\partial t}$, $k > 0$

13 $\dfrac{\partial^2 u}{\partial x^2} + \dfrac{\partial^2 u}{\partial y^2} = 0$

14 $a^2 u_{xx} - g = u_{tt}$, g는 상수

15 $u_{xx} + u_{yy} = u$

16 $x^2\frac{\partial^2 u}{\partial x^2}+\frac{\partial^2 u}{\partial y^2}=0$

(17-26) 주어진 편미분방정식을 쌍곡형, 포물형, 타원형 중 하나로 분류하라.

17 $\frac{\partial^2 u}{\partial x^2}+\frac{\partial^2 u}{\partial x\partial y}+\frac{\partial^2 u}{\partial y^2}=0$

18 $\frac{\partial^2 u}{\partial x^2}-\frac{\partial^2 u}{\partial x\partial y}-3\frac{\partial^2 u}{\partial y^2}=0$

19 $\frac{\partial^2 u}{\partial x^2}+6\frac{\partial^2 u}{\partial x\partial y}+9\frac{\partial^2 u}{\partial y^2}=0$

20 $3\frac{\partial^2 u}{\partial x^2}+5\frac{\partial^2 u}{\partial x\partial y}+\frac{\partial^2 u}{\partial y^2}=0$

21 $\frac{\partial^2 u}{\partial x^2}=9\frac{\partial^2 u}{\partial x\partial y}$

22 $\frac{\partial^2 u}{\partial x^2}+\frac{\partial^2 u}{\partial y^2}=u$

23 $\frac{\partial^2 u}{\partial x^2}+2\frac{\partial^2 u}{\partial x\partial y}+\frac{\partial^2 u}{\partial y^2}+\frac{\partial u}{\partial x}-6\frac{\partial u}{\partial y}=0$

24 $\frac{\partial^2 u}{\partial x\partial y}-\frac{\partial^2 u}{\partial y^2}+2\frac{\partial u}{\partial x}=0$

25 $a^2\frac{\partial^2 u}{\partial x^2}=\frac{\partial^2 u}{\partial t^2}$

26 $k\frac{\partial^2 u}{\partial x^2}=\frac{\partial u}{\partial t},\quad k>0$

(27-28) 주어진 편미분방정식이 제시된 곱 해를 가짐을 증명하여라.

27 $k\left(\frac{\partial^2 u}{\partial r^2}+\frac{1}{r}\frac{\partial u}{\partial r}\right)=\frac{\partial u}{\partial t}$

$u=e^{-k\alpha^2 t}(c_1J_0(\alpha r)+c_2Y_0(\alpha r))$

28 $\frac{\partial^2 u}{\partial r^2}+\frac{1}{r}\frac{\partial u}{\partial r}+\frac{1}{r^2}\frac{\partial^2 u}{\partial \theta^2}=0;$

$u=(c_1\cos\alpha\theta+c_2\sin\alpha\theta)(c_3r^{\alpha}+c_4r^{-\alpha})$

29 (3), (4),그리고 (5)에 있는 각각의 곱 $u=XY$가 예제 1에 있는 2계 편미분방정식을 만족함을 증명하라.

30 정의 12.1.1은 x와 y의 함수로 된 계수들을 갖는 선형 편미분방정식으로 일반화된다. 다음 방정식

$$(xy+1)\frac{\partial^2 u}{\partial x^2}+(x+2y)\frac{\partial^2 u}{\partial x\partial y}+\frac{\partial^2 u}{\partial y^2}+xy^2u=0$$

이 쌍곡형, 포물형, 타원형이 되는 xy-평면에 있는 영역을 구하라.

토론 문제

(31-32) 곱의 해 $u=X(x)Y(y)$가 주어진 편미분방정식에서 나타나는지를 논하라. [힌트: 중첩 원리를 이용하라.]

31 $\frac{\partial^2 u}{\partial x^2}-u=0$

32 $\frac{\partial^2 u}{\partial x\partial y}+\frac{\partial u}{\partial x}=0$

12.2 고전적인 편미분방정식과 경곗값 문제

필요한 개념

- 4.1절, 4.3절과 5.2절에 있는 경곗값 문제들에 대한 자료를 다시 읽어보기

소개 | 이 절에서는 어떤 문제도 풀지 않을 것이다. 우리는 단순히 이 단원의 나머지 부분과 13장부터 15장까지에서 다루게 될 편미분방정식의 종류들과 경곗값 문제들의 형태에 대하여 논의하도록 한다. 경곗값 문제라는 용어는 4.1절, 4.3절, 그리고 5.2절에 다뤘던 것과는 의미가 약간 다르다. x가 공간적인 차원을 나타내고, t가 시간을 나타낼 때 $u(x,t)$가 편미분방정식의 해이면, 주어진 시간 t (일반적으로 $t=0$)에서 u와 $\partial u/\partial t$를 설명하는 것 뿐만 아니라 특정한 x에 대한 u 또는 $\partial u/\partial x$ 또는 u와 $\partial u/\partial x$에 대한 일차 결합을 설명할 수 있다. 즉, "경곗값 문제"는 경계 조건, 초기 조건과 더불어 편미분방정식을 구성한다.

고전적인 방정식 우리는 주로 다음과 같은 수리 물리학의 고전적인 방정식들에 대한 곱 해를 구하기 위하여 변수 분리법을 적용하는 방법을 다룰 것이다.

$$k\frac{\partial^2 u}{\partial x^2}=\frac{\partial u}{\partial t},\quad k>0 \tag{1}$$

$$a^2\frac{\partial^2 u}{\partial x^2}=\frac{\partial^2 u}{\partial t^2} \tag{2}$$

$$\frac{\partial^2 u}{\partial x^2}+\frac{\partial^2 u}{\partial y^2}=0 \tag{3}$$

편미분방정식 (1), (2), (3)은 각각 **일차원 열방정식**, **일차원 파동방정식**, 그리고 **이차원 라플라스 방정식**으로 알려져 있다. 방정식 (1), (2)에서 "일차원"은 x가 공간 변수를 의미하고 t는 시간을 나타낸다는 사실을 설명한다. 방정식 (3)에서 "이차원"은 x와 y가 모두 공간 변수임을 의미한다. 여러분이 식 (1)~(3)을 정리 12.1.1(t는 기호 y의 역할을 함)에 있는 선형 형식과 비교한다면, 열방정식인 (1)은 포물형이고, 파동방정식인 (2)는 쌍곡형이고, 라플라스 방정식인 (3)은 타원형이라는 것을 확인할 수 있다. 이 결과는 15장에서는 중요할 것이다.

열방정식 방정식 (1)은 열 흐름 이론에서 나타난다. 즉 열은 막대 또는 가는 선에서 전도에 의해서 전달된다. 함수 $u(x,\ t)$는 시간 t일 때 막대를 따라서 점 x에서 온도를 나타낸다. 기계적 진동과 관련된 문제들은 보통 파동 방정식 (2)로 설명된다. 논의를 위하여 (2)의 해 $u(x,\ t)$는 이상적인 현의 변위를 나타낸다. 최종적으로 라플라스 방정식 (3)의 해 $u(x,\ y)$는 얇은 이차원적인 판에서 정상 상태의 (즉, 시간으로부터 독립된) 온도 분포라고 해석될 수 있다.

비록 많은 단순화시키는 가정들을 해야 하지만, (1), (2)와 같은 방정식들이 어떻게 생기는지 알아보는 것은 의미 있는 일이다.

길이가 L인 가는 원형 막대가 단면적 A를 갖고, x축 위의 구간 $[0, L]$과 일치

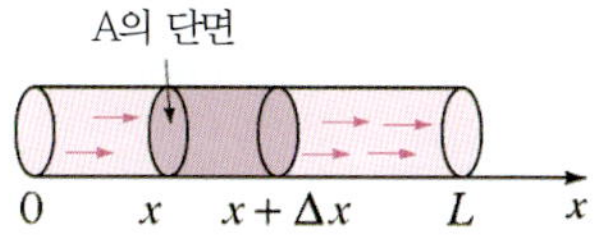

그림 12.2.1 일차원적 열의 흐름

한다고 가정하자(그림 12.2.1 참조). 다음과 같이 가정을 하자:

- 막대 안에 있는 열의 흐름은 x축 방향으로만 나타난다.
- 막대의 옆면 또는 곡면은 절연 처리가 되었다; 즉, 어떠한 열도 표면으로부터 빠져나갈 수 없다.
- 어떠한 열도 막대 내에서 만들어지지 않는다.
- 막대는 균질하다; 즉, 단위 부피 단위 질량 ρ는 일정하다.
- 막대 재질의 바열 γ와 열전도율 K는 상수이다.

온도 $u(x,\ t)$를 만족하는 편미분방정식을 유도하기 위하여 우리는 열전도와 관련된 두 가지 경험적 법칙들이 필요하다:

(i) 질량 요소 m에서의 열의 양 Q는 다음과 같다.

$$Q=\gamma mu \tag{4}$$

이 때 u는 요소의 온도이다.

(ii) 그림 12.2.1에 표시된 절단면을 통한 열 흐름의 비율 Q_t는 절단면의 넓이 A와 영역의 절단면의 x에 관한 편미분에 비례한다:

$$Q_t=-KAu_x. \tag{5}$$

온도가 감소하는 방향으로 열이 흐르기 때문에 (5)에 있는 빼기 표시는 $u_x<0$(열이 오른쪽으로 흐름)에 대하여 Q_t가 양이고 $u_x>0$(열이 왼쪽으로 흐름)에 대하여 Q_t가 음이라는 것을 확인하는데 쓰인다. 그림 12.2.1의 막대에서 x와 $x+\triangle x$사이에 있는 원형 단면이 매우 얇다면 $u(x,\ t)$는 각 점에 위치한 구간의 대략적인 온도를 설명한다. 이제 절단 조각의 질량은 $m=\rho(A\Delta x)$이고, (4)로부터 그 안에 있는 열의 양은

$$Q=\gamma\rho A\Delta xu \tag{6}$$

이다. 또한 열이 양의 x축 방향으로 흐를 때, (5)로부터 열은 전단면에서 순비율

$$-KAu_x(x,\ t)-[-KAu_x(x+\Delta x,\ t)]=KA[u_x(x+\Delta x,\ t)-u_x(x,\ t)] \tag{7}$$

로 조각 안에서 만들어진다. t에 관해서 (6)을 미분하면 이러한 순비율이

$$Q_t=\gamma\rho A\ \Delta x\, u_t \tag{8}$$

로 주어짐을 알 수 있다. (7)과 (8)을 같다고 하면 다음과 같은 식이 나온다.

$$\frac{K}{\gamma\rho}\,\frac{u_x(x+\Delta x,\ t)-u_x(x,\ t)}{\Delta x}=u_t. \tag{8}$$

마지막으로, $\Delta x\rightarrow 0$일 때 (9)의 극한을 구하면 $(K/\gamma\rho)u_{xx}=u_t$ 형태인 (1)을 얻는다. 일반적으로 $k=K/\gamma\rho$라 하고 이 양의 상수를 **열 분포율**이라 한다.

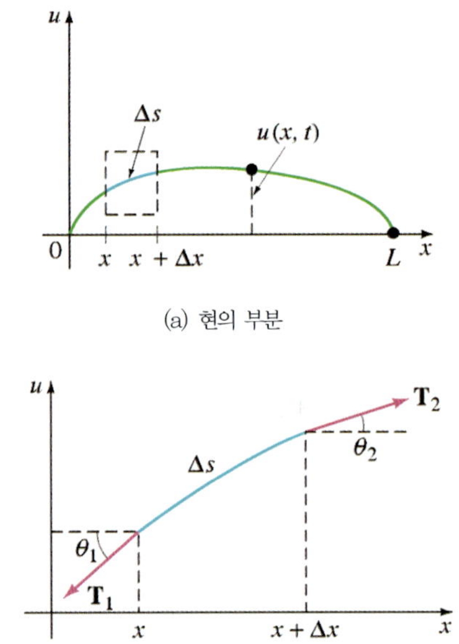

그림 12.2.2 $x = 0$과 $x = L$에서 고정된 변형가능한 현

파동방정식 x축 위의 두 점 $x = 0$과 $x = L$사이에 연결되어 있는 길이가 L인 팽팽한 기타줄과 같은 현을 생각해 보자. 현이 진동하기 시작할 때, 움직임이 현의 각 점에서 x축에 수직인 방향(수직 방향 진동)으로 움직이는 방법으로 xu평면에서 발생한다고 가정하자. 그림 12.2.2(a)에서 알 수 있는 것처럼 $t > 0$일 때 $u(x, t)$가 모든 점에서 x축으로부터 측정한 현의 수직 변위를 나타낸다고 하자. 이에 더하여 다음을 추가적으로 가정한다.

- 현은 완벽하게 유연하다.
- 현은 균질하다; 즉, 단위 길이당 질량 ρ는 상수이다.
- 변위 u는 현의 길이와 비교했을 때 작다.
- 곡선의 기울기는 모든 지점에서 작다.
- 장력 x는 현에 접하고, 크기 x는 어느 지점에서나 다 똑같다.
- 장력은 중력과 비교했을 때 크다.
- 현에 어떠한 외부의 힘도 작용하지 않는다.

이제, 그림 12.2.2(b)에서 장력 T_1과 T_2는 구간 $[x, x + \Delta x]$에서 곡선의 양 끝에서 접선방향으로 작용한다. 크기가 작은 θ_1과 θ_2에 대하여 현의 요소인 $\triangle s$에 작용하는 순 수직력은 다음과 같다.

$$T\sin\theta_2 - T\sin\theta_1 \approx T\tan\theta_2 - T\tan\theta_1 = T[u_x(x + \Delta x, t) - u_x(x, t)]^{\dagger}$$

이 때 $T = |\boldsymbol{T}_1| = |\boldsymbol{T}_2|$이다. 이제 $p\triangle s \approx p\triangle x$는 구간 $[x, x + \triangle x]$에서 현의 질량이고, 뉴턴의 제2법칙에 의해서

$$T[u_x(x + \Delta x, t) - u_x(x, t)] = \rho\Delta x u_{tt}$$

즉

$$\frac{u_x(x + \Delta x, t) - u_x(x, t)}{\Delta x} = \frac{\rho}{T}u_{tt}$$

이다.

$\Delta x \to 0$이면, 마지막 방정식에서 $u_{xx} = (\rho/T)u_{tt}$를 얻는다. 이것은 $a^2 = T/\rho$일 때 식 (2)와 같다.

라플라스 방정식 라플라스 방정식의 유래에 대해서는 얘기하지는 않겠지만, 이차원과 삼차원에서 라플라스 방정식은 유체역학에서 정전계, 중력계, 속도와 같은 포텐셜을 포함하는 시간 독립적인 문제들에서 나타난다. 또한 라플라스 방정식의 해는 정상 상태의 온도 분포로 해석될 수 있다. 그림 12.2.3에서 제시된 것처럼 (3)의 해 $u(x, y)$는 직사각형 판위의 위치에 따라 변하는(하지만 시간과는 관련이 없다) 온도분포를 나타낼 수 있다. 이차원과 삼차원에서 라플라스 방정식은 간단히 $\nabla^2 u = 0$으로 나타낸다. 이 때

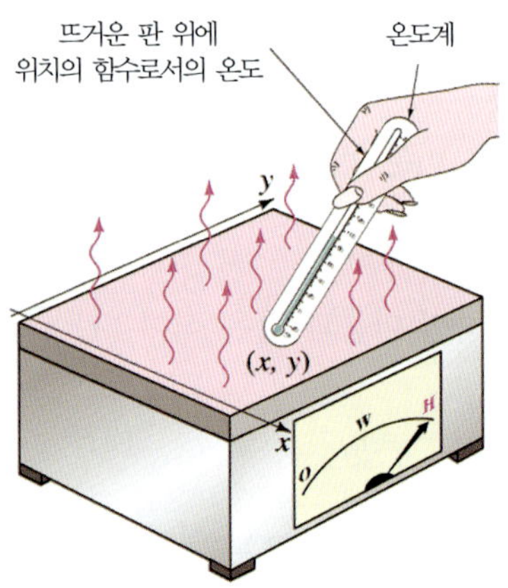

그림 12.2.3 직사각형판에서 정상 상태의 온도

$$\nabla^2 u = \frac{\partial^2 u}{\partial x^2} + \frac{\partial^2 u}{\partial y^2} \quad 와 \quad \nabla^2 u = \frac{\partial^2 u}{\partial x^2} + \frac{\partial^2 u}{\partial y^2} + \frac{\partial^2 u}{\partial z^2}$$

를 각각 함수 u에 대한 이차원 **라플라시안**과 삼차원 라플라시안이라 한다.

우리는 몇몇 부가 조건을 만족하는 방정식 (1), (2)와 (3)의 해를 구하고자 한다.

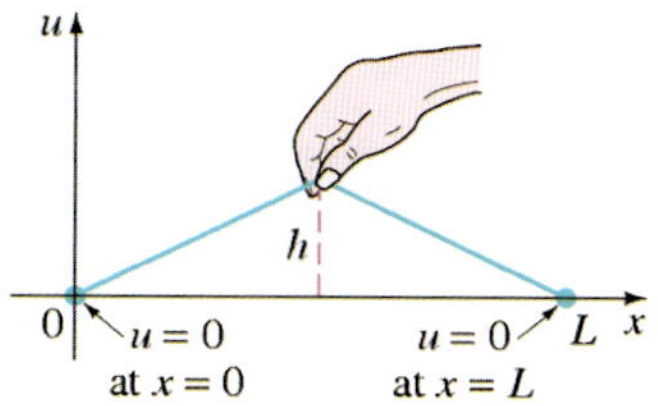

그림 12.2.4 퉁겨진 현

초기 조건들 (1)과 (2)의 해가 시간 t에 의존하기 때문에 $t = 0$일 때 무슨 일이 일어날 것인지 규정할 수 있다; 즉, **초기 조건**(IC)을 줄 수 있다. 만약 $f(x)$가 그림 12.2.1에 나오는 막대의 온도 분포를 나타낸다면, (1)의 해 $u(x, t)$는 반드시 하나의 초기 조건 $u(x, 0) = f(x)$, $0 < x < L$을 만족해야 한다. 반대로, 진동하는 현에 대하여 우리는 초기 속도 $g(x)$뿐만 아니라 초기 변위(또는 모양) $f(x)$를 구체적으로 제시할 수 있다. 수학적으로 표현하면 우리는 식 (2)와 두 초기 조건

$$u(x, 0) = f(x), \quad \left.\frac{\partial u}{\partial t}\right|_{t=0} = g(x), \quad 0 < x < L \tag{10}$$

을 만족하는 함수 $u(x, t)$를 구한다. 예를 들어 그림 12.2.4처럼 현이 잡아당겨 졌다가 정지 상태 $(g(x) = 0)$에서 놓을 수 있다.

경계 조건들 그림 12.2.4에 있는 현은 $x = 0$과 $x = L$에서 x축 위에 고정되어 있다. 우리는 이를 두 개의 **경계 조건**으로 설명한다.

$$u(0, t) = 0, \; u(L, t) = 0, \; t > 0$$

이 문장에서 (10)에 있는 함수 f는 연속이고 또한 $f(0) = 0$이고 $f(L) = 0$이다. 일반적으로, 방정식 (1), (2), (3)과 관련된 세 가지 경계 조건들이 있다. 경계와 관련해서, 다음 중 하나와 관련된 값들을 명시할 수 있다.

$$\text{(i)}\; u, \; \text{(ii)}\; \frac{\partial u}{\partial n}, \; 또는 \; \text{(iii)}\; \frac{\partial u}{\partial n} + hu \quad (h는\ 상수)$$

여기서 $\partial u/\partial n$는 u의 법선 도함수(경계에서 수직방향으로의 방향 도함수)를 나타낸다. 첫 번째 유형 (i)의 경계 조건은 **디리클레 조건**이고, 두 번째 유형 (ii)의 경계 조건은 **노이만 조건**, 그리고 세 번째 유형 (iii)의 경계 조건은 **로빈 조건**이다. 예를 들어 $t > 0$일 때 그림 12.2.1에 있는 막대 오른쪽 끝에서 전형적인 조건은 다음과 같이 될 수 있다.

(i)′ $u(L, t) = u_0$, u_0는 상수,

(ii)′ $\left.\dfrac{\partial u}{\partial x}\right|_{x=L} = 0$,

(iii)′ $\left.\dfrac{\partial u}{\partial x}\right|_{x=L} = -h(u(L, t) - u_m)$, $h > 0$이고 u_m은 상수

조건 (i)′은 단순히 모든 시간 $t > 0$에 대하여 경계 $x = L$이 어떤 방법으로 상수 온도 u_0에 유지됨을 의미한다. 조건 (ii)′은 경계 $x = L$이 절연됐다고 말한

다. 열 전달의 경험적 법칙으로부터 경계를 가로질러서 열이 끊임없이 변화하는 것 (즉, 경계를 가로질러서 형성된 단위시간 당, 단위면적 당 열의 양)은 온도 u의 법선 도함수 $\partial u/\partial n$의 값에 비례한다. 따라서 경계 $x=L$이 열에 대하여 절연되었을 때, 어떠한 열도 막대 안으로나 밖으로 흐르지 않으므로

$$\frac{\partial u}{\partial x}\Big|_{x=L}=0$$

이다.

(iii)′은 공기 또는 물과 같이 일정한 온도로 유지되고 있는 매체와 접촉하면서 막대의 오른쪽 끝에서부터 열이 손실된다는 의미로 해석할 수 있다. 뉴턴의 냉각 법칙에 따르면 막대의 바깥쪽으로의 열의 흐름은 경계 온도 $u(L,\ t)$와 주변 매체의 온도 u_m의 차이에 비례한다. 막대의 왼쪽 끝에서 열이 손실된다고 가정하면, 경계 조건은

$$\frac{\partial u}{\partial x}\Big|_{x=0}=h(u(0,t)-u_m)$$

이다.

대수적 부호의 변화는 막대가 $u(0,t)>u_m$ 이고 $u(L,t)>u_m$ 이 되도록 끝들을 둘러싼 매체의 온도보다 높은 온도를 갖는다는 가정과 일관성을 갖는다. $x=0$과 $x=L$일 때, 기울기 $u_x(0,\ t)$와 $u_x(L,\ t)$는 각각 양과 음이어야 한다.

물론, 막대 양쪽 끝에 동시에 다른 조건들을 제시할 수 있다. 예를 들어

$$\frac{\partial u}{\partial x}\Big|_{x=0}=0 \text{과 } u(L,t)=u_0,\ t>0$$

가 있을 수 있다.

(i)′의 경계 조건은 $u_0=0$일 때 동차이다. 만일 $u_0\neq 0$이면 경계 조건은 비동차이다. 경계 조건 (ii)′은 동차이다; 경계 조건 (iii)′은 $u_m=0$일 때 동차이고 $u_m\neq 0$일 때 비동차이다.

경곗값 문제들 다음과 같은 문제들은 **경곗값 문제들**이다.

$$\text{(BC)}\ u(0,\ t)=0,\ u(L,\ t)=0,\ t>0$$
$$\text{(IC)}\ u(x,\ 0)=f(x),\ \frac{\partial u}{\partial t}\Big|_{t=0}=g(x),\ 0<x<L \qquad (11)$$

에 대하여

$$a^2\frac{\partial^2 u}{\partial x^2}=\frac{\partial^2 u}{\partial t^2},\ 0<x<L,\ t>0$$

을 풀어라.

$$\text{(BC)}\ \begin{cases}\dfrac{\partial u}{\partial x}\Big|_{x=0}=0, & \dfrac{\partial u}{\partial x}\Big|_{x=a}=0, \quad 0<y<b\\ u(x,\ 0)=0, & u(x,\ b)=f(x),\ 0<x<a\end{cases} \qquad (12)$$

에 대하여

$$\frac{\partial^2 u}{\partial x^2}+\frac{\partial^2 u}{\partial y^2}=0,\ 0<x<a,\ 0<y<b$$

을 풀어라.

수정 편미분방정식 (1), (2)와 (3)은 물리적인 시스템에 미치는 내부적 또는 외부적 영향을 고려하기 위하여 반드시 수정이 되어야 한다. 일차원 열방정식과 일차원 파동방정식의 좀 더 일반적인 형태는 각각 다음과 같다.

$$k\frac{\partial^2 u}{\partial x^2}+G(x,\ t,\ u,\ u_x)=\frac{\partial u}{\partial t} \tag{13}$$

$$a^2\frac{\partial^2 u}{\partial x^2}+F(x,\ t,\ u,\ u_t)=\frac{\partial^2 u}{\partial t^2} \tag{14}$$

예를 들어 열이 막대의 측면에서 일정한 온도 u_m 인 주변 매체로 이동한다면, 열방정식 (13)은

$$k\frac{\partial^2 u}{\partial x^2}-h(u-u_m)=\frac{\partial u}{\partial t}$$

이다.

(14)에서 함수 F는 현에 가하는 다양한 힘들을 나타낼 수 있다. 예를 들어서 외력, 감쇠력, 그리고 탄성이 있는 복원력이 고려하면 (14)는 다음 형태로 가정할 수 있다.

$$a^2\frac{\partial^2 u}{\partial x^2}+\underset{\uparrow\atop\text{외력}}{f(x,\ t)}=\frac{\partial^2 u}{\partial t^2}+\underset{\uparrow\atop\text{감쇄력}}{c\frac{\partial u}{\partial t}}+\underset{\uparrow\atop\text{복원력}}{ku} \tag{15}$$

주의

발산현상의 다양한 변화를 분석하면 수학적 모형 (1), (2) 또는 (3) 또는 많은 수의 공간 변수를 포함한 일반화된 식을 얻는다. 식 (1)은 용액에서 용해되는 용질의 확산이 고체에서의 열의 흐름과 유사하기 때문에 종종 확산방정식이라 불린다. 이 경우 편미분방정식을 만족하는 함수 $u(x,t)$는 용액의 농도를 나타낸다. 같은 방식으로 식 (2)는 긴 전선이나 전송 선로에서 전기의 흐름을 연구할 때 나타난다. 이 경우 식 (2)는 전신방정식으로 불린다. 특정한 조건하에서 선로의 전류와 전압은 식 (2)와 동일한 두 방정식을 만족하는 함수임을 보일 수 있다. 파동방정식 (2)는 고주파 전송 선로, 유체역학, 음향학과 탄성학의 이론에 사용된다. 라플라스 방정식 (3)은 막의 정적 변위에서 만나게 된다.

연습문제 12.2

(1-6) 길이가 L인 막대는 x축상에서 구간 $[0,\ L]$과 일치한다. 온도 $u(x,\ t)$에 대한 경곗값 문제를 만들어라.

1 왼쪽 끝의 온도는 0이고, 오른쪽 끝의 온도는 절연된 상태이다. 막대 전체의 초기 온도는 $f(x)$이다.

2 왼쪽 끝의 온도는 u_0이고, 오른쪽 끝의 온도는 u_1이다. 막대 전체의 초기 온도는 0이다.

3 왼쪽 끝의 온도는 100이고, 열은 오른쪽 끝에서부터 막대 주변을 둘러싸고 있는 온도가 0인 매체로 전도되었다. 막대 전체의 초기 온도는 $f(x)$이다.

4 양쪽 끝은 절연된 상태이고, 열은 가로 표면적에서부터 막대 주변을 둘러싸고 온도가 50인 매체로 전도되었다. 막대 전체의 초기 온도는 100이다.

5 왼쪽 끝의 온도는 $\sin(\pi l / L)$이고, 오른쪽 끝의 온도는 0이고, 열은 가로 표면적에서 부터 막대 주변을 둘러싸고 온도가 0인 매체로 전도되었다. 막대 전체의 초기 온도는 $f(x)$이다.

6 양쪽 끝은 절연된 상태이고, 열은 가로 표면적에서부터 막대 주변을 둘러싸고 온도가 50인 매체로 전도되었다. 막대 전체의 초기 온도는 100이다.

(7-10) 길이가 L인 현은 x축 위의 구간 $[0,\ L]$과 일치한다. 변위 $u(x,\ t)$에 대한 경곗값 문제를 만들어라.

7 양쪽 끝은 x축에 고정되어 있다. 현은 초기 변위 $x(L-x)$에서 정지상태로부터 놓여있다.

8 양쪽 끝은 x축에 고정되어 있다. 처음에는 현이 변위가 없지만, 초기 속도 $\sin(\pi x/L)$를 가지고 있다.

9 왼쪽 끝은 x축에 고정되어 있지만, 오른쪽 끝은 $\sin \pi t$에 대하여 수직방향으로 움직인다. 현은 초기 변위 $f(x)$로부터 정지 상태로 있다. $t>0$일 때 수직 진동 순간 속도에 비례하는 힘에 의하여 감쇠한다.

10 양쪽 끝은 x축에 고정되어 있고, 현은 처음에 x축에서 움직이지 않았다. $t>0$일 때 왼쪽 끝으로부터의 수평거리에 비례하는 외부 수직력이 현에 가해진다.

(11-12) 일정한 상태의 온도 $u(x,\ y)$에 대한 경곗값 문제를 만들어라.

11 영역 $0 \le x \le 4,\ 0 \le y \le 2$으로 정의된 얇은 직사각형 판이 있다. 판의 왼쪽 끝과 아래쪽은 절연된 상태이다. 판의 위쪽은 0이고, 판의 오른쪽 끝의 온도는 $f(y)$이다.

12 반 무한 판은 영역 $0 \le x \le \pi,\ y \ge 0$으로 설명한다. 왼쪽 끝의 온도는 e^{-y}이고, 오른쪽 끝의 온도는 $0<y\le 1$일 때 100이고, $y>1$일 때 0이다. 판의 아래쪽의 온도는 $f(x)$이다.

12.3 열방정식

필요한 개념

- 12.1절
- 5.2절에 있는 예제 2와 11.4절에 있는 예제 1을 다시 읽어보기를 권장한다.

소개 | 막대 전체에서 초기 온도가 $f(x)$이고, $t>0$에 대하여 양 끝의 온도가 0인 길이 L인 얇은 막대를 생각해 보자. 그림 12.3.1에 있는 막대가 635쪽에서 제시한 가정들을 만족하면, 막대의 온도 $u(x,\ t)$는 다음 경곗값 문제에 의해서 정해진다.

$$k\frac{\partial^2 u}{\partial x^2}=\frac{\partial u}{\partial t},\ 0<x<L,\ t>0 \tag{1}$$

$$u(0,\ t)=0,\ u(L,\ t)=0,\ t>0 \tag{2}$$

$$u(x,\ 0)=f(x),\ 0<x<L \tag{3}$$

이 절에서 우리는 경곗값 문제를 풀도록 한다.

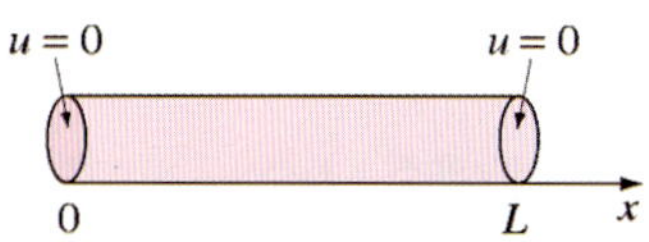

그림 12.3.1 길이가 L인 막대의 온도

경곗값 문제의 풀이 우선 식 (1)에 있는 변수들을 분리하기 위해서 곱 $u(x,t)=X(x)T(t)$를 사용한다. 그 다음, $-\lambda$가 분리 상수인 경우, 두 개의 등호

$$\frac{X''}{X}=\frac{T'}{kT}=-\lambda \tag{4}$$

는 두 개의 상미분방정식을 만든다.

$$X''+\lambda X=0 \tag{5}$$

$$T'+k\lambda T=0 \tag{6}$$

(5)를 풀기 전에 $u(x,\ t)=X(x)T(t)$에 적용된 경계 조건들 (2)는

$$u(0,t)=X(0)T(t)=0\text{과 } u(L,t)=X(L)T(t)=0$$

이다.

모든 t에 대하여 $T(t)\neq 0$라고 기대하는 것은 합리적이기 때문에 앞서 말한 두 식이 성립하면 $X(0)=0$과 $X(L)=0$이어야 한다. 동차 미분방정식(5)와 함께 이 동차 경계 조건은 스트럼-리우빌 문제가 된다:

$$X''+\lambda X=0,\ X(0)=0,\ X(L)=0 \tag{7}$$

경곗값 문제의 풀이는 5장 2절의 예제 2에서 철저하게 다루었다. 그 예제에서 변수 λ를 세 가지 경우로 생각할 수 있다: 0, 음 또는 양. 그에 해당하는 미분 방정식들의 풀이는 차례로 다음과 같이 주어진다.

$$X(x)=c_1+c_2x,\ \lambda=0 \tag{8}$$

$$X(x)=c_1\cosh\alpha x+c_2\sinh\alpha x,\ \lambda=-\alpha^2<0 \tag{9}$$

$$X(x)=c_1\cos\alpha x+c_2\sin\alpha x,\ \lambda=\alpha^2>0 \tag{10}$$

경계 조건 $X(0)=0$과 $X(L)=0$을 (8)과 (9)에 적용하면 $X(x)=0$인 경우에

만 풀이들이 나타나고, 그런 이유로 $u=0$이라고 결론을 내려야 한다. 하지만 $X(0)=0$을 (10)에 적용하면 $c_1=0$이고 $X(x)=c_2\sin\alpha x$임을 알 수 있다. 따라서 두 번째 경계 조건으로부터 $X(L)=c_2\sin\alpha L=0$을 얻는다. 비자명한 해를 얻기 위해서 $c_2\neq 0$이고 $\sin\alpha L=0$이어야 한다. 마지막 방정식은 $\alpha L=n\pi$ 또는 $\alpha=n\pi/L$일 때 성립한다. 따라서 (7)은 $\lambda_n=\alpha_n^2=n^2\pi^2/L^2$, $n=1,2,\cdots$ 인 경우 비자명한 해를 가진다. λ들은 문제의 **고윳값**들이고, 고유함수들은

$$X(x)=c_2\sin\frac{n\pi}{L}x,\quad n=1,2,3,\cdots$$

이다.

(6)으로부터 $T(t)=c_3e^{-k(n^2\pi^2/L^2)t}$이고 따라서

$$u_n=X(x)T(t)=A_ne^{-k(n^2\pi^2/L^2)t}\sin\frac{n\pi}{L}x$$

이다. 이 때 c_2c_3는 A_n으로 치환되었다. (12)에 각각의 곱 함수들 $u_n(x,t)$는 편미분방정식 (1)의 특수해이고 각각의 $u_n(x,t)$는 두 경계 조건들 (2)를 만족한다. 하지만, (12)의 함수가 초기조건 (3)을 만족시키기 위하여 계수 A_n을

$$u_n(x,\ 0)=f(x)=A_n\sin\frac{n\pi}{L}x \tag{13}$$

와 같은 방식으로 선택하여야 한다. 일반적으로 우리는 조건 (13)이 임의의 함수에 대하여 성립하지는 않을 것으로 기대하므로 f를 합리적으로 선택하여야 한다. 따라서 $u_n(x,t)$가 주어진 문제에 대한 답이 될 수 없다고 인정해야 한다. 이제 중첩원리(정리 12.1.1)에 의하여 함수 $u(x,t)=\sum_{n=1}^{\infty}u_n$ 즉

$$u(x,t)=\sum_{n=1}^{\infty}A_ne^{-k(n^2\pi^2/L^2)t}\sin\frac{n\pi}{L}x \tag{14}$$

는 형식적이기는 하지만 반드시 방정식 (1)과 (2)에 있는 조건들을 만족해야 한다. $t=0$을 (14)에 대입하면

$$u(x,\ 0)=f(x)=\sum_{n=1}^{\infty}A_n\sin\frac{n\pi}{L}x$$

이다. 이 식은 사인급수에서의 f의 반구간 전개로 볼 수 있다.

따라서 $A_n=b_n$, $n=1,2,\cdots$ 으로 하면 11.3절의 (5)에 의하여

$$A_n=\frac{2}{L}\int_0^L f(x)\sin\frac{n\pi}{L}xdx \tag{15}$$

를 얻는다. (1), (2)와 (3)에서 설명된 경곗값 문제의 해는 다음과 같은 무한급수

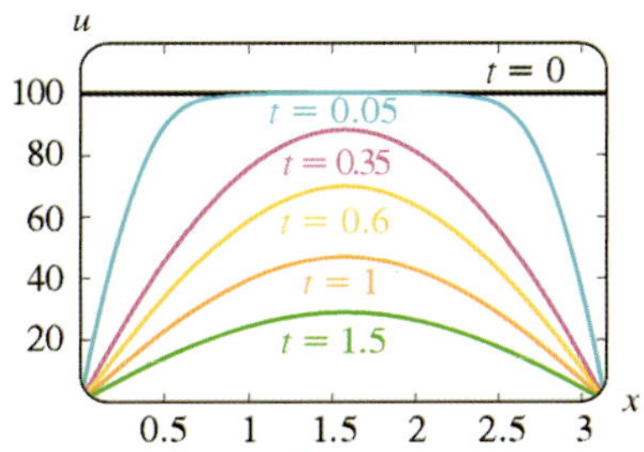

(a) 고정된 시간에 대한 x의 함수 $u(x,\ t)$의 그래프

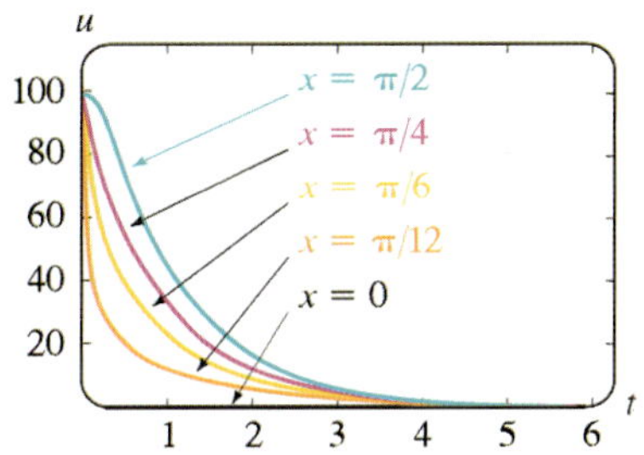

(b) 고정된 시간에 대한 t의 함수 $u(x,\ t)$의 그래프

그림 12.3.2 하나의 변수가 고정된 (17)의 그래프

$$u(x,\ t) = \frac{2}{L}\sum_{n=1}^{\infty}\left(\int_0^L f(x)\sin\frac{n\pi}{L}x\,dx\right)e^{-k(n^2\pi^2/L^2)t}\sin\frac{n\pi}{L}x \tag{16}$$

로 주어진다고 결론을 내릴 수 있다.

초기 온도가 $u(x,0)=100$, $L=\pi$와 $k=1$인 특별한 경우, (15)에 있는 계수가

$$A_n = \frac{200}{\pi}\left[\frac{1-(-1)^n}{n}\right]$$

이고 (16)은

$$u(x,\ t) = \frac{200}{\pi}\sum_{n=1}^{\infty}\left[\frac{1-(-1)^n}{n}\right]e^{-n^2t}\sin nx \tag{17}$$

임을 증명하여야 한다.

컴퓨터의 사용 u는 이변수 함수이기 때문에 해 (17)의 그래프는 3차원 공간에서 곡면이다. 3차원 그래프를 그릴 수 있는 프로그램을 이용하면 $0 \le x \le \pi$, $0 \le t \le T$으로 정의된 직사각형 영역에서 부분 합 $S_n(x,t)$의 그래프를 이용하여 이 곡면에 접근할 수 있다. 다른 방법은 2차원 그래프를 그릴 수 있는 프로그램을 이용하면 시간 t를 증가시키면서 x축 위의 구간 $[0,\pi]$에서 해 $u(x,t)$를 그릴 수 있다(그림 12.3.2(a) 참조). 그림 12.3.2(b)에서 해 $u(x,t)$는 x의 값을 증가시키면서 t축의 구간 $[0,6]$ 위에서 그려졌다. ($x=0$은 왼쪽 끝 점이고 $x=\frac{\pi}{2}$는 길이가 $L=\pi$인 막대의 중점이다.) (17)과 관련하여 두 그래프는 $t\to\infty$일 때 $u(x,t)\to 0$임을 명확하게 보여준다.

연습문제 12.3

(1-2) 주어진 조건들에 대한 열방정식(1)을 풀어라. 막대의 길이는 L이라 가정한다.

1 $u(0,\ t)=0,\ u(L,\ t)=0$

$$u(x,\ 0)=\begin{cases}1, & 0<x<L/2\\ 0, & L/2<x<L\end{cases}$$

2 $u(0,\ t)=0,\ u(L,\ t)=0$

$u(x,\ 0)=x(L-x)$

3 막대 전체의 초기 온도가 $f(x)$이고 막대의 양쪽 끝인 $x=0$과 $x=L$이 절연되었을 때 길이 L 막대의 온도 $u(x,\ t)$를 구하라.

4 $L=2$이고,

$$f(x)=\begin{cases}x, & 0<x<1\\ 0, & 1<x<2\end{cases}$$

일 때 문제 3을 풀어라.

5 길이 L인 얇은 막대의 측면으로부터 온도가 0인 주변 매체로 열이 손실된다고 하자. 열전도의 선형 법칙이 적용된다면, 열방정식은 다음과 같은 형태를 갖게 된다.

$$k\frac{\partial^2 u}{\partial x^2} - hu = \frac{\partial u}{\partial t},\quad 0<x<L,\ t>0$$

그리고 h는 상수

막대 전체의 초기 온도가 $f(x)$이고 막대의 양쪽 끝인 $x=0$과 $x=L$이 절연되었을 때 온도 $u(x, t)$를 구하라(그림 12.3.3 참조).

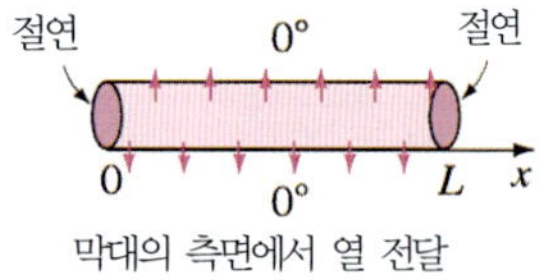

그림 12.3.3 문제 5번의 열 손실 막대

6 막대의 양쪽 끝인 $x=0$과 $x=L$의 온도가 0도일 때 문제 5를 풀어라.

7 x축 위의 구간 $[-L, L]$에 놓여있는 얇은 선이 양쪽 끝 $x=L$과 $x=-L$이 합쳐지도록 하여 원형으로 구부려졌다. 특정 조건들 하에 선의 온도 $u(x, t)$는 다음 경곗값 문제를 만족한다.

$$k\frac{\partial^2 u}{\partial x^2}=\frac{\partial u}{\partial t},\ -L<x<L,\ t>0,$$

$$u(-L, t)=u(L, t),\ t>0$$

$$\left.\frac{\partial u}{\partial x}\right|_{x=-L}=\left.\frac{\partial u}{\partial x}\right|_{x=L},\ t>0$$

$$u(x, 0)=f(x),\ -L<x<L$$

온도 $u(x, t)$를 구하라.

8 $f(x)=10\sin(5\pi x/L)$일 때, 경곗값 문제(1)-(3)에 대한 온도 $u(x, t)$를 구하라.

토론 문제

9 그림 12.3.2(b)는 $0\le t\le 6$에 대하여 $x=0$, $x=\pi/12$, $x=\pi/6$, $x=\pi/4$와 $x=\pi/2$일 때 $u(x, t)$의 그래프를 보여준다. 같은 시간 구간에서 고정된 값들인 $x=3\pi/4$, $x=5\pi/6$, $x=11\pi/12$와 $x=\pi$일 때 $u(x, t)$ 그래프를 설명하거나 그리시오.

컴퓨터 실습 과제

10 (a) $u(0, t)=0$, $u(100, t)=0$, $t>0$

$$u(x, 0)=\begin{cases}0.8x & 0\le x\le 50\\ 0.8(100-x), & 50<x\le 100\end{cases}$$

에 관한 열방정식 (1)을 풀어라.

(b) 3차원 그래프를 그릴 수 있는 프로그램을 사용하여 $0\le x\le 100, 0\le t\le 200$에 대하여 (a)의 풀이에 있는 0이 아닌 처음 5개의 항으로 된 부분 합 $S_5(x, t)$를 그려라. $k=1.6352$이라고 가정하자. 표면을 다양하게 3차원으로 바라보는 과정을 실행하여 보아라.(이를 매스매티카에서는 ViewPoint라고 부른다.)

12.4 파동방정식

필요한 개념

- 12.2절에서 634쪽부터 637쪽까지 다시 읽어보기
- 5.2절에 있는 예제 2와 11.4절에 있는 예제 1을 다시 읽어보기를 권장한다.

소개 | 이제 우리는 12.2절에서 다루었던 경곗값 문제(11)를 풀 수 있는 단계에 와 있다. 그림 12.2.2(a)에 있는 길이 L인 진동하는 현의 수직 변위 $u(x, t)$는

$$a^2\frac{\partial^2 u}{\partial x^2}=\frac{\partial^2 u}{\partial t^2},\ 0<x<L,\ t>0 \tag{1}$$

$$u(0, t)=0,\ u(L, t)=0,\ t>0 \tag{2}$$

$$u(x, 0)=f(x),\ \left.\frac{\partial u}{\partial t}\right|_{t=0}=g(x),\ 0<x<L \tag{3}$$

에 의해서 결정된다.

경곗값 문제 풀이 $u(x,t)=X(x)T(t)$라는 일반적인 가정 하에 (1)에서 변수 분리를 하면

$$\frac{X''}{X}=\frac{T''}{\alpha^2 T}=-\lambda$$

이고 따라서

$$X''+\lambda X=0 \tag{4}$$

$$T''+\alpha^2\lambda T=0 \tag{5}$$

이다. 앞의 절에서처럼 경계 조건 (2)는 $X(0)=0$과 $X(L)=0$으로 해석된다. 이 경계 조건들과 함께 방정식 (4)는 정규 스텀-리우빌 문제

$$X''+\lambda X=0,\ X(0)=0,\ X(L)=0 \tag{6}$$

이다. 변수와 관련해서 나올 수 있는 세 가지 가능성 $\lambda=0$, $\lambda=-a^2<0$ 그리고 $\lambda=a^2>0$ 중에서 $\lambda=a^2>0$만이 비자명한 해를 갖는다. $\lambda=0$, $\lambda=-a^2<0$일 때 (4)의 일반해는

$$X=c_1\cos\alpha x+c_2\sin\alpha x$$

이다. $X(0)=0$과 $X(L)=0$으로부터 $c_1=0$이고 $c_2\sin\alpha L=0$이다. 마지막 방정식은 다시 $\alpha L=n\pi$, 즉 $\alpha=n\pi/L$를 나타낸다. 식 (6)의 고유값들과 그에 대응하는 고유 함수들은 $\lambda_n=n^2\pi^2/L^2$과 $X(x)=c_2\sin\frac{n\pi}{L}x$, $n=1, 2, 3, \cdots$이다. 따라서 2계 방정식 (5)의 일반해는 다음과 같다.

$$T(t)=c_3\cos\frac{n\pi a}{L}t+c_4\sin\frac{n\pi a}{L}t.$$

c_2c_3를 A_n으로, c_2c_4를 B_n으로 치환하면 파동방정식 (1)과 경계 조건들 (2)를 모두 만족하는 해는

$$u_n=\left(A_n\cos\frac{n\pi a}{L}t+B_n\sin\frac{n\pi a}{L}t\right)\sin\frac{n\pi}{L}x \tag{7}$$

와

$$u(x,\ t)=\sum_{n=1}^{\infty}\left(A_n\cos\frac{n\pi a}{L}t+B_n\sin\frac{n\pi a}{L}t\right)\sin\frac{n\pi}{L}x \tag{8}$$

이다.

식 (8)에서 $t=0$이라 하고 초기 조건 $u(x,\ 0)=f(x)$를 사용하면

$$u(x,\ 0)=f(x)=\sum_{n=1}^{\infty}A_n\sin\frac{n\pi}{L}x$$

를 얻는다. 마지막 급수는 f를 사인급수로 반구간 전개를 한 것이므로 $A_n=b_n$으

로 쓸 수 있다.

$$A_n = \frac{2}{L}\int_0^L f(x)\sin\frac{n\pi}{L}x\,dx \tag{9}$$

B_n을 결정하기 위해 t에 대하여 식 (8)을 미분한 후 $t=0$을 대입한다:

$$\frac{\partial u}{\partial t} = \sum_{n=1}^{\infty}\left(-A_n\frac{n\pi a}{L}\sin\frac{n\pi a}{L}t + B_n\frac{n\pi a}{L}\cos\frac{n\pi a}{L}t\right)\sin\frac{n\pi}{L}x$$

$$\left.\frac{\partial u}{\partial t}\right|_{t=0} = g(x) = \sum_{n=1}^{\infty}\left(B_n\frac{n\pi a}{L}\right)\sin\frac{n\pi}{L}x.$$

마지막 급수가 구간에서 초기속도 g에 대한 반구간 사인 전개가 되기 위해서 전체 계수 $B_n n\pi a/L$은 11.3절의 식 (5)에 있는 b_n의 형태로 주어져야 한다. 즉,

$$B_n\frac{n\pi a}{L} = \frac{2}{L}\int_0^L g(x)\sin\frac{n\pi}{L}x\,dx$$

이고 이로부터

$$B_n = \frac{2}{n\pi a}\int_0^L g(x)\sin\frac{n\pi}{L}x\,dx \tag{10}$$

를 얻는다.

경곗값 문제 (1)-(3)의 해는 각각 (9)와 (10)에 의해서 정의된 계수들인 A_n과 B_n을 갖는 급수로 구성된다.

현이 정지상태에서 놓아졌을 때 구간 $[0, L]$에 있는 모든 x에 대하여 $g(x)=0$이므로 결론적으로 $B_n=0$이다.

퉁겨진 현 (1)-(3)에 있는 경곗값 문제의 특별한 경우가 퉁겨진 현 모형이다. 컴퓨터 프로그램의 애니메이션 기능을 사용하여 시간 t가 증가함에 따라 해 또는 변위 $u(x, t)$를 그려봄으로써 현의 움직임을 볼 수 있다. 이러한 방식으로 만들어진 "영화"의 일부 그림들이 그림 12.4.1에 주어져 있다. 현의 초기 모습은 그림 12.4.1(a)에 있다. (8)의 부분 합들의 수열이 그려진 그림에서 주어진 결과를 모방해 볼 수 있다(12.4절에 있는 연습문제 7번과 22번 참조).

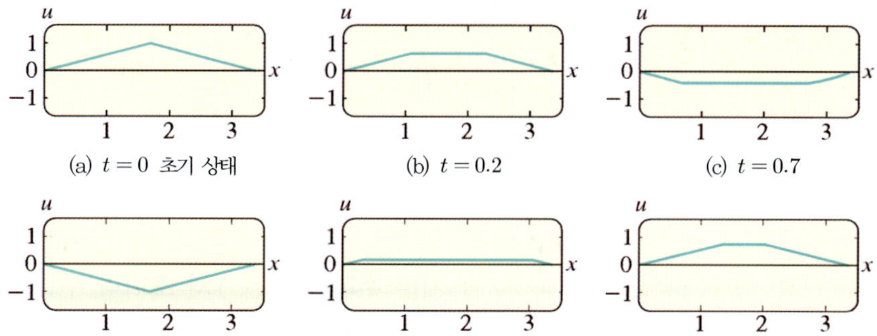

(a) $t=0$ 초기 상태 (b) $t=0.2$ (c) $t=0.7$

(d) $t=1.0$ (e) $t=1.6$ (e) $t=1.9$

그림 12.4.1 컴퓨터 프로그램 "영화"의 틀

정상파 12.2절에서 언급했었던 일차원 파동방정식의 도함수로부터 (1), (2), (3)의 경곗값 문제의 해에 나타나는 상수 a는 $\sqrt{T/\rho}$로 주어진다. 이 때 ρ는 단위 길이 당 질량이고, T는 현에서의 장력의 크기이다. T가 충분히 클 때, 진동하는 현은 음악적인 소리를 만들어낸다. 이 소리는 정상파의 결과이다. 해 (8)은 **정상파** 또는 **정규모드**라고 불리는 곱 해들의 중첩이다:

$$u(x,\ t)=u_1(x,\ t)+u_2(x,\ t)+u_3(x,\ t)+\cdots$$

5.1절의 (6), (7)의 관점에서 곱 해 (7)은

$$u_n(x,\ t)=C_n\sin\left(\frac{n\pi a}{L}t+\phi_n\right)\sin\frac{n\pi}{L}x \tag{11}$$

라고 쓸 수 있다. 이 때, $C_n=\sqrt{A_n^2+B_n^2}$ 이고 ϕ_n은 $\sin\phi_n=A_n/C_n$과 $\cos\phi_n=B_n/C_n$에 의해 정의된다.

$n=1, 2, 3, \cdots$ 일 때 정상파는 근본적으로

$$C_n\sin\left(\frac{n\pi a}{L}t+\phi_n\right)$$

에 의하여 주어진 시간에 따라 변하는 진폭을 갖는 $\sin(n\pi x/L)$의 그래프이다.

한편 (11)로부터 x의 고정값에 대하여 각각의 곱 함수 $u(x,\ t)$는 진폭 $C_n|\sin(n\pi x/L)|$, 진동수 $f_n=na/2L$의 간단한 조화운동을 나타낸다. 다시 말하면 정상파의 각 점은 다른 진폭을 갖지만 같은 진동수로 진동한다. $n=1$ 일 때,

$$u_1(x,\ t)=C_1\sin\left(\frac{\pi a}{L}t+\phi_1\right)\sin\frac{\pi}{L}x$$

은 **1차 정상파**, **1차 정규모드**, 또는 **기본 진동모드**라고 불린다. 처음 세 정상파 또는 정규모드는 그림 12.4.2에 나타나 있다. 점선 그래프는 시간에 대한 다양한 시간에서의 정상파들을 나타낸다. 구간 $(0,\ L)$에서 $\sin(n\pi/L)x=0$이 되는 있는 점들은 어떠한 움직임도 없는 정상파의 점들과 일치한다. 이러한 점들을 **노드**(node)라고 한다. 예를 들어 그림 12.4.2(b)와 12.4.2(c)에서 두 번째 정상파는 L/2에

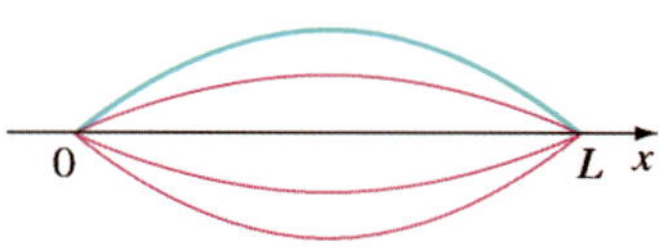

(a) 1차 정상파

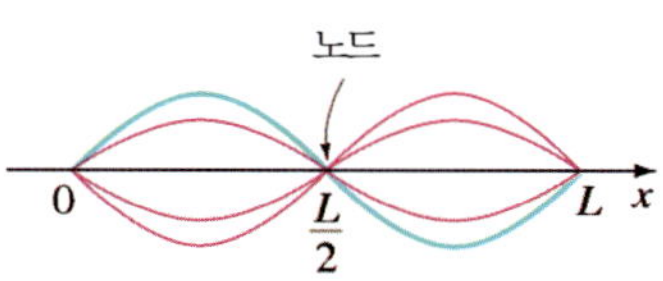

(b) 2차 정상파

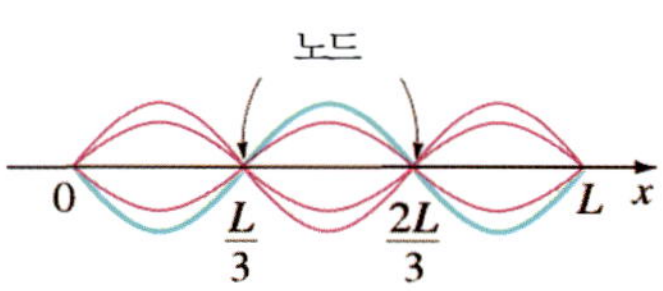

(c) 3차 정상파

그림 12.4.2

서 하나의 노드를 갖고 세 번째 정상파는 $L/3$와 $2L/3$에서 두 개의 노드를 갖는다. 일반적으로, 진동의 n번째의 정규 모드는 $n-1$개의 노드를 갖는다.

1차 정규 모드의 주파수

$$f_1 = \frac{a}{2L} = \frac{1}{2L}\sqrt{\frac{T}{\rho}}$$

를 **기본 주파수** 또는 **1차 조화**라 부르고 현악기에서 만들어내는 음높이에 직접적으로 관련이 있다. 현의 장력이 더 커지면 커질수록 소리의 높이가 좀 더 높아진다는 것은 분명하다. 기본주파수의 정수배인 다른 정규모드의 주파수 f_n을 **배음**이라고 한다. 2차 조화는 1차 배음이고 나머지도 같은 식이다.

연습문제 12.4

(1-8) 주어진 조건들에 따라서 파동방정식 (1)을 풀어라.

1 $u(0,\ t)=0,\ u(L,\ t)=0$

$$u(x,\ 0)=\frac{1}{4}x(L-x),\ \left.\frac{\partial u}{\partial t}\right|_{t=0}=0$$

2 $\left.\frac{\partial u}{\partial x}\right|_{x=0}=0,\ \left.\frac{\partial u}{\partial x}\right|_{x=L}=0$

$$u(x,\ 0)=x,\ \left.\frac{\partial u}{\partial t}\right|_{t=0}=0$$

이 문제는 진동하는 탄력있는 막대의 수평적 변위 $u(x,\ t)$를 설명한다. $x=0$과 $x=L$에서 경계 조건은 자유-끝 조건(free-end conditions)이라 한다(그림 12.4.3 참조).

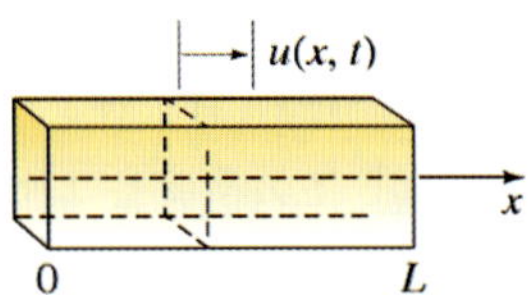

그림 12.4.3 문제 2에 있는 진동하는 탄력있는 막대

3 $u(0,\ t)=0,\ u(L,\ t)=0$

그림 12.4.4에서 주어진 $u(x,\ 0)$, $\left.\frac{\partial u}{\partial t}\right|_{t=0}=0$

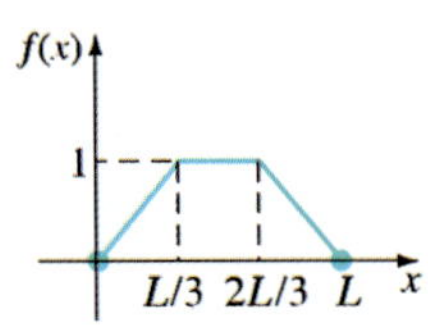

그림 12.4.4 문제 3에 있는 초기 변위

4 $u(0,\ t)=0,\ u(L,\ t)=0$

$$u(x,\ 0)=0,\ \left.\frac{\partial u}{\partial t}\right|_{t=0}=x(L-x)$$

5 $u(0,\ t)=0,\ u(\pi,\ t)=0$

$$u(x,\ 0)=0,\ \left.\frac{\partial u}{\partial t}\right|_{t=0}=\sin x$$

6 $u(0,\ t)=0,\ u(\pi,\ t)=0$

$$u(x,\ 0)=\frac{1}{6}x(\pi^2-x^2),\ \left.\frac{\partial u}{\partial t}\right|_{t=0}=0$$

7 $u(0,\ t)=0,\ u(L,\ t)=0$

$$u(x,\ 0)=\begin{cases}\dfrac{2hx}{L}, & 0<x<\dfrac{L}{2}\\ 2h\left(1-\dfrac{x}{L}\right), & \dfrac{L}{2}\le x<L\end{cases},\ \left.\frac{\partial u}{\partial t}\right|_{t=0}=0$$

8 $u(0,\ t)=0,\ u(1,\ t)=0$

$$u(x,\ 0)=0.01\sin 3\pi x,\ \left.\frac{\partial u}{\partial t}\right|_{t=0}=0$$

9 $t>0$일 때 당겨진 현이 x축 위의 점 $x=0$과 $x=\pi$에 고정되어 있다. 횡축 진동이 순간속도에 비례하는 저항을 전달하는 매개물 내에서 일어난다면 파동방정식은

$$\frac{\partial^2 u}{\partial x^2}=\frac{\partial^2 u}{\partial t^2}+2\beta\frac{\partial u}{\partial t},\ 0<\beta<1,\ t>0$$

이다. 현이 정지상태로부터 초기변위 $f(x)$ 에서 놓여질 때 변위 $u(x,t)$ 를 구하라.

10 경곗값 문제

$$\frac{\partial^2 u}{\partial x^2}=\frac{\partial^2 u}{\partial t^2}+u,\ 0<x<\pi,\ t>0$$

$$u(0,\ t)=0,\ u(\pi,\ t)=0,\ t>0$$

$$u(x,\ 0)=\begin{cases} x, & 0<x<\pi/2 \\ \pi-x, & \pi/2\le x<\pi \end{cases}$$

$$\left.\frac{\partial u}{\partial t}\right|_{t=0}=0,\ 0<x<\pi$$

의 해가

$$u(x,\ t)=\frac{4}{\pi}\sum_{k=1}^{\infty}\frac{(-1)^{k+1}}{(2k-1)^2}\sin(2k-1)$$
$$x\cos\sqrt{(2k-1)^2+1}\,t$$

임을 증명하여라.

11 길이가 L인 진동하는 보의 횡축 변위 $u(x,t)$는 4계 편미분 방정식

$$a^2\frac{\partial^4 u}{\partial x^4}+\frac{\partial^2 u}{\partial t^2}=0,\ 0<x<L,\ t>0$$

으로부터 결정된다(그림 12.4.5 참조) 만일 보가 단순하게 지지되었다면 경계 조건과 초기 조건은

$$u(0,\ t)=0,\ u(L,\ t)=0,\ t>0$$

$$\left.\frac{\partial^2 u}{\partial x^2}\right|_{x=0}=0,\ \left.\frac{\partial^2 u}{\partial x^2}\right|_{x=L}=0,\ t>0$$

$$u(x,\ 0)=f(x),\ \left.\frac{\partial u}{\partial t}\right|_{t=0}=g(x),\ 0<x<L$$

이다. $u(x,\ t)$를 구하라. (힌트 : 편의를 위해 변수를 분리할 때 $\lambda=\alpha^4$을 이용하라.)

그림 12.4.4 문제 11에 있는 단순히 지지된 보

12 문제 11에서 보의 양 끝이 $x=0$과 $x=L$에서 고정되어 있다면 경계 조건은 $t>0$에 대하여 다음과 같다.

$$u(0,\ t)=0,\ u(L,\ t)=0$$

$$\left.\frac{\partial u}{\partial x}\right|_{x=0}=0,\ \left.\frac{\partial u}{\partial x}\right|_{x=L}=0,\ t>0$$

(a) $n=1,\ 2,\ 3,\ \cdots$ 에 대하여 x_n이 방정식 $\cosh x\cos x=1$의 양의 근일 때 이 문제의 고윳값이 $\lambda_n=x_n^2/L^2$ 임을 증명하여라.

(b) (a)에서 방정식은 무수히 많은 해를 가짐을 그림으로 증명하라.

(c) 계산기나 컴퓨터 프로그램을 사용하여 처음 네 개의 고윳값의 근삿값을 소숫점아래 넷째 자리까지 구하라.

13 이 절의 (1), (2), (3)에 있는 경곗값 문제를 생각해 보자. 만일 $0<x<L$에 대하여 $g(x)=0$이면 문제의 해는

$$u(x,\ t)=\frac{1}{2}[f(x+at)+f(x-at)]$$

로 나타낼 수 있음을 증명하라.

[힌트 : 항등식 $2\sin\theta_1\cos\theta_2=\sin(\theta_1+\theta_2)+\sin(\theta_1-\theta_2)$를 이용하라.]

14 길이가 무한대인 현의 수직 변위 $u(x,t)$가 초깃값 문제

$$a^2\frac{\partial^2 u}{\partial x^2}=\frac{\partial^2 u}{\partial t^2},\ -\infty<x<\infty,\ t>0 \quad (12)$$

$$u(x,\ 0)=f(x),\ \left.\frac{\partial u}{\partial t}\right|_{t=0}=g(x)$$

로부터 결정된다. 이 문제는 변수 분리법을 사용하지 않고 풀 수 있다.

(a) 파동방정식이 $\xi=x+at$와 $\eta=x-at$의 치환을 통해서 $\partial^2 u/\partial\eta\partial\xi=0$의 형태로 표현할 수 있음을 증명하여라.

(b) F와 G가 임의의 2계 미분가능한 함수일 때 $u(x,t)=F(x+at)+G(x-at)$가 파동방정식의 해가 됨을 보이기 위하여 (a)에 있는 편미분방정식을 우선 η에 대하여 적분한 다음 ξ에 대하여 적분하여라. 이 해와 주어진 초기 조건을 이용하여

$$F(x)=\frac{1}{2}f(x)+\frac{1}{2a}\int_{x_0}^{x}g(s)ds+c$$

와

$$G(x)=\frac{1}{2}f(x)-\frac{1}{2a}\int_{x_0}^{x}g(s)ds-c$$

임을 증명하여라. 이 때 x_0는 임의의 점이고 c는 적분상수이다.

(c) (b)의 결과를 사용하여

$$u(x,\ t) = \frac{1}{2}[f(x+at) + f(x-at)] + \frac{1}{2a}\int_{x-at}^{x+at} g(s)ds \qquad (13)$$

임을 증명하여라.

초기 속도가 $g(x) = 0$ 일 때,

$$u(x,t) = \frac{1}{2}[f(x+at) + f(x-at)],$$

$$-\infty < x < \infty$$

를 얻을 수 있음을 주목하여야 한다.

마지막 해는 오른쪽으로 움직이는 파동(즉, $\frac{1}{2}(f(x-at))$ 과 왼쪽으로 움직이는 파동의 두 이동파(즉, $\frac{1}{2}f(x+at)$)의 중첩으로 해석할 수 있다. 두 파는 속력 a로 움직이며 초기변위 $f(x)$와 같은 기본 모양을 갖는다. (13)에서 주어진 $u(x,t)$의 형태를 달랑베르 해라 한다.

(15-18) 달랑베르 해 (13)을 이용하여 주어진 초기 조건에 대한 문제 14의 초깃값 문제를 풀어라.

15 $f(x) = \sin x,\ g(x) = 1$

16 $f(x) = \sin x,\ g(x) = \cos x$

17 $f(x) = 0,\ g(x) = \sin 2x$

18 $f(x) = e^{-x^2},\ g(x) = 0$

컴퓨터 실습 과제

19 (a) 컴퓨터 프로그램을 사용하여 시간 $t=0,\ t=1,\ t=2,\ t=3$ 및 $t=4$ 일 때 구간 $[-5,5]$ 에서 문제 18에 있는 달랑베르 해를 그려라. $a=1$ 이라 가정하고 하나의 좌표축에 그래프들을 함께 나타내어라.

(b) 3차원 그래프를 그릴 수 있는 컴퓨터 프로그램을 사용하여 $-5 \le x \le 5,\ 0 \le t \le 4$ 에 대하여 문제 18에 있는 달랑베르 해를 그려라. 이 곡면에 대한 다양한 3차원 그래프를 경험해 보아라. (a)에 있는 그래프들 중 가장 명료한 것을 선택하여라.

20 처음에 세 점 $(-1,\ 0)$, $(1,\ 0)$과 $(0,\ 1)$에 묶여있다가 $t=0$ 일 때 동시에 풀려진 길이가 무한히 긴 현의 모형은 $f(x) = \begin{cases} 1-|x|, & |x| \le 1 \\ 0, & |x| > 1 \end{cases}$ 과 $g(x) = 0$을 갖는 (12)에 의하여 설명된다.

(a) 구간 $[-6,\ 6]$ 위에 현의 초기위치를 그려라.

(b) $a=1$ 이라 가정하고 컴퓨터 프로그램을 이용하여 $t=0.2k,\ k=0,\ 1,\ 2,\ \cdots,\ 25$에 대하여 구간 $[-6,\ 6]$ 위에 달랑베르 해 (13)을 그려라.

(c) 컴퓨터 프로그램의 애니메이션을 사용하여 해의 움직임을 나타내어라. 시간이 흐르면서 나타나는 현의 움직임을 설명하여라.

21 x축에 놓여져 있는 길이가 무한히 긴 현을 머리의 지름이 0.2인치인 망치로 원점에서 가격하였다. 현의 움직임에 대한 모형은

$$f(x) = 0 \text{ 과 } g(x) = \begin{cases} 1, & |x| \le 0.1 \\ 0, & |x| \ge 0.1 \end{cases}$$

을 갖는 (12)에 의하여 설명된다.

(a) $a=1$ 이라 가정하고 컴퓨터 프로그램을 이용하여 $t=0.2k,\ k=0,\ 1,\ 2,\ \cdots,\ 25$에 대하여 구간 $[-6,\ 6]$ 위에 달랑베르 해 (13)을 그려라.

(b) 컴퓨터 프로그램의 애니메이션을 사용하여 해의 움직임을 나타내어라. 시간이 흐르면서 나타나는 현의 움직임을 설명하여라.

22 문제 7번에 있는 진동하는 현의 모형을 퉁겨진 현(plucked string)이라고 한다. 현은 x축위의 $x=0$과 $x=L$에 묶여있고, $x=L/2$ 인 지점에서 x 축 위의 h 단위만큼 위쪽에 있다(그림 12.2.4 참조). $t=0$에서 시작해서 현은 정지 상태에서 놓여졌다.

(a) $a=1,\ h=1,\ L=\pi$라 가정하고 컴퓨터 프로그램을 이용하여 $t=0.1k,\ k=0,\ 1,\ 2,\ \cdots,\ 20$에 대하여 $S_6(x,t)$ - 해의 처음 6개의 0이 아닌 항들 - 의 그래프를 그려라.

(b) 컴퓨터 프로그램의 애니메이션을 사용하여 문제 7에 대한 해의 움직임을 나타내어라.

12.5 라플라스 방정식

필요한 개념

- 12.2절의 636쪽과 11.4절의 예제 1을 복습하기

소개 | 그림 12.5.1처럼 수직선 $x=0$과 $x=a$가 절연된 직사각형판에서 정상 상태 온도 $u(x, y)$를 구한다고 가정하자. 판의 측면에서 어떠한 열도 빠져나가지 않을 때, 다음 경곗값 문제를 풀어보자.:

$$\frac{\partial^2 u}{\partial x^2}+\frac{\partial^2 u}{\partial y^2}=0,\ 0<x<a,\ 0<y<b \tag{1}$$

$$\left.\frac{\partial u}{\partial x}\right|_{x=0}=0,\ \left.\frac{\partial u}{\partial x}\right|_{x=a}=0,\ 0<y<b \tag{2}$$

$$u(x, 0)=0,\ u(x, b)=f(x),\ 0<x<a \tag{3}$$

경곗값 문제의 해

변수 분리 $u(x, y)=X(x)\,Y(y)$를 이용하면 다음 결과를 얻는다.

$$\frac{X''}{X}=-\frac{Y''}{Y}=-\lambda$$

$$X''+\lambda X=0 \tag{4}$$

$$Y''-\lambda Y=0 \tag{5}$$

(2)와 (3)에 있는 세 개의 동차 경계 조건들을 $X'(0)=0$, $X'(a)=0$과 $Y(0)=0$으로 전환된다. (4)에 있는 방정식과 관련이 있는 스텀-리우빌 문제는 다음과 같다.

$$X''+\lambda X=0,\quad X'(0)=0,\ X'(a)=0 \tag{6}$$

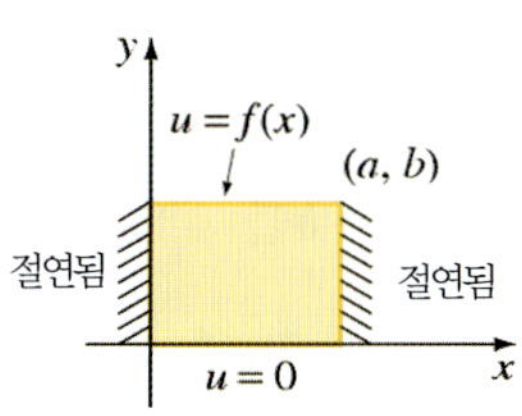

그림 12.5.1 직사각형 판에서 정상상태의 온도

$\alpha>0$일 때 $\lambda=0$, $\lambda=-\alpha^2<0$ 그리고 $\lambda=\alpha^2>0$에 대응하는 경우들에 대한 연구는 이미 [1]11.4절의 예제 1에서 다뤘다. 그 결과를 간단히 요약하면 다음과 같다.

$\lambda=0$일 때, (6)은

$$X''=0,\quad X'(0)=0,\ X'(a)=0$$

이고 이 미분방정식의 해는 $X=c_1+c_2x$이다. 경계 조건은 X=c_1이다. $c_1\neq 0$이라 하면 이 문제는 비자명한 해를 갖는다. $\lambda=-a^2<0$일 때 (6)은 자명한 해만을 갖는다. $\lambda=\alpha^2>0$인 경우, (6)은 다음과 같이 된다.

$$X''+\alpha^2X=0,\quad X'(0)=0,\ X'(a)=0$$

이 문제에 있어서 미분방정식의 해는 $X=c_1\cos\alpha x+c_2\sin\alpha x$이다. 경계 조건 $X'(0)=0$로부터 $c_2=0$이므로 $X=c_1\cos\alpha x$이다. 마지막 식을 미분하고

1) 예제에 있는 y와 L은 현재 논의에서는 X와 a로 나타낸다.

$x = a$를 대입하면 $-c_1 \sin \alpha a = 0$이다. $\alpha > 0$이라고 가정하였으므로 $n = 1$, $2, \cdots$에 대하여 $\alpha a = n\pi$ 즉 $\alpha = n\pi / a$일 때 마지막 조건이 만족된다. 그러면 (6)의 고윳값들은 $\lambda_0 = 0$과 $\lambda_n = \alpha_n^2 = n^2\pi^2/a^2$, $n = 1, 2, \cdots$ 이다. 만일 $n = 0$일 때 $\lambda_0 = 0$이라 하면 (6)의 고윳값들은

$$X = c_1, \quad n = 0 \text{과} \quad X = c_1 \cos \frac{n\pi}{a} x, \quad n = 1, 2, \cdots$$

이다.

이제 하나의 동차 경계 조건 $Y(0) = 0$에 관한 방정식 (5)를 풀어보자. 두 가지 경우가 있다. $\lambda_0 = 0$인 경우, 방정식 (5)는 간단히 $Y'' = 0$이므로 방정식의 해는 $Y = c_3 + c_4 x$이다.

$Y(0) = 0$이므로 $c_3 = 0$이고 따라서 $Y = c_4 y$이다. $\lambda_n = n^2\pi^2/a^2$인 경우, 방정식 (5)는 $Y'' - \frac{n^2\pi^2}{a^2} Y = 0$으로 표현된다. $0 < y < b$가 유한구간이기 때문에 (607쪽에서 언급한 비형식적인 규칙에 따라서) 일반해의 쌍곡형 형태를 사용한다.:

$$Y = c_3 \cos h(n\pi y/a) + c_4 \sinh(n\pi y/a)$$

$Y(0) = 0$이므로 $c_3 = 0$이고 따라서 $Y = c_4 \sinh(n\pi y/a)$이다.

그래서 라플라스 방정식 (1)과 (2)와 (3)에서 세 개의 동차 경계 조건들을 만족하는 곱 해 $u_n = X(x)Y(y)$는 $n = 0$일 때 $A_0 y$이고 $n = 1, 2, \cdots$일 때 $A_n \sinh \frac{n\pi}{a} y \cos \frac{n\pi}{a} x$이다. 이 때 $c_1 c_4$는 $n = 0$일 때 A_0로 치환하고 $n = 1, 2, \cdots$ 일 때 A_n으로 치환한다.

중첩 원리를 이용하면 또 다른 해를 얻는다.

$$u(x, y) = A_0 y + \sum_{n=1}^{\infty} A_n \sinh \frac{n\pi}{a} y \cos \frac{n\pi}{a} x \tag{7}$$

이제 (3)에 있는 마지막 경계 조건을 사용한다. (7)에 $x = b$를 대입하면

$$u(x, b) = f(x) = A_0 b + \sum_{n=1}^{\infty} \left(A_n \sinh \frac{n\pi}{a} b\right) \cos \frac{n\pi}{a} x$$

이며 이 식은 f를 코사인급수로 반구간 전개한 것이다. $A_0 b = a_0/2$와

$A_n \sinh(n\pi b/a) = a_n$, $n = 1, 2, \cdots$을 이용하면 11.3절에 있는 (2)와 (3)으로부터

$$2A_0 b = \frac{2}{a} \int_0^a f(x)\, dx$$

$$A_0 = \frac{1}{ab} \int_0^a f(x)\, dx$$

이고

$$A_n \sinh \frac{n\pi}{a} b = \frac{2}{a}\int_0^a f(x)\cos\frac{n\pi}{a}x\,dx$$

$$A_n = \frac{2}{a\sinh\dfrac{n\pi}{a}b}\int_0^a f(x)\cos\frac{n\pi}{a}x\,dx$$

이다.

경곗값 문제 (1)-(3)의 해는 각각 (8)과 (9)에서 정의된 계수 A_0와 A_n을 갖는 (7)에 있는 급수로 구성된다.

디리끌레 문제 유계인 영역 R(이차원 공간 또는 삼차원 공간)에서 u가 영역의 전체 경계에서 미리 지정된 값을 갖는 라플라스 방정식 $\nabla^2 u = 0$과 같은 타원형 편미분방정식의 해를 구하는 경곗값 문제를 디리끌레 문제라 한다. 12장 5절의 연습문제 1번에서 직사각형 영역에서 디리끌레 문제

$$\frac{\partial^2 u}{\partial x^2} + \frac{\partial^2 u}{\partial y^2} = 0,\ 0 < x < a,\ 0 < y < b$$

$$u(0,\ y) = 0,\ u(a,\ y) = 0,\ 0 < y < b$$

$$u(x,\ 0) = 0,\ u(x,\ b) = f(x),\ 0 < x < a$$

의 해가

$$u(x, y) = \sum_{n=1}^{\infty} A_n \sinh\frac{n\pi}{a} y \sin\frac{n\pi}{a} x$$

임을 보여야 했다. 이 때

$$A_n = \frac{2}{a\sinh\dfrac{n\pi}{a}b}\int_0^a f(x)\sin\frac{n\pi}{a}x\,dx \qquad (10)$$

이다.

$f(x) = 0$, $a = 1$ 그리고 $b = 1$인 특별한 경우 (10)에 있는 계수 A_n은 $A_n = 200\dfrac{1-(-1)^n}{n\pi\sinh n\pi}$ 이다. 컴퓨터 프로그램을 이용하여 영역 R: $0 \le x \le 1$, $0 \le y \le 1$에서 $u(x, y)$의 곡면을 그린 것이 그림 12.5.2(a)이다. 그림에서 경계조건이 만족되었음을 확인할 수 있다. 특히 $y = 1$을 따라서 $0 \le x \le 1$일 때 $u = 100$임을 확인할 수 있다. 직사각형 영역에서 온도 $u(x, t)$가 상수값을 갖는 곡선인 등온선은 컴퓨터 프로그램을 이용하여 나타낼 수 있고 그 그래프는 그림 12.5.2(b)에 나타나 있다.

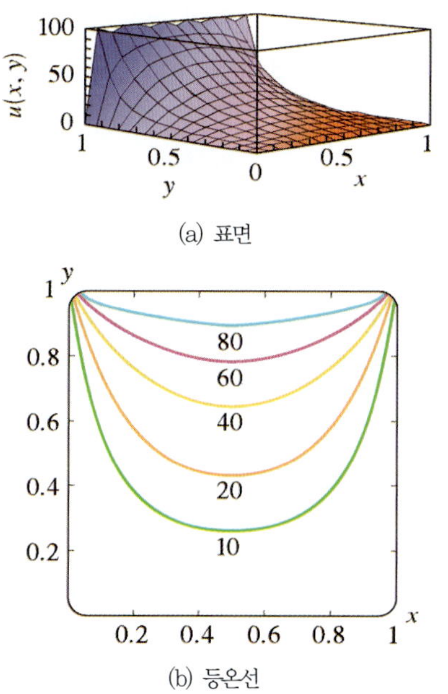

그림 12.5.2 (10)에서 $f(x) = 100$이고 $a = b = 1$일 때 부분합의 그래프

등온선들을 그림 12.5.2(a)의 곡면에서 수평면 $u = 80$, $u = 60$ 등과의 교차 곡선(xy 평면으로 사영된) 으로서 시각적으로 표현된다. 영역 전체에서 최고 온도는 $u = 100$이고, $y = 1$에 관한 경계 부분에서 그 온도가 나타나는데 이것은 우연의

일치가 아니다. (직사각형, 원, 구 등등과 같이) 경계 B를 갖는 유계인 영역 R에서 라플라스 방정식의 해 u는 B에서 최댓값과 최솟값을 갖는다는 **최댓값의 원리**가 있다. 또한 u가 R의 내부에서 극댓값과 극솟값을 갖지 않는다는 것을 증명할 수 있다. 마지막 문장은 그림 12.5.2(a)에 있는 곡면에서 명확하게 확인할 수 있다.

중첩 원리 직사각형에 대한 디리끌레 문제는 동차 경계 조건들이 두 개의 평행 경계로 지정되었을 때, 변수 분리법으로 쉽게 풀 수 있다. 하지만, 변수 분리의 방법은 직사각형의 모든 네 면에 대한 경계조건이 비동차일 경우 디리끌레 문제에 적용할 수 없다. 이 어려움을 해결하기 위하여 문제

$$\begin{aligned}&\frac{\partial^2 u}{\partial x^2}+\frac{\partial^2 u}{\partial y^2}=0,\ 0<x<a,\ 0<y<b\\&u(0,\ y)=F(y),\ u(a,\ y)=G(y),\ 0<y<b\\&u(x,\ 0)=f(x),\ u(x,\ b)=g(x),\ 0<x<a\end{aligned}\tag{11}$$

를 다음과 같이 평행 경계에 대한 동차 경계 조건들을 갖는 두 문제들로 나눈다.

문제 1

$$\begin{aligned}&\frac{\partial^2 u_1}{\partial x^2}+\frac{\partial^2 u_1}{\partial y^2}=0,\ 0<x<a,\ 0<y<b\\&u_1(0,\ y)=0,\ u_1(a,\ y)=0,\ 0<y<b\\&u_1(x,\ 0)=f(x),\ u_1(x,\ b)=g(x),\ 0<x<a\end{aligned}$$

문제 2

$$\begin{aligned}&\frac{\partial^2 u_2}{\partial x^2}+\frac{\partial^2 u_2}{\partial y^2}=0,\ 0<x<a,\ 0<y<b\\&u_2(0,\ y)=F(y),\ u_2(a,\ y)=G(y),\ 0<y<b\\&u_2(x,\ 0)=0,\ u_2(x,\ b)=0,\ 0<x<a\end{aligned}$$

u_1과 u_2가 각각 문제 1번, 문제 2번의 해라 가정하자. $u(x,y)=u_1(x,y)+u_2(x,y)$라 정의하면 u는 원래 문제 (11)에 있는 모든 경계 조건을 만족한다. 예를 들어,

$$\begin{aligned}u(0,\ y)&=u_1(0,\ y)+u_2(0,\ y)=0+F(y)=F(y)\\u(x,\ b)&=u_1(x,\ b)+u_2(x,\ b)=g(x)+0=g(x)\end{aligned}$$

등이다. 또한 정리 12.1.1에 의하여 u는 라플라스 방정식의 해이다. 다시 말해서 문제 1번과 2번을 풀고 그 해들을 더하여 원래의 문제를 풀게 된다. 이와 같은 해의 더하기 성질을 중첩원리라고 한다(그림 12.5.3참조).

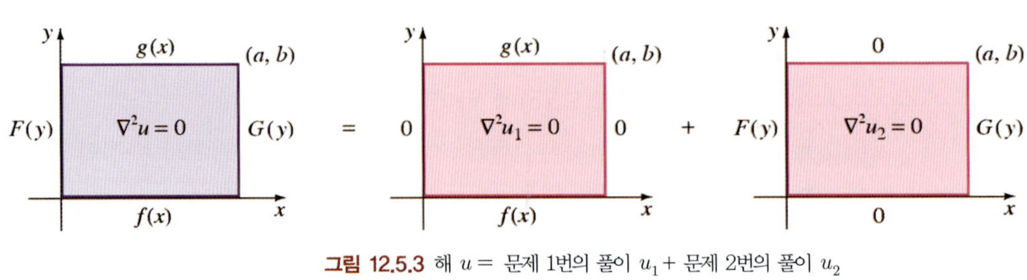

그림 12.5.3 해 $u=$ 문제 1번의 풀이 u_1+ 문제 2번의 풀이 u_2

문제 1번의 풀이와 문제 2번의 풀이가 다음과 같다는 것을 보여주기 위해서 연습문제들로 남겨놓았다. 12.5절의 연습문제 13번과 문제 14번을 보아라.

문제 1의 해가

$$u_1(x,\ y) = \sum_{n=1}^{\infty} \left\{ A_n \cosh \frac{n\pi}{a} y + B_n \sinh \frac{n\pi}{a} y \right\} \sin \frac{n\pi}{a} x,$$

이고 이 때

$$A_n = \frac{2}{a} \int_0^a f(x) \sin \frac{n\pi}{a} x\, dx$$

$$B_n = \frac{1}{\sinh \frac{n\pi}{a} b} \left(\frac{2}{a} \int_0^a g(x) \sin \frac{n\pi}{a} x\, dx - A_n \cosh \frac{n\pi}{a} b \right)$$

이며 문제 2의 해가

$$u_2(x,\ y) = \sum_{n=1}^{\infty} \left\{ A_n \cosh \frac{n\pi}{b} x + B_n \frac{n\pi}{b} x \right\} \sin \frac{n\pi}{b} y$$

이고 이 때

$$A_n = \frac{2}{b} \int_0^b F(y) \sin \frac{n\pi}{b} y\, dy$$

$$B_n = \frac{1}{\sinh \frac{n\pi}{b} a} \left(\frac{2}{b} \int_0^b G(y) \sin \frac{n\pi}{b} y\, dy - A_n \cosh \frac{n\pi}{b} a \right)$$

임을 보이는 것은 연습문제로 한다(12.5절의 연습문제 13과 14 참조).

연습문제 12.5

(1-10) 주어진 경계 조건들을 갖는 직사각형판에 관한 라플라스 방정식 (1)을 풀어라.

1 $u(0,\ y) = 0,\ u(a,\ y) = 0$
$u(x,\ 0) = 0,\ u(x,\ b) = f(x)$

2 $u(0,\ y) = 10y,\ \left.\frac{\partial u}{\partial x}\right|_{x=1} = -1$
$u(x,\ 0) = 0,\ u(x,\ 1) = 0$

3 $u(0,\ y) = 0,\ u(a,\ y) = 0$
$u(x,\ 0) = f(x),\ u(x,\ b) = 0$

4 $u(0,\ y) = 0,\ u(a,\ y) = 0$
$\left.\frac{\partial u}{\partial y}\right|_{y=0} = 0,\ u(x,\ b) = f(x)$

5 $u(0,\ y) = 0,\ u(1,\ y) = 1 - y$
$\left.\frac{\partial u}{\partial y}\right|_{y=0} = 0,\ \left.\frac{\partial u}{\partial y}\right|_{y=1} = 0$

6 $\left.\frac{\partial u}{\partial x}\right|_{x=0} = 0,\ \left.\frac{\partial u}{\partial x}\right|_{x=a} = 0$
$u(x,\ 0) = x,\ u(x,\ b) = 0$

7 $\left.\frac{\partial u}{\partial x}\right|_{x=0} = u(0,\ y),\ u(\pi,\ y) = 1$
$u(x,\ 0) = 0,\ u(x,\ \pi) = 0$

8 $u(0,\ y)=g(y),\ \left.\dfrac{\partial u}{\partial x}\right|_{x=1}=0$

$\left.\dfrac{\partial u}{\partial y}\right|_{y=0}=0,\ \left.\dfrac{\partial u}{\partial y}\right|_{y=\pi}=0$

9 $u(0,\ y)=0,\ u(1,\ y)=0$

$u(x,\ 0)=100,\ u(x,\ 1)=200$

10 $u(0,\ y)=0,\ u(1,\ y)=0$

$\left.\dfrac{\partial u}{\partial y}\right|_{y=0}=u(x,\ 0),\ u(x,\ 1)=f(x)$

(11-12) 양의 y축 방향으로 펼쳐진 반 무한판에 대한 라플라스 방정식 (1)을 풀어라. 각 경우에 대해서 $y\to\infty$일 때 $u(x,\ y)$가 유계라고 가정한다.

11

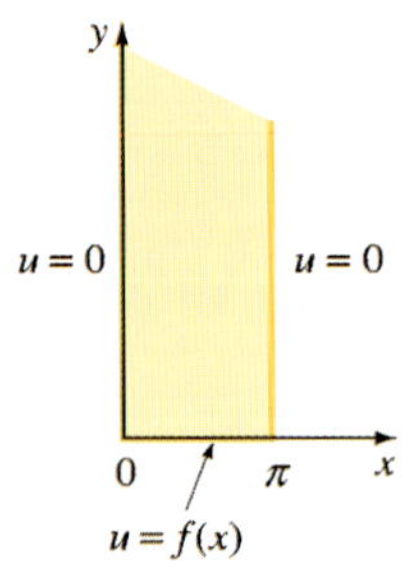

그림 12.5.4 문제 11번의 판

12

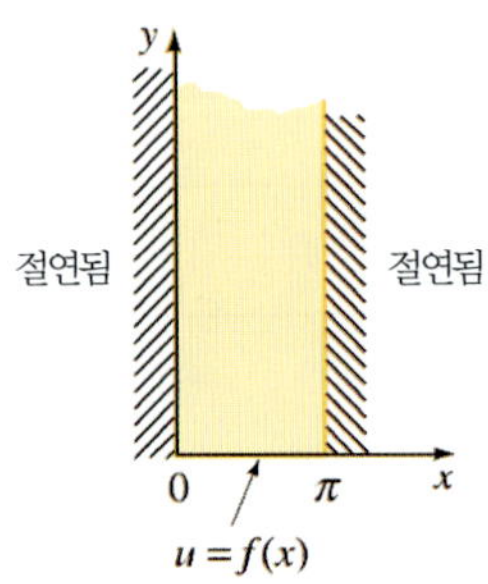

그림 12.5.5 문제 12번의 판

(13-14) 주어진 경계 조건들을 갖는 직사각형판에 관한 라플라스 방정식 (1)을 풀어라.

13 $u(0,\ y)=0,\ u(a,\ y)=0$

$u(x,\ 0)=f(x),\ u(x,\ b)=g(x)$

14 $u(0,\ y)=F(y),\ u(a,\ y)=G(y)$

$u(x,\ 0)=0,\ u(x,\ b)=0$

(15-16) 중첩원리를 사용하여 주어진 경계 조건들을 갖는 직사각형판에 관한 라플라스 방정식 (1)을 풀어라.

15 $u(0,\ y)=1,\ u(\pi,\ y)=1$

$u(x,\ 0)=0,\ u(x,\ \pi)=1$

16 $u(0,\ y)=0,\ u(2,\ y)=y(2-y)$

$u(x,\ 0)=0,\ u(x,\ 2)=\begin{cases} x & 0<x<1 \\ 2-x, & 1\le x<2 \end{cases}$

토론 문제

17 (a) 문제 1에서 $a=b=\pi$이고 $f(x)=100x(\pi-x)$라고 가정하자. 해 $u(x,\ y)$를 사용하지 않고 $0\le x\le\pi$, $0\le y\le\pi$인 직사각형 영역에서 곡면이 어떤 모습일지 손으로 그려 보아라.

(b) $0\le x\le\pi$, $0\le y\le\pi$일 때 온도 u의 최댓값은 얼마인가?

(c) (a)에 있는 정보를 이용하여 문제 1에 있는 답의 계수를 구하라. 3차원 그래프를 그릴 수 있는 프로그램을 이용하여 $0\le x\le\pi$, $0\le y\le\pi$에서 (a)에 있는 해의 0이 아닌 처음 5개의 항들로 만들어진 부분 합 $S_5(x,y)$의 그래프를 그려라. 다른 통찰력을 사용하여 (a)에서 손으로 그린 그래프와 비교하라.

18 문제 16에서 $0\le x\le 2$, $0\le y\le 2$일 때 온도 u의 최댓값은 얼마인가?

19 직사각형에 대한 노이만 문제

$$\frac{\partial^2 u}{\partial x^2}+\frac{\partial^2 u}{\partial y^2}=0,\ 0<x<a,\ 0<y<b$$

$$\left.\frac{\partial u}{\partial y}\right|_{y=0}=0,\ \left.\frac{\partial u}{\partial y}\right|_{y=b}=0,\ 0<x<a$$

$$\left.\frac{\partial u}{\partial x}\right|_{x=0}=0,\ \left.\frac{\partial u}{\partial x}\right|_{x=a}=g(y),\ 0<y<b$$

를 풀어라. 해 u가 존재하기 위한 필요조건이 왜 g가

$$\int_0^b g(y)\,dy=0$$

을 만족하는 것인지를 설명하여라. 이 조건을 때때로 양립 조건이라고 부른다. 좀 더 추가적으로 읽어보고, 물리적인 관점에서 양립 조건을 설명하라.

20 경곗값 문제

$$\frac{\partial^2 u}{\partial x^2}+\frac{\partial^2 u}{\partial y^2}=0,\ 0<x<1,\ 0<y<\pi$$

$$u(0,\ y)=u_0\cos y,\ u(1,\ y)=u_0(1+\cos 2y)$$

$$\left.\frac{\partial u}{\partial y}\right|_{y=0}=0,\ \left.\frac{\partial u}{\partial y}\right|_{y=\pi}=0$$

에 대해서 생각해보자. 어떻게 다음과 같은 답을 얻을 수 있는지 토의해 보아라.

$$u(x,\ y)=u_0 x+u_0\frac{\sinh(1-x)}{\sinh 1}\cos y+\frac{u_0}{\sinh 2}\sinh 2x\cos 2y$$

당신의 생각을 설명하여라.

컴퓨터 실습 과제

21 (a) 경로를 그릴 수 있는 컴퓨터 프로그램을 사용하여 문제 9의 해에 대한 등온선 $u=170, 140, 110, 80, 60, 30$을 그려라. 해의 0이 아닌 처음 5개의 항들로 만들어진 부분합 $S_5(x,y)$를 이용하여라.

(b) 3차원 그래프를 그릴 수 있는 컴퓨터 프로그램을 사용하여 부분 합 $S_5(x,y)$를 그려라.

22 경로를 그릴 수 있는 컴퓨터 프로그램을 사용하여 문제 10의 해에 대한 등온선 $u=2,\ 1,\ 0.5,\ 0.2,\ 0.1,\ 0.05,\ 0,\ -0.05$를 그려라. 해의 0이 아닌 처음 5개의 항들로 만들어진 부분 합 $S_5(x,y)$를 이용하여라.

12.6 비동차 경곗값 문제

필요한 개념

- 12.3절 – 12.5절

소개 | 편미분방정식 또는 경계 조건들이 동차가 아니면 경곗값 문제를 **비동차 경곗값 문제**라 한다. 앞의 세 절에서 이용한 변수 분리법은 비동차 경곗값 문제에 직접적으로 적용되지는 않을 수 있다. 하지만, 이 절에서 검토할 두 기법들 중 첫 번째 기법에서 우리는 변수를 치환하여 비동차 경곗값 문제를 상대적으로 단순한 상미분방정식의 경곗값 문제와 편미분방정식에 대한 동차 경곗값 문제로 변형한다. 두 번째 방법은 기본적으로 직교 급수 전개를 사용하여 경곗값 문제의 해를 구한다.

비동차 경곗값 문제 유한한 길이를 갖는 막대 내에서 r의 비율로 열이 발생하면, 열방정식은

$$k\frac{\partial^2 u}{\partial x^2}+r=\frac{\partial u}{\partial t},\quad 0<x<L,\quad t>0$$

의 형태가 된다. 방정식 (1)은 비동차이고, 변수 분리가 되지 않는다. 반대로, $x=0$와 $x=L$에서 경계 조건이 비동차, 즉 경계에서 $u(0,\ t)=u_0$와 $u(L,t)$ u_1인 0이 아닌 온도를 가질 때 동차 열방정식 $ku_{xx}=u_t$를 풀고자 한다고 하자. 비록 $u(x,t)=X(t)\,T(t)$의 치환으로 $ku_{xx}=u_t$를 분리할 수 있지만 고윳값과 고유벡터를 구하는데 어려움에 처하게 되는데 그 이유는 $u(0,t)=X(0)\,T(t)=u_0$와 $u(L,t)=X(L)\,T(t)=u_1$으로부터 $X(0)$와 $X(L)$에 대한 어떠한 결론도 얻을 수 없기 때문이다.

비동차 경곗값 문제의 서로 다른 형태에 의해서 구별된 두 가지 해법을 제시하

고자 한다.

방법 1 시간으로부터 독립적인 비동차 방정식과 시간으로부터 독립적인 경계 조건들을 갖는 경곗값 문제

$$k\frac{\partial^2 u}{\partial x^2}+F(x)=\frac{\partial u}{\partial t},\ 0<x<L,\ t>0$$
$$u(0,\ t)=u_0,\ u(L,\ t)=u_1,\ t>0 \tag{2}$$
$$u(x,\ 0)=f(x),\ 0<x<L$$

을 생각해 보자. 이 때, u_0와 u_1은 상수이다.

치환 $u(x,t)=\nu(x,t)+\psi(x)$에 의해서 종속 변수 u를 새로운 종속 변수 ν로 바꾸면 (2)에 있는 문제는 두 가지 문제들로 축소된다.

문제 A: $\{k\Psi''+F(x)=0,\ \Psi(0)=u_0,\ \Psi(L)=u_1$

문제 B: $\begin{cases} k\dfrac{\partial^2\nu}{\partial x^2}=\dfrac{\partial\nu}{\partial t}, \\ \nu(0,\ t)=0,\ \nu(L,\ t)=0 \\ \nu(x,\ 0)=f(x)-\Psi(x) \end{cases}$

문제 A는 적분을 이용하여 풀 수 있는 상미분방정식인 반면 문제 B는 일반적인 변수 분리법을 사용하여 풀 수 있는 동차 경곗값 문제이다. 원래의 문제 (2)의 해는 문제 A와 문제 B의 해의 합이다. 다음 예제가 이 첫 번째 방법을 설명한다.

예제 1 방법 1 사용하기

r이 양의 상수일 때 조건

$$u(0,\ t)=0,\ u(1,\ t)=u_0,\ t>0$$
$$u(x,\ 0)=f(x),\ 0<x<1$$

에 대하여 (1)을 풀어라.

풀이 편미분방정식과 $x=1$에서의 경계조건은 모두 비동차이다. $u(x,\ t)=\nu(x,\ t)+\psi(x)$라 하면

$$\frac{\partial^2 u}{\partial x^2}=\frac{\partial^2\nu}{\partial x^2}+\Psi''\text{이고 }\frac{\partial u}{\partial t}=\frac{\partial\nu}{\partial t}$$

이다. 이 결과들을 (1)에 대입하면

$$k\frac{\partial^2\nu}{\partial x^2}+k\Psi''+r=\frac{\partial\nu}{\partial t} \tag{3}$$

이다. 만일 ψ가

$$k\psi''+r=0\ \text{ 또는 }\ \psi''=-\frac{r}{k}$$

을 만족한다면 방정식 (3)은 동차방정식으로 축소된다.
마지막 방정식을 두 번 적분하면

$$\psi(x) = -\frac{r}{2k}x^2 + c_1 x + c_2 \tag{4}$$

이고 또한

$$u(0,t) = \nu(0,t) + \psi(0) = 0$$
$$u(1,t) = \nu(1,t) + \psi(1) = u_0$$

이다. 만일 $\psi(0) = 0$ 이고 $\psi(1) = u_0$ 이면 $v(0,t) = 0$이고 $v(1,t) = 0$이다.
(4)에 마지막 두 조건을 차례로 적용하면, $c_2 = 0$ 이고 $c_1 = r/2k + u_0$ 이다. 결과적으로

$$\psi(x) = -\frac{r}{2k}x^2 + (\frac{r}{2k} + u_0)x$$

이다.
마지막으로, 초기 조건 $u(x, 0) = \nu(x, 0) + \psi(x)$로부터 $\nu(x, 0) = u(x, 0) - \psi(x) = f(x) - \psi(x)$이다. 따라서 $\nu(x, t)$를 구하기 위하여 우리는 변수 분리법을 사용하여 새로운 경곗값 문제

$$k\frac{\partial^2\nu}{\partial x^2} = \frac{\partial\nu}{\partial t},\ 0 < x < 1,\ t > 0$$
$$\nu(0,\ t) = 0,\ \nu(1,\ t) = 0,\ t > 0$$
$$\nu(x,\ 0) = f(x) + \frac{r}{2k}x^2 - \left(\frac{r}{2k} + u_0\right)x,\ 0 < x < 1$$

를 푼다. 일반적인 방법으로

$$\nu(x,\ t) = \sum_{n=1}^{\infty} A_n e^{-kn^2\pi^2 t} \sin n\pi x$$

를 구하고 이 때

$$A_n = 2\int_0^1 \left[f(x) + \frac{r}{2k}x^2 - \left(\frac{r}{2k} + u_0\right)x\right] \sin n\pi x\, dx \tag{5}$$

이다. 원래 문제의 해는 $\psi(x)$와 $\nu(x, t)$를 합하여 얻어진다.

$$u(x,\ t) = -\frac{r}{2k}x^2 + \left(\frac{r}{2k} + u_0\right)x + \sum_{n=1}^{\infty} A_n e^{-kn^2\pi^2 t} \sin n\pi x \tag{6}$$

이 때 계수 A_n은 (5)에서 정의되어 있는 값이다. ■

(6)에서 $t \to \infty$ 일 때 $u(x,\ t) \to \psi(x)$임을 알 수 있다. 열방정식의 해를 구하는 과정에서 ψ는 **정상 상태의 해**라고 한다. $t \to \infty$ 일 때 $v(x,\ t) \to 0$이므로 이를 **과도 해**라고 한다.

방법 2 또 다른 형태의 문제는 시간에 의존하는 비동차 방정식과 동차 경계 조건들을 포함한다. $u(x,t)$를 두 개의 분리된 문제들로 푸는 방법 1과는 달리

$$k\frac{\partial^2 u}{\partial x^2}+F(x,\ t)=\frac{\partial u}{\partial t},\ 0<x<L,\ t>0$$
$$u(0,\ t)=0,\ u(L,\ t)=0,\ t>0 \tag{7}$$
$$u(x,\ 0)=f(x),\ 0<x<L$$

와 같은 문제에서 (7)에 있는 $u(x,t)$와 $F(x,t)$가 급수

$$u(x,t)=\sum_{n=1}^{\infty}u_n(t)\sin\frac{n\pi}{L}x \text{ 와 } F(x,t)=\sum_{n=1}^{\infty}F_n(t)\sin\frac{n\pi}{L}x \tag{8}$$

로 전개되었을 때 시간에 의존하는 계수들인 $u_n(t)$와 $F_n(t)$가 구해질 수 있다는 가정하에 전체적인 해를 구하는 것이 가능하다. 이 때 $\sin(n\pi x/L), n=1,2,3,\cdots$ 은 고윳값 $\lambda_n=\alpha_n^2=n^2\pi^2/L^2$에 대응하는 $X''+\lambda X=0, X(0)=0, X(L)=0$의 고유함수들이다. 후자의 문제는 (7)에 있는 연관된 동차 편미분방정식에 변수 분리법이 적용이 되었다면 얻을 수 있다. (8)에서 $u(x,\ t)$에 대한 가정된 형태는 이미 (7)에 있는 경계 조건들을 만족한다는 것에 주목해야 한다. 여기서 사용한 기본적인 생각은 (8)에 있는 첫 번째 급수를 (7)에 있는 비동차 편미분방정식에 대입한 후 항들을 모으고 결과로 얻어진 급수와 $F(x,t)$에 대한 실제 급수를 같다고 두는 것이다.

다음 예제는 이 방법을 설명한다.

예제 2 방법 2 사용하기

$$\frac{\partial^2 u}{\partial x^2}+(1-x)\sin t=\frac{\partial u}{\partial t},\ 0<x<1,\ t>0$$
$$u(0,\ t)=0,\ u(1,\ t)=0,\ t>0$$
$$u(x,\ 0)=0,\ 0<x<1$$

을 풀어라.

풀이 $k=1,\ L=1$이면, $X''+\lambda X=0,\ X(0)=0, X(1)=0$의 고유값과 고유함수는 $\lambda_n=\alpha_n^2=n^2\pi^2$과 $\sin n\pi x,\ n=1,2,\cdots$ 이다.

$$u(x,\ t)=\sum_{n=1}^{\infty}u_n(t)\sin n\pi x \tag{9}$$

라고 가정하면 u의 형식적인 편미분은

$$\frac{\partial^2 u}{\partial x^2}=\sum_{n=1}^{\infty}u_n(t)(-n^2\pi^2)\sin n\pi x \text{ 와 } \frac{\partial u}{\partial t}=\sum_{n=1}^{\infty}u_n'(t)\sin n\pi x \tag{10}$$

이다. 이제, $F(x,t)=(1-x)\sin t$를

$$(1-x)\sin t=\sum_{n=1}^{\infty}F_n(t)\sin n\pi x$$

라 하면

$$F_n(t)=\frac{2}{1}\int_0^1(1-x)\sin t\sin n\pi x\,dx=2\sin t\int_0^1(1-x)\sin n\pi x\,dx=\frac{2}{n\pi}\sin t$$

이다. 따라서

$$(1-x)\sin t=\sum_{n=1}^{\infty}\frac{2}{n\pi}\sin t\sin n\pi x \tag{11}$$

이다. (10)과 (11)에 있는 급수에 $u_t-u_{xx}=(1-x)\sin t$를 대입하면

$$\sum_{n=1}^{\infty}\left[u_n{}'(t)+n^2\pi^2u_n(t)\right]\sin n\pi x=\sum_{n=1}^{\infty}\frac{2\sin t}{n\pi}\sin n\pi x$$

를 얻는다.

$u_n(t)$를 구하기 위하여 앞의 등식의 양변에 있는 $\sin n\pi x$의 계수를 같다고 둔다.

$$u_n{}'(t)+n^2\pi^2u_n(t)=\frac{2\sin t}{n\pi}$$

이 마지막 방정식은 해가

$$u_n(t)=\frac{2}{n\pi}\left[\frac{n^2\pi^2\sin t-\cos t}{n^4\pi^4+1}\right]+C_ne^{-n^2\pi^2t}$$

인 선형 1계 상미분방정식이고 이 때 C_n은 임의의 상수이다. 따라서 (9)에서 $u(x,t)$에 대하여 가정한 형태는 두 급수의 합으로 나타낼 수 있다. :

$$u(x,\ t)=\sum_{n=1}^{\infty}\frac{2}{n\pi}\left[\frac{n^2\pi^2\sin t-\cos t}{n^4\pi^4+1}\right]\sin n\pi x+\sum_{n=1}^{\infty}C_ne^{-n^2\pi^2t}\sin n\pi x$$

마지막으로 초기 조건 $u(x,\ 0)=0$을 (12)에 적용한다. 결과를 하나의 급수로 나타내면

$$0=\sum_{n=1}^{\infty}\left[\frac{-2}{n\pi(n^4\pi^4+1)}+C_n\right]\sin n\pi x$$

이다. 이 등식으로부터 $\sin n\pi x$의 모든 계수들은 반드시 0이 되어야 한다고 결론을 내릴 수 있고 따라서 $C_n=\dfrac{2}{n\pi(n^4\pi^4+1)}$ 이다.

그러므로 (12)로부터 주어진 문제의 해는

$$u(x,\ t)=\frac{2}{\pi}\sum_{n=1}^{\infty}\frac{n^2\pi^2\sin t-\cos t}{n(n^4\pi^4+1)}\sin n\pi x+\frac{2}{\pi}\sum_{n=1}^{\infty}\frac{1}{n(n^4\pi^4+1)}e^{-n^2\pi^2t}\sin n\pi x$$

이다.

연습문제 12.6

문제 1-12번은 주어진 경곗값 문제를 풀기 위해서 이 절에서 제시한 방법 1을 사용하라.

(1-2) 주어진 조건들에 관한 열방정식 $ku_{xx} = u_t$, $0 < x < 1$, $t > 0$을 풀어라.

1 $u(0,\ t) = 100$, $u(1,\ t) = 100$
$u(x,\ 0) = 0$

2 $u(0,\ t) = u_0$, $u(1,\ t) = 0$
$u(x,\ 0) = f(x)$

(3-4) 주어진 조건들에 관한 편미분방정식(1)을 풀어라.

3 $u(0,\ t) = u_0$, $u(1,\ t) = u_0$
$u(x,\ 0) = 0$

4 $u(0,\ t) = u_0$, $u(1,\ t) = u_1$
$u(x,\ 0) = f(x)$

5 경곗값 문제

$$k\frac{\partial^2 u}{\partial x^2} + Ae^{-\beta x} = \frac{\partial u}{\partial t},\ \beta > 0,\ 0 < x < 1,\ t > 0$$

$u(0,\ t) = 0$, $u(1,\ t) = 0$, $t > 0$
$u(x,\ 0) = f(x)$, $0 < x < 1$
을 풀어라. 물질의 방사능 붕괴에 따라 가는 막대 내에서 열이 발생할 때 편미분방정식은 열방정식의 형태를 갖는다.

6 경곗값 문제

$$k\frac{\partial^2 u}{\partial x^2} - hu = \frac{\partial u}{\partial t},\ 0 < x < \pi,\ t > 0$$

$u(0,\ t) = 0$, $u(\pi,\ t) = u_0$, $t > 0$
$u(x,\ 0) = 0$, $0 < x < \pi$
를 풀어라. 열이 방사에 의하여 얇은 막대의 측면으로부터 온도가 0인 매질로 빼앗길 때 편미분방정식은 열방정식의 형태를 갖는다.

7 경곗값 문제

$$k\frac{\partial^2 u}{\partial x^2} - h(u - u_0) = \frac{\partial u}{\partial t},\ 0 < x < 1,\ t > 0$$

$u(0,\ t) = u_0$, $u(1,\ t) = 0$, $t > 0$
$u(x,\ 0) = f(x)$, $0 < x < 1$
의 정상 상태의 해 $\psi(x)$를 구하라.

8 문제 7에서 막대가 양의 x축 방향으로 반 무한히 뻗어있고 측면으로부터 온도가 0인 매질로 방사되며
$u(0,\ t) = u_0$, $\lim_{x\to\infty} u(x,\ t) = 0$, $t > 0$
$u(x,\ 0) = f(x)$, $x > 0$
일 때의 정상 상태의 해 $\psi(x)$를 구하라.

9 진동하는 현이 왼쪽 끝에서부터 수평 거리에 따라서 변하는 외부 수직력을 받을 때, 파동방정식은

$$a^2\frac{\partial^2 u}{\partial x^2} + Ax = \frac{\partial^2 u}{\partial t^2}$$

의 형태를 갖는다. 이 때 A는 상수이다.

$u(0,\ t) = 0$, $u(1,\ t) = 0$, $t > 0$

$$u(x,\ 0) = 0,\ \left.\frac{\partial u}{\partial t}\right|_{t=0} = 0,\ 0 < x < 1$$

에 대한 편미분방정식을 풀어라.

10 초기에 x축 상의 정지상태에서 현이 $x = 0$과 $x = 1$에서 x축에 고정되어 있다. $t > 0$일 때 현이 그 자체의 무게로 인해 처지게 된다면 변위 $u(x,t)$는

$$a^2\frac{\partial^2 u}{\partial x^2} - g = \frac{\partial^2 u}{\partial t^2},\ 0 < x < 1,\ t > 0$$

을 만족한다. 이 때 g는 중력가속도이다. $u(x,t)$를 구하라.

11 그림 12.6.1에 있는 반 무한판에서 정상 상태 온도 $u(x,\ y)$를 구하라. 온도는 $x \to \infty$일 때 유계라고 가정한다. [힌트 : $u(x,\ y) = \nu(x,\ y) + \psi(y)$로 시도해 볼 것.]

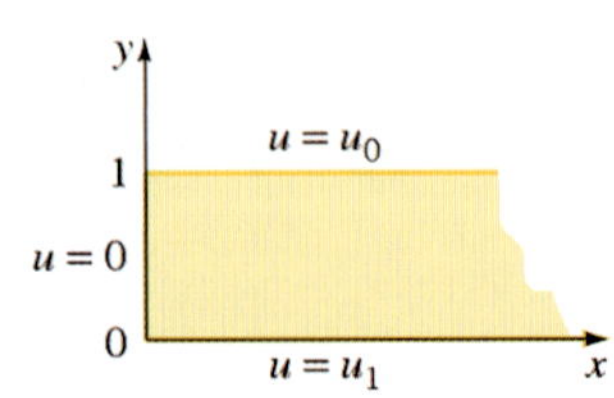

그림 12.6.1 문제 11번의 판

12 $h > 0$인 상수일 때 편미분방정식

$$\frac{\partial^2 u}{\partial x^2}+\frac{\partial^2 u}{\partial y^2}=-h.$$

을 푸아송 방정식이라 하는데 전기적 포텐셜을 포함하는 많은 문제에서 나타나는 식이다. 다음 조건들에 관한

$$u(0,\ y)=0,\ u(\pi,\ y)=1,\ y>0$$
$$u(x,\ 0)=0,\ 0<x<\pi$$

방정식을 풀어라.

(13-18) 이 절에서 제시한 방법 2를 사용하여 주어진 경곗값 문제를 풀어라.

13 $\dfrac{\partial^2 u}{\partial x^2}+xe^{-3t}=\dfrac{\partial u}{\partial t},\ 0<x<\pi,\ t>0$

$$u(0,\ t)=0,\ u(\pi,\ t)=0,\ t>0$$
$$u(x,\ 0)=0,\ 0<x<\pi$$

14 $\dfrac{\partial^2 u}{\partial x^2}+xe^{-3t}=\dfrac{\partial u}{\partial t},\ 0<x<\pi,\ t>0$

$$\left.\frac{\partial u}{\partial x}\right|_{x=0}=0,\ \left.\frac{\partial u}{\partial x}\right|_{x=\pi}=0,\ t>0$$
$$u(x,\ 0)=0,\ 0<x<\pi$$

15 $\dfrac{\partial^2 u}{\partial x^2}-1+x-x\cos t=\dfrac{\partial u}{\partial t},\ 0<x<1,\ t>0$

$$u(0,\ t)=0,\ u(1,\ t)=0,\ t>0$$
$$u(x,\ 0)=x(1-x),\ 0<x<1$$

16 $\dfrac{\partial^2 u}{\partial x^2}+\cos t\sin x=\dfrac{\partial^2 u}{\partial t^2},\ 0<x<\pi,\ t>0$

$$u(0,\ t)=0,\ u(\pi,\ t)=0,\ t>0$$
$$u(x,\ 0)=0,\ \left.\frac{\partial u}{\partial x}\right|_{t=0}=0,\ 0<x<\pi$$

17 $\dfrac{\partial^2 u}{\partial x^2}=\dfrac{\partial u}{\partial t},\ 0<x<1,\ t>0$

$$u(0,\ t)=\sin t,\ u(1,\ t)=0,\ t>0$$
$$u(x,\ 0)=0,\ 0<x<1$$

18 $\dfrac{\partial^2 u}{\partial x^2}+2t+3tx=\dfrac{\partial u}{\partial t},\ 0<x<1,\ t>0$

$$u(0,\ t)=t^2,\ u(1,\ t)=1,\ t>0$$
$$u(x,\ 0)=x^2,\ 0<x<1$$

12.7 직교 급수 전개

필요한 개념

- 11.1절의 (7)-(11)의 결과는 앞으로 논의할 부분에 있어서는 중요한 역할을 하게 될 것이니 복습할 것을 권장한다.

소개 | 몇몇 유형의 경계 조건에 대하여 변수 분리법과 중첩 원리는 푸리에 급수가 아닌 삼각급수로 함수를 전개한다. 이 절에 우리는 직교 급수의 전개 즉 일반화된 푸리에 급수의 개념을 사용할 것이다.

예제 1 직교 급수 팽창 사용하기

오른쪽 경계로부터 온도가 0 으로 일정하게 유지되는 주변 매체로 열이 전달되는 단위 길이를 갖는 막대의 온도는

$$k\frac{\partial^2 u}{\partial x^2}=\frac{\partial u}{\partial t},\ 0<x<1,\ t>0$$

$$u(0,\ t)=0,\ \left.\frac{\partial u}{\partial x}\right|_{x=1}=-hu(1,\ t),\ h>0,\ t>0$$

$$u(x,\ 0)=1,\ 0<x<1$$

에 의해서 결정된다. $u(x,\ t)$를 구하라.

풀이 12.3절에서처럼 $u(x,t) = X(x)T(t)$라 하고 $-\lambda$를 분리상수로 사용하여 분리된 방정식과 경계 조건이 각각

$$X'' + \lambda X = 0 \tag{1}$$

$$T' + k\lambda T = 0 \tag{2}$$

$$X(0) = 0\text{과 } X'(1) = -hX(1) \tag{3}$$

임을 알 수 있다. 방정식 (1)과 동차 경계 조건 (3)은 정규 스텀-리우빌 문제

$$X'' + \lambda X = 0,\ X(0) = 0,\ X'(1) + hX(1) = 0 \tag{4}$$

를 만든다. λ가 0, 음 또는 양인 일반적인 세 가지 경우를 분석하면, 마지막 경우에서만 비자명한 해를 갖는다는 것을 알 수 있다. 따라서 $\alpha > 0$일 때 $\lambda = \alpha^2$인 경우 (4)에 있는 미분방정식의 일반해는

$$X(x) = c_1 \cos\alpha x + c_2 \sin\alpha x \tag{5}$$

이다. (4)에 있는 첫 번째 경계 조건으로부터 $c_1 = 0$이다. (4)에 있는 두 번째 조건을 $X(x) = c_2 \sin\alpha x$에 적용하면

$$\alpha\cos\alpha + h\sin\alpha = 0 \text{ 또는 } \tan\alpha = -\frac{\alpha}{h} \tag{6}$$

를 얻는다.

11.4절의 예제 2를 분석하면 (6)에 있는 마지막 방정식은 무수히 많은 근을 갖고 있음을 알 수 있다. 연속적인 양의 근을 α_n, $n = 1,\ 2,\ 3,\ \cdots$이라 하면 문제의 고윳값들은 $\lambda_n = \alpha_n^2$이고, 그에 대응하는 고유함수들은 $X(x) = c_2 \sin\alpha_n x$, $n = 1,\ 2,\ 3,\ \cdots$이다. 1계 미분방정식 (2)의 해는 $T(t) = c_3 e^{-k\alpha_n^2 t}$이므로

$$u_n = XT = A_n e^{-k\alpha_n^2 t}\sin\alpha_n x \text{이고 } u(x,\ t) = \sum_{n=1}^{\infty} A_n e^{-k\alpha_n^2 t}\sin\alpha_n x$$

이다.

$t = 0$에서 $u(x, 0) = 1$, $0 < x < 1$이므로

$$1 = \sum_{n=1}^{\infty} A_n \sin\alpha_n x \tag{7}$$

이다.

(7)에 있는 급수는 푸리에 싸인 급수가 아니다. 오히려 정규 스텀-리우빌 문제 (4)로부터 발생한 직교함수로 표현한 $u(x,0) = 1$의 전개이다. α가 $\tan\alpha = -\alpha/h$에 의해서 정의된 값일 때 고유 함수들의 집합 $\{\sin\alpha_n x\}$, $n = 1,\ 2,\ 3,\ \cdots$은 구간 $[0,\ 1]$에서 무게함수 $p(x) = 1$에 대하여 직교한다. 식 (7)과 11.1절의 (7)을 맞춰보면, $f(x) = 1$과 $\phi_n(x) = \sin\alpha_n x$일 때 이 절의 식 (8)로부터 계수 A_n은

$$A_n = \frac{\int_0^1 \sin \alpha_n x \, dx}{\int_0^1 \sin^2 \alpha_n x \, dx} \tag{8}$$

가 된다.

각각의 고유함수에 대한 제곱노름을 계산하기 위하여 삼각함수의 항등식

$$\int_0^1 \sin^2 \alpha_n x \, dx = \frac{1}{2}\int_0^1 (1 - \cos 2\alpha x)\, dx = \frac{1}{2}\left(1 - \frac{1}{2\alpha_n}\sin 2\alpha_n\right) \tag{9}$$

을 사용한다. 배각공식 $\sin 2\alpha_n = 2\sin\alpha_n \cos\alpha_n$과 (6)에 있는 $\alpha_n \cos\alpha_n = -h\sin\alpha_n$ 형태인 첫 번째 방정식을 사용하면, (9)를 다음과 같이 단순화할 수 있다.

$$\int_0^1 \sin^2 \alpha_n x \, dx = \frac{1}{2h}(h + \cos^2\alpha_n).$$

또한

$$\int_0^1 \sin \alpha_n x \, dx = -\frac{1}{\alpha_n}\cos\alpha_n x \Big|_0^1 = \frac{1}{\alpha_n}(1 - \cos\alpha_n)$$

이다. 결론적으로 (8)은

$$A_n = \frac{2h(1 - \cos\alpha_n)}{\alpha_n(h + \cos^2\alpha_n)}$$

이 된다. 결론적으로 경곗값 문제의 해는

$$U(x,\ t) = 2h\sum_{n=1}^{\infty} \frac{1 - \cos\alpha_n}{\alpha_n(h + \cos^2\alpha_n)} e^{-k\alpha_n^2 t} \sin\alpha_n x$$

이다.

예제 2 직교 급수 전개 사용하기

단위 길이의 비틀림 진동축의 비틀림 각 $\theta(x,t)$는

$$a^2 \frac{\partial^2\theta}{\partial x^2} = \frac{\partial^2\theta}{\partial t^2},\ 0 < x < 1,\ t > 0$$

$$\theta(0,\ t) = 0,\ \frac{\partial\theta}{\partial x}\Big|_{x=1} = 0,\ t > 0$$

$$\theta(x,\ 0) = x,\ \frac{\partial\theta}{\partial t}\Big|_{t=0} = 0,\ 0 < x < 1$$

에 의해서 결정된다(그림 12.7.1 참조). $x = 1$에서의 경계 조건은 자유단 조건이라고 한다. $\theta(x,\ t)$를 구하라.

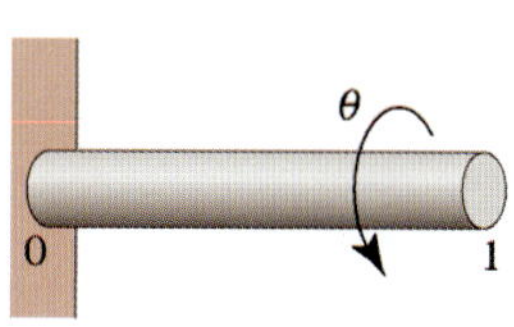

그림 12.7.1 예제 2에 있는 비틀린 축

풀이 12.4절에서처럼 $\theta(x,\ t) = X(x)T(t)$라 하고 $-\lambda$를 분리상수로 사용하여 분리된 방정식과 경계 조건이 각각

$$X'' + \lambda X = 0 \tag{10}$$

$$T'' + a^2\lambda T = 0 \tag{11}$$

$$X(0) = 0\text{과 } X'(1) = 0 \tag{12}$$

임을 알 수 있다.

이 경우 정규 스텀-리우빌 문제는 (10)과 (12)에 있는 동차 경계 조건들로 구성된다.

$$X'' + \lambda X = 0,\ X(0) = 0,\ X'(1) = 0 \tag{13}$$

예제 1에서처럼 (13)은 $\alpha > 0$ 일 때 $\lambda = \alpha^2 > 0$ 인 경우에만 비자명한 해를 가진다. 경계조건 $X(0) = 0$ 과 $X'(1) = 0$ 을 일반해

$$X(x) = c_1 \cos \alpha x + c_2 \sin \alpha x \tag{14}$$

에 적용하면 $c_1 = 0$과 $c_2\cos\alpha = 0$을 얻는다. 코사인 함수는 $\pi/2$ 의 홀수배인 $\alpha = (2n-1)\pi/2$ 에서 0 이므로 (13)의 고윳값은 $\lambda_n = \alpha_n^2 = (2n-1)^2\pi^2/4$, $n = 1,\ 2,\ \cdots$ 이다. 2계 미분방정식 (11)의 해는 $T(t) = c_3 \cos a\,\alpha_n t + c_4 \sin a\,\alpha_n t$ 이다. 초기 조건 $T'(0) = 0$ 으로부터 $c_4 = 0$ 이고 따라서

$$\theta_n = XT = A_n \cos a\left(\frac{2n-1}{2}\right)\pi t \sin\left(\frac{2n-1}{2}\right)\pi x$$

이다. 남은 초기 조건을 만족시키기 위해서

$$\theta(x,\ t) = \sum_{n=1}^{\infty} A_n \cos a\left(\frac{2n-1}{2}\right)\pi t \sin\left(\frac{2n-1}{2}\right)\pi x \tag{15}$$

로 한다. $t = 0$ 일 때 $0 < x < 1$에 대하여

$$\theta(x,\ 0) = x = \sum_{n=1}^{\infty} A_n \sin\left(\frac{2n-1}{2}\right)\pi x \tag{16}$$

이어야 한다.

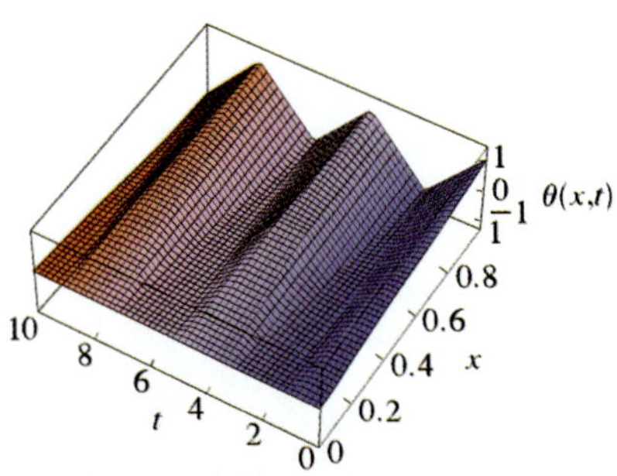

그림 12.7.2 예제 2에 있는 (17)의 부분집합의 그래프

예제 1에서처럼 고유 함수들의 집합 $\{\sin\left(\frac{2n-1}{2}\right)\pi x\}$, $n = 1,\ 2,\ 3,\ \cdots$ 은 구간 $[0,\ 1]$ 에서 무게함수 $p(x) = 1$에 대하여 직교한다. (16)에 있는 급수는 푸리에 사인 급수처럼 보일 수 있지만, 사인함수의 인수가 $\pi x / L$ (여기서, L은 1)의 정수배가 아니기 때문에 푸리에 사인급수가 아니다. 급수는 직교 급수 전개 즉 일반화된 푸리에 급수이다. 따라서 11장 1절의 (8)로부터 (16)에 있는 계수는

$$A_n = \frac{\displaystyle\int_0^1 x \sin\left(\frac{2n-1}{2}\right)\pi x\, dx}{\displaystyle\int_0^1 \sin^2\left(\frac{2n-1}{2}\right)\pi x\, dx}$$

이다. 두 적분을 계산하면

$$A_n = \frac{8(-1)^{n+1}}{(2n-1)^2\pi^2}$$

이다. 따라서 비틀림 각은

$$\theta(x,\ t) = \frac{8}{\pi^2}\sum_{n=1}^{\infty}\frac{(-1)^{n+1}}{(2n-1)^2}\cos a\left(\frac{2n-1}{2}\right)\pi t\sin\left(\frac{2n-1}{2}\right)\pi x \tag{17}$$

이다. ■

컴퓨터 프로그램을 사용하여 (17)에서 정의된 $\theta(x, t)$를 하나의 변수를 상수로 고정하고 3차원 곡면 또는 2차원 곡선으로 그릴 수 있다. 그림 12.7.2는 직사각형 영역 $0 \le x \le 1$, $0 \le t \le 10$에서 $\theta(x, t)$로 정의된 곡면을 그린 것이다. 이 곡면의 단면은 매우 흥미롭다.

그림 12.7.3은 4개의 특별한 x의 값과 (17)의 부분합(여기서 $a = 1$)을 이용하여 구간 $[0, 10]$에서 시간 t에 관한 함수로서 θ를 그린 것이다. 12.7.3의 네 부분에서 알 수 있듯이 막대의 각 단면의 비틀림 각은 시간 t가 증가함에 따라 앞뒤로(θ의 값이 양과 음) 진동한다. 그림 12.7.3(d)는 우리가 직관적으로 감쇠의 부재상태에서 예상했던 것처럼 막대 $x = 1$의 끝에서 초기에 1 라디안($\theta(1, 0) = 1$)만큼의 변위가 있음을 보여준다. 움직임이 있을 때 이 끝은 최대 변위 1 라디안과 최소 변위 -1 라디안 사이를 임의적으로 진동한다. 그림 12.7.3 (a)-(c)에서 그래프들은 방향을 바꿔서 최소(최대)로 향하기 전에 각각의 특정한 단면에서의 최대(최소) 변위가 되는 지점에서 θ의 "일시적인 멈춤"의 움직임을 보여준다. 이러한 움직임은 $x \to 1$에 따라서 줄어든다.

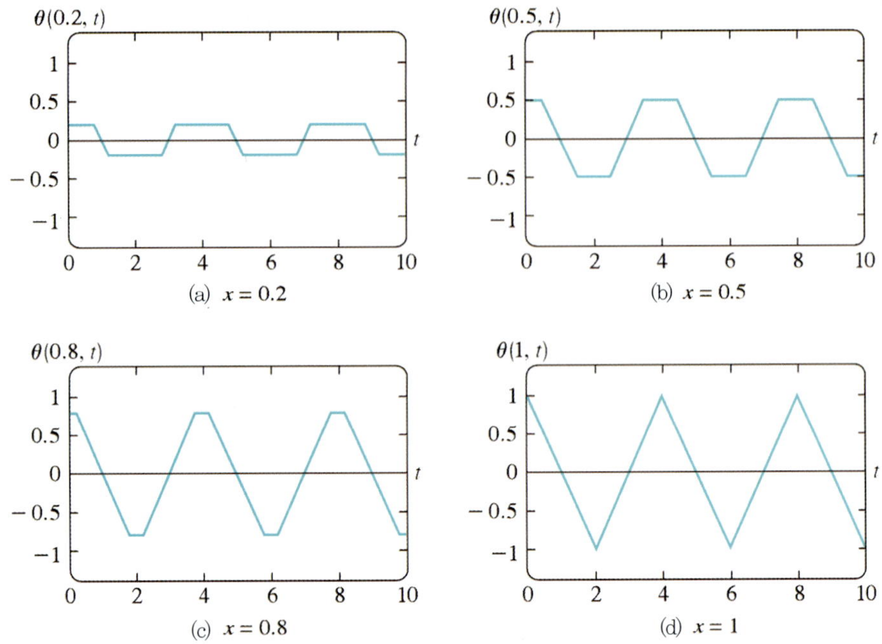

그림 12.7.3 예제 2에 있는 막대의 다양한 단면들에서 시간의 함수로서의 각도 변위 θ

연습문제 12.7

1 예제 1에서 막대의 왼쪽 끝이 절연될 때 온도 $u(x,\ t)$를 구하라.

2 경곗값 문제

$$k\frac{\partial^2 u}{\partial x^2}=\frac{\partial u}{\partial t},\ 0<x<1,\ t>0$$

$$u(0,\ t)=0,\ \left.\frac{\partial u}{\partial x}\right|_{x=1}=-h(u(1,\ t)-u_0),$$

$$h>0,\ t>0$$

$$u(x,\ 0)=f(x),\ 0<x<1$$

를 풀어라.

3 경계 조건들이

$$u(0,\ y)=0,\ \left.\frac{\partial u}{\partial x}\right|_{x=a}=-hu(a,\ y),\ 0<y<b$$

$$u(x,\ 0)=0,\ u(x,\ b)=f(x),\ 0<x<a$$

인 직사각형판에 대한 정상 상태 온도를 구하라.

4 경곗값 문제

$$\frac{\partial^2 u}{\partial x^2}+\frac{\partial^2 u}{\partial y^2}=0,\ 0<y<1,\ x>0$$

$$u(0,\ y)=u_0,\ \lim_{x\to\infty}u(x,\ y)=0,\ 0<y<1$$

$$\left.\frac{\partial u}{\partial y}\right|_{y=0}=0,\ \left.\frac{\partial u}{\partial y}\right|_{y=1}=-hu(x,\ 1),\ h>0,\ x>0$$

를 풀어라.

5 길이 L의 막대에서 초기 온도가 전체적으로 $f(x)$이고 막대의 끝 $x=0$에서 온도가 0이고, 막대의 끝 $x=L$이 절연되었을 때 온도 $u(x,\ t)$를 구하라.

6 경곗값 문제

$$a^2\frac{\partial^2 u}{\partial x^2}=\frac{\partial^2 u}{\partial t^2},\ 0<x<L,\ t>0$$

$$u(0,\ t)=0,\ E\left.\frac{\partial u}{\partial x}\right|_{x=L}=F_0,\ t>0$$

$$u(x,\ 0)=0,\ \left.\frac{\partial u}{\partial t}\right|_{t=0}=0,\ 0<x<L$$

를 풀어라. 해 $u(x,t)$는 막대의 왼쪽 끝은 고정되어 있고 오른쪽 끝은 크기 F_0의 일정한 힘이 가해지고 있는 진동하는 탄성 막대의 길이 변위를 나타낸다. 12.4절의 연습문제에 있는 그림 12.4.3을 참조하라. E는 탄성계수라 불리는 상수이다.

7 경곗값 문제

$$\frac{\partial^2 u}{\partial x^2}+\frac{\partial^2 u}{\partial y^2}=0,\ 0<x<1,\ 0<y<1$$
$$\left.\frac{\partial u}{\partial x}\right|_{x=0}=0,\ u(1,\ y)=u_0,\ 0<y<1$$
$$u(x,\ 0)=0,\ \left.\frac{\partial u}{\partial y}\right|_{y=1}=0,\ 0<x<1$$

를 풀어라.

8 단위 길이를 갖는 막대에서 초기 온도는 전체적으로 $f(x)$이다. 양쪽 끝인 $x=0$과 $x=1$에서 일정 온도 0으로 유지되고 있는 주변 매체로 열이 전달된다.

$$u(x,\ t)=\sum_{n=1}^{\infty} A_n e^{-k\alpha_n^2 t}(\alpha_n \cos\alpha_n x+h\sin\alpha_n x)$$

임을 증명하여라. 이 때

$$A_n=\frac{2}{(\alpha_n^2+2h+h^2)}\int_0^1 f(x)(\alpha_n\cos\alpha_n x+h\sin\alpha_n x)dx$$

이다. α_n이 $\tan\alpha=2\alpha h/(\alpha^2-h^2)$의 연속적인 양의 근일 때 고윳값들은 $\lambda_n=\alpha_n^2,\ n=1,2,\cdots$ 이다.

9 경곗값 문제

$$k\frac{\partial^2 u}{\partial x^2}+xe^{-2t}=\frac{\partial u}{\partial t},\ 0<x<1,\ t>0$$
$$u(0,\ t)=0,\ \left.\frac{\partial u}{\partial x}\right|_{x=1}=-u(1,\ t),\ t>0$$
$$u(x,\ 0)=0,\ 0<x<1$$

를 풀기 위하여 12.6절의 방법 2를 사용하여라.

컴퓨터 실습 과제

10 진동하는 외팔보가 왼쪽 끝($x=0$)은 지지되어 있고 오른쪽 끝($x=1$)은 자유롭게 놓여있다. (그림 12.7.4 참조). 광선의 수평 변위 $u(x,\ t)$는 경곗값 문제

$$\frac{\partial^4 u}{\partial x^4}+\frac{\partial^2 u}{\partial t^2}=0,\ 0<x<1,\ t>0$$
$$u(0,\ t)=0,\ \left.\frac{\partial u}{\partial x}\right|_{x=0}=0,\ t>0$$
$$\left.\frac{\partial^2 u}{\partial x^2}\right|_{x=1}=0,\ \left.\frac{\partial^3 u}{\partial x^3}\right|_{x=1}=0,\ t>0$$
$$u(x,\ 0)=f(x),\ \left.\frac{\partial u}{\partial t}\right|_{t=0}=g(x),\ 0<x<1$$

에 의하여 결정된다.
컴퓨터 프로그램을 사용하여 경곗값 문제의 처음 두 양의 고윳값의 근삿값을 구하라.
[힌트: 12.4절의 연습문제 11번과 12번을 참조하여라.]

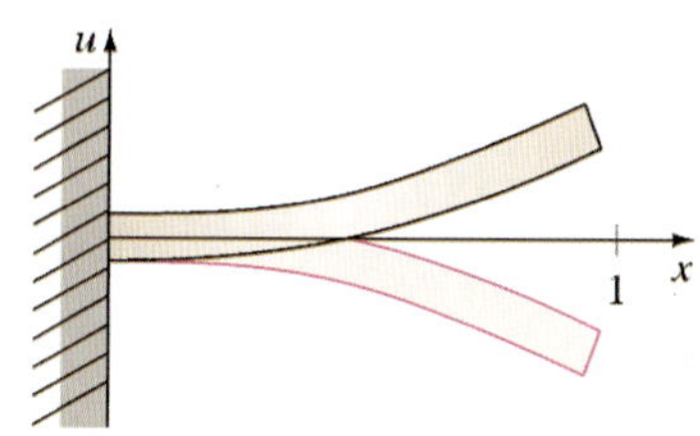

그림 12.7.4 문제 10번의 진동하는 외팔보

11 (a) 문제 10번에 있는 보의 양 끝이 $x=0$과 $x=1$에서 지지되었을 때 고윳값을 구하는 방정식을 구하라.
(b) 컴퓨터 프로그램을 사용하여 처음 두 양의 고윳값의 근삿값을 구하라.

12.8 고차원 문제

필요한 개념

- 12.3절과 12.4절

소개 | 지금까지 우리는 1차원 열 방정식과 파동방정식을 포함한 경곗값 문제들을 풀었다. 이 절에서는 이러한 2차원 편미분방정식을 포함하는 문제들에 변수 분리법을 어떻게 확장하는가를 보여주고자 한다.

2차원에서 열방정식과 파동방정식 그림 12.8.1(a)의 직사각형 영역이 온도 u가 시간 t와 위치 (x, y)에 관한 함수인 얇은 판이라고 가정하자. 그러면, 적당한 조건하에서 $u(x, y, t)$는 2차원 열방정식

$$k\left(\frac{\partial^2 u}{\partial x^2} + \frac{\partial^2 u}{\partial y^2}\right) = \frac{\partial u}{\partial t}$$

를 만족함을 보일 수 있다.

한편 그림 12.8.1(b)가 탄력적인 박막이 늘려진 사각형틀을 나타낸다고 가정하자. 막이 움직이면, $xy-$평면에서 측정되는 변위 u(횡축 진동) 또한 t와 위치 (x, y)의 함수이다. 진동이 작고 외부로부터의 하중이 없으며 비감쇠일 때 $u(x, y, t)$는 2차원 파동방정식

$$a^2\left(\frac{\partial^2 u}{\partial x^2} + \frac{\partial^2 u}{\partial y^2}\right) = \frac{\partial^2 u}{\partial t^2}$$

를 만족한다.

(1)와 (2)에서는 변수를 분리하기 위하여 $u(x, y, t) = X(x)\,Y(y)\,T(t)$ 형태의 곱 해를 가정한다. 그러면

$$\frac{\partial^2 u}{\partial x^2} = X''\,YT, \quad \frac{\partial^2 u}{\partial y^2} = XY''\,T, \quad \frac{\partial u}{\partial t} = XYT'$$

이다.

다음 예에서 알 수 있듯이 (1)과 (2)를 포함하는 적절한 경계 조건들을 갖는 경곗값 문제들은 2변수의 푸리에 급수 모양으로 된다.

예제 1 판에서의 온도

그림 12.8.1(a)에 있는 판에서 시간 $t > 0$에 대하여 초기 온도가 전체적으로 $f(x, y)$이고, 경계가 온도 0으로 유지될 때 판의 온도 $u(x, y, t)$를 구하라.

풀이

$$u(0, y, t) = 0, \; u(b, y, t) = 0, \; 0 < y < c, \; t > 0$$
$$u(x, 0, t) = 0, \; u(x, c, t) = 0, \; 0 < x < b, \; t > 0$$
$$u(x, y, 0) = f(x, y), \; 0 < x < b, \; 0 < y < c$$

에 관하여

$$k\left(\frac{\partial^2 u}{\partial x^2} + \frac{\partial^2 u}{\partial y^2}\right) = \frac{\partial u}{\partial t}, \; 0 < x < b, \; 0 < y < c, \; t > 0$$

를 반드시 풀어야 한다.

$u(x, y, t) = X(x)\,Y(y)\,T(t)$를 대입하면

$$k(X''\,YT + XY''\,T) = XYT' \;\text{ 즉 }\; \frac{X''}{X} = -\frac{Y''}{Y} + \frac{T'}{kT} \tag{3}$$

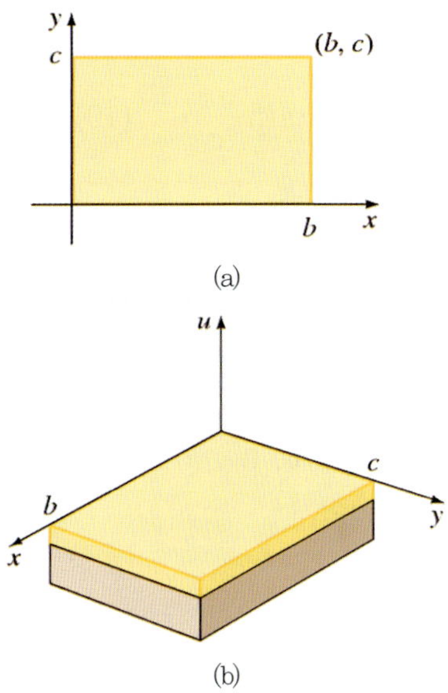

그림 12.8.1 (a) 직사각형 판, (b) 직사각형 막

을 얻는다.

(3)에 있는 마지막 방정식의 좌변은 x에만 의존하고, 우변은 y와 t에만 의존하기 때문에 양변을 상수 $-\lambda$와 같다고 해야 한다.:

$$\frac{X''}{X}=-\frac{Y''}{Y}+\frac{T'}{kT}=-\lambda$$

이다. 따라서

$$X''+\lambda X=0 \tag{4}$$

$$\frac{Y''}{Y}=\frac{T'}{kT}+\lambda \tag{5}$$

이다. 마찬가지로 (5)에 또 다른 분리 상수 $-\mu$를 도입하면

$$\frac{Y''}{Y}=-\mu \text{와} \quad \frac{T'}{kT}+\lambda=-\mu$$

로부터

$$Y''+\mu Y=0 \text{과} \quad T'+k(\lambda+\mu)T=0 \tag{6}$$

을 얻는다. 이제 동차 경계 조건들

$$\left.\begin{matrix} u(0,\ y,\ t)=0, & u(b,\ y,\ t)=0 \\ u(x,\ 0,\ t)=0, & u(x,\ c,\ t)=0 \end{matrix}\right\} \text{은} \quad \left\{\begin{matrix} X(0)=0, & X(b)=0 \\ Y(0)=0, & Y(c)=0 \end{matrix}\right\}$$

을 의미한다.

따라서 우리는 2개의 스텀-리우빌 문제

$$X''+\lambda X=0,\ X(0)=0,\ X(b)=0 \tag{7}$$

와

$$Y''+\mu Y=0,\ Y(0)=0,\ Y(c)=0 \tag{8}$$

을 얻는다.

일반적인 경우를 고려하면 ($\lambda=0,\ \lambda=\alpha^2>0,\ \lambda=-\alpha^2<0, \mu=0$ 등등) 두 개의 독립적인 고윳값들의 집합

$$\lambda_m=\frac{m^2\pi^2}{b^2} \text{ 과 } \mu_n=\frac{n^2\pi^2}{c^2}$$

을 얻게 된다. 이에 대응하는 고유함수들은

$$X(x)=c_2\sin\frac{m\pi}{b}x,\ m=1,2,\cdots \text{ 와 } Y(y)=c_4\sin\frac{n\pi}{c}y,\ n=1,2,\cdots$$

이다. (6)에 있는 1계 미분방정식에 알려진 값인 λ_n과 μ_n을 대입하면 일반해는 $T(t)=c_5e^{-k[(m\pi/b)^2+(n\pi/c)^2]t}$이다. 네 개의 동차 경계 조건들을 만족하는 2차원 열 방정식의 곱 해는

$$u_{mn}(x,\ y,\ t)=A_{mn}e^{-k[(n\pi/b)^2+(n\pi/c)^2]t}\sin\frac{m\pi}{b}x\sin\frac{n\pi}{c}y$$

이다. 이 때 A_{mn}은 임의의 상수이다. 우리가 두 개의 고유값들의 집합을 갖고 있기

때문에, 다음과 같이 이중합의 형태로 중첩원리를 적용한다.

$$u(x, y, t) = \sum_{m=1}^{\infty}\sum_{n=1}^{\infty} A_{mn} e^{-k[(m\pi/b)^2 + (n\pi/c)^2]t} \sin\frac{m\pi}{b}x \sin\frac{n\pi}{c}y \qquad (10)$$

$t = 0$ 일 때 반드시

$$u(x,\ y,\ 0) = f(x,\ y) = \sum_{m=1}^{\infty}\sum_{n=1}^{\infty} A_{mn} \sin\frac{m\pi}{b}x \sin\frac{n\pi}{c}y \qquad (11)$$

이어야 한다.

이중합 (11)에 $\sin(m\pi x/b)\sin(n\pi y/c)$를 곱하고 $0 \le x \le b,\ 0 \le y \le c$인 직사각형 영역에서 적분을 하면 계수 A_{mn}을 구할 수 있다. 따라서

$$A_{mn} = \frac{4}{bc}\int_0^c\int_0^b f(x,\ y) \sin\frac{m\pi}{b}x \sin\frac{n\pi}{c}y\, dx\, dy \qquad (12)$$

이다.

그러므로 경곗값 문제의 해는 (12)에 정의된 A_{mn}을 갖는 (10)으로 구성된다. ■

계수 (12)를 갖는 급수 (11)을 2변수 사인 급수 또는 이중 사인 급수라고 한다. 다음으로 우리는 2변수 코사인 급수를 요약한다.

$0 \le x \le b,\ 0 \le y \le c$인 직사각형 영역에서 정의된 함수 $f(x,\ y)$의 이중 코사인 급수는

$$f(x,\ y) = A_{00} + \sum_{m=1}^{\infty} A_{m0} \cos\frac{m\pi}{b}x + \sum_{n=1}^{\infty} A_{0n} \cos\frac{n\pi}{c}y + \sum_{m=1}^{\infty}\sum_{n=1}^{\infty} A_{mn} \cos\frac{m\pi}{b}x \cos\frac{n\pi}{c}y$$

로 주어진다. 이 때

$$A_{00} = \frac{1}{bc}\int_0^c\int_0^b f(x,\ y)\, dx\, dy$$

$$A_{m0} = \frac{2}{bc}\int_0^c\int_0^b f(x,\ y) \cos\frac{m\pi}{b}x\, dx\, dy$$

$$A_{0n} = \frac{2}{bc}\int_0^c\int_0^b f(x,\ y) \cos\frac{n\pi}{c}y\, dx\, dy$$

$$A_{mn} = \frac{4}{bc}\int_0^c\int_0^b f(x,\ y) \cos\frac{m\pi}{b}x \cos\frac{n\pi}{c}y\, dx\, dy$$

이다.

이중 코사인 급수와 관련된 문제는 12.8절에 있는 연습문제 2번을 참조한다.

연습문제 12.8

(1-2) 주어진 조건들에 관한 열방정식(1)을 풀어라.

1 $u(0, y, t)=0,\ u(\pi, y, t)=0$
$u(x, 0, t)=0,\ u(x, \pi, t)=0$
$u(x, y, t)=u_0$

2 $\left.\frac{\partial u}{\partial x}\right|_{x=0}=0,\ \left.\frac{\partial u}{\partial x}\right|_{x=1}=0$
$\left.\frac{\partial u}{\partial y}\right|_{y=0}=0,\ \left.\frac{\partial u}{\partial y}\right|_{y=1}=0$
$u(x, y, 0)=xy$

(3-4) 주어진 조건들에 관한 파동방정식(2)를 풀어라.

3 $u(0, y, t)=0,\ u(\pi, y, t)=0$
$u(x, 0, t)=0,\ u(x, \pi, t)=0$
$u(x, y, 0)=xy(x-\pi)(y-\pi)$
$\left.\frac{\partial u}{\partial t}\right|_{t=0}=0$

4 $u(0, y, t)=0,\ u(b, y, t)=0$
$u(x, 0, t)=0,\ u(x, c, t)=0$
$u(x, y, 0)=f(x, y)$
$\left.\frac{\partial u}{\partial t}\right|_{t=0}=g(x, y)$

그림 12.8.2에 있는 평행육면체의 정상 상태 온도 $u(x, y, z)$는 3차원의 라플라스 방정식을 만족한다.

$$\frac{\partial^2 u}{\partial x^2}+\frac{\partial^2 u}{\partial y^2}+\frac{\partial^2 u}{\partial z^2}=0 \tag{13}$$

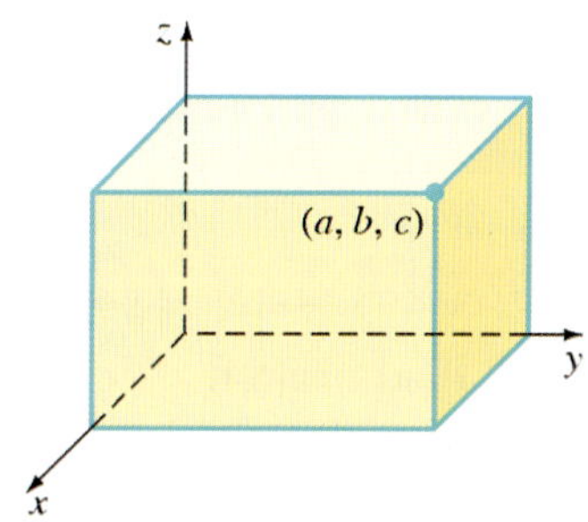

그림 12.8.2 문제 5번과 6번의 직교 평행육면체

5 평행육면체의 맨 윗면 $(z=c)$의 온도가 $f(x, y)$로 유지되고 나머지 면의 온도가 0으로 유지될 때 라플라스 방정식 (13)을 풀어라.

6 평행육면체의 맨 아랫면 $(z=0)$의 온도가 $f(x, y)$로 유지되고 나머지 면의 온도가 0으로 유지될 때 라플라스 방정식 (13)을 풀어라.

12장 복습

1 변수 분리법을 사용하여

$$\frac{\partial^2 u}{\partial x\,\partial y}=u$$

의 곱 해를 구하라.

2 변수 분리법을 사용하여

$$\frac{\partial^2 u}{\partial x^2}+\frac{\partial^2 u}{\partial y^2}+2\frac{\partial u}{\partial x}+2\frac{\partial u}{\partial y}=0$$

의 곱 해를 구하라. X와 Y가 모두 진동 함수가 될 수 있게 분리 상수를 선택하는 것이 가능한가?

3 경계값 문제

$$k\frac{\partial^2 u}{\partial x^2}=\frac{\partial u}{\partial t},\ 0<x<\pi,\ t>0$$

$$u(0, t)=u_0,\ -\left.\frac{\partial u}{\partial x}\right|_{x=\pi}=u(\pi, t)-\mu_1,\ t>0$$

$$u(x, 0)=0,\ 0<x<\pi$$

의 정상 상태 해 $\psi(x)$를 구하라.

4 문제 3의 경계 조건들에 대하여 물리적인 해석을 하라.

5 $t=0$에서 단위 길이를 갖는 현이 양의 x축 위에 놓여있다.

$t > 0$ 에 대하여 현의 양쪽 끝 $x=0$과 $x=1$은 x축에 고정되어 있다. 초기 속도 $g(x)$가 그림 12.R.1에서 주어진 것과 같을 때 변위 $u(x, t)$를 구하라.

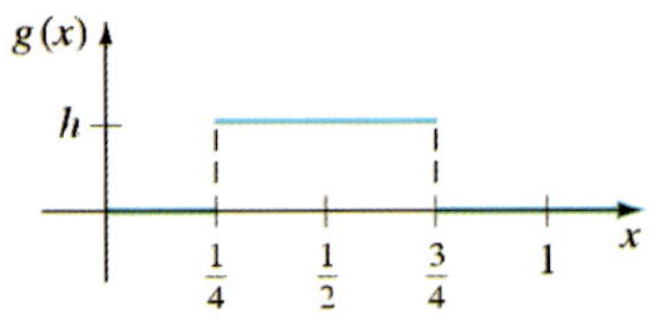

그림 12.R.1 문제 5번의 초기 속도 $g(x)$

6 편미분 방정식

$$\frac{\partial^2 u}{\partial x^2} + x^2 = \frac{\partial^2 u}{\partial t^2}$$

은 왼쪽 끝에서부터 수평 거리의 제곱에 비례하는 외부 수직력이 현에 작용될 때의 파동방정식이다. 현은 $t > 0$에 대하여 $x=0$에서 x축으로부터 한 단위 위에 고정되어 있고 $x=1$에서 x축 위에 고정되어 있다. 현이 정지상태로부터 초기 변위 $f(x)$에서 움직일 때 변위 $u(x,t)$를 구하라.

7 그림 12.R.2에 있는 정사각형 판에서 정상 상태 온도 $u(x, y)$를 구하라.

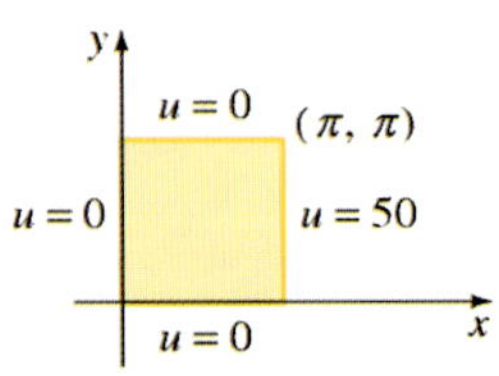

그림 12.R.2 문제 7번의 정사각형 판

8 그림 12.R.3에 있는 반-무한판의 정상 상태 온도 $u(x, y)$를 구하라.

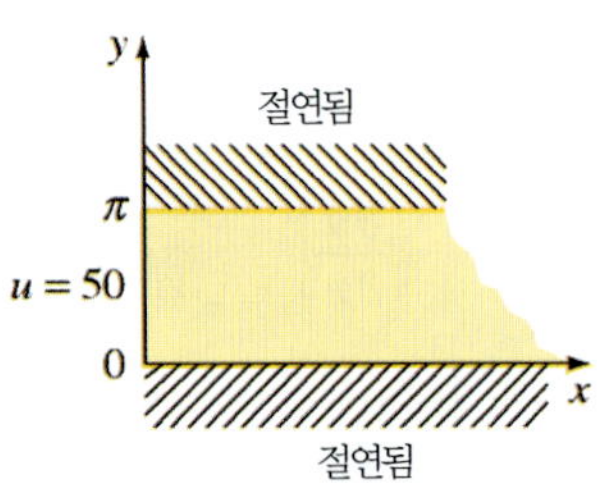

그림 12.R.3 문제 8번의 반-무한판

9 경계 $y=0$과 $y=\pi$가 항상 온도 0으로 유지될 때 문제 8을 풀어라.

10 초기 온도가 전체적으로 u_0일 때 그림 12.R.4에 있는 폭이 2L인 무한판에서 온도 $u(x,t)$를 구하라. [힌트: $u(x, 0)=u_0$, $-L<x<L$은 x에 관한 우함수이다.]

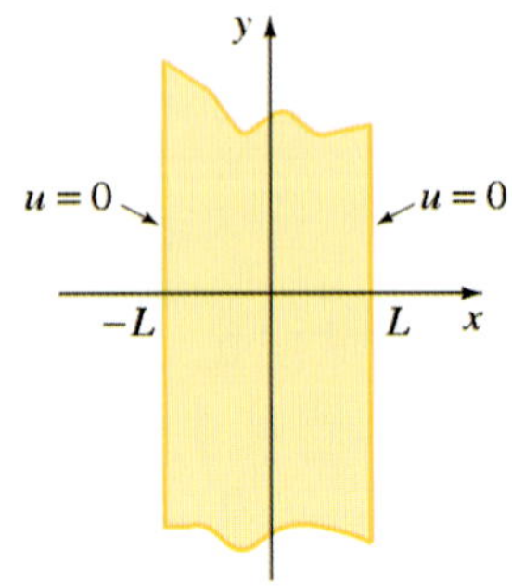

그림 12.R.4 문제 10번의 무한대 판

11 경곗값 문제

$$\frac{\partial^2 u}{\partial x^2} = \frac{\partial u}{\partial t},\ 0<x<\pi,\ t>0$$
$$u(0, t)=0,\ u(\pi, t)=0,\ t>0$$
$$u(x, 0)=\sin x,\ 0<x<\pi$$

를 풀어라.

12 경곗값 문제

$$\frac{\partial^2 u}{\partial x^2} + \sin x = \frac{\partial u}{\partial t},\ 0<x<\pi,\ t>0$$
$$u(0, t)=400,\ u(\pi, t)=200,\ t>0$$
$$u(x, 0)=400+\sin x,\ 0<x<\pi$$

를 풀어라.

13 문제

$$\frac{\partial^2 u}{\partial x^2} + 2\frac{\partial u}{\partial x} = \frac{\partial^2 u}{\partial t^2} + 2\frac{\partial u}{\partial t} + u,\ 0<x<\pi,\ t>0$$
$$u(0, t)=0,\ u(\pi, t)=0,\ t>0$$
$$\left.\frac{\partial u}{\partial t}\right|_{t=0} = 0,\ 0<x<\pi$$

의 형식적 급수 해를 구하라.

14 매질에서 퍼지고, 매질에서 전류들에 의해서 전환되는 물질의 농도 $c(x, t)$는 편미분방정식

$$k\frac{\partial^2 c}{\partial x^2} - h\frac{\partial c}{\partial x} = \frac{\partial c}{\partial t}$$

를 만족한다. 이 때 k와 h는 상수이다. c_0가 상수일 때

조건

$$c(0,\ t) = 0,\ c(1,\ t) = 0,\ t > 0$$
$$c(x,\ 0) = c_0,\ 0 < x < 1$$

에 관한 편미분방정식을 풀어라.

15 u_0와 u_1이 상수일 때 경곗값 문제

$$\frac{\partial^2 u}{\partial x^2} = \frac{\partial u}{\partial t},\ 0 < x < 1,\ t > 0$$
$$u(0,\ t) = u_0,\ \left.\frac{\partial u}{\partial x}\right|_{x=1} = -u(1,\ t) + u_1,\ t > 0$$
$$u(x,\ 0) = u_0,\ 0 < x < 1$$

를 풀어라.

13 다른 좌표계의 경곗값 문제

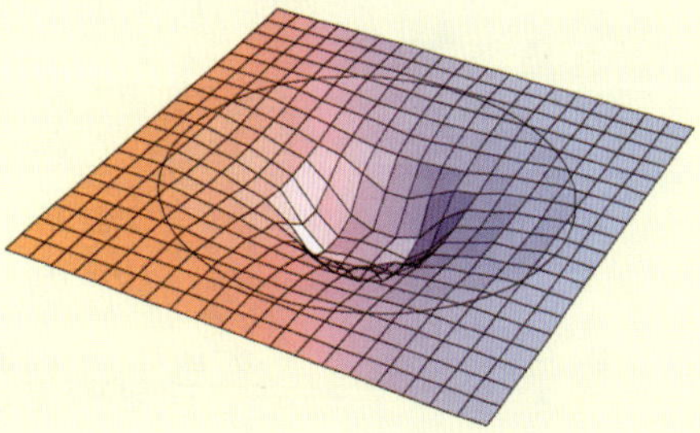

지금까지 고려해왔던 모든 경곗값 문제는 단지 직교 좌표계에 의하여 표현되었다. 그러나 예를 들면 원판, 원기둥, 또는 구면에서 온도를 구하려면, 각각 극좌표, 원기둥 좌표, 또는 구면좌표를 사용하여 문제를 해결하려고 시도하는 것이 자연스럽다. 이 장에서 뒤의 세 가지 좌표계를 이용하여 경곗값 문제를 구하려고 시도하는데, 변수분리 방법, 푸리에-베셀 급수 그리고 푸리에 르장드르 급수를 주로 이용한다.

13.1 극좌표

필요한 개념

- 4.7절의 코시-오일러 미분방정식
- 11.4절(606쪽)의 미분방정식 복습

소개 | 이 절에서는 극좌표상에서 정상 상태의 온도 문제만 다루기 때문에 먼저 다룰 첫 번째 내용은 직교좌표의 라플라스 방정식을 극좌표 라플라스 방정식으로 변환하는 것이다.

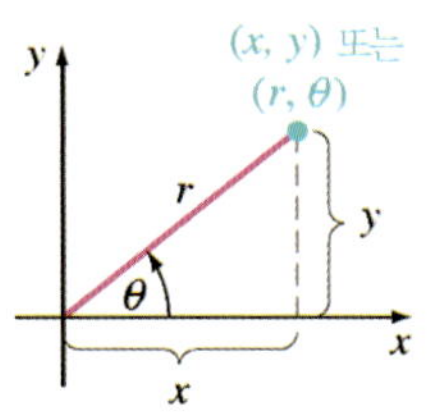

그림 13.1.1 점 (x,y)의 극좌표는 (r,θ)이다.

극좌표에서 라플라시안 평면에서의 극좌표와 직교좌표의 관계는 다음과 같다.

$$x = r\cos\theta,\ \ y = r\sin\theta\ \ ,\ \ r^2 = x^2 + y^2,\ \ \tan\theta = \frac{y}{x}$$

그림 13.1.1을 참조하라. 첫 두 방정식은 극좌표 $(r,\ \theta)$를 직교좌표 $(x,\ y)$로 변환시킨다. 마지막 두 방적식은 직교과표를 극좌표로 변환시킨다. 이 방정식들은 2차원 라플라시안 $\nabla^2 u = \dfrac{\partial^2 u}{\partial x^2} + \dfrac{\partial^2 u}{\partial y^2}$ 을 극좌표로의 변환을 가능하게 한다.

연쇄법칙을 이용하여 다음 방정식들을 유도할 수 있다.

$$\frac{\partial u}{\partial x} = \frac{\partial u}{\partial r}\frac{\partial r}{\partial x} + \frac{\partial u}{\partial \theta}\frac{\partial \theta}{\partial x} = \cos\theta\frac{\partial u}{\partial r} - \frac{\sin\theta}{r}\frac{\partial u}{\partial \theta}$$

$$\frac{\partial u}{\partial y} = \frac{\partial u}{\partial r}\frac{\partial r}{\partial y} + \frac{\partial u}{\partial \theta}\frac{\partial \theta}{\partial y} = \sin\theta\frac{\partial u}{\partial r} + \frac{\cos\theta}{r}\frac{\partial u}{\partial \theta}$$

$$\frac{\partial^2 u}{\partial x^2} = \cos^2\theta\frac{\partial^2 u}{\partial r^2} - \frac{2\sin\theta\cos\theta}{r}\frac{\partial^2 u}{\partial r\partial\theta} + \frac{\sin^2\theta}{r^2}\frac{\partial^2 u}{\partial \theta^2} + \frac{\sin^2\theta}{r}\frac{\partial u}{\partial r} + \frac{2\sin\theta\cos\theta}{r^2}\frac{\partial u}{\partial \theta} \tag{1}$$

$$\frac{\partial^2 u}{\partial y^2} = \sin^2\theta\frac{\partial^2 u}{\partial r^2} + \frac{2\sin\theta\cos\theta}{r}\frac{\partial^2 u}{\partial r\partial\theta} + \frac{\cos^2\theta}{r^2}\frac{\partial^2 u}{\partial \theta^2} + \frac{\cos^2\theta}{r}\frac{\partial u}{\partial r} - \frac{2\sin\theta\cos\theta}{r^2}\frac{\partial u}{\partial \theta} \tag{2}$$

(1)과 (2)를 더해서 간단하게 표현하면 극좌표에서 u의 라플라시안을 얻는다.

$$\nabla^2 u = \frac{\partial^2 u}{\partial r^2} + \frac{1}{r}\frac{\partial u}{\partial r} + \frac{1}{r^2}\frac{\partial^2 u}{\partial \theta^2}$$

이 절에서는 극좌표에서 라플라스 방정식 $\nabla^2 u = 0$가 포함된 경곗값 문제만 다룬다.

$$\frac{\partial^2 u}{\partial r^2} + \frac{1}{r}\frac{\partial u}{\partial r} + \frac{1}{r^2}\frac{\partial^2 u}{\partial \theta^2} = 0 \tag{3}$$

첫 번째 예제는 원판에서의 디리클레 문제이다.

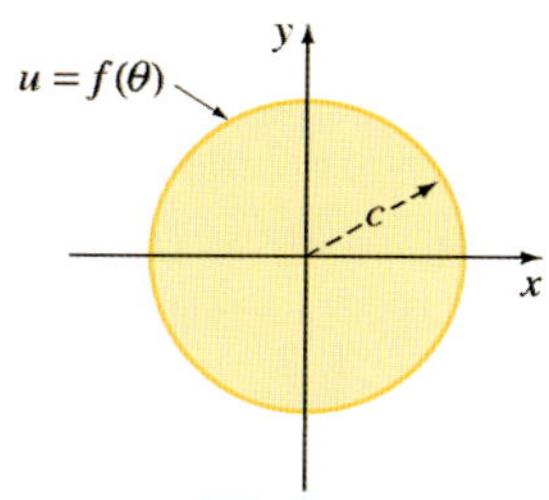

그림 13.1.2 원에 대한 디리클레 문제

원주상에서 온도가 $u(c, \theta) = f(\theta)$, $0 < \theta < 2\pi$일 때, 반경이 c인 원판에서 정상 상태 온도 $u(r, \theta)$의 라플라스 방정식 (3)을 풀어보자. 그림 13.1.2를 참조하라. 원판의 두 면이 절연되어있다고 하자. 간단한 것처럼 보이는 이 문제는 앞 장에서 보았던 것과는 다르다.

예제 1 원판에서의 정상 상태 온도

$u(c, \theta) = f(\theta)$, $0 < \theta < \pi$일 때 라플라스 방정식 (3)을 풀어라.

풀이 변수분리를 시도하기 전에 주어진 경계조건이 비동형임을 파악하자.
즉, 주어진 문제에서 분리된 상미분방정식들의 해의 계수나 필요한 고윳값을 결정하는 양의 조건들이 없다. 그러나 얼마의 음의 조건이 있다.
먼저, 물리적 직관으로부터 온도 $u(r, \theta)$는 연속이고, 따라서 원 $r = c$의 내부에서 유계임을 추측할 수 있다. 더욱이 온도 $u(r, \theta)$는 단일 값 함수이다. 즉 u의 값은 원의 구체적으로 주어진 점에서 극좌표 표현에 관계없이 같다. $(r, \theta + 2\pi)$는 점 (r, θ)와 같은 표현이므로, $u(r, \theta) = u(r, \theta + 2\pi)$이다. 즉, $u(r, \theta)$는 θ에 관하여 주기가 2π인 주기함수이다. 만약 곱해 $u = R(r)\Theta(\theta)$를 구하려면, $\Theta(\theta)$가 주기가 2π인 함수가 되어야 한다.
위의 것을 이용하여, 변수분리에서 분리 상수를 λ로 표현하면

$$\frac{r^2R'' + rR'}{R} = -\frac{\Theta''}{\Theta} = \lambda$$

이다. 따라서 분리된 방정식은 다음과 같다.

$$r^2R'' + rR' - \lambda R = 0 \tag{4}$$

$$\Theta'' + \lambda\Theta = 0 \tag{5}$$

문제

$$\Theta'' + \lambda\Theta = 0, \quad \Theta(\theta) = \Theta(\theta + 2\pi) \tag{6}$$

(6)의 해를 구하자.
(6)은 정규 스트럼-루이빌 문제가 아니지만, 이 문제는 고윳값과 고유함수를 생성한다. 고유함수들은 구간 $[0, 2\pi]$에서 직교집합을 구성한다.
(5)의 3가지 가능한 일반해 중에서

$$\Theta(\theta) = c_1 + c_2\theta, \quad \lambda = 0 \tag{7}$$

$$\Theta(\theta) = c_1\cosh\alpha\theta + c_2\sinh\alpha\theta, \quad \lambda = -\alpha^2 < 0 \tag{8}$$

$$\Theta(\theta) = c_1\cos\alpha\theta + c_2\sin\alpha\theta, \quad \lambda = \alpha^2 > 0 \tag{9}$$

$c_1 = c_2 = 0$가 아니면 본질적으로 비주기이므로 (8)을 버릴 수 있다. 같은 방법으로, $c_2 = 0$으로 정의하지 않으면 해 (7)은 비주기이다. 남은 상수해 $\Theta(\theta) = c_1$, $c_1 \neq 0$은 어떤 주기라도 줄 수 있고, 따라서 $\lambda = 0$가 고윳값이다. 마지막으로 $\alpha = n$,

$n=1,2,\cdots$이라 두면 해 (9)는 주기가 2π가 된다.

따라서 (6)의 고윳값은 $\lambda_0=0$이고, $\lambda_n=n^2,\ n=1,2,\cdots$이다.

$n=0$에 대하여 $\lambda_0=0$라 두면, (6)의 고유함수는 다음과 같다.

$$\Theta(\theta)=c_1,\ n=0 \text{ 와 } \Theta(\theta)=c_1\cos n\theta+c_2\sin n\theta,\ \ n=1,2,\cdots$$

$\lambda^n=n^2,\ n=0,1,2,\cdots$일 때, 코시-오일러 미분방정식 (4)의 해는 다음과 같다.

$$R(r)=c_3+c_4\ln r,\ \ n=0 \tag{10}$$

$$R(r)=c_3r^n+c_4r^{-n},\ \ n=1,2,\cdots \tag{11}$$

(11)에서 $r^{-n}=\dfrac{1}{r^n}$이다. (10) 또는 (11)의 해 중에서 $c_4=0$으로 정의하면, 원판의 중심에서 해 u는 유계이다. (즉 $r=0$)

따라서 극좌표의 라플라스 방정식의 곱해 $u_n=R(r)\Theta(\theta)$는 다음과 같다.

$$u_0=A_0,\ \ n=0,\ \text{ 와 }\ u_n=r^n(A_n\cos n\theta+B_n\sin n\theta),\ \ n=1,2,\cdots$$

단, c_3c_1은 $n=0$에 대해서는 A_0로, $n=1,2,\cdots$에 대해서는 A_n으로, c_3c_2는 B_n으로 바꾼다. 따라서 중첩원리로부터 다음 식을 얻는다.

$$u(r,\theta)=A_0+\sum_{n=1}^{\infty}r^n(A_n\cos n\theta+B_n\sin n\theta) \tag{12}$$

$r=c$에서 경계조건을 (12)에 적용하면, f를

$$f(\theta)=A_0+\sum_{n=1}^{\infty}c^n(A_n\cos n\theta+B_n\sin n\theta)$$

완전한 푸리에 급수에서 f의 확장으로 생각할 수 있다. 따라서 다음과 같은 식을 구할 수 있다.

$$A_0=\frac{a_0}{2},\ c^nA_n=a_n,\ \ c^nB_n=b_n$$

즉,
$$A_0=\frac{1}{2\pi}\int_0^{2\pi}f(\theta)d\theta \tag{13}$$

$$A_n=\frac{1}{c^n\pi}\int_0^{2\pi}f(\theta)\cos n\theta d\theta \tag{14}$$

$$B_n=\frac{1}{c^n\pi}\int_0^{2\pi}f(\theta)\sin n\theta d\theta \tag{15}$$

문제의 해는 (12)의 급수로 구성된다. 단 상수 $A_0,\ A_n,\ B_n$은 (13), (14), 그리고 (15)에서 정의된다. ■

예제 1에서 양의 고윳값 $\lambda_n=n^2,\ n=1,2,\cdots$에 대하여 두 개의 서로 다른 고유함수가 존재한다. 즉, $\cos n\theta$와 $\sin n\theta$이다. 이 경우 고윳값들을 간혹 **이중 고**

윳값이라고 한다.

예제 2 반 원판에서 정상온도

그림 13.1.3의 반 원판에서의 정상상태 온도 $u(r, \theta)$를 구하라.

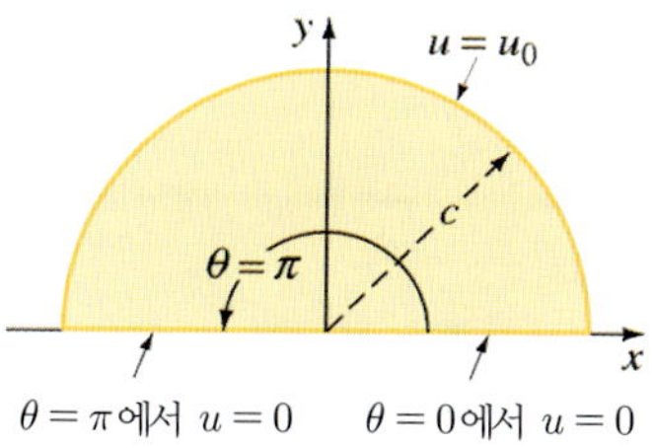

그림 13.1.3

풀이 경곗값 문제는 다음과 같다.

$$\frac{\partial^2 u}{\partial r^2} + \frac{1}{r}\frac{\partial u}{\partial r} + \frac{1}{r^2}\frac{\partial^2 u}{\partial \theta^2} = 0, \quad 0 < \theta < \pi, \quad 0 < r < c$$

$$u(c, \theta) = u_0, \quad 0 < \theta < \pi$$

$$u(r, 0) = 0, \quad u(r, \pi) = 0, \quad 0 < r < c$$

$u = R(r)\Theta(\theta)$라 정의하고 변수 분리를 사용하면 다음 식을 얻는다.

$$\frac{r^2 R'' + rR'}{R} = -\frac{\Theta''}{\Theta} = \lambda$$

$$r^2 R'' + rR' - \lambda R = 0 \tag{16}$$

$$\Theta'' + \lambda\Theta = 0 \tag{17}$$

경계 $\theta = 0$와 $\theta = \pi$에서 주어진 동차 조건은 $\Theta(0) = 0$와 $\Theta(\pi) = 0$로 나타난다. 방정식 (17)과 이러한 조건은 정규 스트럼-루이빌 문제를 구성한다.

$$\Theta'' + \lambda\Theta = 0, \quad \Theta(0) = 0, \quad \Theta(\pi) = 0 \tag{18}$$

이와 유사한 문제는 고윳값 $\lambda_n = n^2$과 고유함수 $\Theta(\theta) = c_2 \sin n\theta$, $n = 1, 2, \cdots$를 갖는다. 또한 λ를 n^2로 대입하면, (16)의 해는 $R(r) = c_3 r^n + c_4 r^{-n}$이다. 예제 1에서 사용된 원리, 즉 문제의 해 u가 $r = 0$에서 유계라 생각하면 $c_4 = 0$으로 정의하게 된다. 따라서

$$u_n = R(r)\Theta(\theta) = A_n r^n \sin n\theta, \text{ 그리고 } u(r, \theta) = \sum_{n=1}^{\infty} A_n r^n \sin n\theta$$

이다. $r = c$에서 남은 경계조건에서 다음과 같은 사인 급수를 얻는다.

$$u_0 = \sum_{n=1}^{\infty} A_n c^n \sin n\theta$$

따라서

$$A_n c^n = \frac{2}{\pi}\int_0^{\pi} u_0 \sin n\theta \, d\theta$$

그리고

$$A_n = \frac{2u_0}{\pi c^n}\frac{1-(-1)^n}{n}$$

이므로 문제의 해는 다음과 같다.

$$u(r, \theta) = \frac{2u_0}{\pi}\sum_{n=1}^{\infty}\frac{1-(-1)^n}{n}\left(\frac{r}{c}\right)^n \sin n\theta$$ ■

연습문제 13.1

(1-4) 반경 $r = 1$인 원판의 원주 상에서 온도가 다음과 같을 때 정상상태 온도 $u(r, \theta)$를 구하라.

1 $u(1, \theta) = \begin{cases} u_0, & 0 < \theta < \pi \\ 0, & \pi < \theta < 2\pi \end{cases}$

2 $u(1, \theta) = \begin{cases} \theta, & 0 < \theta < \pi \\ \pi - \theta, & \pi < \theta < 2\pi \end{cases}$

3 $u(1, \theta) = 2\pi\theta - \theta^2, \ 0 < \theta < 2\pi$

4 $u(1, \theta) = \theta, \ 0 < \theta < 2\pi$

5 반경 c인 원판에서 $u(c, \theta) = f(\theta), \ 0 < \theta < 2\pi$일 때, 바깥 디리클레 문제를 풀어라. 즉, xy평면에서 반경 c인 원의 내부를 잘라낸 판상에서 잘라낸 도형의 원주 상에서 온도가 $f(\theta)$일 때 정상상태 온도 $u(r, \theta)$를 구하라.
[힌트: 온도가 $r \to \infty$일 때 유계라고 하자.]

6 그림 13.1.4의 사분-원판의 정상상태 온도를 구하라.

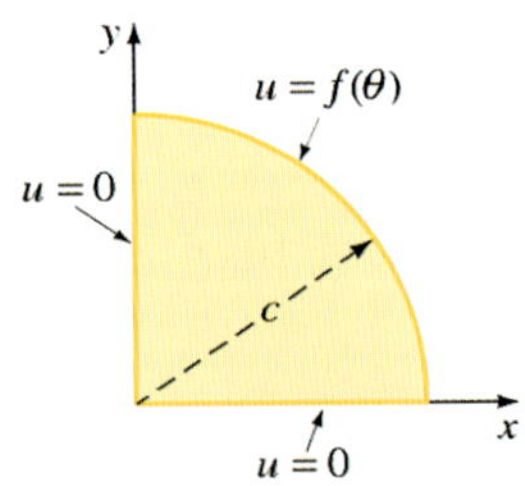

그림 13.1.4 문제 6의 사분-원판

7 그림 13.1.4에서 경계 $\theta = 0$와 $\theta = \frac{\pi}{2}$가 절연되었다면, 각각 다음 방정식을 얻는다.

$$\left.\frac{\partial u}{\partial \theta}\right|_{\theta = 0} = 0, \ \left.\frac{\partial u}{\partial \theta}\right|_{\theta = \frac{\pi}{2}} = 0$$

$$u(c, \theta) = \begin{cases} 1, & 0 < \theta < \dfrac{\pi}{4} \\ 0, & \dfrac{\pi}{4} < \theta < \dfrac{\pi}{2} \end{cases}$$

일 때, 정상상태 온도를 구하라.

8 그림 13.1.5와 같은 쐐기형태 판의 정상상태온도를 구하라.
[힌트: $r \to 0$, $r \to \infty$일 때 온도가 유계임을 가정하라.)]

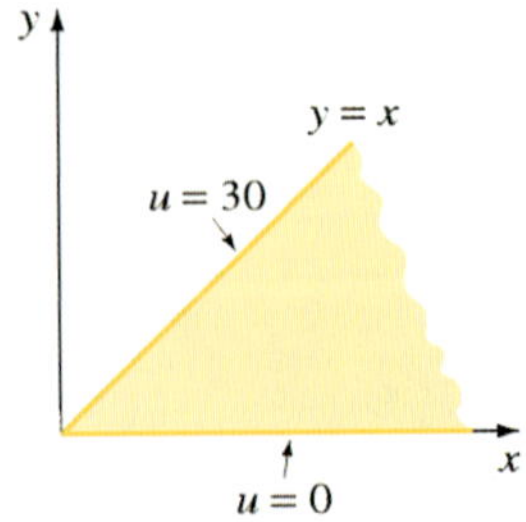

그림 13.1.5 문제 8의 쐐기형태 판

9 그림 13.1.6과 같은 반지름 a, b인 동심원 사이에서 유계인 반지형태 판의 정상상태 온도 $u(r, \theta)$를 구하라.
[힌트: 예제 1과 같은 방법을 이용하라.]

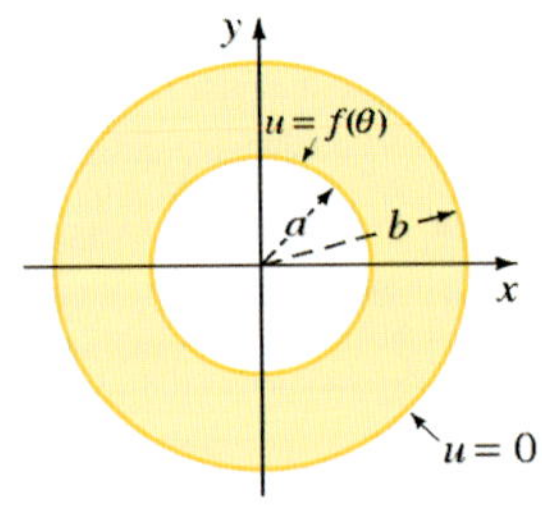

그림 13.1.6 문제 9의 반지형태 판

10 그림 13.1.6과 같은 반지형태 판에 대한 경계조건이 $u(a, \theta) = u_0, \ u(b, \theta) = u_1, \ 0 < \theta < 2\pi, \ u_0, u_1$가 상수일 때, 정상상태 온도는 다음과 같음을 보여라.

$$u(r, \theta) = \frac{u_0 \ln\left(\dfrac{r}{b}\right) - u_1 \ln\left(\dfrac{r}{a}\right)}{\ln\left(\dfrac{a}{b}\right)}$$

[힌트: $u(r, \theta) = v(r, \theta) + \psi(r)$ 형태의 해를 구하라.]

11 그림 13.1.6과 같은 반지형태 판에서 $a = 1, \ b = 2$와 $u(1, \theta) = 75\sin\theta, \ u(2, \theta) = 60\cos\theta, \ 0 < \theta < 2\pi$일 때, 정상상태 온도 $u(r, \theta)$를 구하라.

12 $u(a, \theta) = \theta(\pi - \theta), u(b, \theta) = 0, \ 0 < \theta < \pi$
$u(r, 0) = 0, \ u(r, \pi) = 0, \ a < r < b$
일 때, 그림 13.1.7과 같은 반 원형판의 정상상태 온도 $u(r, \theta)$를 구하라.

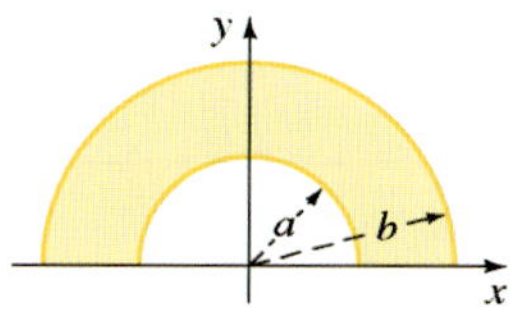

그림 13.1.7 문제 12의 반 원형판

13 $a = 1,\ b = 2$와

$u(1,\theta) = 0,\ u(2,\theta) = u_0,\ 0 < \theta < \pi$

$u(r,0) = 0,\ u(r,\pi) = 0,\ 1 < r < 2$

이고, u_0가 상수일 때, 그림 13.1.7과 같은 반 원형판의 정상상태 온도 $u(r,\theta)$를 구하라.

14 $u(1,\theta) = u_0,\ 0 < \theta < \pi$

$u(r,0) = 0,\ u(r,\pi) = u_0,\ 1 < r < 2$

이고, u_0가 상수일 때, 반경 $r = 1$인 반 원판의 정상상태 온도 $u(r,\theta)$를 구하라.

15 $u(2,\theta) = \begin{cases} u_0, & 0 < \theta < \dfrac{\pi}{2} \\ 0, & \dfrac{\pi}{2} < \theta < \pi \end{cases}$

이고 u_0는 상수, 변 $\theta = 0,\ \theta = \pi$가 절연되었을 때, 반경 $r = 2$인 반 원판의 정상상태 온도 $u(r,\theta)$를 구하라.

16 그림 13.1.8과 같은 제 1사분면에서의 원판은 그림 13.1.6의 원형 판 고리의 $\dfrac{1}{8}$이다.

정상상태 온도 $u(r,\theta)$를 구하라.

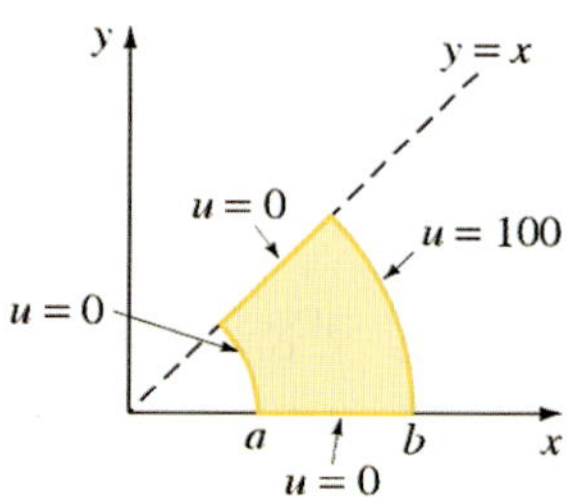

그림 13.1.8 문제 16의 원판

토론 문제

17 그림 13.1.6과 같은 원형 판이 있다. 경계조건이

$u(a,\theta) = f(\theta),\ u(b,\theta) = g(\theta),\ 0 \le \theta \le 2\pi$일 때 정상상태 온도 $u(r,\theta)$를 구하는 방법을 논하라.

18 그림 13.1.6과 같은 원형 판의 정상상태 온도 $u(r,\theta)$를 구하기 위하여 문제 17로부터 아이디어를 찾아라. 단 경계조건은

$u\left(\dfrac{1}{2},\theta\right) = 100(1 + 0.5\cos\theta),\ u(1,\theta) = 200,$

$0 \le \theta \le 2\pi$

이다.

19 그림 13.1.7과 같이 반 원형판의 정상 상태 온도 $u(r,\theta)$가 $a = 1,\ b = 2$와

$u(1,\theta) = 0,\ u(2,\theta) = 0,\ 0 < \theta < \pi$

$u(r,0) = 0,\ u(r,\pi) = r,\ 1 < r < 2$

가 있다. (4)와 (5)에서 $\lambda = \alpha^2$에 대하여 분리 상수로서 $-\lambda$를 선택하는 경우에 고윳값과 고유함수를 이끌어 냄을 보여라. $u(r,\theta)$를 구하는 방법을 논하고, 여러분의 생각을 이끌어내라.

컴퓨터 활용문제

20 (a) $u(1,\theta) = \begin{cases} 100, & 0 < \theta < \pi \\ 0, & \pi < \theta < 2\pi \end{cases}$

일 때 예제 1의 $u(r,\theta)$의 급수 해를 구하라.

(b) 컴퓨터대수체계나 그래프 그리는 도구를 이용하여 (a)에서 첫 다섯 개의 영이 아닌 항으로 구성된 부분합 $S_5(r,\theta)$를 $r = 0.9,\ r = 0.7,\ r = 0.5,\ r = 0.3,\ r = 0.1$에서 그려라. 같은 좌표축에 그래프를 겹쳐 그려라.

(c) 온도 $u(0.9, 1.3),\ u(0.7, 2),\ u(0.5, 3.5), u(0.3, 4),\ u(0.1, 5.5)$의 근사값을 구하라. 그리고 $u(0.9, 2\pi - 1.3),\ u(0.7, 2\pi - 2),\ u(0.5, 2\pi - 3.5),\ u(0.3, 2\pi - 4),\ u(0.1, 2\pi - 5.5)$의 근사값을 구하라.

(d) 원판의 중점에서 온도는 얼마인가? 이 값을 원판의 평균값이라 불러도 무방한가?

[힌트: (b)의 그래프를 살펴보고, (c)의 숫자를 확인하라.]

13.2 극좌표와 원기둥 좌표

필요한 개념

- 6.4절의 매개변수 베셀 미분방정식
- 6.4절의 변형된 매개변수 베셀 미분방정식
- 정의 11.5.1의 푸리에-베셀 급수의 형태

소개 | 이 절에서는 극좌표에서 열과 파동 방정식과 원기둥 좌표에서 라플라스 방정식의 형태가 포함된 경곗값 문제를 다룬다. 예제와 연습문제를 통하여 공통점이 존재함을 알 수 있다. 이 절의 각 경곗값 문제는 방사대칭을 갖는다.

방사대칭 2차원 열과 파동 방정식

$$k\left(\frac{\partial^2 u}{\partial x^2}+\frac{\partial^2 u}{\partial y^2}\right)=\frac{\partial u}{\partial t},\quad a^2\left(\frac{\partial^2 u}{\partial x^2}+\frac{\partial^2 u}{\partial y^2}\right)=\frac{\partial^2 u}{\partial t^2}$$

은 극좌표로 표현하면 각각 다음과 같다.

$$k\left(\frac{\partial^2 u}{\partial r^2}+\frac{1}{r}\frac{\partial u}{\partial r}+\frac{1}{r^2}\frac{\partial^2 u}{\partial \theta^2}\right)=\frac{\partial u}{\partial t},\quad a^2\left(\frac{\partial^2 u}{\partial r^2}+\frac{1}{r}\frac{\partial u}{\partial r}+\frac{1}{r^2}\frac{\partial^2 u}{\partial \theta^2}\right)=\frac{\partial^2 u}{\partial t^2} \tag{1}$$

단, $u=u(r,\,\theta,\,t)$. 이러한 방정식을 포함하는 경곗값 문제를 변수분리를 사용하여 풀기 위하여, $u=R(r)\Theta(\theta)T(t)$로 정의하여야 한다. 12.8절과 같이 이러한 가정은 다중 무한급수를 가져온다. 연습문제 13.2의 문제 16 참조. 이후 소개되는 토의에서 더욱더 간단한, 그러나 중요한 방사대칭을 포함하는 문제, 즉 미지의 함수 u가 각 좌표 θ와 독립인 문제를 다루게 된다. 이 경우에 (1)의 열과 파동 방정식은 각각 다음과 같은 형태를 취한다.

$$k\left(\frac{\partial^2 u}{\partial r^2}+\frac{1}{r}\frac{\partial u}{\partial r}\right)=\frac{\partial u}{\partial t},\quad a^2\left(\frac{\partial^2 u}{\partial r^2}+\frac{1}{r}\frac{\partial u}{\partial r}\right)=\frac{\partial^2 u}{\partial t^2} \tag{2}$$

단 $u=u(r,\,t)$. (2)의 두 번째 식에서 표현된 진동을 **방사진동**이라 한다.

첫 번째 예제는 얇은 원형 막의 자유 비감쇠 방사진동을 다룬다. 변위는 작고 원형 막의 각 점에서 xy평면에 수직 방향으로 움직이는 운동(횡단진동), 즉 u축이 xy평면과 수직임을 가정하자. 이 예제를 푸는 동안에는 물리적 모델로 진동하는 북가죽을 생각하도록 하자.

예제 1 원형 막의 방사진동

원주를 따라 고정된 반경 c의 원형 막에서 초기 변위가 $f(r)$, 초기 속도가 $g(r)$일 때 변위 $u(r,\,t)$를 구하라.

그림 13.2.1을 참조하라.

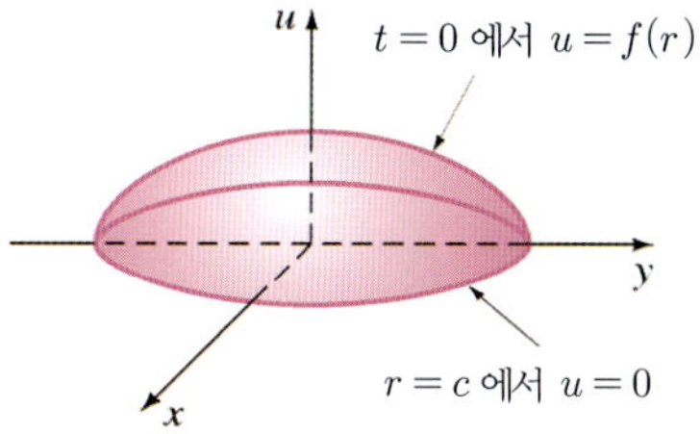

그림 13.2.1 예제 1의 원형 막에서 초기 변위

풀이 풀어야 하는 경곗값 문제는 다음과 같다.

$$a^2\left(\frac{\partial^2 u}{\partial r^2}+\frac{1}{r}\frac{\partial u}{\partial r}\right)=\frac{\partial^2 u}{\partial t^2},\quad 0<r<c,\ t>0$$

$$u(c,\,t)=0,\quad t>0$$

$$u(r,\,0)=f(r),\quad \left.\frac{\partial u}{\partial t}\right|_{t=0}=g(r),\quad 0<r<c$$

$u=R(r)T(t)$를 편미분 방정식에 대입하고, 변수 분리를 사용하면 다음 식을 얻는다.

$$\frac{R''+\frac{1}{r}R'}{R}=\frac{T''}{a^2T}=-\lambda \tag{3}$$

(3)에서 통상적인 분리 상수 $-\lambda$로 되돌아오는 것을 알 수 있다,
(3)에서 얻어진 두 방정식은 다음과 같다.

$$rR''+R'+\lambda rR=0 \tag{4}$$

$$T''+a^2\lambda T=0 \tag{5}$$

문제의 진동의 특성상 방정식 (5)는 $\lambda=\alpha^2>0,\ \alpha>0$만을 사용하게 한다. 왜냐하면 이 선택이 주기 함수를 만들기 때문이다. 또한 방정식 (4)를 다시 살펴보자. 이것은 코시-오일러방정식이 아니고 차수 $v=0$인 매개변수 베셀 방정식이다. 즉, $rR''+R'+\alpha^2rR=0$. 6.4절의 (13)으로부터 위의 방정식의 일반해는 다음과 같다.

$$R(r)=c_1J_0(\alpha r)+c_2Y_0(\alpha r) \tag{6}$$

비슷한 방정식 (5)의 일반해는 다음과 같다.

$$T(t)=c_3\cos a\alpha t+c_4\sin a\alpha t$$

$r\to 0^+$일 때 $Y_0(\alpha r)\to -\infty$이므로, $r=0$에서 변위 $u(r,\,t)$는 유계라는 음의 가정이 (6)에서 $c_2=0$으로 정의된다. 따라서 $R=c_1J_0(\alpha r)$.

한편 경계조건 $u(c,\,t)=0$이 $R(c)=0$와 동치이므로 $c_1J_0(\alpha c)=0$가 된다. ($c_1=0$일 때 편미분방정식은 자명한 해를 가지므로) $c_1=0$인 경우를 배제한다. 따라서

$$J_0(\alpha c)=0 \tag{7}$$

만약 $x_n=\alpha_nc$가 (7)의 양의 근이라면, $\alpha_n=\dfrac{x_n}{c}$이므로 따라서 문제의 고윳값은 $\lambda_n=\alpha_n^2=\dfrac{x_n^2}{c^2}$, 고유함수는 $c_1J_0(\alpha_nr)$이다. 편미분방정식과 경계조건을 만족하는 곱 해는 다음과 같다.

$$u_n=R(r)T(t)=(A_n\cos a\alpha_nt+B_n\sin a\alpha_nt)J_0(\alpha_nr) \tag{8}$$

여기서 통상적인 상수를 이용하여 다시 표현하였다. 중첩원리를 사용하면 다음 식을 얻는다.

$$u(r, t) = \sum_{n=1}^{\infty} (A_n \cos a\alpha_n t + B_n \sin a\alpha_n t) J_0(\alpha_n r) \tag{9}$$

주어진 초기 조건으로 계수 A_n과 B_n을 결정한다.

(9)에서 $t=0$이라 두고, $u(r, 0) = f(r)$을 이용하여 다음 식을 얻는다.

$$f(r) = \sum_{n=1}^{\infty} A_n J_0(\alpha_n r) \tag{10}$$

(10)은 구간 $(0, c)$에서 함수 f의 푸리에-베셀 확장임을 알 수 있다. 따라서 (7)과 (10)을 11.5절의 (8)과 (15)와 직접 비교하면 계수 A_n이 11.5절의 (16)의 A_n과 동일함을 알 수 있다.

$$A_n = \frac{2}{c^2 J_1^2(\alpha_n c)} \int_0^c r J_0(\alpha_n r) f(r) dr \tag{11}$$

다음에 t에 관하여 (9)를 미분하고, $t=0$이라 두고, $u_t(r, 0) = g(r)$을 이용하자.

$$g(r) = \sum_{n=1}^{\infty} a\alpha_n B_n J_0(\alpha_n r)$$

이것이 바로 함수 g의 푸리에-베셀 확장이다. 전 계수 $a\alpha_n B_n$과 11.5절의 (16)과 동일한 것으로 간주하면, B_n은 다음과 같이 표현된다.

$$B_n = \frac{2}{a\alpha_n c^2 J_1^2(\alpha_n c)} \int_0^c r J_0(\alpha_n r) g(r) dr \tag{12}$$

마지막으로 원래 경곗값 문제의 해는 (11)과 (12)에서 정의된 계수 A_n과 B_n을 갖는 급수 (9)이다. ■

지속적 파동 12.4절의 (11)과 같이, 곱해 (8)을 **지속적 파동**이라 한다. $n = 1, 2, \cdots$에 대하여 지속적 파동은 근본적으로 진폭

$$A_n \cos a\alpha_n t + B_n \sin a\alpha_n t$$

을 변화하는 시간을 갖는 $J_0(\alpha_n r)$의 그래프이다.

다른 시간에서 지속적 파동은 그림 13.2.2의 점선으로 표현되어 있다. 구간 $(0, c)$에서 각 지속적 파동의 영은 $J_0(\alpha_n r) = 0$의 근이며, 지속적 파동이 전혀 움직임이 없는 점들의 집합에 대응한다. 이 점들의 집합을 **꾸벅임 선**이라 부른다. (예제 1과 같이) $J_0(\alpha_n c) = 0$의 양의 근을 x_n으로 하면, $x_n = \alpha_n c$는 $\alpha_n = \dfrac{x_n}{c}$이고, 따라서 지속적 파동의 영은 다음 식에 의해 결정된다.

$$J_0(\alpha_n r) = J_0\left(\frac{x_n}{c} r\right) = 0$$

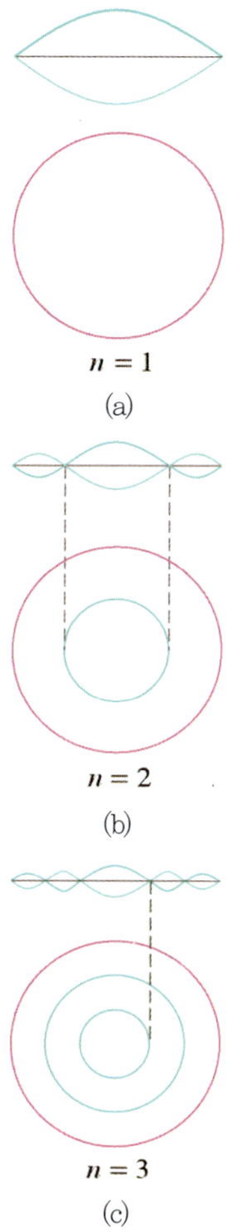

그림 13.2.2 지속적 파동

표 6.4.1로부터 J_0의 첫 세 영은 (거의) $x_1=2.4$, $x_2=5.5$ 그리고 $x_3=8.7$이다. 따라서 $n=1$에 대하여 $J_0\left(\frac{x_1}{c}r\right)=0$의 첫 양의 근은 $\frac{2.4}{c}r=2.4$ 또는 $r=c$이다. 개구간 $(0,\ c)$에서 지속적 파동의 영을 구하므로, 위의 결과는 첫 번째 지속적 파동은 꾸벅임 선이 없다는 것을 의미한다.

$n=2$에 대하여 $J_0\left(\frac{x_2}{c}r\right)=0$의 첫 두 양의 근은 $\frac{5.5}{c}r=2.4$와 $\frac{5.5}{c}r=5.5$에 의하여 결정된다. 따라서 두 번째 지속적 파장은 $r=\frac{x_1c}{x_2}=\frac{2.4c}{5.5}$에 의하여 정의된 한 개의 꾸벅임 선을 가진다. 여기서 $r\approx 0.44c<c$이다.

$n=3$에 대하여, 유사한 방법을 사용하면, $r=\frac{x_1c}{x_3}=\frac{2.4c}{8.7}$과 $r=\frac{x_2c}{x_3}=\frac{5.5c}{8.7}$에 의하여 정의된 두 개의 꾸벅임 선을 구할 수 있다. 일반적으로, n번째 지속적 파동은 $n-1$개의 꾸벅임 선 $r=\frac{x_1c}{x_n}$, $r=\frac{x_2c}{x_n}$, $\cdots$, $r=\frac{x_{n-1}c}{x_n}$을 갖는다. $r=$상수가 극좌표에서 원의 방정식이므로, 그림 13.2.2에서와 같이 지속적 파동의 꾸벅임 선들은 동심원들이다.

컴퓨터 활용 예제 1에서 해결한 모델의 한 북소리의 효과를 컴퓨터 대수 체계의 영상 활용으로 볼 수 있다. 연습문제 13.2의 문제 17에서 (9)에서 다음과 같은 조건에서 해를 구하는 것이 요구된다.

$$c=1,\ f(r)=0,\quad g(r)=\begin{cases}-v_0, & 0\le r<b\\ 0, & b\le r<1\end{cases}$$

진동하는 북가죽의 "움직임"의 몇 가지 형태를 그림 13.2.3에서 볼 수 있다.

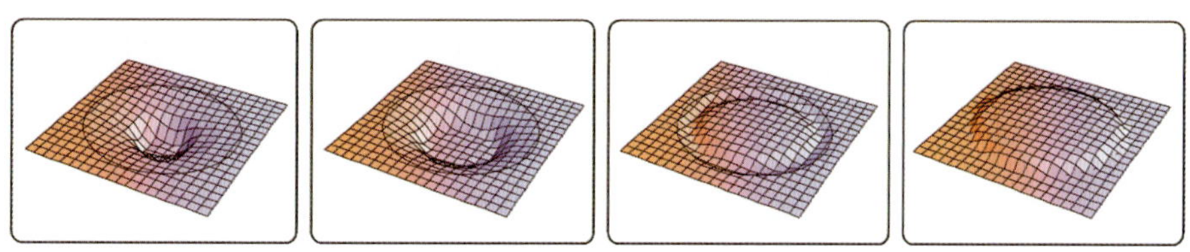
그림 13.2.3 컴퓨터 대수 체계 "움직임"의 형태

원기둥 좌표의 라플라시안 그림 13.2.4에서 공간의 한 점의 원기둥 좌표 (r,θ,z)와 직교좌표 (x,y,z)의 관계는 다음과 같다.

$$x=r\cos\theta,\quad y=r\sin\theta,\ z=z$$

극좌표상에서 라플라시안의 미분으로부터 (13.1절을 참조하라) 원기둥 좌표상의 함수 u의 라플라시안은

$$\nabla^2u=\frac{\partial^2u}{\partial r^2}+\frac{1}{r}\frac{\partial u}{\partial r}+\frac{1}{r^2}\frac{\partial^2u}{\partial\theta^2}+\frac{\partial^2u}{\partial z^2}$$

이다.

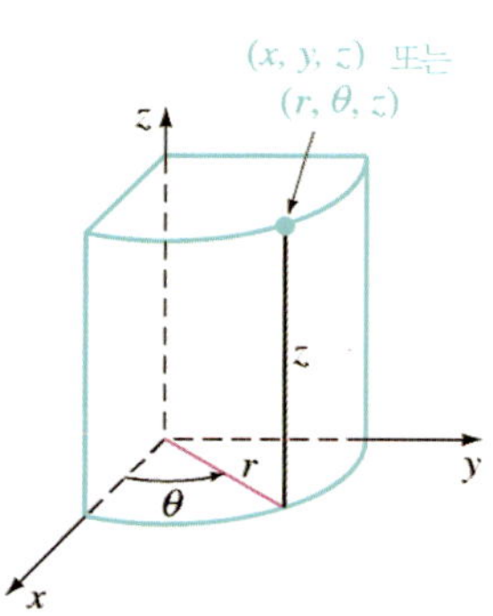

그림 13.2.4 점 (x,y,z)의 원기둥 좌표는 (r,θ,z)이다.

예제 2 원기둥의 정상온도

그림 13.2.5의 원기둥의 정상상태 온도 u를 구하라.

풀이 경계조건으로부터 온도 u가 방사대칭을 가짐을 알 수 있다. 따라서 $u(r, z)$는 다음 식에서 결정된다.

$$\frac{\partial^2 u}{\partial r^2}+\frac{1}{r}\frac{\partial u}{\partial r}+\frac{\partial^2 u}{\partial z^2}=0 \quad 0<r<2,\ 0<z<4$$

$$u(2, z)=0,\ 0<z<4$$

$$u(r, 0)=0,\ u(r,4)=u_0 \quad 0<r<2$$

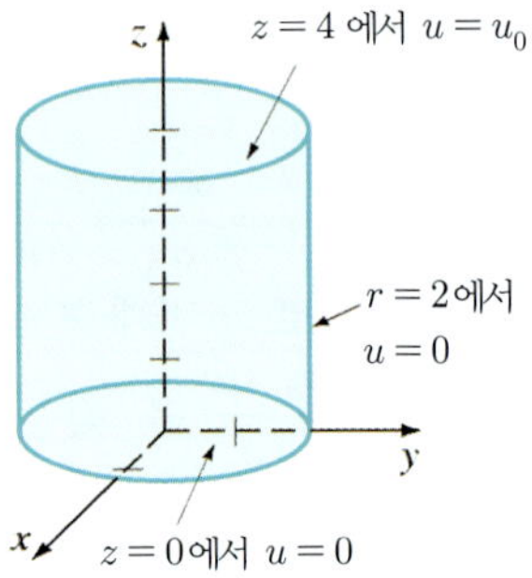

그림 13.2.5 예제 2의 원기둥

$u=R(r)Z(z)$와 변수 분리를 이용하면

$$\frac{R''+\frac{1}{r}R'}{R}=-\frac{Z''}{Z}=-\lambda \tag{13}$$

$$rR''+R'+\lambda rR=0 \tag{14}$$

$$Z''-\lambda Z=0 \tag{15}$$

$\lambda=0$, $\lambda=-\alpha^2$과 $\lambda=\alpha^2$인 경우를 고려하여 $\lambda=\alpha^2>0$이 고윳값과 고유함수가 되게끔 선택하자. (14)의 해는

$$R(r)=c_1J_0(\alpha r)+c_2Y_0(\alpha r)$$

이고, (15)의 해가 유한구간 $[0, 4]$에서 정의되었으므로, 일반해는

$$Z(z)=c_3\cosh\alpha z+c_4\sinh\alpha z$$

로 표현된다.

예제 1과 같이, $r=0$에서 온도 u가 유계하는 가정은 $c_2=0$임을 요구한다. 조건 $u(2, z)=0$으로부터 $R(2)=0$임을 알 수 있다. 이 방정식

$$J_0(2\alpha)=0 \tag{16}$$

은 문제의 양의 고윳값 $\lambda_n=\alpha_n^2$를 정의한다. 마지막으로 $Z(0)=0$로부터 $c_3=0$임을 알 수 있다. 따라서 $R(r)=c_1J_0(\alpha_n r)$, $Z(z)=c_4\sinh\alpha_n z$ 그리고

$$u_n=R(r)Z(z)=A_n\sinh\alpha_n zJ_0(\alpha_n r)$$

$$u(r, z)=\sum_{n=1}^{\infty}A_n\sinh\alpha_n zJ_0(\alpha_n r)$$

이다. $z=4$에서 남은 경계조건에서 푸리에-베셀 급수

$$u_0=\sum_{n=1}^{\infty}A_n\sinh 4\alpha_n J_0(\alpha_n r)$$

를 얻을 수 있고, 정의된 방정식 (16)으로부터 계수들이 11.5절의 (16)에 의하여

$$A_n \sinh 4\alpha_n = \frac{2u_0}{2^2 J_1^2(2\alpha_n)} \int_0^2 r J_0(\alpha_n r) dr$$

로 주어진다. 마지막 적분을 구하기 위하여, 먼저 치환 $t = \alpha_n r$을 이용하고, $\frac{d}{dt}[tJ_1(t)] = tJ_0(t)$를 이용한다.

$$A_n \sinh 4\alpha_n = \frac{u_0}{2\alpha_n^2 J_1^2(2\alpha_n)} \int_0^{2\alpha_n} \frac{d}{dt}[tJ_1(t)] dt = \frac{u_0}{\alpha_n J_1(2\alpha_n)}$$

으로부터

$$A_n = \frac{u_0}{\alpha_n \sinh 4\alpha_n J_1(2\alpha_n)}$$

을 얻는다. 따라서 원기둥의 온도는

$$u(r, z) = u_0 \sum_{n=1}^{\infty} \frac{1}{\alpha_n \sinh 4\alpha_n J_1(2\alpha_n)} \sinh \alpha_n z J_0(\alpha_n r)$$

이다. ■

예제 2과 같은 유한개의 원기둥을 포함하는 경곗값 문제에서, 변형된 베셀 함수를 접하는 것이 새삼스러운 것이 아니다. 연습문제 13.2의 문제 6과 7을 참조하라.

연습문제 13.2

1 예제 1에서 $f(r) = 0$이고 원형 막에 위로 초기 단위 속도가 주어졌을 때, 변위 $u(r, t)$를 구하라.

2 예제 2의 원통의 옆면이 절연일 때

$$\left.\frac{\partial u}{\partial \theta}\right|_{r=2} = 0, \ 0 < z < 4$$

이다.

(a) $u(r, 4) = f(r)$, $0 < r < 2$일 때 정상상태 온도 $u(r, z)$를 구하라.

(b) (a)에서 $f(r) = u_0$이면 정상상태 온도가 $u(r, z) = \frac{u_0 z}{4}$임을 보여라.

[힌트: 11.5절의 (12)를 이용하라.]

3 예제 2의 원통에서 경계 조건이

$$u(2, z) = 0, \ 0 < z < 4,$$

$$u(r, 0) = u_0, \ u(r, 4) = 0, \ 0 < r < 2$$

일 때, 정상상태 온도 $u(r, z)$를 구하라.

4 반경 1인 원형 막의 원주를 따라서 충격을 가한다. 초기 변위 $f(r) = 1 - r^2$, $0 < r < 1$에서 원형 막이 시작할 때, 변위 $u(r, t)$를 구하라.
[힌트: 연습문제 11.5의 문제 10을 참조하라.]

5 그림 13.2.5의 원통에서 옆면이 온도 0에서 유지되고, 윗면 $z = 4$는 온도 50에서 유지되고, 아랫면 $z = 0$이 절연되었을 때, 정상상태 온도 $u(r, z)$를 구하라.

6 $0 \le r \le 1$, $0 \le z \le 1$로 정의된 원기둥에서 경계 조건이

$$u(1, z) = z, \ 0 < z < 1$$

$$\left.\frac{\partial u}{\partial z}\right|_{z=0} = 0, \quad \left.\frac{\partial u}{\partial z}\right|_{z=1} = 0, \ 0 < r < 1$$

일 때, 정상상태 온도 $u(r, z)$를 구하라.

7 $0 \le r \le 1,\ 0 \le z \le 1$로 정의된 원기둥에서 경계 조건이

$$u(1,z) = 1 - z,\ 0 < z < 1$$
$$u(r,0) = 0,\ u(r,1) = 0,\ 0 < r < 1$$

일 때, 정상상태 온도 $u(r, z)$를 구하라.

(13)에서 분리 상수로 λ를 놓으면 (14)와 (15)에서 $\lambda = \alpha^2$인 경우가 고윳값과 고유함수가 됨을 보여라. [힌트: 6.4절과 그림 6.4.4의 변형된 베셀 함수의 토론을 복습하라.]

8 그림 13.2.5의 원통에서 옆면이 온도 0에서 유지되고, 윗면 $z=4$와 아랫면 $z=0$이 절연되었을 때, 정상상태 온도 $u(r, z)$를 구하라.

9 반경 c인 원판의 온도 $u(r,t)$가 다음 경곗값 문제에 의해 결정된다고 하자.

$$k\left(\frac{\partial^2 u}{\partial r^2} + \frac{1}{r}\frac{\partial u}{\partial r}\right) = \frac{\partial u}{\partial t},\quad 0 < r < c,\ t > 0$$
$$u(c, t) = 0,\ t > 0$$
$$u(r, 0) = f(r),\ 0 < r < c$$

이 때, $u(r, t)$를 구하라.

10 판의 끝 $r = c$에서 절연될 때 문제 9를 풀어라.

11 반경 1인 무한 원판의 옆면(그림 13.2.6 참조)에서 온도가 0인 중간 주위로 온도 변환이 있을 때, 원통의 내분의 온도는 다음 경곗값 문제에 의하여 결정된다.

$$k\left(\frac{\partial^2 u}{\partial r^2} + \frac{1}{r}\frac{\partial u}{\partial r}\right) = \frac{\partial u}{\partial t},\quad 0 < r < 1,\ t > 0$$
$$\left.\frac{\partial u}{\partial r}\right|_{r=1} = -hu(1, t),\ h > 0,\ t > 0$$
$$u(r, 0) = f(r),\ 0 < r < 1$$

이 때, $u(r, t)$를 구하라.

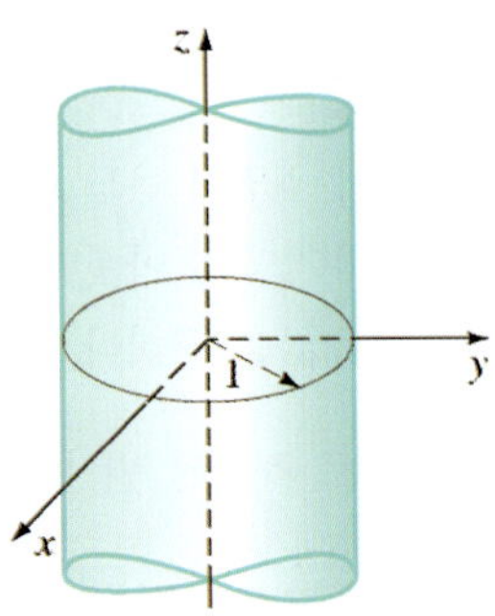

그림 13.2.6 문제 11의 무한 원판

12 반경이 1인 반 무한원통의 옆면에서 온도가 0인 중간 주위로 온도 변환이 있고, 바닥면 $z=0$에서 온도가 u_0로 유지될 때 정상상태 온도 $u(r, z)$를 구하라.

13 동심원의 형태로 된 원판이 두 개의 서로 다른 물질로 합성되어 있다. 그림 13.2.7을 참조하라. 원판의 온도가 다음 경곗값 문제에 의하여 결정된다고 하자.

$$\frac{\partial^2 u}{\partial r^2} + \frac{1}{r}\frac{\partial u}{\partial r} = \frac{\partial u}{\partial t},\quad 0 < r < 2,\ t > 0$$
$$u(2, t) = 100,\ t > 0$$
$$u(r, 0) = \begin{cases} 200, & 0 < r < 1 \\ 100, & 1 < r < 2 \end{cases}$$

이 때, $u(r, t)$를 구하라.

[힌트: $u(r, t) = v(r, t) + \psi(r)$로 두자.]

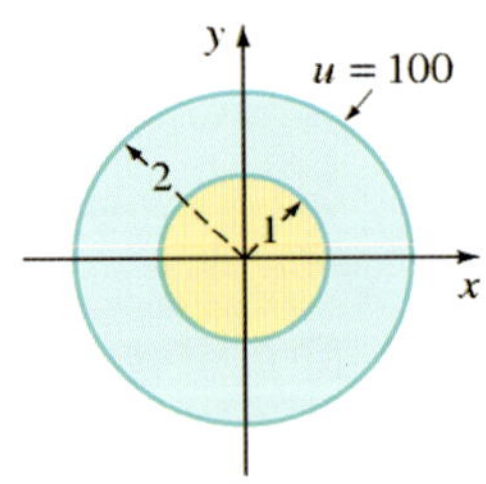

그림 13.2.7 문제 13의 합성원판

14 경곗값 문제를 풀어라.

$$\frac{\partial^2 u}{\partial r^2} + \frac{1}{r}\frac{\partial u}{\partial r} + \beta = \frac{\partial u}{\partial t},\quad 0 < r < 1,\ t > 0$$
$$u(1, t) = 0,\ t > 0$$
$$u(r, 0) = 0,\ 0 < r < 1$$

단, β는 상수이다.

15 수직면에서 진동하는 길이 L인 같은 구조의 무거운 체인의 수평 변위 $u(x, t)$가 다음 편미분 방정식을 만족한다.

$$g\frac{\partial}{\partial x}\left(x\frac{\partial u}{\partial x}\right) = \frac{\partial^2 u}{\partial t^2},\quad 0 < x < L,\ t > 0$$

그림 13.2.8을 참조하라.

(a) 분리상수 $-\lambda$를 이용하여, 공간 변수 x의 상미분 방정식이 $xX'' + X' + \lambda X = 0$임을 보여라. $x = \dfrac{\tau^2}{4}$를 대입하여 이 방정식을 풀어라.

(b) (a)의 결과를 이용하여 다음 초기 조건을 갖는 편미분 방정식을 풀어라.

$$u(L, t) = 0,\ t > 0$$
$$u(x, 0) = f(x),\ \left.\frac{\partial u}{\partial t}\right|_{t=0} = 0,\ 0 < x < L$$

[힌트: $x=0$에서 진동이 유한임을 가정하라.]

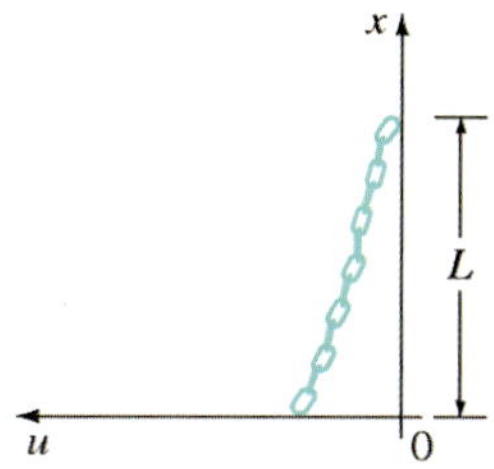

그림 13.2.8 문제 15의 진동체인

16 이 문제에서 진동하는 반경 c인 원형 막의 일반적인 경우, 즉 θ에 종속된다고 생각하자.

$$a^2\left(\frac{\partial^2 u}{\partial r^2}+\frac{1}{r}\frac{\partial u}{\partial r}+\frac{1}{r^2}\frac{\partial^2 u}{\partial \theta^2}\right)=\frac{\partial^2 u}{\partial t^2},$$

$$0<r<c,\ t>0$$

$$u(c,\theta,t)=0,\ 0<\theta<2\pi,\ t>0$$

$$u(r,\theta,0)=f(r,\theta),\ 0<r<c,\ 0<\theta<2\pi$$

$$\left.\frac{\partial u}{\partial t}\right|_{t=0}=g(r,\theta),\ 0<r<c,\ 0<\theta<2\pi$$

(a) $u=R(r)\Theta(\theta)T(t)$, 분리 상수를 $-\lambda$와 $-v$라 가정하자. 분리된 미분방정식이

$$T''+a^2\lambda T=0,\ \Theta''+v\Theta=0$$

$$r^2R''+rR'+(\lambda r^2-v)R=0$$

임을 보여라.

(b) $\lambda=\alpha^2$, $v=\beta^2$일 때 분리 미분방정식을 풀어라.

(c) 문제의 고윳값과 고유함수를 구하라.

(d) 중첩원리를 이용하여 중급수 해를 구하라. 계수를 구하지 마시오.

컴퓨터 활용 문제

17 반경이 1인 원통에 팽팽하게 늘인 얇은 원형 막으로 된 이상적인 북을 생각하자. 이 북의 중점을 칠 때, 선율이 있는 음색보다는 둔탁한 쿵 소리가 주로 들린다. 예제 1의 경곗값 문제를 이용하여 단일 북소리를 모델화할 수 있다.

(a) (9)에서 $c=1$, $f(r)=0$, 그리고

$$g(r)=\begin{cases}-v_0, & 0\le r<b\\ 0, & b\le r<1\end{cases}$$

일 때, 해 $u(r,t)$를 구하라.

(b) α_n을 $J_0(x)$의 n번째 양의 0일 때 지속적 파동 $u_{n(r,\ t)}$의 주파수가 $f_n=\dfrac{a\alpha_n}{2\pi}$임을 보여라. 12.4절의 1차원 파동방정식과 달리, 주파수는 기본 주파수 f_1의 정수배가 아니다. $f_2\approx 2.295f_1$, $f_3\approx 3.598f_1$임을 보여라. 북소리가 비 화음적인 배음을 일으킨다라고 한다. 결과적으로 변위함수 $u(r,t)$가 주기함수가 아닐뿐더러, 이상적인 북은 지속적인 음을 내지 못한다.

(c) (a)의 해에서 $a=1$, $b=\frac{1}{4}$, 그리고 $v_0=1$이라 두자. 컴퓨터대수체계를 이용하여 구간 $-1\le r\le 1$에서 다섯 개 항의 부분합 $S_5(r,t)$의 그래프를 시간 $t=0, 0.1, 0.2, 0.3, \cdots, 5.9, 6.0$에서 그려라. 컴퓨터대수체계의 동영상 기능을 이용하여 북소리 진동의 동영상을 만들어라.

(d) 더 어려운 과제로, 컴퓨터대수체계의 3D 그래프 기능을 이용하여 (c)에서 한가운데를 가로 지르는 부분에서 볼 수 있는 북가죽의 움직임에 대한 영상을 만들어라.

[힌트: 이것을 수행할 수 있는 여러 가지 방법이 있다. 고정된 시간에 대하여, u를 $r=\sqrt{x^2+y^2}$을 이용하여 x와 y의 함수로 간주하여 그래프를 그리든지, 혹은 Mathematica의 RevolutionPlot3D를 이용하라.)

18 (a) 예제 1에서 $a=1$, $c=10$, $g(r)=0$, 그리고 $f(r)=1-\dfrac{r}{10}$, $0<r<10$라고 하자. 컴퓨터대수체계를 이용하여 경곗값 문제의 세 개의 고윳값 $\lambda_1, \lambda_2, \lambda_3$와 (9)의 해 $u(r,\ t)$에서 첫 세 계수 A_1, A_2, A_3를 구하라. 급수해의 셋째 부분 합 $S_3(r,t)$를 구하라.

(b) 컴퓨터대수체계를 이용해 $t=0, 4, 10, 12, 20$일 때 $S_3(r,\ t)$의 그래프를 그려라.

19 문제 7에서 경계조건이 $u(c,t)=200$, $u(r,0)=0$일 때 문제를 풀어라. 이러한 조건에서 판의 내부점에서는 $t\to\infty$에 따라 $u(r,t)\to 200$임을 직관적으로 예상 할 수 있다. $c=10$, 그리고 판이 무쇠이고 대략 $k=0.1$라 하자. 컴퓨터대수체계를 이용하여 경곗값 문제의 처음 다섯 고윳값 $\lambda_1, \lambda_2, \lambda_3, \lambda_4, \lambda_5$와 해 $u(r,t)$의 다섯 개의 계수 A_1, A_2, A_3, A_4, A_5를 구하라. 대응되는 근사해를 $S_5(r,t)$라 두자. 충분히 큰 구간 $0\le t\le T$상에서 $S_5(5,t)$와 $S_5(0,t)$를 그려라. $S_5(5,t)$와 $S_5(0,t)$를 이용하여 $u(5,t)\approx 100$과 $u(0,t)\approx 100$이 되는 시간(초단위로)을 측정하라. $u(5,t)\approx 200$과 $u(0,t)\approx 200$인 경우에 시도하라.

13.3 구면좌표

필요한 개념

- 6.4절의 르장드르의 미분방정식
- 11.5절의 푸리에-르장드르 급수의 형태

소개 | 다른 좌표계에서의 경곗값 문제를 검토하는데, 다음은 구면좌표에서 열, 파동과 라플라스 방정식을 포함하는 문제들을 살펴본다.

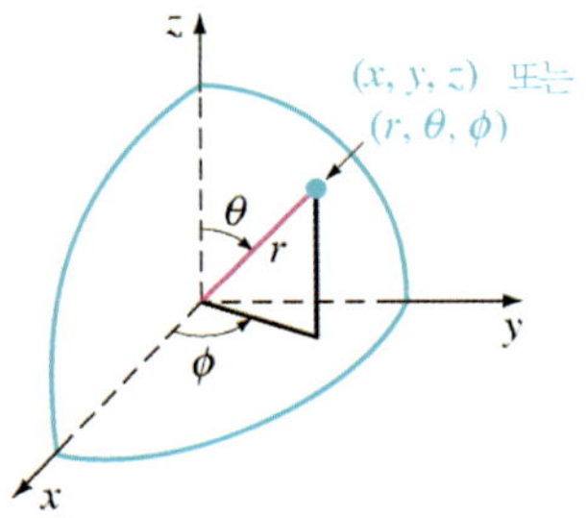

그림 13.3.1 점 (x, y, z)의 구면좌표는 (r, θ, ϕ)이다.

구면좌표의 라플라시안 그림 13.3.1와 같이 3차원 공간에서 한 점은 직교좌표와 구면좌표로 표현된다. 점의 직교좌표 x, y, z는 방정식

$$x = r\sin\theta\cos\phi,\ \ y = r\sin\theta\sin\phi,\ \ z = r\cos\theta \qquad (1)$$

을 이용하여 구면좌표 r, θ와 ϕ에 대응된다.

(1)의 방정식을 이용하면 구면좌표의 라플라시안 $\nabla^2 u$가

$$\nabla^2 u = \frac{\partial^2 u}{\partial r^2} + \frac{2}{r}\frac{\partial u}{\partial r} + \frac{1}{r^2\sin^2\theta}\frac{\partial^2 u}{\partial \phi^2} + \frac{1}{r^2}\frac{\partial^2 u}{\partial \theta^2} + \frac{\cot\theta}{r^2}\frac{\partial u}{\partial \theta} \qquad (2)$$

이 된다. 예측한 바와 같이 (2)가 포함된 문제는 상당히 만만치 않다. 따라서 몇 가지 간단한 즉 방위각 ϕ가 독립인 문제만을 다룬다.

다음 예제는 구면상에서 디리클레 문제이다.

예제 1 구면상에서 정상온도

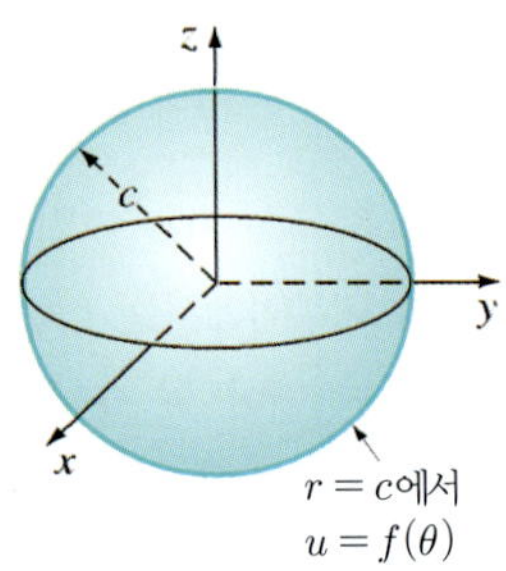

그림 13.3.2 예제 1의 구면상에서 디리클레 문제

그림 13.3.2의 구에서 정상상태 온도 $u(r, \theta)$를 구하라.

풀이 온도는 다음 식에 의하여 결정된다.

$$\frac{\partial^2 u}{\partial r^2} + \frac{2}{r}\frac{\partial u}{\partial r} + \frac{1}{r^2}\frac{\partial^2 u}{\partial \theta^2} + \frac{\cot\theta}{r^2}\frac{\partial u}{\partial \theta} = 0,\ \ 0 < r < c,\ \ 0 < \theta < \pi$$

$$u(c, \theta) = f(\theta),\ \ 0 < \theta < \pi$$

만약 $u = R(r)\Theta(\theta)$이면, 편미분 방정식은

$$\frac{r^2 R'' + 2rR'}{R} = -\frac{\Theta'' + \cot\theta\Theta'}{\Theta} = \lambda$$

과 같이 분리되고, 따라서 다음 두 식을 얻는다.

$$r^2 R'' + 2rR' - \lambda R = 0 \qquad (3)$$

$$\sin\theta\Theta'' + \cos\theta\Theta' + \lambda\sin\theta\Theta = 0 \qquad (4)$$

$x = \cos\theta,\ 0 \le \theta \le \pi$로 치환하면 (4)는 다음과 같다.

$$(1-x^2)\frac{d^2\Theta}{dx^2}-2x\frac{d\Theta}{dx}+\lambda\Theta=0,\ -1\le x\le 1 \tag{5}$$

마지막 방정식은 르장드르의 미분방정식 (연습문제 6.4의 문제 46을 참조하라) 형태이다. 폐구간 $[-1, 1]$상에서 연속이고 연속인 도함수인 (5)의 유일한 해는 $\lambda=n(n+1)$, $n=0, 1, 2, \cdots$에 대응되는 르장드르 다항식 $P_n(x)$이다. 따라서 (4)의 해로

$$\Theta(\theta)=P_n(\cos\theta)$$

를 선택하면 된다.

또한, $\lambda=n(n+1)$일 때, 코시-오일러 방정식 (3)의 일반해는

$$R(r)=c_1r^n+c_2r^{-(n+1)}$$

이 된다. $r=0$에서 $u(r, \theta)$는 유계가 예상되므로, $c_2=0$으로 정의한다. 따라서 $u_n=A_nr^nP_n(\cos\theta)$이고,

$$u(r, \theta)=\sum_{n=0}^{\infty}A_nr^nP_n(\cos\theta)$$

$$r=c\text{에서 } f(\theta)=\sum_{n=0}^{\infty}A_nc^nP_n(\cos\theta)$$

따라서 A_nc^n은 11.5절의 푸리에-르장드르 급수 (23)의 계수이다.

$$A_n=\frac{2n+1}{2c^n}\int_0^{\pi}f(\theta)P_n(\cos\theta)\sin\theta d\theta$$

그러므로 해는 다음 식과 같다.

$$u(r, \theta)=\sum_{n=0}^{\infty}\left(\frac{2n+1}{2}\int_0^{\pi}f(\theta)P_n(\cos\theta)\sin\theta d\theta\right)\left(\frac{r}{c}\right)^nP_n(\cos\theta)\Big\}$$ ■

연습문제 13.3

1 $f(\theta)=\begin{cases}50, 0<\theta<\dfrac{\pi}{2} \\ 0, \ \dfrac{\pi}{2}<\theta<\pi\end{cases}$ 일 때, 예제 1의 경곗값 문제를 구하라. 급수해의 첫 영이 아닌 네 개의 항을 구하라. [힌트: 11.5절의 예제 3을 참고하라.]

2 이 절의 예제 1의 해 $u(r, \theta)$는 표면의 충전분포 $f(\theta)$로 인하여 구의 내부에서 퍼텐셜로 표현될 수 있다. 구 외부의 퍼텐셜을 구하라.

3 $f(\theta)=\cos\theta, \ 0<\theta<\pi$일 때 예제 1의 문제의 해를 구하라. [힌트: $P_1(\cos\theta)=\cos\theta$, 직교를 사용하라.]

4 $f(\theta)=1-\cos 2\theta, \ 0<\theta<\pi$일 때 예제 1의 문제의 해를 구하라. [힌트: 연습문제 11.5의 문제 18을 참조하라.]

5 속이 빈 구, $a<r<b$에서 내부표면 $r=a$의 온도는 $f(\theta)$로, 외부표면 $r=b$의 온도는 0으로 유지될 때 정상상태 온도 $u(r, \theta)$를 구하라. 제 8분면의 구가 그림 13.3.3에 주어져 있다.

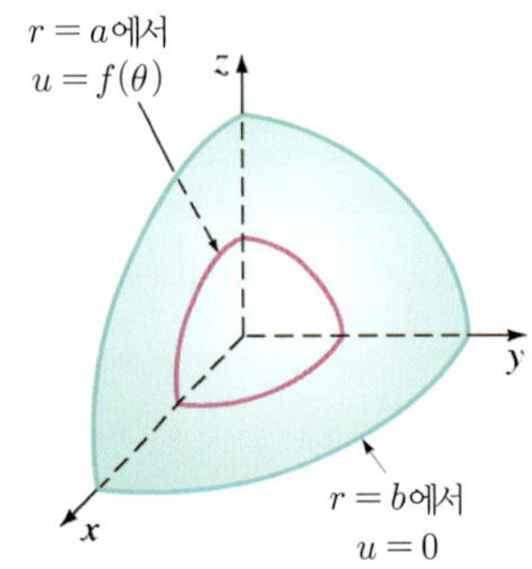

그림 13.3.3 문제 5의 속이 빈 구

6 반경 $r=c$인 반구에서 정상상태 온도가 다음 방정식에 의해 결정된다.

$$\frac{\partial^2 u}{\partial r^2}+\frac{2}{r}\frac{\partial u}{\partial r}+\frac{1}{r^2}\frac{\partial^2 u}{\partial \theta^2}+\frac{\cot\theta}{r^2}\frac{\partial u}{\partial \theta}=0,$$

$$0<r<c, \ 0<\theta<\frac{\pi}{2}$$

$$u\left(r, \frac{\pi}{2}\right)=0, \ 0<r<c$$

$$u(r, \theta)=f(\theta), \ 0<\theta<\frac{\pi}{2}$$

이때, $u(r, \theta)$를 구하라. [힌트: n이 홀수이면 $P_n(0)=0$. 연습문제 11.5의 문제 20을 참조하라.]

7 반구의 바탕이 절연될 때, 즉

$$\left.\frac{\partial u}{\partial \theta}\right|_{\theta=\frac{\pi}{2}}=0, \ 0<r<c$$

일 때, 문제 6을 풀어라.

8 $r>c$에 대하여 문제 6을 풀어라.

9 반경이 1인 구내에서 시간에 따른 온도가 다음 방정식으로부터 결정된다.

$$\frac{\partial^2 u}{\partial r^2}+\frac{2}{r}\frac{\partial u}{\partial r}=\frac{\partial u}{\partial t}, \ 0<r<1, \ t>0$$

$$u(1, t)=100, \ t>0$$

$$u(r, 0)=0, \ 0<r<1$$

이 때, $u(r, \theta)$를 구하라. [힌트: 편미분 방정식의 좌변이 $\dfrac{1}{r}\dfrac{\partial^2}{\partial r^2}(ru)$로 나타내어질 수 있음을 보여라.
$ru(r, t)=v(r, t)+\psi(r)$로 놓고, $r\to 0$일 때 유계인 함수만을 이용한다.]

10 반경이 1인 균등 구체의 초기온도가 u_0이다. 온도가 $u_1(u_1>u_0)$을 유지하는 액체 컨테이너에 이 구체를 떨어뜨린다. 그림 13.3.4를 참조하라. 경계 $r=1$을 통과할 때 열 변환이 있으므로 구의 온도 $u(r, t)$는 다음과 같은 경곗값 문제에 의하여 결정된다.

$$\frac{\partial^2 u}{\partial r^2}+\frac{2}{r}\frac{\partial u}{\partial r}=\frac{\partial u}{\partial t}, \ 0<r<1, \ t>0$$

$$\left.\frac{\partial u}{\partial r}\right|_{r=1}=-h(u(1, t)-u_1), \ 0<h<1$$

$$u(r, 0)=u_0, \ 0<r<1$$

이 때, $u(r, t)$를 구하라. [힌트: 문제 9와 같은 방식으로 구하라.]

그림 13.3.4 문제 10의 액체 컨테이너

11 구면 진동을 포함하는 경곗값 문제를 구하라.

$$a^2\left(\frac{\partial^2 u}{\partial r^2}+\frac{2}{r}\frac{\partial u}{\partial r}\right)=\frac{\partial^2 u}{\partial t^2},\ \ 0<r<c,\ \ t>0$$

$$u(c,t)=0,\ \ t>0$$

$$u(r,\,0)=f(r),\ \ \left.\frac{\partial u}{\partial t}\right|_{t=0}=g(r),\ \ 0<r<c$$

[힌트: 편미분방정식의 좌변이 $a^2\dfrac{1}{r}\dfrac{\partial^2}{\partial r^2}(ru)$임을 보여라. $v(r,\,t)=ru(r,\,t)$로 두자.]

12 반경 $r=c$인 전도체인 구가 z방향으로 강도 E의 균등 전자체로 바닥에 위치해 있다. 구의 외부 퍼텐셜 $u(r,\,\theta)$가 다음과 같은 경곗값 문제로부터 결정된다.

$$\frac{\partial^2 u}{\partial r^2}+\frac{2}{r}\frac{\partial u}{\partial r}+\frac{1}{r^2}\frac{\partial^2 u}{\partial \theta^2}+\frac{\cot\theta}{r^2}\frac{\partial u}{\partial \theta}=0,$$

$$r>c,\ \ 0<\theta<\pi$$

$$u(c,\,\theta)=0,\ \ 0<\theta<\pi$$

$$\lim_{r\to\infty}u(r,\,\theta)=-Ez=-Er\cos\theta$$

이 때, $u(r,\,\theta)=-Er\cos\theta+E\dfrac{c^3}{r^2}\cos\,\theta$

임을 보여라.

[힌트: $n=1$을 제외한 음이 아닌 정수에 대하여 $\displaystyle\int_0^{\pi}\cos\theta P_n(\cos\theta)\sin\theta d\theta=0$을 설명하라. 11.5절의 (24) 참조.]

13 구면좌표에서 3차원 형태인 **헬름홀츠의 편미분 방정식**은 $\nabla^2 u+k^2u=0$ 이다. 단 라플라시안은 (2)에서 주어져 있다. 예제 1에서와 같이 해보지만 $u(r,\,\theta,\,\phi)=R(r)\Theta(\theta)\Phi(\phi)$과 분리 상수 $n(n+1)$을 이용하여 해 u의 방사 종속이 다음과 같은 방정식에 의하여 정의됨을 보여라.

$$r^2\frac{d^2R}{dr^2}+2r\frac{dR}{dr}+[k^2r^2-n(n+1)]R=0$$

이 미분방정식을 풀어라. [힌트: 연습문제 6.4의 문제 54 참조하라.]

13장 복습

1 원주 상에서 온도가

$$u(c,\,\theta)=\begin{cases}u_0, & 0<\theta<\pi\\ -u_0, & \pi<\theta<2\pi\end{cases}$$

일 때, 반경 c인 원판의 정상상태 온도 $u(r,\,\theta)$를 구하라.

2 $$u(c,\,\theta)=\begin{cases}1, & 0<\theta<\dfrac{\pi}{2}\\ 0, & \dfrac{\pi}{2}<\theta<\dfrac{3\pi}{2}\\ 1, & \dfrac{3\pi}{2}<\theta<2\pi\end{cases}$$

일 때, 문제 1인 원판의 정상상태 온도를 구하라.

3 $u(1,\,\theta)=u_0(\pi\theta-\theta^2),\ \ 0<\theta<\pi$

$u(r,\,0)=0,\ \ u(r,\,\pi)=0,\ \ 0<r<1$

일 때, 반경 1인 반 원판의 정상상태 온도 $u(r,\,\theta)$를 구하라.

4 $u(1,\,\theta)=\sin\theta,\ \ 0<\theta<\pi$일 때 문제 3의 반 원판의 정상상태 온도 $u(r,\,\theta)$를 구하라.

5 그림 13.R.1과 같은 판의 정상상태 온도 $u(r,\,\theta)$를 구하라.

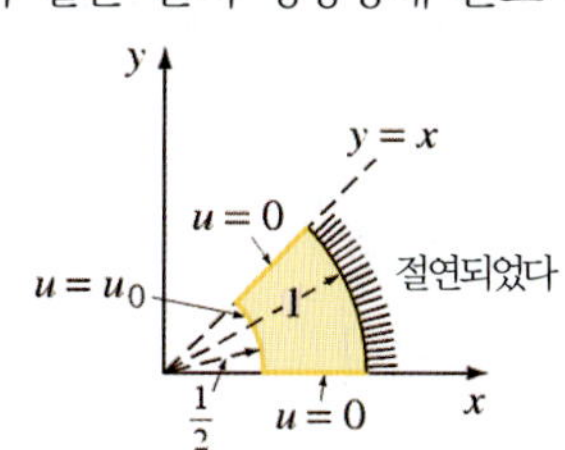

그림 13.R.1 문제 5의 쐐기형태 판

6 그림 13.R.2와 같은 무한 판의 정상상태 온도 $u(r, \theta)$를 구하라.

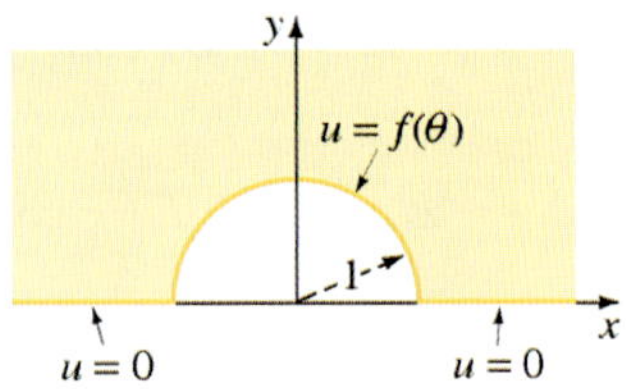

그림 13.R.2 문제 6의 무한 판

7 매우 얇은 단위 원판의 평평한 표면으로부터 온도 0인 중간 부분을 둘러싼 곳으로 열이 손실된다고 가정하자. 열변환의 선형법칙을 적용하여, 열방정식이 다음과 같은 형태라고 가정하자.

$$\frac{\partial^2 u}{\partial r^2}+\frac{1}{r}\frac{\partial u}{\partial r}-hu=\frac{\partial u}{\partial t},\ h>0,\ 0<r<1,\ t>0$$

그림 13.R.3을 참조하라. 변 $r=1$에서 온도가 0으로 유지되고 판의 초기 온도가 전체적으로 같을 때 온도 $u(r, t)$를 구하라.

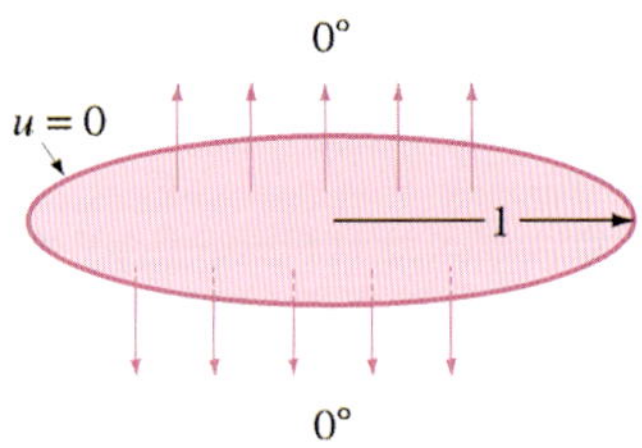

그림 13.R.3 문제 7의 원판

8 x_k가 J_0의 양의 0이라 하자. 경곗값 문제

$$a^2\left(\frac{\partial^2 u}{\partial r^2}+\frac{1}{r}\frac{\partial u}{\partial r}\right)=\frac{\partial^2 u}{\partial t^2},\ 0<r<1,\ t>0$$

$$u(1, t)=0,\ t>0$$

$$u(r, 0)=u_0J_0(x_kr),\ \left.\frac{\partial u}{\partial t}\right|_{t=0}=0,\ 0<r<1$$

의 해가 $u(r, t)=u_0J_0(x_kr)\cos ax_kt$임을 보여라.

9 그림 13.2.5의 원통에서 옆면의 온도가 50으로 유지되고, 윗면 $z=4$에서 온도 0을 유지되고, 바탕면 $z=0$는 절연되었을 때, 정상상태 온도 $u(r, z)$를 구하라.

10 경곗값 문제

$$\frac{\partial^2 u}{\partial r^2}+\frac{1}{r}\frac{\partial u}{\partial r}+\frac{\partial^2 u}{\partial z^2}=0,\ 0<r<1,\ 0<z<1$$

$$\left.\frac{\partial u}{\partial r}\right|_{r=1}=0,\ 0<z<1$$

$$u(r, 0)=f(r),\ u(r, 1)=g(r),\ 0<r<1$$

를 구하라.

11 반경이 1인 구의 표면온도가

$$u(1, \theta)=\begin{cases}100, & 0<\theta<\dfrac{\pi}{2}\\ -100, & \dfrac{\pi}{2}<\theta<\pi\end{cases}$$

으로 유지될 때, 정상상태 온도 $u(r, \theta)$를 구하라.
[힌트: 연습문제 11.5의 문제 22를 참조하라.]

12 경곗값 문제

$$\frac{\partial^2 u}{\partial r^2}+\frac{2}{r}\frac{\partial u}{\partial r}=\frac{\partial^2 u}{\partial t^2},\ 0<r<1,\ t>0$$

$$\left.\frac{\partial u}{\partial r}\right|_{r=1}=0,\ t>0$$

$$u(r, 0)=f(r),\ \left.\frac{\partial u}{\partial t}\right|_{t=0}=g(r),\ 0<r<1$$

를 구하라.
[힌트: 연습문제 13.3의 문제 9와 10과 같이 진행하고, $v(r, t)=ru(r, t)$라 두자. 12.7절을 참고하라.]

13 함수 $u(x)=Y_0(\alpha a)J_0(\alpha x)-J_0(\alpha a)Y_0(\alpha x),\ a>0$가 구간 $[a, b]$에서 매개변수 베셀 방정식

$$x^2\frac{d^2u}{dx^2}+x\frac{du}{dx}+\alpha^2x^2u=0$$

의 해이다. 만약 고윳값 $\lambda_n=\alpha_n^2$이 방정식

$$Y_0(\alpha a)J_0(\alpha b)-J_0(\alpha a)Y_0(\alpha b)=0$$

의 양의 해로 정의될 때, 함수

$$u_m(x)=Y_0(\alpha_m a)J_0(\alpha_m x)-J_0(\alpha_m a)Y_0(\alpha_m x)$$

$$u_n(x)=Y_0(\alpha_n a)J_0(\alpha_n x)-J_0(\alpha_n a)Y_0(\alpha_n x)$$

는 구간 $[a, b]$상의 가중함수 $p(x)=x$에 관하여 직교, 즉

$$\int_a^b xu_m(x)u_n(x)dx=0,\ m\neq n$$

임을 보여라.
[힌트: 609-610쪽의 과정을 이용하라.]

14 원형 판에서 온도 $u(r, t)$의 경곗값 문제

$$\frac{\partial^2 u}{\partial r^2}+\frac{1}{r}\frac{\partial u}{\partial r}=\frac{\partial u}{\partial t},\ a<r<b,\ t>0$$

$$u(a, t)=0,\ u(b, t)=0,\ t>0$$

$$u(r, 0)=f(r),\ a<r<b$$

를 구하기 위하여 문제 13의 결과를 이용하라.

15 그림 13.R.4에서 주어진 경계조건하에서

$$\frac{\partial^2 u}{\partial r^2}+\frac{1}{r}\frac{\partial u}{\partial r}+\frac{\partial^2 u}{\partial z^2}=0,\ 0<r<c,\ 0<z<L$$

을 구하는 방법을 논의하라. 아이디어를 찾아서 $u(r, z)$를 구하라.

[힌트: 12.5절의 (11)을 복습하라.]

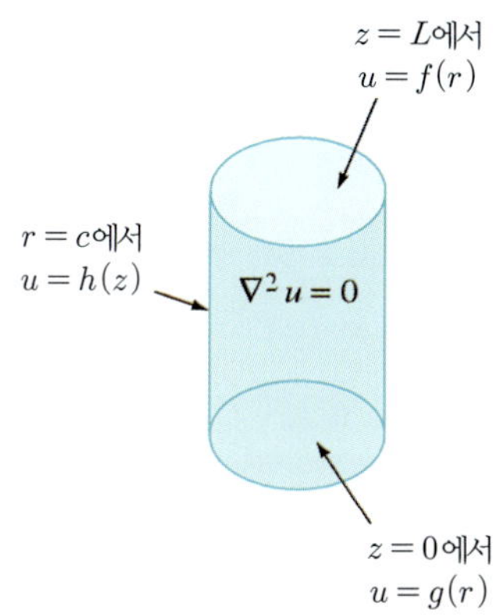

그림 13.R.4 문제 15의 원통

16 그림 13.1.7에서와 같이 반 원판에서 $a=1, b=2$와 경계조건이

$$u(1,\theta)=0,\ u(2,\theta)=0,\ 0<\theta<\pi$$
$$u(r,0)=f(r),\ u(r,\pi)=0,\ 1<r<2$$

일 때, 정상상태 온도 $u(r, \theta)$를 구하라.

[힌트: 13.1절의 (4)와 (5)에서 분리상수로 $-\lambda$를 이용한다.]

17 $0\le r\le 1,\ 0\le z\le 1$로 정의된 무한 원통에서 경계 조건이

$$u(1,z)=u_0,\ 0<z<1$$
$$u(r,0)=0,\ \left.\frac{\partial u}{\partial z}\right|_{z=1}=0,\ 0<r<1$$

일 때, 정상상태 온도 $u(r, \theta)$를 구하라. [힌트: 13.2절의 (13)에서 분리 상수로 λ를 이용한다.]

14 적분변환

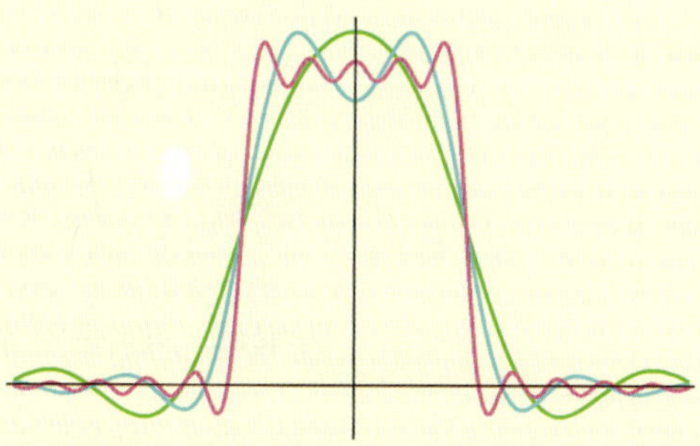

변수 분리법은 매우 효율적인 도구이지만 경곗값 문제의 전반적인 적용에 있어서는 제한된 점이 있다. 편미분방정식이 비동차이거나 혹은 경계조건이 시간종속이거나 공간변수의 영역이 $(-\infty, \infty)$ 혹은 (a, ∞)일 경우, 이러한 문제의 풀이는 익숙한 라플라스 변환에 의하여 열방정식, 파동방정식과 연관된 문제를 해결할 것이다. 14.4절에서는 우리는 세 가지의 새로운 적분변환 즉, 푸리에 변환을 도입할 것이다.

14.1 오차함수

필요한 개념

- 2.3절의 식 (10)과 예제 7 참조하기

소개 | 수학에는 적분으로 정의된 여러 가지 함수들이 있다. 예를 들면 일반 미적분학 교재에서는 자연로그를 다음과 같이 정의하고 있다. $\ln x = \int_1^x \frac{1}{t}dt,\ x>0$. 앞장에서 간단하게나마 오차함수 $erf(x)$, 상보오차함수 $erfc(x)$, 사인적분함수 $Si(x)$, Fresnel 사인적분함수 $S(x)$, 그리고 감마함수 $\Gamma(\alpha)$를 경험하였으며 이 모든 함수들은 적분으로 정의된다. 경곗값 문제에 라플라스 변환을 적용하기에 앞서 오차함수와 상보오차참수에 대하여 살펴볼 필요가 있다. 이 절에서는 $erf(x)$와 $erfc(x)$의 그래프와 그 성질들을 자세히 살펴보고자 한다.

성질과 그래프 **오차함수** $erf(x)$와 **상보오차함수** $erfc(x)$의 정의는 각각 다음과 같다.

$$\mathrm{erf}(x)=\frac{2}{\sqrt{\pi}}\int_0^x e^{-u^2}du \quad \text{그리고} \quad \mathrm{erfc}(x)=\frac{2}{\sqrt{\pi}}\int_x^\infty e^{-u^2}du \qquad (1)$$

극좌표를 이용하여 다음을 증명할 수 있다.

$$\int_0^\infty e^{-u^2}du=\frac{\sqrt{\pi}}{2} \quad \text{또는} \quad \frac{2}{\sqrt{\pi}}\int_0^\infty e^{-u^2}du=1$$

그러므로 정적분의 합에 대한 성질 $\int_0^\infty=\int_0^x+\int_x^\infty$ 를 이용하여 위의 적분은 다음과 같이 나타낼 수 있다.

$$\frac{2}{\sqrt{\pi}}\left[\int_0^x e^{-u^2}du+\int_x^\infty e^{-u^2}du\right]=1$$

이 식으로부터 $erf(x)$와 $erfc(x)$에 대한 다음 식을 얻을 수 있다.

$$\mathrm{erf}(x)+\mathrm{erfc}(x)=1 \qquad (2)$$

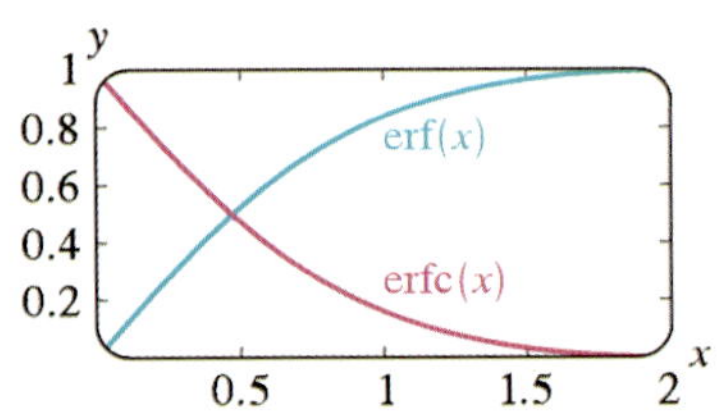

그림 14.1.1 $x\ge 0$에 대한 $erf(x)$와 $erfc(x)$의 그래프

그림 14.1.1에서 $x\ge 0$에 대하여 $erf(x)$와 $erfc(x)$의 그래프를 제시하였다.

$$erf(0)=0,\ erfc(0)=1 \text{ 그리고 } x\to\infty \text{ 일 때, } erf(x)\to 1,\ erfc(x)\to 0$$

임을 알 수 있다. $erf(x)$와 $erfc(x)$에 대한 다른 수치는 컴퓨터대수체계 또는 도표로부터 얻어질 수 있다. 도표에서 오차함수는 때때로 **확률적분**이라 부른다. $erf(x)$와 $erfc(x)$ 함수의 정의역은 $(-\infty,\infty)$이다. $(-\infty,\infty)$에 대하여 두 함수의 그래프를 구하고 몇 가지 성질들을 유추하는 문제가 연습문제 14.1의 문제 13에 제시되어 있다.

라플라스 변환에 대한 도표 14.1.1은 다음 절의 연습문제를 푸는데 유용할 것이다. 도표 14.1의 결과의 증명은 복잡하며 증명은 생략한다.

표 14.1.1 라플라스 변환들

$f(t),\ a>0$	$\mathcal{L}\{f(t)\}=F(s)$	$f(t),\ a>0$	$\mathcal{L}\{f(t)\}=F(s)$
1. $\dfrac{1}{\sqrt{\pi t}}e^{\frac{-a^2}{4t}}$	$\dfrac{e^{-a\sqrt{s}}}{\sqrt{s}}$	4. $2\sqrt{\dfrac{t}{\pi}}\,e^{\frac{-a^2}{4t}}-a\,\mathrm{erfc}\left(\dfrac{a}{2\sqrt{t}}\right)$	$\dfrac{e^{-a\sqrt{s}}}{s\sqrt{s}}$
2. $\dfrac{a}{2\sqrt{\pi t^3}}e^{\frac{-a^2}{4t}}$	$e^{-a\sqrt{s}}$	5. $e^{ab}e^{b^2t}\,\mathrm{erfc}\left(b\sqrt{t}+\dfrac{a}{2\sqrt{t}}\right)$	$\dfrac{e^{-a\sqrt{s}}}{\sqrt{s}\,(\sqrt{s}+b)}$
3. $\mathrm{erfc}\left(\dfrac{a}{2\sqrt{t}}\right)$	$\dfrac{e^{-a\sqrt{s}}}{s}$	6. $-e^{ab}e^{b^2t}\,\mathrm{erfc}\left(b\sqrt{t}+\dfrac{a}{2\sqrt{t}}\right)+\mathrm{erfc}\left(\dfrac{a}{2\sqrt{t}}\right)$	$\dfrac{be^{-a\sqrt{s}}}{s(\sqrt{s}+b)}$

연습문제 14.1

비선형 진자 운동

1 (a) $\mathrm{erf}(\sqrt{t})=\dfrac{1}{\sqrt{\pi}}\displaystyle\int_0^t\dfrac{e^{-\tau}}{\sqrt{\tau}}d\tau$임을 보여라.

(b) 합성 곱 정리와 7.1절의 문제 43의 결과를 이용하여 다음을 증명하라.

$$L\{\mathrm{erf}(\sqrt{t})\}=\frac{1}{s\sqrt{s+1}}$$

2 문제 1의 결과를 이용하여 다음을 증명하라.

$$L\{\mathrm{erfc}(\sqrt{t})\}=\frac{1}{s}\left[1-\frac{1}{\sqrt{s+1}}\right]$$

3 문제 1의 결과를 이용하여 다음을 증명하라.

$$L\{e^t\,\mathrm{erf}(\sqrt{t})\}=\frac{1}{\sqrt{s}\,(s-1)}$$

4 문제 2의 결과를 이용하여 다음을 증명하라.

$$L\{e^t\,\mathrm{erfc}(\sqrt{t})\}=\frac{1}{\sqrt{s}\,(\sqrt{s}+1)}$$

5 문제 4의 결과를 이용하여 다음을 증명하라.

$$L\left\{\frac{1}{\sqrt{\pi t}}-e^t erfc(\sqrt{t})\right\}=\frac{1}{\sqrt{s}+1}$$

6 역 변환

$$L^{-1}\left\{\frac{1}{1+\sqrt{s+1}}\right\}$$

을 구하라. [힌트: 분모를 유리화하여라.]

7 C, G, R, x가 상수일 때 도표 14.1.1을 이용하여 다음을 증명하라.

$$L^{-1}\left\{\frac{C}{Cs+G}\left(1-e^{-x\sqrt{RCs+RG}}\right)\right\}=e^{-\frac{Gt}{C}}\,\mathrm{erf}\left(\frac{x}{2}\sqrt{\frac{RC}{t}}\right)$$

8 a가 상수일 때 다음을 증명하라.

$$L^{-1}\left\{\frac{\sinh a\sqrt{s}}{s\sinh\sqrt{s}}\right\}=\sum_{n=0}^{\infty}\left[\mathrm{erf}\left(\frac{2n+1+a}{2\sqrt{t}}\right)-\mathrm{erf}\left(\frac{2n+1-a}{2\sqrt{t}}\right)\right]$$

[힌트: 쌍곡선함수 사인의 지수 정의를 이용하라. $\dfrac{1}{1-e^{-2\sqrt{s}}}$를 기하급수로 전개하라.)

9 라플라스 변환과 도표 14.1.1을 이용하여 다음 적분방정식을 풀어라.

$$y(t)=1-\int_0^t\frac{y(\tau)}{\sqrt{t-\tau}}d\tau$$

10 도표 14.1.1의 3, 5번째 식을 이용하여 6번째 식을 유도하라.

11 다음을 증명하라.

$$\int_a^b e^{-u^2}du=\frac{\sqrt{\pi}}{2}[\mathrm{erf}(b)-\mathrm{erf}(a)]$$

12 다음을 증명하라.

$$\int_{-a}^{a}e^{-u^2}du=\sqrt{\pi}\,\mathrm{erf}(a)$$

컴퓨터 활용문제

13 $erf(x)$와 $erfc(x)$는 $x<0$에 대하여 정의되어 있다. 컴퓨터대수체계를 이용하여 $-10 \le x \le 10$에 대하여 $erf(x)$와 $erfc(x)$의 그래프를 같은 축 상에 그려보라. 그래프는 어떤 대칭성을 가지고 있는가? $\lim_{x\to-\infty} erf(x)$와 $\lim_{x\to-\infty} erfc(x)$를 구하라.

14.2 라플라스 변환

필요한 개념

- 선형 2계 초깃값 문제(4.3, 4.4절)
- 라플라스 변환의 연산 성질(7.2-7.4절)

소개 | 함수 $f(t)$, $t \ge 0$의 라플라스 변환은 이상적분 $\int_0^\infty e^{-st}f(t)dt$가 수렴할 때

$$\mathscr{L}\{f(t)\}=\int_0^\infty e^{-st}f(t)dt$$

로 정의한다. 이 적분변환은 함수 $f(t)$를 변환 매개변수 s에 대한 함수 F로 변환시켜준다. 즉, $\mathscr{L}\{f(t)\}=F(s)$. 7장에서 라플라스 변환을 이용하여 선형 상미분방정식을 풀었던 바와 같이 이 절에서는 라플라스 변환을 선형 편미분방정식의 풀이에 적용하고자 한다. 제 7장에서는 라플라스 변환을 이용하여 상수계수 선형 상미분방정식을 대수방정식으로 변형할 수 있었으나, 이 절에서는 상수계수 선형 편미분방정식이 상미분방정식으로 됨을 보이고자 한다.

이변수함수의 변환 이 절에서의 경곗값 문제는 1차원 파동방정식 그리고 열방정식 혹은 이러한 방정식이 약간 변형된 형태의 방정식과 관련된 문제들이다. 이러한 편미분방정식은 이변수 함수 $u(x, t)$를 포함하고 있으며 변수 t는 시간을 나타내며 $t \ge 0$이다. $u(x, t)$의 변수 t에 대한 라플라스 변환은 다음과 같이 정의된다.

$$\mathscr{L}\{u(x, t)\}=\int_0^\infty e^{-st}u(x, t)dt$$

여기서 x는 매개변수이다. 라플라스 변환을 주어진 함수의 영어 대문자를 이용하여 표현하는 방법을 여기서도 적용하여 다음과 같이 표현한다.

$$\mathscr{L}\{u(x, t)\}=U(x, s)$$

편미분의 변환 편미분 $\dfrac{\partial u}{\partial t}$, $\dfrac{\partial^2 u}{\partial t^2}$의 변환은 7.2절의 식 (6), (7)과 유사하게 다음과 같이 유도되어진다.

$$\mathscr{L}\left\{\frac{\partial u}{\partial t}\right\}=sU(x, s)-u(x, 0) \tag{1}$$

$$\mathscr{L}\left\{\frac{\partial^2 u}{\partial t^2}\right\}=s^2U(x, s)-su(x, 0)-u_t(x, 0) \tag{2}$$

변수 t에 대하여 변환하므로 $\dfrac{\partial^2 u}{\partial x^2}$의 변환에 있어서 적분과 미분의 순서를 교환할 수 있음을 가정하자.

$$L\left\{\frac{\partial^2 u}{\partial x^2}\right\}=\int_0^\infty e^{-st}\frac{\partial^2 u}{\partial x^2}dt=\int_0^\infty \frac{\partial^2}{\partial x^2}[e^{-st}u(x,\,t)]dt$$
$$=\frac{d^2}{dx^2}\int_0^\infty e^{-st}u(x,\,t)dt=\frac{d^2}{dx^2}L\{u(x,\,t)\}$$

즉

$$L\left\{\frac{\partial^2 u}{\partial x^2}\right\}=\frac{d^2 U}{dx^2} \tag{3}$$

(1)과 (2)로부터 라플라스 변환은 초기조건을 갖는 문제를 푸는데 적합하다. 예를 들면, 열방정식 혹은 파동방정식과 연관된 문제 등이 있다.

예제 1 편미분방정식의 라플라스 변환

파동방정식 $a^2\dfrac{\partial^2 u}{\partial x^2}=\dfrac{\partial^2 u}{\partial t^2},\ t>0$의 라플라스 변환을 구하라.

풀이 식 (2), (3)으로부터

$$L\left\{a^2\frac{\partial^2 u}{\partial x^2}\right\}=L\left\{\frac{\partial^2 u}{\partial t^2}\right\}$$

은

$$a^2\frac{d^2}{dx^2}L\{u(x,\,t)\}=s^2L\{u(x,\,t)\}-su(x,\,0)-u_t(x,\,0)$$

혹은

$$a^2\frac{d^2 U}{dx^2}-s^2U=-su(x,\,0)-u_t(x,\,0) \tag{4}$$

과 같다. ■

파동방정식 혹은 열방정식의 변수 t에 대한 라플라스 변환은 변수 t를 제거시켜 주고, 1차원 방정식 문제는 공간변수 x의 상미분방정식으로 변환된다. 변환된 방정식을 풀 때 s는 매개변수로 취급한다.

예제 2 라플라스 변환을 이용하여 경곗값 문제 풀기

다음 조건

$$u(0,t)=0,\ u(1,\ t)=0,\ \ t>0$$

$$u(x,\ 0)=0,\ \ \frac{\partial u}{\partial t}\bigg|_{t=0}=\sin\pi x,\ \ 0<x<1$$

을 갖는 문제

$$\frac{\partial^2 u}{\partial x^2}=\frac{\partial^2 u}{\partial t^2},\ \ 0<x<1,\ \ t>0$$

를 풀어라.

풀이 위의 편미분방정식은 $a=1$인 파동방정식임을 알 수 있다. 식 (4)와 주어진 초기조건을 이용하여 다음 변환방정식을 얻을 수 있다.

$$\frac{d^2U}{dx^2}-s^2U=-\sin\pi x \tag{5}$$

단, 여기서 $U(x,\ s)=L\{u(x,\ t)\}$이다. 주어진 경계조건이 t의 함수이므로 그 함수들의 라플라스 변환도 구해야 하며 다음과 같음을 알 수 있다.

$$L\{u(0,\ t)\}=U(0,\ s)=0\ \ \text{그리고}\ \ L\{u(1,\ t)\}=U(1,\ s)=0 \tag{6}$$

(6)의 결과는 상미분방정식 (5)의 경계조건이다. 식 (5)는 유한구간에서 정의되어졌으므로, 상보함수 $U_c(x,\ s)$는 다음과 같다.

$$U_c(x,\ s)=c_1\cosh sx+c_2\sinh sx$$

미정계수법으로 특수해를 구하면

$$U_p(x,\ s)=\frac{1}{s^2+\pi^2}\sin\pi x$$

그러므로

$$U(x,\ s)=c_1\cosh sx+c_2\sinh sx+\frac{1}{s^2+\pi^2}\sin\pi x$$

경계조건 $U(0,\ s)=0,\ U(1,\ s)=0$을 적용하면 $c_1=0,\ c_2=0$를 얻게 된다. 그러므로

$$U(x,\ s)=\frac{1}{s^2+\pi^2}\sin\pi x$$

$$u(x,\ t)=L^{-1}\left\{\frac{1}{s^2+\pi^2}\sin\pi x\right\}=\frac{1}{\pi}\sin\pi x\,L^{-1}\left\{\frac{\pi}{s^2+\pi^2}\right\}$$

그러므로

$$u(x,\ t)=\frac{1}{\pi}\sin\pi x\sin\pi t$$

■

예제 3 라플라스 변환을 이용하여 경곗값 문제 풀기

$x\ge 0$인 x축 상에서 초기에 매우 긴 끈이 있다. 그 끈이 $x=0$에서 고정되어 있

으며 아주 멀리 떨어져 있는 오른쪽 끝이 마찰력 없는 수직 지지대에서 미끄러져 내린다. 그 끈이 그 자체 무게에 의해서 아래로 떨어져 내리는 운동을 한다고 하자. 그 끈의 변위 $u(x,t)$를 구하라.

풀이 이 운동에 작용하는 중력을 고려하여 이 파동방정식이 다음과 같음을 알 수 있다.

$$a^2\frac{\partial^2 u}{\partial x^2}-g=\frac{\partial^2 u}{\partial t^2},\ \ x>0,\ \ t>0$$

여기서 g는 중력가속도 상수이다. 경계조건 및 초기조건은 각각 다음과 같다.

$$u(0,\ t)=0,\ \ \lim_{x\to\infty}\frac{\partial u}{\partial x}=0,\ \ t>0$$

$$u(x,\ 0)=0,\ \ \left.\frac{\partial u}{\partial t}\right|_{t=0}=0,\ \ x>0$$

두 번째 경계조건 $\lim_{x\to\infty}\frac{\partial u}{\partial x}=0$는 왼쪽 끝점에서 아주 멀리 떨어진 지점에서 끈이 수평임을 의미한다. 식 (2), (3)으로부터

$$L\left\{a^2\frac{\partial^2 u}{\partial x^2}\right\}-L\{g\}=L\left\{\frac{\partial^2 u}{\partial t^2}\right\}$$

은

$$a^2\frac{d^2 U}{dx^2}-\frac{g}{s}=s^2U-su(x,\ 0)-u_t(x,\ 0)$$

이 되고, 초기조건을 적용시켜 다음을 얻는다.

$$\frac{d^2U}{dx^2}-\frac{s^2}{a^2}U=\frac{g}{a^2 s}$$

경계조건의 변환 식은 다음과 같다.

$$L\{u(0,\ t)\}=U(0,\ s)=0\ \ \text{그리고}\ \ L\left\{\lim_{x\to\infty}\frac{\partial u}{\partial x}\right\}=\lim_{x\to\infty}\frac{dU}{dx}=0$$

미정계수법을 이용하여 변환 식의 일반해를 구해보면 다음과 같다.

$$U(x,\ s)=c_1e^{-\frac{x}{a}}+c_2e^{\frac{x}{a}}-\frac{g}{s^3}$$

경계조건 $\lim_{x\to\infty}\frac{dU}{dx}=0$로부터 $c_2=0$, 그리고 $U(0,\ s)=0$으로부터 $c_1=\frac{g}{s^3}$를 얻게 된다. 그러므로

$$U(x,\ s)=\frac{g}{s^3}e^{-\frac{x}{a}}-\frac{g}{s^3}$$

두 번째 변환 식에 의하여

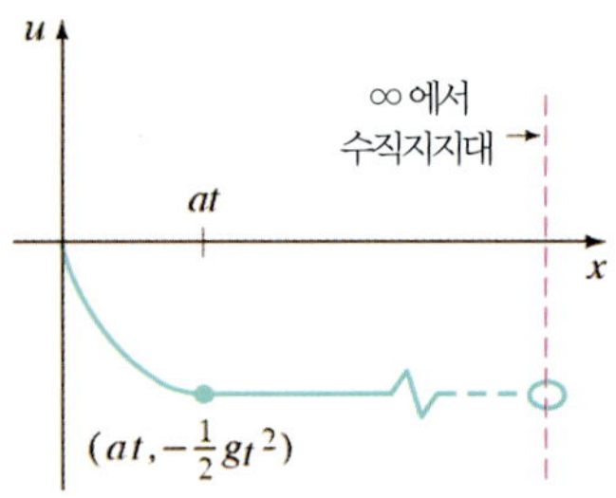

그림 14.2.1 예제 3의 자체 무게에 의해서 아래로 떨어져 내리는 무한히 긴 끈

$$u(x,\,t) = \mathscr{L}^{-1}\left\{\frac{g}{s^3}e^{-\frac{x}{a}} - \frac{g}{s^3}\right\} = \frac{1}{2}g\left(t-\frac{x}{a}\right)^2 \mathcal{U}\left(t-\frac{x}{a}\right) - \frac{1}{2}gt^2$$

혹은

$$u(x,\,t) = \begin{cases} -\dfrac{1}{2}gt^2, & 0 \le t < \dfrac{x}{a} \\ -\dfrac{g}{2a^2}(2axt - x^2), & t \ge \dfrac{x}{a} \end{cases}$$

해를 해석하기 위하여 $t>0$인 t를 고정해 보자. $0 \le x \le at$에 대하여 끈은 $(0,\,0)$, $\left(at,\,-\frac{1}{2}gt^2\right)$을 지나는 포물선 형태이다. $x > at$인 x에 대하여 끈은 수평직선 $u = -\frac{1}{2}gt^2$에 의하여 표현된다. 그림 14.2.1을 참조하라. ■

다음 예제에 있는 문제는 12.6절에 소개된 과정으로 풀 수 있을 것이다. 라플라스 변환은 다른 해법을 제시해 줄 수 있다.

예제 4 오차함수 $erf(x)$를 이용한 해

다음 조건

$$u(0,\,t) = 0,\ \ u(1,\,t) = u_0,\ \ t>0$$
$$u(x,\,0) = 0,\ \ 0 < x < 1$$

을 만족하는 열방정식

$$\frac{\partial^2 u}{\partial x^2} = \frac{\partial u}{\partial t},\ \ 0<x<1,\ \ t>0$$

을 풀어라.

풀이 식 (1), (3)과 초기조건으로부터

$$\mathscr{L}\left\{\frac{\partial^2 u}{\partial x^2}\right\} = \mathscr{L}\left\{\frac{\partial u}{\partial t}\right\}$$

은

$$\frac{d^2U}{dx^2} - sU = 0 \tag{7}$$

이 된다. 경계조건의 변환 식은 다음과 같다.

$$U(0,\,s) = 0 \ \ \text{그리고}\ \ U(1,\,s) = \frac{u_0}{s} \tag{8}$$

이 된다. x축 위의 유한구간에서 문제를 풀고 있으므로 식 (7)의 일반해는 다음과 같다.

$$U(x,\,s) = c_1\cosh(\sqrt{s}\,x) + c_2\sinh(\sqrt{s}\,x)$$

두 경계조건을 식 (8)에 적용하게 되면 각각,

$$c_1 = 0,\ \ c_2 = \frac{u_0}{s\ \sin h\sqrt{s}}$$

를 얻게 된다. 그러므로

$$U(x,\ s) = u_0 \frac{\sinh(\sqrt{s}\,x)}{s\sinh\sqrt{s}}$$

$U(x,\ s)$의 역 변환은 역 변환 도표를 이용하여 쉽게 구할 수 없다. 그러나 다음과 같이 식을 변형하고

$$\frac{\sinh(\sqrt{s}\,x)}{s\sinh\sqrt{s}} = \frac{e^{\sqrt{s}\,x} - e^{-\sqrt{s}\,x}}{s\left(e^{\sqrt{s}} - e^{-\sqrt{s}}\right)} = \frac{e^{(x-1)\sqrt{s}} - e^{-(x+1)\sqrt{s}}}{s\left(1 - e^{-2\sqrt{s}}\right)}$$

다음의 기하급수를 이용하여

$$\frac{1}{1 - e^{-2\sqrt{s}}} = \sum_{n=0}^{\infty} e^{-2n\sqrt{s}}$$

우리는 다음과 같은 식을 얻게 된다.

$$\frac{\sinh(\sqrt{s}\,x)}{s\sinh\sqrt{s}} = \sum_{n=0}^{\infty}\left[\frac{e^{-(2n+1-x)\sqrt{s}}}{s} - \frac{e^{-(2n+1+x)\sqrt{s}}}{s}\right]$$

무한급수의 역 라플라스 변환이 각 항별 역 라플라스 변환의 합이 됨을 가정한다면 표 14.1.1의 세 번째 식에 의하여 다음이 성립함을 알 수 있다.

$$\begin{aligned} u(x,\ t) &= u_0 L^{-1}\left\{\frac{\sinh(\sqrt{s}\,x)}{s\sinh\sqrt{s}}\right\} \qquad (9) \\ &= u_0 \sum_{n=0}^{\infty}\left[L^{-1}\left\{\frac{e^{-(2n+1-x)\sqrt{s}}}{s}\right\} - L^{-1}\left\{\frac{e^{-(2n+1+x)\sqrt{s}}}{s}\right\}\right] \\ &= u_0 \sum_{n=0}^{\infty}\left[\operatorname{erfc}\left(\frac{2n+1-x}{2\sqrt{t}}\right) - \operatorname{erfc}\left(\frac{2n+1+x}{2\sqrt{t}}\right)\right] \end{aligned}$$

$erfc(x) = 1 - erf(x)$를 이용하여 오차함수로 식 (9)를 다음과 같이 표현할 수 있다.

$$u(x,\ t) = u_0 \sum_{n=0}^{\infty}\left[\operatorname{erf}\left(\frac{2n+1+x}{2\sqrt{t}}\right) - \operatorname{erf}\left(\frac{2n+1-x}{2\sqrt{t}}\right)\right] \qquad (10)$$

컴퓨터대수체계의 3차원 그림 도식을 이용하여 그린 그림 14.2.2(a)는 직사각형 영역 $0 \le x \le 1,\ \ 0 \le t \le 6$ 위에서 $u_0 = 100$으로 두고 해 (10)의 부분 합 $S_{10}(x,\ t)$으로 정의된 곡면을 나타낸다. 곡면과 4개의 2차원 그래프로부터 고정된 x에 대하여($[0,\ 1]$ 위에서 x축에 수직인 면을 자르는 평면의 교차 곡선) 온도 $u(x,\ t)$는 t가 증가함에 따라 고정된 상수 값으로 급격하게 상승한다. 그림 14.2.2(b)와 그림 14.2.2(c)를 참조하라. 고정된 t에 대하여(t축에 수직인 면을 자르

는 평면의 교차곡선) 온도 $u(x, t)$는 자연스럽게 0으로부터 100으로 증가한다. 그림 14.2.2(d)와 그림 14.2.2(e)를 참조하라.

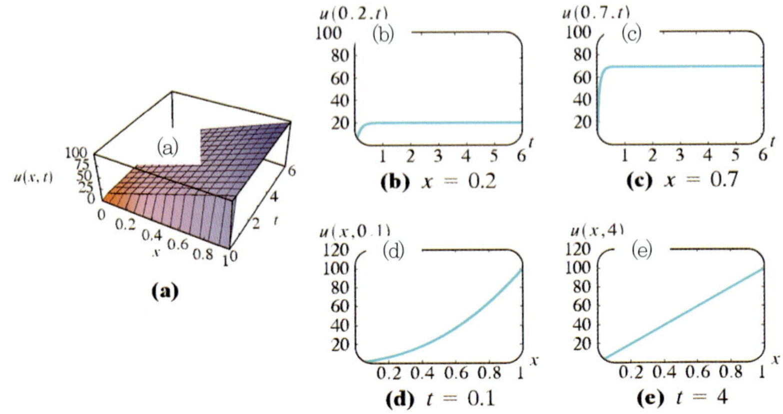

그림 14.2.2 식 (10)에서 주어진 해의 그래프. 그림 (b)와 (c)에서 x는 상수로 고정되었다. 그림 (d)와 (e)에서 t가 상수로 고정되었다.

연습문제 14.2

1 끈이 x축을 따라 $(0, 0)$와 $(L, 0)$ 사이에 놓여 있다. 끈이 초기위치 $A\sin\dfrac{\pi x}{L}$에서 정지상태에서 운동하기 시작할 때 변위 $u(x, t)$를 구하라.

2 다음 경곗값 문제를 풀어라.

$$\frac{\partial^2 u}{\partial x^2} = \frac{\partial^2 u}{\partial t^2}, \quad 0 < x < 1, \quad t > 0$$
$$u(0, t) = 0, \quad u(1, t) = 0$$
$$u(x, 0) = 0, \quad \left.\frac{\partial u}{\partial t}\right|_{t=0} = 2\sin\pi x + 4\sin 3\pi x$$

3 반쪽 무한 탄성 끈의 변위가 다음과 같이 결정되어졌다.

$$a^2\frac{\partial^2 u}{\partial x^2} = \frac{\partial^2 u}{\partial t^2}, \quad x > 0, \quad t > 0$$
$$u(0, t) = f(t), \quad \lim_{x\to\infty} u(x, t) = 0, \quad t > 0$$
$$u(x, 0) = 0, \quad \left.\frac{\partial u}{\partial t}\right|_{t=0} = 0, \quad x > 0$$

$u(x, t)$를 구하라.

4 문제 3번에서

$$f(t) = \begin{cases} \sin\pi t, & 0 \le t \le 1 \\ 0, & t > 1 \end{cases}$$

일 때 경곗값 문제를 풀어라. $t > 1$에 대하여 변위 $u(x, t)$를 그려보라.

5 예제 3에서 $x = 0$인 끈의 왼쪽 끝점에서 $f(t) = A\sin\omega t$ 형태의 진동운동이 주어졌을 때 변위 $u(x, t)$를 구하라.

6 외부력에 의해서 유도된 변위 $u(x, t)$가 다음 식들에 의해 결정되어진다고 하자.

$$\frac{\partial^2 u}{\partial x^2} + \sin\pi x\sin\omega t = \frac{\partial^2 u}{\partial t^2}, \quad 0 < x < 1, \quad t > 0$$
$$u(0, t) = 0, \quad u(1, t) = 0, \quad t > 0$$
$$u(x, 0) = 0, \quad \left.\frac{\partial u}{\partial t}\right|_{t=0} = 0, \quad 0 < x < 1$$

$u(x, t)$를 구하라.

7 균일한 줄이 $x = 0$에서 고정되어 있으며 초기에 정지상태였다. 만일 F_0의 일정한 힘이 $x = L$인 자유경계에 가해졌다면 줄의 교차선의 세로축의 위상은 다음 식에 의해서 결정된다.

$$a^2\frac{\partial^2 u}{\partial x^2}=\frac{\partial^2 u}{\partial t^2},\ 0<x<L,\ t>0$$
$$u(0,t)=0,\ E\frac{\partial u}{\partial x}\bigg|_{x=L}=F_0,\ E\text{는 상수},\ t>0$$
$$u(x,0)=0,\ \frac{\partial u}{\partial t}\bigg|_{t=0}=0,\ 0<x<L$$

$u(x,t)$를 구하라. [힌트: $\dfrac{1}{1+e^{-\frac{2sL}{a}}}$를 기하급수로 전개하라.)

8 $-\nu_0$의 일정 속도로 x축을 따라 움직이는 균일한 반무한 탄성 빔이 $t=0$일 때 벽에 부딪혀 멈추었다고 하자. 그림 14.2.3을 참조하라. 수직변위 $u(x,t)$가 다음에 의하여 결정된다고 하자.

$$a^2\frac{\partial^2 u}{\partial x^2}=\frac{\partial^2 u}{\partial t^2},\ x>0,\ t>0$$
$$u(0,t)=0,\ \lim_{x\to\infty}\frac{\partial u}{\partial x}=0,\ t>0$$
$$u(x,0)=0,\ \frac{\partial u}{\partial t}\bigg|_{t=0}=-v_0,\ x>0$$

$u(x,t)$를 구하라.

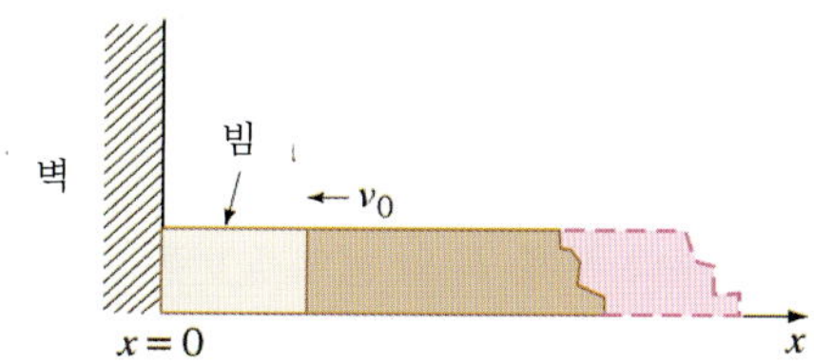

그림 14.2.3 문제 8에서의 움직이는 탄성 빔

9 다음 경계값 문제를 풀어라.

$$\frac{\partial^2 u}{\partial x^2}=\frac{\partial^2 u}{\partial t^2},\ x>0,\ t>0$$
$$u(0,t)=0,\ \lim_{x\to\infty}u(x,t)=0,\ t>0$$
$$u(x,0)=xe^{-x},\ \frac{\partial u}{\partial t}\bigg|_{t=0}=0,\ x>0$$

10 다음 경계값 문제를 풀어라.

$$\frac{\partial^2 u}{\partial x^2}=\frac{\partial^2 u}{\partial t^2},\ x>0,\ t>0$$
$$u(0,t)=1,\ \lim_{x\to\infty}u(x,t)=0,\ t>0$$
$$u(x,0)=e^{-x},\ \frac{\partial u}{\partial t}\bigg|_{t=0}=0,\ x>0$$

(11-18) 라플라스 변환을 이용하여 열방정식 $u_{xx}=u_t$, $x>0$, $t>0$과 다음 조건들을 만족하는 해를 구하라.

11 $u(0,t)=u_0,\ \lim_{x\to\infty}u(x,t)=u_1,\ u(x,0)=u_1$

12 $\dfrac{\partial u}{\partial x}\bigg|_{x=0}=u(0,t)-50,$

$\lim_{x\to\infty}u(x,t)=0,\ u(x,0)=0$

13 $\dfrac{\partial u}{\partial x}\bigg|_{x=0}=u(0,t),$

$\lim_{x\to\infty}u(x,t)=u_0,\ u(x,0)=u_0$

14 $u(0,t)=u_0,\ \lim_{x\to\infty}\dfrac{u(x,t)}{x}=u_1,\ u(x,0)=u_1x$

15 $u(0,t)=f(t),\ \lim_{x\to\infty}u(x,t)=0,\ u(x,0)=0$

[힌트: 합성 곱 정리를 이용하라.]

16 $u(0,t)=\begin{cases}20, & 0<t<1\\ 0, & t\ge 1\end{cases},$

$\lim_{x\to\infty}u(x,t)=100,\ u(x,0)=100$

17 $u(0,t)=60+40U(t-2),$

$\lim_{x\to\infty}u(x,t)=60,\ u(x,0)=60$

18 $\dfrac{\partial u}{\partial x}\bigg|_{x=0}=-f(t),\ \lim_{x\to\infty}u(x,t)=0,\ u(x,0)=0$

19 경계값 문제를 풀어라.

$$\frac{\partial^2 u}{\partial x^2}=\frac{\partial u}{\partial t},\ -\infty<x<1,\ t>0$$
$$\frac{\partial u}{\partial x}\bigg|_{x=1}=100-u(1,t),$$
$$\lim_{x\to-\infty}u(x,t)=0,\ t>0$$
$$u(x,0)=0,\ -\infty<x<1$$

20 다음 경계값 문제

$$k\frac{\partial^2 u}{\partial x^2}+r=\frac{\partial u}{\partial t},\ x>0,\ t>0$$
$$u(0,t)=0,\ \lim_{x\to\infty}\frac{\partial u}{\partial x}=0,\ t>0$$
$$u(x,0)=0,\ x>0$$

의 해가 $u(x,t)=rt-r\displaystyle\int_0^t erfc\left(\frac{x}{2\sqrt{k\tau}}\right)d\tau$임을 증명하라. 단, 여기서 r은 상수이다.

21 길이가 L인 막대의 두 끝 $x=0$, $x=L$에서 일정한 온도 u_0를 유지한다고 하자. 막대의 초기 온도가 $u_0 + u_0 \sin\frac{x\pi}{L}$일 때, 열방정식 $u_{xx}=u_t$, $0<x<L$, $t>0$를 만족하는 온도함수 $u(x, t)$를 구하라.

22 길이 L인 가는 선의 측면으로부터 일정온도 u_m인 중간부분에로의 열전도가 일어난다면 열방정식은 다음과 같이 표현된다.

$$k\frac{\partial^2 u}{\partial x^2} - h(u-u_m) = \frac{\partial u}{\partial t},\ \ 0<x<L,\ \ t>0$$

여기서 h는 상수이다. 만약 초기 온도가 상수 u_0이고 $x=0$, $x=L$인 양 끝에서 절연된다고 했을 때 온도함수 $u(x, t)$를 구하라.

23 길이가 1인 막대에 대하여 $x=0$에서 절연되어졌으며 $x=1$에서 온도가 0으로 유지된다고 하자. 만약 초기 온도가 상수 u_0이면,

$$ku_{xx}=u_t,\ \ 0<x<1,\ \ t>0$$

을 온도함수 $u(x, t)$에 대하여 풀어라.

[힌트: $\dfrac{1}{1+e^{-2\sqrt{\frac{s}{k}}}}$를 기하급수로 전개하라.)

24 넓이가 1인 무한이 긴 침투성의 판을 일정한 농도 c_0인 용액에 넣었다. 용액의 용해된 물질이 판에 스며들었다. 판의 농도 $c(x, t)$가 다음 식에 의하여 결정된다고 하자.

$$D\frac{\partial^2 c}{\partial x^2} = \frac{\partial c}{\partial t},\ \ 0<x<1,\ \ t>0$$
$$c(0, t)=c_0,\ \ c(1, t)=c_0,\ \ t>0$$
$$c(x, 0)=0,\ \ 0<x<1$$

여기서 D는 상수이다. $c(x, t)$를 구하라.

25 매우 긴 전화선에서 초기에 일정한 포텐셜 u_0를 가지고 있다. 전화선이 지면에 있을 때 $x=0$라 두고 먼 오른쪽 끝점에서 절연되었다면 시간 t에 대하여 전화선 위의 점 x에 대한 포텐셜 $u(x, t)$가 다음 식에 의해 결정된다고 하자.

$$\frac{\partial^2 u}{\partial x^2} - RC\frac{\partial u}{\partial t} - RGu = 0,\ \ x>0,\ \ t>0$$
$$u(0, t)=0,\ \ \lim_{x\to\infty}\frac{\partial u}{\partial x}=0,\ \ t>0$$
$$u(x, 0)=u_0,\ \ x>0$$

여기서 R, C 그리고 G는 각각 저항, 전압, 전류를 나타내는 상수이다. $u(x, t)$를 구하라.

[힌트: 연습문제 14.1의 문제 7을 참조하라.)

26 다음 경곗값 문제

$$\frac{\partial^2 u}{\partial x^2} - hu = \frac{\partial u}{\partial t},\ \ x>0,\ \ t>0,\ \ h\text{는 상수}$$
$$u(0, t)=u_0,\ \ \lim_{x\to\infty}u(x, t)=0,\ \ t>0$$
$$u(x, 0)=0,\ \ x>0$$

의 해가 $u(x, t) = \dfrac{u_0 x}{2\sqrt{\pi}}\displaystyle\int_0^t \frac{e^{-h\tau-\frac{x^2}{4\tau}}}{\tau^{\frac{3}{2}}}d\tau$임을 보여라.

27 연습문제 13.3의 문제 9에서 단위 구면 내에 시간에 종속되는 온도 $u(r,t)$를 구하였다. 구면 밖에서의 온도가 다음의 경곗값 문제로 나타내어진다.

$$\frac{\partial^2 u}{\partial r^2} + \frac{2}{r}\frac{\partial u}{\partial r} = \frac{\partial u}{\partial t},\ \ r>1,\ \ t>0,$$
$$u(1, t)=100,\ \ \lim_{r\to\infty}u(r, t)=0,\ \ t>0$$
$$u(r, 0)=0,\ \ r>1$$

라플라스 변환을 이용하여 $u(r,t)$를 구하라.

[힌트: 편미분방정식을 변형한 후에 $v(r,t)=ru(r,t)$로 놓아라.]

28 $t=0$일 때부터 무게 F_0의 물체가 반쪽 무한 줄 위를 일정 속도 ν_0로 움직이고 있다. 이 경우 파동방정식은

$$a^2\frac{\partial^2 u}{\partial x^2} = \frac{\partial^2 u}{\partial t^2} + F_0\delta\left(t-\frac{x}{\nu_0}\right)$$

이며 여기서 $\delta(t-\frac{x}{\nu_0})$는 디랙의 델타 함수이다. 위의 편미분방정식과 다음 조건을 만족하는 해를 구하라.

$$u(0, t)=0,\ \ \lim_{x\to\infty}u(x, t)=0,\ \ t>0$$
$$u(x, 0)=0,\ \ \left.\frac{\partial u}{\partial t}\right|_{t=0}=0,\ \ x>0$$

(a) $\nu_0 \neq a$일 때 (b) $\nu_0 = a$일 때

컴퓨터 활용문제

29 (a) 반쪽 무한 물체의 온도가 다음 경곗값 문제로 나타내어졌다.

$$k\frac{\partial^2 u}{\partial x^2}=\frac{\partial u}{\partial t},\ x>0,\ t>0$$
$$u(0,\ t)=u_0,\ \lim_{x\to\infty}u(x,\ t)=0,\ t>0$$
$$u(x,\ 0)=0,\ x>0$$

$u(x,\ t)$를 구하라. 이를 이용하여 $\lim_{t\to\infty}u(x,\ t),\ x>0$를 해석적으로 구하라.

(b) 컴퓨터대수체계를 이용하여 직사각형 영역 $\{(x,\ t)\mid 0\le x\le 10,\ 0\le t\le 15\}$ 위에서 $u(x,\ t)$의 그래프를 그려라. $u_0=100,\ k=1$로 가정하자. 그래프 위에 두 개의 경계 조건과 초기 조건을 도식하라. $u(x,t)$의 2차원, 3차원 그래프를 이용하여 문제 (a)의 답을 입증하라.

30 (a) 문제 29에서 왼쪽 끝 경계에서 물체에로의 일정한 열 유출이 있었다면, 경계조건은 $\left.\frac{\partial u}{\partial x}\right|_{x=0}=-A,\ A>0,$ $t>0$이 된다. 이때 $u(x,\ t)$를 구하라. 이 해를 이용하여 $\lim_{t\to\infty}u(x,\ t),\ x>0$의 값을 해석적으로 결정하라.

(b) 컴퓨터대수체계를 이용하여 직사각형 영역 $\{(x,\ t)\mid 0\le x\le 10,\ 0\le t\le 15\}$ 위에서 $u(x,\ t)$의 그래프를 그려라. $u_0=100,\ k=1$로 가정하자. $u(x,t)$의 2차원, 3차원 그래프를 이용하여 문제 (a)의 답을 입증하라.

31 인간은 외부로부터 대부분의 정보를 시각과 청각을 통하여 얻는다. 그러나 많은 생물들은 기본적인 소통의 수단으로 화학적인 반응을 사용한다. 예를 들면, 놀란 상태의 꿀벌은 화학물질을 분비하고 날개를 심하게 부채질하여 여왕벌을 보호하는 벌들에게 경고신호를 전달한다. 이러한 같은 종의 구성원들 사이의 단순한 전달을 페로몬(유인물질)이라고 한다. 이러한 신호는 움직이는 공기나 물 혹은 공기분자의 임의의 운동이 화학물질을 전달하는 확산과정에 의해 전달된다. 그림 14.2.4는 정지된 상태의 공기터널로 경고화학물질을 분사하는 개미를 보여준다. 시각 t에서 개미로부터 $x$cm 떨어진 지점의 화학물질의 농도를 $c(x,\ t)$라 표현하면, $c(x,\ t)$는

$$k\frac{\partial^2 c}{\partial x^2}=\frac{\partial c}{\partial t},\ x>0,\ t>0$$

을 만족하고 여기서 k는 양의 상수이다. 비연속적인 진동인 유인물질의 분사는 비연속적인 분사이므로 다음과 같은 경계조건을 만족한다.

$$\left.\frac{\partial c}{\partial x}\right|_{x=0}=-A\delta(t)$$

여기서 $\delta(t)$는 디랙의 델타 함수이다.

(a) 다음 추가조건이 있을 때 경곗값 문제를 풀어라.
$c(x,\ 0)=0,\ x>0$ 그리고 $\lim_{x\to\infty}c(x,\ t)=0,\ t>0$

(b) 고정된 시각 $t=0.1,\ t=0.5,\ t=1,\ t=2$와 $t=5$에 대하여 $x\ge 0$일 때 문제 (a)의 해의 그래프를 컴퓨터대수체계를 이용하여 그려라.

(c) 임의의 고정된 시각 t에 대하여 $\int_0^\infty c(x,\ t)dx=Ak$임을 보여라. 그러므로 Ak는 분사된 화학물질의 전용량과 같다.

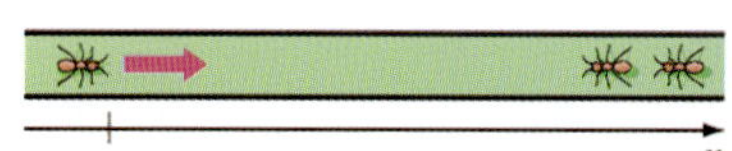

그림 14.2.4 문제 31에서 화학물질 신호에 반응하는 개미

14.3 푸리에 적분

필요한 개념

- 푸리에 적분은 정의 11.2.1, 정의 11.3.1과 연습문제 11.2의 문제 23에서 주어진 4가지 형태의 푸리에 급수와 유사하게 다양한 형태로 표현된다. 이러한 다양한 형태에 대한 복습을 해볼 것을 추천한다.

소개 | 11-13장에서 유한구간 예를 들면 $(-p,\ p)$ 혹은 $(0,\ L)$ 상에서 정의된 함수 f를 나타내기 위해서 푸리에 급수를 사용하였다. f와 f'이 그러한 구간 위에서 조각적으로 연속인 함수일 때, 푸리에 급수는 그 구간 위에서 함수를 표현하고, 그 구간 밖에서는 f의 주기적인 형태의 확장 함수로 수렴하게 된다. 이러한 방법에 근거하여 우리는 푸리에 급수는 단지 주기함수와 관련지어 생각할 수 있다. 그러므로 이제 $(-\infty,\ \infty)$ 혹은 $(0,\ \infty)$ 위에서 정의된 주기함수가 아닌 함수들을 표현할 수 있는 방법들을 유도해보고자 한다.

푸리에 급수를 푸리에 적분으로 함수 f가 $(-p,\ p)$ 위에서 정의되었다고 하자. 11.2절의 식 (8)에 11.2절의 계수 식 (9), (10)과 (11)의 적분 정의를 적용하면 그 구간에서 f의 푸리에 급수는 다음과 같다.

$$f(x)=\frac{1}{2p}\int_{-p}^{p} f(t)dt+\frac{1}{p}\sum_{n=1}^{\infty}\left[\left(\int_{-p}^{p} f(t)\cos\frac{n\pi}{p}t\,dt\right)\cos\frac{n\pi}{p}x\right.$$
$$\left.+\left(\int_{-p}^{p} f(t)\sin\frac{n\pi}{p}t\,dt\right)\sin\frac{n\pi}{p}x\right] \tag{1}$$

$\alpha_n=\dfrac{n\pi}{p}$, $\Delta\alpha=\alpha_{n+1}-\alpha_n=\dfrac{\pi}{p}$라 두면 식 (1)은

$$f(x)=\frac{1}{2\pi}\left(\int_{-p}^{p} f(t)dt\right)\Delta\alpha+\frac{1}{\pi}\sum_{n=1}^{\infty}\left[\left(\int_{-p}^{p} f(t)\cos\alpha_n t\,dt\right)\cos\alpha_n x\right.$$
$$\left.+\left(\int_{-p}^{p} f(t)\sin\alpha_n t\,dt\right)\sin\alpha_n x\right]\Delta\alpha \tag{2}$$

이 된다. 이제 $p\to\infty$를 취하여 구간 $(-p, p)$를 확장한다. $p\to\infty$은 $\Delta\alpha\to 0$를 의미하므로, 식 (2)의 극한은 $\lim\limits_{\Delta\alpha\to 0}\sum\limits_{n=1}^{\infty}F(\alpha_n)\Delta\alpha$이고 이것은 적분 $\int_0^{\infty}F(\alpha)d\alpha$의 정의를 유도하게 해 준다. 그러므로 $\int_{-\infty}^{\infty}f(t)dt$ 존재하면 식 (2)의 첫 번째 항의 극한은 0이고 식 (2)는 다음과 같다.

$$f(x)=\frac{1}{\pi}\int_0^{\infty}\left[\left(\int_{-\infty}^{\infty} f(t)\cos\alpha t\,dt\right)\cos\alpha x+\left(\int_{-\infty}^{\infty} f(t)\sin\alpha t\,dt\right)\sin\alpha x\right]d\alpha \tag{3}$$

식 (3)에 주어진 결과를 $(-\infty,\ \infty)$ 위에서 $f(x)$의 **푸리에 적분**이라 한다. 다음에서 보는 바와 같이, 푸리에 적분의 기본 틀은 푸리에 급수와 유사하다.

정의 14.3.1 푸리에 적분

구간 $(-\infty,\ \infty)$에서 정의된 함수 f의 **푸리에 적분**은

$$f(x)=\frac{1}{\pi}\int_0^{\infty}[A(\alpha)\cos\alpha x+B(\alpha)\sin\alpha x]d\alpha \tag{4}$$

이고 여기서

$$A(\alpha)=\int_{-\infty}^{\infty} f(x)\cos\alpha x\,dx \tag{5}$$

$$B(\alpha)=\int_{-\infty}^{\infty} f(x)\sin\alpha x\,dx \tag{6}$$

푸리에 적분의 수렴 $f(x)$의 푸리에 적분이 $f(x)$로 수렴할 충분조건은 푸리에 급수의 조건보다 좀 더 제한적이긴 하나 유사하다.

정리 14.3.1 수렴조건

f, f'이 모든 유한구간에서 조각적으로 연속이고 f가 $(-\infty, \infty)$에서 절대 적분가능이라고 하자. f의 푸리에 적분은 f가 연속인 점에서 $f(x)$로 수렴한다. 불연속인 점에서, 푸리에 적분은 다음 평균값

$$\frac{f(x+)+f(x-)}{2}$$

으로 수렴한다. 여기서 $f(x+)$, $f(x-)$는 각각 x의 우극한, 좌극한을 의미한다.

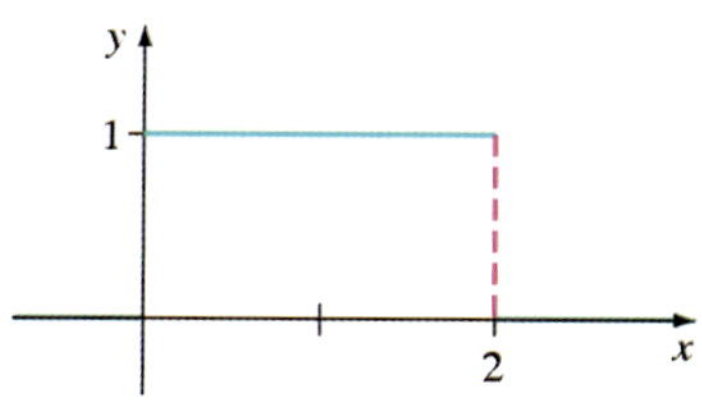

그림 14.3.1 예제 1의 $(-\infty, \infty)$ 위에서 정의된 조각적으로 연속인 함수

예제 1 푸리에 적분 구하기

다음 함수의 푸리에 적분을 구하라.

$$f(x)=\begin{cases}0, & x<0\\ 1, & 0<x<2\\ 0, & x>2\end{cases}$$

풀이 그림 14.3.1에 나타난 함수 $f(x)$는 정리 14.3.1의 가정을 만족한다. 그러므로 식 (5), (6)으로부터 다음을 얻을 수 있다.

$$\begin{aligned} A(\alpha) &= \int_{-\infty}^{\infty} f(x)\cos\alpha x\,dx \\ &= \int_{-\infty}^{0} f(x)\cos\alpha x\,dx+\int_{0}^{2} f(x)\cos\alpha x\,dx+\int_{2}^{\infty} f(x)\cos\alpha x\,dx \\ &= \int_{0}^{2}\cos\alpha x\,dx=\frac{\sin 2\alpha}{\alpha} \end{aligned}$$

$$B(\alpha)=\int_{-\infty}^{\infty} f(x)\sin\alpha x\,dx=\int_{0}^{2}\sin\alpha x\,dx=\frac{1-\cos 2\alpha}{\alpha}$$

이 계수 식을 식 (4)에 대입하여 다음 식을 얻을 수 있다.

$$f(x)=\frac{1}{\pi}\int_{0}^{\infty}\left[\left(\frac{\sin 2\alpha}{\alpha}\right)\cos\alpha x+\left(\frac{1-\cos 2\alpha}{\alpha}\right)\sin\alpha x\right]d\alpha$$

삼각함수에 대한 항등식을 이용하여 위 식을 다음과 같이 간단히 할 수 있다.

$$f(x)=\frac{2}{\pi}\int_{0}^{\infty}\frac{\sin\alpha\cos\alpha(x-1)}{\alpha}\,d\alpha \tag{7}$$

■

푸리에 적분을 이용하여 적분 값을 계산할 수 있다. 예를 들면, 정리 14.3.1로부

터 식 (7)은 $f(1)=1$로 수렴한다. 즉

$$\frac{2}{\pi}\int_0^\infty \frac{\sin\alpha}{\alpha}d\alpha = 1 \quad \text{그리고} \quad \int_0^\infty \frac{\sin\alpha}{\alpha}d\alpha = \frac{\pi}{2}$$

두 번째 식은 적분을 구하는 일반적인 방법으로 구할 수 없으므로 즉 $\frac{\sin x}{x}$는 일반적인 형태의 부정적분을 구할 수 없으므로 위 식은 더욱 의미 있는 식이다.

코사인과 사인 적분 $f(x)$가 $(-\infty, \infty)$에서 우함수이면 $f(x)\cos\alpha x$는 우함수이고 $f(x)\sin\alpha x$는 기함수이다. 정리 11.3.1의 성질 (g)로부터 $B(\alpha)=0$. 그러므로 식 (4)는

$$f(x) = \frac{2}{\pi}\int_0^\infty \left(\int_0^\infty f(t)\cos\alpha t\,dt\right)\cos\alpha x\,d\alpha$$

이 된다. 여기서 정리 11.3.1의 성질 (f)를 사용하여 다음을 얻는다.

$$\int_{-\infty}^\infty f(t)\cos\alpha t\,dt = 2\int_0^\infty f(t)\cos\alpha t\,dt$$

유사하게, f가 $(-\infty, \infty)$에서 기함수일 때 $f(x)\cos\alpha x$, $f(x)\sin\alpha x$는 각각 기함수와 우함수이다. 그러므로 $A(\alpha)=0$ 그리고

$$f(x) = \frac{2}{\pi}\int_0^\infty \left(\int_0^\infty f(t)\sin\alpha t\,dt\right)\sin\alpha x\,d\alpha$$

위의 사실을 다음 정의로 정리해 보자.

정의 14.3.2 푸리에 코사인과 사인 적분

(i) $(-\infty, \infty)$에서 정의된 우함수 f의 푸리에 적분은 코사인 적분

$$f(x) = \frac{2}{\pi}\int_0^\infty A(\alpha)\cos\alpha x\,d\alpha \tag{8}$$

이다. 여기서 $A(\alpha) = \int_0^\infty f(x)\cos\alpha x\,dx$ (9)

(ii) $(-\infty, \infty)$에서 정의된 기함수 f의 푸리에 적분은 사인 적분

$$f(x) = \frac{2}{\pi}\int_0^\infty B(\alpha)\sin\alpha x\,d\alpha \tag{10}$$

이다. 여기서 $B(\alpha) = \int_0^\infty f(x)\sin\alpha x\,dx$ (11)

예제 2 코사인 적분 구하기

다음 함수의 푸리에 적분을 구하라.

$$f(x)=\begin{cases}1, & |x|<a\\0, & |x|>a\end{cases}$$

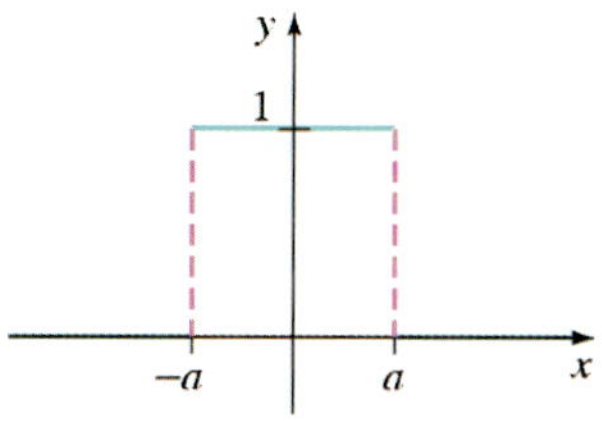

그림 14.3.2 예제 2의 $(-\infty,\ \infty)$ 위에서 정의된 조각적으로 연속인 함수

풀이 그림 14.3.2에 주어진 $f(x)$는 우함수이다. 그러므로 $f(x)$를 푸리에 코사인 적분 (8)로 나타낼 수 있다. 식 (9)로부터 우리는 다음 식

$$\begin{aligned}A(\alpha)&=\int_0^\infty f(x)\cos\alpha x\,dx=\int_0^a f(x)\cos\alpha x\,dx+\int_a^\infty f(x)\cos\alpha x\,dx\\&=\int_0^a \cos\alpha x\,dx=\frac{\sin a\alpha}{\alpha}\end{aligned}$$

을 얻는다. 그러므로

$$f(x)=\frac{2}{\pi}\int_0^\infty \frac{\sin a\alpha\cos\alpha x}{\alpha}\,d\alpha \tag{12}$$

적분 식 (8)과 (10)은 단지 반직선 $(0,\infty)$에서 정의된 f가 기함수도 아니고 우함수도 아닐 때 이용될 수 있다. 이 경우에 식 (8)은 구간 $(0,\infty)$에서 f를 나타내고, 구간 $(-\infty,0)$로의 우함수(주기함수는 아닌) 확장을 나타낸다. 반면에 식 (10)은 구간 $(0,\infty)$에서 f를 나타내고, 구간 $(-\infty,0)$로의 기함수 확장을 나타낸다. 다음의 예제는 이러한 개념을 보여준다.

예제 3 코사인과 사인 적분 구하기

$f(x)=e^{-x},\ x>0$에 대하여

(a) 코사인 적분으로 표현하라. (b) 사인 적분으로 표현하라.

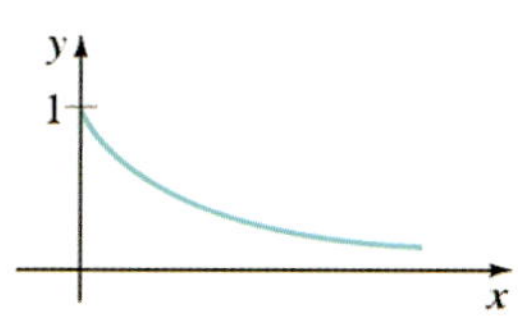

그림 14.3.3 예제 3의 $(0,\ \infty)$에서 정의된 함수

풀이 함수의 그림은 그림 14.3.3에 주어져 있다.

(a) 부분적분법에 의하여

$$A(\alpha)=\int_0^\infty e^{-x}\cos\alpha x\,dx=\frac{1}{1+\alpha^2}$$

임을 알 수 있다. f의 코사인 적분은

$$f(x)=\frac{2}{\pi}\int_0^\infty \frac{\cos\alpha x}{1+\alpha^2}\,d\alpha \tag{13}$$

(b) 유사하게, 우리는 다음 $B(\alpha)$를 구할 수 있다.

$$B(\alpha)=\int_0^\infty e^{-x}\sin\alpha x\,dx=\frac{\alpha}{1+\alpha^2}$$

함수 f의 사인 적분은

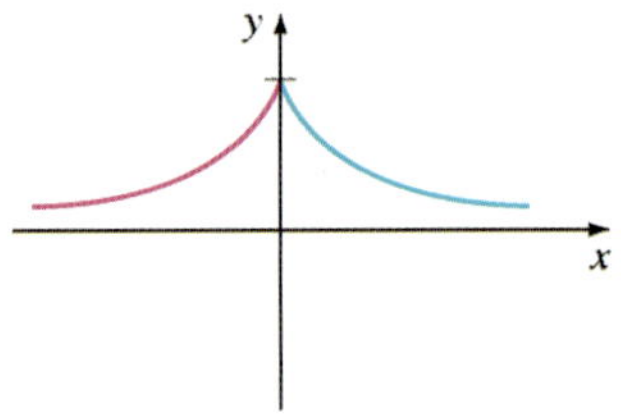

(a) 코사인 적분

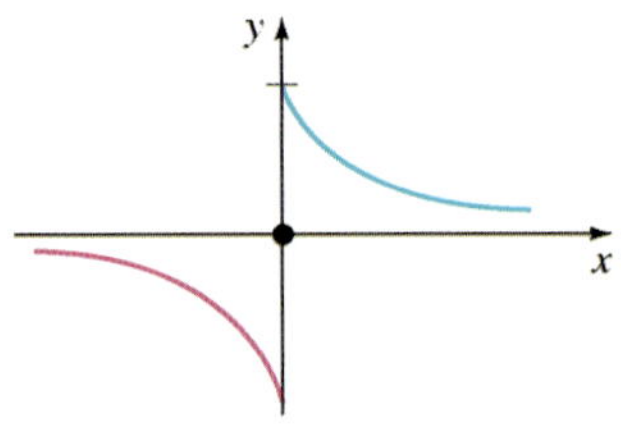

(b) 사인 적분

그림 14.3.4 (a)는 f의 우함수 확장
(b)는 f의 기함수 확장

$$f(x)=\frac{2}{\pi}\int_0^\infty \frac{\alpha\sin\alpha x}{1+\alpha^2}d\alpha \tag{14}$$

이다. 그림 14.3.4는 함수 $f(x)$ 및 식 (13)과 (14)의 두 적분을 이용한 $f(x)$의 확장에 대하여 보여준다. ■

컴퓨터 이용 푸리에 급수의 부분 합을 그리기와 유사한 방법으로 푸리에 적분의 수렴 성을 점검할 수 있다. 예제 3의 (b)를 예를 들어 보자. 이상적분의 정의에 의해서 함수 $f(x)=e^{-x}$, $x>0$의 푸리에 사인 적분 식 (14)는 $f(x)=\lim_{b\to\infty}F_b(x)$로 나타낼 수 있다. 단 x는

$$F_b(x)=\frac{2}{\pi}\int_0^b \frac{\alpha\sin\alpha x}{1+\alpha^2}d\alpha \tag{15}$$

에서 매개변수이다. 식 (14)의 푸리에 사인 적분이 수렴하므로, 그림 14.3.4(b)에서와 같이 $b>0$에 대하여 식 (15)의 부분 적분 $F_b(x)$의 그래프는 $f(x)$의 그래프와 근사 그래프가 됨을 알 수 있다. 그림 14.3.5에 주어진 $b=5$, $b=20$에 대한 $F_b(x)$의 그래프는 매스매티카와 매스매티카의 NIntegrate 명령어를 이용하여 구하였다. 연습문제 14.3의 문제 21을 참조하라.

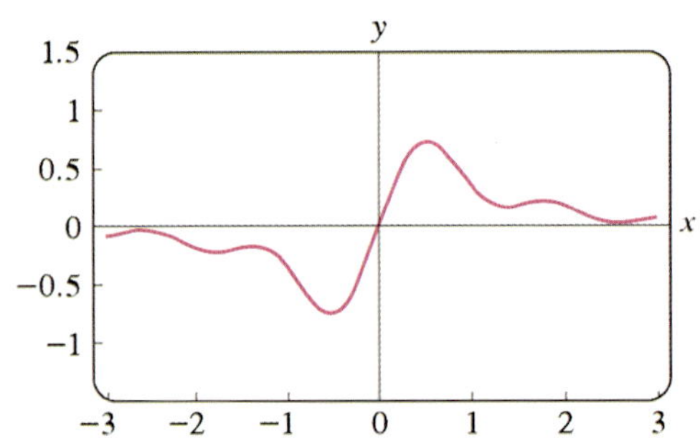

(a) $F_5(x)$

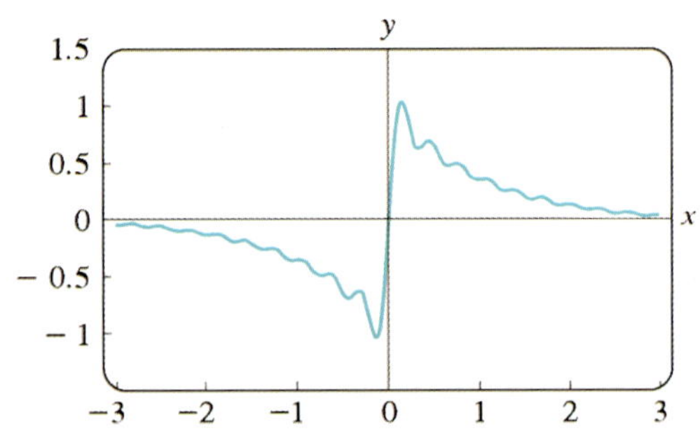

(b) $F_{20}(x)$

그림 14.3.5 $b\to\infty$일 때 예제 3(b)의 $F_b(x)$의 $f(x)$로의 수렴성

복소 형식 푸리에 적분 식 (4)는 푸리에 급수의 복소 형식과 유사한 동등한 **복소 형식** 혹은 **지수 형식**을 가진다(연습문제 11.2의 문제 23을 참조하라). 식 (5), (6)을 식 (4)에 대입하면

$$\begin{aligned} f(x) &= \frac{1}{\pi}\int_0^\infty\int_{-\infty}^\infty f(t)[\cos\alpha t\cos\alpha x+\sin\alpha t\sin\alpha x]dt\,d\alpha \\ &= \frac{1}{\pi}\int_0^\infty\int_{-\infty}^\infty f(t)\cos\alpha(t-x)dt\,d\alpha \\ &= \frac{1}{2\pi}\int_{-\infty}^\infty\int_{-\infty}^\infty f(t)\cos\alpha(t-x)dt\,d\alpha \end{aligned} \tag{16}$$

$$= \frac{1}{2\pi}\int_{-\infty}^{\infty}\int_{-\infty}^{\infty} f(t)[\cos\alpha(t-x) + i\sin\alpha(t-x)]dt\,d\alpha \tag{17}$$

$$= \frac{1}{2\pi}\int_{-\infty}^{\infty}\int_{-\infty}^{\infty} f(t)e^{i\alpha(t-x)}dt\,d\alpha$$

$$= \frac{1}{2\pi}\int_{-\infty}^{\infty}\left(\int_{-\infty}^{\infty} f(t)e^{i\alpha t}dt\right)e^{-i\alpha x}d\alpha \tag{18}$$

이 된다. 식 (16)은 피적분함수가 α에 대한 우함수이므로 얻어질 수 있다. 적분 값이 0인 α에 대한 기함수

$$i\int_{-\infty}^{\infty}\int_{-\infty}^{\infty} f(t)\sin\alpha(t-x)dt\,d\alpha = 0$$

를 피적분함수에 더함으로써 식 (17)을 얻었다.

식 (18)의 적분은

$$f(x) = \frac{1}{2\pi}\int_{-\infty}^{\infty} C(\alpha)e^{-i\alpha x}d\alpha \tag{19}$$

와 같이 표현될 수 있으며 여기서

$$C(\alpha) = \int_{-\infty}^{\infty} f(x)e^{i\alpha x}dx \tag{20}$$

이다.

식 (19)의 푸리에 적분은 다음 절에서 경곗값 문제의 해를 구할 때 쓰여질 것이다.

연습문제 14.3

(1-6) 다음 주어진 함수의 푸리에 적분을 구하라.

1 $f(x) = \begin{cases} 0, & x < -1 \\ -1, & -1 < x < 0 \\ 2, & 0 < x < 1 \\ 0, & x > 1 \end{cases}$

2 $f(x) = \begin{cases} 0, & x < 0 \\ \sin x, & 0 \le x \le \pi \\ 0, & x > \pi \end{cases}$

3 $f(x) = \begin{cases} 0, & x < 0 \\ x, & 0 < x < 3 \\ 0, & x > 3 \end{cases}$

4 $f(x) = \begin{cases} e^{x}, & |x| < 1 \\ 0, & |x| > 1 \end{cases}$

5 $f(x) = \begin{cases} 0, & x < 0 \\ e^{-x}, & x > 0 \end{cases}$

6 $f(x) = \begin{cases} 0, & x < \pi \\ 4, & \pi < x < 2\pi \\ 0, & x > 2\pi \end{cases}$

(7-12) 다음 함수를 코사인 혹은 사인 적분으로 나타내어라.

7 $f(x) = \begin{cases} 0, & x < -1 \\ -5, & -1 < x < 0 \\ 5, & 0 < x < 1 \\ 0, & x > 1 \end{cases}$

8 $f(x)=\begin{cases}0, & |x|<1\\ \pi, & 1<|x|<2\\ 0, & |x|>2\end{cases}$

9 $f(x)=\begin{cases}|x|, & |x|<\pi\\ 0, & |x|>\pi\end{cases}$ 10 $f(x)=xe^{-|x|}$

11 $f(x)=x^{-|x|}\sin x$ 12 $f(x)=\begin{cases}x, & |x|<\pi\\ 0, & |x|>\pi\end{cases}$

(13-16) 다음 함수의 코사인과 사인 적분을 구하라.

13 $f(x)=e^{-kx},\ k>0,\ x>0$

14 $f(x)=e^{-x}\cos x,\ x>0$

15 $f(x)=xe^{-2x},\ x>0$

16 $f(x)=e^{-x}-e^{-3x},\ x>0$

(17-18) 함수 $f(x)$에 대하여 주어진 적분방정식을 풀어라.

17 $\int_0^\infty f(x)\cos\alpha x\,dx=e^{-\alpha}$

18 $\int_0^\infty f(x)\sin\alpha x\,dx=\begin{cases}1, & 0<\alpha<1\\ 0, & \alpha>1\end{cases}$

19 (a) 식 (7)을 이용하여 다음을 보여라.

$$\int_0^\infty \frac{\sin 2x}{x}dx=\frac{\pi}{2}$$

[힌트: α는 적분매개변수이다.]

(b) 일반적으로 $k>0$에 대하여 다음이 성립함을 보여라.

$$\int_0^\infty \frac{\sin kx}{x}dx=\frac{\pi}{2}$$

20 식 (19)를 이용하여 $f(x)=e^{-|x|}$의 푸리에 적분을 구하라. 이 결과가 식 (8)을 이용하여 얻어진 결과와 같음을 보여라.

컴퓨터 활용문제

21 식 (12)의 적분은 그림 14.3.5의 그래프를 구하기 위하여 715-716쪽에서 서술된 바와 같이 그려질 수 있다. 한편 이것은 컴퓨터대수체계에서 구축되어진 특수한 함수로 표현되어질 수 있다.

(a) 삼각함수의 성질을 이용하여 예제 2의 함수 f의 푸리에 적분 (12)($a=1$로 놓는다)의 또 다른 표현은 다음과 같음을 보여라.

$$f(x)=\frac{1}{\pi}\int_0^\infty \frac{\sin\alpha(x+1)-\sin\alpha(x-1)}{\alpha}d\alpha$$

(b) (a)에 의하여, $f(x)=\lim_{b\to\infty}F_b(x)$이다. 단,

$$F_b(x)=\frac{1}{\pi}\int_0^b \frac{\sin\alpha(x+1)-\sin\alpha(x-1)}{\alpha}d\alpha$$

이다. 위의 적분은 다음과 같이 표현될 수 있음을 보여라.

$$F_b(x)=\frac{1}{\pi}[Si(b(x+1))-Si(b(x-1))]$$

여기서 $\mathrm{Si}(x)$는 사인 적분함수이다. 연습문제 2.3의 문제 55를 참조하라.

(c) 컴퓨터대수체계와 (b)의 사인 적분 형식 $F_b(x)$를 이용하여 $b=4,\ 6,\ 15$에 대하여 $[-3,3]$ 위에서의 그래프를 그려라. 더 큰 $b>0$의 값에 대하여 $F_b(x)$를 그려라.

14.4 푸리에 변환

필요한 개념

- 정의 14.3.2
- 14.3절의 식 (19)와 (20)

소개 | 현재까지 우리는 단지 하나의 적분변환인 라플라스 변환을 공부하고 적용해왔다. 그러나 14.3절에서 푸리에 적분은 세 가지 유형의 형식 즉: 코사인 적분, 사인 적분, 그리고 복소수 혹은 지수형식을 배웠다. 이 절에서 우리는 푸리에 적분의 세 가지 유형을 이용하여 세 가지 새로운 유형의 푸리에 변환을 구성하고자 한다. 그리고 적분변환과 그 역변환을 구성하고 적분변환의 역변환을 역시 다른 함수의 적분변환임을 보일 것이다.

변환 짝 함수 $f(t)$의 라플라스 변환 $F(s)$는 적분으로 정의되어졌고 $F(s)$의 역 라플라스 변환을 $f(t)=L^{-1}\{F(s)\}$로 표현하였다. 실제로 역 라플라스 변환도 적분변환이다. 만약 $L\{f(t)\}=\int_0^\infty e^{-st}f(t)dt=F(s)$이면 그것의 역 라플라스 변환은

$$L^{-1}\{F(s)\}=\frac{1}{2\pi i}\int_{\gamma-i\infty}^{\gamma+i\infty}e^{st}F(s)ds=f(t)$$

이다. 이 적분은 **경로 적분**이라 부른다. 이 적분은 복소수 변수를 사용하고 있으며 이 교재의 범위를 넘어서는 내용을 포함하고 있다. 다음이 우리가 강조하고 싶은 내용이다. 적분변환은 짝으로 나타난다는 것이다. 만약 $f(x)$가 다음의 적분변환에 의해서 $F(\alpha)$로 변환되었다면

$$F(\alpha)=\int_a^b f(x)K(\alpha,\,x)dx$$

$f(x)$는 역 변환이라 불리우는 다른 적분변환

$$f(x)=\int_c^d F(\alpha)H(\alpha,\,x)d\alpha$$

로 표현된다. 여기서 K와 H 함수를 각 변환의 핵이라 부른다. 라플라스 변환의 핵은 $K(s,\,t)=e^{-st}$이고 역 라플라스 변환의 핵은 $H(s,\,t)=\dfrac{e^{st}}{2\pi i}$이다.

푸리에 변환 짝 푸리에 적분의 근본은 세 개의 새로운 적분변환이다. 14.3절의 식 (20)-(19), 식 (11)-(10) 그리고 식 (9)-(8)로부터 다음의 **푸리에 변환 짝**을 구할 수 있다.

정의 14.4.1 푸리에 변환 짝

(i) 푸리에 변환

$$\mathscr{F}\{f(x)\}=\int_{-\infty}^{\infty} f(x)e^{i\alpha x}dx = F(\alpha) \tag{1}$$

역 푸리에 변환

$$\mathscr{F}^{-1}\{F(\alpha)\}=\frac{1}{2\pi}\int_{-\infty}^{\infty} F(\alpha)e^{-i\alpha x}d\alpha = f(x) \tag{2}$$

(ii) 푸리에 사인 변환

$$\mathscr{F}_s\{f(x)\}=\int_{0}^{\infty} f(x)\sin\alpha x dx = F(\alpha) \tag{3}$$

역 푸리에 사인 변환

$$\mathscr{F}_s^{-1}\{F(\alpha)\}=\frac{2}{\pi}\int_{0}^{\infty} F(\alpha)\sin\alpha x d\alpha = f(x) \tag{4}$$

(iii) 푸리에 코사인 변환

$$\mathscr{F}_c\{f(x)\}=\int_{0}^{\infty} f(x)\cos\alpha x dx = F(\alpha) \tag{5}$$

역 푸리에 코사인 변환

$$\mathscr{F}_c^{-1}\{F(\alpha)\}=\frac{2}{\pi}\int_{0}^{\infty} F(\alpha)\cos\alpha x d\alpha = f(x) \tag{6}$$

존재성 식 (1), (3), (5)가 존재할 수 있는 조건은 라플라스 변환의 조건보다 더 까다롭다. 예를 들면, $\mathscr{F}\{1\}$, $\mathscr{F}_s\{1\}$, 그리고 $\mathscr{F}_c\{1\}$은 존재하지 않음을 증명해야 한다. 존재성에 대한 충분조건은 f가 적절한 구간에서 절대적분가능하고 모든 유한 구간에서 f와 f'이 조각적으로 연속인 함수이다.

연산 성질 푸리에 변환을 경곗값 문제의 풀이에 이용하는 것이 우선의 목표이므로 우선 도함수의 변환에 대하여 조사해 볼 필요가 있다.

푸리에 변환 함수 $f(x)$가 $(-\infty, \infty)$에서 연속이고 절대적분가능이고 f'이 모든 유한구간에서 조각적으로 연속인 함수라고 하자. $x \to \pm\infty$일 때 $f(x) \to 0$이면 부분적분법에 의해

$$\begin{aligned}\mathscr{F}\{f'(x)\} &= \int_{-\infty}^{\infty} f'(x)e^{i\alpha x}dx \\ &= f(x)e^{i\alpha x}\Big|_{-\infty}^{\infty} - i\alpha\int_{-\infty}^{\infty} f(x)e^{i\alpha x}dx \\ &= -i\alpha\int_{-\infty}^{\infty} f(x)e^{i\alpha x}dx\end{aligned}$$

을 얻을 수 있다. 즉

$$\mathscr{F}\{f'(x)\} = -i\alpha F(\alpha) \tag{7}$$

유사한 방법으로 $f'(x)$가 $(-\infty, \infty)$에서 연속이고 $f''(x)$가 모든 유한 구간에서 조각적으로 연속인 함수이고 $x \to \pm\infty$일 때 $f'(x) \to 0$인 조건을 추가하여, 우리는 다음을 얻을 수 있다.

$$\mathscr{F}\{f''(x)\} = (-i\alpha)^2 \mathscr{F}\{f(x)\} = -\alpha^2 F(\alpha) \tag{8}$$

1계 도함수의 사인, 코사인 변환을 구하는 것은 아래에서 기술한 이유로 부적합하며 혹은, 그와 같은 이유로 홀수 계수의 도함수의 사인, 코사인 변환을 구하는 것도 부적합하다. 다음은 쉽게 보여질 수 있다.

$$\mathscr{F}_s\{f'(x)\} = -\alpha\mathscr{F}_c\{f(x)\} \quad \text{그리고} \quad \mathscr{F}_c\{f'(x)\} = \alpha\mathscr{F}_s\{f(x)\} - f(0)$$

다음과 같은 성질을 알 수 있다: $f'(x)$의 변환이 원래의 적분 변환으로 표시될 수 없다.

푸리에 사인 변환 f, f'이 연속이고 f가 $[0, \infty)$에서 절대적분가능이고 f''이 모든 유한 구간에서 조각적으로 연속인 함수라고 하자. $x \to \infty$일 때, $f \to 0$, $f' \to 0$이면

$$\begin{aligned}\mathscr{F}_s\{f''(x)\} &= \int_0^{\infty} f''(x)\sin\alpha x\,dx \\ &= f'(x)\sin\alpha x\Big|_0^{\infty} - \alpha\int_0^{\infty} f'(x)\cos\alpha x\,dx \\ &= -\alpha\left[f(x)\cos\alpha x\Big|_0^{\infty} + \alpha\int_0^{\infty} f(x)\sin\alpha x\,dx\right] \\ &= \alpha f(0) - \alpha^2\ \mathscr{F}_s\{f(x)\}\end{aligned}$$

즉

$$\mathscr{F}_s\{f''(x)\} = -\alpha^2 F(\alpha) + \alpha f(0) \tag{9}$$

푸리에 코사인 변환 f가 위의 (9)식을 유도하기 위해 가정했던 조건을 만족할 때 $f''(x)$의 푸리에 코사인 변환은 다음과 같음을 알 수 있다.

$$\mathscr{F}_c\{f''(x)\} = -\alpha^2 F(\alpha) - f'(0) \tag{10}$$

우리가 이제 자연스럽게 생각해 볼 수 있는 질문은 "주어진 경계값 문제를 풀기 위해서 어떤 변환을 써야 할 것인가?"이다. 푸리에 변환을 사용하기 위하여, 제거

될 변수의 영역은 $(-\infty, \infty)$이어야 한다. 사인 또는 코사인 변환을 사용하기 위해서는, 문제에서 주어진 변수들 중 적어도 하나의 변수의 정의역이 $[0, \infty)$이어야 한다. 그러나 사인 변환과 코사인 변환 중에서 하나를 선택하는데 있어서 중요한 요소는 0에서 정의된 경계조건의 유형이다.

이 장에 있는 다음의 예제들에서 $x \to \pm\infty$일 때 u, $\dfrac{\partial u}{\partial x}$(또는 $\dfrac{\partial u}{\partial y}$)가 0으로 수렴함을 가정한다. 이 조건은 대부분의 응용문제에서 성립되므로 가정해도 큰 무리가 없는 조건이다.

예제 1 푸리에 변환 이용하기

다음 조건

$$u(x, 0) = f(x), \ f(x) = \begin{cases} u_0, & |x| < 1 \\ 0, & |x| > 1 \end{cases}$$

을 만족하는 열 방정식 $k\dfrac{\partial^2 u}{\partial x^2} = \dfrac{\partial u}{\partial t}$, $-\infty < x < \infty$, $t > 0$을 풀어라.

풀이 이 문제는 무한히 긴 막대 상에서 온도 $u(x, t)$를 구하는 문제로 해석될 수 있다. x의 정의역이 $(-\infty, \infty)$이므로 푸리에 변환 (1)을 사용하고 다음과 같이 정의한다.

$$\mathscr{F}\{u(x, t)\} = \int_{-\infty}^{\infty} u(x, t) e^{i\alpha x} dx = U(\alpha, t)$$

위의 편미분방정식에 대하여 변환을 취하여 식 (8)을 이용하면

$$\mathscr{F}\left\{k\frac{\partial^2 u}{\partial x^2}\right\} = \mathscr{F}\left\{\frac{\partial u}{\partial t}\right\}$$

이 되고 이것은

$$-k\alpha^2 U(\alpha, t) = \frac{dU}{dt} \quad \text{또는} \quad \frac{dU}{dt} + k\alpha^2 U(\alpha, t) = 0$$

이 된다. 위 방정식을 풀면 $U(\alpha, t) = ce^{-k\alpha^2 t}$를 얻게 된다. 초기 조건의 변환 식은

$$\mathscr{F}\{u(x, 0)\} = \int_{-\infty}^{\infty} f(x) e^{i\alpha x} dx = \int_{-1}^{1} u_0 e^{i\alpha x} dx = u_0 \frac{e^{i\alpha} - e^{-i\alpha}}{i\alpha}$$

이 된다. 이 식은 $U(\alpha, 0) = 2u_0 \dfrac{\sin\alpha}{\alpha}$가 된다. 이 조건을 해 $U(\alpha, t)$에 적용하면

$$U(\alpha, 0) = c = \frac{2u_0 \sin\alpha}{\alpha} \text{ 이 되고 그러므로}$$

$$U(\alpha, t) = 2u_0 \frac{\sin\alpha}{\alpha} e^{-k\alpha^2 t}$$

가 된다. 역 푸리에 변환 식 (2)로부터 다음을 얻게 된다.

$$u(x,\,t)=\frac{u_0}{\pi}\int_{-\infty}^{\infty}\frac{\sin\alpha}{\alpha}e^{-k\alpha^2 t}e^{-i\alpha x}d\alpha$$

오일러 공식 $e^{-i\alpha x}=\cos\alpha x-i\sin\alpha x$와 기함수의 적분

$$\int_{-\infty}^{\infty}\frac{\sin\alpha}{\alpha}e^{-k\alpha^2 t}\sin\alpha x d\alpha=0$$

을 이용하여 위 $u(x,\,t)$를 간단히 할 수 있다. 그러므로 우리는 다음의 $u(x,\,t)$를 얻었다.

$$u(x,\,t)=\frac{u_0}{\pi}\int_{-\infty}^{\infty}\frac{\sin\alpha\cos\alpha x}{\alpha}e^{-k\alpha^2 t}d\alpha \tag{11}$$

위의 해 (11)이 오차함수로 표현되어질 수 있음을 증명하는 문제를 독자에게 남겨둔다. 연습문제 14.4의 문제 23을 참조하라.

예제 2 코사인 변환 이용하기

반 무한 판에서의 정상상태 온도는 다음 식에 의해 결정된다.

$$\frac{\partial^2 u}{\partial x^2}+\frac{\partial^2 u}{\partial y^2}=0,\ \ 0<x<\pi,\ \ y>0$$
$$u(0,\,y)=0,\ \ u(\pi,\,y)=e^{-y},\ \ y>0$$
$$\left.\frac{\partial u}{\partial y}\right|_{y=0}=0,\ \ 0<x<\pi$$

$u(x,\,y)$를 구하라.

풀이 변수 y의 정의역과 $y=0$에서 정의된 조건으로부터 푸리에 코사인 변환을 사용하는 것이 적절하다는 것을 알 수 있다. 다음과 같이 정의하자.

$$\mathscr{F}_c\{u(x,\,y)\}=\int_0^{\infty}u(x,\,y)\cos\alpha y\,dy=U(x,\,\alpha)$$

식 (10)으로부터 $\mathscr{F}_c\left\{\frac{\partial^2 u}{\partial x^2}\right\}+\mathscr{F}_c\left\{\frac{\partial^2 u}{\partial y^2}\right\}=\mathscr{F}_c\{0\}$

은 $\frac{d^2U}{dx^2}-\alpha^2U(x,\,\alpha)-u_y(x,\,0)=0$ 또는 $\frac{d^2U}{dx^2}-\alpha^2U=0$이 된다.

x의 정의역이 유한 구간이므로 해를 다음과 같이 선택하였다.

$$U(x,\,\alpha)=c_1\cosh\alpha x+c_2\sinh\alpha x \tag{12}$$

$\mathscr{F}_c\{u(0,\,y)\}=\mathscr{F}_c\{0\}$ 그리고 $\mathscr{F}_c\{u(\pi,\,y)\}=\mathscr{F}_c\{e^{-y}\}$는 각각 다음 식과 동일하다.

$$U(0,\,\alpha)=0\ \text{또는}\ U(\pi,\,\alpha)=\frac{1}{1+\alpha^2}$$

이 조건들을 이용하면 해 (12)로부터 $c_1 = 0,\ c_2 = \dfrac{1}{(1+\alpha^2)\sinh\alpha\pi}$ 를 얻었다. 그러므로

$$U(x,\ \alpha) = \frac{\sinh\alpha x}{(1+\alpha^2)\sinh\alpha\pi}$$

이고 (6)으로부터 우리는 다음 식을 얻을 수 있다.

$$u(x,\ y) = \frac{2}{\pi}\int_0^\infty \frac{\sinh\alpha x}{(1+\alpha^2)\sinh\alpha\pi}\cos\alpha y\, d\alpha \tag{13}$$

예제 2에 $u_y(x,\ 0)$ 대신 $u(x,\ 0)$가 주어졌다면 사인 변환을 사용하는 것이 적절하다.

연습문제 14.4

(1-21) 경곗값 문제를 풀기 위해 이 절의 푸리에 적분 변환을 이용하라. 필요한 경우 유계에 대한 가정을 만들라.

1 $k\dfrac{\partial^2 u}{\partial x^2} = \dfrac{\partial u}{\partial t},\ -\infty < x < \infty,\ t > 0$

$u(x,\ 0) = e^{-|x|},\ -\infty < x < \infty$

2 $k\dfrac{\partial^2 u}{\partial x^2} = \dfrac{\partial u}{\partial t},\ -\infty < x < \infty,\ t > 0$

$$u(x,\ 0) = \begin{cases} 0, & x < -1 \\ -100, & -1 < x < 0 \\ 100, & 0 < x < 1 \\ 0, & x > 1 \end{cases}$$

3 $u(0,\ t) = u_0,\ t > 0$ 그리고 $u(x,\ 0) = 0,\ x > 0$일 때, 반 무한 막대에 대한 온도 $u(x,\ t)$를 구하라.

4 $\displaystyle\int_0^\infty \frac{\sin\alpha x}{\alpha}d\alpha = \frac{\pi}{2},\ x > 0$을 이용하여 문제 3의 해가

$$u(x,\ t) = u_0 - \frac{2u_0}{\pi}\int_0^\infty \frac{\sin\alpha x}{\alpha}e^{-k\alpha^2 t}d\alpha$$

임을 보여라.

5 $u(0,\ t) = 0,\ t > 0$ 그리고

$$u(x,\ 0) = \begin{cases} 1, & 0 < x < 1 \\ 0, & x > 1 \end{cases}$$

일 때, 반 무한 막대의 온도 $u(x,\ t)$를 구하라.

6 상수 A에 대하여 다음 경계 조건을 만족할 때 문제 3을 풀어라.

$$\left.\frac{\partial u}{\partial x}\right|_{x=0} = -A,\ t > 0$$

7 $x = 0$에서 절연될 경우 문제 5를 풀어라.

8 $u(0,\ t) = 1,\ t > 0$ 그리고 $u(x,\ 0) = e^{-x},\ x > 0$일 때, 반 무한 막대의 온도 $u(x,\ t)$를 구하라.

9 (a) $a^2\dfrac{\partial^2 u}{\partial x^2} = \dfrac{\partial^2 u}{\partial t^2},\ -\infty < x < \infty,\ t > 0$

$u(x,\ 0) = f(x),\ \left.\dfrac{\partial u}{\partial t}\right|_{t=0} = g(x),\ -\infty < x < \infty$

(b) $g(x) = 0$이면 (a)의 해가 $u(x,\ t) = \dfrac{1}{2}[f(x+at) + f(x-at)]$로 표현될 수 있음을 보여라.

10 다음 조건을 만족할 때 반 무한 끈의 변위 $u(x,\ t)$를 구하라.

$u(0,\ t) = 0,\ t > 0$

$u(x,\ 0) = xe^{-x},\ \left.\dfrac{\partial u}{\partial t}\right|_{t=0} = 0,\ x > 0$

11 $x = 0,\ x = \pi$에서의 경계 조건을 바꾸었을 때 즉 $u(0,\ y) = e^{-y},\ u(\pi,\ y) = 0,\ y > 0$일 때, 예제 2에서의 문제를 풀어라.

12 $y=0$일 때의 경계 조건이 $u(x, 0)=1,\ 0<x<\pi$일 때, 예제 2에서의 문제를 풀어라.

13 $\{(x, y) \mid x \geq 0, y \geq 0\}$ 위에서 정의된 판에서 $x=0$에서 절연되었고 $y=0$에 대하여 다음 조건을 만족할 때

$$u(x, 0)=\begin{cases}50, & 0<x<1 \\ 0, & x>1\end{cases}$$

정상 상태 온도 $u(x, y)$를 구하라.

14 $x=0$에서의 경계조건이 $u(0, y)=0,\ y>0$일 때, 문제 13을 풀어라.

15 $\dfrac{\partial^2 u}{\partial x^2}+\dfrac{\partial^2 u}{\partial y^2}=0,\ x>0,\ 0<y<2$

$u(0, y)=0,\ 0<y<2$

$u(x, 0)=f(x),\ u(x, 2)=0,\ x>0$

16 $\dfrac{\partial^2 u}{\partial x^2}+\dfrac{\partial^2 u}{\partial y^2}=0,\ 0<x<\pi,\ y>0$

$u(0, y)=f(y),\ \left.\dfrac{\partial u}{\partial x}\right|_{x=\pi}=0,\ y>0$

$\left.\dfrac{\partial u}{\partial y}\right|_{y=0}=0,\ 0<x<\pi$

(17-18) 다음 그림에서 주어진 판에서 정상상태 온도를 구하라. [힌트: 한 가지 방법은 2, 3차원 경계값 문제로 문제 17, 18을 각각 표시해 보라. 중첩원리를 이용하라. 12.5절을 참조하라.]

17

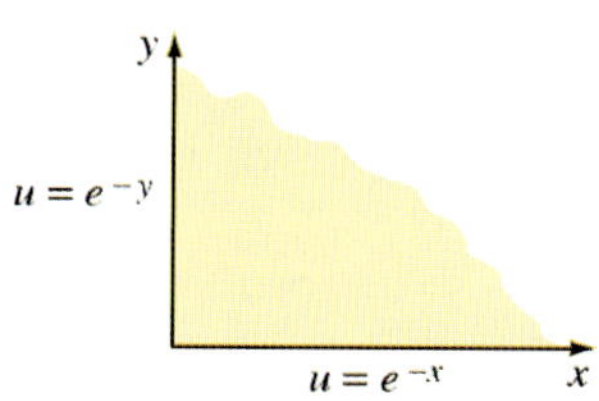

그림 14.4.1 문제 17의 판

18

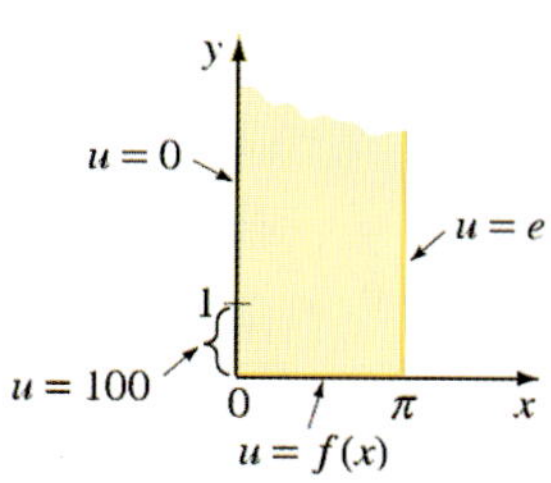

그림 14.4.2 문제 18의 판

19 $\mathscr{F}\left\{e^{\frac{-x^2}{4p^2}}\right\}=2\sqrt{\pi}\,pe^{-p^2\alpha^2}$을 이용하여 다음 경곗값 문제를 풀어라.

$$k\frac{\partial^2 u}{\partial x^2}=\frac{\partial u}{\partial t},\ -\infty<x<\infty,\ t>0$$
$$u(x, 0)=e^{-x^2},\ -\infty<x<\infty$$

20 $\mathscr{F}\{f(x)\}=F(\alpha),\ \mathscr{F}\{g(x)\}=G(\alpha)$일 때, 푸리에 변환에 대한 합성 곱 정리는 다음과 같다.

$$\int_{-\infty}^{\infty} f(\tau)g(x-\tau)d\tau=\mathscr{F}^{-1}\{F(\alpha)G(\alpha)\}$$

이 결과와 $\mathscr{F}\left\{e^{\frac{-x^2}{4p^2}}\right\}=2\sqrt{\pi}\,pe^{-p^2\alpha^2}$을 이용하여 다음 경곗값 문제

$$k\frac{\partial^2 u}{\partial x^2}=\frac{\partial u}{\partial t},\ -\infty<x<\infty,\ t>0$$
$$u(x, 0)=f(x),\ -\infty<x<\infty$$

의 해는 다음과 같음을 보여라.

$$u(x, t)=\frac{1}{2\sqrt{k\pi t}}\int_{-\infty}^{\infty} f(\tau)e^{\frac{-(x-\tau)^2}{4kt}}d\tau$$

21 문제 19에 주어진 변환 $\mathscr{F}\left\{e^{\frac{-x^2}{4p^2}}\right\}$을 이용하여 그림 14.4.3에 주어진 무한 판의 정상상태 온도를 구하라.

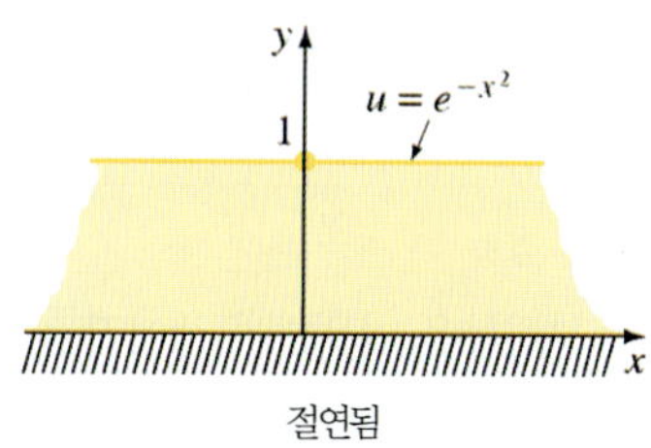

그림 14.4.3 문제 21에서의 무한 판

22 문제 14의 해는 적분되어질 수 있다. 부록 III의 표에서 42, 43을 이용하여 다음이

$$u(x, y)=\frac{100}{\pi}\left[\arctan\frac{x}{y}-\frac{1}{2}\arctan\frac{x+1}{y}-\frac{1}{2}\arctan\frac{x-1}{y}\right]$$

성립함을 보여라.

23 문제 20에 주어진 해를 이용하여 예제 1의 해를 다른 적분 형태로 나타내라. 변수 변환 $\nu=\dfrac{(x-\tau)}{2\sqrt{kt}}$와 연습문제 14.1의 문제 11의 결과를 이용하여 예제 1의 해가 다음과 같이 표현될 수 있음을 증명하라.

$$u(x,\,t)=\frac{u_0}{2}\left[erf\left(\frac{x+1}{2\sqrt{kt}}\right)-erf\left(\frac{x-1}{2\sqrt{kt}}\right)\right]$$

24 반 무한 원기둥에서 정상상태 온도 $u(r,z)$가 다음의 경곗값 문제로 나타나 있다.

$$\frac{\partial^2 u}{\partial r^2}+\frac{1}{r}\frac{\partial u}{\partial r}+\frac{\partial^2 u}{\partial z^2}=0,\quad 0<r<1,\ z>0$$
$$u(1,z)=0,\ z>0$$
$$u(r,\,0)=u_0,\ 0<r<1$$

적당한 푸리에 변환을 이용하여 $u(r,\,z)$를 구하라. [힌트: 문제 4와 328쪽의 변형된 베셀 방정식의 매개 변수 형식을 참조하라.]

25 문제 24에서 반무한 원기둥에서 밑면이 절연되었고

$$u(1,z)=\begin{cases}1, & 0<z<1\\ 0, & z>1\end{cases}$$

일 때, 정상 상태 온도 $u(r,\,z)$를 구하라.

토론 문제

26 (a) $\int_0^\infty f(x)\cos\alpha x\,dx=F(\alpha)$라고 하자. 여기서

$$F(\alpha)=\begin{cases}1-\alpha, & 0\le\alpha\le 1\\ 0, & \alpha>1\end{cases}$$

이다. $f(x)$를 구하라.

(b) (a)를 이용하여

$$\int_0^\infty \frac{\sin^2 x}{x^2}dx=\frac{\pi}{2}$$

임을 보여라.

컴퓨터 활용문제

27 문제 23의 해에서 $u_0=100,\ k=1$이라 가정하자. $\{(x,\,t):-4\le x\le 4,\,0\le t\le 6\}$ 위에서 정의된 $u(x,\,t)$의 그래프를 컴퓨터대수체계를 이용하여 그려라. 구간 $[-4,\,4]$에서 $t=0.05,\,0.125,\,0.5,\,1,\,2,\,4,\,6$에 대한 그래프를 동일 평면상에서 그려보라. 그래프를 이용하여 $\lim_{t\to\infty}u(x,\,t)$, $\lim_{x\to\infty}u(x,\,t)$의 값을 추측하라. $erf(x)$의 성질을 이용하여 위의 결과를 해석하라.

14장 복습

(1-17) 적절한 적분변환을 이용하여 주어진 경곗값 문제를 풀어라. 필요한 경우 유계에 대한 가정을 만들라.

1 $\dfrac{\partial^2 u}{\partial x^2}+\dfrac{\partial^2 u}{\partial y^2}=0,\ x>0,\ 0<y<\pi$

$\left.\dfrac{\partial u}{\partial x}\right|_{x=0}=0,\ 0<y<\pi$

$u(x,\,0)=0,\ \left.\dfrac{\partial u}{\partial y}\right|_{y=\pi}=e^{-x},\ x>0$

2 $\dfrac{\partial^2 u}{\partial x^2}=\dfrac{\partial u}{\partial t},\ 0<x<1,\ t>0$

$u(0,\,t)=0,\ u(1,\,t)=0,\ t>0$

$u(x,\,0)=50\sin 2\pi x,\ 0<x<1$

3 $\dfrac{\partial^2 u}{\partial x^2}-hu=\dfrac{\partial u}{\partial t},\ h>0,\ x>0,\ t>0$

$u(0,\,t)=0,\ \lim_{x\to\infty}\dfrac{\partial u}{\partial x}=0,\ t>0$

$u(x,\,0)=u_0,\ x>0$

4 $\dfrac{\partial u}{\partial t}-\dfrac{\partial^2 u}{\partial x^2}=e^{-|x|},\ -\infty<x<\infty,\ t>0$

$u(x,\,0)=0,\ -\infty<x<\infty$

5 $\dfrac{\partial^2 u}{\partial x^2}=\dfrac{\partial u}{\partial t},\ x>0,\ t>0$

$u(0,\,t)=t,\ \lim_{x\to\infty}u(x,\,t)=0$

$u(x,\,0)=0,\ x>0$

[힌트: 정리 7.4.2를 이용한다.)

6 $\dfrac{\partial^2 u}{\partial x^2}=\dfrac{\partial^2 u}{\partial t^2},\ 0<x<1,\ t>0$

$u(0,t)=0,\ u(1,t)=0,\ t>0$

$u(x,0)=\sin\pi x,\ \left.\dfrac{\partial u}{\partial t}\right|_{t=0}=-\sin\pi x,\ 0<x<1$

7 $k\dfrac{\partial^2 u}{\partial x^2}=\dfrac{\partial u}{\partial t},\ -\infty<x<\infty,\ t>0$

$u(x,0)=\begin{cases}0, & x<0\\ u_0, & 0<x<\pi\\ 0, & x>\pi\end{cases}$

8 $\dfrac{\partial^2 u}{\partial x^2}+\dfrac{\partial^2 u}{\partial y^2}=0,\ 0<x<\pi,\ y>0$

$u(0,y)=0,\ u(\pi,y)=\begin{cases}0, & 0<y<1\\ 1, & 1<y<2\\ 0, & y>2\end{cases}$

$\left.\dfrac{\partial u}{\partial y}\right|_{y=0}=0,\ 0<x<\pi$

9 $\dfrac{\partial^2 u}{\partial x^2}+\dfrac{\partial^2 u}{\partial y^2}=0,\ x>0,\ y>0$

$u(0,y)=\begin{cases}50, & 0<y<1\\ 0, & y>1\end{cases}$

$u(x,0)=\begin{cases}100, & 0<x<1\\ 0, & x>1\end{cases}$

10 $\dfrac{\partial^2 u}{\partial x^2}+r=\dfrac{\partial u}{\partial t},\ 0<x<1,\ t>0$

$\left.\dfrac{\partial u}{\partial x}\right|_{x=0}=0,\ u(1,t)=0,\ t>0$

$u(x,0)=0,\ 0<x<1$

11 $\dfrac{\partial^2 u}{\partial x^2}+\dfrac{\partial^2 u}{\partial y^2}=0,\ x>0,\ 0<y<\pi$

$u(0,y)=A,\ 0<y<\pi$

$\left.\dfrac{\partial u}{\partial y}\right|_{y=0}=0,\ \left.\dfrac{\partial u}{\partial y}\right|_{y=\pi}=Be^{-x},\ x>0$

12 $\dfrac{\partial^2 u}{\partial x^2}=\dfrac{\partial u}{\partial t},\ 0<x<1,\ t>0$

$u(0,t)=u_0,\ u(1,t)=u_0,\ t>0$

$u(x,0)=0,\ 0<x<1$

[힌트: 다음 등식 $\sinh(x-y)=\sinh x\cosh y-\cosh x \sinh y$과 연습문제 14.1의 문제 8을 이용하라.)

13 $k\dfrac{\partial^2 u}{\partial x^2}=\dfrac{\partial u}{\partial t},\ -\infty<x<\infty,\ t>0$

$u(x,0)=\begin{cases}0, & x<0\\ e^{-x}, & x>0\end{cases}$

14 $\dfrac{\partial^2 u}{\partial x^2}=\dfrac{\partial u}{\partial t},\ x>0,\ t>0$

$\left.\dfrac{\partial u}{\partial x}\right|_{x=0}=-50,\ \lim_{x\to\infty}u(x,t)=100,\ t>0$

$u(x,0)=100,\ x>0$

15 $k\dfrac{\partial^2 u}{\partial x^2}=\dfrac{\partial u}{\partial t},\ x>0,\ t>0$

$\left.\dfrac{\partial u}{\partial x}\right|_{x=0}=0,\ t>0$

$u(x,0)=e^{-x},\ x>0$

16 다음 경곗값 문제

$\dfrac{\partial^2 u}{\partial x^2}+\dfrac{\partial^2 u}{\partial y^2}=0,\ -\infty<x<\infty,\ 0<y<1$

$\left.\dfrac{\partial u}{\partial y}\right|_{y=0}=0,\ u(x,1)=f(x),\ -\infty<x<\infty$

의 해는

$$u(x,y)=\frac{1}{\pi}\int_0^\infty\int_{-\infty}^\infty f(t)\frac{\cosh\alpha y\cos\alpha(t-x)}{\cosh\alpha}\,dt\,d\alpha$$

임을 증명하라.

17 $\dfrac{\partial^2 u}{\partial x^2}=\dfrac{\partial u}{\partial t},\ x>0,\ t>0$

$u(0,t)=\begin{cases}u_0, & 0<t<1\\ 0, & t>1\end{cases},\ \lim_{x\to\infty}u(x,t)=0,\ t>0$

$u(x,0)=0,\ x>0$

18 적당한 푸리에 변환을 이용하여 경곗값 문제

$\dfrac{\partial^2 u}{\partial x^2}=\dfrac{\partial u}{\partial t},\ x>0,\ t>0$

$\left.\dfrac{\partial u}{\partial x}\right|_{x=0}=-100,\ \lim_{x\to\infty}u(x,t)=0,\ t>0$

$u(x,0)=0,\ x>0$

를 풀어라.

19 라플라스 변환을 이용하여 문제 18의 경곗값 문제를 풀어라. 해 $u(x,t)$의 두 가지 다른 형식을 주어라.

20 문제 18의 해가 문제 19의 두 가지 형식 중 하나와 같음을 보여라. 적분을 하기 위해서 컴퓨터대수체계가 필요할 수 있다.

15 편미분방정식의 수치해

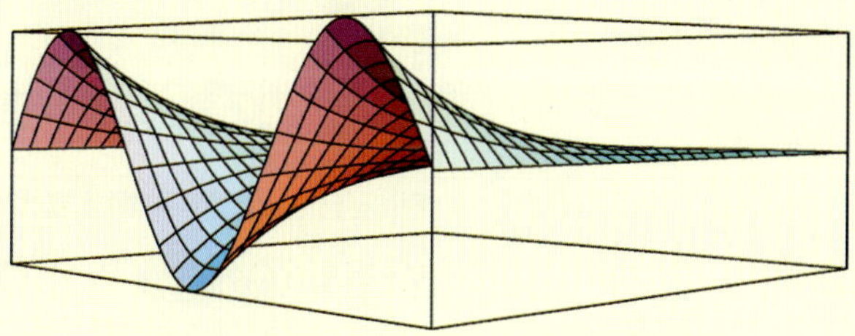

우리는 9.5절에서 2계 경곗값 문제의 근사해를 구하기 위해서 상미분방정식을 유한차분방정식으로 대처하는 방법을 배웠다. 유한차분방정식은 상미분 $\dfrac{d^2y}{dx^2}$과 $\dfrac{dy}{dx}$를 차분몫을 교체하여서 얻어진다. 동일한 방법을 편미분방정식을 포함하는 경곗값 문제에 적용한다. 이 장의 각 절에서는 라플라스 방정식의 2차원 형태, 열방정식, 파동방정식의 1차원 형태에 대해서 편미분 $\dfrac{\partial^2 u}{\partial x^2}$, $\dfrac{\partial^2 u}{\partial y^2}$, $\dfrac{\partial^2 u}{\partial t^2}$, $\dfrac{\partial u}{\partial t}$을 차분몫으로 대체하여서 차분방정식을 구할 것이다.

15.1 라플라스 방정식

필요한 개념

- 9.5, 12.1, 12.2, 12.5절

소개 | 12.1절에서 배운 것과 같이 2개의 독립변수를 갖는 선형 2계 편미분방정식은 타원형, 포물형, 쌍곡선형으로 분류된다. 간략하게 설명하면, 타원형 편미분방정식은 공간 변수들에 대한 편미분만을 포함하고 있어서 이러한 방정식들의 해는 경계조건에 의해서만 결정이 된다. 포물형과 쌍곡선형의 방정식은 공간과 시간 변수에 대한 편미분을 포함하고 있어서 이러한 방정식들의 해는 일반적으로 경계 조건과 초기 조건에 의해서 결정이 된다. 타원형 편미분방정식의 해(예를 들어 라플라스 방정식)는 평형 상태(안정 상태)에 있는 자연 현상을 설명할 수 있다. 포물형 편미분방정식의 해(예를 들어 열방정식)는 확산 상태를 설명할 수 있고, 쌍곡선형의 편미분방정식의 해(예를 들어 파동방정식)는 진동 상태를 설명할 수 있다.

이 절에서는 타원형 방정식에 적절한 근사 방법을 논의할 것이다. 우리는 타원형 편미분방정식에서 가장 간단하고 중요한 라플라스 방정식에 초점을 맞추어서 논의할 것이다.

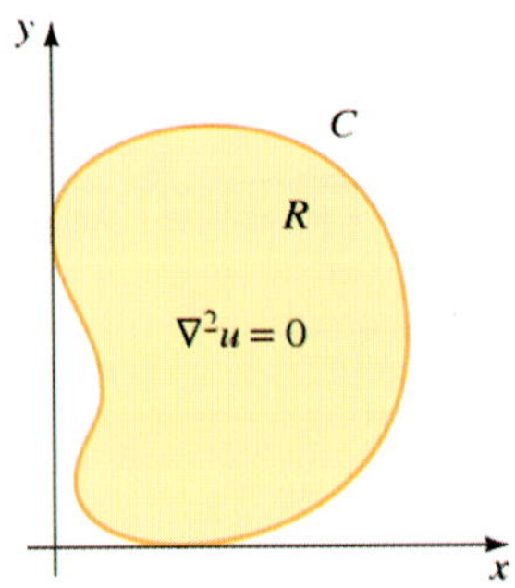

그림 15.1.1 경계 C를 갖는 평면의 영역 R

차분방정식의 대체 어떤 곡선 C로 둘러싸인 평면상의 영역 R에서 라플라스 방정식의

$$\frac{\partial^2 u}{\partial x^2} + \frac{\partial^2 u}{\partial y^2} = 0 \tag{1}$$

해 $u(x, y)$를 구한다고 가정하자. 그림 15.1.1을 참조하여라.

9.5절의 (6)에서와 같이 중심차분 $u(x+h, y) - 2u(x, y) + u(x-h, y)$과

$$u(x, y+h) - 2u(x, y) + u(x, y-h)$$

을 사용하여 2계 편미분 u_{xx}와 u_{yy}의 근삿값을 차분

$$\frac{\partial^2 u}{\partial x^2} \approx \frac{1}{h^2}[u(x+h, y) - 2u(x, y) + u(x-h, y)] \tag{2}$$

$$\frac{\partial^2 u}{\partial y^2} \approx \frac{1}{h^2}[u(x, y+h) - 2u(x, y) + u(x, y-h)] \tag{3}$$

을 이용하여 구할 수 있다.

(2)와 (3)을 더하면 라플라스 작용소에 대한 **다섯가지 점의 근삿값**을 구할 수 있다.

$$\frac{\partial^2 u}{\partial x^2} + \frac{\partial^2 u}{\partial y^2} \approx \frac{1}{h^2}[u(x+h, y) + u(x, y+h) + u(x-h, y) + u(x, y-h) - 4u(x, y)]$$

따라서 라플라스 방정식 (1)을 차분방정식

$$u(x+h, y) + u(x, y+h) + u(x-h, y) + u(x, y-h) - 4u(x, y) = 0 \tag{4}$$

로 대체할 수 있다.

기호 $u(x, y) = u_{ij}$와

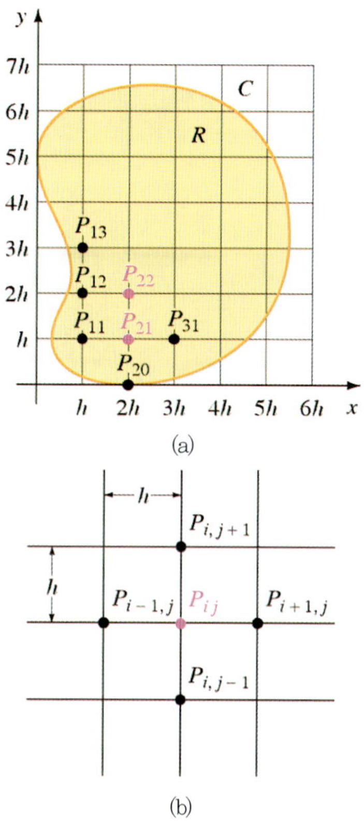

그림 15.1.2 사각형 격자가 놓여있는 영역 R

$$u(x+h,\ y)=u_{i+1,\ j},\ \ u(x,\ y+h)=u_{i,\ j+1}$$
$$u(x-h,\ y)=u_{i-1,\ j},\ \ u(x,\ y-h)=u_{i,\ j-1},$$

을 사용하면 (4)는 다음과 같이 쓸 수 있다.

$$u_{i+1,\ j}+u_{i,\ j+1}+u_{i-1,\ j}+u_{i,\ j-1}-4u_{ij}=0 \tag{5}$$

(5)를 더 잘 이해하기 위해서 영역 R 위에 h 간격으로 수평선이 그어져 있고 h 간격으로 수직선이 그어져 있다고 가정하자. 수 h를 그물눈 크기라고 부른다. 그림 15.1.2(a)를 참조하여라. 수평선과 수직선이 만나는 점 $P_{ij}=P(ih,\ jh)$을 그물눈점 또는 격자점이라고 부른다. 여기서 i와 j는 정수이다. 어떤 그물눈점이 내점이라는 것은 이 점에서 가장 가깝게 이웃하는 4개의 그물눈점들이 모두 R의 점인 경우이다. R 또는 C상의 점 중에서 내점이 아닌 점을 경계점이라고 부른다. 예를 들어서 그림 15.1.2(a)에서

$$P_{20}=P(2h,\ 0),\ \ P_{11}=P(h,\ h),\ \ P_{21}=P(2h,\ h),\ \ P_{22}=P(2h,\ 2h)$$

등이 있다. 이 점들 중에서 P_{21}과 P_{22}는 내점이고, P_{20}와 P_{11}은 경계점이다. 그림 15.1.2(a)에서 내점은 유색으로 표시되어 있고, 경계점은 검정색으로 나타내었다. (5)에서 우리는

$$u_{ij}=\frac{1}{4}\left[u_{i+1,\ j}+u_{i,\ j+1}+u_{i-1,\ j}+u_{i,\ j-1}\right] \tag{6}$$

임을 알 수 있고, 그림 15.1.2(b)에서 알 수 있듯이 R의 내부의 그물눈점 u_{ij}의 값은 4개의 이웃하는 그물눈점들에서의 u의 값들의 평균값이다. 이웃하는 점 $P_{i+1,\ j}$, $P_{i,\ j+1}$, $P_{i-1,\ j}$ 와$P_{i,\ j-1}$은 나침반에서 4점, 동 · 서 · 남 · 북에 각각 대응한다.

디리클레 문제(Dirichlet Problem) 라플라스 방정식 $\nabla^2 u=0$에 대한 디리클레 문제에서 영역 R의 경계에서는 $u(x,\ y)$의 값이 정의되어 있음을 상기하자. 기본적인 개념은 내부 그물눈점에서 편미분방정식을 차분방정식 (5)로 교체하여서 이 점들에서 라플라스 방정식의 근사해를 구하는 것이다. 그러므로 그물눈점에서 u의 근삿값, 예를 들어 u_{ij}들은 서로 연관성이 있고, 그물눈점이 경계에 있을 경우 이미 알고 있는 u의 값과도 연관성이 있다. 이와 같은 방법으로 우리가 구하고자 하는 미지수 u_{ij}에 대한 연립선형대수방정식을 얻는다. 다음의 예제는 사각형 영역에서의 하나의 방법을 알려준다.

예제 1 경곗값 문제 다시 보기

연습문제 12.5의 문제 16에서 중첩의 원리를 이용하여 다음의 경곗값 문제를 구하는 문제가 주어졌다.

$$\frac{\partial^2 u}{\partial x^2}+\frac{\partial^2 u}{\partial y^2}=0,\ \ 0<x<2,\ \ 0<y<2$$
$$u(0,\ y)=0,\ \ u(2,\ y)=y(2-y),\ \ 0<y<2$$
$$u(x,\ 0)=0,\ \ u(x,\ 2)=\begin{cases}x, & 0<x<1\\ 2-x, & 1\le x<2\end{cases}$$

지금 논의한 수치계산법을 적용하기 위해서 그물눈 크기 $h=\frac{2}{3}$라고 하자. 그림 15.1.3에서와 같이 선택에 의해서 4개의 내점과 8개의 경계점이 생긴다. 경계점 다음에 나열된 숫자들은 경계를 따라서 지정된 조건을 이용하여 얻어지는 u의 정확한 값들이다. 예를 들어서, $P_{31}=P(3h,\ h)=P\left(2,\ \frac{2}{3}\right)$에서는 $x=2,\ y=\frac{2}{3}$를 얻고, 따라서 조건 $u(2,\ y)$로부터 $u\left(2,\ \frac{2}{3}\right)=\frac{2}{3}\left(2-\frac{2}{3}\right)=\frac{8}{9}$을 얻는다. 유사한 방법으로 $P_{13}=P\left(\frac{2}{3},\ 2\right)$에서 조건 $u(x,\ 2)$를 이용하여 $u\left(\frac{2}{3},\ 2\right)=\frac{2}{3}$가 얻어진다. 이제 (5)을 각각의 내점에 적용하자. 예를 들어, P_{11}에서 $i=1,\ j=1$을 얻는다. 따라서 (5)는 다음과 같다.

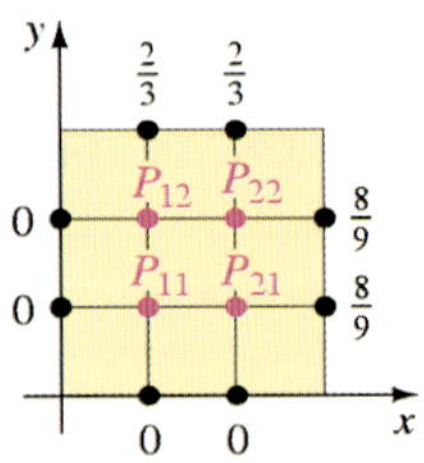

그림 15.1.3 예제 1의 정사각형 영역 R

$$u_{21}+u_{12}+u_{01}+u_{10}-4u_{11}=0$$

$u_{01}=u\left(0,\ \frac{2}{3}\right)=0$이고 $u_{10}=u\left(\frac{2}{3},\ 0\right)=0$이므로 앞의 방정식은 $-4u_{11}+u_{21}+u_{12}=0$이다. $P_{21},\ P_{12},\ P_{22}$ 에서 차례로 같은 방법을 적용하면 추가로 3개의 방정식을 더 얻을 수 있다.

$$\begin{aligned}-4u_{11}+u_{21}+u_{12}\qquad\qquad &= 0\\ u_{11}-4u_{21}+\qquad\qquad u_{22} &= -\frac{8}{9}\\ u_{11}\qquad -4u_{12}+u_{22} &= -\frac{2}{3}\\ u_{21}+u_{12}-4u_{22} &= -\frac{14}{9}\end{aligned}\tag{7}$$

컴퓨터 대수체계를 이용하여 연립방정식을 풀면 다음과 같이 4개의 내점에서 근삿값을 구할 수 있다.

$$u_{11}=\frac{7}{36}=0.1944,\ \ u_{21}=\frac{5}{12}=0.4167,$$
$$u_{12}=\frac{13}{36}=0.3611,\ \ u_{22}=\frac{7}{12}=0.5833$$

상미분방정식에서 논의한 것과 같이, h의 값이 작아질수록 근삿값의 정확도가 향상될 것으로 기대한다. 그러나 그물눈 크기가 작아지면 당연히 내점인 그물눈 점들이 많아지고, 따라서 더 큰 크기의 연립방정식계를 풀어야 한다. 한 변의 길이가 L인 정사각형 영역의 경우 그물눈 크기 $h=\frac{L}{n}$이면 총 $(n-1)^2$개의 내점인 그물눈 점들이 생긴다. 예제 1에서는 $n=8$인 경우 적당한 그물눈 크기 $h=\frac{2}{8}=\frac{1}{4}$이지만 내점의 수는 $(8-1)^2=49$개이다. 따라서 우리는 미지수가 49개이고, 방정식이 49개인 연립방정식을 풀어야 한다. 우리는 다음 예제에서 그물눈 크기 $h=\frac{1}{2}$을 사용한다.

예제 2 더 많은 그물눈 점을 가지고 예제 1 구하기

그림 15.1.4와 같이 예제 1의 사각형에 대해서 $n=4$이고 그물눈 크기 $h=\frac{2}{4}=\frac{1}{2}$인 경우 $3^2=9$개의 내점인 그물눈 점들이 얻어진다. 이 점들에 대해서 (5)을 적용하고 주어진 경계조건을 이용하면 9개의 미지수에 대한 9개의 방정식을 얻는다. 우리가 확인할 수 있도록 아래와 같이 단순하지는 않은 연립방정식을 만든다.

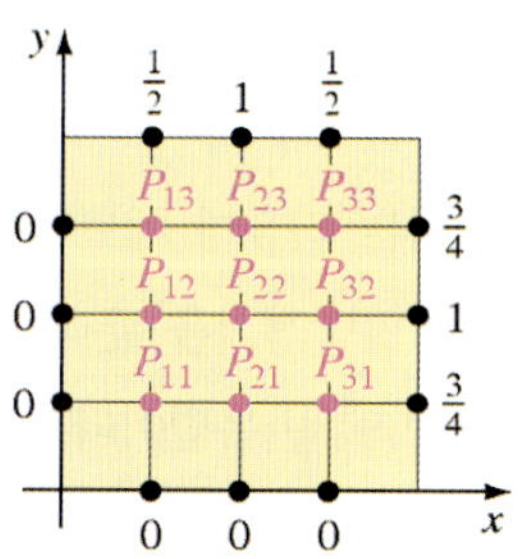

그림 15.1.4 그물눈 점들이 추가된 예제 1의 영역 R

$$
\begin{aligned}
u_{21}+u_{12}+0+0-4u_{11}&=0\\
u_{31}+u_{22}+u_{11}+0-4u_{21}&=0\\
\frac{3}{4}+u_{32}+u_{21}+0-4u_{31}&=0\\
u_{22}+u_{13}+u_{11}+0-4u_{12}&=0\\
u_{32}+u_{23}+u_{12}+u_{21}-4u_{22}&=0\\
1+u_{33}+u_{22}+u_{31}-4u_{32}&=0\\
u_{23}+\frac{1}{2}+0+u_{12}-4u_{13}&=0\\
u_{33}+1+u_{13}+u_{22}-4u_{23}&=0\\
\frac{3}{4}+\frac{1}{2}+u_{23}+u_{32}-4u_{33}&=0
\end{aligned}
\tag{8}
$$

이 경우에 컴퓨터를 이용하면 다음을 구할 수 있다.

$$
\begin{aligned}
&u_{11}=\frac{7}{64}=0.1094, \quad u_{21}=\frac{51}{224}=0.2277, \quad u_{31}=\frac{177}{448}=0.3951\\
&u_{12}=\frac{47}{224}=0.2098, \quad u_{22}=\frac{13}{32}=0.4063, \quad u_{32}=\frac{135}{224}=0.6027\\
&u_{13}=\frac{145}{448}=0.3237, \quad u_{23}=\frac{131}{224}=0.5848, \quad u_{33}=\frac{39}{64}=0.6094
\end{aligned}
$$

■

(8)을 단순화하면 9×9계수행렬은 다음과 같이 얻는다.

$$\begin{pmatrix} -4 & 1 & 0 & 1 & 0 & 0 & 0 & 0 & 0 \\ 1 & -4 & 1 & 0 & 1 & 0 & 0 & 0 & 0 \\ 0 & 1 & -4 & 0 & 0 & 1 & 0 & 0 & 0 \\ 1 & 0 & 0 & -4 & 1 & 0 & 1 & 0 & 0 \\ 0 & 1 & 0 & 1 & -4 & 1 & 0 & 1 & 0 \\ 0 & 0 & 1 & 0 & 1 & -4 & 0 & 0 & 1 \\ 0 & 0 & 0 & 1 & 0 & 0 & -4 & 1 & 0 \\ 0 & 0 & 0 & 0 & 1 & 0 & 1 & -4 & 1 \\ 0 & 0 & 0 & 0 & 0 & 1 & 0 & 1 & -4 \end{pmatrix} \tag{9}$$

이것은 빈약한 행렬(sparse matrix)의 한 예이다. 여기서 빈약한 행렬이란 성분의 많은 비율이 0인 행렬이다. 행렬 (9)는 띠행렬(banded matrix)의 한 예이기도 하다. 이러한 종류의 행렬들은 주대각선상에 있는 성분과 주대각선과 나란한 대각선(띠) 상에 있는 원소가 모두 0이 아닌 행렬이다.

가우스-자이델 반복법 편미분방정식의 근사해를 구하는 문제는 항상 큰 규모의 선형대수연립방정식으로 변환된다. 몇백 개의 방정식으로 구성된 연립방정식을 푸는 것은 드문 일이 아니다. 가우스 소거법과 같이 직접적으로 해를 구하는 방법은 (9)와 같은 행렬의 띠 밖의 0 성분을 유지한다고 할지라도 띠 사이의 0원소는 0이 아닌 성분으로 바꾼다. 아주 큰 행렬을 저장하기 위해서는 컴퓨터 메모리의 상당부분을 사용하므로 대개는 간접적인 방법으로 대형의 연립방정식을 푼다. 간접적인 방법 중에서 잘 알려진 방법 중의 하나가 가우스-자이델 반복법이다.

이 방법을 연립방정식 (7)에서 설명할 것이다. 편의상 이중첨자변수 u_{11}, u_{21}, u_{12}, u_{22}을 각각 x_1, x_2, x_3, x_4라고 표기하자.

예제 3 가우스-자이델 반복법

단계 1 : 각각의 방정식을 연립방정식의 주대각선상에 있는 변수들에 대해서 풀어라.

즉, (7)에서 첫 번째 방정식은 x_1에 관해서, 두 번째 방정식은 x_2에 관해서 풀어라.

$$\begin{aligned} x_1 &= \phantom{0.25x_1 +{}} 0.25x_2 + 0.25x_3 \\ x_2 &= 0.25x_1 + \phantom{0.25x_2 + 0.25x_3 +{}} 0.25x_4 + 0.2222 \\ x_3 &= 0.25x_1 + \phantom{0.25x_2 + 0.25x_3 +{}} 0.25x_4 + 0.1667 \\ x_4 &= \phantom{0.25x_1 +{}} 0.25x_2 + 0.25x_3 + 0.3889 \end{aligned} \tag{10}$$

이 방정식들은 내점에서 (5)보다는 (6)을 이용하여 바로 구할 수 있다.

단계 2 : 반복 변수 x_1, x_2, x_3, x_4에 대해서 초깃값를 정한다. 이것이 단순한 연립일차방정식이고 해에 대한 지식이 전혀 없는 경우에는 $x_1 = 0$, $x_2 = 0$, $x_3 = 0$, $x_4 = 0$이라고 둔다.

(10)의 해는 경곗값 문제에 대한 해의 근삿값을 나타내므로 변수 $x_1 = u_{11}$, $x_2 = u_{21}$, $x_3 = u_{12}$, $x_4 = u_{22}$의 초깃값으로써 모든 경계조건들의 평균값으로 두는 것은 적

당하다고 생각된다. 이 경우에 그림 15.1.3에서 보는 것과 같이 8개의 경계점에서 수들의 평균값은 대략 0.4이다. 따라서 초깃값은 $x_1 = 0.4$, $x_2 = 0.4$, $x_3 = 0.4$, $x_4 = 0.4$이다. 가우스-자이델 방법에서 반복은 새롭게 계산된 값을 x의 값으로 사용한다. (10)에서 첫 번째 방정식은 x_2, x_3에만 의존하는 것에 주목하여라. 따라서 $x_2 = 0.4$, $x_3 = 0.4$을 대입하여 $x_1 = 0.2$을 얻는다. 두 번째와 세 번째 방정식은 x_1과 x_4에 의존하므로 새로이 계산된 $x_1 = 0.2$, $x_4 = 0.4$을 이용하여 $x_2 = 0.3722$, $x_3 = 0.3167$을 구한다. 네 번째 방정식은 x_2와 x_3에 의존하므로 새로이 계산된 $x_2 = 0.3722$, $x_3 = 0.3167$을 이용하여 $x_4 = 0.5611$을 구한다. 요약하면, 첫 번째 반복에서 다음 값을 얻는다.

$$x_1 = 0.2,\ x_2 = 0.3722,\ x_3 = 0.3167,\ x_4 = 0.5611$$

이 값들이 예제 1의 끝에 주어진 실제값과 얼마나 근접한지 주목하라. 두 번째 반복에서는 먼저 $x_2 = 0.3722$, $x_3 = 0.3167$을 첫 번째 방정식에 대입한다. 이것으로부터 $x_1 = 0.1722$을 얻는다. $x_1 = 0.1722$와 바로 전에 계산한 x_4의 값(즉, $x_4 = 0.5611$)을 이용하여 두 번째와 세 번째 방정식에서 $x_2 = 0.4055$, $x_3 = 0.3500$을 얻는다. 이 두 값을 이용하여 네 번째 방정식에서 $x_4 = 0.5678$을 얻는다. 두 번째 반복에서 다음의 값을 구할 수 있다.

$$x_1 = 0.1722,\ x_2 = 0.4055,\ x_3 = 0.3500,\ x_4 = 0.5678$$

세 번째 반복에서 일곱 번째 반복까지의 값은 표 15.1.1에 정리되어 있다.

표 15.1.1

반복	세 번째	네 번째	다섯 번째	여섯 번째	일곱 번째
x_1	0.1889	0.1931	0.1941	0.1944	0.1944
x_2	0.4139	0.4160	0.4165	0.4166	0.4166
x_3	0.3584	0.3605	0.3610	0.3611	0.3611
x_4	0.5820	0.5830	0.5833	0.5833	0.5833

참고 가우스-자이델 반복법을 n개의 미지수와 n개의 일차방정식으로 이루어진 일반적인 연립방정식에 적용하기 위해서는 변수 x_i가 반드시 연립방정식의 i번째 방정식에 있어야 한다. 더욱이 각각의 방정식을 x_i, $i = 1, 2, \cdots, n$에 관해서 풀었을 때 결과적으로 나타나는 연립방정식은 $X = AX + B$형이다. 여기서 A의 주대각선상에 있는 성분은 모두 0이다.

주의

(i) 이 절에 주어진 예제에서 u_{ij}의 값은 경계점에서 알고 있는 u의 값을 이용하여 결정되었다. 그런데 만약에 주어진 영역에서 경계점이 영역 R의 실제 경계 C와 일치하지 않는 경우는 어떻게 할 것인가? 이 경우에는 필요한 값들은 보간법에 의해서 구할 수 있다.

(ii) 대칭성을 이용하여 풀기 위해서는 때때로 방정식의 개수를 줄일 수도 있다. 그림 15.1.5에 주어진 사각형 영역 $0 \le x \le 2$, $0 \le y \le 1$을 생각해 보자. $x=0$, $x=2$, $y=1$인 경계에서는 경계조건 $u=0$이고 $y=0$인 경계에서는 $u=100$이다. 영역은 직선 $x=1$과 $y=\frac{1}{2}$에 관해서 대칭이고 내점 P_{11}과 P_{31}은 주어진 u의 값이 같은 이웃하는 경계점에서 거리가 같다. 결과적으로 $u_{11}=u_{31}$을 가정하면 3개의 미지수와 3개의 방정식에 대한 연립방정식은 2개의 미지수와 2개의 방정식으로 줄어든다. 연습문제 15.1 문제 2를 참조하여라.

(iii) 라플라스 방정식의 근사해를 구할 때 예제 3에서 사용한 반복법을 리브먼의 방법이라고 종종 부른다.

(iv) 가우스-자이델 반복법과 리브먼의 방법은 컴퓨터상에서는 눈에 띄지 않을 수도 있지만 그 수렴성이 특별히 빠르지 않을 수도 있다. 그리고 좀 더 일반적인 문제에서는 가우스-자이델 반복법이 전혀 수렴하지 않을 수도 있다. 가우스-자이델 반복법이 수렴하기 위한 충분조건을 알기 원하는 독자들은 수치해석에 관한 책을 참고하기를 바란다.

연습문제 15.1

문제 1에서 8까지는 계산적인 도움을 위해 컴퓨터를 사용하여라.

(1-4) (5)을 사용하여 주어진 영역의 내점에서 라플라스 방정식의 근사해를 구하여라. 가능하면 대칭성을 이용하여라.

1 $u(0,\,y)=0,\ u(3,\,y)=y(2-y),\ 0<y<2$
$u(x,\,0)=0,\ u(x,\,2)=x(3-x),\ 0<x<3$
그물눈 크기 : $h=1$

2 $u(0,\,y)=0,\ u(2,\,y)=0,\ 0<y<1$
$u(x,\,0)=100,\ u(x,\,1)=0,\ 0<x<2$
그물눈 크기 : $h=\frac{1}{2}$

3 $u(0,\,y)=0,\ u(1,\,y)=0,\ 0<y<1$
$u(x,\,0)=0,\ u(x,\,1)=\sin\pi x,\ 0<x<1$
그물눈 크기 : $h=\frac{1}{3}$

4 $u(0,\,y)=108y^2(1-y),\ u(1,\,y)=0,\ 0<y<1$
$u(x,\,0)=0,\ u(x,\,1)=0,\ 0<x<1$
그물눈 크기 : $h=\frac{1}{3}$

(5-6) (6)과 가우스-자이델 반복법을 사용하여 단위 정사각형의 내점에서 라플라스 방정식의 근사해를 구하여라. 그물눈 크기 $h = \frac{1}{4}$을 사용하여라. 문제 5에서는 경계조건이 주어져 있다. 문제 6에서는 경계점에서 u의 값이 그림 15.1.6에 주어져 있다.

5 $u(0, y) = 0,\ u(1, y) = 100y,\ 0 < y < 1$
$u(x, 0) = 0,\ u(x, 1) = 100x,\ 0 < x < 1$

6

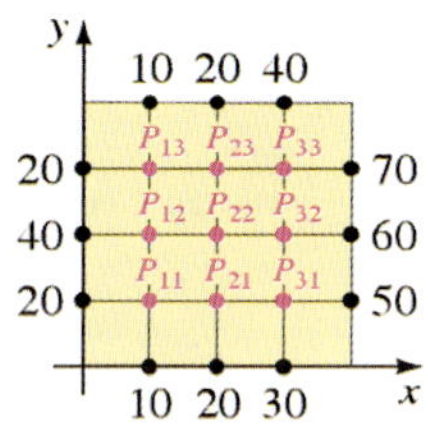

그림 15.1.6 문제 6의 영역

7 (a) 연습문제 12.6 문제 2에서 포아송 방정식 $\frac{\partial^2 u}{\partial x^2} + \frac{\partial^2 u}{\partial y^2} = f(x, y)$을 이용하여 포텐셜 문제를 풀었다. 포아송 방정식에 대한 차분방정식이 다음과 같음을 보여라.

$$u_{i+1,j} + u_{i,j+1} + u_{i-1,j} + u_{i,j-1} - 4u_{ij} = h^2 f(x, y)$$

(b) (a)의 결과를 이용하여 포아송 방정식 $\frac{\partial^2 u}{\partial x^2} + \frac{\partial^2 u}{\partial y^2} = -2$의 근사해를 그림 15.1.7에서 주어진 영역의 내점에서 구하여라. 그물눈 크기 $h = \frac{1}{2}$이고 $ABCD$상의 모든 점에서 $u = 1$이며, $DEFGA$상의 모든 점에서 $u = 0$이다. 대칭성을 이용하고 필요하면 가우스-자이델 반복법도 이용하라.

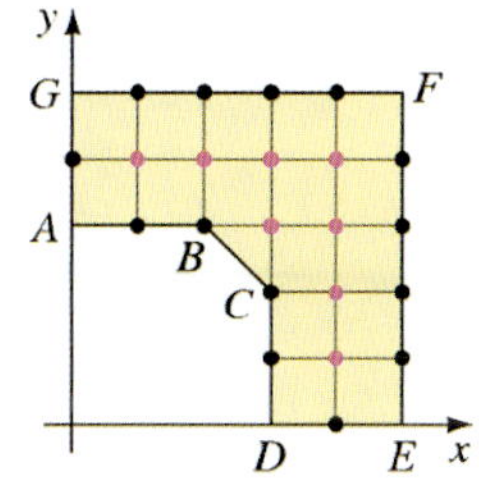

그림 15.1.7 문제 7의 영역

8 문제 7 (a)의 결과를 이용하여 포아송 방정식 $\frac{\partial^2 u}{\partial x^2} + \frac{\partial^2 u}{\partial y^2} = -64$의 근사해를 그림 15.1.8에서 주어진 영역의 내점에서 구하여라. 그물눈 크기 $h = \frac{1}{8}$이고 영역의 경계에 있는 모든 점에서 $u = 0$이다. 필요하면 가우스-자이델 반복법을 사용하여라.

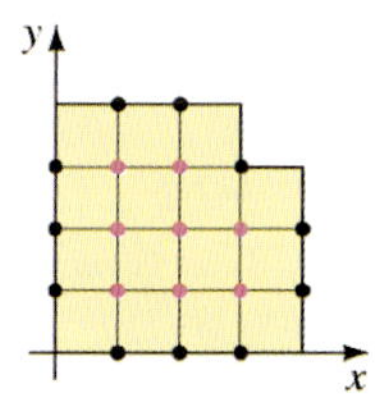

그림 15.1.8 문제 8의 영역

15.2 열방정식

필요한 개념

- 9.5절, 12.1절, 12.2절, 12.3절, 15.1절

소개 | 이 절에서 논의할 기본 개념은 15.1절의 내용과 같다. 이번에는 포물형 편미분방정식의 근사해를 구하기 위해서 방정식을 유한차분방정식으로 대체시킨다. 앞 절과는 달리 포물형 편미분방정식에 대해서 2가지의 유한차분근사방법을 다룰 것이다. 하나는 명시적 방법이라고 불리고, 다른 하나는 암시적 방법이라고 불린다. 명확하게 하기 위해서 우리는 1차원의 열방정식만을 살펴볼 것이다.

차분방정식 대체 1차원의 열방정식

$$c\frac{\partial^2 u}{\partial x^2} = \frac{\partial u}{\partial t} \tag{1}$$

의 해 $u(x, t)$의 근삿값을 구하기 위해서 각각의 미분을 차분몫으로 대체한다. 15.1절의 중심차분근삿값 (2)을 이용하면,

$$\frac{\partial^2 u}{\partial x^2} \approx \frac{1}{h^2}[u(x+h, t) - 2u(x, t) + u(x-h, t)]$$

이고 9.5절의 전향차분근삿값 (3)을 이용하면,

$$\frac{\partial u}{\partial t} \approx \frac{1}{h}[u(x, t+h) - u(x, t)]$$

이므로 방정식 (1)은 다음과 같다.

$$\frac{c}{h^2}[u(x+h, t) - 2u(x, t) + u(x-h, t)] = \frac{1}{k}[u(x, t+k) - u(x, t)]. \quad (2)$$

$$\lambda = \frac{ck}{h^2}, u(x, t) = u_{ij}, \ u(x+h, t) = u_{i+1, j},$$

$$u(x-h, t) = u_{i-1, j}, \ u(x, t+k) = u_{i, j+1}$$

이라고 하고 간단하게 정리 하면 (2)는 다음과 같다.

$$u_{i, j+1} = \lambda u_{i+1, j} + (1-2\lambda)u_{ij} + \lambda u_{i-1, j}. \quad (3)$$

열방정식 (1)의 경우에 일반적인 경계조건은 $u(0, t) = u_1, \ u(a, t) = u_2, \ t > 0$이고 초기조건은 $u(x, 0) = f(x), \ 0 < x < a$이다. 함수 f는 $x = 0$에서 $x = a$까지 놓여 있는 동질의 막대에서 초기의 온도분포로 생각할 수 있다. u_1와 u_2는 막대의 끝 부분에서 일정한 온도로 해석할 수 있다. 증명은 하지 않지만, f가 폐구간 $[0, a]$에서 연속일 때 2개의 경계조건과 1개의 초기조건을 가지는 경곗값문제 (1)은 오직 한 개의 해를 가진다. 이 조건을 가정하고, 초기조건을 $u(x, 0) = f(x)$, $0 \le x \le a$로 교체한다. 더욱이 부등식 $0 \le x \le a, \ t \ge 0$로 정의된 반 무한 영역 대신에 $0 \le x \le a, \ 0 \le t \le T$로 정의된 사각형 영역을 사용한다. 여기서 T는 특정한 시간 값이다. 이 영역 위에 h 간격으로 수직선을 긋고, k 간격으로 수평선을 그어서 사각형의 격자를 그린다. 그림 15.2.1를 참조하여라. 두 개의 양의 정수 n과 m을 선택하고

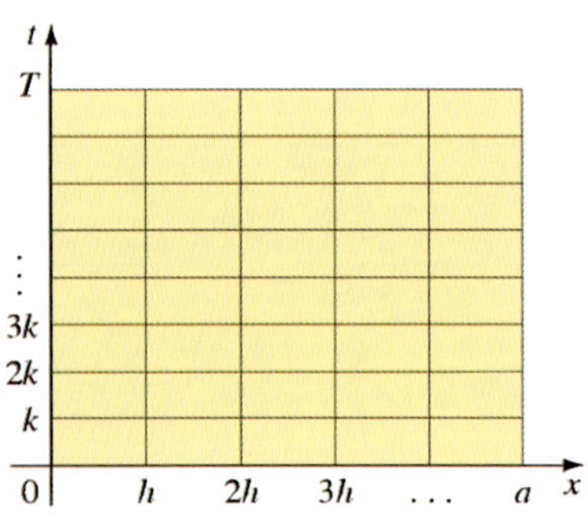

그림 15.2.1 xt−평면상에서 사각형의 영역

$$h = \frac{a}{n} \text{과 } k = \frac{T}{m}$$

라고 정의하고 수직과 수평 격자선을 다음과 같이 정의된다.

$$x_i = ih, \ i = 0, 1, 2, \cdots, n \text{과 } t_j = jk, \ j = 0, 1, 2, \cdots, m$$

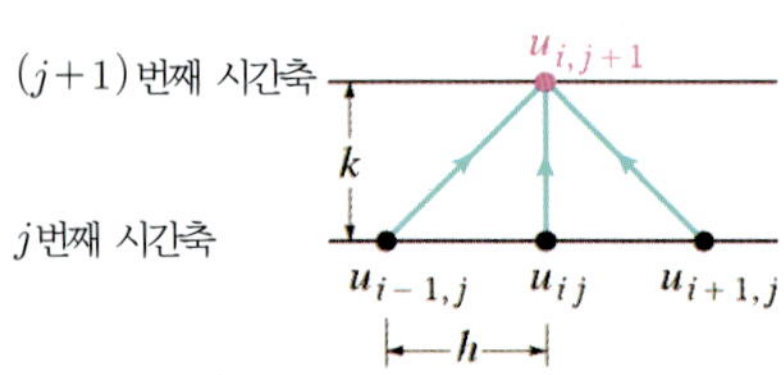

그림 15.2.2 $t = j+1$에서의 u는 $t = j$에서 세 개의 u값으로부터 결정된다.

그림 15.2.2에서 표시한 것과 같이 공식 (3)과 j번째 시간축에서의 값만을 이용하여 $(j+1)$번째 시간축 위에 있는 점에서 해 $u(x, t)$의 값을 추정하고자 한다. 예를 들어서, 첫 번째 시간축($j = 1$)에서의 값은 0번째 시간축($j = 0$)에서 주어진 초기조건 $u_{i, 0} = u(x_i, 0) = f(x_i)$에 의존한다. 이와 같은 계산 방법을 명시적 유

한차분방법이라고 부른다.

예제 1 유한차분 방법 이용해서 구하기

다음과 같은 경곗값 문제를 생각하자.

$$\frac{\partial^2 u}{\partial x^2} = \frac{\partial u}{\partial t},\ 0 < x < 1,\ 0 < t < 0.5$$

$$u(0,\ t) = 0,\ u(1,\ t) = 0,\ 0 \le t \le 0.5$$

$$u(x,\ 0) = \sin \pi x,\ 0 \le x \le 1$$

먼저 $c = 1,\ a = 1,\ T = 0.5$라고 하자. 예를 들어 $n = 5,\ m = 50$이라고 두면 이때

$$h = \frac{1}{5} = 0.2,\ k = \frac{0.5}{50} = 0.01,\ \lambda = 0.25\, x_i = i\frac{1}{5},\ i = 0,\ 1,\ 2,\ 3,\ 4,\ 5,$$

$$t_j = j\frac{1}{100},\ j = 0,\ 1,\ 2,\ \cdots,\ 50$$

이다. 따라서 (3)은

$$u_{i,\ j+1} = 0.25(u_{i+1,\ j} + 2u_{ij} + u_{i-1,\ j})$$

이다.

이 식에서 $j = 0$이라고 두면, 첫 번째 시간 축 위에서 온도 u의 근삿값에 대한 식은

$$u_{i,\ 1} = 0.25(u_{i+1,\ 0} + 2u_{i,\ 0} + u_{i-1,\ 0})$$

이다.

위의 방정식에서 $i = 1,\ \cdots,\ 4$라고 두면, 결과적으로 다음 식을 얻을 수 있다.

$$u_{11} = 0.25(u_{20} + 2u_{10} + u_{00})$$

$$u_{21} = 0.25(u_{30} + 2u_{20} + u_{10})$$

$$u_{31} = 0.25(u_{40} + 2u_{30} + u_{20})$$

$$u_{41} = 0.25(u_{50} + 2u_{40} + u_{30}).$$

위의 식에서 첫 번째 방정식은

$$\begin{aligned} u_{11} &= 0.25(u(x_2,\ 0) + 2u(x_1,\ 0) + u(0,\ 0)) \\ &= 0.25(u(0.4,\ 0) + 2u(0.2,\ 0) + u(0,\ 0)) \end{aligned}$$

로 해석할 수 있다.

초기조건 $u(x,\ 0) = \sin \pi x$을 이용하면 위의 두 번째 등식은

$$u_{11} = 0.25(0.951056516 + 2(0.587785252) + 0) = 0.531656755$$

이 된다. 이 값은 온도 $u(0.2,\ 0.01)$의 근삿값을 나타낸다.

h와 k에 의해서 결정되는 사각형 모양의 격자에서의 근삿값을 모두 정리하면 200개 이상의 성분을 가지는 매우 큰 표를 만들어야 하므로 우리는 표 15.2.1에서 단

지 몇 개의 값만을 표시한다.

표 15.2.1 $h=0.2$, $k=0.01$, $\lambda=0.25$인 경우 명시적 차분방정식 근사

시간	$x=0.20$	$x=0.40$	$x=0.60$	$x=0.80$
0.00	0.5878	0.9511	0.9511	0.5878
0.10	0.2154	0.3486	0.3486	0.2154
0.20	0.0790	0.1278	0.1278	0.0790
0.30	0.0289	0.0468	0.0468	0.0289
0.40	0.0106	0.0172	0.0172	0.0106
0.50	0.0039	0.0063	0.0063	0.0039

12장에서의 방법을 이용하여 예제 1의 경곗값 문제의 해가 $u(x, t)=e^{-\pi^2 t}\sin\pi x$임을 보일 수 있다. 이 해를 이용하여 표 15.2.2에서 실제값과 이에 대응하는 근삿값을 비교할 수 있다.

표 15.2.2

실제값	근삿값
$u(0.4, 0.05)=0.5806$	$u_{25}=0.5758$
$u(0.6, 0.06)=0.5261$	$u_{36}=0.5208$
$u(0.2, 0.10)=0.2191$	$u_{1, 10}=0.2154$
$u(0.8, 0.14)=0.1476$	$u_{4, 14}=0.1442$

안정성 이 근삿값들은 실제값과 비교할 수 있으며 어느 정도는 정확하다. 그런데 선행의 방법에는 문제가 있다. 수치방법이 불안정하다는 것은 계산이 진행될수록 반올림 오차 또는 다른 오차가 급속히 커진다는 것임을 기억하여라. 예제 1에서 나타난 계산과정은 이와 같은 현상을 보여준다. 만약에 λ가 0.5보다 작거나 같으면 계산 과정이 안정되고 다른 경우에는 불안정하다는 것을 증명할 수 있다. 예제 1에서 $\lambda=0.25\le 0.5$을 얻기 위해서는 $k=0.01$을 선택해야 한다. 시간에서 매우 작은 단계 크기를 사용해야 한다는 필요성은 이 방법에서 아주 큰 결점이다. 연습문제 15.2 문제 12를 풀고 $\lambda=1$일 때 불안정성이 예측되는 것을 확인하여라.

크랭크-니컬슨 방법 포물형 편미분방정식을 해결하는 암시적 유한 차분방법이 존재한다. 이러한 방법들을 이용하기 위해서는 연립방정식을 풀어서 $(j+1)$번째 시간 선에서 u의 근삿값을 찾아야 한다. 하지만 암시적 방법은 불안정성 문제를 걱정하지 않아도 된다.

열방정식을 풀 때 대부분은 1947년 크랭크(J. Crank)와 니컬슨(P. Nicholson)에 의해 제안된 알고리즘을 사용한다. 이 알고리즘은 $c\dfrac{\partial^2 u}{\partial x^2}=\dfrac{\partial u}{\partial t}$에서 2계 편도함수를 하나는 t에서 계산하고, 다른 하나는 $t+k$에서 계산한 2개의 중심 차분 몫의 평균값으로 교체한다.

$$\frac{c}{2}\left[\frac{u(x+h,t)-2u(x,t)+u(x-h,t)}{h^2}+\frac{u(x+h,t+k)-2u(x,t+k)+u(x-h,t+k)}{h^2}\right] \tag{4}$$
$$=\frac{1}{k}[u(x,t+k)-u(x,t)]$$

$\lambda=\dfrac{ck}{h^2}$이라고 두고 항들을 재정리하면, (4)는

$$-u_{i-1,\,j+1}+\alpha u_{i,\,j+1}-u_{i+1,\,j+1}=u_{i+1,\,j}-\beta u_{ij}+u_{i-1,\,j} \tag{5}$$

로 쓸 수 있다. 여기서 $\alpha=2\left(1+\dfrac{1}{\lambda}\right)$, $\beta=2\left(1-\dfrac{1}{\lambda}\right)$, $j=0,1,\cdots,m-1$, $i=1,2,\cdots,n-1$이다.

j를 선택하고 각 $i=1,2,n-1$에 대해서 차분방정식 (5)에 적용하면 $n-1$개의 미지수를 갖는 $n-1$개의 방정식 $u_{i,\,j+1}$을 얻는다. 주어진 경계조건 때문에 $i=0$과 $i=n$에 대해서 $u_{i,\,j+1}$값을 알 수 있다. 예를 들어 $n=4$이면 $(j+1)$번째 시간선상에서 u의 근삿값을 계산하는 연립방정식은

$$\begin{aligned}
-u_{0,\,j+1}+\alpha u_{1,\,j+1}-u_{2,\,j+1}&=u_{2,\,j}-\beta u_{1,\,j}+u_{0,\,j}\\
-u_{1,\,j+1}+\alpha u_{2,\,j+1}-u_{3,\,j+1}&=u_{3,\,j}-\beta u_{2,\,j}+u_{1,\,j}\\
-u_{2,\,j+1}+\alpha u_{3,\,j+1}-u_{4,\,j+1}&=u_{4,\,j}-\beta u_{3,\,j}+u_{2,\,j}
\end{aligned}$$

또는

$$\begin{aligned}
\alpha u_{1,\,j+1}-u_{2,\,j+1}\qquad\qquad&=b_1\\
-u_{1,\,j+1}+\alpha u_{2,\,j+1}-u_{3,\,j+1}&=b_2\\
-u_{2,\,j+1}+\alpha u_{3,\,j+1}&=b_3
\end{aligned} \tag{6}$$

이다.

여기서

$$\begin{aligned}
b_1&=u_{2,\,j}-\beta u_{1,\,j}+u_{0,\,j}+u_{0,\,j+1}\\
b_2&=u_{3,\,j}-\beta u_{2,\,j}+u_{1,\,j}\\
b_3&=u_{4,\,j}-\beta u_{3,\,j}+u_{2,\,j}+u_{4,\,j+1}
\end{aligned}$$

이다. 일반적으로 차분방정식 (5)을 이용하여 $(j+1)$번째 시간선 위에서 u의 값을 계산하기 위해서는, 선형방정식 $AX=B$를 반드시 풀어야 한다. 여기서 계수행렬 A는 삼중대각행렬

$$A = \begin{pmatrix} \alpha & -1 & 0 & 0 & 0 & \cdots & 0 \\ -1 & \alpha & -1 & 0 & 0 & & 0 \\ 0 & -1 & \alpha & -1 & 0 & & 0 \\ 0 & 0 & -1 & \alpha & -1 & & 0 \\ \vdots & & & & & \ddots & \vdots \\ 0 & 0 & 0 & 0 & 0 & \alpha & -1 \\ 0 & 0 & 0 & 0 & 0 & \cdots -1 & \alpha \end{pmatrix}$$

이고 열행렬 B의 성분은

$$\begin{aligned} b_1 &= u_{2,\,j} - \beta u_{1,\,j} + u_{0,\,j} + u_{0,\,j+1} \\ b_2 &= u_{3,\,j} - \beta u_{2,\,j} + u_{1,\,j} \\ b_3 &= u_{4,\,j} - \beta u_{3,\,j} + u_{2,\,j} \\ &\vdots \\ b_{n-1} &= u_{n,\,j} - \beta u_{n-1,\,j} + u_{n-2,\,j} + {}_{0,\,j+1} \end{aligned}$$

이다.

예제 2 크랭크-니컬슨 방법 이용하기

크랭크-니컬슨 방법을 사용하여 경곗값 문제

$$0.25\frac{\partial^2 u}{\partial x^2} = \frac{\partial u}{\partial t},\ 0 < x < 2,\ 0 < t < 0.3$$

$$u(0,\,t) = 0,\ u(2,\,t) = 0,\ 0 \le t \le 0.3$$

$$u(x,\,0) = \sin \pi x,\ 0 \le x \le 2$$

의 근사해를 구하여라. 여기서 $n = 8,\ m = 30$이다.

풀이 $a = 2,\ T = 0.3,\ h = \frac{1}{4} = 0.25,\ k = \frac{1}{100} = 0.01,\ c = 0.25$라고 두면 $\lambda = 0.04$이다. 컴퓨터를 사용하여 표 15.2.3에 있는 결과를 얻을 수 있다. 예제 1에서와 같이 이 표에 있는 성분들은 h와 k에 의해서 결정된 사각형 모양의 격자 위에서 구한 210개의 근삿값 중에서 일부분이다.

표 15.2.3 $h = 0.25,\ k = 0.01,\ \lambda = 0.25$인 경우 크랭크-니컬슨 방법

시간	$x = 0.25$	$x = 0.50$	$x = 0.75$	$x = 1.00$	$x = 1.25$	$x = 1.50$	$x = 1.75$
0.00	0.7071	1.0000	0.7071	0.0000	−0.7071	−1.0000	−0.7071
0.05	0.6289	0.8894	0.6289	0.0000	−0.6289	−0.8894	−0.6289
0.10	0.5594	0.7911	0.5594	0.0000	−0.5594	−0.7911	−0.5594
0.15	0.4975	0.7036	0.4975	0.0000	−0.4975	−0.7036	−0.4975
0.20	0.4425	0.6258	0.4425	0.0000	−0.4425	−0.6258	−0.4425
0.25	0.3936	0.5567	0.3936	0.0000	−0.3936	−0.5567	−0.3936
0.30	0.3501	0.4951	0.3501	0.0000	−0.3501	−0.4951	−0.3501

예제 1에서와 같이 예제 2에 있는 경곗값 문제는 해 $u(x,\,t) = e^{-\frac{\pi^2 t}{4}} \sin \pi x$를 갖는

다. 표 15.2.4에 나열된 값들을 비교하면 절대오차가 10^{-2} 또는 10^{-3}이다. h 또는 k의 값이 작아질수록 오차는 작아진다.

표 15.2.4

실제값	근삿값
$u(0.75, 0.05) = 0.6250$	$u_{35} = 0.6289$
$u(0.50, 0.20) = 0.6105$	$u_{2,20} = 0.6259$
$u(0.25, 0.10) = 0.5525$	$u_{2,10} = 0.5594$

■

연습문제 15.2

문제 1에서 12까지는 계산적인 도움을 위해 컴퓨터를 사용하여라.

1 차분방정식 (3)을 이용하여 경곗값 문제

$$\frac{\partial^2 u}{\partial x^2} = \frac{\partial u}{\partial t},\ 0 < x < 2,\ 0 < t < 1$$

$$u(0, t) = 0,\ u(2, t) = 0,\ 0 \le t \le 1$$

$$u(x, 0) = \begin{cases} 1, & 0 \le x \le 1 \\ 0, & 1 < x \le 2 \end{cases}$$

의 근사해를 구하여라. 여기서 $n = 8$, $m = 40$이다.

2 연습문제 12.3의 문제 1에서 구한 $L = 2$인 푸리에 급수해를 이용하면 처음 20개의 항을 더해서 위의 문제 1의 해 $u(x, t)$에 대한 $u(0.25, 0.1)$, $u(1, 0.5)$, $u(1.5, 0.8)$의 근삿값을 구할 수 있다. 어떤 학생은 이것을 구하기 위해서 컴퓨터 프로그램을 사용하여 $u(0.25, 0.1) = 0.3794$, $u(1, 0.5) = 0.1854$, $u(1.5, 0.8) = 0.0623$을 구하였다. 이 결과들이 모든 주어진 자릿수에 대해서 정확하다고 가정하자. 이 값들과 문제 1에서 구한 근삿값을 비교하여라. 각각의 경우에 대해서 절대오차를 구하여라.

3 $n = 8$, $m = 40$인 경우에 크랭크-니컬슨 방법을 이용하여 문제 1을 풀어라. 문제 2에서 주어진 $u(0.25, 0.1)$, $u(1, 0.5)$, $u(1.5, 0.8)$에 대한 값을 사용하여 절대오차를 구하여라.

4 $n = 8$, $m = 20$이라 두고 문제 1을 풀어라. 문제 2에서 주어진 $u(0.25, 0.1)$, $u(1, 0.5)$, $u(1.5, 0.8)$의 값을 사용하여 절대오차를 계산하여라. 이 경우에 근삿값이 정확하지 않은 이유는 무엇인가?

5 $n = 8$, $m = 20$이라 두고 크랭크-니컬슨 방법을 이용하여 문제 1을 풀어라. 문제 2에서 주어진 $u(0.25, 0.1)$, $u(1, 0.5)$, $u(1.5, 0.8)$의 값을 사용하여 절대오차를 구하여라. 문제 4에서 구한 절대오차와 비교하여라.

6 12.2절에서 보인 것처럼 길이가 L이고 열전도율이 K인 물질로 만든 막대기에 대해서 열이 γ이고 밀도가 ρ로 주어졌을 때, 온도 $u(x, t)$는 편미분방정식

$$\frac{K}{\gamma\rho}\frac{\partial^2 u}{\partial x^2} = \frac{\partial u}{\partial t},\ 0 < x < L$$

을 만족한다.
위의 방정식과 다음의 조건

$$u(0, t) = 0,\ u(L, t) = 0,\ 0 \le t \le 10$$

$$u(x, 0) = f(x),\ 0 \le x \le L$$

을 만족하는 경곗값 문제를 생각하자.
이 절에서 정의한 차분방정식 (3)을 이용하여, 아래의 경우에 대해서 경곗값 문제의 근사해를 구하여라. 여기서 $n = 10, m = 10$이다.

(a) $L = 20,\ K = 0.15,\ \rho = 8.0,\ \gamma = 0.11,\ f(x) = 30$

(b) $L = 50,\ K = 0.15,\ \rho = 8.0,\ \gamma = 0.11,\ f(x) = 30$

(c) $L = 20,\ K = 1.10,\ \rho = 2.7,\ \gamma = 0.22,$
$f(x) = 0.5x(20 - x)$

(d) $L = 100$, $K = 1.04$, $\rho = 10.6$, $\gamma = 0.06$,

$$f(x) = \begin{cases} 0.8x, & 0 \le x \le 50 \\ 0.8(100 - x) & 50 < x \le 100 \end{cases}$$

7 $n = 10$, $m = 10$인 경우에 크랭크-니컬슨 방법을 이용하여 문제 6을 풀어라.

8 끝점에서의 온도가 $u(0, t) = 0$, $u(L, t) = 20$, $0 \le t \le 10$일 때 문제 6을 다시 풀어라.

9 크랭크-니컬슨 방법을 이용하여 문제 8을 풀어라.

10 예제 2에 있는 경곗값 문제를 생각하자. $n = 4$일 때.

(a) λ의 새로운 값을 구하여라.

(b) 크랭크-니컬슨 차분방정식 (5)을 이용하여 u_{11}, u_{21}, u_{31}에 대한 연립방정식을 구하여라. 즉, 첫 번째 시간선 위에서 u의 근삿값을 구하여라. (힌트: (5)에서 $j = 0$이라 두고 i는 1, 2, 3 중에서 값을 갖는다고 하자.)

(c) 컴퓨터 프로그램을 사용하지 않고 3개의 방정식으로 구성된 연립방정식을 풀어라. 여러분들의 결과와 표 15.2.3에서 대응하는 값들과 비교하여라.

11 $K = 1.05$, $\rho = 10.6$, $\gamma = 0.056$인, 길이가 $L = 20$인 막대를 생각하자. 또한

$$u(0, t) = 20, \ u(20, t) = 30, \ u(x, 0) = 50$$

라고 가정하자.

(a) 12.6절에서의 설명한 방법을 사용하여 안정상태 해 $\psi(x)$을 구하여라.

(b) 크랭크-니컬슨 방법을 사용하여 $0 \le t \le T_{\max}$에 대한 온도 $u(x, t)$의 근삿값을 구하여라. 안정상태의 값이 될 수 있는 범위 안에서 온도 $T_{\max}$값을 충분히 크게 잡아라. $t = T_{\max}$에 대한 근삿값과 (a)에서 구한 $\psi(x)$의 값을 비교하여라.

12 차분방정식 (3)을 이용하여 경곗값 문제

$$\frac{\partial^2 u}{\partial x^2} = \frac{\partial u}{\partial t}, \ 0 < x < 1, \ 0 < t < 1$$

$$u(0, t) = 0, \ u(1, t) = 0, \ 0 \le t \le 1$$

$$u(x, 0) = \sin \pi x, \ 0 \le x \le 1$$

의 근사해를 구하여라. 여기서 $n = 5$, $m = 25$이다.

15.3 파동방정식

필요한 개념

- 9.5절, 12.1절, 12.2절, 12.4절, 15.2절

소개 | 이 절에서는 앞의 두 절에서 사용한 유한차분방정식을 사용하여 1차원의 파동방정식의 근사해를 구할 것이다. 1차원 파동방정식은 쌍곡 편미분방정식의 모범사례이다.

차분방정식 대체 $u(x, t)$가 1차원의 파동방정식

$$c^2 \frac{\partial^2 u}{\partial x^2} = \frac{\partial^2 u}{\partial t^2} \tag{1}$$

의 해라고 가정하자. 2개의 중심차분

$$\frac{\partial^2 u}{\partial x^2} \approx \frac{1}{h^2}[u(x+h, t) - 2u(x, t) + u(x-h, t)]$$

$$\frac{\partial^2 u}{\partial t^2} \approx \frac{1}{k^2}[u(x, t+k) - 2u(x, t) + u(x, t-k)]$$

을 사용하여 방정식 (1)을

$$\frac{c^2}{h^2}[u(x+h,\ t)-2u(x,\ t)+u(x-h,\ t)]$$
$$=\frac{1}{k^2}[u(x,\ t+k)-2u(x,\ t)+u(x,\ t-k)] \quad (2)$$

로 대체한다. (2)을 $u(x,\ t+k)$, 즉 $u_{i,\ j+1}$에 대하여 푼다. $\lambda=\dfrac{ck}{h}$라 두면 $i=1,\ 2,\ \cdots,\ n-1$, $j=1,\ 2,\ \cdots,\ m-1$에 대해 (2)는

$$u_{i,\ j+1}=\lambda^2 u_{i+1,\ j}+2(1-\lambda^2)u_{ij}+\lambda^2 u_{i-1,\ j}-u_{i,\ j-1} \quad (3)$$

이 된다.

파동방정식 (1)이 진동하는 현의 수직변위 $u(x,\ t)$인 경우에 일반적으로 경계조건은 $u(0,\ t)=0$, $u(a,\ t)=0$, $t>0$이고, 초기조건은 $u(x,\ 0)=f(x)$, $\left.\dfrac{\partial u}{\partial t}\right|_{t=0}=g(x)$, $0<x<a$이다. 함수 f와 g는 현의 처음의 위치와 초기속력으로 이해할 수 있다. 15.2절에서 다룬 첫 번째 방법과 같이 방정식 (3)을 이용한 수치방법은 명시적 유한차분방법이다. 앞에서와 같이 차분방정식 (3)과 경계조건과 초기조건을 이용하여 xt평면 위에서 부등식 $0\le x\le a$, $0\le t\le T$(T는 주어진 시간)으로 정의된 사각형 영역 위에서 (1)의 해 $u(x,\ t)$의 근사해를 구한다. n과 m이 양의 정수이고

$$h=\frac{a}{n},\ k=\frac{T}{m}$$

이면, 이 영역 위에서 수직과 수평 격자선은

$$x_i=ih,\ i=0,\ 1,\ 2,\ \cdots,\ n,\ t_j=jk,\ j=0,\ 1,\ 2,\ \cdots,\ m$$

와 같이 정의된다.

그림 15.3.1에서 보는 것과 같이 (3)을 이용하면 j번째와 $(j-1)$번째 시간선상에서의 값으로부터 $(j+1)$번째 시간선상에서 근삿값 $u_{i,\ j+1}$을 얻을 수 있다.

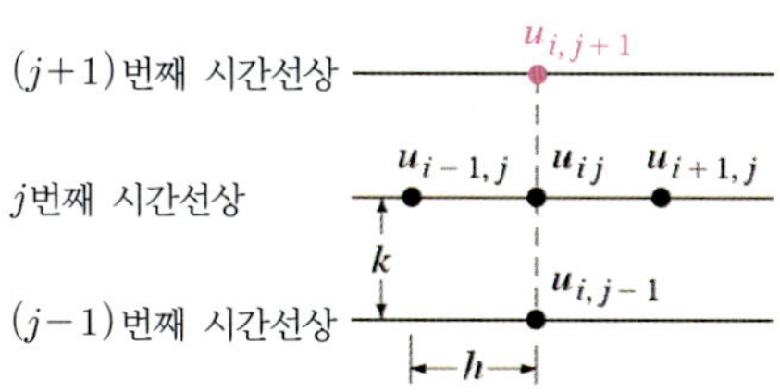

그림 15.3.1 $t=j+1$에서 u는 $t=j$에서의 3개의 값과 $t=j-1$에서의 하나의 값으로 결정된다.

더욱이 우리는

$$u_{0,\ j}=u(0,\ jk)=0,\ u_{n,\ j}=u(a,\ jk)=0 \leftarrow \text{경계조건}$$
$$u_{i,\ 0}=u(x_i,\ 0)=f(x_i) \leftarrow \text{초기조건}$$

을 이용한다.

시작하기 전에 사소한 문제가 하나 있다. (3)에서 알 수 있듯이 $j=1$의 경우에 $u_{i,\ 2}$를 계산하기 위해서 $u_{i,\ 1}$의 값을 알아야 한다.(즉, 첫 번째 시간선상에서 u의 추정값)

그림 15.3.1에서와 같이 $j=0$에서와 같이 첫 번째 시간선상에서 $u_{i,\ 1}$의 값은 0번째 시간선상에서 $u_{i,\ 0}$의 값과 $u_{i,\ -1}$의 값에 종속한다. 후자의 값을 계산하기 위해서 초기속력조건 $u_t(x,\ 0)=g(x)$을 이용한다. $t=0$에서 9.5절의 (5)을 이용하

면

$$g(x_i) = u_t(x_i, 0) \approx \frac{u(x_i, k) - u(x_i, -k)}{2k} \tag{4}$$

이다. (4)에서 항 $u(x_i, -k) = u_{i,-1}$을 이해하기 위해서, 시간축에서 뒤로 연장한 $u(x, t)$의 값을 생각해야 한다. (4)에 의해서 다음을 얻을 수 있다.

$$u(x_i, -k) \approx u(x_i, k) - 2kg(x_i)$$

위의 결과에 의해서 (3)에서

$$u_{i,-1} = u_{i,1} - 2kg(x_i) \tag{5}$$

라고 정의한다. (5)을 (3)에 대입하고 $j = 0$이라고 두면 특수한 경우인

$$u_{i,1} = \frac{\lambda^2}{2}(u_{i+1,0} + u_{i-1,0}) + (1 - \lambda^2)u_{i,0} + kg(x_i) \tag{6}$$

을 얻는다.

예제 1 유한차분방법 이용하기

$n = 5,\ m = 20$일 때 (3)을 이용하여 다음의 경곗값 문제의 근사해를 구하여라.

$$4\frac{\partial^2 u}{\partial x^2} = \frac{\partial^2 u}{\partial t^2},\ 0 < x < 1,\ 0 < t < 1$$

$$u(0, t) = 0,\ u(1, t) = 0,\ 0 \le t \le 1$$

$$u(x, 0) = \sin \pi x,\ \left.\frac{\partial u}{\partial t}\right|_{t=0} = 0,\ 0 \le x \le 1$$

풀이 $c = 2,\ a = 1,\ T = 1$이라 두자. $n = 5$이고 $m = 20$일 때 $h = \frac{1}{5} = 0.2$. $k = \frac{1}{20} = 0.05,\ \lambda = 0.5$이다. $g(x) = 0$이라고 두면 방정식 (6)과 (3)은 각각

$$u_{i,1} = 0.125(u_{i+1,0} + u_{i-1,0}) + 0.75u_{i,0} \tag{7}$$

$$u_{i,j+1} = 0.25u_{i+1,j} + 1.5u_{ij} + 0.25u_{i-1,j} - u_{i,j-1} \tag{8}$$

와 같다.

$i = 1, 2, 3, 4$에 대하여 방정식 (7)을 이용하여 첫 번째 시간선상에서 다음의 $u_{i,1}$값들을 얻는다 :

$$\begin{aligned} u_{11} &= 0.125(u_{20} + u_{00}) + 0.75u_{10} = 0.55972100 \\ u_{21} &= 0.125(u_{30} + u_{10}) + 0.75u_{20} = 0.90564761 \\ u_{31} &= 0.125(u_{40} + u_{20}) + 0.75u_{30} = 0.90564761 \\ u_{41} &= 0.125(u_{50} + u_{30}) + 0.75u_{40} = 0.55972100 \end{aligned} \tag{9}$$

(9)에서 주어진 결과들은 초기조건 $u(x, 0) = \sin\pi x$에서 구해졌음에 주의하라. 예를 들어 $u_{20} = \sin(0, 2\pi)$인 경우이다. (8)에서 $j = 1$이면

$$u_{i,\,2} = 0.25u_{i+1,\,1} + 1.5u_{i,\,1} + 0.25u_{i-1,\,1} - u_{i,\,0}$$

이고 $i = 1,\ 2,\ 3,\ 4$에 대해서

$$\begin{aligned} u_{12} &= 0.25u_{21} + 1.5u_{11} + 0.25u_{01} - u_{10} \\ u_{22} &= 0.25u_{31} + 1.5u_{21} + 0.25u_{11} - u_{20} \\ u_{32} &= 0.25u_{41} + 1.5u_{31} + 0.25u_{21} - u_{30} \\ u_{42} &= 0.25u_{51} + 1.5u_{41} + 0.25u_{31} - u_{40} \end{aligned}$$

을 얻을 수 있다.

경계조건과 초기조건 그리고 (9)에서 얻는 값들을 이용하면 이 방정식으로부터 두 번째 시간선상에서 u의 근삿값을 얻을 수 있다. 위의 결과와 생략된 나머지 계산값들은 표 15.3.1에 주어져 있다.

표 15.3.1 $h = 0.2,\ k = 0.05,\ \lambda = 0.5$인 경우에 명시적 차분방정식 근사

시간	$x = 0.20$	$x = 0.40$	$x = 0.60$	$x = 0.80$
0.00	0.5878	0.9511	0.9511	0.5878
0.10	0.4782	0.7738	0.7738	0.4782
0.20	0.1903	0.3080	0.3080	0.1903
0.30	–0.1685	–0.2727	–0.2727	–0.1685
0.40	–0.4645	–0.7516	–0.7516	–0.4645
0.50	–0.5873	–0.9503	–0.9503	–0.5873
0.60	–0.4912	–0.7947	–0.7947	–0.4912
0.70	–0.2119	–0.3428	–0.3428	–0.2119
0.80	0.1464	0.2369	0.2369	0.1464
0.90	0.4501	0.7283	0.7283	0.4501
1.00	0.5860	0.9482	0.9482	0.5860

■

예제 1에 있는 경곗값 문제의 해는 $u(x,\ t) = \sin\pi x \cos 2\pi t$임을 증명하였다. 이 함수를 이용하여 실제값과 근삿값을 비교할 수 있다. 실제로 몇 개를 선택하여 비교한 결과가 표 15.3.2이다. 표에서 알 수 있듯이, 근삿값들은 실제값들과 대체로 만족할 만하지만 정확도는 그렇게 인상적이지 않다. 하지만 좀더 정확한 결과를 얻을 수 있다. 알고리즘의 정확도는 λ의 값에 따라서 변한다. 물론 λ는 정수 n과 m의 선택에 의해서 결정이 되고, 이것은 결과적으로 단계의 크기 h와 k의 값을 결정한다. 이 방법에서 가정 좋은 정확도는 비 $\lambda = \dfrac{kc}{h}$가 1일 때 항상 얻어진다는 것은 증명할 수 있다. 즉, 다시 말해서 시간방향으로 단계 $k = \dfrac{h}{c}$일 때이다. 예를 들어 $n = 8,\ m = 16$이면 $h = \dfrac{1}{8},\ k = \dfrac{1}{16},\ \lambda = 1$이다. 표 15.3.3에 있는 표본값들에서 정확도가 향상되었음을 확실하게 알 수 있다.

표 15.3.2

실제값	근삿값
$u(0.4, 0.25) = 0$	$u_{25} = 0.0185$
$u(0.6, 0.3) = -0.2939$	$u_{36} = -0.2727$
$u(0.2, 0.5) = -0.5878$	$u_{1,10} = -0.5873$
$u(0.8, 0.7) = -0.1816$	$u_{4,14} = -0.2119$

표 15.3.3

실제값	근삿값
$u(0.25, 0.3125) = -0.2706$	$u_{25} = -0.2706$
$u(0.375, 0.375) = -0.6533$	$u_{36} = -0.6533$
$u(0.125, 0.625) = -0.2706$	$u_{1,10} = -0.2706$

안정성 결과적으로 파동방정식에 대한 명시적 유한차분방법은 $\lambda \le 1$일 때는 안정적이고 $\lambda > 1$이면 불안정하다.

연습문제 15.3

문제 1, 3, 5, 6은 계산적인 도움을 위해 컴퓨터를 사용하여라.

1 차분방정식 (3)을 이용하여 각각의 경우에 대해서 다음의 경곗값 문제의 근사해를 구하여라.

$$c^2\frac{\partial^2 u}{\partial x^2} = \frac{\partial^2 u}{\partial t^2},\ 0 < x < a,\ 0 < t < T$$

$$u(0, t) = 0,\ u(a, t) = 0,\ 0 \le t \le T$$

$$u(x, 0) = f(x),\ \left.\frac{\partial u}{\partial t}\right|_{t=0} = 0,\ 0 \le x \le a$$

(a) $c = 1,\ a = 1,\ T = 1,\ f(x) = x(1-x),$ $n = 4,\ m = 10$

(b) $c = 1,\ a = 2,\ T = 1,\ f(x) = e^{-16(x-1)^2},$ $n = 5,\ m = 10$

(c) $c = \sqrt{2},\ a = 1,\ T = 1,$ $f(x) = \begin{cases} 0, & 0 \le x \le 0.5 \\ 0.5, & 0.5 < x \le 1 \end{cases},\ n = 10, m = 25$

2 경곗값 문제

$$\frac{\partial^2 u}{\partial x^2} = \frac{\partial^2 u}{\partial t^2},\ 0 < x < 1,\ 0 < t < 0.5$$

$$u(0, t) = 0,\ u(1, t) = 0,\ 0 \le t \le 0.5$$

$$u(x, 0) = \sin\pi x,\ \left.\frac{\partial u}{\partial t}\right|_{t=0} = 0,\ 0 \le x \le 1$$

를 생각하자.

(a) 12장의 방법을 이용하여 문제의 해는 $u(x, t) = \sin\pi x\cos\pi t$임을 증명하여라.

(b) 컴퓨터 프로그램을 사용하지 않고 이 절에서 배운 방법을 이용하여 문제의 근사해를 구하여라. 여기서 $n = 4$, $m = 5$이다.

(c) 각각의 내점인 격자눈 점에서 절대오차를 계산하여라.

3 컴퓨터 프로그램을 사용하여 다음 값에 대해서 문제 2에 있는 경곗값 문제의 근사해를 구하여라.

(a) $n = 5,\ m = 10$ (b) $n = 5,\ m = 20$

4 다음의 경곗값 문제가 주어져 있다.

$$\frac{\partial^2 u}{\partial x^2} = \frac{\partial^2 u}{\partial t^2},\ 0 < x < 1,\ 0 < t < 1$$

$$u(0, t) = 0,\ u(1, t) = 0,\ 0 \le t \le 1$$

$$u(x, 0) = x(1-x),\ \left.\frac{\partial u}{\partial t}\right|_{t=0} = 0,\ 0 \le x \le 1$$

방정식 (6)에서 $h = k = \frac{1}{5}$을 이용하여 $u_{i,1}$의 값을 수작업으로 계산하여라.

5 12.2절에서 보인 것처럼 진동하는 현의 방정식은

$$\frac{T}{\rho}\frac{\partial^2 u}{\partial x^2} = \frac{\partial^2 u}{\partial t^2}$$

이다. 여기서 T는 현에서 일정한 팽창력의 크기이고 ρ는 단위 길이당 질량이다. 길이가 60cm인 현의 양 끝을 x축에 고정시키고 초기의 변위

$$f(x) = \begin{cases} 0.01x, & 0 \le x \le 30 \\ 0.30 - \dfrac{x-30}{100}, & 30 < x \le 60 \end{cases}$$

에서 현을 놓았다고 가정하자. 이 절의 차분방정식 (3)을 사용하여 경곗값 문제의 근사해를 구하여라. 여기서 $h = 10$, $k = 5\sqrt{\frac{\rho}{T}}$, $\rho = 0.0225$ g/cm, $T = 1.4 \times 10^7$ dynes, $m = 50$
이다.

6 다음을 이용하여 문제 5를 반복하여라.

$$f(x) = \begin{cases} 0.2x, & 0 \le x \le 15 \\ 0.30 - \dfrac{x-15}{150}, & 15 < x \le 60 \end{cases}$$

여기서 $h = 10$, $k = 2.5\sqrt{\frac{\rho}{T}}$, $m = 50$이다.

15장 복습

1 경곗값 문제

$$\frac{\partial^2 u}{\partial x^2} + \frac{\partial^2 u}{\partial y^2} = 0,\ 0 < x < 2,\ 0 < y < 1$$

$$u(0, y) = 0,\ u(2, y) = 50,\ 0 < y < 1$$

$$u(x, 0) = 0,\ u(x, 1) = 0,\ 0 < x < 2$$

를 생각하자.
그물눈 크기 $h = \frac{1}{2}$일 때 영역의 내점에서 미분방정식의 근사해를 구하여라.
가우스 소거법이나 가우스-자이델 반복법을 사용하여라.

2 그물눈 크기 $h = \frac{1}{4}$일 때 문제 1을 풀어라. 가우스-자이델 반복법을 사용하여라.

3 경곗값 문제

$$\frac{\partial^2 u}{\partial x^2} = \frac{\partial u}{\partial t},\ 0 < x < 1,\ 0 < t < 0.05$$

$$u(0, t) = 0,\ u(1, t) = 0,\ t > 0$$

$$u(x, 0) = x,\ 0 < x < 1$$

를 생각하자.
(a) 초기온도 $u(x, 0) = x$라는 것은 오른쪽 경계 $x = 1$에서 온도는 $u(1, 0) = 1$이고 반면 경계조건에 의하면 $u(1, 0) = 0$라는 사실을 의미한다. $t = 0$을 포함한 모든 시간에 대해서 항상 경계조건이 적용되도록 명시적 유한차분방법에 대한 컴퓨터 프로그램을 작성하여라. 표 15.R.1을 완성하기 위해서 프로그램을 이용하여라.
(b) $t = 0$인 경계에서 초기조건이 적용되도록 컴퓨터 프로그램을 수정하여라. 이 프로그램을 사용하여 표 15.R.2를 완성하여라.
(c) 표 15.R.1과와 표 15.R.2는 연관성이 있는가? 필요하면 시간 간격을 크게 하여라.

표 15.R.1

시간	$x = 0.00$	$x = 0.20$	$x = 0.40$	$x = 0.60$	$x = 0.80$	$x = 1.00$
0.00	0.0000	0.2000	0.4000	0.6000	0.8000	0.0000
0.01	0.0000					0.0000
0.02	0.0000					0.0000
0.03	0.0000					0.0000
0.04	0.0000					0.0000
0.05	0.0000					0.0000

표 15.R.2

시간	$x=0.00$	$x=0.20$	$x=0.40$	$x=0.60$	$x=0.80$	$x=1.00$
0.00	0.0000	0.2000	0.4000	0.6000	0.8000	1.0000
0.01	0.0000					0.0000
0.02	0.0000					0.0000
0.03	0.0000					0.0000
0.04	0.0000					0.0000
0.05	0.0000					0.0000

부 록

■ 부록 Ⅰ

감마함수

■ 부록 Ⅱ

행렬에 대한 소개

■ 부록 Ⅲ

라플라스 변환

부록 I 감마함수

감마함수의 오일러 적분 정의는

$$\Gamma(x)=\int_0^\infty t^{x-1}e^{-t}dt \tag{1}$$

이다.

적분이 수렴하기 위해서는 $x-1>-1$ 또는 $x>0$이 필요하다. 6.4절에서 이미 확인한 점화식

$$\Gamma(x+1)=x\Gamma(x) \tag{2}$$

은 부분적분법에 의해 (1)로부터 얻을 수 있다. 한편 $x=1$일 때, $\Gamma(1)=\int_0^\infty e^{-t}dt=1$이고 (2)에 의해

$$\Gamma(2)=1\Gamma(1)=1$$
$$\Gamma(3)=2\Gamma(2)=2\cdot1$$
$$\Gamma(4)=3\Gamma(3)=3\cdot2\cdot1$$

이다. 이와 같은 방법으로 하면 n이 양의 정수일 때 $\Gamma(n+1)=n!$이다. 이러한 이유로 감마함수를 종종 **일반화된 계승함수**라고도 부른다.

적분형태 (1)은 $x<0$일 때 수렴하지 않을지라도, 감마함수는 $x=-n$, $n=0$, 1, 2, $\cdots$ *이 제외된* 모든 실수와 복소수에 대해 정의되는 또다른 정의에 의해 보여질 수 있다. 결과적으로 (2)는 $x\neq-n$에서 성립한다. 실변수 x의 함수로서 $\Gamma(x)$의 그래프는 그림 I.1에 주어졌다. 양이 아닌 정수는 그래프의 수직점근선으로 표시되었다.

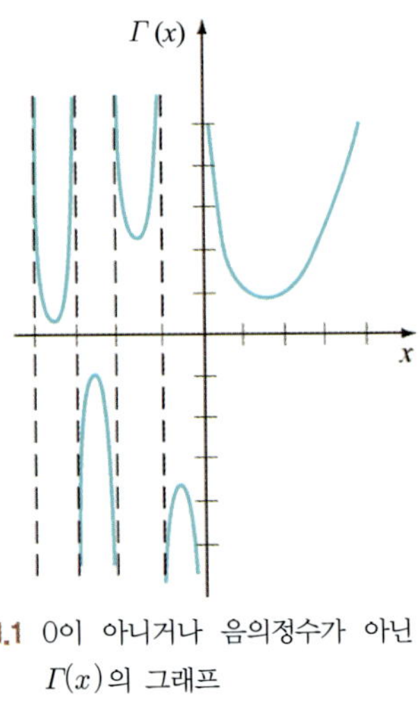

그림 I.1 0이 아니거나 음의정수가 아닌 경우에 $\Gamma(x)$의 그래프

6.4절의 연습문제 31과 32에서 $\Gamma\left(\frac{1}{2}\right)=\sqrt{\pi}$을 이용하였다. 이 결과는 (1)에서 $x=\frac{1}{2}$로 놓은

$$\Gamma\left(\frac{1}{2}\right)=\int_0^\infty t^{-1/2}e^{-t}dt \tag{3}$$

로부터 유도된다.

$t=u^2$으로 놓으면 (3)은 $\Gamma\left(\frac{1}{2}\right)=2\int_0^\infty e^{-u^2}du$이 된다. $\int_0^\infty e^{-u^2}du=\int_0^\infty e^{-v^2}dv$이므로

$$\left[\Gamma\left(\frac{1}{2}\right)\right]^2=\left(2\int_0^\infty e^{-u^2}du\right)\left(2\int_0^\infty e^{-v^2}dv\right)=4\int_0^\infty\int_0^\infty e^{-(u^2+v^2)}dudv$$

이다.

극좌표변환 $x = r\cos\theta$, $y = r\sin\theta$을 하면 이중적분을 계산할 수 있다.

$$4\int_0^\infty \int_0^\infty e^{-(u^2+v^2)}dudv = 4\int_0^{\pi/2}\int_0^\infty e^{-r^2}rdrd\theta = \pi$$

그러므로

$$\left[\Gamma\left(\frac{1}{2}\right)\right]^2 = \pi \text{ 또는 } \Gamma\left(\frac{1}{2}\right) = \sqrt{\pi} \qquad (4)$$

이다.

예제 1 $\Gamma\left(-\frac{1}{2}\right)$**의 값**

$\Gamma\left(-\frac{1}{2}\right)$을 계산하여라.

풀이 (2)와 (4)에서 $x = -\frac{1}{2}$로 놓으면

$$\Gamma\left(\frac{1}{2}\right) = -\frac{1}{2}\Gamma\left(-\frac{1}{2}\right)$$

이므로

$$\Gamma\left(-\frac{1}{2}\right) = -2\Gamma\left(\frac{1}{2}\right) = -2\sqrt{\pi}$$

이다. ■

부록 I 연습문제

1 다음을 계산하여라.
(a) $\Gamma(5)$ (b) $\Gamma(7)$
(c) $\Gamma\left(-\frac{3}{2}\right)$ (d) $\Gamma\left(-\frac{5}{2}\right)$

2 (1)과 $\Gamma\left(\frac{6}{5}\right) = 0.92$을 이용하여 $\int_0^\infty x^5 e^{-x^5}dx$을 구하여라. [힌트: $t = x^5$으로 놓아라.]

3 (1)과 $\Gamma\left(\frac{5}{3}\right) = 0.89$을 이용하여 $\int_0^\infty x^4 e^{-x^3}dx$을 구하여라.

4 $\int_0^1 x^3\left(\ln\frac{1}{x}\right)^3 dx$을 구하여라. [힌트: $t = -\ln x$로 놓아라.]

5 $\Gamma(x) > \int_0^1 t^{x-1}e^{-t}dt$를 사용하여 $\Gamma(x)$는 $x\to 0^+$일 때 유계가 아님을 보여라.

6 (1)을 사용하여 $x > 0$에 대해 (2)를 유도하여라.

7 $x = 0, -1, -2, \cdots$를 제외한 모든 실수에 대해서 성립하는 Carl Friedrich Gauss에 의한 감마함수의 정의는

$$\Gamma(x) = \lim_{x\to\infty}\frac{n!n^x}{x(x+1)(x+2)\cdots(x+n)}$$

이다. 이 정의를 이용하여 $\Gamma(x+1) = x\Gamma(x)$임을 보여라.

부록 II 행렬에 대한 소개

II.1 기본 정의와 이론

정의 II.1 열 행렬

행렬 A는 수 또는 함수의 임의의 직사각형의 배열이다. 즉,

$$A=\begin{pmatrix} a_{11} & a_{12} & \cdots & a_{1n} \\ a_{21} & a_{22} & \cdots & a_{2n} \\ \vdots & & & \vdots \\ a_{m1} & a_{m2} & \cdots & a_{mn} \end{pmatrix} \qquad (1)$$

행렬이 m개의 행과 n개의 열을 가지면 이것의 **크기**는 "m by n"이라 하고 $m\times n$으로 나타낸다. $n\times n$ 행렬은 계수 n인 **정방행렬**이라고 한다.

$m\times n$ 행렬 A의 i번째 행과 j번째 열의 원소 또는 성분은 a_{ij}로 나타낸다. 이때 $m\times n$ 행렬 A은 $A=(a_{ij})_{m\times n}$ 또는 간단히 $A=(a_{ij})$로 표기한다. 1×1 행렬은 단지 하나의 상수이거나 함수이다.

정의 II.2 행렬의 상등

두 개의 $m\times n$ 행렬 A와 B는 모든 i와 j에 대하여 $a_{ij}=b_{ij}$이면 **같다**고 한다.

정의 II.3 열 행렬

열 행렬 X는 n개의 행과 하나의 열을 갖는 임의의 행렬이다. 즉,

$$X=\begin{pmatrix} b_{11} \\ b_{21} \\ \vdots \\ b_{n1} \end{pmatrix}=(b_{i1})_{n\times 1}$$

열 행렬은 **열 벡터** 또는 간단히 **벡터**라고도 한다.

정의 II.4 행렬의 배수

행렬 A의 **배수**는

$$kA=\begin{pmatrix} ka_{11} & ka_{12} & \cdots & ka_{1n} \\ ka_{21} & ka_{22} & \cdots & ka_{2n} \\ \vdots & & & \vdots \\ ka_{m1} & ka_{m2} & \cdots & ka_{mn} \end{pmatrix}=(ka_{ij})_{m\times n}$$

으로 정의한다. 여기서 k는 상수 또는 함수이다.

예제 1 행렬의 배수

(a) $5\begin{pmatrix} 2 & -3 \\ 4 & -1 \\ \frac{1}{5} & 6 \end{pmatrix}=\begin{pmatrix} 10 & -15 \\ 20 & -5 \\ 1 & 30 \end{pmatrix}$ (b) $e^t\begin{pmatrix} 1 \\ -2 \\ 4 \end{pmatrix}=\begin{pmatrix} e^t \\ -2e^t \\ 4e^t \end{pmatrix}$

임의의 행렬 A에 대하여 곱 kA는 Ak와 같음에 유의한다. 예를 들어,

$$e^{-3t}\begin{pmatrix} 2 \\ 5 \end{pmatrix}=\begin{pmatrix} 2e^{-3t} \\ 5e^{-3t} \end{pmatrix}=\begin{pmatrix} 2 \\ 5 \end{pmatrix}e^{-3t}$$

이다. ■

정의 II.5 행렬의 덧셈

두 개의 $m\times n$ 행렬 A와 B의 **합**은 행렬

$$A+B=(a_{ij}+b_{ij})_{m\times n}$$

으로 정의한다.

즉, 크기가 같은 두 행렬을 더할 때는 대응된 원소를 더한다.

예제 2 행렬 덧셈

$A=\begin{pmatrix} 2 & -1 & 3 \\ 0 & 4 & 6 \\ -6 & 10 & -5 \end{pmatrix}$와 $B=\begin{pmatrix} 4 & 7 & -8 \\ 9 & 3 & 5 \\ 1 & -1 & 2 \end{pmatrix}$의 합은

$$A+B=\begin{pmatrix} 2+4 & -1+7 & 3+(-8) \\ 0+9 & 4+3 & 6+5 \\ -6+1 & 10+(-1) & -5+2 \end{pmatrix}=\begin{pmatrix} 6 & 6 & -5 \\ 9 & 7 & 11 \\ -5 & 9 & -3 \end{pmatrix}$$

이다. ■

예제 3 열 행렬의 합으로 나타낸 행렬

하나의 행렬 $\begin{pmatrix} 3t^2-2e^t \\ t^2+7t \\ 5t \end{pmatrix}$은 3개의 열 벡터의 합으로 나타낼 수 있다. 즉,

$$\begin{pmatrix} 3t^2-2e^t \\ t^2+7t \\ 5t \end{pmatrix} = \begin{pmatrix} 3t^2 \\ t^2 \\ 0 \end{pmatrix} + \begin{pmatrix} 0 \\ 7t \\ 5t \end{pmatrix} + \begin{pmatrix} -2e^t \\ 0 \\ 0 \end{pmatrix} = \begin{pmatrix} 3 \\ 1 \\ 0 \end{pmatrix} t^2 + \begin{pmatrix} 0 \\ 7 \\ 5 \end{pmatrix} t + \begin{pmatrix} -2 \\ 0 \\ 0 \end{pmatrix} e^t.$$

■

두 개의 $m \times n$ 행렬의 **차**는 일상적인 방식으로 정의한다. 즉,
$\mathrm{A}-\mathrm{B}=\mathrm{A}+(-\mathrm{B})$, 여기서 $-\mathrm{B}=(-1)\mathrm{B}$이다.

정의 II.6 행렬의 곱

A가 m개의 행과 n개의 열을 갖는 행렬이고, B가 n개의 행과 p개의 열을 갖는 행렬이라 하자. **곱** AB는 $m \times p$ 행렬

$$\mathrm{AB} = \begin{pmatrix} a_{11} & a_{12} & \cdots & a_{1n} \\ a_{21} & a_{22} & \cdots & a_{2n} \\ \vdots & & & \vdots \\ a_{m1} & a_{m2} & \cdots & a_{mn} \end{pmatrix} \begin{pmatrix} b_{11} & b_{12} & \cdots & b_{1p} \\ b_{21} & b_{22} & \cdots & b_{2p} \\ \vdots & & & \vdots \\ b_{n1} & b_{n2} & \cdots & b_{np} \end{pmatrix}$$

$$= \begin{pmatrix} a_{11}b_{11}+a_{12}b_{21}+\cdots+a_{1n}b_{n1} & \cdots & a_{11}b_{1p}+a_{12}b_{2p}+\cdots+a_{1n}b_{np} \\ a_{21}b_{11}+a_{22}b_{21}+\cdots+a_{2n}b_{n1} & \cdots & a_{21}b_{1p}+a_{22}b_{2p}+\cdots+a_{2n}b_{np} \\ \vdots & & \vdots \\ a_{m1}b_{11}+a_{m2}b_{21}+\cdots+a_{mn}b_{n1} & \cdots & a_{m1}b_{1p}+a_{m2}b_{2p}+\cdots+a_{mn}b_{np} \end{pmatrix}$$

$$= \left(\sum_{k=1}^{n} a_{ik}b_{kj}\right)_{m \times p}$$

로 정의한다.

정의 II.6에서 곱 AB= C는 행렬 A의 열의 개수와 행렬 B의 행의 개수가 같을 때에만 정의된다는 것에 유의한다. 곱 행렬의 크기는

$$\mathrm{A}_{m \times n}\mathrm{B}_{n \times p} = \mathrm{C}_{m \times p}$$

으로부터 결정될 수 있다. 또한, 최종 행렬 AB의 i번째 행의 성분들이 A의 i번째 행과 B의 각 열과의 내적의 성분정의를 사용하여 만든다는 것에 인식한다.

예제 4 행렬의 곱

(a) $\mathrm{A}=\begin{pmatrix} 4 & 7 \\ 3 & 5 \end{pmatrix}$와 $\mathrm{B}=\begin{pmatrix} 9 & -2 \\ 6 & 8 \end{pmatrix}$에 대하여

$$AB = \begin{pmatrix} 4\cdot 9+7\cdot 6 & 4\cdot(-2)+7\cdot 8 \\ 3\cdot 9+5\cdot 6 & 3\cdot(-2)+5\cdot 8 \end{pmatrix} = \begin{pmatrix} 78 & 48 \\ 57 & 34 \end{pmatrix}.$$

(b) $A = \begin{pmatrix} 5 & 8 \\ 1 & 0 \\ 2 & 7 \end{pmatrix}$와 $B = \begin{pmatrix} -4 & -3 \\ 6 & 8 \end{pmatrix}$에 대하여

$$AB = \begin{pmatrix} 5\cdot(-4)+8\cdot 2 & 5\cdot(-3)+8\cdot 0 \\ 1\cdot(-4)+0\cdot 2 & 1\cdot(-3)+0\cdot 0 \\ 2\cdot(-4)+7\cdot 2 & 2\cdot(-3)+7\cdot 0 \end{pmatrix} = \begin{pmatrix} -4 & -15 \\ -4 & -3 \\ 6 & -6 \end{pmatrix}.$$

일반적으로 곱 행렬은 가환적이지 않다. 즉, $AB \neq BA$이다. 예제 4의 (a)에서 $BA = \begin{pmatrix} 30 & 53 \\ 48 & 82 \end{pmatrix}$임을 안다. 반면에 (b)에서는 정의 II.6이 첫 번째 행렬(이 경우에는 B)이 두 번째 행렬의 행과 같은 수의 열을 갖도록 요구하기 때문에 곱 BA는 정의되지 않는다.

정방행렬과 열 벡터의 곱에 특히 관심을 갖는다.

예제 5 행렬의 곱

(a) $\begin{pmatrix} 2 & -1 & 3 \\ 0 & 4 & 5 \\ 1 & -7 & 9 \end{pmatrix}\begin{pmatrix} -3 \\ 6 \\ 4 \end{pmatrix} = \begin{pmatrix} 2\cdot(-3)+(-1)\cdot 6+3\cdot 4 \\ 0\cdot(-3)+4\cdot 6+5\cdot 4 \\ 1\cdot(-3)+(-7)\cdot 6+9\cdot 4 \end{pmatrix} = \begin{pmatrix} 0 \\ 44 \\ -9 \end{pmatrix}$

(b) $\begin{pmatrix} -4 & 2 \\ 3 & 8 \end{pmatrix}\begin{pmatrix} x \\ y \end{pmatrix} = \begin{pmatrix} -4x+2y \\ 3x+8y \end{pmatrix}$

곱셈의 단위행렬 주어진 양의 정수 n에 대하여 $n\times n$ 행렬

$$I = \begin{pmatrix} 1 & 0 & 0 & \cdots & 0 \\ 0 & 1 & 0 & \cdots & 0 \\ \vdots & & & & \vdots \\ 0 & 0 & 0 & \cdots & 1 \end{pmatrix}$$

을 **곱셈의 단위행렬**이라고 한다. 정의 II.6으로부터 임의의 $n\times n$ 행렬 A에 대하여

$$AI = IA = A$$

이다. 또한, X가 $n\times 1$ 열 행렬이면 $IX = X$임이 쉽게 증명이 된다.

영 행렬 모두 제로 성분으로 구성된 행렬은 **영 행렬**이라고 하며, 0으로 표기한다. 예를 들어,

$$0 = \begin{pmatrix} 0 \\ 0 \end{pmatrix},\quad 0 = \begin{pmatrix} 0 & 0 \\ 0 & 0 \end{pmatrix},\quad 0 = \begin{pmatrix} 0 & 0 \\ 0 & 0 \\ 0 & 0 \end{pmatrix}.$$

등등이다. A와 0이 $m\times n$행렬이면, 이 때

$$A + 0 = 0 + A = A$$

이다.

결합법칙 증명은 하지 않지만 행렬의 곱은 **결합적**이다. 즉, A가 $m\times p$ 행렬, B가 $p\times r$ 행렬, C가 $r\times n$ 행렬이면 이 때,

$$A(BC)=(AB)C$$

이고, $m\times n$ 행렬이다.

분배법칙 모든 곱이 정의된다면 곱은 덧셈에 대하여 **분배적**이다. 즉,

$$A(B+C)=AB+AC \text{ 이고 } (B+C)A=BA+CA \text{ 이다.}$$

행렬의 행렬식 상수의 모든 정방행렬 A와 결합된 수는 **행렬의 행렬식**이라 하고 det A로 표기한다.

예제 6 정방행렬의 행렬식

$A=\begin{pmatrix} 3 & 6 & 2 \\ 2 & 5 & 1 \\ -1 & 2 & 4 \end{pmatrix}$에 대하여 det A를 첫 번째 행의 여인수에 의하여 전개하면

$$\det A=\begin{vmatrix} 3 & 6 & 2 \\ 2 & 5 & 1 \\ -1 & 2 & 4 \end{vmatrix}=3\begin{vmatrix} 5 & 1 \\ 2 & 4 \end{vmatrix}-6\begin{vmatrix} 2 & 1 \\ -1 & 4 \end{vmatrix}+2\begin{vmatrix} 2 & 5 \\ -1 & 2 \end{vmatrix}$$

$$=3(20-2)-6(8+1)+2(4+5)=18.$$

행렬식 det A는 임의의 행과 열을 이용하여 여인수로 전개할 수 있음을 보일 수 있다. det A가 많은 제로 성분을 포함하는 행(또는 열)을 갖는다면 그 행(또는 열)으로 행렬식을 전개하는 것이 현명하다.

정의 II.7 행렬의 전치

$m\times n$행렬 (1)의 전치는

$$A^T=\begin{pmatrix} a_{11} & a_{21} & \cdots & a_{m1} \\ a_{12} & a_{22} & \cdots & a_{m2} \\ \vdots & & & \vdots \\ a_{1n} & a_{2n} & \cdots & a_{mn} \end{pmatrix}$$

으로 주어진 $n\times m$ 행렬 A^T이다. 즉, 행렬 A의 행이 그것의 전치행렬 A^T의 열이 된다.

예제 7 행렬의 전치

(a) $A=\begin{pmatrix} 3 & 6 & 2 \\ 2 & 5 & 1 \\ -1 & 2 & 4 \end{pmatrix}$ 의 전치행렬은 $A^T=\begin{pmatrix} 3 & 2 & -1 \\ 6 & 5 & 2 \\ 2 & 1 & 4 \end{pmatrix}$ 이다.

(b) $X=\begin{pmatrix} 5 \\ 0 \\ 3 \end{pmatrix}$ 이면 $X^T=(5\ 0\ 3)$ 이다. ■

정의 II.8 행렬의 곱셈의 역

A가 $n\times n$ 행렬이라 하자.

$$AB=BA=I \text{ (여기서 I는 곱셈의 단위행렬이다.)}$$

인 $n\times n$ 행렬 B가 존재하면 B는 **A의 곱셈의 역**이라고 하고 $B=A^{-1}$로 표기한다.

정의 II.9 정칙/특이 행렬

A가 $n\times n$ 행렬이라 하자. $\det A\neq 0$이면 A는 **정칙**이라 한다. $\det A=0$이면 A는 **특이**라 한다.

다음의 정리는 정방행렬이 곱셈의 역을 갖기 위한 필요충분조건을 준다. 정칙은 A가 역행렬을 가짐을 의미한다.

정리 II.1 정칙이 되기 위한 조건

$n\times n$ 행렬 A가 곱셈의 역 A^{-1}를 갖을 필요충분조건은 A가 정칙인 것이다.

다음의 정리는 정칙 행렬에 대한 곱셈의 역을 구하는 한 가지 방법을 준다.

정리 II.2 행렬의 역에 대한 공식

A가 $n\times n$ 정칙 행렬이고 $C_{ij}=(-1)^{i+j}M_{ij}$ 라 하자. 여기서 M_{ij}는 A로부터 i번째 행과 j번째 열을 제거하고 얻어진 $(n-1)\times(n-1)$ 행렬의 행렬식이다. 이 때,

$$A^{-1}=\frac{1}{\det A}(C_{ij})^T \tag{2}$$

이다.

정리 II.2에서 모든 C_{ij}는 간단히 A의 대응된 성분 a_{ij}의 **여인수**이다. 전치가 공식 (2)에서 이용되었음에 유의한다.

추후 참고로 2×2 정칙 행렬

$$A=\begin{pmatrix} a_{11} & a_{12} \\ a_{21} & a_{22} \end{pmatrix}$$

의 경우에서 $C_{11}=a_{22}$, $C_{12}=-a_{21}$, $C_{21}=-a_{12}$와 $C_{22}=a_{11}$임을 본다. 따라서

$$A^{-1}=\frac{1}{\det A}\begin{pmatrix} a_{22} & -a_{21} \\ -a_{12} & a_{11} \end{pmatrix}^T=\frac{1}{\det A}\begin{pmatrix} a_{22} & -a_{12} \\ -a_{21} & a_{11} \end{pmatrix} \tag{3}$$

이다. 3×3 정칙행렬

$$A=\begin{pmatrix} a_{11} & a_{12} & a_{13} \\ a_{21} & a_{22} & a_{23} \\ a_{31} & a_{32} & a_{33} \end{pmatrix}$$

에 대하여

$$C_{11}=\begin{vmatrix} a_{22} & a_{23} \\ a_{32} & a_{33} \end{vmatrix},\quad C_{12}=-\begin{vmatrix} a_{21} & a_{23} \\ a_{31} & a_{33} \end{vmatrix},\quad C_{13}=\begin{vmatrix} a_{21} & a_{22} \\ a_{31} & a_{32} \end{vmatrix}$$

등등이다. 전치행렬을 실행하면

$$A^{-1}=\frac{1}{\det A}\begin{pmatrix} C_{11} & C_{21} & C_{31} \\ C_{12} & C_{22} & C_{32} \\ C_{13} & C_{23} & C_{33} \end{pmatrix} \tag{4}$$

이다.

예제 8 2×2 행렬의 역

$A=\begin{pmatrix} 1 & 4 \\ 2 & 10 \end{pmatrix}$에 대한 곱셈의 역을 구하라.

풀이 $\det A=10-8=2\neq0$이므로 A는 정칙이다. 정리 II.1로부터 A^{-1}는 존재한다. (3)으로부터

$$A^{-1}=\frac{1}{2}\begin{pmatrix} 10 & -4 \\ -2 & 1 \end{pmatrix}=\begin{pmatrix} 5 & -2 \\ -1 & \frac{1}{2} \end{pmatrix}$$

이다. ■

모든 정방행렬이 곱셈의 역을 갖지는 않는다. 행렬 $A=\begin{pmatrix} 2 & 2 \\ 3 & 3 \end{pmatrix}$은 $\det A=0$이므로 특이행렬이다. 그러므로 A^{-1}는 존재하지 않는다.

예제 9 3×3 행렬의 역

$A=\begin{pmatrix} 2 & 2 & 0 \\ -2 & 1 & 1 \\ 3 & 0 & 1 \end{pmatrix}$에 대한 곱셈의 역을 구하라.

풀이 det A$=12\neq 0$이므로 주어진 행렬은 정칙이다. det A의 각 행의 성분에 대응한 여인수는

$$C_{11}=\begin{vmatrix}1&1\\0&1\end{vmatrix}=1 \qquad C_{12}=-\begin{vmatrix}-2&1\\3&1\end{vmatrix}=5 \qquad C_{13}=\begin{vmatrix}-2&1\\3&0\end{vmatrix}=-3$$

$$C_{21}=-\begin{vmatrix}2&0\\0&1\end{vmatrix}=-2 \qquad C_{22}=\begin{vmatrix}2&0\\3&1\end{vmatrix}=2 \qquad C_{23}=-\begin{vmatrix}2&2\\3&0\end{vmatrix}=6$$

$$C_{31}=\begin{vmatrix}2&0\\1&1\end{vmatrix}=2 \qquad C_{32}=-\begin{vmatrix}2&0\\-2&1\end{vmatrix}=-2 \qquad C_{33}=\begin{vmatrix}2&2\\-2&1\end{vmatrix}=6.$$

이다. (4)로부터

$$\mathrm{A}^{-1}=\frac{1}{12}\begin{pmatrix}1&-2&2\\5&2&-2\\-3&6&6\end{pmatrix}=\begin{pmatrix}\frac{1}{12}&-\frac{1}{6}&\frac{1}{6}\\ \frac{5}{12}&\frac{1}{6}&-\frac{1}{6}\\ -\frac{1}{4}&\frac{1}{2}&\frac{1}{2}\end{pmatrix}$$

이다. $A^{-1}A=AA^{-1}=I$임을 보이도록 한다. ■

공식 (2)는 3×3보다 큰 정칙 행렬에 대해서는 명백한 어려움이 나타난다. 예를 들어, 4×4 행렬에 (2)를 적용하면, 16개의 3×3 행렬식을 계산해야만 한다. 큰 행렬의 경우에는 A^{-1}를 구하는 보다 효과적인 방법이 있다. 호기심이 있는 독자는 선형대수학의 교재를 참고하기 바란다.

우리의 목표는 선형 1계 연립 미분방정식에 행렬의 개념을 적용하는 것이기 때문에 다음의 정의들을 필요로 한다.

정의 II.10 함수들의 행렬의 미분

$\mathrm{A}(t)=(a_{ij}(t))_{m\times n}$가 각 성분들이 공통구간에서 미분가능한 함수들인 행렬이면, 이 때

$$\frac{d\mathrm{A}}{dt}=\left(\frac{d}{dt}a_{ij}\right)_{m\times n}$$

이다.

정의 II.11 함수들의 행렬의 적분

$\mathrm{A}=(a_{ij}(t))_{m\times n}$가 각 성분들이 t와 t_0를 포함하는 공통구간에서 연속함수들인 행렬이면, 이 때

$$\int_{t_0}^{t}\mathrm{A}(s)ds=\left(\int_{t_0}^{t}a_{ij}(s)ds\right)_{m\times n}$$

이다.

함수들의 행렬을 미분(적분)하는 것은 간단히 각 성분을 미분(적분)한다. 행렬의

미분은 또한 $A'(t)$로 표기한다.

예제 10 행렬의 미분/적분

$$X(t)=\begin{pmatrix}\sin 2t\\ e^{3t}\\ 8t-1\end{pmatrix}\text{이면, } X'(t)=\begin{pmatrix}\frac{d}{dt}\sin 2t\\ \frac{d}{dt}e^{3t}\\ \frac{d}{dt}(8t-1)\end{pmatrix}=\begin{pmatrix}2\cos 2t\\ 3e^{3t}\\ 8\end{pmatrix}$$

이고

$$\int_0^t X(s)ds=\begin{pmatrix}\int_0^t \sin 2s\,ds\\ \int_0^t e^{3s}ds\\ \int_0^t (8s-1)ds\end{pmatrix}=\begin{pmatrix}-\frac{1}{2}\cos 2t+\frac{1}{2}\\ \frac{1}{3}e^{3t}-\frac{1}{3}\\ 4t^2-t\end{pmatrix}$$

이다. ■

Ⅱ.2 가우스 소거법과 가우스-조르당 소거법

행렬은 n개의 미지수를 갖는 n개의 선형 연립방정식

$$\begin{aligned} a_{11}x_1+a_{12}x_2+\cdots+a_{1n}x_n&=b_1\\ a_{21}x_1+a_{22}x_2+\cdots+a_{2n}x_n&=b_2\\ \vdots\qquad\qquad &\quad\vdots\\ a_{n1}x_1+a_{n2}x_2+\cdots+a_{nn}x_n&=b_n. \end{aligned}\tag{5}$$

을 푸는데 매우 중요한 도구이다.

만일 A가 (5)에서 계수행렬이라면 $\det A\neq 0$일 때 크래머의 규칙을 사용하여 방정식을 풀 수 있다. 그러나 만일 A가 3×3 이상의 크기를 갖는다면 이 규칙은 적용하기에 매우 힘들게 된다. 여기서 우리가 이야기하고자 하는 과정은 큰 사이즈의 방정식을 효과적으로 다룰 수 있을 뿐만 아니라, $\det A=0$이고 n개의 미지수를 갖는 m개의 선형연립방정식을 푸는 수단으로써 매우 유리한 과정이 된다.

정의 II.12 첨가행렬

방정식 (5)의 **첨가행렬**은 $n\times(n+1)$ 행렬

$$\left(\begin{array}{cccc|c} a_{11} & a_{12} & \cdots & a_{1n} & b_1\\ a_{21} & a_{22} & \cdots & a_{2n} & b_2\\ \vdots & & & & \vdots\\ a_{n1} & a_{n2} & \cdots & a_{nn} & b_n \end{array}\right)$$

이다.

만일 B가 b_i, $i=1, 2, \cdots, n$의 열벡터라면 (5)의 첨가행렬은 $(\mathrm{A}|\mathrm{B})$로 표시한다.

기본 행 연산 대수적인 연립방정식은 영 아닌 상수를 방정식에 곱하거나 두 방정식의 위치를 바꾸거나 방정식에 영 아닌 상수를 곱해서 다른 방정식에 더함으로써 (같은 해를 갖는) 동일한 방정식으로 바꿀 수 있다는 사실을 기억하라. 방정식에 대한 이러한 연산은 첨가행렬에 대한 **기본 행 연산**으로 다시 서술할 수 있다.

(i) 영 아닌 상수를 행에 곱한다.

(ii) 임의의 두 행을 교환한다.

(iii) 한 행에 영 아닌 상수를 곱해서 다른 행에 더한다.

소거법 첨가행렬을 사용하여 (5)와 같은 방정식을 풀기 위해서 **가우스 소거법** 또는 **가우스–조르당 소거법**을 사용한다. 전자의 경우는 첨가행렬이 행 사다리꼴이 될 때까지 다음 기본 행 연산을 반복적으로 시행한다.

(i) 각행에서 처음으로 나타나는 0이 아닌 성분은 1이다.

(ii) i행과 $(i+1)$행 모두에 1인 성분이 존재하면 $(i+1)$행의 1인 성분은 i행의 1인 성분보다 오른쪽에 위치한다.

(iii) 성분이 모두 0인 행이 존재하면 그 행은 행렬의 맨 아래에 위치한다.

가우스-조르당 방법에서는 첨가행렬을 기약행 사다리꼴이 될 때까지 행연산을 시행한다. **기약 행 사다리꼴 행렬**은 위의 3가지 성질에 더해서 다음 성질을 갖는 행렬이다.

(iv) 어떤 행의 1인 성분을 포함하는 열의 다른 성분은 모두 0이다.

예제 11 행 사다리꼴/기약 행 사다리꼴

(a) 첨가행렬

$$\left(\begin{array}{ccc|c} 1 & 5 & 0 & 2 \\ 0 & 1 & 0 & -1 \\ 0 & 0 & 0 & 0 \end{array}\right) \text{과} \left(\begin{array}{ccccc|c} 0 & 0 & 1 & -6 & 2 & 2 \\ 0 & 0 & 0 & 0 & 1 & 4 \end{array}\right)$$

은 행 사다리꼴이다. 3가지 성질이 만족하는지를 조사해 보아라.

(b) 첨가행렬

$$\left(\begin{array}{ccc|c} 1 & 0 & 0 & 7 \\ 0 & 1 & 0 & -1 \\ 0 & 0 & 0 & 0 \end{array}\right) \text{과} \left(\begin{array}{ccccc|c} 0 & 0 & 1 & -6 & 0 & -6 \\ 0 & 0 & 0 & 0 & 1 & 4 \end{array}\right)$$

은 기약행 사다리꼴이다. 선행성분 1을 포함하는 열의 다른 성분은 모두 0이다. ■

가우스 소거법에서는 첨가행렬이 행사다리꼴이 될 때까지 시행한다. 다른 말로 하면 다른 행 연산을 사용함으로써 다른 행 사다리꼴을 얻을 수 있다. 이 경우 방법은 역 대입법이 사용된다. 가우스-조르당 소거법에서는 첨가행렬이 기약행 사다리꼴이 될 때까지 시행한다. 행 연산에 의해 같은 첨가행렬은 기약행 사다리꼴이 된다. 이 방법은 역 대입법이 필요하지 않다; 방정식의 해는 마지막으로 얻어진 행렬을 살펴보면 알 수 있다. 원래의 방정식으로 표현하면 두 가지 방법의 목적은 첫번째 방정식에서 x_1의 계수를 1이 되도록 만들고 다른 방정식으로부터 x_1을 소거하기 위해 방정식에 적당한 상수를 곱한다. 이러한 과정은 다른 변수에도 반복하여 적용한다.

첨가행렬에 대해 행 연산을 단순화하기 위해 다음 기호를 사용한다.

기 호	의 미
R_{ij}	i 행과 j 행을 교환한다.
cR_i	i 번째 행에 영 아닌 상수 c를 곱한다.
cR_i+R_j	i 번째 행에 c를 곱하고 j 번째행에 더한다.

예제 12 소거법에 의한 해

(a) 가우스 소거법과 (b) 가우스-조르당 소거법을 사용하여

$$\begin{aligned} 2x_1+6x_2+x_3&=7\\ x_1+2x_2-x_3&=-1\\ 5x_1+7x_2-4x_3&=9 \end{aligned}$$

을 풀어라.

풀이 (a) 첨가행렬에 대한 행 연산을 사용하면

$$\left(\begin{array}{ccc|c} 2 & 6 & 1 & 7\\ 1 & 2 & -1 & -1\\ 5 & 7 & -4 & 9 \end{array}\right) \xrightarrow{R_{12}} \left(\begin{array}{ccc|c} 1 & 2 & -1 & -1\\ 2 & 6 & 1 & 7\\ 5 & 7 & -4 & 9 \end{array}\right) \xrightarrow[-5R_1+R_3]{-2R_1+R_2} \left(\begin{array}{ccc|c} 1 & 2 & -1 & -1\\ 0 & 2 & 3 & 9\\ 0 & -3 & 1 & 14 \end{array}\right)$$

$$\xrightarrow{\frac{1}{2}R_2} \left(\begin{array}{ccc|c} 1 & 2 & -1 & -1\\ 0 & 1 & \frac{3}{2} & \frac{9}{2}\\ 0 & -3 & 1 & 14 \end{array}\right) \xrightarrow{3R_2+R_3} \left(\begin{array}{ccc|c} 1 & 2 & -1 & -1\\ 0 & 1 & \frac{3}{2} & \frac{9}{2}\\ 0 & 0 & \frac{11}{2} & \frac{55}{2} \end{array}\right) \xrightarrow{\frac{2}{11}R_3} \left(\begin{array}{ccc|c} 1 & 2 & -1 & -1\\ 0 & 1 & \frac{3}{2} & \frac{9}{2}\\ 0 & 0 & 1 & 5 \end{array}\right)$$

이 된다. 마지막 행렬은 행 사다리꼴이고 방정식으로 표시하면

$$\begin{aligned} x_1+2x_2-x_3&=-1\\ x_2+\frac{3}{2}x_3&=\frac{9}{2}\\ x_3&=5 \end{aligned}$$

이다. $x_3=5$를 두 번째 방정식에 대입하면 $x_2=-3$을 얻는다. 이들 두 값을 첫 번째 방정식에 대입하면 $x_1=10$이 된다.

(b) (a)에서의 마지막 행렬을 갖고 시작한다. 2행과 3행의 첫 번째 성분은 1이므로 두 번째 열과 세 번째 열에서 남은 성분을 0으로 만든다.

$$\left(\begin{array}{ccc|c} 1 & 2 & -1 & -1 \\ 0 & 1 & \frac{3}{2} & \frac{9}{2} \\ 0 & 0 & 1 & 5 \end{array}\right) \xrightarrow{-2R_2+R_1} \left(\begin{array}{ccc|c} 1 & 0 & -4 & -10 \\ 0 & 1 & \frac{3}{2} & \frac{9}{2} \\ 0 & 0 & 1 & 5 \end{array}\right) \xrightarrow[-\frac{3}{2}R_3+R_2]{4R_3+R_1} \left(\begin{array}{ccc|c} 1 & 0 & 0 & 10 \\ 0 & 1 & 0 & -3 \\ 0 & 0 & 1 & 5 \end{array}\right).$$

마지막 행렬은 기약행 사다리꼴이다. 행렬은 방정식으로 표현할 수 있으므로 방정식의 해는 $x_1=10,\ x_2=-3,\ x_3=5$이다. ■

예제 13 가우스-조르당 소거법

$$\begin{aligned} x+3y-2z &= -7 \\ 4x+y+3z &= 5 \\ 2x-5y+7z &= 19 \end{aligned}$$

을 풀어라.

풀이 가우스-조르당 소거법으로 방정식을 풀자.

$$\left(\begin{array}{ccc|c} 1 & 3 & -2 & -7 \\ 4 & 1 & 3 & 5 \\ 2 & -5 & 7 & 19 \end{array}\right) \xrightarrow[-2R_1+R_3]{-4R_1+R_2} \left(\begin{array}{ccc|c} 1 & 3 & -2 & -7 \\ 0 & -11 & 11 & 33 \\ 0 & -11 & 11 & 33 \end{array}\right)$$

$$\xrightarrow[-\frac{1}{11}R_3]{-\frac{1}{11}R_2} \left(\begin{array}{ccc|c} 1 & 3 & -2 & -7 \\ 0 & 1 & -1 & -3 \\ 0 & 1 & -1 & -3 \end{array}\right) \xrightarrow[-R_2+R_3]{-3R_2+R_1} \left(\begin{array}{ccc|c} 1 & 0 & 1 & 1 \\ 0 & 1 & -1 & -3 \\ 0 & 0 & 0 & 0 \end{array}\right).$$

이 경우에 기약행 사다리꼴의 마지막 행렬은 3개의 미지수를 갖는 3개의 방정식은 3개의 미지수를 갖는 2개의 방정식과 동치임을 의미한다. z은 영 아닌 행의 두 방정식에 공통된 해이므로 값을 임의로 잡을 수 있다. $z=t$(여기서 t는 임의의 실수)라고 놓으면 이 방정식은 무수히 많은 해 $x=2-t,\ y=-3+t,\ z=t$를 갖는다. 기하학적으로 이 방정식은 평면 $x+0y+z=2$와 $0x+y-z=3$의 교선에 대한 매개변수 방정식이다. ■

행연산을 이용하여 역행렬 구하기 계산해야할 행렬식으로 인해, 행렬 A가 매우 크면 정리 II.2의 공식 (2)는 역행렬을 구하는데 사용하기 어렵다. 3×3 또는 더 큰 크기의 경우에 다음 정리에서 사용하는 방법은 A^{-1}을 구하는데 유용하다.

정리 II.3 행 연산을 사용하여 A^{-1}을 구하기

$n \times n$ 행렬 A가 기본 행 연산에 의해 $n \times n$ 단위행렬 I로 변환된다면 A는 정칙행렬이다. A를 I로 변환하는 같은 행 연산은 또한 I를 A^{-1}로 변환할 것이다.

아래에 보여지는 것처럼 단위행렬 I와 첨가행렬 A에 의해 얻어진 $n \times 2n$ 행렬을 이용하여 A와 I에 동시에 행 연산을 시행하는 것이 편리하다.

$$(\mathrm{A}\,|\,\mathrm{I}) = \left(\begin{array}{cccc|cccc} a_{11} & a_{12} & \cdots & a_{1n} & 1 & 0 & \cdots & 0 \\ a_{21} & a_{22} & \cdots & a_{2n} & 1 & 0 & \cdots & 0 \\ \vdots & & & \vdots & \vdots & & & \vdots \\ a_{n1} & a_{n2} & \cdots & a_{nn} & 0 & 0 & \cdots & 1 \end{array}\right)$$

A^{-1}을 구하는 과정은 아래 다이아그램에서 정리되어 있다.

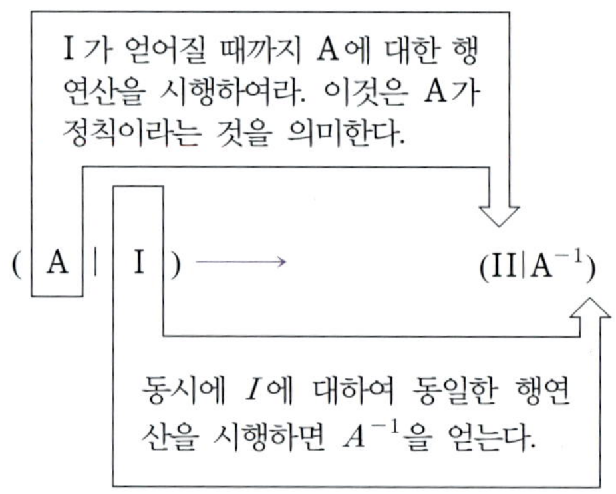

예제 14 기본 행 연산에 의한 역행렬

$\mathrm{A} = \begin{pmatrix} 2 & 0 & 1 \\ -2 & 3 & 4 \\ -5 & 5 & 6 \end{pmatrix}$에 대한 역행렬을 구하여라.

풀이 첨가행렬을 기약행 사다리꼴로 바꿀 때 했던 것과 같은 기호를 사용한다.

$$\left(\begin{array}{ccc|ccc} 2 & 0 & 1 & 1 & 0 & 0 \\ -2 & 3 & 4 & 0 & 1 & 0 \\ -5 & 5 & 6 & 0 & 0 & 1 \end{array}\right) \xrightarrow{\frac{1}{2}R_1} \left(\begin{array}{ccc|ccc} 1 & 0 & \frac{1}{2} & \frac{1}{2} & 0 & 0 \\ -2 & 3 & 4 & 0 & 1 & 0 \\ -5 & 5 & 6 & 0 & 0 & 1 \end{array}\right) \xrightarrow[5R_1 + R_3]{2R_1 + R_2} \left(\begin{array}{ccc|ccc} 1 & 0 & \frac{1}{2} & \frac{1}{2} & 0 & 0 \\ 0 & 3 & 5 & 1 & 1 & 0 \\ 0 & 5 & \frac{17}{2} & \frac{5}{2} & 0 & 1 \end{array}\right)$$

$$\xrightarrow[\frac{1}{5}R_3]{\frac{1}{3}R_2}\left(\begin{array}{ccc|ccc} 1 & 0 & \frac{1}{2} & \frac{1}{2} & 0 & 0 \\ 0 & 1 & \frac{5}{3} & \frac{1}{3} & \frac{1}{3} & 0 \\ 0 & 1 & \frac{17}{10} & \frac{1}{2} & 0 & \frac{1}{5} \end{array}\right)\xrightarrow{-R_2+R_3}\left(\begin{array}{ccc|ccc} 1 & 0 & \frac{1}{2} & \frac{1}{2} & 0 & 0 \\ 0 & 1 & \frac{5}{3} & \frac{1}{3} & \frac{1}{3} & 0 \\ 0 & 0 & \frac{1}{30} & \frac{1}{6} & -\frac{1}{3} & \frac{1}{5} \end{array}\right)$$

$$\xrightarrow{30R_3}\left(\begin{array}{ccc|ccc} 1 & 0 & \frac{1}{2} & \frac{1}{2} & 0 & 0 \\ 0 & 1 & \frac{5}{3} & \frac{1}{3} & \frac{1}{3} & 0 \\ 0 & 0 & 1 & 5 & -10 & 6 \end{array}\right)\xrightarrow[-\frac{5}{3}R_3+R_2]{-\frac{1}{3}R_3+R_1}\left(\begin{array}{ccc|ccc} 1 & 0 & 0 & -2 & 5 & -3 \\ 0 & 1 & 0 & -8 & 17 & -10 \\ 0 & 0 & 1 & 5 & -10 & 6 \end{array}\right)$$

단위행렬 I가 좌측에 나타나므로 우측의 행렬은

$$A^{-1}=\begin{pmatrix} -2 & 5 & -3 \\ -8 & 17 & -10 \\ 5 & -10 & 6 \end{pmatrix}$$

이다. ■

(A | I)가 행 연산에 의해

$$(A\,|\,I)\xrightarrow{\text{행 연산}}(B\,|\,C),$$

처럼 변한다면(여기서 B는 영의 행을 포함한다) A는 특이행렬이다. B로의 더 많은 변환은 영의 행을 갖는 또다른 행렬을 만드므로 A를 I로 변환할 수 없다.

II.3 고윳값 문제

가우스-조르당 소거법은 정방행렬의 고유벡터를 구하는데 사용된다.

정의 II.13 고윳값과 고유벡터

A가 $n\times n$ 행렬이라고 하자.

$$AK=\lambda K. \tag{6}$$

를 만족하는 영아닌 해 벡터 K가 존재하면 수 λ를 A의 **고윳값**이라고 한다. 해 벡터 K를 고윳값 λ에 대한 **고유벡터**라고 부른다.

고윳값(eigen value)라는 단어는 "적절한 값"이라는 의미를 지니는 독일어 eigenwert에서 유래된 독일어와 영어의 합성어이다. 고윳값과 고유벡터는 **특성치**

와 **특성벡터**라고 불리기도 한다.

예제 15 행렬의 고유벡터

$\mathrm{K}=\begin{pmatrix} 1 \\ -1 \\ 1 \end{pmatrix}$은 행렬 $\mathrm{A}=\begin{pmatrix} 0 & -1 & -3 \\ 2 & 3 & 3 \\ -2 & 1 & 1 \end{pmatrix}$의 고유벡터임을 보여라.

풀이 AK를 구하면

$$\mathrm{AK}=\begin{pmatrix} 0 & -1 & -3 \\ 2 & 3 & 3 \\ -2 & 1 & 1 \end{pmatrix}\begin{pmatrix} 1 \\ -1 \\ 1 \end{pmatrix}=\begin{pmatrix} -2 \\ 2 \\ -2 \end{pmatrix}=(-2)\begin{pmatrix} 1 \\ -1 \\ 1 \end{pmatrix}=\underset{\text{고윳값}}{(-2)}\mathrm{K}$$

이다. 그러므로 $\lambda=-2$가 A의 고윳값이다. ■

행렬연산의 성질에 의하면 (6)을 다른 형태

$$(\mathrm{A}-\lambda\mathrm{I})\mathrm{K}=\mathbf{0}. \tag{7}$$

로 표현할 수 있다. 만일

$$\mathrm{K}=\begin{pmatrix} k_1 \\ k_2 \\ \vdots \\ k_n \end{pmatrix},$$

로 놓는다면 (7)은

$$\begin{aligned} (a_{11}-\lambda)k_1 + \quad a_{12}k_2 + \cdots + \quad a_{1n}k_n &= 0 \\ a_{21}k_1 + (a_{22}-\lambda)k_2 + \cdots + \quad a_{2n}k_n &= 0 \\ \vdots \qquad\qquad\qquad & \ \ \vdots \\ a_{n1}k_1 + \quad a_{n2}k_2 + \cdots + (a_{nn}-\lambda)k_n &= 0 \end{aligned} \tag{8}$$

와 같게 된다. (8)의 명백한 해는 $k_1=0,\ k_2=0,\ \cdots,\ k_n=0$일지라도 유일한 자명하지 않은 해를 구할 것이다. n개의 미지수를 갖는 n개의 동차 선형연립방정식(즉, (5)에서 $b_i=0,\ i=1,\ 2,\ \cdots,\ n$)이 자명하지 않은 해를 갖을 필요충분조건은 계수행렬의 행렬식이 0인 것이다. 그러므로 (7)에서 영 아닌 해 K를 구하기 위해

$$\det(\mathrm{A}-\lambda\mathrm{I})=0 \tag{9}$$

이어야 한다. 여인수전개에 의해 $\det(\mathrm{A}-\lambda\mathrm{I})$를 전개하면 λ에 대한 n차 다항식이 된다. 방정식 (9)를 A의 **특성방정식**이라고 한다. A의 고윳값은 특성방정식의 근이다. 고윳값 λ에 대응하는 고유벡터를 구하기 위해 첨가행렬 $(\mathrm{A}-\lambda\mathrm{I})\mathrm{K}=\mathbf{0}$에 가우스-조르당 소거법을 적용하여 연립방정식 $(\mathrm{A}-\lambda\mathrm{I}|\mathbf{0})$을 푼다.

예제 16 고윳값/고유벡터

$A = \begin{pmatrix} 1 & 2 & 1 \\ 6 & -1 & 0 \\ -1 & -2 & -1 \end{pmatrix}$의 고윳값과 고유벡터를 구하여라.

풀이 특성방정식에서 행렬식을 전개하기 위해 2행에 대한 여인수전개를 시행한다.

$$\det(A - \lambda I) = \begin{vmatrix} 1-\lambda & 2 & 1 \\ 6 & -1-\lambda & 0 \\ -1 & -2 & -1-\lambda \end{vmatrix} = -\lambda^3 - \lambda^2 + 12\lambda = 0.$$

$-\lambda^3 - \lambda^2 + 12\lambda = -\lambda(\lambda+4)(\lambda-3) = 0$이므로 고윳값은 $\lambda_1 = 0$, $\lambda_2 = -4$, $\lambda_3 = 3$이다. 고유벡터를 구하기 위해 3개의 서로 다른 고윳값에 대해 $(A - \lambda I|0)$를 변환한다.

$\lambda_1 = 0$에 대해

$$(A - 0I|0) = \left(\begin{array}{ccc|c} 1 & 2 & 1 & 0 \\ 6 & -1 & 0 & 0 \\ -1 & -2 & -1 & 0 \end{array}\right) \xrightarrow[R_1+R_3]{-6R_1+R_2} \left(\begin{array}{ccc|c} 1 & 2 & 1 & 0 \\ 0 & -13 & -6 & 0 \\ 0 & 0 & 0 & 0 \end{array}\right)$$

$$\xrightarrow{-\frac{1}{13}R_2} \left(\begin{array}{ccc|c} 1 & 2 & 1 & 0 \\ 0 & 1 & \frac{6}{13} & 0 \\ 0 & 0 & 0 & 0 \end{array}\right) \xrightarrow{-2R_2+R_1} \left(\begin{array}{ccc|c} 1 & 0 & \frac{1}{13} & 0 \\ 0 & 1 & \frac{6}{13} & 0 \\ 0 & 0 & 0 & 0 \end{array}\right)$$

그러므로 $k_1 = -\frac{1}{13}k_3$, $k_2 = -\frac{6}{13}k_3$이다. $k_3 = -13$을 선택하면 고윳값

$$K_1 = \begin{pmatrix} 1 \\ 6 \\ -13 \end{pmatrix}$$

을 얻는다.

$\lambda_2 = -4$에 대해

$$(A + 4I|0) = \left(\begin{array}{ccc|c} 5 & 2 & 1 & 0 \\ 6 & 3 & 0 & 0 \\ -1 & -2 & 3 & 0 \end{array}\right) \xrightarrow[R_{31}]{-R_3} \left(\begin{array}{ccc|c} 1 & 2 & -3 & 0 \\ 6 & 3 & 0 & 0 \\ 5 & 2 & 1 & 0 \end{array}\right)$$

$$\xrightarrow[-5R_1+R_3]{-6R_1+R_2} \left(\begin{array}{ccc|c} 1 & 2 & -3 & 0 \\ 0 & -9 & 18 & 0 \\ 0 & -8 & 16 & 0 \end{array}\right) \xrightarrow[-\frac{1}{8}R_3]{-\frac{1}{9}R_2} \left(\begin{array}{ccc|c} 1 & 2 & -3 & 0 \\ 0 & 1 & -2 & 0 \\ 0 & 1 & -2 & 0 \end{array}\right) \xrightarrow[-R_2+R_3]{-2R_2+R_1} \left(\begin{array}{ccc|c} 1 & 0 & 1 & 0 \\ 0 & 1 & -2 & 0 \\ 0 & 0 & 0 & 0 \end{array}\right)$$

이므로 $k_1 = -k_3$, $k_2 = 2k_3$이다. $k_3 = 1$을 선택하면 두 번째 고유벡터

$$K_2 = \begin{pmatrix} -1 \\ 2 \\ 1 \end{pmatrix}$$

을 얻는다.

마지막으로 $\lambda_3 = 3$에 대해 가우스-조르당 소거법을 이용하면

$$(\mathrm{A}-3\mathrm{I}|\mathbf{0})=\left(\begin{array}{ccc|c}-2 & 2 & 1 & 0\\ 6 & -4 & 0 & 0\\ -1 & -2 & -4 & 0\end{array}\right)\xrightarrow{\text{행 연산}}\left(\begin{array}{ccc|c}1 & 0 & 1 & 0\\ 0 & 1 & \frac{3}{2} & 0\\ 0 & 0 & 0 & 0\end{array}\right),$$

이고 $k_1=-k_3$, $k_2=-\frac{3}{2}k_3$이다. $k_3=-2$을 선택하면 세 번째 고유벡터

$$\mathrm{K}_3=\begin{pmatrix}2\\ 3\\ -2\end{pmatrix}$$

을 얻는다. ■

$n\times n$ 행렬 A가 n개의 서로 다른 고윳값 $\lambda_1, \lambda_2, \cdots, \lambda_n$을 갖을 때 n개의 일차독립인 고유벡터 $K_1, K_2, \cdots, K_n$를 얻을 수 있다는 사실은 쉽게 증명된다. 그러나 특성방정식이 근을 갖을 때 A에 대한 n개의 일차독립인 고유벡터를 구하는 것은 가능하지 않을 수 있다.

예제 17 고윳값/고유벡터

$\mathrm{A}=\begin{pmatrix}3 & 4\\ -1 & 7\end{pmatrix}$의 고윳값과 고유벡터를 구하여라.

풀이 특성방정식

$$\det(\mathrm{A}-\lambda\mathrm{I})=\begin{vmatrix}3-\lambda & 4\\ -1 & 7-\lambda\end{vmatrix}=(\lambda-5)^2=0$$

으로부터 $\lambda_1=\lambda_2=5$는 중복도 2의 고윳값이다. 2×2 행렬의 경우 가우스-조르당 소거법을 시용할 필요는 없다. $\lambda_1=5$에 대응하는 고유벡터를 구하기 위해 $(\mathrm{A}-5\mathrm{I}|\mathbf{0})$를 동치인

$$-2k_1+4k_2=0$$
$$-k_1+2k_2=0$$

형태로 바꾼다. 이 방정식으로부터 $k_1=2k_2$임을 알 수 있다. $k_2=1$을 선택한다면 하나의 고유벡터

$$\mathrm{K}_1=\begin{pmatrix}2\\ 1\end{pmatrix}$$

을 구할 수 있다. ■

예제 18 고윳값/고유벡터

$\mathrm{A}=\begin{pmatrix}9 & 1 & 1\\ 1 & 9 & 1\\ 1 & 1 & 9\end{pmatrix}$의 고윳값과 고유벡터를 구하여라.

풀이 특성방정식

$$\det(A-\lambda I)=\begin{vmatrix} 9-\lambda & 1 & 1 \\ 1 & 9-\lambda & 1 \\ 1 & 1 & 9-\lambda \end{vmatrix}=-(\lambda-11)(\lambda-8)^2=0$$

로부터 $\lambda_1=11$이고, $\lambda_2=\lambda_3=8$은 중복도 2의 고윳값이다.

$\lambda_1=11$에 대해 가우스-조르당 소거법에 의해

$$(A-11I|\mathbf{0})=\left(\begin{array}{ccc|c} -2 & 1 & 1 & 0 \\ 1 & -2 & 1 & 0 \\ 1 & 1 & -2 & 0 \end{array}\right)\xrightarrow{\text{행 연산}}\left(\begin{array}{ccc|c} 1 & 0 & 1 & 0 \\ 0 & 1 & -1 & 0 \\ 0 & 0 & 0 & 0 \end{array}\right).$$

그러므로 $k_1=k_3$, $k_2=k_3$이다. $k_3=1$이면,

$$K_1=\begin{pmatrix} 1 \\ 1 \\ 1 \end{pmatrix}$$

이다. $\lambda_2=8$에 대해

$$(A-8I|\mathbf{0})=\left(\begin{array}{ccc|c} 1 & 1 & 1 & 0 \\ 1 & 1 & 1 & 0 \\ 1 & 1 & 1 & 0 \end{array}\right)\xrightarrow{\text{행 연산}}\left(\begin{array}{ccc|c} 1 & 1 & 1 & 0 \\ 0 & 0 & 0 & 0 \\ 0 & 0 & 0 & 0 \end{array}\right)$$

이다. 방정식 $k_1+k_2+k_3=0$에서 두 개의 변수를 임의로 선택할 수 있다. $k_2=1$, $k_3=0$를 선택하고 $k_2=0$, $k_3=1$을 선택하면 두 개의 일차독립인 고유벡터

$$K_2=\begin{pmatrix} -1 \\ 1 \\ 0 \end{pmatrix},\quad K_3=\begin{pmatrix} -1 \\ 0 \\ 1 \end{pmatrix}$$

을 얻는다. ■

부록 II 연습문제

II. 1 기본적인 정의 및 정리

1 $A=\begin{pmatrix} 4 & 5 \\ -6 & 9 \end{pmatrix}$와 $B=\begin{pmatrix} -2 & 6 \\ 8 & -10 \end{pmatrix}$이면, 다음을 구하여라.

(a) $A+B$ (b) $B-A$ (c) $2A+3B$

2 $A=\begin{pmatrix} -2 & 0 \\ 4 & 1 \\ 7 & 3 \end{pmatrix}$와 $B=\begin{pmatrix} 3 & -1 \\ 0 & 2 \\ -4 & -2 \end{pmatrix}$이면, 다음을 구하여라.

(a) $A-B$ (b) $B-A$ (c) $2(A+B)$

3 $A=\begin{pmatrix} 2 & -3 \\ -5 & 4 \end{pmatrix}$와 $B=\begin{pmatrix} -1 & 6 \\ 3 & 2 \end{pmatrix}$이면, 다음을 구하여라.

(a) AB (b) BA

(c) $A^2=AA$ (d) $B^2=BB$

4 $A=\begin{pmatrix} 1 & 4 \\ 5 & 10 \\ 8 & 12 \end{pmatrix}$와 $B=\begin{pmatrix} -4 & 6 & -3 \\ 1 & -3 & 2 \end{pmatrix}$이면, 다음을 구하여라.

(a) AB (b) BA

5 $A=\begin{pmatrix} 1 & -2 \\ -2 & 4 \end{pmatrix}$, $B=\begin{pmatrix} 6 & 3 \\ 2 & 1 \end{pmatrix}$와 $C=\begin{pmatrix} 0 & 2 \\ 3 & 4 \end{pmatrix}$이면, 다음을 구하여라.

(a) BC (b) $A(BA)$

(c) $C(BA)$ (d) $A(B+C)$

6 $A=(5\ \ -6\ \ 7)$, $B=\begin{pmatrix} 3 \\ 4 \\ -1 \end{pmatrix}$와 $C=\begin{pmatrix} 1 & 2 & 4 \\ 0 & 1 & -1 \\ 3 & 2 & 1 \end{pmatrix}$이면, 다음을 구하여라.

(a) AB (b) BA

(c) (BA)C (d) (AB)C

7 $A=\begin{pmatrix} 4 \\ 8 \\ -10 \end{pmatrix}$와 $B=(2\ \ 4\ \ 5)$이면, 다음을 구하여라.

(a) A^TA (b) B^TB (c) $A+B^T$

8 $A=\begin{pmatrix} 1 & 2 \\ 2 & 4 \end{pmatrix}$와 $B=\begin{pmatrix} -2 & 3 \\ 5 & 7 \end{pmatrix}$이면, 다음을 구하여라.

(a) $A+B^T$ (b) $2A^T-B^T$ (c) $A^T(A-B)$

9 $A=\begin{pmatrix} 3 & 4 \\ 8 & 1 \end{pmatrix}$와 $B=\begin{pmatrix} -5 & 10 \\ -2 & -5 \end{pmatrix}$이면, 다음을 구하여라.

(a) $(AB)^T$ (b) B^TA^T

10 $A=\begin{pmatrix} 5 & 9 \\ -4 & 6 \end{pmatrix}$와 $B=\begin{pmatrix} -3 & 11 \\ -7 & 2 \end{pmatrix}$이면, 다음을 구하여라.

(a) A^T+B^T (b) $(A+B)^T$

(11-14) 하나의 열 행렬로 주어진 합을 표현하여라.

11 $4\begin{pmatrix} -1 \\ 2 \end{pmatrix}-2\begin{pmatrix} 2 \\ 8 \end{pmatrix}+3\begin{pmatrix} -2 \\ 3 \end{pmatrix}$

12 $3t\begin{pmatrix} 2 \\ t \\ -1 \end{pmatrix}+(t-1)\begin{pmatrix} -1 \\ -t \\ 3 \end{pmatrix}-2\begin{pmatrix} 3t \\ 4 \\ -5t \end{pmatrix}$

13 $\begin{pmatrix} 2 & -3 \\ 1 & 4 \end{pmatrix}\begin{pmatrix} -2 \\ 5 \end{pmatrix}-\begin{pmatrix} -1 & 6 \\ -2 & 3 \end{pmatrix}\begin{pmatrix} -7 \\ 2 \end{pmatrix}$

14 $\begin{pmatrix} 1 & -3 & 4 \\ 2 & 5 & -1 \\ 0 & -4 & -2 \end{pmatrix}\begin{pmatrix} t \\ 2t-1 \\ -t \end{pmatrix}+\begin{pmatrix} -t \\ 1 \\ 4 \end{pmatrix}-\begin{pmatrix} 2 \\ 8 \\ -6 \end{pmatrix}$

(15-22) 주어진 행렬이 정칙인지 특이인지 결정하여라. 만일 정칙이라면 정리 II.2를 사용하여 A^{-1}을 구하여라.

15 $A=\begin{pmatrix} -3 & 6 \\ -2 & 4 \end{pmatrix}$ 16 $A=\begin{pmatrix} 2 & 5 \\ 1 & 4 \end{pmatrix}$

17 $A=\begin{pmatrix} 4 & 8 \\ -3 & -5 \end{pmatrix}$ 18 $A=\begin{pmatrix} 7 & 10 \\ 2 & 2 \end{pmatrix}$

19 $A=\begin{pmatrix} 2 & 1 & 0 \\ -1 & 2 & 1 \\ 1 & 2 & 1 \end{pmatrix}$ 20 $A=\begin{pmatrix} 3 & 2 & 1 \\ 4 & 1 & 0 \\ -2 & 5 & -1 \end{pmatrix}$

21 $A=\begin{pmatrix} 2 & 1 & 1 \\ 1 & -2 & -3 \\ 3 & 2 & 4 \end{pmatrix}$ 22 $A=\begin{pmatrix} 4 & 1 & -1 \\ 6 & 2 & -3 \\ -2 & -1 & 2 \end{pmatrix}$

(23-24) 주어진 행렬은 t의 모든 실수값에 대하여 정칙임을 보여라. 정리 II.2를 사용하여 $A^{-1}(t)$를 구하여라.

23 $A(t)=\begin{pmatrix} 2e^{-t} & e^{4t} \\ 4e^{-t} & 3e^{4t} \end{pmatrix}$

24 $A(t)=\begin{pmatrix} 2e^t\sin t & -2e^t\cos t \\ e^t\cos t & e^t\sin t \end{pmatrix}$

(25-28) dX/dt를 구하여라.

25 $X=\begin{pmatrix} 5e^{-t} \\ 2e^{-t} \\ -7e^{-t} \end{pmatrix}$

26 $X=\begin{pmatrix} \frac{1}{2}\sin 2t-4\cos 2t \\ -3\sin 2t+5\cos 2t \end{pmatrix}$

27 $X=2\begin{pmatrix} 1 \\ -1 \end{pmatrix}e^{2t}+4\begin{pmatrix} 2 \\ 1 \end{pmatrix}e^{-3t}$ 28 $X=\begin{pmatrix} 5te^{2t} \\ t\sin 3t \end{pmatrix}$

29 $A(t)=\begin{pmatrix} e^{4t} & \cos\pi t \\ 2t & 3t^2-1 \end{pmatrix}$라고 하자. 다음을 구하여라.

(a) $\dfrac{dA}{dt}$ (b) $\displaystyle\int_0^2 A(t)\,dt$ (c) $\displaystyle\int_0^t A(s)\,ds$

30 $A(t)=\begin{pmatrix} \frac{1}{t^2+1} & 3t \\ t^2 & t \end{pmatrix}$와 $B(t)=\begin{pmatrix} 6t & 2 \\ 1/t & 4t \end{pmatrix}$라고 하자. 다음을 구하여라.

(a) $\dfrac{dA}{dt}$ (b) $\dfrac{dB}{dt}$

(c) $\displaystyle\int_0^1 A(t)\,dt$ (d) $\displaystyle\int_1^2 B(t)\,dt$

(e) $A(t)B(t)$ (f) $\dfrac{d}{dt}A(t)B(t)$

(g) $\displaystyle\int_1^t A(s)B(s)\,ds$

II. 2 가우스 소거법과 가우스-조르당 소거법

(31-38) 가우스 소거법 또는 가우스-조르당 소거법을 사용하여 다음 연립방정식을 풀어라.

31
$$x+y-2z=14$$
$$2x-y+z=0$$
$$6x+3y+4z=1$$

32
$$5x-2y+4z=10$$
$$x+y+z=9$$
$$4x-3y+3z=1$$

33
$$y+z=-5$$
$$5x+4y-16z=-10$$
$$x-y-5z=7$$

34
$$3x+y+z=4$$
$$4x+2y-z=7$$
$$x+y-3z=6$$

35
$$2x+y+z=4$$
$$10x-2y+2z=-1$$
$$6x-2y+4z=8$$

36
$$x+2z=8$$
$$x+2y-2z=4$$
$$2x+5y-6z=6$$

37
$$x_1+x_2-x_3-x_4=-1$$
$$x_1+x_2+x_3+x_4=3$$
$$x_1-x_2+x_3-x_4=3$$
$$4x_1+x_2-2x_3+x_4=0$$

38
$$2x_1+x_2+x_3=0$$
$$x_1+3x_2+x_3=0$$
$$7x_1+x_2+3x_3=0$$

(39-40) 가우스-조르당 소거법을 사용하여 다음 연립방정식이 해를 갖지 않음을 보여라.

39
$$x+2y+4z=2$$
$$2x+4y+3z=1$$
$$x+2y-z=7$$

40
$$x_1+x_2-x_3+3x_4=1$$
$$x_2-x_3-4x_4=0$$
$$x_1+2x_2-2x_3-x_4=6$$
$$4x_1+7x_2-7x_3=9$$

(41-46) 정리 II.3을 사용하여 다음 행렬에 대하여 A^{-1}을 구하거나 역행렬이 존재하지 않음을 보여라.

41 $A=\begin{pmatrix} 4 & 2 & 3 \\ 2 & 1 & 0 \\ -1 & -2 & 0 \end{pmatrix}$　42 $A=\begin{pmatrix} 2 & 4 & -2 \\ 4 & 2 & -2 \\ 8 & 10 & -6 \end{pmatrix}$

43 $A=\begin{pmatrix} -1 & 3 & 0 \\ 1 & -2 & 1 \\ 0 & 1 & 2 \end{pmatrix}$　44 $A=\begin{pmatrix} 1 & 2 & 3 \\ 0 & 1 & 4 \\ 0 & 0 & 8 \end{pmatrix}$

45 $A=\begin{pmatrix} 1 & 2 & 3 & 1 \\ -1 & 0 & 2 & 1 \\ 2 & 1 & -3 & 0 \\ 1 & 1 & 2 & 1 \end{pmatrix}$　46 $A=\begin{pmatrix} 1 & 0 & 0 & 0 \\ 0 & 0 & 1 & 0 \\ 0 & 0 & 0 & 1 \\ 0 & 1 & 0 & 0 \end{pmatrix}$

II. 3 고윳값 문제

(47-54) 다음 행렬의 고윳값과 고유벡터를 구하여라.

47 $A=\begin{pmatrix} -1 & 2 \\ -7 & 8 \end{pmatrix}$　48 $A=\begin{pmatrix} 2 & 1 \\ 2 & 1 \end{pmatrix}$

49 $A=\begin{pmatrix} -8 & -1 \\ 16 & 0 \end{pmatrix}$　50 $A=\begin{pmatrix} 1 & 1 \\ \frac{1}{4} & 1 \end{pmatrix}$

51 $\begin{pmatrix} 5 & -1 & 0 \\ 0 & -5 & 9 \\ 5 & -1 & 0 \end{pmatrix}$　52 $\begin{pmatrix} 3 & 0 & 0 \\ 0 & 2 & 0 \\ 4 & 0 & 1 \end{pmatrix}$

53 $\begin{pmatrix} 0 & 4 & 0 \\ -1 & -4 & 0 \\ 0 & 0 & -2 \end{pmatrix}$　54 $\begin{pmatrix} 1 & 6 & 0 \\ 0 & 2 & 1 \\ 0 & 1 & 2 \end{pmatrix}$

(55-56) 다음 행렬은 복소수 고윳값을 가짐을 보여라. 그리고 이 행렬의 고유벡터를 구하여라.

55 $\begin{pmatrix} -1 & 2 \\ -5 & 1 \end{pmatrix}$　56 $\begin{pmatrix} 2 & -1 & 0 \\ 5 & 2 & 4 \\ 0 & 1 & 2 \end{pmatrix}$

복합 문제

57 $A(t)$가 미분가능한 함수의 2×2 행렬이고 $X(t)$는 미분가능한 함수의 2×1 행렬이라고 하자. 곱의 규칙

$$\frac{d}{dt}[A(t)X(t)]=A(t)X'(t)+A'(t)X(t).$$

을 증명하여라.

58 공식 (3)을 유도하여라.

[힌트: $AB=I$인 행렬 $B=\begin{pmatrix} b_{11} & b_{12} \\ b_{21} & b_{22} \end{pmatrix}$를 구하고 b_{11}, b_{12}, b_{21}, b_{22}에 대하여 풀어라. 그때 $BA=I$임을 보여라.]

59 A가 정칙이고 $AB=AC$이면 $B=C$임을 보여라.

60 A와 B가 정칙이면 $(AB)^{-1}=B^{-1}A^{-1}$임을 보여라.

61 A와 B가 $n\times n$ 행렬이라고 하자. 일반적으로

$$(A+B)^2=A^2+2AB+B^2$$

이 성립하느냐?

62 정방행렬 A의 주대각선을 제외한 모든 성분이 0, 즉 $a_{ij}=0$, $i\neq j$이면 A는 대각행렬이라고 한다. 주 대각선의 성분들은 0이 될 수도 있고 그렇지 않을 수도 있다. 단위행렬 I는 대각행렬의 예이다.

(a) 2×2 대각행렬

$$A=\begin{pmatrix} a_{11} & 0 \\ 0 & a_{22} \end{pmatrix}\quad (\text{여기서 } a_{11}\neq0,\ a_{22}\neq0)$$

의 역행렬을 구하여라.

(b) 주대각성분 a_{ii}가 모두 영이 아닐 때 3×3 대각행렬의 역행렬을 구하여라.

(c) 일반적으로 주대각성분 a_{ii}가 모두 영이 아닌 $n\times n$ 대각행렬 A의 역행렬은 무엇인가?

부록 III 라플라스 변환

$f(t)$	$\mathcal{L}\{f(t)\}=F(s)$
1. 1	$\dfrac{1}{s}$
2. t	$\dfrac{1}{s^2}$
3. t^n	$\dfrac{n!}{s^{n+1}}$, n은 정수
4. $t^{-1/2}$	$\sqrt{\dfrac{\pi}{s}}$
5. $t^{1/2}$	$\dfrac{\sqrt{\pi}}{2s^{3/2}}$
6. t^{α}	$\dfrac{\Gamma(\alpha+1)}{s^{\alpha+1}}$, $\alpha>-1$
7. $\sin kt$	$\dfrac{k}{s^2+k^2}$
8. $\cos kt$	$\dfrac{s}{s^2+k^2}$
9. $\sin^2 kt$	$\dfrac{2k^2}{s(s^2+4k^2)}$
10. $\cos^2 kt$	$\dfrac{s^2+2k^2}{s(s^2+4k^2)}$
11. e^{at}	$\dfrac{1}{s-a}$
12. $\sinh kt$	$\dfrac{k}{s^2-k^2}$
13. $\cosh kt$	$\dfrac{s}{s^2-k^2}$
14. $\sinh^2 kt$	$\dfrac{2k^2}{s(s^2-4k^2)}$
15. $\cosh^2 kt$	$\dfrac{s^2-2k^2}{s(s^2-4k^2)}$
16. te^{at}	$\dfrac{1}{(s-a)^2}$
17. $t^n e^{at}$	$\dfrac{n!}{(s-a)^{n+1}}$, n은 정수

18. $e^{at}\sin kt$	$\dfrac{k}{(s-a)^2+k^2}$
19. $e^{at}\cos kt$	$\dfrac{s-a}{(s-a)^2+k^2}$
20. $e^{at}\sinh kt$	$\dfrac{k}{(s-a)^2-k^2}$
21. $e^{at}\cosh kt$	$\dfrac{s-a}{(s-a)^2-k^2}$
22. $t\sin kt$	$\dfrac{2ks}{(s^2+k^2)^2}$
23. $t\cos kt$	$\dfrac{s^2-k^2}{(s^2+k^2)^2}$
24. $\sin kt+kt\cos kt$	$\dfrac{2ks^2}{(s^2+k^2)^2}$
25. $\sin kt-kt\cos kt$	$\dfrac{2k^3}{(s^2+k^2)^2}$
26. $t\sinh kt$	$\dfrac{2ks}{(s^2-k^2)^2}$
27. $t\cosh kt$	$\dfrac{s^2+k^2}{(s^2-k^2)^2}$
28. $\dfrac{e^{at}-e^{bt}}{a-b}$	$\dfrac{1}{(s-a)(s-b)}$
29. $\dfrac{ae^{at}-be^{bt}}{a-b}$	$\dfrac{s}{(s-a)(s-b)}$
30. $1-\cos kt$	$\dfrac{k^2}{s(s^2+k^2)}$
31. $kt-\sin kt$	$\dfrac{k^3}{s(s^2+k^2)}$
32. $\dfrac{a\sin bt-b\sin at}{ab(a^2-b^2)}$	$\dfrac{1}{(s^2+a^2)(s^2+b^2)}$
33. $\dfrac{\cos bt-\cos at}{a^2-b^2}$	$\dfrac{s}{(s^2+a^2)(s^2+b^2)}$
34. $\sin kt\sinh kt$	$\dfrac{2k^2s}{s^4+4k^4}$
35. $\sin kt\cosh kt$	$\dfrac{k(s^2+2k^2)}{s^4+4k^4}$
36. $\cos kt\sinh kt$	$\dfrac{k(s^2-2k^2)}{s^4+4k^4}$
37. $\cos kt\cosh kt$	$\dfrac{s^3}{s^4+4k^4}$

38. $J_0(kt)$	$\dfrac{1}{\sqrt{s^2+k^2}}$
39. $\dfrac{e^{bt}-e^{at}}{t}$	$\ln\dfrac{s-a}{s-b}$
40. $\dfrac{2(1-\cos kt)}{t}$	$\ln\dfrac{s^2+k^2}{s^2}$
41. $\dfrac{2(1-\cosh kt)}{t}$	$\ln\dfrac{s^2-k^2}{s^2}$
42. $\dfrac{\sin at}{t}$	$\arctan\left(\dfrac{a}{s}\right)$
43. $\dfrac{\sin at\cos bt}{t}$	$\dfrac{1}{2}\arctan\dfrac{a+b}{s}+\dfrac{1}{2}\arctan\dfrac{a-b}{s}$
44. $\dfrac{1}{\sqrt{\pi t}}e^{-a^2/4t}$	$\dfrac{e^{-a\sqrt{s}}}{\sqrt{s}}$
45. $\dfrac{a}{2\sqrt{\pi t^3}}e^{-a^2/4t}$	$e^{-a\sqrt{s}}$
46. $\mathrm{erfc}\left(\dfrac{a}{2\sqrt{t}}\right)$	$\dfrac{e^{-a\sqrt{s}}}{s}$
47. $2\sqrt{\dfrac{t}{\pi}}e^{-a^2/4t}-a\,\mathrm{erfc}\left(\dfrac{a}{2\sqrt{t}}\right)$	$\dfrac{e^{-a\sqrt{s}}}{s\sqrt{s}}$
48. $e^{ab}e^{b^2t}\mathrm{erfc}\left(b\sqrt{t}+\dfrac{a}{2\sqrt{t}}\right)$	$\dfrac{e^{-a\sqrt{s}}}{\sqrt{s}(\sqrt{s}+b)}$
49. $-e^{ab}e^{b^2t}\mathrm{erfc}\left(b\sqrt{t}+\dfrac{a}{2\sqrt{t}}\right)+\mathrm{erfc}\left(\dfrac{a}{2\sqrt{t}}\right)$	$\dfrac{be^{-a\sqrt{s}}}{s(\sqrt{s}+b)}$
50. $e^{at}f(t)$	$F(s-a)$
51. $\mathrm{U}(t-a)$	$\dfrac{e^{-as}}{s}$
52. $f(t-a)\mathrm{U}(t-a)$	$e^{-as}F(s)$
53. $g(t)\mathrm{U}(t-a)$	$e^{-as}\mathrm{L}\{g(t+a)\}$
54. $f^{(n)}(t)$	$s^nF(s)-s^{(n-1)}f(0)-\cdots-f^{(n-1)}(0)$
55. $t^nf(t)$	$(-1)^n\dfrac{d^n}{ds^n}F(s)$
56. $\int_0^t f(\tau)g(t-\tau)\,d\tau$	$F(s)G(s)$
57. $\delta(t)$	1
58. $\delta(t-t_0)$	e^{-st_0}

연습문제 해답

연습문제 1.1

1 선형, 2계 3 선형, 4계

5 비선형, 2계 7 비선형, 3계

9 x에서 선형이고 y에서 비선형

15 함수의 정의구역은 $[-2, \infty)$, 해가 정의되는 가장 큰 구간은 $(-2, \infty)$

17 함수의 정의구역은 $x=2$와 $x=-2$를 제외한 실수의 집합; 해가 정의되는 가장 큰 구간은 $(-\infty, -2)$, $(-2, -2)$ 또는 $(2, \infty)$

19 $X=\dfrac{e^t-1}{e^t-2}$는 $(-\infty, \ln 2)$ 또는 $(\ln 2, \infty)$에서 정의된다.

27 $m=-2$ 29 $m=2,\ m=3$

31 $m=0,\ m=-1$ 33 $y=2$

35 상수해가 아니다.

연습문제 1.2

1 $y=1/(1-4e^{-x})$

3 $y=1/(x^2-1)$; $(1, \infty)$

5 $y=1/(x^2+1)$; $(-\infty, \infty)$

7 $x=-\cos t+8\sin t$

9 $x=\dfrac{\sqrt{3}}{4}\cos t+\dfrac{1}{4}\sin t$

11 $y=\dfrac{3}{2}e^x-\dfrac{1}{2}e^{-x}$

13 $y=5e^{-x-1}$

15 $y=0,\ y=x^3$

17 $y>0$ 또는 $y<0$에 의해 정의된 반 평면

19 $x>0$ 또는 $x<0$에 의해 정의된 반 평면

21 $y>2$, $y<-2$ 또는 $-2<y<2$에 의해 정의된 영역

23 (0,0)를 포함하지 않는 임의의 영역

25 예. 27 아니다.

29 (a) $y=cx$

(b) y축을 만나지 않는 임의의 사각영역

(c) 아니다. 함수는 $x=0$에서 미분가능하지 않다.

31 (b) $(-\infty, 1)$상에서 $y=1/(1-x)$

$(-1, \infty)$상에서 $y=-1/(x+1)$

(c) $(-\infty, \infty)$에서 $y=0$

39 $y=3\sin 2x$ 41 $y=0$

43 해가 없다.

연습문제 1.3

1 $\dfrac{dP}{dt}=kP+r$; $\dfrac{dP}{dt}=kP-r$ 3 $\dfrac{dP}{dt}=k_1P-k_2P^2$

7 $\dfrac{dx}{dt}=kx(1000-x)$

9 $\dfrac{dA}{dt}+\dfrac{1}{100}A=0$; $A(0)=50$

11 $\dfrac{dA}{dt}+\dfrac{7}{600-t}A=6$ 13 $\dfrac{dh}{dt}=-\dfrac{c\pi}{450}\sqrt{h}$

15 $L\dfrac{di}{dt}+Ri=E(t)$ 17 $m\dfrac{dv}{dt}=mg-kv^2$

19 $m\dfrac{d^2x}{dt^2}=-kx$

21 $m\dfrac{dv}{dt}+v\dfrac{dm}{dt}+kv=-mg+R$

23 $\dfrac{d^2r}{dt^2}+\dfrac{gR^2}{r^2}=0$ 25 $\dfrac{dA}{dt}=k(M-A),\ k>0$

27 $\dfrac{dx}{dt}+kx=r,\ k>0$ 29 $\dfrac{dy}{dx}=\dfrac{-x+\sqrt{x^2+y^2}}{y}$

1장 복습

1 $\dfrac{dy}{dx}=10y$ 3 $y''+k^2y=0$

5 $y''+2y'+y=0$ 7 (a), (d)

9 (b) 11 (b)

13 $y=c_1$과 $y=c_2e^x$, c_1과 c_2는 상수

15 $y'=x^2+y^2$

17 (a) 정의구역은 모든 실수의 집합

(b) $(-\infty, 0)$ 또는 $(0, \infty)$

19 $x_0=-1$에 대해 구간은 $(-\infty,\ 0)$, $x_0=2$에 대해 구간은 $(0,\ \infty)$

21 (c) $y=\begin{cases}-x^2, & x<0\\ x^2, & x\geq 0\end{cases}$

23 $(-\infty,\ \infty)$

25 $(0,\ \infty)$

31 $y=\frac{1}{2}e^{3x}-\frac{1}{2}e^{-x}-2x$

33 $y=\frac{3}{2}e^{3x-3}+\frac{9}{2}e^{-x+1}-2x$

35 $y_0=-3,\ y_1=0$

37 $\frac{dP}{dt}=k(P-200+10t)$

연습문제 2.1

21 0은 점근적으로 안정적이고(끌개); 3은 비안정적이다(밀개).

23 2는 준안정적이다.

25 -2는 비안정적이고(끌개); 0은 준안정적이며 2는 점근적으로 안정적이다(밀개).

27 -1은 대칭적으로 안정적이며 0은 비안정적이다.

39 $0<P_0<h/k$

41 $\sqrt{mg/k}$

연습문제 2.2

1 $y=-\frac{1}{5}\cos 5x+c$

3 $y=\frac{1}{3}e^{-3x}+c$

5 $y=cx^4$

7 $-3e^{-2y}=2e^{3x}+c$

9 $\frac{1}{3}x^3\ln x-\frac{1}{9}x^3=\frac{1}{2}y^2+2y+\ln|y|+c$

11 $4\cos y=2x+\sin 2x+c$

13 $(e^x+1)^{-2}+2(e^y+1)^{-1}=c$

15 $S=ce^{kr}$

17 $P=\frac{ce^t}{1+ce^t}$

19 $(y+3)^5e^x=c(x+4)^5e^y$

21 $y=\sin\left(\frac{1}{2}x^2+c\right)$

23 $x=\tan\left(4t-\frac{3}{4}\pi\right)$

25 $y=\frac{e^{-(1+1/x)}}{x}$

27 $y=\frac{1}{2}x+\frac{\sqrt{3}}{2}\sqrt{1-x^2}$

29 $y=e^{\int_4^x e^{-t^2}dt}$

31 $y=-\sqrt{x^2+x-1}$; $(-\infty,-\frac{1+\sqrt{5}}{2})$

33 $y=-\ln(2-e^x)$; $(-\infty,\ln 2)$

35 (a) $y=2,\ y=-2,\ y=2\frac{3-e^{4x-1}}{3+e^{4x-1}}$

37 $y=-1$과 $y=1$은 문제 21의 특이해이다; (문제 22의 $y=0$)

39 $y=1$

41 $y=1+\frac{1}{10}\tan\left(\frac{1}{10}x\right)$

45 $y=\tan x-\sec x+c$

47 $y=[-1+c(1+\sqrt{x})]^2$

49 $y=2\sqrt{\sqrt{x}\,e^{\sqrt{x}}-e^{\sqrt{x}}+4}$

57 $y(x)=(4h/L^2)x^2+a$

연습문제 2.3

1 $y=ce^{5x}$, $(-\infty,\ \infty)$

3 $y=\frac{1}{4}e^{3x}+ce^{-x}$, $(-\infty,\ \infty)$; ce^{-x}는 과도적이다.

5 $y=\frac{1}{3}+ce^{-x^3}$, $(-\infty,\ \infty)$; ce^{-x}는 과도적이다.

7 $y=x^{-1}\ln x+cx^{-1}$, $(0,\ \infty)$; 해는 과도적이다.

9 $y=cx-x\cos x$, $(0,\ \infty)$

11 $y=\frac{1}{7}x^3-\frac{1}{5}x+cx^{-4}$, $(0,\ \infty)$; cx^{-4}는 과도적이다.

13 $y=\frac{1}{2}x^{-2}e^x+cx^{-2}e^{-x}$, $(0,\ \infty)$; $cx^{-2}e^{-x}$는 과도적이다.

15 $x=2y^6+cy^4$, $(0,\ \infty)$

17 $y=\sin x+c\cos x$, $\left(-\frac{\pi}{2},\ \frac{\pi}{2}\right)$

19 $(x+1)e^xy=x^2+c$, $(-1,\ \infty)$; 해는 과도적이다.

21 $(\sec\theta+\tan\theta)r=\theta-\cos\theta+c$, $\left(-\frac{\pi}{2},\ \frac{\pi}{2}\right)$

23 $y=e^{-3x}+cx^{-1}e^{-3x}$, $(0,\ \infty)$; 해는 과도적이다.

25 $y=-\frac{1}{5}x-\frac{1}{25}+\frac{76}{25}e^{5x}$; $(-\infty,\infty)$

27 $y=x^{-1}e^{x}+(2-e)x^{-1}$; $(0, \infty)$

29 $i=\dfrac{E}{R}+\left(i_0-\dfrac{E}{R}\right)e^{-Rt/L}$; $(-\infty, \infty)$

31 $y=2x+1+5/x$; $(0, \infty)$

33 $(x+1)y=x\ln x-x+21$; $(0, \infty)$

35 $y=-2+3e^{-\cos x}$; $(-\infty, \infty)$

37 $y=\begin{cases}\dfrac{1}{2}(1-e^{-2x}), & 0\le x\le 3\\ \dfrac{1}{2}(e^{6}-1)e^{-2x}, & x>3\end{cases}$

39 $y=\begin{cases}\dfrac{1}{2}+\dfrac{3}{2}e^{-x^2}, & 0\le x<1\\ \left(\dfrac{1}{2}e+\dfrac{3}{2}\right)e^{-x^2}, & x\ge 1\end{cases}$

41 $y=\begin{cases}2x-1+4e^{-2x}, & 0\le x\le 1\\ 4x^2\ln x+(1+4e^{-2})x^2, & x>1\end{cases}$

43 $y=e^{x^2-1}+\dfrac{1}{2}\sqrt{\pi}\,e^{x^2}(\operatorname{erf}(x)-\operatorname{erf}(1))$

53 $E(t)=E_0e^{-(t-4)/RC}$

연습문제 2.4

1 $x^2-x+\dfrac{3}{2}y^2+7y=c$

3 $\dfrac{5}{2}x^2+4xy-2y^4=c$

5 $x^2y^2-3x+4y=c$

7 완전방정식이 아니다.

9 $xy^3+y^2\cos x-\dfrac{1}{2}x^2=c$

11 완전방정식이 아니다.

13 $xy-2xe^{x}+2e^{x}-2x^3=c$

15 $x^3y^3-\tan^{-1}3x=c$

17 $-\ln|\cos x|+\cos x\sin y=c$

19 $t^4y-5t^3-ty+y^3=c$

21 $\dfrac{1}{3}x^3+x^2y+xy^2-y=\dfrac{4}{3}$

23 $4ty+t^2-5t+3y^2-y=8$

25 $y^2\sin x-x^3y-x^2+y\ln y-y=0$

27 $k=10$

29 $x^2y^2\cos x=c$

31 $x^2y^2+x^3=c$

33 $3x^2y^3+y^4=c$

35 $-2ye^{3x}+\dfrac{10}{3}e^{3x}+x=c$

37 $e^{y^2}(x^2+4)=20$

39 (c) $y_1(x)=-x^2-\sqrt{x^4-x^3+4}$

$y_2(x)=-x^2+\sqrt{x^4-x^3+4}$

45 (a) $v(x)=8\sqrt{\dfrac{x}{3}-\dfrac{9}{x^2}}$ (b) 12.7ft/s

연습문제 2.5

1 $y+x\ln|x|=cx$

3 $(x-y)\ln|x-y|=y+c(x-y)$

5 $x+y\ln|x|=cy$

7 $\ln(x^2+y^2)+2\tan^{-1}(y/x)=c$

9 $4x=y(\ln|y|-c)^2$

11 $y^3+3x^3\ln|x|=8x^3$

13 $\ln|x|=e^{y/x}-1$

15 $y^3=1+cx^{-3}$

17 $y^{-3}=x+\dfrac{1}{3}+ce^{3x}$

19 $e^{t/y}=ct$

21 $y^{-3}=-\dfrac{9}{5}x^{-1}+\dfrac{49}{5}x^{-6}$

23 $y=-x-1+\tan(x+c)$

25 $2y-2x+\sin 2(x+y)=c$

27 $4(y-2x+3)=(x+c)^2$

29 $-\cot(x+y)+\csc(x+y)=x+\sqrt{2}-1$

35 (b) $y=\dfrac{2}{x}+\left(-\dfrac{1}{4}x+cx^{-3}\right)^{-1}$

연습문제 2.6

1 $y_2=2.9800$, $y_4=3.1151$

3 $y_{10}=2.5937$, $y_{20}=2.6533$; $y=e^{x}$

5 $y_5=0.4198$, $y_{10}=0.4124$

7 $y_5=0.5639$, $y_{10}=0.5565$

9 $y_5=1.2194$, $y_{10}=1.2696$

13 오일러: $y_{10}=3.8191$, $y_{20}=5.9363$

RK4: $y_{10}=42.9931$, $y_{20}=84.0132$

2장 복습

1 $-A/k$는 $k>0$일 때 밀개이고, $k<0$일 때 끌개이다.

3 참

5 $\dfrac{d^3y}{dx^3} = x\sin y$

7 참

9 $y = c_1 e^{e^x}$

11 $\dfrac{dy}{dx} + (\sin x)y = x$

13 $\dfrac{dy}{dx} = (y-1)^2(y-3)^3$

15 n이 짝수일 때 준안정적이고, n이 홀수일 때 비안정적이다; n이 짝수일 때 준안정적이고, n이 홀수일 때 점근적으로 안정적이다.

19 $2x + \sin 2x = 2\ln(y^2+1) + c$

21 $(6x+1)y^3 = -3x^3 + c$

23 $Q = ct^{-1} + \dfrac{1}{25}t^4(-1 + 5\ln t)$

25 $y = \dfrac{1}{4} + c(x^2+4)^{-4}$

27 $y = \csc x$, $(\pi, 2\pi)$

29 (b) $y = \dfrac{1}{4}(x + 2\sqrt{y_0} - x_0)^2$, $(x_0 - 2\sqrt{y_0}, \infty)$

31 $q(t) = \dfrac{1}{100} - \dfrac{1}{100}e^{-50t}$; $i(t) = \dfrac{1}{2}e^{-50t}$

33 $i(t) = \begin{cases} 60 - 60e^{-t/10}, & 0 \le t \le 20 \\ 60(e^2-1)e^{-t/10}, & t > 20 \end{cases}$

35 (a) $v(t) = \dfrac{mg}{k} + \left(v_0 - \dfrac{mg}{k}\right)e^{-kt/m}$

(b) $t \to \infty$일 때 $v \to \dfrac{mg}{k}$

(c) $s(t) = \dfrac{mg}{k}t - \dfrac{m}{k}\left(v_0 - \dfrac{mg}{k}\right)e^{-kt/m} + \dfrac{m}{k}\left(v_0 - \dfrac{mg}{k}\right)$

39 (a) $v(t) = \dfrac{\rho g}{4k}\left(\dfrac{k}{\rho}t + r_0\right) - \dfrac{\rho g r_0}{4k}\left(\dfrac{r_0}{\dfrac{k}{\rho}t + r_0}\right)^3$

(c) $33\dfrac{1}{3}$ 초

41 (a) $P(t) = P_0 e^{(k_1 - k_2)t}$

43 (a) $t \to \infty$일 때 $x(t) \to r/k$.

(b) $x(t) = r/k - (r/k)e^{-kt}$; $(\ln 2)/k$

47 (c) 1.988ft

연습문제 3.1

1 7.9년, 10년

3 760, 대략 11명/년

5 11시간

7 136.5시간

9 $I(15) = 0.00098I_o$ 또는 대략 I_o의 0.1%

11 15,600년

13 $T(1) = 36.67°\text{F}$, 대략 3.06분

15 대략적으로 82.1초; 대략적으로 145.7초

17 390°

19 대략 사체가 발견되기 1.6시간 전

21 $A(t) = 200 - 170e^{-t/50}$

23 $A(t) = 1000 - 1000e^{-t/100}$

25 $A(t) = 1000 - 10t - \dfrac{1}{10}(100-t)^2$; 100분

27 64.38 lb

29 $i(t) = \dfrac{3}{5} - \dfrac{3}{5}e^{-500t}$; $t \to \infty$일 때 $i \to \dfrac{3}{5}$

연습문제 3.2

1 (a) $N = 2000$

(b) $N(t) = \dfrac{2000e^t}{1999 + e^t}$; $N(10) = 1834$

3 1,000,000; 5.29개월

5 (b) $P(t) = \dfrac{4(P_0-1) - (P_0-4)e^{-3t}}{(P_0-1) - (P_0-4)e^{-3t}}$

(c) $0 < P_0 < 1$일 때, 멸종되는 시간은

$$t = -\frac{1}{3}\ln\frac{4(P_0-1)}{P_0-4}.$$

7 $P(t) = \dfrac{5}{2} + \dfrac{\sqrt{3}}{2}\tan\left[-\dfrac{\sqrt{3}}{2}t + \tan^{-1}\left(\dfrac{2P_0-5}{\sqrt{3}}\right)\right]$

멸종되는 시간은

$$t = \frac{2}{\sqrt{3}}\left[\tan^{-1}\frac{5}{\sqrt{3}} + \tan^{-1}\left(\frac{2P_0-5}{\sqrt{3}}\right)\right]$$

9 29.3g; $t \to \infty$일 때 $X \to 60$; A 0 g과 B 30 g

11 (a) $h(t) = \left(\sqrt{H} - \dfrac{4A_h}{A_w}t\right)^2$; I는

$$0 \le t \le \sqrt{H}A_w/4A_h$$

(b) $576\sqrt{10}$ 초 또는 30.36분

13 (a) 대략 858.65초 또는 14.31분

(b) 243초 또는 4.05분

15 (a) $v(t)=\sqrt{\frac{mg}{k}}\tanh\left(\sqrt{\frac{kg}{m}}\,t+c_1\right)$,

여기서 $c_1=\tanh^{-1}\left(\sqrt{\frac{k}{mg}}\,v_0\right)$

(b) $\sqrt{\frac{mg}{k}}$

(c) $s(t)=\frac{m}{k}\ln\cosh\left(\sqrt{\frac{kg}{m}}\,t+c_1\right)+c_2$,

여기서 $c_2=-(m/k)\ln\cosh c_1$

17 (a) $m\frac{dv}{dt}=mg-kv^2-\rho V$,

여기서 ρ는 물의 무게 밀도이다.

(b) $v(t)=\sqrt{\frac{mg-\rho V}{k}}\tanh\left(\frac{\sqrt{kmg-k\rho V}}{m}t+c_1\right)$

(c) $\sqrt{\frac{mg-\rho V}{k}}$

19 (a) $W=0$과 $W=2$

(b) $W(x)=2\,\mathrm{sech}^2(x-c_1)$

(c) $W(x)=2\,\mathrm{sech}^2 x$

21 (a) $P(t)=\frac{1}{(-0.001350t+10^{-0.01})^{100}}$

(b) 대략 724개월

(c) 대략 12,839 와 28,630,966

연습문제 3.3

1 $x(t)=x_0e^{-\lambda_1 t}$

$$y(t)=\frac{x_0\lambda_1}{\lambda_2-\lambda_1}(e^{-\lambda_1 t}-e^{-\lambda_2 t})$$

$$z(t)=x_0\left(1-\frac{\lambda_2}{\lambda_2-\lambda_1}e^{-\lambda_1 t}+\frac{\lambda_1}{\lambda_2-\lambda_1}e^{-\lambda_2 t}\right)$$

3 5, 20, 147일.

$y(t)$와 $z(t)$가 같아지는 시간이 의미가 있는데 이는 A의 대부분과 B의 절반이 사라져서 C의 절반이 만들어지기 때문이다.

5 $\frac{dx_1}{dt}=6-\frac{2}{25}x_1+\frac{1}{50}x_2$

$$\frac{dx_2}{dt}=\frac{2}{25}x_1-\frac{2}{25}x_2$$

7 (a) $\frac{dx_1}{dt}=3\frac{x_2}{100-t}-2\frac{x_1}{100+t}$

$$\frac{dx_2}{dt}=2\frac{x_1}{100+t}-3\frac{x_2}{100-t}$$

(b) $x_1(t)+x_2(t)=150;\ x_2(30)\approx 47.4\ \mathrm{lb}$

13 $L_1\frac{di_2}{dt}+(R_1+R_2)i_2+R_1i_3=E(t)$

$$L_2\frac{di_3}{dt}+R_1i_2+(R_1+R_3)i_3=E(t)$$

15 $i(0)=i_0,\ s(0)=n-i_0,\ r(0)=0$

3장 복습

1 $dP/dt=0.15P$

3 $P(45)=89.9$억

5 $x=10\ln\left(\frac{10+\sqrt{100-y^2}}{y}\right)-\sqrt{100-y^2}$

7 (a) $\frac{BT_1+T_2}{1+B},\ \frac{BT_1+T_2}{1+B}$

(b) $T(t)=\frac{BT_1+T_2}{1+B}+\frac{T_1-T_2}{1+B}e^{k(1+B)t}$

9 $i(t)=\begin{cases}4t-\frac{1}{5}t^2, & 0\le t<10\\ 20, & t\ge 10\end{cases}$

11 $x(t)=\frac{\alpha c_1e^{\alpha k_1 t}}{1+c_1e^{\alpha k_1 t}},\ y(t)=c_2(1+c_1e^{\alpha k_1 t})^{k_2/k_1}$

13 $x=-y+1+c_2e^{-y}$

15 (a) $K(t)=K_0e^{-(\lambda_1+\lambda_2)t}$

$$C(t)=\frac{\lambda_1}{\lambda_1+\lambda_2}K_0[1-e^{-(\lambda_1+\lambda_2)t}]$$

$$A(t)=\frac{\lambda_2}{\lambda_1+\lambda_2}K_0[1-e^{-(\lambda_1+\lambda_2)t}]$$

(b) 1.3×10^9년

(c) 89% , 11%

연습문제 4.1

1 $y=\frac{1}{2}e^x-\frac{1}{2}e^{-x}$

3 $y=3x-4x\ln x$

9 $(-\infty,\ 2)$

11 (a) $y=\frac{e}{e^2-1}(e^x-e^{-x})$

(b) $y=\frac{\sinh x}{\sinh 1}$

13 (a) $y = e^x \cos x - e^x \sin x$

(b) 해가 없다.

(c) $y = e^x \cos x + e^{-\pi/2} e^x \sin x$

(d) $y = c_2 e^x \sin x$, 여기서 c_2는 임의의 수

15 종속

17 종속

19 종속

21 독립

23 함수들은 미분방정식을 만족하고 $W(e^{-3x},\ e^{4x}) = 7e^x \neq 0$이기 때문에 구간에서 일차독립이다; $y = c_1 e^{-3x} + c_2 e^{4x}$.

25 함수들은 미분방정식을 만족하고 $W(e^x \cos 2x,\ e^x \sin 2x) = 2e^{2x} \neq 0$이기 때문에 구간에서 일차독립이다; $y = c_1 e^x \cos 2x + c_2 e^x \sin 2x$.

27 함수들은 미분방정식을 만족하고 $W(x^3,\ x^4) = x^6 \neq 0$이기 때문에 구간에서 일차독립이다; $y = c_1 x^3 + c_2 x^4$.

29 함수들은 미분방정식을 만족하고 $W(x,\ x^{-2},\ x^{-2}\ln x) = 9x^{-6} \neq 0$이기 때문에 구간에서 일차독립이다; $y = c_1 x + c_2 x^{-2} + c_3 x^{-2}\ln x$.

35 (b) $y_p = x^2 + 3x + 3e^{2x}$; $y_p = -2x^2 - 6x - \frac{1}{3}e^{2x}$

연습문제 4.2

1 $y_2 = xe^{2x}$

3 $y_2 = \sin 4x$

5 $y_2 = \sinh x$

7 $y_2 = xe^{2x/3}$

9 $y_2 = x^4 \ln|x|$

11 $y_2 = 1$

13 $y_2 = x\cos(\ln x)$

15 $y_2 = x^2 + x + 2$

17 $y_2 = e^{2x}$, $y_p = -\frac{1}{2}$

19 $y_2 = e^{2x}$, $y_p = \frac{5}{2}e^{3x}$

연습문제 4.3

1 $y = c_1 + c_2 e^{-x/4}$

3 $y = c_1 e^{3x} + c_2 e^{-2x}$

5 $y = c_1 e^{-4x} + c_2 x e^{-4x}$

7 $y = c_1 e^{2x/3} + c_2 e^{-x/4}$

9 $y = c_1 \cos 3x + c_2 \sin 3x$

11 $y = e^{2x}(c_1 \cos x + c_2 \sin x)$

13 $y = e^{-x/3}\left(c_1 \cos \frac{1}{3}\sqrt{2}\,x + c_2 \sin \frac{1}{3}\sqrt{2}\,x\right)$

15 $y = c_1 + c_2 e^{-x} + c_3 e^{5x}$

17 $y = c_1 e^{-x} + c_2 e^{3x} + c_3 x e^{3x}$

19 $u = c_1 e^t + e^{-t}(c_2 \cos t + c_3 \sin t)$

21 $y = c_1 e^{-x} + c_2 x e^{-x} + c_3 x^2 e^{-x}$

23 $y = c_1 + c_2 x + e^{-x/2}\left(c_3 \cos \frac{1}{2}\sqrt{3}\,x + c_4 \sin \frac{1}{2}\sqrt{3}\,x\right)$

25 $y = c_1 \cos \frac{1}{2}\sqrt{3}\,x + c_2 \sin \frac{1}{2}\sqrt{3}\,x + c_3 x \cos \frac{1}{2}\sqrt{3}\,x + c_4 x \sin \frac{1}{2}\sqrt{3}\,x$

27 $u = c_1 e^r + c_2 r e^r + c_3 e^{-r} + c_4 r e^{-r} + c_5 e^{-5r}$

29 $y = 2\cos 4x - \frac{1}{2}\sin 4x$

31 $y = -\frac{1}{3}e^{-(t-1)} + \frac{1}{3}e^{5(t-1)}$

33 $y = 0$

35 $y = \frac{5}{36} - \frac{5}{36}e^{-6x} + \frac{1}{6}xe^{-6x}$

37 $y = e^{5x} - xe^{5x}$

39 $y = 0$

41 $y = \frac{1}{2}\left(1 - \frac{5}{\sqrt{3}}\right)e^{-\sqrt{3}x} + \frac{1}{2}\left(1 + \frac{5}{\sqrt{3}}\right)e^{\sqrt{3}x}$; $y = \cosh\sqrt{3}\,x + \frac{5}{\sqrt{3}}\sinh\sqrt{3}\,x$

49 $y'' - 6y' + 5y = 0$

51 $y'' - 2y' = 0$

53 $y'' + 9y = 0$

55 $y'' + 2y' + 2y = 0$

57 $y''' - 8y'' = 0$

연습문제 4.4

1 $y=c_1e^{-x}+c_2e^{-2x}+3$

3 $y=c_1e^{5x}+c_2xe^{5x}+\frac{6}{5}x+\frac{3}{5}$

5 $y=c_1e^{-2x}+c_2xe^{-2x}+x^2-4x+\frac{7}{2}$

7 $y=c_1\cos\sqrt{3}x+c_2\sin\sqrt{3}x+\left(-4x^2+4x-\frac{4}{3}\right)e^{3x}$

9 $y=c_1+c_2e^x+3x$

11 $y=c_1e^{x/2}+c_2xe^{x/2}+12+\frac{1}{2}x^2e^{x/2}$

13 $y=c_1\cos 2x+c_2\sin 2x-\frac{3}{4}x\cos 2x$

15 $y=c_1\cos x+c_2\sin x-\frac{1}{2}x^2\cos x+\frac{1}{2}x\sin x$

17 $y=c_1e^x\cos 2x+c_2e^x\sin 2x+\frac{1}{4}xe^x\sin 2x$

19 $y=c_1e^{-x}+c_2xe^{-x}-\frac{1}{2}\cos x$
$+\frac{12}{25}\sin 2x-\frac{9}{25}\cos 2x$

21 $y=c_1+c_2x+c_3e^{6x}-\frac{1}{4}x^2-\frac{6}{37}\cos x+\frac{1}{37}\sin x$

23 $y=c_1e^x+c_2xe^x+c_3x^2e^x-x-3-\frac{2}{3}x^3e^x$

25 $y=c_1\cos x+c_2\sin x+c_3x\cos x+c_4x\sin x$
$+x^2-2x-3$

27 $y=\sqrt{2}\sin 2x-\frac{1}{2}$

29 $y=-200+200e^{-x/5}-3x^2+30x$

31 $y=-10e^{-2x}\cos x+9e^{-2x}\sin x+7e^{-4x}$

33 $x=\frac{F_0}{2\omega^2}\sin\omega t-\frac{F_0}{2\omega}t\cos\omega t$

35 $y=11-11e^x+9xe^x+2x-12x^2e^x+\frac{1}{2}e^{5x}$

37 $y=6\cos x-6(\cot 1)\sin x+x^2-1$

39 $y=\frac{-4\sin\sqrt{3}x}{\sin\sqrt{3}+\sqrt{3}\cos\sqrt{3}}+2x$

41 $y=\begin{cases}\cos 2x+\frac{5}{6}\sin 2x+\frac{1}{3}\sin x, & 0\le x\le\pi/2\\ \frac{2}{3}\cos 2x+\frac{5}{6}\sin 2x, & x>\pi/2\end{cases}$

연습문제 4.5

1 $(3D-2)(3D+2)y=\sin x$

3 $(D-6)(D+2)y=x-6$

5 $D(D+5)^2y=e^x$

7 $(D-1)(D-2)(D+5)y=xe^{-x}$

9 $D(D+2)(D^2-2D+4)y=4$

15 D^4

17 $D(D-2)$

19 D^2+4

21 $D^3(D^2+16)$

23 $(D+1)(D-1)^3$

25 $D(D^2-2D+5)$

27 $1,\ x,\ x^2,\ x^3,\ x^4$

29 $e^{6x},\ e^{-3x/2}$

31 $\cos\sqrt{5}x,\ \sin\sqrt{5}x$

33 $1,\ e^{5x},\ xe^{5x}$

35 $y=c_1e^{-3x}+c_2e^{3x}-6$

37 $y=c_1+c_2e^{-x}+3x$

39 $y=c_1e^{-2x}+c_2xe^{-2x}+\frac{1}{2}x+1$

41 $y=c_1+c_2x+c_3e^{-x}+\frac{2}{3}x^4-\frac{8}{3}x^3+8x^2$

43 $y=c_1e^{-3x}+c_2e^{4x}+\frac{1}{7}xe^{4x}$

45 $y=c_1e^{-x}+c_2e^{3x}-e^x+3$

47 $y=c_1\cos 5x+c_2\sin 5x+\frac{1}{4}\sin x$

49 $y=c_1e^{-3x}+c_2xe^{-3x}-\frac{1}{49}xe^{4x}+\frac{2}{343}e^{4x}$

51 $y=c_1e^{-x}+c_2e^x+\frac{1}{6}x^3e^x-\frac{1}{4}x^2e^x+\frac{1}{4}xe^x-5$

53 $y=e^x(c_1\cos 2x+c_2\sin 2x)+\frac{1}{3}e^x\sin x$

55 $y=c_1\cos 5x+c_2\sin 5x-2x\cos 5x$

57 $y=e^{-x/2}\left(c_1\cos\frac{\sqrt{3}}{2}x+c_2\sin\frac{\sqrt{3}}{2}x\right)$
$+\sin x+2\cos x-x\cos x$

59 $y=c_1+c_2x+c_3e^{-8x}+\frac{11}{256}x^2+\frac{7}{32}x^3-\frac{1}{16}x^4$

61 $y=c_1e^x+c_2xe^x+c_3x^2e^x+\frac{1}{6}x^3e^x+x-13$

63 $y=c_1+c_2x+c_3e^x+c_4xe^x+\frac{1}{2}x^2e^x+\frac{1}{2}x^2$

65 $y=\frac{5}{8}e^{-8x}+\frac{5}{8}e^{8x}-\frac{1}{4}$

67 $y=-\frac{41}{125}+\frac{41}{125}e^{5x}-\frac{1}{10}x^2+\frac{9}{25}x$

69 $y=-\pi\cos x-\frac{11}{3}\sin x-\frac{8}{3}\cos 2x+2x\cos x$

71 $y=2e^{2x}\cos 2x-\frac{3}{64}e^{2x}\sin 2x+\frac{1}{8}x^3+\frac{3}{16}x^2+\frac{3}{32}x$

연습문제 4.6

1 $y=c_1\cos x+c_2\sin x+x\sin x+\cos x\ln|\cos x|$

3 $y=c_1\cos x+c_2\sin x-\frac{1}{2}x\cos x$

5 $y=c_1\cos x+c_2\sin x+\frac{1}{2}-\frac{1}{6}\cos 2x$

7 $y=c_1e^x+c_2e^{-x}+\frac{1}{2}x\sinh x$

9 $y=c_1e^{2x}+c_2e^{-2x}+\frac{1}{4}\left(e^{2x}\ln|x|-e^{-2x}\int_{x_0}^{x}\frac{e^{4t}}{t}dt\right),\ x_0>0$

11 $y=c_1e^{-x}+c_2e^{-2x}+(e^{-x}+e^{-2x})\ln(1+e^x)$

13 $y=c_1e^{-2x}+c_2e^{-x}-e^{-2x}\sin e^x$

15 $y=c_1e^{-t}+c_2te^{-t}+\frac{1}{2}t^2e^{-t}\ln t-\frac{3}{4}t^2e^{-t}$

17 $y=c_1e^x\sin x+c_2e^x\cos x+\frac{1}{3}xe^x\sin x$
$+\frac{1}{3}e^x\cos x\ln|\cos x|$

19 $y=\frac{1}{4}e^{-x/2}+\frac{3}{4}e^{x/2}+\frac{1}{8}x^2e^{x/2}-\frac{1}{4}xe^{x/2}$

21 $y=\frac{4}{9}e^{-4x}+\frac{25}{36}e^{2x}-\frac{1}{4}e^{-2x}+\frac{1}{9}e^{-x}$

23 $y=c_1x^{-1/2}\cos x+c_2x^{-1/2}\sin x+x^{-1/2}$

25 $y=c_1+c_2\cos x+c_3\sin x-\ln|\cos x|$
$-\sin x\ln|\sec x+\tan x|$

27 $y=c_1e^x+c_2e^{-x}+c_3e^{2x}+\frac{1}{30}e^{4x}$

연습문제 4.7

1 $y=c_1x^{-1}+c_2x^2$

3 $y=c_1+c_2\ln x$

5 $y=c_1\cos(2\ln x)+c_2\sin(2\ln x)$

7 $y=c_1x^{(2-\sqrt{6})}+c_2x^{(2+\sqrt{6})}$

9 $y=c_1\cos\left(\frac{1}{5}\ln x\right)+c_2\sin\left(\frac{1}{5}\ln x\right)$

11 $y=c_1x^{-2}+c_2x^{-2}\ln x$

13 $y=x^{-1/2}\left[c_1\cos\left(\frac{1}{6}\sqrt{3}\ln x\right)+c_2\sin\left(\frac{1}{6}\sqrt{3}\ln x\right)\right]$

15 $y=c_1x^3+c_2\cos(\sqrt{2}\ln x)+c_3\sin(\sqrt{2}\ln x)$

17 $y=c_1+c_2x+c_3x^2+c_4x^{-3}$

19 $y=c_1+c_2x^5+\frac{1}{5}x^5\ln x$

21 $y=c_1x+c_2x\ln x+x(\ln x)^2$

23 $y=c_1x^{-1}+c_2x-\ln x$

25 $y=2-2x^{-2}$

27 $y=\cos(\ln x)+2\sin(\ln x)$

29 $y=\frac{3}{4}-\ln x+\frac{1}{4}x^2$

31 $y=c_1x^{-10}+c_2x^2$

33 $y=c_1x^{-1}+c_2x^{-8}+\frac{1}{30}x^2$

35 $y=x^2[c_1\cos(3\ln x)+c_2\sin(3\ln x)]+\frac{4}{13}+\frac{3}{10}x$

37 $y=2(-x)^{1/2}-5(-x)^{1/2}\ln(-x),\ x<0$

39 $y=c_1(x+3)^2+c_2(x+3)^7$

41 $y=c_1\cos[\ln(x+2)]+c_2\sin[\ln(x+2)]$

연습문제 4.8

1 $y_p(x)=\frac{1}{4}\int_{x_0}^{x}\sinh 4(x-t)f(t)dt$

3 $y_p(x)=\int_{x_0}^{x}(x-t)e^{-(x-t)}f(t)dt$

5 $y_p(x)=\frac{1}{3}\int_{x_0}^{x}\sin 3(x-t)f(t)dt$

7 $y=c_1e^{-4x}+c_2e^{4x}+\frac{1}{4}\int_{x_0}^{x}\sinh 4(x-t)te^{-2t}dt$

9 $y=c_1e^{-x}+c_2xe^{-x}+\int_{x_0}^{x}(x-t)e^{-(x-t)}e^{-t}dt$

11 $y=c_1\cos 3x+c_2\sin 3x+\frac{1}{3}\int_{x_0}^{x}\sin 3(x-t)(t+\sin t)dt$

13 $y_p(x)=\frac{1}{4}xe^{2x}-\frac{1}{16}e^{2x}+\frac{1}{16}e^{-2x}$

15 $y_p(x)=\frac{1}{2}x^2e^{5x}$

17 $y_p(x)=-\cos x+\frac{\pi}{2}sin x-xsin x-\cos x\ln|\sin x|$

19 $y=\frac{25}{16}e^{-2x}-\frac{9}{16}e^{2x}+\frac{1}{4}xe^{2x}$

21 $y=-e^{5x}+6xe^{5x}+\frac{1}{2}x^2e^{5x}$

23 $y=-xsin x-\cos x\ln|\sin x|$

25 $y=(\cos 1-2)e^{-x}+(1+\sin 1-\cos 1)e^{-2x}-e^{-2x}\sin e^{x}$

27 $y=4x-2x^2-xln x$

29 $y=\frac{46}{45}x^3-\frac{1}{20}x^{-2}+\frac{1}{36}-\frac{1}{6}ln x$

31 $y(x)=5e^x+3e^{-x}+y_p(x)$,

여기서 $y_p(x)=\begin{cases}1-\cosh x, & x<0\\ -1+\cosh x, & x\ge 0\end{cases}$

33 $y=\cos x-\sin x+y_p(x)$,

여기서 $y_p(x)=\begin{cases}0, & x<0\\ 10-10\cos x, & 0\le x\le 3\pi\\ -20\cos x, & x>3\pi\end{cases}$

35 $y_p(x)=(x-1)\int_{x_0}^{x}tf(t)dt+x\int_{x}^{1}(t-1)f(t)dt$

37 $y_p(x)=\frac{1}{2}x^2-\frac{1}{2}x$

39 $y_p(x)=\frac{\sin(x-1)}{\sin 1}-\frac{\sin x}{\sin 1}+1$

41 $y_p(x)=-e^x\cos x-e^x\sin x+e^x$

43 $y_p(x)=\frac{1}{2}(\ln x)^2+\frac{1}{2}ln x$

연습문제 4.9

1 $x=c_1e^t+c_2te^t$

$y=(c_1-c_2)e^t+c_2te^t$

3 $x=c_1\cos t+c_2\sin t+t+1$

$y=c_1\sin t-c_2\cos t+t-1$

5 $x=\frac{1}{2}c_1\sin t+\frac{1}{2}c_2\cos t-2c_3\sin\sqrt{6}t-2c_4\cos\sqrt{6}t$

$y=c_1\sin t+c_2\cos t+c_3\sin\sqrt{6}t+c_4\cos\sqrt{6}t$

7 $x=c_1e^{2t}+c_2e^{-2t}+c_3\sin 2t+c_4\cos 2t+\frac{1}{5}e^t$

$y=c_1e^{2t}+c_2e^{-2t}-c_3\sin 2t-c_4\cos 2t-\frac{1}{5}e^t$

9 $x=c_1-c_2\cos t+c_3\sin t+\frac{17}{15}e^{3t}$

$y=c_1+c_2\sin t+c_3\cos t-\frac{4}{15}e^{3t}$

11 $x=c_1e^t+c_2e^{-t/2}\cos\frac{1}{2}\sqrt{3}t+c_3e^{-t/2}\sin\frac{1}{2}\sqrt{3}t$

$y=\left(-\frac{3}{2}c_2-\frac{1}{2}\sqrt{3}c_3\right)e^{-t/2}\cos\frac{1}{2}\sqrt{3}t$

$\quad+\left(\frac{1}{2}\sqrt{3}c_2-\frac{3}{2}c_3\right)e^{-t/2}\sin\frac{1}{2}\sqrt{3}t$

13 $x=c_1e^{4t}+\frac{4}{3}e^t$

$y=-\frac{3}{4}c_1e^{4t}+c_2+5e^t$

15 $x=c_1+c_2t+c_3e^t+c_4e^{-t}-\frac{1}{2}t^2$

$y=(c_1-c_2+2)+(c_2+1)t+c_4e^{-t}-\frac{1}{2}t^2$

17 $x=c_1e^t+c_2e^{-t/2}\sin\frac{1}{2}\sqrt{3}t+c_3e^{-t/2}\cos\frac{1}{2}\sqrt{3}t$

$y=c_1e^t+\left(-\frac{1}{2}c_2-\frac{1}{2}\sqrt{3}c_3\right)e^{-t/2}\sin\frac{1}{2}\sqrt{3}t$

$\quad+\left(\frac{1}{2}\sqrt{3}c_2-\frac{1}{2}c_3\right)e^{-t/2}\cos\frac{1}{2}\sqrt{3}t$

$z=c_1e^t+\left(-\frac{1}{2}c_2+\frac{1}{2}\sqrt{3}c_3\right)e^{-t/2}\sin\frac{1}{2}\sqrt{3}t$

$\quad+\left(-\frac{1}{2}\sqrt{3}c_2-\frac{1}{2}c_3\right)e^{-t/2}\cos\frac{1}{2}\sqrt{3}t$

19 $x=-6c_1e^{-t}-3c_2e^{-2t}+2c_3e^{3t}$

$y=c_1e^{-t}+c_2e^{-2t}+c_3e^{3t}$

$z=5c_1e^{-t}+c_2e^{-2t}+c_3e^{3t}$

21 $x=e^{-3t+3}-te^{-3t+3}$

$y=-e^{-3t+3}+2te^{-3t+3}$

23 $mx''=0$

$my''=-mg;$

$x=c_1t+c_2$

$y=-\frac{1}{2}gt^2+c_3t+c_4$

연습문제 4.10

3 $y=\ln|\cos(c_1-x)|+c_2$

5 $y=\frac{1}{c_1^2}\ln|c_1x+1|-\frac{1}{c_1}x+c_2$

7 $\frac{1}{3}y^3-c_1y=x+c_2$

11 $y=\tan\left(\frac{1}{4}\pi-\frac{1}{2}x\right),\ -\frac{1}{2}\pi<x<\frac{3}{2}\pi$

13 $y=-\frac{1}{c_1}\sqrt{1-c_1^2x^2}+c_2$

15 $y=1+x+\frac{1}{2}x^2+\frac{1}{2}x^3+\frac{1}{6}x^4+\frac{1}{10}x^5+\cdots$

16 $y=1+x-\frac{1}{2}x^2+\frac{2}{3}x^3-\frac{1}{4}x^4+\frac{7}{60}x^5+\cdots$

17 $y=-\sqrt{1-x^2}$

4장 복습

1 $y=0$

3 거짓

5 $y=c_1\cos 5x+c_2\sin 5x$

7 $x^2y''-3xy'+4y=0$

9 $y_p=x^2+x-2$

11 $(-\infty,0);(0,\infty)$

13 $y=c_1e^{3x}+c_2e^{-5x}+c_3xe^{-5x}+c_4e^x+c_5xe^x+c_6x^2e^x$;

$y=c_1x^3+c_2x^{-5}+c_3x^{-5}\ln x+c_4x+c_5x\ln x+c_6x(\ln x)^2$

15 $y=c_1e^{(1+\sqrt{3})x}+c_2e^{(1-\sqrt{3})x}$

17 $y=c_1+c_2e^{-5x}+c_3xe^{-5x}$

19 $y=c_1e^{-x/3}+e^{-3x/2}\left(c_2\cos\frac{1}{2}\sqrt{7}x+c_3\sin\frac{1}{2}\sqrt{7}x\right)$

21 $y=e^{3x/2}\left(c_2\cos\frac{1}{2}\sqrt{11}x+c_3\sin\frac{1}{2}\sqrt{11}x\right)+\frac{4}{5}x^3+\frac{36}{25}x^2$

$+\frac{46}{125}x-\frac{222}{625}$

23 $y=c_1+c_2e^{2x}+c_3e^{3x}+\frac{1}{5}\sin x-\frac{1}{5}\cos x+\frac{4}{3}x$

25 $y=e^x(c_1\cos x+c_2\sin x)-e^x\cos x\ln|\sec x+\tan x|$

27 $y=c_1x^{-1/3}+c_2x^{1/2}$

29 $y=c_1x^2+c_2x^3+x^4-x^2\ln x$

31 (a) $y=c_1\cos\omega x+c_2\sin\omega x+A\cos\alpha x$

$+B\sin\alpha x,\ \omega\neq\alpha$;

$y=c_1\cos\omega x+c_2\sin\omega x+Ax\cos\omega x$

$+Bx\sin\omega x,\ \omega=\alpha$;

(b) $y=c_1e^{-\omega x}+c_2e^{\omega x}+Ae^{\alpha x},\ \omega\neq\alpha$;

$y=c_1e^{-\omega x}+c_2e^{\omega x}+Axe^{\omega x},\ \omega=\alpha$

33 (a) $y=c_1\cosh x+c_2\sinh x+c_3x\cosh x$

$+c_4x\sinh x$

(b) $y_p=Ax^2\cosh x+Bx^2\sinh x$

35 $y=e^{x-\pi}\cos x$

37 $y=\frac{13}{4}e^x-\frac{5}{4}e^{-x}-x-\frac{1}{2}\sin x$

39 $y=x^2+4$

43 $x=-c_1e^t-\frac{3}{2}c_2e^{2t}+\frac{5}{2}$

$y=c_1e^t+c_2e^{2t}-3$

45 $x=c_1e^t+c_2e^{5t}+te^t$

$y=-c_1e^t+3c_2e^{5t}-te^t+2e^t$

연습문제 5.1

1 $\frac{\sqrt{2}\pi}{8}$

3 $x(t)=-\frac{1}{4}\cos 4\sqrt{6}t$

5 (a) $x\left(\frac{\pi}{12}\right)=-\frac{1}{4}$; $x\left(\frac{\pi}{8}\right)=-\frac{1}{2}$; $x\left(\frac{\pi}{6}\right)=-\frac{1}{4}$;

$x\left(\frac{\pi}{4}\right)=\frac{1}{2}$; $x\left(\frac{9\pi}{32}\right)=\frac{\sqrt{2}}{4}$

(b) 아래 방향으로 4 ft/s

(c) $t=\frac{(2n+1)\pi}{16},\ n=0,\ 1,\ 2,\ \cdots$

7 (a) 20 kg인 물체

(b) 20 kg인 물체; 50 kg인 물체

(c) $t=n\pi,\ n=0,\ 1,\ 2,\ \cdots$; 평형위치에서 20 kg 물체는 n이 짝수일 때 위쪽으로 n이 홀수일 때 아래로 움직이는 반면 50 kg 물체는 위쪽으로 움직인다.

9 (a) $x(t)=\frac{1}{2}\cos 2t+\frac{3}{4}\sin 2t$

(b) $x(t)=\frac{\sqrt{13}}{4}\sin(2t+0.588)$

(c) $x(t)=\frac{\sqrt{13}}{4}\cos(2t-0.983)$

11 (a) $x(t)=-\frac{2}{3}\cos 10t+\frac{1}{2}\sin 10t=\frac{5}{6}\sin(10t-0.927)$

(b) $\frac{5}{6}$ ft; $\frac{\pi}{5}$ (c) 15 cycles (d) 0.721 s

(e) $\frac{(2n+1)\pi}{20}+0.0927,\ n=0,\ 1,\ 2,\ \cdots$

(f) $x(3)=-0.597\,\text{ft}$

(g) $x'(3)=-5.814\,\text{ft/s}$

(h) $x''(3)=59.702\,\text{ft/s}^2$

(i) $\pm 8\frac{1}{3}$ ft/s

(j) $0.1451+\frac{n\pi}{5};\ 0.3545+\frac{n\pi}{5},\ n=0,\ 1,\ 2,\ \cdots$

(k) $0.3545+\frac{n\pi}{5},\ n=0,\ 1,\ 2,\ \cdots$

13 120lb/ft; $x(t)=\frac{\sqrt{3}}{12}\sin 8\sqrt{3}\,t$

17 (a) 위 (b) 위쪽으로 향함

19 (a) 아래 (b) 위쪽으로 향함

21 $\frac{1}{4}$s; $\frac{1}{2}$s, $x\left(\frac{1}{2}\right)=e^{-2}$; 즉 추는 평형위치 아래 약 0.14ft다.

23 (a) $x(t)=\frac{4}{3}e^{-2t}-\frac{1}{3}e^{-8t}$

(b) $x(t)=-\frac{2}{3}e^{-2t}+\frac{5}{3}e^{-8t}$

25 (a) $x(t)=e^{-2t}\left(-\cos 4t-\frac{1}{2}\sin 4t\right)$

(b) $x(t)=\frac{\sqrt{5}}{2}e^{-2t}\sin(4t+4.249)$

(c) $t=1.294\,\text{s}$

27 (a) $\beta>\frac{5}{2}$ (b) $\beta=\frac{5}{2}$ (c) $0<\beta<\frac{5}{2}$

29 $x(t)=e^{-t/2}\left(-\frac{4}{3}\cos\frac{\sqrt{47}}{2}t-\frac{64}{3\sqrt{47}}\sin\frac{\sqrt{47}}{2}t\right)$

$+\frac{10}{3}(\cos 3t+\sin 3t)$

31 $x(t)=\frac{1}{4}e^{-4t}+te^{-4t}-\frac{1}{4}\cos 4t$

33 $x(t)=-\frac{1}{2}\cos 4t+\frac{9}{4}\sin 4t+\frac{1}{2}e^{-2t}\cos 4t-2e^{-2t}\sin 4t$

35 (a) $m\frac{d^2x}{dt^2}=-k(x-h)-\beta\frac{dx}{dt}$ 혹은

$\frac{d^2x}{dt^2}+2\lambda\frac{dx}{dt}+\omega^2x=\omega^2h(t)$,

여기서 $2\lambda=\beta/m$과 $\omega^2=k/m$

(b) $x(t)=e^{-2t}\left(-\frac{56}{13}\cos 2t-\frac{72}{13}\sin 2t\right)$

$+\frac{56}{13}\cos t+\frac{32}{13}\sin t$

37 $x(t)=-\cos 2t-\frac{1}{8}\sin 2t+\frac{3}{4}t\sin 2t+\frac{5}{4}t\cos 2t$

39 (b) $\frac{F_0}{2\omega}t\sin\omega t$

45 4.568 C; 0.0509 s

47 $q(t)=10-10e^{-3t}(\cos 3t+\sin 3t)$

$i(t)=60e^{-3t}\sin 3t$; 10.432C

49 $q_p=\frac{100}{13}\sin t+\frac{150}{13}\cos t$

$i_p=\frac{100}{13}\cos t-\frac{150}{13}\sin t$

53 $q(t)=-\frac{1}{2}e^{-10t}(\cos 10t+\sin 10t)+\frac{3}{2}$; $\frac{3}{2}$ C

57 $q(t)=\left(q_0-\frac{E_0C}{1-\gamma^2LC}\right)\cos\frac{t}{\sqrt{LC}}$

$+\sqrt{LC}\,i_0\sin\frac{t}{\sqrt{LC}}+\frac{E_0C}{1-\gamma^2LC}\cos\gamma t$

$i(t)=i_0\cos\frac{t}{\sqrt{LC}}-\frac{1}{\sqrt{LC}}\left(q_0-\frac{E_0C}{1-\gamma^2LC}\right)\sin\frac{t}{\sqrt{LC}}$

$-\frac{E_0C\gamma}{1-\gamma^2LC}\sin\gamma t$

연습문제 5.2

1 (a) $y(x)=\frac{w_0}{24EI}(6L^2x^2-4Lx^3+x^4)$

3 (a) $y(x)=\frac{w_0}{48EI}(3L^2x^2-5Lx^3+2x^4)$

5 (a) $y(x)=\frac{w_0}{360EI}(7L^4x-10L^2x^3+3x^5)$

(c) $x\approx 0.51933,\ y_{\max}\approx 0.234799$

7 $y(x)=-\frac{w_0EI}{P^2}\cosh\sqrt{\frac{P}{EI}}x$

$+\left(\frac{w_0EI}{P^2}\sinh\sqrt{\frac{P}{EI}}L-\frac{w_0L\sqrt{EI}}{P\sqrt{P}}\right)\frac{\sinh\sqrt{\frac{P}{EI}}x}{\cosh\sqrt{\frac{P}{EI}}L}$

$+\frac{w_0}{2P}x^2+\frac{w_0EI}{P^2}$

9 $\lambda_n=n^2,\ n=1,\ 2,\ 3,\ \cdots;\ y=\sin nx$

11 $\lambda_n=\frac{(2n-1)^2\pi^2}{4L^2},\ n=1,\ 2,\ 3,\ \cdots;$

$y=\cos\frac{(2n-1)\pi x}{2L}$

13 $\lambda_n = n^2,\ n=0,\ 1,\ 2,\ \cdots;\ y=\cos nx$

15 $\lambda_n = \dfrac{n^2\pi^2}{25},\ n=1,\ 2,\ 3,\ \cdots;\ y=e^{-x}\sin\dfrac{n\pi x}{5}$

17 $\lambda_n = n^2,\ n=1,\ 2,\ 3,\ \cdots;\ y=\sin(n\ln x)$

19 $\lambda_n = n^4\pi^4,\ n=1,\ 2,\ 3,\ \cdots;\ y=\sin n\pi x$

21 $x=L/4,\ x=L/2,\ x=3L/4$

25 $\omega_n = \dfrac{n\pi\sqrt{T}}{L\sqrt{\rho}},\ n=1,\ 2,\ 3,\ \cdots;\ y=\sin\dfrac{n\pi x}{L}$

27 $u(r)=\left(\dfrac{u_0-u_1}{b-a}\right)\dfrac{ab}{r}+\dfrac{u_1b-u_0a}{b-a}$

연습문제 5.3

7 $\dfrac{d^2x}{dt^2}+x=0$

15 (a) 5 ft (b) $4\sqrt{10}$ ft/s (c) $0\le t\le\dfrac{3}{8}\sqrt{10}$; 7.5 ft

17 (a) $xy''=r\sqrt{1+(y')^2}$.

$t=0$일 때 $x=a,\ y=0,\ dy/dx=0$.

(b) $r\neq 1$일 때

$$y(x)=\frac{a}{2}\left[\frac{1}{1+r}\left(\frac{x}{a}\right)^{1+r}-\frac{1}{1-r}\left(\frac{x}{a}\right)^{1-r}\right]+\frac{ar}{1-r^2}$$

$r=1$일 때

$$y(x)=\frac{1}{2}\left[\frac{1}{2a}(x^2-a^2)+\frac{1}{a}\ln\frac{a}{x}\right]$$

(c) $r<1$일 때 궤적은 교차한다.

19 (a) $\theta(t)=w_0\sqrt{\dfrac{l}{g}}\sin\sqrt{\dfrac{g}{l}}\,t$

(b) $\theta_{\max}$에서 $\sin\sqrt{\dfrac{g}{l}}\,t=1$을 이용하라.

(c) $\cos\theta_{\max}\approx 1-\dfrac{1}{2}\theta_{\max}^2$ 를 이용하라.

(d) $\nu_b\approx 21{,}797$ cm/s

5장 복습

1 8피트

3 $\dfrac{5}{4}$ m

5 거짓; 이 운동계를 추진하는 인가력이 존재할 수 있다.

7 과잉 감쇠

9 $\lambda=8$은 고윳값이 아니므로 $y=0$

11 14.4 lb

13 $x(t)=-\dfrac{2}{3}e^{-2t}+\dfrac{1}{3}e^{-4t}$

15 $0<m\le 2$

17 $\gamma=\dfrac{8}{3}\sqrt{3}$

19 $x(t)=e^{-4t}\left(\dfrac{26}{17}\cos 2\sqrt{2}\,t+\dfrac{28}{17}\sqrt{2}\sin 2\sqrt{2}\,t\right)+\dfrac{8}{17}e^{-t}$

21 (a) $q(t)=-\dfrac{1}{150}\sin 100t+\dfrac{1}{75}\sin 50t$

(b) $i(t)=-\dfrac{2}{3}\cos 100t+\dfrac{2}{3}\cos 50t$

(b) $t=\dfrac{n\pi}{50},\ n=0,\ 1,\ 2,\ \cdots$

25 $m\dfrac{d^2x}{dt^2}+kx=0$

27 $mx''+f_k\,sgn(x')+kx=0$

연습문제 6.1

1 $(-1,\ 1],\ R=1$

3 $\left[-\dfrac{1}{2},\ \dfrac{1}{2}\right),\ R=\dfrac{1}{2}$

5 $(-5,\ 15),\ R=10$

7 $\left[0,\ \dfrac{2}{3}\right],\ R=\dfrac{1}{3}$

9 $\left(-\dfrac{75}{32},\ \dfrac{75}{32}\right),\ R=\dfrac{75}{32}$

11 $\displaystyle\sum_{n=0}^{\infty}\frac{(-1)^n}{n!\,2^n}x^n$

13 $\displaystyle\sum_{n=0}^{\infty}\frac{(-1)^n}{2^{n+1}}x^n$

15 $\displaystyle\sum_{n=1}^{\infty}\frac{-1}{n}x^n$

17 $\displaystyle\sum_{n=0}^{\infty}\frac{(-1)^n}{(2n+1)!}(x-2\pi)^{2n+1}$

19 $x-\dfrac{2}{3}x^3+\dfrac{2}{15}x^5-\dfrac{4}{315}x^7+\cdots$

21 $1+\dfrac{1}{2}x^2+\dfrac{5}{24}x^4+\dfrac{61}{720}x^6+\cdots,\ (-\pi/2,\ \pi/2)$

23 $\displaystyle\sum_{k=3}^{\infty}(k-2)c_{k-2}x^k$

25 $\displaystyle\sum_{k=0}^{\infty}[(k+1)c_{k+1}-c_k]x^k$

27 $2c_1+\displaystyle\sum_{k=1}^{\infty}[2(k+1)c_{k+1}+6c_{k-1}]x^k$

29 $c_0+2c_2+\displaystyle\sum_{k=1}^{\infty}[(k+2)(k+1)c_{k+2}-(2k-1)c_k]x^k$

35 $y=c_0\displaystyle\sum_{k=0}^{\infty}\frac{1}{k!}(5x)^k$

37 $y=c_0\displaystyle\sum_{k=0}^{\infty}\frac{1}{k!}\left(\frac{x^2}{2}\right)^k$

연습문제 6.2

1 5; 4

3 $y_1(x)=c_0\left[1-\dfrac{1}{2!}x^2-\dfrac{1}{4!}x^4-\dfrac{1}{6!}x^6-\cdots\right]$

$$y_2(x)=c_1\left[1-\frac{1}{3!}x^3+\frac{1}{5!}x^5-\frac{1}{7!}x^7+\cdots\right]$$

5 $y_1(x)=c_0$

$$y_2(x)=c_1\left[1+\frac{1}{2!}x^2+\frac{1}{3!}x^3+\frac{1}{4!}x^4+\cdots\right]$$

7 $y_1(x)=c_0\left[1+\frac{1}{3\cdot 2}x^3+\frac{1}{6\cdot 5\cdot 3\cdot 2}x^6+\frac{1}{9\cdot 8\cdot 6\cdot 5\cdot 3\cdot 2}x^9+\cdots\right]$

$$y_2(x)=c_1\left[x+\frac{1}{4\cdot 3}x^4+\frac{1}{7\cdot 6\cdot 4\cdot 3}x^7+\frac{1}{10\cdot 9\cdot 7\cdot 6\cdot 4\cdot 3}x^{10}+\cdots\right]$$

9 $y_1(x)=c_0\left[1-\frac{1}{2!}x^2-\frac{3}{4!}x^4-\frac{21}{6!}x^6-\cdots\right]$

$$y_2(x)=c_1\left[x+\frac{1}{3!}x^3+\frac{5}{5!}x^5+\frac{45}{7!}x^7+\cdots\right]$$

11 $y_1(x)=c_0\left[1-\frac{1}{3!}x^3+\frac{4^2}{6!}x^6-\frac{7^2\cdot 4^2}{9!}+\cdots\right]$

$$y_2(x)=c_1\left[x-\frac{2^2}{4!}x^4+\frac{5^2\cdot 2^2}{7!}x^7-\frac{8^2\cdot 5^2\cdot 2^2}{10!}x^{10}+\cdots\right]$$

13 $y_1(x)=c_0;\ y_2(x)=c_1\sum_{n=1}^{\infty}\frac{1}{n}x^n$

15 $y_1(x)=c_0\left[1+\frac{1}{2}x^2+\frac{1}{6}x^3+\frac{1}{6}x^4+\cdots\right]$

$$y_2(x)=c_1\left[x+\frac{1}{2}x^2+\frac{1}{2}x^3+\frac{1}{4}x^4+\cdots\right]$$

17 $y_1(x)=c_0\left[1+\frac{1}{4}x^2-\frac{7}{4\cdot 4!}x^4+\frac{23\cdot 7}{8\cdot 6!}x^6-\cdots\right]$

$$y_2(x)=c_1\left[x-\frac{1}{6}x^3+\frac{14}{2\cdot 5!}x^5-\frac{34\cdot 14}{4\cdot 7!}x^7-\cdots\right]$$

19 $y(x)=-2\left[1+\frac{1}{2!}x^2+\frac{1}{3!}x^3+\frac{1}{4!}x^4+\cdots\right]+6x$

$$=8x-2e^x$$

21 $y(x)=3-12x^2+4x^4$

23 $y_1(x)=c_0\left[1-\frac{1}{6}x^3+\frac{1}{120}x^5+\cdots\right]$

$$y_2(x)=c_1\left[x-\frac{1}{12}x^4+\frac{1}{180}x^6+\cdots\right]$$

연습문제 6.3

1 $x=0$; 비정칙 특이점

3 $x=-3$, 정칙특이점;

$x=3$, 비정칙 특이점

5 $x=0,\ 2i,\ -2i$, 정칙특이점

7 $x=-3,\ 2$, 정칙특이점

9 $x=0$, 비정칙특이점;

$x=-5,\ 5,\ 2$, 정칙특이점

11 $x=1$에 대해 $p(x)=5,\ q(x)=\frac{x(x-1)^2}{x+1}$

$x=-1$에 대해 $p(x)=\frac{5(x+1)}{x-1},\ q(x)=x^2+x$

13 $r_1=\frac{1}{3},\ r_2=-1$

15 $r_1=\frac{3}{2},\ r_2=0$

$$y(x)=C_1x^{3/2}\left[1-\frac{2}{5}x+\frac{2^2}{7\cdot 5\cdot 2}x^2-\frac{2^3}{9\cdot 7\cdot 5\cdot 3!}x^3+\cdots\right]+C_2\left[1+2x-2x^2+\frac{2^3}{3\cdot 3!}x^3-\cdots\right]$$

17 $r_1=\frac{7}{8},\ r_2=0$

$$y(x)=C_1x^{7/8}\left[1-\frac{2}{15}x+\frac{2^2}{23\cdot 15\cdot 2}x^2-\frac{2^3}{31\cdot 23\cdot 15\cdot 3!}x^3+\cdots\right]+C_2\left[1-2x+\frac{2^2}{9\cdot 2}x^2-\frac{2^3}{17\cdot 9\cdot 3!}x^3+\cdots\right]$$

19 $r_1=\frac{1}{3},\ r_2=0$

$$y(x)=C_1x^{1/3}\left[1+\frac{1}{3}x+\frac{1}{3^2\cdot 2}x^2+\frac{1}{3^3\cdot 3!}x^3+\cdots\right]+C_2\left[1+\frac{1}{2}x+\frac{1}{5\cdot 2}x^2+\frac{1}{8\cdot 5\cdot 2}x^3+\cdots\right]$$

21 $r_1=\frac{5}{2},\ r_2=0$

$$y(x)=C_1x^{5/2}\left[1+\frac{2\cdot 2}{7}x+\frac{2^2\cdot 3}{9\cdot 7}x^2+\frac{2^3\cdot 4}{11\cdot 9\cdot 7}x^3+\cdots\right]+C_2\left[1+\frac{1}{3}x-\frac{1}{6}x^2-\frac{1}{6}x^3-\cdots\right]$$

23 $r_1=\frac{2}{3},\ r_2=\frac{1}{3}$

$$y(x)=C_1x^{2/3}\left[1-\frac{1}{2}x+\frac{5}{28}x^2-\frac{1}{21}x^3+\cdots\right]$$

$$+C_2x^{1/3}\left[1-\frac{1}{2}x+\frac{1}{5}x^2-\frac{7}{120}x^3+\cdots\right]$$

25 $r_1=0,\ r_2=-1$

$$y(x)=C_1\sum_{n=0}^{\infty}\frac{1}{(2n+1)!}x^{2n}+C_2x^{-1}\sum_{n=0}^{\infty}\frac{1}{(2n)!}x^{2n}$$
$$=C_1x^{-1}\sum_{n=0}^{\infty}\frac{1}{(2n+1)!}x^{2n+1}+C_2x^{-1}\sum_{n=0}^{\infty}\frac{1}{(2n)!}x^{2n}$$
$$=\frac{1}{x}[C_1\sinh x+C_2\cosh x]$$

27 $r_1=1,\ r_2=0$

$$y(x)=C_1x+C_2\left[x\ln x-1+\frac{1}{2}x^2+\frac{1}{12}x^3+\frac{1}{72}x^4+\cdots\right]$$

29 $r_1=r_2=0$

$$y(x)=C_1y(x)+C_2\left[y_1(x)\ln x+y_1(x)\left(-x+\frac{1}{4}x^2-\frac{1}{3\cdot 3!}x^3+\frac{1}{4\cdot 4!}x^4-\cdots\right)\right]$$

여기서 $y_1(x)=\sum_{n=0}^{\infty}\frac{1}{n!}x^n=e^x$

33 (b) $y_1(t)=\sum_{n=0}^{\infty}\frac{(-1)^n}{(2n+1)!}(\sqrt{\lambda}t)^{2n}=\frac{\sin(\sqrt{\lambda}t)}{\sqrt{\lambda}t}$

$$y_2(t)=t^{-1}\sum_{n=0}^{\infty}\frac{(-1)^n}{(2n)!}(\sqrt{\lambda}t)^{2n}=\frac{\cos(\sqrt{\lambda}t)}{t}$$

(c) $y=C_1x\sin\left(\frac{\sqrt{\lambda}}{x}\right)+C_2x\cos\left(\frac{\sqrt{\lambda}}{x}\right)$

연습문제 6.4

1 $y=c_1J_{1/3}(x)+c_2J_{-1/3}(x)$ 3 $y=c_1J_{5/2}(x)+c_2J_{-5/2}(x)$

5 $y=c_1J_0(x)+c_2Y_0(x)$ 7 $y=c_1J_2(3x)+c_2Y_2(3x)$

9 $y=c_1J_{2/3}(5x)+c_2J_{-2/3}(5x)$

11 $y=c_1x^{-1/2}J_{1/2}(\alpha x)+c_2x^{-1/2}J_{-1/2}(\alpha x)$

13 $y=x^{-1/2}[c_1J_1(4x^{1/2})+c_2Y_1(4x^{1/2})]$

15 $y=x[c_1J_1(x)+c_2Y_1(x)]$

17 $y=x^{1/2}[c_1J_{3/2}(x)+c_2Y_{3/2}(x)]$

19 $y=x^{-1}\left[c_1J_{1/2}\left(\frac{1}{2}x^2\right)+c_2J_{-1/2}\left(\frac{1}{2}x^2\right)\right]$

23 $y=x^{1/2}[c_1J_{1/2}(x)+c_2J_{-1/2}(x)]$

$$=C_1\sin x+C_2\cos x$$

25 $y=x^{-1/2}\left[c_1J_{1/2}\left(\frac{1}{8}x^2\right)+c_2J_{-1/2}\left(\frac{1}{8}x^2\right)\right]$

$$=C_1x^{-3/2}\sin\left(\frac{1}{8}x^2\right)+C_2x^{-3/2}\cos\left(\frac{1}{8}x^2\right)$$

35 $y=c_1x^{1/2}J_{1/3}\left(\frac{2}{3}\alpha x^{3/2}\right)+c_2x^{1/2}J_{-1/3}\left(\frac{2}{3}\alpha x^{3/2}\right)$

45 $P_2(x),\ P_3(x),\ P_4(x)$와 $P_5(x)$는 본문에서 주어졌다.

$$P_6(x)=\frac{1}{16}(231x^6-315x^4+105x^2-5),$$
$$P_7(x)=\frac{1}{16}(429x^7-693x^5+315x^3-35x)$$

47 $\lambda_1=2,\ \lambda_2=12,\ \lambda_3=30$

53 $y=x-4x^3+\frac{16}{5}x^5$

6장 복습

1 거짓

3 $\left[-\frac{1}{2},\ \frac{1}{2}\right]$

7 $x^2(x-1)y''+y'+y=0$

9 $r_1=\frac{1}{2},\ r_2=0$

$$y_1(x)=C_1x^{1/2}\left[1-\frac{1}{3}x+\frac{1}{30}x^2-\frac{1}{630}x^3+\cdots\right]$$
$$y_2(x)=C_2\left[1-x+\frac{1}{6}x^2-\frac{1}{90}x^3+\cdots\right]$$

11 $y_1(x)=C_0\left[1+\frac{3}{2}x^2+\frac{1}{2}x^3+\frac{5}{8}x^4+\cdots\right]$

$$y_2(x)=C_1\left[x+\frac{1}{2}x^3+\frac{1}{4}x^4+\cdots\right]$$

13 $r_1=3,\ r_2=0$

$$y_1(x)=C_1x^3\left[1+\frac{1}{4}x+\frac{1}{20}x^2+\frac{1}{120}x^3+\cdots\right]$$
$$y_2(x)=C_2\left[1+x+\frac{1}{2}x^2\right]$$

15 $y(x)=3\left[1-x^2+\frac{1}{3}x^4-\frac{1}{15}x^6+\cdots\right]$

$$-2\left[x-\frac{1}{2}x^3+\frac{1}{8}x^5-\frac{1}{48}x^7+\cdots\right]$$

17 $\frac{1}{6}\pi$

19 $x=0$는 보통점

21 $y(x)=c_0\left[1-\frac{1}{3}x^3+\frac{1}{3^2\cdot 2!}x^6-\frac{1}{3^3\cdot 3!}x^9\cdots\right]$

$$+c_1\left[x-\frac{1}{4}x^4+\frac{1}{4\cdot 7}x^7-\frac{1}{4\cdot 7\cdot 10}x^{10}+\cdots\right]$$
$$+\left[\frac{5}{2}x^2-\frac{1}{3}x^3+\frac{1}{3^2\cdot 2!}x^6-\frac{1}{3^3\cdot 3!}x^9+\cdots\right]$$

연습문제 7.1

1 $\frac{2}{s}e^{-s}-\frac{1}{s}$

3 $\frac{1}{s^2}-\frac{1}{s^2}e^{-s}$

5 $\frac{1+e^{-\pi s}}{s^2+1}$

7 $\frac{1}{s}e^{-s}+\frac{1}{s^2}e^{-s}$

9 $\frac{1}{s}-\frac{1}{s^2}+\frac{1}{s^2}e^{-s}$

11 $\frac{e^7}{s-1}$

13 $\frac{1}{(s-4)^2}$

15 $\frac{1}{s^2+2s+2}$

17 $\frac{s^2-1}{(s^2+1)^2}$

19 $\frac{48}{s^5}$

21 $\frac{4}{s^2}-\frac{10}{s}$

23 $\frac{2}{s^3}+\frac{6}{s^2}-\frac{3}{s}$

25 $\frac{6}{s^4}+\frac{6}{s^3}+\frac{3}{s^2}+\frac{1}{s}$

27 $\frac{1}{s}+\frac{1}{s-4}$

29 $\frac{1}{s}+\frac{2}{s-2}+\frac{1}{s-4}$

31 $\frac{8}{s^3}-\frac{15}{s^2+9}$

33 $\sinh kt=\frac{e^{kt}-e^{-kt}}{2}$을 이용하여

$\mathcal{L}\{\sinh kt\}=\frac{k}{s^2-k^2}$임을 보인다.

35 $\frac{1}{2(s-2)}-\frac{1}{2s}$

37 $\frac{2}{s^2+16}$

39 $\frac{4\cos 5+(\sin 5)s}{s^2+16}$

43 $\frac{\sqrt{\pi}}{s^{1/2}}$

45 $\frac{3\sqrt{\pi}}{4s^{5/2}}$

연습문제 7.2

1 $\frac{1}{2}t^2$

3 $t-2t^4$

5 $1+3t+\frac{3}{2}t^2+\frac{1}{6}t^3$

7 $t-1+e^{2t}$

9 $\frac{1}{4}e^{-t/4}$

11 $\frac{5}{7}\sin 7t$

13 $\cos\frac{t}{2}$

15 $2\cos 3t-2\sin 3t$

17 $\frac{1}{3}-\frac{1}{3}e^{-3t}$

19 $\frac{3}{4}e^{-3t}+\frac{1}{4}e^{t}$

21 $0.3e^{0.1t}+0.6e^{-0.2t}$

23 $\frac{1}{2}e^{2t}-e^{3t}+\frac{1}{2}e^{6t}$

25 $\frac{1}{5}-\frac{1}{5}\cos\sqrt{5}t$

27 $-4+3e^{-t}+\cos t+3\sin t$

29 $\frac{1}{3}\sin t-\frac{1}{6}\sin 2t$

31 $y=-1+e^t$

33 $y=\frac{1}{10}e^{4t}+\frac{19}{10}e^{-6t}$

35 $y=\frac{4}{3}e^{-t}-\frac{1}{3}e^{-4t}$

37 $y=10\cos t+2\sin t-\sqrt{2}\sin\sqrt{2}t$

39 $y=-\frac{8}{9}e^{-t/2}+\frac{1}{9}e^{-2t}+\frac{5}{18}e^{t}+\frac{1}{2}e^{-t}$

41 $y=\frac{1}{4}e^{-t}-\frac{1}{4}e^{-3t}\cos 2t+\frac{1}{4}e^{-3t}\sin 2t$

연습문제 7.3

1 $\frac{1}{(s-10)^2}$

3 $\frac{6}{(s+2)^4}$

5 $\frac{1}{(s-2)^2}+\frac{2}{(s-3)^2}+\frac{1}{(s-4)^2}$

7 $\frac{3}{(s-1)^2+9}$

9 $\frac{s}{s^2+25}-\frac{s-1}{(s-1)^2+25}+3\frac{s+4}{(s+4)^2+25}$

11 $\frac{1}{2}t^2e^{-2t}$

13 $e^{3t}\sin t$

15 $e^{-2t}\cos t-2e^{-2t}\sin t$

17 $e^{-t}-te^{-t}$

19 $5-t-5e^{-t}-4te^{-t}-\frac{3}{2}t^2e^{-t}$

21 $y=te^{-4t}+2e^{-4t}$

23 $y=e^{-t}+2te^{-t}$

25 $y=\frac{1}{9}t+\frac{2}{27}-\frac{2}{27}e^{3t}+\frac{10}{9}te^{3t}$

27 $y=-\frac{3}{2}e^{3t}\sin 2t$

29 $y=\frac{1}{2}-\frac{1}{2}e^t\cos t+\frac{1}{2}e^t\sin t$

31 $y=(e+1)te^{-t}+(e-1)e^{-t}$

33 $x(t)=-\frac{3}{2}e^{-7t/2}\cos\frac{\sqrt{15}}{2}t-\frac{7\sqrt{15}}{10}e^{-7t/2}\sin\frac{\sqrt{15}}{2}t$

37 $\frac{e^{-s}}{s^2}$

39 $\frac{e^{-2s}}{s^2}+2\frac{e^{-2s}}{s}$

41 $\frac{s}{s^2+4}e^{-\pi s}$

43 $\frac{1}{2}(t-2)^2\mathcal{U}(t-2)$

45 $-\sin t\,\mathcal{U}(t-\pi)$

47 $\mathcal{U}(t-1)-e^{-(t-1)}\mathcal{U}(t-1)$

49 (c)

51 (f)

53 (a)

55 $f(t)=2-4\mathcal{U}(t-3)$; $\mathcal{L}\{f(t)\}=\dfrac{2}{s}-\dfrac{4}{s}e^{-3s}$

57 $f(t)=t^2\mathcal{U}(t-1)$; $\mathcal{L}\{f(t)\}=2\dfrac{e^{-s}}{s^3}+2\dfrac{e^{-s}}{s^2}+\dfrac{e^{-s}}{s}$

59 $f(t)=t-t\mathcal{U}(t-2)$; $\mathcal{L}\{f(t)\}=\dfrac{1}{s^2}-\dfrac{e^{-2s}}{s^2}-2\dfrac{e^{-2s}}{s}$

61 $f(t)=\mathcal{U}(t-a)-\mathcal{U}(t-b)$; $\mathcal{L}\{f(t)\}=\dfrac{e^{-as}}{s}-\dfrac{e^{-bs}}{s}$

63 $y=[5-5e^{-(t-1)}]\mathcal{U}(t-1)$

65 $y=-\dfrac{1}{4}+\dfrac{1}{2}t+\dfrac{1}{4}e^{-2t}-\dfrac{1}{4}\mathcal{U}(t-1)$
$-\dfrac{1}{2}(t-1)\mathcal{U}(t-1)+\dfrac{1}{4}e^{-2(t-1)}\mathcal{U}(t-1)$

67 $y=\cos 2t-\dfrac{1}{6}\sin 2(t-2\pi)\mathcal{U}(t-2\pi)$
$+\dfrac{1}{3}\sin(t-2\pi)\mathcal{U}(t-2\pi)$

69 $y=\sin t+[1-\cos(t-\pi)]\mathcal{U}(t-\pi)$
$-[1-\cos(t-2\pi)]\mathcal{U}(t-2\pi)$

71 $x(t)=\dfrac{5}{4}t-\dfrac{5}{16}\sin 4t-\dfrac{5}{4}(t-5)\mathcal{U}(t-5)$
$+\dfrac{5}{16}\sin 4(t-5)\mathcal{U}(t-5)-\dfrac{25}{4}\mathcal{U}(t-5)$
$+\dfrac{25}{4}\cos 4(t-5)\mathcal{U}(t-5)$

73 $q(t)=\dfrac{2}{5}\mathcal{U}(t-3)-\dfrac{2}{5}e^{-5(t-3)}\mathcal{U}(t-3)$

75 (a) $i(t)=\dfrac{1}{101}e^{-10t}-\dfrac{1}{101}\cos t+\dfrac{10}{101}\sin t$
$-\dfrac{10}{101}e^{-10(t-3\pi/2)}\mathcal{U}\left(t-\dfrac{3\pi}{2}\right)$
$+\dfrac{10}{101}\cos\left(t-\dfrac{3\pi}{2}\right)\mathcal{U}\left(t-\dfrac{3\pi}{2}\right)$
$+\dfrac{1}{101}\sin\left(t-\dfrac{3\pi}{2}\right)\mathcal{U}\left(t-\dfrac{3\pi}{2}\right)$

(b) $t\approx 1.7$에서 $i_{\text{max}}\approx 0.1$, $t\approx 4.7$에서 $i_{\text{min}}\approx -0.1$

77 $y(x)=\dfrac{w_0L^2}{16EI}x^2-\dfrac{w_0L}{12EI}x^3+\dfrac{w_0}{24EI}x^4$
$-\dfrac{w_0}{24EI}\left(x-\dfrac{L}{2}\right)^4\mathcal{U}\left(x-\dfrac{L}{2}\right)$

79 $y(x)=\dfrac{w_0L^2}{48EI}x^2-\dfrac{w_0L}{24EI}x^3$
$+\dfrac{w_0}{60EIL}\left[\dfrac{5L}{2}x^4-x^5+\left(x-\dfrac{L}{2}\right)^5\mathcal{U}\left(x-\dfrac{L}{2}\right)\right]$

81 (a) $\dfrac{dT}{dt}=k(T-70-57.5t-(230-57.5t)\mathcal{U}(t-4))$

연습문제 7.4

1 $\dfrac{1}{(s+10)^2}$

3 $\dfrac{s^2-4}{(s^2+4)^2}$

5 $\dfrac{6s^2+2}{(s^2-1)^3}$

7 $\dfrac{12s-24}{[(s-2)^2+36]^2}$

9 $y=-\dfrac{1}{2}e^{-t}+\dfrac{1}{2}\cos t-\dfrac{1}{2}t\cos t+\dfrac{1}{2}t\sin t$

11 $y=2\cos 3t+\dfrac{5}{3}\sin 3t+\dfrac{1}{6}t\sin 3t$

13 $y=\dfrac{1}{4}\sin 4t+\dfrac{1}{8}t\sin 4t$
$-\dfrac{1}{8}(t-\pi)\sin 4(t-\pi)\mathcal{U}(t-\pi)$

17 $y=\dfrac{2}{3}t^3+c_1t^2$

19 $\dfrac{6}{s^5}$

21 $\dfrac{s-1}{(s+1)[(s-1)^2+1]}$

23 $\dfrac{1}{s(s-1)}$

25 $\dfrac{s+1}{s[(s+1)^2+1]}$

27 $\dfrac{1}{s^2(s-1)}$

29 $\dfrac{3s^2+1}{s^2(s^2+1)^2}$

31 e^t-1

33 $e^t-\dfrac{1}{2}t^2-t-1$

37 $f(t)=\sin t$

39 $f(t)=-\dfrac{1}{8}e^{-t}+\dfrac{1}{8}e^t+\dfrac{3}{4}te^t+\dfrac{1}{4}t^2e^t$

41 $f(t)=e^{-t}$

43 $f(t)=\dfrac{3}{8}e^{2t}+\dfrac{1}{8}e^{-2t}+\dfrac{1}{2}\cos 2t+\dfrac{1}{4}\sin 2t$

45 $y(t)=\sin t-\dfrac{1}{2}t\sin t$

47 $i(t)=100[e^{-10(t-1)}-e^{-20(t-1)}]\mathcal{U}(t-1)$
$-100[e^{-10(t-2)}-e^{-20(t-2)}]\mathcal{U}(t-2)$

49 $\dfrac{1-e^{-as}}{s(1+e^{-as})}$

51 $\dfrac{a}{s}\left(\dfrac{1}{bs}-\dfrac{1}{e^{bs}-1}\right)$

53 $\dfrac{\coth(\pi s/2)}{s^2+1}$

55 $i(t)=\dfrac{1}{R}(1-e^{-Rt/L})$
$+\dfrac{2}{R}\sum_{n=1}^{\infty}(-1)^n(1-e^{-R(t-n)/L})\mathcal{U}(t-n)$

57 $x(t)=2\left(1-e^{-t}\cos 3t-\frac{1}{3}e^{-t}\sin 3t\right)$
$$+4\sum_{n=1}^{\infty}(-1)^n[1-e^{-(t-n\pi)}\cos 3(t-n\pi)$$
$$-\frac{1}{3}e^{-(t-n\pi)}\sin 3(t-n\pi)\Big]U(t-n\pi)$$

연습문제 7.5

1 $y=e^{3(t-2)}U(t-2)$

3 $y=\sin t+\sin t\,U(t-2\pi)$

5 $y=-\cos t\,U\left(t-\frac{\pi}{2}\right)+\cos t\,U\left(t-\frac{3\pi}{2}\right)$

7 $y=\frac{1}{2}-\frac{1}{2}e^{-2t}+\left[\frac{1}{2}-\frac{1}{2}e^{-2(t-1)}\right]U(t-1)$

9 $y=e^{-2(t-2\pi)}\sin t\,U(t-2\pi)$

11 $y=e^{-2t}\cos 3t+\frac{2}{3}e^{-2t}\sin 3t$
$$+\frac{1}{3}e^{-2(t-\pi)}\sin 3(t-\pi)U(t-\pi)$$
$$+\frac{1}{3}e^{-2(t-3\pi)}\sin 3(t-3\pi)U(t-3\pi)$$

13 $y(x)=\begin{cases}\frac{P_0}{EI}\left(\frac{L}{4}x^2-\frac{1}{6}x^3\right), & 0\le x<\frac{L}{2}\\ \frac{P_0L^2}{4EI}\left(\frac{1}{2}x-\frac{L}{12}\right), & \frac{L}{2}\le x\le L\end{cases}$

연습문제 7.6

1 $x=-\frac{1}{3}e^{-2t}+\frac{1}{3}e^{t}$
$y=\frac{1}{3}e^{-2t}+\frac{2}{3}e^{t}$

3 $x=-\cos 3t-\frac{5}{3}\sin 3t$
$y=2\cos 3t-\frac{7}{3}\sin 3t$

5 $x=-2e^{3t}+\frac{5}{2}e^{2t}-\frac{1}{2}$
$y=\frac{8}{3}e^{3t}-\frac{5}{2}e^{2t}-\frac{1}{6}$

7 $x=-\frac{1}{2}t-\frac{3}{4}\sqrt{2}\sin\sqrt{2}t$
$y=-\frac{1}{2}t+\frac{3}{4}\sqrt{2}\sin\sqrt{2}t$

9 $x=8+\frac{2}{3!}t^3+\frac{1}{4!}t^4$
$y=-\frac{2}{3!}t^3+\frac{1}{4!}t^4$

11 $x=\frac{1}{2}t^2+t+1-e^{-t}$
$y=-\frac{1}{3}+\frac{1}{3}e^{-t}+\frac{1}{3}te^{-t}$

13 $x_1=\frac{1}{5}\sin t+\frac{2\sqrt{6}}{15}\sin\sqrt{6}t+\frac{2}{5}\cos t-\frac{2}{5}\cos\sqrt{6}t$
$x_2=\frac{2}{5}\sin t-\frac{\sqrt{6}}{15}\sin\sqrt{6}t+\frac{4}{5}\cos t+\frac{1}{5}\cos\sqrt{6}t$

15 (b) $i_2=\frac{100}{9}-\frac{100}{9}e^{-900t}$ (c) $i_1=20-20e^{-900t}$
$i_3=\frac{80}{9}-\frac{80}{9}e^{-900t}$

17 $i_2=-\frac{20}{13}e^{-2t}+\frac{375}{1469}e^{-15t}+\frac{145}{113}\cos t+\frac{85}{113}\sin t$
$i_3=\frac{30}{13}e^{-2t}+\frac{250}{1469}e^{-15t}-\frac{280}{113}\cos t+\frac{810}{113}\sin t$

19 $i_1=\frac{6}{5}-\frac{6}{5}e^{-100t}\cosh 50\sqrt{2}t-\frac{9\sqrt{2}}{10}e^{-100t}\sinh 50\sqrt{2}t$
$i_2=\frac{6}{5}-\frac{6}{5}e^{-100t}\cosh 50\sqrt{2}t-\frac{6\sqrt{2}}{5}e^{-100t}\sinh 50\sqrt{2}t$

7장 복습

1 $\frac{1}{s^2}-\frac{2}{s^2}e^{-s}$

3 거짓

5 참

7 $\frac{1}{s+7}$

9 $\frac{2}{s^2+4}$

11 $\frac{4s}{(s^2+4)^2}$

13 $\frac{1}{6}t^5$

15 $\frac{1}{2}t^2e^{5t}$

17 $e^{5t}\cos 2t+\frac{5}{2}e^{5t}\sin 2t$

19 $\cos\pi(t-1)U(t-1)+\sin\pi(t-1)U(t-1)$

21 -5

23 $e^{-k(s-a)}F(s-a)$

25 $f(t)U(t-t_0)$

27 $f(t-t_0)U(t-t_0)$

29 $f(t)=t-(t-1)U(t-1)-U(t-4)$;
$\mathcal{L}\{f(t)\}=\frac{1}{s^2}-\frac{1}{s^2}e^{-s}-\frac{1}{s}e^{-4s}$;
$\mathcal{L}\{e^tf(t)\}=\frac{1}{(s-1)^2}-\frac{1}{(s-1)^2}e^{-(s-1)}-\frac{1}{s-1}e^{-4(s-1)}$

31 $f(t)=2+(t-2)U(t-2)$; $\mathcal{L}\{f(t)\}=\frac{2}{s}+\frac{1}{s^2}e^{-2s}$;
$\mathcal{L}\{e^tf(t)\}=\frac{2}{s-1}+\frac{1}{(s-1)^2}e^{-2(s-1)}$

33 $y=5te^t+\frac{1}{2}t^2e^t$

35 $y=-\frac{6}{25}+\frac{1}{5}t^2+\frac{3}{2}e^{-t}-\frac{13}{50}e^{-5t}-\frac{4}{25}U(t-2)$
$$-\frac{1}{5}(t-2)U(t-2)+\frac{1}{4}e^{-(t-2)}U(t-2)$$
$$-\frac{9}{100}e^{-5(t-2)}U(t-2)$$

37 $y(t)=e^{-2t}+\left[-\frac{1}{4}+\frac{1}{2}(t-1)+\frac{1}{4}e^{-2(t-1)}\right]U(t-1)$
$$-2\left[-\frac{1}{4}+\frac{1}{2}(t-2)+\frac{1}{4}e^{-2(t-2)}\right]U(t-2)$$

$$+\left[-\frac{1}{4}+\frac{1}{2}(t-3)+\frac{1}{4}e^{-2(t-3)}\right]U(t-3)$$

39 $y=1+t+\frac{1}{2}t^2$

41 $x=-\frac{1}{4}+\frac{9}{8}e^{-2t}+\frac{1}{8}e^{2t}$

$y=t+\frac{9}{4}e^{-2t}-\frac{1}{4}e^{2t}$

43 $i(t)=-9+2t+9e^{-t/5}$

45 $y(x)=\frac{w_0}{12EIL}\left[-\frac{1}{5}x^5+\frac{L}{2}x^4-\frac{L^2}{2}x^3+\frac{L^3}{4}x^2+\frac{1}{5}\left(x-\frac{L}{2}\right)^5 u\left(x-\frac{L}{2}\right)\right]$

47 (a) $\theta_1(t)=\frac{\theta_0+\psi_0}{2}\cos\omega t+\frac{\theta_0-\psi_0}{2}\cos\sqrt{\omega^2+2K}t$

$\theta_2(t)=\frac{\theta_0+\psi_0}{2}\cos\omega t-\frac{\theta_0-\psi_0}{2}\cos\sqrt{\omega^2+2K}t$

49 (a) $x(t)=(\nu_0\cos\theta)t,\ y(t)=-\frac{1}{2}gt^2+(\nu_0\sin\theta)t$

(b) $y(x)=-\frac{g}{2\nu_0^2\cos^2\theta}x^2+\frac{\sin\theta}{\cos\theta}x$; $y(x)=0$이고 $\sin 2\theta$에 대한 2배각 공식을 사용한다.

(c) 근삿값 2729 ft; 근삿값 11.54s

연습문제 8.1

1 $X'=\begin{pmatrix}3 & -5\\ 4 & 8\end{pmatrix}X$, where $X=\begin{pmatrix}x\\ y\end{pmatrix}$

3 $X'=\begin{pmatrix}-3 & 4 & -9\\ 6 & -1 & 0\\ 10 & 4 & 3\end{pmatrix}X$, where $X=\begin{pmatrix}x\\ y\\ z\end{pmatrix}$

5 $X'=\begin{pmatrix}1 & -1 & 1\\ 2 & 1 & -1\\ 1 & 1 & 1\end{pmatrix}X+\begin{pmatrix}0\\ -3t^2\\ t^2\end{pmatrix}+\begin{pmatrix}t\\ 0\\ -t\end{pmatrix}+\begin{pmatrix}-1\\ 0\\ 2\end{pmatrix}$, where $X=\begin{pmatrix}x\\ y\\ z\end{pmatrix}$

7 $\frac{dx}{dt}=4x+2y+e^t$

$\frac{dy}{dt}=-x+3y-e^t$

9 $\frac{dx}{dt}=x-y+2z+e^{-t}-3t$

$\frac{dy}{dt}=3x-4y+z+2e^{-t}+t$

$\frac{dz}{dt}=-2x+5y+6z+2e^{-t}-t$

17 Yes; $W(X_1, X_2)=-2e^{-8t}\neq 0$이므로 X_1과 X_2는 일차 독립이다. on $(-\infty, \infty)$

19 No ; 모든 t값에 대해 $W(X_1, X_2, X_3)=0$이므로 일차종속이고 $X_3=2X_1+X_2$이다. on $(-\infty, \infty)$

연습문제 8.2

1 $X=c_1\begin{pmatrix}1\\ 2\end{pmatrix}e^{5t}+c_2\begin{pmatrix}-1\\ 1\end{pmatrix}e^{-t}$

3 $X=c_1\begin{pmatrix}2\\ 1\end{pmatrix}e^{-3t}+c_2\begin{pmatrix}2\\ 5\end{pmatrix}e^{t}$

5 $X=c_1\begin{pmatrix}5\\ 2\end{pmatrix}e^{8t}+c_2\begin{pmatrix}1\\ 4\end{pmatrix}e^{-10t}$

7 $X=c_1\begin{pmatrix}1\\ 0\\ 0\end{pmatrix}e^{t}+c_2\begin{pmatrix}2\\ 3\\ 1\end{pmatrix}e^{2t}+c_3\begin{pmatrix}1\\ 0\\ 2\end{pmatrix}e^{-t}$

9 $X=c_1\begin{pmatrix}-1\\ 0\\ 1\end{pmatrix}e^{-t}+c_2\begin{pmatrix}1\\ 4\\ 3\end{pmatrix}e^{3t}+c_3\begin{pmatrix}1\\ -1\\ 3\end{pmatrix}e^{-2t}$

11 $X=c_1\begin{pmatrix}4\\ 0\\ -1\end{pmatrix}e^{-t}+c_2\begin{pmatrix}-12\\ 6\\ 5\end{pmatrix}e^{-t/2}+c_3\begin{pmatrix}4\\ 2\\ -1\end{pmatrix}e^{-3t/2}$

13 $X=3\begin{pmatrix}1\\ 1\end{pmatrix}e^{t/2}+2\begin{pmatrix}0\\ 1\end{pmatrix}e^{-t/2}$

19 $X=c_1\begin{pmatrix}1\\ 3\end{pmatrix}+c_2\left[\begin{pmatrix}1\\ 3\end{pmatrix}t+\begin{pmatrix}1/4\\ -1/4\end{pmatrix}\right]$

21 $X=c_1\begin{pmatrix}1\\ 1\end{pmatrix}e^{2t}+c_2\left[\begin{pmatrix}1\\ 1\end{pmatrix}te^{2t}+\begin{pmatrix}-1/3\\ 0\end{pmatrix}e^{2t}\right]$

23 $X=c_1\begin{pmatrix}1\\ 1\\ 1\end{pmatrix}e^{t}+c_2\begin{pmatrix}1\\ 1\\ 0\end{pmatrix}e^{2t}+c_3\begin{pmatrix}1\\ 0\\ 1\end{pmatrix}e^{2t}$

25 $X=c_1\begin{pmatrix}-4\\ -5\\ 2\end{pmatrix}+c_2\begin{pmatrix}2\\ 0\\ -1\end{pmatrix}e^{5t}+c_3\left[\begin{pmatrix}2\\ 0\\ -1\end{pmatrix}te^{5t}+\begin{pmatrix}-1/2\\ -1/2\\ -1\end{pmatrix}e^{5t}\right]$

27 $X=c_1\begin{pmatrix}0\\ 1\\ 1\end{pmatrix}e^{t}+c_2\left[\begin{pmatrix}0\\ 1\\ 1\end{pmatrix}te^{t}+\begin{pmatrix}0\\ 1\\ 0\end{pmatrix}e^{t}\right]+c_3\left[\begin{pmatrix}0\\ 1\\ 1\end{pmatrix}\frac{t^2}{2}e^{t}+\begin{pmatrix}0\\ 1\\ 0\end{pmatrix}te^{t}+\begin{pmatrix}1/2\\ 0\\ 0\end{pmatrix}e^{t}\right]$

29 $X=-7\begin{pmatrix}2\\ 1\end{pmatrix}e^{4t}+13\begin{pmatrix}2t+1\\ t+1\end{pmatrix}e^{4t}$

31 eigenvalue $\lambda_1=2$에 대응하는 eigenvector는

$K_1=\begin{pmatrix}1\\ 0\\ 0\\ 0\\ 0\end{pmatrix},\quad K_2=\begin{pmatrix}0\\ 0\\ 1\\ 0\\ 0\end{pmatrix},\quad K_3=\begin{pmatrix}0\\ 0\\ 0\\ 1\\ 0\end{pmatrix}$이다.

33 $X=c_1\begin{pmatrix}\cos t\\ 2\cos t+\sin t\end{pmatrix}e^{4t}+c_2\begin{pmatrix}\sin t\\ 2\sin t-\cos t\end{pmatrix}e^{4t}$

35 $X=c_1\begin{pmatrix}\cos t\\ -\cos t-\sin t\end{pmatrix}e^{4t}+c_2\begin{pmatrix}\sin t\\ -\sin t+\cos t\end{pmatrix}e^{4t}$

37 $X = c_1\begin{pmatrix} 5\cos 3t \\ 4\cos 3t + 3\sin 3t \end{pmatrix} + c_2\begin{pmatrix} 5\sin 3t \\ 4\sin 3t - 3\cos 3t \end{pmatrix}$

39 $X = c_1\begin{pmatrix} 1 \\ 0 \\ 0 \end{pmatrix} + c_2\begin{pmatrix} -\cos t \\ \cos t \\ \sin t \end{pmatrix} + c_3\begin{pmatrix} \sin t \\ -\sin t \\ \cos t \end{pmatrix}$

41 $X = c_1\begin{pmatrix} 0 \\ 2 \\ 1 \end{pmatrix}e^{t} + c_2\begin{pmatrix} \sin t \\ \cos t \\ \cos t \end{pmatrix}e^{t} + c_3\begin{pmatrix} \cos t \\ -\sin t \\ -\sin t \end{pmatrix}e^{t}$

43 $X = c_1\begin{pmatrix} 28 \\ -5 \\ 25 \end{pmatrix}e^{2t} + c_2\begin{pmatrix} 4\cos 3t - 3\sin 3t \\ -5\cos 3t \\ 0 \end{pmatrix}e^{-2t}$
$\quad + c_3\begin{pmatrix} 3\cos 3t + 4\sin 3t \\ -5\sin 3t \\ 0 \end{pmatrix}e^{-2t}$

45 $X = -\begin{pmatrix} 25 \\ -7 \\ 6 \end{pmatrix}e^{t} - \begin{pmatrix} \cos 5t - 5\sin 5t \\ \cos 5t \\ \cos 5t \end{pmatrix}$
$\quad + 6\begin{pmatrix} 5\cos 5t + \sin 5t \\ \sin 5t \\ \sin 5t \end{pmatrix}$

연습문제 8.3

1 $X = c_1\begin{pmatrix} -1 \\ 1 \end{pmatrix}e^{-t} + c_2\begin{pmatrix} -3 \\ 1 \end{pmatrix}e^{t} + \begin{pmatrix} -1 \\ 3 \end{pmatrix}$

3 $X = c_1\begin{pmatrix} 1 \\ -1 \end{pmatrix}e^{-2t} + c_2\begin{pmatrix} 1 \\ 1 \end{pmatrix}e^{4t} + \begin{pmatrix} -1/4 \\ 3/4 \end{pmatrix}t^2$
$\quad + \begin{pmatrix} 1/4 \\ -1/4 \end{pmatrix}t + \begin{pmatrix} -2 \\ 3/4 \end{pmatrix}$

5 $X = c_1\begin{pmatrix} 1 \\ -3 \end{pmatrix}e^{3t} + c_2\begin{pmatrix} 1 \\ 9 \end{pmatrix}e^{7t} + \begin{pmatrix} 55/36 \\ -19/4 \end{pmatrix}e^{t}$

7 $X = c_1\begin{pmatrix} 1 \\ 0 \\ 0 \end{pmatrix}e^{t} + c_2\begin{pmatrix} 1 \\ 1 \\ 0 \end{pmatrix}e^{2t} + c_3\begin{pmatrix} 1 \\ 2 \\ 2 \end{pmatrix}e^{5t} - \begin{pmatrix} 3/2 \\ 7/2 \\ 2 \end{pmatrix}e^{4t}$

9 $X = 13\begin{pmatrix} 1 \\ -1 \end{pmatrix}e^{t} + 2\begin{pmatrix} -4 \\ 6 \end{pmatrix}e^{2t} + \begin{pmatrix} -9 \\ 6 \end{pmatrix}$

11 $X = c_1\begin{pmatrix} 1 \\ 1 \end{pmatrix} + c_2\begin{pmatrix} 3 \\ 2 \end{pmatrix}e^{t} - \begin{pmatrix} 11 \\ 11 \end{pmatrix}t - \begin{pmatrix} 15 \\ 10 \end{pmatrix}$

13 $X = c_1\begin{pmatrix} 2 \\ 1 \end{pmatrix}e^{t/2} + c_2\begin{pmatrix} 10 \\ 3 \end{pmatrix}e^{3t/2}$
$\quad - \begin{pmatrix} 13/2 \\ 13/4 \end{pmatrix}te^{t/2} - \begin{pmatrix} 15/2 \\ 9/4 \end{pmatrix}e^{t/2}$

15 $X = c_1\begin{pmatrix} 2 \\ 1 \end{pmatrix}e^{t} + c_2\begin{pmatrix} 1 \\ 1 \end{pmatrix}e^{2t} + \begin{pmatrix} 3 \\ 3 \end{pmatrix}e^{t} + \begin{pmatrix} 4 \\ 2 \end{pmatrix}te^{t}$

17 $X = c_1\begin{pmatrix} 4 \\ 1 \end{pmatrix}e^{3t} + c_2\begin{pmatrix} -2 \\ 1 \end{pmatrix}e^{-3t} + \begin{pmatrix} -12 \\ 0 \end{pmatrix}t - \begin{pmatrix} 4/3 \\ 4/3 \end{pmatrix}$

19 $X = c_1\begin{pmatrix} 1 \\ -1 \end{pmatrix}e^{t} + c_2\begin{pmatrix} t \\ 1/2 - t \end{pmatrix}e^{t} + \begin{pmatrix} 1/2 \\ -2 \end{pmatrix}e^{-t}$

21 $X = c_1\begin{pmatrix} \cos t \\ \sin t \end{pmatrix} + c_2\begin{pmatrix} \sin t \\ -\cos t \end{pmatrix} + \begin{pmatrix} \cos t \\ \sin t \end{pmatrix}t$
$\quad + \begin{pmatrix} -\sin t \\ \cos t \end{pmatrix}\ln|\cos t|$

23 $X = c_1\begin{pmatrix} \cos t \\ \sin t \end{pmatrix}e^{t} + c_2\begin{pmatrix} \sin t \\ -\cos t \end{pmatrix}e^{t} + \begin{pmatrix} \cos t \\ \sin t \end{pmatrix}te^{t}$

25 $X = c_1\begin{pmatrix} \cos t \\ -\sin t \end{pmatrix} + c_2\begin{pmatrix} \sin t \\ \cos t \end{pmatrix} + \begin{pmatrix} \cos t \\ -\sin t \end{pmatrix}t$
$\quad + \begin{pmatrix} -\sin t \\ \sin t \tan t \end{pmatrix} - \begin{pmatrix} \sin t \\ \cos t \end{pmatrix}\ln|\cos t|$

27 $X = c_1\begin{pmatrix} 2\sin t \\ \cos t \end{pmatrix}e^{t} + c_2\begin{pmatrix} 2\cos t \\ -\sin t \end{pmatrix}e^{t} + \begin{pmatrix} 3\sin t \\ 3/2\cos t \end{pmatrix}te^{t}$
$\quad + \begin{pmatrix} \cos t \\ -1/2\sin t \end{pmatrix}e^{t}\ln|\sin t| + \begin{pmatrix} 2\cos t \\ -\sin t \end{pmatrix}e^{t}\ln|\cos t|$

29 $X = c_1\begin{pmatrix} 1 \\ -1 \\ 0 \end{pmatrix} + c_2\begin{pmatrix} 1 \\ 1 \\ 0 \end{pmatrix}e^{2t} + c_3\begin{pmatrix} 0 \\ 0 \\ 1 \end{pmatrix}e^{3t}$
$\quad + \begin{pmatrix} -1/4e^{2t} + 1/2te^{2t} \\ -e^{t} + 1/4e^{2t} + 1/2te^{2t} \\ 1/2t^2e^{3t} \end{pmatrix}$

31 $X = \begin{pmatrix} 2 \\ 2 \end{pmatrix}te^{2t} + \begin{pmatrix} -1 \\ 1 \end{pmatrix}e^{2t} + \begin{pmatrix} -2 \\ 2 \end{pmatrix}te^{4t} + \begin{pmatrix} 2 \\ 0 \end{pmatrix}e^{4t}$

33 $\begin{pmatrix} i_1 \\ i_2 \end{pmatrix} = 2\begin{pmatrix} 1 \\ 3 \end{pmatrix}e^{-2t} + \frac{6}{29}\begin{pmatrix} 3 \\ -1 \end{pmatrix}e^{-12t} - \frac{4}{29}\begin{pmatrix} 19 \\ 42 \end{pmatrix}\cos t$
$\quad + \frac{4}{29}\begin{pmatrix} 83 \\ 69 \end{pmatrix}\sin t$

연습문제 8.4

1 $e^{At} = \begin{pmatrix} e^{t} & 0 \\ 0 & e^{2t} \end{pmatrix}; \qquad e^{-At} = \begin{pmatrix} e^{-t} & 0 \\ 0 & e^{-2t} \end{pmatrix}$

3 $e^{At} = \begin{pmatrix} t+1 & t & t \\ t & t+1 & t \\ -2t & -2t & -2t+1 \end{pmatrix}$

5 $X = c_1\begin{pmatrix} 1 \\ 0 \end{pmatrix}e^{t} + c_2\begin{pmatrix} 0 \\ 1 \end{pmatrix}e^{2t}$

7 $X = c_1\begin{pmatrix} t+1 \\ t \\ -2t \end{pmatrix} + c_2\begin{pmatrix} t \\ t+1 \\ -2t \end{pmatrix} + c_3\begin{pmatrix} t \\ t \\ -2t+1 \end{pmatrix}$

9 $X = c_3\begin{pmatrix} 1 \\ 0 \end{pmatrix}e^{t} + c_4\begin{pmatrix} 0 \\ 1 \end{pmatrix}e^{2t} + \begin{pmatrix} -3 \\ 1/2 \end{pmatrix}$

11 $X = c_1\begin{pmatrix} \cosh t \\ \sinh t \end{pmatrix} + c_2\begin{pmatrix} \sinh t \\ \cosh t \end{pmatrix} - \begin{pmatrix} 1 \\ 1 \end{pmatrix}$

13 $X = \begin{pmatrix} t+1 \\ t \\ -2t \end{pmatrix} - 4\begin{pmatrix} t \\ t+1 \\ -2t \end{pmatrix} + 6\begin{pmatrix} t \\ t \\ -2t+1 \end{pmatrix}$

15 $e^{At} = \begin{pmatrix} 3/2e^{2t} - 1/2e^{-2t} & 3/4e^{2t} - 3/4e^{-2t} \\ -e^{2t} + e^{-2t} & -1/2e^{2t} + 3/2e^{-2t} \end{pmatrix};$

$X = c_1\begin{pmatrix} 3/2e^{2t} - 1/2e^{-2t} \\ -e^{2t} + e^{-2t} \end{pmatrix} + c_2\begin{pmatrix} 3/4e^{2t} - 3/4e^{-2t} \\ -1/2e^{2t} + 3/2e^{-2t} \end{pmatrix}$

또는

$X = c_3\begin{pmatrix} 3 \\ -2 \end{pmatrix}e^{2t} + c_4\begin{pmatrix} 1 \\ -2 \end{pmatrix}e^{-2t}$

17 $e^{At}=\begin{pmatrix} e^{2t}+3te^{2t} & -9te^{2t} \\ te^{2t} & e^{2t}-3te^{2t} \end{pmatrix}$;

$X=c_1\begin{pmatrix}1+3t\\ t\end{pmatrix}e^{2t}+c_2\begin{pmatrix}-9t\\ 1-3t\end{pmatrix}e^{2t}$

23 $X=c_1\begin{pmatrix}3/2e^{3t}-1/2e^{5t}\\ 3/2e^{3t}-3/2e^{5t}\end{pmatrix}+c_2\begin{pmatrix}-1/2e^{3t}+1/2e^{5t}\\ -1/2e^{3t}+3/2e^{5t}\end{pmatrix}$

또는

$X=c_3\begin{pmatrix}1\\1\end{pmatrix}e^{3t}+c_4\begin{pmatrix}1\\3\end{pmatrix}e^{5t}$

8장 복습

1 $k=\frac{1}{3}$

5 $X=c_1\begin{pmatrix}1\\-1\end{pmatrix}e^t+c_2\left[\begin{pmatrix}1\\-1\end{pmatrix}te^t+\begin{pmatrix}0\\1\end{pmatrix}e^t\right]$

7 $X=c_1\begin{pmatrix}\cos 2t\\ -\sin 2t\end{pmatrix}e^t+c_2\begin{pmatrix}\sin 2t\\ \cos 2t\end{pmatrix}e^t$

9 $X=c_1\begin{pmatrix}-2\\3\\1\end{pmatrix}e^{2t}+c_2\begin{pmatrix}0\\1\\1\end{pmatrix}e^{4t}+c_3\begin{pmatrix}7\\12\\-16\end{pmatrix}e^{-3t}$

11 $X=c_1\begin{pmatrix}1\\0\end{pmatrix}e^{2t}+c_2\begin{pmatrix}4\\1\end{pmatrix}e^{4t}+\begin{pmatrix}16\\-4\end{pmatrix}t+\begin{pmatrix}11\\-1\end{pmatrix}$

13 $X=c_1\begin{pmatrix}\cos t\\ \cos t-\sin t\end{pmatrix}$

$+c_2\begin{pmatrix}\sin t\\ \sin t+\cos t\end{pmatrix}-\begin{pmatrix}1\\1\end{pmatrix}$

$+\begin{pmatrix}\sin t\\ \sin t+\cos t\end{pmatrix}\ln|\csc t-\cot t|$

15 (b) $X=c_1\begin{pmatrix}-1\\1\\0\end{pmatrix}+c_2\begin{pmatrix}-1\\0\\1\end{pmatrix}+c_3\begin{pmatrix}1\\1\\1\end{pmatrix}e^{3t}$

연습문제 9.1

1 $h=0.1$일 때 $y_5=2.0801$;

$h=0.05$일 때 $y_{10}=2.0592$

3 $h=0.1$일 때 $y_5=0.5470$;

$h=0.05$일 때 $y_{10}=0.5465$

5 $h=0.1$일 때 $y_5=0.4053$;

$h=0.05$일 때 $y_{10}=0.4054$

7 $h=0.1$일 때 $y_5=0.5503$;

$h=0.05$일 때 $y_{10}=0.5495$

9 $h=0.1$일 때 $y_5=1.3260$;

$h=0.05$일 때 $y_{10}=1.3315$

11 $h=0.1$일 때 $y_5=3.8254$;

$h=0.05$일 때 $y_{10}=3.8840$;

$x=0.5$에서 참값은 $y(0.5)=3.9082$

13 (a) $y_1=1.2$

(b) $y''(c)\frac{h^2}{2}=4e^{2c}\frac{(0.1)^2}{2}$

$=0.02e^{2c}\le 0.02e^{0.2}$

$=0.0244$

(c) 참값은 $y(0.1)=1.2214$

오차는 0.0214

(d) $h=0.05$일 때 $y_2=1.21$.

$h=0.1$일 때 오차는 0.0214

$h=0.05$일 때 오차는 0.0114.

15 (a) $y_1=0.8$

(b) $0\le c\le 0.1$일 때

$y''(c)\frac{h^2}{2}=4e^{2c}\frac{(0.1)^2}{2}$

$=0.025e^{2c}\le 0.025$

(c) 참값은 $y(0.1)=1.2214$.

오차는 0.0214

(d) $h=0.05$일 때 $y_2=0.8125$.

(e) $h=0.1$일 때 오차는 0.0234

$h=0.05$일 때 오차는 0.0109.

17 (a) $19h^2e^{-3(c-1)}$.

(b) $y''(c)\frac{h^2}{2}\le 19(0.1)^2(1)=0.19$

(c) $h=0.1$이면 $y_5=1.8207$

$h=0.05$이면 $y_{10}=1.9424$.

(d) $h=0.1$일 때 오차는 0.0235

$h=0.05$일 때 오차는 0.1109.

19 (a) 오차는 $\frac{1}{(c+1)^2}\frac{h^2}{2}$.

(b) $\left|y''(c)\frac{h^2}{2}\right|\le(1)\frac{(0.1)^2}{2}=0.005$

(c) $h=0.1$이면 $y_5=0.4198$

$h=0.05$이면 $y_{10}=0.4124$

(d) $h=0.1$일 때 오차는 0.0143

$h=0.05$일 때 오차는 0.0069.

연습문제 9.2

1 $y_5=3.9078$; 참값은 $y(0.5)=3.9082$

3 $y_5=2.0533$ 5 $y_5=0.5463$

7 $y_5 = 0.4055$ 9 $y_5 = 0.5493$

11 $y_5 = 1.3333$

13 (a) 35.7130

(c) $v(t) = \sqrt{\frac{mg}{k}} tanh \sqrt{\frac{kg}{m}} t$;
$v(5) = 35.7678$

15 $h = 0.1$일 때 $y_4 = 903.0282$;
$h = 0.05$일 때 $y_8 = 1.1 \times 10^{15}$

17 (a) $y_1 = 0.82341667$

(b) $y^5(c)\frac{h^5}{5!} = 40e^{-2c}\frac{h^5}{5!}$
$\leq 40e^{2(0)}\frac{(0.1)^5}{5!}$
$= 3.333 \times 10^{-6}$

(c) 참값은 $y(0.1) = 0.8234134413$.
오차는 $3.225 \times 10^{-6} \leq 3.333 \times 10^{-6}$

(d) $h = 0.05$이면 $y_2 = 0.82341363$.

(e) $h = 0.1$일 때 오차는 3.225×10^{-6}
$h = 0.05$일 때 오차는 1.854×10^{-7}.

19 (a) $y^{(5)}(c)\frac{h^5}{5!} = \frac{24}{(c+1)^5}\frac{h^5}{5!}$

(b) $\frac{24}{(c+1)^5}\frac{h^5}{5!} \leq 24\frac{(0.1)^5}{5!} = 2.0000 \times 10^{-6}$

(c) $h = 0.1$일 때 $y_5 = 0.40546517$
$h = 0.05$일 때 $y_{10} = 0.40546511$

연습문제 9.3

1 $y(x) = -x + e^x$;
참값은 $y(0.2) = 1.0214$, $y(0.4) = 1.0918$,
$y(0.6) = 1.2221$, $y(0.8) = 1.4255$;
접근법은 예제 1에 설명되어 있다.

3 $y_4 = 0.7232$

5 $h = 0.2$일 때 $y_5 = 1.5569$;
$h = 0.1$일 때 $y_{10} = 1.5576$

7 $h = 0.2$일 때 $y_5 = 0.2385$;
$h = 0.1$일 때 $y_{10} = 0.2384$

연습문제 9.4

1 $y(x) = -2e^x + 5xe^{2x}$;
$y(0.2) = -1.4918, y_2 = -1.6800$

3 $y_1 = -1.4928$, $y_2 = -1.4919$

5 $y_1 = 1.4640$, $y_2 = 1.4640$

7 $x_1 = 8.3055, y_1 = 3.4199$;
$x_2 = 8.3055, y_2 = 3.4199$

9 $x_1 = -3.9123, y_1 = 4.2857$;
$x_2 = -3.9123, y_2 = 4.2857$

11 $x_1 = 0.4179, y_1 = -2.1824$;
$x_2 = 0.4173, y_2 = -2.1821$

연습문제 9.5

1 $y_1 = -5.6774, y_2 = -2.5807, y_3 = 6.3226$

3 $y_1 = -0.2259, y_2 = -0.3356, y_3 = -0.3308$,
$y_4 = -0.2167$

5 $y_1 = 3.3751, y_2 = 3.6306, y_3 = 3.6448$,
$y_4 = 3.2355, y_5 = 2.1411$

7 $y_1 = 3.8842, y_2 = 2.9640, y_3 = 2.2064$,
$y_4 = 1.5826, y_5 = 1.0681, y_6 = 0.6430, y_7 = 0.2913$

9 $y_1 = 0.2660, y_2 = 0.5097, y_3 = 0.7357$,
$y_4 = 0.9471, y_5 = 1.1465, y_6 = 1.3353$,
$y_7 = 1.5149, y_8 = 1.6855, y_9 = 1.8474$,

11 $y_1 = 0.3492, y_2 = 0.7202, y_3 = 1.1363$,
$y_4 = 1.6233, y_5 = 2.2118, y_6 = 2.9386$, $y_7 = 3.8490$

13 (c) $y_0 = -2.2755$, $y_1 = -2.0755$, $y_2 = -1.8589$,
$y_3 = -1.6126$, $y_4 = -1.3275$

9장 복습

1 $h = 0.1$일 때 수치적 방법의 비교

x_n	오일러	개선된 오일러	RK4
1.10	2.1386	2.1549	2.1556
1.20	2.3097	2.3439	2.3454
1.30	2.5136	2.5672	2.5695
1.40	2.7504	2.8246	2.8278
1.50	3.0201	3.1157	3.1197

$h = 0.05$일 때 수치적 방법의 비교

x_n	오일러	개선된 오일러	RK4
1.10	2.1469	2.1554	2.1556
1.20	2.3272	2.3450	2.3454
1.30	2.5409	2.5689	2.5695
1.40	2.7883	2.8269	2.8278
1.50	3.0690	3.1187	3.1197

3 $h=0.1$일 때 수치적 방법의 비교

x_n	오일러	개선된 오일러	RK4
0.60	0.6000	0.6048	0.6049
0.70	0.7095	0.7191	0.7194
0.80	0.8283	0.8427	0.8431
0.90	0.9559	0.9752	0.9757
1.00	1.0921	1.1163	1.1169

$h=0.05$일 때 수치적 방법의 비교

x_n	오일러	개선된 오일러	RK4
0.60	0.6024	0.6049	0.6049
0.70	0.7144	0.7193	0.7194
0.80	0.8356	0.8430	0.8431
0.90	0.9657	0.9755	0.9757
1.00	1.1044	1.1168	1.1169

5 $h=0.2:\ y(0.2)\approx 3.2;\ h=0.1:\ y(0.2)\approx 3.23$

7 $x(0.2)\approx 1.62,\ y(0.2)\approx 1.84$

연습문제 10.1

1 $x'=y$

$y'=-9\sin x$; $(\pm n\pi, 0)$에서 임계점

3 $x'=y$

$y'=x^2+y(x^3-1)$; $(0, 0)$에서 임계점

5 $x'=y$

$y'=\epsilon x^3-x$; $(0, 0)$, $(-\frac{1}{\sqrt{\epsilon}}, 0)$, $(\frac{1}{\sqrt{\epsilon}}, 0)$에서 임계점

7 $(0, 0)$와 $(-1, -1)$

9 $(0, 0)$와 $(\frac{4}{3}, \frac{4}{3})$

11 $(0, 0)$, $(10, 0)$, $(0, 16)$,와 $(4, 12)$

13 $(0, y)$, y는 임의의 점

15 $(0, 0)$, $(0, 1)$, $(0, -1)$, $(1, 0)$, $(-1, 0)$

17 (a) $x=c_1e^{5t}-c_2e^{-t}$

$y=2c_1e^{5t}+c_2e^{-t}$

(b) $x=-2e^{-t}$

$y=2e^{-t}$

19 (a) $x=c_1(4\cos 3t-3\sin 3t)$

$+c_2(4\sin 3t+3\cos 3t)$

$y=c_1(5\cos 3t)+c_2(5\sin 3t)$

(b) $x=4\cos 3t-3\sin 3t$

$y=5\cos 3t$

21 (a) $x=c_1(\sin t-\cos t)e^{4t}$

$+c_2(-\sin t-\cos t)e^{4t}$

$y=2c_1(\cos t)e^{4t}+2c_2(\sin t)e^{4t}$

23 $r=\dfrac{1}{\sqrt[4]{4t+c_1}}, \theta=t+c_2;$

$r=4\dfrac{1}{\sqrt[4]{1024t+1}}, \theta=t;$

t가 증가할수록 0을 향하여 나선으로 움직인다.

25 $r=\dfrac{1}{\sqrt{1+c_1e^{-2t}}}, \theta=t+c_2;$

$r=1$, $\theta=t$(또는 $x=\cos t$ and $y=\sin t$)은 $\boldsymbol{X}(0)=(1, 0)$을 만족하는 해이다.

$r=\dfrac{1}{\sqrt{1-\frac{3}{4}e^{-2t}}}$, $\theta=t$

는 $\boldsymbol{X}(0)=(2, 0)$을 만족하는 해이다.

27 임계점이 없으므로 주기적인 해가 없다.

29 임계점 $(0, 0)$을 에워싸는 주기적인 해가 있다.

연습문제 10.2

1 (a) 만일 $\boldsymbol{X}(0)=\boldsymbol{X}_0$이 직선 $y=2x$ 위에 있으면, $\boldsymbol{X}(t)$는 이 직선을 따라 $(0, 0)$에 다가간다. 다른 모든 초기조건에 대하여 $\boldsymbol{X}(t)$는 직선 $y=-x/2$로 정해진 방향으로부터 $(0, 0)$에 다가간다.

3 (a) 모든 해는 t가 증가함에 따라 유계가 안 되는 불안정 와심이다.

5 (a) 모든 해는 직선 $y=x$로 정해진 방향으로부터 $(0, 0)$으로 다가간다.

7 (a) $\boldsymbol{X}(0)=\boldsymbol{X}_0$이 직선 $y=3x$ 위에 있으면, $\boldsymbol{X}(t)$는 이 직선을 따라 $(0, 0)$에 다가간다. 다른 모든 초기 조건에 대하여 $\boldsymbol{X}(t)$는 유계하지 않으며 $y=x$는 점근선이 된다.

9 안장점

11 안장점

13 퇴화 안정 노드

15 안정 와심

17 $|\mu| < 1$

19 $\mu < -1$ 안장점; $-1 < \mu < 3$ 불안정 와심

23 (a) $(-3, 4)$

(b) 불안정 노드 또는 안장점

(c) $(0, 0)$은 안장점이다.

25 (a) $(1/2, 2)$

(b) 불안정 와심

(c) $(0, 0)$은 불안정 와심이다.

연습문제 10.3

1 $r = r_0 e^{\alpha t}$

3 $x = 0$은 불안정이다; $x = n+1$ 점근적 안정이다.

5 $T = T_0$은 불안정이다.

7 $x = \alpha$은 불안정이다; $x = \beta$ 점근적 안정이다.

9 $P = c$ 점근적 안정이다; $P = a/b$은 불안정이다.

11 $(1/2, 1)$은 안정 와심이다.

13 $(\sqrt{2}, 0)$와 $(-\sqrt{2}, 0)$은 안장 점이다.

$(1/2, -7/4)$은 안정 와심이다.

15 $(1, 1)$은 안정 노드이다; $(1, -1)$은 안장점이다;

$(2, 2)$ 안장점이다; $(2. -2)$은 불안정 와심이다.

17 $(1, -1)$은 안장점이다; $(0, 0)$은 분류할 수 없다;

$(0, 1)$ 안정이지만 더 이상 분류할 수 없다.

19 $(0, 0)$은 불안정 노드이다; $(10, 0)$는 안장점이다;

$(0, 16)$안장점이다; $(4, 12)$ 안정 노드이다.

21 $\theta = 0$은 안장점이다. $\theta = \pi/3$ 또는 $\theta = -\pi/3$는 분류할 수 없다.

23 $x = 0$는 분류할 수 없다.

25 $x = 0$는 분류할 수 없지만 $x = 1/\sqrt{\epsilon}$와 $x = -1/\sqrt{\epsilon}$는 각각 안장점이다.

29 (a) $(0, 0)$ 안정 와심이다.

33 (a) $(1, 0)$, $(-1, 0)$

35 $|v_0| < \frac{1}{2}\sqrt{2}$

37 $\beta > 0$이면 $(0, 0)$은 유일한 임계점이고 안정이다. $\beta < 0$이면 $\hat{x}^2 = -\alpha/\beta$인 $(0, 0)$, $(\hat{x}, 0)$과 $(-\hat{x}, 0)$는 임계점이다. $(0, 0)$은 안정인 반면 $(\hat{x}, 0)$과 $(-\hat{x}, 0)$는 각각 안장점이다.

39 (b) $(5\pi/6, 0)$는 안장점이다.

(c) $(\pi/6, 0)$는 중심이다.

연습문제 10.4

1 $|\omega_0| < \sqrt{3g/L}$

5 (a) 먼저 $y^2 = v_0^2 - g\ln\left(\dfrac{1+x^2}{1+x_0^2}\right)$임을 보여라.

9 (a) 새로운 임계점 $(d/c - \epsilon_2/c, a/b + \epsilon_1/b)$이다.

(b) 맞다.

11 $(0, 0)$는 불안정 노드이고, $(0, 100)$는 안정 노드이고, $(50, 0)$는 안정 노드이며, $(20, 40)$는 안장점이다.

17 (a) $(0, 0)$는 유일한 임계점이다.

10장 복습

1 참

3 중심 또는 안장점

5 거짓

7 거짓

9 $\alpha = -1$

11 $r = 1/\sqrt[3]{3t+1}, \theta = t$. 해 곡선은 원점을 향하여 나선으로 움직인다.

13 (a) 중심

(b) 퇴화 안정 노드

15 $\alpha \le 0$에 대하여 $(0, 0)$은 안정 임계점이다.

17 $x = 1$은 불안정이다; $x = -1$은 점근적 안정이다.

19 시스템은 $\beta^2 > 12kms^2$일 때 과잉 감쇠이고

$\beta^2 < 12kms^2$일 때 부족 감쇠이다.

연습문제 11.1

7 $\frac{1}{2}\sqrt{\pi}$

9 $\sqrt{\pi/2}$

11 $\|1\| = \sqrt{p}$; $\|\cos(n\pi x/p)\| = \sqrt{p/2}$

21 (a) $T = 1$ (b) $T = \pi L/2$ (c) $T = 2\pi$

(d) $T = \pi$ (e) $T = 2\pi$ (f) $T = 2p$

연습문제 11.2

1 $f(x)=\dfrac{1}{2}+\dfrac{1}{\pi}\sum_{n=1}^{\infty}\dfrac{1-(-1)^n}{n}\sin nx;\ x=0$일 때 $\dfrac{1}{2}$

3 $f(x)=\dfrac{3}{4}+\sum_{n=1}^{\infty}\left\{\dfrac{(-1)^n-1}{n^2\pi^2}\cos n\pi x-\dfrac{1}{n\pi}\sin n\pi x\right\};$

$x=0$일 때 $\dfrac{1}{2}$

5 $f(x)=\dfrac{\pi^2}{6}+\sum_{n=1}^{\infty}\left\{\dfrac{2(-1)^n}{n^2}\cos nx\right.$ $\left.+\left(\dfrac{(-1)^{n+1}\pi}{n\pi}+\dfrac{2}{\pi n^2}[(-1)^n-1]\right)\sin nx\right\}$

7 $f(x)=\pi+2\sum_{n=1}^{\infty}\dfrac{(-1)^{n+1}}{n}\sin nx$

9 $f(x)=\dfrac{1}{\pi}+\dfrac{1}{2}\sin x+\dfrac{1}{\pi}\sum_{n=2}^{\infty}\dfrac{(-1)^n+1}{1-n^2}\cos nx$

$f(x)=-\dfrac{1}{4}+\dfrac{1}{\pi}\sum_{n=1}^{\infty}\left\{-\dfrac{1}{n}\sin\dfrac{n\pi}{2}\cos\dfrac{n\pi}{2}x\right.$ $\left.+\dfrac{3}{n}\left(1-\cos\dfrac{n\pi}{2}\right)\sin\dfrac{n\pi}{2}x\right\}$

$x=-1$일 때 -1

$x=0$일 때 $-\dfrac{1}{2}$

$x=1$일 때 $\dfrac{1}{2}$

13 $f(x)=\dfrac{9}{4}+5\sum_{n=1}^{\infty}\left\{\dfrac{(-1)^n-1}{n^2\pi^2}\cos\dfrac{n\pi}{5}x+\dfrac{(-1)^{n+1}}{n\pi}\sin\dfrac{n\pi}{5}x\right\}$

15 $f(x)=\dfrac{2\sinh\pi}{\pi}\left[\dfrac{1}{2}+\sum_{n=1}^{\infty}\dfrac{(-1)^n}{1+n^2}(\cos nx-n\sin nx)\right]$

17

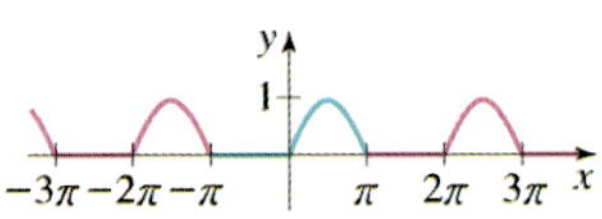

21 $x=\pi/2$라 하자.

연습문제 11.3

1 기함수

3 우함수도 기함수도 아님

5 우함수

7 기함수

9 우함수도 기함수도 아님

11 $f(x)=\dfrac{2}{\pi}\sum_{n=1}^{\infty}\dfrac{1-(-1)^n}{n}\sin nx$

13 $f(x)=\dfrac{\pi}{2}+\dfrac{2}{\pi}\sum_{n=1}^{\infty}\dfrac{(-1)^n-1}{n^2}\cos nx$

15 $f(x)=\dfrac{1}{3}+\dfrac{4}{\pi^2}\sum_{n=1}^{\infty}\dfrac{(-1)^n}{n^2}\cos n\pi x$

17 $f(x)=\dfrac{2\pi^2}{3}+4\sum_{n=1}^{\infty}\dfrac{(-1)^{n+1}}{n^2}\cos nx$

19 $f(x)=\dfrac{2}{\pi}\sum_{n=1}^{\infty}\dfrac{1-(-1)^n(1+\pi)}{n}\sin nx$

21 $f(x)=\dfrac{3}{4}+\dfrac{4}{\pi^2}\sum_{n=1}^{\infty}\dfrac{\cos\dfrac{n\pi}{2}-1}{n^2}\cos\dfrac{n\pi}{2}x$

23 $f(x)=\dfrac{2}{\pi}+\dfrac{2}{\pi}\sum_{n=1}^{\infty}\dfrac{1+(-1)^n}{n}\cos nx$

25 $f(x)=\dfrac{1}{2}+\dfrac{2}{\pi}\sum_{n=1}^{\infty}\dfrac{\sin\dfrac{n\pi}{2}}{n}\cos n\pi x$

$f(x)=\dfrac{2}{\pi}\sum_{n=1}^{\infty}\dfrac{1-\cos\dfrac{n\pi}{2}}{n}\sin n\pi x$

27 $f(x)=\dfrac{2}{\pi}+\dfrac{4}{\pi}\sum_{n=1}^{\infty}\dfrac{(-1)^n}{1-4n^2}\cos 2nx$

$f(x)=\dfrac{8}{\pi}\sum_{n=1}^{\infty}\dfrac{n}{4n^2-1}\sin 2nx$

29 $f(x)=\dfrac{\pi}{4}+\dfrac{2}{\pi}\sum_{n=1}^{\infty}\dfrac{2\cos\dfrac{n\pi}{2}-(-1)^n-1}{n^2}\cos nx$

$f(x)=\dfrac{4}{\pi}\sum_{n=1}^{\infty}\dfrac{\sin\dfrac{n\pi}{2}}{n^2}\sin nx$

31 $f(x)=\dfrac{3}{4}+\dfrac{4}{\pi^2}\sum_{n=1}^{\infty}\dfrac{\cos\dfrac{n\pi}{2}-1}{n^2}\cos\dfrac{n\pi}{2}x$

$f(x)=\sum_{n=1}^{\infty}\left\{\dfrac{4}{n^2\pi^2}\sin\dfrac{n\pi}{2}-\dfrac{2}{n\pi}(-1)^n\right\}\sin\dfrac{n\pi}{2}x$

33 $f(x)=\dfrac{5}{6}+\dfrac{2}{\pi^2}\sum_{n=1}^{\infty}\dfrac{3(-1)^n-1}{n^2}\cos n\pi x$

$f(x)=4\sum_{n=1}^{\infty}\left\{\dfrac{(-1)^{n+1}}{n\pi}+\dfrac{(-1)^n-1}{n^3\pi^3}\right\}\sin n\pi x$

36 $f(x)=\dfrac{4\pi^2}{3}+4\sum_{n=1}^{\infty}\left\{\dfrac{1}{n^2}\cos nx-\dfrac{\pi}{n}\sin nx\right\}$

37 $f(x)=\dfrac{3}{2}-\dfrac{1}{\pi}\sum_{n=1}^{\infty}\dfrac{1}{n}\sin 2n\pi x$

39 $x_p(t)=\dfrac{10}{\pi}\sum_{n=1}^{\infty}\dfrac{1-(-1)^n}{n(10-n^2)}\sin nt$

41 $x_p(t)=\dfrac{\pi^2}{18}+16\sum_{n=1}^{\infty}\dfrac{1}{n^2(n^2-48)}\cos nt$

43 $x(t)=\frac{10}{\pi}\sum_{n=1}^{\infty}\frac{1-(-1)^n}{10-n^2}\left\{\frac{1}{n}\sin nt-\frac{1}{\sqrt{10}}\sin\sqrt{10}\,t\right\}$

45 (b) $y_p(x)=\frac{2w_0L^4}{EI\pi^5}\sum_{n=1}^{\infty}\frac{(-1)^{n+1}}{n^5}\sin\frac{n\pi}{L}x$

47 $y_p(x)=\frac{w_0}{2k}+\frac{2w_0}{\pi}\sum_{n=1}^{\infty}\frac{\sin(n\pi/2)}{n(EIn^4+k)}\cos nx$

연습문제 11.4

1 $y=\cos\alpha_n x$; α는 $\cot\alpha=\alpha$에 의해 정의;
$\lambda_1=0.7402$, $\lambda_2=11.7349$,
$\lambda_3=41.4388$, $\lambda_4=90.8082$
$y_1=\cos 0.8603x$, $y_2=\cos 3.4256x$,
$y_3=\cos 6.4373x$, $y_4=\cos 9.5293x$

5 $\frac{1}{2}\left[1+\sin^2\alpha_n\right]$

7 (a) $\lambda_n=\left(\frac{n\pi}{\ln 5}\right)^2$, $y_n=\sin\left(\frac{n\pi}{\ln 5}\ln x\right)$, $n=1, 2, 3, \ldots$

(b) $\frac{d}{dx}[xy']+\frac{\lambda}{x}y=0$

(c) $\int_1^5\frac{1}{x}sin\left(\frac{m\pi}{\ln 5}\ln x\right)\sin\left(\frac{n\pi}{\ln 5}\ln x\right)dx=0, m\neq n$

9 $\frac{d}{dx}[xe^{-x}y']+\frac{d}{dx}[xe^{-x}y']+\neq{}^{-x}y=0$;
$\int_1^{\infty}e^{-x}L_m(x)L_n(x)dx=0, m\neq n$

11 (a) $\lambda_n=16n^2$,
$y_n=\sin(4n\tan^{-1}x)$, $n=1, 2, 3, \ldots$

(b) $\int_0^1\frac{1}{1+x^2}\sin(4m\tan^{-1}x)\sin(4n\tan^{-1}x)dx=0$,
$m\neq n$

연습문제 11.5

1 $\alpha_1=1.277, \alpha_2=2.339, \alpha_3=3.391, \alpha_4=4.4413$

3 $f(x)=\sum_{i=1}^{\infty}\frac{1}{\alpha_iJ_1(2\alpha_i)}J_0(\alpha_ix)$

5 $f(x)=4\sum_{i=1}^{\infty}\frac{\alpha_iJ_1(2\alpha_i)}{(4\alpha_i^2+1)J_0^2(2\alpha_i)}J_0(\alpha_ix)$

7 $f(x)=20\sum_{i=1}^{\infty}\frac{\alpha_iJ_2(4\alpha_i)}{(2\alpha_i^2+1)J_1^2(4\alpha_i)}J_1(\alpha_ix)$

9 $f(x)=\frac{9}{2}-4\sum_{i=1}^{\infty}\frac{J_2(3\alpha_i)}{\alpha_i^2J_0^2(3\alpha_i)}J_0(\alpha_ix)$

15 $f(x)=\frac{1}{4}P_0(x)+\frac{1}{2}P_1(x)+\frac{5}{16}P_2(x)-\frac{3}{32}P_4(x)+\cdots$

21 $f(x)=\frac{1}{2}P_0(x)+\frac{5}{8}P_2(x)-\frac{3}{16}P_4(x)+\cdots$,
$(-1, 1)$에서 $f(x)=|x|$

11장 복습

1 참

3 코사인

5 거짓

7 5.5, 1, 0

9 $\frac{1}{\sqrt{1-x^2}}, -1\le x\le 1$,
$\int_{-1}^{1}\frac{1}{\sqrt{1-x^2}}T_m(x)T_n(x)dx=0, m\neq n$

13 $f(x)=\frac{1}{2}+\frac{2}{\pi}\sum_{n=1}^{\infty}\left\{\frac{1}{n^2\pi}\left[(-1)^n-1\right]\cos n\pi x+\frac{2}{n}(-1)^n\sin n\pi x\right\}$

15 (a) $f(x)=1-e^{-1}+2\sum_{n=1}^{\infty}\frac{1-(-1)^ne^{-1}}{1+n^2\pi^2}\cos n\pi x$

(b) $f(x)=\sum_{n=1}^{\infty}\frac{2n\pi[1-(-1)^ne^{-1}]}{1+n^2\pi^2}\sin n\pi x$

19 $\lambda_n=\frac{(2n-1)^2\pi^2}{36}$, $n=1, 2, 3, \ldots$,
$y_n=\cos\left(\frac{2n-1}{2}\pi\ln x\right)$

21 $f(x)=\frac{1}{4}\sum_{i=1}^{\infty}\frac{J_1(2\alpha_i)}{\alpha_iJ_1^2(4\alpha_i)}J_0(\alpha_ix)$

연습문제 12.1

1 c_1과 c_2가 상수일 때 가능한 경우는
$u=c_1e^{c_2(x+y)}$의 형태로 요약할 수 있다.

3 $u=c_1e^{y+c_2(x-y)}$

5 $u=c_1(xy)^{c_2}$

7 분리 가능하지 않다.

9 $u=e^{-t}\left(A_1e^{k\alpha^2t}\cosh\alpha x+B_1e^{k\alpha^2t}\sinh\alpha x\right)$
$u=e^{-t}\left(A_2e^{-k\alpha^2t}\cos\alpha x+B_2e^{-k\alpha^2t}\sin\alpha x\right)$
$u=e^{-t}\left(A_3x+B_3\right)$

11 $u=(c_1\cosh\alpha x+c_2\sinh\alpha x)(c_3\cosh\alpha at+c_4\sinh\alpha at)$
$u=(c_5\cosh\alpha x+c_6\sinh\alpha x)(c_7\cos\alpha at+c_8\sin\alpha at)$

$u=(c_9x+c_{10})(c_{11}t+c_{12})$

13 $u=(c_1\cosh\alpha x+c_2\sinh\alpha x)(c_3\cosh\alpha y+c_4\sinh\alpha y)$

$u=(c_5\cos\alpha x+c_6\sin\alpha x)(c_7\cosh\alpha y+c_8\sinh\alpha y)$

$u=(c_9x+c_{10})(c_{11}t+c_{12})$

15 $\lambda=\alpha^2>0$일 때 세 가지 가능성이 있다.

(i) $0<\alpha^2<1$일 때

$u=(c_1\cosh\alpha x+c_2\sinh\alpha x)$
$\left(c_3\cosh\sqrt{1-\alpha^2}\,y+c_4\sinh\sqrt{1-\alpha^2}\,y\right)$

(ii) $\alpha^2>1$일 때

$u=(c_1\cosh\alpha x+c_2\sinh\alpha x)$
$\left(c_3\cos\sqrt{\alpha^2-1}\,y+c_4\sin\sqrt{\alpha^2-1}\,y\right)$

(iii) $\alpha^2=1$일 때

$u=(c_1\cosh x+c_2\sinh x)(c_3y+c_4)$

$\lambda=-\alpha^2$인 경우의 결과들은 비슷하다.

$\lambda=0$인 경우 $u=(c_1x+c_2)(c_3\cos hy+c_4\sin hy)$

17 타원적

19 포물적

21 쌍곡적

23 포물적

25 쌍곡적

연습문제 12.2

1 $k\dfrac{\partial^2u}{\partial x^2}=\dfrac{\partial u}{\partial t},\ 0<x<L,\ t>0$

$u(0,\ t)=0,\ \left.\dfrac{\partial u}{\partial x}\right|_{x=L}=0,\ t>0$

$u(x,\ 0)=f(x),\ 0<x<L$

3 $k\dfrac{\partial^2u}{\partial x^2}=\dfrac{\partial u}{\partial t},\ 0<x<L,\ t>0$

$u(0,\ t)=100,\ \left.\dfrac{\partial u}{\partial x}\right|_{x=L}=-hu(L,\ t),\ t>0$

$u(x,\ 0)=f(x),\ 0<x<L$

5 $k\dfrac{\partial^2u}{\partial x^2}-hu=\dfrac{\partial u}{\partial t},\ 0<x<L,\ t>0,\ h$는 상수

$u(0,\ t)=\sin\left(\dfrac{\pi t}{L}\right),\ u(L,\ t)=0,\ t>0$

$u(x,\ 0)=f(x),\ 0<x<L$

7 $a^2\dfrac{\partial^2u}{\partial x^2}=\dfrac{\partial^2u}{\partial t^2},\ 0<x<L,\ t>0$

$u(0,\ t)=0,\ u(L,\ t)=0,\ t>0$

$u(x,\ 0)=x(L-x),\ \left.\dfrac{\partial u}{\partial t}\right|_{t=0}=0,\ 0<x<L$

9 $a^2\dfrac{\partial^2u}{\partial x^2}-2\beta\dfrac{\partial u}{\partial t}=\dfrac{\partial^2u}{\partial t^2},\ 0<x<L,\ t>0$

$u(0,\ t)=0,\ u(L,\ t)=\sin\pi t,\ t>0$

$u(x,\ 0)=f(x),\ \left.\dfrac{\partial u}{\partial t}\right|_{t=0}=0,\ 0<x<L$

11 $\dfrac{\partial^2u}{\partial x^2}+\dfrac{\partial^2u}{\partial y^2}=0,\ 0<x<4,\ 0<y<2$

$\left.\dfrac{\partial u}{\partial x}\right|_{x=0}=0,\ u(4,\ y)=f(y),\ 0<y<2$

$\left.\dfrac{\partial u}{\partial y}\right|_{y=0}=0,\ u(x,\ 2)=0,\ 0<x<4$

연습문제 12.3

1 $u(x,t)=\dfrac{2}{\pi}\sum_{n=1}^{\infty}\left(\dfrac{-\cos\frac{n\pi}{2}+1}{n}\right)e^{-k\left(\frac{n^2\pi^2}{L^2}\right)t}\sin\dfrac{n\pi}{L}x$

3 $u(x,t)=\dfrac{1}{L}\int_0^L f(x)dx$

$+\dfrac{2}{L}\sum_{n=1}^{\infty}\left(\int_0^L f(x)\cos\dfrac{n\pi}{L}x\,dx\right)e^{-k\left(\frac{n^2\pi^2}{L^2}\right)}\cos\dfrac{n\pi}{L}x$

5 $u(x,t)$

$=e^{-ht}\left[\dfrac{1}{L}\int_0^L f(x)dx+\dfrac{2}{L}\sum_{n=1}^{\infty}\left(\int_0^L f(x)\cos\dfrac{n\pi}{L}x\,dx\right)e^{-k\left(\frac{n^2\pi^2}{L^2}\right)}\cos\dfrac{n\pi}{L}x\right]$

7 $u(x,t)=A_0+\sum_{k=1}^{\infty}e^{-k\left(\frac{n\pi}{L}\right)^2t}\left(A_n\cos\dfrac{n\pi}{L}x+B_n\sin\dfrac{n\pi}{L}x\right),$

이 때, $A_0=\dfrac{1}{2L}\int_{-L}^{L}f(x)dx,$

$A_n=\dfrac{1}{L}\int_{-L}^{L}f(x)\cos\dfrac{n\pi x}{L}dx,$

$B_n=\dfrac{1}{L}\int_{-L}^{L}f(x)\sin\dfrac{n\pi x}{L}dx$

연습문제 12.4

1 $u(x,t)=\dfrac{L^2}{\pi^3}\sum_{n=1}^{\infty}\dfrac{1-(-1)^n}{n^3}cos\dfrac{n\pi a}{L}t\sin\dfrac{n\pi}{L}x$

3 $u(x,t)=$

$\dfrac{6\sqrt{3}}{\pi^2}\left(\cos\dfrac{\pi a}{L}t\sin\dfrac{\pi}{L}x-\dfrac{1}{5^2}cos\dfrac{5\pi a}{L}t\sin\dfrac{5\pi}{L}x+\dfrac{1}{7^2}cos\dfrac{7\pi a}{L}t\sin\dfrac{7\pi}{L}x-\cdots\cdots\right)$

5 $u(x,t)=\dfrac{1}{a}sinat\sin x$

7 $u(x,t)=\frac{8h}{\pi^2}\sum_{n=1}^{\infty}\frac{\sin\frac{n\pi}{2}}{n^2}cos\frac{n\pi a}{L}t\sin\frac{n\pi}{L}x$

9 $u(x,t)=e^{-\beta t}\sum_{n=1}^{\infty}A_n\left\{\cos q_n t+\frac{\beta}{q_n}\right\}\sin q_n t\sin nx,$

이 때, $A_n=\frac{2}{\pi}\int_0^{\pi}f(x)\sin nx\,dx$이고

$q_n=\sqrt{n^2-\beta^2}$

11 $u(x,t)=\sum_{n=1}^{\infty}\left(A_n\cos\frac{n^2\pi^2}{L^2}at+B_n\sin\frac{n^2\pi^2}{L^2}at\right)x\sin\frac{n\pi}{L}x,$

이 때, $A_n=\frac{2}{L}\int_0^{L}f(x)\sin\frac{n\pi}{L}x\,dx,$

$B_n=\frac{2L}{n^2\pi^2 a}\int_0^{L}g(x)\sin\frac{n\pi}{L}x\,dx$

15 $u(x,t)=\sin x\cos 2at+t$

17 $u(x,t)=\frac{1}{2a}sin2x\sin 2at$

연습문제 12.5

1 $u(x,y)=\frac{2}{a}\sum_{n=1}^{\infty}\left(\frac{1}{\sinh\frac{n\pi}{a}b}\int_0^{a}f(x)\sin\frac{n\pi}{a}x\,dx\right)\times\sinh\frac{n\pi}{a}y\sin\frac{n\pi}{a}x$

3 $u(x,y)=\frac{2}{a}\sum_{n=1}^{\infty}\left(\frac{1}{\sinh\frac{n\pi}{a}b}\int_0^{a}f(x)\sin\frac{n\pi}{a}x\,dx\right)\times\sinh\frac{n\pi}{a}(b-y)\sin\frac{n\pi}{a}x$

5 $u(x,y)=\frac{1}{2}x+\frac{2}{\pi^2}\sum_{n=1}^{\infty}\frac{1-(-1)^n}{n^2\sinh n\pi}sinh\,n\pi x\cos n\pi y$

7 $u(x,y)=\frac{2}{\pi}\sum_{n=1}^{\infty}\frac{1-(-1)^n}{n}\times\frac{n\cosh nx+\sinh nx}{n\cosh n\pi+\sinh n\pi}sin\,ny$

9 $u(x,y)=\sum_{n=1}^{\infty}(A_n\cosh n\pi y+B_n\sinh n\pi y)\sin n\pi x$

이 때, $A_n=200\frac{[1-(-1)^n]}{n\pi},$

$B_n=200\frac{[1-(-1)^n]}{n\pi}\frac{[2-\cos n\pi]}{\sin n\pi}$

11 $u(x,y)=\frac{2}{\pi}\sum_{n=1}^{\infty}\left(\int_0^{\pi}f(x)\sin nx\,dx\right)e^{-ny}\sin nx$

13 $u(x,y)=\sum_{n=1}^{\infty}\left(A_n\cosh\frac{n\pi}{a}y+B_n\sinh\frac{n\pi}{a}y\right)\sin\frac{n\pi}{a}x,$

이 때, $A_n=\frac{2}{a}\int_0^{a}f(x)\sin\frac{n\pi}{a}x\,dx,$

$B_n=\frac{1}{\sinh\frac{n\pi}{a}b}\left(\frac{2}{a}\int_0^{a}g(x)\sin\frac{n\pi}{a}x\,dx-A_n\cosh\frac{n\pi}{a}b\right)$

15 $u=u_1+u_2,$

이 때, $u_1(x,y)=\frac{2}{\pi}\sum_{n=1}^{\infty}\left(\frac{1-(-1)^n}{n\sinh n\pi}\sinh ny\sin nx\right)$

$u_2(x,y)=\frac{2}{\pi}\sum_{n=1}^{\infty}\frac{]1-(-1)^n]}{n}\times\frac{\sinh nx+\sinh n(\pi-x)}{\sinh n\pi}\sin ny$

연습문제 12.6

1 $u(x,t)=100+\frac{200}{\pi}\sum_{n=1}^{\infty}\frac{(-1)^n-1}{n}e^{-kn^2\pi^2t}\sin n\pi x$

3 $u(x,t)=u_0-\frac{r}{2k}x(x-1)+2\sum_{n=1}^{\infty}\left(\frac{u_0}{n\pi}+\frac{r}{kn^3\pi^3}\right)\times[(-1)^n-1]e^{-kn^2\pi^2t}\sin n\pi x$

5 $u(x,t)=\psi(x)+\sum_{n=1}^{\infty}A_n e^{-kn^2\pi^2t}\sin n\pi x$,

이 때, $\psi(x)=\frac{A}{k\beta^2}[-e^{-\beta x}+(e^{-\beta}-1)x+1]$

이고 $A_n=2\int_0^{1}[f(x)-\psi(x)]\sin n\pi x\,dx$

7 $\psi(x)=u_0\left(1-\frac{\sinh\sqrt{\frac{h}{k}}x}{\sinh\sqrt{\frac{h}{k}}}\right)$

9 $u(x,t)$

$=\frac{A}{6a^2}(x-x^3)+\frac{2A}{a^2\pi^3}\sum_{n=1}^{\infty}\frac{(-1)^n}{n^3}cos\,n\pi at\sin n\pi x$

11 $u(x,y)=(u_0-u_1)y+u_1+\frac{2}{\pi}\sum_{n=1}^{\infty}\frac{u_0(-1)^n-u_1}{n}e^{-n\pi x}\sin n\pi y$

13 $u(x,t)=2\sum_{n=1}^{\infty}\frac{(-1)^{n+1}}{n(n^2-3)}e^{-3t}\sin nx+2\sum_{n=1}^{\infty}\frac{(-1)^{n+1}}{n(n^2-3)}e^{-n^2t}\sin nx$

15 $u(x,t)$

$=\sum_{n=1}^{\infty}\frac{2}{n\pi}\left[\frac{-1}{n^2\pi^2}+(-1)^n\frac{n^2\pi^2\cos t-\sin t}{n^4\pi^4+1}\right]\sin n\pi x+\sum_{n=1}^{\infty}\left[\frac{4-2(-1)^n}{n^3\pi^3}-(-1)^n\frac{2n\pi}{n^4\pi^4+1}\right]e^{-n^2\pi^2t}\sin n\pi x$

17 $u(x,t)$

$$=(1-x)\sin t + \frac{2}{\pi}\sum_{n=1}^{\infty}\left[\frac{n^2\pi^2 e^{-n^2\pi^2 t}-n^2\pi^2\cos t-\sin t}{n(n^4\pi^4+1)}\right]\sin n\pi x$$

연습문제 12.7

1 $u(x,t)=2h\sum_{n=1}^{\infty}\frac{\sin\alpha_n}{\alpha_n(h+\sin^2\alpha_n)}e^{-k\alpha_n^2 t}\cos\alpha_n x$,

이 때, α_n은 $\cot\alpha=\frac{\alpha}{h}$의 연속적인 양의 근들이다.

3 $u(x,y)=\sum_{n=1}^{\infty}A_n\sinh\alpha_n y\sin\alpha_n x$,

이 때,

$$A_n=\frac{2h}{\sinh\alpha_n b(ah+\cos^2\alpha_n a)}\int_0^a f(x)\sin\alpha_n x\,dx$$

이고, α_n은 $\tan\alpha a=-\frac{\alpha}{h}$의 연속적인 양의 근들이다.

5 $u(x,t)=\sum_{n=1}^{\infty}A_n e^{\frac{-k(2n-1)^2\pi^2 t}{4L^2}}\sin\left(\frac{2n-1}{2L}\right)\pi x$,

이 때, $A_n=\frac{2}{L}\int_0^a f(x)\sin\left(\frac{2n-1}{2L}\right)\pi x\,dx$

7 $u(x,\ y)=\frac{4u_0}{\pi}\sum_{n=1}^{\infty}\frac{1}{(2n-1)\cosh\left(\frac{2n-1}{2}\right)\pi}\times\cosh\left(\frac{2n-1}{2}\right)\pi x\sin\left(\frac{2n-1}{2}\right)\pi y$

9 $u(x,\ t)=\sum_{n=1}^{\infty}\frac{4\sin\alpha_n}{\alpha_n^2(k\alpha_n^2-2)(1+\cos^2\alpha_n)}\times\left(e^{-2t}-e^{-k\alpha_n^2 t}\right)\sin\alpha_n x$

연습문제 12.8

1 $u(x,\ y,\ t)=\sum_{m=1}^{\infty}\sum_{n=1}^{\infty}A_{mn}e^{-k(m^2+n^2)t}\sin mx\sin ny$

이 때, $A_{mn}=\frac{4u_0}{mn\pi^2}[1-(-1)^m][1-(-1)^n]$

3 $u(x,\ y,\ t)=\sum_{m=1}^{\infty}\sum_{n=1}^{\infty}A_{mn}\sin mx\sin ny\cos a\sqrt{m^2+n^2}\,t$

이 때, $A_{mn}=\frac{16}{m^3n^3\pi^2}[(-1)^m-1][(-1)^n-1]$

5 $u(x,\ y,\ z)=\sum_{m=1}^{\infty}\sum_{n=1}^{\infty}A_{mn}\sinh w_{mn}z\sin\frac{m\pi}{a}x\sin\frac{n\pi}{b}y$

이 때, $w_{mn}=\sqrt{(\frac{m\pi}{a})^2+(\frac{n\pi}{b})^2}$

$$A_{mn}=\frac{4}{ab\sin(cw_{mn})}\int_0^b\int_0^a f(x,y)\sin\frac{m\pi}{a}x\sin\frac{n\pi}{b}y\,dxdy$$

12장 복습

1 $u=c_1 e^{\left(c_2 x+\frac{y}{c_2}\right)}$

3 $\psi(x)=u_0+\frac{(u_1-u_0)}{1+\pi}x$

5 $u(x,\ t)=\frac{2h}{\pi^2 a}\sum_{n=1}^{\infty}\frac{\cos\frac{n\pi}{4}-\cos\frac{3n\pi}{4}}{n^2}\sin n\pi at\sin n\pi x$

7 $u(x,\ y)=\frac{100}{\pi}\sum_{n=1}^{\infty}\frac{1-(-1)^n}{n\sinh n\pi}\sin nx\sin ny$

9 $u(x,\ y)=\frac{100}{\pi}\sum_{n=1}^{\infty}\frac{1-(-1)^n}{n}e^{-nx}\sin ny$

11 $u(x,\ t)=e^{-t}\sin x$

13 $u(x,\ t)=e^{-(x+t)}\sum_{n=1}^{\infty}A_n\left[\sqrt{n^2+1}\cos\sqrt{n^2+1}\,t+\sin\sqrt{n^2+1}\,t\right]\sin nx$

15 $u(x,\ t)=u_0+\frac{1}{2}(u_1-u_0)x+2(u_1-u_0)\times\sum_{n=1}^{\infty}\frac{\cos\alpha_n}{\alpha_n(1+\cos^2\alpha_n)}e^{-\alpha_n^2 t}\sin\alpha_n x$

연습문제 13.1

1 $u(r,\ \theta)=\frac{u_0}{2}+\frac{u_0}{\pi}\sum_{n=1}^{\infty}\frac{1-(-1)^n}{n}r^n\sin n\theta$

3 $u(r,\ \theta)=\frac{2\pi^2}{3}-4\sum_{n=1}^{\infty}\frac{r^n}{n^2}\cos n\theta$

5 $u(r,\ \theta)=A_0+\sum_{n=1}^{\infty}r^{-n}(A_n\cos n\theta+B_n\sin n\theta)$

여기서 $A_0=\frac{1}{2\pi}\int_0^{2\pi}f(\theta)d\theta$

$A_n=\frac{c^n}{\pi}\int_0^{2\pi}f(\theta)\cos n\theta\,d\theta$

$B_n=\frac{c^n}{\pi}\int_0^{2\pi}f(\theta)\sin n\theta\,d\theta$

7 $u(r,\ \theta)=\frac{1}{2}+\frac{2}{\pi}\sum_{n=1}^{\infty}\frac{\sin\frac{n\pi}{2}}{n}\left(\frac{r}{c}\right)^{2n}\cos 2n\theta$

9 $u(r,\ \theta) = A_0 \ln\left(\frac{r}{b}\right) + \sum_{n=1}^{\infty}\left[\left(\frac{b}{r}\right)^n - \left(\frac{r}{b}\right)^n\right]$

$\times (A_n \cos n\theta + B_n \sin n\theta)$

여기서 $A_0 \ln\left(\frac{a}{b}\right) = \frac{1}{2\pi}\int_0^{2\pi} f(\theta)d\theta$

$\left[\left(\frac{b}{a}\right)^n - \left(\frac{a}{b}\right)^n\right] A_n = \frac{1}{\pi}\int_0^{2\pi} f(\theta)\cos n\theta\, d\theta$

$\left[\left(\frac{b}{a}\right)^n - \left(\frac{a}{b}\right)^n\right] B_n = \frac{1}{\pi}\int_0^{2\pi} f(\theta)\sin n\theta\, d\theta$

11 $u(r,\ \theta) = 40\left(r - \frac{1}{r}\right)\cos\theta - 25\left(r - \frac{4}{r}\right)\sin\theta$

13 $u(r,\ \theta) = \frac{2u_0}{\pi}\sum_{n=1}^{\infty}\frac{1-(-1)^n}{n}\ \frac{r^n - r^{-n}}{2^n - 2^{-n}}\sin n\theta$

15 $u(r,\ \theta) = \frac{u_0}{2} + \frac{2u_0}{\pi}\sum_{n=1}^{\infty}\frac{\sin\frac{n\pi}{2}}{n}\left(\frac{r}{2}\right)^n\cos n\theta$

연습문제 13.2

1 $u(r,t) = \frac{2}{ac}\sum_{n=1}^{\infty}\frac{\sin\alpha_n at}{\alpha_n^2 J_1(\alpha_n c)} J_0(\alpha_n r)$

3 $u(r,z) = u_o\sum_{n=1}^{\infty}\frac{\sinh\alpha_n(4-z)}{\alpha_n \sinh(4\alpha_n)\, J_1(2\alpha_n)} J_0(\alpha_n r)$

5 $u(r,z) = 50\sum_{n=1}^{\infty}\frac{\cosh(\alpha_n z)}{\alpha_n \cos h(4\alpha_n)\, J_1(2\alpha_n)} J_0(\alpha_n r)$

7 $u(r,z) = \frac{2}{\pi}\sum_{n=1}^{\infty}\frac{I_0(n\pi r)}{I_0(n\pi)} sin\, n\pi z$

9 $u(r,t) = \sum_{n=1}^{\infty} A_n J_0(\alpha_n r) e^{-k\alpha_n^2 t}$

여기서 $A_n = \frac{2}{c^2 J_1^2(\alpha_n c)}\int_0^c r J_0(\alpha_n r) f(r)\, dr$

11 $u(r,t) = \sum_{n=1}^{\infty} A_n J_0(\alpha_n r) e^{-k\alpha_n^2 t}$

여기서 $A_n = \frac{2\alpha_n^2}{(\alpha_n^2 + h^2) J_0^2(\alpha_n)}\int_0^1 r J_0(\alpha_n r) f(r)\, dr$

13 $u(r,t) = 100 + 50\sum_{n=1}^{\infty}\frac{J_1(\alpha_n) J_0(\alpha_n r)}{\alpha_n J_1^2(2\alpha_n)} e^{-\alpha_n^2 t}$

15 (b) $u(x,t) = \sum_{n=1}^{\infty} A_n \cos(\alpha_n \sqrt{g}\, t) J_0(2\alpha_n \sqrt{x})$

여기서

$A_n = \frac{2}{L J_1^2(2\alpha_n \sqrt{L})}\int_0^{\sqrt{L}} v J_0(2\alpha_n v) f(v^2)\, dv$

연습문제 13.3

1 $u(r,\ \theta) = 50\left[\frac{1}{2}P_0(\cos\theta) + \frac{3}{4}\left(\frac{r}{c}\right)P_1(\cos\theta) - \frac{7}{16}\left(\frac{r}{c}\right)^3 P_3(\cos\theta) + \frac{11}{32}\left(\frac{r}{c}\right)^5 P_5(\cos\theta) + ...\right]$

3 $u(r,\ \theta) = \frac{r}{c} cos\theta$

5 $u(r,\ \theta) = \sum_{n=0}^{\infty} A_n \frac{b^{2n+1} - r^{2n+1}}{b^{2n+1} r^{n+1}} P_n(\cos\theta)$

여기서

$\frac{b^{2n+1} - a^{2n+1}}{b^{2n+1} a^{n+1}} A_n = \frac{2n+1}{2}\int_0^{\pi} f(\theta) P_n(\cos\theta)\sin\theta\, d\theta$

7 $u(r,\ \theta) = \sum_{n=0}^{\infty} A_{2n} r^{2n} P_{2n}(\cos\theta)$

여기서 $A_{2n} = \frac{4n+1}{c^{2n}}\int_0^{\frac{\pi}{2}} f(\theta) P_{2n}(\cos\theta)\sin\theta\, d\theta$

9 $u(r,\ t) = 100 + \frac{200}{\pi r}\sum_{n=1}^{\infty}\frac{(-1)^n}{n} e^{-n^2\pi^2 t}\sin n\pi r$

11 $u(r,\ t) = \frac{1}{r}\sum_{n=1}^{\infty}\left(A_n \cos\frac{n\pi a}{c}t + B_n \sin\frac{n\pi a}{c}t\right)\sin\frac{n\pi}{c}r$

여기서 $A_n = \frac{2}{c}\int_0^c r f(r)\sin\frac{n\pi}{c}r\, dr$

$B_n = \frac{2}{n\pi a}\int_0^c r g(r)\sin\frac{n\pi}{c}r\, dr$

13장 복습

1 $u(r,\ \theta) = \frac{2u_0}{\pi}\sum_{n=1}^{\infty}\frac{1-(-1)^n}{n}\left(\frac{r}{c}\right)^n \sin n\theta$

3 $u(r,\ \theta) = \frac{4u_0}{\pi}\sum_{n=1}^{\infty}\frac{1-(-1)^n}{n^3} r^n \sin n\theta$

5 $u(r,\ \theta) = \frac{2u_0}{\pi}\sum_{n=1}^{\infty}\frac{r^{4n} + r^{-4n}}{2^{4n} + 2^{-4n}}\ \frac{1-(-1)^n}{n}\sin 4n\theta$

7 $u(r,\ t) = 2e^{-ht}\sum_{n=1}^{\infty}\frac{1}{\alpha_n J_1(\alpha_n)} J_0(\alpha_n r) e^{-\alpha_n^2 t}$

9 $u(r,\ z) = 50 - 50\sum_{n=1}^{\infty}\frac{\cosh(\alpha_n z)}{\alpha_n \cosh(4\alpha_n) J_1(2\alpha_n)} J_0(\alpha_n r)$

11 $u(r,\ \theta) = 100\left[\frac{3}{2} r P_1(\cos\theta) - \frac{7}{8} r^3 P_3(\cos\theta) + \frac{11}{16} r^5 P_5(\cos\theta) + ...\right]$

17 $u(x,\ z)=\dfrac{4u_0}{\pi}\sum_{n=1}^{\infty}\dfrac{I_0\left(\dfrac{2n-1}{2}\pi r\right)}{(2n-1)\,I_0\left(\dfrac{2n-1}{2}\pi\right)}\sin\left(\dfrac{2n-1}{2}\right)\pi z$

연습문제 14.1

1 (a) 적분 $\mathrm{erf}(\sqrt{t})$에서 $\tau=u^2$라 놓자.

9 $y(t)=e^{\pi t}erfc(\sqrt{\pi t})$

11 성질 $\int_0^b-\int_0^a=\int_0^b+\int_a^0$ 를 이용한다.

연습문제 14.2

1 $u(x,\ t)=A\cos\dfrac{a\pi t}{L}\sin\dfrac{\pi x}{L}$

3 $u(x,\ t)=f\left(t-\dfrac{x}{a}\right)U\left(t-\dfrac{x}{a}\right)$

5 $u(x,\ t)=\left[\dfrac{1}{2}g\left(t-\dfrac{x}{a}\right)^2+A\sin\omega\left(t-\dfrac{x}{a}\right)\right]$
$\times U\left(t-\dfrac{x}{a}\right)-\dfrac{1}{2}gt^2$

7 $u(x,\ t)=a\dfrac{F_0}{E}\sum_{n=0}^{\infty}(-1)^n\left\{\left(t-\dfrac{2nL+L-x}{a}\right)\right.$
$\times U\left(t-\dfrac{2nL+L-x}{a}\right)-\left(t-\dfrac{2nL+L-x}{a}\right)$
$\left.\times U\left(t-\dfrac{2nL+L-x}{a}\right)\right\}$

9 $u(x,t)=2(t-x)\sinh(t-x)\,U(t-x)$
$+xe^{-x}t\cosh t-e^{-x}t\sinh t$

11 $u(x,t)=u_1+(u_0-u_1)\mathrm{erfc}\left(\dfrac{x}{2\sqrt{t}}\right)$

13 $u(x,t)$
$=u_0\left[1-\left\{erfc\left(\dfrac{x}{2\sqrt{t}}\right)-e^{x+t}\,erfc\left(\sqrt{t}+\dfrac{x}{2\sqrt{t}}\right)\right\}\right]$

15 $u(x,t)=\dfrac{x}{2\sqrt{\pi}}\int_0^1\dfrac{f(t-\tau)}{\tau^{\frac{3}{2}}}e^{-\frac{x^2}{4\tau}}\,d\tau$

17 $u(x,t)=60+40\,erfc\left(\dfrac{x}{2\sqrt{t-2}}\right)U(t-2)$

19 $u(x,t)=100\left[-e^{1-x+t}erfc\left(\sqrt{t}+\dfrac{1-x}{2\sqrt{t}}\right)\right.$
$\left.+erfc\left(\dfrac{1-x}{2\sqrt{t}}\right)\right]$

21 $u(x,t)=u_0+u_0e^{-\left(\frac{\pi^2}{L^2}\right)t}\sin\left(\dfrac{\pi}{L}x\right)$

23 $u(x,t)=u_0-u_0\sum_{n=0}^{\infty}(-1)^n\left[erfc\left(\dfrac{2n+1-x}{2\sqrt{kt}}\right)\right.$
$\left.+erfc\left(\dfrac{2n+1+x}{2\sqrt{kt}}\right)\right]$

25 $u(x,t)=u_0e^{-\frac{Gt}{C}}erf\left(\dfrac{x}{2}\sqrt{\dfrac{RC}{t}}\right)$

27 $u(r,t)=\dfrac{100}{r}erfc\left(\dfrac{r-1}{2\sqrt{t}}\right)$

연습문제 14.3

1 $f(x)=\dfrac{1}{\pi}\int_0^{\infty}\dfrac{\sin\alpha\cos\alpha x+3(1-\cos\alpha)\sin\alpha x}{\alpha}d\alpha$

3 $f(x)=\dfrac{1}{\pi}\int_0^{\infty}[A(\alpha)\cos\alpha x+B(\alpha)\sin\alpha x]\,d\alpha$

여기서 $A(\alpha)=\dfrac{3\alpha\sin3\alpha+\cos3\alpha-1}{\alpha^2}$

$B(\alpha)=\dfrac{\sin3\alpha-3\alpha\cos3\alpha}{\alpha^2}$

5 $f(x)=\dfrac{1}{\pi}\int_0^{\infty}\dfrac{\cos\alpha x+\alpha\sin\alpha x}{1+\alpha^2}d\alpha$

7 $f(x)=\dfrac{10}{\pi}\int_0^{\infty}\dfrac{(1-\cos\alpha)\sin\alpha x}{\alpha}d\alpha$

9 $f(x)=\dfrac{2}{\pi}\int_0^{\infty}\dfrac{(\pi\alpha\sin\pi\alpha+\cos\pi\alpha-1)\cos\alpha x}{\alpha^2}d\alpha$

11 $f(x)=\dfrac{4}{\pi}\int_0^{\infty}\dfrac{\alpha\sin\alpha x}{4+\alpha^4}d\alpha$

13 $f(x)=\dfrac{2k}{\pi}\int_0^{\infty}\dfrac{\cos\alpha x}{k^2+\alpha^2}d\alpha$

$f(x)=\dfrac{2}{\pi}\int_0^{\infty}\dfrac{\alpha\sin\alpha x}{k^2+\alpha^2}d\alpha$

15 $f(x)=\dfrac{2}{\pi}\int_0^{\infty}\dfrac{(4-\alpha^2)\cos\alpha x}{(4+\alpha^2)^2}d\alpha$

$f(x)=\dfrac{8}{\pi}\int_0^{\infty}\dfrac{\alpha\sin\alpha x}{(4+\alpha^2)^2}d\alpha$

17 $f(x)=\dfrac{2}{\pi}\dfrac{1}{1+x^2},\ x>0$

19 (7)에서 $x=2$로 놓자. 삼각함수 항등식을 이용하고 α를 x로 대치한다. (b)에서 $2x=kt$로 치환을 한다.

연습문제 14.4

1 $u(x,t)=\frac{1}{\pi}\int_{-\infty}^{\infty}\frac{e^{-k\alpha^2 t}}{1+\alpha^2}e^{-i\alpha x}d\alpha$
$=\frac{1}{\pi}\int_{-\infty}^{\infty}\frac{\cos\alpha x}{1+\alpha^2}e^{-k\alpha^2 t}d\alpha$

3 $u(x,t)=\frac{2u_0}{\pi}\int_{-\infty}^{\infty}\frac{1-e^{-k\alpha^2 t}}{\alpha}\sin\alpha x d\alpha$

5 $u(x,t)=\frac{2}{\pi}\int_{0}^{\infty}\frac{1-\cos\alpha}{\alpha}e^{-k\alpha^2 t}\sin\alpha x d\alpha$

7 $u(x,t)=\frac{2}{\pi}\int_{0}^{\infty}\frac{\sin\alpha}{\alpha}e^{-k\alpha^2 t}\cos\alpha x d\alpha$

9 (a) $u(x,t)$
$=\frac{1}{2\pi}\int_{-\infty}^{\infty}\left(F(\alpha)\cos\alpha at+G(\alpha)\frac{\sin\alpha at}{\alpha a}\right)e^{-i\alpha x}xd\alpha$

11 $u(x,y)=\frac{2}{\pi}\int_{0}^{\infty}\frac{\sinh\alpha(\pi-x)}{(1+\alpha^2)\sinh\alpha\pi}\cos\alpha y d\alpha$

13 $u(x,y)=\frac{100}{\pi}\int_{0}^{\infty}\frac{\sin\alpha}{\alpha}e^{-\alpha y}\cos\alpha x d\alpha$

15 $u(x,y)=\frac{2}{\pi}\int_{0}^{\infty}F(\alpha)\frac{\sinh\alpha(2-y)}{\sinh 2\alpha}\sin\alpha x d\alpha$

17 $u(x,y)=\frac{2}{\pi}\int_{0}^{\infty}\frac{\alpha}{1+\alpha^2}[e^{-\alpha x}\sin\alpha y+e^{-\alpha y}\sin\alpha x]d\alpha$

19 $u(x,t)=\frac{1}{\sqrt{1+4kt}}e^{-\frac{x^2}{1+4kt}}$

21 $u(x,y)=\frac{1}{2\sqrt{\pi}}\int_{-\infty}^{\infty}\frac{e^{-\frac{\alpha^2}{4}}\cosh\alpha y}{\cosh\alpha}e^{-i\alpha x}d\alpha$
$=\frac{1}{2\sqrt{\pi}}\int_{-\infty}^{\infty}\frac{e^{-\frac{\alpha^2}{4}}\cosh\alpha y}{\cosh\alpha}\cos\alpha x\, d\alpha$

25 $u(r,z)=\frac{2}{\pi}\int_{0}^{\infty}\frac{I_0(\alpha r)}{\alpha I_0(\alpha)}\sin\alpha\cos\alpha z dz$

14장 복습

1 $u(x,y)=\frac{2}{\pi}\int_{0}^{\infty}\frac{\sinh\alpha y}{\alpha(1+\alpha^2)\cosh\alpha\pi}\cos\alpha x d\alpha$

3 $u(x,t)=u_0e^{-ht}erf\left(\frac{x}{2\sqrt{t}}\right)$

5 $u(x,t)=\int_{0}^{\tau}erfc\left(\frac{x}{2\sqrt{\tau}}\right)d\tau$

7 $u(x,y)=\frac{u_0}{2\pi}\int_{-x}^{x}\frac{\sinh\alpha(\pi-x)+\sin\alpha x}{\alpha}e^{-k\alpha^2 t}d\alpha$

9 $u(x,y)=\frac{100}{\pi}\int_{0}^{\infty}(\frac{1-\cos\alpha}{\alpha})$
$\times[e^{-\alpha x}\sin\alpha y+2e^{-\alpha y}\sin\alpha x]d\alpha$

11 $u(x,y)=\frac{2}{\pi}\int_{0}^{\infty}\left(\frac{B\cosh\alpha y}{(1+\alpha^2)\sinh\alpha\pi}+\frac{A}{\alpha}\right)\sin\alpha x d\alpha$

13 $u(x,y)=\frac{1}{2\pi}\int_{-\infty}^{\infty}\left(\frac{\cos\alpha x+\alpha\sin\alpha x}{1+\alpha^2}\right)e^{-k\alpha^2 t}d\alpha$

15 $u(x,t)=\frac{2}{\pi}\int_{0}^{\infty}\frac{\alpha e^{-k\alpha^2 t}}{\alpha^2+1}\cos\alpha x\, d\alpha$

17 $u(x,t)=\begin{cases}u_0erfc\left(\frac{x}{2\sqrt{t}}\right), & 0<t<1\\ u_0erfc\left(\frac{x}{2\sqrt{t}}\right)-u_0erfc\left(\frac{x}{2\sqrt{t-1}}\right), & t>1\end{cases}$

19 $u(x,t)=200\sqrt{\frac{t}{\pi}}e^{\frac{-x^2}{4t}}-100x\,erfc\left(\frac{x}{2\sqrt{t}}\right)$, or

$u(x,t)=\frac{100}{\sqrt{\pi}}\int_{0}^{\tau}\frac{e^{\frac{-x^2}{4(t-\tau)}}}{\sqrt{t-\tau}}d\tau$

연습문제 15.1

1 $u_{11}=\frac{11}{15}, u_{21}=\frac{14}{15}$

3 $u_{11}=u_{21}=\sqrt{3}/16, u_{22}=u_{12}=3\sqrt{3}/16$

5 $u_{21}=u_{12}=12.50, u_{31}=u_{13}=18.75, u_{32}=u_{23}=37.50,$
$u_{11}=6.25, u_{22}=25.00, u_{33}=56.25$

7 (b) $u_{14}=u_{41}=0.5427, u_{24}=u_{42}=0.6707$
$u_{34}=u_{43}=0.6402, u_{33}=0.4451, u_{44}=0.9451$

연습문제 15.2

1.

시간	$x=0.25$	$x=0.50$	$x=0.75$	$x=1.00$	$x=1.25$	$x=1.50$	$x=1.75$
0.000	1.0000	1.0000	1.0000	1.0000	0.0000	0.0000	0.0000
0.100	0.3728	0.6288	0.6800	0.5904	0.3840	0.2176	0.0768
0.200	0.2248	0.3942	0.4708	0.4562	0.3699	0.2517	0.1239
0.300	0.1530	0.2752	0.3448	0.3545	0.3101	0.2262	0.1183
0.400	0.1115	0.2034	0.2607	0.2757	0.2488	0.1865	0.0996
0.500	0.0841	0.1545	0.2002	0.2144	0.1961	0.1487	0.0800
0.600	0.0645	0.1189	0.1548	0.1668	0.1534	0.1169	0.0631
0.700	0.0499	0.0921	0.1201	0.1297	0.1196	0.0914	0.0494
0.800	0.0387	0.0715	0.0933	0.1009	0.0931	0.0712	0.0385
0.900	0.0301	0.0555	0.0725	0.0785	0.0725	0.0554	0.0300
1.000	0.0234	0.0432	0.0564	0.0610	0.0564	0.0431	0.0233

3.

시간	$x=0.25$	$x=0.50$	$x=0.75$	$x=1.00$	$x=1.25$	$x=1.50$	$x=1.75$
0.000	1.0000	1.0000	1.0000	1.0000	0.0000	0.0000	0.0000
0.100	0.4015	0.6577	0.7084	0.5837	0.3753	0.1871	0.0684
0.200	0.2430	0.4198	0.4921	0.4617	0.3622	0.2362	0.1132
0.300	0.1643	0.2924	0.3604	0.3626	0.3097	0.2208	0.1136
0.400	0.1187	0.2150	0.2725	0.2843	0.2528	0.1871	0.0989
0.500	0.0891	0.1630	0.2097	0.2228	0.2020	0.1521	0.0814
0.600	0.0683	0.1256	0.1628	0.1746	0.1598	0.1214	0.0653
0.700	0.0530	0.0976	0.1270	0.1369	0.1259	0.0959	0.0518
0.800	0.0413	0.0762	0.0993	0.1073	0.0989	0.0755	0.0408
0.900	0.0323	0.0596	0.0778	0.0841	0.0776	0.0593	0.0321
1.000	0.0253	0.0466	0.0609	0.0659	0.0608	0.0465	0.0252

5.

시간	$x=0.25$	$x=0.50$	$x=0.75$	$x=1.00$	$x=1.25$	$x=1.50$	$x=1.75$
0.00	1.0000	1.0000	1.0000	1.0000	0.0000	0.0000	0.0000
0.10	0.3972	0.6551	0.7043	0.5883	0.3723	0.1955	0.0653
0.20	0.2409	0.4171	0.4901	0.4620	0.3636	0.2385	0.1145
0.30	0.16.1	0.2908	0.3592	0.3624	0.3105	0.2220	0.1145
0.40	0.1181	0.2141	0.2718	0.2840	0.2530	0.1876	0.0993
0.50	0.0888	0.1625	0.2092	0.2226	0.2020	0.1523	0.0816
0.60	0.0681	0.1253	0.1625	0.1744	0.1597	0.1214	0.0654
0.70	0.0528	0.0974	0.1268	0.1366	0.1257	0.0959	0.0518
0.80	0.0412	0.0760	0.0991	0.1071	0.0987	0.0754	0.0408
0.90	0.0322	0.0594	0.0776	0.0839	0.0774	0.0592	0.0320
1.00	0.0252	0.0465	0.0608	0.0657	0.0607	0.0464	0.0251

7. (a)

시간	$x = 2.00$	$x = 4.00$	$x = 6.00$	$x = 8.00$	$x = 10.00$	$x = 12.00$	$x = 14.00$	$x = 16.00$	$x = 18.00$
0.00	30.0000	30.0000	30.0000	30.0000	30.0000	30.0000	30.0000	30.0000	30.0000
2.00	27.6450	29.9037	29.9970	29.9999	30.0000	29.9999	29.9970	29.9037	27.6450
4.00	25.6452	29.6517	29.9805	29.9991	29.9999	29.9991	29.9805	29.6517	25.6452
6.00	23.9347	29.2922	29.9421	29.9963	29.9996	29.9963	29.9421	29.2922	23.9347
8.00	22.4612	28.8606	29.8782	29.9898	29.9986	29.9898	29.8782	28.8606	22.4612
10.00	21.1829	28.3831	29.7878	29.9782	29.9964	29.9782	29.7878	28.3831	21.1829

(b)

시간	$x = 5.00$	$x = 10.00$	$x = 15.00$	$x = 20.00$	$x = 25.00$	$x = 30.00$	$x = 35.00$	$x = 40.00$	$x = 45.00$
0.00	30.0000	30.0000	30.0000	30.0000	30.0000	30.0000	30.0000	30.0000	30.0000
2.00	29.5964	29.9973	30.0000	30.0000	30.0000	30.0000	30.0000	29.9973	29.5964
4.00	29.2036	29.9893	29.9999	30.0000	30.0000	30.0000	29.9999	29.9893	29.2036
6.00	28.8212	29.9762	29.9997	30.0000	30.0000	30.0000	29.9997	29.9762	28.8213
8.00	28.4490	29.9585	29.9992	30.0000	30.0000	30.0000	29.9993	29.9585	28.4490
10.00	28.0864	29.9363	29.9986	30.0000	30.0000	30.0000	29.9986	29.9363	28.0864

(c)

시간	$x = 2.00$	$x = 4.00$	$x = 6.00$	$x = 8.00$	$x = 10.00$	$x = 12.00$	$x = 14.00$	$x = 16.00$	$x = 18.00$
0.00	18.0000	32.0000	42.0000	48.0000	50.0000	48.0000	42.0000	32.0000	18.0000
2.00	15.3312	28.5348	38.3465	44.3067	46.3001	44.3067	38.3465	28.5348	15.3312
4.00	13.6371	25.6867	34.9416	40.6988	42.6453	40.6988	34.9416	25.6867	13.6371
6.00	12.3012	23.2863	31.8624	37.2794	39.1273	37.2794	31.8624	23.2863	12.3012
8.00	11.1659	21.1877	29.0757	34.0984	35.8202	34.0984	29.0757	21.1877	11.1659
10.00	10.1665	19.3143	26.5439	31.1662	32.7549	31.1662	26.5439	19.3143	10.1665

(d)

시간	$x = 10.00$	$x = 20.00$	$x = 30.00$	$x = 30.00$	$x = 40.00$	$x = 50.00$	$x = 60.00$	$x = 70.00$	$x = 80.00$
0.00	8.0000	16.0000	24.0000	32.0000	40.0000	32.0000	24.0000	16.0000	8.0000
2.00	8.0000	16.0000	23.9999	31.9918	39.4932	31.9918	23.9999	16.0000	8.0000
4.00	8.0000	16.0000	23.9993	31.9686	39.0175	31.9686	23.9993	16.0000	8.0000
6.00	8.0000	15.9999	23.9978	31.9323	38.5701	31.9323	23.9978	15.9999	8.0000
8.00	8.0000	15.9998	23.9950	31.8844	38.1483	31.8844	23.9950	15.9998	8.0000
10.00	8.0000	15.9996	23.9908	31.8265	37.7498	31.8265	23.9908	15.9996	8.0000

9. (a)

시간	$x = 2.00$	$x = 4.00$	$x = 6.00$	$x = 8.00$	$x = 10.00$	$x = 12.00$	$x = 14.00$	$x = 16.00$	$x = 18.00$
0.00	30.0000	30.0000	30.0000	30.0000	30.0000	30.0000	30.0000	30.0000	30.0000
2.00	27.6450	29.9037	29.9970	29.9999	30.0000	30.0000	29.9990	29.9679	29.2150
4.00	25.6452	29.6517	29.9805	29.9991	30.0000	29.9997	29.9935	29.8839	28.5484
6.00	23.9347	29.2922	29.9421	29.9963	29.9997	29.9988	29.9807	29.7641	27.9782
8.00	22.4612	28.8606	29.8782	29.9899	29.9991	29.9966	29.9594	29.6202	27.4870
10.00	21.1829	28.3831	29.7878	29.9783	29.9976	29.9927	29.9293	29.4610	27.0610

(b)

시간	$x=5.00$	$x=10.00$	$x=15.00$	$x=20.00$	$x=25.00$	$x=30.00$	$x=35.00$	$x=40.00$	$x=45.00$
0.00	30.0000	30.0000	30.0000	30.0000	30.0000	30.0000	30.0000	30.0000	30.0000
2.00	29.5964	29.9973	30.0000	30.0000	30.0000	30.0000	30.0000	29.9991	29.8655
4.00	29.2036	29.9893	29.9999	30.0000	30.0000	30.0000	30.0000	29.9964	29.7345
6.00	28.8212	29.9762	29.9997	30.0000	30.0000	30.0000	29.9999	29.9921	29.6071
8.00	28.4490	29.9585	29.9992	30.0000	30.0000	30.0000	29.9997	29.9862	29.4830
10.00	28.0864	29.9363	29.9986	30.0000	30.0000	30.0000	29.9995	29.9788	29.3621

(c)

시간	$x=2.00$	$x=4.00$	$x=6.00$	$x=8.00$	$x=10.00$	$x=12.00$	$x=14.00$	$x=16.00$	$x=18.00$
0.00	18.0000	32.0000	42.0000	48.0000	50.0000	48.0000	42.0000	32.0000	18.0000
2.00	15.3312	28.5350	38.3477	44.3130	46.3327	44.4671	39.0872	31.5755	24.6930
4.00	13.6381	25.6913	34.9606	40.7728	42.9127	41.5716	37.4340	31.7086	25.6986
6.00	12.3088	23.3146	31.9546	37.5566	39.8880	39.1565	35.9745	31.2134	25.7128
8.00	11.1946	21.2785	29.3217	34.7092	37.2109	36.9834	34.5032	30.4279	25.4167
10.00	10.2377	19.5150	27.0178	32.1929	34.8117	34.9710	33.0338	29.5224	25.0019

(c)

시간	$x=10.00$	$x=20.00$	$x=30.00$	$x=40.00$	$x=50.00$	$x=60.00$	$x=70.00$	$x=80.00$	$x=90.00$
0.00	8.0000	16.0000	24.0000	32.0000	40.0000	32.0000	24.0000	16.0000	8.0000
2.00	8.0000	16.0000	23.9999	31.9918	39.4912	31.9918	24.0000	16.0102	8.6333
4.00	8.0000	16.0000	23.9993	31.9686	39.0715	31.9687	24.0000	16.0391	9.2272
6.00	8.0000	15.9999	23.9978	31.9323	38.5701	31.9324	24.0002	16.0845	9.7846
8.00	8.0000	15.9998	23.9950	31.8844	38.1483	31.8846	24.0012	16.1441	10.3064
10.00	8.0000	1539996	23.9908	31.8265	37.7499	31.8269	24.0023	16.2160	10.8012

11. (a) $\Psi(x) = \frac{1}{2}x + 20$

(b)

시간	$x=4.00$	$x=8.00$	$x=12.00$	$x=16.00$
0.00	50.0000	50.0000	50.0000	50.0000
10.00	32.7433	44.2679	45.4228	38.2971
30.00	26.9487	32.1409	34.0874	32.9644
50.00	24.1178	27.4348	29.4296	30.1207
70.00	22.8995	25.4560	27.4554	28.8998
90.00	22.3817	24.6176	26.6175	28.3817
110.00	22.1619	24.2620	26.2620	28.1619
130.00	22.0687	24.1112	26.1112	28.0687
150.00	22.0291	24.0472	26.0472	28.0291
170.00	22.0124	24.0200	26.0200	28.0124
190.00	22.0052	24.0085	26.0085	28.0052
210.00	22.0022	24.0036	26.0036	28.0022
230.00	22.0009	24.0015	26.0015	28.0009
250.00	22.0004	24.0007	26.0007	28.0004
270.00	22.0002	24.0003	26.0003	28.0002
290.00	22.0001	24.0001	26.0001	28.0001
310.00	22.0000	24.0001	26.0001	28.0000
330.00	22.0000	24.0000	26.0000	28.0000
350.00	22.0000	24.0000	26.0000	28.0000

연습문제 15.3

1. (a)

시간	$x=0.25$	$x=0.50$	$x=0.75$
0.00	0.1875	0.2500	0.1875
0.20	0.1491	0.2100	0.1491
0.40	0.0556	0.0938	0.0556
0.60	-0.0501	-0.0682	-0.0501
0.80	-0.1361	-0.2072	-0.1361
1.00	-0.1802	-0.2591	-0.1802

(b)

시간	$x=0.4$	$x=0.8$	$x=1.2$	$x=1.6$
0.00	0.0032	0.5273	0.5273	0.0032
0.20	0.0652	0.4638	0.4638	0.0652
0.40	0.2065	0.3035	0.3035	0.2065
0.60	0.3208	0.1190	0.1190	0.3208
0.80	0.3094	-0.0180	-0.0180	0.3094
1.00	0.1450	-0.0768	-0.0768	0.1450

(c)

시간	$x=0.1$	$x=0.2$	$x=0.3$	$x=0.4$	$x=0.5$	$x=0.6$	$x=0.7$	$x=0.8$	$x=0.9$
0.00	0.0000	0.0000	0.0000	0.0000	0.0000	0.5000	0.5000	0.5000	0.5000
0.12	0.0000	0.0000	0.0082	0.1126	0.3411	0.1589	0.3792	0.3710	0.0462
0.24	0.0071	0.0657	0.2447	0.3159	0.1735	0.2463	-0.1266	-0.3056	-0.0625
0.36	0.1623	0.3197	0.2458	0.1657	0.0877	-0.2853	-0.2843	-0.2104	-0.2887
0.48	0.1965	0.1410	0.1149	-0.1216	-0.3593	-0.2381	-0.1977	-0.1715	0.0800
0.60	-0.2194	-0.2069	-0.3875	-0.3411	-0.1901	-0.1662	-0.0666	0.1140	-0.0446
0.72	-0.3003	-0.6865	-0.5097	-0.3230	-0.1585	0.0156	0.0893	-0.0874	0.0384
0.84	-0.2647	-0.1633	-0.3546	-0.3214	-0.1763	-0.0954	-0.1249	0.0665	-0.0386
0.96	0.3012	0.1081	0.1380	-0.0487	-0.2974	-0.3407	-0.1250	-0.1548	0.0092

3. (a)

시간	$x=0.2$	$x=0.4$	$x=0.6$	$x=0.8$
0.00	0.5878	0.9511	0.9511	0.5878
0.10	0.5599	0.9059	0.9059	0.5599
0.20	0.4788	0.7748	0.7748	0.4788
0.30	0.3524	0.5701	0.5701	0.3524
0.40	0.1924	0.3113	0.3113	0.1924
0.50	0.0142	0.0230	0.0230	0.0142

(b)

시간	$x=0.2$	$x=0.4$	$x=0.6$	$x=0.8$
0.00	0.5878	0.9511	0.9511	0.5878
0.05	0.5808	0.9397	0.9397	0.5808
0.10	0.5599	0.9060	0.9060	0.5599
0.15	0.5257	0.8507	0.8507	0.5257
0.20	0.4790	0.7750	0.7750	0.4790
0.25	0.4209	0.6810	0.6810	0.4209
0.30	0.3527	0.5706	0.5706	0.3527
0.35	0.2761	0.4467	0.4467	0.2761
0.40	0.1929	0.3122	0.3122	0.1929
0.45	0.1052	0.1701	0.1701	0.1052
0.50	0.0149	0.0241	0.0241	0.0149

5.

시간	$x=10$	$x=20$	$x=30$	$x=40$	$x=50$
0.00000	0.1000	0.2000	0.3000	0.2000	0.1000
0.60134	0.0984	0.1688	0.1406	0.1688	0.0984
1.20268	0.0226	-0.0121	0.0085	-0.0121	0.0226
1.80401	-0.1271	-0.1341	-0.1566	-0.1347	-0.1271
2.40535	-0.0920	-0.2292	-0.2571	-0.2292	-0.0920
3.00669	-0.0932	-0.1445	-0.2018	-0.1445	-0.0932
3.60803	-0.0284	-0.0205	0.0336	-0.0205	-0.0284
4.20936	0.1064	0.1555	0.1265	0.1555	0.1064
4.81070	0.1273	0.2060	0.2612	0.2060	0.1273
5.41204	0.0625	0.1689	0.2038	0.1689	0.0625
6.01338	0.0436	0.0086	-0.0080	0.0086	0.0436
6.61472	-0.0931	-0.1364	-0.1578	-0.1364	-0.0931
7.21605	-0.1436	-0.2173	-0.2240	-0.2173	-0.1436
7.81739	-0.0625	-0.1644	-0.2247	-0.1644	-0.0625
8.41873	-0.0287	-0.0192	-0.0085	-0.0192	-0.0287
9.02007	0.0654	0.1332	0.1755	0.1332	0.0654
9.62140	0.1540	0.2189	0.2089	0.2189	0.1540

15장 복습

1 $u_{11}=0.8929, u_{21}=3.5714, u_{31}=13.3929$

3 (a)

$x=0.20$	$x=0.40$	$x=0.60$	$x=0.80$
0.2000	0.4000	0.6000	0.8000
0.2000	0.4000	0.6000	0.5500
0.2000	0.4000	0.5375	0.4250
0.2000	0.3844	0.4750	0.3469
0.1961	0.3609	0.4203	0.2922
0.1883	0.3346	0.3734	0.2512

(b)

$x=0.20$	$x=0.40$	$x=0.60$	$x=0.80$
0.2000	0.4000	0.6000	0.8000
0.2000	0.4000	0.6000	0.8000
0.2000	0.4000	0.6000	0.5500
0.2000	0.4000	0.5375	0.4250
0.2000	0.3844	0.4750	0.3469
0.1961	0.3609	0.4203	0.2922

(c) (b)의 표는 (a)의 표를 아래로 이동한 것이다.

부록 I

1 (a) 24 (b) 720 (c) $\dfrac{4\sqrt{\pi}}{3}$ (d) $-\dfrac{8\sqrt{\pi}}{15}$

3 0.297

부록 II

1 (a) $\begin{pmatrix} 2 & 11 \\ 2 & -1 \end{pmatrix}$ (b) $\begin{pmatrix} -6 & 1 \\ 14 & -19 \end{pmatrix}$ (c) $\begin{pmatrix} 2 & 28 \\ 12 & -12 \end{pmatrix}$

3 (a) $\begin{pmatrix} -11 & 6 \\ 17 & -22 \end{pmatrix}$ (b) $\begin{pmatrix} -32 & 27 \\ -4 & -1 \end{pmatrix}$

(c) $\begin{pmatrix} 19 & -18 \\ -30 & 31 \end{pmatrix}$ (d) $\begin{pmatrix} 19 & 6 \\ 3 & 22 \end{pmatrix}$

5 (a) $\begin{pmatrix} 9 & 24 \\ 3 & 8 \end{pmatrix}$ (b) $\begin{pmatrix} 3 & 8 \\ -6 & -16 \end{pmatrix}$ (c) $\begin{pmatrix} 0 & 0 \\ 0 & 0 \end{pmatrix}$

(d) $\begin{pmatrix} -4 & -5 \\ 8 & 10 \end{pmatrix}$

7 (a) 180 (b) $\begin{pmatrix} 4 & 8 & 10 \\ 8 & 16 & 20 \\ 10 & 20 & 25 \end{pmatrix}$ (c) $\begin{pmatrix} 6 \\ 12 \\ -5 \end{pmatrix}$

9 (a) $\begin{pmatrix} 7 & 38 \\ 10 & 75 \end{pmatrix}$ (b) $\begin{pmatrix} 7 & 38 \\ 10 & 75 \end{pmatrix}$ (c) $\begin{pmatrix} 2 & 28 \\ 12 & -12 \end{pmatrix}$

11 $\begin{pmatrix} -14 \\ 1 \end{pmatrix}$

13 $\begin{pmatrix} -38 \\ -2 \end{pmatrix}$

15 정칙

17 비정칙, $A^{-1}=\frac{1}{4}\begin{pmatrix}-5 & -8\\ 3 & 4\end{pmatrix}$

19 비정칙, $A^{-1}=\frac{1}{2}\begin{pmatrix}0 & -1 & 1\\ 2 & 2 & -2\\ -4 & -3 & 5\end{pmatrix}$

21 비정칙, $A^{-1}=\frac{1}{9}\begin{pmatrix}-2 & -2 & -1\\ -13 & 5 & 7\\ 8 & -1 & -5\end{pmatrix}$

23 $A^{-1}(t)=\frac{1}{2e^{3t}}\begin{pmatrix}3e^{4t} & -e^{4t}\\ -4e^{-t} & 2e^{-t}\end{pmatrix}$

25 $\frac{dX}{dt}=\begin{pmatrix}-5e^{-t}\\ -2e^{-t}\\ 7e^{-t}\end{pmatrix}$

27 $\frac{dX}{dt}=4\begin{pmatrix}1\\ -1\end{pmatrix}e^{2t}-12\begin{pmatrix}2\\ 1\end{pmatrix}e^{-3t}$

29 (a) $\begin{pmatrix}4e^{4t} & -\pi\sin\pi t\\ 2 & 6t\end{pmatrix}$ (b) $\begin{pmatrix}\frac{1}{4}e^{8}-\frac{1}{4} & 0\\ 4 & 6\end{pmatrix}$

(c) $\begin{pmatrix}\frac{1}{4}e^{4t}-\frac{1}{4} & \frac{1}{\pi}\sin\pi t\\ t^2 & t^3-t\end{pmatrix}$

31 $x=3,\ y=1,\ z=-5$

33 $x=2+4t,\ y=-5-t,\ z=t$

35 $x=-\frac{1}{2},\ y=\frac{3}{2},\ z=\frac{7}{2}$

37 $x_1=1,\ x_2=0,\ x_3=2,\ x_4=0$

41 $A^{-1}=\begin{pmatrix}0 & \frac{2}{3} & \frac{1}{3}\\ 0 & -\frac{1}{3} & -\frac{2}{3}\\ \frac{1}{3} & -\frac{2}{3} & 0\end{pmatrix}$

43 $A^{-1}=\begin{pmatrix}5 & 6 & -3\\ 2 & 2 & -1\\ -1 & -1 & 1\end{pmatrix}$

45 $A^{-1}=\begin{pmatrix}-\frac{1}{2} & \frac{2}{3} & \frac{1}{3} & \frac{7}{6}\\ 1 & \frac{1}{3} & \frac{1}{3} & -\frac{4}{3}\\ 0 & -\frac{1}{3} & -\frac{1}{3} & \frac{1}{3}\\ -\frac{1}{2} & 1 & \frac{1}{2} & \frac{1}{2}\end{pmatrix}$

47 $\lambda_1=6,\ \lambda_2=1,\ K_1=\begin{pmatrix}2\\ 7\end{pmatrix},\ K_2=\begin{pmatrix}1\\ 1\end{pmatrix}$

49 $\lambda_1=\lambda_2=-4,\ K_1=\begin{pmatrix}1\\ -4\end{pmatrix}$

51 $\lambda_1=0,\ \lambda_2=4,\ \lambda_3=-4$

$K_1=\begin{pmatrix}9\\ 45\\ 25\end{pmatrix},\ K_2=\begin{pmatrix}1\\ 1\\ 1\end{pmatrix},\ K_3=\begin{pmatrix}1\\ 9\\ 1\end{pmatrix}$

53 $\lambda_1=\lambda_2=\lambda_3=-2$

$K_1=\begin{pmatrix}2\\ -1\\ 0\end{pmatrix},\ K_2=\begin{pmatrix}0\\ 0\\ 1\end{pmatrix}$

55 $\lambda_1=3i,\ \lambda_2=-3i$

$K_1=\begin{pmatrix}1-3i\\ 5\end{pmatrix},\ K_2=\begin{pmatrix}1+3i\\ 5\end{pmatrix}$

찾 아 보 기

ㅁ

ㅂ

ㅅ

ㅇ

ㅈ

경성대학교 : 이현영
계명대학교 : 임대근
고려대학교 : 김준석
동서대학교 : 조경미
인천대학교 : 배진희 · 양미혜 · 최원 · 함남우 · 황인호
전남대학교 : 주형관
전북대학교 : 이용훈
한밭대학교 : 배수현

미분방정식과 응용 제8판
Differential Equations with Boundary-Value Problems, 8th

지은이 Dennis G. Zill · Warren S. Wright
옮긴이 수학교재편찬위원회
펴낸이 조경희
펴낸곳 경문사
펴낸날 2015년 3월 25일
등 록 1979년 11월 9일 제313-1979-23호
주 소 121-818, 서울특별시 마포구 와우산로 174
전 화 (02)332-2004 팩스 (02)336-5193
이메일 kyungmoon@kyungmoon.com

값 26,000원

ISBN 978-89-6105-864-3